Vorlesungen über höhere Mathematik

Von

Adalbert Duschek

o. Professor der Mathematik an der Technischen Hochschule Wien

Erster Band

Integration und Differentiation der Funktionen einer Veränderlichen. Anwendungen. Numerische Methoden. Algebraische Gleichungen. Unendliche Reihen.

Mit 169 Textabbildungen

Zweite, neu bearbeitete Auflage

Springer-Verlag Wien GmbH 1956

ISBN 978-3-7091-4597-5 ISBN 978-3-7091-4747-4 (eBook)
DOI 10.1007/978-3-7091-4747-4

Ursprünglich erschienen bei Springer-Verlag in Vienna 1956
Softcover reprint of the hardcover 2nd edition 1956

Aus dem Vorwort zur ersten Auflage.

Aus einem Buch abschreiben, gibt: ein Plagiat.
Aus zwei Büchern abschreiben, gibt: einen Essay.
Aus drei Büchern wird: eine Doktordissertation.
Aus vier Büchern: ein fünftes gelehrtes Buch.

Roda Roda.

Nur ein Dichter mag ein Buch schreiben, weil er meint, damit ein Kunstwerk zu schaffen — aber ich bin kein Dichter und dieses Buch ist auch kein Kunstwerk. Ein anderer mag ein Buch schreiben, weil er meint, er habe seinen Mitmenschen etwas sehr Wichtiges und Neues zu sagen — aber auch das trifft hier nicht zu. Und wieder ein anderer schreibt ein Buch, weil er meint, er könne damit Geld verdienen und reich werden — aber wer den österreichischen Steuerfiskus kennt, wird mir eine solche Naivität nicht zutrauen. Ich kann nur eine Entschuldigung dafür anführen, daß ich hiemit der langen Reihe zum Teil ganz ausgezeichneter Bücher über denselben Gegenstand ein weiteres hinzufüge: Nämlich die Tatsache, daß vor vier Jahren, als der Verlag und ich den Plan zu diesem Buch faßten, nichts Derartiges auf dem Markt war und daß der grundlegend geänderte Studienplan unserer Hochschule es doch nötig machte, den Studierenden einen brauchbaren Behelf in die Hand zu geben.

Das Buch ist also in erster Linie für Techniker und Physiker gedacht. Ich hoffe aber, daß meine Arbeit nicht nur diesen, sondern weiteren Kreisen nützlich sein wird. Es gibt ja keine eigene Mathematik für Techniker und Physiker, sondern man kann nur den Stoff entsprechend den Bedürfnissen der Physik und Technik auswählen, aber was da gebracht wird, das ist Mathematik schlechthin, und diese kann in ihrer Art nicht durch äußere Zwecke beeinflußt werden. Es ist höchste Zeit, daß endlich ein für allemal mit dem Unfug aufgeräumt wird, anzunehmen, für den Naturwissenschaftler oder Techniker sei eine, sagen wir es ehrlich: schlampige, d. h. unexakte Darstellung der Mathematik am Platz. Mathematik kann man ja nicht einfach lernen wie Kochrezepte oder grammatikalische Regeln, Mathematik muß man verstehen. Man wird aber nie das rechte Verständnis erwecken, wenn man sich in Vorlesungen und Lehrbüchern gerade bei der Grundlegung über die prinzipiellen Schwierigkeiten großzügig hinwegsetzt. Nichts läßt sich durch eine unklare Darstellung klären.

Die Anforderungen, die die moderne Technik an den Ingenieur in den Forschungsabteilungen und in den Berechnungsbüros stellt, sind in den letzten Jahren gewaltig gestiegen, und es ist unschwer vorauszusagen, daß sie in den nächsten Jahren weiter steigen werden in dem Maß, wie sich die Ergebnisse der modernen Physik in die technische Praxis umsetzen. Der wissenschaftlich arbeitende Techniker muß heute ein guter Mathematiker sein, wenn er diesen Anforderungen entsprechen will. Den technischen Hochschulen kann der Vorwurf nicht erspart werden, daß sie zu lange gebraucht haben, um diese Tatsache richtig zu erkennen und vor allem, um die richtigen Konsequenzen daraus zu ziehen. Auch an den österreichischen technischen Hochschulen, die hinsichtlich der Ausbildung ihrer Absolventen nicht nur in den praktischen, sondern vor allem auch in den theoretischen Fächern stets einen recht guten Ruf hatten, hat man in der Zeit zwischen den beiden Weltkriegen Zahl und Ausmaß der rein praktischen Vorlesungen auf Kosten der theoretischen Fächer immer mehr vergrößert. Das stand aber in direktem Gegensatz zu den Erfordernissen der industriellen Praxis, und das Ergebnis war, daß die Industrie für die wissenschaftliche Arbeit in steigendem Maße Universitätsabsolventen heranzog, weil sie eben auf die praktische Ausbildung eher verzichten konnte als auf die theoretische. Es war höchste Zeit, hier eine Umkehr einzuleiten, sollten die technischen Hochschulen nicht gegenüber den Universitäten einerseits und den technischen Mittelschulen anderseits ihre Existenzberechtigung überhaupt verlieren. Die Wiener Hochschule hat jedenfalls die Gelegenheit, die sich vor vier Jahren bot, genützt und eine weitgehende Reform des Studienplanes zugunsten der grundlegenden Fächer durchgeführt; sie ist damit aus einer besseren Fachschule wieder eine wissenschaftliche Lehr- und Forschungsstätte geworden.

Darin also besteht meine Rechtfertigung dafür, daß ich diese Vorlesungen in Buchform herausgebe. Bei einem solchen Vorhaben ist natürlich ein einwandfreies Herausarbeiten der grundlegenden Begriffe ganz besonders geboten. Ich habe gesagt, daß der moderne Techniker ein guter Mathematiker sein muß. Ich füge hinzu, daß selbst das beste Lehrbuch (und ich bilde mir durchaus nicht ein, daß es mir gelungen sei, auch nur annähernd „das beste" Lehrbuch zu schreiben) mangelnde mathematische Begabung nicht ersetzen kann. Woraus folgt, daß der angehende Techniker an die Hochschule ein gewisses und gar nicht geringes Maß mathematischer Begabung mitbringen muß, sonst ist er fehl am Platz. Wie in meinen Vorlesungen, so habe ich mich auch hier in diesem Buch vor allem bemüht, im Leser jenes tiefere Verstehen der mathematischen Begriffe und Methoden zu erwecken, ohne welches jedes Studium von vornherein aussichtslos und zum Scheitern verurteilt ist. Ich habe mich in diesem Bemühen dort, wo es mir nötig erschien, nicht von einer gewissen Breite der Darstellung abhalten lassen. Daß ich durch möglichst zahlreiche und typische Beispiele die Bedeutung und Tragweite der Methoden zu illustrieren versucht habe, ist wohl eine Selbstverständlichkeit. Demselben Zweck dienen die Übungsaufgaben, deren Wert ich durch die am Schluß des Bandes zusammengestellten Lösungen hoffentlich noch erhöht habe. Diese Lösungen enthalten bei den leichteren Aufgaben nur knappe Andeutungen über den einzuschlagenden Weg, bei schwierigeren aber recht ausführliche Diskussionen; die wenigen ganz schweren sind durch einen Stern gekennzeichnet, damit sich keiner kränkt, der sie nicht zusammenbringt.

Über Auswahl und Anordnung des Stoffes gibt das Inhaltsverzeichnis allen Aufschluß. Systematisch entwickelt wurde allein die Analysis, alles andere erscheint jeweils nur als Anwendungsbeispiel oder Hilfsmittel dort, wo die Darlegung mit den entwickelten Methoden der Analysis möglich ist...

Wien, im Sommer 1949.

A. Duschek.

Vorwort zur zweiten Auflage.

Für die zweite Auflage wurde der ganze Text einer gründlichen Revision unterzogen, die in einzelnen Abschnitten bis zu einer völligen Neubearbeitung geführt hat. Ich hoffe, daß dadurch nicht nur alle durch die besonderen Umstände der ersten Nachkriegsjahre bedingten Flüchtigkeiten beseitigt sind, sondern daß ich dem Ziel, das ich mit dem Buch verfolge, noch näher gekommen bin: Eine auch dem Anfänger und dem Nicht-Mathematiker verständliche, ich möchte fast sagen: wirklich lesbare Darstellung zu liefern, die aber doch jenes Maß von Strenge besitzt, das der Mathematiker nun eben einmal mit guten Gründen für unerläßlich hält. Weil ich auf diese Art jetzt noch einen weiteren Schritt in der Richtung zur Strenge hin getan habe, so habe ich mich veranlaßt gesehen, gewissermaßen zum Ausgleich, dem mathematisch weniger anspruchsvollen Leser ein Entgegenkommen zu zeigen, indem ich einige Abschnitte, die bei einem ersten Studium übergangen werden *können* (aber keineswegs übergangen werden *sollen*), durch einen Stern gekennzeichnet habe. Diese Abschnitte enthalten die Beweise einiger fundamentaler Sätze.

Einem von mehreren Seiten geäußerten Wunsch bin ich recht gern nachgekommen: Die Wahrscheinlichkeitsrechnung, die in der ersten Auflage in drei Teile zerrissen war, wird in der zweiten Auflage in einem geschlossenen Abschnitt des zweiten Bandes behandelt. Da die beiden ersten Bände so eng zusammengehören, daß jeder einzelne allein nicht viel mehr als ein Torso ist, liegt hier in der Tat kaum ein vernünftiger Grund zu der früheren Aufspaltung vor; daß es überhaupt dazu gekommen ist, hat seinen Grund darin, daß ich boshaft genug war, meine Hörer zu zwingen, sich mit dem erfahrungsgemäß recht unbeliebten, aber doch gerade für den Techniker immer bedeutungsvoller werdenden Gebiet *dreimal* zu beschäftigen. Zum Ausgleich habe ich dafür den Abschnitt über die unendlichen Reihen in den ersten Band aufgenommen, wohin er auch inhaltlich besser paßt. Die Umstellung hat nun allerdings den Nachteil, daß jetzt die erste Auflage des zweiten Bandes nicht mehr zur zweiten Auflage des ersten Bandes paßt; doch dürfte das, da es nur eine Übergangserscheinung ist, nicht allzu schwer wiegen.

Wegen der zahlreichen Hinweise auf die erste Auflage des ersten Bandes, die sich im zweiten und dritten Band finden, gebe ich auf Seite XI noch eine Übersicht über die Aufteilung des Stoffes auf die einzelnen Paragraphen und Ziffern in der ersten und zweiten Auflage.

Im Laufe der Zeit sind mir eine Reihe wertvoller kritischer Bemerkungen und Verbesserungsvorschläge zugekommen. Allen Beteiligten, von denen ich neben meinen Assistenten Dr. LEOPOLD PECZAR, Dr. WALTHER EBERL und Dr. HANS REITER auch Herrn Prof. Dr. GUSTAV KRAFFT in Marburg zu nennen habe, sage ich meinen herzlichsten Dank, ebenso den Herren Assistent Dipl.-Ing. JOSEF BOMZE, Assistent Dr. WALTHER EBERL, Prof. Dr. HANS HORNICH und Prof. Dr. LEOPOLD SCHMETTERER für ihre aufopfernde Mithilfe bei der Korrektur.

Wien, im Frühjahr 1956.

A. Duschek.

Inhaltsverzeichnis.

VII. Unendliche Reihen.

Feststehende Bezeichnungen und Symbole.

Gliederung des Stoffes in der ersten (A) und zweiten (B) Auflage

Wenn keine Ziffern angegeben sind, ist die Unterteilung des Paragraphen unverändert

II/1 und II/2 heißt Band II, 1. bzw. 2. Auflage.

Wegen aller Einzelheiten vergleiche man das Sachverzeichnis am Schluß.

A	B
§ 1,1	§ 1,1
2	2
3	3
4	4
5	1
6	5
7	6
8	7
9	8
§ 2,1	§ 2,1 u. 2
2	2
3	1
4	1
5	4
6	3
7	3
8	3
9	5 u. 6
10	3 u. 8
§ 3,1	§ 3,1
2	2
3	3
4	4
5	6
6	5
§ 4	§ 4
§ 5	§ 5
§§ 6 u. 7	II/2
§ 8,1	§ 6,3 u. 4
2	3 u. 6
3	5
4	7
5	8
6	9
7	10
8	11
9	12
9,1	§ 7,1
2	2
3	3
4	§ 8,1
5	§ 7,4
6	5
7	6
8	—
9	§ 7,8
10	9
11	10
§ 10,1	§ 8,2
2	1
3	3
4	4
5	5
6	6
7	7

A	B
§ 10,8	§ 8,8
9	9
10	10
11	11
§ 11,1	§ 9,1
2	2
3	3
4	3
5	5
6	5
7	5
8	4
9	4 u. 5
§ 12,1	2
2	3
3	§ 10,1
4	2 u. 3
5	5
§ 13	§ 11
§ 14	§ 12
bis auf	
§ 14,12	§ 12,13
§ 15	§ 13
§ 16	§ 14
§ 17,1	§ 10,1
2	4
3	4
4	§ 14,7 § 12,12
5	§ 14,8
6	§ 16,5
7	§ 14,9
§ 18	§ 15
§§ 19—21	II/2
bis auf	
§ 20,4	§ 13,9
§ 22,1	§ 16,1
2	2
3	3
4	4
5	6 u. 5
6	7
7	8
8	9
9	10
10	11
11	12
12	13
§ 23	§ 17
§ 24	§ 18
§ 25,1	§ 19,1
2	2 u. 3
3	4
4	5
5	6

A	B
§ 26	§ 20
§ 27	§ 21
§ 28,1	§ 22,1
2	2
3	3
4	4
5	§ 37,4
6	§ 22,5
7	6
8	7
§ 29,1	§ 38,1
2	2
3	3
4	4
5	5
6	§ 35,3 § 37,6
§ 30	§ 23
§ 31,1	§ 6,1
2	2
3	§ 17,8
4	9
5	10
6	11
§ 32	§ 24
§ 33	§ 25
§ 34	§ 26
§ 35	§ 27
§ 36	§ 28
§ 37	§ 29
§ 38	§ 30
§ 39	§ 31
§ 40	§ 32
§ 41	§ 33
Aus II/1	
§ 1,1	§ 34,1
2	2
3	3
4	5 u. 7
5	4
6	7
7	9
§ 2,1	6
2	6
3	8
§ 3,1	§ 35,1
2	2
3	4
4	5
§ 4	§ 36
§ 5,1	§ 37,1
2	2
3	3
4	5
§ 6	§ 39

Berichtigungen.

Seite 115: 5 Zeilen vor (13) ist „$\leqq$" durch „$<$" zu ersetzen.
Seite 135: In der Überschrift von Ziffer 7 ist „hinreichend oft" zu streichen.
Seite 162: Bei den Integralen in Ziffer 6 ist dreimal die obere Grenze mit $+a$ bezeichnet; das $+$-Zeichen ist zwar nicht falsch, aber völlig bedeutungslos und daher zu streichen.

Einleitung.

Ich sage wenig, du denke desto mehr!
Shakespeare.

Es ist sehr schwer und in einem strengen Sinn sogar wahrscheinlich ganz unmöglich, mit einigen Sätzen zu sagen, was Mathematik in ihrem Wesen eigentlich ist. Wenn in einem bekannten Lexikon Mathematik als „die Lehre von den Größen- und Raumbeziehungen" erklärt wird, so ist das solange ein leeres Spiel mit Worten, als der Leser nicht schon gewisse Vorstellungen darüber hat, was eine Größe, was ein Raum ist und was man mit dem Wort „Beziehungen" meint, und wenn man gar versucht, diese Begriffe scharf zu definieren, so kommt man bald in Schwierigkeiten, die kaum zu überwinden sind. Es bleibt schließlich kaum etwas anderes übrig, als sich auf den Standpunkt zu stellen, daß für die Mathematik gar nicht so sehr der Gegenstand selbst, sondern die Methode, die Art und Weise, wie der Mathematiker denkt und seine Schlüsse zieht, charakteristisch ist. Das führt auf Formulierungen wie die folgende: Mathematik treiben heißt, aus einem gegebenen System von scharf und eindeutig formulierten Aussagen, den *Prämissen*, mit Hilfe bestimmter, logisch einwandfreier Methoden andere Aussagen herzuleiten. Allerdings scheint mir, daß die Juristen ziemlich dasselbe tun; ihre Prämissen sind die von Parlament und Regierung erlassenen Gesetze und Verordnungen. Man wird aber kaum einmal Mathematik und Juristerei verwechseln, und das liegt wieder weniger an der Methode als am Gegenstand und dieser ist letzten Endes durch die Prämissen festgelegt, die gewisse, für den Gegenstand charakteristische Wörter enthalten. Charakteristisch für die mathematischen Prämissen ist das Auftreten des Zahlbegriffs in der Arithmetik, der Begriffe Punkt, Gerade, Ebene, Raum, der Länge einer Strecke, des Winkels zweier Geraden oder Ebenen in der Geometrie. Sie werden zugeben, daß dem Zahlbegriff, der ja mit den Längen und Winkeln auch in der Geometrie von wesentlicher Bedeutung wird, eine dominierende Rolle in der gesamten Mathematik zukommt.

Es ist nun durchaus verständlich, daß man stets trachten wird, die Zahl der Prämissen möglichst klein zu halten. Der Mathematiker spricht nicht mehr von Prämissen, sondern von einem System von *Axiomen* oder *Postulaten*, wenn es ihm gelungen ist, nachzuweisen, daß die Axiome, also die nicht weiter zu beweisenden Aussagen, nicht nur widerspruchsfrei sind — eine völlig selbstverständliche Voraussetzung für ein brauchbares Axiomensystem —, sondern auch unabhängig, womit gemeint ist, daß man keine der Aussagen aus den übrigen herleiten kann. Beides ist in der Regel sehr schwer nachzuweisen und in manchen Fällen bis heute noch nicht in wirklich befriedigender Weise gelungen. Ich glaube, daß es vor allem die Tatsache ist, daß man die Mathematik auf die schmale Basis der Axiome stellt, die mit gebieterischer Notwendigkeit zu jener besonders scharfen und exakten Formulierung der mathematischen Aussagen führt, die dem Außenstehenden so oft als überflüssige Pedanterie erscheint[1]. Wahrscheinlich verwechselt man dabei meist handwerksmäßige Routine mit wirklichem Verstehen. So wie man ein Auto lenken kann, ohne eine Ahnung zu haben, wie die einzelnen Teile funktionieren, so kann man auch mit irrationalen Zahlen rechnen, ohne zu wissen, was irrationale Zahlen sind. Wozu noch zu bemerken ist, daß man beim numerischen Rechnen gar nicht mit den irrationalen Zahlen selbst, sondern immer nur mit rationalen Näherungswerten rechnet, aber nicht einmal für diese ist die Gültigkeit des kommutativen Gesetzes eine Binsenwahrheit.

Die Axiome der Mathematik sind zum größten Teil Formulierungen einfacher Erfahrungstatsachen; sie sind Aussagen über Eigenschaften gewisser mathematischer Grundbegriffe, die nicht direkt, sondern eben nur durch diese Eigenschaften definiert werden. So ist z. B. der Satz: „Zwei Punkte bestimmen eine Gerade", der eines der Axiome der Geometrie ist, eine Aussage über die Grundbegriffe „Punkt" und „Gerade", nämlich eben die, daß man durch zwei Punkte stets eine und nur eine Gerade legen kann. Andere Axiome legen weitere Eigenschaften von Punkten und Geraden fest, aber eine explizite Definition der Begriffe „Punkt" und „Gerade" wird heute nicht mehr gegeben. Das gilt natürlich nur für die „reine", unabhängig von der Arithmetik begründete Geometrie. In der analytischen Geometrie, die eine völlige Arithmetisierung der Geometrie bedeutet, kann man Punkt und Gerade sehr wohl definieren. In der ebenen Geometrie „ist" der Punkt ein geordnetes[2] Zahlenpaar (x, y) — x und y werden dann als die Koordinaten des Punktes bezeichnet — und die Gerade „ist" die Gesamtheit aller Punkte, die einer linearen Gleichung $a x + b y + c = 0$ genügen. Mit dem Nachweis, daß die so definierten Grundbegriffe den Axiomen der Geometrie genügen, ist die Frage der Widerspruchsfreiheit der geometrischen Axiome auf die der arithmetischen Axiome zurückgeführt. Die Tatsache, daß in den Axiomen keine direkten Definitionen der Grundbegriffe enthalten sind, schließt die Möglichkeit verschiedenartigster Interpretationen in sich. Man kann leicht Geometrien konstruieren, in denen zwar genau dieselben Gesetze und Regeln gelten wie in unserer vertrauten Elementargeometrie, die aber doch ein völlig anderes und fürs erste recht überraschendes Bild ergeben.

---

[1] Man vergleiche z. B., was HANS THIRRING in seinem „*Homo Sapiens*" über den „Exaktheitsfimmel" der Mathematiker sagt (Band I, S. 186 f). Zweifellos war es vom didaktischen Standpunkt aus völlig falsch, wenn jener berühmte Mathematiker damals, als THIRRING sein erstes Semester an der Universität verbrachte, eine Vorlesung über Differential- und Integralrechnung ankündigte und dann ein Semester lang über die Grundlagen der Arithmetik sprach. Aber es ist leider in prinzipieller Hinsicht falsch, zu glauben, die Gültigkeit des kommutativen Gesetzes der Addition für irrationale Zahlen sei eine „Binsenwahrheit". Es ist auch nicht so, wie THIRRING meint, daß einfach „die zu unbedenkliche Anwendung gewisser Operationen der höheren Mathematik in bestimmten Fällen zu falschen Ergebnissen führen kann", sondern es ist leider so, daß noch zu Beginn des 19. Jahrhunderts die ganze Differential- und Integralrechnung völlig in der Luft hing, weil alles auf dem logisch völlig unhaltbaren Begriff der „unendlich kleinen Größen" aufgebaut war. Der große Mathematiker LAGRANGE (vgl. die Fußnote zu § 11, 2), gewiß ein einwandfreier Zeuge, sagte einmal, der Zustand der Mathematik sei wahrhaft beklagenswert, sie wimmle von Widersprüchen und wenn sie trotzdem zu so großen Erfolgen geführt habe, so liege das nur daran, daß Gott in seiner Allgüte es so gefügt habe, daß sich die Fehler gegenseitig aufheben. Ich werde versuchen, Ihnen im folgenden zu zeigen, nicht im Verlauf eines ganzen Semesters, sondern unter Beschränkung auf das Allerwichtigste, daß gerade die Klärung des Zahlbegriffs, vor allem des Begriffs der irrationalen Zahlen, der Zauberschlüssel ist, mit dem alle wesentlichen Schwierigkeiten der Analysis behoben werden können. Ein ganz erheblicher Teil der großen Fortschritte nicht nur der Mathematik, sondern auch der theoretischen Physik ist einzig und allein dem „Exaktheitsfimmel" der Mathematiker zu verdanken.

[2] Das heißt, daß immer feststeht, welche der beiden Zahlen die erste und welche die zweite ist; der Punkt $x = 1$, $y = 2$ ist ja ein anderer als der Punkt $x = 2$, $y = 1$.

Denken wir uns beispielsweise auf einer Kugel einen festen Punkt O gewählt (Abb. 1). Und nun konstruieren wir eine „ebene" Geometrie, die sich in Wirklichkeit auf der Kugel abspielt und deren Grundbegriffe „Punkt" und „Gerade" wir folgendermaßen interpretieren:

„Punkte" sind alle Punkte auf der Kugel *mit Ausnahme von O.*

„Gerade" sind alle Kreise auf der Kugel, die durch O hindurchgehen. Ich setze die neuen Elemente stets unter Anführungszeichen, damit wir sie von den gewöhnlichen Punkten und Geraden der Ebene richtig unterscheiden können. Der Punkt O ist also in der neuen Geometrie aus der Kugel herausgenommen, als ob er nicht existierte. Man überlegt leicht, daß diese „Punkte" und „Gerade" alle Eigenschaften der gewöhnlichen Punkte und Geraden der Elementargeometrie haben. Zwei „Punkte" A und B (also gewöhnliche, von O verschiedene Punkte) bestimmen eine und nur eine „Gerade" c, nämlich einen Kreis durch O. Zwei „Gerade" a und c, die nicht parallel sind, schneiden sich in einem und nur einem „Punkt" C. Zwei „Gerade" b und c heißen parallel, wenn sie keinen „Punkt" gemeinsam haben; dann müssen sich die entsprechenden Kreise in O berühren.

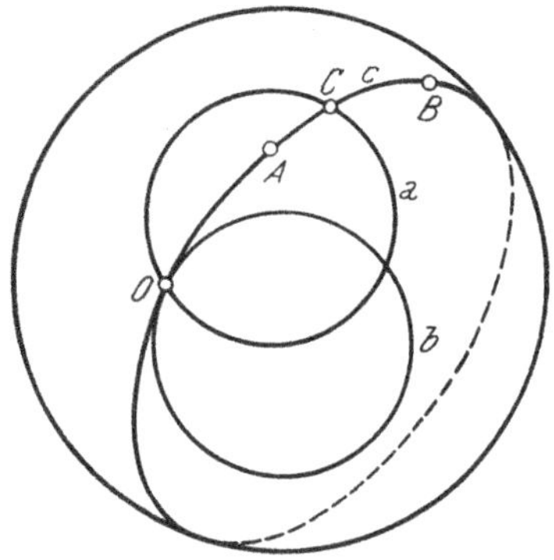

Abb. 1.

Bei der Formulierung der Axiome bedient man sich der Wörter und Regeln der Umgangssprache. Dadurch kommen zwangsläufig weitere, nicht näher definierte Begriffe in die Axiome, so z. B. der Begriff „bestimmen" in dem eben als Beispiel verwendeten geometrischen Axiom. Man muß sich dabei darauf verlassen, daß diese Begriffe eben von der Umgangssprache her genügend „bekannt" sind, d. h. daß die Wörter, mit denen die Begriffe in der Umgangssprache bezeichnet werden, in allen normalen Menschen, deren Geist ein gewisses Maß von Schulung erfahren hat und die mit ihrer Sprache umzugehen verstehen — darum heißt sie ja „Umgangssprache" — dieselben eindeutigen Vorstellungen erwecken. Leider sind aber geistige Schulung und richtiger Gebrauch der Umgangssprache selbst bei Menschen, die ein sogenanntes Reifezeugnis in der Tasche haben und sich aus diesem oder anderen Gründen für gebildet halten, nicht sonderlich verbreitet. Diesen Menschen macht die Mathematik erfahrungsgemäß große Schwierigkeiten und ich glaube, das kommt einfach daher, daß in ihnen die Wörter der Umgangssprache oft nur sehr verschwommene Vorstellungen erzeugen.

Es kann nicht Aufgabe dieser Vorlesungen sein, eine auch nur halbwegs strenge axiomatische Begründung der Arithmetik und Analysis[1] zu geben. Es wäre auch wenig rationell, wollte ich hier alles, was Sie von der Mittelschule her an mathematischen Kenntnissen mitbringen, einfach ignorieren und völlig von vorne beginnen. Ich werde daher nicht nur Begriffe der Umgangssprache,

[1] Man versteht unter Analysis jenen Teil der Mathematik, der sich auf den beiden fundamentalen Begriffen des Grenzwertes und der Funktion aufbaut. Beide werden im folgenden ausführlich diskutiert. Denjenigen von Ihnen, die sich näher über die hier nur sehr fragmentarisch angeschnittenen Grundlagenfragen informieren wollen, empfehle ich die beiden folgenden Bücher:

F. Waismann, Einführung in das mathematische Denken (2. Auflage, Wien 1947), eine der besten „gemeinverständlichen" Darstellungen.

E. Landau, Grundlagen der Analysis (Leipzig 1930), für den angehenden Mathematiker bestimmt.

sondern etwas mehr als „bekannt" voraussetzen. Was ich zu Beginn über den Zahlbegriff und die Grundlagen der Arithmetik sage, dient der Wiederholung und Ergänzung Ihrer Mittelschulkenntnisse, darüber hinaus aber auch zur Einführung in das für Sie wahrscheinlich völlig neue Gebiet der Lehre von den Punkt- und Zahlenmengen. Wir werden dabei sehr bald zu Begriffsbildungen und Entwicklungen kommen, die dem einen oder anderen von Ihnen Schwierigkeiten machen werden. Es macht nicht viel, wenn Sie einen Gedankengang, einen Beweis nicht gleich auf den ersten Anhieb verstehen; lesen Sie ruhig weiter, arbeiten Sie aber den betreffenden Abschnitt dann nochmals mit verdoppelter Aufmerksamkeit durch, wenn zum ersten Mal darauf zurückverwiesen wird.

I. Zahlen und Zahlenfolgen.

§ 1. Der Zahlbegriff.

1. **Die natürlichen Zahlen und die vollständige Induktion.** Das Wort Zahl kommt von zählen und wir zählen: eins, zwei drei, usw., einerlei, ob wir Menschen, Äpfel oder Knöpfe zählen. Mit dem Zählen hat die Menschheit in ihrer geistigen Entwicklung begonnen Mathematik zu treiben, und uns allen ist es, wie wir Kinder waren, nicht anders gegangen. Es ist der Begriff der natürlichen Zahlen, mit dem wir eine gewisse, noch recht oberflächliche Bekanntschaft gemacht haben, noch ehe wir in die Schule gegangen sind. Sie sind uns wohl vertraut und ihre Eigenschaften erscheinen uns als rechte Selbstverständlichkeiten. Etwas später haben wir mit den natürlichen Zahlen rechnen und so die Grundlagen der Arithmetik kennen gelernt. Die einfachen Regeln der Addition und Multiplikation sind uns so geläufig, daß wir sie verwenden, ohne an sie zu denken, etwa wie wir beim Sprechen die Regeln der Grammatik befolgen, ohne es nötig zu haben, sie uns ins Gedächtnis zu rufen.

Der Mathematiker KRONECKER[1] sagte einmal ungefähr: „Die natürlichen Zahlen hat uns der liebe Gott gegeben, alles andere ist Menschenwerk". Das ist gerade der Standpunkt, auf den auch wir uns stellen wollen. Dann ist es aber doch offenbar so, daß die Eigenschaften der natürlichen Zahlen und die Rechenregeln der elementaren Arithmetik die Basis für alle Entwicklungen sind, die ich im Verlauf dieser Vorlesungen zu diskutieren habe. Nach dem, was ich in der Einleitung über diese Dinge gesagt habe, wird es gut sein, wenn wir uns diese Regeln einmal zusammenstellen; sie sind die Prämissen, von denen wir auszugehen haben und man soll kein Haus auf einem unsicheren Fundament errichten.

Ich beginne, erstens, mit den *Gleichheitsbeziehungen*. Das sind die drei folgenden Aussagen:

1. Das Gesetz der *Reflexivität*: *Es ist stets* $a = a$.
2. Das Gesetz der *Symmetrie*: *Aus* $a = b$ *folgt* $b = a$.
3. Das Gesetz der *Transitivität*: *Aus* $a = b$ *und* $b = c$ *folgt* $a = c$.

Ich bin überzeugt, daß Ihnen diese drei Regeln völlig trivial erscheinen, besonders wenn Sie sich unter a, b, c natürliche Zahlen vorstellen. Ich werde in der nächsten Ziffer zeigen, daß schon bei den rationalen Zahlen der Gleichheitsbegriff Anlaß zu Fragestellungen gibt, die sehr wohl einer Analyse bedürfen.

Zweitens: Die natürlichen Zahlen stehen in einer ganz bestimmten, der „natürlichen" *Ordnung*. Damit ist gemeint, daß von je zwei verschiedenen Zahlen stets die eine größer ist als die andere oder, etwas präziser formuliert:

---

[1] LEOPOLD KRONECKER, geb. 1823 in Liegnitz (Schlesien), gest. 1891. Wirkte in Berlin; wichtigste Arbeitsgebiete: Arithmetik und Algebra.

Ist $a \neq b$, so ist entweder $a < b$ oder $a > b$.

Dabei werden die Symbole $\neq$, $<$, $>$ der Reihe nach „ungleich", „kleiner", „größer" gelesen. Die Relation $a < b$ heißt *Ungleichung*, statt $a < b$ kann man auch $b > a$, statt $a > b$ auch $b < a$ schreiben. Auf eine weitere Diskussion will ich verzichten; ich nehme an, daß Ihnen die Begriffe „kleiner" und „größer" genügend bekannt sind. Ich erwähne nur, daß $a \leqq b$ bedeutet, daß entweder $a < b$ oder $a = b$ ist; gelesen wird $a \leqq b$ als „a ist *kleinergleich* b" oder „*a ist nicht größer als b*". Entsprechendes gilt für die Aussage $a \geqq b$. Zwischen den Aussagen „a ist kleiner als b" und „a ist nicht größer als b" ist also scharf zu unterscheiden. Auch $a \leqq b$ wird als Ungleichung bezeichnet, mitunter, zum Unterschied gegen $a < b$, auch als *gemischte Ungleichung*. Für Ungleichungen gilt schließlich noch ein ähnliches *Gesetz der Transitivität* wie für Gleichungen:

Aus $a < b$ und $b < c$ folgt $a < c$.

Drittens: *Die natürlichen Zahlen bilden eine unendliche Menge.* Das ist lediglich als eine Feststellung der Tatsache zu verstehen, daß der Prozeß des Zählens beliebig fortgesetzt werden kann; mit anderen Wo ten, daß es in der Folge der ihrer Größe nach geordneten Zahlen 1, 2, 3, 4, 5, ... keine letzte und größte gibt, daß diese Folge kein Ende hat, also eben unendlich ist. Auf den Begriff „Menge" komme ich später noch zurück. Statt „Menge der natürlichen Zahlen" kann man hier ebensogut auch „Gesamtheit aller natürlichen Zahlen" sagen. Es handelt sich also um eine Zusammenfassung der natürlichen Zahlen zu einem neuen Begriff.

Viertens: *Das Grundgesetz der natürlichen Zahlen.* Während es sich bei den bisherigen Regeln um Aussagen handelt, die für die natürlichen Zahlen keineswegs charakteristisch sind, vielmehr für die im folgenden anzuführenden Erweiterungen des Zahlbegriffs auf die ganzen, die rationalen und die reellen Zahlen in gleicher Weise gelten, handelt es sich bei dem Grundgesetz um eine spezifische Eigenschaft der natürlichen Zahlen. Es lautet:

Hat eine bestimmte natürliche Zahl n_0 die Eigenschaft E und kann aus der Annahme, die beliebige natürliche Zahl n habe ebenfalls die Eigenschaft E, gefolgert werden, daß diese Eigenschaft E auch der folgenden Zahl $n + 1$ zukommt, so haben alle natürlichen Zahlen, die nicht kleiner sind als n_0, die Eigenschaft E.

Die auf den ersten Blick etwas verwickelt erscheinende Aussage ist nicht nur grundsätzlich wichtig, sondern für den ganzen Aufbau der Mathematik geradezu von entscheidender Bedeutung, weil sie die Grundlage eines Beweisansatzes ist, der in allen Gebieten der Mathematik selbst bei den schwierigsten Fragen immer wieder verwendet wird und der Ihnen unter dem Namen *vollständige Induktion* oder *Schluß von n auf $n + 1$* vielleicht schon bekannt ist. Überlegen wir uns einmal, was der obige Satz bedeutet. Er sagt uns zunächst, daß mit n_0 auch $n_0 + 1$ die Eigenschaft E hat. Mit $n_0 + 1$ hat dann auch $n_0 + 2$, dann auch $n_0 + 3$ usw. die Eigenschaft E, weil ja ganz allgemein mit n auch $n + 1$ die Eigenschaft E hat. Es erscheint der Satz fast als Trivialität und das ist im Grunde bei allen Axiomen so. Es wäre doch offenbar sehr schlimm um die ganze Mathematik bestellt, würden uns ihre Axiome nicht als solche Selbstverständlichkeiten erscheinen. Aber sehr oft verbirgt sich hinter der scheinbaren Selbstverständlichkeit oder Trivialität eine erkenntnistheoretische Schwierigkeit. Bei der obigen Analyse des Satzes liegt sie in dem Begriff „usw.", der von entscheidender Bedeutung, aber viel zu verschwommen ist, als daß man ihn in einem Axiom verwenden könnte. Wenn man will, ist das ganze Axiom in seiner oben gegebenen Formulierung nichts anderes als eine scharfe Fassung des Begriffs „usw.". Ist $n_0 = 1$, was in vielen speziellen Fällen zutrifft, so haben alle natürlichen Zahlen die Eigenschaft E.

Das Axiom von der vollständigen Induktion wird oft auch etwas anders formuliert, etwa so:

Enthält eine Aussage E eine allgemeine natürliche Zahl ν, *ist E richtig für* $\nu = n_0$ *und folgt aus der Annahme, daß E für* $\nu = n$ *gelte, daß E auch für* $\nu = n + 1$ *richtig ist, so gilt E für alle natürlichen Zahlen* $\nu \geqq n_0$.

Aber eine Aussage, die eine allgemeine natürliche Zahl ν enthält, ist stets eine Eigenschaft dieser Zahl und daher sind die beiden Formulierungen völlig gleichwertig.

Als Beispiel sei der folgende Satz zu beweisen: *Für* $n \geqq 10$ *ist stets*

$$2^n > n^3. \tag{1}$$

Wegen $2^{10} = 1024 > 10^3 = 1000$ ist der Satz richtig für $n = n_0 = 10$. Zu zeigen ist, daß aus der *Annahme*, (1) sei für eine bestimmte natürliche Zahl n richtig, die Ungleichung

$$2^{n+1} > (n+1)^3 \tag{2}$$

folgt. (2) entsteht aus (1), indem man n durch $n + 1$ ersetzt. Wenn also (1) die Aussage E für die Zahl n ist, so ist (2) dieselbe Aussage E für die Zahl $n + 1$. Um nun (2) aus (1) herzuleiten, multipliziere ich (1) beiderseits mit 2 und erhalte

$$2 \cdot 2^n = 2^{n+1} > 2\,n^3 = n^3 + n^3 = n^3 + (n-1)\,n^2 + (n-1)\,n + n;$$

der letzte Ausdruck ist sicher größer als

$$n^3 + 3\,n^2 + 3\,n + 1 = (n+1)^3,$$

wenn nur $n - 1 > 3$, also $n > 4$ ist (es genügt sogar schon $n \geqq 4$). Damit ist aber (2) schon bewiesen. Aus dem Grundgesetz folgt jetzt sofort die Richtigkeit der Behauptung, daß $2^n > n^3$ ist für *alle* $n \geqq 10$. Daß der Satz für $n < 10$ nicht gilt, bestätigt man leicht durch Ausrechnen.

Warum nennt man dieses Axiom aber vollständige Induktion? In den empirischen Wissenschaften spricht man von einer *Induktion*, wenn man von einer endlichen Zahl von Beobachtungen auf ein allgemeines Gesetz schließt. Klassische Beispiele für induktiv erschlossene Naturgesetze sind die Fallgesetze und die Gesetze der Planetenbewegung. Alle diese Gesetze sind „Theorien" über bestimmte Vorgänge in der Natur und jede Theorie wird umgestoßen, wenn jemand einmal eine Beobachtung macht, die mit der Theorie in Widerspruch steht, und das ist schon oft genug vorgekommen. Alle induktiv erschlossenen Gesetze sind somit bloße Wahrscheinlichkeitsaussagen, wenn wir auch geneigt sind, zumindest in manchen Fällen, die Wahrscheinlichkeit als sehr groß anzusehen. Auch die Ungleichung $2^n > n^3$ können wir durch „Beobachtungen" bestätigen, indem wir die beiden Seiten etwa für $n = 9, 10, 12, 17, 1039$ berechnen. Wir können solche Beobachtungen beliebig oft wiederholen, so wie wir die Fallgesetze beliebig oft durch Experimente bestätigen können. Wir könnten dann, genau wie der Physiker, eine Theorie aufstellen, nämlich das allgemeine Gesetz $2^n > n^3$ für $n \geqq 10$, das aber dann auch nur eine Wahrscheinlichkeitsaussage wäre. Das Axiom von der vollständigen Induktion, und daher das Wort „vollständig", gibt uns aber mehr, nämlich die Gewißheit, daß $2^n > n^3$ für *alle* natürlichen Zahlen $n \geqq 10$ richtig ist. Und diese Gewißheit schöpfen wir letzten Endes aber nur aus dem starken Eindruck der Trivialität, den der Satz der vollständigen Induktion auf uns macht.

Ich komme schließlich noch zu den *Grundgesetzen der Arithmetik*. Ich nehme dabei an, daß Ihnen die beiden direkten Rechenoperationen der Addition und Multiplikation und auch die Tatsache bekannt ist, daß die *Summe* $a + b$ und das *Produkt* $a\,b$ zweier natürlicher Zahlen a und b stets wieder natürliche Zahlen sind. Aus diesem Grunde nennt man die Menge der natürlichen Zahlen auch oft einen *Zahlenbereich*. Im ganzen gibt es fünf Grundgesetze, nämlich:

Das *kommutative Gesetz* der Addition

$$a + b = b + a \tag{3a}$$

und der Multiplikation

$$a\,b = b\,a, \tag{3b}$$

das *assoziative Gesetz* der Addition

$$(a + b) + c = a + (b + c) \tag{4a}$$

und der Multiplikation

$$(a\,b)\,c = a\,(b\,c), \tag{4b}$$

(das die Möglichkeit gibt, drei- und mehrgliedrige Summen und Produkte ohne Klammern, einfach $a + b + c$, bzw. $a\,b\,c$ zu schreiben) und schließlich das *distributive Gesetz*, das Addition und Multiplikation verknüpft[1]

$$(a + b)\,c = a\,c + b\,c. \tag{5}$$

Ferner gelten die beiden *Monotoniegesetze*:
Aus $a < b$ *folgt*

$$a + c < b + c \tag{6}$$

und

$$a\,c < b\,c. \tag{7}$$

Beide sind *umkehrbar*, d. h. aus (6) oder (7) folgt $a < b$. Ich bemerke jedoch schon hier, daß das Gesetz (7) und seine Umkehrung in den Mengen der in Ziffer 2 und 3 einzuführenden ganzen, rationalen oder reellen Zahlen *nur im Falle* $c > 0$ *gilt.*

Die dritte direkte Operation des Potenzierens, die weder dem kommutativen noch dem assoziativen Gesetz genügt, weil im allgemeinen $a^b \neq b^a$, $(a^b)^c \neq a^{(b^c)}$ ist, lasse ich vorläufig außer Betracht[2].

Die folgenden Erweiterungen des Zahlbegriffs sind alle so vorgenommen, daß nicht nur die Gleichheits- und Größenbeziehungen, sondern auch die Grundgesetze in den allgemeineren Zahlenmengen ungeändert gelten *(Prinzip der Permanenz der Grundgesetze)*.

2. Die ganzen und die rationalen Zahlen. Ziffernsysteme. Die zur Addition und Multiplikation inversen (umkehrenden) oder indirekten Rechenoperationen der *Subtraktion* und *Division* sind in der Menge der natürlichen Zahlen nicht unbeschränkt ausführbar. Man kommt zur Subtraktion, wenn man nach der Zahl x fragt, die man zu einer gegebenen (natürlichen) Zahl b hinzufügen muß, um eine zweite gegebene (natürliche) Zahl a als Summe zu erhalten. Man fragt also nach der *Lösung* der *Gleichung*

$$b + x = a,$$

die man in bekannter Weise als *Differenz*

$$x = a - b$$

[1] Hier zeigt sich, daß zwischen Addition und Multiplikation keine volle Symmetrie besteht, denn sonst müßte es neben (5) ein zweites distributives Gesetz geben, das aus (5) durch Vertauschung von Addition und Multiplikation entsteht:

$$a\,b + c = (a + c)\,(b + c).$$

Das ist aber nur dann richtig, wenn entweder $c = 0$ oder $a + b + c = 1$ ist, und daher für natürliche Zahlen immer falsch.

[2] Die Verwendung der Wörter „im allgemeinen" bedeutet einen sehr starken Appell an das richtige Sprachgefühl, so daß größte Vorsicht am Platz ist. Es ist zum Beispiel richtig, zu sagen, daß die natürlichen Zahlen im allgemeinen größer als 3 sind, weil es nur drei natürliche Zahlen gibt, nämlich 1, 2 und 3, die nicht größer als 3 sind. Aber es wäre völlig falsch, zu sagen, daß die natürlichen Zahlen im allgemeinen nicht durch 3 teilbar sind.

schreibt. Diese Differenz ist aber nur dann eine natürliche Zahl, wenn $a > b$ ist. Will man aber erreichen, daß die Subtraktion ebenso wie die Addition unbeschränkt ausführbar ist, so muß man den Zahlbegriff durch Einführung der *Null* (Fall $a = b$) und der *negativen ganzen Zahlen* (Fall $a < b$) erweitern, die zusammen mit den natürlichen Zahlen die Menge der *ganzen Zahlen* bilden.

Dabei dient das im Fall $a \leqq b$ zunächst sinnlose Symbol $a - b$ zur Definition der Null und der negativen ganzen Zahlen. Man muß jedoch Festsetzungen treffen, wie man mit diesen Symbolen zu rechnen hat, und man wird sich dabei von dem am Schluß von Ziffer 1 erwähnten Permanenzprinzip leiten lassen. So wird z. B. die Gleichheit

$$a - b = c - d$$

zweier beliebiger (durch Differenzen natürlicher Zahlen dargestellter) ganzer Zahlen auf die Gleichheit

$$a + d = b + d$$

zweier natürlicher Zahlen zurückgeführt und definiert; die Summe

$$(a - b) + (c - d)$$

zweier beliebiger ganzer Zahlen kann man in der Form

$$(a + c) - (b + d)$$

als Differenz natürlicher Zahlen darstellen usw. Es handelt sich also, mit anderen Worten ausgedrückt, um eine Definition der ganzen Zahlen durch geordnete[1] Paare natürlicher Zahlen (a, b), für die gewisse Rechenregeln aufgestellt werden; die obige Regel lautet dann

$$(a, b) + (c, d) = (a + c, b + d). \tag{8}$$

In ähnlicher Weise kommt man zur *Division* durch die Gleichung

$$b\,x = a$$

mit gegebenen (ganzen) Zahlen a und b; ihre Lösung ist der *Quotient*

$$x = \frac{a}{b}.$$

Die Division ist in der Menge der ganzen Zahlen nur dann ausführbar, wenn a ein Vielfaches von b, d. h. wenn a durch b *teilbar* ist. Die Forderung, die Division unbeschränkt ausführbar zu machen, führt zu einer neuerlichen Erweiterung des Zahlbegriffs, zur Menge der *rationalen Zahlen*. Nur *die Division durch Null* ist im Bereich der rationalen Zahlen ebenso wie in jedem der folgenden Zahlenbereiche *auszuschließen*. Denn sie verlangt, eine Zahl zu finden, die, mit Null multipliziert, einen von Null verschiedenen Wert liefert. Eine solche Zahl kann es aber nicht geben, die Gleichung $0 \cdot x = a$ besitzt *keine Lösung*, wenn $a \neq 0$ ist, während im Fall $a = 0$ *jede Zahl x eine Lösung ist*[2].

Ähnlich wie die ganzen Zahlen als Differenzen natürlicher Zahlen definiert wurden, kann man die rationalen Zahlen als Quotienten ganzer Zahlen definieren. Die Gleichheit

$$\frac{a}{b} = \frac{c}{d}$$

---

[1] Vgl. die Fußnote S. 2. Man beachte, daß im allgemeinen $(a, b) \neq (b, a)$, d. h. $a - b \neq b - a$ ist.

[2] Eine große Zahl von Rechentricks beruht gerade auf einer verkappten Division durch Null. So kann man z. B. leicht „beweisen", daß $2 = 3$ ist, wenn man eine (richtige) Gleichung $2\,A = 3\,A$ herleitet, wo A ein so komplizierter Ausdruck ist, daß man es ihm nicht ansieht, daß er gleich Null ist. „Kürzt" man durch A, so folgt wohl der Unsinn $2 = 3$, aber nur deshalb, weil man etwas getan hat, was man nicht darf, nämlich durch Null dividieren.

zweier beliebiger, als Quotienten ganzer Zahlen dargestellter rationaler Zahlen wird durch

$$a\,d = b\,c$$

auf die Gleichheit ganzer Zahlen zurückgeführt und definiert; durch die Festsetzung

$$\frac{a}{b} + \frac{c}{d} = \frac{a\,d + b\,c}{b\,d}$$

ist die Summe zweier rationaler Zahlen wieder als rationale Zahl, d. h. als Quotient ganzer Zahlen dargestellt usw. Auch hier handelt es sich also wieder um eine Definition der neu einzuführenden Zahlen durch geordnete Paare der bereits bekannten Zahlen, für die Rechenregeln aufzustellen sind, wobei wieder das Permanenzprinzip die Rolle eines leitenden Prinzips übernimmt. In Zahlenpaaren geschrieben, lautet die obige Regel für die Addition rationaler Zahlen

$$(a, b) + (c, d) = (a\,d + b\,c,\; b\,d). \tag{9}$$

Man vergleiche damit die ganz anders gebaute Regel (8).

Enthalten zwei ganze Zahlen a und b denselben Faktor $c \neq 1$, ist also $a = a' c$ und $b = b' c$ mit ganzzahligem a' und b', so kann der Bruch $\frac{a}{b}$ durch c „gekürzt" werden, d. h. es ist $\frac{a}{b} = \frac{a'}{b'}$. Ein Bruch heißt *reduziert*, wenn Zähler und Nenner teilerfremd sind.

Die Gleichung $\frac{a}{b} = \frac{a'}{b'}$ bedarf aber doch noch einer ergänzenden Bemerkung. Betrachten wir etwa den speziellen Fall

$$\frac{1}{2} = \frac{2}{4}$$

und denken wir uns, unsere Einheit sei ein hölzerner Stab von 1 m Länge. Um die Hälfte zu bekommen, muß ich den Stab in zwei Teile teilen, um zwei Viertel zu bekommen, muß ich den Stab in vier Teile teilen und zwei dieser Teile nehmen. Nun wird niemand behaupten, daß zwei Viertelstäbe *dasselbe* sind wie ein halber Stab. Was übereinstimmt sind nur die Längen; ein halber Stab ist genau so lang wie zwei — richtig aneinandergefügte — Viertelstäbe. Bei den Gleichheitsbeziehungen handelt es sich also immer um Gleichheit hinsichtlich einer bestimmten Eigenschaft, die definiert werden muß. Ich gebe Ihnen noch ein Beispiel, daß man die Gleichheit von Dingen sehr wohl definieren kann, ohne daß das Transitivitätsgesetz erfüllt ist. Nehmen wir an, daß wir einen Stab von 1 m Länge unter Verwendung eines nicht sehr genauen Maßes mit einem Messer in vier gleiche Teile teilen. Die Teile werden dann wahrscheinlich nicht genau gleich lang sein, aber im Hinblick auf die Absicht, die wir mit unseren vier, je ungefähr 25 cm langen Stäben verfolgen, sei es zulässig, zwei solche Stäbe noch als „gleich" anzusehen, wenn ihre Längen um höchstens 1 mm differieren. Und nun messen wir drei von den vier Stäben mit einem genaueren Maßstab nach und finden Längen von 24·9, 25 und 25·1 cm. Dann ist der erste „gleich" dem zweiten, der zweite „gleich" dem dritten, aber der erste *nicht* „gleich" dem dritten, weil hier der Längenunterschied bereits 2 mm beträgt, also nicht mehr zulässig ist. Ich hoffe, Ihnen damit gezeigt zu haben, daß die Gleichheitsrelationen in Wahrheit gar nicht so trivial sind als es aufs erste scheinen mag.

Für das numerische Rechnen schreibt man die rationalen Zahlen nicht als Quotienten ganzer Zahlen, sondern als Dezimalbrüche. Eine rationale Zahl ist entweder ein endlicher Dezimalbruch, z. B. $\frac{1}{4} = 0{\cdot}25$ oder ein unendlicher (nicht abbrechender) periodischer Dezimalbruch, z. B. $\frac{1}{3} = 0{\cdot}333\ldots = 0{\cdot}\dot{3}$ oder $\frac{7}{44} = 0{\cdot}15909090\ldots = 0{\cdot}15\dot{9}\dot{0}$, wobei sich von einer bestimmten Stelle an die Ziffern periodisch wiederholen.

Es ist vielleicht nicht unangebracht, bei dieser Gelegenheit ein paar Worte über *Ziffernsysteme* zu sagen. Jedes Ziffernsystem ist eine konventionelle, auf Erwägungen der Zweckmäßigkeit beruhende Methode, um bestimmte Zahlen anzuschreiben. Das heute in der ganzen zivilisierten Welt allgemein gebräuchliche *dekadische System (Dezimalsystem, Zehnersystem)* wurde höchstwahrscheinlich deshalb gewählt, weil der Mensch zehn Finger hat und die Finger in früheren Zeiten sehr oft und auch heute noch gelegentlich als primitives Rechengerät benützt werden. Das Dezimalsystem besteht bekanntlich darin, daß man für die neun kleinsten natürlichen Zahlen besondere Zeichen eingeführt hat, die man *Ziffern* nennt und diese dann noch durch ein weiteres Zeichen für die Null ergänzt hat. Die Einführung des Zeichens 0 war zweifellos eine der größten Schöpfungen des menschlich Geistes. Erst mit seiner Hilfe ist es möglich geworden, den Stellenwert jeder Ziffer in höchst einfacher Weise festzulegen. Ausführlich geschrieben ist z. B.

$$302{\cdot}74 = 3 \cdot 10^2 + 2 + 7 \cdot \frac{1}{10} + 4 \cdot \frac{1}{10^2}.$$

Das dekadische System ist in Indien erfunden worden und hat sich durch Vermittlung der Araber etwa vom zwölften Jahrhundert an in Europa verbreitet. Selbstverständlich wären auch andere Ziffernsysteme — Systeme mit einer anderen Basis als 10 — durchaus brauchbar. Man hat sogar allen Ernstes vorgeschlagen, das Zehnersystem zu verlassen und zum Zwölfersystem überzugehen, weil dieses gewisse Vorteile vor dem Zehnersystem hat: 12 ist durch 2, 3, 4 und 6 teilbar, so daß $\frac{1}{2}$, $\frac{1}{3}$, $\frac{1}{4}$ und $\frac{1}{6}$ durch endliche und nur $\frac{1}{5}$ und $\frac{1}{7}$ durch unendliche (periodische) Duodezimalzahlen dargestellt werden. Es ist aber wohl klar, daß eine solche Umstellung eine geradezu schreckliche Verwirrung und sehr erhebliche, kaum abschätzbare Kosten verursacht hätte, die die Vorteile bei weitem überwogen hätten. Selbstverständlich hätte man auch zwei neue Ziffernzeichen für 10 und 11 erfinden und — was wesentlich schwerer gewesen wäre — zur allgemeinen Annahme bringen müssen. Allgemein spricht man von einem *p-adischen System*, wenn die Basis und damit auch die Anzahl der Ziffernzeichen gleich p ist. Von praktischer Bedeutung ist in der letzten Zeit im Zusammenhang mit den elektronischen Rechenmaschinen das einfachste aller Ziffernsysteme, nämlich das *dyadische, Dual-* oder *Zweiersystem* mit $p = 2$ geworden. Hier braucht man nur zwei Ziffern, für die man gewöhnlich 0 und 1 nimmt. Ich glaube, es genügt, wenn ich ein paar Beispiele gebe, wobei die unterstrichenen Zahlen im Dualsystem geschrieben sind:

$$\underline{10} = 2 + 0 = 2, \quad \underline{111} = 2^2 + 2 + 1 = 7, \quad \underline{1001} = 2^3 + 1 = 9,$$

$$\underline{1{\cdot}1} = 1 + 1 \cdot \frac{1}{2} = 1{\cdot}5, \quad \underline{10{\cdot}101} = 2 + \frac{1}{2} + \frac{1}{2^3} = 2{\cdot}625,$$

$$\underline{0{\cdot}\dot{1}} = \frac{1}{2} + \frac{1}{2^2} + \frac{1}{2^3} + \dots = 1$$

(so wie im Dezimalsystem $0{\cdot}\dot{9} = 1$ ist) und

$$\underline{0{\cdot}\dot{0}\dot{1}} = \frac{1}{2^2} + \frac{1}{2^4} + \frac{1}{2^6} + \dots = \frac{1}{3}.$$

Über die geometrischen Reihen in den beiden letzten Beispielen vgl. § 4, 3[1].

In der Menge der rationalen Zahlen sind die vier Rechenoperationen der Addition, Multiplikation, Subtraktion und Division — immer mit Ausnahme der Division durch Null — unbeschränkt ausführbar. Derartige Zahlenmengen nennt man auch *Körper* oder *Rationalitätsbereiche*; die Operationen haben dabei stets der formalen Gesetzen (3) bis (5) zu genügen. Die rationalen Zahlen bilden also einen Körper oder Rationalitätsbereich.

[1] Der Hinweis § 4,3 bedeutet § 4, Ziffer 3.

3. Die irrationalen und die reellen Zahlen. Es gibt noch eine dritte direkte Rechenoperation, das Potenzieren. Die Regeln für das Rechnen mit Potenzen setze ich wieder als bekannt voraus; daß für das Potenzieren das kommutative und das assoziative Gesetz nicht gelten, habe ich schon in Ziffer 1 erwähnt. Das Potenzieren ist im Bereich der natürlichen Zahlen unbeschränkt ausführbar; a^b ist immer eine natürliche Zahl, wenn a und b natürliche Zahlen sind. Aber wenn a und b ganze Zahlen sind, kann a^b eine nicht ganze rationale Zahl sein, z. B. $2^{-1} = \frac{1}{2}$. Wenn a und b rationale Zahlen sind, so kann a^b, wenn wir uns auf den Standpunkt stellen, nur die rationalen Zahlen zu kennen, überhaupt sinnlos werden, denn z. B. $2^{1/2}$ ist keine rationale Zahl. Setzen wir einmal versuchsweise $x = 2^{1/2}$, so folgt durch beiderseitiges Potenzieren mit 2, wobei angenommen wird, daß die Gleichheitsbeziehungen für das Potenzieren weitergelten, die Gleichung

$$x^2 = 2,$$

da ja $(2^{1/2})^2 = 2$ ist. x ist also jene Zahl, die, mit 2 potenziert, 2 ergibt. Das ist aber — ganz analog wie bei der Umkehrung der Addition und Multiplikation in Ziffer 2 — die Frage nach der Umkehrung des Potenzierens bei unbekannter Basis. Allgemein führt die Gleichung $x^a = b$ auf das *Radizieren* als inverser Operation des Potenzierens und man schreibt $x = \sqrt[a]{b}$ oder in unserem speziellen Fall $x = \sqrt{2}$. Aber diese Symbole haben in der Menge der rationalen Zahlen im allgemeinen keinen Sinn, und wenn sie sinnvoll sind, d. h. wenn $\sqrt[a]{b}$ eine rationale Zahl ist, so sind sie oft nicht eindeutig bestimmt, wie z. B. $\sqrt{4}$, was gleich 2, aber auch gleich -2 sein kann[1]. Ich erwähne noch, daß es, da das Potenzieren nicht kommutativ ist, noch eine zweite inverse Operation gibt, nämlich das *Logarithmieren* als Lösung der Gleichung $a^x = b$, die etwa durch $x = \frac{\log b}{\log a}$ mit dekadischen Logarithmen (mit der Basis 10) dargestellt werden kann. Diese Logarithmen sind im allgemeinen keine rationalen Zahlen.

Wir sehen also, daß wir zu einer neuerlichen Erweiterung des Zahlbegriffs gezwungen sind, selbst wenn wir nur fordern, daß in dem neuen Zahlenbereich so simple Gleichungen wie etwa $x^2 = 2$ oder $x^3 = 7$ lösbar sein sollen. Die neu einzuführenden Zahlen heißen *irrationale Zahlen;* zusammen mit den rationalen Zahlen bilden sie die Menge der *reellen Zahlen.*

Die Behauptung, daß keine rationale Zahl eine Lösung x der Gleichung $x^2 = 2$ sein kann, läßt sich auf eine so einfache und elementare Art beweisen, daß ich Ihnen diese Überlegung nicht vorenthalten will, zumal Sie dabei die Methode des sogenannten *indirekten Beweises* an einem instruktiven Beispiel kennenlernen. Ein indirekter Beweis einer Behauptung besteht darin, daß man zunächst annimmt, die Behauptung sei falsch, und zeigt, daß diese Annahme zu einem Widerspruch führt. Ich nehme also an, $x = \frac{p}{q}$ sei eine rationale Zahl, p und q ganze Zahlen, die wir noch als *teilerfremd* voraussetzen können (Ziffer 2). Dann folgt durch Quadrieren

$$x^2 = 2 = \frac{p^2}{q^2},$$

[1] Im folgenden wollen wir aber einem, wie ich glaube ziemlich allgemein verbreiteten Gebrauch folgen und unter $\sqrt{x}$ $(x > 0)$ stets den *positiven* Wert der Quadratwurzel verstehen. Dann bedeutet natürlich $-\sqrt{x}$ den negativen Wert und $\pm\sqrt{x}$ beide.

oder $p^2 = 2\,q^2$; also ist p^2 eine gerade Zahl und da die Quadrate von ungeraden Zahlen selbst ungerade sind, muß p gerade sein; ich kann also $p = 2\,r$ setzen, wobei r wieder eine ganze Zahl ist. In $p^2 = 2\,q^2$ eingesetzt, folgt

$$4\,r^2 = 2\,q^2$$

oder nach Kürzen durch 2

$$2\,r^2 = q^2.$$

Jetzt kann ich wie oben schließen, daß q eine gerade Zahl ist und damit ist der Widerspruch da: p und q sind beide gerade, also nicht teilerfremd in Widerspruch zu der stets erfüllbaren Voraussetzung, daß der Bruch $\frac{p}{q}$ reduziert ist. Die Annahme, x sei rational, ist somit falsch.

Ich nehme an, daß Sie die Forderung nach einer neuerlichen Erweiterung des Zahlbegriffs für berechtigt halten; ich glaube sogar, Sie würden — mit vollem Recht — eine Mathematik, in der das Symbol $\sqrt{2}$ überhaupt keinen Sinn hat, für eine recht unvollkommene Wissenschaft halten. Ein analoger Vorgang wie bei den ganzen und rationalen Zahlen in Ziffer 2, also eine Definition der irrationalen Zahlen etwa durch a^b mit rationalen a und b führt nicht zum Ziel, weil einerseits nicht alle irrationalen Zahlen in dieser Form darstellbar sind, während anderseits a^b nicht einmal in der durch die irrationalen Zahlen erweiterten Menge der *reellen Zahlen* einen Sinn haben muß, z. B. $(-1)^{1/2}$. Wie Sie sehen, stehen wir vor einem Problem, das offenbar nicht ganz einfach ist. Eine strenge Definition der irrationalen Zahlen werde ich in § 2 geben. Damit wir aber weiter reden können, gebe ich Ihnen die folgende vorläufige Definition:

Die irrationalen Zahlen sind die nicht periodischen unendlichen Dezimalbrüche[1].

In der Menge der reellen Zahlen gelten alle Regeln und Gesetze von Ziffer 1 nur mit der einen Ausnahme, daß *das Monotoniegesetz* (7) *nur für* $c > 0$ *richtig ist*; ist $c < 0$, so folgt aus $a < b$

$$a\,c > b\,c,$$

das Ungleichheitszeichen kehrt sich um, wenn man eine Ungleichung mit einer negativen Zahl multipliziert. Insbesondere folgt aus $a < b$ durch Multiplikation *mit* -1

$$-a > -b.$$

Man kann zeigen, daß eine Erweiterung des Zahlbegriffs über die Menge der reellen Zahlen hinaus nicht mehr möglich ist, wenn die Erweiterung allen in Ziffer 1 zusammengestellten Gesetzen (mit Ausnahme des Grundgesetzes der natürlichen Zahlen) genügen soll. Den Beweis dieser als *Vollständigkeitssatz* bezeichneten Aussage übergehe ich.

[1] Was ein unendlicher Dezimalbruch ist, läßt sich streng nur mit Hilfe des Begriffs der Zahlenfolge erklären, über den ich in § 3 sprechen werde. Ich nehme aber an, daß Sie eine gewisse Vorstellung von unendlichen Dezimalbrüchen von der Mittelschule her mitbringen. Zur Unterstützung dieser Vorstellung möchte ich noch folgendes anführen:

Erstens: Von einem unendlichen Dezimalbruch spricht man nur dann, wenn er unendlich viele (in demselben Sinn zu verstehen wie die Aussage „Es gibt unendlich viele natürliche Zahlen" oder „Die natürlichen Zahlen bilden eine unendliche Menge", vgl. Ziffer 1) von Null verschiedene Ziffern enthält. Denn gäbe es nur endlich viele solcher Ziffern, so gäbe es darunter eine letzte und alle folgenden Stellen wären mit Nullen besetzt, so daß wir einen endlichen Dezimalbruch hätten (Ziffer 2).

Zweitens: Es muß in jedem konkreten Fall irgendwie ein Rechenverfahren gegeben sein, das gestattet, beliebig viele Stellen des Dezimalbruches zu berechnen, z. B. das gewöhnliche Verfahren zur „Berechnung" einer Quadratwurzel, etwa der $\sqrt{2}$, das ja nichts anderes liefert als die Darstellung der $\sqrt{2}$ durch einen unendlichen, nicht periodischen Dezimalbruch.

Unter den irrationalen Zahlen unterscheidet man noch die *algebraisch irrationalen Zahlen* und die *transzendenten Zahlen*. Eine reelle Zahl ist eine *algebraische Zahl*, wenn sie sich als Wurzel (Lösung) einer *algebraischen Gleichung*

$$a_0 x^n + a_1 x^{n-1} + a_2 x^{n-2} + \ldots + a_{n-1} x + a_n = 0$$

darstellen läßt, deren Koeffizienten $a_0 \neq 0, a_1, \ldots, a_n$ *ganze Zahlen* sind. Der *Grad n* der Gleichung ist selbstverständlich eine natürliche Zahl. Die Menge der algebraischen Zahlen enthält auch die rationalen Zahlen, die Wurzeln der *linearen* Gleichung

$$a_0 x + a_1 = 0$$

mit ganzzahligen Koeffizienten sind. Die irrationalen Zahlen, die nicht algebraisch sind, heißen transzendent. Wichtige Beispiele solcher Zahlen sind die Ludolphsche Zahl $\pi = 3{\cdot}1415926\ldots$, die das Verhältnis von Kreisumfang und Durchmesser angibt und deren Transzendenz im Jahr 1882 von LINDEMANN[1] bewiesen wurde und die Zahl $e = 2{\cdot}7182818\ldots$, die Basis der sogenannten natürlichen Logarithmen; ihre Transzendenz wurde im Jahre 1873 von dem französischen Mathematiker HERMITE nachgewiesen[2].

Schließlich noch ein ebenso einfacher wie wichtiger Satz:

Ist die Zahl $a \geqq 0$ und gilt $a < \varepsilon$ *für jede beliebige positive Zahl* ε, *so ist* $a = 0$.

Denn wäre $a > 0$, so könnte man $\varepsilon = a$ nehmen und hätte dann $a < a$, was aber unmöglich ist.

Aus diesem Satz folgt insbesondere, daß es in dem System der reellen Zahlen keine „unendlich kleinen Größen" (vgl. Einleitung, Fußnote S. 2) geben kann, denn eine solche unendlich kleine Größe wäre ja eben kleiner als jede angebbare Zahl ε, aber doch nicht Null. Ich möchte Sie bei dieser Gelegenheit darauf aufmerksam machen, daß in der reinen Mathematik die Begriffe „groß" und „klein" überhaupt keinen vernünftigen Sinn haben[3]; es gibt hier nur die Relationen „größer" und „kleiner". In der „angewandten" Mathematik der Naturwissenschaften, aber auch im numerischen Rechnen können die Begriffe „groß" und „klein" eine durchaus vernünftige, wenn auch stets nur relative Bedeutung haben, die durch das Anwendungsgebiet bestimmt ist. Der Astronom wird mit Recht die Entfernung zwischen Erde und Mond klein nennen, weil sie klein ist im Vergleich zu den Entfernungen der Fixsterne. Dagegen wird ein Atomphysiker eine Strecke von 1 mm Länge als groß bezeichnen. Ich komme auf diese Frage in § 11, 4 nochmals zurück.

4. **Die komplexen Zahlen.** Die fundamentalen Gesetze, die ich in Ziffer 1 zusammengestellt habe, sind aufs engste mit unseren gewohnten Vorstellungen über den Zahlbegriff verknüpft; sie sind im Grunde nichts anderes als das Resultat einer eingehenden Analyse dieser Vorstellungen. Wir werden demgemäß nicht geneigt sein, ein Größensystem, für das ein wesentlicher Teil dieser Gesetze keine Gültigkeit hat, noch als System von *Zahlen* anzusprechen. Anderseits kann

---

[1] FRIEDRICH LINDEMANN, geb. 1852 in Hannover, gest. 1939, wirkte in Königsberg und München.

Mit der Transzendenz von π wurde auch nachgewiesen, daß das uralte Problem der „Quadratur des Kreises", d. h. die mit Zirkel und Lineal durchzuführende Konstruktion eines einem gegebenen Kreise flächengleichen Quadrates unlösbar ist. Mit Zirkel und Lineal sind nur solche Aufgaben konstruktiv lösbar, die sich irgendwie auf algebraische Gleichungen zweiten Grades mit rationalen Koeffizienten zurückführen lassen.

[2] CHARLES HERMITE, geb. 1822 in Dieuze (Frankreich), gest. 1901 in Paris, wirkte in Paris. Arbeitsgebiete: Algebra, Zahlentheorie und Funktionentheorie.

[3] Ganz anders steht es dagegen mit den Begriffen „beliebig klein", „hinreichend klein" usw., die wir im folgenden sehr oft verwenden werden.

uns die in Ziffer 3 erwähnte Tatsache, daß $(-1)^{1/2}$ keine reelle Zahl ist oder, was auf dasselbe hinauskommt, daß die Gleichung

$$x^2 + 1 = 0$$

keine reelle Lösung hat, doch mit einer starken Berechtigung veranlassen, eine neuerliche Erweiterung des Zahlbegriffs über die Menge der reellen Zahlen hinaus zu suchen, die auch diese Gleichung lösbar macht. Das kann aber nach dem in Ziffer 3 erwähnten Vollständigkeitssatz nicht geschehen, ohne gewisse von den fundamentalen Gesetzen aufzuheben. Wenn Sie sich einmal nur gefühlsmäßig überlegen, welche dafür am ehesten in Betracht kommen, ohne dadurch mit unseren Vorstellungen über den Zahlbegriff allzusehr in Konflikt zu kommen, so werden Sie vermutlich an die Größenbeziehungen denken. Es scheint daher geradezu als besonders glückliche Fügung, daß sich die *komplexen Zahlen*, die allen Anforderungen hinsichtlich der Lösbarkeit algebraischer Gleichungen und der Ausführbarkeit der direkten und inversen Rechenoperationen genügen, tatsächlich durch eine Verallgemeinerung des Zahlbegriffs einführen lassen, bei der alle fundamentalen Gesetze mit alleiniger Ausnahme der Größenbeziehungen in Kraft bleiben. Man kann die komplexen Zahlen in einer verhältnismäßig einfachen Weise definieren, nämlich als *geordnete Paare* (a, b) *reeller Zahlen*, wobei wieder Gleichheit, Summe und Produkt in geeigneter Weise zu erklären sind. Ich will mich hier nicht auf Einzelheiten einlassen und erwähne nur, daß a mit der *reellen Einheit* 1, b mit der *imaginären Einheit* j verknüpft ist[1], so daß

$$(a, b) = a + b\,j$$

mit

$$\boxed{j^2 = -1} \tag{10}$$

wird. Zwei komplexe Zahlen sind gleich,

$$a + b\,j = c + d\,j, \tag{11}$$

wenn sowohl $a = c$ als auch $b = d$ ist. Die komplexe Zahl $a + b\,j$ heißt

reell, wenn $b = 0$ ist,
imaginär, wenn $b \neq 0$ ist und
rein imaginär, wenn $a = 0$ und $b \neq 0$ ist.

Reell und komplex sind also nicht Gegensätze, sondern die reellen Zahlen sind Sonderfälle der komplexen; gegensätzlich sind die Begriffe „reell" und „imaginär". Im Bereich der komplexen Zahlen sind alle direkten und inversen Rechenoperationen unbeschränkt ausführbar, d. h. a^b läßt sich, wenn a und b beliebige komplexe Zahlen sind, wieder als komplexe Zahl, wenn auch nicht immer eindeutig, darstellen; näheres darüber folgt in § 28, 4. Ferner sind alle algebraischen Gleichungen mit beliebigen komplexen Koeffizienten lösbar[2]. Wie man sieht, ist das Ergebnis dieser letzten Erweiterung des Zahlbegriffs sehr weitgehend. In den beiden ersten Bänden dieser Vorlesungen werden wir uns aber nur ganz ausnahmsweise mit komplexen Zahlen zu befassen haben.

Gehen wir umgekehrt von der Menge der komplexen Zahlen aus, so ergibt sich die folgende Übersicht über die einzelnen Zahlenmengen, zu denen wir, aus-

[1] In der mathematischen Literatur wird meist i statt j geschrieben; da aber in der Elektrotechnik i stets eine Stromstärke und daher irgendwie „tabu" ist, wollen wir den Elektrotechnikern die kleine Konzession machen und die imaginäre Einheit mit j bezeichnen.

[2] Das ist der Inhalt des sogenannten Fundamentalsatzes der Algebra, vgl. § 29, 2.

gehend von den natürlichen Zahlen, durch schrittweise Erweiterungen des Zahlbegriffs gekommen sind:

Komplexe Zahlen

reelle Zahlen — imaginäre Zahlen

rationale Zahlen[1] — irrationale Zahlen[1]

ganze Z. — gebrochene Z. — algebr. irrat. Z. — transzendente Z.

natürliche Zahlen — Null — negative ganze Zahlen.

Die rationalen und algebraisch irrationalen Zahlen zusammen bilden die Menge der (reellen) algebraischen Zahlen; man kann demgemäß die obige Übersicht auch etwas anders anordnen.

5. **Vorzeichen und absoluter Betrag.** Man bezeichnet das *Vorzeichen* (das ist die Zahl $+1$ oder -1, nicht das Zeichen $+$ oder $-$ allein) einer reellen Zahl x mit $\operatorname{sign} x$ und definiert:

$$\boxed{\begin{array}{lll} \operatorname{sign} x = +1 & \text{für} & x > 0, \\ \operatorname{sign} x = -1 & \text{,,} & x < 0, \end{array}}$$

für $x = 0$ ist $\operatorname{sign} x$ (zunächst) nicht definiert.

Der *absolute Betrag* einer reellen Zahl x wird mit $|x|$ bezeichnet und folgendermaßen definiert:

$$\boxed{\begin{array}{lll} |x| = x, & \text{wenn} & x \geqq 0, \\ |x| = -x, & \text{,,} & x < 0. \end{array}}$$

Jede reelle Zahl läßt sich daher als Produkt aus Vorzeichen und absolutem Betrag darstellen:

$$x = \operatorname{sign} x \,.\, |x|.$$

Damit diese Gleichung auch für $x = 0$ gilt, definiert man $\operatorname{sign} x$ auch für $x = 0$, und zwar setzt man $\operatorname{sign} 0 = 0$.

Einige wichtige *Regeln* für absolute Beträge:

1. *Es ist*

$$|-x| = |x|. \tag{12}$$

2. *Ist* $|x| = a$, *wobei* $a > 0$ *ist, so ist entweder* $x = a$ *oder* $x = -a$. Die Gleichung $|x| = a$ ist demnach gleichbedeutend mit der algebraischen Gleichung $x^2 = a^2$.

3. *Ist* $|x| < a$ *und* $a > 0$, *so ist* $-a < x < a$; *die Ungleichung* $|x| \leqq a$ *ist mit* $-a \leqq x \leqq a$ *gleichbedeutend.*

Ebenso folgt aus

$$|x - a| < \varepsilon, \tag{13}$$

wo $\varepsilon > 0$ ist, die Ungleichung

$$-\varepsilon < x - a < \varepsilon$$

oder, wenn man auf allen drei Seiten die Zahl a addiert,

$$a - \varepsilon < x < a + \varepsilon. \tag{14}$$

[1] Auch die komplexe Zahl $a + bj$ heißt *rational*, wenn a *und* b rational sind, und in allen anderen Fällen *irrational*.

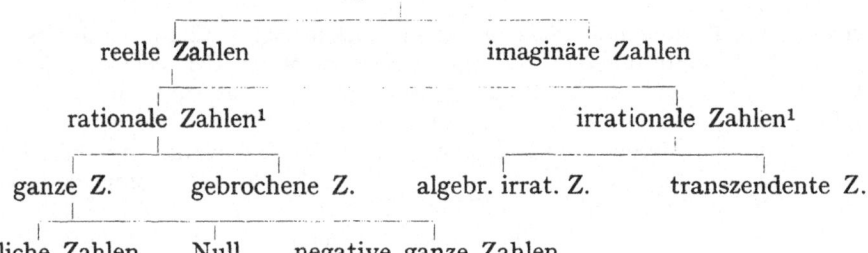

4. *Der absolute Betrag einer Summe ist nicht größer als die Summe der absoluten Beträge der Summanden*, also

$$\boxed{|x + y| \leqq |x| + |y|.} \tag{15}$$

Zum Nachweis gehe ich von den Ungleichungen

$$-|x| \leqq x \leqq |x|$$

und

$$-|y| \leqq y \leqq |y|$$

aus und erhalte durch Addition

$$-(|x| + |y|) \leqq x + y \leqq |x| + |y|.$$

Setzt man $x + y = z$ und $|x| + |y| = a$, so lautet die obige Doppelungleichung

$$-a \leqq z \leqq a,$$

d. h. es ist

$$|z| \leqq a,$$

also gerade (15).

Ersetzt man in (15) y durch $-y$, so folgt wegen (12)

$$\boxed{|x - y| \leqq |x| + |y|.} \tag{16}$$

Eine weitere Ungleichung für die Differenz ergibt sich aus (15), wenn man zunächst

$$|x + y| - |y| \leqq |x|$$

schreibt und $x + y = u$, $y = v$ setzt. Es folgt

$$|u| - |v| \leqq |u - v| \tag{17}$$

und durch Vertauschung von u und v

$$|v| - |u| \leqq |u - v|, \tag{18}$$

da wegen (12)

$$|v - u| = |-(u - v)| = |u - v|$$

ist. (17) und (18) geben zusammen, wenn man an Stelle von u und v wieder x und y schreibt,

$$\boxed{|x - y| \geqq \big|\, |x| - |y| \,\big|.} \tag{19}$$

5. *Der absolute Betrag eines Produktes ist gleich dem Produkt der absoluten Beträge der Faktoren*, also

$$\boxed{|x\,y| = |x| \cdot |y|.} \tag{20}$$

6. *Der absolute Betrag eines Quotienten ist gleich dem Quotienten der absoluten Beträge des Dividenden und Divisors*, also

$$\boxed{\left|\frac{x}{y}\right| = \frac{|x|}{|y|}.} \tag{21}$$

6. Die Fakultät. Die folgenden Überlegungen hängen nur sehr lose mit dem Vorhergehenden zusammen, aber es handelt sich um einige wichtige Sätze und Begriffe, auf die ich mich noch des öfteren beziehen werde und die daher hier ihren Platz finden mögen.

Das Produkt aller natürlichen Zahlen von 1 bis n bezeichnet man kurz mit $n!$ (lies: „n-Fakultät" oder „n-Faktorielle"), also

$$\boxed{n! = 1 \cdot 2 \cdot 3 \ldots n.} \tag{22}$$

Aus Zweckmäßigkeitsgründen setzt man

$$0! = 1. \tag{23}$$

Die Zahlen $1!$, $2!$ usw. steigen ungemein rasch an; die ersten sind $1! = 1$, $2! = 2$, $3! = 6$, $4! = 24$, $5! = 120$, $6! = 720$, $7! = 5040$, $8! = 40320$ usw. Die Berechnung von $n!$ bei großen Werten von n ist recht zeitraubend, glücklicherweise gibt es aber einen geeigneten Näherungsausdruck (Stirlingsche Formel, § 23, 2).

7. **Die Binomialkoeffizienten und der binomische Lehrsatz.** Sehr häufig hat man es mit Ausdrücken der Form $\frac{n!}{i!\,(n-i)!}$ mit nicht negativen ganzen n und $i \leqq n$ zu tun, die man kurz mit

$$\boxed{\binom{n}{i} = \frac{n!}{i!\,(n-i)!}} \tag{24}$$

(lies: „n über i") bezeichnet.

Aus (24) folgt, wenn man i durch $n - i$ ersetzt, wegen

$$\frac{n!}{(n-i)!\,(n-n+i)!} = \frac{n!}{(n-i)!\,i!}$$

die wichtige Beziehung

$$\boxed{\binom{n}{n-i} = \binom{n}{i},} \tag{25}$$

ferner wegen (23)

$$\boxed{\binom{n}{0} = \binom{n}{n} = 1.} \tag{26}$$

Für die numerische Berechnung von $\binom{n}{i}$ verwendet man Formeln, die sich aus der Definition (24) ergeben, wenn man durch $(n-i)!$ oder $i!$ kürzt

$$\binom{n}{i} = \frac{n\,(n-1)\,(n-2)\ldots(n-i+1)}{1 \cdot 2 \cdot 3 \ldots i} \tag{27}$$

bzw.

$$\binom{n}{i} = \frac{n\,(n-1)\ldots(i+1)}{1 \cdot 2 \ldots (n-i)}, \tag{28}$$

man wird zweckmäßigerweise (27) oder (28) verwenden, je nachdem $i \leqq n - i$ oder $i \geqq n - i$ ist.

Die $\binom{n}{i}$ heißen *Binomialkoeffizienten*, weil sie bei der Entwicklung der Potenzen eines Binoms $x + y$ auftreten; es ist ja

$$(x+y)^1 = x + y = \binom{1}{0} x + \binom{1}{1} y,$$

$$(x+y)^2 = x^2 + 2\,x\,y + y^2 = \binom{2}{0} x^2 + \binom{2}{1} x\,y + \binom{2}{2} y^2,$$

$$(x+y)^3 = x^3 + 3\,x^2 y + 3\,x\,y^2 + y^3 = \binom{3}{0} x^3 + \binom{3}{1} x^2 y + \binom{3}{2} x\,y^2 + \binom{3}{3} y^3,$$

$$(x+y)^4 = x^4 + 4\,x^3 y + 6\,x^2 y^2 + 4\,x\,y^3 + y^4 =$$

$$= \binom{4}{0} x^4 + \binom{4}{1} x^3 y + \binom{4}{2} x^2 y^2 + \binom{4}{3} x\,y^3 + \binom{4}{4} y^4$$

usw. Allgemein gilt für eine beliebige natürliche Zahl n

$$(x + y)^n = \binom{n}{0} x^n + \binom{n}{1} x^{n-1} y + \ldots + \binom{n}{i} x^{n-i} y^i + \ldots \\ \ldots + \binom{n}{n-1} x\, y^{n-1} + \binom{n}{n} y^n; \tag{29}$$

diese Formel wird als der *binomische Lehrsatz* bezeichnet.

An Stelle von (29) schreibt man in abgekürzter Form

$$(x + y)^n = \sum_{i=0}^{n} \binom{n}{i} x^{n-i} y^i; \tag{30}$$

dabei hat man auf der rechten Seite in dem hinter dem *Summenzeichen* Σ stehenden Ausdruck (dem *allgemeinen Glied* der Summe) für i der Reihe nach die Werte $0, 1, 2, \ldots, n$ einzusetzen und die so entstehenden Ausdrücke zu summieren (addieren). Der Beweis des Satzes folgt in der nächsten Ziffer.

8. Das Additionstheorem der Binomialkoeffizienten. Eine wichtige Formel ist das sogenannte Additionstheorem der Binomialkoeffizienten

$$\binom{n}{i-1} + \binom{n}{i} = \binom{n+1}{i}. \tag{31}$$

Zum Beweis gehe ich auf die Definition (24) zurück:

$$\binom{n}{i-1} + \binom{n}{i} = \frac{n!}{(i-1)!\,(n-i+1!)} + \frac{n!}{i!\,(n-i)!} = \frac{n!\,i}{i!\,(n-i+1)!} +$$
$$+ \frac{n!\,(n-i+1)}{i!\,(n-i+1)!} = \frac{n!}{i!\,(n-i+1)!}(i + n - i + 1) = \frac{(n+1)!}{i!\,(n-i+1)!} = \binom{n+1}{i}.$$

Das Additionstheorem liefert die Begründung für das sogenannte *Pascalsche Dreieck*[1]. Wenn man die Koeffizienten von $(x + y)^n$ für $n = 0, 1, 2, 3, \ldots$ in Form eines Dreiecks untereinanderschreibt,

1
1 1
1 2 1
1 3 3 1
1 4 6 4 1
1 5 10 10 5 1
. . . .

so erkennt man, daß jede Zahl dieses Schemas gleich der Summe der beiden links und rechts darüber stehenden Zahlen ist, z. B. $4 = 1 + 3$, $10 = 4 + 6$ usw. Es folgt daraus auch, daß $\binom{n}{i}$ zugleich mit n eine natürliche Zahl ist.

Ich komme zum Beweis des binomischen Satzes (29) oder (30). Er ist eine Aussage, die eine beliebige natürliche Zahl n enthält; er wird daher am besten mittels der vollständigen Induktion (Ziffer 1) zu beweisen sein. Der Satz ist sicher richtig für $n = 1$; ich nehme an, (29) sei für ein bestimmtes n richtig, und multipliziere beide Seiten mit $x + y$. Das gibt

[1] BLAISE PASCAL, geb. 1623 in Clermont, gest 1662 in Paris, Philosoph und Mathematiker. Das Pascalsche Dreieck war schon einige Jahrhunderte vor PASCAL arabischen und chinesischen Mathematikern bekannt.

$$(x+y)^{n+1} =$$

$$= \binom{n}{0} x^{n+1} + \binom{n}{1} x^n y + \ldots + \binom{n}{i} x^{n-i+1} y^i + \ldots + \binom{n}{n} x y^n +$$

$$+ \binom{n}{0} x^n y + \ldots + \binom{n}{i-1} x^{n-i+1} y^i + \ldots + \binom{n}{n-1} x y^n + \binom{n}{n} y^{n+1}.$$

Nun ist $\binom{n}{0} = \binom{n+1}{0}$ und $\binom{n}{n} = \binom{n+1}{n+1}$ (alle diese Ausdrücke sind ja $= 1$); ferner folgt aus (31)

$$\binom{n}{0} + \binom{n}{1} = \binom{n+1}{1}, \quad \binom{n}{i-1} + \binom{n}{i} = \binom{n+1}{i}, \quad \binom{n}{n-1} + \binom{n}{n} = \binom{n+1}{n}.$$

Wir haben also

$$(x+y)^{n+1} = \binom{n+1}{0} x^{n+1} + \binom{n+1}{1} x^n y + \ldots$$

$$\ldots + \binom{n+1}{i} x^{n+1-i} y^i + \ldots + \binom{n+1}{n} x y^n + \binom{n+1}{n+1} y^{n+1}.$$

Das ist aber ganz genau wieder (29), wenn ich nur überall n durch $n+1$ ersetze. Damit ist (29) für alle natürlichen Zahlen n bewiesen.

Setzt man im binomischen Lehrsatz $x = y = 1$, so folgt

$$2^n = \binom{n}{0} + \binom{n}{1} + \ldots + \binom{n}{n-1} + \binom{n}{n} = \sum_{i=0}^{n} \binom{n}{i}; \tag{32}$$

setzt man $x = 1$, $y = -1$, so folgt

$$0 = \binom{n}{0} - \binom{n}{1} + \binom{n}{2} - \ldots + \binom{n}{n-1} (-1)^{n-1} + \binom{n}{n} (-1)^n = \sum_{i=0}^{n} (-1)^i \binom{n}{i}. \tag{33}$$

Die Binomialkoeffizienten sind zunächst für nichtnegative ganze Zahlen n und $i \leqq n$ erklärt. Verwendet man aber

$$\binom{n}{i} = \frac{n(n-1)\ldots(n-i+1)}{1 \cdot 2 \ldots i}$$

als Definition der Binomialkoeffizienten, so kann n eine beliebige reelle (oder selbst komplexe) Zahl sein (i ist stets nichtnegativ!). So ist z. B.

$$\binom{-n}{i} = (-1)^i \binom{n+i-1}{i} \quad (n > 0),$$

$$\binom{-1}{i} = (-1)^i,$$

$$\binom{-\frac{1}{2}}{i} = (-1)^i \frac{1 \cdot 3 \cdot 5 \ldots (2i-1)}{2 \cdot 4 \cdot 6 \ldots 2i}, \quad \binom{-\frac{1}{2}}{1} = -\frac{1}{2}.$$

Aufgaben.

1. Man beweise durch vollständige Induktion:

a) $a + (a+d) + \ldots + (a + (n-1)d) = \sum_{\nu=1}^{n} (a + (\nu - 1)d) = na + \frac{n(n-1)}{2} d$;

b) (Sonderfall $a = d = 1$)

$$1 + 2 + \ldots + n = \sum_{\nu=1}^{n} \nu = \frac{n(n+1)}{2};$$

c) $1 + 4 + 9 + \ldots + n^2 = \sum_{\nu=1}^{n} \nu^2 = \frac{n(n+1)(2n+1)}{6}$;

d) $1 + q + q^2 + \dots + q^n = \sum_{\nu=0}^{n} q^\nu = \frac{1 - q^{n+1}}{1 - q}, \quad q \neq 1.$

2. Man beweise, daß aus $a < b$, $c < d$ die Ungleichung

$$a + c < b + d$$

folgt. Man darf *gleichsinnige* Ungleichungen addieren. Aus $a < b$, $c > d$ folgt jedoch nichts über die Größenbeziehung zwischen $a + c$ und $b + d$. Was folgt aus den Voraussetzungen $a < b$, $c \leqq d$ oder $a \leqq b$, $c < d$ oder schließlich $a \leqq b$, $c \leqq d$?

3. Warum sind periodische Dezimalbrüche stets rationale Zahlen, und wie verwandelt man einen periodischen Dezimalbruch in einen gemeinen Bruch?

4. Für welche x ist a) $(x - 1)(x - 2) > 0$, b) $(x - 1)(x - 2)(x - 3) \leqq 0$ c) $|(x - 1)/(x + 1)| > 1$, d) $|x - 1| \leqq 1$, e) $|(x - 1)(x - 2)| > 2$?

*5. Beweise mit Hilfe der Formel (32), daß $2^n - 2$ durch n teilbar ist, wenn n eine Primzahl ist.

§ 2. Punkt- und Zahlenmengen.

1. Der Mengenbegriff. Ich habe in § 1 von der Menge oder Gesamtheit der natürlichen (oder ganzen, rationalen, reellen) Zahlen als einer Zusammenfassung dieser Zahlen zu einem neuen Begriff gesprochen. Allgemein versteht man unter einer *Menge* eine Gesamtheit von irgendwelchen verschiedenen Dingen, den *Elementen*, mit der Eigenschaft, daß man von jedem Ding feststellen kann, ob es ein Element der Menge ist oder nicht. Man spricht von einer *endlichen* oder *unendlichen* Menge, je nachdem man die Anzahl der Elemente durch eine bestimmte natürliche Zahl angeben kann oder nicht. Eine Menge, die überhaupt kein Element enthält (z. B. die Menge der negativen natürlichen Zahlen), heißt *leere Menge*.

Eine Menge $\mathfrak{M}'$ heißt *Teilmenge* einer Menge $\mathfrak{M}$, wenn jedes Element von $\mathfrak{M}'$ auch Element von $\mathfrak{M}$ ist. Man schreibt dann

$$\mathfrak{M}' \subset \mathfrak{M}.$$

$\mathfrak{M}'$ heißt insbesondere *echte Teilmenge* von $\mathfrak{M}$, wenn sie weder leer noch mit $\mathfrak{M}$ identisch ist, d. h. wenn es in $\mathfrak{M}$ Elemente gibt, die nicht zu $\mathfrak{M}'$ gehören. So ist die Menge der natürlichen Zahlen eine (echte) Teilmenge der Menge der ganzen Zahlen, diese wieder eine (echte) Teilmenge der Menge der rationalen Zahlen usw. Das Transitivitätsgesetz gilt auch hier: Aus $\mathfrak{M}'' \subset \mathfrak{M}'$ und $\mathfrak{M}' \subset \mathfrak{M}$ folgt $\mathfrak{M}'' \subset \mathfrak{M}$.

Unter dem *Durchschnitt* $\mathfrak{D}(\mathfrak{M}_1, \mathfrak{M}_2)$ zweier Mengen $\mathfrak{M}_1$ und $\mathfrak{M}_2$ versteht man die Menge aller Elemente, die sowohl zu $\mathfrak{M}_1$ wie auch zu $\mathfrak{M}_2$ gehören. Die *Vereinigungsmenge* $\mathfrak{V}(\mathfrak{M}_1, \mathfrak{M}_2)$ ist die Menge aller Elemente, die entweder zu $\mathfrak{M}_1$ oder zu $\mathfrak{M}_2$ oder zu beiden gehören. Man schreibt gelegentlich auch

$$\mathfrak{D}(\mathfrak{M}_1, \mathfrak{M}_2) = \mathfrak{M}_1 \mathfrak{M}_2, \qquad \mathfrak{V}(\mathfrak{M}_1, \mathfrak{M}_2) = \mathfrak{M}_1 + \mathfrak{M}_2.$$

Zwei Mengen heißen *fremd*, wenn ihr Durchschnitt leer ist.

Besteht eine Menge $\mathfrak{M}$ aus den Zahlen $a_1, a_2, \dots, a_n$, so schreibt man kurz

$$\mathfrak{M} = \{a_1, a_2, \dots, a_n\}.$$

Man beachte, daß die Zahl 3 und die Menge $\{3\}$, deren einziges Element die Zahl 3 ist, begrifflich völlig verschiedene Dinge sind!

Sind die beiden Mengen

$$\mathfrak{M}_1 = \{1, 3, 4, 7\}, \quad \mathfrak{M}_2 = \{0, 3, 5, 6\},$$

so ist ihr Durchschnitt

$$\mathfrak{D} = \mathfrak{M}_1 \mathfrak{M}_2 = \{3\}$$

und ihre Vereinigungsmenge

$$\mathfrak{V} = \mathfrak{M}_1 + \mathfrak{M}_2 = \{0, 1, 3, 4, 5, 6, 7\}.$$

Zwei Mengen $\mathfrak{M}_1$ und $\mathfrak{M}_2$ heißen *äquivalent*, in Zeichen $\mathfrak{M}_1 \sim \mathfrak{M}_2$, wenn es eine paarweise Zuordnung ihrer Elemente gibt, in der jedem Element von $\mathfrak{M}_1$ ein bestimmtes Element von $\mathfrak{M}_2$ und umgekehrt jedem Element von $\mathfrak{M}_2$ ein bestimmtes Element von $\mathfrak{M}_1$ entspricht. Eine solche ***umkehrbar eindeutige*** Zuordnung heißt auch ***eineindeutige*** Zuordnung der Elemente von $\mathfrak{M}_1$ und $\mathfrak{M}_2$.

Zwei endliche Mengen sind dann und nur dann äquivalent, wenn sie gleich viele Elemente enthalten. Besteht $\mathfrak{M}_1$ aus n_1 und $\mathfrak{M}_2$ aus $n_2 < n_1$ Elementen, so ist wohl $\mathfrak{M}_2$ einer Teilmenge von $\mathfrak{M}_1$ äquivalent, aber nicht umgekehrt. Bei unendlichen Mengen führt der Äquivalenzbegriff zu Folgerungen, die fürs erste höchst merkwürdig erscheinen. Ich betrachte etwa die Menge der natürlichen Zahlen

$$\mathfrak{N} = \{1, 2, 3, 4, 5, \ldots\}$$

und die Menge der geraden Zahlen

$$\mathfrak{M} = \{2, 4, 6, 8, 10, \ldots\}.$$

Diese beiden Mengen sind äquivalent, denn man kann jeder natürlichen Zahl ν umkehrbar eindeutig die gerade Zahl $\mu = 2\nu$ zuordnen. Dabei ist $\mathfrak{M}$ *eine echte Teilmenge* von $\mathfrak{N}$ und man ist sehr geneigt, hier etwa eine Aussage zu machen wie: $\mathfrak{M}$ enthält nur halb so viele Elemente wie $\mathfrak{N}$; aber derlei Aussagen verlieren bei unendlichen Mengen jeden Sinn. Man kann geradezu die *unendlichen Mengen* als jene Mengen definieren, *die mit einer echten Teilmenge äquivalent sind.*

Ein weiteres Beispiel äquivalenter unendlicher Mengen ist die Menge $\mathfrak{N}$ der natürlichen Zahlen und die Menge

$$\mathfrak{G} = \{0, 1, -1, 2, -2, 3, -3, \ldots\}$$

der ganzen Zahlen. Hier ist $\mathfrak{N}$ eine Teilmenge von $\mathfrak{G}$. Ordnet man der ganzen Zahl $\mu > 0$ die natürliche Zahl $\nu = 2\mu$ und der ganzen Zahl $\mu \leqq 0$ die natürliche Zahl $\nu = -2\mu + 1$ zu, so ist die Zuordnung eineindeutig, einer geraden natürlichen Zahl ν entspricht die ganze Zahl $\mu = \frac{\nu}{2}$, einer ungeraden natürlichen Zahl ν entspricht die ganze Zahl $\mu = \frac{-\nu + 1}{2}$.

2. Die Zahlengerade. Wir wählen auf einer Geraden g zwei beliebige Punkte, die wir mit O und E bezeichnen (Abb. 2). Nimmt man O als „ersten" und E als „zweiten" Punkt, so ist auf der Geraden eine bestimmte *Orientierung* (ein *Durchlaufungssinn*) festgelegt, die wir im Sinn $O \to E$ als *positiv* bezeichnen. Die *entgegengesetzte* Orientierung $E \to O$ heißt dann *negativ*. Liegt E rechts von O, wenn wir die Gerade waagrecht vor uns haben, so weist der Pfeil, der die positive Orientierung andeutet, ebenfalls nach rechts. Dem Punkt O ordnen wir die Zahl 0, dem Punkt E die Zahl 1 zu. Die Strecke $\overline{OE}$ denken wir uns nach rechts und links wiederholt aufgetragen; wir bekommen dann eine Folge äquidistanter Punkte auf der Geraden, denen wir die Zahlen 2, 3, ..., bzw. $-1, -2, \ldots$ zuordnen. Die Menge der „ganzzahligen Punkte" von g, die wir so erhalten, ist dann offenbar äquivalent der Menge aller ganzen Zahlen. Wir können weitere Punkte von g den gebrochenen rationalen Zahlen $\frac{p}{q}$ $(q > 0)$ zuordnen, indem wir die Strecke $\overline{OE}$ in q gleiche Teile teilen, das p-fache (wenn $p > 0$ ist, sonst das $-p$-fache) nehmen und die so erhaltenen Strecken von 0 aus nach rechts oder links abtragen, je nachdem $p > 0$ oder $p < 0$ ist. Die Menge der *„rationalen Punkte"* von g, die sich so für die verschiedenen Werte von p und q ergibt und die auch die ganzzahligen Punkte $(q = 1)$ enthält, ist der Menge der

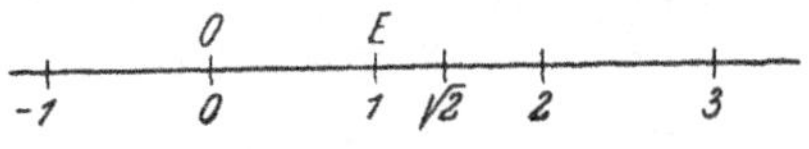

Abb. 2

rationalen Zahlen äquivalent. Man spricht auch von einer eineindeutigen *Abbildung* der ganzen, bzw. rationalen Zahlen auf Punkte der Geraden g.

Die Menge der rationalen Punkte von g (und dasselbe gilt von der Menge der rationalen Zahlen) hat die bemerkenswerte Eigenschaft, auf der Geraden „*überall dicht*" zu sein. Damit ist gemeint, *daß zwischen je zwei rationalen Punkten A und B beliebig viele weitere rationale Punkte von g liegen.* Sind nämlich a und b die den Punkten A und B entsprechenden rationalen Zahlen (die *Abszissen* von A und B) und ist etwa $a < b$ und n eine beliebige natürliche Zahl > 1, so sind alle Zahlen

$$a + \frac{b-a}{n}, \quad a + 2\,\frac{b-a}{n}, \quad \ldots, \quad a + (n-1)\,\frac{b-a}{n} \tag{1}$$

rational und liegen zwischen a und b, ihre Bildpunkte auf g also zwischen A und B[1]. Daraus folgt aber unmittelbar, daß es zwischen zwei rationalen Zahlen oder Punkten sogar *unendlich viele* weitere rationale Zahlen oder Punkte gibt. Denn die Annahme, es gibt nur endlich viele, etwa k, läßt sich sofort durch die mit einem $n > k$ gebildeten Zahlen (1) widerlegen.

Obwohl also in diesem Sinn die rationalen Punkte der Geraden überall dicht liegen, können wir uns damit nicht zufrieden geben. Die Geometrie selbst zwingt uns zu der Annahme, daß es auf der Geraden noch weitere Punkte gibt. Denken wir uns etwa über der Strecke $\overline{OE}$ ein Quadrat errichtet; selbstverständlich werden wir dann sagen, daß der Kreis mit dem Mittelpunkt O, dessen Radius die Diagonale des Quadrates ist, die Gerade g rechts von O in einem Punkt A schneidet. Aber A ist kein rationaler Punkt, weil sein Abstand von O, gemessen mit der Strecke $\overline{OE}$ als Maßeinheit, gleich $\sqrt{2}$ ist. Wir nehmen also an, daß sich auch die irrationalen Zahlen auf die Punkte von g eineindeutig abbilden lassen. Das ist der Inhalt des *Cantor-Dedekindschen Axioms*[2]:

Die Menge der reellen Zahlen und die Menge aller Punkte einer Geraden sind äquivalent.

Dieses Axiom ist eine Aussage über die Struktur der Geraden; man nennt sowohl die Menge der reellen Zahlen als auch die Menge der Punkte einer Geraden (und die Gerade selbst) ein *Kontinuum*, das ist ein *stetig zusammenhängendes* Gebilde, im Gegensatz etwa zu der atomaren Struktur der Materie nach den Vorstellungen der neueren Physik. Mit dem Wort *stetig* wird dabei zum Ausdruck gebracht, daß es in der Menge der reellen Zahlen oder Punkte keine *Lücken* und keine *Sprünge* gibt. Sprünge, d. h. ganze Intervalle (Ziffer 3), die von Zahlen frei sind, gibt es in der Menge der ganzen Zahlen, aber schon nicht mehr in der überall dichten Menge der rationalen Zahlen, und Lücken, d. h. einzelne fehlende Zahlen, sind durch den Vollständigkeitssatz (§ 1, 3) ausgeschlossen (vgl. auch im folgenden Ziffer 6).

Ist die Abbildung der reellen Zahlen auf die Punkte einer Geraden g durch die Wahl der Punkte O und E auf g fixiert, so heißt g eine *Zahlengerade* und die einem Punkt P von g zugeordnete reelle Zahl x *Koordinate* oder *Abszisse* von P.

---

[1] Die Größenbeziehungen bleiben bei der Abbildung, so wie wir sie durchgeführt haben, in dem Sinn erhalten, daß unter unseren Voraussetzungen über die Orientierung der Zahlengeraden der Punkt A links von B liegt, wenn für die entsprechenden (rationalen oder allgemeiner reellen) Zahlen a und b die Beziehung $a < b$ gilt. Ist $a < b < c$ oder $a > b > c$, so sagt man, daß die Zahl b „zwischen" a und c liegt, eine Redeweise, die von den Bildpunkten A, B, C auf g übernommen und auf die Zahlen selbst übertragen wird.

[2] Georg Cantor, geb. 1845 in Petersburg, gest 1918 in Halle, war wohl einer der schärfsten Denker unter den Mathematikern des letzten Jahrhunderts. Er war der alleinige Schöpfer der Mengenlehre, einer völlig neuen mathematischen Disziplin.

Richard Dedekind, geb. 1831 in Brauschweig, gest. 1916. Wirkte in Zürich und Braunschweig. Arbeitsgebiete: Zahlentheorie und Funktionstheorie.

Die analytische Geometrie beruht letzten Endes auf der Möglichkeit, jedem Punkt einer Geraden eineindeutig eine reelle Zahl, sowie — bekannter Weise — jedem Punkt der Ebene ein geordnetes[1] Zahlenpaar und jedem Punkt des Raumes ein geordnetes Zahlentripel zuzuordnen. Man spricht demgemäß kurz von dem „Punkt x" der Geraden, wobei x eine reelle Zahl ist, oder von dem „Punkt (x, y)" der Ebene und dem „Punkt (x, y, z)" des Raumes. Alle Aussagen über *lineare Punktmengen* (das sind Punktmengen auf einer Geraden) sind zugleich Aussagen über Mengen reeller Zahlen und umgekehrt; entsprechendes gilt für *ebene* und *räumliche Punktmengen*, die somit Mengen von Paaren bzw. Tripeln reeller Zahlen äquivalent sind. Wir werden es im folgenden fast ausschließlich mit Punkt- und Zahlenmengen zu tun haben und nur gelegentlich Mengen betrachten, deren Elemente selbst Punkt- oder Zahlenmengen, z. B. Gerade oder Kreise sind.

3. Einige wichtige Begriffe und Sätze aus der Lehre von den linearen Punktmengen. Definition 1: Unter einem *Intervall* versteht man die Menge $\mathfrak{J}$ aller Punkte, die *zwischen zwei gegebenen Punkten a, b* ($b > a$) der Zahlengeraden liegen; a heißt der *linke Endpunkt* oder die *untere Grenze* und b der *rechte Endpunkt* oder die *obere Grenze* von $\mathfrak{J}$. Je nachdem ob a oder b zu $\mathfrak{J}$ gehören oder nicht, unterscheidet man folgende Arten von Intervallen:

Das *offene Intervall* $\mathfrak{J} = (a, b)$, das aus allen reellen Punkten zwischen a und b mit Ausschluß der Endpunkte besteht, also aus allen Punkten x, die der Ungleichung $a < x < b$ genügen.

Das *abgeschlossene Intervall* $\mathfrak{J} = [a, b]$, das aus (a, b) durch Hinzunahme der beiden Endpunkte besteht, also aus den Punkten $a \leqq x \leqq b$.

Die beiden *halboffenen Intervalle* $\mathfrak{J} = (a, b]$ und $\mathfrak{J} = [a, b)$, die aus den Punkten $a < x \leqq b$, bzw. $a \leqq x < b$ bestehen. Man nennt $(a, b]$ auch *linksoffenes*, $[a, b)$ auch *rechtsoffenes* Intervall.

Neben diesen *endlichen* Intervallen (d. h. Intervallen endlicher Länge) betrachtet man noch die folgenden *unendlichen* Intervalle:

1. Das *beiderseitig unendliche Intervall* $\mathfrak{J}$, das alle Punkte der Zahlengeraden enthält. Um es anschreiben zu können, führt man das Symbol ∞ (gelesen „unendlich") ein[2] und schreibt $\mathfrak{J} = (-\infty, +\infty)$ oder $-\infty < x < +\infty$.

2. Das *rechtsseitig unendliche Intervall* $(a, +\infty)$ oder $[a, +\infty)$, in Ungleichungen: $a < x < +\infty$ oder $a \leqq x < +\infty$. Diese Ungleichungen werden meist jedoch nur $x > a$ bzw. $x \geqq a$ geschrieben.

3. Das *linksseitig unendliche Intervall* $(-\infty, b)$ oder $(-\infty, b]$, in Ungleichungen $-\infty < x < b$ bzw. $-\infty < x \leqq b$ oder kürzer $x < b$, bzw. $x \leqq b$.

Die beiden einseitig unendlichen Intervalle werden oft auch als *Halbgerade* bezeichnet.

Definition 2: Eine *Umgebung* $\mathfrak{U}$ oder $\mathfrak{U}(a)$ eines Punktes a ist jedes *offene Intervall*, das den Punkt a enthält. Eine Umgebung von a kann z. B. durch die Ungleichung

$$|x - a| < \varepsilon \tag{2}$$

---

[1] Vgl. die Fußnote S. 2.

[2] Ich erinnere daran, daß man in der Geometrie von dem *uneigentlichen* oder *unendlichfernen* Punkt einer Geraden spricht. Man führt diesen Begriff ein, um gewisse Sätze ohne einschränkende Zusätze formulieren zu können, z. B. den Satz „Zwei Gerade schneiden sich in einem Punkt". Sind die Geraden parallel, so ist der Schnittpunkt der unendlichferne Punkt jeder der beiden Geraden. In der reellen Analysis erweist es sich als zweckmäßig, die beiden uneigentlichen Punkte $+\infty$ und $-\infty$ der Zahlengeraden zu unterscheiden, die also gewissermaßen die (in Wirklichkeit unerreichbaren) „Endpunkte" der ganzen Zahlengeraden sind. Streng genommen ist $(a, +\infty)$ nur ein symbolischer Ausdruck für die Ungleichung $x > a$, so wie (a, b) dasselbe bedeutet wie $a < x < b$. Man vergleiche auch die folgende Definition 9.

mit $\varepsilon > 0$ definiert werden. Äquivalent damit ist die Doppelungleichung

$$a - \varepsilon < x < a + \varepsilon,$$

$a - \varepsilon$ und $a + \varepsilon$ sind also die beiden Endpunkte, a der Mittelpunkt des Intervalls (2). Man bezeichnet (2) auch kurz als *ε-Umgebung des Punktes a.*

Um anzudeuten, daß ein Punkt x Element einer Menge $\mathfrak{M}$, z. B. eines Intervalls $\mathfrak{J}$ ist, schreibt man

$$x \in \mathfrak{M}, \text{ bzw. } x \in \mathfrak{J}.$$

Definition 3: Eine Menge $\mathfrak{M}$ heißt *beschränkt*, wenn es ein endliches Intervall gibt, das $\mathfrak{M}$ enthält, d. h. also, wenn $\mathfrak{M}$ Teilmenge eines Intervalls ist. Gilt z. B. $\mathfrak{M} \subset (a, b)$ oder $\mathfrak{M} \subset [a, b]$, so heißt a eine *untere* und b eine *obere Schranke* von $\mathfrak{M}$; für jeden Punkt x aus $\mathfrak{M}$ gilt dann $a < x < b$ oder $a \leqq x \leqq b$. Neben a ist jede Zahl $a' < a$ eine untere und jede Zahl $b' > b$ eine obere Schranke von $\mathfrak{M}$. Was man demnach unter einer *linksseitig* oder *rechtsseitig beschränkten* Menge zu verstehen hat, bedarf wohl keiner weiteren Erklärung; zum Beispiel ist die Menge der natürlichen Zahlen linksseitig beschränkt, die Menge der negativen ganzen Zahlen rechtsseitig beschränkt. Ferner: *Jedes abgeschlossene Intervall ist beschränkt* gemäß der Definition, was hier ein für allemal festgehalten sei; bei einem offenen (halboffenen) Intervall (a, b) kann dagegen $a = -\infty$ und (oder) $b = +\infty$ sein, also ein unendliches Intervall vorliegen.

Satz 1: *Jede endliche Menge ist beschränkt.* Denn ist $\mathfrak{M} = \{a_1, a_2, \ldots, a_n\}$, so gibt es unter den Zahlen $a_1, a_2, \ldots, a_n$ stets eine kleinste a und eine größte b und es ist $\mathfrak{M} \subset [a, b]$. Man schreibt

$$a = \text{Min}\,\{a_1, a_2, \ldots, a_n\} = \text{Min}\,\mathfrak{M}, \qquad b = \text{Max}\,\{a_1, a_2, \ldots, a_n\} = \text{Max}\,\mathfrak{M}.$$

In einer beschränkten *unendlichen* Menge muß es *keineswegs* eine kleinste oder größte Zahl geben. Wenn es aber in der unendlichen Menge $\mathfrak{M}$ eine kleinste Zahl a oder eine größte Zahl b gibt, so schreibt man ebenfalls

$$a = \text{Min}\,\mathfrak{M}, \qquad b = \text{Max}\,\mathfrak{M}.$$

So ist z. B. die Menge

$$\mathfrak{M} = \left\{1, \frac{1}{2}, \frac{1}{3}, \frac{1}{4}, \ldots\right\} = \left\{\frac{1}{\nu}\right\},$$

wo ν eine beliebige natürliche Zahl bedeutet, beschränkt, weil für alle ν die Ungleichung

$$0 < \frac{1}{\nu} \leqq 1$$

gilt, so daß 0 eine untere, 1 eine obere Schranke ist. $1 = \text{Max}\left\{\frac{1}{\nu}\right\}$ ist zugleich die größte Zahl der Menge, aber es gibt keine kleinste, denn die Zahl 0 gehört nicht zu $\mathfrak{M}$ (es gibt keine natürliche Zahl ν, so daß $\frac{1}{\nu} = 0$ ist); die Annahme aber, daß etwa $\frac{1}{n}$ mit einem bestimmten n die kleinste Zahl von $\mathfrak{M}$ wäre, ist sofort zu widerlegen, weil dann $\frac{1}{n+1}$ sicher $< \frac{1}{n}$ ist und ebenfalls zu $\mathfrak{M}$ gehört.

In der Menge aller rationalen Zahlen des offenen Intervalls $(0, 1)$ gibt es weder eine kleinste noch eine größte Zahl.

Satz 2: *Unter allen unteren Schranken einer linksseitig beschränkten Menge gibt es stets eine größte, unter allen oberen Schranken einer rechtsseitig beschränkten Menge gibt es stets eine kleinste.*

Den Beweis dieses wichtigen und nach den obigen Beispielen einigermaßen überraschenden Satzes gebe ich in Ziffer 7.

Definition 4: Die größte untere Schranke g einer linksseitig beschränkten Menge $\mathfrak{M}$ heißt *untere Grenze von* $\mathfrak{M}$; man schreibt[1]

$$g = \text{Inf}\, \mathfrak{M}.$$

Die untere Grenze g von $\mathfrak{M}$ hat als größte untere Schranke folgende Eigenschaften:

1. *Für kein* $x \in \mathfrak{M}$ *ist* $x < g$.

2. *Ist* ε *eine beliebige positive Zahl, so gibt es mindestens ein* $x \in \mathfrak{M}$, *so daß* $x < g + \varepsilon$ *ist.*

Die erste Eigenschaft hat g mit allen unteren Schranken gemeinsam; wäre die zweite falsch, gäbe es also kein $x \in \mathfrak{M}$, für das $x < g + \varepsilon$ ist, so wären alle $x \geqq g + \varepsilon$ und $g + \varepsilon$ wäre eine größere untere Schranke von $\mathfrak{M}$ als g.

Definition 5: Die kleinste obere Schranke G einer rechtsseitig beschränkten Menge $\mathfrak{M}$ heißt *obere Grenze von* $\mathfrak{M}$; man schreibt[2]

$$G = \text{Sup}\, \mathfrak{M}.$$

Für G gilt

1. *Für kein* $x \in \mathfrak{M}$ *ist* $x > G$.

2. *Ist* ε *eine beliebige positive Zahl, so gibt es mindestens ein* $x \in \mathfrak{M}$, *so daß* $x > G - \varepsilon$ *ist.*

Für die Menge $\left\{\frac{1}{\nu}\right\}$ ist $g = 0$ und $G = 1$. Ist $\varepsilon > 0$ gegeben, so ist $\frac{1}{\nu} < g + \varepsilon = \varepsilon$, wenn $\nu > \frac{1}{\varepsilon}$ ist, und es ist $1 > 1 - \varepsilon$; hier steht links die Zahl 1 der Menge, während die 1 rechts die obere Grenze ist.

Die Menge der rationalen Zahlen aus $(0, 1)$ hat die untere Grenze $g = 0$ und die obere Grenze $G = 1$.

Satz 3: *Ist* $\mathfrak{M}$ *beschränkt und* g *ihre untere,* G *ihre obere Grenze, so ist* $G - g$ *die obere Grenze aller Differenzen* $x_1 - x_2$, *wenn* x_1 *und* x_2 *beliebige Zahlen aus* $\mathfrak{M}$ *sind*, also

$$\text{Sup}\, \mathfrak{M} - \text{Inf}\, \mathfrak{M} = \text{Sup}\, \{x_1 - x_2\}, \qquad x_1 \in \mathfrak{M}, \qquad x_2 \in \mathfrak{M}.$$

Der Beweis ist einfach: Aus $x_1 \leqq G$, $x_2 \geqq g$ oder $-x_2 \leqq -g$ folgt durch Addition

$$x_1 - x_2 \leqq G - g. \tag{3}$$

Ferner gibt es zu jedem $\varepsilon > 0$ eine Zahl $x_1 > G - \frac{\varepsilon}{2}$ und eine Zahl $x_2 < g + \frac{\varepsilon}{2}$ oder $-x_2 > -g - \frac{\varepsilon}{2}$ und daraus folgt wieder durch Addition

$$x_1 - x_2 > G - g - \varepsilon,$$

was zusammen mit (3) die Behauptung ergibt.

Definition 6: Ein Punkt x einer Menge $\mathfrak{M}$ heißt *isolierter* Punkt von $\mathfrak{M}$, wenn es *eine Umgebung von* x *gibt, in der außer* x *kein weiterer Punkt von* $\mathfrak{M}$ *liegt.*

Die Menge der ganzzahligen Punkte besteht aus lauter isolierten Punkten, die Menge der rationalen Punkte aus $(0, 1)$ hat keinen isolierten Punkt, die Menge $\left\{\frac{1}{\nu}\right\}$ besteht aus lauter isolierten Punkten, denn in der Umgebung $\left(\frac{1}{\nu+1}, \frac{1}{\nu-1}\right)$ des Punktes $\frac{1}{\nu}$ liegt außer $\frac{1}{\nu}$ kein Punkt dieser Menge.

Definition 7: Ein Punkt x heißt *Häufungspunkt* einer Menge $\mathfrak{M}$, wenn *in jeder Umgebung von* x *unendlich viele Punkte von* $\mathfrak{M}$ *liegen.* Ein Häufungspunkt

[1] Gesprochen „Infimum von $\mathfrak{M}$".
[2] Gesprochen „Supremum von $\mathfrak{M}$".

einer Menge $\mathfrak{M}$ muß nicht Punkt von $\mathfrak{M}$ sein! Bei Zahlenmengen sagt man statt Häufungspunkt besser *Häufungswert*.

Definition 8: Eine Menge heißt *abgeschlossen*, wenn sie *alle ihre Häufungspunkte enthält*.

Satz 4: *Eine endliche Menge kann keinen Häufungspunkt haben.* Das folgt unmittelbar aus der Definition des Häufungspunktes.

Die Menge $\mathfrak{M} = \left\{\frac{1}{\nu}\right\}$ hat den (einzigen) Häufungspunkt 0, der nicht zu $\mathfrak{M}$ gehört. Denn in jeder ε-Umgebung von 0 liegen alle Punkte $\frac{1}{\nu}$, für die $\frac{1}{\nu} < \varepsilon$ oder $\nu > \frac{1}{\varepsilon}$ ist, während außerhalb dieser Umgebung nur die endlich vielen Punkte $\frac{1}{\nu}$ liegen, für die $\frac{1}{\nu} \geqq \varepsilon$ oder $\nu \leqq \frac{1}{\varepsilon}$ ist.

Für die Menge $\mathfrak{M}$ der rationalen Punkte (0, 1) sind alle (also auch die irrationalen!) Punkte des abgeschlossenen Intervalls [0, 1] Häufungspunkte. Denn in jeder Umgebung eines beliebigen Punktes aus [0, 1] gibt es, da die rationalen Zahlen überall dicht liegen (Ziffer 2), unendlich viele Punkte von $\mathfrak{M}$.

Satz 5 (Satz von Bolzano-Weierstrass[1]): *Jede beschränkte unendliche Menge hat mindestens einen Häufungspunkt.*

Dieser Satz, der eine der wichtigsten und aufschlußreichsten Aussagen der Analysis darstellt, ist recht plausibel: Die Aufgabe, unendlich viele Punkte in einem endlichen Intervall unterzubringen, ohne daß dabei ein Häufungspunkt entsteht, übersteigt völlig unsere Vorstellungskraft. Ein Beweis folgt in Ziffer 8.

Man schreibt[2] für den größten Häufungswert einer Menge $\mathfrak{M}$

$$H = \limsup \mathfrak{M}$$

und für den kleinsten Häufungswert

$$h = \liminf \mathfrak{M}.$$

Die Existenz der beiden Zahlen H und h ergibt sich unmittelbar aus dem Beweis des Satzes von Bolzano-Weierstrass in Ziffer 8. Natürlich kann auch $H = h$ sein.

Definition 9: Bei nicht beschränkten Mengen schreibt man, wenn $\mathfrak{M}$ keine obere Schranke hat,

$$\limsup \mathfrak{M} = +\infty$$

und, wenn $\mathfrak{M}$ keine untere Schranke hat,

$$\liminf \mathfrak{M} = -\infty$$

und spricht von den *uneigentlichen Häufungswerten* $+\infty$ und $-\infty$. Diese Ausdrucksweise ist insofern berechtigt, als im ersten Fall rechts von jedem beliebigen Punkt A, also in jeder „*Umgebung* $x > A$ *von* $+\infty$“ und im zweiten Fall links von jedem beliebigen Punkt B, also in jeder „*Umgebung* $x < B$ von $-\infty$“, wo B eine dem Betrag nach beliebig große negative Zahl sein kann, immer noch unendlich viele Punkte von $\mathfrak{M}$ liegen.

Für die Menge $\mathfrak{M} = \{\pm \nu\}$ der ganzen Zahlen ist $\limsup \{\pm \nu\} = +\infty$ und $\liminf \{\pm \nu\} = -\infty$. Ein eigentlicher Häufungswert ist nicht vorhanden.

---

[1] Bernhard Bolzano, geb. 1781 in Prag, gest. 1848; war Theologe, Philosoph und Mathematiker, lebte in Prag. — Karl Weierstrass, geb. 1815 in Ostenfelde (Deutschland), gest. 1897, war einer der bedeutendsten Mathematiker des 19. Jahrhunderts. Er wirkte in Berlin. Arbeitsgebiet: Funktionentheorie.

[2] Abgekürzt aus dem lateinischen limes (Grenze), superior (obere) und inferior (untere).

Stellt man die uneigentlichen Häufungswerte gleichberechtigt neben die eigentlichen, so kann man den Satz von BOLZANO-WEIERSTRASS einfacher formulieren:

Satz 6: *Jede unendliche Menge hat mindestens einen (eigentlichen oder uneigentlichen) Häufungspunkt.*

Satz 7: *Ist die untere (oder obere) Grenze einer Menge $\mathfrak{M}$ kein Punkt von $\mathfrak{M}$, so ist sie Häufungspunkt von $\mathfrak{M}$.*

Ich beweise diesen Satz für die untere Grenze g und nehme an, g sei kein Punkt von $\mathfrak{M}$, aber auch kein Häufungspunkt von $\mathfrak{M}$. Dann gibt es mindestens eine Umgebung $\mathfrak{U}$ von g, in der höchstens endlich viele Punkte von $\mathfrak{M}$ liegen. Gibt es in $\mathfrak{U}$ überhaupt keinen Punkt von $\mathfrak{M}$, so ist die obere Grenze von $\mathfrak{U}$ eine untere Schranke von $\mathfrak{M}$ in Widerspruch dazu, daß g die größte untere Schranke von $\mathfrak{M}$ ist. Gibt es in $\mathfrak{U}$ aber endlich viele Zahlen von $\mathfrak{M}$, so gibt es unter diesen eine kleinste x_0. Es kann nicht $x_0 < g$ sein, weil g untere Grenze von $\mathfrak{M}$ ist, es kann ferner nicht $x_0 = g$ sein, weil g kein Punkt von $\mathfrak{M}$ ist, es kann aber auch nicht $x_0 > g$ sein, denn dann wäre nicht g, sondern x_0 die untere Grenze von $\mathfrak{M}$. Also muß es in jeder Umgebung von g unendlich viele Punkte von $\mathfrak{M}$ geben, d. h. g ist Häufungspunkt von $\mathfrak{M}$. Der Satz ist nicht umkehrbar, d. h. ist g Häufungspunkt von $\mathfrak{M}$, so kann sehr wohl auch $g \in \mathfrak{M}$ sein, wie jedes linksseitig abgeschlossene Intervall zeigt.

4. Abzählbare Mengen. Jede (unendliche) Menge $\mathfrak{M}$, die der Menge der natürlichen Zahlen äquivalent ist, heißt *abzählbar*. Es gibt dann unendlich viele Möglichkeiten, die Elemente von $\mathfrak{M}$ den natürlichen Zahlen eineindeutig zuzuordnen. Wir denken uns eine solche Zuordnung hergestellt; die Elemente von $\mathfrak{M}$ sind dadurch numeriert. Ordnet man dann die Elemente von $\mathfrak{M}$ nach ihren Nummern, d. h. nach der Größe der entsprechenden natürlichen Zahlen, so „zählt" man damit die Elemente von $\mathfrak{M}$; „abzählbar" bedeutet nichts anderes, als daß man auf diese Art *alle* Elemente von $\mathfrak{M}$ erfaßt. Ich bemerke noch, daß man in der Regel nur unendliche Mengen als abzählbar bezeichnet; bei endlichen Mengen ist die Möglichkeit, die Elemente zu zählen, eine völlig triviale Tatsache. Endliche und abzählbare Mengen pflegt man gemeinsam als *höchstens abzählbar* zu bezeichnen. Ich habe am Schluß von Ziffer 1 gezeigt, daß die geraden und die ganzen Zahlen abzählbar sind. Wesentlich tiefer dringt der folgende Satz:

Die Menge der rationalen Zahlen ist abzählbar.

Beim Beweis kann ich mich auf die positiven rationalen Zahlen $\frac{p}{q}$ beschränken, denn wenn die Menge der positiven rationalen Zahlen abzählbar ist, so ist es auch die Menge aller (positiven und negativen) rationalen Zahlen, vgl. den folgenden Satz 2. Ich ordne die rationalen Zahlen, indem ich die Summe $p+q$ (mit teilerfremden p und q) der Reihe nach die natürlichen Zahlen > 1 durch-

$p+q$	p	q	$\frac{p}{q}$	Nummer
2	1	1	1	1
3	1	2	$\frac{1}{2}$	2
	2	1	2	3
4	1	3	$\frac{1}{3}$	4
	2	2	nicht teilerfremd	
	3	1	3	5
5	1	4	$\frac{1}{4}$	6
	2	3	$\frac{2}{3}$	7
	3	2	$\frac{3}{2}$	8
	4	1	4	9

laufen lasse und alle zu einer bestimmten Summe möglichen rationalen Zahlen mit teilerfremden p und q anschreibe; ich erhalte auf diese Weise eine Folge, in welcher jede rationale Zahl genau einmal vorkommt. Numeriert man die Zahlen der Folge fortlaufend, so ist damit jeder rationalen Zahl umkehrbar eindeutig eine natürliche Zahl zugeordnet und die Abzählbarkeit der rationalen Zahlen bewiesen. Wie das nebenstehende Schema zeigt, stehen die rationalen Zahlen dabei nicht mehr in der natürlichen Ordnung. Wesentlich ist aber, daß *jede* rationale Zahl in diesem Schema genau einmal vorkommt.

Auf ähnliche Weise läßt sich zeigen, daß auch *die Menge der algebraischen Zahlen abzählbar ist.* Die Wurzeln der ganzzahligen Gleichungen vom ersten Grad $a_0 x + a_1 = 0$ sind die positiven und negativen rationalen Zahlen, und diese bilden eine abzählbare Menge. Man erhält alle ganzzahligen algebraischen Gleichungen von höherem Grad, wenn man wieder die Summe der Koeffizienten die natürlichen Zahlen durchlaufen läßt und zu jeder bestimmten Koeffizientensumme alle möglichen Gleichungen anschreibt. Die reellen Wurzeln der Gleichungen werden fortlaufend numeriert, wobei gleichlautende Wurzeln ausgelassen werden; damit ist die Behauptung erwiesen[1]. Dagegen gilt:

Die Menge der reellen Zahlen ist nicht abzählbar.

Es genügt zu zeigen, daß die reellen Zahlen eines Intervalls nicht numeriert werden können. Wir nehmen an, die reellen Zahlen zwischen 0 und 1 wären abzählbar und denken uns diese Zahlen als Dezimalbrüche angeschrieben. Für die rationalen Zahlen, die sich durch endliche Dezimalbrüche darstellen lassen, wählen wir den gleichbedeutenden unendlichen Dezimalbruch, z. B. schreiben wir $0{\cdot}3\dot{9}$ für $0{\cdot}4$. Wir nehmen also an, die Folge

$$\begin{array}{l} u_1 = 0{\cdot}a_{11}\,a_{12}\,\ldots\,a_{1\nu}\,\ldots \\ u_2 = 0{\cdot}a_{21}\,a_{22}\,\ldots\,a_{2\nu}\,\ldots \\ \ldots\ldots\ldots\ldots\ldots\ldots\ldots \\ u_\nu = 0{\cdot}a_{\nu 1}\,a_{\nu 2}\,\ldots\,a_{\nu\nu}\,\ldots \\ \ldots\ldots\ldots\ldots\ldots\ldots\ldots, \end{array}$$

wobei die $a_{\nu\mu}$ die Ziffern der Dezimalbrüche sind und der erste Index die Zahl, der zweite den Stellenwert bezeichnet, umfasse alle reellen Zahlen zwischen 0 und 1. Dann ist aber die Zahl $u = 0{\cdot}a_1\,a_2\,a_3\,\ldots\,a_\nu\,\ldots$ sicher nicht in der Menge enthalten, wenn wir nur $a_1 \neq a_{11}$, $a_2 \neq a_{22}$, $\ldots$, $a_\nu \neq a_{\nu\nu}$, $\ldots$ und alle a_ν auch von 0 verschieden wählen (das letztere nur, damit es nicht vorkommen kann, daß z. B. $u_1 = 0{\cdot}3\dot{9}$, aber $u = 0{\cdot}4000\ldots$, also doch $u = u_1$ wird); denn wegen $a_1 \neq a_{11}$ ist $u \neq u_1$, wegen $a_2 \neq a_{22}$ ist $u \neq u_2$ ust. Die Annahme, daß die obige Folge alle reellen Zahlen zwischen 0 und 1 umfasse, führt also zu einem Widerspruch, da sofort eine zwischen 0 und 1 gelegene Zahl angegeben werden kann, die von jeder Zahl der Folge verschieden ist, womit sich die Menge der reellen Zahlen als nicht abzählbar erweist.

Und nun noch einige allgemeine Sätze über abzählbare Mengen:

Satz 1: *Jede Teilmenge $\mathfrak{M}_1$ einer abzählbaren Menge $\mathfrak{M}$ ist höchstens abzählbar.*

Wir denken uns die Elemente der Menge $\mathfrak{M}$ numeriert; dann entsteht die Teilmenge $\mathfrak{M}_1$ durch Streichen gewisser Elemente; die übrigbleibenden kann man zusammenrücken und neu numerieren.

Satz 2: *Die Vereinigungsmenge $\mathfrak{V}$ von endlich vielen abzählbaren Mengen $\mathfrak{M}_1$, $\mathfrak{M}_2$, $\ldots$, $\mathfrak{M}_n$ ist abzählbar.*

[1] Ich werde später (§ 29, 2) zeigen, daß eine algebraische Gleichung stets nur endlich viele Wurzeln hat.

Man braucht sich nur die Elemente aller Mengen $\mathfrak{M}_\nu$, $(\nu = 1, 2, \ldots, n)$, numeriert zu denken und auf die n Elemente Nummer 1 die n Elemente Nummer 2 folgen zu lassen, auf diese dann die n Elemente Nummer 3 usw. Ist der Durchschnitt der Mengen $\mathfrak{M}_\nu$ nicht leer, so wird man selbstverständlich die betreffenden Elemente in $\mathfrak{V}$ nur einmal nehmen. Eine wichtige Verallgemeinerung dieses Satzes ist

Satz 3: *Die Vereinigungsmenge von abzählbar (unendlich) vielen abzählbaren Mengen ist abzählbar.*

Seien

$$\mathfrak{M}_\mu = \{a_{\mu 1}, a_{\mu 2}, \ldots, a_{\mu\nu}, \ldots\}, \quad \mu = 1, 2, \ldots,$$

die gegebenen abzählbar vielen Mengen. Wir denken uns ihre Elemente in der folgenden Weise angeschrieben:

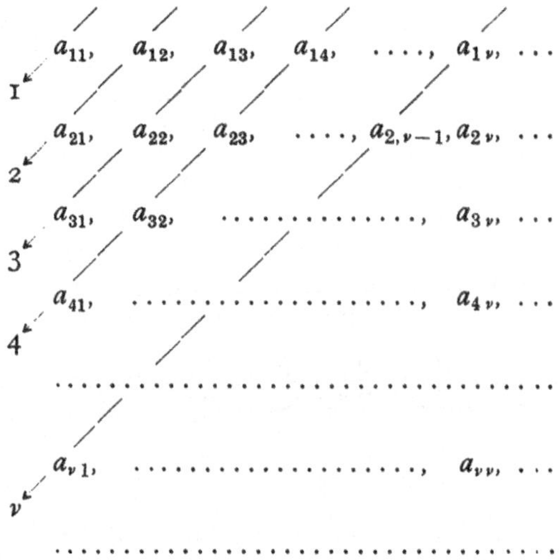

In der μ-ten Zeile $(\mu = 1, 2, \ldots)$ stehen gerade die Elemente von $\mathfrak{M}_\mu$; das Schema läuft nach rechts und nach unten ins Unendliche weiter. Und nun „fädeln" wir die Elemente auf den oben angedeuteten Pfeilen 1, 2, 3, 4, $\ldots, \nu, \ldots$ der Reihe nach auf; auf dem ersten Pfeil steht nur das Element a_{11}, auf dem zweiten die Elemente a_{12} und a_{21}, auf dem dritten die Elemente a_{13}, a_{22}, a_{31}, usw. Mit diesem *Diagonalverfahren* haben wir aber die Möglichkeit, die Elemente von $\mathfrak{V}$ zu numerieren, und zwar gerade in der eben angegebenen Reihenfolge und wir sind dabei sicher, daß wir auf diese Art wirklich alle Elemente aller Mengen einfangen. Man beachte dabei, daß auf dem ν-ten Pfeil die Elemente stehen deren beide Indizes die Summe $\nu + 1$ haben $(\nu = 1, 2, \ldots)$. Das ν-te Element $a_{\mu\nu}$ der Menge $\mathfrak{M}_\mu$ findet sich also auf dem Pfeil $\mu + \nu - 1$. Elemente, die sich wiederholen, können nachträglich wieder weggelassen werden. Damit ist aber die Behauptung bewiesen.

*** 5. Der Dedekindsche Schnitt und die Definition der irrationalen Zahlen.** Ich habe in § 1, 3 die irrationalen Zahlen vorläufig als die nicht periodischen unendlichen Dezimalbrüche definiert, doch hängt diese Definition insofern in der Luft, als unendliche Dezimalbrüche Sonderfälle konvergenter Zahlenfolgen sind, über die ich erst in § 3 sprechen werde. Ich will Sie jetzt mit jener berühmten Definition der irrationalen Zahlen bekanntmachen, die von DEDEKIND stammt und vom Begriff der Zahlenfolge unabhängig ist. Sie beruht auf einem höchst einfachen Gedanken. Eine Gerade wird durch jeden Punkt P in zwei Teile (Halbgerade) zerlegt. Dasselbe gilt natürlich auch von der Zahlengeraden und allgemeiner von jeder linearen Menge $\mathfrak{M}$, die nicht ganz auf einer Seite von P liegt; $\mathfrak{M}$ wird durch P in zwei Teilmengen $\mathfrak{A}$ und $\mathfrak{B}$ zerlegt, die dann beide nicht leer sind. P selbst kann ein Punkt von $\mathfrak{M}$ sein oder nicht; im ersten Fall bleibt es uns überlassen, ob wir P zu $\mathfrak{A}$ oder zu $\mathfrak{B}$ zählen wollen.

DEDEKINDS Definition ist im wesentlichen eine Umkehrung dieser Tatsache: Man definiert nicht eine Zerlegung durch einen Punkt, sondern umgekehrt, einen Punkt durch eine Zerlegung, und zwar durch eine Zerlegung der Menge $\mathfrak{R}$ der rationalen Zahlen in zwei Teilmengen $\mathfrak{A}$ und $\mathfrak{B}$. Diese Zerlegung, die man als *Schnitt im Bereich der rationalen Zahlen* bezeichnet, wird durch die folgenden drei Eigenschaften festgelegt:

1. *Weder die Menge $\mathfrak{A}$ noch die Menge $\mathfrak{B}$ ist leer.*

2. *Ist a eine Zahl von $\mathfrak{A}$ und b eine Zahl von $\mathfrak{B}$, so ist stets $a < b$.*

3. *Jede rationale Zahl ist entweder Element von $\mathfrak{A}$ oder Element von $\mathfrak{B}$.*

Ich will diese Definition des Schnittes etwas ausführlicher diskutieren, weil gerade diese prinzipiellen Überlegungen zum Zahlbegriff vielfach als abstrakt und schwer verständlich gelten. Ich hoffe aber, zeigen zu können, daß es sich in Wirklichkeit dabei um recht simple Dinge handelt. Gehen wir zunächst die drei obigen Eigenschaften des Schnittes einmal durch! Die Menge $\mathfrak{R}$ der rationalen Zahlen wird also in zwei Teilmengen $\mathfrak{A}$ und $\mathfrak{B}$ zerlegt. Nach 1 soll weder $\mathfrak{A}$ noch $\mathfrak{B}$ leer sein, was ziemlich selbstverständlich ist. Denn wäre $\mathfrak{A}$ leer, so würde $\mathfrak{B}$ mit $\mathfrak{R}$ identisch sein und es hätte wenig Sinn, von einer Zerlegung der Menge $\mathfrak{R}$ zu reden. Nach 3 sollen $\mathfrak{A}$ und $\mathfrak{B}$ *alle* rationalen Zahlen, also die ganze Menge $\mathfrak{R}$ umfassen, aber das habe ich eigentlich schon vorweggenommen, als ich sagte, $\mathfrak{R}$ solle in zwei Teilmengen $\mathfrak{A}$ und $\mathfrak{B}$ zerlegt werden. Bleibt also noch die Eigenschaft 2, die die wichtigste und aufschlußreichste ist. Sie besagt, daß stets $a < b$ ist, wenn a eine Zahl aus $\mathfrak{A}$ und b eine Zahl aus $\mathfrak{B}$ ist. Das heißt aber nichts anderes, als daß auf der Zahlengeraden die ganze Menge $\mathfrak{A}$ links von der Menge $\mathfrak{B}$ liegen muß. Nach 3 haben $\mathfrak{A}$ und $\mathfrak{B}$ sicher keinen Punkt gemeinsam, anderseits müssen aber die beiden Mengen $\mathfrak{A}$ und $\mathfrak{B}$ unmittelbar aneinandergrenzen, denn sonst gäbe es dazwischen rationale Zahlen (Ziffer 2), die dann in Widerspruch zu 3 weder zu $\mathfrak{A}$ noch zu $\mathfrak{B}$ gehören würden. Dieses „unmittelbar aneinandergrenzen" ist eine recht vage Eigenschaft der beiden Mengen $\mathfrak{A}$ und $\mathfrak{B}$. Versuchen wir, uns an Beispielen deutlich zu machen, was sie bedeuten kann.

Es sei c eine beliebige rationale Zahl. Dann kann ich mit Hilfe von c zwei Schnitte definieren. Ich definiere einmal $\mathfrak{A}$ als Menge aller rationalen Zahlen $a \leqq c$ und $\mathfrak{B}$ als Menge aller rationalen Zahlen $b > c$. Dann sind die drei obigen Eigenschaften erfüllt. c selbst gehört zur Menge $\mathfrak{A}$ und ist die größte Zahl dieser Menge. Denn jede Zahl $b > c$ gehört definitionsgemäß zu $\mathfrak{B}$. Aber $\mathfrak{B}$ enthält keine kleinste Zahl. Denn wäre etwa $b' > c$ die kleinste Zahl von $\mathfrak{B}$, so ist auch $b'' = \frac{b' + c}{2} > \frac{c}{2} + \frac{c}{2} = c$ eine Zahl von $\mathfrak{B}$, aber $b'' < \frac{b'}{2} + \frac{b'}{2} = b'$ in Widerspruch zur Annahme, daß b' die kleinste Zahl aus $\mathfrak{B}$ ist.

Definiere ich zweitens $\mathfrak{A}$ als Menge aller rationalen Zahlen $a < c$ und $\mathfrak{B}$ als Menge aller rationalen Zahlen $b \geqq c$, so ist c eine Zahl von $\mathfrak{B}$, und zwar die kleinste Zahl von $\mathfrak{B}$, während es in $\mathfrak{A}$ keine größte Zahl gibt[1].

Es gibt also Schnitte, in denen entweder die Menge $\mathfrak{A}$ eine größte und die Menge $\mathfrak{B}$ keine kleinste oder die Menge $\mathfrak{A}$ keine größte, dafür aber die Menge $\mathfrak{B}$

[1] Würde ich $\mathfrak{A}$ durch $a < c$ und $\mathfrak{B}$ durch $b > c$ definieren, so wäre das kein Schnitt, weil die Eigenschaft 3 nicht erfüllt ist: c würde weder zu $\mathfrak{A}$ noch zu $\mathfrak{B}$ gehören.

eine kleinste Zahl enthält. Eine Zerlegung, bei der sowohl $\mathfrak{A}$ eine größte Zahl c_1 als auch $\mathfrak{B}$ eine kleinste Zahl c_2 enthält, ist offenbar unmöglich. Denn es kann nicht $c_1 < c_2$ sein, weil sonst die unendlich vielen rationalen Zahlen zwischen c_1 und c_2 weder zu $\mathfrak{A}$ noch zu $\mathfrak{B}$ gehören würden. Ist aber $c_1 = c_2 = c$, so gehört c sowohl zu $\mathfrak{A}$ als auch zu $\mathfrak{B}$ in Widerspruch zu 3.

Es ist aber nicht schwer, ein Beispiel für eine dritte Art von Zerlegungen anzugeben: $\mathfrak{B}$ bestehe aus allen positiven rationalen Zahlen b, für die $b^2 > 2$ ist, und $\mathfrak{A}$ aus allen übrigen rationalen Zahlen. Ich nehme an, a_1 sei die größte Zahl von $\mathfrak{A}$ und wähle eine beliebige positive rationale Zahl

$$h < \operatorname{Min}\left\{1, \frac{2 - a_1^2}{2\, a_1 + 1}\right\};$$

dann ist

$$(a_1 + h)^2 = a_1^2 + 2\, a_1\, h + h^2 < a_1^2 + (2\, a_1 + 1)\, h < 2,$$

also $a_1 + h$ eine Zahl von $\mathfrak{A}$, die größer ist als a_1 in Widerspruch zur Voraussetzung. Ist b_1 die kleinste Zahl von $\mathfrak{B}$, also $b_1 > 0$, $b_1^2 > 2$ und k eine positive rationale Zahl mit

$$k < \frac{b_1^2 - 2}{2\, b_1},$$

so wäre

$$(b_1 - k)^2 = b_1^2 - 2\, b_1\, k + k^2 > b_1^2 - 2\, b_1\, k > 2,$$

also $b_1 - k > 0$ eine Zahl von $\mathfrak{B}$, die kleiner ist als b_1 in Widerspruch zur Annahme. Es gibt also weder in $\mathfrak{A}$ eine größte noch in $\mathfrak{B}$ eine kleinste Zahl.

In den beiden ersten Fällen sagt man, daß der Schnitt die rationale Zahl c, im dritten Fall aber, daß *der Schnitt eine irrationale Zahl c definiert* und daß umgekehrt der Schnitt durch die irrationale Zahl c erzeugt wird.

Von den so definierten Irrationalzahlen wäre nun noch nachzuweisen, daß sie den Grundgesetzen von § 1, 1 genügen. Ich will mich aber mit dem Nachweis der Größenbeziehungen begnügen. Ist die irrationale Zahl c durch einen Schnitt definiert, der die Menge $\mathfrak{R}$ der rationalen Zahlen in die Teilmengen $\mathfrak{A}$ und $\mathfrak{B}$ zerlegt und ist $a \in \mathfrak{A}$, $b \in \mathfrak{B}$, so schreibt man

$$a < c < b \tag{3}$$

und da jede rationale Zahl entweder zu $\mathfrak{A}$ oder zu $\mathfrak{B}$ gehört, sind damit alle Größenbeziehungen zwischen einer rationalen und einer irrationalen Zahl erledigt. Wir werden zwei irrationale Zahlen c und c' verschieden nennen, wenn die Schnitte, die sie definieren, verschieden sind. Seien $\mathfrak{A}$ und $\mathfrak{B}$ die Teilmengen von $\mathfrak{R}$ beim Schnitt, der c definiert, $\mathfrak{A}'$ und $\mathfrak{B}'$ die Teilmengen von $\mathfrak{R}$ beim Schnitt, der c' definiert. Dann heißen die beiden Schnitte verschieden, wenn entweder $\mathfrak{A}$ und $\mathfrak{B}'$ oder $\mathfrak{A}'$ und $\mathfrak{B}$ einen nicht leeren Durchschnitt haben. Dann gibt es also mindestens eine rationale Zahl d, für die nach (3) entweder

$$c' < d < c$$

oder

$$c < d < c'$$

ist, d. h. es ist entweder $c' < c$ oder $c < c'$ und das ist gerade die fundamentale Aussage über die Größenbeziehung von Ziffer 1.

Ich zeige nun noch, wie man durch den Begriff des Schnittes zu einer — in allen Fällen gültigen — Darstellung der irrationalen Zahlen durch unendliche Dezimalbrüche kommt. Es sei die irrationale Zahl c wieder durch den Schnitt mit den Teilmengen $\mathfrak{A}$ und $\mathfrak{B}$ von $\mathfrak{R}$ definiert und a die größte ganze Zahl aus $\mathfrak{A}$.

Dann ist $b = a + 1$ die kleinste ganze Zahl aus $\mathfrak{B}$. Ich teile das Intervall $[a, b]$ in zehn gleiche Teile durch die rationalen Zahlen

$$a{\cdot}1,\ a{\cdot}2,\ a{\cdot}3,\ a{\cdot}4,\ a{\cdot}5,\ a{\cdot}6,\ a{\cdot}7,\ a{\cdot}8,\ a{\cdot}9$$

($a{\cdot}1 = a + \frac{1}{10}$ als Dezimalzahl geschrieben usw.). Ist $a{\cdot}a_1$ die größte dieser Zahlen aus $\mathfrak{A}$, dann gehört $a{\cdot}b_1$ mit $b_1 = a_1 + 1$ zur Menge $\mathfrak{B}$. Ich teile das Intervall $[a{\cdot}a_1, a{\cdot}b_1]$ wieder in zehn gleiche Teile durch die Zahlen

$$a{\cdot}a_1 1, \quad a{\cdot}a_1 2, \quad \ldots, \quad a{\cdot}a_1 9$$

($a{\cdot}a_1 1 = a + \frac{a_1}{10} + \frac{1}{100}$ usw., Dezimalzahlen mit zwei Stellen nach dem Dezimalpunkt), bestimme wieder die größte $a{\cdot}a_1\,a_2$ von ihnen, die zu $\mathfrak{A}$ gehört usw. Der sich so ergebende unendliche Dezimalbruch $a{\cdot}a_1 a_2 a_3 \ldots$ ist dann gerade die Dezimalbruchdarstellung der irrationalen Zahl c. Das Verfahren liefert eine Folge von Intervallen

$$[a, b], \quad [a{\cdot}a_1, a{\cdot}b_1], \quad [a{\cdot}a_1 a_2, a{\cdot}a_1 b_2], \quad \ldots,$$

deren Längen bzw. gleich 1, $0{\cdot}1$, $0{\cdot}01$ usw. sind und von denen jedes ein Teilintervall des vorangehenden ist. Eine derartige Folge von Intervallen nennt man eine *Intervallschachtelung*; ich komme darauf in § 3, 6 noch zurück.

Ich will das Verfahren noch für den besonderen Fall $c = \sqrt{2}$ durchführen. Hier ist wegen $1^2 = 1 < 2$, $2^2 = 4 > 2$ offenbar $a = 1$, $b = 2$. Unter den Zahlen $1{\cdot}1, 1{\cdot}2, \ldots, 1{\cdot}9$ ist $a_1 = 1{\cdot}4$ die größte Zahl aus $\mathfrak{A}$, $b_1 = 1{\cdot}5$ die kleinste Zahl aus $\mathfrak{B}$, da $1{\cdot}4^2 = 1{\cdot}96 < 2$, $1{\cdot}5^2 = 2{\cdot}25 > 2$ ist. Der nächste Schritt gibt $a_2 = 1{\cdot}41$, $b_2 = 1{\cdot}42$, weil $1{\cdot}41^2 = 1{\cdot}9881 < 2$, $1{\cdot}42^2 = 2{\cdot}0164 > 2$ ist; weiter wird $a_3 = 1{\cdot}414$, $b_3 = 1{\cdot}415$, weil $1{\cdot}414^2 = 1{\cdot}999396 < 2$, $1{\cdot}415^2 = 2{\cdot}002225 > 2$ ist, usw. Man sieht, daß das Verfahren umständlicher ist als das elementare Verfahren des Quadratwurzelziehens, das Sie in der Mittelschule kennengelernt und hoffentlich noch nicht ganz vergessen haben. Aber dieses Verfahren ist ein ganz spezielles, das sich nur für die Berechnung der Quadratwurzeln eignet, während das Verfahren der Intervallschachtelung zur Berechnung jeder irrationalen Zahl verwendet werden kann. Unter „Berechnung" einer irrationalen Zahl versteht man dabei die mit beliebiger Genauigkeit erfolgende Annäherung oder *Approximation* der irrationalen Zahl durch rationale Zahlen, insbesondere durch Dezimalbrüche. Über den Begriff der Approximation wird im folgenden noch viel zu sagen sein.

*** 6. Schnitte in der Menge der reellen Zahlen.** Wir wollen jetzt jede (rationale oder irrationale) Zahl als *reelle Zahl* bezeichnen, die durch einen Dedekindschen Schnitt in der Menge $\mathfrak{R}$ der rationalen Zahlen gemäß Ziffer 5 definiert werden kann. In der Menge $\mathfrak{Z}$ aller dieser reellen Zahlen kann man genau so wie in Ziffer 5 wieder Dedekindsche Schnitte definieren, d. h. Zerlegungen der Menge $\mathfrak{Z}$ in zwei Teilmengen $\mathfrak{A}$ und $\mathfrak{B}$ mit den drei in Ziffer 5 angegebenen Eigenschaften, von denen nur die dritte durch die folgende zu ersetzen ist:

3'. *Jede reelle Zahl gehört entweder zu $\mathfrak{A}$ oder zu $\mathfrak{B}$.*

Dann kann man zeigen, daß durch diese Schnitte in der Menge $\mathfrak{Z}$ *keine neuen Zahlen mehr definiert werden* oder, was auf dasselbe hinauskommt, daß bei jedem solchen Schnitt entweder in der Menge $\mathfrak{A}$ eine größte oder in der Menge $\mathfrak{B}$ eine kleinste Zahl existiert. Da die Menge $\mathfrak{R}$ der rationalen Zahlen eine Teilmenge von $\mathfrak{Z}$ ist, definiert jeder Schnitt $\mathfrak{S}$ in der Menge $\mathfrak{Z}$ auch einen Schnitt $\overline{\mathfrak{S}}$ in der Menge $\mathfrak{R}$ derart, daß die beiden Teilmengen $\overline{\mathfrak{A}}$ und $\overline{\mathfrak{B}}$, in die $\mathfrak{R}$ durch $\overline{\mathfrak{S}}$ zerlegt wird, Teilmengen von $\mathfrak{A}$, bzw. $\mathfrak{B}$ sind: $\overline{\mathfrak{A}} \subset \mathfrak{A}$, $\overline{\mathfrak{B}} \subset \mathfrak{B}$. Die durch den Schnitt $\overline{\mathfrak{S}}$ definierte Zahl c ist dann sicher eine reelle Zahl in dem oben angegebenen Sinn, gehört also zur Menge $\mathfrak{Z}$ und daher entweder zu $\mathfrak{A}$ oder zu $\mathfrak{B}$. Es ist noch zu zeigen, daß der Schnitt $\mathfrak{S}$ durch die Zahl c erzeugt wird, d. h. daß für die reellen Zahlen $a \in \mathfrak{A}$ und $b \in \mathfrak{B}$ entweder

$$a \leqq c, \quad b > c$$

oder

$$a < c, \quad b \geqq c$$

gilt. Gäbe es nämlich in $\mathfrak{A}$ eine Zahl $\alpha > c$, so gäbe es in dem Intervall (c, α) unendlich viele rationale Zahlen, die alle $> c$ wären und daher zur Menge $\overline{\mathfrak{B}}$ gehörten in Widerspruch dazu, daß der Schnitt $\overline{\mathfrak{S}}$ durch c erzeugt wird. Ebenso führt die Annahme, daß es in $\mathfrak{B}$ eine Zahl $\beta < c$ gibt, sofort auf einen Widerspruch. Damit ist gezeigt, daß es in der Menge $\mathfrak{Z}$ nicht nur keine Sprünge, sondern auch keine Lücken gibt (Ziffer 2).

* 7. **Untere und obere Grenze einer Menge.** Um die Existenz der in Ziffer 3 (Definition 4) definierten unteren Grenze

$$g = \operatorname{Inf} \mathfrak{M}$$

einer linksseitig beschränkten Menge $\mathfrak{M}$ zu zeigen, bestimme ich den folgenden Schnitt in der Menge $\mathfrak{Z}$ der reellen Zahlen: Die Teilmenge $\mathfrak{A}$ von $\mathfrak{Z}$ bestehe aus allen reellen Zahlen a, die kein $x \in \mathfrak{M}$ übertreffen (für die also kein $x < a$ ist), die Teilmenge $\mathfrak{B}$ aus allen reellen Zahlen b, die mindestens ein $x \in \mathfrak{M}$ übertreffen (für die mindestens ein $x < b$ ist). Die Mengen $\mathfrak{A}$ und $\mathfrak{B}$ sind nicht leer, denn alle unteren Schranken von $\mathfrak{M}$ gehören zu $\mathfrak{A}$, während alle reellen Zahlen, die größer sind als eine beliebige Zahl $x_0 \in \mathfrak{M}$, zu $\mathfrak{B}$ gehören. Ferner kann niemals $a \geqq b$ sein, weil sonst a mindestens ein $x \in \mathfrak{M}$ übertreffen würde, in Widerspruch zur Definition der Menge $\mathfrak{A}$. Damit sind die Bedingungen 1 und 2 von Ziffer 5 erfüllt; daß auch die Bedingung 3' von Ziffer 6 erfüllt ist, folgt unmittelbar aus dem Wortlaut der Definition des Schnittes: Jede reelle Zahl übertrifft entweder kein oder mindestens ein $x \in \mathfrak{M}$.

Die durch diesen Schnitt definierte Zahl ist die untere Grenze g von $\mathfrak{M}$. Gäbe es nämlich ein $x < g$, so wäre x auch kleiner als eine beliebige Zahl a' aus (x, g); wegen $a' < g$ wäre a' eine Zahl aus $\mathfrak{A}$, anderseits aber auch $x < a'$, was nicht möglich ist. Ferner gehört $g + \varepsilon$ für jedes $\varepsilon > 0$ zu $\mathfrak{B}$ und es gibt daher mindestens ein $x < g + \varepsilon$.

Ganz ähnlich zeigt man die Existenz der oberen Grenze

$$G = \operatorname{Sup} \mathfrak{M}$$

einer rechtsseitig beschränkten Menge; ich empfehle Ihnen, diesen Beweis zur Übung selbst durchzuführen.

* 8. **Beweis des Satzes von Bolzano-Weierstraß** (Ziffer 3, Satz 5). $\mathfrak{M}$ sei eine beschränkte unendliche Menge, also etwa $\mathfrak{M} \subset [a_0, b_0]$. In der Menge $\mathfrak{Z}$ der reellen Zahlen sei ein Schnitt dadurch definiert, daß zur Teilmenge $\mathfrak{A}$ von $\mathfrak{Z}$ alle jene reellen Zahlen a gehören, die höchstens endlich viele Zahlen von $\mathfrak{M}$ übertreffen, und zur Teilmenge $\mathfrak{B}$ alle jene reellen Zahlen b, die unendlich viele Zahlen von $\mathfrak{M}$ übertreffen. Diese Zerlegung von $\mathfrak{Z}$ in die Teilmengen $\mathfrak{A}$ und $\mathfrak{B}$ stellt einen Schnitt dar, denn:

1. Die Zahl a_0 übertrifft als untere Schranke gar keine Zahl von $\mathfrak{M}$ und ist daher sicher eine Zahl der Menge $\mathfrak{A}$. Die Zahl b_0 übertrifft als obere Schranke alle Zahlen von $\mathfrak{M}$ und ist daher sicher eine Zahl der Menge $\mathfrak{B}$. Die Mengen $\mathfrak{A}$ und $\mathfrak{B}$ sind also nicht leer.

2. Wäre $b \leqq a$, so würde entgegen der Voraussetzung auch a unendlich viele Zahlen von $\mathfrak{M}$ übertreffen, es kann daher nur $a < b$ sein.

3. Jede reelle Zahl übertrifft entweder höchstens endlich viele oder sie übertrifft unendlich viele Zahlen von $\mathfrak{M}$, d. h. jede reelle Zahl gehört entweder zu $\mathfrak{A}$ oder zu $\mathfrak{B}$.

Der Schnitt definiert also eine Zahl s von $\mathfrak{Z}$, so daß links von s alle Zahlen a und rechts von s alle Zahlen b liegen. Betrachten wir eine Umgebung $|x - s| < \varepsilon$ von s, also das Intervall $(s - \varepsilon, s + \varepsilon)$, so übertrifft $s - \varepsilon$ als Zahl links von s höchstens endlich viele Zahlen und $s + \varepsilon$ als Zahl rechts von s unendlich viele Zahlen von $\mathfrak{M}$, d. h. aber, in jeder Umgebung von s liegen unendlich viele Zahlen von $\mathfrak{M}$ oder s ist Häufungspunkt, womit der Satz bewiesen ist. Da links von $s - \varepsilon$ höchstens endlich viele Zahlen von $\mathfrak{M}$ liegen, ist

$$s = h = \liminf \mathfrak{M}$$

der kleinste Häufungspunkt von $\mathfrak{M}$. Definiert man einen Schnitt in der Weise, daß in die Klasse $\mathfrak{A}$ alle reellen Zahlen gehören, die von unendlich vielen, und in die Klasse $\mathfrak{B}$ alle reellen Zahlen, die von höchstens endlich vielen Zahlen von $\mathfrak{M}$ übertroffen werden, so bestimmt dieser Schnitt den größten Häufungspunkt

$$S = H = \limsup \mathfrak{M}$$

von $\mathfrak{M}$. In ähnlicher Weise wie oben läßt sich zeigen, daß auch für diese Zerlegung die drei Forderungen erfüllt sind. Betrachten wir wieder eine Umgebung $|x - S| < \varepsilon$ von S, als das Intervall $(S - \varepsilon, S + \varepsilon)$, so wird $S - \varepsilon$ als Zahl der Klasse $\mathfrak{A}$ von unendlich vielen und $S + \varepsilon$ als Zahl der Klasse $\mathfrak{B}$ von höchstens endlich vielen Zahlen von $\mathfrak{M}$ übertroffen. In $(S - \varepsilon, S + \varepsilon)$ sind also unendlich viele Zahlen von $\mathfrak{M}$ enthalten, d. h. S ist Häufungspunkt und da rechts von $S + \varepsilon$ nur höchstens endlich viele Zahlen von $\mathfrak{M}$ liegen, ist $S = \limsup \mathfrak{M}$. Ist $S = s$, so hat $\mathfrak{M}$ nur einen Häufungspunkt und umgekehrt.

Beispiele:

1. Nimmt man bezüglich der Menge $\mathfrak{M} = \left\{1, \frac{1}{2}, \frac{1}{3}, \ldots\right\} = \left\{\frac{1}{\nu}\right\}$ einen Schnitt der ersten Art vor, so besteht die Klasse $\mathfrak{A}$ aus allen reellen Zahlen $a \leqq 0$ und die Klasse $\mathfrak{B}$ aus allen reellen Zahlen $b > 0$, denn jede Zahl $b > 0$ übertrifft unendlich viele Zahlen von $\mathfrak{M}$. Der Schnitt definiert also den kleinsten Häufungswert $\liminf \left\{\frac{1}{\nu}\right\} = 0$. Die Teilung nach der zweiten Art ergibt denselben Schnitt, d. h. es ist $\limsup \left\{\frac{1}{\nu}\right\} = \liminf \left\{\frac{1}{\nu}\right\} = 0$.

2. Bezüglich der Menge $\mathfrak{M}$ der rationalen Zahlen im Intervall (a_0, b_0) ergibt ein Schnitt der ersten Art für die Klasse $\mathfrak{A}$ die Zahlen $a \leqq a_0$ und für die Klasse $\mathfrak{B}$ die Zahlen $b > a_0$, denn da die rationalen Zahlen, wie wir gesehen haben, überall dicht sind, übertrifft jede Zahl rechts von a_0 schon unendlich viele Zahlen von $\mathfrak{M}$, d. h. es ist $\liminf \mathfrak{M} = a_0$. Nach dem Schnitt der zweiten Art sind in der Klasse $\mathfrak{A}$ die Zahlen $a < b_0$ und in der Klasse $\mathfrak{B}$ die Zahlen $b \geqq b_0$, es ist also $\limsup \mathfrak{M} = b_0$.

3. Bezüglich der Menge $\mathfrak{M} = \left\{\frac{1}{2}, \frac{1}{3}, \frac{2}{3}, \frac{1}{4}, \frac{3}{4}, \frac{1}{5}, \frac{4}{5}, \ldots\right\} = \left\{\frac{1}{\nu}, \frac{\nu - 1}{\nu}\right\}$ für $\nu \geqq 2$ ergibt ein Schnitt der ersten Art für die Menge $\mathfrak{A}$ die Zahlen $a \leqq 0$ und für die Menge $\mathfrak{B}$ die Zahlen $b > 0$, d. h. $\liminf \left\{\frac{1}{\nu}, \frac{\nu - 1}{\nu}\right\} = 0$. Bei einem Schnitt der zweiten Art sind in der Menge $\mathfrak{A}$ die Zahlen $a < 1$ und in der Menge $\mathfrak{B}$ die Zahlen $b \geqq 1$, d. h. der Schnitt definiert den $\limsup \left\{\frac{1}{\nu}, \frac{\nu - 1}{\nu}\right\} = 1$.

Aufgaben.

1. Es sei $\mathfrak{M}_1 = \{3n - 7\}$ und $\mathfrak{M}_2 = \{2n + 5\}$, wobei n eine beliebige natürliche Zahl ist. Man bestimme den Durchschnitt $\mathfrak{D}(\mathfrak{M}_1, \mathfrak{M}_2)$.

2. Man bestimme obere und untere Grenze sowie die Häufungspunkte der Menge

$$\left\{(-1)^n + \frac{1}{2^{n-1}}\right\}, \quad n = 1, 2, 3, \ldots$$

Ist die Menge abgeschlossen?

3. Man beweise, daß die Menge der Punkte eines beliebigen Intervalls $[a, b]$ der Menge der Punkte des Intervalls $[0, 1]$ äquivalent ist. (Anleitung: Man benütze eine geeignete perspektivische Abbildung).

4. Man beweise, daß die Menge der Punkte des Intervalls (a, b) der Menge aller Punkte der Zahlengeraden äquivalent ist.

§ 3. Folgen. Konvergenz und Grenzwert.

1. Begriff der Folge. Beispiele. Wir denken uns auf Grund einer gegebenen Vorschrift gewisse reelle Zahlen (oder ihre Bildpunkte auf der Zahlengeraden) den natürlichen Zahlen zugeordnet, also die reelle Zahl u_1 der natürlichen Zahl 1, die reelle Zahl u_2 der natürlichen Zahl 2 usw., allgemein die reelle Zahl u_ν der natürlichen Zahl ν. Das Ergebnis einer solchen Zuordnung ist eine *Zahlenfolge (Punktfolge)* oder kurz *Folge*

$$u_1, u_2, \ldots, u_\nu, \ldots.$$

Man nennt die Zahlen $u_1, u_2, \ldots$ die *Glieder* der Folge, u_ν insbesondere das *allgemeine Glied*; die Folge selbst bezeichne ich im folgenden wie eine Menge mit $\{u_\nu\}$.

Die Glieder einer Folge müssen keineswegs alle verschieden sein (vgl. die folgenden Beispiele, insbesondere 3 bis 5). Die in einer Folge vorkommenden reellen Zahlen bilden daher offenbar eine höchstens abzählbare Menge; wohl ist jede wie in § 2, 4 in bestimmter Weise numerierte und nach den Nummern geordnete abzählbare Menge eine Folge (mit lauter verschiedenen Gliedern), aber nicht jede Folge entsteht durch Ordnen einer abzählbaren Menge[1].

Beispiele:

1. Die Folge der natürlichen Zahlen: $1, 2, 3, \ldots, \nu, \ldots$ oder allgemein $u_\nu = \nu$.

2. Die Folge der ganzen Zahlen: $0, +1, -1, +2, -2, \ldots$. Das allgemeine Glied schreiben wir an, indem wir ungerade Werte $\nu = 2\mu - 1$ und gerade Werte $\nu = 2\mu$ des Index ν unterscheiden $(\mu = 1, 2, \ldots)$. Es ist

$$u_{2\mu-1} = 1 - \mu, \quad u_{2\mu} = \mu.$$

3. Die Folge: $1, 1, 1, \ldots$, allgemein $u_\nu = 1$.

4. Die Folge: $1, 2, 1, 2, \ldots$, allgemein $u_{2\nu-1} = 1$, $u_{2\nu} = 2$.

5. Die Folge: $1, 2, 2, 3, 3, 3, \ldots$ (jede natürliche Zahl ν wird ν-mal angeschrieben).

6. Die Folge: $1, \frac{1}{2}, \frac{1}{3}, \frac{1}{4}, \ldots$, allgemein $u_\nu = \frac{1}{\nu}$.

7. Die Folge: $1, -\sqrt{2}, +\sqrt[3]{3}, -\sqrt[4]{4}, \ldots$, allgemein $u_\nu = (-1)^{\nu+1}\sqrt[\nu]{\nu}$.

8. Die Folge: $\frac{1}{2}, \frac{1}{3}, \frac{2}{3}, \frac{1}{4}, \frac{3}{4}, \frac{1}{5}, \frac{4}{5}, \ldots$, allgemein $u_{2\nu-1} = \frac{\nu}{\nu+1}$, $u_{2\nu} = \frac{1}{\nu+2}$.

9. Die arithmetische Folge: $a, a+d, a+2d, \ldots$, allgemein $u_\nu = a + \nu d$, $(\nu = 0, 1, 2, \ldots)$ oder $u_\nu = a + (\nu - 1) d$, $(\nu = 1, 2, 3, \ldots)$. (Man läßt manchmal für ν auch die Null zu, muß dies aber dann auch angeben, z. B. in der obigen Weise).

10. Die geometrische Folge: $a, aq, aq^2, \ldots$, allgemein $u_\nu = a q^\nu$, $(\nu = 0, 1, 2, \ldots)$, oder $u_\nu = a q^{\nu-1}$, $(\nu = 1, 2, 3, \ldots)$.

11. Die Folge von Dezimalbrüchen

$$u_\nu = a{\cdot}a_1 a_2 \ldots a_\nu$$

oder ausführlicher

$$u_\nu = a + a_1 10^{-1} + a_2 10^{-2} + \ldots + a_\nu 10^{-\nu},$$

wo a eine beliebige natürliche Zahl oder Null und die a_ν Ziffern (ganze Zahlen zwischen 0 und 9) sind.

[1] Folgen und Mengen sind also verschiedene Begriffe, die man allerdings in völlige Übereinstimmung bringen kann, wenn man sich auf den Standpunkt stellt, daß die Glieder einer Folge durch das Numerieren (also durch die Indizes, die man sich auch bei den Einsern des Beispiels 3 angebracht denken kann) auch dann als verschieden angesehen werden können, wenn sie zahlenmäßig gleich sind.

2. Konvergente und divergente Folgen. Der Grenzwert einer konvergenten Folge. Der Begriff des *Häufungswertes einer Folge* läßt sich analog wie bei Mengen definieren:

Eine Zahl x heißt Häufungswert der Folge $\{u_\nu\}$, wenn in jeder Umgebung von x unendlich viele Glieder der Folge $\{u_\nu\}$ enthalten sind.

Lassen wir noch die uneigentlichen Häufungswerte $\pm\infty$ zu, so gilt der Satz von BOLZANO-WEIERSTRASS in der Form von § 2, 3, Satz 6, unverändert auch für Folgen:

Jede Folge hat mindestens einen Häufungswert.

Und nun definiere ich:

Eine Folge heißt dann und nur dann konvergent, wenn sie nur einen einzigen, und zwar eigentlichen Häufungswert A besitzt.

Dieser einzige Häufungswert A heißt dann der *Grenzwert* der Folge; man schreibt

$$\boxed{\lim_{\nu\to\infty} u_\nu = A} \tag{1}$$

oder kurz auch

$$\boxed{u_\nu \to A,} \tag{2}$$

womit zum Ausdruck gebracht werden soll, daß sich die Zahlen u_ν mit wachsendem ν dem Grenzwert A nähern[1]. Die Aussage (1) oder (2) besagt zweierlei, nämlich erstens, daß die Folge $\{u_\nu\}$ eine konvergente Folge ist und zweitens, daß ihr Grenzwert gleich A ist. Wenn aber A als Grenzwert der einzige Häufungswert der Folge $u_1, u_2, u_3, \ldots, u_\nu, \ldots$ ist, dann liegen außerhalb jeder Umgebung von A nur endlich viele Zahlen u_ν. Unter diesen wird es daher eine Zahl mit einem größten Index N geben, so daß alle auf diese Zahl u_N folgenden Zahlen u_ν, für welche also $\nu > N$ ist, in der Umgebung $(A - \varepsilon, A + \varepsilon)$ von A liegen. Der Index N wird dabei von der Größe der Zahl ε abhängen, eine Funktion (§ 8) von ε sein, und zwar wird N in der Regel umso größer sein, je kleiner ε angenommen wurde. Wir können eine konvergente Folge daher folgendermaßen definieren:

Eine Folge heißt konvergent mit dem Grenzwert A, wenn zu jeder Zahl $\varepsilon > 0$ stets eine natürliche Zahl N angegeben werden kann, so daß

$$\boxed{|u_\nu - A| < \varepsilon} \tag{3}$$

ist für alle ν, für die

$$\boxed{\nu > N} \tag{4}$$

gilt.

Ist $\mathfrak{M}$ eine unendliche Menge und haben alle Elemente von $\mathfrak{M}$ *mit Ausnahme von höchstens endlich vielen* eine bestimmte Eigenschaft E, so wollen wir in Hinkunft kurz sagen, daß *fast alle* Elemente von $\mathfrak{M}$ die Eigenschaft E haben. Mit dieser Redensart kann man dann die obige Aussage einfacher formulieren:

Eine Folge ist konvergent mit dem Grenzwert A, wenn jede Umgebung von A fast alle Glieder der Folge enthält.

---

[1] „Nähern" muß dabei nicht heißen, daß die Abstände $|u_\nu - A|$ der Punkte u_ν und A jedesmal kleiner werden, wenn man von einem Glied der Folge zum nächsten übergeht, wie das z. B. bei den in Ziffer 3 zu betrachtenden monotonen Folgen der Fall ist. Es kann sehr wohl auch einmal auf zwei Schritte vorwärts (d. h. näher zu A hin) wieder ein Schritt zurück folgen. Auch können die Punkte u_ν ohneweiters einmal links, einmal rechts von A liegen, in ganz beliebiger Abwechslung.

Eine Folge heißt *divergent*, wenn sie entweder einen uneigentlichen Häufungswert oder mehrere Häufungswerte besitzt. Im Falle eines einzigen, aber uneigentlichen Häufungswertes spricht man von einer *bestimmt divergenten* Folge. Folgen mit mehr als einem Häufungswert nennt man gelegentlich auch *oszillierend*.

Für die Beispiele von Ziffer 1 gilt:

1. $\lim\limits_{\nu \to \infty} \nu = +\infty$, die Folge ist bestimmt divergent.
2. Divergent (oszillierend) mit den zwei Häufungswerten $+\infty$ und $-\infty$.
3. Konvergent, $\lim\limits_{\nu \to \infty} 1 = 1$, weil $|u_\nu - A| = |1 - 1| = 0 < \varepsilon$ ist für jedes ε und für jedes ν.
4. Divergent (oszillierend) mit den zwei Häufungswerten 1 und 2.
5. Bestimmt divergent mit $\lim u_\nu = +\infty$.
6. $\lim\limits_{\nu \to \infty} \frac{1}{\nu} = 0$, weil $\left|\frac{1}{\nu} - 0\right| = \frac{1}{\nu} < \varepsilon$ ist, wenn nur $\nu > N \geqq \frac{1}{\varepsilon}$ ist.
7. Vgl. § 4, 5.
8. Divergent (oszillierend) mit den zwei Häufungswerten 0 und 1, denn es ist

$$\lim_{\nu \to \infty} u_{2\nu - 1} = \lim_{\nu \to \infty} \frac{\nu}{\nu + 1} = 1, \text{ weil } \left|\frac{\nu}{\nu + 1} - 1\right| = \frac{1}{\nu + 1} \to 0$$

und

$$\lim_{\nu \to \infty} u_{2\nu} = \lim_{\nu \to \infty} \frac{1}{\nu + 2} = 0.$$

9. Es ist $\lim\limits_{\nu \to \infty} (a + \nu d) = \begin{cases} -\infty, & \text{wenn } d < 0, \\ a, & \text{wenn } d = 0, \\ +\infty, & \text{wenn } d > 0. \end{cases}$
10. Vgl. § 4, 2.
11. Konvergent; der Grenzwert ist die durch den unendlichen Dezimalbruch $a \cdot a_1 a_2 \ldots$ dargestellte reelle Zahl.

Gerade das letzte Beispiel zeigt, daß es nicht immer (sogar nur ausnahmsweise) möglich ist, den Grenzwert einer gegebenen konvergenten Folge numerisch exakt[1] zu berechnen. Nehmen wir etwa die Folge

$$1,\ 1{\cdot}4,\ 1{\cdot}41,\ 1{\cdot}414,\ 1{\cdot}4142,\ 1{\cdot}41421,\ \ldots,$$

also die Dezimalbruchentwicklung von $\sqrt{2}$, wie man sie etwa durch das elementare Verfahren des Quadratwurzelziehens erhält. $\sqrt{2}$ läßt sich nicht exakt durch einen Dezimalbruch angeben, weil es unmöglich ist, unendlich viele Stellen anzuschreiben. Jedes Glied der Folge kann aber als *Näherungswert* für $\sqrt{2}$ angesehen werden, wobei der Fehler um so kleiner sein wird, je mehr Stellen man berechnet hat, und zwar ist der Fehler immer kleiner als eine Einheit der zuletzt angeschriebenen Stelle. Man schreibt z. B.

$$1{\cdot}41421 \approx \sqrt{2}$$

(das Zeichen $\approx$ wird gelesen: „ungefähr gleich"), aber

$$1{\cdot}41421\ldots = \sqrt{2},$$

wobei die Punkte die fehlenden (unendlich vielen) Dezimalstellen andeuten. Im Grunde besagt diese Gleichheit nichts anderes, als daß $\sqrt{2}$ eben gleich dem Grenzwert der obigen Zahlenfolge ist. Im allgemeinen Fall einer konvergenten Folge $\{u_\nu\}$ schreibt man — mit einem bestimmten ν —

$$u_\nu \approx A,$$

[1] Nur rationale Zahlen sind numerisch exakt berechenbar, d. h. durch endliche oder periodische Dezimalbrüche darstellbar. Vgl. die Bemerkung am Schluß der Ziffer 5 von § 2.

der Fehler ist dabei durch die Differenz von u_ν und A gegeben. Würde man diesen Fehler genau kennen, so hätte man es nicht nötig, ihn überhaupt zu begehen, weil man dann A genau angeben könnte und es also keinen Sinn hätte, an Stelle des genauen Wertes A den Näherungswert u_ν zu verwenden. Beim praktischen Rechnen ist in der Regel eine *Genauigkeitsschranke*, d. h. eine obere Schranke für den Betrag des Fehlers gegeben. Meist sind ja die Angaben selbst schon mit Fehlern behaftet, die natürlich im Lauf der Rechnung nicht verkleinert werden können, aber nach Möglichkeit auch nicht vergrößert werden sollen. Es hat daher keinen Sinn, die Rechnung mit mehr Stellen durchzuführen, als der Genauigkeit der Angaben entspricht. Wenn man etwa die gerundeten Zahlen 3·15 und 17·23 zu multiplizieren hat, so ist es sinnlos, alle vier Dezimalen zu berechnen, man wird sich sogar mit den Zehnteln des Produktes begnügen, weil der Fehler bei 3·15 (der höchstens $\pm$ 0·005 ist) bei der Multiplikation auf das 17-fache vergrößert wird, so daß im Produkt nicht einmal die Zehntel völlig sicher sein werden. Bei dieser Gelegenheit noch eine Bemerkung über das Runden (Auf- oder Abrunden). Es sei etwa die Länge eines Viertelkreises zu berechnen, dessen Radius $r \approx 2{\cdot}170$ ist[1]. Es hat keinen Sinn, π mit fünf oder noch mehr Dezimalen zu nehmen; man kann höchstens, um die Fehler nicht zu vergrößern, eine „Überstelle", also $\pi \approx 3{\cdot}1416$ nehmen. Im Resultat 3·409 ist die letzte Stelle schon recht unsicher, eine vierte Dezimale wäre völlig sinnlos. Schließlich noch: 2·25 sollte man auf 2·2 abrunden, 2·35 aber auf 2·4 aufrunden, wenn man nur eine Dezimale braucht, weil man dann bei einer eventuellen Division durch 2 nicht wieder in Verlegenheit kommt: $2{\cdot}25 : 2 = 1{\cdot}125 \approx 1{\cdot}1$, ebenso $2{\cdot}2 : 2 = 1{\cdot}1$, aber $2{\cdot}3 : 2 = 1{\cdot}15$, und das kann ebensogut auf 1·2 wie auf 1·1 gerundet werden.

3. **Sätze über konvergente Folgen. Monotone Folgen.** Die folgenden Sätze stellen wichtige Hilfsmittel zur Berechnung der Grenzwerte konvergenter Folgen dar.

Satz 1: *Jede konvergente Folge ist beschränkt.*

Denn innerhalb jeder Umgebung $\mathfrak{U}$ des Grenzwerts liegen fast alle Glieder der Folge, außerhalb also höchstens endlich viele; da jede endliche Menge beschränkt ist, muß auch die aus allen Gliedern der Folge bestehende unendliche Menge beschränkt sein.

Jede durch Streichung von Gliedern einer Folge $\mathfrak{F}$ entstehende Folge $\mathfrak{F}_1$ wird als *Teilfolge* von $\mathfrak{F}$ bezeichnet. Für konvergente Folgen gilt:

Satz 2: *Jede Teilfolge einer konvergenten Folge ist selbst wieder eine konvergente Folge mit demselben Grenzwert.*

Wenn fast alle Glieder der Gesamtfolge in einer beliebigen Umgebung $\mathfrak{U}(A)$ des Grenzwertes A liegen, so liegen auch fast alle Glieder der Teilfolge in $\mathfrak{U}(A)$.

Eine *Nullfolge* ist eine konvergente Folge mit dem Grenzwert Null, z. B. die Folge $\left\{\frac{1}{\nu}\right\}$, für welche die Folge $\left\{\frac{1}{2\nu}\right\}$ eine Teilfolge ist und daher auch wieder eine Nullfolge darstellt.

Fügt man zu einer Folge eine *endliche* Anzahl beliebiger Glieder hinzu, so ändert sich nichts an den Konvergenzeigenschaften der Folge. Dasselbe gilt, wenn man eine endliche Anzahl von Gliedern aus der Folge entfernt.

---

[1] Das heißt also, daß der richtige Wert von r zwischen 2·1695 und 2·1705 liegt. Es hat also einen guten Sinn, bei gerundeten Dezimalstellen eine Null an der letzten Stelle anzuschreiben; $r \approx 2{\cdot}17$ würde nur aussagen, daß r zwischen 2·165 und 2·175 liegt, also einen zehnmal so großen Fehler zulassen!

Satz 3: *Ist* $\mathfrak{F} = \{x_\nu\}$ *eine beliebige beschränkte Folge und* x_0 *einer ihrer Häufungswerte, so existiert stets eine konvergente Teilfolge* $\overline{\mathfrak{F}} = \{\bar{x}_\mu\}$ *von* $\mathfrak{F}$, *so daß*

$$\lim_{\mu \to \infty} \bar{x}_\mu = x_0$$

ist.

Der Satz ist trivial, wenn x_0 der einzige Häufungswert von $\mathfrak{F}$ ist, denn dann ist $\mathfrak{F}$ selbst konvergent und man kann $\bar{x}_\mu = x_\mu$ nehmen. Ist $\mathfrak{F}$ aber nicht konvergent, so existieren mehrere Häufungswerte (Ziffer 2). Dann sagt der obige Satz, daß man stets eine gegen einen beliebigen Häufungswert x_0 von $\mathfrak{F}$ konvergierende Teilfolge $\overline{\mathfrak{F}}$ von $\mathfrak{F}$ angeben kann Um das zu zeigen, wähle ich zunächst eine beliebige Nullfolge positiver Zahlen ε_μ und konstruiere mit diesen ε_μ eine Folge von Umgebungen

$$\mathfrak{U}_\mu = (x_0 - \varepsilon_\mu, \; x_0 + \varepsilon_\mu)$$

von x_0. Da x_0 Häufungspunkt von $\mathfrak{F}$ ist, gibt es in jeder Umgebung $\mathfrak{U}_\mu$ unendlich viele Zahlen von $\mathfrak{F}$. Jeweils eine davon wähle ich aus, also $\bar{x}_1 \in \mathfrak{U}_1$, $\bar{x}_2 \in \mathfrak{U}_2$, usw., allgemein $\bar{x}_\mu \in \mathfrak{U}_\mu$; $\{\bar{x}_\mu\}$ ist also eine Teilfolge von $\mathfrak{F}$ und es gilt

$$|\bar{x}_\mu - x_0| < \varepsilon_\mu.$$

Ich zeige, daß $\overline{\mathfrak{F}} = \{\bar{x}_\mu\}$ gegen x_0 konvergiert. Ist $\varepsilon > 0$ beliebig angenommen, so gibt es wegen $\varepsilon_\mu \to 0$ eine Zahl M, so daß $\varepsilon_\mu < \varepsilon$ ist für alle $\mu > M$. Dann ist aber

$$|\bar{x}_\mu - x_0| < \varepsilon,$$

was gerade die Behauptung unseres Satzes ist.

Als *monotone Folgen* bezeichnet man sowohl die *nicht fallenden Folgen*, bei welchen von einem gewissen Glied an keine Zahl der Folge kleiner als die vorangehende ist, für die also

$$u_\nu \leqq u_{\nu+1} \text{ für alle } \nu \geqq n$$

gilt, sowie die *nicht steigenden Folgen*, bei welchen von einem gewissen Glied an keine Zahl der Folge größer als die vorangehende ist, für die also

$$u_\nu \geqq u_{\nu+1} \text{ für alle } \nu \geqq n'$$

gilt[1]. Tritt nirgend ein Gleichheitszeichen auf, so heißt die Folge *streng monoton* und insbesondere entweder *steigend* oder *fallend*.

Die Folge $\{\nu\}$ der natürlichen Zahlen ist steigend, die Folge $\left\{\frac{1}{\nu}\right\}$ ist fallend. Auch eine Folge, die aus lauter gleichen Gliedern besteht, wird als monoton bezeichnet.

Bei monotonen Folgen läßt sich die Frage nach der Konvergenz besonders einfach entscheiden, denn es gilt der wichtige

Satz 4: *Jede beschränkte monotone Folge ist konvergent, und zwar konvergiert eine beschränkte nicht fallende Folge gegen ihre obere Grenze und eine beschränkte nicht steigende Folge gegen ihre untere Grenze.*

Ich beweise diesen Satz für nicht fallende Folgen und habe also zu zeigen, daß eine beschränkte nicht fallende Folge nur einen Häufungswert besitzt und daß dieser mit der oberen Grenze G übereinstimmt. Oberhalb G gibt es keine

[1] Mitunter bezeichnet man (auch in der ersten Auflage dieses Bandes): steigende Folgen als *im engeren Sinn monoton wachsende (zunehmende) Folgen*, nicht fallende Folgen als *monoton wachsende (zunehmende) Folgen*, fallende Folgen als *im engeren Sinn monoton abnehmende Folgen* und nicht steigende Folgen als *monoton abnehmende Folgen*. Diese Bezeichnungsweise hat den Nachteil, daß eine Folge mit lauter gleichen Gliedern sowohl wachsend als abnehmend ist.

Zahl der Folge und daher sicher auch keinen Häufungswert. Ich nehme an, es gebe einen Häufungswert $A < G$. Ist G obere Grenze, so liegt in jeder Umgebung von G mindestens eine Zahl u_ν der Folge, die, wenn G selbst nicht Häufungspunkt ist, mit G übereinstimmt. In jeder Umgebung von A liegen unendlich viele Zahlen und unter ihnen ist daher sicher eine Zahl $u_\mu < u_\nu$, für welche aber $\mu > \nu$ ist. Damit führt die Annahme, daß es einen von G verschiedenen Häufungspunkt A gibt, zu dem Widerspruch, daß die Folge dann nicht monoton ist. Da die Folge nach dem Satz von BOLZANO-WEIERSTRASS mindestens einen Häufungspunkt besitzt, stimmt dieser also mit der oberen Grenze überein. Ganz ähnlich zeigt man, daß eine beschränkte nicht steigende Folge gegen ihre untere Grenze konvergiert.

Satz 5: *Besteht zwischen drei Folgen $\{a_\nu\}$, $\{b_\nu\}$ und $\{c_\nu\}$ für alle hinreichend großen ν die Beziehung*

$$a_\nu \leqq b_\nu \leqq c_\nu$$

und sind $\{a_\nu\}$ und $\{c_\nu\}$ konvergent mit demselben Grenzwert A, so ist auch $\{b_\nu\}$ konvergent und es ist auch

$$\lim_{\nu \to \infty} b_\nu = A.$$

Es gibt voraussetzungsgemäß zu jedem $\varepsilon > 0$ zwei Zahlen N_1 und N_2, so daß $|a_\nu - A| < \varepsilon$ ist, wenn $\nu > N_1$, und $|c_\nu - A| < \varepsilon$ ist, wenn $\nu > N_2$ gewählt wird. Ist $N \geqq \operatorname{Max}\{N_1, N_2\}$, so gelten alle vier Ungleichungen zugleich, wenn $\nu > N$ ist. Dann ist aber auch

$$A - \varepsilon < a_\nu \leqq b_\nu \leqq c_\nu < A + \varepsilon$$

und somit

$$|b_\nu - A| < \varepsilon,$$

was zu beweisen war. Ein Sonderfall dieses Satzes ist:

Satz 6: *Besteht zwischen zwei Folgen $\{b_\nu\}$ und $\{c_\nu\}$ für alle hinreichend großen ν die Beziehung*

$$0 \leqq b_\nu \leqq c_\nu$$

und ist $\{c_\nu\}$ eine Nullfolge, so ist auch $\{b_\nu\}$ eine Nullfolge.

Man kommt zu diesem Sonderfall, wenn man in der Formulierung des allgemeinen Satzes alle $a_\nu = 0$ und $A = 0$ setzt.

Für beliebige konvergente Folgen gilt:

Satz 7: *Konvergiert eine Folge $\{a_\nu\}$ gegen den Grenzwert a, dann konvergiert die Folge der absoluten Beträge $\{|a_\nu|\}$ gegen den Grenzwert $|a|$.*

Für $\nu > N$ ist $|a_\nu - a| < \varepsilon$ und daher auch $||a_\nu| - |a|| \leqq |a_\nu - a| < \varepsilon$. Wie man leicht einsieht, gilt die Umkehrung dieses Satzes nur für Nullfolgen:

Satz 8: *Ist* $\lim\limits_{\nu \to \infty} |a_\nu| = 0$, *so ist auch* $\lim\limits_{\nu \to \infty} a_\nu = 0$.

Ist $a > 0$, so darf aus $|a_\nu| \to a$ nicht geschlossen werden, daß dann auch die Folge $\{a_\nu\}$ konvergiert.

Denn z. B. ist die Folge $\{a_\nu\} = \left\{(-1)^\nu \frac{\nu - 1}{\nu}\right\}$, also $a_1 = 0$, $a_2 = \frac{1}{2}$, $a_3 = -\frac{2}{3}$, $a_4 = \frac{3}{4}$, $a_5 = -\frac{4}{5}$ oszillierend, und zwar sind die Häufungswerte $+1$ und -1, während die Folge $\{|a_\nu|\}$ konvergiert, da $\lim\limits_{\nu \to \infty} |a_\nu| = \lim\limits_{\nu \to \infty} \frac{\nu - 1}{\nu} = 1$ ist.

4. **Das Rechnen mit Grenzwerten.** *Konvergiert die Folge $\{a_\nu\}$ gegen den Grenzwert a und die Folge $\{b_\nu\}$ gegen den Grenzwert b, so konvergiert die Folge $\{c_\nu\} =$*

$= \{a_\nu + b_\nu\}$ *gegen den Grenzwert* $c = a + b$. Der Inhalt dieses Satzes läßt sich auch durch die Gleichung ausdrücken

$$\boxed{\lim_{\nu\to\infty}(a_\nu + b_\nu) = \lim_{\nu\to\infty} a_\nu + \lim_{\nu\to\infty} b_\nu.} \tag{5}$$

Zu jeder beliebig gewählten positiven Zahl ε gibt es eine Zahl N_1, so daß $|a_\nu - a| < \varepsilon$ für $\nu > N_1$ und eine Zahl N_2, so daß $|b_\nu - b| < \varepsilon$ für $\nu > N_2$ ist. Beide Ungleichungen sind für $\nu > N$ erfüllt, wenn $N \geqq \operatorname{Max}\{N_1, N_2\}$ ist. Für $\nu > N$ ist dann

$$|(a_\nu + b_\nu) - (a + b)| = |(a_\nu - a) + (b_\nu - b)| \leqq |a_\nu - a| + |b_\nu - b| < \varepsilon + \varepsilon = 2\,\varepsilon.$$

Zugleich mit ε ist aber auch $\varepsilon' = 2\,\varepsilon$ eine beliebig wählbare positive Zahl und damit ist der Satz bewiesen. Er gilt entsprechend auch für eine beliebige *endliche* Zahl von Summanden.

In ähnlicher Weise findet man für die Folge $\{c_\nu\} = \{a_\nu - b_\nu\}$ den Grenzwert

$$\boxed{\lim_{\nu\to\infty}(a_\nu - b_\nu) = \lim_{\nu\to\infty} a_\nu - \lim_{\nu\to\infty} b_\nu.} \tag{6}$$

Für den Grenzwert der Folge $\{c_\nu\} = \{a_\nu b_\nu\}$ gilt:

$$\boxed{\lim_{\nu\to\infty} a_\nu b_\nu = \lim_{\nu\to\infty} a_\nu \lim_{\nu\to\infty} b_\nu.} \tag{7}$$

Es ist

$$|a_\nu b_\nu - a\,b| = |a_\nu b_\nu - a_\nu b + a_\nu b - a\,b| = |a_\nu (b_\nu - b) + b\,(a_\nu - a)| \leqq$$
$$\leqq |a_\nu|\,|b_\nu - b| + |b|\,|a_\nu - a| < |a_\nu|\,\varepsilon + |b|\,\varepsilon = \varepsilon\,(|a_\nu| + |b|) \leqq \varepsilon\,(A + |b|) = \varepsilon'.$$

Dabei ist A eine obere Schranke der Folge $\{|a_\nu|\}$. Dann ist aber zugleich mit ε auch ε' eine beliebig wählbare positive Zahl und damit ist die Behauptung bewiesen. Der Satz gilt in entsprechender Weise auch für eine beliebige *endliche* Zahl von Faktoren.

Ähnlich läßt sich auch für die Folge $\{c_\nu\} = \left\{\frac{a_\nu}{b_\nu}\right\}$ unter der Annahme $b_\nu \neq 0$ und $\lim\limits_{\nu\to\infty} b_\nu \neq 0$ zeigen, daß

$$\boxed{\lim_{\nu\to\infty}\frac{a_\nu}{b_\nu} = \frac{\lim\limits_{\nu\to\infty} a_\nu}{\lim\limits_{\nu\to\infty} b_\nu}} \tag{8}$$

ist. Kurz gesagt:

Der Grenzwert einer Summe, einer Differenz, eines Produktes und eines Quotienten ist bzw. gleich der Summe, der Differenz, dem Produkt und dem Quotienten der Grenzwerte, letzteres immer mit der Einschränkung, daß kein Nenner verschwindet.

5. **Das allgemeine Konvergenzprinzip von Cauchy.** Nach den bisherigen Überlegungen läßt sich entscheiden, ob eine gegebene Folge einen ganz bestimmten Grenzwert besitzt. Oft genügt es aber, von einer gegebenen Folge bloß festzustellen, ob sie überhaupt konvergent ist, ohne daß man sich für den Grenzwert selbst interessiert. Diese Frage, wie man allein auf Grund einer Betrachtung der Folge auf ihre Konvergenz schließen kann, beantwortet das *allgemeine Konvergenzprinzip von* CAUCHY[1]:

[1] AUGUSTIN LOUIS CAUCHY, geb. 1789 in Paris, gest. 1857; war einer der bedeutendsten französischen Mathematiker und der eigentliche Begründer der Funktionentheorie (Theorie der Funktionen einer komplexen Veränderlichen). Er wirkte in Paris.

Eine Folge $\{u_\nu\}$ ist dann und nur dann konvergent, wenn es zu jedem $\varepsilon > 0$ eine natürliche Zahl N gibt, so daß $|u_\nu - u_\mu| < \varepsilon$ ist, wenn $\nu > N$ und $\mu > N$ gewählt wird.

Die Notwendigkeit dieser Bedingung ist anschaulich sofort verständlich. Da ja die Glieder einer konvergenten Folge immer näher an den Grenzwert heranrücken, so kann der Unterschied zwischen zwei beliebigen Gliedern u_ν und u_μ nicht oberhalb einer bestimmten Zahl bleiben, sondern er muß schließlich kleiner werden als jede vorgegebene Zahl ε.

Die Bedingung, daß $|u_\nu - u_\mu| < \varepsilon$ ist, wenn ν und μ genügend groß gewählt werden, ist für die Konvergenz einer Folge sowohl notwendig als auch hinreichend[1]; gerade diese Tatsache ist durch die Wortverbindung „*dann und nur dann*" ausgedrückt. Ich zeige zunächst, daß die Bedingung notwendig ist, d. h. daß sie aus $\lim\limits_{\nu\to\infty} u_\nu = A$ folgt. Dann gibt es nämlich eine Zahl N, so daß $|u_\nu - A| < \frac{\varepsilon}{2}$ für $\nu > N$ und ebenso $|u_\mu - A| < \frac{\varepsilon}{2}$ für $\mu > N$ ist. Daraus folgt aber

$$|u_\nu - u_\mu| = |(u_\nu - A) - (u_\mu - A)| \leqq |u_\nu - A| + |u_\mu - A| < \frac{\varepsilon}{2} + \frac{\varepsilon}{2} = \varepsilon,$$

was zu beweisen war.

Ich zeige nun, daß die Bedingung auch hinreichend ist, d. h. daß eine Folge $\{u_\nu\}$, die die Bedingung erfüllt, sicher konvergent ist. Ich nehme also an, es gibt zu jedem beliebigen $\varepsilon > 0$ eine Zahl N, so daß für alle $\nu > N$ und für alle $\mu > N$ stets $|u_\nu - u_\mu| < \varepsilon$ oder, was dasselbe ist, $u_\mu - \varepsilon < u_\nu < u_\mu + \varepsilon$ ist. Ich denke mir nun μ festgehalten und lasse ν der Reihe nach die Werte $\mu, \mu+1, \mu+2$ usf. durchlaufen. Dann müssen alle Zahlen $u_\mu, u_{\mu+1}, u_{\mu+2}, \ldots$ dem Intervall

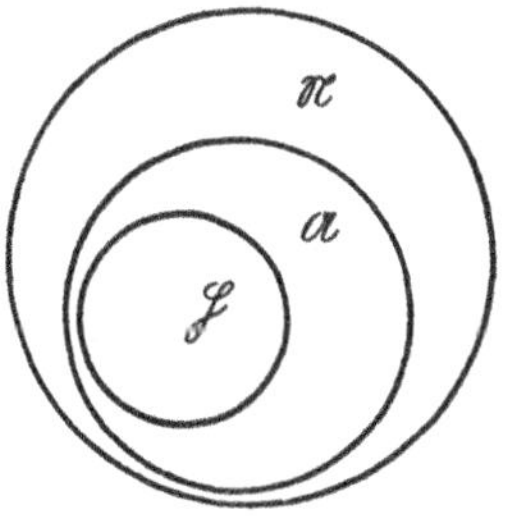

Abb. 3

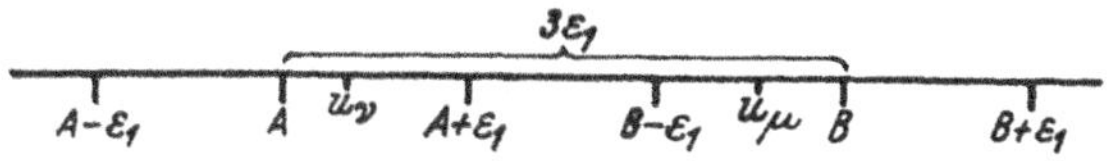

Abb. 4.

$(u_\mu - \varepsilon,\ u_\mu + \varepsilon)$ angehören. Da außerhalb dieses Intervalls höchstens die endlich vielen Zahlen $u_1, u_2, \ldots, u_{\mu-1}$ liegen und es unter diesen sicher eine größte und eine kleinste Zahl gibt, ist die Folge u_ν beschränkt (weil die Vereinigungsmenge von zwei beschränkten Mengen sicher auch beschränkt ist) und besitzt dann nach dem Satz von BOLZANO-WEIERSTRASS mindestens einen Häufungswert A. Gäbe es noch einen zweiten Häufungswert $B \neq A$ (Abb. 4), der von A den Abstand $|B - A| = 3\,\varepsilon_1$ hat, so gäbe es für $\varepsilon \leqq \varepsilon_1$ in der ε-Umgebung von A unendlich viele Zahlen u_ν mit $\nu > N$ und ebenso in der ε-Umgebung von B

[1] Es sei $\mathfrak{M}$ eine nicht leere Menge beliebiger Elemente, $\mathfrak{A}$, $\mathfrak{H}$ und $\mathfrak{N}$ Teilmengen von $\mathfrak{M}$, die dadurch charakterisiert sind, daß für ihre Elemente gewisse Aussagen A, H und N richtig sind, so daß $\mathfrak{A}$ die Menge aller Elemente von $\mathfrak{M}$ ist, für die die Aussage A zutrifft; entsprechendes gelte für $\mathfrak{H}$ und $\mathfrak{N}$. Ist dann (Abb. 3) $\mathfrak{A} \subset \mathfrak{N}$, so heißt N eine *notwendige Bedingung* für A, ist $\mathfrak{H} \subset \mathfrak{A}$, so heißt H eine *hinreichende Bedingung* für A. (Es ist dann umgekehrt A eine notwendige Bedingung für H und eine hinreichende Bedingung für N). Eine Aussage B ist eine *notwendige und hinreichende Bedingung* für A, wenn die Menge $\mathfrak{B}$ aller Elemente von $\mathfrak{M}$, für die B richtig ist, sowohl eine Menge $\mathfrak{N}$ als auch eine Menge $\mathfrak{H}$ ist; sie muß dann mit $\mathfrak{A}$ identisch sein. Statt „hinreichende Bedingung" sagt man oft auch „*Kriterium*".

Beispiel: $\mathfrak{M}$ sei die Menge aller ganzen Zahlen, A die Aussage „die (ganze) Zahl x ist positiv und gerade", N die Aussage „x ist eine natürliche Zahl" und H die Aussage „x ist eine Potenz 2^n mit einer natürlichen Zahl n". Eine für A notwendige und hinreichende Bedingung B ist etwa „x hat die Form $2\,n$ mit einer natürlichen Zahl n".

unendlich viele Zahlen u_μ mit $\mu > N$. Für diese Zahlen ist aber gewiß $|u_\nu - u_\mu| > \varepsilon$ in Widerspruch zur Voraussetzung; es kann also nur *einen* Häufungswert geben, die Folge muß konvergent sein.

6. Die Intervallschachtelung. Mit Hilfe der Sätze von Ziffer 3 und 4 können wir das in § 2, 5 skizzierte Verfahren der Intervallschachtelung in einer allgemeineren Form auf ein sicheres Fundament stellen. Ich gebe zunächst die Definition:

Eine Intervallschachtelung ist eine Folge $\{\mathfrak{J}_\nu\}$ *von abgeschlossenen Intervallen*

$$\mathfrak{J}_\nu = [a_\nu, b_\nu]$$

mit folgenden Eigenschaften:

1. *Die Folge* $\{a_\nu\}$ *ist nicht fallend, die Folge* $\{b_\nu\}$ *nicht steigend,*
2. *es ist stets*

$$a_\nu < b_\nu,$$

3. *die Differenzenfolge*

$$\{b_\nu - a_\nu\}$$

ist eine Nullfolge.

Aus 1. und 2. folgt, daß jedes Intervall $\mathfrak{J}_\nu$ Teilintervall des vorhergehenden $\mathfrak{J}_{\nu-1}$ ist, $\mathfrak{J}_\nu \subset \mathfrak{J}_{\nu-1}$, sowie, daß die beiden Folgen $\{a_\nu\}$ und $\{b_\nu\}$ konvergent sind (es ist jedes b_ν eine obere Schranke für alle a_μ und jedes a_ν eine untere Schranke für alle b_μ); aus 3. folgt, daß die beiden Folgen $\{a_\nu\}$ und $\{b_\nu\}$ denselben Grenzwert c haben, der allen Intervallen angehört und der einzige Punkt mit dieser Eigenschaft ist. *Jede Intervallschachtelung definiert also* ebenso wie ein Dedekindscher Schnitt *genau eine reelle Zahl*[1].

Ein Sonderfall der Intervallschachtelung ist das *Halbierungsverfahren*, bei dem jedes Intervall aus dem vorangehenden durch Halbieren und Wahl einer der beiden Hälften (nach einem bestimmten Gesichtspunkt) entsteht. Es ist also entweder

$$a_\nu = a_{\nu-1}, \qquad b_\nu = \frac{1}{2}(a_{\nu-1} + b_{\nu-1})$$

oder

$$a_\nu = \frac{1}{2}(a_{\nu-1} + b_{\nu-1}), \qquad b_\nu = b_{\nu-1}.$$

7. Der Borelsche Überdeckungssatz[2]. Es ist das ein recht tiefliegender, allgemeiner und für unsere späteren Entwicklungen höchst bedeutungsvoller Satz über Punktmengen. Es handelt sich dabei um folgendes Es sei $\mathfrak{M}$ eine beschränkte und abgeschlossene Menge; nach der Definition der abgeschlossenen Menge von § 2, 3 ist jeder Häufungspunkt von $\mathfrak{M}$ auch Punkt von $\mathfrak{M}$. Jeden Punkt $x \in \mathfrak{M}$ denken wir uns in eine Umgebung $\mathfrak{U}(x)$ eingebettet. Dann besagt der Borelsche Satz, daß schon *endlich viele dieser Umgebungen ausreichen, um die ganze Menge* $\mathfrak{M}$ *zu überdecken*, d. h. daß alle Punkte von $\mathfrak{M}$ in endlich vielen solchen Umgebungen enthalten sind. Der Satz ist offenbar für endliche Mengen trivial; $\mathfrak{M}$ sei also eine unendliche Menge. Ich nehme an, der Satz sei falsch, d. h. es gäbe eine bestimmte unendliche, abgeschlossene und beschränkte

[1] Man kann die Intervallschachtelung an Stelle des Schnitts zur Definition der irrationalen Zahlen benützen. Dazu hat man lediglich den Begriff der (monotonen) Folge rationaler Zahlen und den Begriff der Nullfolge einzuführen. Definiert man dann die Intervallschachtelung wie oben für *rationale* a_ν und b_ν, so kann man zeigen, daß es höchstens eine rationale Zahl gibt, die allen Intervallen der Schachtelung angehört. Gibt es keine solche Zahl, dann sagt man, die Schachtelung definiere eine *irrationale* Zahl.

[2] EMILE BOREL, geb. 1871 in Saint-Affrique (Dep. Aveyron), gest. 1956, wirkte in Paris. Arbeitsgebiete: Mengenlehre, reelle und komplexe Funktionen, Wahrscheinlichkeitstheorie.

Menge $\mathfrak{M} \subset [a, b] = \mathfrak{J}_1$, zu deren Überdeckung unendlich viele Umgebungen nötig sind. Ich halbiere das Intervall $[a, b]$; die in jedem der beiden Teilintervalle (die wieder abgeschlossene Intervalle sein sollen, so daß der Halbierungspunkt sowohl zum linken wie auch zum rechten Teilintervall als obere bzw. untere Grenze zu rechnen ist) gelegenen Punkte von $\mathfrak{M}$ bilden dann wieder je eine abgeschlossene und beschränkte Menge. Für mindestens eine dieser beiden Mengen von $\mathfrak{M}$ muß der Satz dann wieder falsch, also unendlich viele Intervalle zur Überdeckung nötig sein. Sei $\mathfrak{J}_2$ eine Hälfte von $\mathfrak{J}_1$, für die der Satz falsch ist. Dieses Intervall $\mathfrak{J}_2$ halbiere ich wieder und kann wie bei $\mathfrak{J}_1$ weiter schließen: Für mindestens eine Hälfte von $\mathfrak{J}_2$ (Viertel von $\mathfrak{J}_1$) muß der Satz falsch sein (genauer für die darin enthaltene Teilmenge von $\mathfrak{M}$), z. B. für $\mathfrak{J}_3$. Fahre ich so fort, so erhalte ich eine Folge von abgeschlossenen Intervallen $\mathfrak{J}_\nu$, von denen jedes eine Hälfte des vorangehenden ist, die also eine Intervallschachtelung bilden. Dabei ist für die in $\mathfrak{J}_\nu$ enthaltenen Teilmengen $\mathfrak{M}_\nu$ von $\mathfrak{M}$ stets der Satz falsch, d. h. zur Überdeckung von $\mathfrak{M}_\nu$ braucht man unendlich viele der Umgebungen $\mathfrak{U}(x)$. Sei c der durch die Intervallschachtelung definierte Punkt. c ist sicher Häufungspunkt von $\mathfrak{M}$ und, da $\mathfrak{M}$ abgeschlossen ist, auch Punkt von $\mathfrak{M}$, also in die Umgebung $\mathfrak{U}(c)$ eingebettet. Dann gibt es sicher eine Zahl n, so daß $\mathfrak{J}_\nu \subset \mathfrak{U}(c)$ ist für alle $\nu \geqq n$, denn die $\mathfrak{J}_\nu$ ziehen sich ja auf den Punkt c zusammen. Damit kommen wir aber zu einem Widerspruch: Einerseits sind zur Überdeckung der in $\mathfrak{J}_n$ enthaltenen Teilmengen $\mathfrak{M}_n$ von $\mathfrak{M}$ unendlich viele von den Umgebungen $\mathfrak{U}(x)$ nötig, anderseits ist aber wegen $\mathfrak{J}_n \subset \mathfrak{U}(c)$ die Menge $\mathfrak{M}_n$ bereits durch die eine Umgebung $\mathfrak{U}(c)$ des Punktes c überdeckt. Damit ist der Überdeckungssatz bewiesen.

Die entscheidende Bedeutung dieses Satzes liegt darin, daß die Umgebungen $\mathfrak{U}(x)$ der Punkte von $\mathfrak{M}$ völlig willkürlich vorgegeben sein können: Wie immer man sie bestimmt, immer reicht eine endliche Anzahl von ihnen aus, um die ganze Menge $\mathfrak{M}$ zu überdecken.

Aufgaben.

1. Es sei eine Folge von Intervallen $\mathfrak{J}_\nu = [x_\nu, y_\nu]$ folgendermaßen definiert: $\mathfrak{J}_0$ sei $[0, 1]$, $\mathfrak{J}_1$ die linke Hälfte von $\mathfrak{J}_0$, $\mathfrak{J}_2$ die rechte Hälfte von $\mathfrak{J}_1$, $\mathfrak{J}_3$ wieder die linke Hälfte von $\mathfrak{J}_2$ usw. Man zeige, daß $\{\mathfrak{J}_\nu\}$ eine Intervallschachtelung ist, bestimme die Folgen $\{x_\nu\}$ und $\{y_\nu\}$ und den durch die Schachtelung definierten Punkt a.

2. Man beweise: Gilt für eine Folge $|a_\nu| \to +\infty$, so gilt $\frac{1}{a_\nu} \to 0$ (d. h. $\left\{\frac{1}{a_\nu}\right\}$ ist eine Nullfolge) und umgekehrt.

3. Man bestimme für $\nu \to \infty$ die Grenzwerte von

a) $\frac{\nu - 1}{\nu + 1}$, b) $\frac{\nu^2 - \nu}{\nu^2 + 1}$, c) $\frac{2\nu^3 - \nu^2 + 5}{5\nu^3 + 2\nu - 1}$, d) $(a\nu^3 + b\nu^2 + c\nu + d)\,\nu^{-3}$.

* 4. Ist $\{u_\nu\}$ konvergent und $\lim\limits_{\nu\to\infty} u_\nu = u$, so ist auch die Folge der arithmetischen Mittel

$$v_\nu = \frac{u_1 + u_2 + \cdots + u_\nu}{\nu}$$

konvergent mit demselben Grenzwert $\lim\limits_{\nu\to\infty} v_\nu = u$.

§ 4. Spezielle Zahlenfolgen.

1. **Ein Hilfssatz.** Ich beweise zunächst einen einfachen Hilfssatz, den wir im folgenden einige Male verwenden werden:

Ist $x > 0$ eine beliebige positive und $n > 1$ eine ganze Zahl, so ist

$$\boxed{(1 + x)^n > 1 + n x.} \tag{1}$$

(1) heißt die *Bernoullische Ungleichung*[1]; ihr Beweis ergib sich sofort aus dem binomischen Lehrsatz (§ 1, 7):

$$(1+x)^n = 1 + \binom{n}{1} x + \binom{n}{2} x^2 + \dots + \binom{n}{n-1} x^{n-1} + x^n > 1 + \binom{n}{1} x = 1 + n x.$$

Vergleiche hierzu die Aufgaben 1 und 2 am Schluß des Paragraphen.

Nimmt man an Stelle der beiden ersten Summanden den ersten und dritten, so folgt

$$\boxed{(1+x)^n > 1 + \frac{n(n-1)}{2} x^2} \tag{2}$$

oder, wenn $n > 2$ und daher $n - 1 > \frac{n}{2}$ ist, auch

$$\boxed{(1+x)^n > 1 + \frac{n^2}{4} x^2.} \tag{3}$$

2. Die Potenz $u_\nu = a^\nu$; a ist dabei eine beliebige reelle Zahl, die Folge besteht aus den Potenzen, $a, a^2, a^3, a^4, \dots, a^\nu, \dots$ mit positiven ganzen Exponenten und zeigt, je nachdem $a > 1$, $a = 1$, $1 > a > -1$, $a = -1$, $a < -1$ ist, ein recht verschiedenes Verhalten.

α) $a > 1$; ich setze $a = 1 + x$, dann ist $x > 0$ und nach (1)

$$u_\nu = a^\nu = (1+x)^\nu > 1 + \nu x;$$

wegen

$$\lim_{\nu \to \infty} (1 + \nu x) = +\infty$$

ist auch

$$\boxed{\lim_{\nu \to \infty} a^\nu = +\infty,}$$

d. h. $\{a^\nu\}$ ist bestimmt divergent.

β) $a = 1$; es ist $u_\nu = 1^\nu = 1$ und

$$\boxed{\lim_{\nu \to \infty} a^\nu = 1.}$$

γ) $0 < a < 1$; ich setze $a = \frac{1}{1+x}$, $u_\nu = a^\nu = \frac{1}{(1+x)^\nu}$ mit $x > 0$. Nach (1) ist dann aber $u_\nu < \frac{1}{1+\nu x}$ und wegen

$$\lim_{\nu \to \infty} \frac{1}{1+\nu x} = 0$$

ist auch

$$\boxed{\lim_{\nu \to \infty} a^\nu = 0.}$$

δ) $-1 < a < 0$; da, wie eben gezeigt wurde, $\lim\limits_{\nu \to \infty} |a^\nu| = \lim\limits_{\nu \to \infty} |a|^\nu = 0$, also $\{|a^\nu|\}$ eine Nullfolge ist, muß auch $\{a^\nu\}$ eine Nullfolge (vgl. § 3, 3), d. h.

$$\boxed{\lim_{\nu \to \infty} a^\nu = 0}$$

sein.

---

[1] Nach Jakob Bernoulli, geb. 1654 in Basel, gest. ebenda 1705, wirkte in Basel. Untersuchungen über Wahrscheinlichkeitsrechnung, zahlreiche Anwendungen der damals neuen Infinitesimalrechnung auf spezielle Fragen. Sein Bruder Johann Bernoulli, geb. 1667 in Basel, gest. 1748 ebenda, wirkte zuerst in Groningen, dann als Nachfolger seines Bruders in Basel. Begründer der Variationsrechnung, bedeutende Arbeiten auf dem Gebiete der Physik.

ε) $a = -1$; $u_\nu = (-1)^\nu$, d. h. $-1, +1, -1, +1, -1, +1, \ldots$; die Folge ist oszillierend.

ζ) $a < -1$; ich habe gezeigt $|u_\nu| = |a|^\nu \to +\infty$; die Folge $\{a^\nu\}$ mit $a < -1$ kann, wenn man will, als oszillierend mit den beiden uneigentlichen Häufungswerten $+\infty$ und $-\infty$ bezeichnet werden.

3. **Die geometrische Reihe** $u_\nu = 1 + q + q^2 + \ldots + q^{\nu-1} = \dfrac{q^\nu - 1}{q - 1}$, $q \neq 1$. Man spricht hier von einer *Reihe* oder genauer von einer *unendlichen Reihe*, weil u_ν eine Summe von ν Summanden ist und im Grenzfall $\nu \to \infty$ die Zahl der Summanden unendlich wird, so daß eine solche Summe nie direkt berechnet werden kann; man schreibt $1 + q + q^2 + \ldots + q^\nu + \ldots = \sum\limits_{\nu=1}^{\infty}' q^{\nu-1}$. Man bezeichnet u_ν als ν-te *Teilsumme* und versteht unter der *Summe* s der unendlichen Reihe den Grenzwert der Folge der Teilsummen, also

$$s = \lim_{\nu \to \infty} u_\nu;$$

existiert dieser Grenzwert, so heißt die unendliche Reihe *konvergent*. Mit den unendlichen Reihen werden wir uns noch sehr ausführlich zu beschäftigen haben.

Durch die Einführung der Teilsummen ist die Frage der Konvergenz einer unendlichen Reihe auf die Frage der Konvergenz einer Zahlenfolge, nämlich der Folge der Teilsummen zurückgeführt. Aus dem obigen Ausdruck für die ν-te Teilsumme u_ν und aus der Diskussion von Ziffer 2 folgt sofort:

Ist $|q| < 1$, so ist

$$\boxed{\lim_{\nu \to \infty} u_\nu = \frac{1}{1 - q},}$$

d. h. die unendliche geometrische Reihe $\sum\limits_{\nu=1}^{\infty}' q^{\nu-1}$ ist konvergent und hat die Summe $\dfrac{1}{1-q}$: man schreibt

$$\sum_{\nu=1}^{\infty}' q^{\nu-1} = 1 + q + q^2 + \ldots + q^\nu + \ldots = \frac{1}{1-q}. \tag{4}$$

Ist $q \geqq 1$, so ist $u_\nu \geqq \nu$ und $\lim\limits_{\nu \to \infty} u_\nu = +\infty$; die unendliche Reihe heißt dann ebenso wie die Folge der Teilsummen (bestimmt) *divergent*.

Ist $q \leqq -1$, so ist die Folge $\{u_\nu\}$ und damit die unendliche Reihe divergent (oszillierend).

4. **Die Folge** $u_\nu = \sqrt[\nu]{a}$, $a > 0$. Wir unterscheiden die Fälle $a > 1$, $a = 1$ und $a < 1$.

Ist $a > 1$, so setzen wir $\sqrt[\nu]{a} = 1 + x_\nu$, wobei sicher $x_\nu > 0$ ist; nach (1) ist dann $a = (1 + x_\nu)^\nu > 1 + \nu\, x_\nu$ und es folgt

$$0 < x_\nu < \frac{a-1}{\nu},$$

also wegen

$$\lim_{\nu \to \infty} \frac{a-1}{\nu} = 0$$

$$\lim_{\nu \to \infty} \sqrt[\nu]{a} = 1.$$

Ist $a < 1$, so setzen wir $\sqrt[\nu]{a} = \frac{1}{1 + x_\nu}$, $x_\nu > 0$. Dann ist wieder nach (1) $a = \frac{1}{(1 + x_\nu)^\nu} < \frac{1}{1 + \nu x_\nu}$ und es folgt $\nu x_\nu < \frac{1}{a} - 1$, also

$$0 < x_\nu < \frac{\frac{1}{a} - 1}{\nu} \to 0 \text{ für } \nu \to \infty$$

und daher wieder

$$\boxed{\lim_{\nu \to \infty} \sqrt[\nu]{a} = 1,} \tag{5}$$

was selbstverständlich auch für $a = 1$ gilt.

5. Die Folge $u_\nu = \sqrt[\nu]{\nu}$. Wir setzen wieder $\sqrt[\nu]{\nu} = 1 + x_\nu$; es ist dann $x_\nu \geqq 0$ und $\nu = (1 + x_\nu)^\nu$. Aus (3) folgt für $\nu > 2$

$$\nu = (1 + x_\nu)^\nu > \frac{\nu^2}{4} x_\nu^2,$$

also

$$x_\nu^2 < \frac{4\nu}{\nu^2} = \frac{4}{\nu}, \qquad 0 < x_\nu < \frac{2}{\sqrt{\nu}} \to 0$$

und daher

$$\boxed{\lim_{\nu \to \infty} \sqrt[\nu]{\nu} = 1.} \tag{6}$$

6. Die Folge $u_\nu = 1 + \frac{1}{1!} + \frac{1}{2!} + \ldots + \frac{1}{\nu!}$. Hier handelt es sich also um die Folge der Teilsummen der unendlichen Reihe $\sum_{\nu=0}^{\infty} \frac{1}{\nu!}$. Wegen $\nu! > 2^{\nu-1}$ für $\nu > 2$ (man schreibe die Faktoren beiderseits einzeln an!) ist

$$u_\nu < 1 + 1 + \frac{1}{2} + \frac{1}{2^2} + \ldots + \frac{1}{2^{\nu-1}} = 1 + \frac{1 - \frac{1}{2^\nu}}{1 - \frac{1}{2}} < 1 + \frac{1}{1 - \frac{1}{2}} = 3.$$

Nun ist

$$u_{\nu+1} = u_\nu + \frac{1}{(\nu + 1)!} > u_\nu,$$

die Folge $\{u_\nu\}$ also steigend, wegen $u_\nu < 3$ ist sie aber auch beschränkt und daher nach § 3, 3 sicher konvergent. Wir setzen

$$\lim_{\nu \to \infty} u_\nu = \sum_{\nu=0}^{\infty} \frac{1}{\nu!} = e. \tag{7}$$

Es ist nicht schwer, die Zahl e mit Hilfe der sehr gut konvergierenden Reihe (damit ist gemeint, daß die Glieder mit wachsendem ν sehr rasch klein werden) zu berechnen. So finden wir aus u_7 bereits auf vier Dezimalen $e \approx 2{\cdot}7183$; genauer ist

$$e = 2{\cdot}718281828459045 \ldots.$$

Die Zahl e ist eine transzendente Zahl (§ 1, 3) und spielt in der Analysis eine große Rolle (§ 16). Im folgenden Beispiel werden Sie eine zweite Definition von e kennenlernen.

7. **Die Folge** $v_\nu = \left(1 + \frac{1}{\nu}\right)^\nu$; mit $\{u_\nu\}$ soll auch hier die Folge von Ziffer 6 bezeichnet werden. Nach dem binomischen Lehrsatz ist

$$v_\nu = 1 + \nu \cdot \frac{1}{\nu} + \frac{\nu(\nu-1)}{2!}\frac{1}{\nu^2} + \dots + \frac{\nu(\nu-1)\dots 2 \cdot 1}{\nu!}\frac{1}{\nu^\nu}$$

oder, da

$$\frac{\nu(\nu-1)}{\nu^2} = \frac{\nu}{\nu} \cdot \frac{\nu-1}{\nu} = \left(1 - \frac{1}{\nu}\right), \dots,$$

$$\frac{\nu(\nu-1)(\nu-2)\dots 2 \cdot 1}{\nu^\nu} = \frac{\nu}{\nu} \cdot \frac{\nu-1}{\nu} \cdot \frac{\nu-2}{\nu} \dots \frac{\nu-(\nu-1)}{\nu} =$$

$$= \left(1 - \frac{1}{\nu}\right)\left(1 - \frac{2}{\nu}\right) \dots \left(1 - \frac{\nu-1}{\nu}\right)$$

ist,

$$v_\nu = 1 + 1 + \frac{1}{2!}\left(1 - \frac{1}{\nu}\right) + \dots + \frac{1}{\nu!}\left(1 - \frac{1}{\nu}\right)\left(1 - \frac{2}{\nu}\right) \dots \left(1 - \frac{\nu-1}{\nu}\right).$$

Der Vergleich mit

$$u_\nu = 1 + 1 + \frac{1}{2!} + \dots + \frac{1}{\nu!}$$

zeigt, daß für $\nu > 1$

$$v_\nu < u_\nu < 3$$

ist. Anderseits ist $\{v_\nu\}$ eine steigende Folge, denn $v_{\nu+1}$ entsteht aus v_ν, indem man die Faktoren $\left(1 - \frac{1}{\nu}\right)$, $\left(1 - \frac{2}{\nu}\right)$, usw. durch die größeren $\left(1 - \frac{1}{\nu+1}\right)$, $\left(1 - \frac{2}{\nu+1}\right)$, ersetzt und schließlich noch ein positives Glied hinzufügt. Also ist $\{v_\nu\}$ als beschränkte monotone Folge sicher konvergent; ich setze

$$\lim_{\nu \to \infty} v_\nu = v$$

und zeige noch, daß v mit dem Grenzwert e der Folge $\{u_\nu\}$ übereinstimmt. Ist $n > \nu$ ebenfalls eine ganze Zahl, so ist

$$v_n = 1 + 1 + \frac{1}{2!}\left(1 - \frac{1}{n}\right) + \dots + \frac{1}{\nu!}\left(1 - \frac{1}{n}\right)\left(1 - \frac{2}{n}\right) \dots \left(1 - \frac{\nu-1}{n}\right) + \dots$$

$$\dots + \frac{1}{n!}\left(1 - \frac{1}{n}\right)\left(1 - \frac{2}{n}\right) \dots \left(1 - \frac{n-1}{n}\right) >$$

$$> 1 + 1 + \frac{1}{2!}\left(1 - \frac{1}{n}\right) + \dots + \frac{1}{\nu!}\left(1 - \frac{1}{n}\right)\left(1 - \frac{2}{n}\right) \dots \left(1 - \frac{\nu-1}{n}\right) = T$$

(es sind ja rechts $n - \nu > 0$ positive Summanden weggelassen). Anderseits ist wegen $n > \nu$ sicher auch $T > v_\nu$, da T aus v_ν dadurch entsteht, daß man die Faktoren $\left(1 - \frac{1}{\nu}\right)$, $\left(1 - \frac{2}{\nu}\right)$ usw. in v_ν durch die größeren $\left(1 - \frac{1}{n}\right)$, $\left(1 - \frac{2}{n}\right)$ usw. ersetzt. Bei *festem* ν folgt für $n \to \infty$

$$\lim_{n \to \infty} v_n = v \geqq \lim_{n \to \infty} T = u_\nu$$

und daraus weiter für $\nu \to \infty$

$$v \geqq \lim_{\nu \to \infty} u_\nu = e;$$

anderseits hatten wir aber die Beziehung

$$v_\nu < u_\nu$$

gefunden, also für $\nu \to \infty$

$$\lim_{\nu \to \infty} v_\nu = v \leqq \lim_{\nu \to \infty} u_\nu = e.$$

Es ist also $e \leqq v \leqq e$, daher $v = e$, oder

$$e = \sum_{\nu=0}^{\infty} \frac{1}{\nu!} = \lim_{\nu \to \infty} \left(1 + \frac{1}{\nu}\right)^{\nu}, \tag{8}$$

was zu beweisen war.

8. Das arithmetisch-geometrische Mittel. Sind a und b positive reelle Zahlen, etwa $a < b$, so nennt man $\frac{a+b}{2}$ das *arithmetische*, $\sqrt{a\,b} > 0$ das *geometrische Mittel* von a und b. Es ist stets

$$\frac{a+b}{2} > \sqrt{a\,b},$$

denn es ist ja

$$\frac{a+b}{2} - \sqrt{a\,b} = \frac{1}{2}(a - 2\sqrt{a\,b} + b) = \frac{1}{2}(\sqrt{a} - \sqrt{b})^2 > 0.$$

Ich setze nun $a_0 = a$, $b_0 = b$ und bilde

$$a_1 = \sqrt{a_0\, b_0}, \quad b_1 = \frac{a_0 + b_0}{2};$$

es ist dann

$$a_0 < a_1 < b_1 < b_0.$$

Ich setze weiter

$$a_2 = \sqrt{a_1\, b_1}, \quad b_2 = \frac{a_1 + b_1}{2}$$

usw., allgemein

$$a_\nu = \sqrt{a_{\nu-1}\, b_{\nu-1}}, \quad b_\nu = \frac{a_{\nu-1} + b_{\nu-1}}{2}$$

es gilt

$$a_0 < a_1 < a_2 < \ldots < a_\nu < \ldots < b_\nu < \ldots < b_2 < b_1 < b_0$$

und daher ist $\{a_\nu\}$ eine steigende, $\{b_\nu\}$ eine fallende Folge; da anderseits a_0 eine untere Schranke für $\{b_\nu\}$, b_0 eine obere Schranke für $\{a_\nu\}$ ist, sind beide Folgen konvergent. Ist

$$\lim_{\nu \to \infty} a_\nu = A, \quad \lim_{\nu \to \infty} b_\nu = B,$$

so folgt

$$B = \lim_{\nu \to \infty} b_\nu = \lim_{\nu \to \infty} \frac{1}{2}(a_{\nu-1} + b_{\nu-1}) = \frac{1}{2}\left(\lim_{\nu \to \infty} a_{\nu-1} + \lim_{\nu \to \infty} b_{\nu-1}\right) = \frac{1}{2}(A + B),$$

also

$$A = B = M$$

und diesen gemeinsamen Grenzwert M nennt man das *arithmetisch-geometrische Mittel der Zahlen a_0 und b_0*. Ist $a_0 = b_0$, so gelten überall Gleichheitszeichen und es ist $a_0 = b_0 = M$.

Ist z. B. $a_0 = 1$, $b_0 = 2$, so wird $a_1 = \sqrt{2} = 1{\cdot}414$, $b_1 = 1{\cdot}5$, $a_2 = \sqrt{2{\cdot}121} = 1{\cdot}456$, $b_2 = 1{\cdot}457$; man sieht daß eine Fortsetzung des Verfahrens zwecklos ist, wenn man nur auf drei Dezimalen rechnet, denn mit dieser Genauigkeit ist eben $M = 1{\cdot}456\ldots$

Aufgaben.

1. Man beweise die Ungleichung (1) von Ziffer 1 durch vollständige Induktion.
2. Man zeige, daß man an Stelle von (1) auch

$$(1 + x)^n \geqq 1 + n\,x, \quad x \geqq -1, \quad n \geqq 1 \text{ ganz}$$

schreiben kann, wobei das Gleichheitszeichen für beliebige n und $x = 0$ sowie für beliebige x und $n = 1$ gilt.

3. Man bestimme die Grenzwerte der Folgen:

a) $\frac{n^k}{n!}$; b) $\frac{1+2+3+\ldots+n}{n^2}$; c) $\left(1-\frac{1}{2^2}\right)\left(1-\frac{1}{3^2}\right)\ldots\left(1-\frac{1}{n^2}\right)$;

d) $\sqrt{n+1}-\sqrt{n}$; e) $\sqrt{n+\sqrt{n}}-\sqrt{n-\sqrt{n}}$.

4. In einem Strahlenbüschel (Gesamtheit aller Geraden oder Strahlen einer Ebene durch einen festen Punkt) sei eine Folge von Strahlen gegeben, in der sich benachbarte unter dem festen Winkel α schneiden. Von einem Punkt, der sich auf einem Strahl in der Entfernung a vom Scheitel des Büschels befindet, wird das Lot auf den nächsten Strahl, vom Fußpunkt dieses Lotes wieder das Lot auf den nächsten Strahl usf. gezogen. Es ist die Länge des gesamten sich so ergebenden Polygonzuges zu ermitteln.

5. Es ist P_3 der Mittelpunkt einer gegebenen Strecke $\overline{P_1 P_2}$, P_4 der Mittelpunkt der Strecke $\overline{P_2 P_3}$, P_5 der von $\overline{P_3 P_4}$ usf. Welcher Grenzlage nähert sich P_n?

§ 5. Kombinatorik.

1. **Permutationen.** Unter einer Permutation von n verschiedenen Dingen oder Elementen, die wir den natürlichen Zahlen $1, 2, \ldots, n$ zugeordnet denken — die Elemente können selbstverständlich auch diese Zahlen selbst sein —, versteht man irgendeine Anordnung $i_1, i_2, \ldots, i_n$ derselben Dinge.

So sind z. B. 123, 231, 321 usw. Permutationen der Zahlen 1, 2, 3; $a\,b\,c$, $b\,a\,c$, $c\,a\,b$ usw. Permutationen der Buchstaben a, b, c.

Wir fragen nach der Anzahl P_n aller möglichen Permutationen von n Dingen. Offenbar ist $P_1 = 1$, $P_2 = 2$ (12 und 21), $P_3 = 6$ usw. Wir denken uns nun alle P_{n-1} Permutationen von $n-1$ Elementen angeschrieben. Nehmen wir ein n-tes Element dazu, so können wir dieses zu jeder der P_{n-1} angeschriebenen Permutationen der Elemente $1, 2, \ldots, n-1$ auf n verschiedene Arten dazuschreiben, nämlich hinter das letzte, vor das letzte, vor das vorletzte usw., vor das zweite und schließlich noch vor das erste. Es ist also

$$P_n = n\,P_{n-1}.$$

So erhalten wir aus den beiden Permutationen

$$a\,b,\ b\,a$$

der zwei Buchstaben a und b, durch Hinzunahme eines dritten Buchstaben c die sechs Permutationen

$$a\,b\,c,\ a\,c\,b,\ c\,a\,b,\ \ b\,a\,c,\ b\,c\,a,\ c\,b\,a$$

von drei Elementen a, b, c.

Ist aber $P_n = n\,P_{n-1}$, so ist auch $P_{n-1} = (n-1)\,P_{n-2}$ usw., also

$$\boxed{P_n = n\,(n-1)\,(n-2)\ldots 3\cdot 2\cdot 1 = n!} \tag{1}$$

Man nennt die ursprünglich gegebene Anordnung der Elemente die „natürliche"; sind die Elemente reelle Zahlen, so wird man dafür die Anordnung nach der Größe nehmen, bei Buchstaben die alphabetische. Man spricht von einem *Fehlstand* oder einer *Inversion* in einer bestimmten Permutation, wenn zwei Elemente in einer anderen als der natürlichen Anordnung stehen, also bei Zahlen, wenn die größere vor der kleineren steht. Eine Permutation heißt *gerade* oder *ungerade*, je nachdem die Zahl aller ihrer Fehlstände gerade oder ungerade ist.

In 3 1 2 gibt es zwei Fehlstände (3 vor 1 und 3 vor 2), die Permutation ist gerade; in $c\,b\,a$ gibt es drei Fehlstände (c vor b, c vor a und b vor a), die Permutation ist ungerade.

Sind nicht alle n Elemente verschieden, sondern etwa i einander gleich, so sind natürlich alle $i!$ Permutationen wirkungslos, die nur die Anordnung der i gleichen Elemente verändern, es ist also dann

$$P_n = \frac{n!}{i!}$$

Wenn die n Elemente in k Gruppen von $i_1, i_2, \ldots, i_k$ ($i_1 + i_2 + \ldots + i_k = n$) untereinander gleichen Elemente zerfallen, so ist

$$\boxed{P_n = \frac{n!}{i_1!\, i_2! \ldots i_k!}.} \tag{2}$$

2. Kombinationen ohne Wiederholung. Es seien n verschiedene Dinge oder Elemente vorgelegt. Wir fragen uns, auf wieviel verschiedene Arten wir $i \leqq n$ von diesen Elementen auswählen können, ohne dabei auf die Anordnung Rücksicht zu nehmen. Jede solche Auswahl von i der n gegebenen Elemente nennen wir eine *Kombination von n Elementen zur i-ten Klasse ohne Wiederholung.* Ihre Anzahl bezeichnen wir mit $C_{n,i}$.

Für die kleinsten Werte von n und i erhalten wir

$C_{1,1} = 1$, $C_{2,1} = 2$, $C_{2,2} = 1$, $C_{3,1} = 3$ (a, b, c), $C_{3,2} = 3$ $(a\,b, b\,c, c\,a)$,
$C_{3,3} = 1$ $(a\,b\,c)$, $C_{n,1} = n$, $C_{n,n} = 1$.

Wir denken uns nun alle $n!$ Permutationen der n Elemente angeschrieben und fassen in jeder die ersten i Elemente ins Auge. Unter ihnen sind jedenfalls alle gesuchten Kombinationen enthalten; aber es sind alle verschiedenen Anordnungen (Permutationen) der i Elemente und auch der weggelassenen restlichen $n - i$ Elemente dabei berücksichtigt; somit ist

$$\boxed{C_{n,i} = \frac{n!}{i!\,(n-i)!} = \binom{n}{i}.} \tag{3}$$

Der Gedankengang, durch den wir zu dieser Formel gelangt sind, deckt sich mit dem, der uns zu der Formel (2) für Permutationen geführt hat. Wenn wir dort $k = 2$, $i_1 = i$, $i_2 = n - i$ nehmen, erhalten wir das gleiche Resultat, denn es ist offenbar gleichgültig, ob wir die i Elemente als gleich ansehen oder nur von den verschiedenen möglichen Anordnungen derselben absehen.

3. Kombinationen mit Wiederholung. Es seien wieder n verschiedene Elemente gegeben, aber jedes derselben in einer beliebigen Anzahl. Wir stellen uns dieselbe Frage wie oben; der Unterschied besteht aber jetzt darin, daß jedes Element beliebig oft vorkommen kann. Man spricht daher von *Kombinationen von n Elementen zur i-ten Klasse mit Wiederholung* und bezeichnet ihre Anzahl mit $\overline{C}_{n,i}$. Die Beschränkung $i \leqq n$ ist hier überflüssig; es kann auch $i > n$ sein.

So sind z. B. $a\,a\,a$, $a\,a\,b$, $a\,b\,b$, $b\,b\,b$ die $\overline{C}_{2,3} = 4$ Kombinationen der 2 Elemente a, b zur dritten Klasse mit Wiederholung.

Unmittelbar einzusehen sind die Werte

$$\overline{C}_{n,1} = n, \qquad \overline{C}_{1,i} = 1.$$

Unter den $\overline{C}_{n,i}$ Kombinationen von n Elementen $a_1, a_2, \ldots, a_{n-1}, a_n$ gibt es nun offenbar $\overline{C}_{n-1,i}$, die das Element a_n nicht enthalten; streichen wir aus den übrigen das Element a_n je einmal fort, so bleiben die $\overline{C}_{n,i-1}$ Kombinationen von n Elementen zur $(i-1)$-ten Klasse übrig; es ist also

$$\overline{C}_{n,i} = \overline{C}_{n-1,i} + \overline{C}_{n,i-1} \tag{4}$$

und analog

$$\begin{aligned}
\overline{C}_{n,i-1} &= \overline{C}_{n-1,i-1} + \overline{C}_{n,i-2}\\
\overline{C}_{n,i-2} &= \overline{C}_{n-1,i-2} + \overline{C}_{n,i-3}\\
&\cdots\cdots\cdots\cdots\\
\overline{C}_{n,2} &= \overline{C}_{n-1,2} + \overline{C}_{n,1}\\
\overline{C}_{n,1} &= \overline{C}_{n-1,1} + 1
\end{aligned}$$

(da $\overline{C}_{n,1} = n$, $\overline{C}_{n-1,1} = n-1$ ist). Addieren wir diese i Gleichungen, so fallen $\overline{C}_{n,i-1}, \overline{C}_{n,i-2}, \ldots, \overline{C}_{n,1}$ links und rechts weg und wir erhalten

$$\overline{C}_{n,i} = \overline{C}_{n-1,i} + \overline{C}_{n-1,i-1} + \ldots + \overline{C}_{n-1,1} + 1. \tag{5}$$

Dadurch ist aber $\overline{C}_{n,i}$ eindeutig bestimmt. Es sind ja alle $\overline{C}_{1,i} = 1$ und daher können wir

$$\overline{C}_{2,i} = \overline{C}_{1,i} + \overline{C}_{1,i-1} + \ldots + \overline{C}_{1,1} + 1 = i + 1 = \binom{i+1}{1}$$

berechnen, daraus wieder

$$\overline{C}_{3,i} = \overline{C}_{2,i} + \overline{C}_{2,i-1} + \ldots + \overline{C}_{2,1} + 1 =$$
$$= (i+1) + i + \ldots + 2 + 1 = \frac{1}{2}(i+1)(i+2) = \binom{i+2}{2}$$

usw. Wir versuchen daher allgemein

$$\overline{C}_{n,i} = \binom{i+n-1}{n-1} = \binom{n+i-1}{i}$$

zu setzen; da dann (4) erfüllt ist, weil diese Gleichung in das Additionstheorem der Binomialkoeffizienten § 1, (31)

$$\binom{n+i-1}{i} = \binom{n+i-2}{i} + \binom{n+i-2}{i-1}$$

übergeht, ist wirklich

$$\boxed{\overline{C}_{n,i} = \binom{n+i-1}{i}.} \tag{6}$$

Aus (5) folgt ganz nebenbei eine weitere wichtige Relation zwischen Binomialkoeffizienten; setzen wir $n+i-1 = m$, so ergibt sich für $m > i$

$$\binom{m}{i} = \binom{m-1}{i} + \binom{m-2}{i-1} + \ldots + \binom{m-i}{1} + \binom{m-i-1}{0}. \tag{7}$$

4. **Variationen ohne Wiederholung.** Variationen unterscheiden sich von den Kombinationen nur dadurch, daß auch die verschiedenen möglichen Anordnungen oder Permutationen der ausgewählten i Elemente berücksichtigt werden. Man erhält also die *Variationen von n Elementen zur i-ten Klasse ohne Wiederholung* einfach dadurch, daß man die $C_{n,i}$ Kombinationen derselben n Elemente zur i-ten Klasse ohne Wiederholung allen $i!$ Permutationen unterwirft. Das gibt sofort ihre Anzahl $(i \leqq n)$

$$V_{n,i} = i!\binom{n}{i} = n(n-1)\ldots(n-i+1). \tag{8}$$

Beispiel: $(n = 3,\ i = 2)$; $b\,c,\ c\,a,\ a\,b,\ c\,b,\ a\,c,\ b\,a$; $V_{3,2} = 3\cdot 2 = 6$.

5. Variationen mit Wiederholung. Ein analoger einfacher Vorgang wie bei den Variationen ohne Wiederholung ist hier nicht möglich, da in den $\overline{C}_{n,i}$ Kombinationen mit Wiederholung auch gleiche Elemente, und zwar in ganz verschiedener Anzahl, vorkommen können, so daß die Zahl der auszuführenden Permutationen nicht bei jeder Kombination dieselbe ist. Wir müssen die Zahl $\overline{V}_{n,i}$ der *Variationen von n Elementen zur i-ten Klasse mit Wiederholung* also direkt berechnen. Offenbar ist

$$\overline{V}_{1,i} = \overline{C}_{1,i} = 1,$$

da bei lauter gleichen Elementen alle Permutationen wirkungslos bleiben.

Ferner ist

$$\overline{V}_{n,1} = \overline{C}_{n,1} = n,$$

da man ja ein Element stets nur auf eine Art anordnen kann. Insbesondere ist $\overline{V}_{2,1} = 2$, nämlich a, b, wenn a und b die beiden Elemente sind. Wir bekommen daraus alle $\overline{V}_{2,2} = 4$, wenn wir zu jeder Variation $\overline{V}_{2,1}$ jedes der beiden Elemente einmal anfügen, nämlich $a\,a$, $a\,b$; $b\,a$, $b\,b$. Ebenso bekommen wir daraus alle $\overline{V}_{2,3} = 8$, wenn wir zu jeder $\overline{V}_{2,2}$ jedes der beiden Elemente nochmals hinzuschreiben: $a\,a\,a$, $a\,a\,b$, $a\,b\,a$, $a\,b\,b$; $b\,a\,a$, $b\,a\,b$; $b\,b\,a$, $b\,b\,b$ usw. Es ist somit allgemein

$$\overline{V}_{n,i} = \overline{V}_{n,i-1} \cdot n = \overline{V}_{n,i-2} \cdot n^2 = \overline{V}_{n,i-3} \cdot n^3 = \ldots,$$

also

$$\boxed{\overline{V}_{n,i} = n^i.} \tag{9}$$

Aufgaben.

1. Ein Rechteck wird durch a senkrechte und b waagrechte Linien in kleinere, untereinander gleiche Rechtecke geteilt. Auf wieviel Arten kann man, von einer Ecke ausgehend, zur diagonal gegenüberliegenden Ecke gelangen, wenn man sich ohne Umweg immer auf Rechteckseiten bewegt?

2. Man zeige, daß es gleich viel gerade und ungerade Permutationen von n verschiedenen Elementen gibt.

3. In wieviel Punkten schneiden sich a Gerade, von denen b ($< a$) durch einen Punkt gehen?

4. Es seien A und B zwei Ecken eines vollständigen n-Ecks. Auf wieviel Arten kann man, immer auf Seiten des vollständigen n-Ecks schreitend, von A nach B gelangen? (Die Seiten eines vollständigen n-Ecks bestehen aus sämtlichen Verbindungsgeraden je zweier Ecken.)

5. Wieviel verschiedene Würfe sind mit n Würfeln möglich?

6. Wieviel n-ziffrige Zahlen kann man mit m Ziffern anschreiben?

II. Der Funktionsbegriff.

§ 6. Grundbegriffe und wichtigste Eigenschaften von Funktionen.

Mit Rücksicht auf die folgenden Entwicklungen sei hier zunächst ein kleiner Exkurs über *Cartesische Koordinaten*[1] und Koordinatensysteme eingeschaltet. Unter einem *ebenen Koordinatensystem* versteht man ganz allgemein *jede Zuordnung der Punkte der Ebene zu geordneten Paaren irgend welcher Zahlen* und analog unter einem *räumlichen Koordinatensystem eine Zuordnung der Punkte des Raumes zu geordneten Zahlentripeln*. Diese Zuordnung braucht sich dabei durchaus nicht auf alle Punkte der Ebene oder des Raumes zu erstrecken, sie muß auch nicht in der ganzen Ebene oder im ganzen Raum eindeutig sein; es genügt, wenn es gewisse Bereiche der Ebene oder des Raumes gibt, in welchen die Zuordnung *umkehrbar eindeutig* ist, d. h. daß jedem Punkt ein und nur ein Zahlenpaar oder Zahlentripel entspricht und umgekehrt jedem Zahlenpaar oder Zahlentripel ein und nur ein Punkt der Ebene bzw. des Raumes.

1. Cartesische Koordinaten in der Ebene. Ich beginne mit den Cartesischen Koordinatensystemen in der Ebene und im Raum. Wir wählen in der Ebene zwei einander schneidende Gerade g_1 und g_2 und auf jeder Geraden einen Maßstab (eine Einheit für die Streckenmessung); einem beliebigen Punkt P der Ebene ordnen wir dann zwei Zahlen x und y (oder auch x_1 und x_2) dadurch zu, daß wir durch P je eine Parallele zu den *Koordinatenachsen* g_2 und g_1 legen (Abb. 5, S. 56), ihre Schnittpunkte P' und P'' mit g_1 und g_2 bestimmen und dann

$$x = \overline{OP'}, \qquad y = \overline{OP''}$$

setzen, wo O der Schnittpunkt von g_1 und g_2 ist und die Strecken mit den auf g_1 und g_2 gewählten Einheitsstrecken $\overline{OE'}$ und $\overline{OE''}$ gemessen werden. Die Geraden g_1 und g_2 sind durch die Wahl dieser Einheitsstrecken wie jede Zahlenlinie *orientiert*. Statt der beiden Einheitsstrecken können wir auch einen *Einheitspunkt* E in der Ebene, der weder auf g_1 noch auf g_2 liegt, wählen und ihm die Koordinaten $x = y = 1$ zuordnen. x und y werden als *Abszisse* und *Ordinate*, g_1 und g_2 demgemäß als *Abszissen-* und *Ordinatenachse* oder kurz als x-Achse und y-Achse bezeichnet. Die Zuordnung zwischen den Punkten der Ebene und den geordneten Zahlenpaaren (x, y) ist in der ganzen Ebene umkehrbar eindeutig, denn es entspricht jedem Punkt der Ebene ein und nur ein solches Zahlenpaar und umgekehrt. Die Geraden $x = a$ sind parallel zur y-Achse, die Geraden $y = b$ parallel zur x-Achse. Man schreibt kurz $P = (x, y)$, so daß z. B. $E = (1, 1)$, $E' = (1, 0)$, $P'' = (0, y)$ usw. ist.

---

[1] René Descartes (Renatus Cartesius), geb. La Haye (Toulouse) 1596, gest. Stockholm 1650. Philosoph und Mathematiker. Begründer der analytischen Geometrie, Untersuchungen über Gleichungswurzeln, Rechnen mit Potenzen.

Es gibt zwei Typen von solchen allgemeinen schiefwinkeligen Cartesischen Koordinatensystemen, je nachdem die Drehung der positiven x-Achse um O bis zur Deckung mit der positiven y-Achse durch den kleineren der beiden möglichen (einander auf einen vollen ergänzenden) Winkel im positiven oder negativen Sinn (d. h. gegen oder mit dem Uhrzeigersinn) erfolgt. Koordinatensysteme der ersten Art heißen *positiv* oder *rechts orientiert*, solche der zweiten Art *negativ* oder *links orientiert* (Abb. 6). Stehen die beiden Koordinatenachsen g_1 und g_2 aufeinander senkrecht — in der Regel wählt man dann auch $\overline{OE'} = \overline{OE''}$, so daß das Parallelogramm $OE'EE''$ in ein Quadrat übergeht —, so spricht man von einem *rechtwinkeligen Cartesischen* oder kurz *rechtwinkeligen Koordinatensystem*, während man das allgemeinere Koordinatensystem der Abb. 5 auch als *affines Koordinatensystem* bezeichnet.

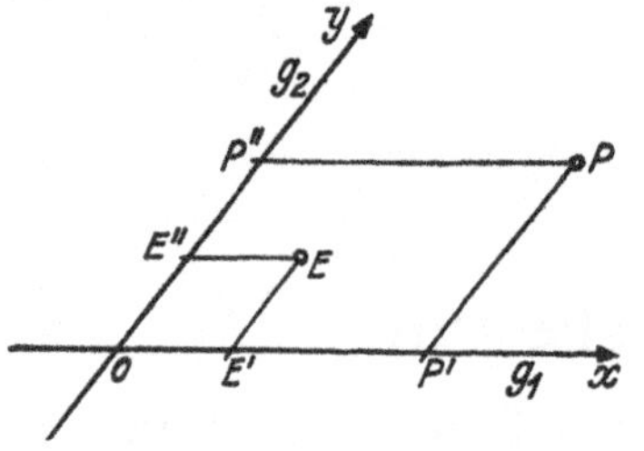

Abb. 5.

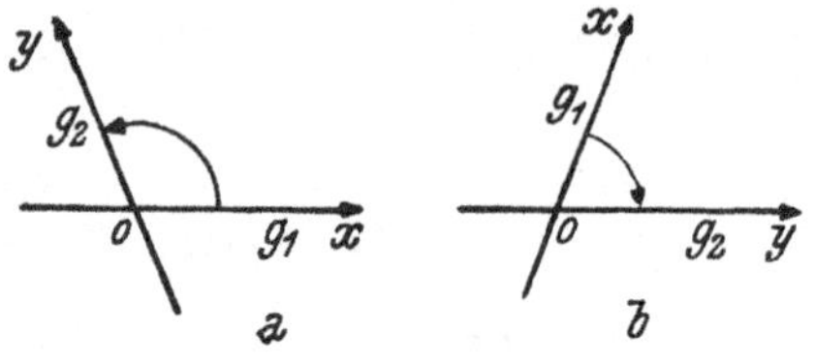

Abb. 6.

2. Cartesische Koordinaten im Raum. Im Raum wählen wir drei Gerade g_1, g_2 und g_3, die nicht in einer Ebene liegen, aber durch einen Punkt O gehen. g_1, g_2 und g_3 nennen wir wieder die Koordinatenachsen und die drei Ebenen, die durch je zwei der sich schneidenden Geraden g_1, g_2 und g_3 bestimmt sind, die *Koordinatenebenen*. Auf jeder Achse wählen wir eine Einheitsstrecke $\overline{OE'}, \overline{OE''}$ bzw. $\overline{OE'''}$ oder im Raum einen Einheitspunkt E, der auf keiner der drei Geraden liegt und dessen Projektionen parallel zu den Koordinatenebenen auf die Koordinatenachsen die Punkte E', E'' und E''' sind. Die Koordinaten x, y z (oder x_1, x_2, x_3) eines Punktes P bestimmen wir dann dadurch, daß wir durch P drei Ebenen legen, die zu den Koordinatenebenen parallel sind, deren Schnittpunkte P', P'' und P''' mit g_1, g_2 und g_3 ermitteln und dann

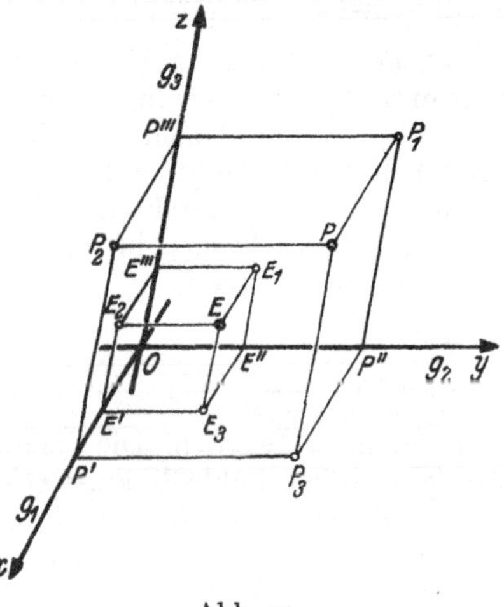

Abb. 7.

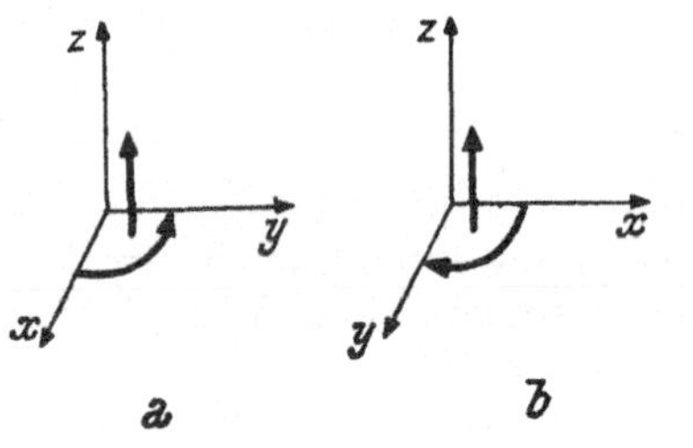

Abb. 8.

$$x = \overline{OP'}, \quad y = \overline{OP''}, \quad z = \overline{OP'''}$$

setzen, wobei die Strecken $\overline{OP'}$, $\overline{OP''}$ und $\overline{OP'''}$ bzw. mit den Einheitsstrecken $\overline{OE'}$, $\overline{OE''}$ und $\overline{OE'''}$ zu messen sind (Abb. 7). Der Punkt E hat die Koordinaten $x = y = z = 1$; wir schreiben kurz $P = (x, y, z)$ und $E = (1, 1, 1)$. Bemerkt sei, daß sich in jeder der drei Koordinatenebenen, die wir als yz-Ebene, zx-Ebene und xy-Ebene bezeichnen, ein ebenes Cartesisches Koordinatensystem ergibt, in denen E_1, E_2 und E_3, die Projektionen von E parallel zu den Achsen auf die Koordinatenebenen, die Einheitspunkte sind.

Es gibt zwei Typen von räumlichen Koordinatensystemen, die wir wieder als *positiv* oder *negativ orientiert* oder auch als *Rechts-* bzw. *Linkssysteme* bezeichnen und die sich dadurch unterscheiden, daß die Drehung der positiven x-Achse in der xy-Ebene um O durch den kleineren Winkel bis zur Deckung mit der positiven y-Achse, verbunden mit einem Fortschreiten in der Richtung der positiven z-Achse bei den ersteren die Bewegung einer Rechtsschraube, bei den letzteren die einer Linksschraube ergibt (Abb. 8).

Die drei Zahlen x, y und z werden als *Abszisse*, *Ordinate* und *Kote*, die drei Geraden g_1, g_2 und g_3 demgemäß als *Abszissen-*, *Ordinaten-* und *Kotenachse* oder kurz als x-, y- und z-Achse bezeichnet. Die Zuordnung zwischen den Punkten des Raumes und den Zahlentripeln (x, y, z) ist für alle Punkte des Raumes umkehrbar eindeutig, denn jedem Punkt P des Raumes entspricht eindeutig ein bestimmtes geordnetes Zahlentripel (x, y, z) und umgekehrt. Die Gleichungen $x = a$ sind hier Gleichungen von Ebenen parallel zur yz-Ebene, die Gleichungen $y = b$ bedeuten Ebenen parallel zur zx-Ebene und die *Gleichungen* $z = c$ Ebenen parallel zur xy-Ebene.

Stehen die drei Koordinatenachsen zu je zweien aufeinander senkrecht — in der Regel wählt man dann auch $\overline{OE'} = \overline{OE''} = \overline{OE'''}$, so daß das Parallelepiped $OE'E_3E''E_1E'''E_2E$ ein Würfel wird —, so spricht man von einem *rechtwinkeligen Cartesischen* oder kurz von einem *rechtwinkeligen Koordinatensystem*, während das allgemeinere Koordinatensystem der Abb. 7 auch als *affines Koordinatensystem* bezeichnet wird.

3. **Der Begriff der Funktion.** Es sei $\mathfrak{M}$ eine gegebene Zahlenmenge. Kann x jede beliebige Zahl aus $\mathfrak{M}$ sein, so heißt x *Veränderliche* oder *Variable* auf $\mathfrak{M}$, während $\mathfrak{M}$ selbst als *Variabilitätsbereich* der Variablen x bezeichnet wird. Ist $\mathfrak{M}$ ein Intervall $\mathfrak{J}$, so heißt x insbesondere eine *stetige Variable* in[1] $\mathfrak{J}$. Das Wort „Veränderliche" und das völlig gleichbedeutende Fremdwort „Variable" entsprechen einer Vorstellung von einer Bewegung des Bildpunktes x auf der Zahlengeraden, wobei diese Bewegung stetig verlaufen kann, wenn $\mathfrak{M}$ ein Intervall ist, oder sprunghaft, wenn $\mathfrak{M}$ z. B. die Menge der ganzen Zahlen oder eine Teilmenge davon ist. Ein Beispiel für eine solche unstetige Variable ist der Index ν des allgemeinen Gliedes einer Folge.

Es sei nun durch irgendeine Vorschrift jedem Wert einer Variablen x mit dem Variabilitätsbereich $\mathfrak{M}$ eine bestimmte Zahl y aus einer zweiten Zahlenmenge $\mathfrak{W}$ zugeordnet. Diese eindeutige Zuordnung der Elemente der Menge $\mathfrak{W}$ zu den Elementen der Menge $\mathfrak{M}$ heißt eine (eindeutige) *Funktion* mit dem *Definitionsbereich* $\mathfrak{M}$ und dem *Wertevorrat* $\mathfrak{W}$. In einer mehr auf die Anwendungen gerichteten Sprechweise nennt man auch y eine (eindeutige) Funktion von x. Dem-

[1] Es scheint üblich zu sein, bei Intervallen „in" und nicht wie bei beliebigen Mengen „auf" zu sagen; es gibt dafür aber höchstens eine recht vage gefühlsmäßige Begründung. Ich bitte den Leser, der bei der Lektüre dieser Ziffer Schwierigkeiten empfindet, zugleich die nächste Ziffer anzusehen, in der ich eine Reihe von Beispielen zu den allgemeinen Begriffen gebe.

entsprechend heißt y der *Funktionswert* oder die *abhängige Variable*, während x als das *Argument* oder die *unabhängige Variable* der Funktion bezeichnet wird. Man schreibt

$$y = f(x) \quad \text{oder} \quad y = F(x) \quad \text{oder} \quad y = \varphi(x),$$

gesprochen „y gleich f von x" usw.

Der Buchstabe f (oder F oder φ usw.) symbolisiert zusammen mit den vor und hinter das Argument gesetzten Klammern die funktionale Abhängigkeit, d. h. die Zuordnung der Werte y zu den Werten x.

Ein Sonderfall ist, daß jedem $x \in \mathfrak{M}$ ein und dieselbe Zahl y als Funktion zugeordnet ist. Dann besteht der Wertevorrat der (konstanten) Funktion aus einer einzigen Zahl.

Wir werden im folgenden nahezu ausschließlich Funktionen betrachten, deren Definitionsbereich ein Intervall ist, höchstens mit Ausnahme von endlich vielen Punkten. Es kommt auf dasselbe hinaus, zu sagen, daß der Definitionsbereich aus einer endlichen Anzahl von aneinandergrenzenden offenen Intervallen besteht. Eine wichtige Ausnahme sind die Funktionen, die auf der Menge der natürlichen Zahlen definiert sind; sie sind mit den Zahlenfolgen identisch, vgl. das Beispiel 9 von Ziffer 4.

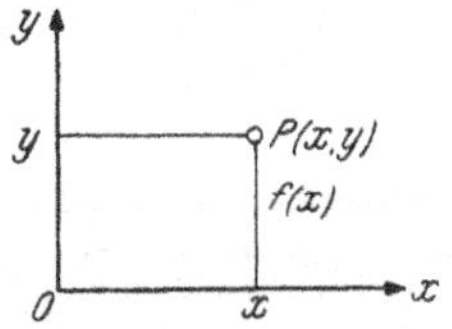

Abb. 9.

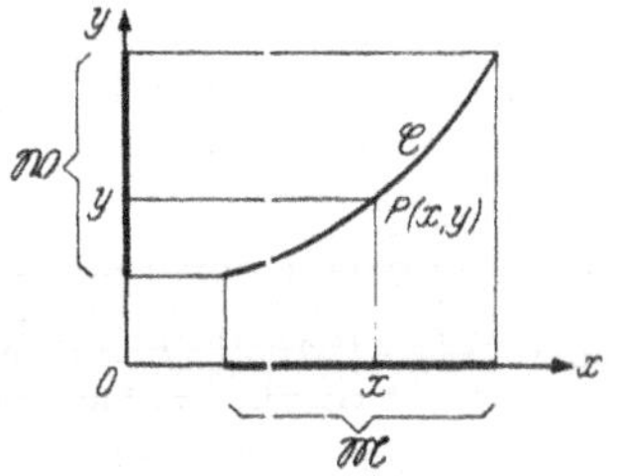

Abb. 10.

Wir deuten $\mathfrak{M}$ und $\mathfrak{W}$ als lineare Punktmengen auf zwei Geraden (Zahlengeraden), die wir beliebig, etwa in einer Ebene annehmen. Dann bedeutet jede gegebene eindeutige Funktion $y = f(x)$ eine ***Zuordnung*** der Punkte von $\mathfrak{W}$ zu den Punkten von $\mathfrak{M}$, die nach der gegebenen Definition der Funktion *eindeutig* ist, d. h. daß jedem Punkt von $\mathfrak{M}$ ein und nur ein Punkt von $\mathfrak{W}$ entspricht. Eine derartige Zuordnung zweier Punktmengen nennt man auch eine *Abbildung*, und zwar genauer eine ***eindeutige Abbildung der Menge*** $\mathfrak{M}$ ***auf die Menge*** $\mathfrak{W}$.

Wir legen weiter die beiden Zahlengeraden so, daß sie aufeinander senkrecht stehen und daß ihre Nullpunkte in einem Punkt O der Ebene zusammenfallen. Sie bilden dann das Achsenkreuz eines rechtwinkeligen Cartesischen Koordinatensystems mit dem Ursprung O. Die Funktion $y = f(x)$ läßt sich dann geometrisch durch eine ebene Punktmenge $\mathfrak{C}$ darstellen, deren Punkte die Koordinaten (x, y) haben, d. h. zu jedem $x \in \mathfrak{M}$ gehört ein Punkt P von $\mathfrak{C}$ mit der Abszisse x und der Ordinate $y = f(x)$, Abb. 9.

In manchen Fällen wird man die Menge $\mathfrak{C}$ als *Kurve* ansprechen können, insbesondere dann, wenn $\mathfrak{M}$ und $\mathfrak{W}$ Intervalle sind (Abb. 10). Das Wort „Kurve" soll hier zunächst rein anschaulich verstanden werden; über den mathematischen Kurvenbegriff kann ich erst später einiges sagen. Die hier gegebene Definition des Funktionsbegriffs ist so allgemein gehalten, daß es gar nicht möglich sein muß, die „Kurve" $\mathfrak{C}$ zu zeichnen, vgl. das Beispiel 12 von Ziffer 4. Man nennt $\mathfrak{C}$ das *graphische Bild* oder die *Bildkurve* der Funktion $y = f(x)$.

Ich komme nun gleich zu einigen Verallgemeinerungen. Sind jedem Wert von x aus $\mathfrak{M}$ *mehrere* Werte von y zugeordnet, so spricht man von einer *mehrdeutigen Funktion.* Die Zuordnung der Punkte von $\mathfrak{W}$ zu den Punkten von $\mathfrak{M}$ ist nicht eindeutig, sondern mehrdeutig; während bei einer eindeutigen Funktion auf jeder Parallelen zur y-Achse höchstens ein Punkt von $\mathfrak{C}$ liegt, können es bei einer mehrdeutigen Funktion mehrere Punkte sein (Ziffer 4, Beispiel 13).

Ähnlich wie Funktionen von einer Veränderlichen werden Funktionen von mehreren Veränderlichen definiert. Ich beschränke mich aber hier auf den Fall von zwei unabhängigen Veränderlichen x und y. Sei $\mathfrak{M}$ eine ebene Punktmenge, d. h. eine Menge von geordneten Zahlenpaaren (x, y). $\mathfrak{M}$ heißt dann wieder der Variabilitätsbereich der beiden Variablen x und y. Jedem Punkt von $\mathfrak{M}$ — oder jedem Zahlenpaar (x, y) — sei eine Zahl z zugeordnet. Dann heißt z eine Funktion der beiden unabhängigen Variablen x und y und man schreibt

$$z = f(x, y) \quad \text{oder} \quad z = F(x, y) \quad \text{oder} \quad z = \varphi(x, y)$$

usw. z heißt auch hier wieder *abhängige Variable,* im Gegensatz zu den *unabhängigen Variablen* x und y. Der Wertevorrat $\mathfrak{W}$ von z heißt auch *Wertevorrat* der *Funktion* $z = f(x, y)$, während man den Variabilitätsbereich $\mathfrak{M}$ von x und y auch als *Definitionsbereich der Funktion* $z = f(x, y)$ bezeichnet. Jeder gegebenen Funktion $z = f(x, y)$ kann man in einem räumlichen rechtwinkeligen Koordinatensystem (x, y, z) eine räumliche Punktmenge $\mathfrak{F}$ zuordnen, die aus den Punkten P mit den Koordinaten (x, y, z) besteht, wobei (x, y) ein Zahlenpaar aus $\mathfrak{M}$ und z immer die dem Punkt (x, y) zugeordnete Zahl $z = f(x, y)$ ist (Abb. 11). In manchen Fällen wird man $\mathfrak{F}$ als *Fläche* im Raum ansprechen können, insbesondere dann, wenn $\mathfrak{M}$ ein ebener Bereich und $\mathfrak{W}$ ein Intervall ist; $\mathfrak{F}$ heißt dann *Bildfläche* der gegebenen Funktion $z = f(x, y)$, Abb. 12. Auf eine genauere Definition der Worte „Fläche" und „Bereich" kann ich mich wieder nicht einlassen; ich erwähne nur, daß ein ebener Bereich aus allen Punkten im Innern eines Rechtecks, Quadrates, Kreises usw. bestehen kann, während die „Randpunkte", also die Punkte des Rechtecks, Quadrates, Kreises selbst zum Bereich dazugezählt werden können oder nicht, ähnlich wie beim abgeschlossenen Intervall $[a, b]$ die Randpunkte a und b zum Intervall gezählt werden, beim offenen Intervall (a, b) aber nicht. Mit diesen Begriffen werden wir uns erst im zweiten Band ausführlicher beschäftigen.

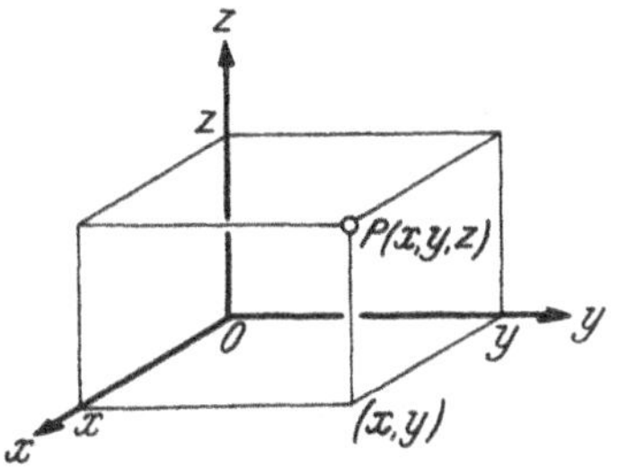

Abb. 11.

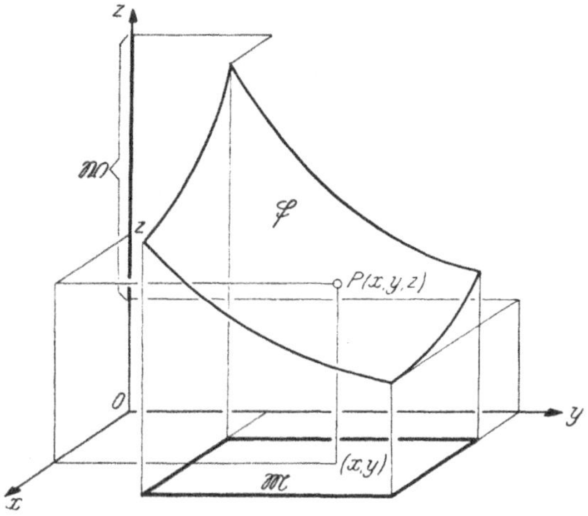

Abb. 12.

Zum Schluß noch zwei Bemerkungen. Erstens: Man kann

$$y = f(x) \quad \text{oder} \quad z = f(x, y)$$

auch als *Gleichung* zwischen den Koordinaten x und y bzw. x, y und z auffassen, die man dann die *Gleichung der Kurve* $\mathfrak{C}$ bzw. die *Gleichung der Fläche* $\mathfrak{F}$ nennt.

Zweitens: In der Wahl der Bezeichnungen ist man sehr freizügig, sowohl hinsichtlich des Funktionszeichens f, g, F, G, φ, Φ usw. als auch hinsichtlich der Veränderlichen, es muß keineswegs die unabhängige Veränderliche immer x und die abhängige immer y heißen. Sehr oft schreibt man auch bloß $y(x)$ oder $y = y(x)$, man verwendet das Zeichen der abhängigen Veränderlichen selbst auch als Funktionszeichen. Man tut das besonders dann, wenn es sich lediglich um die Feststellung handelt, daß y von x abhängt, wobei es auf die besondere Art dieser Abhängigkeit nicht ankommt, während man $f(x)$ oder $y = f(x)$ mit einem besonderen Funktionszeichen f dann schreibt, wenn man eine ganz bestimmte Abhängigkeit, oder wie man sagt, einen *funktionalen Zusammenhang* im Auge hat.

4. Beispiele.

1. Die Funktion

$$y = f(x) = x - 2$$

ist für alle reellen x definiert, der Definitionsbereich $\mathfrak{M}$ ist die Menge aller reellen Zahlen, und ebenso ist der Wertevorrat der Funktion $x - 2$ die Menge aller reellen Zahlen. Man kann aber den Definitionsbereich willkürlich einschränken, z. B. auf das Intervall $[0, 1]$; dann ist der Wertevorrat, wie man leicht überlegt, das Intervall $[-2, -1]$. Die Bildkurve ist im ersten Fall eine (unbegrenzte) Gerade, im zweiten Fall eine Strecke (Abb. 13).

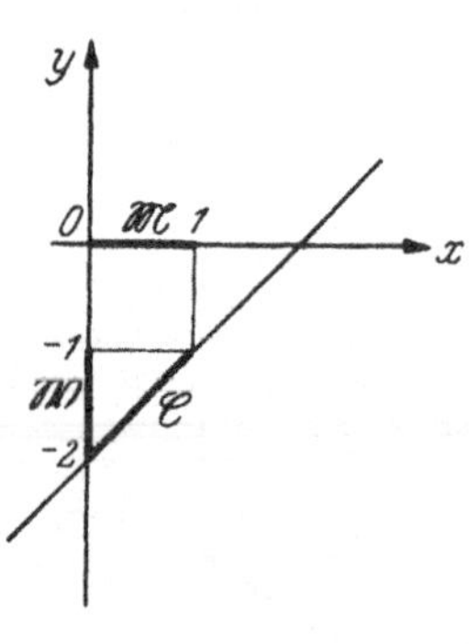

Abb. 13.

2. Es sei

$$y = f(x) = 2;$$

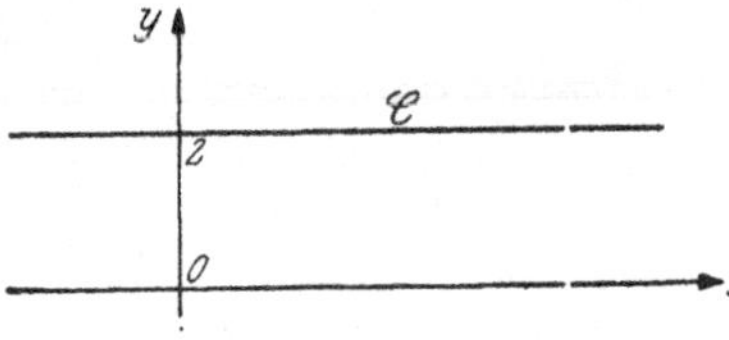

Abb. 14.

auch die Konstante, also in unserem Fall die Zahl 2, kann also als Funktion auftreten, obwohl der Wertevorrat nur aus einer einzigen Zahl besteht. Der Definitionsbereich ist wieder die Menge aller reellen Zahlen; er kann auch hier auf eine beliebige Menge eingeschränkt werden. Die Bildkurve $\mathfrak{C}$ ist eine zur x-Achse parallele Gerade (Strecke), Abb. 14.

3. Die Funktion

$$y = f(x) = x^2 \tag{1}$$

ist für alle Werte von x definiert, ihr Definitionsbereich ist die Menge aller reellen Zahlen. Da das Quadrat einer reellen Zahl nicht negativ ist, ist ihr Wertvorrat die Menge aller nicht negativen reellen Zahlen, $y \geqq 0$. Ihre Bildkurve ist die Parabel der Abb. 15.

4. Die Fläche F eines Quadrats mit der Seitenlänge a ist

$$F = a^2,$$

F ist also eine (eindeutige) Funktion von a, und zwar dieselbe Funktion wie (1), jedoch mit dem eingeschränkten Definitionsbereich $a > 0$, da a als Länge einer nicht orientierten Strecke positiv ist. Der Wertevorrat ist wieder die Menge aller positiven reellen Zahlen, $F > 0$. Die Bildkurve ist der im ersten Quadranten verlaufende Teil der Parabel Abb. 15 ($x = a$, $y = F$).

5. Die Funktion

$$y = f(x) = \frac{1}{x}$$

ist für alle reellen x definiert mit Ausnahme des Wertes $x = 0$ (durch Null kann man nicht dividieren!). Ebenso besteht der Wertevorrat aus allen $y \neq 0$. Die Bildkurve ist die gleichseitige Hyperbel der Abb. 16.

6. Zwischen dem Druck p und dem Volumen v eines idealen Gases besteht bei konstanter Temperatur die als *Boylesches Gesetz* bekannte Beziehung

$$p\,v = C,$$

wobei C eine positive Konstante bedeutet. Aus dieser Beziehung läßt sich v als Funktion von p darstellen und ebenso p als Funktion von v. Man erhält dann die ***expliziten*** Darstellungen

$$v = v(p) = \frac{C}{p}, \qquad p = p(v) = \frac{C}{v},$$

während durch die Gleichung $p\,v - C = 0$ die Funktionen v und p ***implizit*** gegeben sind (vgl. hierzu Ziffer 10). Der Definitionsbereich der Funktion v besteht aus den Werten $p > 0$, der Definitionsbereich der Funktion p aus den Werten $v > 0$. Die Bildkurve ist der im ersten Quadranten gelegene Ast der Hyperbel Abb. 16 mit $x = p$, $y = v$ oder umgekehrt.

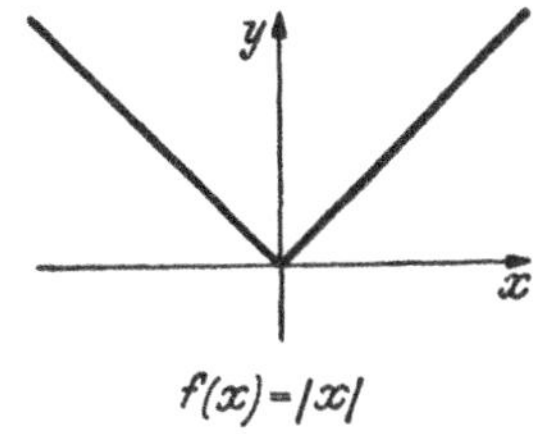

Abb. 17

7. Besitzt ein Metallstab bei der Temperatur 0° die Länge l_0, so ist seine Länge bei der Temperatur $\vartheta°$

$$l = l_0\,(1 + \beta\,\vartheta),$$

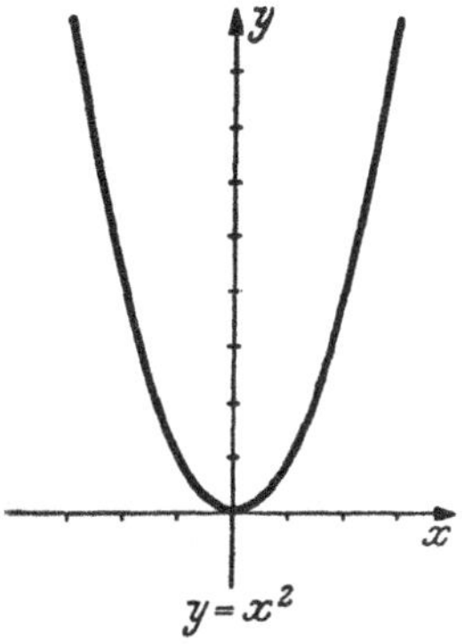

Abb. 15.

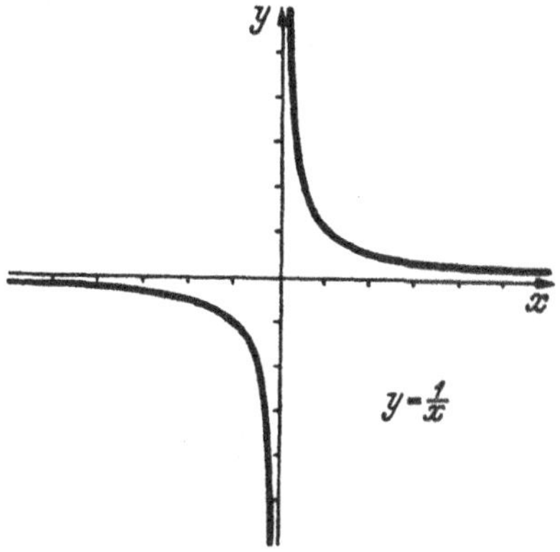

Abb 16

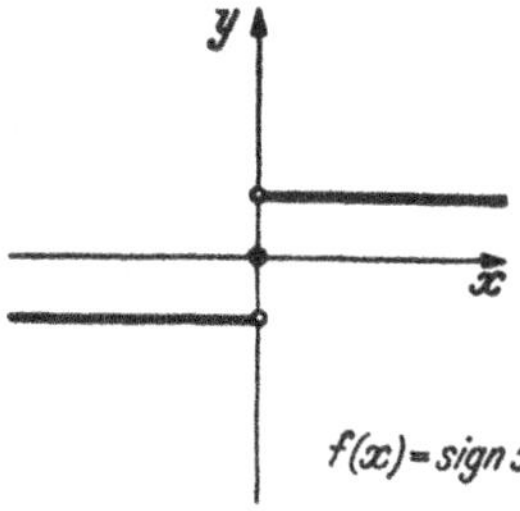

Abb. 18.

wobei der „Ausdehnungskoeffizient“ β eine Konstante ist. Diese empirische Formel — darunter versteht man den mathematischen Ausdruck eines der Erfahrung entnommenen Zusammenhanges — stellt die Länge l eines Metallstabes als Funktion seiner Temperatur dar. Erfahrungsgemäß ist der Definitionsbereich auf das Temperaturintervall zwischen 0° und 100° zu beschränken, da darüber hinaus die durch die Formel gelieferten Näherungswerte den experimentell gewonnenen nicht mit der in der Praxis geforderten Genauigkeit entsprechen.

8. Der Flächeninhalt eines Rechtecks mit den Seitenlängen a und b ist

$$F = a\,b,$$

also eine Funktion von zwei Veränderlichen. Als Definitionsbereich werden wir, da a (> 0) und b (> 0) Längen von Strecken sind, den ersten Quadranten der a,b-Ebene (der auf rechtwinklige Koordinaten a und b bezogenen Ebene) anzusehen haben; der Wertevorrat ist dann das Intervall $F > 0$.

9. Die Glieder einer Zahlenfolge u_ν sind den natürlichen Zahlen zugeordnet. Diese Zuordnung läßt sich auch als funktionaler Zusammenhang

$$u_\nu = u(\nu)$$

auffassen, d. h. die Glieder u_ν sind die Werte einer Funktion $u(\nu)$, deren Definitionsbereich die Menge der natürlichen Zahlen ist, z. B. $u_\nu = \frac{\nu - 1}{\nu}$. Der Wertevorrat ist die Menge aller verschiedenen Zahlen aus $\{u_\nu\}$.

10. Der Definitionsbereich der Funktion (§ 1, 5)

$$f(x) = |x|$$

ist die Menge aller reellen Zahlen, denn zu jeder reellen Zahl x ist ihr absoluter Betrag definiert. Die Bildkurve besteht aus den Winkelhalbierenden des I. und II. Quadranten, denn es ist $|x| = x$ für $x > 0$ und $|x| = -x$ für $x < 0$ (Abb. 17).

11. Die Funktion (§ 1, 5)

$$f(x) = \operatorname{sign} x$$

hat den Wert $+1$ für alle Werte $x > 0$ und den Wert -1 für alle Werte $x < 0$, während $f(0) = \operatorname{sign} 0 = 0$ gesetzt wird. Für die Bildkurve ist $x = 0$ eine Sprungstelle (Abb. 18).

12. Es sei die Funktion $f(x)$ folgendermaßen definiert:

$$f(x) = 0 \text{ für alle rationalen } x,$$

$$f(x) = 1 \text{ für alle irrationalen } x.$$

Die Bildkurve dieser Funktion ist nicht darstellbar, da die rationalen und ebenso die irrationalen Punkte auf der Zahlengeraden überall dicht liegen und daher graphisch nicht unterschieden werden können.

13. Ein Beispiel einer zweideutigen Funktion ist

$$y = f(x) = \pm\sqrt{1 - x^2},$$

denn zu jedem geeigneten Wert x gehören zwei Funktionswerte y, nämlich der positive und der negative Wert der Quadratwurzel. Der Definitionsbereich besteht aus allen Werten x, die reelle Funktionswerte y ergeben; es muß dazu $1 - x^2 \geqq 0$ oder $|x| \leqq 1$ sein; der Definitionsbereich ist also das Intervall $-1 \leqq x \leqq +1$. Ebenso ist der

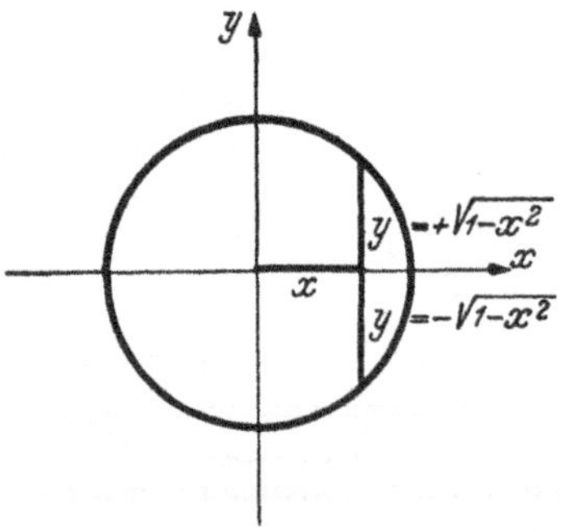

Abb. 19.

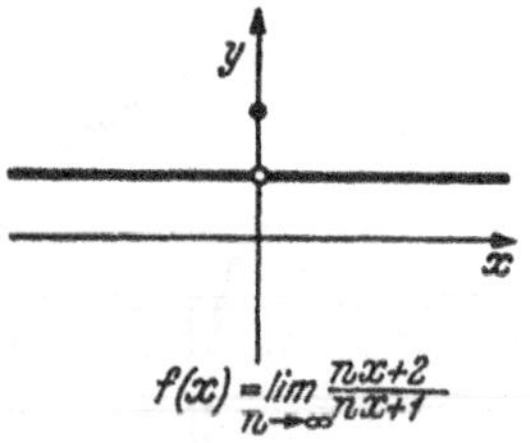

Abb. 20.

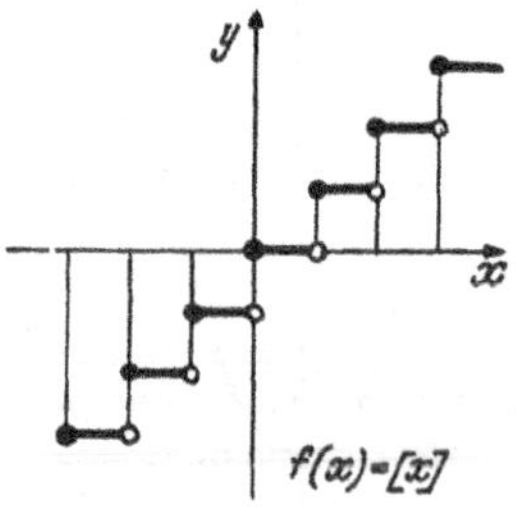

Abb. 21.

Wertevorrat das Intervall $-1 \leqq y \leqq +1$. Die Bildkurve ist ein Kreis, dessen obere Hälfte den positiven und dessen untere Hälfte den negativen Wurzelwerten entspricht (Abb. 19). Die Funktion wird durch die Festsetzung $y \geqq 0$ eindeutig; der Wertevorrat ist dann das Intervall $0 \leqq y \leqq 1$ und die Bildkurve der obere Halbkreis der Abb. 19. Jeder dieser beiden eindeutigen Funktionen

$$y = \sqrt{1 - x^2} \quad \text{und} \quad y = -\sqrt{1 - x^2}$$

heißt ein *Zweig* der Gesamtfunktion.

14. Die Funktion

$$f(x) = 1 \text{ für } x \neq 0$$

$$f(x) = 2 \text{ für } x = 0$$

läßt sich auch in der Form

$$f(x) = \lim_{n \to \infty} \frac{n\,x + 2}{n\,x + 1}$$

schreiben, denn für $x \neq 0$ ist $f(x) = \lim\limits_{n \to \infty} \dfrac{x + \frac{2}{n}}{x + \frac{1}{n}} = 1$ und für $x = 0$ ist $f(x) = \lim\limits_{n \to \infty} \dfrac{n \cdot 0 + 2}{n \cdot 0 + 1} = 2$.

Die Bildkurve besitzt an der Stelle $x = 0$ einen isolierten Punkt (Abb. 20). Der Definitionsbereich besteht aus allen reellen x, der Wertevorrat aus den beiden Zahlen 1 und 2.

15. Es sei der reellen Zahl x jene *ganze* Zahl y zugeordnet, die der Ungleichung $x - 1 < y \leqq x$ genügt. Es ist somit $y = f(x)$ eine eindeutige Funktion von x, für die man ein eigenes Symbol

$$f(x) = [x]$$

eingeführt hat, gesprochen meist „größtes Ganzes von x". Es gilt somit

$$\boxed{x - 1 < [x] \leqq x.} \qquad (2)$$

Der Definitionsbereich der Funktion $y = [x]$ besteht aus allen reellen x, der Wertevorrat ist die Menge aller ganzen Zahlen und die Bildkurve die sogenannte *Treppenkurve* der Abb. 21 mit Sprungstellen bei allen ganzen x.

5. Gleichung und Identität. Ist $f(x)$ eine Funktion von x, so heißt jeder Wert x_0 der Veränderlichen x, für den der zugehörige Funktionswert $f(x_0) = 0$ ist, eine *Nullstelle* der Funktion $f(x)$. Durch Nullsetzen der Funktion $f(x)$ entsteht eine *Gleichung*

$$f(x) = 0$$

mit der Unbekannten x oder kürzer eine *Gleichung in* x. Jeder Wert der Unbekannten x, der dieser Gleichung genügt, heißt eine *Wurzel* oder *Lösung* derselben. Man sieht:

Die Nullstellen einer Funktion $f(x)$ sind die Wurzeln oder Lösungen der Gleichung $f(x) = 0$ und umgekehrt.

Ist die Gleichung $f(x) = 0$ für *alle* Werte des Definitionsbereiches der Funktion $f(x)$ erfüllt, so heißt sie eine *identische Gleichung* oder *Identität*. Man ersetzt dann oft das Gleichheitszeichen $=$ durch das Identitätszeichen $\equiv$, schreibt also

$$f(x) \equiv 0.$$

Zum Beispiel ist immer[1]

$$\sin^2 x + \cos^2 x \equiv 1.$$

Eine Gleichung, deren Lösungen eine echte Teilmenge des Definitionsbereiches ihrer linken Seite bilden, heißt im Gegensatz zur identischen Gleichung eine *Bestimmungsgleichung*, weil in der Regel die Aufgabe vorliegt, die Lösungen zu bestimmen.

So ist

$$x^2 - 1 = 0$$

eine Bestimmungsgleichung mit den Wurzeln $x_1 = 1$, $x_2 = -1$, aber auch

$$\operatorname{sign} x = 1$$

ist eine Bestimmungsgleichung, weil sie nur für $x > 0$ erfüllt ist, d. h. alle positiven Zahlen sind Lösungen, aber der Definitionsbereich besteht aus allen reellen Zahlen.

Gelegentlich spricht man allerdings auch von einer Identität, wenn eine Gleichung $f(x) = 0$ nur in einem bestimmten Teilintervall $\mathfrak{J}$ des Definitionsbereiches von $f(x)$ erfüllt ist. Man schreibt dann

$$f(x) \equiv 0, \qquad x \in \mathfrak{J},$$

also z. B.

$$\operatorname{sign} x \equiv 1, \qquad x > 0.$$

Entsprechendes gilt für Funktionen von mehreren Veränderlichen. Durch Nullsetzen einer Funktion $f(x, y)$ der zwei Veränderlichen x und y entsteht eine *Gleichung*

$$f(x, y) = 0$$

mit den Unbekannten x und y, auch *Gleichung zwischen den Veränderlichen x und y* oder kurz *Gleichung in x und y*.

6. Einige Hinweise. Ich habe in Ziffer 3 neben der Deutung einer Funktion als Abbildung einer linearen Punktmenge auf eine andere, die bei manchen Anwendungen eine Rolle spielt (Rechenschieber, Nomographie), auch die geometrische Deutung durch die Bildkurve behandelt. Es gibt aber noch eine dritte, besonders für das praktische Rechnen wichtige Möglichkeit der Darstellung einer Funktion, nämlich die durch *Tabellen*. Diese Darstellung ist Ihnen von den Logarithmentafeln her wohlbekannt, so daß es sich erübrigt, darüber viele Worte

[1] Wer mit den Kreis- oder Winkelfunktionen $\sin x$, $\cos x$, usw. nicht vertraut ist, lese gleich hier den § 17.

zu verlieren; erwähnt sei nur, daß hier das Problem der *Interpolation*, d. h. die Ermittlung von Zwischenwerten, eine ganz fundamentale Bedeutung hat.

In den physikalischen und technischen Anwendungen ist die Darstellung einer Funktion durch ihre Bildkurve oder durch eine Tabelle mitunter fast wichtiger als der analytische Ausdruck[1]. Besonders für den Techniker ist eine mit entsprechender Genauigkeit gezeichnete Bildkurve ein bequemes und übersichtliches Hilfsmittel, um spezielle Funktionswerte festzustellen: Das Ablesen geht sicher rascher als das Berechnen der Werte aus der analytischen Darstellung und man kann vor allem dabei keinen Rechenfehler machen. Man wird, um die Ablesung möglichst genau zu machen, sehr oft verschiedene Maßstäbe auf den Koordinatenachsen wählen und oft statt der Koordinatenachsen selbst Parallele zu diesen mit entsprechender Bezifferung als Skalen für die Ablesungen verwenden. In der Regel wird man bei solchen graphischen Darstellungen trachten, daß Definitionsbereich und Wertevorrat, die ja dann immer Intervalle sein werden, annähernd gleich lang sind, zumindest, daß die Längen nicht um Größenordnungen (Potenzen von 10) verschieden sind, so daß die Bildkurve annähernd in einem Quadrat verläuft. Wenn z. B. der Definitionsbereich das Intervall $900 \leqq x \leqq 1100$ umfaßt und der Wertevorrat das Intervall $15 \leqq y \leqq 20$, wird man statt der Koordinatenachsen $y = 0$ und $x = 0$ die Geraden $y = 15$ und $x = 900$ benutzen und man wird die Maßstäbe so wählen, daß die 200 Einheiten der Länge des Defintionsbereichs und die 5 Einheiten der Länge des Wertevorrats durch gleich lange Strecken auf diesen beiden Geraden gegeben sind, also z. B. 20 Einheiten der x-Skala und 0·5 Einheiten der y-Skala gleich 1 cm nehmen.

Nun noch ein paar Worte über den Begriff der Veränderlichen oder Variablen im Gegensatz zu dem der Konstanten! Daß Zahlen wie $1, -5, \pi$ oder dergleichen Konstante sind, darüber ist nichts weiter zu reden. Aber was meint man, wenn man z. B. bei der Funktion

$$y = a\,x + b$$

sagt, a und b seien Konstante, x eine Veränderliche? Können denn hier nicht a und b genau so wie x alle (reellen) Werte annehmen? Und setzt man nicht so und so oft für x genau so wie für a und b irgendwelche feste Werte ein? Man sieht jedenfalls, daß der Begriff der Konstanten gar nicht so scharf festgelegt ist, wie man es eigentlich erwarten sollte. Die Sache ist doch so, daß $ax + b$ eine Funktion von drei Veränderlichen a, b, x ist, daß man aber nur ihre Abhängigkeit von x untersucht und das ist es, was man durch die Bezeichnung und durch die Redeweise, daß a und b Konstante sind, zum Ausdruck bringt. Ich erwähne noch, daß man unabhängige Veränderliche und allgemeine Konstante oft auch als *Parameter* bezeichnet.

7. Beschränkte Funktionen. Eine Funktion $f(x)$ heißt *beschränkt*, wenn ihr Wertevorrat $\mathfrak{W}$ beschränkt ist. Gilt $\mathfrak{W} \subset [A, B]$, so schreibt man

$$A \leqq f(x) \leqq B.$$

Eine Funktion $f(x)$ heißt ferner *nach oben beschränkt*, wenn $\mathfrak{W}$ eine obere Schranke besitzt. Entsprechendes gilt für eine *nach unten beschränkte* Funktion.

---

[1] Zumal man einen solchen bei sogenannten *empirischen Funktionen* gar nicht kennt! Man spricht von einer empirischen Funktion, wenn man z. B. eine physikalische Größe T (etwa die Temperatur eines sich erwärmenden Metallstabes an einer bestimmten Stelle) zu verschiedenen Zeitpunkten mißt. Selbstverständlich nimmt man an, daß T eine Funktion $T(t)$ der Zeit t ist, aber von dieser Funktion kennt man nur eine Tabelle. Vgl. Ziffer 4, Beispiel 7.

Ist $f(x)$ nach oben (unten) beschränkt, so heißt die obere (untere) Grenze von $\mathfrak{W}$ auch *obere (untere) Grenze* von $f(x)$; man schreibt $\operatorname{Sup} f(x)$ bzw. $\operatorname{Inf} f(x)$.

Betrachtet man nur eine Teilmenge des Definitionsbereiches von $f(x)$, etwa ein Intervall $\mathfrak{J}$, so sagt man, $f(x)$ sei *in* $\mathfrak{J}$ beschränkt, bzw. nach oben oder nach unten beschränkt oder nicht beschränkt.

Ist g die untere und G die obere Grenze von $f(x)$ in einem Intervall $\mathfrak{J}$, so heißt $\sigma = G - g \geqq 0$ die *Schwankung* von $f(x)$ in $\mathfrak{J}$. Wendet man den Satz 3 von § 2, 3 auf den Wertevorrat von $f(x)$ an, so folgt

$$\sigma = \operatorname{Sup}\,[f(x_1) - f(x_2)], \quad x_1 \in \mathfrak{J}, \quad x_2 \in \mathfrak{J}, \tag{3}$$

wodurch der Name „Schwankung" erst richtig illustriert wird.

Die für alle x definierte Funktion $f(x) = x$ ist nicht beschränkt, $f(x) = x^2$ hat die untere Grenze 0, aber keine obere Schranke (und daher keine obere Grenze) und ist daher ebenfalls nicht beschränkt schlechthin, wohl aber nach unten beschränkt. $f(x) = \sin x$ hat die untere Grenze -1, die obere Grenze $+1$. Eine untere Schranke ist hier jede Zahl $\leqq -1$, eine obere jede Zahl $\geqq +1$.

8. Monotone Funktionen. *Hat eine Funktion $f(x)$ die Eigenschaft, daß für alle Wertepaare $x_1 < x_2$ eines Intervalls $\mathfrak{J}$ entweder*

$$f(x_1) \leqq f(x_2) \tag{4}$$

oder

$$f(x_1) \geqq f(x_2) \tag{5}$$

ist, so heißt die Funktion in $\mathfrak{J}$ monoton, und zwar im Fall (4) *nicht fallend* und im Fall (5) *nicht steigend.* Die Bildkurven nicht fallender Funktionen sind dadurch charakterisiert, daß sie in Richtung wachsender Werte von x steigen oder waagrecht verlaufen, während die Bildkurven nicht steigender Funktionen fallen oder waagrecht sind. Gelten nur die Ungleichheitszeichen, ist also $f(x_1) < f(x_2)$, bzw. $f(x_1) > f(x_2)$ für $x_1 < x_2$, so heißt $f(x)$ *streng monoton* und insbesondere im ersten Fall *steigend,* im zweiten Fall *fallend.*

$f(x) = k\,x$ ist für alle x steigend oder fallend, je nachdem $k > 0$ oder $k < 0$ ist. $f(x) = [x]$ ist für alle x nicht fallend, $f(x) = \sin x$ ist z. B. in $\left[-\frac{\pi}{2}, +\frac{\pi}{2}\right]$ steigend, in $\left[\frac{\pi}{2}, \frac{3\pi}{2}\right]$ fallend. Die beiden Äste der Hyperbel von Ziffer 4, Beispiel 5, stellen jeder für sich eine fallende Funktion dar, d. h. die Funktion $f(x) = \frac{1}{x}$ ist sowohl im Intervall $(-\infty, 0)$, als auch im Intervall $(0, +\infty)$ fallend.

9. Gerade und ungerade Funktionen. Hat eine Funktion die Eigenschaft, daß für alle Werte x des (zum Ursprung symmetrischen) Definitionsbereiches

$$f(x) = f(-x)$$

ist, so heißt $f(x)$ eine *gerade Funktion*; ist

$$f(x) = -f(-x),$$

so heißt $f(x)$ eine *ungerade Funktion.* Im ersten Fall ist mit (x, y) auch $(-x, y)$ ein Punkt der Bildkurve $y = f(x)$, im zweiten Fall mit (x, y) auch $(-x, -y)$.

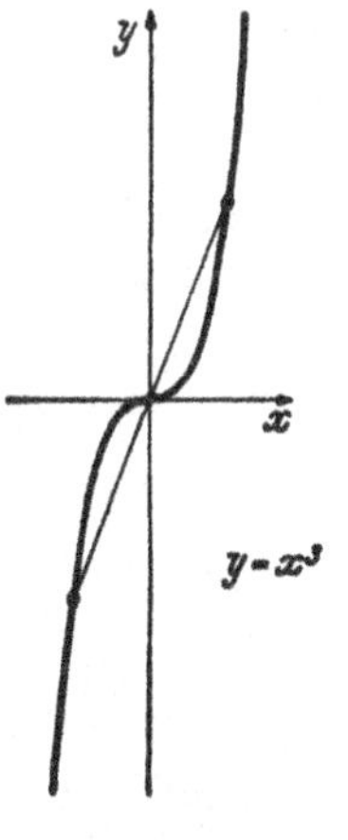

Abb. 22.

Die Bildkurve einer geraden Funktion verläuft daher *symmetrisch zur y-Achse,* die Bildkurve einer ungeraden Funktion ist *symmetrisch zum Ursprung.* Ein Beispiel einer geraden Funktion ist die Funktion $y = x^2$ (Abb. 15), denn es ist $(-x)^2 = x^2$; ein Beispiel einer ungeraden Funktion ist die *kubische Parabel* $y = x^3$, denn es ist $(-x)^3 = -x^3$ (Abb. 22).

10. Die Umkehrfunktion oder inverse Funktion. Es sei $f(x)$ eine in einem Intervall $\mathfrak{J}$ definierte, eindeutige und nicht konstante Funktion mit dem Wertevorrat $\mathfrak{W}$. Sie vermittelt dann eine eindeutige Abbildung von $\mathfrak{J}$ auf $\mathfrak{W}$, d. h. jedem Punkt $x \in \mathfrak{J}$ entspricht ein und nur ein Punkt $f(x) = y \in \mathfrak{W}$. Wir fragen uns, wie es um die Abbildung von $\mathfrak{W}$ auf $\mathfrak{J}$ bestellt ist. Sicher gehört zu jedem gegebenen $y \in \mathfrak{W}$ *mindestens* ein $x \in \mathfrak{J}$, so daß die Punkte x und y einander in der Abbildung von $\mathfrak{J}$ auf $\mathfrak{W}$ entsprechen; andernfalls wäre $\mathfrak{W}$ nicht der Wertevorrat von $f(x)$. Es kann natürlich aber auch *mehrere* solche Punkte $x \in \mathfrak{J}$ geben[1]. Man bekommt sie durch eine einfache geometrische Konstruktion: Man zieht durch den Punkt $(0, y)$ eine Parallele zur x-Achse und bringt sie mit der Kurve $y = f(x)$ zum Schnitt; die Abszissen der Schnittpunkte sind dann die gesuchten Zahlen oder Punkte von $\mathfrak{J}$.

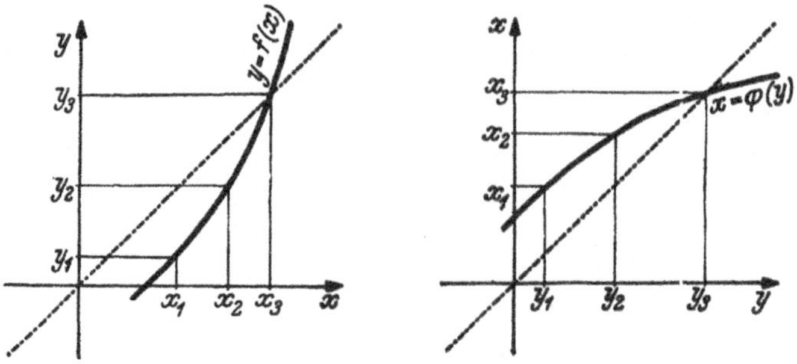

Abb. 23.

Es gehört also zu jedem Wert $y \in \mathfrak{W}$ mindestens ein $x \in \mathfrak{J}$, d. h. es ist x eine Funktion $\varphi(y)$ von y, die aber im allgemeinen nicht eindeutig sein wird. Die Gleichung $x = \varphi(y)$ ist nichts anderes als die Auflösung der Gleichung $y = f(x)$ nach x. Die Funktion $\varphi(y)$ heißt die *Umkehrfunktion* oder *die inverse Funktion* von $f(x)$.

Die Bildkurve von $x = \varphi(y)$ stimmt natürlich mit der von $y = f(x)$ überein, wenn man dasselbe Koordinatensystem benutzt. Zeichnet man aber, wie man es sonst gewohnt ist, die Achse der unabhängigen Veränderlichen nach rechts, die der abhängigen nach oben, so kann diese Vertauschung der Achsen auch als Umklappung der ganzen Ebene und damit auch der in ihr gezeichneten Bildkurve um die Winkelhalbierende des ersten und dritten Quadranten aufgefaßt werden. Die Bildkurven inverser Funktionen verlaufen dann symmetrisch zur Winkelhalbierenden $y = x$ (Abb. 23). Meist vertauscht man dann auch die Bezeichnungen x und y, schreibt also $y = \varphi(x)$ für die Umkehrfunktion.

Hat man eine Gleichung aufgelöst, so macht man gern die Probe, indem man die gefundenen Lösungen in die Gleichung einsetzt, die dann für alle Lösungen erfüllt sein muß. Unsere Gleichung heißt $y = f(x)$ (mit der Unbekannten x), die Lösung $x = \varphi(y)$. Einsetzen gibt

$$y \equiv f(\varphi(y)) \tag{6}$$

und ebenso, wenn man $x = \varphi(y)$ nach y auflöst und die Lösung $y = f(x)$ einsetzt

$$x \equiv \varphi(f(x)), \tag{7}$$

(6) gilt identisch für alle $y \in \mathfrak{W}$, (7) für alle $x \in \mathfrak{J}$.

In (6) und (7) stehen rechts sogenannte *zusammengesetzte Funktionen*: Ist etwa $z = \varphi(y)$ und $y = f(x)$ und ist der Wertevorrat von $f(x)$ im Definitionsbereich von $\varphi(y)$ enthalten, so entspricht jedem x des Definitionsbereiches von $f(x)$ ein

[1] Man verfolge die Ausführungen an den speziellen Funktionen $f(x) = ax + b$, $a \neq 0$, mit $\mathfrak{J} = \mathfrak{W} = (-\infty, +\infty)$ und $f(x) = x^2$, $\mathfrak{J} = (-\infty, +\infty)$, $\mathfrak{W} = 0, +\infty)$.

Wert $y = f(x)$, und diesem y ein Wert $z = \varphi(y)$. Es ist also auch z als Funktion von x erklärt, also $z = F(x)$. Diese Funktion $F(x)$ heißt zusammengesetzt aus den Funktionen $f(x)$ und $\varphi(y)$; man schreibt das in der Gestalt

$$F(x) = \varphi(f(x)).$$

Sind $f(x)$ und $\varphi(y)$ inverse Funktionen, so ist natürlich $F(x) = x$.

Die Frage, wann die Umkehrfunktion $\varphi(y)$ einer gegebenen Funktion $f(x)$ eindeutig ist, ist offenbar recht wichtig. Eine *hinreichende* Bedingung läßt sich leicht angeben:

Man erhält sicherlich dann eine eindeutige Umkehrfunktion, wenn zu verschiedenen Werten x stets auch verschiedene Funktionswerte y gehören. Ist dies nämlich nicht der Fall, sondern gehören zu verschiedenen Argumenten x_1 und x_2 gleiche Funktionswerte $f(x_1) = f(x_2) = y_0$, so hat die Umkehrfunktion bei demselben Argument y_0 die verschiedenen Funktionswerte $x_1 = \varphi(y_0)$ und $x_2 = \varphi(y_0)$. *Eine in einem Intervall streng monotone, also steigende oder fallende Funktion, besitzt in diesem Intervall eine eindeutige Umkehrfunktion.* Geometrisch gesprochen läßt sich eine Funktion dann eindeutig umkehren, wenn ihre Bildkurve von jeder Parallelen zur x-Achse $y = c$ nur einmal geschnitten wird[1].

So ist z. B. die Umkehrfunktion von $f(x) = x - 2$ die Funktion $\varphi(y) = y + 2$ (man verifiziere gleich die Identitäten (6) und (7)!), die eindeutig ist. Aber die Umkehrfunktion von x^2 ist die Funktion $\pm\sqrt{y}$, die nicht eindeutig ist. Eindeutige Umkehrfunktionen sind $\varphi_1(y) = \sqrt{y}$ und $\varphi_2(y) = -\sqrt{y}$. In $x = \pm\sqrt{x^2}$ ist rechts $\varphi_1(x^2)$ oder $\varphi_2(x^2)$ zu nehmen, je nachdem $x \geqq 0$ oder $x \leqq 0$ ist (sonst bekommt man $x = -x$, also an Stelle der Identität eine Bestimmungsgleichung!).

11. Implizite Funktionen. Es sei eine Gleichung $F(x, y) = 0$ zwischen zwei Veränderlichen x und y vorgelegt (Ziffer 5, Schluß). Denkt man sich x festgehalten, so wird daraus eine Gleichung mit der Unbekannten y; läßt sich diese (nach y) auflösen, so wird die Lösung y immer noch von dem vorher gewählten Wert x abhängen, d. h. eine Funktion $y = f(x)$ von x mit einem Definitionsbereich $\mathfrak{J}_1$ sein. Ähnlich ergibt sich, wenn man in $F(x, y)$ die Veränderliche y festhält, durch Auflösung nach x eine Funktion $x = \varphi(y)$ mit einem Definitionsbereich $\mathfrak{J}_2$. Man sagt, die beiden *expliziten* Funktionen $y = f(x)$ und $x = \varphi(y)$ seien durch die Gleichung $F(x, y) = 0$ in *impliziter* Weise gegeben; etwas salopp spricht man auch von *impliziten Funktionen* schlechthin. Es gelten dann die beiden Identitäten

$$F(x, f(x)) = 0, \qquad x \in \mathfrak{J}_1$$

und

$$F(\varphi(y), y) = 0, \qquad y \in \mathfrak{J}_2.$$

Die Funktionen $f(x)$ und $\varphi(y)$ müssen dabei keineswegs eindeutig sein; sind sie es, so ist jede von ihnen die Umkehrfunktion der anderen[2].

So erhält man aus

$$F(x, y) = x^2 + y^2 - 1 = 0$$

die expliziten Funktionen

$$y = \pm\sqrt{1 - x^2}, \quad |x| \leqq 1 \quad \text{und} \quad x = \pm\sqrt{1 - y^2}, \quad |y| \leqq 1,$$

[1] Diese Bedingung ist sogar allgemeiner als die Monotoniebedingung. Die Funktion $f(x) = x$ für alle rationalen x, $f(x) = -x$ für alle irrationalen x besitzt eine eindeutige Umkehrung, ohne auch nur im entferntesten monoton zu sein. Ihre Bildkurve (die man allerdings nicht zeichnen kann) wird von jeder Parallelen zur x-Achse nur einmal geschnitten.

[2] Im allgemeinen Fall gibt es eine Menge $\mathfrak{A}$ von eindeutigen Funktionen $f(x)$ und eine Menge $\mathfrak{B}$ von eindeutigen Funktionen $\varphi(y)$; jede Funktion aus $\mathfrak{A}$ besitzt mindestens eine Umkehrfunktion in der Menge $\mathfrak{B}$ und umgekehrt.

die, in die implizite Darstellung eingesetzt, die Identitäten

$$x^2 + (\sqrt{1 - x^2})^2 - 1 \equiv x^2 + 1 - x^2 - 1 \equiv 0$$

und

$$(\sqrt{1 - y^2})^2 + y^2 - 1 \equiv 1 - y^2 + y^2 - 1 \equiv 0$$

ergeben.

Dagegen ist die Gleichung

$$F(x,y) = x^2 + y^2 + 1 = 0$$

reell nicht lösbar, da es keine reelle Funktion gibt, die ihr genügt.

Ein anderes Beispiel ist die Gleichung

$$F(x,y) = |x| + |y| + 1 = 0,$$

die weder im Reellen noch im Komplexen lösbar ist. Denn der absolute Betrag einer komplexen Zahl $\xi + \eta j$ ist durch $|\xi + \eta j| = \sqrt{\xi^2 + \eta^2}$ als nicht negative Zahl definiert. Eine Summe von positiven Zahlen kann aber nicht Null ergeben.

Selbstverständlich ist auch durch eine Identität wie etwa

$$(x + y)^2 - (x - y)^2 - 4\,x\,y \equiv 0$$

keine explizite Funktion definiert.

12. Einteilung der Funktionen einer Veränderlichen. Sie entspricht der Einteilung der reellen Zahlen. Die einfachsten Funktionen sind die *ganzen rationalen Funktionen* oder *Polynome*

$$y = a_0\,x^n + a_1\,x^{n-1} + a_2\,x^{n-2} + \dots + a_{n-1}\,x + a_n.$$

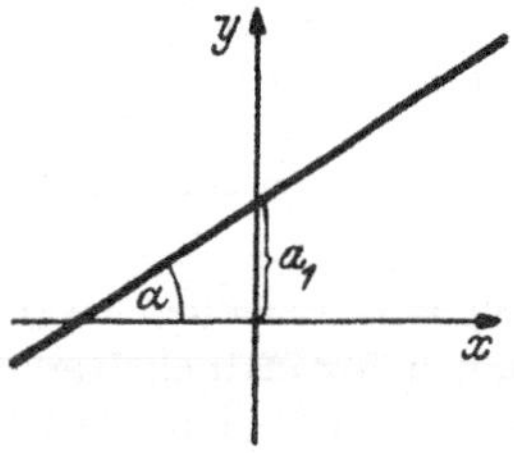

Abb. 24.

Die Zahlen $a_0 \neq 0, a_1, \dots, a_n$ heißen *Koeffizienten*, die ganze Zahl $n \geqq 0$ ist der *Grad* oder die *Ordnung* des Polynoms. Der Definitionsbereich besteht aus allen Werten x. Wir behandeln die einfachsten Fälle:

$n = 0$ gibt eine *Konstante* $y = a_0$. Die Bildkurve ist eine Parallele zur x-Achse.

$n = 1$ gibt ein *lineares Polynom* $y = a_0\,x + a_1$. Die Bildkurve ist eine Gerade mit dem Richtungskoeffizienten $\tan \alpha = a_0$, die auf der y-Achse den Abschnitt a_1 bildet (Abb. 24).

$n = 2$ gibt ein *quadratisches Polynom* $y = a_0\,x^2 + a_1\,x + a_2$. Die Bildkurve ist eine Parabel, denn es ist

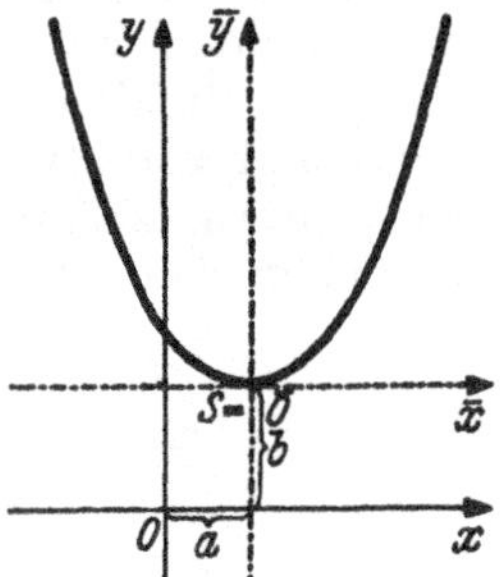

Abb. 25.

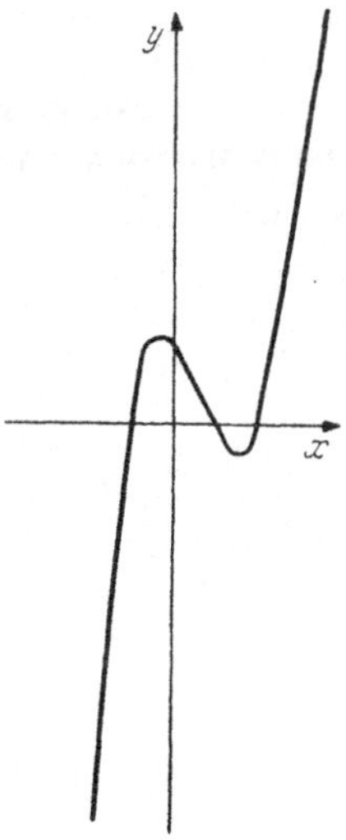

Abb. 26

$$y = a_0\left(x^2 + \frac{a_1}{a_0}\,x\right) + a_2 = a_0\left(x + \frac{a_1}{2\,a_0}\right)^2 - a_0\,\frac{a_1^2}{4\,a_0^2} + a_2$$

oder mit $b = a_2 - \frac{a_1^2}{4\,a_0}$, $a = -\frac{a_1}{2\,a_0}$

$$y - b = a_0\,(x - a)^2.$$

Das ist die Gleichung einer Parabel mit dem Scheitel $S = (a, b)$ und einer zur y-Achse parallelen Achse. Führt man die neuen Veränderlichen

$$\bar{x} = x - a, \quad \bar{y} = y - b$$

ein, d. h. verschiebt man das Koordinatensystem so, daß der neue Ursprung $\bar{O}$ in den Scheitel S der Parabel fällt (Abb. 25), dann lautet die Gleichung der Parabel in den neuen Koordinaten $\bar{x}$ und $\bar{y}$

$$\bar{y} = a_0 \bar{x}^2.$$

$n = 3$ gibt ein *kubisches Polynom* $y = a_0 x^3 + a_1 x^2 + a_2 x + a_3$. Die Bildkurven sind die sogenannten kubischen Parabeln (Abb. 22 und 26).

Selbstverständlich ergeben Summe, Differenz und Produkt zweier Polynome wieder Polynome. Die Bildung des Quotienten zweier Polynome führt aber im allgemeinen aus dem Bereich der Polynome heraus. Es ist

$$f(x) = \frac{P(x)}{Q(x)} = \frac{a_0 x^n + a_1 x^{n-1} + \dots + a_n}{b_0 x^m + b_1 x^{m-1} + \dots + b_m}$$

nur dann ein Polynom, wenn $P(x)$ durch $Q(x)$ teilbar ist, also von der Form $P(x) = Q(x)\, R(x)$ ist, wo $R(x)$ wieder ein Polynom ist. In allen anderen Fällen ist $f(x)$ eine *gebrochene rationale Funktion*, und zwar *echt gebrochen*, wenn $m > n$ und *unecht gebrochen*, wenn $m \leqq n$ ist. Der Definitionsbereich einer gebrochenen rationalen Funktion besteht aus allen Werten x, für die $Q(x) \neq 0$ ist. Ganze und gebrochene rationale Funktionen bilden zusammen die *rationalen Funktionen* schlechthin.

Alle nichtrationalen Funktionen sind irrationale Funktionen, wobei man algebraisch irrationale und transzendente Funktionen unterscheidet.

Genügt eine Funktion $y = f(x)$ einer Gleichung $F(x, y) = 0$, wobei $F(x, y)$ ein Polynom in den Veränderlichen x und y ist, so nennt man y eine *algebraische Funktion*[1] von x. Das Polynom $F(x, y)$ besteht aus einer Summe von Ausdrücken der Form $a\, x^m y^n$ mit nichtnegativen ganzen Exponenten m und n; z. B. ist $a x^2 + b x y + c y^2 + d x + e y + f$ ein Polynom zweiten Grades in zwei Veränderlichen. Ist $F(x, y)$ in y linear, so ist y eine rationale Funktion von x, die sich ohne weiteres in expliziter Form anschreiben läßt.

Alle nichtalgebraischen Funktionen, z. B. $|x|$, $\sin x$, $\cos x$, a^x, $\log x$, x^a mit irrationalem a, sind *transzendente Funktionen*[2].

Aufgaben.

1. Man zeige:

$$\left[\frac{n}{2}\right] + \left[\frac{n+1}{2}\right] = n, \qquad \left[\frac{n}{3}\right] + \left[\frac{n+1}{3}\right] + \left[\frac{n+2}{3}\right] = n.$$

2. Verlauf der Funktion $y = x - [x]$.

3. Umkehrfunktion von

$$y = \frac{1 - \sqrt{1 + 4x}}{1 + \sqrt{1 + 4x}}.$$

4. Umkehrfunktion von

$$y = \frac{x}{2} + \sqrt{\frac{x^2}{4} - 1}.$$

5. Explizite Darstellung von

$$a x^2 + b x y + c y^2 + d x + e y + f = 0, \quad c \neq 0.$$

---

[1] Das ist nur eine ganz beiläufige Erklärung, keine Definition der algebraischen Funktionen. Die in den folgenden Aufgaben 3 und 4 gegebenen Funktionen sind algebraisch, aber $y = |x|$ ist keine algebraische Funktion, obwohl sie der Gleichung $x^2 - y^2 = 0$ genügt.

[2] Diese Funktionen werden ausführlich in Abschnitt IV behandelt. Wer mit den Eigenschaften der Winkelfunktionen nicht vertraut ist, lese schon jetzt die ersten drei Ziffern des § 17.

6. Es ist die quadratische Funktion zu ermitteln, die für $x = 2, 5, 12$ die Werte $55, 58, 275$ annimmt.

7. Es ist

$$y = \frac{x^3 - 3x^2 - x + 12}{x^2 - 5x + 6}$$

in eine ganze und in eine echt gebrochene Funktion zu zerlegen.

8. Man ermittle zwei (umkehrbar eindeutige) Funktionen, die die Abbildungen der Aufgaben 3 und 4 von § 2 herstellen.

§ 7. Grenzwert und Stetigkeit.

1. Verhalten einer Funktion in der Umgebung eines Punktes. Von allen im folgenden betrachteten Funktionen ist vorausgesetzt, daß sie *in einem Intervall, höchstens mit Ausnahme von endlich vielen Punkten, definiert sind.* Ich ergänze zunächst unsere Sammlung von Beispielen spezieller Funktionen durch zwei weitere, die für die folgenden Überlegungen besonders instruktiv sind.

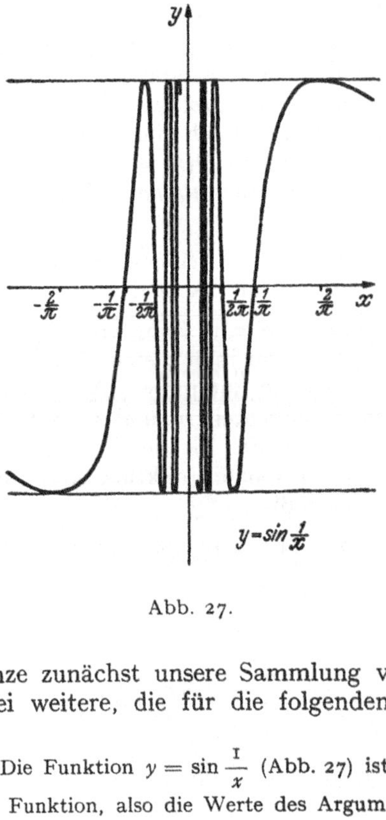

Abb. 27.

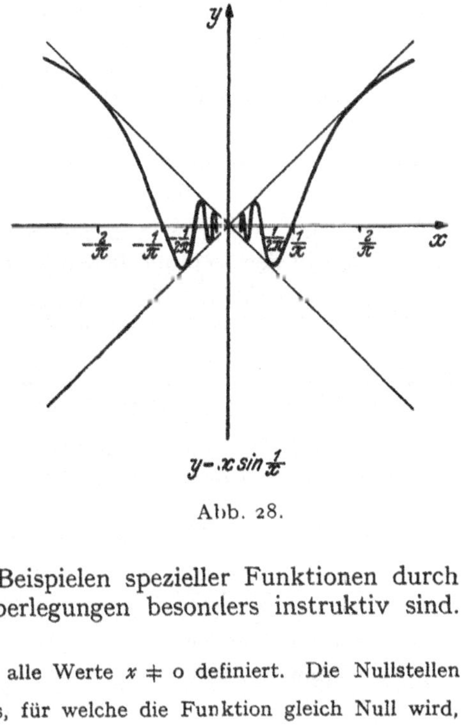

Abb. 28.

Die Funktion $y = \sin\frac{1}{x}$ (Abb. 27) ist für alle Werte $x \neq 0$ definiert. Die Nullstellen der Funktion, also die Werte des Argumentes, für welche die Funktion gleich Null wird, sind $x = \pm\frac{1}{n\pi}$, $n = 1, 2, 3, \ldots$, und kommen in immer enger werdenden Abständen von beiden Seiten beliebig nahe an den Nullpunkt heran. Dasselbe gilt für die Werte $x = \frac{2}{(4n+1)\pi}$ bzw. $x = \frac{2}{(4n-1)\pi}$, $n = 0, \pm 1, \pm 2, \ldots$, für welche die Funktion die Extremwerte $+1$ und -1 erreicht. Man erkennt daraus, daß die Funktion bei Annäherung an den Nullpunkt immer rascher zwischen den Werten $+1$ und -1 hin und her pendelt und daß sie also in beliebiger Nähe des Nullpunktes unendlich viele Schwingungen durchführt. Der Nullpunkt gehört nicht zum Definitionsbereich.

Auch bei der Funktion $y = x\sin\frac{1}{x}$ (Abb. 28), deren Definitionsbereich ebenfalls aus allen Werten $x \neq 0$ besteht, treten in der Nähe des Nullpunktes unendlich viele Schwingungen auf, doch sind die Amplituden durch den Faktor x „gedämpft". Während die Funktion

$\sin \frac{1}{x}$ in jeder noch so kleinen Umgebung des Nullpunktes Schwankungen vom Betrag 2 aufweist, werden die Schwankungen der Funktion $x \sin \frac{1}{x}$ für kleine Werte von x ebenfalls klein, zugleich mit x nähern sich auch die Funktionswerte $x \sin \frac{1}{x}$ immer mehr der Null.

Wir untersuchen das Verhalten einer Funktion $y = f(x)$ in einer beliebig kleinen Umgebung $\mathfrak{U}$ eines bestimmten Punktes x_0. Dieser Punkt x_0 muß dabei *nicht* zum Definitionsbereich von $f(x)$ gehören, aber jedenfalls soll $\mathfrak{U}$ so klein gewählt sein, daß alle Punkte von $\mathfrak{U}$, höchstens mit Ausnahme von x_0, zum Definitionsbereich von $f(x)$ gehören. Neben $\mathfrak{U}$ betrachten wir die Menge $\mathfrak{W}$ aller Zahlen $y = f(x)$, die sich ergeben, wenn x alle Werte aus $\mathfrak{U}$ annimmt; $\mathfrak{W}$ heißt der *Wertevorrat von $f(x)$ in* $\mathfrak{U}$. In vielen Fällen wird $\mathfrak{W}$ ein Intervall sein, das eine sehr bemerkenswerte Eigenschaft hat: Wenn wir $\mathfrak{U}$ immer kleiner werden lassen, so daß $\mathfrak{U}$ schließlich auf den Punkt x_0 zusammenschrumpft, so zieht sich auch $\mathfrak{W}$ auf einen Punkt A (der y-Achse, wenn wir $\mathfrak{W}$, wie es zweckmäßig ist, als Punktmenge auf der y-Achse deuten) zusammen. Wir werden aber ohne Schwierigkeit in unseren bisherigen Beispielen auch Funktionen finden, die zumindest an gewissen Stellen x_0 ein ganz anderes Verhalten zeigen.

1. $f(x) = x^2$, $x_0 \neq 0$ beliebig, $\mathfrak{U} = (x_0 - \delta, x_0 + \delta)$, $0 < \delta < |x_0|$. $\mathfrak{W}$ besteht aus dem Intervall $((x_0 - \delta)^2, (x_0 + \delta)^2)$, das sich auf den Punkt $f(x_0) = x_0^2$ zusammenzieht, wenn $\mathfrak{U}$ immer kleiner wird (man braucht nur δ die Zahlen einer Nullfolge durchlaufen lassen). Für $x_0 = 0$, $\mathfrak{U} = (-\delta, \delta)$ wird $\mathfrak{W} = [0, \delta^2)$.

2. $f(x) = \frac{1}{x}$, $x_0 = 0$. $\mathfrak{U} = (-\delta, +\delta)$, $\delta > 0$. Der Punkt 0 gehört nicht zum Definitionsbereich von $f(x)$. $\mathfrak{W}$ besteht aus allen Zahlen, die entweder kleiner als $-1/\delta$ oder größer als $1/\delta$ sind, also aus den beiden „Enden" der y-Achse, die mit abnehmendem δ ins Unendliche rücken. Für alle anderen Zahlen $x_0 \neq 0$ zeigt $\mathfrak{W}$ dasselbe Verhalten wie bei der Funktion x^2 von Beispiel 1.

3. $f(x) = \operatorname{sign} x$. Ist $x_0 > 0$, so besteht $\mathfrak{W}$ für alle genügend kleinen, den Punkt 0 nicht enthaltenden $\mathfrak{U}$ aus der Zahl 1 allein; ist $x_0 < 0$, so besteht $\mathfrak{W}$ ähnlich aus der Zahl -1 allein; ist schließlich $x_0 = 0$, so besteht $\mathfrak{W}$ für jedes $\mathfrak{U}$ aus den Zahlen -1, 0 und 1.

4. $f(x) = 1$ für rationales, $f(x) = 0$ für irrationales x; hier besteht $\mathfrak{W}$ bei beliebigem x_0 und $\mathfrak{U}$ aus den beiden Zahlen 0 und 1.

5. Bei der Funktion $f(x) = [x]$ (Abb. 21, S. 62) und ganzzahligem x_0 besteht $\mathfrak{W}$ aus den beiden Zahlen $x_0 - 1$ und x_0, wenn nur $\delta < 1$ ist.

6. Bei der eingangs diskutierten Funktion $f(x) = \sin \frac{1}{x}$ und $x_0 = 0$ ist $\mathfrak{W}$ bei beliebigem $\mathfrak{U}$ stets das ganze Intervall $[-1, +1]$. Ist $x_0 \neq 0$ und $\mathfrak{U}$ so klein, daß 0 nicht zu $\mathfrak{U}$ gehört, so ist $\mathfrak{W}$ ein Intervall, das sich zugleich mit $\mathfrak{U}$ auf einen Punkt, nämlich auf $y = \sin \frac{1}{x_0}$ zusammenzieht.

7. Nehmen wir dagegen bei der Funktion $f(x) = x \sin \frac{1}{x}$ wieder $x_0 = 0$ und $\mathfrak{U} = (-\delta, +\delta)$, so wird $\mathfrak{W} = (-\delta, +\delta)$. Mit $\mathfrak{U}$ zieht sich auch $\mathfrak{W}$ auf den Punkt 0 zusammen.

Zieht sich $\mathfrak{W}$ auf einen Punkt A zusammen, wenn man $\mathfrak{U}$ immer kleiner werden (sich auf x_0 zusammenziehen) läßt, so heißt A *der Grenzwert von $f(x)$ an der Stelle x_0*; man schreibt:

$$\boxed{\lim_{x \to x_0} f(x) = A.}$$

Die endgültige Formulierung der Bedingungen folgt in Ziffer 2. Gehört x_0 zum Definitionsbereich von $f(x)$ und ist

$$A = f(x_0),$$

stimmen also an der Stelle x_0 Grenzwert und Funktionswert überein, so heißt *$f(x)$ stetig an der Stelle x_0*. Wenn an der Stelle x_0 entweder Grenzwert oder

Funktionswert oder beide nicht existieren, oder wenn zwar beide existieren, aber verschieden sind, so heißt $f(x)$ *an der Stelle* x_0 *unstetig*[1].

Wir sehen: Die Funktion x^2 ist überall stetig, die Funktion $\frac{1}{x}$ ist überall stetig mit Ausnahme des Punktes $x = 0$ und dasselbe gilt, trotz des recht verschiedenartigen Verhaltens der Menge $\mathfrak{W}$ auch von sign x und $\sin\frac{1}{x}$; die Funktion von Beispiel 4 ist überall unstetig, $[x]$ ist überall stetig mit Ausnahme der ganzzahligen x und $x \sin\frac{1}{x}$ ist überall stetig mit Ausnahme von $x = 0$, denn hier existiert zwar der Grenzwert

$$\lim_{x \to 0} x \sin\frac{1}{x} = 0,$$

aber kein Funktionswert $f(0)$. Das ändert sich aber vollkommen, wenn wir die Definition der Funktion durch den Zusatz

$$f(0) = 0$$

ergänzen; dann ist der Funktionswert $f(0)$ definiert, 0 gehört zum Definitionsbereich und Grenzwert und Funktionswert an der Stelle 0 stimmen überein. Die Funktion ist an der Stelle 0 stetig. Man spricht hier (d. h. bei der ursprünglichen Funktion) von einer *hebbaren Unstetigkeit*, eben weil sich diese Art von Unstetigkeit im Gegensatz zu den anderen Fällen dadurch beheben läßt, daß man die Definition der Funktion in einem einzigen Punkt ergänzt oder abändert. Ein weiteres Beispiel dazu gebe ich am Schluß von Ziffer 5.

2. Endgültige Definition des Grenzwertes einer Funktion. Die am Schluß von Ziffer 1 gegebene Definition des Grenzwertes einer Funktion an einer Stelle x_0 ist noch nicht ganz befriedigend. Wir erkennen das an dem Beispiel der Funktion

$$f(x) = \lim_{n \to \infty} \frac{n\,x + 2}{n\,x + 1}$$

(§ 6, 4, Beispiel 14), die man auch durch die Festsetzungen

$$f(x) = 1 \text{ für alle } x \neq 0, \qquad f(0) = 2$$

erklären kann. Der kritische Punkt ist offenbar der Nullpunkt; für jede Umgebung $\mathfrak{U}$ von $x_0 = 0$ wird $\mathfrak{W} = \{1, 2\}$, wie klein auch $\mathfrak{U}$ gewählt wird. Anderseits habe ich aber zu Beginn von Ziffer 1 gesagt, daß der Punkt x_0 gar nicht zum Definitionsbereich der Funktion gehören muß; wir untersuchen ja auch das Verhalten der Funktion in der Umgebung des Punktes x_0 und nicht, zumindest nicht in erster Linie, im Punkt x_0 selbst. Wenn ich daher $f(x)$ nur durch $f(x) = 1$ für alle $x \neq 0$ definiere, den Zusatz $f(0) = 2$ also weglasse, so ist für jede Umgebung $\mathfrak{U}$ von 0, aus der aber der Punkt 0 jetzt herauszunehmen ist, $\mathfrak{W} = \{1\}$ und daher $\lim_{x \to 0} f(x) = 1$.

Wir werden also anscheinend gut daran tun, die Stelle x_0 selbst nicht nur dann, wenn $f(x)$ dort gar nicht definiert ist, sondern *immer* aus der Umgebung $\mathfrak{U}$ herauszunehmen. Ich bezeichne die so entstehende Menge mit $\mathfrak{U}_0$; sie besteht, wenn etwa $\mathfrak{U} = (x_0 - \delta, x_0 + \delta)$ ist, aus den beiden offenen Intervallen $(x_0 - \delta, x_0)$ und $(x_0, x_0 + \delta)$. Mit $\mathfrak{W}_0$ bezeichne ich den Wertevorrat von $f(x)$ in $\mathfrak{U}_0$. Damit ergibt sich die folgende endgültige Definition:

Zieht sich $\mathfrak{U}_0$ *auf den Punkt* x_0 *und damit zugleich* $\mathfrak{W}_0$ *auf einen Punkt A zusammen, so heißt A der Grenzwert von* $f(x)$ *an der Stelle* x_0.

[1] Diese Definition steht in einem gewissen Gegensatz zu der gebräuchlichen Auffassung, nach der es keinen Sinn hat, von einer Unstetigkeit einer Funktion an einer Stelle zu reden, wo die Funktion gar nicht definiert ist. Man kann dem ausweichen, wenn man immer irgend einen Funktionswert $f(x_0)$ definiert; nur im Fall der hebbaren Unstetigkeit (siehe den folgenden Text) *kann* man über $f(x_0)$ so verfügen, daß $f(x)$ an der Stelle x_0 stetig wird.

Derselbe Sachverhalt läßt sich aber auch so ausdrücken:

Die Funktion $f(x)$ hat an der Stelle x_0 den Grenzwert A, geschrieben

$$\lim_{x \to x_0} f(x) = A, \tag{1}$$

wenn sich zu jeder noch so kleinen Zahl $\varepsilon > 0$ eine Zahl $\delta > 0$, die im allgemeinen von ε abhängt, angeben läßt, so daß

$$|f(x) - A| < \varepsilon \tag{2}$$

wird, sobald

$$0 < |x - x_0| < \delta \tag{3}$$

ist.

Wir wollen diese Beziehungen auch geometrisch deuten. In Abb. 29 sei $\mathfrak{C}$ die Bildkurve der Funktion $y = f(x)$. Die Ungleichung (2) oder $|y - A| < \varepsilon$ bedeutet eine Einschränkung der Funktionswerte auf das Intervall $(A - \varepsilon,\ A + \varepsilon)$ der y-Achse. Ziehen wir durch die Punkte $A - \varepsilon$ und $A + \varepsilon$ je eine Parallele zur x-Achse, so erhalten wir einen in der Abbildung schraffiert gezeichneten Streifen von der Breite $2\,\varepsilon$ und der Mittellinie $y = A$, den wir als ε-Streifen bezeichnen. Wir legen nun in ähnlicher Weise durch die Punkte $x_0 - \delta$ und $x_0 + \delta$ der Abszissenachse, Parallele zur y-Achse, wobei die Zahl δ vorläufig unbestimmt bleiben soll, und erhalten so einen „δ-Streifen" von der Breite $2\,\delta$, dessen Mittellinie $x = x_0$ jedoch herauszunehmen ist und der in der Abbildung ebenfalls schraffiert eingezeichnet ist. Gelingt es nun, den δ-Streifen, d. h. die Zahl δ so zu wählen, daß alle Punkte der Bildkurve, die im δ-Streifen liegen, auch im ε-Streifen enthalten sind und ist eine solche Bestimmung von δ bei jeder Wahl von ε, also bei beliebig schmalem ε-Streifen möglich, dann hat die Funktion $f(x)$ an der Stelle x_0 den Grenzwert A.

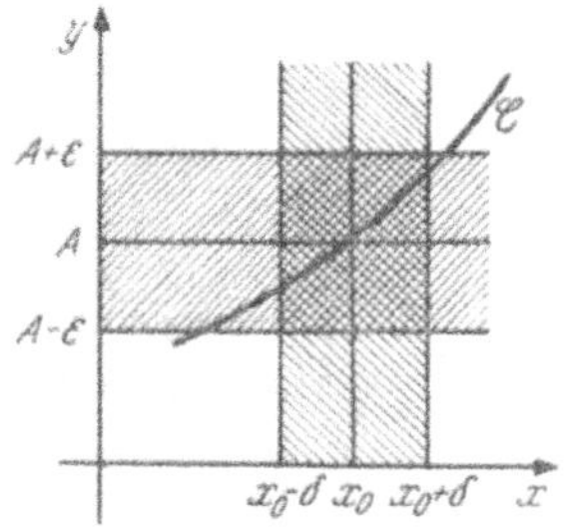

Abb. 29.

Man beachte: $\varepsilon > 0$ ist beliebig wählbar, δ aber nicht; für δ kann man vielmehr stets eine obere Grenze angeben[1], die von ε abhängt. In der Abb. 29 hat der δ-Streifen offenbar nicht die größtmögliche Breite, d. h. δ ist kleiner angenommen als die durch die Funktion $f(x)$ und den ε-Streifen bestimmte obere Grenze. Wählt man δ gleich der oberen Grenze, so wird $\delta = \delta(\varepsilon)$ eine ganz bestimmte Funktion von ε, die stets positiv und im allgemeinen nicht fallend ist. Die beiden Intervalle $(x_0 - \delta,\ x_0)$ und $(x_0,\ x_0 + \delta)$, aus denen $\mathfrak{U}_c$ besteht, sind gerade durch die Ungleichung $0 < |x - x_0| < \delta$ bestimmt, während $\mathfrak{U}$ durch $|x - x_0| < \delta$ gegeben ist. Ist $\mathfrak{U}$ (und damit $\mathfrak{U}_0$), d. h. die Zahl δ hinreichend klein gewählt, so wird $\mathfrak{W}_0$ völlig in der beliebig klein angenommenen Umgebung $(A - \varepsilon,\ A + \varepsilon)$ des Punktes A liegen, was aber nur eine exaktere Formulierung der Tatsache ist, daß $\mathfrak{W}$ sich auf einen Punkt zusammenzieht. Damit ist aber die Gleichwertigkeit der beiden oben gegebenen Definitionen gezeigt. Eine dritte Formulierung ist:

Die Funktion $f(x)$ hat an der Stelle x_0 den Grenzwert A, wenn der Unterschied zwischen der Zahl A und dem Funktionswert $f(x)$ beliebig klein wird, wenn nur x hinreichend nahe an x_0 gewählt wird.

---

[1] Nur wenn $f(x)$ überall, höchstens mit Ausnahme der Stelle x_0, konstant ist, gibt es keine solche obere Grenze für δ, vgl. das obige Beispiel. Daß dasselbe auch bei genügend groß gewähltem ε eintreten kann, ist völlig belanglos; das Entscheidende ist ja offenbar, daß der ganze Mechanismus der Definition für beliebig *kleine* Werte von ε funktioniert. Die Funktion $\delta(\varepsilon)$ wird im allgemeinen nur in einer gewissen Umgebung der Stelle $\varepsilon = 0$ definiert sein.

Wir sehen, daß bei der Funktion $\sin \frac{1}{x}$ eine derartige Bestimmung von δ an der Stelle $x_0 = 0$ offenbar unmöglich ist. Wählen wir $\varepsilon > 1$, so liegt überhaupt die ganze Bildkurve der Funktion $y = \sin \frac{1}{x}$ in dem ε-Streifen mit der Mittellinie $y = 0$. Wählen wir aber $\varepsilon \leqq 1$, so werden wir in beliebiger Nähe des Nullpunktes immer Kurvenpunkte finden, die außerhalb eines derartigen ε-Streifens liegen. Ein δ mit der geforderten Eigenschaft läßt sich also nicht angeben. Ganz anders liegen die Dinge bei der Funktion $x \sin \frac{1}{x}$. Wenn wir hier die Gerade $y = 0$ mit einem ε-Streifen umgeben, so wird $|f(x) - 0| = |x \sin \frac{1}{x} - 0| = |x| \cdot |\sin \frac{1}{x}| \leqq \leqq |x| \cdot 1 = |x| < \varepsilon$ sein, wenn wir $\delta = \varepsilon$ wählen. Denn dann ist für $0 < |x - 0| = |x| < \delta = \varepsilon$ eben auch $|f(x)| < \varepsilon$, d. h. $f(x)$ hat an der Stelle $x_0 = 0$ den Grenzwert 0. Ich lade Sie ein, die übrigen Beispiele aus Ziffer 1 in analoger Weise zu untersuchen.

Ich zeige noch, daß eine Funktion $f(x)$ an einer Stelle x_0 nicht zwei verschiedene Grenzwerte A und B haben kann, wenn man die Definition (2), (3) zugrunde legt. Denn dann wäre

$$|f(x) - A| < \varepsilon$$

für $0 < |x - x_0| < \delta_1$ und

$$|f(x) - B| < \varepsilon$$

für $0 < |x - x_0| < \delta_2$. Für $0 < |x - x_0| < \delta = \operatorname{Min}\{\delta_1, \delta_2\}$ folgt daraus

$$|A - B| = |f(x) - B - f(x) + A| \leqq |f(x) - B| + |f(x) - A| < 2\varepsilon;$$

nach dem Satz von § 1, 3 ist also $|A - B| = 0$ und daher $A = B$.

3. Zusammenhang mit dem Grenzwert von Zahlenfolgen. Die Grenzwerte von Funktionen lassen sich auf die Grenzwerte von Zahlenfolgen zurückführen. Es sei $\{x_\nu\}$ eine konvergente Zahlenfolge mit $x_\nu \neq x_0$ und $x_\nu \to x_0$. Die Folge der Funktionswerte $f(x_1), f(x_2), \ldots, f(x_\nu), \ldots$ hat dann den Grenzwert $\lim\limits_{\nu \to \infty} f(x_\nu) = A$, wenn die Funktion an der Stelle x_0 den Grenzwert $\lim\limits_{x \to x_0} f(x) = A$ besitzt. Denn dann gehört zu einem beliebig vorgegebenen ε eine Zahl δ, so daß sicher $|f(x_\nu) - A| < \varepsilon$ ist, wenn nur $|x_\nu - x_0| < \delta$ ist. Da aber die x_ν eine konvergente Zahlenfolge mit dem Grenzwert x_0 bilden, ist die δ-Ungleichung erfüllt, wenn nur ν entsprechend groß, etwa größer als eine Zahl N gewählt wird. Die Umkehrung gilt aber nicht. Es kann eine Folge $\{f(x_\nu)\}$ einem bestimmten Grenzwert zustreben, ohne daß $f(x)$ an dieser Stelle einen Grenzwert hat. So ist z. B. für die Nullfolge $x_\nu = \frac{2}{(4\nu - 3)\pi}$, $\nu = 1, 2, \ldots$, $\lim\limits_{\nu \to \infty} \sin \frac{1}{x_\nu} = 1$. Es ist bei dieser Funktion sogar möglich, Zahlenfolgen anzugeben, die gegen einen beliebigen, zwischen -1 und $+1$ gelegenen Grenzwert A konvergieren. Man braucht zu diesem Zweck nur eine Parallelle $y = A$ zur Abszissenachse zu zeichnen und die Argumentwerte x_ν ihrer Schnittpunkte mit der Bildkurve zu ermitteln. Dann ist sicher $\lim\limits_{\nu \to \infty} f(x_\nu) = A$.

Läßt sich aber zeigen, daß für jede beliebige Zahlenfolge $\{x_\nu\}$ mit $x_\nu \to x_0$, $x_\nu \neq x_0$ stets auch $f(x_\nu) \to A$ gilt, so hat $f(x)$ an der Stelle x_0 den Grenzwert A.

Wäre die Behauptung falsch, so gäbe es eine positive Zahl ε_0, für die die Konvergenzbedingung (2), (3) nicht erfüllbar wäre, d. h. ich könnte in jeder Umgebung von x_0 eine Zahl $x \neq x_0$ finden, so daß $|f(x) - A| \geqq \varepsilon_0$ ist. Ich betrachte eine Folge von Umgebungen $\mathfrak{U}_\nu$ des Punktes x_0, die eine Intervallschachtelung bilden, die den Punkt x_0 definiert. In jeder Umgebung $\mathfrak{U}_\nu$ bestimme ich einen Punkt x_ν, für den $|f(x_\nu) - A| \geqq \varepsilon_0$ ist. Die Folge $\{f(x_\nu)\}$ kann aber dann entgegen der Voraussetzung nicht gegen A konvergieren.

Dieser Satz ist die präzise Formulierung einer oft verwendeten Redeweise: *Nähern sich die Funktionswerte $f(x)$ einer Zahl A, sobald x sich einer Zahl x_0 nähert, so hat $f(x)$ an der Stelle x_0 den Grenzwert A.*

Eine nicht unwesentliche Verschärfung des Satzes besteht darin, daß man nur die Konvergenz der Folgen $\{f(x_\nu)\}$ und nicht die Konvergenz gegen einen bestimmten Grenzwert voraussetzen muß. Man hat nur zu zeigen, daß alle Folgen $\{f(x_\nu)\}$ denselben Grenzwert A haben, wenn sie nur konvergieren. Sind nämlich $\{x_\nu'\}$, $\{x_\nu''\}$ zwei Folgen mit $x_\nu' \to x_0$ und $x_\nu'' \to x_0$, so gilt für die Folge (Vereinigungsmenge)

$$\{x_\nu\} = \{x_1', x_1'', x_2', x_2'', \ldots\}$$

ebenfalls $x_\nu \to x_0$. Voraussetzungsgemäß sind die Folgen $\{f(x_\nu')\}$, $\{f(x_\nu'')\}$ und $\{f(x_\nu)\}$ konvergent. Wäre nun

$$\lim_{\nu\to\infty} f(x_\nu') = A, \quad \lim_{\nu\to\infty} f(x_\nu'') = B \neq A,$$

so hätte die Folge

$$\{f(x_\nu)\} = \{f(x_1'), f(x_1''), f(x_2'), f(x_2''), \ldots\}$$

zwei verschiedene Häufungswerte A und B und wäre daher gegen die Voraussetzung nicht konvergent. Es gilt also:

Ist $\{x_\nu\}$ eine beliebige Zahlenfolge mit $x_\nu \to x_0$ und ist für jede solche Folge auch die Folge $\{f(x_\nu)\}$ konvergent, so existiert

$$\lim_{x\to x_0} f(x) = \lim_{\nu\to\infty} f(x_\nu),$$

d. h. alle Folgen $\{f(x_\nu)\}$ haben denselben Grenzwert, der mit dem Grenzwert von $f(x)$ an der Stelle x_0 übereinstimmt.

4. **Rechtsseitiger und linksseitiger Grenzwert.** Mitunter unterscheidet man von dem Grenzwert einer Funktion schlechthin den *rechtsseitigen* und den *linksseitigen Grenzwert.* Damit sind die Grenzwerte der Funktion gemeint, wenn sich das Argument x der betreffenden Stelle entweder nur von rechts oder nur von links her nähert. In der geometrischen Deutung kommt diese Unterscheidung dadurch zum Ausdruck, daß man nur die rechte bzw. linke Hälfte des δ-Streifens betrachtet. *$f(x)$ hat an der Stelle x_0 den linksseitigen Grenzwert A_1, in Zeichen*

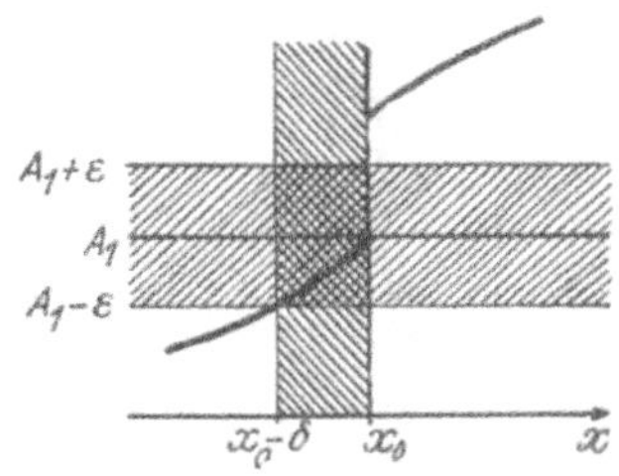

Abb. 30.

$$\lim_{x\to x_0-} f(x) = A_1,$$

wenn es zu jeder Zahl $\varepsilon > 0$ eine Zahl $\delta > 0$ gibt, so daß $|f(x) - A_1| < \varepsilon$ ist für alle x, für die $0 < x_0 - x < \delta$ oder $x_0 - \delta < x < x_0$ ist (Abb. 30). Analog ist der rechtsseitige Grenzwert

$$\lim_{x\to x_0+} f(x) = A_2$$

erklärt; zu jeder Zahl $\varepsilon > 0$ gibt es eine Zahl $\delta > 0$, so daß $|f(x) - A_2| < \varepsilon$ ist für alle x, für die $0 < x - x_0 < \delta$ oder $x_0 < x < x_0 + \delta$ ist. Existieren linksseitiger und rechtsseitiger Grenzwert an einer Stelle x_0 und stimmen sie überein, so existiert auch der Grenzwert schlechthin und umgekehrt. Stimmen rechtsseitiger und linksseitiger Grenzwert an einer Stelle x_0 jedoch nicht überein, so kann der Grenzwert schlechthin nicht existieren.

In der Regel schreibt man

$$A_1 = f(x_0-), \quad A_2 = f(x_0+),$$

also ausführlich

$$\lim_{x\to x_0-} f(x) = f(x_0-)$$

und

$$\lim_{x\to x_0+} f(x) = f(x_0+);$$

$f(x_0-)$ und $f(x_0+)$ sind also immer Grenzwerte und *keine* Funktionswerte, obwohl einer von ihnen (oder auch beide) mit dem Funktionswert $f(x_0)$ übereinstimmen kann.

Beispiele:

1. Es ist $\lim\limits_{x \to 0-} \operatorname{sign} x = -1$, $\lim\limits_{x \to 0+} \operatorname{sign} x = +1$, aber $\lim\limits_{x \to 0} \operatorname{sign} x$ existiert nicht; vgl. Abb. 18, S. 61.

2. Die Funktion $\sin \frac{1}{x}$ hat an der Stelle Null weder einen rechtsseitigen noch einen linksseitigen Grenzwert. Die Funktion $x \sin \frac{1}{x}$ hat an der Stelle Null den Grenzwert Null, daher existieren sowohl der rechtsseitige wie der linksseitige Grenzwert und sie haben ebenfalls den Wert Null (vgl. Abb. 27 und 28).

3. Der Definitionsbereich der Funktion $f(x) = \frac{x^2 - 1}{x - 1}$ besteht aus allen reellen Zahlen $x \neq 1$. Es ist $\lim\limits_{x \to 1} f(x) = 2$, da $\frac{x^2 - 1}{x - 1} = x + 1$ ist für alle $x \neq 1$. Im Gegensatz zur Funktion $f(x)$ ist aber die Funktion $\varphi(x) = x + 1$ für alle reellen Werte x definiert und stetig. $f(x)$ ist an der Stelle $x = 1$ nicht definiert und ist daher an dieser Stelle auch nicht stetig. Wird aber die Festsetzung $f(1) = 2$ getroffen, so ist $f(x)$ an der Stelle $x = 1$ auch stetig.

5. Uneigentliche Grenzwerte. Ähnlich wie bei nicht beschränkten Zahlenfolgen lassen sich uneigentliche Grenzwerte auch für Funktionen erklären.

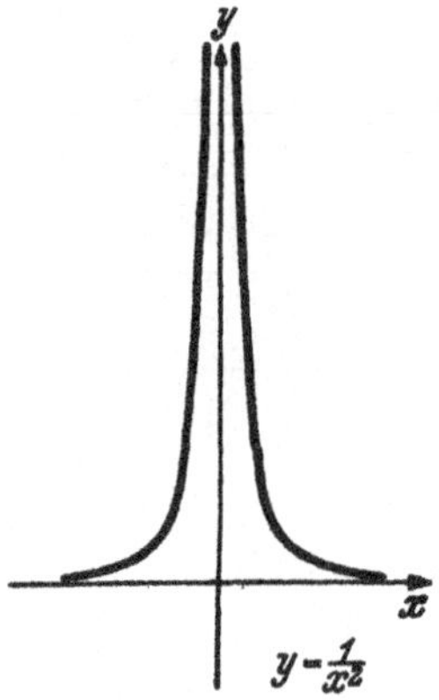

Abb. 31.

Wir betrachten zunächst die Funktion $f(x) = \frac{1}{x^2}$, die für alle Werte $x \neq 0$ stetig ist. An der Stelle $x = 0$ ist die Funktion nicht definiert. Wir wollen aber untersuchen, ob $f(x)$ für $x \to 0$ einem Grenzwert zustrebt. Wir lassen also x eine Nullfolge $\{x_\nu\}$ durchlaufen, so daß $|x_\nu| < \delta$ ($\delta > 0$ beliebig) wird, wenn nur $\nu > N$ ist. Dann gilt

$$f(x_\nu) = \frac{1}{x_\nu^2} \to +\infty.$$

Denn es ist für ein beliebiges (noch so großes) $A > 0$

$$\frac{1}{x_\nu^2} > A,$$

wenn nur $\delta \geqq \frac{1}{\sqrt{A}}$ gewählt wird.

Man sagt, die Funktion $f(x) = \frac{1}{x^2}$ hat an der Stelle $x = 0$ den uneigentlichen Grenzwert $+\infty$ und schreibt $\lim\limits_{x \to 0} \frac{1}{x^2} = +\infty$ (Abb. 31).

Allgemein definiert man: *Eine Funktion $f(x)$ hat an der Stelle x_0 den uneigentlichen Grenzwert $+\infty$, in Zeichen*

$$\lim_{x \to x_0} f(x) = +\infty, \tag{4}$$

wenn es zu jeder Zahl A eine Größe $\delta > 0$ gibt, so daß für $0 < |x - x_0| < \delta$ die Funktion $f(x) > A$ ist.

Für $f(x) = \frac{1}{x^2}$ ist $\lim\limits_{x \to 0} \frac{1}{x^2} = +\infty$, denn es ist $\frac{1}{x^2} > A > 0$, wenn $|x| < \frac{1}{\sqrt{A}}$ ist. Es gibt also für jede Zahl A eine Zahl $\delta = \frac{1}{\sqrt{A}}$, so daß $f(x) = \frac{1}{x^2} > A$ ist für $|x - 0| = |x| < \delta = \frac{1}{\sqrt{A}}$.

Analog definiert man: *Eine Funktion hat an der Stelle x_0 den uneigentlichen Grenzwert*

$$\lim_{x \to x_0} f(x) = -\infty, \tag{5}$$

wenn es zu jeder Zahl B eine Größe $\delta > 0$ gibt, so daß für $0 < |x - x_0| < \delta$ die Funktion $f(x) < B$ ist. Unter der Zahl B kann dabei jede, dem Betrag nach beliebig große, negative Zahl verstanden werden.

Bei uneigentlichen Grenzwerten ist die Unterscheidung des linksseitigen und rechtsseitigen Grenzwertes von besonderer Wichtigkeit.

Denn, anders als die gerade Funktion $f(x) = \frac{1}{x^2}$, besitzt z. B. die ungerade Funktion $f(x) = \frac{1}{x}$ an der Stelle $x_0 = 0$ auch keinen uneigentlichen Grenzwert, wohl aber den rechtsseitigen uneigentlichen Grenzwert $\lim\limits_{x \to 0+} f(x) = +\infty$, denn es ist $f(x) = \frac{1}{x} > A > 0$ für $0 < x < \delta = \frac{1}{A}$ und den linksseitigen uneigentlichen Grenzwert $\lim\limits_{x \to 0-} \frac{1}{x} = -\infty$ (vgl. Abb. 16, S. 61). Dagegen ist $\lim\limits_{x \to 0} \left|\frac{1}{x}\right| = +\infty$.

Gilt

$$\boxed{\lim_{x \to x_0} |f(x)| = +\infty,} \tag{6}$$

so sagt man: „*die Funktion $f(x)$ wird an der Stelle x_0 unendlich*" und nennt x_0 eine *Unendlichstelle* oder kurz ∞-*Stelle* von $f(x)$.

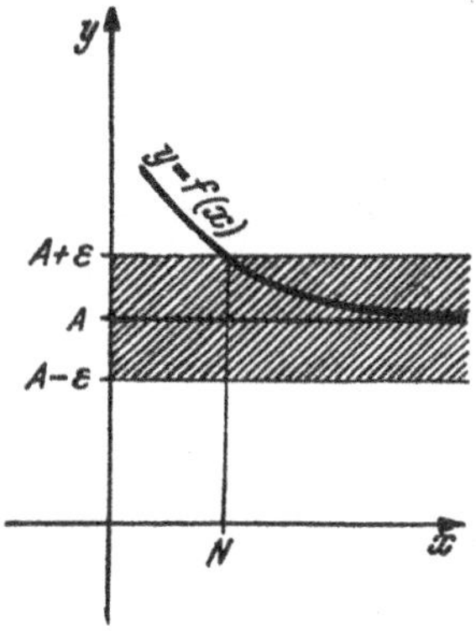

Abb. 32.

6. Verhalten einer Funktion im Unendlichen. Wir wenden uns nun Funktionen zu, bei welchen der Definitionsbereich nicht beschränkt ist. Es kann sein, daß sich eine Funktion einem bestimmten Grenzwert nähert, wenn x dem Betrag nach immer größer wird, also dem uneigentlichen Grenzwert $+\infty$ oder $-\infty$ zustrebt. Man definiert: *Es ist $\lim\limits_{x \to +\infty} f(x) = A$, wenn es zu jeder Zahl $\varepsilon > 0$ eine Zahl N gibt, so daß $|f(x) - A| < \varepsilon$ für $x > N$ ist* (Abb. 32). Analog ist $\lim\limits_{x \to -\infty} f(x) = B$, wenn es zu jeder Zahl $\varepsilon > 0$ eine Zahl M gibt, so daß $|f(x) - B| < \varepsilon$ für $x < M$ ist. Die Zahl M wird dabei im allgemeinen negativ sein.

Für die Funktion $f(x) = \frac{1}{x}$ (Abb. 16, S. 61) ist $\lim\limits_{x \to +\infty} \frac{1}{x} = 0$, denn es ist $\left|\frac{1}{x} - 0\right| = \left|\frac{1}{x}\right| < \varepsilon$, wenn nur $x > \frac{1}{\varepsilon}$ gewählt wird. Die von ε abhängige Zahl N ist also $N = \frac{1}{\varepsilon}$. Ebenso ist $\lim\limits_{x \to -\infty} \frac{1}{x} = 0$, denn es ist $\left|\frac{1}{x} - 0\right| = \left|\frac{1}{x}\right| < \varepsilon$ für $x < M = -\frac{1}{\varepsilon}$.

7. **Zusammenfassung. Das allgemeine Konvergenzprinzip von Cauchy.** Der Begriff des Grenzwertes kann sich also auf einen der folgenden fünf verschiedenen Fälle (Arten des Grenzüberganges, wie man auch sagt), beziehen:

1. Linksseitiger Grenzwert an einer Stelle x_0, x steigt gegen x_0, in Zeichen $x \to x_0 -$.

2. Rechtsseitiger Grenzwert an einer Stelle x_0, x fällt gegen x_0, in Zeichen $x \to x_0 +$ und

3. der Grenzwert schlechthin an einer Stelle x_0, x geht irgendwie gegen x_0, in Zeichen $x \to x_0$.

4. Der Grenzwert an der Stelle $+\infty$, x steigt gegen $+\infty$, in Zeichen $x \to$ $\to +\infty$. Hierher gehört auch der Grenzwert der Zahlenfolgen, d. h. der Funk-

tionen, deren Definitionsbereich die Menge der natürlichen Zahlen ν ist, wo wir kurz $\nu \to \infty$ schreiben.

5. Der Grenzwert an der Stelle $-\infty$, x fällt gegen $-\infty$, in Zeichen $x \to -\infty$. Der enge Zusammenhang zwischen den Grenzwerten von Funktionen und den Grenzwerten von Zahlenfolgen, den ich in Ziffer 3 diskutiert habe, läßt uns vermuten, daß das allgemeine Konvergenzprinzip von CAUCHY auch für die ersteren gilt:

Damit eine Funktion an einer Stelle x_0 einen eigentlichen Grenzwert hat, ist notwendig und hinreichend, daß zu jeder Zahl $\varepsilon > 0$ eine Zahl $\delta > 0$ angegeben werden kann, so daß

$$|f(x') - f(x'')| < \varepsilon \tag{7}$$

ist für alle Zahlen x' und x'', für die

$$0 < |x' - x_0| < \delta, \qquad 0 < |x'' - x_0| < \delta \tag{8}$$

gilt.

Der Beweis ist genau so zu führen wie bei den Zahlenfolgen; er ergibt sich auch unmittelbar aus den Sätzen von Ziffer 3. Die obige Formulierung bezieht sich auf den Fall 3, im Fall 4 muß zu jedem $\varepsilon > 0$ eine Zahl N existieren, so daß (7) für alle Zahlen x' und x'' erfüllt ist, für die

$$x' > N, \qquad x'' > N \tag{9}$$

gilt.

Auch hier ist wieder, wie bei den Folgen, die Konvergenzbedingung unabhängig vom Grenzwert selbst, von dem nur vorausgesetzt ist, daß er ein eigentlicher ist.

8. Die Potenz mit rationalem Exponenten. Wir wollen uns einen Überblick über den Verlauf der Funktion $f(x) = x^a$ für die verschiedenen (rationalen) Werte des Exponenten a verschaffen (Abb. 33). Ich bezeichne im folgenden mit m und n natürliche Zahlen und mit $\mathfrak{M}$ den Definitionsbereich von $f(x)$.

1. $a = n$; es ist $\mathfrak{M} = (-\infty, +\infty)$, $f(x)$ ist gerade oder ungerade, je nachdem n gerade oder ungerade ist, und $f(0) = 0$. Ferner ist $\lim\limits_{x \to +\infty} x^n = +\infty$, $\lim\limits_{x \to -\infty} x^n = +\infty$ oder $= -\infty$, je nachdem n gerade oder ungerade ist.

2. $a = 0$; es ist $\mathfrak{M} = (-\infty, +\infty)$ und $f(x) \equiv 1$.

3. $a = -n$; es ist $\mathfrak{M} = (-\infty, 0) + (0, +\infty)$, d. h. $\mathfrak{M}$ besteht aus allen reellen x mit Ausnahme von $x = 0$. $f(x)$ ist gerade oder ungerade, je nachdem n gerade oder ungerade ist, ferner ist $\lim\limits_{x \to 0} |x^{-n}| = +\infty$, d. h. 0 ist eine Unendlichstelle von x^{-n} und $\lim\limits_{x \to +\infty} x^{-n} = \lim\limits_{x \to -\infty} x^{-n} = 0$.

4. $a = \frac{m}{n}$, m und n teilerfremd; ist n gerade, so ist $\mathfrak{M} = [0, +\infty)$, $x^{\frac{m}{n}}$ ist zweideutig, die Bildkurve symmetrisch zur x-Achse; ist n ungerade, so ist $\mathfrak{M} = (-\infty, +\infty)$ und $x^{\frac{m}{n}}$ gerade oder ungerade, je nachdem m gerade oder ungerade ist. In beiden Fällen ist $\lim\limits_{x \to +\infty} x^{\frac{m}{n}} = +\infty$, ferner $\lim\limits_{x \to -\infty} x^{\frac{m}{n}} = +\infty$ bei geradem und $\lim\limits_{x \to -\infty} x^{\frac{m}{n}} = -\infty$ bei ungeradem m.

5. $a = -\frac{m}{n}$, m und n teilerfremd; ist n gerade, so ist $\mathfrak{M} = (0, +\infty)$, $x^{-\frac{m}{n}}$ ist zweideutig, die Bildkurve symmetrisch zur x-Achse. Ist n ungerade, so ist

$\mathfrak{M} = (-\infty, 0) + (0, +\infty)$ und $x^{-\frac{m}{n}}$ gerade oder ungerade, je nachdem m gerade oder ungerade ist. In beiden Fällen ist $\lim\limits_{x\to+\infty} x^{-\frac{m}{n}} = 0$, im zweiten Fall auch $\lim\limits_{x\to-\infty} x^{-\frac{m}{n}} = 0$.

Die Funktionen x^a und $x^{\frac{1}{a}}$ sind zueinander invers, ihre Bildkurven also symmetrisch zur Winkelhalbierenden $y = x$.

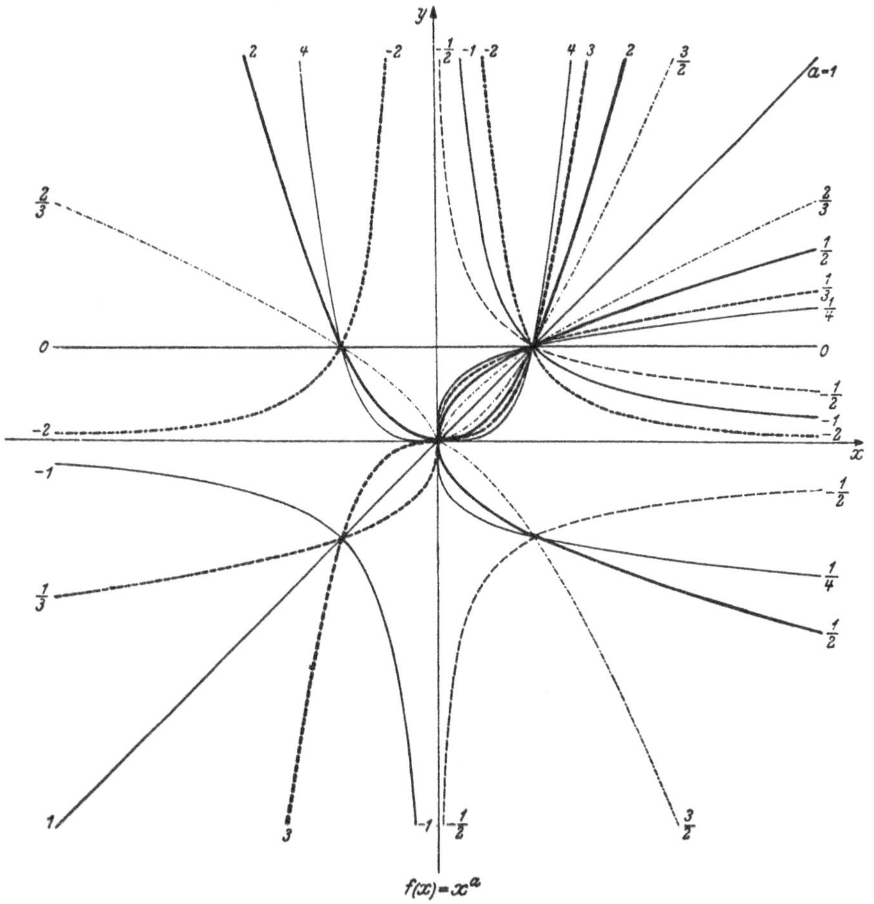

Abb. 33

9. **Die Größenordnung von Funktionen.** Es handelt sich dabei um eine Untersuchung der Größe, d. h. genauer des absoluten Betrages einer beliebigen Funktion in der Umgebung einer Stelle x_0. Ich definiere zunächst: Die Funktion

$$\varphi(x) = |x - x_0|^a \tag{10}$$

hat an der Stelle x_0 eine *Nullstelle der Ordnung* a oder eine a*-fache Nullstelle*, wenn $a > 0$ ist, und eine ∞*-Stelle der Ordnung* $-a$ oder eine $(-a)$*-fache* ∞*-Stelle*, wenn $a < 0$ ist. Im ersten Fall $a > 0$ sagt man, daß $\varphi(x)$ *an der Stelle* x_0 *von der Ordnung* a *verschwindet* und im zweiten Fall wie bei (6), daß $\varphi(x)$ an der Stelle x_0 *von der Ordnung* $-a$ *unendlich wird.*

Es sei nun $f(x)$ eine beliebige, in der Umgebung von x_0 definierte Funktion. Ist dann x_0 eine Nullstelle von $f(x)$, so heißt insbesondere x_0 eine *Nullstelle der Ordnung* $a > 0$ oder eine *a-fache Nullstelle*, wenn

$$\lim_{x \to x_0} \left| \frac{f(x)}{(x - x_0)^a} \right| = A, 0 < A < +\infty \tag{11}$$

ist. Hat eine zweite Funktion $g(x)$ ebenfalls die Nullstelle x_0, so sagt man, $g(x)$ verschwindet von höherer, gleicher oder niedrigerer Ordnung als $f(x)$, wenn

$$\lim_{x \to x_0} \left| \frac{g(x)}{f(x)} \right| \tag{12}$$

existiert und bzw. Null, eine endliche Zahl $\neq 0$, oder $+\infty$ ist.

Ganz ähnlich erklärt man, wenn x_0 eine ∞-Stelle von $f(x)$ ist, also (6) gilt, daß x_0 eine *a-fache* ∞*-Stelle* oder *eine* ∞*-Stelle der Ordnung* $a > 0$ von $f(x)$ ist, oder, daß $f(x)$ für $x = x_0$ *von der Ordnung a unendlich wird*, wenn

$$\lim_{x \to x_0} |(x - x_0)^a f(x)| = A, 0 < A < +\infty \tag{13}$$

ist. Ist x_0 auch eine ∞-Stelle von $g(x)$ und existiert (12), so sagt man, $g(x)$ werde von höherer, gleicher oder niedrigerer Ordnung unendlich als $f(x)$, wenn dieser Grenzwert $+\infty, A$ oder Null ist.

Ähnliche Festsetzungen lassen sich, wenn $f(x)$ in $(c, +\infty)$ definiert ist, für den Grenzübergang $x \to +\infty$ (und analog für $x \to -\infty$) treffen. Ist

$$\lim_{x \to +\infty} |x^a f(x)| = A, 0 < A < +\infty, \tag{14}$$

so sagt man[1], $f(x)$ *verschwinde für* $x \to +\infty$ *von der Ordnung a*. Ebenso sagt man, daß $g(x)$ im Unendlichen von höherer, gleicher oder niedrigerer Ordnung als $f(x)$ verschwindet, wenn

$$\lim_{x \to +\infty} \left| \frac{g(x)}{f(x)} \right| \tag{15}$$

existiert und bzw. gleich 0, A $(0 < A < +\infty)$ oder $+\infty$ ist.

Bemerkt sei, daß es keineswegs immer möglich ist, einer Nullstelle oder einer ∞-Stelle einer Funktion eine bestimmte Ordnung zuzuschreiben, vgl. § 20,7.

Ich erwähne schließlich, daß sich in der neueren Literatur die Schreibweisen

$$g(x) = O(f(x))$$

und

$$g(x) = o(f(x))$$

sehr eingebürgert haben. Die erste bedeutet, daß für $x \to x_0$ (meist für $x \to +\infty$) $g(x)$ *höchstens von derselben Größenordnung* ist wie $f(x)$, die zweite, daß $g(x)$ *von niedrigerer Größenordnung* ist als $f(x)$. Selbstverständlich gilt dabei entweder $f(x) \to 0$ oder $|f(x)| \to +\infty$.

Beispiele:

1. $\sin x$ hat an der Stelle Null eine Nullstelle der Ordnung 1, vgl. das erste Beispiel der folgenden Ziffer.

2. $1 - \cos x$ hat an der Stelle Null eine Nullstelle der Ordnung 2, vgl. den Schluß der folgenden Ziffer.

3. $\tan x$ hat für $x = \frac{\pi}{2}$ eine ∞-Stelle der Ordnung 1, weil $\lim\limits_{x \to \frac{\pi}{2}} \left| \left(x - \frac{\pi}{2}\right) \tan x \right| = 1$, vgl. § 20, 4.

[1] Die Ausdrucksweise, daß $+\infty$ eine a-fache Nullstelle von $f(x)$ sei, soll man vermeiden, weil sie den Eindruck erweckt, daß man $+\infty$ für eine Zahl hält.

10. Das Rechnen mit Grenzwerten. Für Grenzwerte von Funktionen gelten ähnliche Regeln wie für Grenzwerte von Zahlenfolgen. In den folgenden Formulierungen ist keine Angabe über die Art des Grenzüberganges gemacht, d. h. das Zeichen lim kann jede der fünf Bedeutungen (Ziffer 7)

$$\lim_{x \to x_0}, \quad \lim_{x \to x_0+}, \quad \lim_{x \to x_0-}, \quad \lim_{x \to +\infty}, \quad \lim_{x \to -\infty}$$

haben (natürlich immer dieselbe innerhalb einer Regel). Die Beweise gebe ich *jeweils nur für den ersten Fall.*

Ist in einer gewissen Umgebung der fraglichen Stelle

$$\varphi(x) \leqq f(x) \leqq \psi(x)$$

und ist an dieser Stelle

$$\lim \varphi(x) = \lim \psi(x) = A,$$

so existiert auch $\lim f(x)$, *und zwar ist*

$$\lim f(x) = A.$$

Voraussetzungsgemäß gibt es zu jedem $\varepsilon > 0$ zwei Zahlen $\delta_1 > 0$ und $\delta_2 > 0$, so daß

$$|\varphi(x) - A| < \varepsilon \quad \text{und} \quad |\psi(x) - A| < \varepsilon$$

oder

$$A - \varepsilon < \varphi(x) < A + \varepsilon \quad \text{und} \quad A - \varepsilon < \psi(x) < A + \varepsilon$$

gilt, wenn

$$0 < |x - x_0| < \delta_1 \quad \text{bzw.} \quad 0 < |x - x_0| < \delta_2$$

ist. Ist $\delta \leqq \operatorname{Min}\{\delta_1, \delta_2\}$, so gelten alle Ungleichungen zugleich, wenn

$$0 < |x - x_0| < \delta$$

ist; dann ist aber auch

$$A - \varepsilon < \varphi(x) \leqq f(x) \leqq \psi(x) < A + \varepsilon,$$

also

$$|f(x) - A| < \varepsilon,$$

was zu beweisen war.

Beispiel: Der Definitionsbereich der Funktion $f(x) = \frac{\sin x}{x}$ besteht aus allen reellen $x \neq 0$. Wir wollen $\lim\limits_{x \to 0} \frac{\sin x}{x}$ bestimmen. Wegen

$$f(-x) = \frac{\sin(-x)}{-x} = \frac{\sin x}{x} = f(x)$$

ist $f(x)$ gerade und daher können wir uns mit der Berechnung von $\lim\limits_{x \to 0+} f(x)$ begnügen, der mit dem gesuchten Grenzwert übereinstimmen muß. Für $0 < x < \frac{\pi}{2}$ ist (vgl. Abb. 34)

$$\sin x < x < \tan x,$$

also, wenn wir durch $\sin x > 0$ dividieren,

$$1 < \frac{x}{\sin x} < \frac{1}{\cos x}$$

oder, wenn wir zu den reziproken Werten übergehen,

$$1 > \frac{\sin x}{x} > \cos x.$$

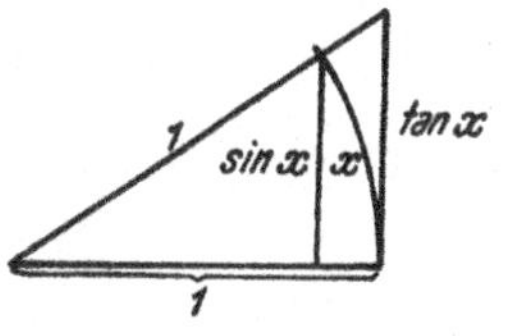

Abb. 34.

Wegen $\lim\limits_{x \to 0} \cos x = 1$ folgt daraus

$$\lim_{x \to 0} \frac{\sin x}{x} = 1.$$

Für den Grenzwert der Summe zweier Funktionen gilt der Satz:

Ist $\lim f(x) = A$ *und* $\lim g(x) = B$, *so ist*

$$\boxed{\lim\,[f(x) + g(x)] = \lim f(x) + \lim g(x) = A + B.} \tag{16}$$

Aus der Voraussetzung $\lim\limits_{x \to x_0} f(x) = A$ und $\lim\limits_{x \to x_0} g(x) = B$ folgt, daß es zu jeder Zahl $\varepsilon > 0$ ein δ_1 gibt, so daß $|f(x) - A| < \varepsilon$ ist für $0 < |x - x_0| < \delta_1$ und ein δ_2, so daß $|g(x) - B| < \varepsilon$ ist für $0 < |x - x_0| < \delta_2$. Wählt man $\delta \leqq \operatorname{Min}\{\delta_1, \delta_2\}$, so sind für $0 < |x - x_0| < \delta$ beide Ungleichungen $|f(x) - A| < \varepsilon$ und $|g(x) - B| < \varepsilon$ erfüllt. Es ist dann

$$|[f(x) + g(x)] - (A + B)| = |f(x) - A + g(x) - B| \leqq$$
$$\leqq |f(x) - A| + |g(x) - B| < \varepsilon + \varepsilon = 2\,\varepsilon.$$

Zugleich mit ε ist auch $\varepsilon' = 2\,\varepsilon$ eine beliebig wählbare positive Zahl, für die es also eine Umgebung $0 < |x - x_0| < \delta$ von x_0 gibt, in welcher sich die Funktion $f(x) + g(x)$ um weniger als ε' von $A + B$ unterscheidet, d. h. aber $\lim\limits_{x \to x_0} [f(x) + g(x)] = A + B$. Entsprechendes gilt für eine Summe von endlich vielen Funktionen:

$$\lim \sum_{i=1}^{n} f_i(x) = \sum_{i=1}^{n} \lim f_i(x).$$

Ähnlich zeigt man, daß *der Grenzwert der Differenz zweier Funktionen* $f(x)$ *und* $g(x)$ *gleich der Differenz der Grenzwerte ist*:

$$\boxed{\lim\,[f(x) - g(x)] = \lim f(x) - \lim g(x) = A - B,} \tag{17}$$

denn es ist

$$|f(x) - g(x) - (A - B)| = |(f(x) - A) - (g(x) - B)| \leqq$$
$$\leqq |f(x) - A| + |g(x) - B| < 2\,\varepsilon.$$

Ferner gilt für den *Grenzwert eines Produktes* $f(x)\,g(x)$

$$\boxed{\lim\,[f(x)\,g(x)] = \lim f(x)\,.\,\lim g(x) = A\,.\,B.} \tag{18}$$

Es ist

$$|f(x)\,g(x) - A\,B| = |(f(x) - A)\,(g(x) - B) + f(x)\,B + g(x)\,A - 2\,A\,B| =$$
$$= |(f(x) - A)\,(g(x) - B) + (f(x) - A)\,B + (g(x) - B)\,A| \leqq$$
$$\leqq |f(x) - A|\,.\,|g(x) - B| + |f(x) - A|\,.\,|B| + |g(x) - B|\,.\,|A| <$$
$$< \varepsilon^2 + \varepsilon\,(|A| + |B|).$$

Da die Größe $\varepsilon' = \varepsilon^2 + \varepsilon\,(|A| + |B|)$ beliebig klein wird, wenn ε genügend klein gewählt wird, kommt also die Funktion $f(x)\,g(x)$ in einer hinreichend kleinen Umgebung von x_0 dem Produkt $A\,B$ beliebig nahe, was aber gerade durch $\lim\,[f(x)\,g(x)] = A\,B$ zum Ausdruck gebracht wird. Entsprechendes gilt für ein Produkt von endlich vielen Funktionen[1]:

$$\lim \prod_{i=1}^{n} f_i(x) = \prod_{i=1}^{n} \lim f_i(x).$$

[1] Das Produktzeichen Π ist analog zu verstehen wie das Summenzeichen Σ; es ist

$$\prod_{i=1}^{n} f_i(x) = f_1(x)\,f_2(x)\,\ldots\,f_n(x).$$

Wenn $g(x) \neq 0$ und $B \neq 0$ ist, so gilt für den *Grenzwert eines Quotienten* $\frac{f(x)}{g(x)}$:

$$\boxed{\lim \frac{f(x)}{g(x)} = \lim \left[f(x) \cdot \frac{1}{g(x)}\right] = \lim f(x) \cdot \lim \frac{1}{g(x)} = \frac{\lim f(x)}{\lim g(x)} = \frac{A}{B}.} \tag{19}$$

Da bereits gezeigt wurde, daß der Grenzwert des Produktes zweier Funktionen gleich dem Produkt der Grenzwerte ist, genügt es zu beweisen, daß $\lim\limits_{x \to x_0} \frac{1}{g(x)} = \frac{1}{B}$ ist, wenn $\lim\limits_{x \to x_0} g(x) = B \neq 0$ ist, daß also $\left|\frac{1}{g(x)} - \frac{1}{B}\right|$ beliebig klein wird, wenn man x auf eine genügend kleine Umgebung von x_0 beschränkt. Es ist

$$\left|\frac{1}{g(x)} - \frac{1}{B}\right| = \left|\frac{B - g(x)}{B\, g(x)}\right| = \frac{|g(x) - B|}{|g(x)| \cdot |B|},$$

wobei $|g(x) - B| < \varepsilon$ ist für $0 < |x - x_0| < \delta_1$. Um für den Nenner eine untere Schranke zu ermitteln, unterscheide ich die Fälle $B > 0$ und $B < 0$. Ist $B > 0$ und wähle ich $\varepsilon_1 = \frac{B}{2}$, dann gibt es eine Umgebung $0 < |x - x_0| < \delta_2$, in der $|g(x) - B| < \frac{B}{2}$, d. h. $-\frac{B}{2} < g(x) - B < \frac{B}{2}$, also $g(x) > B - \frac{B}{2} = \frac{B}{2}$ ist. Wegen $B > 0$ ist damit auch $|g(x)| > \frac{B}{2}$ und daher

$$\left|\frac{1}{g(x)} - \frac{1}{B}\right| < \frac{\varepsilon}{\frac{B}{2} \cdot B} = \frac{2\varepsilon}{B^2},$$

also kleiner als eine beliebig wählbare positive Zahl $\varepsilon' = \frac{2\varepsilon}{B^2}$, wenn nur x auf eine genügend kleine Umgebung $0 < |x - x_0| < \delta$, $\delta \leqq \operatorname{Min}\{\delta_1, \delta_2\}$ von x_0 beschränkt wird, d. h. es ist $\lim\limits_{x \to x_0} \frac{1}{g(x)} = \frac{1}{B}$. Ist $B < 0$ und wähle ich eine Zahl $\varepsilon_2 = -\frac{B}{2} > 0$, dann gibt es eine Zahl δ_2, so daß $|g(x) - B| < \varepsilon_2 = -\frac{B}{2}$ oder $g(x) < B - \frac{B}{2} = \frac{B}{2}$ für $0 < |x - x_0| < \delta_2$ wird. Es ist dann $-g(x) > -\frac{B}{2}$, also $|g(x)| > \frac{|B|}{2}$ und damit wieder

$$\left|\frac{1}{g(x)} - \frac{1}{B}\right| < \frac{2\varepsilon}{B^2}.$$

Damit ist nachgewiesen, daß $\lim\limits_{x \to x_0} \frac{1}{g(x)} = \frac{1}{B}$ ist, woraus $\lim\limits_{x \to x_0} \frac{f(x)}{g(x)} = \frac{A}{B}$ folgt, was zu beweisen war.

Ich zeige nun noch

$$\boxed{\lim |f(x)| = |\lim f(x)|.} \tag{20}$$

Es sei $\lim\limits_{x \to x_0} f(x) = A$. Es ist zu zeigen, daß $||f(x)| - |A|| < \varepsilon$ wird, wenn x auf eine genügend kleine Umgebung von x_0 beschränkt wird. Das folgt aber unmittelbar aus

$$||f(x)| - |A|| \leqq |f(x) - A|,$$

vgl. § 1, (19). Aus der Existenz von $\lim\limits_{x \to x_0} f(x)$ folgt also die von $\lim\limits_{x \to x_0} |f(x)|$. Die Umkehrung gilt nicht, wie das Beispiel $f(x) = \operatorname{sign} x$, $x_0 = 0$, zeigt.

Als Beispiel berechnen wir $\lim\limits_{x \to 0} \frac{1 - \cos x}{x^2}$. Es ist

$$\lim_{x\to 0}\frac{1-\cos x}{x^2}=\lim_{x\to 0}\frac{1-\cos^2 x}{x^2(1+\cos x)}=\lim_{x\to 0}\frac{\sin^2 x}{x^2(1+\cos x)}=$$

$$=\lim_{x\to 0}\frac{\sin x}{x}\lim_{x\to 0}\frac{\sin x}{x}\lim_{x\to 0}\frac{1}{1+\cos x}=1\cdot 1\cdot\frac{1}{2}=\frac{1}{2}.$$

Aufgaben.

1. $\lim\limits_{x\to 1}\dfrac{x^n-1}{x-1}$;
2. $\lim\limits_{x\to -1}\dfrac{x^n+1}{x+1}$;
3. $\lim\limits_{x\to+\infty}(\sqrt{x+a}-\sqrt{x})$;
4. $\lim\limits_{x\to+\infty}[\sqrt{(x+a)(x+b)}-x]$;
5. $\lim\limits_{x\to\frac{\pi}{2}}\dfrac{\cos x}{\sqrt{1-\sin x}}$;
6. $\lim\limits_{x\to 0}\dfrac{\sin 2x}{\sqrt{1-\cos x}}$.

7. Für die Funktion $f(x) = x - [x]$ (§ 6, Aufgabe 2) ist $\lim\limits_{x\to n+} f(x)$ und $\lim\limits_{x\to n-} f(x)$ zu berechnen, wobei n eine beliebige ganze Zahl ist.

8. Ist $f(x) = x^2 \sin\frac{1}{x}$, $f(0) = 0$, an der Stelle 0 stetig? Verlauf der Funktion?

9. Für welche Werte von x ist $\left|\frac{1}{x}-\frac{1}{x_0}\right| < \varepsilon = 0{,}01$, wenn $x_0 = 1,\ 0{,}5,\ 0{,}1$ ist?

10. Für welche Werte von x ist

$$\left|\lim_{x\to+\infty}\frac{x+1}{x-1}-\frac{x+1}{x-1}\right| < 0{,}001.$$

§ 8. Stetige Funktionen und ihre Eigenschaften.

1. **Der Begriff der Stetigkeit.** Ich wiederhole zunächst die schon in § 7, 1 gegebene Definition:

Eine Funktion $f(x)$ ist stetig an einer Stelle x_0 ihres Definitionsbereiches, wenn dort Grenzwert und Funktionswert übereinstimmen, wenn also gilt

$$\boxed{\lim_{x\to x_0} f(x) = f(x_0).} \tag{1}$$

Mit Hilfe der in § 7, 2 gegebenen Definition des Grenzwertes kann man also auch sagen, daß $f(x)$ *im Punkt x_0 stetig ist, wenn zu jeder positiven Zahl $\varepsilon > 0$ eine Zahl $\delta > 0$ angegeben werden kann, so daß*

$$|f(x) - f(x_0)| < \varepsilon \tag{2}$$

wird, sobald nur

$$|x - x_0| < \delta \tag{3}$$

ist[1].

Daraus folgt also, daß für die Stetigkeit einer Funktion in einem Punkt x_0 *drei* Bedingungen erfüllt sein müssen:

1. $f(x)$ ist an der Stelle x_0 definiert, d. h. es existiert der Funktionswert $f(x_0)$.
2. Es existiert der Grenzwert A von $f(x)$ an der Stelle x_0.
3. Es ist $A = f(x_0)$.

Ist auch nur eine dieser Bedingungen nicht erfüllt, so heißt $f(x)$ *unstetig* an der Stelle x_0 und x_0 eine *Unstetigkeitsstelle* von $f(x)$[2].

Andere Formulierungen der Stetigkeitsdefinition sind:

Eine Funktion $f(x)$ ist stetig an einer Stelle x_0, wenn der Unterschied zwischen

---

[1] Die Ungleichung (3) erscheint hier in einer einfacheren Form als die entsprechende Ungleichung (3) in § 7. Das ergibt sich daraus, daß die Ungleichung (2) für $x = x_0$ auf jeden Fall erfüllt ist, was man von der entsprechenden Ungleichung (2) in § 7 nicht behaupten kann!

[2] Siehe die Fußnote S. 72.

den Funktionswerten $f(x)$ und $f(x_0)$ beliebig klein gemacht werden kann, wenn nur der Unterschied der Argumente x und x_0 hinreichend klein gewählt wird.

Oder noch kürzer:

Eine Funktion ist stetig, wenn zu hinreichend kleinen Änderungen des Argumentes beliebig kleine Änderungen der Funktion gehören.

Beispiele: (Vgl. § 7, 1).

1. $f(x) = x^2$ ist in allen Punkten ihres Definitionsbereiches stetig.

2. $f(x) = \frac{1}{x}$ ist überall stetig mit Ausnahme des Punktes $x = 0$.

3. $f(x) = \operatorname{sign} x$ ist überall stetig mit Ausnahme des Punktes $x = 0$, wo es keinen Grenzwert gibt.

4. $f(x) = 1$ für rationale x, $f(x) = 0$ für irrationale x; diese Funktion ist zwar für alle reellen x definiert, aber nirgends existiert ein Grenzwert.

5. $f(x) = [x]$ ist überall stetig mit Ausnahme der ganzzahligen x, in denen zwar die Funktionswerte definiert sind, aber keine Grenzwerte schlechthin existieren.

6. $f(x) = \sin\frac{1}{x}$, $x \neq 0$, ist überall stetig mit Ausnahme von $x = 0$, weil weder Grenz- noch Funktionswert vorhanden sind.

7. $f(x) = x \sin\frac{1}{x}$, $x \neq 0$, ist überall stetig mit Ausnahme der Stelle $x = 0$. Hier existiert der Grenzwert $A = 0$, aber kein Funktionswert. Man kann durch eine Ergänzung der Definition, nämlich durch die Festsetzung $f(0) = 0$ erreichen, daß $f(x)$ an der Stelle 0 ebenfalls stetig ist.

8. $f(x) = \lim\limits_{n\to\infty} \frac{n\,x + 2}{n\,x + 1}$ ist wieder an der Stelle 0 unstetig, weil Grenzwert und Funktionswert nicht übereinstimmen. Hier kann man durch eine *Änderung* der Definition im Punkt $x = 0$ die Stetigkeit erreichen, indem man die obige Definition nur für $x \neq 0$ gelten läßt und dnrch die Festsetzung $f(0) = 1$ ergänzt, so daß dann $f(x) \equiv 1$ wird. Vgl. § 6, 4, Beispiel 14.

9. $f(x) = |x|$ ist für alle x definiert und stetig, *auch im Punkt* $x = 0$. Das folgt sofort aus den Bedingungen (2) und (3) oder aus den Überlegungen von § 7, 1.

Eine wichtige Folgerung aus den Ergebnissen von § 7, 3 und der Definition (2), (3) der Stetigkeit ist der folgende Satz:

Ist $f(x)$ stetig an der Stelle x_0 und $\{x_\nu\}$ eine konvergente Folge mit $x_\nu \to x_0$, so ist

$$\boxed{\lim_{\nu\to\infty} f(x_\nu) = f(\lim_{\nu\to\infty} x_\nu) = f(x_0),} \tag{4}$$

d. h. Limeszeichen und Funktionszeichen sind vertauschbar.

2. Einige Definitionen. Hat eine Funktion an einer Stelle x_0 eine ∞-Stelle, so sagt man auch, $f(x)$ sei in x_0 *unstetig durch Unendlichwerden* (§ 7, 9).

Hat eine Funktion an einer Stelle x_0 sowohl einen linksseitigen als auch einen rechtsseitigen eigentlichen Grenzwert, sind diese aber verschieden, so spricht man ohne Rücksicht darauf, ob $f(x_0)$ definiert ist oder nicht, von einer *Unstetigkeit durch endlichen Sprung* und nennt x_0 eine *Sprungstelle* von $f(x)$ (Beispiele 3 und 5). Bei der Funktion $\frac{1}{x}$ und in ähnlichen Fällen spricht man auch von einem *unendlichen Sprung.*

Ist $f(x)$ stetig in der Umgebung einer Stelle x_0 mit Ausnahme von x_0 selbst und existiert der eigentliche Grenzwert $\lim\limits_{x\to x_0} f(x) = A$, so kann man durch Ergänzung oder Änderung (je nachdem $f(x_0)$ nicht definiert oder zwar definiert, aber $f(x_0) \neq A$ ist) der Definition von $f(x)$ im Punkt x_0 erreichen, daß $f(x)$ an der Stelle x_0 stetig wird. Man spricht von einer *hebbaren Unstetigkeit* (Beispiele 7 und 8).

Sprünge und hebbare Unstetigkeiten lassen sich gemeinsam dadurch charakterisieren, daß sowohl der linksseitige Grenzwert $f(x_0 -)$ wie auch der rechtsseitige Grenzwert $f(x_0+)$ existieren (§ 7, 4). Sie sind bei einem Sprung verschieden, bei einer hebbaren Unstetigkeit gleich.

Eine Funktion $f(x)$ heißt *linksseitig stetig* an einer Stelle x_0 ihres Definitionsbereichs, wenn

$$f(x_0-) = f(x_0), \tag{5}$$

bzw. *rechtsseitig stetig*, wenn

$$f(x_0+) = f(x_0) \tag{6}$$

ist, d. h. wenn der linksseitige bzw. der rechtsseitige Grenzwert mit dem Funktionswert im Punkt x_0 übereinstimmt.

Die Funktion sign x ist an der Stelle 0 weder linksseitig noch rechtsseitig stetig, weil der Funktionswert an der Stelle $x_0 = 0$ weder mit dem linksseitigen noch mit dem rechtsseitigen Grenzwert übereinstimmt; die Funktion $[x]$ ist an jeder ganzzahligen Stelle $x_0 = n$ rechtsseitig, aber nicht linksseitig stetig, weil $\lim\limits_{x \to n+} [x] = n$, aber $\lim\limits_{x \to n-} [x] = n - 1$ ist.

Eine Funktion heißt *stetig in einem Intervall* $\mathfrak{J}$, wenn sie in jedem Punkt von $\mathfrak{J}$ stetig ist. Ist $\mathfrak{J} = [a, b]$ abgeschlossen, so verlangt man in a bloß die rechtsseitige und in b bloß die linksseitige Stetigkeit.

Die Funktionen x^2 und $|x|$ sind in jedem Intervall stetig; die Funktion $\frac{1}{x}$ in jedem Intervall, das den Nullpunkt nicht enthält, die Funktion $[x]$ in jedem Intervall $[n, n+1)$, wo n eine beliebige ganze Zahl ist.

Eine Funktion heißt *stückweise stetig* in einem Intervall $\mathfrak{J}$, wenn sie in $\mathfrak{J}$ mit Ausnahme von *endlich* vielen Punkten stetig ist. Gleichbedeutend damit ist die Bedingung, daß sich $\mathfrak{J}$ in eine *endliche* Anzahl von aneinandergrenzenden offenen oder abgeschlossenen Teilintervallen so zerlegen läßt, daß $f(x)$ in jedem Teilintervall stetig ist.

Stückweise stetig sind die Funktionen $\frac{1}{x}$ und sign x in jedem Intervall, das den Nullpunkt enthält; die Funktion $[x]$ ist in jedem Intervall, das mindestens eine ganze Zahl im Innern enthält, ebenfalls nur stückweise stetig.

Ist eine Funktion in keinem Punkt ihres Definitionsbereiches stetig, so heißt sie *total unstetig* (Beispiel 4).

Ich erwähne noch, daß man die Relation (1) oft auch in der Gestalt

$$\boxed{\lim_{h \to 0} f(x+h) = f(x)} \tag{7}$$

schreibt, die aus (1) entsteht, wenn man dort zunächst $x = x_0 + h$ setzt und dann x an Stelle von x_0 schreibt. Die Ungleichungen (2) und (3) lauten dann

$$|f(x+h) - f(x)| < \varepsilon, \qquad |h| < \delta. \tag{8}$$

Für linksseitige bzw. rechtsseitige Stetigkeit gilt

$$\lim_{h \to 0-} f(x+h) = f(x-) = f(x) \quad \text{bzw.} \quad \lim_{h \to 0+} f(x+h) = f(x+) = f(x);$$

die erste Ungleichung (8) bleibt bestehen, während die zweite durch

$$-\delta < h < 0 \quad \text{bzw.} \quad 0 < h < \delta$$

zu ersetzen ist.

Wenn Sie sich die Bildkurven stetiger oder stückweise stetiger Funktionen, z. B. die Abbildungen 13 bis 22 und 24 bis 28 ansehen, so werden Sie vielleicht versucht sein, die folgende Feststellung zu machen: Die Bildkurven stetiger Funktionen sind zusammenhängende Linien, die man in einem Zug zeichnen kann, ohne den Bleistift abheben zu müssen. Gegen derartige Feststellungen ist solange nichts einzuwenden, als man sie lediglich als — im Grund recht primitives — Hilfsmittel zur Veranschaulichung der Begriffe verwendet. Gefährlich werden sie dann, wenn man sie für Definitionen hält und Schlüsse daraus zieht. Tatsächlich sind in der obigen Formulierung Eigenschaften stetiger Funktionen — z. B. der Inhalt des Zwischenwertsatzes von Ziffer 6 — enthalten und damit vorweggenommen, die erst aus der strengen Definition heraus bewiesen werden müssen.

Aus den Sätzen über die Grenzwerte von Funktionen (§ 7, 10) folgt unmittelbar, daß *Summe, Differenz, Produkt* und *Quotient von stetigen Funktionen wieder stetige Funktionen sind*; der Quotient allerdings nur, solange der Nenner nicht verschwindet. Ebenso ist $|f(x)|$ stetig, wenn $f(x)$ stetig ist, während umgekehrt aus der Stetigkeit von $|f(x)|$ *nicht* die von $f(x)$ gefolgert werden kann.

3. Die Stetigkeit zusammengesetzter Funktionen. Was man unter einer zusammengesetzten Funktion versteht, habe ich bereits in § 6, 10 erklärt. Ich wiederhole: Zwei Funktionen $y = f(x)$ und $x = \varphi(t)$ definieren die zusammengesetzte Funktion

$$y = F(t) = f(\varphi(t)),$$

wenn der Wertevorrat von $\varphi(t)$ dem Definitionsbereich von $f(x)$ angehört.

Beispiele:

Die Funktion $y = \sin t^2$ ist zusammengesetzt aus $y = \sin x$ und $x = t^2$, die Funktion $y = \sin^2 t$ aus $y = x^2$ und $x = \sin t$. Aber: Auch $y = t$ ist zusammengesetzt aus

$$y = \frac{x - 1}{x + 1}, \qquad x = \frac{1 + t}{1 - t};$$

man kann *jede* Funktion als zusammengesetzte Funktion darstellen!

Es sei nun $\lim\limits_{t \to t_0} \varphi(t) = a$ und $f(x)$ stetig an der Stelle $x = a$. Ich zeige, daß dann

$$\lim_{t \to t_0} F(t) = \lim_{t \to t_0} f(\varphi(t)) = f(a) = \lim_{x \to a} f(x)$$

ist, daß sich also unter den angegebenen Voraussetzungen der Grenzwert der zusammengesetzten Funktion als Grenzwert der Funktion $f(x)$ bestimmen läßt. Zum Beweis dieser Behauptung stelle ich zunächst fest, daß wegen der Stetigkeit von $f(x)$ für $x = a$ zu jedem $\varepsilon > 0$ ein $\delta(\varepsilon) > 0$ gehört, so daß

$$|f(x) - f(a)| < \varepsilon$$

ist, sobald

$$|x - a| < \delta(\varepsilon)$$

ist. Wegen $\lim\limits_{t \to t_0} \varphi(t) = a$ gehört zu jedem $\varepsilon_1 > 0$ ein $\delta_1(\varepsilon_1) > 0$, so daß

$$|\varphi(t) - a| < \varepsilon_1$$

ist für alle t, für die

$$0 < |t - t_0| < \delta_1$$

gilt. Ich wähle nun $\varepsilon_1 = \delta(\varepsilon)$. Dann wird

$$\delta_1 = \delta_1(\varepsilon_1) = \delta_1(\delta(\varepsilon)) = \Delta(\varepsilon)$$

eine zusammengesetzte Funktion von ε und wegen $x = \varphi(t)$ folgt

$$|f(\varphi(t)) - f(a)| < \varepsilon$$

für alle t, für die

$$0 < |t - t_0| < \Delta(\varepsilon)$$

ist. Also ist

$$\boxed{\lim_{t \to t_0} f(\varphi(t)) = f(a) = f\left(\lim_{t \to t_0} \varphi(t)\right)} \tag{9}$$

und in dieser Form kann der eben bewiesene Satz auch als Satz *von der Vertauschbarkeit von Funktionszeichen und Grenzwertzeichen für eine stetige Funktion be-*

zeichnet werden, vgl. Ziffer 1, (4). Beachtet man, daß sowohl das Grenzwertzeichen „lim" wie das Funktionszeichen „f" Befehle zur Ausführung bestimmter Operationen sind, nämlich Durchführung eines Grenzüberganges bzw. Zuordnung des Funktionswertes zum Argument, so bedeutet dieser Satz, daß man die Reihenfolge der durch „f" und „lim" geforderten Operationen vertauschen darf, wenn f eine stetige Funktion ist.

Ist $x = \varphi(t)$ stetig an der Stelle t_0, so ist $a = \varphi(t_0)$; ist weiters $f(x)$ stetig an der Stelle a, so folgt aus dem eben bewiesenen Satz, daß auch die zusammengesetzte Funktion $F(t) = f(\varphi(t))$ an der Stelle t_0 stetig ist.

4. **Beschränktheit der stetigen Funktionen.** Die Bedeutung des Begriffs der Stetigkeit, der zu den wichtigsten der Analysis gehört, erhellt in erster Linie aus den besonderen Eigenschaften der stetigen Funktionen. Ich beginne mit dem Satz:

Jede in einem abgeschlossenen Intervall $[a, b]$ *stetige Funktion ist in* $[a, b]$ *auch beschränkt.*

Angenommen, die Funktion wäre etwa nach oben nicht beschränkt, so daß es zu jedem $A > 0$ ein $\bar{x} \in [a, b]$ gibt mit $f(\bar{x}) > A$. Ist dann A_ν eine Folge positiver Zahlen mit $A_\nu \to +\infty$, so gibt es zu jedem A_ν mindestens ein $x_\nu \in [a, b]$ mit $f(x_\nu) > A_\nu$ und daher auch

$$\lim_{\nu \to \infty} f(x_\nu) = +\infty.$$

Die Folge $\{x_\nu\}$ selbst muß dabei nicht konvergent sein. Da sie aber wegen $x_\nu \in [a, b]$ beschränkt ist, gilt Satz 3 von § 3, 3 und es existiert eine Teilfolge $\{\bar{x}_\mu\}$, die gegen einen der Häufungswerte von $\{x_\nu\}$, etwa gegen x_0 konvergiert. Dann ist auch (vgl. Satz 2 von § 3, 3)

$$\lim_{\mu \to \infty} f(\bar{x}_\mu) = +\infty$$

und x_0 eine ∞-Stelle von $f(x)$; $f(x)$ ist also in Widerspruch zur Voraussetzung unstetig an der Stelle x_0. Bemerkt sei noch, daß *alle* Häufungswerte der Folge $\{x_\nu\}$ Unstetigkeitsstellen (∞-Stellen) von $f(x)$ sind. Daß der Satz nur für Funktionen gilt, die in einem *abgeschlossenen* Intervall stetig sind, zeigt das Beispiel der Funktion $\frac{1}{x}$, die in dem halboffenen Intervall $(0, 1]$ wohl stetig, aber nicht beschränkt ist. Die Bedingung der Abgeschlossenheit ist deshalb notwendig, weil in einem solchen Intervall der Grenzwert x_0 der Folge $\{x_\nu\}$ ein Punkt des Intervalls ist, während dies bei einem nicht abgeschlossenen Intervall nicht der Fall zu sein braucht.

5. **Der Satz von Weierstraß über das Maximum und Minimum einer stetigen Funktion.** Die Funktion $f(x)$ sei wieder stetig in dem abgeschlossenen Intervall $[a, b]$. Nach Ziffer 4 ist sie dann beschränkt und nach dem in § 2, 7 bewiesenen Satz über die Existenz einer oberen und unteren Grenze einer beschränkten Menge hat $f(x)$ in $[a, b]$ sowohl eine obere Grenze G wie eine untere Grenze g; d. h. es gibt mindestens eine Zahl $x_1 \in [a, b]$, so daß $f(x_1) > G - \varepsilon$ und mindestens eine Zahl $x_2 \in [a, b]$, so daß $f(x_2) < g + \varepsilon$ ist, wobei $\varepsilon > 0$ beliebig ist.

Ich zeige, daß die Funktion $f(x)$ die beiden Werte g und G in $[a, b]$ auch wirklich annimmt, d. h. daß es mindestens eine Zahl $\xi \in [a, b]$ gibt, so daß $f(\xi) = g$ ist und mindestens eine Zahl $\eta \in [a, b]$, so daß $f(\eta) = G$ ist. Dann heißt $f(\xi) = g$ das *Minimum* und $f(\eta) = G$ das *Maximum* von $f(x)$ in $[a, b]$; man schreibt

$$\operatorname{Min} f(x) = g, \qquad \operatorname{Max} f(x) = G.$$

Wäre nämlich $f(x) > g$ im ganzen Intervall $[a, b]$, so wäre die Funktion

$$\varphi(x) = \frac{1}{f(x) - g}$$

in $[a, b]$ überall > 0, stetig und daher nach Ziffer 4 auch beschränkt, etwa $< A$. Das steht aber in Widerspruch zu der obigen Feststellung, daß es mindestens ein x_2 gibt, so daß $f(x_2) - g < \varepsilon$ bei beliebigem $\varepsilon > 0$ ist; man braucht, um das einzusehen, nur $\varepsilon = \frac{1}{A}$ zu setzen. Ganz ähnlich verläuft der Beweis für die obere Grenze; wäre $f(x) < G$ überall in $[a, b]$, so wäre

$$\psi(x) = \frac{1}{G - f(x)}$$

in $[a, b]$ überall > 0, stetig und beschränkt, etwa $< B$ in Widerspruch dazu, daß es mindestens eine Zahl $x_1 \in [a, b]$ gibt, für die $G - f(x_1) < \varepsilon$, z. B. $< \frac{1}{B}$ ist.

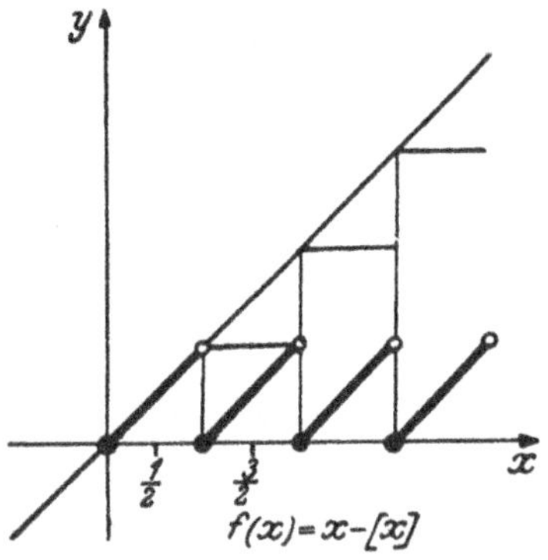

Abb. 35.

Damit ist der wichtige Satz von WEIERSTRASS bewiesen:

Jede in einem abgeschlossenen Intervall $[a, b]$ stetige Funktion besitzt in diesem Intervall ein Maximum und ein Minimum.

Unmittelbar folgt daraus:

Ist $f(x)$ monoton und stetig in $[a, b]$, so ist $f(a) = g$ und $f(b) = G$ oder $f(a) = G$ und $f(b) = g$, je nachdem $f(x)$ in $[a, b]$ nicht fällt oder nicht steigt.

Wir betrachten zwei Beispiele:

1. Die Funktion $f(x) = x$ hat in dem offenen Intervall $(0, 1)$ wohl die untere Grenze $g = 0$ und die obere Grenze $G = 1$, ohne die Werte aber wirklich anzunehmen; $f(x) = x$ hat also in $(0, 1)$ weder ein Maximum noch ein Minimum. Dagegen hat diese Funktion in dem *abgeschlossenen* Intervall $[0, 1]$ das Minimum $f(0) = 0$ und das Maximum $f(1) = 1$.

2. Es sei $f(x) = x - [x]$. Den Verlauf dieser Funktion zeigt die Abb. 35. Im Intervall $\left[\frac{1}{2}, \frac{3}{2}\right]$ besitzt die Funktion kein Maximum, sondern nur die obere Grenze $G = 1$. Auch in diesem Beispiel sind die Voraussetzungen für die Gültigkeit des Satzes nicht erfüllt, denn die Funktion ist an der Stelle $x = 1$ unstetig.

6. Der Zwischenwertsatz (Satz von Bolzano). Ein weiterer besonders wichtiger Satz über stetige Funktionen ist der von BOLZANO herrührende sogenannte *Zwischenwertsatz*:

Es sei $f(x)$ stetig in $[a, b]$ und $f(a) = A$, $f(b) = B \neq A$. Ist dann C ein Wert zwischen A und B, also entweder $A < C < B$ oder $A > C > B$, so gibt es mindestens eine Stelle x_0 in $[a, b]$, so daß $f(x_0) = C$ ist.

Mit anderen Worten:

Eine in $[a, b]$ stetige Funktion nimmt jeden zwischen $f(a)$ und $f(b)$ gelegenen Wert in $[a, b]$ mindestens einmal an.

Zum Beweis betrachte ich zunächst an Stelle von $f(x)$ die Funktion $\varphi(x) = f(x) - C$. Es ist $\varphi(a) = A - C < 0$ (oder > 0), $\varphi(b) = B - C > 0$ (oder < 0), so daß $\varphi(a)$ und $\varphi(b)$ jedenfalls verschiedene Vorzeichen haben und daher sicher $\varphi(a) \cdot \varphi(b) < 0$ ist. Für die Funktion $\varphi(x)$ kann der Zwischenwertsatz folgendermaßen formuliert werden:

Ist $\varphi(x)$ stetig in $[a, b]$ und $\varphi(a) \cdot \varphi(b) < 0$, so hat $\varphi(x)$ in $[a, b]$ mindestens eine Nullstelle.

In dieser Form beweise ich den Satz mit Hilfe des Halbierungsverfahrens, das eine besondere Art der Intervallschachtelung (§ 3, 6) darstellt. Ich bilde $\varphi\left(\frac{a+b}{2}\right)$; dieser Wert ist entweder > 0 oder < 0 oder $= 0$. Im letzten Fall ist der Satz bereits bewiesen, $\frac{a+b}{2}$ ist dann eine Nullstelle. In den beiden anderen Fällen betrachte ich entweder das Intervall $\left[a, \frac{a+b}{2}\right]$ oder das Intervall $\left[\frac{a+b}{2}, b\right]$, je nachdem $\varphi(a)\,\varphi\left(\frac{a+b}{2}\right) < 0$ oder $\varphi\left(\frac{a+b}{2}\right)\varphi(b) < 0$ ist, und fahre so fort, indem ich immer jenes Teilintervall betrachte, an dessen Enden φ Werte verschiedenen Vorzeichens annimmt. Ist $[a_\nu, b_\nu]$ das ν-te Teilintervall, so sind die Folgen $\{a_\nu\}$ und $\{b_\nu\}$ als beschränkte monotone Folgen sicher konvergent und wegen $b_\nu - a_\nu = \frac{b-a}{2^\nu} \to 0$ stimmen ihre Grenzwerte überein: es ist $\lim\limits_{\nu\to\infty} a_\nu = \lim\limits_{\nu\to\infty} b_\nu = x_0$. Da φ als stetig vorausgesetzt ist, gilt $\lim\limits_{\nu\to\infty} \varphi(a_\nu) = \varphi(x_0)$ und $\lim\limits_{\nu\to\infty} \varphi(b_\nu) = \varphi(x_0)$. Aber aus $\varphi(a_\nu)\,\varphi(b_\nu) < 0$ folgt $\lim\limits_{\nu\to\infty} \varphi(a_\nu)\,\varphi(b_\nu) = (\varphi(x_0))^2 \leqq 0$.

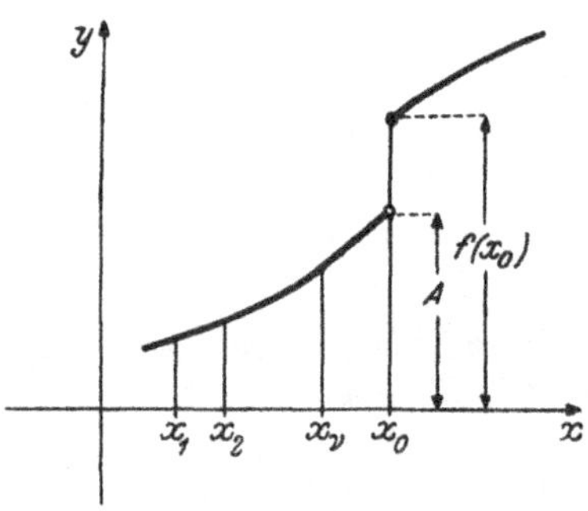

Abb. 36.

Da das Quadrat einer reellen Zahl nicht negativ sein kann, gilt im Grenzfall das Gleichheitszeichen; es ist also $\varphi(x_0) = 0$. Daraus folgt aber $f(x_0) = C$ und damit ist der Zwischenwertsatz allgemein bewiesen. Die Umkehrung dieses Satzes gilt aber nicht; es sind nicht alle Funktionen, die jeden Zwischenwert annehmen, auch stetig. So nimmt z. B. die Funktion $f(x) = \sin\frac{1}{x}$, $(x \neq 0)$, $f(0) = 0$ in jedem Intervall $[-a, +a]$ jeden Wert zwischen -1 und $+1$ beliebig oft an, ohne aber im ganzen Intervall stetig zu sein. Dagegen gilt:

Jede in $[a, b]$ monotone Funktion, die jeden Zwischenwert annimmt, ist in $[a, b]$ stetig.

Ich nehme an, $f(x)$ sei in $[a, b]$ nicht fallend. Ist dann x_0 ein beliebiger Punkt und $\{x_\nu\}$ eine beliebige, nicht fallende Folge von Zahlen aus $[a, b]$ mit $\lim\limits_{\nu\to\infty} x_\nu = x_0$, so ist auch die Folge $\{f(x_\nu)\}$ nicht fallend; da ferner wegen der Monotonie von $f(x)$ sicher $f(x_\nu) \leqq f(x_0)$ gilt, ist $\{f(x_\nu)\}$ beschränkt und nach Satz 4 von § 3, 3 konvergent. Wäre nun $\lim\limits_{\nu\to\infty} f(x_\nu) = A < f(x_0)$ (Abb. 36), so würde $f(x)$ gegen die Voraussetzung alle Werte des Intervalls $(A, f(x_0))$ auslassen. Es muß also $\lim\limits_{\nu\to\infty} f(x_\nu) = f(x_0)$ sein. Da die Folge $\{x_\nu\}$ bis auf die Bedingung der Monotonie und $x_\nu \to x_0$ völlig willkürlich war, ist zunächst

$$f(x_0 -) = f(x_0)$$

also $f(x)$ in x_0 linksseitig stetig. Analog zeigt man mittels einer nichtsteigenden Folge $\bar{x}_\nu$ mit $\bar{x}_\nu \to x_0$, daß auch $\lim\limits_{\nu\to\infty} f(\bar{x}_\nu) = f(x_0 +) = f(x_0$ ist. Dann ist aber auch $\lim\limits_{x\to x_0} f(x_0) = f(x_0)$ und somit $f(x)$ stetig an jeder Stelle x_0 von $[a, b]$.

Aus der Existenz von $f(x_0 +)$ und $f(x_0 -)$ folgt, daß *monotone Funktionen keine anderen Unstetigkeiten als Sprünge haben können.* Ist an einer Stelle x_0 der

Sprung Null, so ist $f(x)$ in x_0 stetig, weil entweder $f(x_0 -) \leqq f(x_0) \leqq f(x_0 +)$ oder $f(x_0 -) \geqq f(x_0) \geqq f(x_0 +)$ ist; es gibt also keine hebbaren Unstetigkeiten.

Ich zeige noch, daß die *Menge aller Sprungstellen einer monotonen Funktion stets höchstens abzählbar* (d. h. leer, endlich oder abzählbar unendlich) ist. Es gibt sicher höchstens $n - 1$ Punkte, in welchen der Betrag der Sprünge größer als $\frac{|f(b) - f(a)|}{n}$ ist; man kann also die Sprungstellen abzählen, wenn man der Reihe nach $n = 2, 3, 4, \ldots$ nimmt.

7. **Die Eindeutigkeit der inversen Funktion.** Eine weitere wichtige Folgerung aus dem Zwischenwertsatz ist die folgende Aussage über die Umkehrfunktion einer gegebenen Funktion $f(x)$:

Ist die Funktion $f(x)$ in $[a, b]$ eindeutig, stetig und streng monoton, so hat die Umkehrfunktion $\varphi(y)$ dieselben Eigenschaften.

Da ja $f(x)$ alle Werte zwischen $A = f(a)$ und $B = f(b)$ annimmt, gehört auch umgekehrt zu jedem Wert y zwischen A und B ein und wegen der Monotonie (im engeren Sinn) von $f(x)$ auch nur ein Wert von x zwischen a und b, und zwar nimmt x alle Werte zwischen a und b monoton an, wenn y alle Werte von A bis B durchläuft. Aus dem Satz über die Stetigkeit einer monotonen Funktion, die jeden Zwischenwert annimmt, den ich im Anschluß an den Zwischenwertsatz bewiesen habe, folgt aber sofort die Stetigkeit der Umkehrfunktion $\varphi(y)$.

8. **Gleichmäßige Stetigkeit.** Ich komme nun zu einem Begriff, der zweifellos etwas subtil, aber doch für die folgenden Entwicklungen, vor allem bei der Einführung des bestimmten Integrals, von entscheidender Bedeutung ist. Ich beginne mit zwei einfachen Beispielen, die Ihnen das Verständnis für die folgende Definition erleichtern werden:

Es sei $f(x) = x^2$ in $[0, 1]$[1]. Um die Stetigkeit von $f(x)$ zunächst an einer Stelle x_0 im Inneren dieses Intervalls festzustellen, wähle ich $\varepsilon > 0$ so, daß die beiden zur x-Achse parallelen Geraden $y = x_0^2 + \varepsilon$ und $y = x_0^2 - \varepsilon$, die die Ränder des ε-Streifens sind (Abb. 29, S. 73), die Bildkurve (Parabelbogen) $y = x^2$ von $f(x)$ in zwei Punkten mit den Abszissen $\sqrt{x_0^2 + \varepsilon}$ und $\sqrt{x_0^2 - \varepsilon}$ schneiden. Da die Kurve nach rechts hin immer steiler verläuft, liegt der Punkt $\sqrt{x_0^2 + \varepsilon}$ näher an x_0 als der Punkt $\sqrt{x_0^2 - \varepsilon}$; ich kann also für δ eine beliebige Zahl nehmen, die nicht größer ist als $\sqrt{x_0^2 + \varepsilon} - x_0$, also

$$\delta \leqq \sqrt{x_0^2 + \varepsilon} - x_0. \tag{10}$$

Der Ausdruck $\psi(\varepsilon, x_0) = \sqrt{x_0^2 + \varepsilon} - x_0$ ist eine obere Grenze für die zulässigen Zahlen δ, die man auf keinen Fall überschreiten darf, wenn die Ungleichung (2), d. h. in unserem Fall

$$|x^2 - x_0^2| < \varepsilon \tag{2'}$$

für alle x gelten soll, für die $|x - x_0| < \delta$ erfüllt ist. Wie man leicht überlegt, gilt das mit entsprechenden Modifikationen auch an den Intervallgrenzen $x_0 = 0$ und $x_0 = 1$, für die nur die rechtsseitige, bzw. linksseitige Stetigkeit nachzuweisen ist. Die obere Grenze ψ hängt, wie schließlich nicht anders zu erwarten, nicht nur von ε, *sondern auch von der Stelle x_0 ab*, an der ich die Stetigkeit untersuche. Zum Nachweis der Stetigkeit ist es aber gar nicht nötig, gerade den größtmöglichen Wert von δ, nämlich $\psi(\varepsilon, x_0)$ zu wählen, sondern es genügt jeder andere kleinere Wert von δ; wesentlich ist ja nur, daß man zeigen kann, daß sich zu jedem $\varepsilon > 0$ eine positive Zahl δ so angeben läßt, daß mit $|x - x_0| < \delta$ auch (2') gilt. Man kann also versuchen, eine einfache Bestimmung von δ zu finden, insbesondere vielleicht eine, die von x_0 nicht abhängt. Das ist in unserem Fall ohne weiteres möglich. Wegen $x \leqq 1$, $x_0 \leqq 1$ ist

$$|x^2 - x_0^2| = |x + x_0|\,|x - x_0| \leqq 2\,|x - x_0|;$$

nehme ich also

$$\delta \leqq \frac{\varepsilon}{2}, \tag{11}$$

so ist für alle x, für die $|x - x_0| < \delta \leqq \frac{\varepsilon}{2}$ ist, jedenfalls

$$|x^2 - x_0^2| \leqq 2\,|x - x_0| < 2\,\frac{\varepsilon}{2} = \varepsilon.$$

[1] Außerhalb des Intervalls ist $f(x)$ *nicht* definiert!

also gilt (2'). Ich kann somit an Stelle von (10) die wesentlich einfachere, *von x_0 unabhängige* und daher im Intervall [0, 1] *gleichmäßig* geltende Bestimmung (11) von δ nehmen.

Als zweites Beispiel nehme ich die Funktion $f(x) = \frac{1}{x}$ in (0, 1]. Ich wähle wieder ein beliebiges $\varepsilon > 0$, einen Punkt x_0 in (0, 1] und konstruiere den zugehörigen ε-Streifen, der von den beiden Geraden $y = \frac{1}{x_0} + \varepsilon$ und $y = \frac{1}{x_0} - \varepsilon$ begrenzt ist. Die Abszissen der Schnittpunkte dieser beiden Geraden mit der Bildkurve (Hyperbel) $y = \frac{1}{x}$ von $f(x)$ sind

$$\frac{1}{\frac{1}{x_0} + \varepsilon} = \frac{x_0}{1 + \varepsilon x_0}, \qquad \frac{1}{\frac{1}{x_0} - \varepsilon} = \frac{x_0}{1 - \varepsilon x_0}.$$

Hier liegt, da die Kurve nach links hin immer steiler wird, der erste näher am Punkt x_0 als der zweite (Abb. 37); ich kann somit für δ eine beliebige Zahl nehmen, die nicht größer ist als

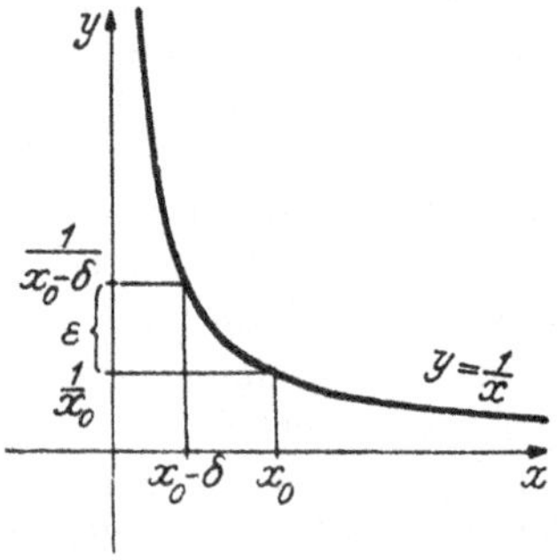

Abb. 37.

$$x_0 - \frac{x_0}{1 + \varepsilon x_0} = \frac{\varepsilon x_0^2}{1 + \varepsilon x_0},$$

also

$$\delta \leqq \frac{\varepsilon x_0^2}{1 + \varepsilon x_0}.$$

Hier ist also

$$\psi(\varepsilon, x_0) = \frac{\varepsilon x_0^2}{1 + \varepsilon x_0} \tag{12}$$

die obere Grenze aller zulässigen δ. Nun ist aber

$$\lim_{x_0 \to 0+} \psi(\varepsilon, x_0) = 0$$

und es ist im Gegensatz zum ersten Beispiel völlig unmöglich, eine *positive*, für alle x_0 aus (0 1] gleichmäßig geltende Schranke δ anzugeben, was man auch aus der Abb. 37 deutlich erkennt: Je näher man bei festem $\varepsilon > 0$ mit x_0 an den Punkt $x = 0$ heranrückt, desto schmaler wird der zugehörige (maximale) δ-Streifen. Die Funktion $\psi(\varepsilon, x_0)$ ist für alle $\varepsilon > 0$, $x_0 > 0$ definiert und positiv; die Funktion $\frac{1}{x}$ ist also sicher stetig im ganzen Intervall (0, 1]. Sie zeigt aber doch ein wesentlich anderes Verhalten wie die Funktion x^2 in [0, 1].

Dieser Unterschied im Verhalten der beiden Funktionen x^2 und $\frac{1}{x}$ in den beiden angegebenen Intervallen ist es nun, der recht weitgehende Auswirkungen hat. Man definiert daher ganz allgemein:

Eine Funktion $f(x)$ heißt gleichmäßig stetig in einem Intervall $\mathfrak{J}$, wenn man zu jeder positiven Zahl ε eine positive, nur von ε abhängige Zahl δ angeben kann, so daß

$$|f(x_1) - f(x_2)| < \varepsilon \tag{13}$$

ist für zwei beliebige Punkte x_1 und x_2 aus $\mathfrak{J}$, für die

$$|x_1 - x_2| < \delta \tag{14}$$

ist.

Ich habe dabei x_1 und x_2 statt x und x_0 geschrieben, um hervorzuheben, daß die beiden Punkte in dieser Definition völlig gleichberechtigt sind. Das Wesentliche an der Definition ist also, daß die Zahl δ weder von x_1 noch von x_2 abhängt, also *gleichmäßig im ganzen Intervall* $\mathfrak{J}$ gilt, das offen oder abgeschlossen sein kann.

Es ist also, um wieder zu unseren beiden Beispielen zurückzukommen, die Funktion x^2 in [0, 1] gleichmäßig stetig, die Funktion $\frac{1}{x}$ in (0, 1] jedoch nicht. Man wird natürlich vermuten, daß der tiefere Grund darin liegt, daß die Funktion $\frac{1}{x}$ an der unteren Intervallgrenze, die auch nicht dem linksseitig offenen Intervall (0, 1] angehört, unstetig ist.

Wie ist es aber, wenn wir die Funktion $\frac{1}{x}$ im Intervall [0·1, 1] betrachten? Man überlegt leicht, daß die Funktion (12) bei festem ε eine steigende Funktion von x_0 ist, ihr Minimum (Ziffer 5) also an der unteren Grenze annehmen wird; tatsächlich ist

$$\text{Min}\, \psi(\varepsilon, x_0) = \psi(\varepsilon, 0{\cdot}1) = \frac{0{\cdot}01\,\varepsilon}{1 + 0{\cdot}1\,\varepsilon},$$

also

$$\psi(\varepsilon, x_0) \geqq \frac{0{\cdot}01\,\varepsilon}{1 + 0{\cdot}1\,\varepsilon}$$

für alle x_0 aus [0·1, 1], daher ist

$$\delta = \frac{0{\cdot}01\,\varepsilon}{1 + 0{\cdot}1\,\varepsilon}$$

eine im ganzen Intervall [0·1, 1] gleichmäßig geltende Schranke, d. h. es ist für jedes $\varepsilon > 0$ (13) sicher erfüllt für alle Punktepaare x_1 und x_2, für die (14) mit dem obigen δ gilt. Die Funktion $\frac{1}{x}$ ist also in dem abgeschlossenen Intervall [0·1, 1] *gleichmäßig stetig.*

Damit liegt die Frage nahe, ob eine in einem *abgeschlossenen* Intervall $\mathfrak{J}$ stetige Funktion in $\mathfrak{J}$ auch gleichmäßig stetig ist. Sie wird in positivem Sinn beantwortet durch den *Satz von der gleichmäßigen Stetigkeit:*

Jede in einem abgeschlossenen Intervall [a, b] stetige Funktion ist in [a, b] gleichmäßig stetig.

Es sei also $\varepsilon > 0$ gegeben und $f(x)$ in jedem Punkt $\xi \in [a, b]$ stetig. Dann gibt es eine Funktion $\delta(\varepsilon, \xi)$, so daß

$$|f(x) - f(\xi)| < \frac{\varepsilon}{2} \tag{15}$$

wird, wenn nur

$$|x - \xi| < \delta(\varepsilon, \xi) \tag{16}$$

ist. Ich denke mir jetzt zu jedem Punkt $\xi \in [a, b]$ die Umgebung $\mathfrak{U}(\xi) = (\xi - \delta', \xi + \delta')$ mit $\delta' = \frac{1}{2}\delta(\varepsilon, \xi)$ konstruiert. Das Intervall $[a, b]$ ist eine abgeschlossene Punktmenge und daher genügen nach dem Borelschen Überdeckungssatz von § 3, 7 bereits endlich viele dieser Umgebungen, um das ganze Intervall $[a, b]$ zu überdecken. Es seien das etwa die n Umgebungen

$$\mathfrak{U}_i = (\xi_i - \delta_i', \xi_i + \delta_i'), \qquad i = 1, 2, \ldots, n,$$

der Punkte ξ_i mit den Längen $2\,\delta_i'$, ferner sei

$$\Delta = \text{Min}\,\{\delta_1', \delta_2', \ldots, \delta_n'\}. \tag{17}$$

Es seien nun x_1 und x_2 zwei beliebige Punkte aus $[a, b]$, für die

$$|x_1 - x_2| < \Delta \tag{18}$$

ist; x_2 liegt sicher in einer der Umgebungen $\mathfrak{U}_i$, etwa in $\mathfrak{U}_k$ (k fest), so daß

$$|x_2 - \xi_k| < \delta_k' = \frac{1}{2}\delta(\varepsilon, \xi_k) \tag{19}$$

ist. Dann ist wegen (18) und (19)

$$|x_1 - \xi_k| \leqq |x_1 - x_2| + |x_2 - \xi_k| < \Delta + \delta_k' \leqq 2\,\delta_k' = \delta(\varepsilon, \xi_k),$$

da ja wegen (17) sicher $\Delta \leqq \delta_k'$ ist. Wegen (15) und (16) ist somit

$$|f(x_1) - f(\xi_k)| < \frac{\varepsilon}{2}, \qquad |f(x_2) - f(\xi_k)| < \frac{\varepsilon}{2}$$

und daher

$$|f(x_1) - f(x_2)| \leqq |f(x_1) - f(\xi_k)| + |f(x_2) - f(\xi_k)| < \frac{\varepsilon}{2} + \frac{\varepsilon}{2} = \varepsilon. \tag{20}$$

Damit ist aber die Behauptung bereits bewiesen: Gilt für die beiden Punkte x_1 und x_2 die Ungleichung (18), so gilt auch (20); die Zahl Δ hängt dabei nach ihrer ganzen Herleitung nur mehr von ε ab, aber nicht von x_1 oder x_2.

9. **Funktionenfolgen.** Man spricht von einer Funktionenfolge $\{u_\nu\}$, wenn die Glieder Funktionen $u_\nu = f_\nu(x)$ einer Veränderlichen x sind, von denen nun allerdings vorausgesetzt werden muß, daß sie alle in einem gemeinsamen Intervall $\mathfrak{J}$, das abgeschlossen oder offen sein kann, definiert sind. Ich nehme auch noch an, daß alle $f_\nu(x)$ in $\mathfrak{J}$ eindeutig und beschränkt sind. Für jeden fest gewählten Wert x_0 von x ergibt sich eine Zahlenfolge $\{f_\nu(x_0)\}$, wie sie in § 3 und § 4 ausführlich behandelt wurden, so daß die dort entwickelten Begriffe und Sätze ganz unverändert auch für Funktionenfolgen gelten. Aus der gleichzeitigen Betrachtung der unendlich vielen Zahlenfolgen, die durch eine derartige Funktionenfolge dargestellt sind, wenn man x als Veränderliche nimmt, ergeben sich aber doch einige neue und ungemein wichtige Fragestellungen.

Wir haben schon gelegentlich Beispiele von Funktionenfolgen behandelt, allerdings ohne dabei die Tatsache zu berücksichtigen, daß die u_ν Funktionen sind. So hatten wir in § 4, 3 die geometrische Reihe $u_\nu = 1 + q + q^2 + \dots + q^{\nu-1} = \frac{q^\nu - 1}{q - 1}$ untersucht: Hier sind die u_ν Funktionen des veränderlichen Quotienten q. Wir sehen an diesem Beispiel, daß eine Funktionenfolge $\{f_\nu(x)\}$ für gewisse Werte von x in $\mathfrak{J}$ konvergieren kann, für andere nicht, denn die Glieder u_ν der geometrischen Reihe sind ja für alle reellen q definiert, aber die Folge $\{u_\nu\}$ ist nur dann konvergent, wenn $|q| < 1$ ist. Auch die Potenz (§ 4, 2) $u_\nu = a^\nu$ ist ein hierher gehöriges Beispiel, wenn wir a als Veränderliche ansehen, und das haben wir ja auch getan, als wir die Konvergenz der Folge $\{a^\nu\}$ für die verschiedenen Werte von a untersuchten.

Allgemein nennt man die Menge aller Werte x, für die die Folge $\{f_\nu(x)\}$ konvergent ist, die *Konvergenzmenge* $\mathfrak{K}$ der Folge $\{f_\nu(x)\}$. Wir werden es vorwiegend mit solchen Funktionenfolgen zu tun haben, bei denen $\mathfrak{K}$ ein Intervall (das *Konvergenzintervall*) ist. Jedem $x \in \mathfrak{K}$ ist dann als Grenzwert der Folge $\{f_\nu(x)\}$ ein bestimmter Wert y zugeordnet, d. h. es ist y eine Funktion $f(x)$, die in $\mathfrak{K}$ definiert ist und als *Grenzfunktion*

$$\lim_{\nu\to\infty} f_\nu(x) = f(x)$$

der Folge $\{f_\nu(x)\}$ bezeichnet wird.

So ist die Grenzfunktion der Potenzen $f_\nu(x) = x^\nu$ (§ 4, 2) in $(-1, +1]$ erklärt und durch die Funktion $f(x) = 0$ für $-1 < x < 1$ und $f(1) = 1$ definiert.

Es ist eine naheliegende und gewiß auch recht wesentliche Frage, inwieweit sich Eigenschaften, die allen Funktionen $f_\nu(x)$ einer konvergenten Folge gemeinsam sind, auf die Grenzfunktion $f(x)$ übertragen. Sind z. B. alle $f_\nu(x)$ in $\mathfrak{K}$ stetig, so ist man zunächst sehr geneigt anzunehmen, daß auch $f(x)$ in $\mathfrak{K}$ stetig ist. Aber das folgende Beispiel 2 zeigt, daß das nicht der Fall zu sein braucht.

Beispiele:

1. $f_\nu(x) = 1 + x + \dots + x^{\nu-1} = \frac{x^\nu - 1}{x - 1}$ (geometrische Reihe, vgl. § 4, 3). Hier ist $\mathfrak{K} = (-1, +1)$ und in $\mathfrak{K}$ gilt $f(x) = \lim\limits_{\nu\to\infty} f_\nu(x) = \frac{1}{1-x}$. Alle $f_\nu(x)$ und auch $f(x)$ sind in $\mathfrak{K}$ stetig.

2. $f_\nu(x) = x^\nu$. Hier ist (§ 4, 2) $\mathfrak{K} = (-1, +1]$; die Grenzfunktion $f(x)$ ist definiert durch $f(x) = 0$, $-1 < x < +1$ und $f(1) = 1$, ist also unstetig an der Stelle $x = 1$ (man vergleiche hierzu die Abb. 33, S. 79). Es sei hier auch auf das verschiedene Verhalten von Grenzfunktion und *Grenzkurve* hingewiesen. Die Kurven $y = x^\nu$ nähern sich nämlich mit wachsendem ν immer mehr einer aus der Strecke $y = 0$, $-1 < x < +1$ und der Halb-

geraden $x = 1$, $y \geqq 0$ zusammengesetzten Grenzkurve, die nicht mit dem geometrischen Bild der Grenzfunktion übereinstimmt, das aus derselben Strecke und aus dem *Punkt* $x = 1$, $y = 1$ besteht. Die Kurven konvergieren also gegen eine *stetige Grenzkurve*[1], die Funktionen aber gegen eine *unstetige Grenzfunktion*. Die Unstetigkeit der Grenzfunktion ist aber doch auch geometrisch durchaus einzusehen, weil sich eben eine zur y-Achse parallele Strecke überhaupt nicht durch eine Funktion $y = f(x)$ darstellen läßt.

3. $f_\nu(x) = \dfrac{\nu x + 2}{\nu x + 1}$ (§ 6, 4, Beispiel 14). Es ist $f(x) = \lim\limits_{\nu \to \infty} f_\nu(x) = 1$ für alle $x \neq 0$, $f(0) = 2$. Hier zeigt sich ein ähnliches Verhalten wie in Beispiel 2, das allerdings weniger überraschend ist, weil $f_\nu(x)$ an der Stelle $x = -\dfrac{1}{\nu}$ unstetig ist und diese Unstetigkeitsstellen gegen die Unstetigkeitsstelle $x = 0$ von $f(x)$ konvergieren. Die Kurven $y = f_\nu(x)$, deren Gleichungen man auf die Form $(\nu x + 1)(y - 1) = 1$ bringen kann, sind Hyperbeln, deren Asymptoten die Geraden $x = -\dfrac{1}{\nu}$ und $y = 1$ sind und die durch die Punkte $x = -\dfrac{2}{\nu}$, $y = 0$ und $x = 0$, $y = 2$ hindurchgehen. Diese Hyperbeln nähern sich mit wachsendem ν immer mehr einer Grenzkurve, die aus den beiden Geraden $x = 0$ und $y = 1$ besteht.

10. Gleichmäßige Konvergenz. Stetigkeit der Grenzfunktion. Es sei die Folge $\{f_\nu(x)\}$ in einem Intervall $\mathfrak{J}$ konvergent und $f(x) = \lim\limits_{\nu \to \infty} f_\nu(x)$ ihre in $\mathfrak{J}$ definierte Grenzfunktion. Dann gehört zu jedem $\varepsilon > 0$ eine Zahl N, die von ε, aber im allgemeinen auch von der Stelle x abhängen wird, so daß

$$|f_\nu(x) - f(x)| < \varepsilon$$

ist, sobald nur

$$\nu > N(\varepsilon, x)$$

ist. Die Dinge liegen hier offenbar ganz ähnlich wie bei der Untersuchung der Stetigkeit einer Funktion $f(x)$ in einem Intervall, die ich in Ziffer 8 dieses Paragraphen diskutiert habe und die uns auf den Begriff der gleichmäßigen Stetigkeit geführt hat. Ich erkläre nun:

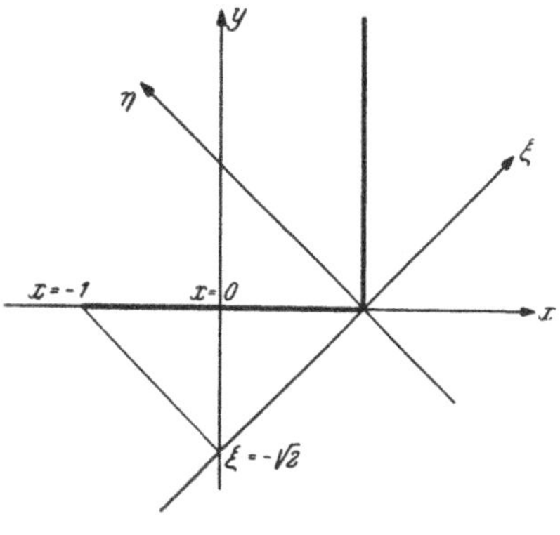

Abb. 38.

Eine Folge $\{f_\nu(x)\}$ heißt gleichmäßig konvergent in einem Intervall $\mathfrak{J}$, wenn es zu jeder vorgegebenen Zahl $\varepsilon > 0$ eine nur von ε, aber nicht von x abhängige Zahl $N(\varepsilon)$ gibt, so daß

$$|f_\nu(x) - f(x)| < \varepsilon$$

ist, sobald nur

$$\nu > N(\varepsilon)$$

gilt.

Daß es nicht immer möglich ist, eine solche von x unabhängige Schranke N anzugeben, erkennen wir aus dem Verhalten der Potenzen x^ν in der Umgebung der Stelle $x = 1$. Denn es ist für $0 < x < 1$ wegen $f(x) = 0$ sicher $|f_\nu(x) - f(x)| = |f_\nu(x)| =$

[1] Was eine stetige Kurve ist, werde ich erst später genauer erklären. Vorläufig wollen wir eine Kurve dann stetig nennen, wenn sie sich in einem geeignet gewählten Koordinatensystem durch eine stetige Funktion darstellen läßt, also Bildkurve einer stetigen Funktion wird. Die aus der Strecke $y = 0$, $-1 < x < 1$ und der Halbgeraden $x = 1$, $y \geqq 0$ bestehende Kurve kann in einem Koordinatensystem (ξ, η), das gegen das System (x, y) um $\dfrac{\pi}{4}$ verdreht ist und dessen Ursprung der Punkt $x = 1$, $y = 0$ ist, durch die *stetige* Funktion $\eta = |\xi|$, $\xi > -\sqrt{2}$ dargestellt werden (Abb. 38).

$= x^\nu > \frac{1}{2}$, wenn nur $x > \sqrt[\nu]{\frac{1}{2}}$ ist, und solche Werte x lassen sich auch bei noch so großem ν stets angeben, da $\sqrt[\nu]{\frac{1}{2}}$ sicher < 1 ist.

Selbstverständlich wird man auch hier bei der Untersuchung der Konvergenz von der Grundfunktion $f(x)$ unabhängig, wenn man das Cauchysche Konvergenzprinzip benützt; die notwendige und hinreichende Bedingung für gleichmäßige Konvergenz besteht dann darin, daß es möglich ist, eine von x unabhängige Schranke $N(\varepsilon)$ anzugeben, so daß

$$|f_\nu(x) - f_\mu(x)| < \varepsilon$$

ist, wenn nur

$$\mu > N(\varepsilon) \quad \text{und} \quad \nu > N(\varepsilon)$$

gilt.

Wir haben an dem Beispiel der Potenzen gesehen, daß die Eigenschaften der Funktionen $f_\nu(x)$ sich nicht auf die Grenzfunktion $f(x)$ übertragen müssen. Es gilt jedoch der Satz:

Sind die Funktionen $f_\nu(x)$ stetig in einem Intervall $\mathfrak{J}$ und ist die Folge $\{f_\nu(x)\}$ in $\mathfrak{J}$ gleichmäßig konvergent mit der Grenzfunktion

$$f(x) = \lim_{\nu \to \infty} f_\nu(x),$$

so ist auch $f(x)$ stetig in $\mathfrak{J}$.

Es sei also $\varepsilon > 0$ gegeben. Sind dann x und x_0 zwei Zahlen aus $\mathfrak{J}$, so gibt es wegen der vorausgesetzten gleichmäßigen Konvergenz der $f_\nu(x)$ eine Zahl N, so daß sowohl

$$|f(x) - f_\nu(x)| < \frac{\varepsilon}{3},$$

als auch

$$|f(x_0) - f_\nu(x_0)| < \frac{\varepsilon}{3}$$

ist, wenn nur $\nu > N$ ist. Ferner gibt es, da die $f_\nu(x)$ in $\mathfrak{J}$ stetig sind, eine Zahl $\delta > 0$, so daß für ein festes ν, z. B. $\nu = N + 1$,

$$|f_\nu(x) - f_\nu(x_0)| < \frac{\varepsilon}{3}$$

ist, wenn nur $|x - x_0| < \delta$ ist. Dann wird aber

$$\begin{aligned} |f(x) - f(x_0)| &= |[f(x) - f_\nu(x)] - [f(x_0) - f_\nu(x_0)] + [f_\nu(x) - f_\nu(x_0)]| \leqq \\ &\leqq |f(x) - f_\nu(x)| + |f(x_0) - f_\nu(x_0)| + |f_\nu(x) - f_\nu(x_0)| < \\ &< \frac{\varepsilon}{3} + \frac{\varepsilon}{3} + \frac{\varepsilon}{3} = \varepsilon, \end{aligned}$$

d. h. für alle x und x_0 aus $\mathfrak{J}$, für die $|x - x_0| < \delta$ ist, wird der Unterschied $|f(x) - f(x_0)|$ der zugehörigen Werte der Grenzfunktion $f(x)$ kleiner als die beliebig vorgegebene Zahl $\varepsilon > 0$, die Grenzfunktion ist stetig an der Stelle x_0. Wir können dies auch zum Ausdruck bringen durch

$$\lim_{x \to x_0} f(x) = f(x_0).$$

Nun ist aber

$$f(x) = \lim_{\nu \to \infty} f_\nu(x), \qquad f(x_0) = \lim_{\nu \to \infty} f_\nu(x_0),$$

also

$$\lim_{x \to x_0} \left[\lim_{\nu \to \infty} f_\nu(x)\right] = \lim_{\nu \to \infty} f_\nu(x_0),$$

und da die $f_\nu(x)$ stetig sind, ist $f_\nu(x_0) = \lim_{x \to x_0} f_\nu(x)$, so daß weiter

$$\boxed{\lim_{x \to x_0}\left[\lim_{\nu \to \infty} f_\nu(x)\right] = \lim_{\nu \to \infty}\left[\lim_{x \to x_0} f_\nu(x)\right]} \tag{21}$$

wird, d. h. man kann bei einer gleichmäßig konvergenten Folge $f_\nu(x)$ stetiger Funktionen die beiden Grenzübergänge $x \to x_0$ und $\nu \to \infty$ vertauschen.

Ist also die Grenzfunktion einer konvergenten Folge stetiger Funktionen $f_\nu(x)$ an einer Stelle unstetig, so läßt sich stets auf eine Ungleichmäßigkeit der Konvergenz schließen. Die gleichmäßige Konvergenz ist aber bloß eine hinreichende und keine notwendige Bedingung für die Stetigkeit der Grenzfunktion, d. h. es gibt Folgen stetiger Funktionen, die nicht gleichmäßig konvergieren und doch eine stetige Grenzfunktion haben, wie das folgende Beispiel zeigt.

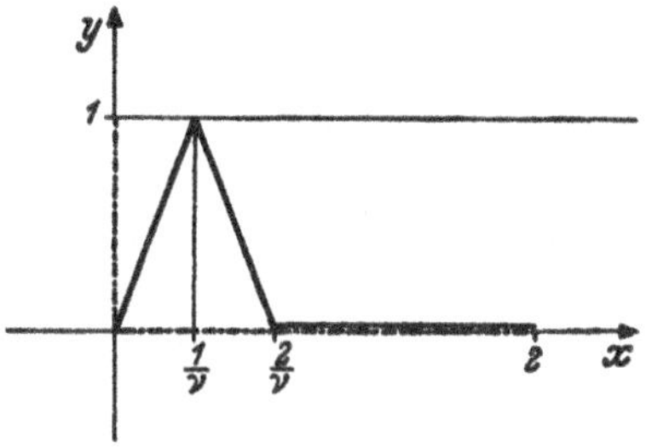

Abb. 39.

Es sei $f_\nu(x)$ in $[0, 2]$ definiert durch (Abb. 39)

$$f_\nu(x) = \nu x \quad \text{für} \quad 0 \leqq x \leqq \frac{1}{\nu},$$

$$f_\nu(x) = 2 - \nu x \quad \text{für} \quad \frac{1}{\nu} \leqq x \leqq \frac{2}{\nu},$$

$$f_\nu(x) = 0 \quad \text{für} \quad \frac{2}{\nu} \leqq x \leqq 2.$$

Die $f_\nu(x)$ sind stetig in $[0, 2]$, es ist $\lim_{\nu \to \infty} f_\nu(x) = 0$, d. h. die *Grenzfunktion ist* $f(x) = 0$, $0 \leqq x \leqq 2$, denn für jedes $x > 0$ wird $f_\nu(x) = 0$, wenn nur $\nu > \frac{2}{x}$ ist, während für $x = 0$ auch $f_\nu(x) = 0$ ist, also stets $|f_\nu(x) - f(x)| = 0 < \varepsilon$ wird, wenn nur ν genügend groß, $\nu > \frac{2}{x}$ gewählt wird. Aber die Konvergenz ist keine gleichmäßige, denn es ist nicht möglich, eine für das ganze Intervall geltende untere Schranke für den Index ν anzugeben; die Schranke $\frac{2}{x}$ wird ja für $x \to 0$ unendlich. Bei beliebigem ν ist stets $f_\nu\left(\frac{1}{\nu}\right) - f\left(\frac{1}{\nu}\right) = 1 - 0 > \varepsilon$, wenn $\varepsilon < 1$ angenommen war. Die dachartigen Zacken der Bildkurven der Funktionen $f_\nu(x)$ kommen also beim Grenzübergang überhaupt zum Verschwinden. Das Merkwürdigste an diesem Beispiel ist vielleicht, daß die *Grenzkurve* (in Abb. 39 strichpunktiert) auch hier aus einem hakenartigen Gebilde ähnlich wie die Grenzkurve der Potenzen besteht, nämlich aus der Strecke $y = 0$, $0 \leqq x \leqq 2$, und der Strecke $x = 0$, $0 \leqq y \leqq 1$, der sich die erwähnten Zacken der Kurven $y = f_\nu(x)$ immer mehr nähern.

11. **Die Regula falsi.** Es sei eine Gleichung $f(x) = 0$ vorgelegt, wobei $f(x)$ eine stetige Funktion ist. Gesucht sind die Wurzeln dieser Gleichung, also Zahlen x_0, für die $f(x_0) = 0$ ist. Wir wissen, daß man in manchen Fällen die Wurzeln durch strenge Methoden berechnen kann, z. B. wenn $f(x)$ ein lineares oder quadratisches Polynom ist. Aber in vielen Fällen gibt es keine Methode zur strengen Auflösung von Gleichungen und man muß sich mit Näherungsverfahren begnügen. Von solchen Näherungsverfahren wird man verlangen, daß sie es gestatten, die gesuchte Größe durch wiederholte Anwendung des Verfahrens mit beliebiger Genauigkeit zu berechnen. In der Regel setzen alle diese Verfahren voraus, daß ein Näherungswert für die gesuchte Größe schon bekannt ist. Man kann solche Näherungswerte aus einer graphischen oder tabellarischen Darstellung der Funktion $f(x)$, wenn eine solche vorhanden oder leicht herstellbar ist, entnehmen. Mitunter ist man allerdings auf bloßes Probieren angewiesen. Eines der ältesten Verfahren für die Auflösung einer Gleichung ist die „Regula falsi", die Regel des falschen Ansatzes. Man geht dabei von der Voraussetzung aus,

es seien zwei Näherungswerte a und b für die gesuchte Wurzel vorhanden, für die $f(a)\,f(b) < 0$ ist, d. h. es ist entweder $f(a) > 0$ und $f(b) < 0$ oder umgekehrt $f(a) < 0$ und $f(b) > 0$. Dann gibt es nach dem Zwischenwertsatz im Intervall $[a, b]$ mindestens eine Nullstelle x_0 der Funktion $f(x)$, also eine Wurzel der Gleichung $f(x) = 0$, und diese Wurzel berechnet man näherungsweise dadurch, daß man in $[a, b]$ die Funktion $f(x)$ durch die Gerade durch die beiden Punkte $(a, f(a))$ und $(b, f(b))$ ersetzt. Die Gleichung dieser Geraden ist

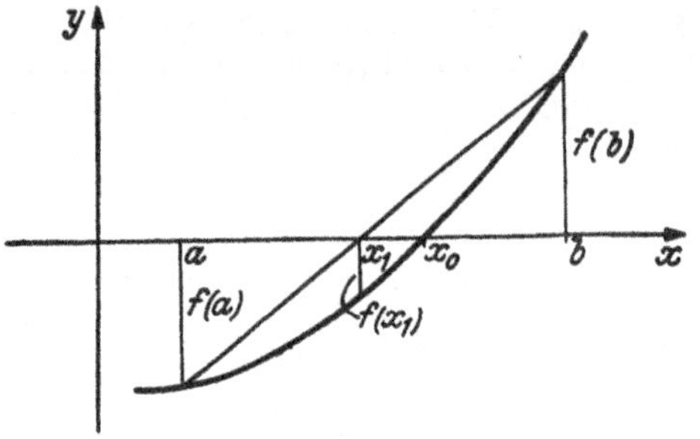

Abb. 40.

$$y - f(a) = \frac{f(b) - f(a)}{b - a}\,(x - a);$$

mit $y = 0$ erhält man den neuen Näherungswert x_1 der Wurzel x_0 (Abb. 40)

$$x_1 = a + \frac{f(a)}{f(a) - f(b)}\,(b - a);$$

für das praktische Rechnen ist es bequemer, mit

$$\boxed{x_1 = a + \frac{|f(a)|}{|f(a)| + |f(b)|}\,(b - a)} \qquad (22)$$

zu rechnen. Der recht einfache Nachweis, daß diese Formel wegen $f(a)\,f(b) < 0$ mit der vorangehenden übereinstimmt, sowie der Nachweis, daß auch

$$\boxed{x_1 = b - \frac{|f(b)|}{|f(a)| + |f(b)|}\,(b - a)} \qquad (23)$$

ist, sei dem Leser überlassen. Man verwendet zweckmäßig die erste oder zweite Formel, je nachdem $|f(a)| < |f(b)|$ oder $|f(b)| < |f(a)|$ ist, damit das Korrekturglied möglichst klein wird. Nun wird im allgemeinen $f(x_1) \neq 0$, d. h. $x_1 \neq x_0$ sein; man setzt $x_1 = a_1$ oder $x_1 = b_1$, je nachdem $f(a)\,f(x_1) > 0$ oder $f(b)\,f(x_1) > 0$, also $x_1 < x_0$ oder $x_1 > x_0$ ist, und sucht einen zweiten Näherungswert b_1 bzw. a_1, so daß $f(a_1)\,f(b_1) < 0$ ist. Man kann $b_1 = b$ bzw. $a_1 = a$ nehmen; in der Regel empfiehlt es sich aber, lieber einen weiteren neuen Näherungswert zu suchen, der näher bei der Wurzel x_0 liegt. Auf die beiden Werte a_1 und b_1 ist die Regula falsi wieder anzuwenden usw., bis man die Wurzel x_0 mit der gewünschten Genauigkeit ermittelt hat.

Beispiel: Die Wurzel x_0 von $f(x) = \cos x - x = 0$ soll auf 5 Stellen genau berechnet werden.

Einer Tabelle der Kreisfunktionen entnehmen wir ohne Schwierigkeit, daß die Wurzel x_0 zwischen $a = 0{\cdot}73304 = \operatorname{arc} 42^\circ$ und $b = 0{\cdot}75049 = \operatorname{arc} 43^\circ$ liegt, denn es ist ja $f(a) = 0{\cdot}01010$, $f(b) = -0{\cdot}01914$, also $f(a)\,f(b) < 0$. Wegen $|f(a)| < |f(b)|$ beginnen wir mit a und rechnen

$$x_1 = a + \frac{|f(a)|}{|f(a)| + |f(b)|}\,(b - a) = 0{\cdot}73304 + \frac{1010}{2924}\,0{\cdot}01745 = 0{\cdot}73907 = \operatorname{arc} 42^\circ\,20'\,44'',$$

$$f(x_1) = 0{\cdot}73910 - 0{\cdot}73907 = 0{\cdot}00003;$$

x_1 liegt also sicher schon sehr nahe an x_0, ist aber noch immer etwas zu klein. Wir könnten nun $a_1 = x_1$, $b_1 = b$ nehmen, zweckmäßiger ist es aber, sich einen näher an x_0 gelegenen Wert b_1 zu verschaffen; wir versuchen $b_1 = 0{\cdot}73915 = \operatorname{arc} 42^\circ\,21'$ und finden

$$f(b_1) = 0{\cdot}73904 - 0{\cdot}73915 = -0{\cdot}00011.$$

Es wird

$$x_2 = a_1 + \frac{|f(a_1)|}{|f(a_1)| + |f(b_1)|}\,(b_1 - a_1) = 0{\cdot}73907 + \frac{3}{14}\,0{\cdot}00008 = 0{\cdot}73909.$$

Wegen $\cos x_2 = 0{\cdot}73908$ liegt x_0 zwischen $0{\cdot}73908$ und $0{\cdot}73909$, d. i. $\operatorname{arc} 42^\circ\,20'\,46''$. Vgl. hierzu auch § 11, 6 und § 12, 13.

Aufgaben.

1. Man gebe den Wertevorrat der Funktion $x - [x]$ in $\left[\frac{2}{3}, \frac{4}{3}\right]$ (Ziffer 5, Beispiel 2, und § 6, Aufgabe 2) an und vergleiche damit die Aussage des Zwischenwertsatzes.

2. Man gebe ein Intervall an, in dem die Umkehrfunktion von $y = \sin x$ eindeutig ist.

3. Man berechne, ausgehend von den Näherungswerten $a = 1$ und $b = 2$, den Wert von $\sqrt[3]{7}$ auf vier Dezimalen mittels der Regula falsi.

4. Es ist die in der Nähe von $x = \frac{3\pi}{2}$ gelegene Wurzel der Gleichung $\tan x = x$ auf vier Dezimalen zu berechnen.

5. Man zeige daß die Potenz x^a mit rationalem a im ganzen Definitionsbereich stetig ist. Anleitung: man benütze die Sätze von Ziffer 2 (Schluß), 3 und 7.

III. Integral und Ableitung.

§ 9. Flächeninhalt und bestimmtes Integral.

1. Allgemeines zum Begriff des Flächeninhalts. Das Problem der Bestimmung der Flächeninhalte ebener Figuren ist mindestens ebenso alt wie die Geometrie als Wissenschaft überhaupt. Seine Lösung ist einfach bei Polygonen, also bei Figuren mit geradliniger Begrenzung. Solche Figuren lassen sich ja stets in Dreiecke zerlegen, und der Flächeninhalt eines Dreiecks ist ebenso wie der eines Rechtecks durch eine einfache Formel der Elementargeometrie gegeben. Es erscheint jedoch geradezu selbstverständlich, auch solchen ebenen Bereichen, die nicht oder nicht ausschließlich geradlinig begrenzt sind, einen Flächeninhalt zuzuschreiben. Aber seine Berechnung ist durchaus nicht einfach und führt stets auf Grenzprozesse, indem man die krummlinig begrenzte Fläche durch Polygone wachsender Seitenzahl approximiert und schließlich den Grenzübergang durchzuführen sucht. So geht man bei der Berechnung der Kreisfläche etwa von einem eingeschriebenen Quadrat aus, von diesem kommt man durch Halbierung der vier Kreisbogen zum regelmäßigen Achteck, von diesem wieder durch Halbierung der acht Kreisbogen zum Sechzehneck usf. Offenbar wird der Inhalt J_n des regelmäßigen 2^n-Eckes, zu dem man nach $n - 2$ Schritten gekommen ist, mit wachsendem n den Kreisinhalt immer besser approximieren. Diese Flächeninhalte J_n bilden eine steigende Folge, die sicher beschränkt ist, da alle J_n kleiner sind als beispielsweise die Fläche des dem Kreis umschriebenen Quadrates. Die Folge $\{J_n\}$ ist daher konvergent und ihr Grenzwert wird als Flächeninhalt des Kreises bezeichnet.

2. Normalbereiche. Wir wenden uns nun dem allgemeinen Problem zu und betrachten zunächst sogenannte *ebene Normalbereiche.* Es sei $f(x)$ in dem abgeschlossenen Intervall $[a, b]$ eindeutig definiert und *beschränkt.* Der Einfachheit halber nehmen wir zunächst auch noch an, daß $f(x)$ in $[a, b]$ *nicht negativ* ist. Unter dem von $f(x)$ über $[a, b]$ *bestimmten Normalbereich* (Abb. 41) versteht man dann jenen ebenen Bereich, der von der Kurve $y = f(x)$ und den Geraden $x = a$, $x = b$ und $y = 0$ begrenzt ist[1]. Gemäß dem eingangs dargelegten Gedankengang suchen wir den Flächeninhalt des Normalbereiches durch Polygone zu approximieren, deren Inhalt möglichst einfach zu bestimmen ist. Wir zerlegen zu diesem Zweck $[a, b]$ durch die Punkte $x_1, x_2, \ldots, x_{n-1}$, die im Sinn wachsender Abszissen numeriert sein mögen, in n Teilintervalle. Man spricht von einer *Zerlegung* $\mathfrak{z}$ des Intervalls $\mathfrak{J}$, die nichts anderes ist als die (endliche) Menge der Teilungs-

[1] Ein solcher Normalbereich ist eine ebene Punktmenge, die aus allen Punkten (x, y) besteht, für die $a \leqq x \leqq b$, $0 \leqq y \leqq f(x)$ ist, und die auch als *Ordinatenmenge* von $f(x)$ bezeichnet wird.

punkte $x_1, x_2, \ldots, x_{n-1}$. Setzen wir noch $x_0 = a$ und $x_n = b$, so sind die Längen der Teilintervalle durch[1]

$$\Delta x_i = x_i - x_{i-1} \ (i = 1, 2, \ldots, n)$$

gegeben (Abb. 42, wo $n = 5$ genommen ist). In jedem dieser Teilintervalle hat die Funktion $f(x)$ nach dem Satz von § 2,7 eine untere Grenze g_i und eine obere Grenze G_i. Wir approximieren die Kurve $y = f(x)$ zunächst einmal durch die in Abb. 42 stark gezeichnete treppenartige Linie und den Inhalt des Normalbereiches, den wir mit $J(a, b)$ bezeichnen wollen[2], durch den Inhalt

$$U_{\mathfrak{z}} = g_1 \cdot \Delta x_1 + g_2 \cdot \Delta x_2 + \ldots + g_n \cdot \Delta x_n = \sum_{i=1}^{n} g_i \cdot \Delta x_i$$

des aus den n Rechtecken mit den Grundlinien Δx_i und den Höhen g_i bestehenden Treppenpolygons. $U_{\mathfrak{z}}$ heißt *die zu der angegebenen Zerlegung* $\mathfrak{z}$ *des Intervalls* $[a, b]$ *gehörige Untersumme der Funktion* $f(x)$. Ganz entsprechend können wir vorgehen, wenn wir statt der unteren Grenzen g_i die oberen Grenzen G_i von $f(x)$

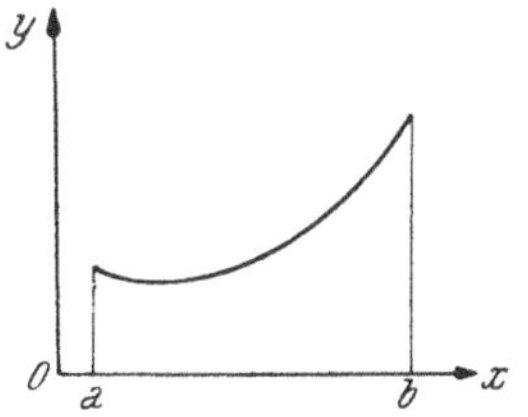

Abb. 41.

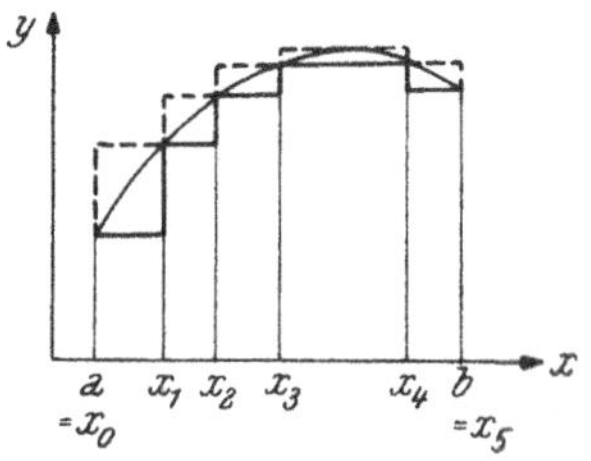

Abb. 42.

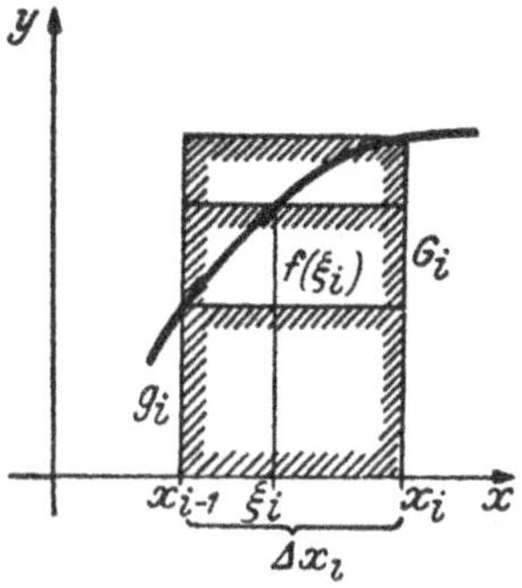

Abb. 43.

in den Teilintervallen heranziehen. Wir erhalten dann ein Treppenpolygon, das in Abb. 42 durch den gestrichelt gezeichneten Linienzug nach oben begrenzt ist und dessen Inhalt

$$O_{\mathfrak{z}} = G_1 \cdot \Delta x_1 + G_2 \cdot \Delta x_2 + \ldots + G_n \cdot \Delta x_n = \sum_{i=1}^{n} G_i \cdot \Delta x_i$$

ebensogut wie $U_{\mathfrak{z}}$ zur Approximation des Inhaltes $J(a, b)$ des Normalbereiches dienen kann. $O_{\mathfrak{z}}$ heißt *die zu der angegebenen Zerlegung* $\mathfrak{z}$ *von* $[a, b]$ *gehörige Obersumme von* $f(x)$. Wählen wir in jedem Teilintervall einen beliebigen Punkt ξ_i, $(i = 1, 2, \ldots, n)$, so gilt (vgl. Abb. 43, wo das i-te Teilintervall herausgezeichnet ist)

$$x_{i-1} \leqq \xi_i \leqq x_i$$

und

$$g_i \leqq f(\xi_i) \leqq G_i. \tag{1}$$

Multiplizieren wir diese Doppelungleichung mit Δx_i und addieren wir die n Doppelungleichungen, die sich so für $i = 1, 2, \ldots, n$ ergeben, so entstehen links und

[1] Das sind also im ganzen n Gleichungen, die sich ergeben, wenn wir für den allgemeinen Index i der Reihe nach die daneben angegebenen Werte $1, 2, \ldots, n$ einsetzen. Das Zeichen Δ hat dabei keine selbständige Bedeutung und ist allein als Abkürzung für „Differenz" zu verstehen; Δx_i ist also *kein* Produkt!

[2] Ob es eine solche Zahl $J(a, b)$ überhaupt gibt, ist vorläufig noch völlig offen. Man denke nur an die Funktion $f(x) = 0$ oder $= 1$, je nachdem x rational oder irrational ist (§ 6, 4, Beispiel 12).

rechts die zur betrachteten Zerlegung gehörige Unter- und Obersumme, während sich in der Mitte der als *Riemannsche Summe* bezeichnete Ausdruck

$$R_{\mathfrak{z}} = \sum_{i=1}^{n} f(\xi_i) \,.\, \Delta x_i$$

ergibt. Es gilt dann wegen (1) für jede Zerlegung des Intervalls $[a, b]$

$$U_{\mathfrak{z}} \leqq R_{\mathfrak{z}} \leqq O_{\mathfrak{z}}.$$

Diese Ungleichungen lassen sich noch ergänzen, Sind g und G die untere und obere Grenze von $f(x)$ in $[a, b]$, so gilt

$$g_i \geqq g, \qquad G_i \leqq G$$

für alle Teilintervalle der betrachteten Zerlegung $\mathfrak{z}$. Denn wäre für ein bestimmtes Teilintervall von $[a, b]$, etwa für das k-te, $g_k < g$, so könnte g nicht die untere Grenze von $f(x)$ in $[a, b]$ sein. Dann folgt

$$U_{\mathfrak{z}} = \sum g_i \Delta x_i \geqq \sum g \Delta x_i = g \sum \Delta x_i = g(b - a)$$

und

$$O_{\mathfrak{z}} = \sum G_i \Delta x_i \leqq \sum G \Delta x_i = G \sum \Delta x_i = G(b - a)$$

und somit gilt für jede Zerlegung $\mathfrak{z}$ von $[a, b]$

$$\boxed{g(b - a) \leqq U_{\mathfrak{z}} \leqq R_{\mathfrak{z}} \leqq O_{\mathfrak{z}} \leqq G(b - a)} \qquad (2)$$

Sei, als Beispiel, $f(x) = c > 0$ konstant in $[a, b]$. Dann sind offenbar alle unteren und oberen Grenzen gleich c und es wird für eine beliebige Zerlegung

$$U_{\mathfrak{z}} = O_{\mathfrak{z}} = \sum c \Delta x_i = c \sum \Delta x_i = c(b - a)$$

und das ist auch der Inhalt des zugehörigen Normalbereiches, nämlich des Rechtecks mit der Grundlinie $(b - a)$ und der Höhe c.

Wir wollen uns noch von der offenbar recht weitgehenden und unangenehmen Einschränkung befreien, daß $f(x) \geqq 0$ ist in $[a, b]$. Ist sie nicht erfüllt, nimmt also $f(x)$ in $[a, b]$ auch negative Werte an, so ist jedenfalls die untere Grenze $g < 0$ und in jeder Zerlegung $\mathfrak{z}$ von $[a, b]$ wird mindestens ein $g_i < 0$ sein. Die Definitionen von Unter- und Obersumme sowie die Ungleichung (2) sind aber davon völlig unabhängig, wie man unschwer feststellt, und gelten daher *für jede beliebige beschränkte Funktion.* Setze ich $\varphi(x) = f(x) - g$, so ist wegen $f(x) \geqq g$ sicher $\varphi(x) \geqq 0$ in $[a, b]$. Für die Funktion $\varphi(x)$ ist dann die untere Grenze $\bar{g} = 0$ und die obere Grenze $\bar{G} = G - g$; im i-ten $(i = 1, 2, \ldots, n)$ Teilintervall der Zerlegung $\mathfrak{z}$ haben wir

$$\bar{g}_i = g_i - g, \qquad \bar{G}_i = G_i - g$$

und daher

$$\bar{U}_{\mathfrak{z}} = U_{\mathfrak{z}} - g(b - a), \qquad \bar{O}_{\mathfrak{z}} = O_{\mathfrak{z}} - g(b - a);$$

$-g(b - a) > 0$ ist der Inhalt eines Rechtecks mit der Grundlinie $(b - a)$ und der Höhe $-g > 0$, dieser Inhalt ist also von den Unter- und Obersummen $\bar{U}_{\mathfrak{z}}$ und $\bar{O}_{\mathfrak{z}}$ der Funktion $\varphi(x)$ zu subtrahieren, um die Unter- und Obersumme $U_{\mathfrak{z}}$ und $O_{\mathfrak{z}}$ der Funktion $f(x)$ zu bekommen. Besitzt der durch $\varphi(x)$ bestimmte Normalbereich einen Inhalt J_1, so kann man den Inhalt J des durch $f(x)$ erklärten Normalbereiches durch

$$J = J_1 + g(b - a)$$

erklären; J muß aber jetzt keineswegs mehr positiv sein. Läßt sich das Intervall $[a, b]$ so in eine endliche Zahl von Teilintervallen zerlegen, daß in jedem dieser

Teilintervalle entweder $f(x) \geqq 0$ oder $f(x) \leqq 0$ ist (Abb. 44), so liefern die Teilintervalle der ersten Art einen positiven, die der zweiten Art einen negativen Beitrag zu J.

Es sei etwa $f(x) = \alpha x + \beta$ eine lineare Funktion. Ist $f(a) = \alpha a + \beta > 0$, $f(b) =$

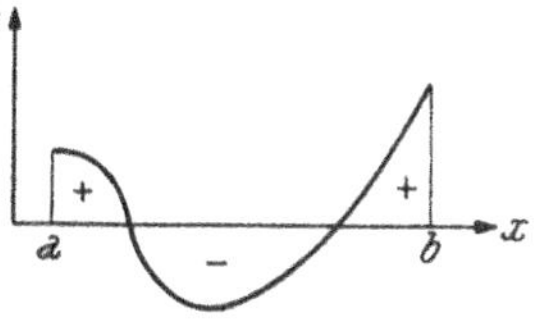

Abb. 44.

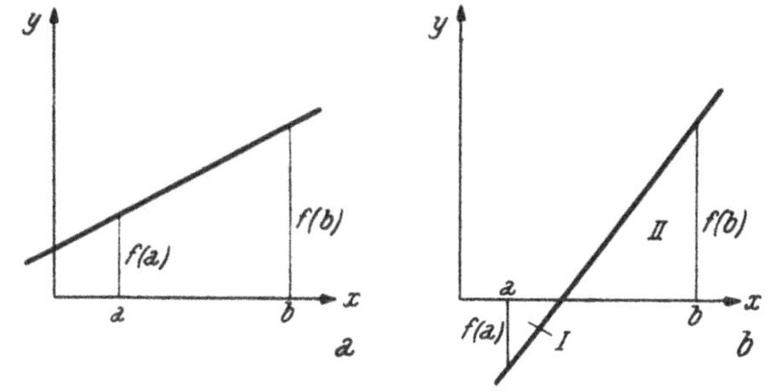

Abb. 45.

$= \alpha b + \beta > 0$ (Abb. 45 a), so ist der zugehörige Normalbereich ein Trapez mit dem Flächeninhalt $J = \frac{1}{2}[f(a) + f(b)](b - a)$, ist aber etwa $f(a) < 0$, $f(b) > 0$ (Abb. 45 b), so besteht der Normalbereich aus zwei Dreiecken I und II und sein Inhalt wird $J = J_{II} - J_I$, wo J_I und J_{II} die positiv genommenen Inhalte der beiden Dreiecke I und II sind. Die Formel $J = \frac{1}{2}[f(a) + f(b)](b - a)$ gilt aber, wie man leicht überlegt, unverändert auch für diesen Fall.

3. **Das bestimmte Integral einer Funktion.** Es sei $f(x)$ eine in dem Intervall $[a, b]$ beschränkte Funktion. Wir denken uns alle möglichen Zerlegungen $\mathfrak{z}$ dieses Intervalls ausgeführt und zu jeder Zerlegung die Untersumme $U_{\mathfrak{z}}$ und die Obersumme $O_{\mathfrak{z}}$ gebildet. Wir erhalten auf diese Art zwei Zahlenmengen, nämlich die Menge $\mathfrak{U}$ aller Untersummen und die Menge $\mathfrak{O}$ aller Obersummen. Aus (2) folgt sofort, daß beide Mengen *beschränkt* sind. Die Menge $\mathfrak{U}$ hat die untere Grenze $g(b - a)$, die eine Zahl von $\mathfrak{U}$ ist und sich ergibt, wenn $\mathfrak{z}$ (die Menge aller Teilungspunkte) leer ist. Ebenso hat $\mathfrak{O}$ die obere Grenze $G(b - a)$. Wegen (2) ist $g(b - a)$ zugleich eine untere Schranke der Menge $\mathfrak{O}$ und $G(b - a)$ eine obere Schranke der Menge $\mathfrak{U}$. Nach dem Satz von § 2,7 existiert also auch die *obere Grenze* J_* *von* $\mathfrak{U}$ *und die untere Grenze* J^* *von* $\mathfrak{O}$. Aus (2) folgt nun zwar, daß keine Untersumme die *zur selben Zerlegung* $\mathfrak{z}$ *gehörige* Obersumme übertreffen kann, aber damit ist keineswegs gesagt, daß es nicht eine Zerlegung $\mathfrak{z}'$ geben könnte, so daß $U_{\mathfrak{z}} > O_{\mathfrak{z}'}$ ist und daher können wir über die Größenbeziehung der beiden Zahlen J_* und J^* jetzt noch nichts aussagen. Ich werde aber in der folgenden Ziffer zeigen, daß stets

$$\boxed{J_* \leqq J^*} \tag{3}$$

gilt. Man nennt nach DARBOUX[1] J_* das *untere Integral* und J^* das *obere Integral* von $f(x)$ zwischen a und b und schreibt

$$J_* = {}_*\!\int_a^b f(x)\,dx, \qquad J^* = {}^*\!\int_a^b f(x)\,dx. \tag{4}$$

Gilt in (3) das Gleichheitszeichen, ist also

$${}_*\!\int_a^b f(x)\,dx = {}^*\!\int_a^b f(x)\,dx, \tag{5}$$

[1] GASTON DARBOUX, französischer Mathematiker, geb. in Nîmes 1842, gest. in Paris 1912, wirkte an der Sorbonne. Bedeutende Untersuchungen zur Analysis, insbesondere zur Differentialgeometrie (Leçons sur la théorie des surfaces, 4 Bde. Paris 1887/96).

so heißt $f(x)$ integrierbar, genauer *im Riemannschen*[1] *Sinn integrierbar in* $[a, b]$, und der gemeinsame Wert von oberem und unterem Integral *das bestimmte Integral von* $f(x)$ *zwischen den Grenzen* a *und* b, geschrieben

$$\boxed{J = \int_a^b f(x)\,dx.} \tag{6}$$

Deuten wir die hier betrachteten Zahlen auf einer Zahlengeraden, so ergibt sich, je nachdem $J_* < J^*$ oder $J_* = J^* = J$ ist, ein Bild gemäß Abb. 46a oder b. Alle $U_{\mathfrak{z}}$ liegen im Intervall $[g(b-a), J_*]$, alle $O_{\mathfrak{z}}$ im Intervall $[J^*, G(b-a)]$. Die beiden Mengen $\mathfrak{U}$ und $\mathfrak{O}$ haben also im Falle $J_* = J^*$ *höchstens* einen Punkt, nämlich den Punkt J gemeinsam (es kann aber durchaus der Fall eintreten, daß J_* kein Punkt von $\mathfrak{U}$ oder J^* kein Punkt von $\mathfrak{O}$ ist).

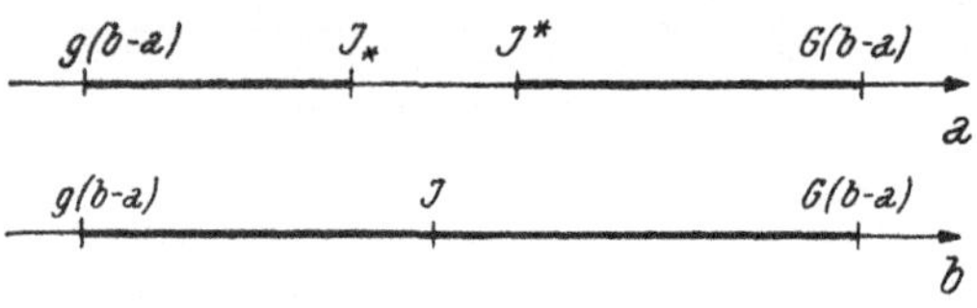

Abb. 46.

Man nennt a und b *die Grenzen des Integrals*, genauer a die *untere* und b die *obere Grenze* des Integrals, $[a, b]$ das *Integrationsintervall*, x die *Integrationsveränderliche* und dx das *Integrationsdifferential*. Das Integralzeichen selbst ist aus einem verlängerten S entstanden, das man früher an Stelle des jetzt allgemein verwendeten Σ als Summenzeichen verwendete, wie überhaupt die Schreibweise (6) an die Entstehung des Integrals aus den Summen $U_{\mathfrak{z}}$, $O_{\mathfrak{z}}$ oder $R_{\mathfrak{z}}$ erinnern soll. Das Integrationsdifferential ist so aus Δx_i entstanden und spielt vor allem insoweit eine wichtige Rolle, als man die Integrationsveränderliche oft allein aus dem Integrationsdifferential erkennen kann, wenn nämlich der Integrand $f(x)$ nicht nur von x, sondern auch noch von anderen Veränderlichen oder Parametern abhängt.

Es sei nun

$$l = \operatorname{Max}(\Delta x_1, \Delta x_2, \ldots, \Delta x_n)$$

die Länge des größten Teilintervalls der Zerlegung $\mathfrak{z}$. Ich betrachte eine Folge $\{\mathfrak{z}_\nu\}$ von Zerlegungen des Intervalls $[a, b]$; l_ν sei die Länge des größten Teilintervalls von $\mathfrak{z}_\nu$. Ist dann

$$\boxed{\lim_{\nu \to \infty} l_\nu = 0,} \tag{7}$$

so heißt $\{\mathfrak{z}_\nu\}$ eine *ausgezeichnete Zerlegungsfolge*; bei einer solchen gehen also die Längen aller Teilintervalle gegen Null, ihre Anzahl somit gegen unendlich. Ich werde in Ziffer 6 zeigen, daß bei einer ausgezeichneten Zerlegungsfolge stets

$$\lim_{\nu \to \infty} U_\nu = J_* = {}_*\!\int_a^b f(x)\,dx \tag{8}$$

und

$$\lim_{\nu \to \infty} O_\nu = J^* = {}^*\!\int_a^b f(x)\,dx \tag{9}$$

ist, wenn U_ν und O_ν die zur Zerlegung $\mathfrak{z}_\nu$ gehörige Unter- bzw. Obersumme ist. Ist $f(x)$ *integrierbar* in $[a, b]$ und R_ν eine mit beliebigen Zwischenwerten ξ_i gebildete, zur Zerlegung $\mathfrak{z}_\nu$ gehörige Riemannsche Summe, so ist wegen (2)

[1] Bernhard Riemann, geb. 1826 in Breselenz (Hannover), gest. 1866, einer der genialsten Mathematiker des 19. Jahrhunderts, wirkte in Göttingen. Seine Arbeiten betreffen fast alle Zweige der Mathematik und theoretischen Physik. Grundlegend waren vor allem seine funktionentheoretischen und geometrischen Untersuchungen (Riemannsche Geometrie).

$$\boxed{\lim_{\nu\to\infty} U_\nu = \lim_{\nu\to\infty} O_\nu = \lim_{\nu\to\infty} R_\nu = J = \int_a^b f(x)\,dx} \tag{10}$$

und das bestimmte Integral erscheint *als Grenzwert einer Folge von Summen*, wobei die einzelnen Summanden gegen Null, ihre Anzahl aber gegen unendlich geht.

In den meisten Fällen wird man jedoch mit dem wesentlich spezielleren Satz das Auslangen finden, den ich in Ziffer 5 beweisen werde: Daß alle stetigen Funktionen integrierbar sind und daß man das Integral einer stetigen Funktion stets gemäß (10) als Grenzwert einer der drei Summen berechnen kann. In § 10, 3 werde ich dieses Ergebnis außerdem noch auf stückweise stetige Funktionen ausdehnen.

Die Bedingung (7) bedeutet nichts anderes, als daß die einzelnen Zerlegungen einer ausgezeichneten Zerlegungsfolge mit wachsendem ν immer feiner werden. Wegen (8) ist dann bei hinreichend klein gewähltem l_ν (d. h. bei hinreichend großem ν) die Untersumme U_ν eine beliebig genaue Approximation des unteren Integrals, und wegen (9) gilt entsprechendes für Obersumme und oberes Integral. Aus (10) folgt dann, daß der Flächeninhalt des Normalbereiches einer integrierbaren Funktion bei hinreichend feiner Zerlegung sowohl durch die Untersumme wie durch die Obersumme oder durch irgendeine Riemannsche Summe beliebig genau approximiert werden kann.

Mit der Einführung der ausgezeichneten Zerlegungsfolgen eröffnet sich überhaupt erst die Möglichkeit, in einem konkreten Fall die Integrale J_* und J^* einer Funktion $f(x)$ zu berechnen. Mit der allgemeinen Definition von J_* (J^*) als obere (untere) Grenze der Untersummen (Obersummen) wird man nur in Ausnahmsfällen, wie z. B. bei der Konstanten $f(x) = c$ zum Ziel kommen.

Die Erklärung des bestimmten Integrals einer Funktion als Grenzwert einer Folge von Summen geht im wesentlichen auf LEIBNIZ[1] zurück; in einigen speziellen Fällen wurde ein derartiges Integrationsverfahren bereits von ARCHIMEDES[2] verwendet. Die hier zunächst nur kurz skizzierte und im folgenden noch näher auszuführende strenge Fassung des Integralbegriffes stammt von RIEMANN; der Zusatz „Riemannscher" Integralbegriff wird verwendet, um ihn von späteren Verallgemeinerungen zu unterscheiden, von denen vor allem die von dem französischen Mathematiker LEBESGUE stammende Erweiterung zu erwähnen wäre. Über das Stieltjes-Integral vgl. § 26, 7.

4. Beweis der Ungleichung $J_* \leqq J^*$. Die Darlegungen von Ziffer 3 zeigen, daß die Ungleichung (3) von ganz entscheidender Bedeutung ist. Ich zeige zunächst:

Entsteht eine Zerlegung $\mathfrak{z}'$ aus der Zerlegung $\mathfrak{z}$ durch Weiterteilung, also durch Hinzufügung einzelner Teilungspunkte, so ist stets

$$U_{\mathfrak{z}} \leqq U_{\mathfrak{z}'} \leqq O_{\mathfrak{z}'} \leqq O_{\mathfrak{z}}, \tag{11}$$

d. h. bei einer Weiterteilung werden die Untersummen nicht kleiner und die Obersummen nicht größer.

---

[1] GOTTFRIED WILHELM LEIBNIZ, Philosoph, Mathematiker und Staatsmann, geb. 1646 in Leipzig, gest. 1716 in Hannover, war neben NEWTON der Begründer der Differential- und Integralrechnung.

[2] ARCHIMEDES war der größte Mathematiker des Altertums, geb. um 287 v. Chr. in Syrakus, gest. ebenda 212. Seine bedeutendsten Leistungen: Lösung kubischer Gleichungen, Summierung unendlicher Reihen, Berechnung von Flächeninhalten (Kreis, Ellipse, Parabelsegment) und Rauminhalten nach Methoden, die zeigen, daß er dem Integralbegriff schon sehr nahe gekommen war, ferner in der Mechanik: Schwerpunkt, Hebelgesetz, Schiefe Ebene, Schraube, Auftrieb (Archimedisches Prinzip), Flaschenzug sowie verschiedene hydraulische Maschinen.

Es sei (Abb. 47) Δx ein Teilintervall von $\mathfrak{z}$, das durch einen Zwischenpunkt in zwei Teilintervalle Δx_1 und Δx_2 von $\mathfrak{z}'$ zerlegt wird. g und G, g_1 und G_1, g_2 und G_2 seien jeweils untere und obere Grenze von $f(x)$ in den Teilintervallen $\Delta x, \Delta x_1, \Delta x_2$. (Diese schon in anderer Bedeutung verwendeten Bezeichnungen gelten nur für den folgenden Beweis.) Dann ist

$$g_1 \geqq g, \quad g_2 \geqq g, \quad G_1 \leqq G, \quad G_2 \leqq G.$$

(In Abb. 47 ist $g_1 = g$, $g_2 > g$, $G_1 < G$, $G_2 = G$). Die Δx entsprechenden Beiträge zu $U_{\mathfrak{z}}$ und $O_{\mathfrak{z}}$ sind

$$g\,\Delta x, \quad \text{bzw.} \quad G\,\Delta x,$$

in $U_{\mathfrak{z}'}$ und $O_{\mathfrak{z}'}$ treten an ihre Stelle die Ausdrücke

$$g_1 \Delta x_1 + g_2 \Delta x_2 \geqq g\,\Delta x_1 + g\,\Delta x_2 = g(\Delta x_1 + \Delta x_2) = g\,\Delta x,$$

bzw.

$$G_1 \Delta x_1 + G_2 \Delta x_2 \leqq G\,\Delta x_1 + G\,\Delta x_2 = G(\Delta x_1 + \Delta x_2) = G\,\Delta x.$$

Da diese Beziehungen für alle Teilintervalle von $\mathfrak{z}$ gelten, die durch neue Teilungspunkte weiter unterteilt werden, sind damit die Ungleichungen (11) bewiesen.

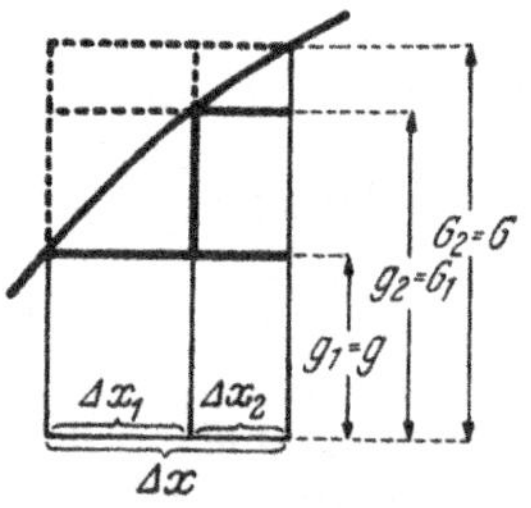

Abb. 47.

Es seien nun $\mathfrak{z}_1$ und $\mathfrak{z}_2$ zwei beliebige Zerlegungen von $[a, b]$, $U_{\mathfrak{z}_1}$ und $U_{\mathfrak{z}_2}$, $O_{\mathfrak{z}_1}$ und $O_{\mathfrak{z}_2}$ die zugehörigen Unter- und Obersummen. Aus $\mathfrak{z}_1$ und $\mathfrak{z}_2$ bilde ich durch Übereinanderlagerung eine dritte Zerlegung $\mathfrak{z}$, die also aus allen Teilungspunkten von $\mathfrak{z}_1$ und $\mathfrak{z}_2$ besteht; $U_{\mathfrak{z}}$ und $O_{\mathfrak{z}}$ seien die zu $\mathfrak{z}$ gehörige Unter- bzw. Obersumme. Dann ist nach (11)

$$U_{\mathfrak{z}} \geqq U_{\mathfrak{z}_1}, \quad U_{\mathfrak{z}} \geqq U_{\mathfrak{z}_2} \tag{12}$$

und

$$O_{\mathfrak{z}} \leqq O_{\mathfrak{z}_1}, \quad O_{\mathfrak{z}} \leqq O_{\mathfrak{z}_2}, \tag{13}$$

da man sich ja $\mathfrak{z}$ aus $\mathfrak{z}_1$ durch Hinzufügen der Teilungspunkte von $\mathfrak{z}_2$ und ebenso aus $\mathfrak{z}_2$ durch Hinzufügen der Teilungspunkte von $\mathfrak{z}_1$ entstanden denken kann.

Wegen $U_{\mathfrak{z}} \leqq O_{\mathfrak{z}}$, vgl. (2), folgt aus (12) und (13)

$$U_{\mathfrak{z}_1} \leqq O_{\mathfrak{z}_2}, \quad U_{\mathfrak{z}_2} \leqq O_{\mathfrak{z}_1}, \tag{14}$$

keine Untersumme kann größer sein als eine beliebige, auch zu einer ganz anderen Zerlegung gehörige Obersumme.

Mit (14) ist auch (3) bewiesen, denn wäre $J_* > J^*$, etwa $J_* = J^* + h$, so gäbe es eine Zerlegung $\mathfrak{z}'$ mit einer Untersumme $U_{\mathfrak{z}'} > J_* - \frac{h}{2} = J^* + \frac{h}{2}$ und eine Zerlegung $\mathfrak{z}''$ mit einer Obersumme $O_{\mathfrak{z}''} < J^* + \frac{h}{2} < U_{\mathfrak{z}'}$ in Widerspruch zu (14).

Eine wichtige Folgerung aus der fundamentalen Ungleichung (3) ist der folgende Satz:

Eine in $[a, b]$ beschränkte Funktion $f(x)$ ist dann und nur dann in $[a, b]$ integrierbar, wenn es zu jeder Zahl $\varepsilon > 0$ eine Zerlegung $\mathfrak{z}$ von $[a, b]$ gibt, so daß

$$O_{\mathfrak{z}} - U_{\mathfrak{z}} < \varepsilon \tag{15}$$

ist.

Gilt (15), so führt die Annahme $J_* < J^*$ wegen $U_{\mathfrak{z}} \leqq J_*$, $O_{\mathfrak{z}} \geqq J^*$ sofort auf einen Widerspruch zu (15), wenn man $\varepsilon \leqq J^* - J_*$ nimmt. Umgekehrt folgt aus der Integrierbarkeit von $f(x)$, also aus $J_* = J^*$, nach der Definition der oberen bzw. unteren Grenze die Existenz einer Zerlegung $\mathfrak{z}'$, für die $J_* - U_{\mathfrak{z}'} < \frac{\varepsilon}{2}$ ist, und ebenso die Existenz einer Zerlegung $\mathfrak{z}''$, für die $O_{\mathfrak{z}''} - J^* < \frac{\varepsilon}{2}$ ist. Für die durch Übereinanderlagerung der Teilungspunkte von $\mathfrak{z}'$ und $\mathfrak{z}''$ entstehende Zerlegung $\mathfrak{z}$ gilt dann sowohl $J_* - U_{\mathfrak{z}} < \frac{\varepsilon}{2}$, als auch $O_{\mathfrak{z}} - J^* < \frac{\varepsilon}{2}$ und durch Addition der beiden Ungleichungen folgt wegen $J_* - J^* = 0$ sofort (15).

Die Bedingung (15) kann man noch in eine etwas andere Gestalt bringen, wenn man für Ober- und Untersumme ihre Ausdrücke einsetzt. Es folgt

$$O_{\mathfrak{z}} - U_{\mathfrak{z}} = \sum_{i=1}^{n} G_i \Delta x_i - \sum_{i=1}^{n} g_i \Delta x_i = \sum_{i=1}^{n} (G_i - g_i) \Delta x_i = \sum_{i=1}^{n} \sigma_i \Delta x_i; \qquad (16)$$

$\sigma_i = G_i - g_i$ ist dabei die Schwankung von $f(x)$ im Teilintervall $[x_{i-1}, x_i]$ (§ 6, 7); die Summe $\sum \sigma_i \Delta x_i$ heißt die *kritische Summe* zur Zerlegung $\mathfrak{z}$. Damit haben wir den *Satz von* RIEMANN:

Die Funktion $f(x)$ ist in $[a, b]$ dann und nur dann integrierbar, wenn durch geeignete Wahl der Zerlegung die kritische Summe beliebig klein gemacht werden kann.

Eine unmittelbare Folgerung ist der folgende Satz:

Gibt es zu jeder Zahl $\varepsilon' > 0$ eine Zerlegung $\mathfrak{z}$ von $[a, b]$, so daß für die Schwankung σ_i von $f(x)$ in allen Teilintervallen von $\mathfrak{z}$

$$\sigma_i < \varepsilon', \quad i = 1, 2, \ldots, n, \qquad (17)$$

gilt, so ist $f(x)$ in $[a, b]$ integrierbar.

Denn aus (17) folgt

$$O_{\mathfrak{z}} - U_{\mathfrak{z}} = \sum_{i=1}^{n} \sigma_i \Delta x_i < \varepsilon' \sum_{i=1}^{n} \Delta x_i = \varepsilon' (b - a) \leqq \varepsilon,$$

wenn nur $\varepsilon' \leqq \frac{\varepsilon}{b-a}$ angenommen wird. (17) ist aber im Gegensatz zu (15) und zum Satz von RIEMANN *nur eine hinreichende, aber keine notwendige Bedingung* für die Integrierbarkeit von $f(x)$.

Beispiele:

1. Ist $f(x) = c$ eine beliebige Konstante, so gilt für jede Zerlegung $\mathfrak{z}$ gemäß Ziffer 2 (Beispiel)

$$U_{\mathfrak{z}} = O_{\mathfrak{z}} = c(b - a),$$

also ist $J_* = J^*$ und daher

$$J = \int_a^b c\, dx = c(b - a).$$

2. Es sei $f(x) = 0$ für alle rationalen, $f(x) = 1$ für alle irrationalen x. Da die rationalen Punkte überall dicht liegen (§ 2, 2), gilt für jede Zerlegung $\mathfrak{z}$

$$g_i = 0, \quad G_i = 1,$$

also ist

$$U_{\mathfrak{z}} = 0, \quad O_{\mathfrak{z}} = b - a$$

und daher

$$J_* = 0, \quad J^* = b - a.$$

5. **Die Integrierbarkeit der stetigen Funktionen.** Es sei $f(x)$ *stetig* in $[a, b]$. Nach dem Satz von der gleichmäßigen Stetigkeit (§ 8, 8) ist $f(x)$ dann in $[a, b]$ auch *gleichmäßig stetig*, d. h. es gibt zu jeder beliebigen Zahl $\varepsilon > 0$ eine Zahl $\delta > 0$, so daß

$$|f(x_1) - f(x_2)| < \varepsilon \qquad (18)$$

ist, wenn nur

$$|x_1 - x_2| < \delta(\varepsilon)$$

ist. $\delta(\varepsilon)$ hängt dabei nur von ε, nicht aber von den Stellen x_1 und x_2 des Intervalls $[a, b]$ ab. Es sei nun $\mathfrak{z}$ eine Zerlegung von $[a, b]$, deren längstes Teilintervall kleiner ist als die eben bestimmte Zahl $\delta = \delta(\varepsilon)$. Wegen der Stetigkeit von $f(x)$ ist ferner (§ 8, 5) g_i das Minimum und G_i das Maximum von $f(x)$ im i-ten Teilintervall von $\mathfrak{z}$, d. h. es gibt zwei Zahlen x_i' und x_i'' im Intervall $[x_{i-1}, x_i]$, so daß

$$g_i = f(x_i'), \quad G_i = f(x_i'') \tag{19}$$

und jedenfalls

$$|x_i' - x_i''| < \delta \tag{20}$$

ist. Wegen (18) folgt somit für die Schwankung von $f(x)$ in $[x_{i-1}, x_i]$

$$\sigma_i = G_i - g_i = f(x_i'') - f(x_i') < \varepsilon. \tag{21}$$

Somit gilt (17) und aus dem dort bewiesenen Satz folgt sofort:

Jede in $[a, b]$ stetige Funktion ist in $[a, b]$ integrierbar.

Die Stetigkeit einer Funktion ist also eine hinreichende, aber keine notwendige Bedingung für ihre Integrierbarkeit.

Aus dem Beweis dieses Satzes folgt noch, daß man das *Integral selbst gemäß* (10) *als Grenzwert der Riemannschen Summe bei einer ausgezeichneten Zerlegungsfolge bekommen kann*[1]. Denn nach der Definition ist für ein genügend großes $\nu > N$ die Länge des größten Teilintervalls $l_\nu < \delta$; dann gilt aber (20) und damit auch (21).

Wir sind damit imstande, bestimmte Integrale stetiger Funktionen zu berechnen. Die Wahl der ausgezeichneten Zerlegungsfolge haben wir dabei völlig in der Hand, wir können sie der Struktur der gegebenen Funktion $f(x)$ anpassen. In manchen Fällen wird man mit Zerlegungen auskommen, die das Intervall $[a, b]$ in n *gleiche* Teile teilen; eine ausgezeichnete Zerlegungsfolge ergibt sich dann für $n \to \infty$. Beispiele dafür gebe ich im folgenden. Ein Beispiel für eine Zerlegungsfolge mit nicht äquidistanten Teilungspunkten folgt in § 10, 5.

Ich erwähne noch, daß *die Summe und das Produkt von endlich vielen integrierbaren Funktionen ebenfalls integrierbar ist*, ferner ist *der Quotient zweier integrierbarer Funktionen integrierbar, wenn der Nenner entweder eine positive untere Grenze oder eine negative obere Grenze hat.* Auf den Beweis dieses Satzes will ich verzichten; für stetige Funktionen ist er eine unmittelbare Folgerung aus den am Schluß der Ziffer 2 von § 8 erwähnten Sätzen über stetige Funktionen.

Beispiele:

1. $f(x) = x$, $[a, b]$ beliebig. Ich zerlege $[a, b]$ in lauter gleiche Teilintervalle der Länge

$$\Delta x_i = \frac{1}{n}(b - a) = h,$$

die Teilungspunkte sind

$$x_i = a + i\,h, \quad i = 1, 2, \ldots, n - 1.$$

Für die Berechnung des Integrals verwende ich die Untersummen (vgl. § 1, Aufgabe 1 a)

$$U_n = \sum_{i=0}^{n-1} (a + i\,h)\,h = h \sum_{i=0}^{n-1} (a + i\,h) = n\,h\left(a + \frac{n\,h}{2} - \frac{h}{2}\right) =$$

$$= (b - a)\left(\frac{a + b}{2} - \frac{h}{2}\right) \to \frac{1}{2}(b^2 - a^2).$$

Also ist $\int\limits_a^b x\,dx = \frac{1}{2}(b^2 - a^2)$, in Übereinstimmung mit dem Ergebnis des Beispiels von Ziffer 2.

---

[1] Bei stetigem Integranden sind wegen (19) sowohl Ober- wie Untersumme Sonderfälle Riemannscher Summen.

2. $f(x) = x^2$, Intervall $[0, a]$. Ich zerlege das Intervall wieder in n gleiche Teilintervalle mit den Teilungspunkten

$$x_i = i\,h, \quad i = 1, 2, \ldots, n-1,$$

und den Längen

$$\Delta x_i = \frac{a}{n} = h.$$

Wegen $g_i = x_{i-1}^2$ wird die Untersumme

$$U_n = \sum_{i=0}^{n-1} (i\,h)^2 \cdot h = h^3 \left[1^2 + 2^2 + \ldots + (n-1)^2\right]$$

oder nach § 1, Aufgabe 1 c,

$$U_n = \frac{h^3}{6} n (n-1)(2n-1) = \frac{a^3}{6}\left(1 - \frac{1}{n}\right)\left(2 - \frac{1}{n}\right) \to \frac{a^3}{3},$$

also ist

$$J = \int_0^a x^2\,dx = \frac{a^3}{3}$$

der Inhalt des von der Kurve $y = x^2$ über dem Intervall $[0, a]$ bestimmten Normalbereiches.

3. $f(x) = \sin x$, Intervall $[a, b]$ beliebig. Ich teile das Intervall wie in Beispiel 1 in n gleiche Teile und verwende zur Berechnung die Riemannsche Summe mit $\xi_i = x_{i-1}$ (d. i. hier nur dann die Untersumme, wenn $\sin x$ im ganzen Intervall steigt, also wenn z. B. $-\frac{\pi}{2} \leqq a < b \leqq \frac{\pi}{2}$ ist!). Das gibt

$$R_n = h \sum_{i=0}^{n-1} \sin (a + i\,h);$$

die Summe forme ich mit Hilfe eines einfachen Kunstgriffes um; ich erweitere rechts mit $2 \sin \frac{h}{2}$; wegen

$$2 \sin x \sin y = \cos (x - y) - \cos (x + y)$$

folgt

$$R_n = \frac{h}{2 \sin \frac{h}{2}} \left[\cos\left(a - \frac{h}{2}\right) - \cos\left(a + \frac{h}{2}\right) + \cos\left(a + \frac{h}{2}\right) - \cos\left(a + \frac{3h}{2}\right) + \right.$$

$$+ \cos\left(a + \frac{3h}{2}\right) - \cos\left(a + \frac{5h}{2}\right) + \ldots + \cos\left(a + \frac{2n-3}{2} h\right) -$$

$$\left. - \cos\left(a + \frac{2n-1}{2} h\right)\right] =$$

$$= \frac{h}{2 \sin \frac{h}{2}} \left[\cos\left(a - \frac{h}{2}\right) - \cos\left(a + \frac{2n-1}{2} h\right)\right],$$

da nur das erste und letzte Glied in der Klammer stehen bleiben. Mit $n = \frac{b-a}{h}$ wird

$$R_n = \frac{h}{2 \sin \frac{h}{2}} \left[\cos\left(a - \frac{h}{2}\right) - \cos\left(b - \frac{h}{2}\right)\right]$$

Das Integral ergibt sich daraus als Grenzwert für $h \to 0$; wegen $\lim\limits_{h \to 0} \frac{\frac{h}{2}}{\sin \frac{h}{2}} = 1$ (§ 7, 10, Beispiel) folgt

$$J = \int_a^b \sin x\,dx = \lim_{h \to 0} R_n = \lim_{h \to 0} \frac{\frac{h}{2}}{\sin \frac{h}{2}} \lim_{h \to 0} \left[\cos\left(a - \frac{h}{2}\right) - \cos\left(b - \frac{h}{2}\right)\right] = \cos a - \cos b.$$

*** 6. Beweis der Beziehungen (8) bis (10).** $f(x)$ sei wieder beschränkt in $[a, b]$, also gibt es eine Zahl $M > 0$, so daß[1]

$$|f(x)| < M$$

ist für alle x aus $[a, b]$. Sei $\varepsilon > 0$ vorgegeben. Wie ich im Beweis von (15) gezeigt habe, gibt es dann eine Zerlegung $\mathfrak{z}$, so daß

$$J_* - \varepsilon < U_{\mathfrak{z}} \leqq J_* \leqq J^* \leqq O_{\mathfrak{z}} < J^* + \varepsilon \tag{22}$$

gilt. Diese Zerlegung $\mathfrak{z}$ habe n Teilungspunkte, also $n + 1$ Teilintervalle. Ferner sei $\mathfrak{z}_\delta$ eine Zerlegung von $[a, b]$, deren Teilintervalle alle kleiner sind als $\delta = \frac{\varepsilon}{2Mn}$, U_δ und O_δ die zugehörige Unter- und Obersumme. $\mathfrak{z}_1 = \mathfrak{z} + \mathfrak{z}_\delta$ sei die durch Vereinigung von $\mathfrak{z}$ und $\mathfrak{z}_\delta$ gebildete Zerlegung, U_1 und O_1 die zu $\mathfrak{z}_1$ gebildete Unter- und Obersumme (Abb. 48, $n = 8$). Ich teile nun die Intervalle von $\mathfrak{z}_1$ in zwei Klassen:

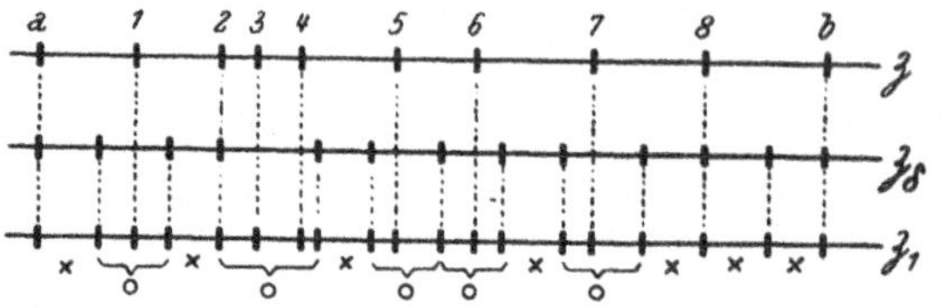

Abb. 48

I. Die Teilintervalle von $\mathfrak{z}_1$, die aus Intervallen von $\mathfrak{z}_\delta$ durch *Weiterteilung* entstehen; sie sind in Abb. 48 mit Ringen bezeichnet. Die Anzahl der Intervalle von $\mathfrak{z}_\delta$, die weitergeteilt werden, ist höchstens gleich n, da $\mathfrak{z}$ n Teilungspunkte enthält und da sowohl Teilungspunkte von $\mathfrak{z}$ und $\mathfrak{z}_\delta$ übereinstimmen können (wie z. B. die Punkte 2 und 8) als auch mehrere Teilungspunkte von $\mathfrak{z}$ in ein Intervall von $\mathfrak{z}_\delta$ fallen können (wie z. B. die Punkte 3 und 4). Ich will den Beitrag, den diese Intervalle zu U_1 oder O_1 liefern, abschätzen und fasse zu dem Zweck die Teilintervalle von $\mathfrak{z}_1$, die aus ein und demselben Teilintervall von $\mathfrak{z}_\delta$ entstanden sind, wieder zusammen und erhalte für den absoluten Betrag sofort die obere Schranke

$$n\, M\, \delta,$$

denn die Anzahl der unterteilten Intervalle ist nicht größer als n, ihre Längen sind kleiner als δ und die Beträge der oberen und unteren Grenze der Funktion sind nicht größer als M.

II. Alle übrigen Teilintervalle von $\mathfrak{z}_1$ sind unverändert gebliebene, durch die Weiterteilung mit den Teilungspunkten von $\mathfrak{z}$ nicht betroffene Teilintervalle von $\mathfrak{z}_\delta$; sie sind in Abb. 48 mit Kreuzen bezeichnet und liefern zu U_1 wie zu U_δ *denselben* Beitrag, den ich mit A bezeichne.

Die Differenz $U_\delta - A$ ist also gerade der Beitrag, den die weitergeteilten Intervalle von $\mathfrak{z}_\delta$ zu U_δ liefern; ebenso ist die Differenz $U_1 - A$ der Beitrag, den die Intervalle der Klasse I zu U_1 liefern. Für beide Differenzen gilt also

$$|U_\delta - A| < n\,\delta\, M, \qquad |U_1 - A| < n\,\delta\, M$$

und daher

$$|U_\delta - U_1| = |(U_\delta - A) - (U_1 - A)| \leqq |U_\delta - A| + |U_1 - A| < 2\,n\,\delta\, M = \varepsilon.$$

Ebenso zeigt man, daß auch

$$|O_\delta - O_1| < \varepsilon$$

ist. Somit gilt

$$U_1 - \varepsilon < U_\delta \leqq U_1 \leqq O_1 \leqq O_\delta < O_1 + \varepsilon. \tag{23}$$

[1] Vergleicht man mit der Beziehung

$$-M < f(x) < M$$
$$g \leqq f(x) \leqq G,$$

so folgt, daß die Zahl $M > \operatorname{Max}\{-g, G\}$ gewählt werden muß.

Da anderseits $\mathfrak{z}_1$ auch durch Weiterteilung aus $\mathfrak{z}$ entsteht, ist

$$U_{\mathfrak{z}} \leqq U_1 \leqq J_* \leqq J^* \leqq O_1 \leqq O_{\mathfrak{z}},$$

was zusammen mit (22) und (23)

$$J_* - 2\,\varepsilon < U_{\mathfrak{z}} - \varepsilon \leqq U_1 - \varepsilon < U_\delta \leqq J_* \leqq J^* \leqq O_\delta < O_1 + \varepsilon \leqq$$
$$\leqq O_{\mathfrak{z}} + \varepsilon < J^* + 2\,\varepsilon$$

oder unter Beschränkung auf die wesentlichen Glieder

$$J_* - 2\,\varepsilon < U_\delta \leqq J_* \leqq J^* \leqq O_\delta < J^* + 2\,\varepsilon \tag{24}$$

gibt.

Mit diesem Beweis, der, wie ich gern zugebe, fürs erste nicht ganz einfach erscheinen mag, haben wir ein ganz entscheidendes Resultat erzielt, das ich nun endgültig formuliere:

Ist $f(x)$ beschränkt in $[a, b]$, so unterscheidet sich für jede hinreichend feine Zerlegung $\mathfrak{z}$ von $[a, b]$ die zugehörige Untersumme $U_{\mathfrak{z}}$ beliebig wenig vom unteren Integral und die zugehörige Obersumme beliebig wenig vom oberen Integral.

Mit anderen Worten: *Ist $f(z)$ beschränkt in $[a, b]$, also $|f(z)| < M$ und $\varepsilon > 0$ beliebig, so läßt sich stets eine Zahl $\delta > 0$ angeben, so daß für jede Zerlegung $\mathfrak{z}_\delta$, deren längstes Teilintervall kleiner als δ ist, die Ungleichungen (24) gelten.*

Daraus folgt aber unmittelbar das Bestehen der Beziehungen (8) und (9), sowie, falls $f(x)$ integrierbar, also $J_* = J^*$ ist, auch das Bestehen der Beziehung (10), und zwar für *jede beliebige ausgezeichnete Zerlegungsfolge* $\{\mathfrak{z}_\nu\}$. Ferner gilt die Ungleichung (15) *für hinreichend feine Zerlegungen* dann und nur dann, wenn $f(x)$ in $[a, b]$ integrierbar ist.

Der Satz von Riemann (Ziffer 4) kann jetzt folgendermaßen verschärft werden:

Wenn $f(x)$ integrierbar ist, so haben die kritischen Summen für alle ausgezeichneten Zerlegungsfolgen den Grenzwert Null.

Wenn es eine einzige ausgezeichnete Zerlegungsfolge gibt, für die die kritischen Summen den Grenzwert Null haben, dann ist $f(x)$ integrierbar.

Aufgaben.

1. Man berechne auf 5 Dezimalen die Unter- und Obersumme der Funktion $y = \frac{1}{x}$ in $[1, 2]$ bei Teilung des Intervalls in 2, 5 und 10 gleiche Teile.

2. Die Riemannsche Summe für die obige Funktion ist bei 5 gleichen Teilintervallen zu berechnen, wenn die ξ_i in den Mitten der Teilintervalle genommen werden.

§ 10. Ergänzungen zum Integralbegriff.

1. **Sätze über bestimmte Integrale.** Ich habe bisher bei der Betrachtung des Integrationsintervalls $[a, b]$ stets stillschweigend vorausgesetzt, daß $a < b$ ist, was ja schließlich auch in der Schreibweise $[a, b]$ zum Ausdruck kommt. Aber die Definition des bestimmten Integrals läßt sich auch auf den Fall $a > b$, d. h. auf das Intervall $[b, a]$ übertragen. Wir können dabei alles unverändert lassen und nur die Teilungspunkte umgekehrt numerieren, so daß sie jetzt eine fallende Folge $x_0 = a > x_1 > x_2 > \dots > x_{n-1} > x_n = b$ bilden; die Differenzen $\Delta x_i = x_i - x_{i-1}$ werden dann alle negativ, so daß wieder $\sum \Delta x_i = b - a$ ist. Das gibt den

Satz 1: *Ist $f(x)$ integrierbar in einem die Punkte a und b enthaltenden Intervall, so ist*

$$\boxed{\int_b^a f(x)\,dx = -\int_a^b f(x)\,dx,} \tag{1}$$

d. h. ein bestimmtes Integral wechselt bei Vertauschung der Integrationsgrenzen sein Vorzeichen.

Für den bisher noch nicht betrachteten Fall $a = b$ definiert man

$$\boxed{\int_a^a f(x)\,dx = 0,} \tag{2}$$

was sowohl mit (1) als auch mit der Anschauung — der Normalbereich reduziert sich ja auf eine zur y-Achse parallele Strecke — im Einklang steht.

Ist $a < c < b$, so gilt

$$\boxed{\int_a^c f(x)\,dx + \int_c^b f(x)\,dx = \int_a^b f(x)\,dx;} \tag{3}$$

zum Nachweis genügt es, sich auf solche Zerlegungen $\mathfrak{z}$ von $[a, b]$ zu beschränken, die c als Teilungspunkt enthalten[1]. Fassen wir dann $\mathfrak{z}$ als Menge der Teilintervalle auf, so können wir $\mathfrak{z} = \mathfrak{z}' + \mathfrak{z}''$ schreiben, wobei $\mathfrak{z}'$ die Teilintervalle von $[a, c]$, $\mathfrak{z}''$ die von $[c, b]$ sind. Dann ist in leicht verständlicher Schreibweise für eine beliebige Riemannsche Summe

$$\sum_{\mathfrak{z}'} f(\xi_i)\,\Delta x_i + \sum_{\mathfrak{z}''} f(\xi_i)\,\Delta x_i = \sum_{\mathfrak{z}} f(\xi_i)\,\Delta x_i,$$

woraus sich für eine ausgezeichnete Zerlegungsfolge durch Grenzübergang (3) ergibt. (3) gilt wegen (2) auch für $a \leqq c \leqq b$; wegen (1) können wir (3) in der Gestalt

$$\int_a^b f(x)\,dx + \int_b^c f(x)\,dx = \int_a^c f(x)\,dx$$

schreiben, was sich aber von (3) nur durch Vertauschung von b und c unterscheidet, so daß (3) auch für $a \leqq b \leqq c$ gilt. Daraus folgt

Satz 2: *Ist $f(x)$ in einem Intervall integrierbar, das die drei Punkte a, b, und c enthält, so gilt die Beziehung* (3) *unbeschadet der gegenseitigen Lage von a, b und c.*

Selbstverständlich läßt sich (3) in der Gestalt (die Integranden sind der Einfachheit wegen weggelassen)

$$\int_{a_1}^{a_2} + \int_{a_2}^{a_3} + \cdots + \int_{a_{p-1}}^{a_p} = \int_{a_1}^{a_p}$$

für eine beliebige *endliche* Anzahl p von Punkten $a_1, a_2, \ldots, a_p$ verallgemeinern, vorausgesetzt, daß der Integrand $f(x)$ in einem alle diese Punkte enthaltenden Intervall integrierbar ist.

[1] Oder, was auf dasselbe hinauskommt, wenn wir zu allen Zerlegungen von $[a, b]$, für die c kein Teilungspunkt ist, c als Teilungspunkt hinzufügen.

Satz 3: *Ist k eine beliebige Konstante (also eine von der Integrationsveränderlichen unabhängige Zahl), so ist*

$$\boxed{\int_a^b k\,f(x)\,dx = k\int_a^b f(x)\,dx,} \tag{4}$$

d. h. ein konstanter Faktor des Integranden darf vor das Integralzeichen gesetzt werden.

Der Beweis folgt wieder aus der für eine beliebige Riemannsche Summe gültigen Beziehung

$$\sum_{i=1}^{n} k\,f(\xi_i)\,\Delta x_i = k\sum_{i=1}^{n} f(\xi_i)\,\Delta x_i$$

durch Grenzübergang innerhalb einer ausgezeichneten Zerlegungsfolge.

Sind $f(x)$ und $g(x)$ zwei in $[a, b]$ integrierbare Funktionen, so ist auch $\varphi(x) = f(x) + g(x)$ integrierbar[1] in $[a, b]$ und es gilt

$$\boxed{\int_a^b [f(x) + g(x)]\,dx = \int_a^b f(x)\,dx + \int_a^b g(x)\,dx.} \tag{5}$$

In der Tat gilt für eine beliebige Summe zu einer Zerlegung $\mathfrak{z}$

$$\sum_{i=1}^{n} \varphi(\xi_i)\,\Delta x_i = \sum_{i=1}^{n} [f(\xi_i) + g(\xi_i)]\,\Delta x_i = \sum_{i=1}^{n} f(\xi_i)\,\Delta x_i + \sum_{i=1}^{n} g(\xi_i)\,\Delta x_i,$$

woraus sich wieder durch Grenzübergang für eine beliebige ausgezeichnete Zerlegungsfolge (5) ergibt. Eine entsprechende Formel gilt für die Differenz $f(x) - g(x)$.

Auch (5) läßt sich für eine beliebige *endliche* Anzahl p von Summanden verallgemeinern

$$\int_a^b \sum_{k=1}^{p} f_k(x)\,dx = \sum_{k=1}^{p} \int_a^b f_k(x)\,dx \tag{6}$$

oder kurz

Satz 4: *Man darf eine endliche Summe gliedweise integrieren.*

Aus der Definition des bestimmten Integrals folgt ferner unmittelbar:

Satz 5: *Ist $f(x)$ integrierbar und $f(x) \geqq 0$ in $[a, b]$, $a < b$, so ist auch*

$$\int_a^b f(x)\,dx \geqq 0. \tag{7}$$

Ist $a > b$, so kehrt sich in (7) das Ungleichheitszeichen um.

Satz 6: *Ist $f(x) \geqq 0$ und stetig in $[a, b]$, so gilt in (7) das Gleichheitszeichen nur, wenn $f(x) \equiv 0$ ist in $[a, b]$.*

Wäre nämlich $f(x_0) > 0$, $a \leqq x_0 \leqq b$, so gäbe es wegen der Stetigkeit von $f(x)$ ein den Punkt x_0 enthaltendes Teilintervall $[\alpha, \beta]$ von $[a, b]$, in dem überall $f(x) > 0$ ist. Dann wäre aber

$$\int_a^b f(x)\,dx = \int_a^\alpha f(x)\,dx + \int_\alpha^\beta f(x)\,dx + \int_\beta^b f(x)\,dx \geqq \int_\alpha^\beta f(x)\,dx > 0$$

in Widerspruch zur Annahme.

---

[1] Vgl. die Bemerkung am Schluß von § 9, 5.

Satz 7: *Sind $f(x)$ und $g(x)$ integrierbar in $[a, b]$ und ist $f(x) \geqq g(x)$ in $[a, b]$, so ist auch*

$$\boxed{\int_a^b f(x)\,dx \geqq \int_a^b g(x)\,dx,} \tag{8}$$

wie sich sofort ergibt, wenn man (7) auf die Differenz $\varphi(x) = f(x) - g(x) \geqq 0$ anwendet.

Satz 8: *Ist $f(x)$ integrierbar in einem Intervall $\mathfrak{J}$, so ist auch $|f(x)|$ integrierbar in $\mathfrak{J}$.*

Nach § 6, 7, (3) ist die Schwankung σ von $f(x)$ in einem beliebigen Teilintervall $\overline{\mathfrak{J}} \subset \mathfrak{J}$

$$\sigma = G - g = \operatorname{Sup}\,[f(x_1) - f(x_2)], \quad x_1 \in \overline{\mathfrak{J}}, \quad x_2 \in \overline{\mathfrak{J}}$$

und die Schwankung $\bar{\sigma}$ von $|f(x)|$ in $\overline{\mathfrak{J}}$

$$\bar{\sigma} = \operatorname{Sup}\,[|f(x_1)| - |f(x_2)|], \quad x_1 \in \overline{\mathfrak{J}}, \quad x_2 \in \overline{\mathfrak{J}}.$$

Nach § 1, (17) ist

$$|f(x_1)| - |f(x_2)| \leqq |f(x_1) - f(x_2)|;$$

ferner ist $|f(x_1) - f(x_2)|$ entweder $= f(x_1) - f(x_2)$ oder $= f(x_2) - f(x_1)$. Also ist

$$\bar{\sigma} \leqq \operatorname{Sup}\,|f(x_1) - f(x_2)| = \operatorname{Sup}\,[f(x_1) - f(x_2)] = \sigma$$

und daraus folgt, daß die kritische Summe von $|f(x)|$ bei keiner Zerlegung des Integrationsintervalls größer als die von $f(x)$ ist. Aus dem Satz von Riemann (§ 9, 4) folgt dann Satz 8.

Satz 9: *Ist $f(x)$ integrierbar in $[a, b]$, $a < b$, so gilt*

$$\left|\int_a^b f(x)\,dx\right| \leqq \int_a^b |f(x)|\,dx, \tag{9}$$

d. h. *der absolute Betrag eines Integrals ist nicht größer als das Integral des absoluten Betrages des Integranden.*

Aus der für jede Funktion $f(x)$ und für alle x des Definitionsbereiches gültigen Beziehung

$$-|f(x)| \leqq f(x) \leqq |f(x)|$$

folgt nach (8) durch Integration

$$-\int_a^b |f(x)|\,dx \leqq \int_a^b f(x)\,dx \leqq \int_a^b |f(x)|\,dx$$

und damit unmittelbar (9).

Ist $a > b$, so gilt an Stelle von (9)

$$\left|\int_a^b f(x)\,dx\right| \leqq -\int_a^b |f(x)|\,dx.$$

Beide Ungleichungen kann man in

$$\left|\int_a^b f(x)\,dx\right| \leqq \left|\int_a^b |f(x)|\,dx\right| \tag{10}$$

zusammenfassen. Ist $|f(x)| \leqq M$ in $[a, b]$, so folgt aus (10) noch

$$\boxed{\left|\int_a^b f(x)\,dx\right| \leqq M\,|b-a|.} \tag{11}$$

Satz 10: *Ist der Unterschied zweier in* $[a, b]$, $a < b$, *integrierbarer Funktionen* $f(x)$ *und* $g(x)$ *im ganzen Intervall* $[a, b]$ *absolut genommen kleiner als eine Zahl* $\varepsilon > 0$, *also*

$$|f(x) - g(x)| < \varepsilon,$$

so gilt für den Unterschied der Integrale

$$\boxed{\left|\int_a^b f(x)\,dx - \int_a^b g(x)\,dx\right| < \varepsilon\,(b-a).} \tag{12}$$

Geometrisch ist dieser Satz leicht einzusehen. In der Abb. 49 sind die zur Bildkurve von $f(x)$ parallelen Kurven $y = f(x) + \varepsilon$ und $y = f(x) - \varepsilon$ gezeichnet, die einen Streifen von der Breite 2ε einschließen, in welchem die Kurve $y = g(x)$ verläuft. Die von den Kurven $f(x)$ und $g(x)$ eingeschlossene Fläche ist sicher kleiner als die Fläche des halben Streifens und diese ist

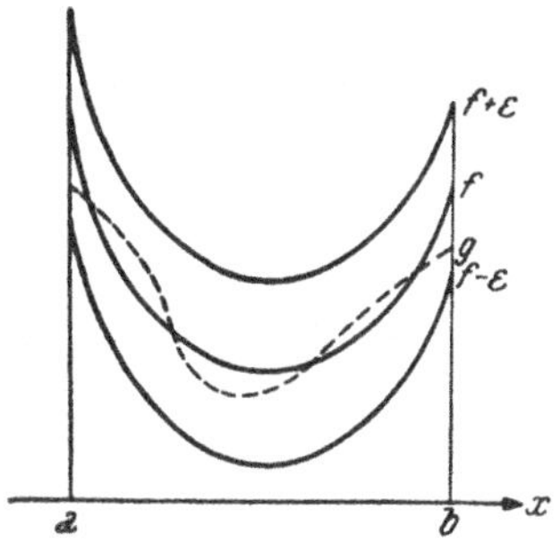

Abb. 49.

$$\frac{1}{2}\left(\int_a^b [f(x) + \varepsilon]\,dx - \int_a^b [f(x) - \varepsilon]\,dx\right) = \varepsilon\,(b-a).$$

Ohne die geometrische Deutung zu benützen, folgt aus der Voraussetzung und aus (5) und (10)

$$\left|\int_a^b f(x)\,dx - \int_a^b g(x)\,dx\right| = \left|\int_a^b [f(x) - g(x)]\,dx\right| \leqq \int_a^b \varepsilon\,dx$$

und damit sofort (12).

Ist g die untere und G die obere Grenze von $f(x)$ in $[a, b]$, $a < b$, also

$$g \leqq f(x) \leqq G,$$

so folgt aus Satz 7

$$g(b-a) \leqq \int_a^b f(x)\,dx \leqq G\,(b-a). \tag{13}$$

2. Die Integrierbarkeit der monotonen Funktionen. Eine in einem abgeschlossenen Intervall $[a, b]$ monotone Funktion[1] ist in $[a, b]$ beschränkt, denn es ist entweder $f(a) \leqq f(x) \leqq f(b)$ oder $f(a) \geqq f(x) \geqq f(b)$, je nachdem $f(x)$ in $[a, b]$ nicht fällt oder nicht steigt. Ich zerlege nun $[a, b]$ in n Teilintervalle gleicher Länge mit den Endpunkten

$$x_i = a + \frac{b-a}{n}\,i, \qquad i = 0, 1, \ldots, n,$$

dann wird die Schwankung σ_i in $[x_{i-1}, x_i]$

$$\sigma_i = \pm\,[f(x_i) - f(x_{i-1})], \qquad i = 1, \ldots, n, \tag{14}$$

[1] Man beachte, daß z. B. $\frac{1}{x}$ nicht in $[0, 1]$, sondern nur in $(0, 1]$ monoton ist, weil ja an der Stelle 0 kein Funktionswert existiert.

wobei rechts das Zeichen + oder — zu nehmen ist, je nachdem $f(x)$ nicht fällt oder nicht steigt. Die zu der obigen Zerlegung gehörige kritische Summe von $f(x)$ wird somit

$$\frac{b-a}{n}\sum_{i=1}^{n}\sigma_i = \pm\frac{b-a}{n}[f(b)-f(a)] \tag{15}$$

und ist beliebig klein, wenn n genügend groß ist. Somit folgt:

Jede in $[a, b]$ monotone Funktion ist in $[a, b]$ integrierbar.

Man nennt $f(x)$ in $[a, b]$ *stückweise monoton*, wenn sich $[a, b]$ in eine endliche Zahl von Teilintervallen zerlegen läßt, so daß $f(x)$ in jedem Teilintervall monoton ist. Dann ist nach dem obigen Satz $f(x)$ in jedem Teilintervall integrierbar und somit auch in $[a, b]$ selbst. Etwas allgemeiner gilt also:

Jede in $[a, b]$ stückweise monotone Funktion ist in $[a, b]$ integrierbar.

3. **Die Integrierbarkeit stückweise stetiger beschränkter Funktionen.** Es sei $f(x)$ beschränkt und zunächst in $[a, b]$ überall mit Ausnahme der im Innern von $[a, b]$ gelegenen Stelle c stetig. Ich betrachte eine ausgezeichnete Zerlegungsfolge $\{\mathfrak{z}_\nu\}$. Liegt c im Innern eines Teilintervalls $\mathfrak{J}_\nu$ von $\mathfrak{z}_\nu$, ist σ_ν die Schwankung von $f(x)$ in $\mathfrak{J}_\nu$ und Δx_ν die Länge von $\mathfrak{J}_\nu$, so ist der Beitrag von $\mathfrak{J}_\nu$ zur kritischen Summe

$$\sigma_\nu \Delta x_\nu \leqq (G-g)\, l_\nu,$$

wo G und g obere und untere Grenze von $f(x)$ in $[a, b]$ und l_ν die Länge des größten Teilintervalls von $\mathfrak{z}_\nu$ ist. Wegen $l_\nu \to 0$ gilt auch $\sigma_\nu \Delta x_\nu \to 0$ und $f(x)$ ist integrierbar, weil die Summe der Beiträge aller übrigen Teilintervalle von $\mathfrak{z}_\nu$, in denen $f(x)$ überall stetig ist, wegen der gleichmäßigen Stetigkeit ebenfalls gegen 0 geht. Ist c Teilungspunkt einer Zerlegung $\mathfrak{z}_\nu$, so vereinigt man die beiden in c zusammenstoßenden Teilintervalle von $\mathfrak{z}_\nu$ zu einem Intervall $\mathfrak{J}_\nu$, dessen Länge sicher $\leqq 2\,l_\nu$ ist; da mit $l_\nu \to 0$ auch $2\,l_\nu \to 0$ geht, kommt man zum selben Ergebnis.

Hat $f(x)$ eine endliche Anzahl, etwa n Unstetigkeitsstellen $c_1, c_2, \ldots, c_n$ in $[a, b]$, so wird der Beitrag aller Teilintervalle $\mathfrak{J}_\nu$ von $\mathfrak{z}_\nu$, die Unstetigkeitsstellen c_i enthalten, zur kritischen Summe höchstens gleich $2\,n\,(G-g)\,l_\nu \to 0$ für $l_\nu \to 0$. Also gilt:

Alle stückweise stetigen beschränkten Funktionen sind integrierbar.

Ich werde später bei der Diskussion der sogenannten *uneigentlichen Integrale* auch den Fall nichtbeschränkter Funktionen behandeln und zeigen, daß sich unter gewissen Voraussetzungen der Riemannsche Integralbegriff auch auf nichtbeschränkte Funktionen ausdehnen läßt.

4. **Der erste Mittelwertsatz der Integralrechnung.** Aus der Ungleichung (13) folgt, daß es eine Zahl M gibt, für die

$$\int_a^b f(x)\,dx = M\,(b-a) \tag{16}$$

und $g \leqq M \leqq G$ ist, d. h. geometrisch, daß der Inhalt des von $f(x)$ über $[a, b]$ bestimmten Normalbereiches mit dem Inhalt eines über demselben Intervall errichteten Rechtecks übereinstimmt, dessen Höhe gleich einem zwischen der unteren und oberen Grenze der Funktion gelegenen Wert M ist. Die Zahl

$$M = \frac{1}{b-a}\int_a^b f(x)\,dx \tag{17}$$

heißt *arithmetisches Mittel* oder *Mittelwert* der Funktion $f(x)$ im Intervall $[a, b]$.

Ist $f(x)$ *stetig* in $[a, b]$, so wird nach dem Zwischenwertsatz (§ 8, 6) jeder zwischen der unteren und oberen Grenze gelegene Wert von der Funktion auch wirklich angenommen, d. h. es gibt mindestens eine Stelle ξ, für die[1]

$$a < \xi < b$$

und

$$f(\xi) = M$$

ist. Damit erhalten wir die obige Relation in der als *erster Mittelwertsatz* der *Integralrechnung* bekannten Gestalt

$$\boxed{\int_a^b f(x)\,dx = f(\xi)\,(b - a), \quad a < \xi < b.} \tag{18}$$

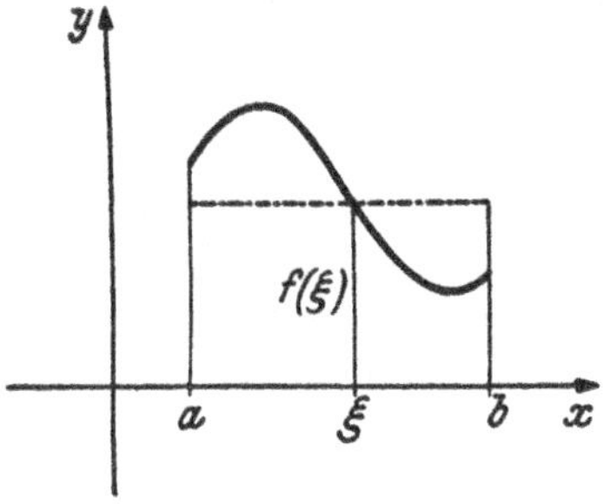

Abb. 50.

Eine geometrische Veranschaulichung gibt die Abb. 50. (18) bleibt richtig, wenn $a > b$ ist, nur hat die Ungleichung dann $b < \xi < a$ zu lauten. Eine in beiden Fällen gültige Gestalt ergibt sich, wenn man $b = a + h$ und $\xi = a + \vartheta h$ setzt:

$$\int_a^{a+h} f(x)\,dx = h\,f(a + \vartheta h), \quad 0 < \vartheta < 1. \tag{19}$$

Der erste Mittelwertsatz läßt sich verallgemeinern, wenn man statt des Integranden $f(x)$ den Integranden $f(x)\,\varphi(x)$ betrachtet, wobei $f(x)$ und $\varphi(x)$ im Intervall $[a, b]$ integrierbar sind und $\varphi(x) \geqq 0$ ist. Sind g und G untere und obere Grenze von $f(x)$ in $[a, b]$, so folgt aus

$$g \leqq f(x) \leqq G$$

durch Multiplikation mit $\varphi(x)$

$$g\,\varphi(x) \leqq f(x)\,\varphi(x) \leqq G\,\varphi(x)$$

und daraus nach Satz 7 von Ziffer 1

$$g \int_a^b \varphi(x)\,dx \leqq \int_a^b f(x)\,\varphi(x)\,dx \leqq G \int_a^b \varphi(x)\,dx$$

also

$$\int_a^b f(x)\,\varphi(x)\,dx = M \int_a^b \varphi(x)\,dx,$$

---

[1] Zunächst gilt bloß

$$a \leqq \xi \leqq b;$$

man überlegt aber leicht, daß man, wenn etwa $M = f(a)$ ist, stets ein $\xi \in (a, b)$ finden kann, für das $M = f(\xi)$ gilt.

Ist nämlich zunächst $f(a) = f(x)$ für alle $x \in [a, b]$, so ist $f(x)$ konstant und man kann ξ beliebig in (a, b) wählen. Es kann ferner, wenn $f(x)$ nicht konstant ist, nicht für alle $x \in [a, b]$

$$M = f(a) \leqq f(x)$$

sein, denn dann wäre

$$(b - a)\,f(a) = (b - a)\,M < \int_a^b f(x)\,dx$$

in Widerspruch zu (16). Ebenso zeigt man, daß nicht $f(a) \geqq f(x)$ sein kann. Es muß also mindestens je eine Stelle x_1 und x_2 in (a, b) geben, so daß

$$f(a) < f(x_1) \quad \text{und} \quad f(a) > f(x_2)$$

ist; dann gibt es aber nach dem Zwischenwertsatz mindestens ein ξ zwischen x_1 und x_2 ($x_1 < \xi < x_2$ oder $x_2 < \xi < x_1$), so daß $f(\xi) = f(a)$ ist und somit (18) für $a < \xi < b$ gilt.

wobei $g \leqq M \leqq G$ ist. Ist $f(x)$ stetig, so existiert eine Stelle ξ, für die

$$a < \xi < b$$

und $f(\xi) = M$, also

$$\boxed{\int_a^b f(x)\,\varphi(x)\,dx = f(\xi)\int_a^b \varphi(x)\,dx,\ a < \xi < b} \tag{20}$$

ist. (20) heißt der *verallgemeinerte erste Mittelwertsatz der Integralrechnung*; aus ihm ergibt sich die ursprüngliche Form (18) für $\varphi(x) \equiv 1$.

Multipliziert man (20) mit -1, so folgt, daß der Satz auch im Fall $\varphi(x) \leqq 0$ und daher insbesondere *für jede stetige Funktion $\varphi(x)$ gilt, die in $[a, b]$ nirgends das Vorzeichen wechselt.*

5. **Integration der Potenz mit rationalem Exponenten.** Die im folgenden durchgeführte Berechnung des Integrals $\int_a^b x^\alpha\,dx$ gilt für alle rationalen Exponenten $\alpha \neq -1$; der Fall $\alpha = -1$ ist gesondert zu behandeln (§ 16, 1).

Es sei $0 < a < b$. In § 9, 5 (Beispiel 2) wurde dieser Grenzwert speziell für $\alpha = 2$ ermittelt. Die Teilung des Intervalls in n gleiche Teile erweist sich als nicht praktisch, da sie auf komplizierte Grenzwerte führt. Der Grenzübergang gestaltet sich aber sehr einfach, wenn man die Teilungspunkte durch eine geometrische Folge mit dem Quotienten $q = \sqrt[n]{\frac{b}{a}}$ bestimmt, also

$$x_0 = a,\ x_1 = a\,q,\ x_2 = a\,q^2,\ \ldots,\ x_{n-1} = a\,q^{n-1},\ x_n = a\,q^n = b$$

setzt. Die Längen der Teilintervalle sind dann

$$\Delta x_1 = a\,(q-1),\ \Delta x_2 = a\,q\,(q-1),\ \ldots,\ \Delta x_i = a\,q^{i-1}\,(q-1),\ \ldots$$
$$\ldots,\ \Delta x_n = a\,q^{n-1}\,(q-1).$$

Wählen wir in jedem Teilintervall $\xi_i = x_{i-1}$, so ist $f(\xi_i) = \xi_i^\alpha = x^\alpha_{i-1} = (a\,q^{i-1})^\alpha$. Das gesuchte Integral ist dann der Grenzwert der Summe

$$J_n = \sum_{i=1}^{n} f(\xi_i)\,\Delta x_i = a^\alpha\,a\,(q-1) + (a\,q)^\alpha\,a\,q\,(q-1) + \ldots$$
$$\ldots + (a\,q^{i-1})^\alpha\,a\,q^{i-1}\,(q-1) + \ldots + (a\,q^{n-1})^\alpha\,a\,q^{n-1}\,(q-1) =$$
$$= a^{\alpha+1}\,(q-1)\,[1 + q^{\alpha+1} + \ldots + q^{(i-1)(\alpha+1)} + \ldots + q^{(n-1)(\alpha+1)}] =$$
$$= a^{\alpha+1}\,(q-1)\,\frac{q^{(\alpha+1)n} - 1}{q^{\alpha+1} - 1}.$$

Setzt man nun $q^n = \frac{b}{a}$ ein, so wird

$$J_n = a^{\alpha+1}\,(q-1)\,\frac{\left(\frac{b}{a}\right)^{\alpha+1} - 1}{q^{\alpha+1} - 1} = (b^{\alpha+1} - a^{\alpha+1})\,\frac{q-1}{q^{\alpha+1} - 1}.$$

Es sei zunächst α positiv und ganz. Dann ist

$$J_n = (b^{\alpha+1} - a^{\alpha+1})\,\frac{1}{1 + q + q^2 + \ldots + q^{\alpha-1} + q^\alpha}.$$

Wächst nun n über alle Grenzen, so behält der erste Faktor seinen Wert. Der zweite

Faktor hat, da $q = \left(\frac{b}{a}\right)^{\frac{1}{n}}$ mit $n \to \infty$ gegen 1 strebt, den Grenzwert $\frac{1}{\alpha + 1}$. Somit liefert $\lim\limits_{n \to \infty} J_n$ als Wert des gesuchten Integrales

$$\int_a^b x^\alpha \, dx = \frac{1}{\alpha + 1} (b^{\alpha+1} - a^{\alpha+1}).$$

Dieses Ergebnis läßt sich ohne Schwierigkeit verallgemeinern. Ist nämlich $\alpha = \frac{r}{s}$ eine positive rationale Zahl, wobei r und s als positiv ganz vorausgesetzt werden dürfen, so läßt sich die Bestimmung des Grenzwertes von

$$J_n = (b^{\alpha+1} - a^{\alpha+1}) \frac{q - 1}{q^{\alpha+1} - 1}$$

für $n \to \infty$ in der Weise durchführen, daß man $q^{\frac{1}{s}} = p$ setzt. Da zugleich mit q auch p gegen 1 strebt, erhalten wir

$$\frac{q - 1}{q^{\alpha+1} - 1} = \frac{p^s - 1}{p^{r+s} - 1} = \frac{p^s - 1}{p - 1} \frac{p - 1}{p^{r+s} - 1} = \frac{1 + p + p^2 + \dots + p^{s-1}}{1 + p + p^2 + \dots + p^{r+s-1}} \to$$

$$\to \frac{s}{r + s} = \frac{1}{\alpha + 1}.$$

Damit ist auch für beliebige positive rationale α

$$\int_a^b x^\alpha \, dx = \frac{1}{\alpha + 1} (b^{\alpha+1} - a^{\alpha+1}).$$

Diese Formel bleibt aber auch für negative rationale α gültig, wenn wir nur $\alpha \neq -1$ annehmen. Um also für $\alpha = -\frac{r}{s}$, r und s positiv ganz, $r \neq s$, die Bestimmung des Grenzwertes von $\frac{q - 1}{q^{\alpha+1} - 1}$ vorzunehmen, setzen wir $q^{-\frac{1}{s}} = p$. Dann ist $q = p^{-s}$ und $q^{\alpha+1} = q^{-\frac{r-s}{s}} = p^{r-s}$. Für $n \to \infty$ geht zugleich mit $q \to 1$ wieder auch $p \to 1$ und

$$\frac{q - 1}{q^{\alpha+1} - 1} = \frac{p^{-s} - 1}{p^{r-s} - 1} = \frac{1 - p^s}{p^r - p^s} = \frac{1 - p^s}{1 - p} \cdot \frac{1 - p}{(1 - p^s) - (1 - p^r)} =$$

$$= \frac{1 + p + p^2 + \dots + p^{s-1}}{(1 + p + \dots + p^{s-1}) - (1 + p + \dots + p^{r-1})} \to \frac{s}{s - r} = \frac{1}{\alpha + 1}.$$

Somit gilt mit Ausnahme von $\alpha = -1$ für alle rationalen α

$$\boxed{\int_a^b x^\alpha \, dx = \frac{1}{\alpha + 1} (b^{\alpha+1} - a^{\alpha+1}), \quad 0 < a < b.} \tag{21}$$

Von der Voraussetzung $0 < a < b$ über das Integrationsintervall können wir uns bis zu einem gewissen Grad befreien. Nach § 7, 8 ist x^α mit rationalem $\alpha = \frac{p}{q}$ (p, q teilerfremd) für $x < 0$ nur dann definiert, wenn $q = 2k + 1$ ungerade, und für $x = 0$ nur, wenn $\alpha \geqq 0$ ist. Ist also $\alpha = \frac{p}{2k + 1} \geqq 0$, so gilt (21) für eine beliebige Lage der Grenzen, insbesondere auch im Fall

$a < 0 < b$. Ist aber $\alpha = \frac{p}{2k+1} < 0$, so gilt (21) für alle Intervalle $[a, b]$, die den Nullpunkt nicht enthalten, also insbesondere auch für $a < b < 0$.

Ist $\alpha \geqq 0$, so können wir in (21) $a = 0$ setzen und erhalten

$$\int_0^b x^\alpha\, dx = \frac{b^{\alpha+1}}{\alpha+1}, \quad b > 0. \tag{22}$$

Auffallend ist, daß die rechte Seite von (21) nicht nur für $\alpha \geqq 0$, sondern für alle $\alpha > -1$, sowohl von a wie von b stetig abhängt, obwohl im Fall $\alpha < 0$ der Integrand an der Stelle $x = 0$ unstetig ist, auf der linken Seite also ein uneigentliches Integral steht. Offenbar handelt es sich also hier um einen der am Schluß von Ziffer 3 erwähnten Fälle, wo sich der Integralbegriff auf nicht beschränkte Funktionen verallgemeinern läßt.

Die Formel (21) versagt für $\alpha = -1$, weil dann sowohl der Zähler als auch der Nenner verschwindet. Es liegt ferner die Vermutung nahe, daß die eben abgeleitete Integralformel auch für irrationale α gilt. Ich werde das in § 16, 5 nachweisen.

Aufgaben.

1. $\int\limits_{-0{\cdot}2}^{1{\cdot}3} (0{\cdot}5\, x^2 - 1{\cdot}7\, x + 2{\cdot}5)\, dx.$ 2. $\int\limits_0^1 \left(\sqrt[3]{x^7} - \sqrt[5]{x^{11}}\right) dx.$

3. Man zeige, daß jede zu der Achse einer Parabel senkrechte Gerade von der Parabel ein Segment abschneidet, dessen Inhalt gleich $\frac{2}{3}$ des Inhalts des umschriebenen Rechtecks ist.

4. Man bestimme den Inhalt der von der Parabel $y = x^2$ und der Geraden $y = x + 2$ eingeschlossenen Fläche.

5. Man bestimme die Fläche zwischen den Kurven $y^2 = x$ und $y^2 = x^3$.

6. Man bestimme die Fläche zwischen den Kurven $y = x^2$ und $y^2 = x^3$.

7. Man bestimme die Mittelwerte der folgenden Funktionen in den angegebenen Intervallen:

a) x^n in $[0, 1]$; b) $\sin x$ in $\left[0, \frac{\pi}{2}\right]$; c) $\sin ax$ in $\left[0, \frac{\pi}{a}\right]$.

8. Ist im luftleer gedachten Raum ein Körper von einer Ruhelage aus eine Strecke s frei gefallen, so hat er die Geschwindigkeit $v = \sqrt{2gs}$ erreicht, wobei $g = 9{\cdot}81$ m/sec² die Schwerebeschleunigung ist. Man bestimme die mittlere Geschwindigkeit des Körpers auf der Fallstrecke s!

9. Es ist der mittlere Abstand der Punkte eines Kreises vom Radius a von einem fest gewählten Punkt O des Kreises zu bestimmen!

§ 11. Die Ableitung oder der Differentialquotient.

1. **Das Tangentenproblem.** Auch der Begriff der Ableitung läßt sich wie der des bestimmten Integrals auf eine Fragestellung der Geometrie zurückführen, nämlich auf das Problem, an eine gegebene Kurve $\mathfrak{C}$ mit der Gleichung $y = f(x)$ in einem bestimmten Punkt P mit den Koordinaten x und $y = f(x)$ die Tangente zu legen. Natürlich handelt es sich uns dabei nicht um eine Konstruktion, sondern um ein rechnerisches Verfahren, das uns die zur Aufstellung der Tangentengleichung noch fehlende Größe, den Richtungskoeffizienten, liefert.

Ich erkläre zunächst den Begriff der Tangente in folgender Weise (Abb. 51). Außer dem gegebenen Punkt $P = (x, y)$ nehmen wir auf der Kurve $\mathfrak{C}$ willkürlich einen zweiten Punkt $P_1 = (x_1, y_1)$ an und legen durch diese beiden Punkte eine Gerade, also eine Sekante von $\mathfrak{C}$. Bewegt sich der Punkt P_1 auf der Kurve gegen

P, bis er mit diesem Punkt zusammenfällt, so dreht sich die Sekante um P; nähert sie sich dabei schließlich einer bestimmten Grenzlage, die unabhängig davon ist, ob der Punkt P_1 von rechts oder von links her gegen P rückt, so heißt diese Grenzlage der Sekante *die Tangente der Kurve* $\mathfrak{C}$ *im Punkt* P.

2. Differenzenquotient und Ableitung. Wir wollen den soeben an Hand der geometrischen Deutung skizzierten Grenzprozeß nun rechnerisch durchführen. Der Richtungskoeffizient der Sekante ist

$$\frac{y_1 - y}{x_1 - x} = \tan \alpha_1,$$

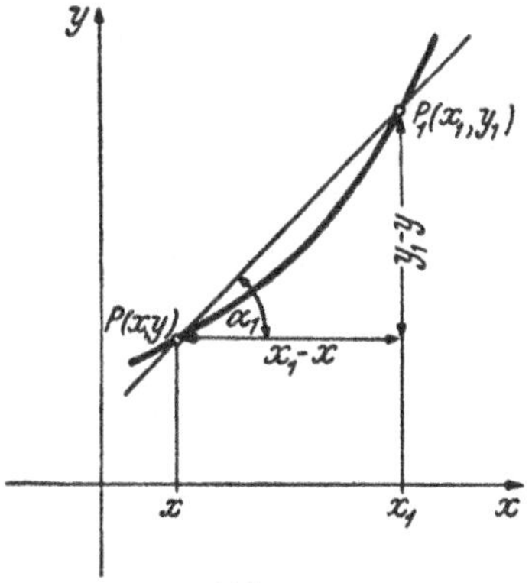

Abb. 51.

wobei α_1 der Winkel zwischen positiver Abszissenachse und Sekante ist. Da im Nenner dieses Ausdruckes die Differenz der Argumente (Abszissen), im Zähler die Differenz der zugehörigen Funktionswerte (Ordinaten) auftritt, wird dieser Quotient als *Differenzenquotient der Funktion* $f(x)$ bezeichnet. Ist die Kurve $\mathfrak{C}$ eine Gerade $y = a\,x + b$, so stimmt der Differenzenquotient mit dem Richtungskoeffizienten oder der Steigung a dieser Geraden überein. Im allgemeineren Fall einer nicht geradlinigen Kurve $\mathfrak{C}$ ist der Differenzenquotient ein Maß für die *mittlere Steigung* von $\mathfrak{C}$ zwischen den Punkten P und P_1. Man pflegt den Differenzenquotienten in recht verschiedenen Formen anzuschreiben. Setzt man $y_1 - y = \Delta y = \Delta f(x)$ und $x_1 - x = \Delta x = h$, so ergeben sich folgende Schreibweisen für den Differenzenquotienten:

$$\frac{y_1 - y}{x_1 - x} = \frac{\Delta y}{\Delta x} = \frac{f(x_1) - f(x)}{x_1 - x} = \frac{\Delta f(x)}{\Delta x} = \frac{f(x+h) - f(x)}{h}. \qquad (1)$$

Wenn nun bei dem erwähnten Grenzübergang der Punkt P_1 in den Punkt P hineinrückt, so bedeutet dies, daß $x_1 \to x$ oder $\Delta x \to 0$ oder $h \to 0$ strebt. Den Richtungskoeffizienten der Tangente erhalten wir als Grenzwert des Richtungskoeffizienten der Sekante, d. h. also des Differenzenquotienten für $x_1 \to x$. Es wird somit

$$\lim_{x_1 \to x} \frac{y_1 - y}{x_1 - x} = \tan \alpha$$

sein, wobei α der Winkel der Tangente mit der positiven x-Achse ist. Existiert dieser Grenzwert (im eigentlichen Sinn), so nennt man ihn *die Ableitung* oder *den Differentialquotienten von* $f(x)$ *an der Stelle* x und schreibt ihn entweder in der von LEIBNIZ eingeführten Bezeichnungsweise

$$\frac{dy}{dx} = \frac{df(x)}{dx}$$

oder nach LAGRANGE[1]

$$y' = f'(x).$$

Die Funktion $f(x)$ heißt dann *differenzierbar an der Stelle* x ihres Definitionsbereiches. Zur Leibnizschen Schreibweise ist zu bemerken, daß ebenso wie die „Δ" im Differenzenquotienten die „d" im Differentialquotienten keinerlei selb-

[1] JOSEPH LOUIS LAGRANGE, geb. 1736 in Turin, gest. 1812, wirkte in Turin, Berlin und Paris. Seine Arbeiten betreffen fast alle Zweige der reinen und angewandten Mathematik.

ständige Bedeutung haben und nicht mit Zahlenfaktoren verwechselt werden dürfen. Man muß sich auch davor hüten, aus der Beziehung

$$\lim_{\Delta x \to 0} \frac{\Delta y}{\Delta x} = \frac{dy}{dx}$$

etwa zu schließen, daß die „*Differentiale*“ dy und dx die Grenzwerte von Δy und Δx sind, denn diese Grenzwerte sind Null. Auf eine selbständige Bedeutung der Differentiale komme ich in Ziffer 4 noch zurück. Vorderhand halten wir fest, daß ihr Quotient $\frac{dy}{dx}$ der Grenzwert des Differenzenquotienten ist. Eine dritte, von CAUCHY herrührende Bezeichnungsweise $Dy = Df(x)$ für die Ableitung, wobei D eine Abkürzung für „Derivierte“ (= Ableitung) ist, findet sich fast nur mehr in der älteren Literatur.

Beispiele:

Wir ermitteln die Ableitungen einiger einfacher Funktionen:

1. $y = f(x) = c$ (konstant); es wird für jedes h

$$f(x+h) - f(x) = c - c = 0,$$

d. h. es ist bereits der Differenzenquotient der Konstanten gleich Null und dasselbe gilt dann natürlich auch für $h \to 0$, die Ableitung, also:

$$f'(x) = c' = 0 \quad \text{oder} \quad \frac{dc}{dx} = 0.$$

2. $y = f(x) = x$; wir erhalten für den Differenzenquotienten

$$\frac{f(x+h) - f(x)}{h} = \frac{(x+h) - x}{h} = \frac{h}{h} = 1.$$

Somit ist auch der Grenzwert

$$f'(x) = x' = \frac{dx}{dx} = 1,$$

was aus der Bildkurve, nämlich der Geraden $y = x$, unmittelbar zu erkennen ist.

3. $y = f(x) = x^2$; der Differenzenquotient ist

$$\frac{f(x+h) - f(x)}{h} = \frac{(x+h)^2 - x^2}{h} = 2x + h,$$

daher

$$f'(x) = (x^2)' = \frac{dx^2}{dx} = \lim_{h \to 0} (2x + h) = 2x.$$

Die Bildkurve $y = x^2$ ist eine gewöhnliche Parabel, deren Scheitel der Ursprung und deren Achse die y-Achse ist. Aus $y' = 2x$ folgt eine bekannte Eigenschaft der Parabeltangente: sie schneidet die Parabelachse $x = 0$ im Punkt $(0, -y)$; der Leser möge dies selbst bestätigen.

4. $y = f(x) = \sin x$; der Differenzenquotient

$$\frac{f(x+h) - f(x)}{h} = \frac{1}{h}[\sin(x+h) - \sin x] = \frac{1}{h} 2 \cos\left(x + \frac{h}{2}\right) \sin\frac{h}{2} =$$

$$= \cos\left(x + \frac{h}{2}\right) \frac{\sin\frac{h}{2}}{\frac{h}{2}}$$

hat den Grenzwert

$$f'(x) = \frac{d \sin x}{dx} = \lim_{h \to 0} \cos\left(x + \frac{h}{2}\right) \lim_{h \to 0} \frac{\sin\frac{h}{2}}{\frac{h}{2}} = \cos x \cdot 1 = \cos x.$$

In ähnlicher Weise findet man

$$(\cos x)' = \frac{d \cos x}{dx} = -\sin x,$$

wovon sich der Leser selbst überzeugen möge.

5. $y = f(x) = \tan x$; es folgt

$$\frac{\Delta f(x)}{h} = \frac{\tan(x+h) - \tan x}{h} = \frac{\tan h}{h} \cdot \frac{1 + \tan^2 x}{1 - \tan x \tan h}$$

und

$$\lim_{h\to 0} \frac{\Delta f(x)}{h} = \lim_{h\to 0} \frac{\sin h}{h} \cdot \lim_{h\to 0} \frac{1}{\cos h} \cdot \lim_{h\to 0} \frac{1 + \tan^2 x}{1 - \tan x \tan h} = 1 \cdot 1 \cdot (1 + \tan^2 x) = \frac{1}{\cos^2 x}$$

also ist

$$(\tan x)' = \frac{d \tan x}{dx} = \frac{1}{\cos^2 x}.$$

Die Unterscheidung von links- und rechtsseitigem Grenzwert (§ 7, 4) und von links- und rechtsseitiger Stetigkeit (§ 8, 2) führt hier naturgemäß auch zu einer Unterscheidung von *linksseitiger* und *rechtsseitiger Ableitung*. Geometrisch handelt es sich dabei darum, daß in Abb. 51 der Punkt P_1 sich dem Punkt P entweder von links oder von rechts her nähert.

Existiert also der Grenzwert

$$\lim_{x_1 \to x-} \frac{f(x_1) - f(x)}{x_1 - x} = \lim_{h \to 0-} \frac{f(x+h) - f(x)}{h} = f'_-(x), \tag{2}$$

so heißt $f'_-(x)$ die *linksseitige Ableitung von $f(x)$ an der Stelle x* und analog der Grenzwert

$$\lim_{x_1 \to x+} \frac{f(x_1) - f(x)}{x_1 - x} = \lim_{h \to 0+} \frac{f(x+h) - f(x)}{h} = f'_+(x) \tag{3}$$

die *rechtsseitige Ableitung von $f(x)$ an der Stelle x.*

Existiert an einer Stelle x sowohl $f'_-(x)$ als auch $f'_+(x)$ und ist $f'_-(x) = f'_+(x)$, so existiert auch $f'(x)$, und zwar ist

$$f'(x) = f'_-(x) = f'_+(x);$$

umgekehrt folgt aus der Existenz von $f'(x)$ sowohl die Existenz von $f'_-(x)$ und $f'_+(x)$ als auch $f'_-(x) = f'_+(x)$. Man mache sich den Unterschied von $f'_-(x)$ und $f'(x-)$ bzw. $f'_+(x)$ und $f'(x+)$ klar (vgl. § 7, 4 und die Aufgabe 1, S. 129).

Ist $f(x)$ stetig und $f'_-(x) \neq f'_+(x)$ an einer Stelle x des Definitionsbereiches von $f(x)$, so heißt der Punkt mit den Koordinaten x, $y = f(x)$ ein *Eckpunkt* der Bildkurve $\mathfrak{C}$ von $y = f(x)$.

Weitere Beispiele:

6. Die Funktion $|x|$ (§ 6, 4, Abb. 17) ist für $x = 0$ stetig, aber nicht differenzierbar. Es ist ja

$$\frac{f(0+h) - f(0)}{h} = \frac{|h| - 0}{h} = \operatorname{sign} h$$

und

$$\lim_{h\to 0} \operatorname{sign} h$$

existiert nicht, wohl aber

$$\lim_{h\to 0-} \operatorname{sign} h = f'_-(0) = -1$$

und

$$\lim_{h\to 0+} \operatorname{sign} h = f'_+(0) = +1.$$

7. Die Funktion $f(x) = \sqrt[3]{x}$ (§ 7, 8, Abb. 33) ist an der Stelle $x = 0$ nicht differenzierbar; der Differenzenquotient ist

$$\frac{f(0+h) - f(0)}{h} = \frac{h^{\frac{1}{3}}}{h} = h^{-\frac{2}{3}} = \frac{1}{\sqrt[3]{h^2}} \to +\infty$$

für $h \to 0$. Eine Ableitung existiert also nicht. Rein geometrisch ist der Punkt $x = 0$ der Kurve $y = \sqrt[3]{x}$ weiter nicht ausgezeichnet. Denn die Tangente existiert in diesem Punkt, nämlich die Gerade $x = 0$, ihr Richtungskoeffizient ist aber unendlich.

8. Die (zweideutige) Funktion $f(x) = \pm\sqrt{x^3}$ (§ 7, 8, Abb. 33) ist an der Stelle $x = 0$ differenzierbar, denn

$$\frac{f(h) - f(0)}{h} = \frac{\pm\sqrt{h^3}}{h} = \pm\sqrt{h} \to 0$$

für $h \to 0$, und zwar unabhängig vom Vorzeichen der Wurzel, d. h. für beide Zweige ($y \geqq 0$ und $y \leqq 0$) der Kurve $y = \pm\sqrt{x^3}$, die im Ursprung eine *Spitze* (wohl zu unterscheiden vom Eckpunkt!) hat. Dagegen ist die Funktion $f(x) = \sqrt[3]{x^2}$ an der Stelle $x = 0$ nicht differenzierbar, weil

$$\frac{f(h) - f(0)}{h} = \frac{\sqrt[3]{h^2}}{h} = \frac{1}{\sqrt[3]{h}} \to \pm\infty.$$

Die Kurve $y = \sqrt[3]{x^2}$ hat ebenfalls im Ursprung eine Spitze, aber mit der Tangente $x = 0$.

3. **Differenzierbarkeit und Stetigkeit.** Es gilt: *Ist eine Funktion an einer Stelle x ihres Definitionsbereiches differenzierbar, so ist sie an der Stelle x auch stetig.*

Denn aus

$$\lim_{h \to 0} \frac{f(x+h) - f(x)}{h} = f'(x) \tag{4}$$

folgt, da $f'(x)$ endlich ist, daß mit h auch $f(x+h) - f(x)$ gegen Null gehen muß. Es ist also

$$\lim_{h \to 0} f(x+h) = f(x),$$

was zu beweisen war. Die Umkehrung gilt nicht, eine stetige Funktion muß nicht differenzierbar sein.

Eine Funktion $f(x)$ heißt *differenzierbar in einem Intervall* $\mathfrak{J}$, wenn sie an jeder Stelle von $\mathfrak{J}$ differenzierbar ist. Ist $\mathfrak{J} = [a, b]$ ein abgeschlossenes Intervall, so heißt im Einklang mit der Festlegung von § 8, 2 die Funktion $f(x)$ *differenzierbar in* $[a, b]$, wenn $f'_+(a)$, $f'_-(b)$ und $f'(x)$ für jedes x des offenen Intervalls (a, b) existieren[1]. Somit gilt:

Ist eine Funktion differenzierbar in einem Intervall $\mathfrak{J}$, so ist sie in $\mathfrak{J}$ auch stetig.

Aus der Differenzierbarkeit folgt also die Stetigkeit einer Funktion, aber nicht umgekehrt. Die Funktion $f(x) = |x|$ ist ein Beispiel einer Funktion, die an einer Stelle, nämlich $x = 0$, zwar stetig, aber nicht differenzierbar ist. Das erste Beispiel einer in einem Intervall stetigen, aber nirgends differenzierbaren Funktion hat Bolzano angegeben, allgemein bekannt wurde allerdings erst ein von Weierstrass gegebenes Beispiel.

Ist $f(x)$ differenzierbar in einem Intervall $\mathfrak{J}$, so ist die Ableitung $f'(x)$ wieder eine, durch (4) definierte Funktion von x, was durch die Lagrangesche Schreib-

[1] Gelegentlich stellt man sich allerdings auch auf den etwas rigoroseren Standpunkt, daß eine Funktion nur dann in einem abgeschlossenen Intervall $[a, b]$ differenzierbar ist, wenn sie in einem offenen Intervall (α, β) differenzierbar ist, das $[a, b]$ enthält.

weise besonders deutlich hervorgehoben wird. Ist $f'(x)$ stetig in $\mathfrak{J}$, so nennt man $f(x)$ und die Bildkurve $\mathfrak{C}$ mit der Gleichung $y = f(x)$ *stetig differenzierbar* oder kurz *glatt* im Intervall $\mathfrak{J}$.

Die Funktion $f(x)$ und die Kurve $\mathfrak{C}$ heißen in $\mathfrak{J}$ *stückweise glatt*, wenn in $\mathfrak{J}$ $f(x)$ *stetig* und $f'(x)$ *stückweise stetig* ist.

So sind z. B. $y = x^n$ und $y = \sin x$ in jedem Intervall *glatt*, die Funktion (Kurve) $y = |x|$ ist in einem den Ursprung enthaltenden Intervall *stückweise glatt*, während $y = [x]$ in Intervallen, die mindestens einen ganzzahligen Punkt enthalten, unstetig und daher auch nicht stückweise glatt, sondern nur stückweise stetig und stückweise differenzierbar ist.

Daß aus der Differenzierbarkeit einer Funktion *nicht auf die Stetigkeit der Ableitung geschlossen werden kann*, zeigt das Beispiel

$$f(x) = x^2 \sin \frac{1}{x}, \qquad x \neq 0; \qquad f(0) = 0$$

Für $x \neq 0$ ist die Ableitung

$$f'(x) = 2\,x \sin \frac{1}{x} - \cos \frac{1}{x},$$

für $x = 0$

$$f'(0) = \lim_{h \to 0} \frac{f(h) - f(0)}{h} = \lim_{h \to 0} h \sin \frac{1}{h} = 0$$

(vgl. § 7, Aufgabe 8 und die Abb. 147 im Anhang). $f'(x)$ ist an der Stelle $x = 0$ unstetig, weil der Grenzwert $\lim\limits_{x \to 0} f'(x)$ nicht existiert.

4. Die Bedeutung der Differentiale. Wir denken uns den Punkt P mit den Koordinaten x und $y = f(x)$ festgehalten und deuten in der Beziehung

$$\frac{dy}{dx} = f'(x),$$

in der die rechte Seite jetzt fest ist, die beiden *Differentiale* dx und dy als Veränderliche, und zwar $dx \neq 0$ als unabhängige und dy als abhängige Veränderliche. Multiplikation mit dx gibt

$$\boxed{dy = f'(x)\,dx;} \tag{5}$$

mit $dx \to 0$ geht auch $dy \to 0$. Neben dieser Gleichung betrachten wir noch den Ausdruck

$$\boxed{\Delta y = f(x + \Delta x) - f(x)} \tag{6}$$

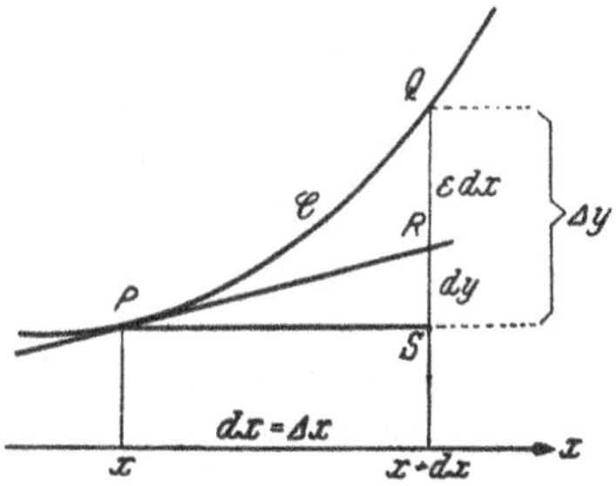

Abb. 52.

für die Differenz der abhängigen Veränderlichen y; auch hier ist bei festem x Δx eine unabhängige und Δy eine abhängige Veränderliche. Es hindert uns daher nichts,

$$dx = \Delta x = \xi - x$$

zu setzen und ξ als unabhängige Veränderliche zu nehmen. Setzen wir noch $dy = \eta - y$ mit der neuen abhängigen Veränderlichen η, so gibt (5)

$$\boxed{\eta - y = f'(x)\,(\xi - x)} \tag{7}$$

und das ist nichts anderes als — in laufenden Koordinaten ξ, η — die *Gleichung der Tangente* an die Bildkurve $\mathfrak{C}$ von $y = f(x)$ im Punkt P. Dem Punkt $\xi = x + dx$ der Abszissenachse entspricht der Bildpunkt R mit der Ordinate $\eta = y + dy$ auf der Tangente und der Punkt Q mit der Ordinate $y + \Delta y$ auf der Kurve $\mathfrak{C}$ (Abb. 52). Ist S also der Punkt mit den Koordinaten $x + dx$ und y, so ist $dy = \overline{SR}$ und $\Delta y = \overline{SQ}$.

Wenn wir bei festem x die von $dx = \Delta x$ abhängige Funktion $y + \Delta y = f(x + dx) = \varphi(dx)$ durch die in dx lineare Funktion

$$\eta = y + dy = f(x) + f'(x)\,dx$$

oder, was dasselbe ist, (6) durch (5) ersetzen, so begehen wir den Fehler

$$dy - \Delta y = -\varepsilon \,.\, dx, \tag{8}$$

der für $dx \to 0$ von höherer als erster Ordnung verschwindet, weil zugleich mit dx auch $\varepsilon \to 0$ geht, denn es ist ja

$$\lim_{dx \to 0} \varepsilon = \lim_{\Delta x \to 0} \left(\frac{\Delta y}{\Delta x} - \frac{dy}{dx} \right) = f'(x) - f'(x) = 0. \tag{9}$$

Der Fehler wird also in vielen Fällen numerischer Berechnung, nämlich wenn dx genügend klein ist, zu vernachlässigen sein. Geometrisch bedeutet der Übergang von (6) zu (5), also von Differenz zu Differential, daß man in der Umgebung von P die Kurve durch ihre Tangente, also eine krumme durch eine gerade Linie ersetzt. Es ist klar, daß man auf diese Art eine sehr weitgehende Vereinfachung mancher Rechnung erzielt. Man sagt kurz, daß „*in erster Annäherung*" Differenz durch Differential, bzw. Kurve durch Tangente ersetzt werden kann. In der Literatur findet man für die Differentiale dx und dy immer wieder die Benennung „unendlich kleine Größen". Ich habe gegen diese Benennung schon einmal polemisiert (§ 1, 3). Aber sie erscheint unausrottbar und das mag daher kommen, daß man ihr auf Grund der obigen Überlegung doch noch einen halbwegs vernünftigen Sinn zuschreiben kann, wenn man nämlich die Differentiale so klein wählt, daß sie im Zuge einer numerischen Rechnung gerade noch eine Rolle spielen, während alle höheren Potenzen, wie z. B. das Korrekturglied $\varepsilon\, dx$, schon unterhalb der Fehlergrenzen liegen und daher ohne Einfluß auf die Rechnung sind. Ist dx in diesem Sinn unendlich klein, dann kann man sich die Rechnung mit den Differenzen ersparen, weil man diese ohne weiteres durch die Differentiale ersetzen kann, d. h. man kann eben dann dy als die Änderung der Funktion nehmen, die eintritt, wenn sich das Argument x um dx ändert. Auf die praktische Bedeutung dieser Vereinfachung habe ich oben schon hingewiesen.

Eine besondere Rolle spielen solche Überlegungen in der *Fehlerrechnung*, die allerdings erst in Band II Gegenstand einer eingehenden Darstellung sein wird. Jede experimentell bestimmte Größe wird mit einem gewissen Fehler behaftet sein, der seine Ursache in der stets begrenzten Genauigkeit der verwendeten Meßvorrichtung hat. Bei jedem besseren Meßinstrument ist die Genauigkeit in der Regel in Prozent angegeben, z. B. $\pm 0{,}5\%$ der Maßeinheit. Dazu folgendes:

Ist x_0 der gemessene und daher fehlerhafte Wert einer Größe x, so bezeichnet man $\Delta x = x_0 - x$ als den *absoluten*[1] und $\frac{\Delta x}{x}$ als den *relativen Fehler* der Messung. Dann ist $100 \frac{\Delta x}{x} \%$ der relative Fehler *in Prozenten*. Fügt man zum Meßwert x_0 die Größe $x - x_0$ hinzu, so erhält man x, den wahren Wert der gemessenen Größe. Daher heißt $x - x_0 = -\Delta x$ die *Verbesserung*. Sie unterscheidet sich vom absoluten Fehler nur durch das Vorzeichen. Den absoluten Betrag $|\Delta x|$ des Fehlers nenne ich *Abweichung*.

Es sei nun irgendein Wert x_0 einer Größe x gemessen worden; die Abweichung betrage maximal $h > 0$, so daß $|\Delta x| \leqq h$ ist und der wahre Wert x zwischen $x_0 - h$ und $x_0 + h$ liegt. Wird dann aus x eine andere Größe y vermöge eines

[1] Nicht zu verwechseln mit dem absoluten Betrag des Fehlers!

funktionalen Zusammenhanges $y = f(x)$ berechnet, so entsteht die Frage, wie sich der bei einer Messung von x begangene Fehler auf die Größe y auswirkt, d. h. mit welcher Genauigkeit y berechnet werden kann. Ist g die untere und G die obere Grenze von $f(x)$ im Intervall $[x_0 - h, x_0 + h]$, so ist $g \leqq y \leqq G$, mehr kann man streng nicht behaupten. Mit Rücksicht auf die Geringfügigkeit des Fehlers Δx macht man nun zwei vereinfachende Annahmen: erstens die, daß $f(x)$ in $[x_0 - h, x_0 + h]$ monoton ist, so daß g und G mit den Funktionswerten $f(x_0 - h)$ und $f(x_0 + h)$ übereinstimmen und zweitens, daß man die Differenzen $f(x_0 + h) - f(x_0)$ und $f(x_0 - h) - f(x_0)$ durch die Differentiale ersetzen kann. Setzt man also

$$\boxed{k = |f'(x_0)| \, . \, h,}$$

so wird für

$$\Delta y = f'(x_0) \, . \, \Delta x$$

die Ungleichung

$$|\Delta y| \leqq k$$

gelten, sobald

$$|\Delta x| \leqq h$$

ist. Es ist ja

$$|\Delta y| = |f'(x_0) \, . \, \Delta x| = |f'(x_0)| \, . \, |\Delta x| \leqq |f'(x_0)| \, . \, h = k.$$

Bestimmen wir nun $y = f(x)$, so liegt der wahre Wert von y im Intervall $[y_0 - k, y_0 + k]$, wo $y_0 = f(x_0)$ gesetzt ist. Ist $y_0 \neq 0$, so ist die maximale Abweichung von y in Prozenten dann näherungsweise $\frac{100\, k}{|y_0|}\%$, wenn wir den wahren Wert y im Nenner durch den Näherungswert y_0 ersetzen.

Beispiele:

1. Es sei $y = x^2$; dann ist $dy = 2\, x\, dx$ oder $\frac{dy}{y} = 2 \frac{dx}{x}$. Begeht man bei der Messung von x einen Fehler von $p\%$, so ist der entsprechende Fehler des Quadrates $2\, p\%$.

2. Die Tangentenbussole hat diesen Namen, weil die Stromstärke J proportional dem Tangens des Ablesewinkels α der Magnetnadel ist:

$$J = c \tan \alpha,$$

wobei c eine Apparatekonstante bedeutet. Es ist (Ziffer 2, Beispiel 5)

$$dJ = \frac{c}{\cos^2 \alpha} \, d\alpha$$

und somit der prozentuale Fehler

$$\frac{100\, \Delta J}{J} \approx \frac{100\, c\, \Delta\alpha}{c \tan \alpha \cos^2 \alpha} = \frac{200\, \Delta\alpha}{\sin 2\, \alpha}.$$

Lassen sich die Winkel α auf einen halben Grad genau ablesen, so ist im Bogenmaß $|\Delta\alpha| = \frac{1}{2}\, 0{\cdot}01745$ und die maximale Abweichung wird

$$\frac{1{\cdot}745}{|\sin 2\, \alpha|} \%,$$

also z. B. bei einem Winkel von $\alpha = 15°$ gleich $3{\cdot}5\%$, bei einem Winkel von $\alpha = 30°$ gleich 2%.

5. **Die Geschwindigkeit eines bewegten Punktes.** Die Grundbegriffe der Differentialrechnung sind fast gleichzeitig und völlig unabhängig voneinander von Leibniz und Newton[1] entwickelt worden. Während Leibniz vom Tangenten-

[1] Isaak Newton, geb. 1643 in Woolsthorpeby-Colsterworth, gest. 1727, wirkte in Cambridge und London und war vielleicht der bedeutendste Naturforscher aller Zeiten (Newtonsches Gravitationsgesetz, Emissionstheorie des Lichtes, Farbenlehre, Akustik, Himmelsmechanik usw.). Er war neben Leibniz und unabhängig von diesem Entdecker der von ihm als „Fluxionsrechnung“ bezeichneten Differential- und Integralrechnung.

problem ausging, war NEWTONS Ausgangspunkt das Problem, die Geschwindigkeit eines bewegten Punktes aus der Bewegungsgleichung $s = f(t)$ zu ermitteln, wobei s der zur Zeit t zurückgelegte Weg ist. Zu einer anderen Zeit t_1 sei der zurückgelegte Weg s_1. Dann bedeutet der Differenzenquotient

$$\frac{\Delta s}{\Delta t} = \frac{s_1 - s}{t_1 - t}$$

die mittlere Geschwindigkeit des bewegten Punktes während des Zeitintervalls $[t, t_1]$. Ist die Bewegung eine gleichförmige, also $f(t) = c\,t + s_0$, so ist die mittlere Geschwindigkeit für alle Zeitspannen konstant und gleich der festen Geschwindigkeit c. Man beachte die vollständige Analogie zwischen diesen Beziehungen und jenen, die ich in Ziffer 1 und 2 an Hand des Tangentenproblems erörtert habe. Lassen wir $\Delta t \to 0$ gehen, also die betrachtete Zeitspanne immer kleiner werden, so geht der Differenzenquotient über in den Differentialquotienten oder die Ableitung

$$\lim_{\Delta t \to 0} \frac{\Delta s}{\Delta t} = \frac{ds}{dt} = \frac{d\,f(t)}{dt},$$

was physikalisch bedeutet, daß die mittlere Geschwindigkeit zur *Momentangeschwindigkeit* oder kurz zur *Geschwindigkeit zur Zeit t* wird. Die Ableitungen nach der Zeit t pflegt man in Physik und Technik statt durch Striche durch Punkte zu bezeichnen:

$$\frac{ds}{dt} = \dot{s} = \dot{f}(t).$$

6. Das Newtonsche Verfahren. Es handelt sich hier wie in § 8, 11 um ein Näherungsverfahren zur Auflösung einer gegebenen (algebraischen oder transzendenten) Gleichung $f(x) = 0$. Während bei der Regula falsi eine Sehne der Kurve $y = f(x)$

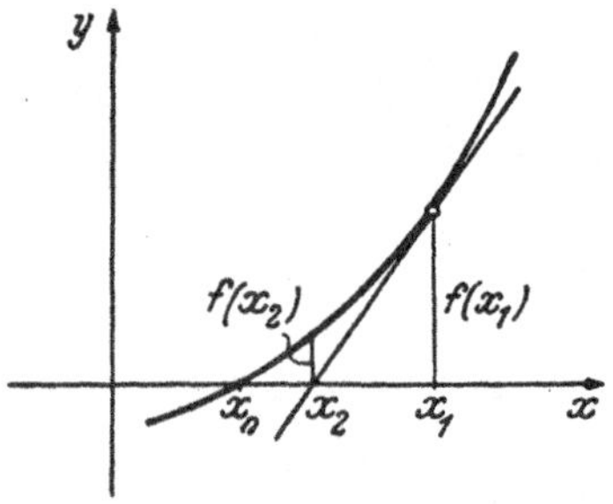

Abb. 53.

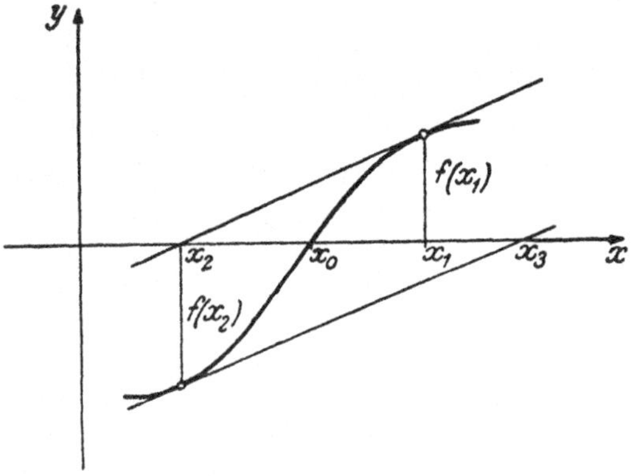

Abb. 54.

zur Approximation einer Wurzel benützt wurde, verwendet das Newtonsche Verfahren die Approximation der Kurve durch eine Tangente (Abb. 53). Auch hier wird von der Voraussetzung ausgegangen, daß ein Näherungswert x_1 für die Wurzel x_0 der Gleichung $f(x) = 0$ bereits bekannt ist. Wenn sich x_1 von x_0 nur wenig unterscheidet, so wird die Tangente im Punkt mit den Koordinaten x_1, $y_1 = f(x_1)$ die Kurve $y = f(x)$ genau genug ersetzen, um eine wirksame Verbesserung des Näherungswertes x_1 zu bewirken. Eine fast selbstverständliche Voraussetzung ist, daß die Tangente nicht parallel zur x-Achse liegt, also daß $y_1' = f'(x_1) \neq 0$ ist. Die Tangente hat die Gleichung

$$y - y_1 = y_1'(x - x_1).$$

Für ihren Schnittpunkt $(x_2, 0)$ mit der x-Achse folgt daraus $(y = 0,\ x = x_2)$

$$\boxed{x_2 = x_1 - \frac{y_1}{y_1'}}$$

Mit dem Punkt x_2, $y_2 = f(x_2)$ verfährt man dann ebenso wie mit x_1, y_1 und setzt das — die Konvergenz vorausgesetzt — so lange fort, bis die gewünschte Genauigkeit erreicht ist. Das Verfahren konvergiert im allgemeinen sehr rasch, wenn der Näherungswert x_1, von dem man ausgeht, bereits eine gute Approximation der gesuchten Wurzel ist, kann aber sonst ganz versagen (Abb. 54). Auf eine genaue Untersuchung der Konvergenz des Verfahrens kann ich mich hier nicht einlassen; ich bemerke bloß, daß $f''(x)\, f(x_1) > 0$ für alle x zwischen x_0 und x_1 eine hinreichende, aber nicht notwendige Bedingung dafür ist, daß x_2 zwischen x_0 und x_1 liegt, also eine Verbesserung des Näherungswertes x_1 ist. $f''(x)$ bedeutet dabei die zweite Ableitung der Funktion $f(x)$ oder, was dasselbe ist, die Ableitung

$$\lim_{x_1 \to x} \frac{f'(x_1) - f'(x)}{x_1 - x} = \frac{df'(x)}{dx}$$

der Funktion $f'(x)$, Existenz des Grenzwertes natürlich vorausgesetzt. Näheres folgt in § 15.

Als Beispiel betrachten wir wieder die Gleichung $f(x) = \cos x - x = 0$ (vgl. § 8, 11). Wir gehen von dem Näherungswert $x_1 = 0{\cdot}73304 = \text{arc } 42^\circ$ aus. Wegen $f'(x) = -\sin x - 1$ wird $y_1 = f(x_1) = 0{\cdot}74314 - 0{\cdot}73304 = 0{\cdot}01010$, $y'_1 = f'(x_1) = -1{\cdot}669$ (eine größere Genauigkeit bei y_1' hat wegen der Geringfügigkeit des Korrekturgliedes $\frac{y_1}{y_1'}$ nur wenig Sinn) und

$$x_2 = x_1 + \frac{101}{16690} = 0{\cdot}73304 + 0{\cdot}00605 = 0{\cdot}73909.$$

Man beachte, wie genau man hier schon mit einem Schritt die Wurzel x_0 bekommt. Wenn man aber über x_0 noch nichts weiß, so wird man weiter rechnen:

$$y_2 = f(x_2) = 0{\cdot}73908 - 0{\cdot}73909 = -0{\cdot}00001, \quad y_2' = f'(x_2) = -1{\cdot}67,$$

$$x_3 = x_2 - \frac{0{\cdot}00001}{1{\cdot}67} = 0{\cdot}739084.$$

Aufgaben.

1. Man bestimme links- und rechtsseitige Ableitung der Funktion $f(x) = x - [x]$ für ganzzahlige Werte $x = n$. Was ist über die Grenzwerte $\lim\limits_{x \to n-} f'(x)$ und $\lim\limits_{x \to n+} f'(x)$ auszusagen?

2. Es sind die Gleichungen der Tangenten der Kurve

$$y = x^4 - 10\, x^2 + 9$$

in den Schnittpunkten mit der x-Achse aufzustellen.

3. Wie genau kann man die Oberfläche einer Kugel bestimmen, wenn der Radius $r = 3{\cdot}74$ eine gerundete Zahl ist, also einen möglichen Fehler von höchstens $\pm\, 0{\cdot}005$ aufweist und wieviel Dezimalen muß man bei π nehmen, damit die Genauigkeit des Resultates nicht verschlechtert wird?

4. Wie groß ist der Halbmesser einer Stahlkugel (Dichte $7{\cdot}82$), die $1{\cdot}278$ g wiegt, und wie genau kann er angegeben werden, wenn bei der Wägung ein Fehler von $\pm$ 1 mg möglich ist?

5. Man berechne $\sqrt[3]{7}$ nach dem Newtonschen Verfahren, ausgehend vom Näherungswert $x_1 = 2$ (vgl. § 8, Aufgabe 3).

§ 12. Regeln und Sätze der Differentialrechnung. Extrema.

Im folgenden bedeuten $u(x)$ und $v(x)$ Funktionen, die beide in einem Intervall $\mathfrak{J}$ definiert und differenzierbar sind.

1. Differentiation einer Summe $y(x) = u(x) + v(x)$. Der Differenzenquotient ist

$$\frac{y(x+h) - y(x)}{h} = \frac{u(x+h) + v(x+h) - u(x) - v(x)}{h} =$$

$$= \frac{u(x+h) - u(x)}{h} + \frac{v(x+h) - v(x)}{h}$$

und somit der Grenzwert

$$\lim_{h \to 0} \frac{y(x+h) - y(x)}{h} = u'(x) + v'(x).$$

Es gilt also

$$\boxed{(u + v)' = u' + v',} \tag{1}$$

die Ableitung einer Summe ist gleich der Summe der Ableitungen der Summanden. Die Regel gilt entsprechend auch für eine beliebige endliche Zahl von Summanden.

2. Differentiation eines Produktes $y(x) = u(x)\, v(x)$. Wir erhalten

$$\frac{y(x+h) - y(x)}{h} = \frac{u(x+h)\, v(x+h) - u(x)\, v(x)}{h} =$$

$$= \frac{u(x+h)\, v(x+h) - u(x)\, v(x+h) + u(x)\, v(x+h) - u(x)\, v(x)}{h} =$$

$$= \frac{u(x+h) - u(x)}{h}\, v(x+h) + u(x)\, \frac{v(x+h) - v(x)}{h} \to$$

$$\to u'(x)\, v(x) + u(x)\, v'(x).$$

Es gilt also

$$\boxed{(u\, v)' = u'\, v + u\, v'.} \tag{2}$$

Entsprechend gilt für ein Produkt von n Faktoren $y = u_1 u_2 \ldots u_n$:

$$y' = (u_1 u_2 \ldots u_n)' = u_1' u_2 \ldots u_{n-1} u_n + u_1 u_2' \ldots u_{n-1} u_n + \ldots$$

$$\ldots + u_1 u_2 \ldots u'_{n-1} u_n + u_1 u_2 \ldots u_{n-1} u'_n, \tag{3}$$

in Worten: *Die Ableitung eines Produktes von n Faktoren ist gleich der Summe von n Produkten mit je n Faktoren, die mit dem gegebenen Produkt bis auf jeweils einen Faktor, der durch seine Ableitung ersetzt ist, übereinstimmen.* Dividiert man die obige Formel beiderseits durch $y = u_1 u_2 \ldots u_n$, so folgt

$$\boxed{\frac{y'}{y} = \frac{u_1'}{u_1} + \frac{u_2'}{u_2} + \ldots + \frac{u_n'}{u_n} = \sum_{i=1}^{n} \frac{u_i'}{u_i}.} \tag{4}$$

Die Formel (3) beweist man am einfachsten durch vollständige Induktion. (3) ist sicher richtig für $n = 2$, vgl. (2); ich nehme an, sie sei für ein bestimmtes $n \geqq 2$ richtig und zeige, daß sie dann auch für $n + 1$ Faktoren gilt. Es sei also jetzt

$$y = u_1 u_2 \ldots u_n u_{n+1}.$$

Ich setze

$$u_1 u_2 \ldots u_n = y_1,$$

dann wird

$$y = y_1 u_{n+1}$$

und aus (2) folgt

$$y' = y_1' u_{n+1} + y_1 u'_{n+1};$$

y_1 hat n Faktoren, also kann ich voraussetzungsgemäß (3) anwenden, was sofort die Formel (3), aber jetzt mit $n + 1$ statt mit n Faktoren gibt.

Ein wichtiger Sonderfall von (2) ergibt sich, wenn der eine Faktor, etwa v, gleich einer Konstanten c ist. Nach Beispiel 1 des § 11, 2 ist $c' = 0$ und somit

$$(c\,u)' = c\,u' \tag{5}$$

oder mit $u = f(x)$

$$\frac{d\,c\,f(x)}{dx} = c\,\frac{df(x)}{dx},$$

d. h. ein konstanter Faktor darf vor das Differentiationszeichen gesetzt werden.

Daraus und aus (1) folgt für die Ableitung einer Differenz von zwei Funktionen

$$(u - v)' = [u + (-v)]' = u' + (-v)' = u' - v'.$$

3. Differentiation eines Quotienten $y(x) = \frac{u(x)}{v(x)}$, $v(x) \neq 0$. Dann ist wegen der Stetigkeit von $v(x)$ für genügend kleine $|h|$ auch $v(x + h) \neq 0$. Es wird

$$\frac{y(x+h) - y(x)}{h} = \frac{1}{h}\left[\frac{u(x+h)}{v(x+h)} - \frac{u(x)}{v(x)}\right] = \frac{1}{h}\,\frac{u(x+h)\,v(x) - u(x)\,v(x+h)}{v\,(x)\,v(x+h)} =$$

$$= \frac{u(x+h)\,v(x) - u(x)\,v(x) - u(x)\,v(x+h) + u(x)\,v(x)}{h\,v(x)\,v(x+h)} =$$

$$= \frac{1}{v(x)\,v(x+h)}\left[\frac{u(x+h) - u(x)}{h}\,v(x) - u(x)\,\frac{v(x+h) - v(x)}{h}\right] \to$$

$$\to \frac{u'(x)\,v(x) - u(x)\,v'(x)}{v(x)^2}.$$

Es gilt also

$$\boxed{\left(\frac{u}{v}\right)' = \frac{u'\,v - u\,v'}{v^2}} \tag{6}$$

Wir verwenden diese Regel zur Bestimmung des Differentialquotienten der Funktionen $\tan x = \frac{\sin x}{\cos x}$ (§ 11, 2, Beispiel 5) und $\cot x = \frac{\cos x}{\sin x}$:

$$\frac{d\tan x}{dx} = (\tan x)' = \frac{\cos^2 x + \sin^2 x}{\cos^2 x} = \frac{1}{\cos^2 x};$$

$$\frac{d\cot x}{dx} = (\cot x)' = \frac{-\sin^2 x - \cos^2 x}{\sin^2 x} = -\frac{1}{\sin^2 x}.$$

4. Differentiation zusammengesetzter Funktionen (Kettenregel). Es sei durch $y = f(u)$, $u = \varphi(x)$ die Variable y als zusammengesetzte Funktion

$$y = F(x) = f(\varphi(x))$$

der Variablen x erklärt. Dabei sei $\varphi(x)$ differenzierbar in einem Intervall $\mathfrak{J}$ und $f(u)$ differenzierbar in einem Intervall $\mathfrak{J}_1$, das den Wertevorrat von $\varphi(x)$ enthält. Ich zeige, daß dann auch $F(x)$ in $\mathfrak{J}$ differenzierbar ist und daß sich die Ableitung $F'(x)$ durch die Ableitungen von $f(u)$ und $\varphi(x)$ in einfacher Weise ausdrücken läßt. Zunächst ist ($h = \Delta x$)

$$\frac{\Delta y}{\Delta x} = \frac{F(x+h) - F(x)}{h} = \frac{f(\varphi(x+h)) - f(\varphi(x))}{h}$$

Setzen wir $\varphi(x + h) = u + \Delta u$, so folgt nach § 11, (8)

$$\Delta u = k = \varphi(x + h) - \varphi(x) = h\,[\varphi'(x) + \varepsilon],$$

wo $\lim\limits_{h \to 0} \varepsilon = 0$ ist. Ebenso wird

$$f(\varphi(x + h)) - f(\varphi(x)) = f(u + k) - f(u) = k[f'(u) + \eta]$$

mit $\lim_{h\to 0} \eta = 0$, und daher

$$\frac{\Delta y}{\Delta x} = \frac{1}{h} \cdot h\,[\varphi'(x) + \varepsilon] \cdot [f'(u) + \eta] = [\varphi'(x) + \varepsilon] \cdot [f'(u) + \eta].$$

(Diese Gleichung bleibt richtig, wenn $k = 0$ und $h \neq 0$ ist, weil dann $\varphi'(x) + \varepsilon = 0$ ist.) Für $h = \Delta x \to 0$ erhalten wir daraus die als *Kettenregel* bezeichnete Formel

$$\boxed{F'(x) = f'(\varphi(x)) \cdot \varphi'(x)} \tag{7}$$

oder in der Leibnizschen Schreibweise

$$\boxed{\frac{dy}{dx} = \frac{dy}{du} \cdot \frac{du}{dx}.} \tag{8}$$

Hier erscheint die Formel fast wie eine Trivialität, die sie aber natürlich nicht ist. Man bedenke, daß im Nenner des ersten Faktors du das Differential einer unabhängigen Veränderlichen ist, im Zähler des zweiten Faktors jedoch das Differential einer Funktion bedeutet. In (8) erweist sich nur der besondere Vorteil der Leibnizschen Schreibweise. Im Zusammenhang mit der Schreibweise $f(\varphi(x))$ nennt man $f'(u) = \frac{dy}{du}$ die *äußere* und $\varphi'(x) = \frac{du}{dx}$ die *innere Ableitung* der zusammengesetzten Funktion. Die Kettenregel gestattet es, aus bekannten Ableitungen neue zu berechnen, oder die Ableitung einer Funktion komplizierter Bauart, indem man sie als zusammengesetzte Funktion darstellt, durch die Ableitungen einfacher gebauter Funktionen auszudrücken. Die Bezeichnung „Kettenregel" wird ihrem Sinn nach deutlicher, wenn man Funktionen betrachtet, die aus mehr als zwei Funktionen zusammengesetzt sind. Sei z. B. $y = F(x)$ zusammengesetzt aus $y = f(u)$, $u = g(v)$, $v = \varphi(w)$ und $w = \psi(x)$. Dann kann man $F(x) = f\{g(\varphi[\psi(x)])\}$ schreiben und erhält durch wiederholte Anwendung der eben bewiesenen Kettenregel für zwei Funktionen

$$\frac{dy}{dx} = \frac{dy}{du}\frac{du}{dx} = \frac{dy}{du}\frac{du}{dv}\frac{dv}{dx} = \frac{dy}{du}\frac{du}{dv}\frac{dv}{dw}\frac{dw}{dx}$$

oder in der Lagrangeschen Schreibweise

$$F'(x) = f'(u)\, g'(v)\, \varphi'(w)\, \psi'(x).$$

Zum Beispiel ist die Funktion

$$y = \sin^2 x$$

eine Funktion der Funktion

$$u = \sin x,$$

nämlich

$$y = u^2.$$

Es ist $\frac{dy}{du} = 2u = 2 \sin x$ und $\frac{du}{dx} = \cos x$, somit

$$\frac{dy}{dx} = 2 \sin x \cos x.$$

Dagegen ist die Funktion

$$y = \sin x^2$$

eine Funktion von

$$u = x^2,$$

nämlich

$$y = \sin u.$$

Mit $\frac{dy}{du} = \cos u = \cos x^2$ und $\frac{du}{dx} = 2x$ erhält man

$$\frac{dy}{dx} = \cos x^2 \cdot 2x = 2x \cos x^2.$$

5. Differentiation der inversen Funktion. Die Funktion $f(x)$ sei in (a, b) differenzierbar und streng monoton (§ 6, 8), x_0 sei eine Stelle aus (a, b) mit $f'(x_0) \neq 0$. Ich nehme zunächst an, $f(x)$ sei steigend. Dann ist

$$\frac{f(x) - f(x_0)}{x - x_0} > 0 \tag{9}$$

und daher wegen $f'(x_0) \neq 0$

$$f'(x_0) > 0. \tag{10}$$

Ist $f(x)$ in (a, b) fallend, so ergibt sich ähnlich $f'(x_0) < 0$.

Die Umkehrfunktion von $f(x)$ sei $\varphi(y)$. Dann kann man die Gleichung $y = f(x)$ auch $x = \varphi(y)$ schreiben und mit $y_0 = f(x_0)$ ist

$$\varphi'(y_0) = \lim_{y \to y_0} \frac{\varphi(y) - \varphi(y_0)}{y - y_0} = \lim_{x \to x_0} \frac{x - x_0}{f(x) - f(x_0)} = \frac{1}{f'(x_0)} = \frac{1}{f'(\varphi(y_0))}.$$

Daraus folgt also, daß unter den angegebenen Vorraussetzungen über $f(x)$ *die inverse Funktion an allen Stellen $y = f(x)$ differenzierbar ist, wo $f'(x) \neq 0$ ist,* so daß

$$\boxed{\varphi'(y) = \frac{1}{f'(x)} = \frac{1}{f'(\varphi(y))}} \tag{11}$$

oder in der Leibnizschen Schreibweise

$$\boxed{\frac{dx}{dy} = \frac{1}{\frac{dy}{dx}}} \tag{12}$$

ist; (12) ist wie (8) nur scheinbar trivial.

Läßt man die Voraussetzung $f'(x_0) \neq 0$ fallen, so folgt aus (9) nur $f'(x_0) \geqq 0$, bzw. für eine fallende Funktion $f'(x_0) \leqq 0$. Das Beispiel $f(x) = x^3$, $x_0 = 0$, zeigt, daß selbst bei einer streng monotonen Funktion die Ableitung an einzelnen Stellen verschwinden kann.

6. Differentiation der Potenz x^α, $(x > 0)$ für rationale α. Ich setze zunächst α als positiv ganz voraus. Unter Anwendung des binomischen Lehrsatzes (§ 1, 7) wird der Differenzenquotient

$$\frac{(x+h)^\alpha - x^\alpha}{h} = \frac{1}{h}\left[\binom{\alpha}{1} x^{\alpha-1} h + \binom{\alpha}{2} x^{\alpha-2} h^2 + \dots + \binom{\alpha}{\alpha} h^\alpha\right] =$$

$$= \binom{\alpha}{1} x^{\alpha-1} + \binom{\alpha}{2} x^{\alpha-2} h + \dots + \binom{\alpha}{\alpha} h^{\alpha-1}.$$

Beim Grenzübergang $h \to 0$ verschwinden alle Glieder mit Ausnahme des ersten und wir erhalten den Differentialquotienten:

$$\lim_{h \to 0} \frac{(x+h)^\alpha - x^\alpha}{h} = \frac{dx^\alpha}{dx} = (x^\alpha)' = \alpha\, x^{\alpha-1}.$$

Es sei nun α positiv rational, also $\alpha = \frac{p}{q}$, wobei p, q positiv ganz sind. Dann ist

$$x^\alpha = x^{\frac{p}{q}} = \left(x^{\frac{1}{q}}\right)^p$$

eine zusammengesetzte Funktion u^p der Funktion

$$u = x^{\frac{1}{q}},$$

und der gesuchte Differentialquotient wird nach der Kettenregel gebildet:

$$\frac{dx^\alpha}{dx} = \frac{du^p}{du} \cdot \frac{dx^{\frac{1}{q}}}{dx}.$$

Der Differentialquotient $\frac{du^p}{du}$ ist nach der oben abgeleiteten Formel für den Differentialquotienten einer Potenz mit positivem ganzem Exponenten

$$\frac{du^p}{du} = p u^{p-1}.$$

Zur Bestimmung des Differentialquotienten $\frac{dx^{\frac{1}{q}}}{dx}$ gehen wir zur inversen Funktion

$$x = u^q$$

über; es ist

$$\frac{dx}{du} = q u^{q-1}$$

und daher

$$\frac{du}{dx} = \frac{1}{\frac{dx}{du}} = \frac{1}{q u^{q-1}}.$$

Somit gilt

$$\frac{dx^\alpha}{dx} = p u^{p-1} \cdot \frac{1}{q u^{q-1}} = \frac{p}{q} u^{p-q} = \frac{p}{q} x^{\frac{p-q}{q}} = \frac{p}{q} x^{\frac{p}{q}-1} = \alpha\, x^{\alpha-1},$$

also dieselbe Formel wie für positive ganze Exponenten. Ich zeige nun noch, daß die Formel auch für negative rationale Exponenten gilt. Es sei $\alpha = -a$, a positiv rational; dann ist $(x > 0)$

$$x^\alpha = x^{-a} = \frac{1}{x^a}.$$

Ich wende nun auf $\frac{1}{x^a}$ die Differentiationsformel für einen Quotienten an und erhalte

$$\frac{dx^{-a}}{dx} = \left(\frac{1}{x^a}\right)' = \frac{-a\, x^{a-1}}{x^{2a}} = -a\, x^{-a-1} = \alpha\, x^{\alpha-1}.$$

Es gilt also sowohl für positive wie für negative rationale Exponenten die Formel

$$\boxed{\frac{dx^\alpha}{dx} = (x^\alpha)' = \alpha\, x^{\alpha-1}, \quad x > 0.} \tag{13}$$

Über die Ausdehnung des Gültigkeitsbereiches für $x = 0$ und $x < 0$ vgl. die Bemerkungen am Schluß von § 10, 5. Zu beachten ist, daß x^α für $0 < \alpha < 1$ an der Stelle 0 nicht differenzierbar ist, was man aus (13) sofort entnehmen kann.

Schließlich noch eine Bemerkung für das praktische Rechnen! Es ist nicht zweckmäßig, die Formel (6) zu verwenden, wenn der Zähler $u = c$ konstant ist, sondern vorteilhaft,

$$\left(\frac{c}{v}\right)' = c\,(v^{-1})' = -c\, v^{-2}\, v' = -c\,\frac{v'}{v^2}$$

zu rechnen. Ebenso wird man, wenn der Nenner $v = w^\alpha$ eine Potenz ist, besser $\frac{u}{v} = u \,.\, w^{-\alpha}$ schreiben und die Produktregel (2) anwenden, also

$$\left(\frac{u}{v}\right)' = (u\,w^{-\alpha})' = u'\,w^{-\alpha} + u\,(w^{-\alpha})' =$$

$$= \frac{u'}{w^\alpha} - \alpha\,\frac{u\,w'}{w^{\alpha+1}} = \frac{u'\,w - \alpha\,u\,w'}{w^{\alpha+1}}$$

rechnen.

7. **Begriff des Extremums. Eine notwendige Bedingung für ein Extremum einer hinreichend oft differenzierbaren Funktion.** Es sei x_0 eine Stelle des Definitionsbereiches einer Funktion $f(x)$ und $\mathfrak{U}(x_0)$ eine Umgebung von x_0.

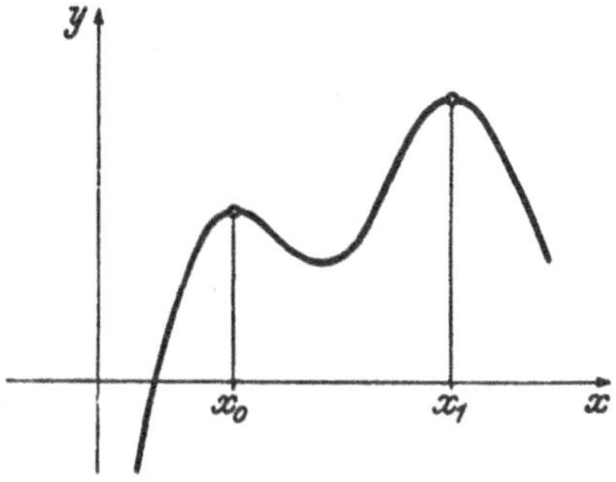

Abb. 55.

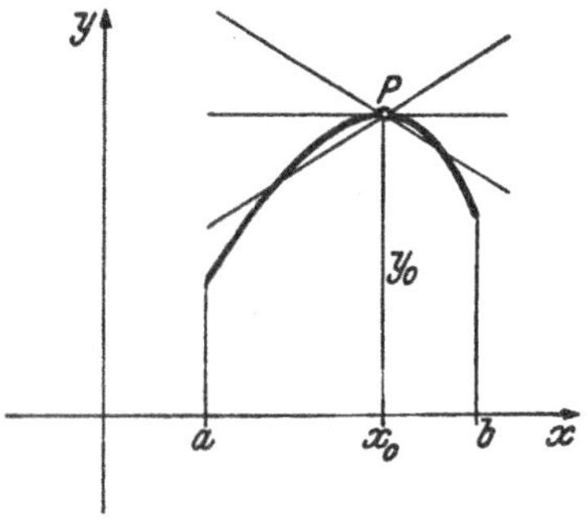

Abb. 56.

Gilt dann für alle $x \in \mathfrak{U}(x_0)$ entweder $f(x) \leqq f(x_0)$ oder $f(x) \geqq f(x_0)$, so heißt x_0 eine *Extremstelle* der Funktion $f(x)$, die an dieser Stelle ein *relatives Extremum*, im ersten Fall ein *relatives Maximum* und im zweiten Fall ein *relatives Minimum*, besitzt[1].

Liegt der Punkt x_0 am linken Rand eines linksseitig oder am rechten Rand eines rechtsseitig abgeschlossenen Intervalls, dann ist $\mathfrak{U}(x_0)$ nur als rechtsseitige bzw. linksseitige Umgebung $\overline{\mathfrak{U}}$ der Stelle x_0 aufzufassen. In diesem Falle ist für alle $x \in \overline{\mathfrak{U}}(x_0)$ eine der beiden obigen Ungleichungen erfüllt, $f(x)$ besitzt also an der Stelle x_0 ein relatives Extremum, das man als *Randextremum* bezeichnet (Ziffer 9).

Ist die Funktion $f(x)$ in einem abgeschlossenen Intervall $[a, b]$ beschränkt und nimmt sie ihre obere Grenze G und ihre untere Grenze g in diesem auch wirklich an, wie das z. B. für stetige Funktionen nach dem Satz von WEIERSTRASS (§ 8, 5) der Fall ist, dann versteht man unter dem *absoluten Maximum* G das *größte* relative Maximum und unter dem *absoluten Minimum* g das *kleinste* relative Minimum der Funktion $f(x)$ in $[a, b]$.

Wir wollen nun eine notwendige Bedingung dafür ableiten, daß eine Stelle x_0 im Inneren eines Intervalls $\mathfrak{J}$, in welchem die Funktion $f(x)$ differenzierbar ist, eine Extremstelle ist. Ich nehme zunächst an, $f(x)$ habe an der Stelle x_0 ein Maximum (Abb. 56). Der rechtsseitige Differenzenquotient, der mit $x - x_0 >$ > 0 gebildet wird, hat dann einen negativen Wert

$$\frac{f(x) - f(x_0)}{x - x_0} < 0,$$

[1] Die Funktion, deren Bildkurve in Abb. 55 gezeichnet ist, hat an der Stelle x_0 ein relatives Maximum, obwohl sie an der Stelle x_1 ein größeres Maximum hat.

was geometrisch eine negative Steigung der Sekante bedeutet, die durch den Punkt P (x_0, y_0) und einen Punkt rechts von P gelegt wird. Der linksseitige Differenzenquotient wird mit $x - x_0 < 0$ gebildet und ist positiv:

$$\frac{f(x) - f(x_0)}{x - x_0} > 0.$$

Die Sekante durch P und einen Punkt links von P hat eine positive Steigung. Führen wir nun den Grenzübergang $x \to x_0$ durch, so geht der rechtsseitige Differenzenquotient über in die rechtsseitige Ableitung

$$\lim_{x \to x_0 +} \frac{f(x) - f(x_0)}{x - x_0} \leqq 0,$$

da ja für den Grenzwert auch das Gleichheitszeichen in Betracht kommt. Der linksseitige Differenzenquotient geht über in die linksseitige Ableitung

$$\lim_{x \to x_0 -} \frac{f(x) - f(x_0)}{x - x_0} \geqq 0.$$

Da $f(x)$ in $\mathfrak{J}$ differenzierbar ist, stimmen an jeder Stelle des Intervalls rechtsseitige und linksseitige Ableitung überein und ergeben die Ableitung von $f(x)$ an der betreffenden Stelle. Dann muß aber in den obigen Beziehungen das Gleichheitszeichen gelten, also sowohl rechtsseitige als auch linksseitige Ableitung verschwinden und somit

$$\boxed{f'(x_0) = 0} \tag{14}$$

sein. Eine analoge Überlegung ergibt, daß dasselbe auch an der Stelle eines Minimums gilt. Unter den angegebenen Voraussetzungen ist somit das *Verschwinden der Ableitung eine notwendige Bedingung für das Auftreten eines Extremums.* Geometrisch ist es ja vollkommen klar, daß die Tangente in einem Kurvenpunkt, der ein Extremum darstellt, horizontal verläuft, ihre Steigung also Null ist. Mit Hilfe dieser Bedingung können wir die Extremstellen einer Funktion aufsuchen. Wir bilden $f'(x)$ und haben in der Gleichung

$$f'(x) = 0$$

eine Bestimmungsgleichung für die gesuchten Extremstellen von $f(x)$. Aber (14) ist nur eine notwendige und keine hinreichende Bedingung, so daß keineswegs alle Wurzeln der Gleichung (14) wirklich Extremstellen sein müssen. Ein Beispiel dafür ist $f(x) = c$, c konstant; hier ist $f'(x) = 0$ für alle x; diese Funktion hat überall Extrema, wegen der identisch verschwindenden Ableitung. Im Falle einer linearen Funktion $f(x) = a\,x + b$ ist $f'(x) = a \neq 0$; die Gleichung $f'(x) = 0$ hat also keine Lösung, die Funktion besitzt höchstens Randextrema (in nicht offenen Intervallen), was ja bei Betrachtung der Bildkurve, die eine Gerade ist, anschaulich sofort klar ist.

Man nennt eine Stelle x_0, an der $f'(x_0) = 0$ ist, eine *stationäre Stelle* und $f(x_0)$ selbst einen *stationären Wert* der Funktion $f(x)$. Damit soll ausgedrückt werden, daß sich $f(x)$ in einer sehr kleinen Umgebung von x_0 nur wenig ändert. Wegen $dy = 0$ folgt aus § 11, (8)

$$\Delta y = \varepsilon\, dx$$

und daher ist in erster Annäherung auch

$$\Delta y = 0.$$

Wir suchen die Extremstellen der Potenz x^n, n positiv ganz. Die lineare Funktion $f(x) = x$ hat die Ableitung $f'(x) = 1$ und besitzt höchstens Randextrema. Die Funktion $f(x) = x^2$ hat die Ableitung $f'(x) = 2\,x$. Die Gleichung $2\,x = 0$ ergibt die Wurzel $x_0 = 0$. Wir entnehmen vorläufig rein anschaulich aus der Bildkurve Abb. 33, daß an der Stelle $x_0 = 0$ ein Minimum vorliegt. Der Betrag des Minimums ist $f(0) = 0$ (man unterscheide Stelle des Extremums x_0 und Wert des Extremums $f(x_0)$!). Bei der Funktion $f(x) = x^3$ folgt ebenfalls aus $f'(x) = 3x^2 = 0$, daß bei $x_0 = 0$ die Tangente horizontal verläuft. Wie wir aber aus der Bildkurve (siehe Abb. 33) entnehmen, liegt an dieser Stelle kein Extremum vor, denn es ist $f(0)$ kleiner als alle Funktionswerte rechts und größer als alle Funktionswerte links. Die Stelle $x_0 = 0$ ist ein *Wendepunkt* der Kurve, wie man einen Kurvenpunkt bezeichnet, in welchem sich der Drehungssinn der Tangente beim Durchlaufen der Kurve ändert. Die Funktion $f(x) = x^4$ hat an der Stelle $x_0 = 0$ wieder ein Minimum. Ohne hier also weiter darauf einzugehen, welche Bedingungen sich auf die Art des Extremums bzw. auf das Auftreten eines Wendepunktes beziehen, weise ich nur darauf hin, daß eine gerade Potenzfunktion $f(x) = x^{2n}$ bei $x_0 = 0$ ein Minimum, eine ungerade Potenzfunktion $f(x) = x^{2n+1}$ jedoch an dieser Stelle einen Wendepunkt besitzt.

Wir können also vorläufig nur feststellen, daß unter den gegebenen Voraussetzungen das Verschwinden der Ableitung für das Auftreten eines Extremums nur notwendig, aber nicht hinreichend ist, denn auch in einem Wendepunkt kann die Tangente horizontal verlaufen. Hinreichende Bedingungen für das Auftreten eines Extremums werden Sie später kennenlernen.

8. Bestimmung des größten, einem Kreis eingeschriebenen Rechtecks. Ich will nun eine Aufgabe zur Bestimmung eines Extremums ausführlich behandeln, um dabei zu zeigen, daß sich die Rechnung mitunter sehr vereinfachen läßt und daß man bei konkreten Beispielen oft aus der geometrischen oder physikalischen Deutung der Aufgabe auf die Existenz und Art des Extremums schließen kann. Die Aufgabe sei: „Es ist das Rechteck von größtem Flächeninhalt zu bestimmen, das einem Kreis vom Radius a eingeschrieben werden kann". Um die Aufgabe besonders übersichtlich zu gestalten, führe ich ein Koordinatensystem ein, dessen Ursprung im Kreismittelpunkt liegt, damit die Gleichung des Kreises die einfache Gestalt

$$x^2 + y^2 = a^2$$

erhält. Die Veränderlichen x und y sind dabei die halben Rechteckseiten (Abb. 57). Der Inhalt des Rechtecks ist daher

$$F = 4\,x\,y.$$

Mit

$$y = \sqrt{a^2 - x^2}$$

wird der Inhalt eine Funktion von nur einer Veränderlichen

$$F = f(x) = 4\,x\sqrt{a^2 - x^2} = 4\sqrt{a^2 x^2 - x^4}.$$

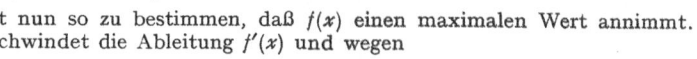

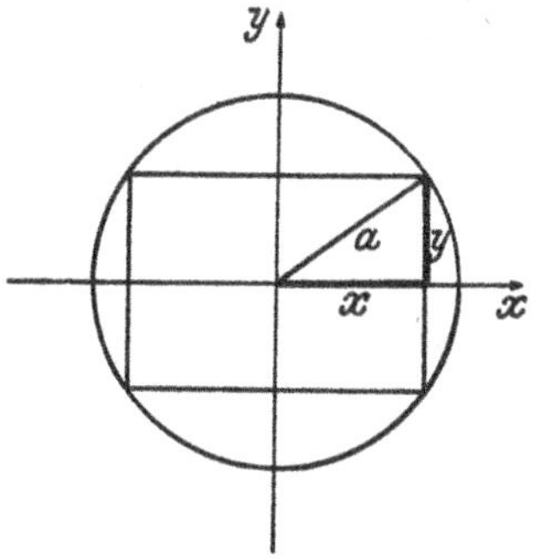

Abb. 57.

Die Veränderliche x ist nun so zu bestimmen, daß $f(x)$ einen maximalen Wert annimmt. An dieser Stelle x verschwindet die Ableitung $f'(x)$ und wegen

$$f'(x) = 4\,\frac{2\,a^2 x - 4\,x^3}{2\sqrt{a^2 x^2 - x^4}}$$

ist entweder

$$x_1 = 0$$

oder

$$x_{2,3} = \pm\frac{a}{\sqrt{2}}.$$

Damit haben wir Werte für x gefunden, denen möglicherweise Extrema des Flächeninhaltes $F = f(x)$ entsprechen. Es ist nun leicht einzusehen, daß für den maximalen Flächeninhalt nur der Wert $x = \frac{a}{\sqrt{2}}$ in Frage kommt. Denn der kleinste für x in Betracht kommende Wert, da ja x als Länge nicht negativ sein kann, ist offenbar $x = 0$, der zugehörige Wert für y ist dann $y = a$; der Inhalt dieses Rechtecks hat den Minimalwert Null. Man kann sich vorstellen, daß mit $x = 0$ das Rechteck in den Kreisdurchmesser auf der y-Achse übergeht. Der größte für x mögliche Wert ist $x = a$, dann ist aber $y = 0$ und damit wieder der Inhalt gleich Null. Mit $x = a$ geht das Rechteck in den Durchmesser auf der x-Achse über. Zwischen diesen beiden Grenzfällen liegen die Rechtecke mit positivem Flächeninhalt und unter ihnen gibt es sicher ein größtes (siehe in § 12, 11 den Satz von ROLLE), dem also die Seiten $2x = \frac{2a}{\sqrt{2}}$ und $2y = \frac{2a}{\sqrt{2}}$ entsprechen. Damit hat der maximale Flächeninhalt den Wert $F = 2a^2$. Wir stellen zugleich fest, daß das größte Rechteck, das einem Kreis eingeschrieben werden kann, ein Quadrat ist.

Die Durchrechnung der Aufgabe läßt sich wesentlich vereinfachen, wenn man statt $f(x)$ die Funktion

$$\varphi(x) = \left[\frac{f(x)}{4}\right]^2 = a^2 x^2 - x^4$$

untersucht. Es hat ja

$$\varphi'(x) = \frac{2}{16} f(x) f'(x) = 2a^2 x - 4x^3$$

dieselben Nullstellen wie $f'(x)$; es können aber noch die Nullstellen von $f(x)$ hinzutreten, in denen im allgemeinen keine Extrema vorliegen. Untersucht man also statt der irrationalen Funktion $f(x)$ die rationale Funktion $\varphi(x)$, die eine entsprechende Potenz von $f(x)$ ist, so kann dadurch die Differentiation wesentlich vereinfacht werden. Einen konstanten Faktor c der Funktion $f(x)$ wird man bei der Bestimmung der Extremstellen weglassen, also gleich die Ableitung der Funktion $\frac{f(x)}{c}$ bilden, da ja die Gleichung $f'(x) = 0$ dann ohnehin durch c gekürzt werden kann.

9. **Randextrema.** Bei einer in einem abgeschlossenen Intervall $[a, b]$ gegebenen Funktion $f(x)$ treten an den Grenzen des Intervalls *Randextrema* auf, für die die Ableitungen $f'_+(a)$ und $f'_-(b)$, sofern sie überhaupt existieren, im allgemeinen nicht verschwinden.

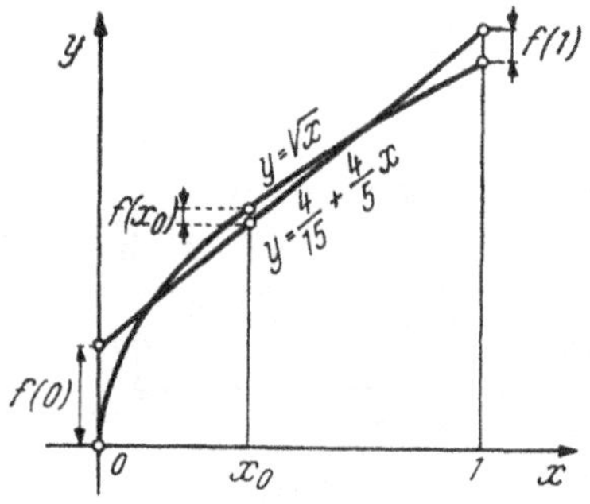

Abb. 58.

So hat die Funktion $f(x) = x^2$ im Intervall $[-1, +1]$ an den Enden des Intervalls Randmaxima vom Betrag $f(+1) = f(-1) = 1$.

Bei der folgenden Aufgabe sind die Randextrema von besonderer Bedeutung. Die Funktion $\sqrt{x}$ läßt sich im Intervall $[0, 1]$ durch die lineare Funktion

$$y = \frac{4}{15} + \frac{4}{5} x$$

approximieren (Abb. 58). Ich habe bereits in § 11, 4 von der Approximation einer differenzierbaren Funktion durch eine lineare Funktion gesprochen, die geometrisch darauf hinausläuft, daß man in der Umgebung eines Punktes die Bildkurve durch die Tangente in diesem Punkt ersetzt. Hier handelt es sich aber um eine Approximation, die sich nicht auf eine Umgebung eines Punktes, sondern möglichst gleichmäßig über ein ganzes Intervall erstrecken soll. Ich werde das Verfahren, durch das man zu einer derartigen Näherungsfunktion gelangt, in Bd. II diskutieren. Wir wollen die obige Näherungsfunktion für $\sqrt{x}$ im Intervall $[0, 1]$ als gegeben hinnehmen und die größte Abweichung bestimmen, die bei dieser Approximation auftritt. Der Fehler ist eine Funktion der Veränderlichen x und ist gegeben durch die Differenz

$$f(x) = \left(\frac{4}{15} + \frac{4}{5} x\right) - \sqrt{x}.$$

Die Stellen der Extremwerte des Fehlers erhalten wir aus

$$f'(x) = \frac{4}{5} - \frac{1}{2\sqrt{x}} = 0$$

mit

$$x_0 = \frac{25}{64} = 0{\cdot}391.$$

Wir entnehmen dem geometrischen Bild, daß bei x_0 der Fehler wirklich ein Extremum ist; er hat den Wert

$$f(x_0) = -\frac{11}{240} = -0{\cdot}046.$$

Wie wir aber aus den Bildkurven weiter entnehmen, liegen die Schnittpunkte der Geraden mit der Kurve innerhalb des Intervalls und wir haben zu untersuchen, ob nicht die Abweichungen am Intervallrand größer sind als die eben berechnete Abweichung im Intervallinnern. Es sind

$$f(0) = \frac{4}{15} = 0{\cdot}267$$

und

$$f(1) = \frac{1}{15} = 0{\cdot}067$$

die Fehler in den Endpunkten des Intervalls; wir stellen fest, daß diese Randextrema tatsächlich größer sind als die maximale Abweichung im Intervallinnern.

10. Der Mittelwertsatz der Differentialrechnung. Dieser Satz ist anschaulich so klar, daß ich ihn ohne weitere Vorbereitung formuliere: *Ist $f(x)$ eine in (a, b) differenzierbare und für $x = a$ und $x = b > a$ stetige Funktion, so gibt es mindestens eine Stelle ξ im Innern des Intervalls, für die also*

$$\boxed{a < \xi < b} \tag{15}$$

gilt, an welcher die Ableitung

$$\boxed{f'(\xi) = \frac{f(b) - f(a)}{b - a}} \tag{16}$$

ist. Der Satz behauptet also, daß es bei einer im Innern eines Intervalls differenzierbaren und an den Enden (und daher im ganzen Intervall $[a, b]$) stetigen Funktion $f(x)$ einen Kurvenpunkt im Intervallinnern gibt, in welchem die Tangente parallel zur Sekante durch die Punkte an den Intervallenden verläuft (Abb. 59). Die Notwendigkeit der an die Funktion gestellten Voraussetzungen ist leicht einzusehen. Denn wäre die Funktion nicht an jeder Stelle im Innern differenzierbar, so könnte z. B. die Bildkurve im Intervall eine Ecke bilden, und dann muß es keine zur Sekante parallele Tangente geben. Ebenso braucht im Falle einer Unstetigkeit am Rande des Intervalls, etwa durch endlichen Sprung, keine zur Sekante parallele Tangente zu existieren; man betrachte etwa die Funktionen $y = |x|$ in $[-1, 1]$ und $y = [x]$ in $[0, 1]$.

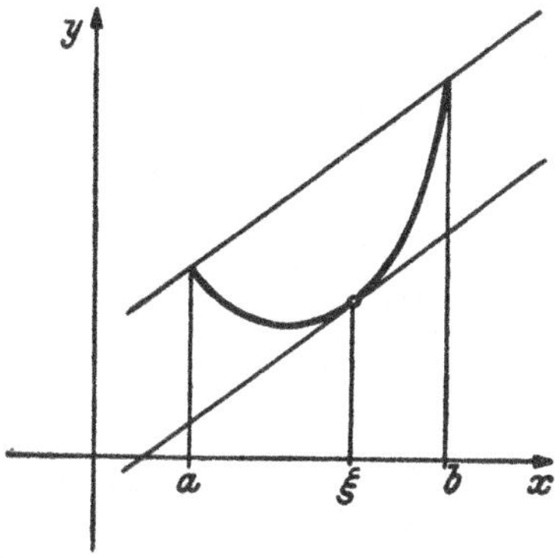

Abb. 59.

11. Der Satz von Rolle und der Beweis des Mittelwertsatzes. Ich beweise den Mittelwertsatz zunächst für eine Funktion $\varphi(x)$, die in (a, b) differenzierbar und für $x = a$ und $x = b$ stetig ist und außerdem die Eigenschaft hat, daß die Funktionswerte in den Endpunkten des Intervalls

$$\varphi(a) = \varphi(b) = 0 \tag{17}$$

sind. Für $\varphi(x)$ geht der Mittelwertsatz in den *Satz von* Rolle über:

Zwischen zwei Nullstellen einer Funktion liegt mindestens eine Nullstelle der Ableitung.

Geometrisch gesprochen gibt es dann also mindestens einen Kurvenpunkt im Intervallinnern, in welchem die Tangente parallel zur x-Achse verläuft (Abbildung 60, a und b). Nach dem Satz von Weierstrass (§ 8, 5) hat jede in einem abgeschlossenen Intervall stetige Funktion in diesem Intervall ein Minimum g und ein Maximum G. Es gilt also jedenfalls für die Funktionswerte $\varphi(x)$

$$g \leqq \varphi(x) \leqq G,$$

insbesondere ist

$$g \leqq \varphi(a) = \varphi(b) \leqq G,$$

also

$$g \leqq 0 \leqq G,$$

woraus sich die folgenden Fälle ergeben:

a) $g = 0 = G$; dann ist $\varphi(x) \equiv 0$ und daher auch $\varphi'(x) \equiv 0$; in dem trivialen Fall, daß die Funktion im ganzen Intervall identisch verschwindet, ist jede Stelle des Intervalls eine Nullstelle der Ableitung.

b) $g = 0 < G$; dann gibt es eine Stelle ξ, so daß $\varphi(\xi) = G$ ist, und die im Innern des Intervalls liegt, denn in den Endpunkten a und b sind voraussetzungs-

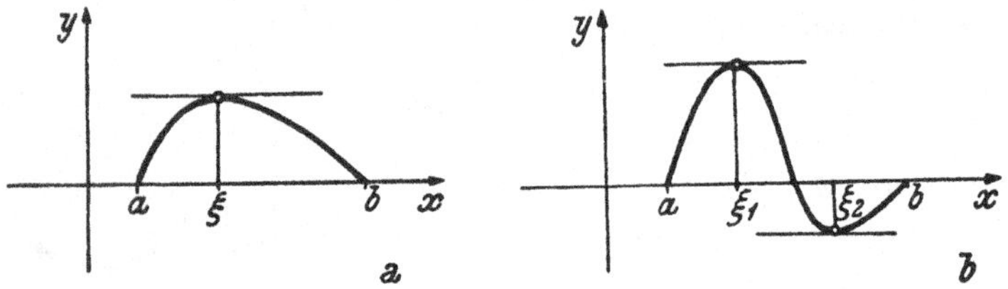

Abb. 60.

gemäß die Funktionswerte $\varphi(a) = \varphi(b) = 0$. Wenn aber G kein Randextremum ist, gilt sicher $\varphi'(\xi) = 0$ (Abb. 60 a).

c) $g < 0 = G$; auf Grund derselben Überlegung wie in b) gibt es im Innern des Intervalls eine Stelle ξ, so daß $\varphi(\xi) = g$, also $\varphi'(\xi) = 0$ ist.

d) $g < 0 < G$; nach b) gibt es im Innern des Intervalls eine Stelle ξ_1, so daß $\varphi(\xi_1) = G$ und nach c) eine Stelle ξ_2, so daß $\varphi(\xi_2) = g$, also $\varphi'(\xi_1) = 0$ und $\varphi'(\xi_2) = 0$ ist (Abb. 60 b).

Somit ist für alle möglichen Fälle der Satz von ROLLE bewiesen. Er läßt sich noch etwas verallgemeinern, wenn man die Voraussetzungen (17) durch

$$\varphi(a) = \varphi(b) = c$$

mit einem beliebigen festen Wert c ersetzt; er lautet dann:

Zwischen zwei c-Stellen einer Funktion liegt mindestens eine Nullstelle ihrer Ableitung.

Dabei nennt man in einfacher Verallgemeinerung des Begriffs Nullstelle eine Stelle a des Definitionsbereiches einer Funktion $f(x)$, für die $f(a) = c$ ist, eine *c-Stelle* von $f(x)$. Ich lade Sie ein, den obigen Beweis für diesen Fall umzuformen.

Ich zeige nun, daß aus dem Satz von ROLLE der Mittelwertsatz folgt. Es genüge also die Funktion $f(x)$ den Voraussetzungen von Ziffer 10. Ich bilde die Funktion

$$\varphi(x) = f(x) - f(a) - \frac{x-a}{b-a}\,[f(b) - f(a)],$$

die an jeder Stelle $x \in [a, b]$ die Differenz der Ordinaten von Kurve und Sekante darstellt und die den Voraussetzungen (17) genügt. Somit gibt es mindestens eine Stelle ξ in (a, b), an welcher $\varphi'(\xi) = 0$ ist. Es ist nun

$$\varphi'(x) = f'(x) - \frac{f(b) - f(a)}{b-a},$$

also wird für $x = \xi$

$$0 = f'(\xi) - \frac{f(b) - f(a)}{b - a}$$

oder

$$f'(\xi) = \frac{f(b) - f(a)}{b - a},$$

womit der Mittelwertsatz bewiesen ist[1].

Setzen wir $a = x$ und die Intervallänge $b - a = h$, so ist

$$\xi = x + \vartheta h \quad \text{mit} \quad 0 < \vartheta < 1$$

sicher eine Stelle im Innern des Intervalls, und wir erhalten den Mittelwertsatz in der Gestalt

$$f'(x + \vartheta h) = \frac{f(x+h) - f(x)}{h}$$

oder

$$\boxed{f(x+h) = f(x) + h\,f'(x + \vartheta\,h),} \tag{18a}$$

mit

$$\boxed{0 < \vartheta < 1,} \tag{18b}$$

die für beliebige Vorzeichen von h gilt.

12. Der verallgemeinerte Mittelwertsatz der Differentialrechnung. *Die beiden Funktionen $f(x)$ und $g(x)$ seien in dem Intervall (a, b) differenzierbar und an den Enden stetig. Dann gibt es eine Stelle ξ, für die*

$$\boxed{f'(\xi)\,[g(b) - g(a)] = g'(\xi)\,[f(b) - f(a)]} \tag{19}$$

und

$$\boxed{a < \xi < b,} \tag{20}$$

gilt.

Zum Beweis bilde ich die Funktion

$$\varphi(x) = f(x)\,[g(b) - g(a)] - g(x)\,[f(b) - f(a)];$$

für sie gilt

$$\varphi(a) = \varphi(b),$$

ferner ist $\varphi(x)$ differenzierbar in (a, b) und stetig an den Stellen a und b. $\varphi(x)$ erfüllt also die Voraussetzung des Satzes von ROLLE, es gibt eine Stelle ξ in (a, b) mit $\varphi'(\xi) = 0$, was aber gerade die Behauptung (19) ist.

Ist $g'(x) \neq 0$ in (a, b), so folgt aus dem Mittelwertsatz (16), daß auch $g(b) \neq g(a)$ ist und man kann (19) in der Gestalt

$$\boxed{\frac{f'(\xi)}{g'(\xi)} = \frac{f(b) - f(a)}{g(b) - g(a)}} \tag{21}$$

schreiben.

13. Lösung einer Gleichung $f(x) = 0$ durch Iteration. Wir bringen die vorgelegte algebraische oder transzendente Gleichung $f(x) = 0$ auf die Gestalt $\varphi(x) = x$, indem wir beiderseits x addieren und $\varphi(x) = x + f(x)$ setzen. Es sei x_1 ein Näherungswert für die gesuchte Wurzel x_0, so daß $f(x_1) \neq 0$, aber — sofern x_1 die Bezeichnung Näherungswert verdient — wenigstens nahe an Null liegt. Wir

---

[1] Der Satz bleibt richtig, wenn $b < a$ ist, nur ist dann die Ungleichung (15) durch

$$a > \xi > b$$

zu ersetzen.

setzen $x_2 = \varphi(x_1) = x_1 + f(x_1)$ (Abb. 61); x_2 wird ein besserer Näherungswert für x_0 sein, wenn $|x_2 - x_0| < |x_1 - x_0|$ ist. Nach dem Mittelwertsatz ist

$$x_2 - x_0 = \varphi(x_1) - \varphi(x_0) = (x_1 - x_0)\,\varphi'(\xi),$$

wobei ξ ein Wert zwischen x_0 und x_1 ist. Gilt also für alle x, für die

$$|x - x_0| < |x_1 - x_0|$$

ist, auch

$$|\varphi'(x)| < \vartheta < 1,$$

so wird

$$|x_2 - x_0| = |x_1 - x_0| \cdot |\varphi'(\xi)| < |x_1 - x_0|\,\vartheta.$$

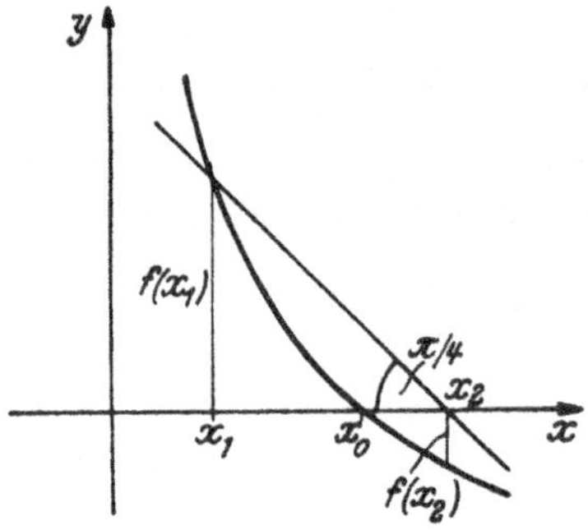

Abb. 61.

Wir betrachten nun die Folge der Näherungswerte $x_1, x_2, \ldots, x_\nu = \varphi(x_{\nu-1}), \ldots$; für sie gilt dann

$$|x_\nu - x_0| < |x_{\nu-1} - x_0|\,\vartheta < \ldots < |x_1 - x_0|\,\vartheta^{\nu-1};$$

wegen $\vartheta < 1$ ist

$$\lim_{\nu \to \infty} |x_\nu - x_0| = 0,$$

d. h. $\lim\limits_{\nu \to \infty} x_\nu = x_0$, die Folge der durch „Iteration", wie dieses wiederholte Einsetzen genannt wird, aus dem Näherungswert x_1 gewonnenen Näherungswerte x_ν konvergiert gegen die gesuchte Wurzel x_0. Die Konvergenzbedingung

$$|\varphi'(x)| < 1 \quad \text{oder} \quad -2 < f'(x) < 0$$

läßt sich, falls $f'(x_0) \neq 0$ ist, durch Multiplikation der gegebenen Gleichung $f(x) = 0$ mit einer geeigneten Konstanten stets erfüllen.

Beispiel: Es sei wieder die Wurzel der Gleichung $x = \cos x$ (vgl. § 8, 11 und § 11, 6) näherungsweise zu ermitteln. Es ist $|\varphi'(x)| = |\sin x| \leqq 1$ für alle x und z. B. $|\varphi'(x)| < \frac{1}{2}\sqrt{3}$ für $x < \frac{\pi}{3} = \operatorname{arc} 60°$. Wir gehen wieder vom Näherungswert $x_1 = 0{\cdot}73304 = \operatorname{arc} 42°$ aus, den wir auch schon bei der Anwendung der Regula falsi und des Newtonschen Verfahrens verwendet haben. Es wird

$x_2 = \cos x_1 = 0{\cdot}74314 = \operatorname{arc} 42°\,34'\,44''$, $x_3 = \cos x_2 = 0{\cdot}73634 = \operatorname{arc} 42°\,11'\,20''$,

$x_4 = \cos x_3 = 0{\cdot}74028 = \operatorname{arc} 42°\,24'\,54''$, $x_5 = \cos x_4 = 0{\cdot}73827 = \operatorname{arc} 42°\,18'$,

$x_6 = \cos x_5 = 0{\cdot}73963 = \operatorname{arc} 42°\,22'\,48''$, $x_7 = \cos x_6 = 0{\cdot}73869 = \operatorname{arc} 42°\,19'\,24''$,

$x_8 = \cos x_7 = 0{\cdot}73912 = \operatorname{arc} 42°\,20'\,54''$, $x_9 = \cos x_8 = 0{\cdot}73906 = \operatorname{arc} 42°\,20'\,42''$,

$x_{10} = \cos x_9 = 0{\cdot}73910$.

Hier hat es nicht mehr viel Sinn, das Verfahren fortzusetzen, da die Genauigkeit der verwendeten fünfstelligen Tafel erschöpft ist. Das Mittel aus den beiden letzten Näherungswerten x_9 und x_{10} ergibt $x_0 \approx 0{\cdot}73908$.

Das Beispiel, an dem wir nun alle drei Näherungsverfahren, die Regula falsi, das Newtonsche Verfahren und die Iteration erprobt haben, gibt uns auch gewisse Aufschlüsse über die Wirksamkeit der Verfahren. Ganz zweifellos steht das Newtonsche Verfahren an erster Stelle, doch nur unter der Voraussetzung, daß man schon einen verhältnismäßig guten Näherungswert x_1 für die Wurzel hat, von dem man ausgehen kann. Die Regula falsi hat vor allem den Vorteil, daß sie mit absoluter Sicherheit zum Ziel führt: zwischen zwei Werten a und b, für die $f(a)\,f(b) < 0$ ist, muß eben eine Wurzel der Gleichung $f(x) = 0$ liegen. Die Konvergenz kann im allgemeinen als gut bezeichnet werden. Das Iterationsverfahren hat den mitunter ausschlaggebenden Vorteil der großen Einfachheit in der Handhabung; die Konvergenz wird nur dann gut sein, wenn $|\varphi'(x)|$ nahe an Null liegt. In unserem Beispiel ist $|\varphi'(42°)| = |\sin 42°| \approx 0{\cdot}67$, also recht groß, daher die Konvergenz wenig befriedigend. Über eine Verallgemeinerung des Newtonschen Verfahrens und der Iteration auf Gleichungen mit mehreren Unbekannten vgl. Band II.

Aufgaben.

1. Man bilde die Ableitungen folgender Funktionen:

$$\text{a)}\ x\sqrt[3]{x\sqrt[3]{x}},\qquad \text{b)}\ \sqrt{a x^2 + 2 b x + c},\qquad \text{c)}\ \frac{a x + b}{c x + d},\qquad \text{d)}\ \frac{a x + b}{\sqrt{c x + d}}.$$

2. Aus der Formel für die Summe einer geometrischen Reihe mit $n + 1$ Gliedern leite man durch Differentiation eine neue Formel ab.

3. Multipliziert man die in Aufgabe 2 gewonnene Formel mit x und differenziert noch einmal, so ergibt sich eine weitere Formel.

4. Man zeige, daß die Ableitung einer geraden (ungeraden) Funktion eine ungerade (gerade) Funktion ist.

5. Man bestimme das Rechteck größten Flächeninhaltes von gegebenem Umfang 2 a.

6. Es ist der gerade Zylinder größten Volumens in der Kugel zu bestimmen.

7. Aus einem Baumstamm von kreisförmigem Querschnitt mit dem Durchmesser d ist ein rechteckiger Balken von größter Tragfähigkeit auszuschneiden. (Die Tragfähigkeit ist proportional zu $b\,h^2$, wenn b die Breite und h die Höhe des Balkenquerschnittes ist.)

8. Es ist das gleichschenkelige Dreieck größten Inhaltes im Kreis und der gerade Kegel größten Volumens in der Kugel zu bestimmen.

9. Beim Bau von Wechselstromtransformatoren entsteht die Aufgabe, den kreisförmigen lichten Querschnitt der Spulen durch einen Eisenkern von kreuzförmigem Querschnitt möglichst gut auszufüllen. Wie ist das Kreuz zu dimensionieren, wenn der Kreisradius gegeben ist, und wieviel Prozent der ganzen Kreisfläche sind dann ausgenützt?

10. Zwei Straßen, die a und b Meter breit sind, stoßen senkrecht aufeinander. Wie lange darf ein Balken höchstens sein, wenn er in horizontaler Lage um diese Ecke gebracht werden soll?

11. Es ist das Reflexions- und Brechungsgesetz aus dem Fermatschen Prinzip der kürzesten Lichtzeit (der Lichtstrahl stellt jenen Weg zwischen zwei gegebenen Punkten dar, für den die Zeit ein Minimum wird) herzuleiten.

§ 13. Das unbestimmte Integral.

1. Das bestimmte Integral mit variabler oberer Grenze. Die Funktion $f(x)$ sei *stetig* in einem Intervall $\mathfrak{J}$; sind a und $b > a$ zwei Werte aus $\mathfrak{J}$, so existiert das bestimmte Integral

$$J(a, b) = \int_a^b f(x)\, dx,$$

dessen Wert von den Integrationsgrenzen a und b und vom Verlauf der Funktion $f(x)$ abhängt und gleich dem Flächeninhalt des durch die Funktion $f(x)$ über $[a, b]$ gegebenen Normalbereiches ist. Wir denken uns nun a festgehalten, b aber als Variable, und schreiben, um diesen Umstand besser hervorzuheben, x an Stelle von b und u an Stelle der ursprünglichen Integrationsveränderlichen x. Das Integral

$$J(a, x) = F(x) = \int_a^x f(u)\, du$$

ist dann eine für alle Werte $x \in \mathfrak{J}$ definierte Funktion $F(x)$ der oberen Grenze x und bedeutet geometrisch den mit x veränderlichen Flächeninhalt des durch $f(x)$ über $[a, x]$ bestimmten Normalbereiches bei festgehaltener unterer Grenze a.

Die Integrationsveränderliche wurde mit u bezeichnet, um sie von der oberen Grenze x zu unterscheiden. Es wird aber auch die Schreibweise

$$F(x) = \int_a^x f(x)\,dx$$

sehr oft verwendet, obwohl sie eigentlich unzulässig ist, da hier derselbe Buchstabe für zwei verschiedene Variable gebraucht wird.

2. Die Ableitung eines bestimmten Integrals mit variabler oberer Grenze. Auf die in Ziffer 1 definierte Funktion $F(x)$ bezieht sich einer der wichtigsten Sätze der gesamten Differential- und Integralrechnung:

Die Funktion

$$F(x) = \int_a^x f(u)\,du \tag{1}$$

ist für alle x des Stetigkeitsbereiches von $f(x)$ differenzierbar und daher auch stetig; für ihre Ableitung gilt

$$\boxed{F'(x) = \frac{d}{dx}\int_a^x f(u)\,du = f(x);} \tag{2}$$

ein bestimmtes Integral mit veränderlicher oberer Grenze gibt, nach dieser differenziert, den Integranden.

Zum Beweis bilde ich den Differenzenquotienten:

$$\frac{F(x+h)-F(x)}{h} = \frac{1}{h}\left[\int_a^{x+h} f(u)\,du - \int_a^x f(u)\,du\right] = \frac{1}{h}\int_x^{x+h} f(u)\,du.$$

Auf das letzte Integral wende ich den ersten Mittelwertsatz der Integralrechnung (§ 10, 4) an. Das gibt

$$\frac{F(x+h)-F(x)}{h} = f(x+\vartheta h), \quad 0 < \vartheta < 1$$

und für $h \to 0$ wegen der Stetigkeit von $f(x)$ sofort (2).

Ist $\mathfrak{J}$ abgeschlossen, so existiert am linken Endpunkt von $\mathfrak{J}$ die rechtsseitige und am rechten Endpunkt die linksseitige Ableitung, vgl. § 11, 2.

Selbstverständlich ist auch die Funktion

$$G(x) = \int_x^b f(u)\,du$$

nach der veränderlichen unteren Grenze differenzierbar, denn es ist

$$G(x) = -\int_b^x f(u)\,du$$

und somit

$$G'(x) = -f(x).$$

Ist $f(x)$ nur *stückweise stetig* in $[a, b]$, so sind $F(x)$ und $G(x)$ *stückweise glatt* in $[a, b]$. Das folgt unmittelbar aus (2).

3. Das unbestimmte Integral und der Fundamentalsatz der Integralrechnung. Ist $f(x)$ stetig in einem Intervall $\mathfrak{J}$, so nennt man jede in $\mathfrak{J}$ stetig differenzierbare Funktion $\Phi(x)$, für die

$$\boxed{\Phi'(x) \equiv f(x)}$$

ist für alle $x \in \mathfrak{J}$ eine *Stammfunktion* von $f(x)$.

Die Existenz solcher Stammfunktionen ist durch das Ergebnis von Ziffer 2 gesichert; denn die durch (1) definierte Funktion $F(x)$ ist wegen (2) eine im Intervall $\mathfrak{J}$ eindeutig definierte Stammfunktion. Offenbar ist aber neben $F(x)$ auch jede Funktion

$$\Phi(x) = F(x) + C \tag{3}$$

mit einer beliebigen Konstanten C eine Stammfunktion. Es gilt aber noch mehr: In der Gestalt (3) sind *alle* Stammfunktionen der gegebenen Funktion $f(x)$ enthalten. Das ist der Inhalt des *Fundamentalsatzes der Integralrechnung*:

Sind $\Phi(x)$ und $\Psi(x)$ zwei Stammfunktionen einer Funktion $f(x)$, so ist

$$\boxed{\Phi(x) - \Psi(x) \equiv C,} \tag{4}$$

wo C eine Konstante bedeutet.

Der Beweis ist sehr einfach. Setzt man

$$\varphi(x) = \Phi(x) - \Psi(x),$$

so ist

$$\varphi'(x) = \Phi'(x) - \Psi'(x) = f(x) - f(x) \equiv 0$$

und daher nach dem Mittelwertsatz der Differentialrechnung, $x = x_0 + h$ mit festem x_0 gesetzt,

$$\varphi(x) = \varphi(x_0 + h) = \varphi(x_0) + h\,\varphi'(x_0 + \vartheta h) = \varphi(x_0);$$

$\varphi(x_0)$ ist aber eine Konstante.

Die Gesamtheit aller Stammfunktionen von $f(x)$ nennt man *das unbestimmte Integral J* von $f(x)$ und schreibt

$$\boxed{J = \int f(x)\,dx = F(x) + C,} \tag{5}$$

wo $F(x)$ eine beliebige Stammfunktion, z. B. (1) ist, und C eine *unbestimmte* oder *willkürliche* Konstante bedeutet, die jeden Wert haben kann[1].

4. Eine Deutung der Integrationskonstanten. Ich habe oben gezeigt, daß

$$F(x) = \int_a^x f(u)\,du,$$

mit festem a eine Stammfunktion von $f(x)$ ist. Ebenso ist aber auch jede Funktion

$$G(x) = \int_{a_1}^x f(u)\,du,$$

wobei a_1 irgendein von a verschiedener fester Wert aus dem Definitionsbereich $\mathfrak{J}$ von $f(x)$ ist, eine Stammfunktion von $f(x)$. Es ist nun

$$F(x) - G(x) = \int_a^x f(u)\,du - \int_{a_1}^x f(u)\,du = \int_a^x f(u)\,du + \int_x^{a_1} f(u)\,du = \int_a^{a_1} f(u)\,du$$

[1] J heißt also unbestimmtes Integral, weil die Konstante C unbestimmt ist und nicht, „weil am Integralzeichen keine Grenzen stehen“.

konstant oder genauer, von x unabhängig. Hier ist also die Integrationskonstante C durch ein bestimmtes Integral dargestellt. Geometrisch entspricht ihr die Fläche des Normalbereiches über $[a, a_1]$ (Abb. 62). Die Konstante C hängt von den willkürlichen Grenzen a und a_1 ab, ist also eine Funktion $\Phi(a, a_1)$ von a und a_1. Man kann somit *innerhalb des Wertevorrates* dieser Funktion $\Phi(a, a_1)$ das unbestimmte Integral einer Funktion $f(x)$ auch als bestimmtes Integral

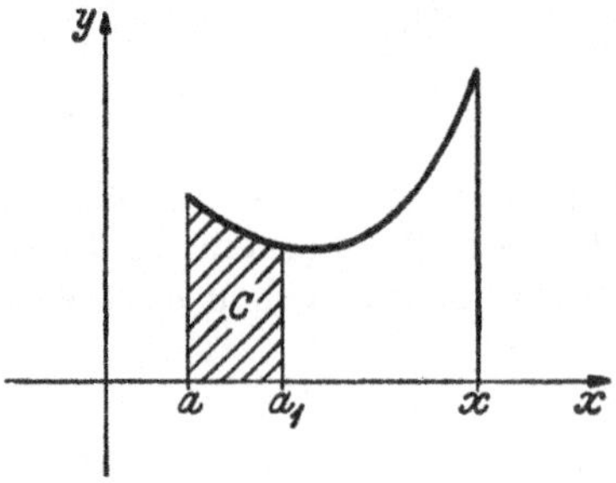

Abb. 62.

$$\int f(x)\,dx = \int_a^x f(x)\,dx$$

mit veränderlicher oberer Grenze x und willkürlich gewählter, von x unabhängiger unterer Grenze a schreiben, muß sich dabei aber vor Augen halten, daß man auf diese Art im allgemeinen nicht die Gesamtheit *aller* Stammfunktionen von $f(x)$ erhält. Die manchmal verwendete Schreibweise

$$\int f(x)\,dx = \int^x f(x)\,dx$$

ist in diesem Zusammenhang ohne weiteres verständlich.

5. **Zusammenhang von bestimmtem und unbestimmtem Integral.** Ist eine Stammfunktion $F(x)$ von $f(x)$ bekannt, so läßt sich jedes bestimmte Integral

$$J(a, b) = \int_a^b f(x)\,dx,$$

wo jetzt die Grenzen a und b gegebene feste Werte sind, durch $F(x)$ ausdrücken. Es ist ja

$$J(a, x) = \int_a^x f(x)\,dx$$

ebenfalls eine Stammfunktion, also

$$J(a, x) = F(x) + C_1$$

mit geeignet gewählter Integrationskonstanten C_1. Für $x = a$ wird aber $J(a, a) = 0$, also $F(a) + C_1 = 0$ oder

$$C_1 = -F(a),$$

d. h.

$$J(a, x) = F(x) - F(a)$$

und somit

$$J(a, b) = F(b) - F(a).$$

Also gilt:

Das bestimmte Integral einer Funktion $f(x)$ mit den Integrationsgrenzen a und b ist gleich der Differenz der Funktionswerte, die eine beliebige Stammfunktion $F(x)$ von *$f(x)$ für $x = b$* und *$x = a$ annimmt.*

Dieser Satz wird auch als *zweiter Fundamentalsatz der Integralrechnung* bezeichnet. Man schreibt[1]

$$\boxed{\int_a^b f(x)\,dx = [F(x)]_a^b = F(x)\,\Big|_a^b = F(b) - F(a).} \qquad (6)$$

[1] Das Symbol $[F(x)]_a^b$ oder das (weniger zweckmäßige, aber oft verwendete) $F(x)\big|_a^b$ heißt also, daß man $x = b$ und $x = a$ in $F(x)$ einzusetzen und die Differenz zu bilden hat.

6. Geometrische Deutung des unbestimmten Integrals. Kurvenscharen. Geometrisch läßt sich das unbestimmte Integral

$$y = \int f(x)\, dx = F(x) + C$$

für jeden Wert von C als Kurve der x,y-Ebene deuten; für verschiedene Werte von C gehen die Kurven aus einander durch eine Parallelverschiebung in der Richtung der y-Achse hervor (Abb. 63). Sie haben also in entsprechenden Punkten (das sind Punkte mit gleicher Abzisse) parallele Tangenten und werden daher kurz als *Parallelkurven* bezeichnet. Man spricht allgemein, wenn eine Gleichung

$$y = F(x, C_1, C_2, \ldots, C_n)$$

zwischen x und y noch von willkürlichen Parametern $C_1, \ldots, C_n$ abhängt (vgl. § 6, 6), von einer *Kurvenschar*, und zwar insbesondere von einer *einparametrigen Kurvenschar*, wenn, wie im vorliegenden Fall, nur ein solcher Parameter vorkommt. Für jeden bestimmten Wert des Parameters C erhält man eine spezielle oder *partikuläre* Kurve der Schar. Im Fall des unbestimmten Integrals, wo der Parameter als additive Konstante auftritt, ist die Kurvenschar insbesondere eine Schar von Parallelkurven.

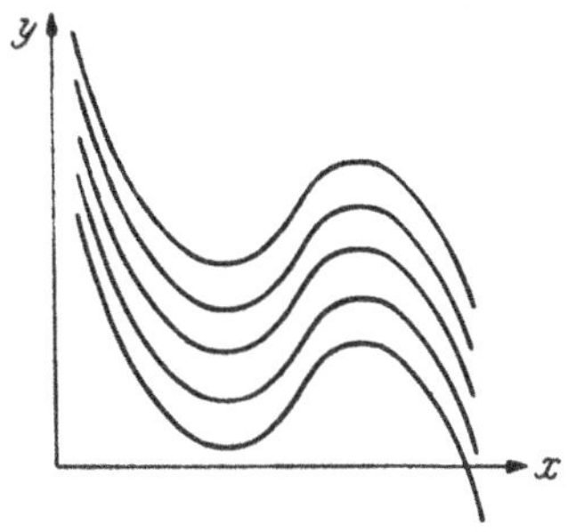

Abb. 63.

7. Begriff der Differentialgleichung. Die Aufgabe, die zum unbestimmten Integral führt, kann auch folgendermaßen formuliert werden: Gesucht ist eine Funktion (Kurve) $y = F(x)$, deren Ableitung $y' = F'(x)$ für alle x eines bestimmten Intervalles mit der gegebenen stetigen Funktion $f(x)$ übereinstimmt; gesucht ist also eine Lösung der Gleichung

$$y' = f(x)$$

für die Ableitung y' der gesuchten Funktion $y = F(x)$. Eine derartige Gleichung, in der die Ableitung einer unbekannten Funktion auftritt, heißt eine *Differentialgleichung*; sie hat allgemein die Gestalt

$$\Phi(x, y, y') = 0 \tag{7}$$

einer Gleichung zwischen den drei Variablen x, y und y', wobei x die unabhängige, y die abhängige Variable und $y' = \frac{dy}{dx}$ die Ableitung der letzteren nach x ist. Die Aufgabe ist, y aus dieser Differentialgleichung zu bestimmen. Diese Aufgabe wird für den besonderen Fall, daß y in Φ überhaupt nicht vorkommt und $\Phi(x,y')$ die Gestalt

$$\Phi(x, y') \equiv y' - f(x)$$

hat, durch das unbestimmte Integral von $f(x)$ gelöst. Man nennt jede Lösung einer Differentialgleichung $\Phi = 0$ ein *Integral* derselben, ich werde später (Band III) zeigen, daß die Lösung einer Differentialgleichung $\Phi(x, y, y') = 0$ unter gewissen Voraussetzungen in der Gestalt

$$y = F(x, C) \tag{8}$$

geschrieben werden kann, also noch von einer willkürlichen Konstanten (Parameter) C abhängt. Sind in (8) für die verschiedenen Werte von C *alle* Lösungen von (7) enthalten, so heißt (8) *die allgemeine Lösung* oder *das allgemeine Integral* der gegebenen Differentialgleichung (7). Erteilt man C einen bestimmten Wert C_0, so erhält man ein *partikuläres Integral*

$$y = F(x, C_0)$$

von (7). Geometrisch ist, wie erwähnt, $y = F(x, C)$ die Gleichung einer Kurvenschar, $y = F(x, C_0)$ die Gleichung einer einzelnen Kurve der Schar. Man kann ein partikuläres Integral durch eine *Anfangsbedingung* bestimmen, d. h. durch die Forderung, daß die Integralkurve durch einen bestimmten Punkt (x_0, y_0) hindurchgeht. Denn durch die Bedingung

$$y_0 = F(x_0, C) \tag{9}$$

ist im allgemeinen ein bestimmter Wert von C und damit das partikuläre Integral festgelegt. In dem besonderen Fall des unbestimmten Integrals wird (9) zu

$$y_0 = F(x_0) + C;$$

es ist dann

$$C = y_0 - F(x_0)$$

und

$$y = F(x) + y_0 - F(x_0)$$

oder

$$\boxed{y = y_0 + \int_{x_0}^{x} f(x)\, dx} \tag{10}$$

das gesuchte partikuläre Integral y; man sieht, daß diese Gleichung für die Anfangsbedingung $x = x_0$, $y = y_0$ erfüllt ist. $y_0 = 0$ liefert insbesondere

$$y = F(x) - F(x_0) = \int_{x_0}^{x} f(x)\, dx,$$

also jene Kurve, die im Punkt x_0 die x-Achse schneidet (x_0 ist eine Nullstelle von y).

8. Differentiation und Integration als inverse Rechenoperationen. Die Relationen

$$F'(x) = f(x) \qquad \text{und} \qquad \int f(x)\, dx = F(x),$$

die zwischen einer Funktion $f(x)$ und ihrem unbestimmten Integral $F(x)$ bestehen, zeigen, daß die Operationen des Differenzierens und Integrierens in genau demselben Sinn zueinander *invers* sind, wie etwa die Operationen des Addierens und Subtrahierens, des Multiplizierens und Dividierens oder des Potenzierens und Radizierens. So wie

$$a + b - b = a, \qquad a \,.\, b : b = a, \qquad \sqrt[b]{a^b} = a$$

ist, so ist eben auch

$$\frac{d}{dx}\int f(x)\, dx = f(x)$$

und

$$\int \frac{dF(x)}{dx}\, dx = F(x).$$

Man kann dafür auch, wenn man zu den Differentialen übergeht, schreiben

$$\boxed{d\int f(x)\, dx = f(x)\, dx} \tag{11}$$

bzw.

$$\boxed{\int dF(x) = F(x),} \tag{12}$$

d. h. die Operationszeichen „d" und „$\int$" heben einander auf; man kann in leichtverständlicher Symbolik geradezu

$$d\int = \int d = 1$$

setzen (von der additiven Konstanten abgesehen).

Auf diese Art ergibt sich aus jeder Integralformel eine Differentialformel und natürlich ebenso umgekehrt. So hatten wir in § 10, 5

$$\int_a^b x^\alpha\, dx = \frac{b^{\alpha+1} - a^{\alpha+1}}{\alpha + 1}, \quad 0 < a < b,$$

wo $\alpha \neq -1$ eine beliebige rationale Zahl ist. Daraus folgt

$$\int_a^x x^\alpha\, dx = \frac{x^{\alpha+1}}{\alpha+1} - \frac{a^{\alpha+1}}{\alpha+1} = \frac{x^{\alpha+1}}{\alpha+1} + C,$$

wo $C = -\frac{a^{\alpha+1}}{\alpha+1}$ gesetzt ist. Somit ist das unbestimmte Integral

$$\int x^\alpha\, dx = \frac{x^{\alpha+1}}{\alpha+1} + C, \quad x > 0 \tag{13}$$

mit beliebigem C und daraus folgt durch Differentiation

$$\frac{d}{dx}\int x^\alpha\, dx = \frac{d}{dx}\left(\frac{x^{\alpha+1}}{\alpha+1} + C\right) = \frac{1}{\alpha+1}\,\frac{dx^{\alpha+1}}{dx} = x^\alpha;$$

also

$$\frac{dx^{\alpha+1}}{dx} = (\alpha + 1)\, x^\alpha$$

oder, wenn wir α statt $\alpha + 1$ schreiben,

$$\frac{dx^\alpha}{dx} = (x^\alpha)' = \alpha\, x^{\alpha-1}$$

und das ist gerade die Formel für die Ableitung einer Potenz mit rationalem Exponenten α, die wir in § 12, 6 auf andere Weise gewonnen haben. In ganz analoger Weise stehen einander die Formeln

$$(\cos x)' = -\sin x \quad \text{und} \quad \int \sin x\, dx = -\cos x + C,$$

$$(\sin x)' = \cos x \quad \text{und} \quad \int \cos x\, dx = \sin x + C,$$

$$(\tan x)' = \frac{1}{\cos^2 x} \quad \text{und} \quad \int \frac{dx}{\cos^2 x} = \tan x + C,\ x \neq \frac{(2k+1)\pi}{2},\ k = 0, \pm 1, \pm 2, \ldots,$$

$$(\cot x)' = -\frac{1}{\sin^2 x} \quad \text{und} \quad \int \frac{dx}{\sin^2 x} = -\cot x + C,\ x \neq k\pi,\ k = 0, \pm 1, \pm 2, \ldots,$$

gegenüber.

9. Physikalische Anwendungen. Ich komme nun zu einigen einfachen physikalischen Anwendungen. Wir denken uns längs eines eindimensionalen Gebildes, also etwa längs einer Geraden, eine stetige Massenverteilung gegeben, so daß die Masse zwischen einem fest gewählten Punkt x_0 und dem Punkt x eine stetige Funktion $M(x)$ von x ist. Sind x_1 und x_2 zwei Punkte auf der Geraden, so ist die Masse zwischen diesen beiden Punkten gleich

$$M(x_2) - M(x_1).$$

Der Durchschnittswert der Masse pro Längeneinheit oder, wie man sagt, die *mittlere Dichte* im Intervall $[x_1, x_2]$ ist dann gegeben durch den Differenzenquotienten

$$\frac{M(x_2) - M(x_1)}{x_2 - x_1}.$$

Ist $M(x)$ differenzierbar, so erhalten wir, wenn wir den Grenzübergang $x_2 \to x_1$ durchführen, die Ableitung

$$\lim_{x_2 \to x_1} \frac{M(x_2) - M(x_1)}{x_2 - x_1} = M'(x_1) = \mu(x_1),$$

die die *spezifische Masse* oder die *Dichte*, d. i. die Masse pro Längeneinheit im Punkt x_1 darstellt. Ist umgekehrt die Dichte als Funktion $\mu(x)$ von x gegeben, so folgt daraus die Masse durch Integration

$$M(x) = \int_{x_0}^{x} \mu(x)\, dx. \qquad (14)$$

Man bezeichnet $M(x)$ auch als *Summenfunktion* von $\mu(x)$, weil eben die Masse längs einer Strecke durch eine Summation, als welche ja der Integrationsprozeß letzten Endes zu verstehen ist, der Dichten $\mu(x)$ in den Punkten dieser Strecke hervorgeht.

Analoge Beziehungen finden wir in vielen anderen Gebieten der Physik. Ich gebe noch ein Beispiel aus der Wärmelehre. Es sei $Q(\tau)$ die Wärmemenge, die notwendig ist, um 1 g eines bestimmten Stoffes von der Temperatur $\tau_0{}^0$ auf die Temperatur τ^0 zu erwärmen. Die zu einer Temperaturänderung von $\tau_1{}^0$ auf $\tau_2{}^0$ erforderliche Wärmemenge ist

$$Q(\tau_2) - Q(\tau_1).$$

Eine Temperaturerhöhung um 1^0 wird dann im Temperaturintervall $[\tau_1, \tau_2]$ durch die durchschnittliche Wärmemenge

$$\frac{Q(\tau_2) - Q(\tau_1)}{\tau_2 - \tau_1}$$

bewirkt, die man als *mittlere spezifische Wärme* bezeichnet. Ist $Q(\tau)$ differenzierbar, so stellt

$$\lim_{\tau_2 \to \tau_1} \frac{Q(\tau_2) - Q(\tau_1)}{\tau_2 - \tau_1} = Q'(\tau_1) = q(\tau_1)$$

die sogenannte *spezifische Wärme* des Stoffes bei der Temperatur τ_1 dar. Auch hier ist wieder $Q(\tau)$ die Summenfunktion von $q(\tau)$, also

$$Q(\tau) = \int_{\tau_0}^{\tau} q(\tau)\, d\tau. \qquad (15)$$

Ein weiteres, schon in § 11, 5 behandeltes Beispiel ist die Beziehung zwischen dem in der Zeit t zurückgelegten Weg $s(t)$ und der Geschwindigkeit in einem Zeitpunkt t_1, die durch die Ableitung des Weges nach der Zeit

$$\lim_{t_2 \to t_1} \frac{s(t_2) - s(t_1)}{t_2 - t_1} = v(t_1)$$

gegeben ist. Der in der Zeitspanne zwischen t_0 und t zurückgelegte Weg ist dann umgekehrt durch das Integral

$$s(t) = \int_{t_0}^{t} v(t)\, dt \qquad (16)$$

gegeben.

Ich möchte bei dieser Gelegenheit ein paar Worte über die Bildung der Integrale (14) bis (16) sagen. Wir denken uns das Intervall $[x_0, x]$ in eine Anzahl von kleinen Teilintervallen zerlegt. Eines dieser Teilintervalle habe den Anfangspunkt x und die Länge dx. Dann ist $\mu(x)\, dx$ bei stetigem $\mu(x)$ in erster Annäherung die Masse im Teilintervall dx. Wenn wir die Massen für alle Teilintervalle bilden, sie addieren und dann die Längen aller Teilintervalle gegen Null gehen lassen, so erhalten wir für die Gesamtmasse im Intervall $[x_0, x]$ gerade das Integral (14). Ebenso ist $q(\tau)\, d\tau$ in erster Annäherung die Wärmemenge, die nötig ist, um 1 g eines Stoffes mit der spezifischen Wärme $q(\tau)$ um $d\tau^0$ zu erwärmen; die Summierung aller so gebildeten Wärmemengen für ein Intervall $[\tau_0, \tau]$ gibt dann durch Grenzübergang das Integral (15) usw. Solche Überlegungen sind typisch für alle Anwendungen der Integralrechnung auf konkrete geometrische und physikalische Aufgaben; sie sind auch in dieser etwas saloppen Form durch die Definition des bestimmten Integrals und durch die Integrierbarkeit der stetigen Funktionen vollauf gerechtfertigt.

10. Graphische Integration. Die Beziehungen zwischen dem unbestimmten Integral einer stetigen Funktion $f(x)$ und $f(x)$ selbst ermöglichen es, ein graphisches (konstruktives) Verfahren anzugeben, um aus der Bildkurve

$$y = f(x)$$

von $f(x)$ die Bildkurve der Integralfunktion

$$y_1 = F(x) = \int f(x)\, dx + C$$

wenigstens näherungsweise zu ermitteln. Die Konstante C sei durch die Forderung festgelegt, daß die Kurve $y_1 = F(x)$ durch einen bestimmten Punkt gehen soll. Wir zeichnen zunächst die Kurve $y = f(x)$ und teilen das Intervall, in welchem $F(x)$ dargestellt werden soll, durch beliebige Punkte $x_1, x_2, \ldots, x_n$ in Teilintervalle. Wegen $F'(x) = f(x)$ oder $y_1' = y$ ist die Ordinate $y = f(x)$ jeweils gleich der Steigung y_1' der Tangente in dem zum selben Argumentwert x gehörenden Kurvenpunkt von $y_1 = F(x)$. Das Verfahren beruht nun darauf, die Kurve $F(x)$ in jedem Intervall (x_{i-1}, x_i) durch eine zur Tangente in irgendeinem Punkt im Innern dieses Intervalls — am einfachsten wählt man den Mittelpunkt — parallele Strecke zu ersetzen. Man erhält so einen Polygonzug, der die Kurve um so besser approximiert, je kleiner die Intervalle angenommen werden. Ist die Kurve $y_1 = F(x)$ durch einen Punkt bestimmt, durch den sie hindurchgehen soll, so werden wir die Konstruktion in dem Intervall beginnen, in welchem dieser Punkt liegt, und durch ihn die erste Tangentenstrecke legen. An ihre Endpunkte schließen dann links und rechts die Tangentenstrecken der benachbarten Intervalle an. Die Konstruktion der Tangentenrichtungen gestaltet sich recht einfach, wenn man die Ordinaten y der Intervallmittelpunkte auf die y-Achse projiziert und die so erhaltenen Punkte $(0, y)$ mit dem Punkt $(-1, 0)$ verbindet. Die Steigungen dieser Verbindungsgeraden sind dann $y_1' = \frac{0 - y}{-1 - 0} = \frac{y}{1} = y$, also sind die Geraden selbst parallel zu den gesuchten Tangentenstrecken.

Beispiele:

Es sei die Funktion

$$y = x$$

gegeben, deren Integral

$$y_1 = F(x) = \int x\, dx + C$$

graphisch approximiert werden soll (Abb. 64). Wir fordern, um die Kurve eindeutig zu bestimmen, daß sie durch den Punkt (o, o) gehen soll. Wir wählen gleiche Teilintervalle, etwa von der Länge 1, die wir hier so legen, daß der Punkt (o, o) in die Mitte eines Intervalls fällt. In diesem Punkt ist die Steigung $y_1' = y = 0$ und die Kurve $y_1 = F(x)$ wird im Intervall $\left[-\frac{1}{2}, \frac{1}{2}\right]$ durch die x-Achse approximiert.

Im Mittelpunkt 1 des nächsten Intervalls $\left[\frac{1}{2}, \frac{3}{2}\right]$ ist die Steigung $y_1' = y = 1$ und durch

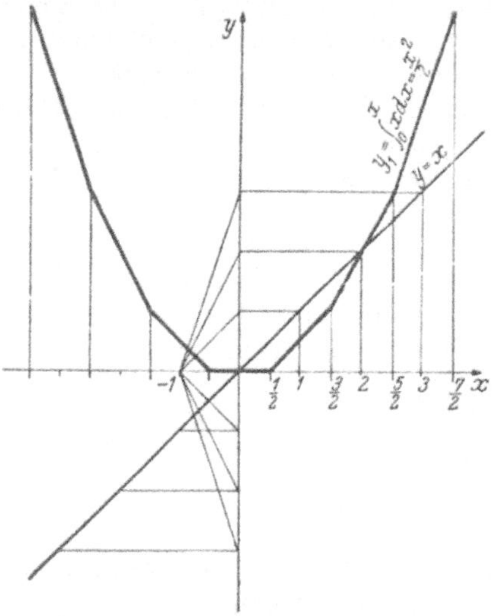

Abb. 64.

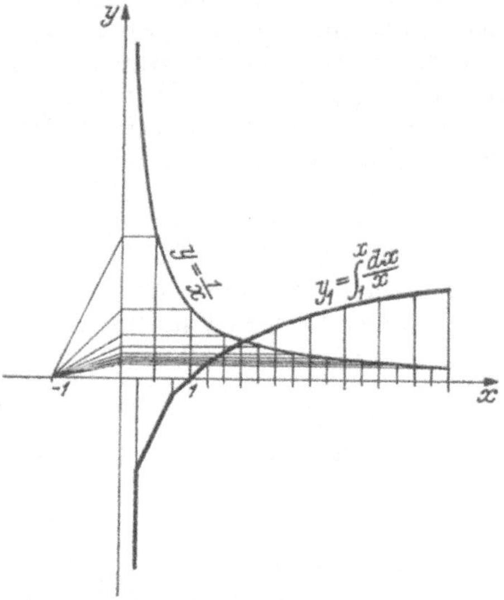

Abb. 65.

die Projektion dieser Ordinate auf die y-Achse erhalten wir den Punkt (o, 1), der, mit (— 1, o) verbunden, die Richtung $y_1' = 1$ der Strecke ergibt, durch welche wir $y_1 = F(x)$ im Intervall $\left[\frac{1}{2}, \frac{3}{2}\right]$ approximieren. Fahren wir in dieser Weise fort, so erhalten wir einen Polygonzug, der eine Näherungskurve für die Parabel

$$y_1 = F(x) = \int_0^x x\,dx = \frac{x^2}{2}$$

darstellt.

Als zweites Beispiel sei die Funktion

$$y = \frac{1}{x}$$

gegeben, deren Stammfunktion

$$y_1 = F(x) = \int_1^x \frac{du}{u}$$

graphisch angenähert werden soll (Abb. 65). In diesem Fall ist die Integrationskonstante durch die Angabe der unteren Grenze bereits bestimmt, denn es ist

$$F(1) = \int_1^1 \frac{du}{u} = 0.$$

Die Kurve $y_1 = F(x)$ geht also durch den Punkt (1, o). Abb. 65 zeigt den gesuchten Polygonzug bei Teilung in Intervalle der Länge $\frac{1}{2}$.

11. Graphische Differentiation. Die Umkehrung des besprochenen Verfahrens ergibt ein Verfahren, um aus der gegebenen Kurve

$$y = f(x)$$

die Differentialkurve

$$y_1 = f'(x) = y'$$

zu ermitteln. Wir werden also an die gegebene Kurve in bestimmten Punkten Tangenten legen; ihre Richtungskoeffizienten sind die Ordinaten der Differentialkurve in den entsprechenden Punkten (d. h. in Punkten mit gleicher Abszisse). Für die Konstruktion ist es wieder zweckmäßig, den Punkt $(-1, 0)$ zu verwenden und durch ihn Parallele zu den Tangenten zu ziehen. Die Abschnitte y_1 auf der y-Achse entsprechen dann den Beträgen der Richtungskoeffizienten und sind also die Ordinaten y_1 zu den Argumenten x der Berührungspunkte der Tangenten. Die Konstruktion ist in der Abb. 66 veranschaulicht. Man entnimmt, daß Extremstellen von $f(x)$ Nullstellen von $f'(x)$ sind und daß die Stelle eines Wendepunktes von $f(x)$ im allgemeinen eine Extremstelle von $f'(x)$ bedeutet. Im Wendepunkt hat die Steigung einer Kurve einen extremen Wert.

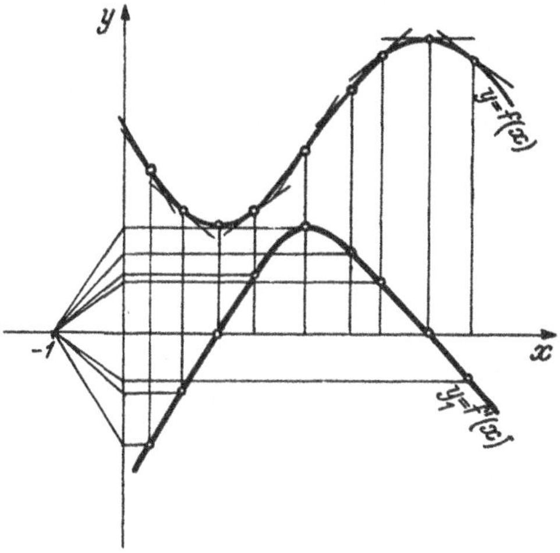

Abb. 66.

Aufgaben.

1. Es sei $\varphi(x)$ differenzierbar in $[\alpha, \beta]$, a und x seien zwei Stellen aus diesem Intervall und

$$F(x) = \int_a^{\varphi(x)} f(u)\,du;$$

man zeige, daß dann

$$F'(x) = f(\varphi(x))\,\varphi'(x).$$

2. Man bestimme die Integralkurve der Differentialgleichung

$$x^2 y' = 1,$$

die durch den Punkt $(1, 2)$ hindurchgeht.

3. Man bestimme die Lösung der Differentialgleichung

$$y'^2 - x = 0,$$

die für $x = 0$ den Wert $y = \frac{2}{3}$ annimmt.

4. Die Steigung einer Kurve in jedem ihrer Punkte ist durch $m = 2\left(\frac{x}{3} - 1\right)$ gegeben. Die Fläche, welche die Kurve mit den beiden positiven Koordinatenachsen und der Geraden $x = 9$ einschließt, beträgt 36 Flächeneinheiten. Wie lautet die Gleichung der Kurve?

5. $\displaystyle\int \frac{1 + \sin x - \sin^3 x}{\cos^2 x}\,dx$; 6. $\displaystyle\int \frac{dx}{\sin^2 x \cos^2 x}$.

7. Man bestimme die zwischen zwei aufeinanderfolgenden Schnittpunkten von den beiden Kurven $y = \sin x$ und $y = \cos x$ eingeschlossene Fläche!

§ 14. Regeln und Methoden der Integralrechnung.

1. Einfachste Integrationsregeln. In § 12, 1—6, habe ich einige einfache Regeln für die Differentiation von Summe, Produkt, Differenz und Quotient zweier Funktionen sowie von zusammengesetzten Funktionen hergeleitet. Diese Regeln gestatten es, zusammen mit den Formeln für die Ableitungen der einfachsten *elementaren Funktionen*[1], die ich im nächsten Abschnitt vervollständigen werde, die Ableitungen aller aus diesen elementaren Funktionen zusammengesetzten oder durch algebraische Operationen aus ihnen gebildeten Funktionen relativ einfach zu ermitteln. Einige dieser Regeln lassen sich durch Umkehrung in die entsprechenden Formeln für Integrale verwandeln. So folgt beispielsweise aus

$$d(u \pm v) = du \pm dv,$$

wo u und v Funktionen einer Variablen x sind,

$$\int d(u \pm v) = u \pm v = \int (du \pm dv)$$

oder, wenn wir $u = \int f(x)\,dx$, $v = \int g(x)\,dx$ setzen,

$$\boxed{\int [f(x) \pm g(x)]\,dx = \int f(x)\,dx \pm \int g(x)\,dx,} \tag{1}$$

d. h. das Integral einer Summe (Differenz) zweier Funktionen f und g ist gleich der Summe (Differenz) der Integrale von f und g. Ebenso folgt aus

$$d(cu) = c\,du$$

analog

$$\boxed{\int c\,f(x)\,dx = c \int f(x)\,dx,} \tag{2}$$

wenn c eine Konstante (von x unabhängig) ist. Die Formeln (1) und (2) haben wir in § 10, 1 für bestimmte Integrale bereits auf anderem Weg gewonnen.

2. Bemerkung über die Systematik der Integration. Die Integrale der elementaren Funktionen. Die Regel für das Differential eines Produktes

$$d(u\,v) = u\,dv + v\,du$$

läßt sich aber schon nicht mehr in eine Formel umsetzen, die etwa das Integral eines Produktes $\int f(x)\,g(x)\,dx$ durch die Integrale $\int f(x)\,dx$ und $\int g(x)\,dx$ ausdrückt. Man erhält wohl durch Integration

$$\int d(u\,v) = u\,v = \int u\,dv + \int v\,du, \tag{3}$$

eine Formel, über deren Verwendung ich gleich sprechen werde, die aber durchaus nicht die weittragende Bedeutung hat, die einer Formel für das Integral eines Produktes im obigen Sinn zukäme.

Es treten bei der Integration überhaupt Schwierigkeiten auf, die jede allgemeine Systematik unmöglich machen. Diese Schwierigkeiten sind in der Natur der Sache begründet und bestehen im wesentlichen darin, daß ein Integral $\int f(x)\,dx$, wo $f(x)$ eine elementare Funktion ist, durchaus nicht wieder eine elementare Funktion sein muß, sondern irgendeine neue, „höhere" transzendente Funktion definieren kann. Stellen wir uns etwa einmal auf den Standpunkt, daß wir nur die Potenz x^a mit ganzzahligem Exponenten a und die daraus durch

[1] Unter den elementaren Funktionen versteht man die Potenz x^a, die Kreisfunktionen $\sin x$, $\cos x$ usw., die Exponentialfunktion e^x und deren Umkehrfunktionen sowie alle Funktionen, die sich aus diesen durch algebraische Operationen (die vier Grundrechnungsarten sowie das Potenzieren mit rationalem Exponenten) herleiten lassen.

rationale Operationen herleitbaren Polynome und rationalen Funktionen kennen. Die Formel

$$\int x^a\,dx = \frac{x^{a+1}}{a+1} + C$$

zeigt, daß das Integral einer Potenz stets wieder auf eine Potenz führt (von dem Faktor $\frac{1}{a+1}$ abgesehen), solange $a \neq -1$ ist. Aber was ist im Fall $a = -1$ nun eigentlich los? Das Integral

$$\int \frac{dx}{x}$$

kann man keinesfalls durch eine rationale Funktion ausdrücken, auch nicht, wenn man noch einen Schritt weiter geht, durch eine algebraische Funktion; anderseits ist aber der Integrand für alle $x \neq 0$ stetig, also muß das Integral für $x > 0$ (oder für $x < 0$) existieren und gleich einer (differenzierbaren, also auch) stetigen Funktion von x sein. Ich werde diese Funktion in § 16, 1, 2 ausführlich diskutieren und alle ihre wichtigen Eigenschaften aus der Integraldarstellung herleiten; Sie werden dabei sehen, daß diese Eigenschaften sich mit denen der transzendenten Funktion „Logarithmus" völlig decken. Das Integral $\int \frac{dx}{x}$ führt als einziges der Potenzintegrale mit ganzen Exponenten aus dem Kreis der rationalen Funktionen heraus zu einer transzendenten Funktion.

3. **Partielle Integration.** Wann wir die beiden obigen Regeln für das Integral einer Summe oder Differenz und für das Produkt einer Funktion mit einem konstanten Faktor anzuwenden haben, ist durch den Bau des Integranden ohne weiteres bestimmt. Ganz anders steht es aber bei den beiden folgenden Regeln, deren erste aus der Formel (3) folgt, die wir oben aus der Formel für die Differentiation des Produktes gewonnen haben. Schreiben wir sie in der Form

$$\boxed{\int u\,dv = u\,v - \int v\,du} \tag{4}$$

oder mit $u = f(x)$, $v = g(x)$

$$\int f(x)\,g'(x)\,dx = f(x)\,g(x) - \int g(x)\,f'(x)\,dx,$$

so ergibt sich eine Methode zur Berechnung eines Integrals, die dann zur Anwendung kommen wird, wenn $\int v\,du$ *einfacher* zu berechnen ist als $\int u\,dv$. Die Methode führt den Namen *partielle Integration* („teilweise Integration"), weil die Aufgabe der Berechnung von $\int u\,dv$ zurückgeführt ist erstens auf die Bestimmung von $v = \int dv$ und zweitens auf die von $\int v\,du$.

So finden wir zum Beispiel für

$$\int x \cos x\,dx,$$

wenn wir $x = u$, $\cos x\,dx = dv$ setzen, woraus[1] $v = \int \cos x\,dx = \sin x$ und $du = dx$ folgt,

$$\int x \cos x\,dx = x \sin x - \int \sin x\,dx$$
$$= x \sin x + \cos x + C;$$

---

[1] Es ist überflüssig, hier eine Integrationskonstante beizufügen. Setzt man nämlich $v = \sin x + A$ und führt man mit dieser Funktion v das oben beschriebene Verfahren durch, so folgt

$$\int x \cos x\,dx = x\,(\sin x + A) - \int (\sin x + A)\,dx = x \sin x + A\,x - \int \sin x\,dx - A\,x,$$

es fällt also $A\,x$ wieder heraus, das Resultat ist dasselbe wie oben. Man kann dies übrigens auch leicht allgemein nachweisen, wenn man in der Formel $\int u\,dv = u\,v - \int v\,du$ die Funktion v durch $v + A$ ersetzt.

hier führt die Methode der partiellen Integration zu einem vollen Erfolg. Man könnte natürlich auch versuchen, $\cos x = u$, $x\,dx = dv$ zu setzen, was wegen $du = -\sin x\,dx$, $v = \frac{x^2}{2}$ zu

$$\int x \cos x\,dx = \frac{x^2}{2}\cos x + \frac{1}{2}\int x^2 \sin x\,dx$$

führen würde, aber das Integral $\int x^2 \sin x\,dx$ wird jedermann mit Recht für komplizierter halten als das ursprüngliche. So angewendet, führt die Methode der partiellen Integration zu einem vollen Mißerfolg, und dasselbe ist der Fall, wenn man als dritte und letzte Möglichkeit $u = x \cos x$, $dv = dx$ setzt, wie Sie selber probieren wollen.

Es läßt sich beim besten Willen keine allgemeine Regel angeben, die uns Aufschluß gäbe, wann und in welcher Form die Methode der partiellen Integration zum Ziel, also mindestens zu einer Vereinfachung der Integrationsaufgabe führt. Es ist lediglich Sache einer gewissen Routine im Rechnen, zu erraten, daß Integranden dieser oder jener Art durch eine partielle Integration beizukommen ist.

Die Methode läßt sich besonders bei Integralen der Form

$$\int x^n f'(x)\,dx,$$

wo n positiv ganz ist, mit Vorteil anwenden, indem man

$$u = x^n, \quad v = f(x)$$

setzt. Es folgt

$$\int x^n f'(x)\,dx = x^n f(x) - n\int x^{n-1} f(x)\,dx; \tag{5}$$

wenn $f(x)$ nicht komplizierter ist als $f'(x)$, so ist durch die Verkleinerung des Exponenten bestimmt eine Vereinfachung der Aufgabe erzielt. Ist $n = -m \neq -1$ negativ ganz, so wird man in

$$\int \frac{f(x)}{x^m}\,dx$$

$u = f(x)$, $v = \int x^{-m}\,dx = \frac{x^{-m+1}}{-m+1} = -\frac{1}{(m-1)\,x^{m-1}}$ setzen; man erhält

$$\int \frac{f(x)}{x^m}\,dx = -\frac{f(x)}{(m-1)\,x^{m-1}} + \frac{1}{m-1}\int \frac{f'(x)}{x^{m-1}}\,dx.$$

In beiden Aufgaben wird man das Verfahren wiederholen, bis der Exponent n bzw. m auf den Wert 0 herabgedrückt ist, was aber nicht immer eintreten muß; siehe das folgende Beispiel 2.

Beispiele:

1. Es ist

$$\int x^2 \cos x\,dx = x^2 \sin x - 2\int x \sin x\,dx,$$

$$\int x \sin x\,dx = -x\cos x + \int \cos x\,dx = -x \cos x + \sin x,$$

also

$$\int x^2 \cos x\,dx = x^2 \sin x + 2\,x \cos x - 2 \sin x + C.$$

2. In

$$J = \int \frac{1}{x^3}\sin\frac{1}{x}\,dx, \qquad x \neq 0$$

würde man nach dem obigen Verfahren

$$u = \sin\frac{1}{x}, \quad v = -\frac{1}{2\,x^2}$$

setzen, was

$$J = -\frac{1}{2\,x^2}\sin\frac{1}{x} - \frac{1}{2}\int \frac{1}{x^4}\cos\frac{1}{x}\,dx,$$

also durchaus keine Vereinfachung gibt. Der Grund liegt natürlich darin, daß der bei der Differentiation von $u = \sin\frac{1}{x}$ auftretende Faktor die durch die Integration von $\frac{1}{x^3}$ bewirkte Verkleinerung des Exponenten in eine Vergrößerung verwandelt. Vgl. hiezu noch Ziffer 5, Beispiel 5.

Für bestimmte Integrale lautet die Formel der partiellen Integration

$$\boxed{\int_a^b u\,dv = [u\,v]_a^b - \int_a^b v\,du.} \tag{6}$$

4. Rekursionsformeln. Formeln, die einen Ausdruck, der von einem nicht negativen ganzzahligen Parameter n abhängt, auf einen völlig gleichgebauten Ausdruck (oder mehrere solche) zurückführen, in dem der Parameter einen kleineren Wert $n - 1$ oder $n - 2$ usw. hat, nennt man *Rekursionsformeln*. Derartige Formeln sind uns in § 1, 8 (Additionstheorem der Binomialkoeffizienten) und § 5, 3 (die Formel (4) für die Zahl der Kombinationen mit Wiederholung) bereits begegnet. Sie sind, wenn die Beziehung eine lineare ist, von der Gestalt $(0 < k < n)$

$$\boxed{J_n = A + B\,J_{n-k}.} \tag{7}$$

A und B sind dabei irgendwelche, im allgemeinen von n abhängige Koeffizienten. Handelt es sich um Integrale, so ist das Integrationsproblem vollständig gelöst, wenn es gelingt, eins der Integrale $J_{n-k}, J_{n-2k}, \ldots,$ zu denen man durch wiederholte Anwendung der Rekursionsformel kommt, in geschlossener Form zu berechnen. Im allgemeinen wird es dasjenige sein, bei dem der Parameter den kleinsten gerade noch positiven oder nichtnegativen Wert hat, also z. B. J_0 oder J_1, das man dann als *Schlußintegral* bezeichnet. Zur vollständigen Lösung ist bei beliebigem n die Angabe von k Schlußintegralen $J_1, J_2, \ldots, J_k$ (oder $J_0, J_1, \ldots, J_{k-1}$) erforderlich, da man durch wiederholte Anwendung der Rekursionsformel sicher auf eines dieser Integrale kommt.

So findet man durch partielle Integration, wenn man $u = \sin^{n-1} x$, $dv = \sin x\,dx$ und somit $du = (n-1)\sin^{n-2} x \cos x\,dx$, $v = -\cos x$ nimmt,

$$J_n = \int \sin^n x\,dx = -\sin^{n-1} x \cos x + (n-1)\int \sin^{n-2} x \cos^2 x\,dx =$$

$$= -\sin^{n-1} x \cos x + (n-1)\int \sin^{n-2} x\,(1 - \sin^2 x)\,dx =$$

$$= -\sin^{n-1} x \cos x + (n-1)\,J_{n-2} - (n-1)\,J_n$$

und daraus durch Auflösung dieser Gleichung nach J_n die Rekursionsformel

$$J_n = -\frac{1}{n}\sin^{n-1} x \cos x + \frac{n-1}{n}\,J_{n-2},$$

durch deren wiederholte Anwendung man, je nachdem n gerade oder ungerade ist, auf eines der beiden Schlußintegrale (hier ist ja $k = 2$)

$$J_0 = \int dx = x \quad \text{oder} \quad J_1 = \int \sin x\,dx = -\cos x$$

kommt. In ganz ähnlicher Weise findet man für

$$J_n = \int \cos^n x\,dx$$

die Rekursionsformel

$$J_n = \frac{1}{n}\cos^{n-1} x \sin x + \frac{n-1}{n}\,J_{n-2}$$

mit den Schlußintegralen

$$J_0 = x \quad \text{und} \quad J_1 = \sin x.$$

Ist n ungerade, so kann man einfacher rechnen, vgl. Ziffer 5, Beispiel 6.

Für die über das Intervall $\left[0, \frac{\pi}{2}\right]$ erstreckten bestimmten Integrale erhalten wir bei geradem $n = 2m$, $m > 0$,

$$J_{2m} = \int_0^{\frac{\pi}{2}} \sin^{2m} x\, dx = \frac{2m-1}{2m} \int_0^{\frac{\pi}{2}} \sin^{2m-2} x\, dx$$

mit dem Schlußintegral

$$J_0 = \int_0^{\frac{\pi}{2}} dx = \frac{\pi}{2};$$

genau dieselben Formeln ergeben sich für $\int_0^{\frac{\pi}{2}} \cos^{2m} x\, dx$; es wird also

$$\boxed{\int_0^{\frac{\pi}{2}} \sin^{2m} x\, dx = \int_0^{\frac{\pi}{2}} \cos^{2m} x\, dx = \frac{1 \cdot 3 \ldots (2m-1)}{2 \cdot 4 \cdot 6 \ldots 2m} \cdot \frac{\pi}{2} = \frac{(2m)!}{2^{2m}(m!)^2} \cdot \frac{\pi}{2};} \tag{8}$$

für ungerades $n = 2m + 1$, $m \geqq 0$, erhält man analog

$$\boxed{\int_0^{\frac{\pi}{2}} \sin^{2m+1} x\, dx = \int_0^{\frac{\pi}{2}} \cos^{2m+1} x\, dx = \frac{2 \cdot 4 \cdot 6 \ldots 2m}{3 \cdot 5 \cdot 7 \ldots (2m+1)} = \frac{2^{2m}(m!)^2}{(2m+1)!}.} \tag{9}$$

Die in (8) und (9) an letzter Stelle angegebenen Formeln ergeben sich aus den vorhergehenden durch Erweiterung mit $2 \cdot 4 \ldots 2m = 2^m (1 \cdot 2 \ldots m) = 2^m m!$

5. **Transformation eines Integrals.** Eine zweite wichtige Integrationsmethode gewinnen wir aus der Kettenregel für die Ableitung einer zusammengesetzten Funktion. Für die Ableitung der aus $F(u)$ und $u = \varphi(x)$ zusammengesetzten Funktion $F(\varphi(x)) = G(x)$ gilt

$$G'(x) = F'(u)\, \varphi'(x);$$

setzen wir $G'(x) = g(x)$ und $F'(u) = f(u)$, so wird

$$G(x) = \int g(x)\, dx = \int f(\varphi(x))\, \varphi'(x)\, dx.$$

Anderseits ist mit $u = \varphi(x)$ aber $F(u) = \int f(u)\, du = G(x)$ und daher

$$\boxed{\int f(u)\, du = \int f(\varphi(x))\, \varphi'(x)\, dx.} \tag{10}$$

Läßt sich also der Integrand $g(x)$ in die Gestalt $f(\varphi(x))\, \varphi'(x)$ bringen, so kann man $\varphi(x) = u$ setzen — woraus $\varphi'(x)\, dx = du$ folgt — und damit das Integral $\int g(x)\, dx$ durch das Integral $\int f(u)\, du$ ersetzen. In dem Resultat $F(u) = \int f(u)\, du$ dieser Integration hat man dann u wieder durch $\varphi(x)$ zu ersetzen. Der Gang der Rechnung ist also:

$$\int g(x)\, dx = \int f(\varphi(x))\, \varphi'(x)\, dx = \int f(u)\, du = F(u) = F(\varphi(x)) = G(x).$$

Man nennt die Einführung der Veränderlichen $u = \varphi(x)$ eine *Substitution* und spricht auch von einer *Transformation des Integrals* durch eine Substitution.

Wir wollen uns die Methode nun an einigen Beispielen klarmachen:

1. $\int \sin^2 x \cos x \, dx = \int \sin^2 x \, (\sin x)' \, dx = \int \sin^2 x \, d \sin x = \int u^2 \, du =$

$$= \frac{u^3}{3} + C = \frac{1}{3} \sin^3 x + C;$$

dabei wurde $\sin x = u$ substituiert.

2. $$\int \frac{x\,dx}{\sqrt{1+x^2}} = \int \frac{\frac{1}{2}(1+x^2)'}{\sqrt{1+x^2}}\,dx = \frac{1}{2}\int \frac{d(1+x^2)}{\sqrt{1+x^2}} = \frac{1}{2}\int \frac{du}{\sqrt{u}} = \sqrt{u} = \sqrt{1+x^2},$$

die Substitution war $1 + x^2 = u$.

3. $\int \sin kx \, dx = \frac{1}{k} \int \sin kx \, d(kx) = \frac{1}{k} \int \sin u \, du = -\frac{1}{k} \cos u = -\frac{1}{k} \cos kx,$

die Substitution war $kx = u$.

4. $\int \varphi(x)\, \varphi'(x) \, dx = \int u \, du = \frac{u^2}{2} = \frac{1}{2} [\varphi(x)]^2,$

mit der Substitution $\varphi(x) = u$.

5. Auch das zweite Beispiel von Ziffer 3 läßt sich jetzt erledigen; der Ansatz

$$u = \frac{1}{x}, \quad v = \int \sin \frac{1}{x} \frac{dx}{x^2} = -\int \sin t \, dt = \cos \frac{1}{x}$$

$\left(\text{Substitution } t = \frac{1}{x}\right)$ gibt

$$J = \frac{1}{x} \cos \frac{1}{x} + \int \frac{1}{x^2} \cos \frac{1}{x} \, dx = \frac{1}{x} \cos \frac{1}{x} - \sin \frac{1}{x}.$$

6. Die in Ziffer 4 behandelten Integrale lassen sich, wenn der Exponent ungerade ist, einfacher erledigen. Die Substitution $\cos x = u$ gibt

$$\int \sin^{2n+1} x \, dx = -\int (1 - u^2)^n \, du;$$

entwickelt man den Integranden nach dem binomischen Satz, so ergibt sich eine Summe einfacher Potenzintegrale.

Sie sehen, daß über die Anwendbarkeit der Methode der Substitution dasselbe zu sagen ist wie bei der partiellen Integration: eine allgemeine Regel ist hier so wenig zu geben wie dort.

Mitunter wird man die Formel aber auch in umgekehrter Richtung anwenden, d. h. man geht aus von $\int f(u)\,du$ und setzt hier $u = \varphi(x)$ ein; damit erhält man in der neuen Veränderlichen x das Integral

$$G(x) = \int f(\varphi(x))\, \varphi'(x) \, dx = \int g(x) \, dx;$$

ist diese Integration leichter ausführbar als die ursprüngliche, so hat man dann in $G(x)$ die inverse Funktion $x = \psi(u)$ von $u = \varphi(x)$ einzuführen, um wieder zur ursprünglichen unabhängigen Variablen u zu kommen; der Gang der Rechnung ist also

$$\int f(u)\,du = \int f(\varphi(x))\, \varphi'(x)\,dx = \int g(x)\,dx = G(x) = G(\psi(u)) = F(u).$$

Im allgemeinen wird es aber nicht ganz leicht sein, aus der Gestalt der Funktion $f(u)$ zu erraten, welche Substitution $u = \varphi(x)$ eine Vereinfachung des Integrals bringt.

Von der zur Substitution verwendeten Funktion $u = \varphi(x)$ haben wir selbstverständlich vorauszusetzen, daß sie *stetig differenzierbar ist*, d. h. daß in dem betrachteten Intervall $\alpha \leqq x \leqq \beta$ ihre Ableitung $\varphi'(x)$ existiert und stetig ist, damit die Existenz des Integrals $\int f(u)\,du$ erhalten bleibt; damit die Umkehrfunktion $x = \psi(u)$ eindeutig ist, müssen wir nach § 6, 10 außerdem voraussetzen, daß $\varphi(x)$ in $[\alpha, \beta]$ *streng monoton* ist.

Bei dieser Gelegenheit sei noch besonders auf die Zweckmäßigkeit der Schreibweise $\int f(u)\,du$ des Integrals hingewiesen, die gerade im Zusammenhang mit einer Substitution $u = \varphi(x)$ besonders in Erscheinung tritt. Man hat ja tatsächlich nur $u = \varphi(x)$ und $du = \varphi'(x)\,dx$ einzusetzen, um von $\int f(u)\,du$ zu $\int f(\varphi(x))\,\varphi'(x)\,dx$ zu gelangen. Hätte man die an sich einfachere Schreibweise $\int f(u)$ für das Integral gewählt, so wäre das Auftreten des Faktors $\varphi'(x)$ in dem transformierten Integral $\int f(\varphi(x))\,\varphi'(x)$ — das natürlich dann auch ohne das Differential dx zu schreiben ist — durchaus nicht so unmittelbar motiviert wie in der Schreibweise mit den Differentialen.

Die Methode gilt unverändert auch im Falle eines bestimmten Integrals

$$J = \int_a^b f(u)\,du;$$

man berechnet eben zuerst das unbestimmte Integral $\int f(u)\,du = F(u)$ und setzt dann die Grenzen ein:

$$J = [F(u)]_a^b = F(b) - F(a).$$

Man kann aber das Verfahren einigermaßen abkürzen, wenn man bedenkt, daß das Integral J, wenn man es in die Form

$$J = \left[\int g(x)\,dx\right]_{u=a}^{u=b}$$

gebracht hat, sich doch ebenfalls als bestimmtes Integral mit der Integrationsveränderlichen x ausdrücken lassen muß. Es sind dann die Grenzen $x = \alpha$ und $x = \beta$ für $\int g(x)\,dx$ so zu wählen, daß $u = \varphi(x)$ das Intervall von a bis b durchläuft, d. h. daß der Wertevorrat von $\varphi(x)$ gerade $[a, b]$ ist, wenn x von α bis β variiert. Also muß jedenfalls

$$\varphi(\alpha) = a, \quad \varphi(\beta) = b$$

sein. Somit berechnen wir die neuen Grenzen α und β mittels der Umkehrfunktion $x = \psi(u)$ als

$$\alpha = \psi(a), \quad \beta = \psi(b).$$

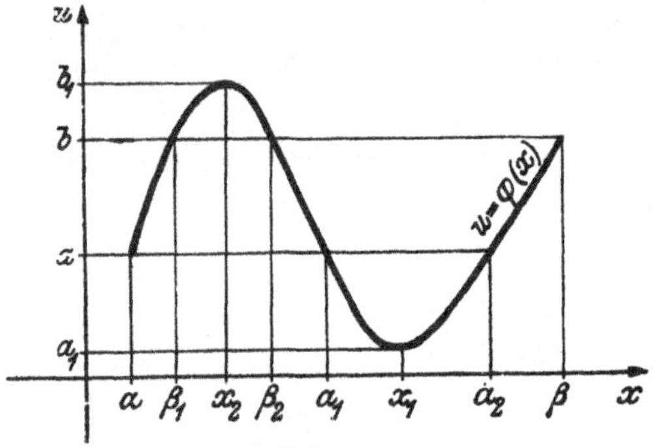

Abb. 67.

Wir brauchen also die Umkehrfunktion $\psi(u)$ gar nicht im ganzen Intervall $[a, b]$, sondern nur an den Grenzen, und diese Tatsache läßt uns vermuten, daß wir beim bestimmten Integral, zumindest unter gewissen Voraussetzungen, auf die Eindeutigkeit der Umkehrfunktion $\psi(u)$ und damit auf die Monotonie von $\varphi(x)$ verzichten können. Ist $f(u)$ nicht nur in $[a, b]$ definiert und stetig, so können wir sogar auf die Forderung verzichten, daß der Wertevorrat von $\varphi(x)$ gerade mit dem Intervall $[a, b]$ zusammenfällt. Wenn nur $\varphi(x)$ *stückweise monoton* und $\varphi(\alpha) = a$, $\varphi(\beta) = b$ ist, kann sonst der Wertevorrat von $\varphi(x)$ beliebig, z. B. $[a_1, b_1]$ mit $a_1 \leqq a$, $b_1 \geqq b$ sein, sofern nur $f(u)$ in $[a_1, b_1]$ definiert und stetig ist. Hat $\varphi(x)$ z. B. in $[\alpha, \beta]$ das Minimum $a_1 < a$ und das Maximum $b_1 > b$, die es an den Stellen x_1 und x_2 annimmt, also $\varphi(x_1) = a_1$, $\varphi(x_2) = b_1$, so daß der Verlauf von $\varphi(x)$ etwa der in Abb. 67

dargestellte ist, und bezeichnen wir die Schnittpunkte der Kurve $u = \varphi(x)$ mit den Geraden $u = a$ und $u = b$ mit α_1, α_2, β_1 und β_2 (vgl. die Abbildung), so zerlegen wir das Intervall $[\alpha, \beta]$ in die Teilintervalle

$$[\alpha, \beta_1],\ [\beta_1, x_2],\ [x_2, \beta_2],\ [\beta_2, \alpha_1],\ [\alpha_1, x_1],\ [x_1, \alpha_2],\ [\alpha_2, \beta].$$

Durchläuft x diese Intervalle, so durchläuft u die Intervalle

$$[a, b],\ [b, b_1],\ [b_1, b],\ [b, a],\ [a, a_1],\ [a_1, a],\ [a, b]$$

und über diese Intervalle wird $f(u)$ integriert. Da aber

$$\int_a^b f(u)\,du + \int_b^a f(u)\,du = 0,$$

$$\int_b^{b_1} f(u)\,du + \int_{b_1}^b f(u)\,du = 0,$$

$$\int_a^{a_1} f(u)\,du + \int_{a_1}^a f(u)\,du = 0$$

ist, bleibt nur das letzte, nämlich $J = \int_a^b f(u)\,du$ übrig. Es ist also sicher auch in diesem Fall

$$J = \int_a^b f(u)\,du = \int_\alpha^\beta f(\varphi(x))\,\varphi'(x)\,dx = \int_\alpha^\beta g(x)\,dx = G(\beta) - G(\alpha).$$

Wir kommen somit zu dem Schluß, daß es viel einfacher ist, die Grenzen mitzutransformieren, als $F(u)$ zu berechnen und hier die ursprünglichen Grenzen a und b einzusetzen.

Beispiel:

$$J = \int_0^{\frac{a}{2}} \frac{dx}{\sqrt{a^2 - x^2}}, \qquad \sqrt{a^2 - x^2} > 0, \quad a > 0,$$

Wir setzen $x = a \sin\varphi$ — diese Substitution ist deshalb naheliegend, weil wir dann die Wurzel ziehen können:

$$\sqrt{a^2 - x^2} = \sqrt{a^2 - a^2 \sin^2\varphi} = \sqrt{a^2 (1 - \sin^2\varphi)} = \sqrt{a^2 \cos^2\varphi} = a \cos\varphi,$$

das Vorzeichen stimmt (d. h. es ist $\sqrt{a^2 - x^2} > 0$), da in dem zu bestimmenden Intervall $\cos\varphi > 0$ ist. Die Grenzen $\varphi = \alpha$ und $\varphi = \beta$ dieses Intervalls bestimmen wir aus $a \sin\alpha = 0$, $a \sin\beta = \frac{a}{2}$ mit $\alpha = 0$, $\beta = \frac{\pi}{6}$[1]. Es folgt

$$J = \int_0^{\frac{\pi}{6}} \frac{a \cos\varphi\, d\varphi}{a \cos\varphi} = \int_0^{\frac{\pi}{6}} d\varphi = \frac{\pi}{6}.$$

Der andere Weg über die Berechnung des unbestimmten Integrals ist für uns überhaupt noch nicht gangbar, da wir uns mit der Umkehrfunktion von $\sin\varphi$ noch nicht beschäftigt haben.

---

[1] Ein anderer Wert für β wäre $\beta = \frac{5\pi}{6}$. Aber im Intervall $\left[0, \frac{5\pi}{6}\right]$ liegt die Stelle $\frac{\pi}{2}$, für die $\sin\varphi = \sin\frac{\pi}{2} = 1$ und somit $x = a$ wird; für $x = a$ ist aber der Integrand $\frac{1}{\sqrt{a^2 - x^2}}$ unstetig, da $\lim\limits_{x \to a} \frac{1}{\sqrt{a^2 - x^2}} = +\infty$ ist.

6. Integrale gerader und ungerader Funktionen mit symmetrischem Integrationsbereich. Ich benütze die Substitutionsmethode, um eine wichtige Eigenschaft des bestimmten Integrals einer geraden sowie einer ungeraden Funktion aufzuzeigen, wenn der Integrationsbereich ein symmetrisch zum Ursprung gelegenes Intervall ist. Es sei also $f(x)$ gerade, d. h. $f(-x) = f(x)$. Das Integral ($a > 0$)

$$J = \int_{-a}^{+a} f(x)\, dx$$

zerlege ich in

$$J = \int_{-a}^{0} f(x)\, dx + \int_{0}^{a} f(x)\, dx$$

und führe im ersten Integral die Substitution $x = -u$, $dx = -du$ aus; es folgt

$$\int_{-a}^{0} f(x)\, dx = -\int_{a}^{0} f(-u)\, du = \int_{0}^{a} f(u)\, du;$$

es ist also

$$J = \int_{-a}^{+a} f(x)\, dx = 2\int_{0}^{a} f(x)\, dx.$$

Ist $f(x)$ ungerade, also $f(-x) = -f(x)$, so führt dieselbe Zerlegung und dieselbe Substitution im ersten Integral auf

$$\int_{-a}^{0} f(x)\, dx = -\int_{a}^{0} f(-u)\, du = -\int_{0}^{a} f(u)\, du,$$

so daß stets

$$J = \int_{-a}^{+a} f(x)\, dx = 0$$

ist. Der Flächeninhalt des Normalbereiches über $[-a, 0]$ ist dem Betrag nach gleich dem Flächeninhalt des Normalbereiches über $[0, a]$, hat aber entgegengesetztes Vorzeichen, so daß die Summe Null ist.

7. Zusammenhang der Mittelwertsätze der Differentialrechnung mit jenen der Integralrechnung. Ist $f(x)$ stetig im abgeschlossenen Intervall $[a, b]$, so genügt die Funktion

$$F(x) = \int_{a}^{x} f(x)\, dx$$

den Voraussetzungen des Mittelwertsatzes der Differentialrechnung[1] (§ 12, 10). Aus

$$\frac{F(b) - F(a)}{b - a} = F'(\xi)$$

folgt wegen

$$F(b) = \int_{a}^{b} f(x)\, dx, \quad F(a) = 0, \quad F'(\xi) = f(\xi)$$

unmittelbar der erste Mittelwertsatz der Integralrechnung (§ 10, 4). Dasselbe gilt auch für den verallgemeinerten ersten Mittelwertsatz der Integralrechnung.

[1] Sogar mehr: $F(x)$ hat in $[a, b]$ eine stetige Ableitung $F'(x) = f(x)$.

Sind nämlich $f(x)$ und $\varphi(x)$ in $[a, b]$ stetig, ist außerdem $\varphi(x) \neq 0$ in $[a, b]$ und setzen wir

$$F(x) = \int_a^x f(x)\,\varphi(x)\,dx, \quad G(x) = \int_a^x \varphi(x)\,dx,$$

so folgt aus § 12, (19), d. h.

$$G'(\xi)\,[F(b) - F(a)] = F'(\xi)\,[G(b) - G(a)]$$

zunächst

$$\varphi(\xi) \int_a^b f(x)\,\varphi(x)\,dx = f(\xi)\,\varphi(\xi) \int_a^b \varphi(x)\,dx$$

und wegen $\varphi(\xi) \neq 0$ die Beziehung (20) von § 10.

8. **Der zweite Mittelwertsatz der Integralrechnung.** In einem Intervall $[a, b]$ seien die beiden Funktionen $f(x)$ und $g(x)$ stetig, $f(x)$ besitze außerdem eine stetige Ableitung $f'(x) \neq 0$ in $[a, b]$; dann ist

$$G(x) = \int_a^x g(x)\,dx$$

in $[a, b]$ stetig differenzierbar und $G(a) = 0$. Für das Integral

$$J = \int_a^b f(x)\,g(x)\,dx$$

erhalten wir durch partielle Integration

$$J = [f(x)\,G(x)]_a^b - \int_a^b G(x)\,f'(x)\,dx = f(b)\,G(b) - J_1.$$

Nach dem verallgemeinerten Mittelwertsatz ist

$$J_1 = G(\xi) \int_a^b f'(x)\,dx = G(\xi)\,[f(b) - f(a)], \quad a < \xi < b$$

und daher

$$J = f(b)\,G(b) - G(\xi)\,[f(b) - f(a)] = f(a)\,G(\xi) + f(b)\,[G(b) - G(\xi)]$$

oder

$$\boxed{\int_a^b f(x)\,g(x)\,dx = f(a) \int_a^\xi g(x)\,dx + f(b) \int_\xi^b g(x)\,dx, \quad a < \xi < b,} \tag{11}$$

der sogenannte *zweite Mittelwertsatz der Integralrechnung*. Auffallend ist hier, daß die Differenzierbarkeit der Funktion $f(x)$ für die Formulierung des Satzes selbst gar nicht notwendig ist, wir haben sie nur beim Beweis benützt und die Frage erscheint sehr naheliegend, ob die Voraussetzungen nicht zu eng formuliert sind. Tatsächlich gilt der Satz, was ich hier ohne Beweis anführe, bereits unter der Voraussetzung, daß $f(x)$ in $[a, b]$ monoton ist.

9. **Integration und Differentiation konvergenter Funktionenfolgen.** Ich habe in § 8, Ziffer 9 und 10, die Frage gestellt, wann sich die Eigenschaften der Glieder $f_\nu(x)$ einer konvergenten Funktionenfolge auf die Grenzfunktion übertragen und habe dort gezeigt, daß die gleichmäßige Konvergenz eine hinreichende Bedingung dafür ist, daß die Stetigkeit der $f_\nu(x)$ bei der Grenzfunktion erhalten bleibt.

Ich zeige nun, daß ein ganz entsprechender Satz auch für die Integration gilt:

Sind die Funktionen $f_\nu(x)$, $\nu = 1, 2, \ldots$, *stetig in einem Intervall* $\mathfrak{J}$ *und ist in* $\mathfrak{J}$ *gleichmäßig* $\lim\limits_{\nu\to\infty} f_\nu(x) = f(x)$, *so ist, wenn* a *und* $b > a$ *zwei Zahlen aus* $\mathfrak{J}$ *sind,*

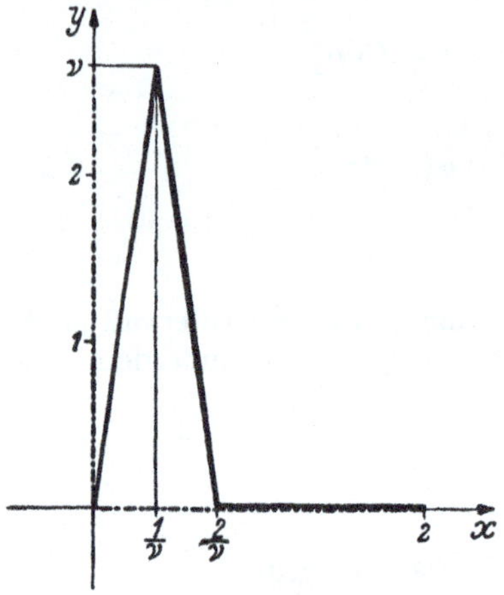

Abb. 68.

$$\int_a^b f(x)\,dx = \lim_{\nu\to\infty}\int_a^b f_\nu(x)\,dx$$

oder

$$\boxed{\lim_{\nu\to\infty}\int_a^b f_\nu(x)\,dx = \int_a^b \lim_{\nu\to\infty} f_\nu(x)\,dx,} \tag{12}$$

d. h. man darf Integration und Grenzübergang miteinander vertauschen.

Zu zeigen ist, daß zu jedem vorgegebenen $\varepsilon > 0$ ein $N = N(\varepsilon)$ gehört, so daß

$$\left|\int_a^b f(x)\,dx - \int_a^b f_\nu(x)\,dx\right| < \varepsilon$$

ist für alle $\nu > N$. Ich bestimme $N(\varepsilon)$ so, daß

$$|f(x) - f_\nu(x)| < \varepsilon' = \frac{\varepsilon}{b-a}$$

wird für alle $\nu > N$ und für alle x aus $\mathfrak{J}$, was wegen der vorausgesetzten Gleichmäßigkeit der Konvergenz möglich ist. Dann wird aber nach § 10, (5) und (9)

$$\left|\int_a^b f(x)\,dx - \int_a^b f_\nu(x)\,dx\right| = \left|\int_a^b [f(x) - f_\nu(x)]\,dx\right| \leqq \int_a^b |f(x) - f_\nu(x)|\,dx < \varepsilon'(b-a) = \varepsilon.$$

Es sei zum Beispiel

$$f_\nu(x) = \nu^2 x \quad \text{für} \quad 0 \leqq x \leqq \frac{1}{\nu},$$

$$f_\nu(x) = 2\nu - \nu^2 x \quad \text{für} \quad \frac{1}{\nu} \leqq x \leqq \frac{2}{\nu},$$

$$f_\nu(x) = 0 \quad \text{für} \quad \frac{2}{\nu} \leqq x \leqq 2$$

(Abb. 68). Die Funktionen haben eine große Ähnlichkeit mit den im Beispiel des § 8, 10 betrachteten, nur werden jetzt die Zacken mit wachsendem ν immer höher, während sie dort die feste Höhe 1 hatten. Auch hier ist

$$\lim_{\nu\to\infty} f_\nu(x) = f(x) = 0,$$

aber die Konvergenz ist keine gleichmäßige. Es wird

$$\int_0^2 f_\nu(x)\,dx = 1$$

(Flächeninhalt eines Dreiecks mit der Grundlinie $\frac{2}{\nu}$ und der Höhe ν), während

$$\int_0^2 f(x)\,dx = 0$$

ist. In dem erwähnten Beispiel von § 8, 10 ist aber $\int_0^2 f_\nu(x)\,dx = \frac{1}{\nu}$, also $\lim\limits_{\nu\to\infty}\int_0^2 f_\nu(x)\,dx = 0$, obwohl die Konvergenz auch hier keine gleichmäßige ist. Die obige Bedingung ist also hinreichend, aber nicht notwendig, wie bei der Stetigkeit.

Nicht ganz so einfach liegen die Dinge bei der Differentiation. Denn die Funktionen $f_\nu(x) = \frac{\sin \nu^2 x}{\nu}$ konvergieren z. B. gleichmäßig gegen die Grenzfunktion $f(x) = 0$, da ja für alle x sicher $|\sin \nu^2 x| \leqq 1$ und daher $|f(x) - f_\nu(x)| \leqq \frac{1}{\nu} < \varepsilon$ für alle $\nu > N = \frac{1}{\varepsilon}$ ist, aber die Ableitungen $f_\nu'(x) = \nu \cos \nu^2 x$ konvergieren sicher nicht gegen die Ableitung der Grenzfunktion, d. h. gegen 0, da ja z. B. $f_\nu'(0) = \nu$ sogar über alle Grenzen geht. Es gilt aber:

Wenn die durch Differentiation einer konvergenten Folge stetig differenzierbarer Funktionen $f_\nu(x)$ entstehende Folge $\{f_\nu'(x)\}$ in einem Intervall $\mathfrak{J}$ gleichmäßig gegen eine Grenzfunktion $g(x)$ konvergiert, so ist in $\mathfrak{J}$

$$g(x) = \frac{d}{dx} \lim_{\nu \to \infty} f_\nu(x)$$

oder

$$\boxed{\frac{d}{dx} \lim_{\nu \to \infty} f_\nu(x) = \lim_{\nu \to \infty} \frac{d}{dx} f_\nu(x),} \tag{13}$$

d. h. man darf die Zeichen $\frac{d}{dx}$ und lim *vertauschen, wenn die durch Differentiation entstandene Folge gleichmäßig konvergiert.*

Der Beweis ergibt sich aus dem Satz über die Integration gleichmäßig konvergenter Folgen stetiger Funktionen fast von selbst. Denn wenn gleichmäßig $\lim_{\nu \to \infty} f_\nu'(x) = g(x)$ ist, so folgt durch Integration

$$\int_a^x g(x)\,dx = \int_a^x \lim_{\nu \to \infty} f_\nu'(x)\,dx = \lim_{\nu \to \infty} \int_a^x f_\nu'(x)\,dx = \lim_{\nu \to \infty} [f_\nu(x) - f_\nu(a)] = f(x) - f(a),$$

also $f'(x) = g(x)$.

Aufgaben.

1. $\int [f(x)]^\alpha f'(x)\,dx, \quad \alpha \neq -1.$
2. a) $\int \sin^n x \cos x\,dx,$ b) $\int \sin^5 x\,dx.$
3. Das Integral $\int_a^b f(x)\,dx$ ist durch eine Substitution der Gestalt $x = pz + q$ in ein Integral a) mit den Grenzen 0 und 1, b) mit den Grenzen -1 und $+1$, c) mit den Grenzen α und β überzuführen.
4. Man beweise die folgenden Formeln:

a) $\int_a^b f(x)\,dx = \int_a^b f(a + b - x)\,dx.$

b) $\int_0^{\frac{\pi}{2}} f(\sin x)\,dx = \int_0^{\frac{\pi}{2}} f(\cos x)\,dx.$

c) $\int_0^{\frac{\pi}{2}} f(\tan x)\,dx = \int_0^{\frac{\pi}{2}} f(\cot x)\,dx.$

d) $\int_0^1 x^m (1 - x)^n\,dx = \int_0^1 x^n (1 - x)^m\,dx.$

e) $\int_0^{\pi} f(\sin x)\,dx = 2\int_0^{\frac{\pi}{2}} f(\sin x)\,dx.$

f) $\int_{-a}^{+a} f(x)\,dx = \int_0^{a} [f(x) + f(-x)]\,dx.$

5. Man berechne $\int_0^1 x^m (1 - x)^n\,dx$; m und n ganz und $\geqq 0$.

§ 15. Höhere Ableitungen.

1. Begriff der höheren Ableitungen einer Funktion. Ist $y = f(x)$ in einem Intervall $\mathfrak{J}$ differenzierbar, dann ist die Ableitung

$$y' = \frac{dy}{dx} = f'(x)$$

wieder eine Funktion von x und man kann nach ihrer Ableitung fragen. Existiert der Grenzwert

$$\lim_{h \to 0} \frac{f'(x+h) - f'(x)}{h} = f''(x),$$

so nennt man ihn die *zweite Ableitung* oder *Ableitung zweiter Ordnung* von $f(x)$ an der Stelle x und schreibt

$$y'' = f''(x) = \frac{d}{dx}\frac{dy}{dx} = \frac{d^2y}{dx^2} = \frac{d^2f(x)}{dx^2},$$

wobei das Leibnizsche Symbol $\frac{d^2y}{dx^2}$ aus $\frac{d}{dx}\frac{dy}{dx}$ durch formale Multiplikation entsteht. Im Nenner eines Differentialquotienten bedeutet somit

$$dx^2 = (dx)^2 = dx \,.\, dx;$$

man läßt also zur Vereinfachung der Schreibweise die Klammern weg, hat aber dieses Symbol zu unterscheiden von dem in derselben Weise geschriebenen Differential der Funktion x^2

$$dx^2 = d(x^2) = 2\,x\,dx.$$

Analog bildet man die dritte Ableitung und schreibt

$$y''' = f'''(x) = \frac{d}{dx}\frac{d^2y}{dx^2} = \frac{d^3y}{dx^3}.$$

Von der vierten Ableitung angefangen pflegt man in der Schreibweise von LAGRANGE die Ordnung der Ableitung statt mit Strichen entweder mit römischen Zahlen oder durch eingeklammerte Ziffern zu bezeichnen, also

$$y^{\mathrm{IV}} = f^{\mathrm{IV}}(x) = y^{(4)} = f^{(4)}(x) = \frac{d^4y}{dx^4}.$$

Die letzterwähnte Schreibweise hat den Vorteil, daß sie auch allgemein zur Bezeichnung der n-ten Ableitung oder Ableitung n-ter Ordnung verwendbar ist:

$$y^{(n)} = f^{(n)}(x) = \frac{d^ny}{dx^n}.$$

Mitunter spricht man auch von der nullten Ableitung, womit natürlich die Funktion $f(x)$ selbst gemeint ist.

Beispiele:

1. Die Ableitungen der Funktion $y = x^\alpha$ sind:

$$y' = \alpha\, x^{\alpha-1}, \quad y'' = \alpha\,(\alpha - 1)\, x^{\alpha-2}, \quad y''' = \alpha\,(\alpha - 1)\,(\alpha - 2)\, x^{\alpha-3},$$

$$y^{(n)} = (x^\alpha)^{(n)} = \alpha\,(\alpha - 1)\,(\alpha - 2) \ldots (\alpha - n + 1)\, x^{\alpha-n};$$

ist $\alpha = n$ eine natürliche Zahl, so wird

$$y^{(n)} = (x^n)^{(n)} = n\,(n - 1)\,(n - 2) \ldots 2 \cdot 1 \cdot x^0 = n!,$$

also eine Konstante, und die $(n + 1)$-te Ableitung verschwindet:

$$y^{(n+1)} = (x^n)^{(n+1)} = 0.$$

2. Die Ableitungen der Funktion $y = \sin x$ sind:

$$y' = \cos x, \quad y'' = -\sin x, \quad y''' = -\cos x, \quad y^{\mathrm{IV}} = \sin x = y, \quad y^{\mathrm{V}} = y' \text{ usf.},$$

so daß man allgemein für eine Ableitung von gerader Ordnung $2k$ den Ausdruck

$$y^{(2k)} = (-1)^k \sin x, \quad k = 1, 2, \ldots$$

und für eine Ableitung von ungerader Ordnung $2k - 1$ die Formel

$$y^{(2k-1)} = (-1)^{k-1} \cos x, \quad k = 1, 2, \ldots$$

findet; beide kann man in $y^{(n)} = \sin\left(x + n\,\frac{\pi}{2}\right)$ zusammenfassen.

3. Die Ableitungen der Funktion $y = \cos x$ sind:

$$y' = -\sin x, \quad y'' = -\cos x, \quad y''' = \sin x, \quad y^{\mathrm{IV}} = \cos x = y, \quad y^{\mathrm{V}} = y' \text{ usf.},$$

also allgemein

$$y^{(2k)} = (-1)^k \cos x,$$

$$y^{(2k-1)} = (-1)^k \sin x, \quad k = 1, 2, \ldots$$

oder kurz $y^{(n)} = \cos\left(x + n\,\frac{\pi}{2}\right)$.

4. Für die höheren Ableitungen der Funktion $y = \tan x$ läßt sich keine einfache allgemeine Formel aufstellen. Es ist[1]

$$y' = \frac{1}{\cos^2 x} = \cos^{-2} x,$$

woraus man

$$y'' = 2 \cos^{-3} x \sin x$$

findet. Wenn man in dieser Weise fortfährt, so werden die Ausdrücke bald recht kompliziert und die Differentiationen werden dementsprechend immer umständlicher. Einfacher findet man die höheren Ableitungen, wenn man die Beziehung

$$\frac{1}{\cos^2 x} = 1 + \tan^2 x$$

benutzt, also

$$y' = 1 + \tan^2 x$$

differenziert. Dann wird unter ständiger Benützung der Kettenregel

$$y'' = 2 \tan x\,(1 + \tan^2 x) = 2\,(\tan x + \tan^3 x),$$

$$y''' = 2\,(1 + 3 \tan^2 x)\,(1 + \tan^2 x) = 2\,(1 + 4 \tan^2 x + 3 \tan^4 x).$$

Man erhält so Polynome in $\tan x$, die einfacher zu differenzieren sind als die Potenzprodukte von $\sin x$ und $\cos x$.

2. Höhere Ableitungen einer zusammengesetzten Funktion. Es sei durch $y = f(u)$ und $u = \varphi(x)$ die zusammengesetzte Funktion

$$y = F(x) = f(\varphi(x))$$

[1] Vgl. die Bemerkung am Schluß von § 12, 6.

von x gegeben. Die erste Ableitung wird dann nach der Kettenregel gebildet (§ 12, 4):

$$\frac{dy}{dx} = \frac{dy}{du} \cdot \frac{du}{dx} \tag{1}$$

oder in der Lagrangeschen Schreibweise

$$y' = F'(x) = f'(\varphi(x)) \cdot \varphi'(x).$$

Bei der Bildung der zweiten Ableitung kommt die Produktregel zur Anwendung:

$$\frac{d^2y}{dx^2} = \frac{d}{dx}\frac{dy}{du} \cdot \frac{du}{dx} + \frac{dy}{du} \cdot \frac{d^2u}{dx^2};$$

dabei ist $\frac{dy}{du}$ eine zusammengesetzte Funktion von x und daher nach der Kettenregel zu differenzieren.

$$\frac{d}{dx}\frac{dy}{du} = \frac{d}{du}\frac{dy}{du} \cdot \frac{du}{dx} = \frac{d^2y}{du^2} \cdot \frac{du}{dx};$$

somit wird

$$\frac{d^2y}{dx^2} = \frac{d^2y}{du^2} \cdot \left(\frac{du}{dx}\right)^2 + \frac{dy}{du} \cdot \frac{d^2u}{dx^2} \tag{2}$$

oder in der Lagrangeschen Schreibweise

$$F''(x) = f''(\varphi(x))\,[\varphi'(x)]^2 + f'(\varphi(x))\,\varphi''(x).$$

Für die dritte Ableitung erhalten wir

$$\frac{d^3y}{dx^3} = \frac{d^3y}{du^3}\frac{du}{dx}\left(\frac{du}{dx}\right)^2 + \frac{d^2y}{du^2}\,2\,\frac{du}{dx}\frac{d^2u}{dx^2} + \frac{d^2y}{du^2}\frac{du}{dx}\frac{d^2u}{dx^2} + \frac{dy}{du}\frac{d^3u}{dx^3} =$$

$$= \frac{d^3y}{du^3}\left(\frac{du}{dx}\right)^3 + 3\,\frac{d^2y}{du^2}\frac{du}{dx}\frac{d^2u}{dx^2} + \frac{dy}{du}\frac{d^3u}{dx^3} \tag{3}$$

oder in der Lagrangeschen Schreibweise

$$F'''(x) = f'''(\varphi(x))\,[\varphi'(x)]^3 + 3\,f''(\varphi(x))\,\varphi'(x)\,\varphi''(x) + f'(\varphi(x))\varphi'''(x).$$

3. **Höhere Ableitungen der inversen Funktion.** Auch hier hat man besondere Aufmerksamkeit auf die Differentiation der auftretenden zusammengesetzten Funktionen zu wenden. Es sei $x = \varphi(y)$ die inverse Funktion von $y = f(x)$. Dann gilt für die erste Ableitung (§ 12, 5)

$$\frac{dx}{dy} = \frac{1}{\frac{dy}{dx}} = \left(\frac{dy}{dx}\right)^{-1} \tag{4}$$

oder

$$\varphi'(y) = \frac{1}{f'(x)}.$$

Die zweite Ableitung $\frac{d^2x}{dy^2}$ ist daraus nach der Kettenregel zu bilden, da $\frac{dy}{dx}$ zunächst eine Funktion von x und wegen $x = \varphi(y)$ eine zusammengesetzte Funktion von y ist. Daher ist

$$\frac{d^2x}{dy^2} = \frac{d}{dy}\left(\frac{dy}{dx}\right)^{-1} = \frac{d}{dx}\left(\frac{dy}{dx}\right)^{-1} \cdot \frac{dx}{dy} = -\left(\frac{dy}{dx}\right)^{-2} \cdot \frac{d^2y}{dx^2} \cdot \frac{dx}{dy} = -\frac{\frac{d^2y}{dx^2}}{\left(\frac{dy}{dx}\right)^3} \tag{5}$$

oder in der Lagrangeschen Schreibweise

$$\varphi''(y) = \frac{d}{dy}\frac{1}{f'(x)} = \frac{d}{dx}\frac{1}{f'(x)} \cdot \varphi'(y) = -\frac{f''(x)}{[f'(x)]^2} \cdot \frac{1}{f'(x)} = -\frac{f''(x)}{[f'(x)]^3} = -\frac{y''}{y'^3}.$$

Die dritte Ableitung wird

$$\frac{d^3x}{dy^3} = -\frac{d}{dx}\frac{d^2y}{dx^2}\left(\frac{dy}{dx}\right)^{-3}\frac{dx}{dy} =$$

$$= -\frac{d^3y}{dx^3}\left(\frac{dy}{dx}\right)^{-3}\left(\frac{dy}{dx}\right)^{-1} - \frac{d^2y}{dx^2}(-3)\left(\frac{dy}{dx}\right)^{-4}\frac{d^2y}{dx^2}\left(\frac{dy}{dx}\right)^{-1} =$$

$$= -\frac{\dfrac{d^3y}{dx^3}}{\left(\dfrac{dy}{dx}\right)^4} + 3\frac{\left(\dfrac{d^2y}{dx^2}\right)^2}{\left(\dfrac{dy}{dx}\right)^5} \tag{6}$$

oder in der Lagrangeschen Schreibweise

$$\varphi'''(y) = -\frac{f'''(x)}{[f'(x)]^4} + 3\frac{[f''(x)]^2}{[f'(x)]^5} = -\frac{y'''}{y'^4} + 3\frac{y''^2}{y'^5}.$$

4. Höhere Ableitungen eines Produktes (Leibnizsche Formel). Es sei

$$y(x) = u(x)\,v(x);$$

oder kurz

$$y = u\,v.$$

Die erste Ableitung ist

$$y' = u'\,v + u\,v'.$$

Die zweite Ableitung erhalten wir, wenn wir auf beide Produkte die Produktregel anwenden

$$y'' = u''\,v + u'\,v' + u'\,v' + u\,v'' =$$
$$= u''\,v + 2\,u'\,v' + u\,v''.$$

Die dritte Ableitung wird

$$y''' = u'''\,v + u''\,v' + 2\,u''\,v' + 2\,u'\,v'' + u'\,v'' + u\,v''' =$$
$$= u'''\,v + 3\,u''\,v' + 3\,u'\,v'' + u\,v'''.$$

Diese Ausdrücke zeigen eine auffallende Ähnlichkeit mit dem binomischen Lehrsatz. Ersetzen wir in y', y'' und y''' die Striche durch die entsprechenden Exponenten, die nullten Ableitungen u und v durch $u^0 = v^0 = 1$, so gehen die obigen Ausdrücke über in $y^0 = 1$, $y^1 = u + v$, $y^2 = u^2 + 2\,u\,v + v^2$ und $y^3 = u^3 + 3\,u^2\,v + 3\,u\,v^2 + v^3$. Wir können also mit einiger Berechtigung vermuten, daß die n-te Ableitung folgendes Aussehen haben wird:

$$y^{(n)} = u^{(n)}\,v + \binom{n}{1}u^{(n-1)}\,v' + \binom{n}{2}u^{(n-2)}\,v'' + \ldots + \binom{n}{n-1}u'\,v^{(n-1)} + u\,v^{(n)} =$$

$$= \sum_{i=0}^{n}\binom{n}{i}u^{(n-i)}\,v^{(i)}. \tag{7}$$

Zum Beweis verwende ich die vollständige Induktion und nehme an, daß die obige Formel für die n-te Ableitung richtig sei und zeige durch Differentiation, daß diese Formel richtig bleibt, wenn n durch $n + 1$ ersetzt wird. Die Differentiation gibt

$$y^{(n+1)} = \sum_{i=0}^{n}\binom{n}{i}u^{(n-i+1)}\,v^{(i)} + \sum_{i=0}^{n}\binom{n}{i}u^{(n-i)}\,v^{(i+1)}$$

Die zweite Summe wird, wenn wir $i + 1 = j$ setzen,

$$\sum_{j=1}^{n+1}\binom{n}{j-1}u^{(n-j+1)}\,v^{(j)}$$

und wir erhalten damit, wenn wir nun wieder den Summationsindex statt mit j mit i bezeichnen,

$$y^{(n+1)} = \sum_{i=0}^{n} \binom{n}{i} u^{(n-i+1)} v^{(i)} + \sum_{i=1}^{n+1} \binom{n}{i-1} u^{(n-i+1)} v^{(i)}.$$

Schreiben wir von der ersten Summe das Glied $i = 0$ und von der zweiten Summe das Glied $i = n + 1$ gesondert an, so ist wegen $\binom{n}{0} = \binom{n}{n} = 1$

$$y^{(n+1)} = u^{(n+1)} v + \sum_{i=1}^{n} \left[\binom{n}{i} + \binom{n}{i-1}\right] u^{(n-i+1)} v^{(i)} + u\, v^{(n+1)}.$$

Für die Binomialkoeffizienten gilt das Additionstheorem (§ 1, 8)

$$\binom{n}{i} + \binom{n}{i-1} = \binom{n+1}{i},$$

also folgt

$$y^{(n+1)} = u^{(n+1)} v + \sum_{i=1}^{n} \binom{n+1}{i} u^{(n+1-i)} v^{(i)} + u\, v^{(n+1)}$$

oder

$$y^{(n+1)} = \sum_{i=0}^{n+1} \binom{n+1}{i} u^{(n+1-i)} v^{(i)};$$

genau dieselbe Formel ergibt sich aber aus (7), wenn wir überall $n + 1$ statt n schreiben. Damit ist die als „Leibnizsche Formel" bekannte Regel für die Bildung der höheren Ableitungen eines Produktes bewiesen.

5. **Ein zweiter Beweis des binomischen Satzes.** Wenn man die Potenz $(1 + x)^n$ ausführt, so ist das Resultat jedenfalls ein Polynom n-ten Grades:

$$(1 + x)^n = a_0 + a_1 x + a_2 x^2 + \dots + a_{n-1} x^{n-1} + a_n x^n = \sum_{i=0}^{n} a_i x^i. \qquad (8)$$

Die Koeffizienten $a_0, a_1, \dots, a_n$ lassen sich aus der Bedingung, daß diese Gleichung identisch für alle Werte von x gelten soll, bestimmen. (8) ist auch für $x = 0$ richtig und liefert dann sofort

$$a_0 = 1.$$

Die weiteren Koeffizienten ergeben sich durch n-malige Differentiation von (8):

$$n (1 + x)^{n-1} = a_1 + 2 a_2 x + 3 a_3 x^2 + \dots + (n-1) a_{n-1} x^{n-2} + n a_n x^{n-1},$$

$$n (n-1) (1 + x)^{n-2} = 2 a_2 + 3 \cdot 2 a_3 x + \dots + (n-1)(n-2) a_{n-1} x^{n-3} + n (n-1) a_n x^{n-2},$$

. . . .

$$n (n-1) \dots 3 \cdot 2 (1 + x) = (n-1)(n-2) \dots 3 \cdot 2 \cdot 1 \cdot a_{n-1} + n (n-1) \dots 3 \cdot 2 \cdot a_n x,$$

$$n (n-1) \dots 3 \cdot 2 \cdot 1 = n (n-1) \dots 3 \cdot 2 \cdot 1 \cdot a_n.$$

Für $x = 0$ folgt daraus

$$a_1 = n = \binom{n}{1},$$

$$a_2 = \frac{n (n-1)}{1 \cdot 2} = \binom{n}{2},$$

. . . .

$$a_{n-1} = \frac{n (n-1) \dots 3 \cdot 2}{1 \cdot 2 \cdot 3 \dots (n-1)} = \binom{n}{n-1} = n,$$

$$a_n = \frac{n (n-1) \dots 3 \cdot 2 \cdot 1}{1 \cdot 2 \cdot 3 \dots n} = \binom{n}{n} = 1.$$

Es ist also

$$(1 + x)^n = 1 + \binom{n}{1} x + \binom{n}{2} x^2 + \dots + \binom{n}{n-1} x^{n-1} + \binom{n}{n} x^n = \sum_{i=0}^{n} \binom{n}{i} x^i.$$

Schreibt man $\frac{y}{x}$ an Stelle von x, so folgt durch beiderseitige Multiplikation mit x^n der binomische Lehrsatz

$$(x + y)^n = x^n + \binom{n}{1} x^{n-1} y + \dots + \binom{n}{n-1} x y^{n-1} + \binom{n}{n} y^n = \sum_{i=0}^{n} \binom{n}{i} x^{n-i} y^i,$$

in der geläufigen Form.

Die Methode, deren wir uns hier bedient haben und die man als *Ansatzverfahren* bezeichnet, wird uns noch oft begegnen. Sie ist immer dann anwendbar, wenn man den zu berechnenden Ausdruck bis auf die numerischen Werte irgendwelcher Konstanten (Koeffizienten) kennt, und wenn die Möglichkeit besteht, diese Konstanten irgendwie aus den Angaben der Aufgabe durch Aufstellen von Gleichungen zu ermitteln.

Aufgaben.

1. Die n-te Ableitung von $y = \frac{x + 1}{x - 1}$ ist zu berechnen.

2. Zu zeigen, daß der Ausdruck

$$\frac{y'''}{y'} - \frac{3}{2} \left(\frac{y''}{y'}\right)^2$$

(die sogenannte *Schwarzsche Invariante*), wo $y = f(x)$ eine mindestens dreimal stetig differenzierbare Funktion mit $y' \neq 0$ bedeutet, in den gleichgebauten Ausdruck für $u = g(x)$ übergeht, wenn

$$y = \frac{a u + b}{c u + d}$$

mit $D = a d - b c \neq 0$ ist.

3. Die n-te Ableitung von $\frac{x^n}{1 - x}$ ist zu ermitteln.

4. Zu zeigen, daß die Funktion

$$y = A \cos(\alpha x) + B \sin(\alpha x)$$

der Differentialgleichung zweiter Ordnung

$$y'' + \alpha^2 y = 0$$

genügt.

5. Die Formel

$$\int u\, v^{(n+1)}\, dx = u\, v^{(n)} - u' v^{(n-1)} + u'' v^{(n-2)} - + \dots + (-1)^n u^{(n)} v + (-1)^{n+1} \int u^{(n+1)} v\, dx$$

ist zu beweisen.

IV. Die elementaren transzendenten Funktionen.

§ 16. Logarithmus und Exponentialfunktion.

1. Das Integral $\int_1^x \frac{du}{u}$. Bei der Untersuchung des Integrals der Potenz $\int x^\alpha\,dx$ sind wir auf die auffallende Tatsache gestoßen, daß die Formel

$$\int x^\alpha\,dx = \frac{x^{\alpha+1}}{\alpha+1} + C$$

für $\alpha = -1$ nicht gilt. Die entsprechende Differentialformel

$$(x^\alpha)' = \alpha\, x^{\alpha-1}$$

zeigt, wie nicht anders zu erwarten, daß auf der rechten Seite alle Potenzen von x mit Ausnahme von x^{-1} erscheinen können; die Formel ist allerdings auch für $\alpha = 0$ richtig, aber dann erscheint rechts eben der Wert 0 als Ableitung der Konstanten $x^0 = 1$.

Sicher ist aber, daß die Funktion $\frac{1}{x}$ für alle $x \neq 0$ stetig ist und daß daher das Integral

$$f(x) = \int_1^x \frac{du}{u} \tag{1}$$

für alle $x > 0$[1] eine differenzierbare und daher auch stetige Funktion darstellt. Wir wollen nun versuchen, die wichtigsten Eigenschaften dieser Funktion $f(x)$, deren Bildkurve in § 13, 10, Abb. 65 näherungsweise ermittelt wurde, aus der Integraldarstellung herzuleiten. Da $\frac{1}{u} > 0$ für $u > 0$ ist, ist $f(x)$ *steigend*; wegen

$$f(1) = 0$$

ist daher

$$f(x) < 0 \quad \text{für} \quad 0 < x < 1$$

und

$$f(x) > 0 \quad \text{für} \quad x > 1.$$

Es seien nun a und b zwei beliebige positive Zahlen; ich bilde

$$f(ab) = \int_1^{ab} \frac{du}{u},$$

---

[1] Da die untere Grenze des Integrals gleich 1 ist, darf x nicht $\leqq 0$ gewählt werden, da sonst die Unstetigkeitsstelle 0 im Integrationsintervall liegen würde.

zerlege das Integral rechts in zwei Summanden

$$f(ab) = \int_1^a \frac{du}{u} + \int_a^{ab} \frac{du}{u}$$

und führe im zweiten die Substitution $u = a\,v$, $du = a\,dv$ durch. Die Grenzen für die neue Veränderliche v bestimmen sich aus den Gleichungen $a = a\,v$ und $a\,b = a\,v$ als $v = 1$ und $v = b$, also wird

$$f(ab) = \int_1^a \frac{du}{u} + \int_1^b \frac{dv}{v}$$

oder

$$f(ab) = f(a) + f(b). \tag{2}$$

Allgemeiner gilt für n Faktoren $a_1, a_2, \ldots, a_n$

$$f(a_1 a_2 \ldots a_n) = f(a_1) + f(a_2) + \ldots + f(a_n). \tag{3}$$

Sind alle Faktoren $a_i = a$, so folgt

$$f(a^n) = n\,f(a). \tag{4}$$

Eine Funktion mit diesen Eigenschaften ist Ihnen von der Mittelschule her bekannt, nämlich der dekadische oder Briggssche Logarithmus $\log x$, der durch

$$10^{\log x} \equiv x$$

definiert ist. Eine flüchtige Betrachtung zeigt aber, daß die hier behandelte Funktion $f(x) = \int_1^x \frac{du}{u}$ nicht mit dem dekadischen Logarithmus übereinstimmen kann. Wir wollen nur

$$f(2) = \int_1^2 \frac{du}{u}$$

ganz grob abschätzen; es ist ja für $1 \leqq u \leqq 2$ sicher $\frac{1}{u} \geqq \frac{1}{2}$ und daher

$$f(2) = \int_1^2 \frac{du}{u} > \frac{1}{2} \int_1^2 du = \frac{1}{2}(2-1) = \frac{1}{2},$$

während $\log 2 = 0{\cdot}301\ldots$ ist.

2. Der natürliche Logarithmus. Ich schreibe

$$\boxed{\ln x = \int_1^x \frac{du}{u};} \tag{5}$$

diese Funktion $f(x) = \ln x$ heißt der *natürliche Logarithmus* von x; auf ihren Zusammenhang mit dem dekadischen Logarithmus komme ich in Ziffer 6 zu sprechen.

Fassen wir zunächst zusammen:

Die Funktion $y = \ln x$ ist eine für alle $x > 0$ eindeutige, differenzierbare und daher auch stetige, steigende Funktion; es ist (Abb. 69)

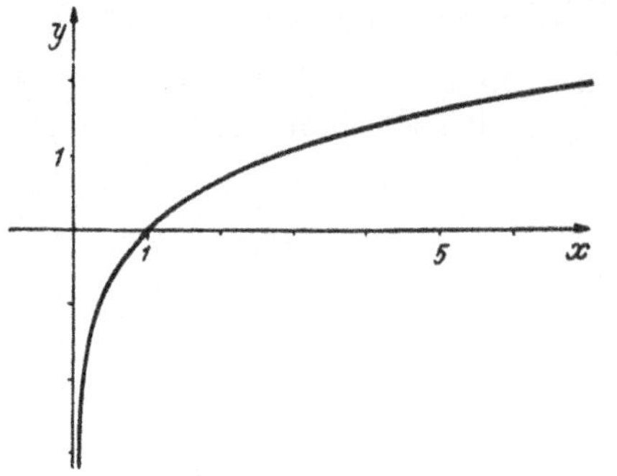

Abb. 69.

$$\ln x > 0 \quad \text{für} \quad x > 1$$

$$\ln 1 = 0$$

$$\ln x < 0 \quad \text{für} \quad 0 < x < 1.$$

Die Ableitung ist

$$\boxed{(\ln x)' = \frac{1}{x},} \tag{6}$$

daher ist $\ln x$ *beliebig oft differenzierbar*. Aus (6) folgt

$$\int \frac{dx}{x} = \ln x + C, \quad x > 0;$$

diese Formel läßt sich noch etwas verallgemeinern. Das unbestimmte Integral existiert ja sicher auch für $x < 0$; setzen wir $x = -u$, mit $u > 0$, so wird

$$\int \frac{dx}{x} = \int \frac{-du}{-u} = \int \frac{du}{u} = \ln u + C = \ln(-x) + C = \ln|x| + C,$$

so daß allgemein für $x \neq 0$

$$\boxed{\int \frac{dx}{x} = \ln|x| + C} \tag{7}$$

ist. Ferner gilt das *Additionstheorem* ($a > 0$, $b > 0$)

$$\boxed{\ln(ab) = \ln a + \ln b,} \tag{8}$$

woraus die Formel

$$\ln a^n = n \ln a, \quad a > 0$$

für natürliche Zahlen n als Exponenten folgt, die sogar für beliebige reelle Exponenten gilt. Zunächst folgt nämlich aus

$$\ln 1 = 0$$

und dem Additionstheorem

$$\ln\left(a \cdot \frac{1}{a}\right) = \ln a + \ln \frac{1}{a} = 0,$$

daß

$$\ln \frac{1}{a} = \ln a^{-1} = -\ln a$$

und gemäß der obigen Formel daher ($n > 0$)

$$\ln a^{-n} = -n \ln a$$

ist, so daß die Formel auch für negative ganze Exponenten gilt. Setzen wir ferner $\sqrt[n]{a} = b$, so ist $a = b^n$, und es folgt

$$\ln a = n \ln b$$

oder

$$\ln b = \ln \sqrt[n]{a} = \frac{1}{n} \ln a.$$

Somit wird (m, n ganz, $n \neq 0$)

$$\ln a^{\frac{m}{n}} = \ln\left(a^{\frac{1}{n}}\right)^m = m \ln a^{\frac{1}{n}} = \frac{m}{n} \ln a,$$

d. h. die Gleichung

$$\boxed{\ln a^\alpha = \alpha \ln a, \quad a > 0} \tag{9}$$

gilt damit für alle rationalen α; daß sie auch für irrationale und daher für alle reellen Exponenten überhaupt richtig ist, zeige ich in Ziff. 4; für irrationale α ist x^α erst zu definieren.

Schließlich zeige ich

$$\lim_{x \to 0+} \ln x = -\infty.$$

Zum Beweis genügt es, x irgendeine Nullfolge durchlaufen zu lassen, etwa $x_\nu = \frac{1}{2^\nu}$, $(\nu = 1, 2, \ldots)$, für die

$$\lim_{\nu \to \infty} \ln x_\nu = \lim_{\nu \to \infty} \ln \frac{1}{2^\nu} = \lim_{\nu \to \infty} (-\nu \ln 2) = -\infty$$

ist. Setze ich aber $x_\nu = 2^\nu$, so folgt

$$\lim_{\nu \to \infty} \ln x_\nu = \lim_{\nu \to \infty} \ln 2^\nu = \lim_{\nu \to \infty} (\nu \ln 2) = +\infty.$$

Also ist

$$\lim_{x \to +\infty} \ln x = +\infty.$$

Der Wertevorrat von $\ln x$ besteht also aus allen reellen Zahlen. Näheres über das Verhalten von $\ln x$ für $x \to 0+$ und $x \to +\infty$ folgt in § 20, 7.

Aus (7) folgt durch die Substitution $u = f(x)$, solange $f(x) \neq 0$ ist,

$$\boxed{\int \frac{f'(x)}{f(x)} dx = \ln |f(x)| + C.} \tag{10}$$

Die Formel ist an sich nicht sonderlich interessant, weil es sich nur um eine recht simple Verallgemeinerung einer Grundformel handelt; sie hat aber eine gewisse praktische Bedeutung und wir werden sie im folgenden oft anzuwenden haben.

Beispiele:

1. $\int \tan x\, dx = \int \frac{\sin x}{\cos x} dx = -\int \frac{-\sin x}{\cos x} dx = -\ln |\cos x| + C.$

2. $\int \frac{dx}{\sin x} = \int \frac{d\frac{x}{2}}{\sin\frac{x}{2}\cos\frac{x}{2}} = \int \frac{\frac{d\frac{x}{2}}{\cos^2\frac{x}{2}}}{\tan\frac{x}{2}} = \int \frac{d\tan\frac{x}{2}}{\tan\frac{x}{2}} = \ln\left|\tan\frac{x}{2}\right| + C.$

3. $\int \frac{dx}{\cos x} = \int \frac{dx}{\sin\left(x + \frac{\pi}{2}\right)} = \ln\left|\tan\left(\frac{x}{2} + \frac{\pi}{4}\right)\right| + C$ (vgl. Beispiel 2).

3. Die natürliche Exponentialfunktion. Aus den angeführten Eigenschaften der Funktion $\ln x$ folgt, daß sie eine *eindeutige, stetige, steigende und beliebig oft differenzierbare Umkehrfunktion* besitzt, die man *Exponentialfunktion* nennt,

$$\boxed{y = \exp x} \tag{11}$$

schreibt und „Exponent x" spricht. Es ist also

$$x = \ln y$$

und es gelten für alle x und für alle $y > 0$ die Identitäten

$$x \equiv \ln \exp x \quad \text{und} \quad y \equiv \exp \ln y.$$

Die Funktion $y = \exp x$ ist für alle reellen x definiert, wegen

$$\exp x > 0$$

besteht ihr Wertevorrat aus allen positiven reellen Zahlen. Aus (5) folgt

$$\exp 0 = 1,$$

ferner ist

$$\lim_{x \to -\infty} \exp x = 0, \quad \lim_{x \to +\infty} \exp x = +\infty.$$

Setzen wir in (8) $\ln a = \alpha$, $\ln b = \beta$, so folgt

$$\exp(\alpha + \beta) = \exp \ln (ab) = ab = \exp \alpha \,.\, \exp \beta.$$

Diese Gleichung stellt das sogenannte *Multiplikationstheorem der Exponentialfunktion* dar:

$$\boxed{\exp \alpha \,.\, \exp \beta = \exp(\alpha + \beta).}$$

Es sei nun e jene reelle Zahl, deren natürlicher Logarithmus den Wert 1 hat. Ich werde in Ziffer 7 zeigen, daß diese Zahl e mit der in § 4, 6 und 7 definierten transzendenten Zahl $e = 2{\cdot}71828\ldots$ übereinstimmt. Es ist also

$$\ln e = 1 \quad \text{und} \quad \exp 1 = e;$$

daraus folgt wegen (9), zunächst einmal für rationale x,

$$\ln e^x = x$$

und daher

$$\exp x = e^x.$$

Hier steht links die für *alle reellen* x definierte Funktion $\exp x$; es ist sehr naheliegend, diese Gleichung zu benützen, um die Potenz e^x mit der Basis e für alle reellen x zu definieren, denn nur auf diese Art wird e^x eine stetige Funktion. Damit wird e^x *eine für alle reellen* x *definierte, eindeutige, stetige und stets positive Funktion* und es gilt die *Identität*

$$\boxed{\exp x \equiv e^x} \tag{12}$$

für alle reellen x. Die Exponentialfunktion ist also nichts anderes als eine Potenz mit der konstanten Basis e und variablem Exponenten x. Sie wird in der Regel auch als solche geschrieben, jedoch hat sich besonders in der letzten Zeit auch die Schreibweise $\exp x$ stark eingebürgert, die vor allem dann zweckmäßig ist, wenn der Exponent ein komplizierterer Ausdruck ist; ich werde im folgenden beide

Bezeichnungen nebeneinander benützen. Das Multiplikationstheorem geht über in eine bekannte Regel für das Rechnen mit Potenzen, nämlich

$$e^{\alpha} \cdot e^{\beta} = e^{\alpha+\beta}.$$

Den Verlauf der Kurve $y = \exp x = e^x$ zeigt Abbildung 70.

Für die Ableitung von $y = e^x$ erhält man nach der Regel für die Ableitung der inversen Funktion (§ 12, 5)

$$(e^x)' = \frac{1}{(\ln y)'} = \frac{1}{\frac{1}{y}} = y,$$

d. h. es ist

$$\boxed{(e^x)' = e^x} \tag{13}$$

und daher

$$\boxed{\int e^x\, dx = e^x + C.} \tag{14}$$

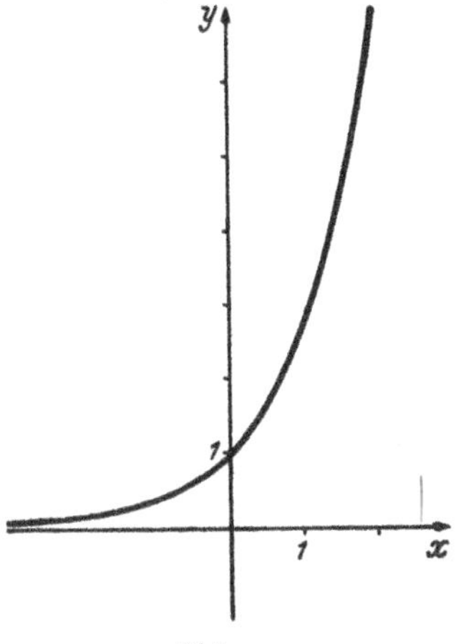

Abb. 70.

4. **Die allgemeine Exponentialfunktion.** Sie hat die Form

$$y = a^x$$

mit beliebiger Basis $a > 0$.

Sie ist nach den Ergebnissen von § 7, 8 vorläufig nur für *rationale* Exponenten x erklärt. Nur für $a = e$ ist die natürliche Exponentialfunktion e^x als Umkehrfunktion des natürlichen Logarithmus schon für alle reellen x erklärt. Nach (9) ist für rationale x

$$\ln a^x = x \ln a, \quad a > 0$$

und daher (Übergang zur Umkehrfunktion)

$$\boxed{a^x = e^{x \ln a}} \tag{15}$$

Mit Hilfe dieser Umkehrung erkläre ich nun a^x für alle reellen x; damit wird die *allgemeine Exponentialfunktion* a^x, $a > 0$, *eine für alle* x *definierte, eindeutige, stetige und stets positive Funktion.* Sie ist, wie man leicht zeigt, für $a > 1$ steigend, für $0 < a < 1$ fallend und für $a = 1$ konstant, nämlich 1.

Aus der Definition (15) folgt, daß (9) auch für irrationale α, im ganzen also für alle reellen Exponenten gilt.

Aus (15) folgt unter Anwendung der Kettenregel, da ja a^x eine aus den Funktionen e^u und $u = x \ln a$ zusammengesetzte Funktion ist:

$$(a^x)' = (e^{x \ln a})' = e^{x \ln a} \cdot \ln a,$$

also

$$\boxed{(a^x)' = a^x \ln a} \tag{16}$$

und

$$\boxed{\int a^x\, dx = \frac{a^x}{\ln a} + C.} \tag{17}$$

5. **Die allgemeine Potenz.** Mit Hilfe von (15) können wir nun auch die Potenz x^{α}, die bisher (§ 7, 8) nur für rationale Exponenten erklärt war, gemäß

$$x^{\alpha} = e^{\alpha \ln x},$$

für $x > 0$ und alle reellen Exponenten α als eindeutige, stetige und differenzierbare Funktion definieren. Es ist, wieder nach der Kettenregel

$$(x^\alpha)' = e^{\alpha \ln x} \cdot \alpha \cdot \frac{1}{x} = x^\alpha \frac{\alpha}{x}$$

oder

$$\boxed{(x^\alpha)' = \alpha\, x^{\alpha-1}, \quad x > 0} \tag{18}$$

und

$$\boxed{\int x^\alpha\, dx = \frac{x^\alpha}{\alpha + 1} + C, \quad x > 0, \quad \alpha \neq -1} \tag{19}$$

in Verallgemeinerung der Formeln § 12, (13) und § 13, (13) für beliebige reelle Exponenten α.

6. Der allgemeine Logarithmus. Die Umkehrfunktion von $y = a^x$ ist der *Logarithmus zur Basis a* oder kurz *a-Logarithmus*

$$\boxed{x = \overset{a}{\log}\, y.} \tag{20}$$

Man schreibt für die natürlichen Logarithmen statt $\overset{e}{\log}$ kurz ln, für die Logarithmen mit der Basis 10, die dekadischen oder Briggsschen Logarithmen, statt $\overset{10}{\log}$ kurz log[1]. Es gelten die Identitäten

$$x = \overset{a}{\log}\, a^x, \quad y = a^{\overset{a}{\log}\, y};$$

die zweite kann als Definition des a-Logarithmus dienen.

Aus

$$y = e^{\ln y}$$

folgt, wenn man auf beiden Seiten den a-Logarithmus nimmt,

$$\boxed{\overset{a}{\log}\, y = \ln y\, \overset{a}{\log}\, e,} \tag{21}$$

d. h. die a-Logarithmen unterscheiden sich von den natürlichen nur durch den konstanten Faktor $\overset{a}{\log}\, e$, den man als *Modul* der a-Logarithmen bezeichnet. Für $a = 10$ folgt

$$\log y = \ln y \log e.$$

Dabei ist

$$\log e = 0{,}43429\ldots$$

der Modul der dekadischen Logarithmen. Setzen wir $y = 10$, so wird

$$\ln 10 \cdot \log e = 1;$$

allgemeiner folgt aus (21) für beliebige Basis a und $y = a$

$$\ln a \cdot \overset{a}{\log}\, e = 1.$$

[1] Sowohl für den natürlichen wie für den dekadischen Logarithmus sind auch andere Schreibweisen gebräuchlich: $l\,x$, $\mathrm{Log}\,x$, $\lg x$ usw.

Da man in der Regel die natürlichen Logarithmen aus einer Tafel der dekadischen Logarithmen zu berechnen hat, wird man die obige Formel nach $\ln y$ auflösen:

$$\ln y = \frac{1}{\log e} \log y = \ln 10 \log y.$$

Dabei ist

$$\ln 10 = \frac{1}{0{\cdot}43429\ldots} = 2{\cdot}30258\ldots$$

7. Grenzwerte, die mit Logarithmus und Exponentialfunktion zusammenhängen. Schreiben wir die Ableitung $(\ln x)' = \frac{1}{x}$ als Grenzwert des Differenzenquotienten

$$\lim_{h\to 0} \frac{\ln(x+h) - \ln x}{h} = \frac{1}{x},$$

so folgt daraus für $x = 1$ wegen $\ln 1 = 0$

$$\lim_{h\to 0} \frac{1}{h} \ln(1+h) = \lim_{h\to 0} \ln(1+h)^{\frac{1}{h}} = 1,$$

also wegen der Stetigkeit von $\ln x$, vgl. § 8, (4),

$$\ln \lim_{h\to 0} (1+h)^{\frac{1}{h}} = 1$$

und daher

$$\boxed{\lim_{h\to 0} (1+h)^{\frac{1}{h}} = e.} \tag{22}$$

Lassen wir h insbesondere die Folge

$$1, \frac{1}{2}, \frac{1}{3}, \ldots, \frac{1}{\nu}, \ldots$$

durchlaufen, so erhalten wir

$$\lim_{\nu\to\infty} \left(1 + \frac{1}{\nu}\right)^{\nu} = e,$$

also denselben Grenzwert, der uns in § 4, 7 zur Definition der Zahl e diente.

Ersetzen wir in (22) h durch hx, wobei $x \neq 0$ beliebig ist, so bleibt der Grenzwert

$$\lim_{h\to 0} (1 + hx)^{\frac{1}{hx}} = e$$

unverändert, da mit h auch hx gegen Null geht. Dann ist

$$\left[\lim_{h\to 0} (1 + hx)^{\frac{1}{hx}}\right]^{x} = e^{x}$$

oder wegen der Stetigkeit der Potenz

$$\boxed{\lim_{h\to 0} (1 + hx)^{\frac{1}{h}} = e^{x},} \tag{23}$$

eine wichtige Verallgemeinerung von (22). Setzt man noch $h = \frac{1}{\nu}$, $\nu = 1, 2, \ldots,$ so folgt

$$\lim_{\nu\to\infty} \left(1 + \frac{x}{\nu}\right)^{\nu} = e^{x}. \tag{24}$$

Die Konvergenz ist dabei, wie ich ohne Beweis erwähne, *gleichmäßig* in jedem abgeschlossenen Intervall.

Ein weiterer bemerkenswerter Grenzwert ergibt sich, wenn wir in der Formel für die Ableitung der allgemeinen Exponentialfunktion $(a^x)' = a^x \ln a$ auf den Differenzenquotienten zurückgehen

$$\lim_{h \to 0} \frac{a^{x+h} - a^x}{h} = a^x \ln a$$

und $x = 0$ setzen; es wird dann

$$\boxed{\lim_{h \to 0} \frac{a^h - 1}{h} = \ln a.} \qquad (25)$$

8. **Logarithmische Differentiation.** Sind in dem Ausdruck $y = u^v$ sowohl die Basis u wie auch der Exponent v veränderlich, also $u = f(x) > 0$ und $v = \varphi(x)$ Funktionen der unabhängigen Variablen x, so können wir die Ableitung y' berechnen, indem wir y umformen und als Exponentialfunktion mit der festen Basis e darstellen:

$$y = e^{v \ln u}.$$

Dann wird nach der Kettenregel

$$y' = (e^{v \ln u})' = e^{v \ln u} (v \ln u)' =$$

$$= u^v \left(v \frac{u'}{u} + v' \ln u\right) = v\, u^{v-1} u' + u^v \ln u \,.\, v'.$$

Der erste Summand rechts ist die Ableitung der Potenz u^v (mit festem Exponenten v), der zweite die Ableitung der Exponentialfunktion u^v (mit fester Basis u). Den tieferen Grund dafür werden Sie erst später bei der Besprechung zusammengesetzter Funktionen von mehreren Veränderlichen kennenlernen; denn y ist ja hier zunächst als Funktion von zwei Variablen u und v gegeben, die ihrerseits erst Funktionen der Variablen x sind (Band II).

Zu demselben Resultat wären wir gekommen, wenn wir an Stelle von y die Funktion $z = \ln y = v \ln u$ betrachtet hätten. Es ist ja

$$z' = \frac{y'}{y} = v \frac{u'}{u} + v' \ln u,$$

also

$$y' = y\left(v \frac{u'}{u} + v' \ln u\right) = u^v \left(v \frac{u'}{u} + v' \ln u\right)$$

wie früher. Man nennt dieses Verfahren, an Stelle von y die Funktion $z = \ln y$ zu differenzieren und daraus die Ableitung $y' = y\, z'$ zu berechnen, die *logarithmische Differentiation.*

Beispiel: $(x^x)' = (e^{x \ln x})' = e^{x \ln x} (1 + \ln x) = x^x (1 + \ln x)$.

9. **Die Differentialgleichung der Exponentialfunktion.** Die große Bedeutung, die der Exponentialfunktion sowohl in der reinen wie in der angewandten Mathematik zukommt — ich werde später zeigen, daß letzten Endes alle elementaren Funktionen auf die Potenz und die Exponentialfunktion zurückgeführt werden können —, beruht vor allem auf der Tatsache, daß die Exponentialfunktion sich beim Differenzieren reproduziert, d. h. auf der Formel

$$(e^x)' = e^x$$

oder, anders ausgedrückt, daß $y = e^x$ der Differentialgleichung

$$y' = y$$

genügt.

Wir betrachten nun statt dieser Gleichung eine etwas allgemeinere, nämlich

$$\boxed{y' = k\,y,} \tag{26}$$

wo $k \neq 0$ irgendeine Konstante ist. Sicher ist $y_1 = e^{kx}$ wegen $(e^{kx})' = k\,e^{kx}$ eine Lösung dieser Differentialgleichung. Wir fragen uns, ob es nicht auch andere Lösungen gibt. Wir nehmen an, y sei irgend eine Lösung, und setzen

$$u = y\,e^{-kx};$$

dann wird

$$u' = y'\,e^{-kx} - k\,y\,e^{-kx} = k\,y\,e^{-kx} - k\,y\,e^{-kx} = 0,$$

also $u = c$ konstant und

$$c = y\,e^{-kx}$$

oder

$$\boxed{y = c\,e^{kx},} \tag{27}$$

d. h. jede Lösung der Differentialgleichung hat diese Form (auch y_1 ergibt sich ja daraus für $c = 1$), wobei c eine völlig willkürliche Konstante ist. Man nennt in der in § 13, 7 erwähnten Ausdrucksweise (27) die *allgemeine Lösung* der Differentialgleichung (26).

Deuten wir die unabhängige Veränderliche als Zeit t, so stellt $y' = \frac{dy}{dt}$ die Änderung der Größe y pro Zeiteinheit, also die Wachstumsgeschwindigkeit dar; ist dt eine kleine Zeitspanne, so ist $dy = y'\,dt$ in erster Annäherung (vgl. § 11, 4) der Zuwachs von y in der Zeitspanne dt. Es gibt nun sehr viele Vorgänge, vor allem in der organischen Natur, bei denen die Wachstumsgeschwindigkeit y' der vorhandenen Menge y proportional ist, also das Gesetz (26) gilt, das daher auch als *Gesetz des organischen Wachsens* bezeichnet wird. So ist die Vermehrung des Holzbestandes eines Waldes der Größe des Waldes, also dem Holzbestand selbst, mit guter Annäherung proportional. Einige weitere Beispiele wollen wir etwas ausführlicher diskutieren.

10. Stetige Verzinsung. Die Zinsen, die eine Bank oder Sparkasse jährlich (manchmal auch halb- oder vierteljährlich) dem Einleger gutschreibt, sind dem eingelegten Kapital proportional. Ist α der jährliche Zuwachs des Kapitals 1, so beträgt der Zinsfuß $100\,\alpha\%$, nach x Jahren ist das Anfangskapital 1 auf $(1 + \alpha)^x$ angewachsen. Erfolgt die Verzinsung nicht jährlich, sondern stets nach dem ν-ten Teil eines Jahres, so hat das Kapital nach x Jahren den Betrag $\left(1 + \frac{\alpha}{\nu}\right)^{\nu x}$ erreicht. Gehen wir zu einer stetigen Verzinsung über, indem wir $\nu \to \infty$ gehen lassen, so wird nach (24) das Kapital nach x Jahren den Betrag

$$y = \lim_{\nu \to \infty} \left(1 + \frac{\alpha}{\nu}\right)^{\nu x} = e^{\alpha x}$$

erreicht haben und somit $y' = \alpha\,y$ sein. War das Anfangskapital (zur Zeit $x = 0$) y_0, so ist es nach x Jahren auf $y = y_0\,e^{\alpha x}$ angewachsen.

11. Zerfall der radioaktiven Substanzen. Dabei handelt es sich nicht um ein Wachsen, sondern um eine Substanzverminderung. Die Geschwindigkeit y'

dieser Verminderung ist, was hier besonders plausibel erscheint, der vorhandenen Substanz y proportional, wobei der Proportionalitätsfaktor jetzt negativ ist, da es sich eben um eine Verminderung, ein „negatives Wachsen", handelt. Wir schreiben ($k > 0$)

$$y' = -k\,y,$$

also ist

$$y = c\,e^{-kt}.$$

Hat daher die Ausgangsmenge zur Zeit $t = 0$ den Wert $y = y_0 = c$, so ist zur Zeit t die Menge

$$y = y_0\,e^{-kt}$$

vorhanden. Als Maß für die Zerfallsgeschwindigkeit verwenden die Physiker die sogenannte *Halbwertszeit* τ, das ist die Zeit, die verstreichen muß, bis die ursprüngliche Menge y_0 auf die Hälfte abgesunken ist. Es ist also

$$\frac{1}{2}\,y_0 = y_0\,e^{-k\tau}$$

oder

$$\tau = \frac{1}{k}\ln 2.$$

In ganz ähnlicher Weise wäre das *Newtonsche Erkaltungsgesetz* zu behandeln. Die Geschwindigkeit, mit der sich die Temperatur eines Körpers, der in ein Bad gebracht wird, ändert, ist der Temperaturdifferenz zwischen Körper und Bad proportional, vorausgesetzt, daß das Bad so groß ist, daß seine Temperatur durch das Eintauchen des Körpers praktisch nicht geändert wird.

12. Stromverlauf beim Ein- und Ausschalten eines elektrischen Stromkreises. Ein Stromkreis (Abb. 71), der einen Ohmschen Widerstand R und eine Selbstinduktion L[1] enthält, wird mittels eines Schalters S an eine Gleichspannung E

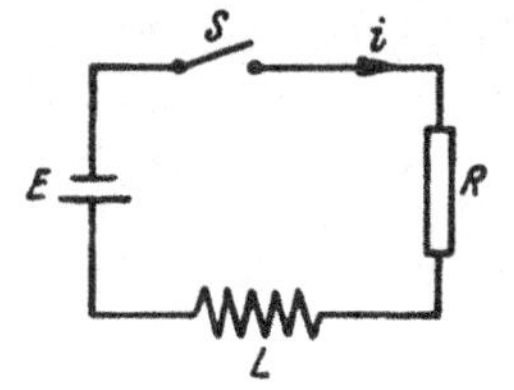

Abb. 71.

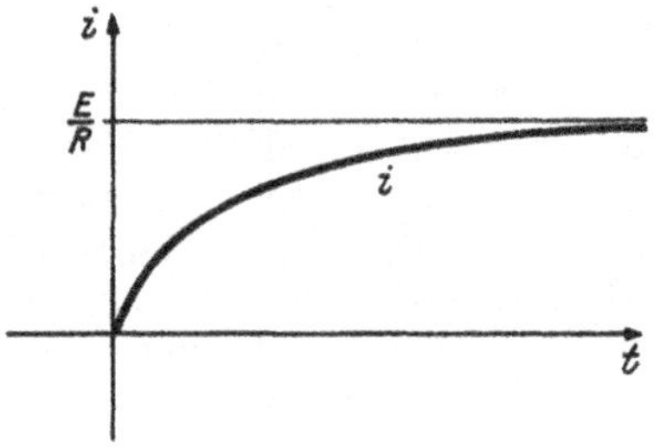

Abb. 72.

gelegt. An einem in den Kreis geschalteten Amperemeter kann man bei genügend großem L deutlich beobachten, daß der Strom i nicht sprunghaft den dem Ohmschen Gesetz entsprechenden Wert $\frac{E}{R}$ annimmt, sondern zuerst rascher, dann immer langsamer ansteigt und sich, wie man sagt, diesem Wert *asymptotisch* nähert. Diese Erscheinung ist dadurch begründet, daß in der Selbstinduktion (d. h. in der Spule) eine Spannung induziert wird, die der angelegten Spannung entgegengesetzt gerichtet und der Änderung des Stromes proportional ist. Der Proportionalitätsfaktor ist der sogenannte Selbstinduktionskoeffizient L. Der Spannungsabfall am Widerstand R beträgt nach dem Ohmschen Gesetz $i\,R$, so daß also

$$E = i\,R + L\,\frac{di}{dt} \tag{28}$$

[1] Eine Spule Draht mit mehreren Windungen; im übrigen enthält jeder Stromkreis eine gewisse, wenn auch kleine Selbstinduktion.

ist. Das ist nun eine ganz neuartige Differentialgleichung für die Funktion $i(t)$, die man aber auf die Differentialgleichung $y' = k\,y$ zurückführen kann, wenn man $i = y + \frac{E}{R}$ setzt; es folgt

$$E - \left(y + \frac{E}{R}\right) R - L\frac{dy}{dt} = 0$$

oder

$$\frac{dy}{dt} = -\frac{R}{L}\,y.$$

Somit ist

$$y = c\,e^{-\frac{R}{L}t}$$

und

$$i = \frac{E}{R} + c\,e^{-\frac{R}{L}t};$$

da für $t = 0$ (Zeitpunkt des Einschaltens) $i = 0$ ist, erhalten wir für die Konstante

$$c = -\frac{E}{R},$$

und somit

$$i = \frac{E}{R}\left(1 - e^{-\frac{R}{L}t}\right).$$

Den Verlauf des Stromes als Funktion der Zeit zeigt Abb. 72; man erkennt, wie sich i dem Wert $\frac{E}{R}$ asymptotisch nähert, d. h. daß $\lim\limits_{t \to +\infty} i = \frac{E}{R}$ ist.

Noch eine ergänzende Bemerkung zur Differentialgleichung (28)! Die zum Spannungsabfall am Widerstand bzw. an der Selbstinduktion entgegengesetzt gleichen Spannungen

$$U_R = -i\,R, \qquad U_L = -L\frac{di}{dt}$$

sind die am Widerstand bzw. an der Selbstinduktion beim Durchgang des Stromes i entstehenden Spannungen; für sie gilt das *Kirchhoffsche Gesetz*

$$E + U_R + U_L = 0, \tag{29}$$

die Summe der Spannungen in einem geschlossenen Stromkreis ist stets Null. Man kann also (28) unmittelbar aus dem Kirchhoffschen Gesetz ableiten.

Wir ersetzen nun die Selbstinduktion L durch einen Kondensator der Kapazität C, lassen aber die übrige Anordnung ungeändert. Zwischen dem Strom i und der Kondensatorspannung U_C gilt die Beziehung

$$i = -C\frac{dU_C}{dt}$$

oder

$$U_C = -\frac{1}{C}\int i\,dt.$$

Aus (29) folgt $E + U_R + U_C = 0$ oder

$$E - i\,R - \frac{1}{C}\int i\,dt = 0$$

und daraus, da E eine konstante Gleichspannung ist, durch Differentiation

$$R\frac{di}{dt} + \frac{1}{C}i = 0$$

oder

$$\frac{di}{dt} = -\frac{i}{C\,R}.$$

Das ist jetzt eine Differentialgleichung der Form $y' = k\,y$; wir erhalten

$$i = A\,e^{-\frac{t}{CR}}$$

mit der Integrationskonstanten A. Da hier im Moment $t = 0$ des Einschaltens der Strom sofort auf den Wert $i = \frac{E}{R}$ ansteigt, ist

$$A = \frac{E}{R}$$

und

$$i = \frac{E}{R}\,e^{-\frac{t}{CR}} \tag{30}$$

der Verlauf des Stromes. In Wirklichkeit wird, da, wie oben schon erwähnt, jeder Stromkreis eine gewisse Selbstinduktion enthält, der Strom im Moment des Einschaltens nicht sofort auf den Wert $\frac{E}{R}$ springen, sondern zunächst steil auf einen Wert nahe bei $\frac{E}{R}$ ansteigen und erst dann entsprechend (30) abnehmen.

13. **Funktionsskala und Rechenschieber.** Ich habe in § 6, 3 neben der Bildkurve noch eine zweite geometrische Deutung einer Funktion $y = f(x)$ erwähnt,

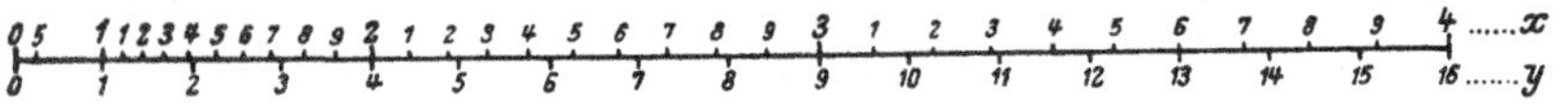

Abb. 73.

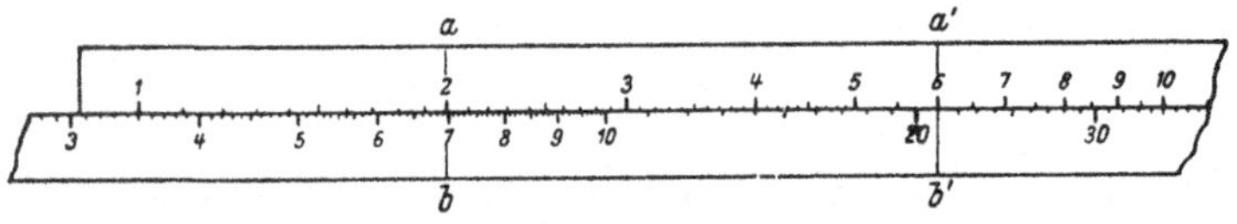

Abb. 74.

nämlich als Abbildung der Punkte zweier Geraden oder zweier Strecken; es ist ja jedem Punkt (Zahl) des Definitionsbereiches $a \leqq x \leqq b$ ein (und bei einer eindeutigen Funktion auch nur ein) Punkt des Wertevorrates $\alpha \leqq y \leqq \beta$[1] zugeordnet. Wir bezeichnen die Punkte der y-Achse nicht mit den y-Werten, die ja durch die Abstände vom Nullpunkt gegeben sind, sondern mit den zugehörigen Werten des Argumentes x. Wir erhalten auf diese Art eine sogenannte *Funktionsskala* als geometrisches Bild der Funktion $y = f(x)$.

Von besonderer praktischer Bedeutung ist die logarithmische Skala, d. h. eine Skala für die Funktion $y = \log x$ (dekadischer Logarithmus). Sie beginnt wegen $\log 1 = 0$ mit $x = 1$ und hat das in Abb. 74 oben wiedergegebene Aussehen.

Zwei gleiche derartige Skalen, die gegeneinander verschiebbar angeordnet sind, wie es in Abb. 74 angedeutet ist, ergeben bereits einen *logarithmischen Rechenschieber* allereinfachster Art. Stehen die mit a und a' bezeichneten Teilstriche der oberen Skala den Teilstrichen b und b' der unteren Skala gegenüber

[1] Es kann sich natürlich auch um offene oder halboffene Intervalle handeln, ebenso wie auch Definitionsbereich und Wertevorrat einseitig oder gar nicht beschränkt sein können. So erhält man z. B. als geometrisches Bild der Funktion $y = x^2$ für $0 \leqq x \leqq 4$ die in Abb. 73 dargestellte Skala, wobei nur der größeren Deutlichkeit halber auch die Werte y angegeben sind. Selbstverständlich kann man diese Skala (wie ja auch die Bildkurve) auch als Darstellung der Umkehrfunktion $x = \sqrt{y}$ benützen.

(in der Abbildung z. B. $a = 2$, $a' = 6$, $b = 7$, $b' = 21$), so ist der Abstand der Punkte a und a' gleich $\log a' - \log a$, der Abstand der Punkte b und b' gleich $\log b' - \log b$, und da diese beiden Abstände gleich sind, ist

$$\log \frac{a'}{a} = \log \frac{b'}{b}$$

oder

$$\frac{a'}{a} = \frac{b'}{b}.$$

Man hat somit mit dem Rechenschieber die Möglichkeit, alle Proportionen aufzulösen, also insbesondere Multiplikationen ($a = 1$ gibt $b' = a' b$, bei der in Abb. 74 gezeichneten Lage der beiden Skalen lassen sich alle Produkte $3{\cdot}5\, a' = b'$ ablesen) und Divisionen ($a' = 1$ gibt $b' = \frac{b}{a}$; aber selbstverständlich gibt $a = 1$ anderseits $a' = \frac{b'}{b}$, d. h. in Abb. 74 lassen sich alle Quotienten $a' = \frac{b'}{3{\cdot}5}$ ablesen) auszuführen. Die Genauigkeit eines normalen Rechenschiebers von 25 cm Skalenlänge entspricht nahezu der einer vierstelligen Logarithmentafel und ist daher für technische Zwecke im allgemeinen mehr als ausreichend. Diese Rechenschieber tragen noch eine ganze Anzahl weiterer Skalen, die durch einen meist aus Glas bestehenden Läufer gekoppelt sind und an denen man Quadrate, Kuben, Quadrat- und Kubikwurzeln, Logarithmen sowie die Werte der Kreisfunktionen $\sin x$, $\cos x$ und $\tan x$ ablesen kann. Die Skala für $\log x$ zeigt natürlich eine äquidistante Teilung. Näheres ist aus den allen Rechenschiebern beigegebenen Gebrauchsanweisungen zu entnehmen[1].

Schließlich noch eine Bemerkung über die Anwendung von logarithmischen Skalen bei gewissen Diagrammen (graphischen Darstellungen)! In einem Koordinatensystem, dessen Achsen logarithmische Skalen tragen, bedeutet eine gerade Linie eine Beziehung der Gestalt

$$A \log x + B \log y + C = 0$$

oder, wenn $B \neq 0$ ist,

$$\log y = -\frac{A}{B} \log x - \frac{C}{B}.$$

Dann ist aber

$$y = 10^{-\frac{A}{B} \log x - \frac{C}{B}} = c\, x^k,$$

wo $c = 10^{-\frac{C}{B}}$, $k = -\frac{A}{B}$ ist. Die Bildkurve einer Potenz mit beliebigem Exponenten ist also in einem solchen Koordinatensystem eine Gerade, was wegen der in der Zeichnung erzielbaren höheren Genauigkeit einen großen praktischen Vorteil bedeutet.

In einem Koordinatensystem, bei dem die x-Achse eine gewöhnliche äquidistante, die y-Achse eine logarithmische Skala trägt, stellen gerade Linien Beziehungen der Gestalt

$$A\, x + B \log y + C = 0$$

[1] Manchmal finden sich darin auch weitschweifige Regeln zur Bestimmung des Stellenwertes von Produkten und Quotienten, die allerdings praktisch ziemlich wertlos sind. Man hilft sich am besten so, daß man die Zahlen stets in der Form $1{\cdot}62 \,.\, 10^2$ oder $0{\cdot}87 \,.\, 10^{-3}$ schreibt, also mit der größten geltenden (von Null verschiedenen) Ziffer als Einer oder Zehntel und den Stellenwert durch einen Faktor 10^S bestimmt, wie es sich die Physiker — allerdings vor allem wegen der in der Astronomie und Atomphysik auftretenden großen und kleinen Zahlen — angewöhnt haben. Das Produkt der beiden obigen Zahlen ist $1{\cdot}41 \,.\, 10^{-1} = 0{\cdot}141$, der Quotient $1{\cdot}86 \,.\, 10^5$.

dar oder, wenn $B \neq 0$ ist,

$$\log y = -\frac{A}{B}x - \frac{C}{B},$$

d. h.

$$y = 10^{-\frac{A}{B}x - \frac{C}{B}} = c\,a^x,$$

wo $c = 10^{-\frac{C}{B}}$, $a = 10^{-\frac{A}{B}}$ ist. In einem derartigen Koordinatensystem ist also jede Exponentialfunktion durch eine Gerade dargestellt.

Papiere in der Art des gewöhnlichen Millimeterpapiers, jedoch mit einfacher oder doppelter logarithmischer Teilung entsprechend den oben geschilderten Arten von Koordinatensystemen, sind im Handel erhältlich.

Aufgaben.

1. Zu differenzieren

a) $\ln \frac{\sqrt{1+x}+\sqrt{1-x}}{\sqrt{1+x}-\sqrt{1-x}}$; b) $x^{\frac{1}{x}}$; c) $x^{\sin x}$; d) $\ln\tan\frac{x}{2}$; e) $\ln\tan\left(\frac{x}{2}+\frac{\pi}{4}\right)$;

f) $e^x \sum_{\nu=0}^{n} (-1)^\nu \frac{n!}{(n-\nu)!}x^{n-\nu}$; g) $e^{-x} \sum_{\nu=0}^{n} \frac{n!}{(n-\nu)!}x^{n-\nu}$.

2. a) $\int \frac{1-\tan x}{1+\tan x}dx$; b) $\int x e^{-a^2x^2}dx$; c) $\int (a x^2 + 2 b x + c)^\alpha (a x + b)\,dx$;

d) $\int x^\alpha \ln x\,dx,\ \alpha \neq -1$; e) $\int \frac{\ln x}{x}dx$; f) $\int \frac{\ln(\ln x)}{x}dx$; g) $\int e^{\alpha x} f(x)\,dx$,

wobei $f(x)$ ein Polynom n-ten Grades ist. Man untersuche die Sonderfälle $\alpha = \pm 1$, $f(x) = x^n$ und vergleiche damit die Aufgaben 1 f und g.

3. Abschätzung der Differenzen von $\log\sin x$ in einer nach Minuten fortschreitenden Tafel (log bedeutet den dekadischen Logarithmus!).

4. Die Kurve $y = e^{\frac{1}{x}}$ zu diskutieren.

§ 17. Die Kreisfunktionen und die zyklometrischen Funktionen.

1. Gradmaß und Bogenmaß eines Winkels. Wir bezeichnen die rechtwinkeligen Koordinaten eines Punktes mit ξ, η und betrachten den Einheitskreis (Kreis vom Radius 1, Abb. 75)

$$\xi^2 + \eta^2 = 1.$$

Dieser Kreis wird *orientiert*, indem man einen bestimmten Durchlaufungssinn, und zwar den dem Drehungssinn des Uhrzeigers entgegengesetzten, als positiv auszeichnet[1]. Die vom Punkt $A = (1,0)$ aus bis zu einem beliebigen Punkt $P = (\xi, \eta)$ des Kreises gemessene Bogenlänge sei x; x ist dabei positiv oder negativ, je nachdem der Kreisbogen von A aus im positiven oder negativen Sinn durchlaufen wurde. Es würde genügen, x auf das Intervall $[0, 2\pi)$ zu beschränken, um alle Punkte des Kreises zu erhalten; wir wollen aber hier auf die Eindeutigkeit der Zuordnung von Kreispunkten und Zahlen x verzichten und für x alle reellen Werte zulassen. Zum Punkt P gehören dann unendlich viele Bogenlängen, die sich um ganzzahlige Vielfache von 2π unterscheiden. Ist x_0

[1] Daß man gerade den dem Uhrzeiger entgegengesetzten Drehungssinn als positiv bezeichnet, ist natürlich eine völlig willkürliche Festsetzung.

der kleinste nicht negative Wert, der als Bogenlänge für P in Betracht kommt — es ist dann sicher $0 \leqq x < 2\pi$ —, so sind alle P zugeordneten Bogenlängen durch

$$x = x_0 + 2k\pi$$

gegeben, wobei $k = 0, \pm 1, \pm 2, \pm 3, \ldots$, also eine beliebige ganze Zahl ist. Umgekehrt gehört natürlich zu jeder reellen Zahl x ein ganz bestimmter Punkt des Einheitskreises.

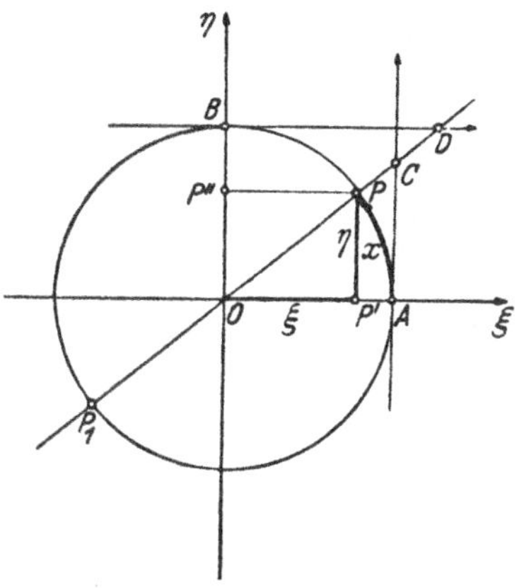

Abb. 75.

Die zu einem Winkel AOP gehörende Bogenlänge x am Einheitskreis dient in der Analysis als Maß dieses Winkels und wird als dessen *Bogenmaß* bezeichnet. Ist α das Gradmaß eines Winkels, so ist sein Bogenmaß

$$x = \frac{\pi}{180}\,\alpha,$$

da $\frac{2\pi}{360} = \frac{\pi}{180}$ wegen $r = 1$ das Bogenmaß eines Winkels von 1° ist. Für die Umrechnung von Bogenmaß auf Gradmaß folgt die Beziehung

$$\alpha = \frac{180}{\pi}\,x.$$

Ein Winkel vom Bogenmaß 1 hat also das Gradmaß $\frac{180^\circ}{\pi} \approx 57^\circ\,17'\,44{\cdot}8''$

2. Definition der Kreisfunktionen. Wir legen in A und $B = (0, 1)$ Tangenten an den Kreis und orientieren sie wie die η- und ξ-Achse, zu denen sie parallel verlaufen. Mit der Geraden durch O und P ergeben sich die Schnittpunkte C und D. Man definiert dann die *Kreis-* oder *Winkelfunktionen*[1]

$$\cos x = \overline{OP'} = \xi, \qquad \sin x = \overline{OP''} = \eta,$$

$$\tan x = \overline{AC} = \frac{\eta}{\xi}, \qquad \cot x = \overline{BD} = \frac{\xi}{\eta}.$$

Es gelten die Relationen

$$\cos^2 x + \sin^2 x = 1,$$

$$\tan x = \frac{\sin x}{\cos x} = \frac{1}{\cot x},$$

$$\tan x \cot x = 1,$$

$$1 + \tan^2 x = \frac{1}{\cos^2 x},$$

$$1 + \cot^2 x = \frac{1}{\sin^2 x}.$$

Die Funktionen $\cos x$ und $\sin x$ sind für alle reellen x definiert, eindeutig, stetig und besitzen stetige Ableitungen beliebiger Ordnung. Die Funktion $\cos x$ hat die Nullstellen $\frac{2k+1}{2}\pi$, sie erreicht für $x = 2k\pi$ das Maximum $+1$ und für $x = (2k+1)\pi$ das Minimum -1. Dabei ist $k = 0, \pm 1, \pm 2, \ldots$ eine beliebige ganze Zahl (auch im folgenden). Die Funktion $\sin x$ hat die Nullstellen $x = k\pi$, sie erreicht für $x = \frac{4k+1}{2}\pi$ das Maximum 1 und für $x = \frac{4k-1}{2}\pi$ das Minimum

[1] Mitunter werden auch die Funktionen

$$\sec x = \overline{OC} = \frac{1}{\cos x} \quad \text{und} \quad \csc x = \overline{OD} = \frac{1}{\sin x}$$

benützt.

— 1. Der Wertevorrat beider Funktionen ist $[-1, +1]$; $\cos x$ ist eine gerade, $\sin x$ eine ungerade Funktion; $\cos x$ steigt in den Intervallen $[(2k-1)\pi, 2k\pi]$ und fällt in $[2k\pi, (2k+1)\pi]$; $\sin x$ steigt in $\left[\frac{4k-1}{2}\pi, \frac{4k+1}{2}\pi\right]$ und fällt in $\left[\frac{4k+1}{2}\pi, \frac{4k+3}{2}\pi\right]$.

Man nennt eine für alle x definierte Funktion $f(x)$ *periodisch mit der Periode* ω oder kurz *mit* ω *periodisch*, wenn es eine Zahl $\omega \neq 0$ gibt, so daß

$$f(x+\omega) \equiv f(x) \tag{1}$$

für alle x gilt. Ersetzt man in (1) einmal x durch $x+\omega$, dann durch $x-\omega$, so folgt, daß auch

$$f(x+2\omega) \equiv f(x), \qquad f(x-\omega) \equiv f(x)$$

gilt, d. h. neben ω sind auch 2ω und $-\omega$ Perioden von $f(x)$. Man schließt, daß ganz allgemein

$$f(x+k\omega) \equiv f(x)$$

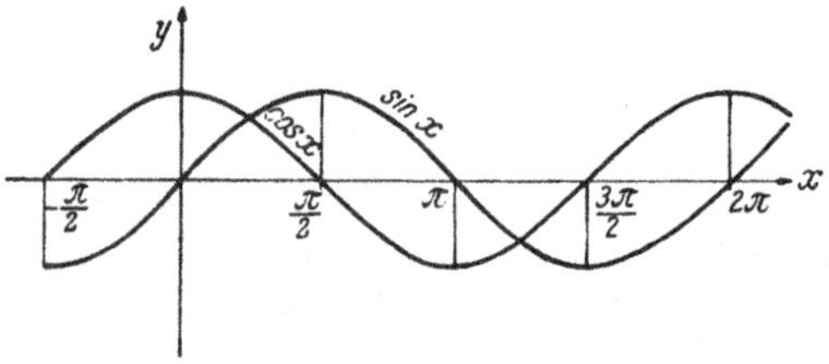

Abb. 76.

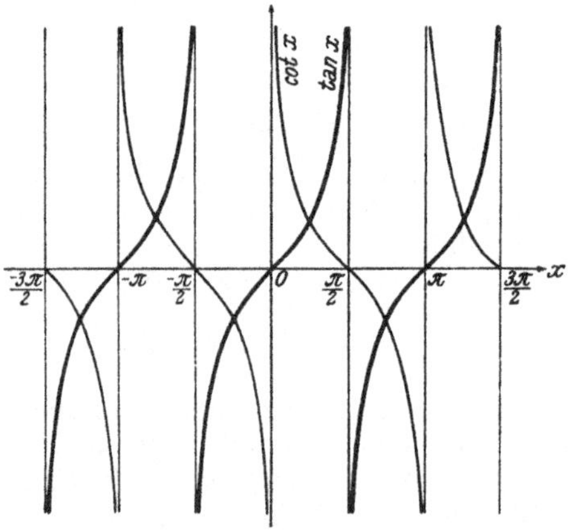

Abb. 77.

ist für jedes reelle x und für jede ganze Zahl $k = 0, \pm 1, \pm 2, \ldots$. Ich nehme für das folgende erstens an, daß $\omega > 0$ ist, was nach obigem keine Einschränkung der Allgemeinheit ist, und zweitens, daß $f(x)$ keine kleinere positive Periode besitzt als ω, was eine zusätzliche Voraussetzung darstellt. ω heißt dann *primitive Periode* von $f(x)$; $2\omega, 3\omega, \ldots$ sind ebenfalls Perioden, aber keine primitiven Perioden von $f(x)$.

Unmittelbar aus der Definition folgt, daß die Funktionen $\sin x$ *und* $\cos x$ *periodische Funktionen mit der primitiven Periode* 2π sind (Abb. 76).

$\tan x$ ist für alle reellen $x \neq \frac{2k+1}{2}\pi$ (Nullstellen des Nenners $\cos x$) eindeutig definiert, stetig und beliebig oft stetig differenzierbar. Die Stellen $x = \frac{2k+1}{2}\pi$ sind ∞-Stellen von $\tan x$. Die Nullstellen von $\tan x$ stimmen mit den Nullstellen $k\pi$ des Zählers $\sin x$ überein. Extrema sind nicht vorhanden, der Wertevorrat besteht aus allen reellen Zahlen. $\tan x$ ist ungerade, in allen Intervallen $\left(\frac{2k-1}{2}\pi, \frac{2k+1}{2}\pi\right)$ steigend und mit π periodisch[1] (Abb. 77).

$\cot x$ ist für alle reellen $x \neq k\pi$ (Nullstellen des Nenners $\sin x$) eindeutig definiert, stetig und beliebig oft stetig differenzierbar. Die Stellen $x = k\pi$

[1] Man beachte, daß (Abb. 75) C der Schnittpunkt der Geraden durch die Punkte O und P mit der Geraden $\xi = 1$ ist; vergrößern wir $x = \widehat{AP}$ um $\pi = \widehat{PP_1}$, so ist $\tan(x+\pi) = \tan x = \overline{AC}$.

sind ∞-Stellen von $\cot x$. Die Nullstellen von $\cot x$ stimmen mit den Nullstellen $x = \frac{2k+1}{2}\pi$ des Zählers $\cos x$ überein. Extrema sind nicht vorhanden, der Wertevorrat besteht aus allen reellen Zahlen. $\cot x$ ist ungerade, in allen Intervallen $(k\pi, (k+1)\pi)$ fallend und mit π periodisch (Abb. 77).

Unmittelbar aus der geometrischen Deutung folgen die Relationen

$$\left.\begin{aligned} \cos x &= \sin\left(\frac{\pi}{2} - x\right) = \sin\left(x + \frac{\pi}{2}\right), \\ \sin x &= \cos\left(\frac{\pi}{2} - x\right) = \cos\left(x - \frac{\pi}{2}\right), \\ \cot x &= \tan\left(\frac{\pi}{2} - x\right), \\ \tan x &= \cot\left(\frac{\pi}{2} - x\right). \end{aligned}\right\} \tag{2}$$

$\cos x$ und $\sin x$ nehmen für $x = 0, \frac{\pi}{6}, \frac{\pi}{4}, \frac{\pi}{3}, \frac{\pi}{2}$ usw. besonders einfache algebraische Werte an, die wir in Form einer Tabelle zusammenstellen. Ich schreibe die Funktionswerte dabei in einer zunächst etwas sonderbar scheinenden, aber für das Gedächtnis günstigen Weise an:

x	0	$\frac{\pi}{6}$	$\frac{\pi}{4}$	$\frac{\pi}{3}$	$\frac{\pi}{2}$
$\cos x$	$\frac{1}{2}\sqrt{4}$	$\frac{1}{2}\sqrt{3}$	$\frac{1}{2}\sqrt{2}$	$\frac{1}{2}\sqrt{1}$	$\frac{1}{2}\sqrt{0}$
$\sin x$	$\frac{1}{2}\sqrt{0}$	$\frac{1}{2}\sqrt{1}$	$\frac{1}{2}\sqrt{2}$	$\frac{1}{2}\sqrt{3}$	$\frac{1}{2}\sqrt{4}$

3. **Die Additionstheoreme.** Man versteht darunter Formeln, die die Funktionen der Summe bzw. Differenz zweier Winkel durch die Funktionen der einzelnen Winkel ausdrücken. Ich erwähne die Additionstheoreme für Cosinus und Sinus

$$\boxed{\begin{aligned} \cos(x \pm y) &= \cos x \cos y \mp \sin x \sin y, \\ \sin(x \pm y) &= \sin x \cos y \pm \cos x \sin y, \end{aligned}} \tag{3}$$

deren Beweise aus der geometrischen Deutung zu entnehmen sind. Für $y = x$ folgt daraus

$$\boxed{\begin{aligned} \cos 2x &= \cos^2 x - \sin^2 x, \\ \sin 2x &= 2 \sin x \cos x; \end{aligned}} \tag{4}$$

die erste Formel (4) liefert Ausdrücke für die Quadrate $\sin^2 x$ und $\cos^2 x$, nämlich

$$\boxed{\begin{aligned} \cos^2 x &= \frac{1}{2}(1 + \cos 2x), \\ \sin^2 x &= \frac{1}{2}(1 - \cos 2x). \end{aligned}} \tag{5}$$

Mittels der Additionstheoreme sofort zu bestätigen sind die Formeln:

$$\boxed{\begin{aligned} 2\cos x\cos y &= \cos(x-y)+\cos(x+y),\\ 2\sin x\cos y &= \sin(x-y)+\sin(x+y),\\ 2\sin x\sin y &= \cos(x-y)-\cos(x+y). \end{aligned}} \tag{6}$$

Die Formeln (5) und (6) für die Quadrate und Produkte der Kreisfunktionen leisten bei der Berechnung gewisser Integrale gute Dienste.

Aus demselben Grund wichtig sind einige Formeln, die die Kreisfunktionen als rationale Funktionen von $\tan\frac{x}{2}$ darstellen. Aus den Formeln für $\sin 2x$ und $\cos 2x$ erhalten wir, wenn wir x durch $\frac{x}{2}$ ersetzen, durch einfache Umformungen

$$\sin x = 2\sin\frac{x}{2}\cos\frac{x}{2} = \frac{2\sin\frac{x}{2}\cos\frac{x}{2}}{\cos^2\frac{x}{2}+\sin^2\frac{x}{2}} = \frac{2\tan\frac{x}{2}}{1+\tan^2\frac{x}{2}},$$

$$\cos x = \cos^2\frac{x}{2}-\sin^2\frac{x}{2} = \frac{\cos^2\frac{x}{2}-\sin^2\frac{x}{2}}{\cos^2\frac{x}{2}+\sin^2\frac{x}{2}} = \frac{1-\tan^2\frac{x}{2}}{1+\tan^2\frac{x}{2}};$$

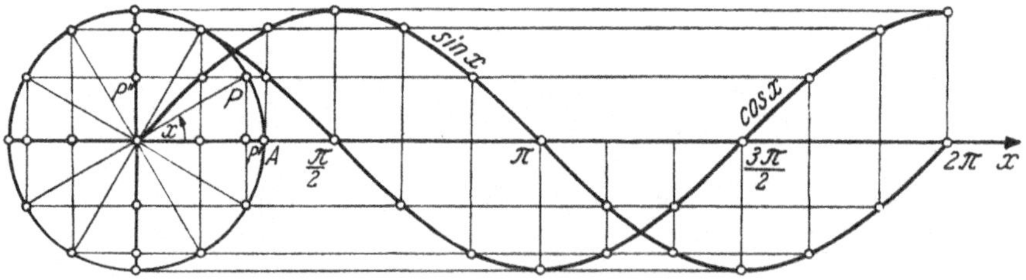

Abb. 78.

setzen wir noch $\tan\frac{x}{2} = t$, so folgt

$$\boxed{\sin x = \frac{2t}{1+t^2},\quad \cos x = \frac{1-t^2}{1+t^2},\quad \tan x = \frac{2t}{1-t^2},\quad \cot x = \frac{1-t^2}{2t}.} \tag{7}$$

4. Die harmonische Schwingung. Ich beziehe mich wieder auf die geometrische Deutung der Funktionen $\cos x$ und $\sin x$ am Einheitskreis (Abb. 75): Es sind

$$\xi = \cos x, \qquad \eta = \sin x$$

die Koordinaten des Punktes P des Kreises

$$\xi^2 + \eta^2 = 1,$$

und wenn x das Intervall $[0, 2\pi]$ durchläuft, so beschreibt P gerade einmal, von A ausgehend und wieder nach A zurückkehrend, im positiven Durchlaufungssinn den ganzen Kreis. Deuten wir x als Zeit, so führen die Projektionen P' und P'' von P, wenn P den Kreis durchläuft, *Schwingungen mit der Amplitude 1* um den Punkt O aus, die in der Art einer Pendelschwingung verlaufen. Die Schwingung von P' beginnt zur Zeit $x = 0$ in A, die von P'' in O. Aus dieser kinematischen Deutung folgt eine einfache punktweise Konstruktion der Kurven $\sin x$ und $\cos x = \sin\left(x + \frac{\pi}{2}\right)$, die ich in Abb. 78 ohne weiteren Kommentar wiedergebe.

Allgemein versteht man unter einer *harmonischen Schwingung* einen Bewegungsvorgang, der durch eine Gleichung der Gestalt

$$\boxed{x = A \sin(\omega t + \alpha)}$$

beschrieben wird. Der Abstand x des schwingenden Punktes P von der Ruhelage $x = 0$ heißt die *Elongation* und die maximale Elongation A die *Amplitude*; der Faktor ω bedeutet den in der Zeiteinheit am Einheitskreis zurückgelegten Weg und wird als *Kreisfrequenz* bezeichnet. Die *Schwingungsdauer*, also die für eine volle Schwingung erforderliche Zeit, ist $T = \frac{2\pi}{\omega}$, so daß die *Frequenz* oder Schwingungszahl ν, d. h. die Zahl der vollen Schwingungen in der Zeiteinheit, durch

$$\boxed{\nu = \frac{1}{T} = \frac{\omega}{2\pi}}$$

bestimmt ist; ω ist also zugleich die Zahl der vollen Schwingungen in der Zeit 2π. Die Differenz zwischen dem Argumentwert $\omega t + \alpha$ und dem nächst kleineren ganzzahligen Vielfachen von 2π heißt die *Phase*; bei einem Zuwachs des Arguments um 2π wird jeweils wieder die gleiche Phase und auch die gleiche Elongation erreicht. Die Zahl α heißt *Phasenkonstante*; sie hängt von der Wahl des Anfangspunktes der Zeitmessung ab. Für $\alpha = 0$ ergibt sich insbesondere $x = A \sin \omega t$, für $\alpha = \frac{\pi}{2}$ dagegen $x = A \cos \omega t$.

Sind zwei Schwingungen

$$x_1 = A_1 \sin(\omega t + \alpha_1), \qquad x_2 = A_2 \sin(\omega t + \alpha_2)$$

gleicher Frequenz gegeben, so nennt man die für die gegenseitige Lage der schwingenden Punkte charakteristische Größe

$$\delta = \alpha_1 - \alpha_2 + 2k\pi,$$

wo die ganze Zahl k so gewählt ist, daß

$$0 \leqq \delta < 2\pi$$

ist, die *Phasendifferenz* der beiden Schwingungen.

Bei dieser Gelegenheit sei noch darauf hingewiesen, daß die beiden Gleichungen

$$x = \cos t, \qquad y = \sin t$$

der Kreisgleichung

$$x^2 + y^2 = 1$$

äquivalent sind. Man nennt sie zusammen eine *Parameterdarstellung* des Einheitskreises (oder der Funktion $y = \pm\sqrt{1 - x^2}$), wobei die unabhängige Variable t als *Parameter* bezeichnet wird.

Allgemeiner ist

$$x = a + r \cos t, \qquad y = b + r \sin t$$

eine Parameterdarstellung des Kreises mit dem Radius r und dem Mittelpunkt (a, b); über Parameterdarstellungen von Kurven im allgemeinen vgl. § 19.

5. **Differentiation und Integration der Kreisfunktionen.** Für die Ableitungen der Kreisfunktionen gelten die Formeln (§ 11, 2, und § 12, 3)

$$\boxed{(\sin x)' = \cos x, \quad (\cos x)' = -\sin x, \quad (\tan x)' = \frac{1}{\cos^2 x}, \quad (\cot x)' = -\frac{1}{\sin^2 x}.} \tag{8}$$

Daraus ergeben sich die Integrale

$$\boxed{\begin{aligned} &\int \cos x\, dx = \sin x + C, && \int \sin x\, dx = -\cos x + C, \\ &\int \frac{dx}{\cos^2 x} = \tan x + C, && \int \frac{dx}{\sin^2 x} = -\cot x + C. \end{aligned}} \tag{9}$$

Ferner ist

$$\int \tan x\, dx = -\ln|\cos x| + C, \qquad \int \cot x\, dx = \ln|\sin x| + C.$$

Als Beispiel für die Anwendung der partiellen Integration hatten wir in § 14, 4 die Rekursionsformeln

$$\int \cos^n x\, dx = \frac{\cos^{n-1} x \sin x}{n} + \frac{n-1}{n} \int \cos^{n-2} x\, dx \tag{10}$$

und

$$\int \sin^n x\, dx = -\frac{\cos x \sin^{n-1} x}{n} + \frac{n-1}{n} \int \sin^{n-2} x\, dx \tag{11}$$

mit den Schlußintegralen

$$\int \cos^0 x\, dx = \int \sin^0 x\, dx = \int dx = x + C \tag{12}$$

bei geradem und

$$\int \cos x\, dx = \sin x + C, \quad \int \sin x\, dx = -\cos x + C \tag{13}$$

bei ungeradem n. Diese Rekursionsformeln gelten auch für negatives ganzes n; setzen wir nämlich $n = -m + 2$, so ergeben sich daraus nach einfacher Umformung die Formeln

$$\int \frac{dx}{\cos^m x} = \frac{1}{m-1} \frac{\sin x}{\cos^{m-1} x} + \frac{m-2}{m-1} \int \frac{dx}{\cos^{m-2} x}, \tag{14}$$

$$\int \frac{dx}{\sin^m x} = -\frac{1}{m-1} \frac{\cos x}{\sin^{m-1} x} + \frac{m-2}{m-1} \int \frac{dx}{\sin^{m-2} x} \tag{15}$$

mit den Schlußintegralen

$$\int dx = x + C \tag{16}$$

bei geradem und (vgl. § 16)

$$\int \frac{dx}{\cos x} = \ln\left|\tan\left(\frac{x}{2} + \frac{\pi}{4}\right)\right| + C, \qquad \int \frac{dx}{\sin x} = \ln\left|\tan \frac{x}{2}\right| + C \tag{17}$$

bei ungeradem m. In ganz ähnlicher Weise kann man für das Integral $\int \cos^n x \sin^m x\, dx$ mit Hilfe partieller Integration verschiedene Rekursionsformeln aufstellen; ich stelle diese Formeln im folgenden ohne Beweis — den Sie zur Übung selbst versuchen sollten — zusammen:

$$\left.\begin{aligned}
&\int \cos^n x \sin^m x\, dx = \\
&= \frac{\cos^{n-1}x \sin^{m+1}x}{m+1} + \frac{n-1}{m+1}\int \cos^{n-2}x \sin^{m+2}x\, dx, \quad m \neq -1 \\
&= -\frac{\cos^{n+1}x \sin^{m-1}x}{n+1} + \frac{m-1}{n+1}\int \cos^{n+2}x \sin^{m-2}x\, dx, \quad n \neq -1 \\
&= \frac{\cos^{n-1}x \sin^{m+1}x}{m+n} + \frac{n-1}{m+n}\int \cos^{n-2}x \sin^{m}x\, dx, \quad m+n \neq 0 \\
&= -\frac{\cos^{n+1}x \sin^{m-1}x}{m+n} + \frac{m-1}{m+n}\int \cos^{n}x \sin^{m-2}x\, dx, \quad m+n \neq 0 \\
&= \frac{\cos^{n+1}x \sin^{m+1}x}{m+1} + \frac{m+n+2}{m+1}\int \cos^{n}x \sin^{m+2}x\, dx, \quad m \neq -1 \\
&= -\frac{\cos^{n+1}x \sin^{m+1}x}{n+1} + \frac{m+n+2}{n+1}\int \cos^{n+2}x \sin^{m}x\, dx, \quad n \neq -1.
\end{aligned}\right\} \quad (18)$$

m und n sind dabei beliebige *ganze*, nur den angegebenen Einschränkungen unterworfene Zahlen. Welche der Formeln man in einem konkreten Fall anwenden wird, hängt vom Vorzeichen von n und m ab; sind z. B. beide positiv, so wird man die dritte oder vierte verwenden, ist $n > 0$, $m < 0$, so kommt die erste oder fünfte in Betracht, da diese dann eine Erhöhung des negativen Exponenten bewirken, die erste zugleich eine Erniedrigung des positiven Exponenten usw. Ist eine der beiden Zahlen m oder n ungerade, so wird man einfacher folgendermaßen rechnen, z. B.

$$\int \cos^n x \sin^{2m+1} x\, dx = -\int \cos^n x\,(1-\cos^2 x)^m\, d\cos x = -\int u^n (1-u^2)^m\, du;$$

dieses Verfahren ist auch im Fall $n = 0$ zweckmäßiger als die Anwendung der Rekursionsformel für $\int \sin^{2m+1} x\, dx$. Auch der Übergang zum doppelten, vierfachen usw. Argument mit Hilfe der Formeln von Ziffer 3 führt in der Regel rascher zum Ziel als die Rekursionsformeln, die man also nur als ultima ratio, als letztes Auskunftsmittel heranziehen wird.

Beispiele:

1. $\displaystyle\int \cos^2 x \sin^2 x\, dx = \frac{1}{4}\int \sin^2 2x\, dx = \frac{1}{8}\int (1-\cos 4x)\, dx$
$\displaystyle\qquad = \frac{x}{8} - \frac{1}{32}\sin 4x + C.$

2. $\displaystyle\int \cos^5 x \sin^4 x\, dx = \int (1-\sin^2 x)^2 \sin^4 x\, d\sin x = \int (1-u^2)^2 u^4\, du$
$\displaystyle\qquad = \int (u^4 - 2u^6 + u^8)\, du = \frac{u^5}{5} - \frac{2u^7}{7} + \frac{u^9}{9} + C$
$\displaystyle\qquad = \frac{1}{5}\sin^5 x - \frac{2}{7}\sin^7 x + \frac{1}{9}\sin^9 x + C.$

3. $\displaystyle\int \frac{\sin^3 x}{\cos^4 x}\, dx = -\int \frac{1-\cos^2 x}{\cos^4 x}\, d\cos x = \int \frac{u^2-1}{u^4}\, du = \int\left(\frac{1}{u^2} - \frac{1}{u^4}\right) du$
$\displaystyle\qquad = -\frac{1}{u} + \frac{1}{3u^3} + C = -\frac{1}{\cos x} + \frac{1}{3\cos^3 x} + C.$

4. $\displaystyle\int \frac{dx}{\cos^{2m} x \sin^{2n} x} = \int \frac{(\cos^2 x + \sin^2 x)^{m+n-1}}{\cos^{2m} x \sin^{2n} x}\, dx =$
$$= \sum_{k=0}^{m+n-1} \binom{m+n-1}{k} \int \tan^{2(k-n)} x\, \frac{dx}{\cos^2 x} = \sum_{k=0}^{m+n-1} \binom{m+n-1}{k} \frac{\tan^{2(k-n)+1} x}{2(k-n)+1}.$$

Man wird dabei mitunter allerdings auf Integrale rationaler Funktionen kommen, die erst in § 33 behandelt werden, z. B.

5. $\int \frac{\sin^2 x}{\cos^3 x}\, dx = \int \frac{\sin^2 x}{(1 - \sin^2 x)^2}\, d\sin x = \int \frac{u^2\, du}{(1 - u^2)^2}.$

Mit Hilfe der Formeln (6) von Ziffer 3 finden wir schließlich

$$\int_0^\pi \cos m x \cos n x \, dx = \int_0^\pi \sin m x \sin n x \, dx = \frac{\pi}{2}\,\delta_{mn}, \qquad (19)$$

wobei $\delta_{mn} = 0$ oder $\delta_{mn} = 1$ ist, je nachdem $m \neq n$ oder $m = n \neq 0$ ist, und

$$\int_{-\pi}^{\pi} \cos m x \sin n x \, dx = 0 \qquad (20)$$

(Integral einer ungeraden Funktion über ein symmetrisches Intervall, § 14, 6).

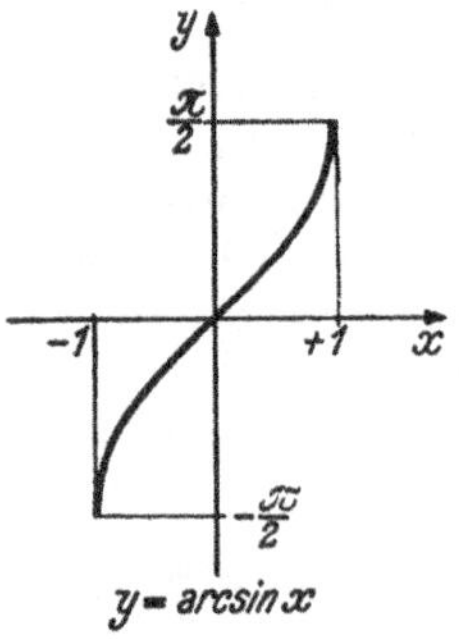

Abb. 79.

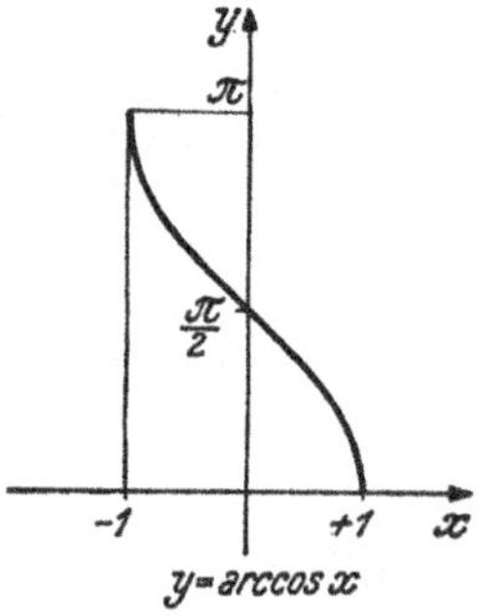

Abb. 80.

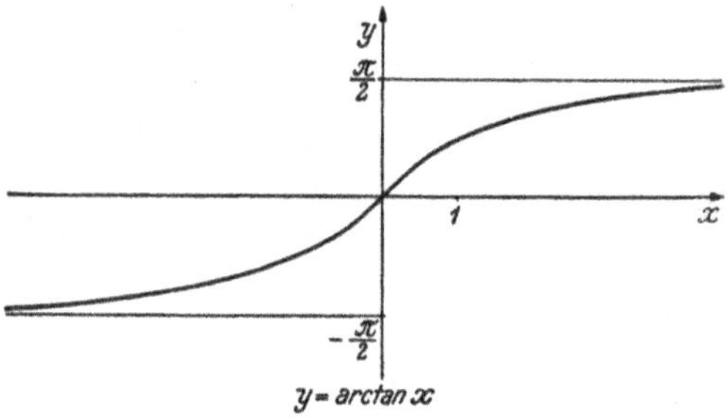

Abb. 81.

6. Definition der zyklometrischen Funktionen. Aus der Periodizität der Kreisfunktionen folgt, daß ihre Umkehrfunktionen, die *zyklometrische Funktionen* genannt und

$$\operatorname{Arcsin} x, \quad \operatorname{Arccos} x, \quad \operatorname{Arctan} x, \quad \operatorname{Arccot} x$$

geschrieben werden, unendlich vieldeutig sind. Man liest z. B. „Arcus sinus x", d. i. also der Winkel (Bogen am Einheitskreis), dessen Sinus gleich x ist. Unter den *Hauptwerten* der zyklometrischen Funktionen versteht man *eindeutige* Funktionen, deren Wertevorrat auf Intervalle beschränkt ist, in welchen die entsprechenden Kreisfunktionen streng monoton sind.

So ist $x = \sin y$ monoton in $-\frac{\pi}{2} \leqq y \leqq \frac{\pi}{2}$. Den auf dieses Intervall als Wertevorrat beschränkten Hauptwert von Arcsin x schreibt man

$$y = \arcsin x;$$

es ist dann

$$\operatorname{Arcsin} x = \begin{cases} \arcsin x + 2k\pi \\ -\arcsin x + (2k+1)\pi, \end{cases} \qquad (k = 0, \pm 1, \pm 2, \ldots). \qquad (21)$$

Der Definitionsbereich ist das Intervall $[-1, +1]$ (Abb. 79). Jede einzelne der (unendlich vielen) eindeutigen Funktionen, die sich für die verschiedenen Werte von k aus diesen beiden Darstellungen ergeben, nennt man einen *Zweig* der Gesamtfunktion; zu ihnen gehört natürlich auch der Hauptwert.

$x = \cos y$ ist monoton in $0 \leqq y \leqq \pi$; auf dieses Intervall ist der Hauptwert

$$y = \arccos x$$

beschränkt. Es ist dann

$$\text{Arccos}\, x = \pm \arccos x + 2\,k\pi; \tag{22}$$

der Definitionsbereich ist wieder das Intervall $[-1, +1]$ (Abb. 80).

$x = \tan y$ ist monoton in $-\frac{\pi}{2} < y < \frac{\pi}{2}$ und daher der Hauptwert

$$y = \arctan x$$

auf dieses Intervall beschränkt. Es ist dann

$$\text{Arctan}\, x = \arctan x + k\pi. \tag{23}$$

Der Definitionsbereich besteht aus allen reellen x (Abb. 81). Ferner gilt

$$\lim_{x\to+\infty} \arctan x = \frac{\pi}{2} \quad \text{und} \quad \lim_{x\to-\infty} \arctan x = -\frac{\pi}{2}. \tag{24}$$

Entsprechendes gilt für den Hauptwert $\text{arccot}\, x$, doch ist diese Funktion von geringerer Bedeutung.

7. Differentiation der zyklometrischen Funktionen. Nach der Regel für die Ableitung der inversen Funktion (§ 12, 5) ist

$$(\arcsin x)' = \frac{1}{\frac{d \sin y}{dy}} = \frac{1}{\cos y} = \frac{1}{\sqrt{1-\sin^2 y}} = \frac{1}{\sqrt{1-x^2}} > 0, \; |x| < 1,$$

und zwar ist die Wurzel positiv zu nehmen, da $\cos y \geqq 0$ in $\left[-\frac{\pi}{2}, +\frac{\pi}{2}\right]$ ist. Für $x \to \pm 1$ wird $y' \to \infty$, die Tangente verläuft parallel zur y-Achse. Insgesamt erhalten wir die Formeln

$$\boxed{\begin{aligned} &(\arcsin x)' = \frac{1}{\sqrt{1-x^2}}, \quad (\arccos x)' = -\frac{1}{\sqrt{1-x^2}}, \quad |x| < 1; \\ &(\arctan x)' = \frac{1}{1+x^2}, \quad (\text{arccot}\, x)' = -\frac{1}{1+x^2} \end{aligned}} \tag{25}$$

und daraus die Integralformeln

$$\boxed{\begin{aligned} &\int \frac{dx}{\sqrt{1-x^2}} = \arcsin x + C = -\arccos x + C', \quad |x| < 1; \\ &\int \frac{dx}{1+x^2} = \arctan x + C. \end{aligned}} \tag{26}$$

Man muß diese Integrale nicht unter die Grundformeln der Integralrechnung aufnehmen, da sie durch die Substitution $x = \sin t$ bzw. $x = \tan t$ in einfachster Weise zu ermitteln sind.

8. Polarkoordinaten in der Ebene. Wir wählen in der Ebene eine orientierte Gerade g, auf g einen Punkt O und einen Einheitspunkt E. Einen Punkt P der Ebene legen wir dann fest, indem wir ihm den Winkel φ, durch den wir g um O in eine neue, P enthaltende Lage g' drehen müssen und den auf g' von O aus gemessenen Abstand $\overline{OP}$ zuordnen (Abb. 82). Diese Zuordnung nennt man ein *ebenes Polarkoordinatensystem* und (r, φ) die *Polarkoordinaten* von P. Wir werden φ positiv oder negativ nehmen, je nachdem die Drehung von g in positivem oder negativem Sinn erfolgt, und r positiv oder negativ, je nachdem P auf der positiven oder negativen Seite der durch die Drehung von g entstandenen Geraden g' liegt. Die Zuordnung zwischen den Punkten P der Ebene und den Zahlenpaaren (r, φ) ist aber offenbar keine umkehrbar eindeutige, denn neben r und φ sind z. B. auch $-r$ und $\varphi + \pi$ oder $-r$ und $\varphi - \pi$ (Abb. 83) Polarkoordinaten desselben Punktes P. Ferner kann man φ um beliebige Vielfache von 2π vermehren oder vermindern. Es entspricht also zwar jedem geordneten Zahlenpaar (r, φ) eindeutig ein bestimmter Punkt P der Ebene, aber zu jedem Punkt P gehören umgekehrt sogar unendlich viele Zahlenpaare (r, φ) als Polarkoordinaten von P. Sind r und φ zwei irgendwie ermittelte Polarkoordinaten eines Punktes P, so sind also auch alle Zahlen $(r, \varphi \pm 2k\pi)$ und $(-r, \varphi \pm (2k+1)\pi)$ Polar-

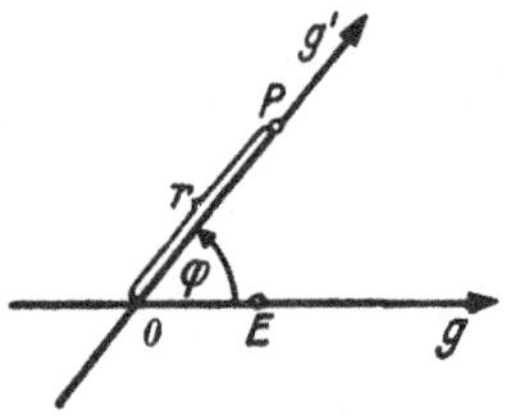

Abb. 82.

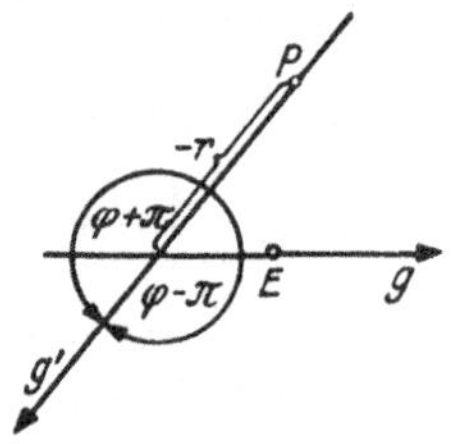

Abb. 83.

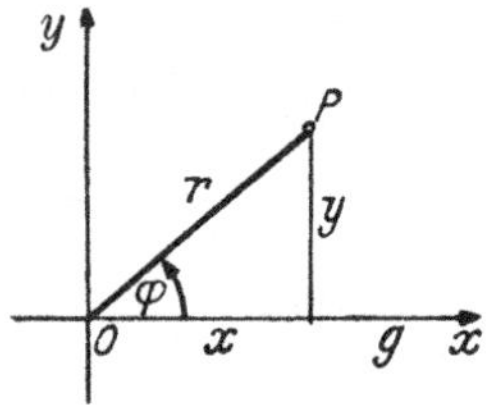

Abb. 84.

koordinaten desselben Punktes P. Fällt P mit O zusammen, so ist $r = 0$ und φ überhaupt unbestimmt. Man kann aber die Zuordnung umkehrbar eindeutig machen (mit Ausnahme des Punktes $r = 0$), wenn man r und φ auf geeignet gewählte Bereiche beschränkt; zum Beispiel $r \geqq 0$ und $0 \leqq \varphi < 2\pi$ oder r beliebig (auch negativ), $-\frac{\pi}{2} < \varphi \leqq \frac{\pi}{2}$.

Nehmen wir g als x-Achse und eine zu g senkrechte orientierte Gerade durch O als y-Achse eines (positiven) rechtwinkeligen Koordinatensystems, so ist der Zusammenhang zwischen den rechtwinkeligen Koordinaten (x, y) und den Polarkoordinaten (r, φ) eines Punktes nach Abb. 84 durch

$$\boxed{\begin{aligned} x &= r\cos\varphi, \\ y &= r\sin\varphi \end{aligned}} \tag{27}$$

gegeben; durch Auflösung dieser Gleichungen nach r und φ ergibt sich

$$\boxed{\begin{aligned} r &= \pm\sqrt{x^2 + y^2}. \\ \varphi &= \operatorname{Arctan}\frac{y}{x}, \end{aligned}} \tag{28}$$

Auch hier entspricht jedem Zahlenpaar (r, φ) eindeutig ein Zahlenpaar (x, y), aber umgekehrt einem Zahlenpaar (x, y) unendlich viele Paare (r, φ), und zwar wieder die oben angegebenen, in Übereinstimmung damit, daß die Zuordnung zwischen Cartesischen Koordinaten und Punkten der Ebene eine umkehrbar eindeutige ist. Man bekommt eine umkehrbar eindeutige Zuordnung von Polarkoordinaten und Punkten, wenn man an Stelle von (28)

$$\boxed{\begin{aligned} r &= \sqrt{x^2 + y^2}, \\ \varphi &= \arctan\frac{y}{x} + \left[\frac{n}{2}\right]\pi \end{aligned}} \tag{29}$$

setzt, wo n die Nummer des Quadranten ist, in dem der Punkt (x, y) liegt[1]. Die Kurven $\varphi = \alpha$ (α konstant) sind Gerade durch O, die Kurven $r = a$ konzentrische Kreise mit dem Mittelpunkt O.

9. **Polarkoordinaten im Raum.** Wir wählen eine Ebene ε, in ε einen Punkt O und eine durch O gehende orientierte Gerade g_1, ferner eine auf ε senkrechte orientierte Gerade g_2 durch O (Abb. 85). In ε sei der Drehungssinn als positiv ausgezeichnet, der zusammen mit einem Fortschreiten in der positiven Richtung von g_2 eine Rechtsschraubung ergibt. Einen Punkt P des Raumes können wir dann durch folgende drei Zahlen festlegen:

Erstens durch den Abstand $r = \overline{OP}$,

Zweitens durch den Winkel ϑ, durch den g_2 in der Ebene durch P und g_2 um O zu drehen ist, damit die positive Hälfte von g_2 in der neuen Lage g_2' den Punkt P enthält,

Drittens durch den Winkel φ, durch den wir g_1 in ε um O in eine neue Lage g_1' zu drehen haben, damit g_1' in der Ebene durch g_2 und P liegt, und der entsprechend dem Drehungssinn in ε positiv oder negativ zu zählen ist.

Der Winkel φ ist unbestimmt, wenn P auf g_2 liegt; dann ist $\vartheta = 0$ oder $\vartheta = \pi$, je nachdem P auf der positiven oder negativen Seite von g_2 liegt. Die Winkel φ und ϑ sind unbestimmt, wenn P mit O zusammenfällt, dann ist $r = 0$. Die Zuordnung wird (mit den eben angegebenen Ausnahmen) umkehrbar eindeutig, wenn wir $0 \leqq \varphi < 2\pi$, $0 \leqq \vartheta \leqq \pi$, $r \geqq 0$ wählen.

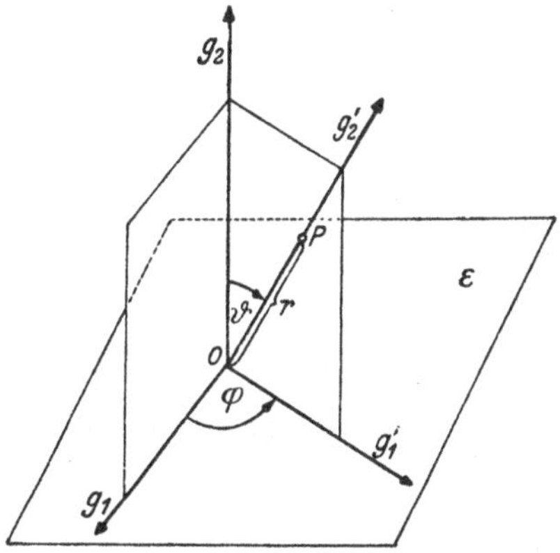

Abb. 85.

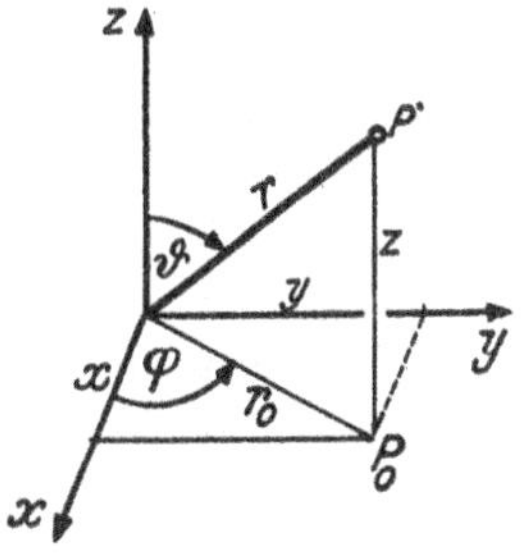

Abb. 86.

Die Gleichung $\varphi = \alpha$ (α konstant) bedeutet eine Ebene durch g_2, die mit g_1 den Winkel α einschließt, die Gleichung $\vartheta = \beta$ (bei konstantem β) einen Kegel mit g_2 als Achse und dem Öffnungswinkel 2β, und schließlich die Gleichung $r = a$ eine Kugel mit dem Mittelpunkt O und dem Radius a.

Die zur Ortsbestimmung auf der Erdoberfläche verwendeten Angaben von geographischer Länge und Breite entsprechen den im Gradmaß gemessenen Winkeln φ und $\frac{\pi}{2} - \vartheta$. Machen wir g_1 und g_2 zur x- und z-Achse eines rechtwinkeligen Koordinatensystems und wählen wir die y-Achse in ε senkrecht zu g_1, so daß ein positiv orientiertes System entsteht, so erhalten wir zunächst,

[1] Über $\left[\frac{n}{2}\right]$ vgl. § 6, 4, Beispiel 15. Bei einer eventuellen Differentiation nach x oder y ist $\left[\frac{n}{2}\right]$ als Konstante anzusehen!

wenn wir die senkrechte Projektion von P auf die xy-Ebene mit P_0 bezeichnen und r_0, φ die Polarkoordinaten von P_0 in dieser Ebene sind (Abb. 86),

$$x = r_0 \cos\varphi, \quad y = r_0 \sin\varphi$$

und

$$r_0 = r \sin\vartheta,$$

also

$$\boxed{\begin{aligned} x &= r \sin\vartheta \cos\varphi, \\ y &= r \sin\vartheta \sin\varphi, \\ z &= r \cos\vartheta; \end{aligned}} \qquad (30)$$

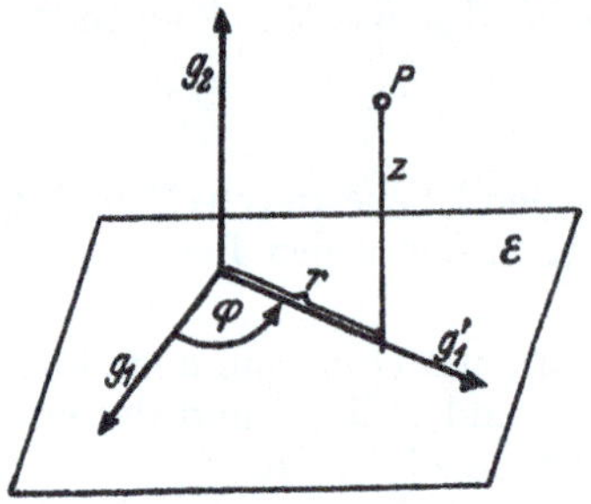

Abb. 87.

die eindeutige Auflösung nach r, ϑ, φ ist

$$\boxed{\begin{aligned} r &= \sqrt{x^2 + y^2 + z^2}, \\ \vartheta &= \arccos \frac{z}{\sqrt{x^2 + y^2 + z^2}}, \\ \varphi &= \arctan \frac{y}{x} + \left[\frac{n}{2}\right]\pi. \end{aligned}} \qquad (31)$$

10. **Zylinderkoordinaten.** Diese sind ein Mittelding zwischen rechtwinkeligen und Polarkoordinaten im Raum, indem in der Ebene ε Polarkoordinaten r, φ eingeführt werden, aber die Kote z beibehalten wird. Ein Punkt P ist also festgelegt durch seinen Abstand r von der Geraden g_2, durch den wie bei den räumlichen Polarkoordinaten bestimmten Winkel φ und durch seinen Abstand z von der Ebene ε (Abb. 87). Die Gleichungen $r = a$, $\varphi = \alpha$, $z = b$ bedeuten der Reihe nach: Drehzylinder (woher der Name Zylinderkoordinaten kommt) mit g_2 als Achse und dem Radius a, Ebenen durch g_2 senkrecht auf ε (wie bei den räumlichen Polarkoordinaten), und schließlich Ebenen parallel zu ε mit dem Abstand b von ε.

Für den Zusammenhang mit rechtwinkeligen Koordinaten x, y, z ergeben sich, wenn man die rechtwinkeligen Koordinaten ebenso bestimmt wie in Ziffer 9 bei den räumlichen Polarkoordinaten, die Formeln

$$\boxed{\begin{aligned} x &= r \cos\varphi, \\ y &= r \sin\varphi, \\ z &= z \end{aligned}} \qquad (32)$$

oder, nach r, φ, z aufgelöst

$$\boxed{\begin{aligned} r &= \sqrt{x^2 + y^2}, \\ \varphi &= \arctan \frac{y}{x} + \left[\frac{n}{2}\right]\pi, \\ z &= z, \end{aligned}} \qquad (33)$$

11. **Transformation rechtwinkeliger Koordinaten in der Ebene.** Rein geometrische Größen, wie z. B. Längen, Winkel, Flächeninhalte, die wir an irgend welchen geometrischen Figuren messen, und physikalische Größen, wie Zeit, Temperatur, Geschwindigkeit eines bewegten Punktes usw., müssen ihrer Natur

nach von einem etwa eingeführten Koordinatensystem unabhängig sein. Die Formeln der analytischen Geometrie müssen also, wenn die Figur gegeben ist, für diese Größen denselben Wert liefern, gleichgültig, welches Koordinatensystem wir für die Beschreibung der Figuren oder physikalischen Objekte gewählt haben. Man nennt den Übergang von einem Koordinatensystem zu einem anderen eine *Koordinatentransformation* und man sagt, daß geometrische und physikalische Größen gegenüber den Koordinatentransformationen *invariant* sind, d. h. unverändert bleiben. Die geometrischen und physikalischen Größen selbst nennt man in diesem Zusammenhang *Invarianten*. Selbstverständlich muß das auch gelten, wenn wir z. B. mittels der in Ziffer 8 gegebenen Gleichungen von rechtwinkeligen zu Polarkoodinaten übergehen, aber die allgemeinen Formeln für die Berechnung der geometrischen Größen sehen in Polarkoordinaten natürlich ganz anders aus als in rechtwinkeligen Koordinaten. Beschränken wir uns jedoch auf verschiedene rechtwinkelige Koordinatensysteme, so sind nicht nur die Werte, die die Formeln der analytischen Geometrie liefern, dieselben, sondern auch die Formeln selbst gelten, sofern sie allgemein sind, für alle rechtwinkeligen Koordinatensysteme. So ist z. B. der Abstand zweier Punkte P_1 und P_2 in allen rechtwinkeligen Koordinatensystemen durch

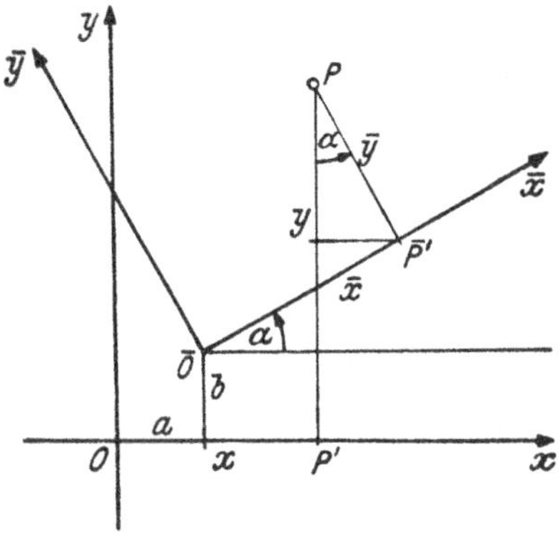

Abb. 88.

$$\overline{P_1 P_2} = \sqrt{(x_1 - x_2)^2 + (y_1 - y_2)^2} \quad (34)$$

gegeben, wenn (x_1, y_1) die Koordinaten von P_1 und (x_2, y_2) die von P_2 sind. Wenn wir aber das Koordinatensystem speziell so wählen, daß P_1 und P_2 auf der x-Achse liegen, wird $y_1 = y_2 = 0$ und daher erhält die obige Abstandsformel dann das spezielle Aussehen

$$\overline{P_1 P_2} = |x_1 - x_2|.$$

Wir wollen nun die Beziehungen aufsuchen, die zwischen zwei rechtwinkeligen Koordinatensystemen in allgemeiner Lage bestehen; d. h. wir wollen uns überlegen, wie sich die Koordinaten (x, y) eines Punktes P in bezug auf das eine Koordinatensystem durch die Koordinaten $(\bar{x}, \bar{y})$ von P in bezug auf das andere System ausdrücken. Wir unterscheiden also das zweite System vom ersten System durch Querstriche über den Bezeichnungen. Es seien (a, b) die Koordinaten des Ursprungs $\bar{O}$ des zweiten Systems im ersten (Abb. 88) und α der (kleinere) Winkel, den die positive $\bar{x}$-Achse mit der positiven x-Achse einschließt.

Wir finden leicht

$$\boxed{\begin{aligned} x &= \bar{x}\cos\alpha - \bar{y}\sin\alpha + a, \\ y &= \bar{x}\sin\alpha + \bar{y}\cos\alpha + b; \end{aligned}} \quad (35)$$

das sind also die gesuchten Transformationsgleichungen. Durch Auflösung dieser Gleichungen nach x und y erhält man[1]

[1] Man multipliziert die beiden Gleichungen zuerst mit $\cos\alpha$ bzw. $\sin\alpha$, dann mit $-\sin\alpha$ bzw. $\cos\alpha$ und addiert sie jedesmal.

$$\boxed{\begin{aligned}\bar{x} &= x\cos\alpha + y\sin\alpha + \bar{a},\\ \bar{y} &= -x\sin\alpha + y\cos\alpha + \bar{b},\end{aligned}} \tag{36}$$

wobei

$$\bar{a} = -a\cos\alpha - b\sin\alpha,$$
$$\bar{b} = a\sin\alpha - b\cos\alpha$$

die Koordinaten von O im zweiten System sind. Ich überlasse Ihnen den Nachweis, daß der obige Ausdruck für den Abstand $\overline{P_1 P_2}$ der beiden Punkte P_1 und P_2 tatsächlich unverändert bleibt, wenn man vom System (x, y) zum System $(\bar{x}, \bar{y})$ übergeht, d. h. daß

$$\sqrt{(x_1 - x_2)^2 + (y_1 - y_2)^2} = \sqrt{(\bar{x}_1 - \bar{x}_2)^2 + (\bar{y}_1 - \bar{y}_2)^2}$$

ist. Die Transformation (36) wird auch als *invers* zur Transformation (35) bezeichnet und umgekehrt. Man nennt diese Transformation rechtwinkeliger Koordinaten

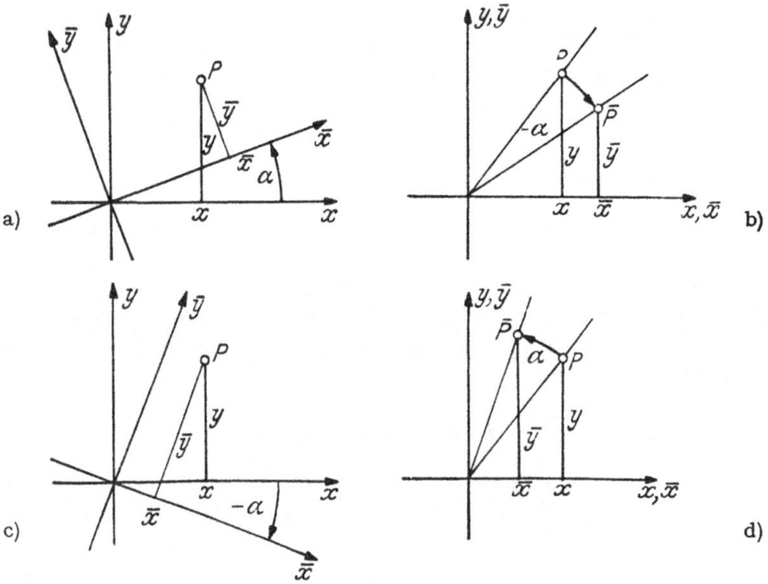

Abb. 89.

auch *Bewegung* des Koordinatensystems, dessen Anfangs- und Endlage eben durch die Transformationsgleichungen zueinander in Beziehung gesetzt werden; ist (35) eine bestimmte solche Bewegung, so ist (36) die *Rückbewegung*, die das System $(\bar{x}, \bar{y})$ wieder in das System (x, y) überführt. In der Tat erhalten wir, wenn wir (36) in (35) einsetzen, die Identitäten $x \equiv x$ und $y \equiv y$ und umgekehrt. Ist $a = b = 0$, so bleibt der Ursprung fest und man spricht von einer *Drehung* des Koordinatensystems; ist $\alpha = 0$, so ist die Bewegung eine *Parallelverschiebung*. Jede Bewegung (35) läßt sich aus einer Parallelverschiebung

$$x = \bar{\bar{x}} + a, \qquad y = \bar{\bar{y}} + b$$

und einer Drehung

$$\bar{\bar{x}} = \bar{x}\cos\alpha - \bar{y}\sin\alpha, \qquad \bar{\bar{y}} = \bar{x}\sin\alpha + \bar{y}\cos\alpha$$

zusammensetzen, d. h. die Ausführung dieser beiden Transformationen hintereinander (Elimination von $\bar{\bar{x}}$ und $\bar{\bar{y}}$) gibt (35).

Die Formeln (35) und (36) lassen sich auch anders deuten. Läßt man nämlich die beiden Koordinatensysteme zusammenfallen, so sind (x, y) und $(\bar{x}, \bar{y})$ die Koordinaten von zwei *verschiedenen* Punkten, bezogen auf *dasselbe* Koordinatensystem, und die Gleichungen (35) und (36) bedeuten eine *Bewegung der Ebene*, d. h. aller Punkte der Ebene bei festbleibendem Koordinatensystem. Man spricht dann von einer *Punkttransformation*. Zu beachten ist, daß die Drehung dabei durch den Winkel $-\alpha$ erfolgt, so daß man an Stelle von (35) und (36) besser

$$x = \bar{x}\cos\alpha + \bar{y}\sin\alpha + a,$$
$$y = -\bar{x}\sin\alpha + \bar{y}\cos\alpha + b, \tag{37}$$

bzw.

$$\bar{x} = x\cos\alpha - y\sin\alpha + \bar{a},$$
$$\bar{y} = x\sin\alpha + y\cos\alpha + \bar{b} \tag{38}$$

schreibt, damit die Drehung der Ebene durch den Winkel α (im positiven Sinn) erfolge. Vgl. hiezu die Abb. 89 a—d, von denen die erste und dritte Drehungen des Koordinatensystems durch den Winkel $\alpha > 0$ bzw. $-\alpha < 0$, die zweite und vierte die entsprechenden Drehungen der Ebene durch den Winkel $-\alpha < 0$, bzw. $\alpha > 0$ darstellen.

Aufgaben.

1. Zu differenzieren:

a) $\dfrac{\cos x}{1-\sin x}$; b) $e^{\alpha x}(a\cos\beta x + b\sin\beta x)$, insbesondere für $\alpha = a$, $\beta = b$ und $\alpha = b$, $\beta = -a$.

c) $\arccos\dfrac{1-x^2}{1+x^2}$; d) $\arctan\dfrac{2x}{1-x^2}$; e) $x\arcsin x + \sqrt{1-x^2}$;

f) $x\arctan x - \dfrac{1}{2}\ln(1+x^2)$; g) $\arctan\left(\sqrt{\dfrac{a-b}{a+b}}\tan\dfrac{x}{2}\right)$; h) $\arccos\dfrac{4-3x^2}{x^3}$

2. a) $\int\sqrt{1+\cos x}\,dx$; b) $\int\sqrt{1+\sin x}\,dx$; c) $\int\sqrt{1-\cos x}\,dx$;

d) $\int\dfrac{\arctan x}{\sqrt{(1+x^2)^3}}\,dx$; e) $\int x^4\cos x\,dx$; f) $\int x^4\sin x\,dx$;

g) $\int e^{ax}\cos bx\,dx$; h) $\int e^{ax}\sin bx\,dx$; i) $\int\limits_0^{\frac{\pi}{2}}\dfrac{dx}{1+\cos x}$;

j) $\int\limits_0^{\frac{\pi}{2}}\sin x\cos 2x\,dx$; k) $\int\limits_0^1\arcsin x\,dx$.

3. Man stelle in der Ebene die allgemeine Geradengleichung in Polarkoordinaten auf, wobei als Bestimmungsstücke die Länge p des vom Ursprung auf die Gerade gefällten Lotes und der Winkel α zu verwenden sind, den die Gerade mit der Polarachse einschließt.

4. Man stelle die Gleichung des Kreises vom Radius ϱ in Polarkoordinaten auf, wenn der Mittelpunkt die Polarkoordinaten (a, α) hat; Sonderfälle $\varrho = a$, $a = 0$.

5. Die Kurven $r = a\cot\varphi$ und $r = \tan\dfrac{\varphi}{2}$ in rechtwinkeligen Koordinaten darzustellen.

6. Gleichung der *Lemniskate* $r^2 = a^2\cos 2\varphi$ in rechtwinkeligen Koordinaten. Wie sieht die Kurve aus?

7. Gleichung der Kugel vom Radius a mit dem Mittelpunkt im Ursprung in Zylinderkoordinaten.
8. Gleichung des Kreiszylinders vom Radius a mit der z-Achse als Achse in räumlichen Polarkoordinaten.
9. Zu zeigen, daß die Kreisgleichung $x^2 + y^2 = r^2$ bei jeder Drehung des Koordinatensystems ungeändert bleibt.
10. Die Parabel $y^2 = 2px$ durch $\frac{\pi}{4}\left(-\frac{\pi}{4}\right)$ zu drehen.

§ 18. Die Hyperbelfunktionen und ihre Umkehrungen.

1. Definition der Hyperbelfunktionen. Die Hyperbelfunktionen hängen mit der Exponentialfunktion e^x in so einfacher Weise zusammen, daß es sich nur deshalb lohnt, sie überhaupt gesondert zu betrachten, weil sie einerseits in ihrem Verhalten gewisse, zunächst überraschende Analogien zu den Kreisfunktionen zeigen, deren tieferen Grund ich erst später aufzeigen kann, und weil sie anderseits in verschiedenen Anwendungen eine gewisse Rolle spielen.

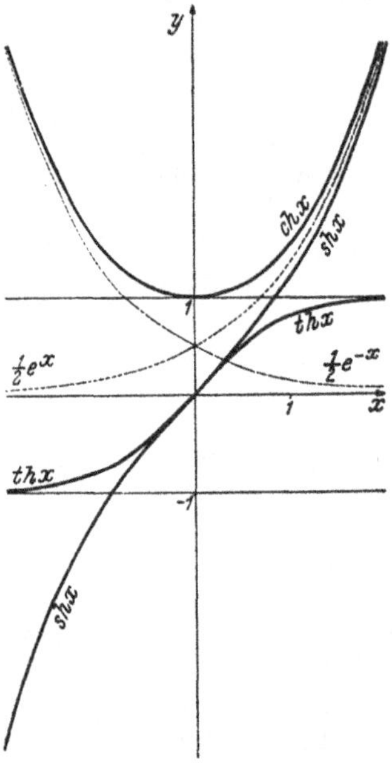

Abb. 90.

Der Hyperbelcosinus oder Cosinus hyperbolicus ist definiert durch

$$\operatorname{ch} x = \frac{1}{2}(e^x + e^{-x}), \tag{1}$$

der Hyperbelsinus oder Sinus hyperbolicus durch

$$\operatorname{sh} x = \frac{1}{2}(e^x - e^{-x}) \tag{2}$$

und der Hyperbeltangens oder Tangens hyperbolicus durch

$$\operatorname{th} x = \frac{e^x - e^{-x}}{e^x + e^{-x}} = \frac{e^{2x} - 1}{e^{2x} + 1} = \frac{\operatorname{sh} x}{\operatorname{ch} x}. \tag{3}$$

Statt ch x, sh x und th x schreibt man häufig auch Coj x, Sin x und Tan x. Abb. 90 zeigt die Bildkurven dieser Funktionen, die sich aus den Kurven $y = e^x$ und $y = e^{-x}$ in einfacher Weise konstruieren lassen. Wir verzeichnen die besonderen Werte ch 0 = 1, sh 0 = th 0 = 0.

Ferner ist

$$\lim_{x\to\pm\infty} \operatorname{ch} x = +\infty, \quad \lim_{x\to+\infty} \operatorname{sh} x = +\infty, \quad \lim_{x\to-\infty} \operatorname{sh} x = -\infty$$

und

$$\lim_{x\to+\infty} \operatorname{th} x = 1, \quad \lim_{x\to-\infty} \operatorname{th} x = -1.$$

Für große x ist näherungsweise

$$\operatorname{ch} x \approx \frac{1}{2} e^x, \qquad \operatorname{sh} x \approx \frac{1}{2} e^x.$$

Aus der Definition folgen die Beziehungen

$$\operatorname{ch}(-x) = \operatorname{ch} x, \quad \operatorname{sh}(-x) = -\operatorname{sh} x, \quad \operatorname{th}(-x) = -\operatorname{th} x,$$

d. h. ch x ist eine gerade, sh x und th x sind ungerade Funktionen. Der Definitionsbereich der Funktionen besteht aus allen reellen x, der Wertevorrat von $y = \operatorname{ch} x$

ist $y \geqq 1$, der von $\operatorname{sh} x$ besteht aus allen reellen Zahlen, während der Wertevorrat von $\operatorname{th} x$ das Intervall $(-1, +1)$ ist.

2. Geometrische Deutung. Zwischen $\operatorname{ch} x$ und $\operatorname{sh} x$ besteht die Identität

$$\operatorname{ch}^2 x - \operatorname{sh}^2 x = 1,$$

wovon man sich durch Einsetzen der Definitionsgleichungen leicht überzeugt. Setzen wir

$$\xi = \operatorname{ch} x, \qquad \eta = \operatorname{sh} x,$$

so ist das eine Parameterdarstellung des rechten Astes der gleichseitigen Hyperbel[1]

$$\xi^2 - \eta^2 = 1,$$

mit den Halbachsen 1, 1, wenn wir ξ und η als rechtwinklige Koordinaten deuten (Abb. 91). Variiert x, so beschreibt P wegen $\xi = \operatorname{ch} x \geqq 1$ den rechten Ast der Hyperbel. Die Hyperbelfunktionen stehen also in einem ähnlichen Verhältnis zur gleichseitigen Hyperbel wie die Kreisfunktionen zum Einheitskreis, aber das Argument x läßt sich hier nicht als Bogenlänge auf der Hyperbel deuten. Es gibt jedoch eine andere Deutung für x, die sich auch auf den Einheitskreis übertragen läßt und über die ich in Ziffer 4 sprechen werde. Bemerkt sei, daß aus der Ähnlichkeit der Dreiecke OAQ und $OP'P$

$$AQ = OA \cdot \frac{P'P}{OP'} = 1 \cdot \frac{\eta}{\xi} = \frac{\eta}{\xi}$$

folgt, so daß, ganz entsprechend wie bei den Kreisfunktionen am Einheitskreis

$$\operatorname{ch} x = \overline{OP'}, \quad \operatorname{sh} x = \overline{OP''}, \quad \operatorname{th} x = \overline{AQ}$$

ist.

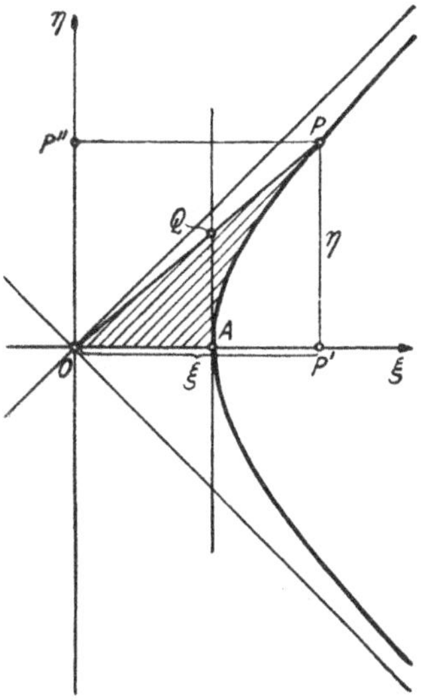

Abb. 91.

3. Additionstheoreme und verwandte Formeln. Aus der Definition folgt ferner, daß

$$\boxed{e^x = \operatorname{ch} x + \operatorname{sh} x, \quad e^{-x} = \operatorname{ch} x - \operatorname{sh} x} \tag{4}$$

ist. Mit Hilfe dieser Formeln beweist man ohne Schwierigkeit die Additionstheoreme

$$\left.\begin{aligned} \operatorname{ch}(x \pm y) &= \operatorname{ch} x \operatorname{ch} y \pm \operatorname{sh} x \operatorname{sh} y, \\ \operatorname{sh}(x \pm y) &= \operatorname{sh} x \operatorname{ch} y \pm \operatorname{ch} x \operatorname{sh} y, \\ \operatorname{th}(x \pm y) &= \frac{\operatorname{th} x \pm \operatorname{th} y}{1 \pm \operatorname{th} x \operatorname{th} y}, \end{aligned}\right\} \tag{5}$$

sowie die bemerkenswerte Relation

$$(\operatorname{ch} x \pm \operatorname{sh} x)^n = \operatorname{ch} n x \pm \operatorname{sh} n x; \tag{6}$$

es ist ja

$$(\operatorname{ch} x \pm \operatorname{sh} x)^n = (e^{\pm x})^n = e^{\pm n x} = \operatorname{ch} n x \pm \operatorname{sh} n x.$$

[1] Eine Hyperbel heißt gleichseitig, wenn ihre Asymptoten aufeinander senkrecht stehen; die Halbachsen haben dann gleiche Länge.

Aus den Additionstheoremen folgt für $y = x$

$$\operatorname{ch} 2x = \operatorname{ch}^2 x + \operatorname{sh}^2 x = 2 \operatorname{ch}^2 x - 1 = 2 \operatorname{sh}^2 x + 1,$$

$$\operatorname{sh} 2x = 2 \operatorname{sh} x \operatorname{ch} x,$$

also ist

$$\operatorname{ch}^2 x = \frac{1}{2} (\operatorname{ch} 2x + 1), \quad \operatorname{sh}^2 x = \frac{1}{2} (\operatorname{ch} 2x - 1). \tag{7}$$

Alle diese Formeln sind den entsprechenden Formeln für Kreisfunktionen sehr ähnlich, ohne aber ganz mit ihnen übereinzustimmen.

4. **Differentiation und Integration der Hyperbelfunktionen.** Für die Ableitungen ergibt sich

$$\boxed{(\operatorname{ch} x)' = \operatorname{sh} x, \quad (\operatorname{sh} x)' = \operatorname{ch} x, \quad (\operatorname{th} x)' = \frac{1}{\operatorname{ch}^2 x},} \tag{8}$$

somit ist umgekehrt

$$\boxed{\int \operatorname{ch} x\, dx = \operatorname{sh} x + C, \quad \int \operatorname{sh} x\, dx = \operatorname{ch} x + C, \quad \int \frac{dx}{\operatorname{ch}^2 x} = \operatorname{th} x + C.} \tag{9}$$

Damit kann ich auch die bereits in Ziffer 2 angekündigte geometrische Deutung für das Argument x der Hyperbelfunktionen $\operatorname{ch} x$, $\operatorname{sh} x$ und $\operatorname{th} x$ angeben. Wir berechnen den Inhalt J des Hyperbelsektors OAP (Abb. 91) als Differenz des Inhaltes $\frac{1}{2} \xi \eta$ des Dreiecks $OP'P$ und des Inhaltes J_1 des Normalbereiches $AP'P$. Es ist

$$J_1 = \int_1^\xi \sqrt{\xi^2 - 1}\, d\xi;$$

setzen wir hier $\xi = \operatorname{ch} x$, $d\xi = \operatorname{sh} x\, dx$, so folgt

$$J_1 = \int_0^x \sqrt{\operatorname{ch}^2 x - 1}\, \operatorname{sh} x\, dx = \int_0^x \operatorname{sh}^2 x\, dx = \frac{1}{2} \int_0^x (\operatorname{ch} 2x - 1)\, dx =$$

$$= \frac{1}{4} \operatorname{sh} 2x - \frac{1}{2} x = \frac{1}{2} (\operatorname{ch} x \operatorname{sh} x - x) = \frac{1}{2} (\xi \eta - x).$$

Es ist also

$$J = \frac{1}{2} \xi \eta - J_1 = \frac{x}{2}$$

oder

$$x = 2J,$$

d. h. *das Argument x ist der doppelte Inhalt des Hyperbelsektors OAP.* Da der Inhalt des zum Bogen x gehörigen Sektors des Einheitskreises gleich $\frac{x}{2}$ ist, läßt sich das Argument x der Kreisfunktionen in völlig analoger Weise geometrisch deuten.

5. **Die Umkehrfunktionen.** Es sind das die drei Funktionen

$$\operatorname{arch} x, \quad \operatorname{arsh} x, \quad \operatorname{arth} x;$$

man liest „Area Cosinus hyperbolicus x" usw., d. h. der Inhalt (des doppelten Hyperbelsektors), dessen Cosinus hyperbolicus gleich x ist. $\operatorname{arch} x$ ist *zweideutig*, der Definitionsbereich besteht aus allen $x \geqq 1$; $\operatorname{arsh} x$ und $\operatorname{arth} x$ sind *eindeutig*, der Definitionsbereich besteht bei arsh x aus allen reellen x, bei arth x aus dem Intervall $(-1, +1)$ mit $\lim\limits_{x\to 1-} \operatorname{arth} x = +\infty$, $\lim\limits_{x\to -1+} \operatorname{arth} x = -\infty$.

So wie sich die Hyperbelfunktionen durch die Exponentialfunktion ausdrücken lassen, kann man ihre Umkehrungen auf den natürlichen Logarithmus zurückführen.

Aus $y = \operatorname{arch} x$ folgt ja

$$x = \frac{1}{2}(e^y + e^{-y})$$

oder, nach Multiplikation mit $2e^y$

$$e^{2y} - 2xe^y + 1 = 0;$$

die Auflösung dieser in e^y quadratischen Gleichung nach e^y gibt

$$e^y = x \pm \sqrt{x^2 - 1}.$$

Also wird

$$y = \ln\left(x \pm \sqrt{x^2 - 1}\right).$$

Der Logarithmand ist zweideutig und nur für $x \geqq 1$ reell und positiv. Setzt man

$$y_1 = \ln\left(x + \sqrt{x^2 - 1}\right), \qquad y_2 = \ln\left(x - \sqrt{x^2 - 1}\right),$$

so wird

$$y_1 + y_2 = \ln\left[\left(x + \sqrt{x^2 - 1}\right)\left(x - \sqrt{x^2 - 1}\right)\right] = \ln(x^2 - x^2 + 1) = 0,$$

also haben die beiden Werte $\ln\left(x \pm \sqrt{x^2 - 1}\right)$ entgegengesetztes Vorzeichen, es ist

$$\ln\left(x - \sqrt{x^2 - 1}\right) = -\ln\left(x + \sqrt{x^2 - 1}\right) = \ln\frac{1}{x + \sqrt{x^2 - 1}}.$$

Entsprechende Ausdrücke gewinnt man ohne Schwierigkeit für die beiden anderen Funktionen; ich stelle alle zusammen:

$$\boxed{\begin{aligned} \operatorname{arch} x &= \ln\left(x \pm \sqrt{x^2 - 1}\right), \quad x \geqq 1, \\ \operatorname{arsh} x &= \ln\left(x + \sqrt{x^2 + 1}\right), \\ \operatorname{arth} x &= \frac{1}{2}\ln\frac{1 + x}{1 - x}, \quad |x| < 1. \end{aligned}} \tag{10}$$

Bemerkt sei, daß in dem Ausdruck für arsh x kein Minuszeichen vor der Wurzel stehen kann, da sonst wegen $\sqrt{x^2 + 1} > x$ der Logarithmand negativ würde.

Die Ableitungen ergeben sich wieder nach der Regel für die Differentiation inverser Funktionen von § 12, 5 oder direkt aus (10); es ist

$$(\operatorname{arch} x)' = \left[\ln\left(x \pm \sqrt{x^2 - 1}\right)\right]' = \pm \frac{1}{\sqrt{x^2 - 1}},$$

je nachdem, welchen eindeutigen Zweig von arch x man genommen hat,

$$(\operatorname{arsh} x)' = \left[\ln\left(x + \sqrt{x^2 + 1}\right)\right]' = \frac{1}{\sqrt{x^2 + 1}},$$

$$(\operatorname{arth} x)' = \left(\frac{1}{2}\ln\frac{1 + x}{1 - x}\right)' = \frac{1}{1 - x^2}$$

und daher[1]

$$\left.\begin{aligned}\int\frac{dx}{\sqrt{x^2-1}}&=\ln\left|x+\sqrt{x^2-1}\right|+C,\quad |x|\geqq 1,\\ \int\frac{dx}{\sqrt{x^2+1}}&=\ln\left(x+\sqrt{x^2+1}\right)+C,\\ \int\frac{dx}{x^2-1}&=\frac{1}{2}\ln\left|\frac{1-x}{1+x}\right|+C,\quad |x|\neq 1.\end{aligned}\right\}\qquad(11)$$

6. Die Integrale $J_1=\int\frac{dx}{a\,x^2+b\,x+c}$ **und** $J_2=\int\frac{dx}{\sqrt{a\,x^2+b\,x+c}}$. Ist $a=0$, so führt die Substitution $b\,x+c=t$ auf $\int\frac{dt}{t}=\ln|t|$ bzw. $\int\frac{dt}{\sqrt{t}}=2\sqrt{t}$. Ist $a\neq 0$, so formen wir zunächst ähnlich wie in § 6, 12 das quadratische Polynom im Nenner bzw. unter der Wurzel um:

$$a\,x^2+b\,x+c=\frac{1}{4\,a}[(2\,a\,x+b)^2+(4\,a\,c-b^2)].$$

Alles weitere ist nun wesentlich bestimmt durch das Vorzeichen von a und durch das der *Diskriminante*

$$D=4\,a\,c-b^2.$$

Ist $D=0$, so führt die Substitution $2\,a\,x+b=t$ sofort zum Ziel. Sei also zunächst $D>0$. Dann führt die Substitution

$$2\,a\,x+b=t\sqrt{D},\qquad dx=\frac{\sqrt{D}}{2\,a}\,dt,\qquad \sqrt{D}>0$$

zu

$$J_1=\int\frac{\frac{\sqrt{D}}{2\,a}\,dt}{\frac{1}{4\,a}\,(t^2D+D)}=\frac{2}{\sqrt{D}}\int\frac{dt}{t^2+1}=\frac{2}{\sqrt{D}}\arctan t+C=$$

$$=\frac{2}{\sqrt{D}}\arctan\frac{2\,a\,x+b}{\sqrt{D}}+C$$

und

$$J_2=\int\frac{\frac{\sqrt{D}}{2\,a}\,dt}{\sqrt{\frac{1}{4\,a}\,(t^2D+D)}};$$

---

[1] Die erste Formel (11) gilt zunächst für $x\geqq 1$, für $x\leqq -1$ ergibt sich ihre Gültigkeit durch die Substitution $x=-u$ $(u\geqq 1)$:

$$\int\frac{dx}{\sqrt{x^2-1}}=-\int\frac{du}{\sqrt{u^2-1}}=-\ln\left(u+\sqrt{u^2-1}\right)=\ln\left(u-\sqrt{u^2-1}\right)=$$

$$=\ln\left(-x-\sqrt{x^2-1}\right)=\ln\left|x+\sqrt{x^2-1}\right|,$$

während sich die Gültigkeit der letzten Formel für $|x|>1$ durch die Substitution $x=\frac{1}{u}$ $(|u|<1)$ ergibt:

$$\int\frac{dx}{x^2-1}=\int\frac{du}{u^2-1}=\frac{1}{2}\ln\frac{1-u}{1+u}=\frac{1}{2}\ln\frac{x-1}{x+1}.$$

man sieht nun, daß *die Wurzel nur für $a > 0$ reell ist*; in diesem Fall wird

$$J_2 = \frac{1}{\sqrt{a}} \int \frac{dt}{\sqrt{t^2 + 1}} = \frac{1}{\sqrt{a}} \ln \left(t + \sqrt{t^2 + 1}\right) + C =$$

$$= \frac{1}{\sqrt{a}} \ln \left[2\,a\,x + b + 2\sqrt{a\,(a\,x^2 + b\,x + c)}\right] + C',$$

wobei $C' = C - \frac{1}{\sqrt{a}} \ln \sqrt{D}$ gesetzt ist.

Ist $D < 0$, so liefert die Substitution

$$2\,a\,x + b = t\sqrt{-D}, \qquad dx = \frac{\sqrt{-D}}{2\,a}\,dt,$$

$$J_1 = \frac{2}{\sqrt{-D}} \int \frac{dt}{t^2 - 1} = \frac{1}{\sqrt{-D}} \ln \left|\frac{t-1}{t+1}\right| + C = \frac{1}{\sqrt{-D}} \ln \left|\frac{2\,a\,x + b - \sqrt{-D}}{2\,a\,x + b + \sqrt{-D}}\right| + C$$

und

$$J_2 = \int \frac{\frac{\sqrt{-D}}{2\,a}\,dt}{\sqrt{\frac{1}{4\,a}(-t^2 D + D)}} = \frac{1}{a} \int \frac{dt}{\sqrt{\frac{1}{a}(t^2 - 1)}}$$

Hier sind wieder die Fälle $a > 0$ und $a < 0$ zu unterscheiden. Ist $a > 0$, so wird

$$J_2 = \frac{1}{\sqrt{a}} \int \frac{dt}{\sqrt{t^2 - 1}} = \frac{1}{\sqrt{a}} \ln \left|t + \sqrt{t^2 - 1}\right| + C =$$

$$= \frac{1}{\sqrt{a}} \ln \left|2\,a\,x + b + 2\sqrt{a\,(a\,x^2 + b\,x + c)}\right| + C',$$

wo $C' = C - \frac{1}{\sqrt{a}} \ln \sqrt{-D}$ gesetzt ist. Ist aber $a < 0$, so folgt

$$J_2 = -\frac{1}{\sqrt{-a}} \int \frac{dt}{\sqrt{1 - t^2}} = \frac{1}{\sqrt{-a}} \arcsin(-t) + C =$$

$$= \frac{1}{\sqrt{-a}} \arcsin\left(-\frac{2\,a\,x + b}{\sqrt{-D}}\right) + C.$$

Es ist also

$$\int \frac{dx}{a\,x^2 + b\,x + c} = \frac{2}{\sqrt{D}} \arctan \frac{2\,a\,x + b}{\sqrt{D}} + C, \text{ wenn } D = 4\,a\,c - b^2 > 0$$

$$= \frac{1}{\sqrt{-D}} \ln \left|\frac{2\,a\,x + b - \sqrt{-D}}{2\,a\,x + b + \sqrt{-D}}\right| + C, \text{ wenn } D = 4\,a\,c - b^2 < 0,$$

$$\int \frac{dx}{\sqrt{a\,x^2 + b\,x + c}} = \frac{1}{\sqrt{a}} \ln \left|2\,a\,x + b + 2\sqrt{a\,(a\,x^2 + b\,x + c)}\right| + C, \text{ reell, wenn}$$

$a > 0$ ist, imaginär, wenn $a < 0$ und $D > 0$,

$$= \frac{1}{\sqrt{-a}} \arcsin\left(-\frac{2\,a\,x + b}{\sqrt{-D}}\right) + C, \text{ wenn } a < 0 \text{ und } D < 0,$$

Aufgaben.

1. a) $\int \cos x \operatorname{ch} x\,dx$; b) $\int \cos x \operatorname{sh} x\,dx$;

c) $\int \sin x \operatorname{ch} x\,dx$; d) $\int \sin x \operatorname{sh} x\,dx$;

2. a) $\int\limits_1^2 \frac{dx}{\sqrt{(x-1)(2-x)}}$; b) $\int\limits_1^2 \frac{2x+1}{x^2-2x+2}\,dx$;

c) $\int\limits_{-1}^{+1} \frac{dx}{\sqrt{x^2-2x\cos\alpha+1}}$, $0<\alpha<\pi$; d) $\int\limits_{\sqrt{e}}^{e} \frac{dx}{x\sqrt{\ln x\,(1-\ln x)}}$

V. Ergänzungen zur Differential- und Integralrechnung.

§ 19. Die Parameterdarstellung einer Kurve. Vektoren in der Ebene.

1. **Die Parameterdarstellung einer Kurve.** Wir haben bisher — von einigen Beispielen abgesehen, bei denen es sich um so simple Kurven, wie Gerade, Kreis, Ellipse, Hyperbel oder Parabel handelte — Kurven im wesentlichen nur als *Bildkurven* von eindeutigen Funktionen betrachtet. Ich habe es dabei vermieden, den Begriff „Kurve", von dem Sie alle eine gewisse anschauliche Vorstellung haben werden, genauer zu definieren, aber doch gelegentlich darauf hingewiesen, daß die Menge aller Punkte (x, y) einer Ebene, die einer Gleichung

$$y = f(x), \quad a \leqq x \leqq b \tag{1}$$

genügen, keineswegs dieser anschaulichen Vorstellung entsprechen muß, daß wir ihr aber näher kommen, wenn wir von der Funktion $f(x)$ verlangen, daß sie stetig ist. In der Gestalt (1) lassen sich aber Kurven nicht darstellen, die Strecken enthalten, die zur y-Achse parallel sind. Eine andere Schwierigkeit ist, daß z. B. ein ganzer Kreis nicht durch eine Gleichung der Gestalt (1) darstellbar ist, sondern, da $f(x)$ eindeutig ist, entweder nur der obere oder nur der untere Halbkreis (§ 6, 4, Beispiel 13).

Eine andere Art der Kurvengleichung, bei der die zuletzt genannte Schwierigkeit behoben ist, ist die Gleichung

$$F(x, y) = 0, \tag{2}$$

wo $F(x, y)$ eine in einem gewissen Bereich der Ebene definierte eindeutige Funktion ist. So gibt z. B. $x^2 + y^2 - a^2 = 0$ ohneweiters den ganzen Kreis vom Radius a. Aber die Darstellung (2) hat wieder den Nachteil, daß man einzelne Punkte der Kurve, d. h. ihre Koordinaten, erst durch Auflösung einer unter Umständen recht komplizierten Gleichung erhalten kann.

Nun gibt es noch eine dritte Art der Darstellung einer Kurve, die wir bei Kreis (§ 17, 4) und Hyperbel (§ 18, 2) schon benützt haben und die ich dort als *Parameterdarstellung* bezeichnet habe. Diese Darstellungsart wird besonders in der Kinematik verwendet, wenn man den zeitlichen Verlauf der Bewegung eines Punktes in einer Ebene darstellen will: Es sind dann die Koordinaten x, y von P Funktionen der Zeit t, also[1]

$$x = x(t), \quad y = y(t); \tag{3}$$

die beiden Funktionen seien dabei in einem Intervall $\mathfrak{J}$ eindeutig definiert. Die Menge $\mathfrak{C}$ aller Punkte (x, y), die sich aus (3) ergeben, wenn t die Werte von $\mathfrak{J}$

[1] Ich schreibe hier im Einklang mit den Feststellungen von § 6, 3 an Stelle eines eigenen Funktionszeichens die abhängige Veränderliche; es handelt sich gerade hier in erster Linie um die Feststellung des funktionalen Zusammenhangs der Veränderlichen und nicht um bestimmte Funktionen.

durchläuft, heißt dann die *Bahnkurve* des Punktes P, aber auch hier ist zunächst festzustellen, daß $\mathfrak{C}$ keineswegs dem anschaulichen Kurvenbegriff entsprechen muß, selbst dann nicht, wenn wir die beiden Funktionen als *stetig* annehmen[1]. Wir wollen trotzdem übereinkommen, die Punktmenge $\mathfrak{C}$, wenn die beiden Funktionen (3) stetig sind, als *stetige Kurve* oder genauer als *stetigen Kurvenbogen* zu bezeichnen. Diese Bezeichnung findet ihre Rechtfertigung darin, daß für den Abstand $\overline{P_1 P_2}$ zweier zu den Parameterwerten t_1 und t_2 gehörigen Kurvenpunkte P_1 und P_2 bei beliebigem $\varepsilon > 0$ die Ungleichung

$$\overline{P_1 P_2} < \varepsilon$$

gilt, wenn nur $|t_2 - t_1| < \delta$ hinreichend klein ist. Den einfachen Nachweis will ich Ihnen überlassen. Es liegt hier also eine *eindeutige und stetige Abbildung* der Punkte (Werte von t) des Intervalls $\mathfrak{J}$ auf die Punkte von $\mathfrak{C}$ vor.

In der Kinematik wählt man als Parameter t die Zeit, so daß t eine ganz bestimmte physikalische Bedeutung hat. In der Regel kommt es aber auf den Parameter nicht an, er ist weitgehend willkürlich wählbar: Man kann ohneweiters durch eine Substitution

$$t = t(\tau) \tag{4}$$

auf einen anderen Parameter τ übergehen. Dabei nimmt man in der Regel an, daß die Funktion $t(\tau)$ *in einem Intervall* $\mathfrak{J}_1$ *eindeutig, stetig und monoton ist und daß ihr Wertevorrat das Intervall* $\mathfrak{J}$ *ist.* Die sich aus (3) durch (4) ergebende Parameterdarstellung

$$x = x(\tau), \qquad y = y(\tau)$$

bestimmt denselben Kurvenbogen wie (3).

Eine stetige Kurve (3) heißt *einfach*, wenn es möglich ist, auch die Punkte von $\mathfrak{C}$ eindeutig und stetig auf die Punkte (Werte von t) des Intervalls $\mathfrak{J}$ abzubilden. Dann existiert eine Parameterdarstellung von $\mathfrak{C}$ mit der Eigenschaft, daß sich für keine zwei verschiedenen Werte des Parameters derselbe Punkt von $\mathfrak{C}$ ergibt. Läßt sich eine solche Parameterdarstellung nicht angeben, so gibt es in jeder Parameterdarstellung auf $\mathfrak{C}$ mindestens einen Punkt P, dem $n \geqq 2$ Punkte von $\mathfrak{J}$ entsprechen, und P heißt ein *n-facher Punkt von* $\mathfrak{C}$; für $n = 2$ insbesondere *Doppelpunkt* oder allgemein *mehrfacher Punkt*. Vgl. hiezu auch die folgende Ziffer 2.

Beispiele nicht einfacher Kurven sind das Cartesische Blatt (Ziffer 6) mit einem Doppelpunkt und die verschlungene Zykloide (Ziffer 4, Beispiel 4) mit unendlich vielen Doppelpunkten. Die Kurve

$$x = |t|, \qquad y = t^2, \qquad -1 \leqq t \leqq 1,$$

die aus einem zweimal durchlaufenen Parabelbogen besteht, ist eine einfache Kurve, weil die Parameterdarstellung

$$x = t, \; y = t^2, \; 0 \leqq t \leqq 1$$

eine eineindeutige und in beiden Richtungen stetige Abbildung der Punkte von $\mathfrak{J} = [0, 1]$ auf die Punkte von $\mathfrak{C}$ vermittelt.

Wichtig ist die Feststellung, daß eine einfache Kurve $\mathfrak{C}$ durch den Parameter in einem ganz bestimmten Sinn *orientiert* wird. Lassen wir nämlich t, etwa vom Anfangspunkt t_0 des Intervalls $\mathfrak{J}$ ausgehend, wachsen, so wird der Punkt P mit den Koordinaten (3) vom Punkt P_0 mit den Koordinaten $x_0 = x(t_0)$, $y_0 = y(t_0)$ aus die Kurve $\mathfrak{C}$ in einem bestimmten Sinn durchlaufen und diesen Durchlaufungssinn, der wachsenden Werten des Parameters entspricht, nimmt man

[1] Der italienische Mathematiker PEANO hat im Jahr 1890 eine stetige Kurve angegeben, deren Punkte ein ganzes Quadrat ausfüllen.

meist als positiv, den entgegengesetzten, fallenden Werten des Parameters entsprechenden, als ***negativ***. Bei der Substitution (4) bleibt die Orientierung von $\mathfrak{C}$ erhalten, wenn $t(\tau)$ steigt, und kehrt sich um, wenn $t(\tau)$ fällt.

Läßt sich die erste Gleichung (3) nach t auflösen, $t = t(x)$, so ergibt sich, wenn man in die zweite Gleichung einsetzt,

$$y = y(t(x)) = f(x) \tag{5}$$

und zwischen $f(x)$ und den beiden Funktionen (3) besteht dann die Identität

$$y(t) \equiv f(x(t)). \tag{6}$$

Man nennt dann (3) auch eine *Parameterdarstellung der Funktion* $f(x)$.

2. Differentiation einer Funktion in Parameterdarstellung. Glatte und stückweise glatte Kurven. Sind die beiden Funktionen (3) in $\mathfrak{J}$ differenzierbar und ist $\dot{x}(t) \neq 0$, so folgt durch Differentiation[1] der Identität (6) nach t, wobei ich Ableitungen nach t durch Punkte, Ableitungen nach x durch Striche andeute,

$$\dot{y}(t) = f'(x)\,\dot{x}(t),$$

also

$$\boxed{y' = f'(x) = \frac{\dot{y}(t)}{\dot{x}(t)}} \tag{7}$$

oder

$$\boxed{\frac{dy}{dx} = \frac{\dfrac{dy}{dt}}{\dfrac{dx}{dt}};} \tag{8}$$

(8) ist ebenso wie die Gleichungen (8) und (12) von § 12 nur scheinbar trivial.

Aus (7) folgt, daß in den Punkten, in denen $\dot{x}(t) = 0$ ist, y' unendlich wird, sofern nicht auch $\dot{y}(t) = 0$ ist, was wir aber ausschließen wollen[2]. Geometrisch bedeutet das, daß die Tangente in einem solchen Punkt parallel zur y-Achse ist. Das ist aber keine *geometrische* Eigenschaft der Kurve $\mathfrak{C}$, sondern eine Eigenschaft des Koordinatensystems. Man denke nur an den Kreis $x^2 + y^2 = 1$ oder $x = \cos t$, $y = \sin t$ (§ 17, 4). Hier ist $\dot{x} = -\sin t = 0$ für $t = 0$ und $t = \pi$, also in den Schnittpunkten des Kreises mit der x-Achse, in denen die Kreistangente parallel zur y-Achse ist. Geometrisch sind diese Punkte des Kreises in keiner Weise ausgezeichnet. Verschwindet $\dot{x}(t)$ in allen Punkten eines Intervalls $[\alpha, \beta]$, so ist in diesem Intervall x konstant und $\mathfrak{C}$ enthält eine gerade, zur y-Achse parallele Strecke, deren Länge durch den Wertevorrat von $y(t)$ in $[\alpha, \beta]$ bestimmt ist.

Sind die beiden Funktionen $x(t)$ und $y(t)$ in (3) in $\mathfrak{J}$ stetig differenzierbar, so sagt man, daß $\mathfrak{C}$ ein *glatter Kurvenbogen* ist; setzt sich eine Kurve $\mathfrak{C}$ aus einer endlichen Anzahl von glatten Kurvenbögen so zusammen, daß der Endpunkt des ersten mit dem Anfangspunkt des zweiten, der Endpunkt des zweiten mit dem Anfangspunkt des dritten usw. zusammenfällt, so heißt $\mathfrak{C}$ eine *stückweise glatte* Kurve. Mit diesem Begriff der stückweise glatten Kurve haben wir den anschaulichen Kurvenbegriff ziemlich genau erfaßt. Fällt der Anfangspunkt des ersten

[1] Die Funktion $f(x)$ ist nach (5) differenzierbar, weil $y(t)$ und mit $x(t)$ auch die Umkehrfunktion $t(x)$ differenzierbar ist.

[2] Wie man aus (7) entnimmt, kann in solchen Punkten die Tangentenrichtung von $\mathfrak{C}$ überhaupt unbestimmt sein (vgl. § 20, 1).

glatten Teilbogens von $\mathfrak{C}$ mit dem Endpunkt des letzten zusammen, so heißt die Kurve $\mathfrak{C}$ *geschlossen*. Selbstverständlich kann auch ein einziger glatter Bogen geschlossen sein wie z. B. der Kreis und die Ellipse. Bei einfachen geschlossenen Kurven zählen die zusammenfallenden Anfangs- und Endpunkte natürlich nicht als Doppelpunkte! Ich erwähne noch, daß man *bei geschlossenen Kurven den positiven Durchlaufungssinn stets entgegen der Drehung des Uhrzeigers wählt*.

Ich gebe einige Beispiele:

1. Der Kreis

$$x = a\cos t, \quad y = a\sin t, \quad 0 \leqq t \leqq 2\pi,$$

ist eine geschlossene, einfache und glatte Kurve; Anfangspunkt ($t = 0$) und Endpunkt ($t = 2\pi$) ist derselbe Punkt $(a, 0)$.

2. Das Dreieck mit den Eckpunkten $A = (0, 0)$, $B = (1, 0)$, $C = (0, 1)$ läßt sich nicht durch eine einzige Parameterdarstellung beschreiben, man muß für jede Seite eine eigene Parameterdarstellung angeben: Für $\overline{AB}$ gilt

$$x = t, \quad y = 0, \quad 0 \leqq t \leqq 1,$$

für $\overline{BC}$

$$x = 2 - t, \quad y = t - 1, \quad 1 \leqq t \leqq 2,$$

und für $\overline{CA}$

$$x = 0, \quad y = 3 - t, \quad 2 \leqq t \leqq 3.$$

Das Dreieck ABC ist eine einfache, geschlossene und stückweise glatte Kurve $\mathfrak{C}$, die aus drei glatten Kurvenbögen (Strecken) zusammengesetzt ist[1]. In den Ecken des Dreiecks ist $\mathfrak{C}$ stetig, hat aber keine Tangente; längs $\overline{AB}$ ist $\dot{x} = 1$, $\dot{y} = 0$, längs $\overline{BC}$ ist $\dot{x} = -1$, $\dot{y} = 1$, in B selbst also $\dot{x}(1-) = 1$, $\dot{y}(1-) = 0$, aber $\dot{x}(1+) = -1$, $\dot{y}(1+) = 1$.

3. Es sei $A = (0, 0)$, $B = (1, 0)$, $C = (1, 1)$ und $D = (0, 1)$; das Viereck $ABCD$ ist eine einfache, geschlossene und stückweise glatte Kurve wie das Dreieck von Beispiel 2. Aber das Viereck $ACBD$ ist zwar immer noch geschlossen und stückweise glatt, aber keine einfache Kurve, weil die beiden glatten Bogen (Strecken) AC und BD einander im Punkt $\left(\frac{1}{2}, \frac{1}{2}\right)$ schneiden. Der Leser versuche selbst, Parameterdarstellungen für die beiden Vierecke anzugeben!

Weitere Beispiele folgen in Ziffer 4 und 6.

3. **Vektoren in der Ebene.** Es sei (3) eine stückweise glatte Kurve $\mathfrak{C}$ und t die Zeit. Die beiden Ableitungen $\dot{x}(t)$ und $\dot{y}(t)$ bestimmen dann die Geschwindigkeit des Punktes $P = (x, y)$ nach Richtung und Größe, und zwar stellt $\dot{x}(t)$ die Geschwindigkeit der Projektion P' von P auf die x-Achse, $\dot{y}(t)$ die Geschwindigkeit der Projektion P'' von P auf die y-Achse dar (Abb. 92). Diese beiden Geschwindigkeiten werden positiv oder negativ sein, je nachdem sich P' und P'' auf den Koordinatenachsen in positivem oder negativem Sinn bewegen; sie sind auf den Koordinatenachsen durch die orientierten Strecken $\overline{P'Q'}$ und $\overline{P''Q''}$ dargestellt. Fassen wir diese beiden Strecken selbst als Projektionen einer Strecke $\overline{PQ}$ auf, so folgt, daß $\overline{PQ}$ wegen $y' = \dot{y}/\dot{x}$ auf der Tangente von $\mathfrak{C}$ in P liegen muß und daß die Orientierung von $\overline{PQ}$ mit der Orientierung von $\mathfrak{C}$ selbst übereinstimmt. Die Länge der Strecke $\overline{PQ}$ ist der Betrag der Geschwindigkeit von P zur Zeit t

$$v = \sqrt{\dot{x}^2 + \dot{y}^2},$$

---

[1] Ich habe nur mit Rücksicht auf die folgende Bemerkung hier die Darstellungen so gewählt, daß die drei Intervalle für den Parameter t gerade aneinanderstoßen. Das muß keineswegs so sein, man könnte $\overline{BC}$ auch durch

$$x = 1 - t, \quad y = t, \quad 0 \leqq t \leqq 1,$$

darstellen. Unter Umständen mag es sich dann aber als zweckmäßig erweisen, die Parameter auf den drei Strecken verschieden zu bezeichnen, z. B. mit t_1, t_2 und t_3.

während ihre Richtung die momentane Bewegungsrichtung von P zur Zeit t angibt, die eben mit der Tangentenrichtung in P übereinstimmt. Ich komme darauf in Band II zurück.

Die Geschwindigkeit eines Punktes P, der sich längs einer ebenen (im allgemeinen nicht geradlinigen) Kurve $\mathfrak{C}$ bewegt, ist eine *Größe höherer Art*, die erst durch *zwei Angaben* bestimmt ist. Diese zwei Angaben können entweder der *Betrag* (Länge v der Strecke $\overline{PQ}$) und die *Richtung* (z. B. der Winkel zwischen der Strecke $\overline{PQ}$ und der positiven x-Achse) sein oder aber die beiden *Projektionen* $\dot{x}$ und $\dot{y}$ von $\overline{PQ}$ auf die Koordinatenachsen, d. h. die *mit bestimmten Vorzeichen versehenen Längen* der Strecken $\overline{P'Q'}$ und $\overline{P''Q''}$. Derartige Größen heißen *Vektoren* (der Ebene). Ein Vektor ist also geometrisch stets durch eine orientierte Strecke dargestellt; Länge, Richtung und Orientierung[1] der Strecke heißen *Länge, Richtung* und *Orientierung* des Vektors. Die Projektionen der den Vektor darstellenden Strecke auf die Koordinatenachsen heißen *Koordinaten des Vektors*; die orientierten Strecken (Vektoren) $\overline{P'Q'}$ und $\overline{P''Q''}$ selbst heißen die *Komponenten des Vektors* in den Koordinatenachsen. Eine orientierte Strecke, also ein Vektor $\mathfrak{a}$ — es ist üblich, Vektoren durch gotische Buchstaben zu bezeichnen —, kann durch ein geordnetes Punktepaar P und Q gegeben sein, von denen der erste als *Anfangspunkt*, der zweite als *Endpunkt* der Strecke oder des Vektors bezeichnet wird. Der (nicht negative) Abstand von Anfangs- und Endpunkt eines Vektors ist seine *Länge*. Wir wollen übereinkommen, die Längen von Vektoren stets durch den entsprechenden lateinischen Buchstaben zu bezeichnen, oder in Anlehnung an den absoluten Betrag einer Zahl auch durch den zwischen zwei senkrechte Striche gesetzten gotischen Buchstaben, also $|\mathfrak{a}| = a$. Die Projektionen eines Vektors $\mathfrak{a}$ auf die Koordinatenachsen bezeichnen wir mit a_x und a_y, die Komponenten mit $\mathfrak{a}_x$ und $\mathfrak{a}_y$. Es ist also

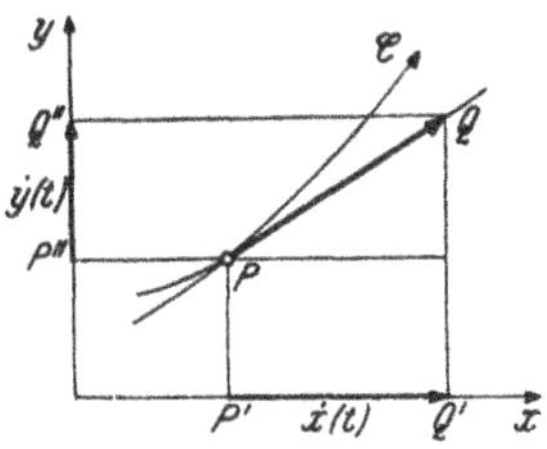

Abb. 92.

$$|\mathfrak{a}_x| = |a_x|, \qquad |\mathfrak{a}_y| = |a_y|.$$

In Abb. 92 sind die orientierten Strecken $\overline{P'Q'}$ und $\overline{P''Q''}$ die Vektoren $\mathfrak{v}_x$ und $\mathfrak{v}_y$, wenn $\mathfrak{v}$ durch die orientierte Strecke $\overline{PQ}$ dargestellt ist. Ist ein Vektor $\mathfrak{a}$ durch seine Koordinaten gegeben, so schreibt man $\mathfrak{a} = (a_x, a_y)$, z. B. $\mathfrak{a} = (2, -3)$ wie bei Punktkoordinaten.

Die *Addition von Vektoren* ist erklärt durch die geometrische Addition der entsprechenden Strecken, d. h. durch Aneinanderfügen der einzelnen Strecken unter Beibehaltung ihrer Richtung und Orientierung. Die Summe $\mathfrak{c} = \mathfrak{a} + \mathfrak{b}$ zweier Vektoren $\mathfrak{a}$ und $\mathfrak{b}$ ist also (Abb. 93) die Diagonale des Parallelogramms mit den Seiten $\mathfrak{a}$ und $\mathfrak{b}$ (Satz vom Vektorparallelogramm). Demnach läßt sich ein Vektor folgendermaßen durch seine Komponenten in den Achsenrichungen darstellen:

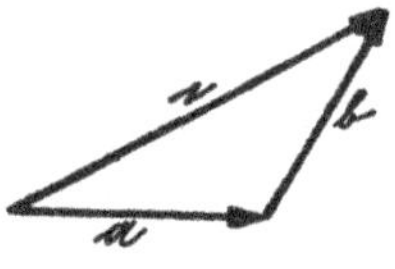

Abb. 93.

$$\mathfrak{a} = \mathfrak{a}_x + \mathfrak{a}_y,$$

[1] Ich unterscheide also ganz ausdrücklich zwischen Richtung und Orientierung. „Richtung" einer Geraden ist das, was allen untereinander parallelen Geraden gemeinsam ist. Aber auf jeder Geraden (oder Kurve) gibt es zwei verschiedene Durchlaufungssinne oder Orientierungen; erklärt man eine dieser Orientierungen als positiv, so ist die Gerade (Kurve) orientiert. „Orientierte Richtung" einer Geraden heißt dann Richtung im obigen Sinne mit gleichzeitiger Angabe des Durchlaufungssinnes.

und seine Länge ist

$$a = \sqrt{a_x^2 + a_y^2};$$

für den Geschwindigkeitsvektor gilt dann

$$\mathfrak{v} = \mathfrak{v}_x + \mathfrak{v}_y, \quad v_x = \dot{x}, \quad v_y = \dot{y},$$

also ist der Betrag der Geschwindigkeit

$$|\mathfrak{v}| = v = \sqrt{v_x^2 + v_y^2} = \sqrt{\dot{x}^2 + \dot{y}^2}. \tag{9}$$

Unter dem *Produkt eines Vektors* $\mathfrak{a}$ *mit einer Zahl* λ versteht man einen Vektor $\mathfrak{b}$, dessen Richtung mit der von $\mathfrak{a}$ übereinstimmt, dessen Länge das $|\lambda|$-fache der Länge von $\mathfrak{a}$ ist und dessen Orientierung, je nachdem $\lambda > 0$ oder $\lambda < 0$ ist, mit der von $\mathfrak{a}$ übereinstimmt oder entgegengesetzt ist. Man schreibt

$$\mathfrak{b} = \lambda\,\mathfrak{a};$$

für die Komponenten, Koordinaten und die Länge von $\mathfrak{b}$ gilt

$$\mathfrak{b}_x = \lambda\,\mathfrak{a}_x, \quad \mathfrak{b}_y = \lambda\,\mathfrak{a}_y; \quad b_x = \lambda\,a_x, \quad b_y = \lambda\,a_y; \quad b = |\lambda|\,a.$$

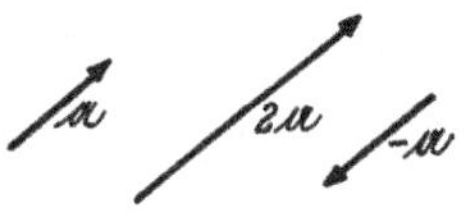

Abb. 94.

Für $\lambda = -1$ wird $\mathfrak{b} = -\mathfrak{a}$ „entgegengesetzt gleich" $\mathfrak{a}$ (vgl. Abb. 94). Für $\lambda = 0$ wird $\mathfrak{b}$ der *Nullvektor*, dessen Länge 0 ist (dessen Anfangs- und Endpunkt also zusammenfallen) und dessen Koordinaten daher ebenfalls beide gleich 0 sind.

Ist ein Vektor $\mathfrak{a}$ durch seine Koordinaten a_x und a_y gegeben, so kann man den Anfangspunkt (oder den Endpunkt) willkürlich wählen, der Endpunkt (bzw. der Anfangspunkt) ist dann durch den Vektor bestimmt.

Zwei Vektoren sind *gleich*, wenn sie gleiche Länge, Richtung und Orientierung haben, wo immer ihre Anfangspunkte liegen.

Häufig faßt man auch die Koordinaten (x, y) eines Punktes P als Koordinaten einer Art Vektor

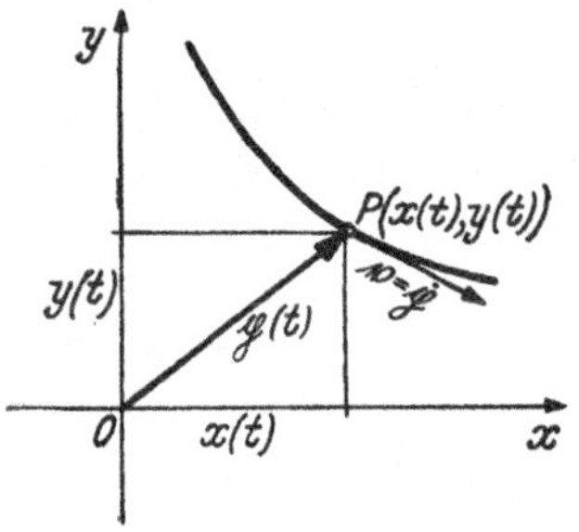

Abb. 95.

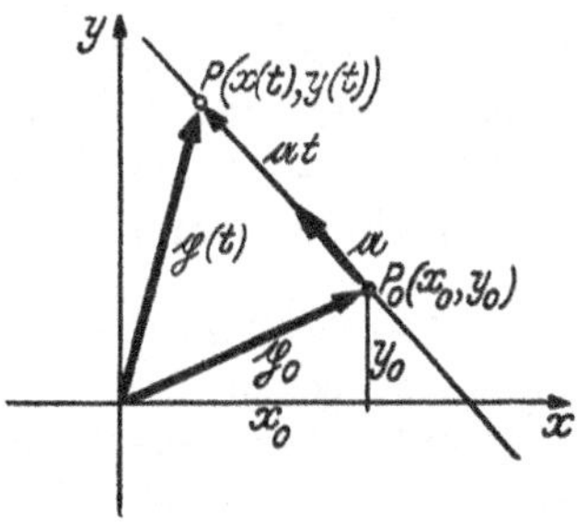

Abb. 96.

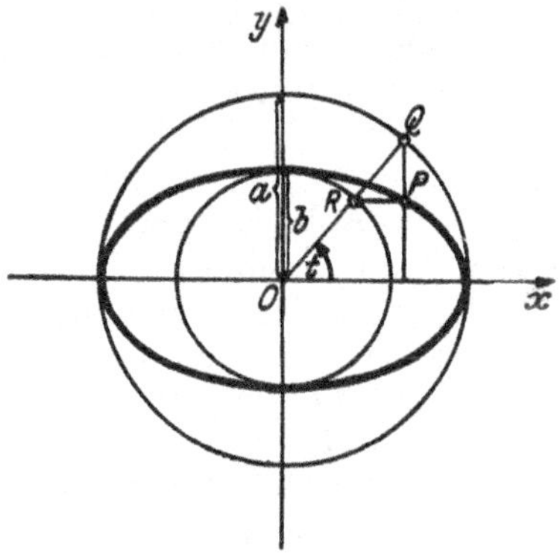

Abb. 97.

auf, dessen Anfangspunkt aber nicht willkürlich wählbar ist, sondern stets mit dem Ursprung des Koordinatensystems zusammenfällt; man spricht dann vom *Ortsvektor* $\mathfrak{p}$ des Punktes P mit den Koordinaten x, y, die ja wieder nichts anderes sind als die Projektionen der orientierten Strecke $\overline{OP}$ auf die Koordinatenachsen. Es ist

$$\mathfrak{p} = \mathfrak{p}_x + \mathfrak{p}_y$$

mit

$$|\mathfrak{p}| = \sqrt{x^2 + y^2}.$$

Mit Hilfe des Ortsvektors läßt sich die Parameterdarstellung $x = x(t)$, $y = y(t)$ einer ebenen Kurve in einer einzigen vektoriellen Gleichung zusammenfassen (Abb. 95):

$$\mathfrak{p} = \mathfrak{p}(t).$$

Bedeutet der Parameter t die Zeit, so ist der Geschwindigkeitsvektor

$$\boxed{\mathfrak{v} = \dot{\mathfrak{p}}.} \qquad (10)$$

4. **Beispiele:**

1. Eine *Gerade* ist bestimmt durch einen Punkt P_0 und eine Richtung. Ist P_0 durch seinen Ortsvektor $\mathfrak{p}_0 = (x_0, y_0)$ und die Richtung der Geraden durch den Vektor $\mathfrak{a}$ gegeben, so können wir den Ortsvektor eines beliebigen Punktes P der Geraden sofort anschreiben (Abb. 96):

$$\mathfrak{p} = \mathfrak{p}(t) = \mathfrak{p}_0 + \mathfrak{a}\, t.$$

Man kommt von dieser vektoriellen Parameterdarstellung zur gewöhnlichen, wenn man den Ortsvektor $\mathfrak{p}$ in seine Koordinaten auflöst:

$$x = x_0 + a_x t, \qquad y = y_0 + a_y t. \qquad (11)$$

Ist t die Zeit, so wird auf beide Arten eine gleichförmige Bewegung eines Punktes längs der Geraden dargestellt; es ist ja

$$\dot{\mathfrak{p}} = \mathfrak{a}$$

der konstante Geschwindigkeitsvektor dieser Bewegung.

2. Die *Ellipse*

$$\frac{x^2}{a^2} + \frac{y^2}{b^2} = 1$$

ist in einfachster Parameterdarstellung durch ($a > 0$, $b > 0$)

$$x = a \cos t, \qquad y = b \sin t, \qquad 0 \leqq t \leqq 2\pi \qquad (12)$$

gegeben, die eng mit der in Abb. 97 veranschaulichten Ellipsenkonstruktion zusammenhängt. Man beschreibt um den Ursprung O als Mittelpunkt zwei konzentrische Kreise mit den Radien a und b; schneidet die Gerade durch O, die mit der x-Achse den Winkel t einschließt, den ersten Kreis in Q, den zweiten in R und zieht man durch Q eine Parallele zur y-Achse, durch R eine Parallele zur x-Achse, so ist der Schnittpunkt dieser beiden Geraden der Ellipsenpunkt P mit den Koordinaten $x = a \cos t$, $y = b \sin t$. Die Ellipse ist eine *einfache, geschlossene und glatte Kurve.*

Es folgt

$$y' = \frac{\dot{y}}{\dot{x}} = -\frac{b \cos t}{a \sin t} = -\frac{b}{a} \cot t.$$

Aus der Periodizität von $\cot t$ folgt, daß die Tangenten einer Ellipse in den Endpunkten eines Durchmessers parallel sind.

3. Analog ist ($a > 0$, $b > 0$)

$$x = a \operatorname{ch} t, \quad y = b \operatorname{sh} t, \quad (-\infty < t < +\infty) \qquad (13)$$

eine Parameterdarstellung des rechten Astes der *Hyperbel*

$$\frac{x^2}{a^2} - \frac{y^2}{b^2} = 1;$$

hier ist

$$y' = \frac{\dot{y}}{\dot{x}} = \frac{b \operatorname{ch} t}{a \operatorname{sh} t} = \frac{b}{a \operatorname{th} t}.$$

Für den linken Ast ($x \leqq -a$) ist

$$x = -a \operatorname{ch} t, \qquad y = b \operatorname{sh} t \tag{14}$$

eine Parameterdarstellung. Die Hyperbel besteht aus zwei *einfachen* und *glatten Kurven* (Ästen).

4. Wenn ein Kreis auf einer Geraden rollt, ohne zu gleiten — z. B. das Rad eines Eisenbahnwagens auf einer Schiene —, so beschreibt ein mit dem Kreis starr verbundener Punkt P eine Kurve, die als *Zykloide* (Radlinie) bezeichnet wird. Je nach dem Abstand des Punktes P vom Kreismittelpunkt M ergeben sich dabei verschiedene Formen von Zykloiden, und zwar treten drei wesentlich verschiedene Typen auf, die man als *verschlungene*, *gemeine* und *flache Zykloide*

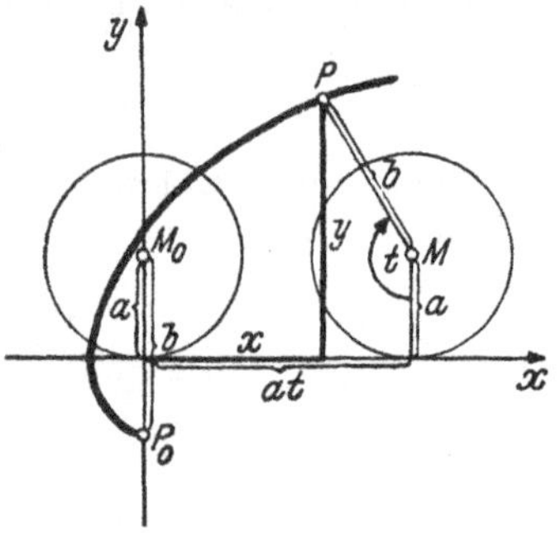

Abb. 98.

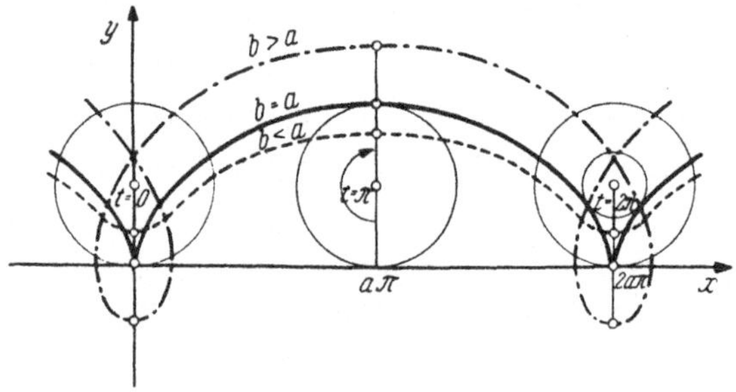

Abb. 99.

bezeichnet. Ist a der Kreisradius und b der Abstand des Punktes vom Kreismittelpunkt, so ergeben sich diese Typen je nachdem $b > a$, $b = a$ oder $b < a$ ist. Als Gerade, auf der der Kreis rollt, wählen wir die x-Achse und lassen die Bewegung im Ursprung so beginnen, daß P unterhalb M und beide auf der y-Achse liegen (Abb. 98). Wenn sich der Kreis beim Rollen durch den „Wälzungswinkel" t gedreht hat, ist der Mittelpunkt M aus der Lage $M_0 = (0, a)$ in die Lage $M = (a\,t, a)$ gekommen. Aus der Abb. 98 entnehmen wir dann ohne Schwierigkeit für die Koordinaten x und y von P als Funktionen von t

$$x = a\,t - b \sin t, \qquad y = a - b \cos t. \tag{15}$$

Diese Parameterdarstellung der Zykloide gilt ganz allgemein, nicht nur für den Fall der verschlungenen Zykloide mit $b > a$, die wir in der Abbildung dargestellt haben. Die drei Typen zeigt Abb. 99. Die gemeine Zykloide ($b = a$)

$$x = a\,(t - \sin t), \qquad y = a\,(1 - \cos t) \tag{16}$$

hat in den Punkten

$$x = 2\,k\,\pi\,a, \qquad y = 0$$

($k = 0, \pm 1, \pm 2, \pm 3, \ldots$) Spitzen mit senkrechten Tangenten; alle drei Kurven haben für $x = (2\,k + 1)\,\pi\,a$ Maxima $a + b$ und für $x = 2\,k\,\pi\,a$ Minima $a - b$. Die Zykloiden sind *glatte* Kurven (auch in den Spitzen sind die Tangenten eindeutig definiert) und für $b \leqq a$ auch *einfach*.

5. **Der Beschleunigungsvektor.** Für die zweite Ableitung der durch die Parameterdarstellung $x(t)$, $y(t)$ gegebenen Funktion $y = f(x)$ folgt aus der Kettenregel und der Regel für die Ableitung der inversen Funktion (Existenz der Ableitungen vorausgesetzt)

$$y'' = \frac{d}{dx}\,y' = \frac{d}{dt}\,\frac{\dot y}{\dot x}\cdot\frac{dt}{dx} = \frac{\dot x\,\ddot y - \ddot x\,\dot y}{\dot x^2}\,\frac{1}{\dot x} = \frac{\dot x\,\ddot y - \ddot x\,\dot y}{\dot x^3}. \tag{17}$$

Kinematisch, wenn also t wieder die Zeit ist, bedeuten $\ddot{x}$ und $\ddot{y}$ die Koordinaten der *Beschleunigung*

$$\boxed{\mathfrak{b} = \ddot{\mathfrak{p}}} \tag{18}$$

des sich längs der Bahnkurve $\mathfrak{C}$ bewegenden Punktes P.

Nach dem *Newtonschen Grundgesetz* besteht zwischen der auf einen Massenpunkt wirkenden Kraft $\mathfrak{K}$ und der Beschleunigung $\mathfrak{b}$ des Punktes die Beziehung

$$\mathfrak{K} = m\,\mathfrak{b}, \tag{19}$$

wo m die Masse des Punktes ist. Wir denken uns die Kraft $\mathfrak{K}$ als Funktion der Zeit t allein gegeben und fragen uns nach der Bewegung eines Punktes von der Masse $m = 1$ unter dem Einfluß der Kraft. Die Bewegung des Punktes ist durch (3) mit t als Zeit beschrieben, d. h. unsere Aufgabe ist es, die beiden Funktionen $x(t)$ und $y(t)$ oder, vektoriell zusammengefaßt, $\mathfrak{p}(t)$ zu ermitteln. Es ist physikalisch einleuchtend, daß wir die Lage und Geschwindigkeit des Punktes im Zeitpunkt $t = t_0$, in welchem die Einwirkung der Kraft beginnt, willkürlich vorschreiben können; in der Regel wählt man $t_0 = 0$, der Punkt möge also für $t = 0$ mit dem durch $\mathfrak{p}_0 = (x_0, y_0)$ gegebenen Punkt zusammenfallen (Anfangslage) und die Geschwindigkeit (Anfangsgeschwindigkeit) $\mathfrak{v}_0 = (\dot{x}_0, \dot{y}_0)$ haben. Wegen $\mathfrak{v} = \ddot{\mathfrak{p}}$ und $m = 1$ folgt

$$\ddot{\mathfrak{p}} = \mathfrak{K} \tag{20}$$

oder in Koordinaten aufgelöst

$$\ddot{x} = K_x, \quad \ddot{y} = K_y; \tag{21}$$

jede dieser beiden Gleichungen für sich ist eine *Differentialgleichung zweiter Ordnung* für die unbekannte Funktion $x(t)$ bzw. $y(t)$. Man spricht hier von einer Differentialgleichung zweiter Ordnung, weil die Ableitung zweiter Ordnung der unbekannten Funktion auftritt[1]. Durch Integration erhalten wir zunächst

$$\dot{x} = \int_0^t \ddot{x}\,dt + A = \int_0^t K_x\,dt + A,$$

$$\dot{y} = \int_0^t \ddot{y}\,dt + B = \int_0^t K_y\,dt + B.$$

Nun ist aber für $t = 0$ voraussetzungsgemäß $\dot{x}(0) = \dot{x}_0$, $\dot{y}(0) = \dot{y}_0$; aus den obigen Gleichungen folgt daher $A = \dot{x}_0$, $B = \dot{y}_0$, also ist

$$\dot{x} = \int_0^t K_x\,dt + \dot{x}_0, \quad \dot{y} = \int_0^t K_y\,dt + \dot{y}_0$$

und eine nochmalige Integration liefert

$$x = \int_0^t \left(\int_0^t K_x\,dt + \dot{x}_0 \right) dt + A_1, \qquad y = \int_0^t \left(\int_0^t K_y\,dt + \dot{y}_0 \right) dt + B_1;$$

da aber für $t = 0$ voraussetzungsgemäß $x(0) = x_0$, $y(0) = y_0$ sein soll, ist $A_1 = x_0$, $B_1 = y_0$ und somit endgültig

$$x = \int_0^t \left(\int_0^t K_x\,dt \right) dt + \dot{x}_0 t + x_0, \qquad y = \int_0^t \left(\int_0^t K_y\,dt \right) dt + \dot{y}_0 t + y_0; \tag{22}$$

[1] Die allgemeinste Gestalt einer Differentialgleichung zweiter Ordnung für eine unbekannte Funktion $y = f(x)$ wäre $F(x, y, y', y'') = 0$, wo F eine gegebene Funktion der vier unabhängigen Variablen x, y, y' und y'' ist. Die obige Differentialgleichung ist eine spezielle, da y'' explizit als Funktion von x gegeben ist, während y und y', also die unbekannte Funktion selbst und ihre erste Ableitung überhaupt nicht vorkommen.

die soeben hergeleiteten Gleichungen lassen sich paarweise vektoriell zusammenfassen:

$$\dot{\mathfrak{p}} = \mathfrak{v} = \int_0^t \mathfrak{K}\,dt + \dot{\mathfrak{p}}_0 \tag{23}$$

und

$$\mathfrak{p} = \int_0^t \left(\int_0^t \mathfrak{K}\,dt \right) dt + \dot{\mathfrak{p}}_0\,t + \mathfrak{p}_0. \tag{24}$$

Wir betrachten als Beispiel den Fall, daß die Kraft $\mathfrak{K}$ von der Zeit nicht abhängt, also zeitlich und örtlich konstant ist. Dann folgt

$$\dot{\mathfrak{p}} = \mathfrak{v} = \mathfrak{K}\,t + \dot{\mathfrak{p}}_0$$

und

$$\mathfrak{p} = \frac{1}{2}\mathfrak{K}\,t^2 + \dot{\mathfrak{p}}_0\,t + \mathfrak{p}_0.$$

Wir legen das Koordinatensystem so, daß die y-Achse in die Richtung von $\mathfrak{K}$ fällt, aber entgegengesetzt orientiert ist, so daß $\mathfrak{K} = (0, -g)$ ist, wobei $g > 0$ der Betrag der Kraft ist. Wenn wir für $\mathfrak{K}$ die Schwerkraft nehmen, ist g, da wir $m = 1$ gesetzt haben, die Schwerebeschleunigung ($g = 981$ cm sec^{-2}). Wir haben also

$$\ddot{x} = 0, \quad \ddot{y} = -g;$$

es folgt

$$\dot{x} = \dot{x}_0, \quad \dot{y} = -g\,t + \dot{y}_0$$

und

$$x = \dot{x}_0\,t + x_0, \quad y = -\frac{g}{2}t^2 + \dot{y}_0\,t + y_0.$$

Wir können das Koordinatensystem noch insbesondere durch eine Parallelverschiebung so legen, daß der Punkt x_0, y_0 der Ursprung wird; dann ist in dem neuen Koordinatensystem $x_0 = y_0 = 0$ und

$$x = \dot{x}_0\,t, \quad y = -\frac{g}{2}t^2 + \dot{y}_0\,t. \tag{25}$$

Die Bewegung in der x-Richtung ist also eine gleichförmige mit der Geschwindigkeit $\dot{x}_0$. Die Bewegung in der y-Richtung setzt sich zusammen aus einer gleichförmigen mit der konstanten Geschwindigkeit $\dot{y}_0$ und aus einer beschleunigten, die mit der Beschleunigung $\ddot{y} = -g$ in der Richtung der y-Achse erfolgt. Elimination von t gibt hier in einfacher Weise die Bahnkurve in expliziter Darstellung

$$y = -\frac{g}{2\,\dot{x}_0^2}x^2 + \frac{\dot{y}_0}{\dot{x}_0}x, \tag{26}$$

also die Gleichung einer Parabel (Wurfparabel).

6. Rationale Kurven. Unter einer *rationalen Kurve* versteht man eine Kurve $\mathfrak{C}$, die eine rationale Parameterdarstellung besitzt, d. h. es ist möglich, eine Parameterdarstellung $x = \varphi(t)$, $y = \psi(t)$ von $\mathfrak{C}$ anzugeben, bei der $\varphi(t)$ und $\psi(t)$ rationale Funktionen des Parameters t sind.

So ist die Ellipse eine rationale Kurve, denn aus der oben in Ziffer 4, Beispiel 2, aufgestellten Parameterdarstellung ergibt sich mit Hilfe der Formeln (7) von § 17, 3 sofort die rationale Darstellung

$$x = a\frac{1 - u^2}{1 + u^2} \quad y = b\frac{2u}{1 + u^2}, \quad -\infty < u < +\infty. \tag{27}$$

Dasselbe gilt für die Hyperbel. Gehen wir auf die in § 18 gegebene Definition von ch t und sh t zurück, setzen aber $e^t = u$, so folgt aus der Darstellung von Beispiel 3 in Ziffer 4 die im Parameter u rationale Darstellung

$$x = \frac{a}{2}\left(u + \frac{1}{u}\right), \quad y = \frac{b}{2}\left(u - \frac{1}{u}\right), \quad 0 < u < +\infty, \quad -\infty < u < 0. \tag{28}$$

Für $u > 0$ (e^t ist immer > 0) gibt (28) ebenso wie (13) den rechten Ast; da aber die rationalen Funktionen (28) auch für $u < 0$ definiert sind, kann man auch negative Werte von u zulassen und erhält für sie den linken Ast der Hyperbel.

Als nächstes Beispiel betrachten wir noch die Kurve

$$x^3 - 3\,a\,x\,y + y^3 = 0, \tag{29}$$

die als *Cartesisches Blatt* bezeichnet wird und die in Abb. 100 dargestellte Gestalt hat. Es ist das eine algebraische Kurve dritter Ordnung mit einem Doppelpunkt im Ursprung. Allgemein heißt eine Kurve $\mathfrak{C}$ ***algebraisch von n-ter Ordnung***, wenn ihre Gleichung in die Gestalt $F(x, y) = 0$ gebracht werden kann, wo $F(x, y)$ ein Polynom n-ten Grades in den beiden Variablen x und y ist; so sind Ellipsen und Hyperbeln algebraische Kurven zweiter Ordnung, Gerade algebraische Kurven erster Ordnung. Eine Gerade $y = \alpha\,x + \beta$ schneidet eine algebraische Kurve n-ter Ordnung im allgemeinen in n Punkten, da sich durch Elimination von y aus der Kurvengleichung $F(x, y) = 0$ und der Geradengleichung $y = \alpha\,x + \beta$ eine Gleichung $F(x, \alpha\,x + \beta) = 0$ ergibt, die in x vom n-ten Grad ist und daher nach dem sogenannten Fundamentalsatz der Algebra genau n Wurzeln hat, die allerdings weder verschieden noch reell sein müssen, auch wenn alle Koeffizienten der Gleichung reell sind[1]. Schneiden wir das Cartesische Blatt mit einer Geraden $y = t\,x$ durch den Ursprung, so folgt

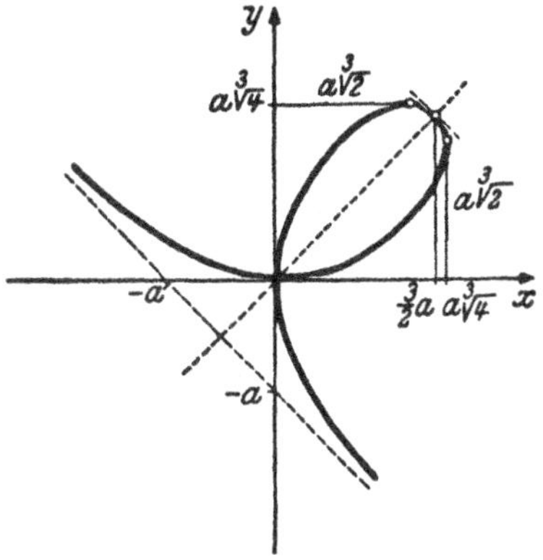

Abb. 100.

$$x^3 - 3\,a\,t\,x^2 + t^3\,x^3 = 0$$

oder

$$x^2\,[(1 + t^3)\,x - 3\,a\,t] = 0;$$

wir erhalten die Doppelwurzel $x = 0$, also den doppelt zählenden Ursprung $x = y = 0$ sowie einen weiteren Schnittpunkt mit den Koordinaten

$$x = \frac{3\,a\,t}{1 + t^3}, \quad y = t\,x = \frac{3\,a\,t^2}{1 + t^3}, \quad t \neq -1. \tag{30}$$

Lassen wir den Richtungskoeffizienten t unserer Geraden variieren (die Gerade dreht sich dabei um den Ursprung), so durchläuft der dritte Schnittpunkt P — zwei liegen ja stets im Ursprung — offenbar die ganze Kurve: Für $t = -1$ wird $x = y = \infty$, lassen wir t wachsen, so läuft P von links oben kommend auf der Kurve gegen den Ursprung, der für $t = 0$ erreicht wird; da für $t \to 0$ x von erster, y von zweiter Ordnung verschwindet, ist die x-Achse Tangente der Kurve im Ursprung. Wächst t weiter durch positive Werte von 0 gegen $+\infty$, so beschreibt P die im ersten Quadranten gelegene Schleife. Solange nämlich t positiv ist, sind auch x und y positiv, für $t \to +\infty$ wird wieder $x = y = 0$ (Doppelpunkt!) ohne daß x oder y dazwischen unendlich wurden, so daß also sowohl x als auch y (ebenso auch der Abstand $OP = \sqrt{x^2 + y^2}$) je ein Maximum haben müssen, deren Berechnung ich Ihnen überlassen will. Für $-\infty < t < -1$ läuft P dann von 0 aus nach rechts unten ($x > 0$, $y < 0$). Die Kurve besitzt eine Asymptote (Tangente im unendlichfernen Punkt $t = -1$, vgl. Band II), nämlich die Gerade $x + y + a = 0$. Sie ist eine *glatte* Kurve, aber weder geschlossen noch — wegen des Doppelpunktes im Ursprung — einfach.

Die obige Parameterdarstellung zeigt, daß auch das Cartesische Blatt eine rationale Kurve ist, und man sieht leicht ein, daß jede algebraische Kurve dritter Ordnung mit einem Doppelpunkt D rational ist, da eine Gerade durch D die Kurve stets nur noch in einem weiteren Punkt schneidet, dessen Koordinaten dann rationale Funktionen des Richtungskoeffizienten der Geraden sein müssen.

Aufgaben.

1. Ein Punkt A bewege sich mit konstanter Winkelgeschwindigkeit ω auf einem Kreis vom Radius a und ein Punkt B, der von A die feste Entfernung $b > a$ hat, auf einer Geraden durch den Mittelpunkt O des Kreises *(Schubkurbelgetriebe)*. Man bestimme die Bewegungsgleichung, die Geschwindigkeit und die Beschleunigung von B. In welchen Punkten ist die Geschwindigkeit ein Maximum?

2. Man ermittle ähnlich wie in Ziffer 4, Beispiel 4, die Parameterdarstellung der *Epizykloiden* und *Hypozykloiden*, bei denen ein Kreis auf einem anderen Kreis rollt, ohne zu

[1] Näheres darüber folgt in Kapitel VI. Die Gleichung $x^n = 0$ hat die n-fache Wurzel 0; die Gleichung $x^2 + 1 = 0$ hat nur die imaginären Wurzeln $+j$ und $-j$ ($j^2 = -1$), die Gleichung $x^4 + 2\,x^2 + 1 = 0$ hat dieselben Wurzeln, die aber doppelt zu zählen sind, so daß im ganzen vier Wurzeln vorhanden sind.

gleiten, und zwar erfolgt bei den ersteren die Berührung der beiden Kreise von außen, bei den letzteren von innen.

3. Man bestimme den Richtungskoeffizienten der Tangente der Epi- und Hypozykloide und zeige, daß die Kurvennormale (d. i. die zur Tangente im Berührungspunkte senkrechte Gerade) stets durch das Momentanzentrum, d. i. der jeweilige Berührungspunkt der beiden Kreise, geht.

4. Eine Gerade rollt, ohne zu gleiten, auf einem Kreis; welche Kurve beschreibt ein beliebiger Punkt der Geraden? Man zeige, daß die Tangente der Kurve stets auf der entsprechenden Lage der rollenden Geraden senkrecht steht.

§. 20. Unbestimmte Formen.

1. Grenzwert eines Quotienten, wenn Zähler und Nenner verschwinden (Bernoullische Regel). Die Regel für den Grenzwert eines Quotienten

$$\lim_{x\to a}\frac{f(x)}{g(x)} = \frac{\lim\limits_{x\to a} f(x)}{\lim\limits_{x\to a} g(x)}$$

von § 7, 10 gilt nur, wenn der Grenzwert des Nenners $\lim\limits_{x\to a} g(x) \neq 0$ ist. Damit ist aber nicht gesagt, daß der Quotient überhaupt keinen Grenzwert besitzt, wenn $\lim\limits_{x\to a} g(x) = 0$ ist, wie das Beispiel $\lim\limits_{x\to 0}\frac{\sin x}{x} = 1$ zeigt. Ist z. B. gleichzeitig auch $\lim\limits_{x\to a} f(x) = 0$, so kann der Quotient sehr wohl einen bestimmten (eigentlichen oder uneigentlichen) Grenzwert haben. Ich beweise zunächst den folgenden Satz:

Die beiden Funktionen $f(x)$ und $g(x)$ seien für $a < x \leqq b$ differenzierbar und $g'(x) \neq 0$ in $(a, b]$. Ferner sei

$$\lim_{x\to a+} f(x) = \lim_{x\to a+} g(x) = 0$$

und

$$\lim_{x\to a+}\frac{f'(x)}{g'(x)} = \alpha,$$

wobei der Fall $\alpha = \pm\infty$ ausdrücklich zugelassen sei. Dann ist auch

$$\boxed{\lim_{x\to a+}\frac{f(x)}{g(x)} = \alpha,} \tag{1}$$

womit natürlich zweierlei behauptet ist: erstens die Existenz des Grenzwerts links und zweitens, daß er gleich α ist.

Zum Beweis setze ich (unbeschadet einer eventuellen anderen Definition) $f(a) = g(a) = 0$; dann genügen die beiden Funktionen $f(x)$ und $g(x)$ in $[a, b]$ den Voraussetzungen des verallgemeinerten Mittelwertsatzes der Differentialrechnung (§ 12, 12):

$$\frac{f(x)}{g(x)} = \frac{f(x) - f(a)}{g(x) - g(a)} = \frac{f'(\xi)}{g'(\xi)}, \quad a < \xi < x \leqq b;$$

für die Funktion $\xi = \xi(x)$ gilt jedenfalls $\lim\limits_{x\to a+}\xi = a$. Also ist

$$\lim_{x\to a+}\frac{f(x)}{g(x)} = \lim_{x\to a+}\frac{f'(\xi)}{g'(\xi)} = \lim_{\xi\to a+}\frac{f'(\xi)}{g'(\xi)} = \alpha.$$

Der Satz gilt selbstverständlich auch für den linksseitigen Grenzwert (wenn f und g links von a differenzierbar sind) und für den Grenzwert schlechthin, sofern

$$\lim_{x \to a-} \frac{f'(x)}{g'(x)} \quad \text{bzw.} \quad \lim_{x \to a} \frac{f'(x)}{g'(x)}$$

existieren, und schließlich auch für $a = \pm\infty$, wie ich gleich zeigen werde.

Ist auch $\lim\limits_{x \to a+} f'(x) = \lim\limits_{x \to a+} g'(x) = 0$, aber $g''(x) \neq 0$ in $(a, b]$ und

$$\lim_{x \to a+} \frac{f''(x)}{g''(x)} = \alpha,$$

so ist

$$\lim_{x \to a+} \frac{f(x)}{g(x)} = \lim_{x \to a+} \frac{f''(x)}{g''(x)} = \alpha;$$

d. h. man hat allgemein in der Folge

$$\frac{f'(x)}{g'(x)}, \quad \frac{f''(x)}{g''(x)}, \quad \frac{f'''(x)}{g'''(x)}, \quad \ldots$$

den ersten Quotienten aufzusuchen, bei dem Zähler und Nenner an der Stelle a nicht beide den Grenzwert 0 haben; hat dieser Quotient den Grenzwert α, so gilt wieder (1).

Die Regel (1) wird meist als Regel von DE L'HOSPITAL bezeichnet — mit Unrecht, denn sie wurde von JOHANN BERNOULLI gefunden und von ihm DE L'HOSPITAL mitgeteilt, der sie dann veröffentlichte[1]. Ich werde daher im folgenden lieber von der *Bernoullischen Regel* sprechen.

Beispiel:

$$\lim_{x \to 0} \frac{1 - \cos x}{x^2} = \lim_{x \to 0} \frac{\sin x}{2x} = \lim_{x \to 0} \frac{\cos x}{2} = \frac{1}{2};$$

man halte sich aber bei derlei Aufgaben stets die verschiedenen Regeln für die Berechnung von Grenzwerten gegenwärtig, die ich in § 7, 10 zusammengestellt habe, und benütze die Bernoullische Regel stets erst als letztes Auskunftsmittel, wenn alle anderen versagen.

Man wird zweckmäßigerweise z. B. nicht

$$\lim_{x \to 0} \frac{\sin^3 x}{x^3} = \lim_{x \to 0} \frac{3 \sin^2 x \cos x}{3x^2} = \lim_{x \to 0} \frac{2 \sin x \cos^2 x - \sin^3 x}{2x} =$$

$$= \lim_{x \to 0} \frac{2\cos^3 x - 4 \sin^2 x \cos x - 3 \sin^2 x \cos x}{2} = 1$$

durch dreimalige Anwendung der Bernoullischen Regel rechnen, sondern einfacher unter Berücksichtigung der Stetigkeit der Potenz (Vertauschbarkeit von lim- und Funktionszeichen) in folgender Weise vorgehen:

$$\lim_{x \to 0} \frac{\sin^3 x}{x^3} = \left[\lim_{x \to 0} \frac{\sin x}{x}\right]^3 = 1.$$

Es sei nun $f'(x)$ und $g'(x)$ vorhanden, $g'(x) \neq 0$ für genügend große x und

$$\lim_{x \to +\infty} f(x) = \lim_{x \to +\infty} g(x) = 0, \quad \lim_{x \to +\infty} \frac{f'(x)}{g'(x)} = \alpha.$$

Ich behaupte, daß dann auch

$$\boxed{\lim_{x \to +\infty} \frac{f(x)}{g(x)} = \alpha}$$

[1] In „Analyse des infiniment petits pour l'intelligence des lignes courbes", 1696, dem ersten Lehrbuch der Differentialrechnung.

ist. Zum Beweis setze ich $x = \frac{1}{u}$; dann ist $\lim\limits_{x \to +\infty} u = 0$ und $u > 0$ für $x > 0$. Es folgt nach (1)

$$\lim_{x \to +\infty} \frac{f(x)}{g(x)} = \lim_{u \to 0+} \frac{f\left(\frac{1}{u}\right)}{g\left(\frac{1}{u}\right)} = \lim_{u \to 0+} \frac{f'\left(\frac{1}{u}\right) \cdot \left(-\frac{1}{u^2}\right)}{g'\left(\frac{1}{u}\right) \cdot \left(-\frac{1}{u^2}\right)} = \lim_{x \to +\infty} \frac{f'(x)}{g'(x)} = \alpha.$$

Beispiel:

$$\lim_{x \to +\infty} \frac{\frac{\pi}{2} - \arctan x}{\frac{1}{x}} = \lim_{x \to +\infty} \frac{-\frac{1}{1+x^2}}{-\frac{1}{x^2}} = 1.$$

2. Unbestimmte Formen. Man pflegt in dem eben untersuchten Fall des Grenzwerts eines Quotienten, bei dem an der fraglichen Stelle a sowohl Zähler als auch Nenner verschwinden, von einer „unbestimmten Form $\frac{0}{0}$" zu sprechen, da sich durch Einsetzen von a zunächst dieser an sich völlig sinnlose Ausdruck ergibt. Existiert der Grenzwert, so pflegt man ihn in einer noch weniger treffenden Weise den „wahren Wert der unbestimmten Form $\frac{0}{0}$" zu nennen; in Wirklichkeit handelt es sich immer um eine hebbare Unstetigkeit des Quotienten $f(x)/g(x)$. Es kann natürlich auch vorkommen, daß eine solche unbestimmte Form überhaupt keinen „Wert" hat, d. h. daß weder ein eigentlicher noch ein uneigentlicher Grenzwert existiert, wie z. B. bei $f(x) = x \sin \frac{1}{x}$, $g(x) = \sin x$ an der Stelle $x = 0$ der Fall ist. Es wird ja

$$\frac{f'(x)}{g'(x)} = \frac{\sin \frac{1}{x} - \frac{1}{x} \cos \frac{1}{x}}{\cos x}$$

und hier wird für $x \to 0$ zwar der Nenner gleich 1, während der Zähler keinen Grenzwert hat.

Es gibt noch eine Reihe anderer „unbestimmter Formen", die sich aber alle auf die Form $\frac{0}{0}$ zurückführen lassen, und zwar sind das die Formen

$$\frac{\infty}{\infty} = \lim_{x \to a} \frac{f(x)}{g(x)}, \text{ wenn } \lim_{x \to a} f(x) = \lim_{x \to a} g(x) = +\infty \text{ ist,}$$

$$0 \cdot \infty = \lim_{x \to a} [f(x)\, g(x)], \text{ wenn } \lim_{x \to a} f(x) = 0,\ \lim_{x \to a} g(x) = +\infty \text{ ist,}$$

$$1^\infty = \lim_{x \to a} f(x)^{g(x)}, \text{ wenn } \lim_{x \to a} f(x) = 1,\ \lim_{x \to a} g(x) = +\infty \text{ ist,}$$

$$0^0 = \lim_{x \to a} f(x)^{g(x)}, \text{ wenn } \lim_{x \to a} f(x) = \lim_{x \to a} g(x) = 0 \text{ ist,}$$

$$\infty^0 = \lim_{x \to a} f(x)^{g(x)}, \text{ wenn } \lim_{x \to a} f(x) = +\infty,\ \lim_{x \to a} g(x) = 0 \text{ ist und schließlich}$$

$$\infty - \infty = \lim_{x \to a} [f(x) - g(x)], \text{ wenn } \lim_{x \to a} f(x) = \lim_{x \to a} g(x) = +\infty \text{ ist.}$$

Selbstverständlich wird man sich in allen diesen Fällen auf rechts- oder linksseitige Grenzwerte zu beschränken haben, wenn die Voraussetzungen nur für diese zutreffen.

3. Der Fall $\frac{\infty}{\infty}$. Es sei zunächst

$$\lim_{x \to +\infty} f(x) = \lim_{x \to +\infty} g(x) = +\infty. \tag{3}$$

Ferner seien $f(x)$ und $g(x)$ für genügend große x, etwa für $x > b$ differenzierbar, $g'(x) \neq 0$ für $x > b$ und schließlich

$$\lim_{x \to +\infty} \frac{f'(x)}{g'(x)} = +\infty. \tag{4}$$

Ich zeige, daß für genügend große x

$$\frac{f(x)}{g(x)} > A$$

gemacht werden kann, wo $A > 0$ beliebig vorgegeben ist. Für $x > x_0 > b$ ist

$$\frac{f(x) - f(x_0)}{g(x) - g(x_0)} = \frac{f'(\xi)}{g'(\xi)}, \quad x_0 < \xi < x,$$

oder

$$\frac{f(x)}{g(x)} = \frac{f'(\xi)}{g'(\xi)} \frac{1 - \frac{g(x_0)}{g(x)}}{1 - \frac{f(x_0)}{f(x)}} \tag{5}$$

Ich wähle nun x_0 so groß, daß für alle $\xi > x_0$

$$\frac{f'(\xi)}{g'(\xi)} > 2A$$

wird, was wegen (4) sicher möglich ist. Dieses x_0 halte ich fest, dann kann ich wegen (3) noch x so groß wählen, daß der zweite Faktor auf der rechten Seite von (5) beliebig nahe an 1 kommt; es ist also sicher möglich, diesen Faktor $> \frac{1}{2}$ zu machen. Dann ist aber

$$\frac{f(x)}{g(x)} > 2A \cdot \frac{1}{2} = A$$

und daher

$$\lim_{x \to +\infty} \frac{f(x)}{g(x)} = \lim_{x \to +\infty} \frac{f'(x)}{g'(x)} = +\infty,$$

d. h. die Bernoullische Regel gilt auch für diesen Fall. Entsprechendes gilt, wenn in (4) rechts $-\infty$ steht. Gilt an Stelle von (4)

$$\lim_{x \to +\infty} \frac{f'(x)}{g'(x)} = \alpha$$

mit endlichem α, so kann ich, indem ich x_0 genügend groß wähle, erreichen, daß sich der erste Faktor auf der rechten Seite von (5) beliebig wenig von α unterscheidet; halte ich dieses x_0 wieder fest, so kann ich x so groß wählen, daß sich der zweite Faktor beliebig wenig von 1, das Produkt, d. h. $\frac{f(x)}{g(x)}$ sich also ebenfalls beliebig wenig von α unterscheidet, so daß also auch

$$\lim_{x \to +\infty} \frac{f(x)}{g(x)} = \alpha$$

ist.

Gilt schließlich

$$\lim_{x \to a+} f(x) = \lim_{x \to a+} g(x) = +\infty$$

und

$$\lim_{x \to a+} \frac{f'(x)}{g'(x)} = \alpha$$

mit beliebigem α, so setze ich $x = a + \frac{1}{u}$, $u > 0$, $\lim\limits_{x \to a+} u = +\infty$ und kann die obige Regel anwenden; es wird

$$\lim_{x \to a+} \frac{f(x)}{g(x)} = \lim_{u \to +\infty} \frac{f\left(a + \frac{1}{u}\right)}{g\left(a + \frac{1}{u}\right)} = \lim_{u \to +\infty} \frac{f'\left(a + \frac{1}{u}\right)}{g'\left(a + \frac{1}{u}\right)} = \lim_{x \to a+} \frac{f'(x)}{g'(x)} = \alpha.$$

In allen diesen Fällen gilt also die Bernoullische Regel wie im Fall $\frac{0}{0}$. Im allgemeinen empfiehlt es sich aber doch, von der Form $\frac{\infty}{\infty}$ durch die Umformung

$$\frac{f(x)}{g(x)} = \frac{\frac{1}{g(x)}}{\frac{1}{f(x)}} = \frac{\varphi(x)}{\psi(x)}$$

zur Form $\frac{0}{0}$ überzugehen, da sich bei der Differentiation die Ordnung einer Nullstelle um 1 erniedrigt, die einer ∞-Stelle aber um 1 erhöht, wie man an den typischen Fällen ($\alpha > 0$)

$$\frac{d}{dx} (x - a)^{\alpha} = \alpha \, (x - a)^{\alpha - 1},$$

$$\frac{d}{dx} \frac{1}{(x - a)^{\alpha}} = - \frac{\alpha}{(x - a)^{\alpha + 1}}$$

sofort erkennt.

Beispiel:

$$\lim_{x \to \frac{\pi}{2}} \frac{\tan x}{\frac{1}{x - \frac{\pi}{2}}} = \lim_{x \to \frac{\pi}{2}} \frac{\frac{1}{\cos^2 x}}{\frac{-1}{\left(x - \frac{\pi}{2}\right)^2}} = -\left(\lim_{x \to \frac{\pi}{2}} \frac{x - \frac{\pi}{2}}{\cos x}\right)^2 =$$

$$= -\left(\lim_{x \to \frac{\pi}{2}} \frac{1}{-\sin x}\right)^2 = -1.$$

Würde man den Ausdruck nach dem ersten Gleichheitszeichen, der die Form $\frac{\infty}{\infty}$ gibt, nach der Bernoullischen Regel weiterbehandeln, so würde sich immer wieder die Form $\frac{\infty}{\infty}$ ergeben (wie es z. B. auch bei $\lim\limits_{x \to +\infty} \frac{\operatorname{sh} x}{\operatorname{ch} x}$ der Fall ist). Besser ist es, von vornherein durch die Umformung

$$\frac{\tan x}{\frac{1}{x - \frac{\pi}{2}}} = \frac{x - \frac{\pi}{2}}{\cot x}$$

zur Form $\frac{0}{0}$ überzugehen. Man erhält dann sofort für den Grenzwert

$$\lim_{x \to \frac{\pi}{2}} \frac{x - \frac{\pi}{2}}{\cot x} = \lim_{x \to \frac{\pi}{2}} \frac{1}{-\frac{1}{\sin^2 x}} = -1.$$

4. Der Fall 0 . ∞. Ist $\lim\limits_{x\to a} f(x) = 0$, $\lim\limits_{x\to a} g(x) = +\infty$, so läßt sich das Produkt durch die Umformung $f(x)\,g(x) = \dfrac{f(x)}{\dfrac{1}{g(x)}}$ auf die Form $\dfrac{0}{0}$, durch die Umformung $f(x)\,g(x) = \dfrac{g(x)}{\dfrac{1}{f(x)}}$ auf die Form $\dfrac{\infty}{\infty}$ bringen. In der Regel wird die erste Umformung besser zum Ziel führen.

Beispiel:

$$\lim_{x\to\frac{\pi}{2}} \left[\left(x - \frac{\pi}{2}\right)\tan x\right] = \lim_{x\to\frac{\pi}{2}} \frac{x - \frac{\pi}{2}}{\cot x} = -1 \text{ wie im Beispiel von Ziffer 3.}$$

5. Die Fälle 1^∞, 0^0 und ∞^0. Ist $\lim\limits_{x\to a} f(x)^{g(x)}$ gesucht, wobei entweder $\lim\limits_{x\to a} f(x) = 1$, $\lim\limits_{x\to a} g(x) = +\infty$ oder $\lim\limits_{x\to a} f(x) = \lim\limits_{x\to a} g(x) = 0$ oder $\lim\limits_{x\to a} f(x) = +\infty$, $\lim\limits_{x\to a} g(x) = 0$ ist, so rechnet man folgendermaßen:

$$\lim_{x\to a} f(x)^{g(x)} = \lim_{x\to a} e^{g(x)\ln f(x)} = \exp\left[\lim_{x\to a} g(x)\ln f(x)\right],$$

wodurch man im Exponenten auf die Form $\infty \cdot 0$ bzw. $0 \cdot \infty$ kommt, die nach Ziffer 4 weiter zu behandeln ist.

Beispiele:

1. $\lim\limits_{x\to\frac{\pi}{2}} (\sin x)^{\tan x} = (1^\infty) = \exp \lim\limits_{x\to\frac{\pi}{2}} (\tan x \ln \sin x) = 1$, da

$$\lim_{x\to\frac{\pi}{2}} \frac{\ln \sin x}{\cot x} = \lim_{x\to\frac{\pi}{2}} \frac{\cot x}{\dfrac{-1}{\sin^2 x}} = 0 \text{ ist.}$$

2. $\lim\limits_{x\to 0+} (\sin x)^{\tan x} = (0^0) = \exp \lim\limits_{x\to 0+} (\tan x \ln \sin x) = 1$, da

$$\lim_{x\to 0+} \frac{\ln \sin x}{\cot x} = \lim_{x\to 0+} \frac{\cot x}{\dfrac{-1}{\sin^2 x}} = -\lim_{x\to 0+} \cos x \sin x = 0$$

ist; hier ist es einfacher, die Form $\dfrac{\infty}{\infty}$ herzustellen und nicht die Form $\dfrac{0}{0}$, also $\dfrac{\tan x}{\dfrac{1}{\ln \sin x}}$, die einigermaßen umständlich zu differenzieren wäre.

3. $\lim\limits_{x\to 0+} (\cot x)^{\tan x} = (\infty^0) = \lim\limits_{x\to 0+} \exp(\tan x \ln \cot x) = 1$, da $\lim\limits_{x\to 0+} (\tan x \ln \cot x) =$

$$= \lim_{x\to 0+} \frac{\ln \cot x}{\cot x} = \lim_{x\to 0+} \tan x = 0.$$

6. Der Fall ∞ — ∞. Es sei $\lim\limits_{x\to a} [f(x) - g(x)]$ gesucht, wobei $\lim\limits_{x\to a} f(x) = \lim\limits_{x\to a} g(x) = +\infty$ ist. Hier führt die Umformung

$$\lim_{x\to a} [f(x) - g(x)] = \lim_{x\to a} \frac{\dfrac{1}{g(x)} - \dfrac{1}{f(x)}}{\dfrac{1}{f(x)\,g(x)}}$$

auf die Form $\dfrac{0}{0}$. Sind $f(x)$ und $g(x)$ von vornherein als Quotienten gegeben, so wird man die Differenz auf gemeinsamen Nenner bringen und in der Regel schon dadurch die Form $\frac{0}{0}$ hergestellt haben.

Beispiel:

$$\lim_{x\to 0}\left(\frac{1}{\sin x}-\frac{1}{x}\right)=\lim_{x\to 0}\frac{x-\sin x}{x\sin x}=\lim_{x\to 0}\frac{1-\cos x}{\sin x+x\cos x}=$$

$$=\lim_{x\to 0}\frac{\sin x}{\cos x+\cos x-x\sin x}=\frac{0}{2}=0.$$

7. **Die Ordnung der Nullstellen und ∞-Stellen von Exponentialfunktion und Logarithmus.** Es ist

$$\lim_{x\to 0+}\ln x=-\infty;$$

ich bilde mit einem beliebigen $\alpha>0$ gemäß (14) von § 7, 9:

$$\lim_{x\to 0+}|x^\alpha\ln x|=\left|\lim_{x\to 0+}\frac{\ln x}{x^{-\alpha}}\right|=\left(\frac{\infty}{\infty}\right)=\lim_{x\to 0+}\frac{\frac{1}{x}}{\alpha\,x^{-\alpha-1}}=\frac{1}{\alpha}\lim_{\alpha\to 0+}x^\alpha=0.$$

Dieses Ergebnis ist recht überraschend; es besagt ja nichts anderes, als daß $\ln x$ für $x\to 0+$ *schwächer unendlich wird als jede noch so niedrige positive Potenz von* $\frac{1}{x}$. Entsprechendes gilt für die ∞-Stelle von $\ln x$ für $x\to+\infty$. Ich bilde $(\alpha>0)$

$$\lim_{x\to+\infty}\frac{\ln x}{x^\alpha}=\left(\frac{\infty}{\infty}\right)=\lim_{x\to+\infty}\frac{\frac{1}{x}}{\alpha\,x^{\alpha-1}}=\frac{1}{\alpha}\lim_{x\to+\infty}\frac{1}{x^\alpha}=0,$$

d. h. $\ln x$ *wird im Unendlichen schwächer unendlich als jede noch so niedrige positive Potenz von* x.

Gerade umgekehrt verhält sich, wie schließlich nicht anders zu vermuten, die Exponentialfunktion. Ich bilde mit einer beliebigen natürlichen Zahl n

$$\lim_{x\to+\infty}\frac{e^x}{x^n}=\left(\frac{\infty}{\infty}\right)=\lim_{x\to+\infty}\frac{e^x}{n\,x^{n-1}}=\ldots=\lim_{x\to+\infty}\frac{e^x}{n!}=+\infty,$$

d. h. e^x *wird stärker unendlich als jede noch so hohe Potenz von* x.

Statt e^x für $x\to-\infty$ untersuchen wir e^{-x} für $x\to+\infty$. Es ist

$$\lim_{x\to+\infty}x^n e^{-x}=\lim_{x\to+\infty}\frac{x^n}{e^x}=\left(\frac{\infty}{\infty}\right)=\ldots=\lim_{x\to+\infty}\frac{n!}{e^x}=0,$$

d. h. e^{-x} verschwindet für $x\to+\infty$ (oder e^x für $x\to-\infty$) *stärker als jede noch so hohe Potenz von* $\frac{1}{x}$.

Aufgaben.

1. $\lim\limits_{x\to\frac{\pi}{2}}\frac{\tan x}{\tan 3x}$;

2. $\lim\limits_{x\to 0}\left(\frac{2+\cos x}{x^3\sin x}-\frac{3}{x^4}\right)$;

3. $\lim\limits_{x\to 0}\frac{e^x-e^{-x}-2\sin x-\frac{2}{3}x^3}{x^7}$;

4. $\lim\limits_{x\to a}\frac{(x\sin^2 u+a\cos^2 u)^n-a^n}{x-a}$;

5. $\lim\limits_{x\to 1}\frac{1-(n+1)\,x^n+n\,x^{n+1}}{(1-x)^2}$;

6. $\lim\limits_{x\to+\infty}\left(\frac{\sqrt[x]{a_1}+\sqrt[x]{a_2}+\ldots+\sqrt[x]{a_n}}{n}\right)^{nx}$;

7. Aus der Formel für $\int\limits_a^b \frac{dx}{x^m}$, $m \neq 1$, $ab > 0$ die Formel für $\int\limits_a^b \frac{dx}{x}$ herzuleiten.

8. Aus der Formel für $\int \frac{dx}{(x-a)(x-b)}$ die Formel für $\int \frac{dx}{(x-a)^2}$ herzuleiten.

9. Aus der Formel für $\int\limits_a^b \frac{dx}{x^2+r^2}$ die Formel für $\int\limits_a^b \frac{dx}{x^2}$ herzuleiten.

10. Die Kurve $y = x \ln x$ zu diskutieren.

§ 21. Uneigentliche Integrale.

1. Integrale mit nicht beschränktem Integranden. Die Definition des bestimmten Integrals nach Riemann ist unter anderem an eine fundamentale Voraussetzung geknüpft, daß nämlich der Integrand $f(x)$ im Integrationsintervall $[a, b]$ *beschränkt* ist. Aber das ist keine hinreichende, sondern nur eine notwendige Bedingung; es sind keineswegs alle beschränkten Funktionen im Riemannschen Sinn integrierbar. In § 10, Ziffer 2 und 3, haben Sie zwei hinreichende Bedingungen für die Integrierbarkeit einer Funktion kennengelernt: daß $f(x)$ in $[a, b]$ entweder stückweise monoton oder stückweise stetig, aber immer beschränkt ist. Es zeigt sich nun, daß man unter bestimmten Voraussetzungen auch Integrale nicht beschränkter Funktionen in sinnvoller Weise definieren kann. Ich will das zunächst an einem Beispiel näher ausführen. Offenbar wird der einfachste Fall einer nicht beschränkten Funktion $f(x)$ vorliegen, wenn $f(x)$ in $[a, b)$ stetig und

$$\lim_{x \to b-} f(x) = \pm \infty$$

ist, $f(x)$ also an der Stelle $x = b$ unendlich wird. Eine solche Funktion ist z. B.

$$f(x) = (b - x)^{-\mu}$$

mit $\mu > 0$. Diese Funktion ist in jedem Intervall $[a, \beta]$ integrierbar, wo β eine beliebige, nur der Einschränkung $a < \beta < b$ unterworfene Zahl ist. Es wird für $\mu \neq 1$

$$\int\limits_a^\beta (b-x)^{-\mu}\, dx = -\frac{(b-\beta)^{-\mu+1}}{-\mu+1} + \frac{(b-a)^{-\mu+1}}{-\mu+1} \tag{1}$$

Lassen wir $\beta \to b$ gehen, so existiert der Grenzwert rechts, wenn $-\mu + 1 > 0$, also

$$\boxed{\mu < 1} \tag{2}$$

ist. Für diesen Grenzwert schreibt man dann

$$\int\limits_a^b (b-x)^{-\mu}\, dx = \frac{(b-a)^{1-\mu}}{1-\mu} \tag{3}$$

und man spricht von einem *konvergenten uneigentlichen Integral.* Ist $\mu > 1$, so geht die rechte Seite von (1) mit $\beta \to b -$ gegen unendlich; dasselbe gilt für $\mu = 1$, denn es wird

$$\int_a^\beta \frac{dx}{b-x} = \ln \frac{b-a}{b-\beta}$$

auch hier geht die rechte Seite für $\beta \to b -$ gegen unendlich. Die Abb. 101 zeigt den Verlauf von drei Kurven $y = (b-x)^{-\mu}$ für $\mu < 1$, $\mu = 1$, $\mu > 1$ in der Nähe von $x = b$. Man kann also selbst einem unendlich hohen Normalbereich einen Flächeninhalt zuschreiben, wenn er nur genügend schmal ist.

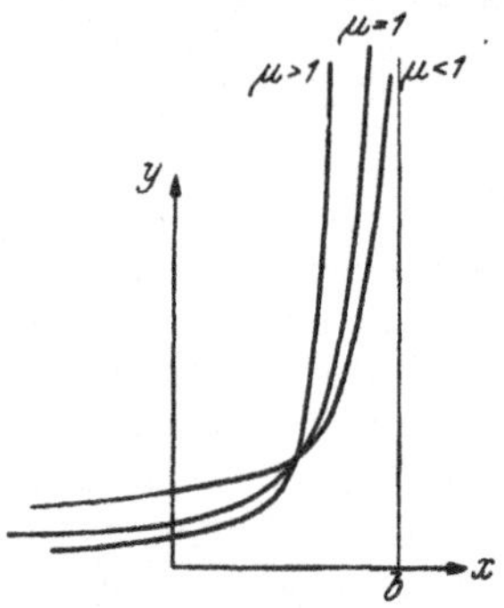

Abb. 101.

Es sei nun $f(x)$ in jedem Intervall $[a, \beta]$ mit $a < \beta < b$, aber nicht in $[a, b]$ integrierbar. Dann kann $f(x)$ in $[a, b]$ nicht beschränkt sein. Wäre das nämlich der Fall, so ließe sich sofort eine Zerlegung von $[a, b]$ angeben, deren kritische Summe (§ 9, 4) beliebig klein ist. Zunächst könnte man dann bei gegebenem $\varepsilon > 0$ die Zahl β so nahe an b wählen, daß

$$(b-\beta)\, \sigma(a, b) < \frac{\varepsilon}{2}$$

ist, wo $\sigma(a, b)$ die Schwankung von $f(x)$ in $[a, b]$ ist. Dann wäre aber auch

$$(b-\beta)\, \sigma(\beta, b) < \frac{\varepsilon}{2},$$

denn die Schwankung $\sigma(\beta, b)$ von $f(x)$ in $[\beta, b]$ kann nicht größer sein als $\sigma(a, b)$. Da weiter $f(x)$ in $[a, \beta]$ integrierbar ist, läßt sich eine Zerlegung $a = x_0, x_1, \ldots, x_{\nu-1} = \beta$ von $[a, \beta]$ angeben, so daß die zugehörige kritische Summe

$$\sum_{i=1}^{\nu-1} (x_i - x_{i-1})\, \sigma(x_{i-1}, x_i) < \frac{\varepsilon}{2}$$

ist. Damit hätten wir aber auch eine Zerlegung von $[a, b]$ mit der kritischen Summe $(x_\nu = b)$

$$\sum_{i=1}^{\nu} (x_i - x_{i-1})\, \sigma(x_{i-1}, x_i) < \frac{\varepsilon}{2} + \frac{\varepsilon}{2} = \varepsilon,$$

d. h. $f(x)$ wäre gegen die Voraussetzung in $[a, b]$ integrierbar.

Das Beispiel (1) zeigt, daß der Grenzwert

$$\lim_{\beta \to b-} \int_a^\beta f(x)\, dx = J \tag{4}$$

existieren *kann*, falls $f(x)$ in jedem Intervall $[a, \beta]$ mit $a < \beta < b$ integrierbar ist. Existiert (4) im eigentlichen Sinn, so schreibt man

$$J = \int_a^b f(x)\, dx \tag{5}$$

und nennt J ein *konvergentes uneigentliches Integral.* Existiert der Grenzwert (4) nicht, so sagt man, daß das uneigentliche Integral (5) *nicht existiert* oder *nicht konvergiert* oder *divergiert.*

Wendet man das allgemeine Konvergenzprinzip (§ 7, 7) auf die Funktion $F(\beta) = \int_a^\beta f(x)\, dx$ an, so folgt:

Satz 1: *Notwendig und hinreichend für die Konvergenz des uneigentlichen Integrals* (5) *ist, daß zu jeder Zahl* $\varepsilon > 0$ *eine Zahl* $\delta > 0$ *angegeben werden kann, so daß*

$$\left|\int_{\beta_1}^{\beta_2} f(x)\,dx\right| < \varepsilon \tag{6}$$

ist für alle Zahlen β_1 *und* β_2, *für die*

$$0 < b - \beta_2 < b - \beta_1 < \delta$$

gilt.

Mit der Abschätzung (6) kann die Feststellung der Konvergenz eines Integrals wesentlich erleichtert werden.

Entsprechend geht man vor, wenn $f(x)$ nicht in $[a, b]$, aber in jedem Intervall $[\alpha, b]$ mit $a < \alpha < b$ integrierbar ist. Im einfachsten Fall ist a eine ∞-Stelle von $f(x)$. Man definiert dann

$$\int_a^b f(x)\,dx = \lim_{\alpha \to a+} \int_\alpha^b f(x)\,dx,$$

vorausgesetzt, daß der Grenzwert rechts im eigentlichen Sinn existiert. Eine weitere Möglichkeit ist die, daß $f(x)$ wieder in $[a, b]$ nicht beschränkt ist, daß aber eine Stelle c im Innern von $[a, b]$ existiert, so daß $f(x)$ in allen Intervallen $[a, \gamma_1]$ und $[\gamma_2, b]$ integrierbar ist, für die $a < \gamma_1 < c < \gamma_2 < b$ ist; im einfachsten Fall ist dann $x = c$ eine ∞-Stelle von $f(x)$. Man definiert

$$\int_a^b f(x)\,dx = \lim_{\gamma_1 \to c-} \int_a^{\gamma_1} f(x)\,dx + \lim_{\gamma_2 \to c+} \int_{\gamma_2}^b f(x)\,dx, \tag{7}$$

vorausgesetzt, daß die Grenzwerte rechts im eigentlichen Sinn existieren[1].

2. Eine hinreichende Bedingung für die Konvergenz. Das Beispiel von Ziffer 1 legt die Vermutung nahe, daß das uneigentliche Integral (5) im Falle einer nicht negativen Funktion $f(x)$ konvergieren wird, wenn die Bildkurve $y = f(x)$ in der Nähe des Punktes $x = b$ völlig zwischen der Geraden $x = b$ und einer Kurve $y = (b - x)^{-\mu}$ mit $\mu < 1$ verlaufen wird. Dasselbe wird offenbar auch noch gelten, wenn man an Stelle der Kurve $y = (b - x)^{-\mu}$ eine Kurve $y = M(b - x)^{-\mu}$ mit $M > 0$ nimmt. Für eine *nicht negative* Funktion $f(x)$ wird also

$$0 \leqq f(x) \leqq M(b - x)^{-\mu}, \tag{8}$$

---

[1] Existieren die beiden Grenzwerte auf der rechten Seite von (7) nicht, so kann doch unter Umständen der Grenzwert ($\gamma_1 = c - \varepsilon$, $\gamma_2 = c + \varepsilon$, $\varepsilon > 0$)

$$\lim_{\varepsilon \to 0} \left[\int_a^{c-\varepsilon} f(x)\,dx + \int_{c+\varepsilon}^b f(x)\,dx\right]$$

existieren; man nennt ihn dann nach Cauchy den *Hauptwert* des uneigentlichen Integrals $\int_a^b f(x)\,dx$. Ein Beispiel dafür ist das Integral

$$\int_{-1}^{+1} \frac{dx}{x}$$

mit dem Hauptwert 0; es ist ja

$$\int_{-1}^{-\varepsilon} \frac{dx}{x} = \ln \varepsilon, \qquad \int_{\varepsilon}^{1} \frac{dx}{x} = -\ln \varepsilon.$$

d. h. genauer die Existenz von zwei Zahlen M und μ mit $M > 0$, $\mu < 1$, für die (8) gilt, eine hinreichende Bedingung für die Konvergenz des uneigentlichen Integrals (5) sein. Das ist sofort nachzuweisen: Für $a < \beta < b$ ist wegen $f(x) \geqq 0$

$$\int_a^\beta f(x)\,dx \leqq M\,\frac{(b-a)^{1-\mu}}{1-\mu}$$

und daher existiert der Grenzwert (4).

Von der Voraussetzung, daß $f(x)$ nicht negativ ist, können wir uns leicht befreien. Zunächst eine Definition: Das Integral (5) heißt *absolut konvergent*, wenn

$$\int_a^b |f(x)|\,dx \tag{9}$$

existiert. *Jedes absolut konvergente Integral ist auch schlechthin konvergent, d. h. aus der Existenz von* (9) *folgt auch die von* (5). Das folgt wegen

$$\left|\int_{\beta_1}^{\beta_2} f(x)\,dx\right| \leqq \int_{\beta_1}^{\beta_2} |f(x)|\,dx, \quad \beta_1 < \beta_2,$$

sofort aus (6). Daher gilt

Satz 2: *Ist* $\varphi(x) \geqq 0$ *in* $[a, b)$ *und*

$$|f(x)| \leqq \varphi(x),$$

so folgt aus der Konvergenz von $\int_a^b \varphi(x)\,dx$ *die von* (9) *und damit auch die (absolute) Konvergenz von* (5).

Nehmen wir insbesondere $\varphi(x) \equiv M(b-x)^{-\mu}$ mit $\mu < 1$, $M > 0$, so erhalten wir den

Satz 3: *Ist* $f(x)$ *integrierbar in jedem Intervall* $[a, \beta]$ *mit* $a < \beta < b$, *aber nicht beschränkt in* $[a, b]$, *so ist das uneigentliche Integral*

$$\int_a^b f(x)\,dx$$

absolut konvergent, wenn es zwei Zahlen μ *und* M *mit* $0 < \mu < 1$, $M > 0$ *gibt, so daß*

$$|f(x)| \leqq M(b-x)^{-\mu} \tag{10}$$

in $[a, b)$ *gilt.*

Statt der Ungleichung (10) kann man auch die Bedingung setzen, daß die Funktion

$$(b-x)^{\mu} f(x) \tag{11}$$

in $[a, b)$ beschränkt bleibt. Denn dann gibt es eine Zahl $M > 0$, so daß

$$|(b-x)^{\mu} f(x)| \leqq M$$

oder wegen $b - x > 0$ die Ungleichung (10) gilt.

Dagegen gilt

Satz 4: *Genügt* $f(x)$ *den Voraussetzungen des Satzes 3 und hat die Funktion* (11) *mit* $\mu \geqq 1$ *in* $[a, b)$ *entweder eine positive untere Grenze oder eine negative obere Grenze, so divergiert das uneigentliche Integral* (5).

Die Funktion (11) habe die untere Grenze $m > 0$. Dann ist

$$f(x) \geqq m(b - x)^{-\mu} > 0$$

in $[a, b)$ und

$$\int_a^\beta f(x)\,dx \geqq m \int_a^\beta (b - x)^{-\mu}\,dx.$$

Für $\beta \to b-$ geht aber das Integral rechts wegen $\mu \geqq 1$ gegen unendlich. Hat (11) die obere Grenze $-m' < 0$, so ist

$$f(x) \leqq -m'(b - x)^{-\mu}$$

und

$$\int_a^\beta f(x)\,dx \leqq -m' \int_a^\beta (b - x)^{-\mu}\,dx \to -\infty.$$

Die beiden letzten Sätze geben nur hinreichende, aber keine notwendigen Bedingungen. Es wird daher Fälle geben, wo sie versagen, wie z. B. für die Funktion $f(x) = \frac{1}{x} \sin \frac{1}{x}$ in $(0, b]$. Aus (11) wird hier

$$x^\mu f(x) = x^{\mu - 1} \sin \frac{1}{x};$$

diese Funktion ist für $0 < \mu < 1$ in $(0, b]$ nicht beschränkt. Trotzdem ist $\int_0^b \frac{1}{x} \sin \frac{1}{x}\,dx$ konvergent (Ziffer 4, Beispiel 7).

Ist $f(x)$ stetig in $[a, b)$, $a < b$, und b eine ∞-Stelle von $f(x)$, so gilt

Satz 5: *Das Integral* (5) *konvergiert oder divergiert, je nachdem $f(x)$ von niedrigerer oder höherer als erster Ordnung unendlich wird.*

Die Sätze 3 und 4 lassen sich ohneweiters auf den Fall übertragen, wo $f(x)$ eine endliche Zahl von ∞-Stellen im Integrationsintervall hat.

3. **Uneigentliche Integrale mit nicht beschränktem Integrationsbereich.** Es handelt sich hier um eine Verallgemeinerung des Riemannschen Integralbegriffs, die ganz anderer Art ist als die in den Ziffern 1 und 2 betrachtete. Es bestehen aber so weitgehende Analogien, daß man für beide Fälle denselben Namen verwendet.

Die Funktion $f(x)$ sei in jedem Intervall $[a, b]$ mit festem a und beliebigem $b > a$ integrierbar. Existiert dann der Grenzwert

$$\lim_{b \to +\infty} \int_a^b f(x)\,dx \tag{12}$$

im eigentlichen Sinn, so schreibt man dafür

$$\int_a^\infty f(x)\,dx \tag{13}$$

und nennt auch (13) ein *konvergentes uneigentliches Integral*. Existiert der Grenzwert (12) nicht, so sagt man, daß das uneigentliche Integral (13) *nicht existiert, nicht konvergiert* oder *divergiert*. (∞ als obere Grenze bedeutet stets $+\infty$.)

Wie in Ziffer 1 folgt aus dem allgemeinen Konvergenzprinzip von § 7, 7:

Satz 6: *Notwendig und hinreichend für die Konvergenz des uneigentlichen Integrals* (13) *ist, daß zu jeder Zahl* $\varepsilon > 0$ *eine Zahl* N *gehört, so daß*

$$\left| \int_{b_1}^{b_2} f(x)\, dx \right| < \varepsilon \tag{14}$$

ist für alle Zahlen b_1 *und* b_2, *für die*

$$N < b_1 < b_2$$

gilt.

Ganz entsprechend definiert man die uneigentlichen Integrale

$$\int_{-\infty}^{b} f(x)\, dx \tag{15}$$

und

$$\int_{-\infty}^{+\infty} f(x)\, dx, \tag{16}$$

das letztere als Summe der Grenzwerte $(-a < c < b)$[1]

$$\lim_{a \to +\infty} \int_{-a}^{c} f(x)\, dx + \lim_{b \to +\infty} \int_{c}^{b} f(x)\, dx. \tag{17}$$

Ich betrachte das uneigentliche Integral $(a > 0)$

$$\int_{a}^{\infty} x^{-\mu}\, dx, \quad \mu > 0. \tag{18}$$

Es wird $(\mu \neq 1)$

$$\int_{a}^{b} x^{-\mu}\, dx = \frac{b^{-\mu+1} - a^{-\mu+1}}{-\mu + 1}$$

und daher, wenn $\mu > 1$ ist,

$$\int_{a}^{\infty} x^{-\mu}\, dx = \frac{1}{\mu - 1}\, a^{1-\mu}.$$

Dagegen ist (18) divergent, wenn $\mu < 1$ ist; für $\mu = 1$ erhalten wir

$$\int_{a}^{b} \frac{dx}{x} = \ln \frac{b}{a} \to +\infty,$$

also ebenfalls Divergenz.

Das Integral (13) heißt *absolut konvergent*, wenn

$$\int_{a}^{\infty} |f(x)|\, dx \tag{19}$$

---

[1] Nimmt man hier $b = a$, so kann der Grenzwert

$$\lim_{a \to +\infty} \int_{-a}^{+a} f(x)\, dx$$

unter Umständen existieren, auch wenn die beiden Grenzwerte (17) nicht existieren. Man nennt ihn dann wieder den *Cauchyschen Hauptwert* des uneigentlichen Integrals (16) (vgl. die Fußnote Seite 229).

existiert; wie in Ziffer 2 kann man zeigen, daß jedes absolut konvergente Integral auch schlechthin konvergent ist, d. h. daß aus der Existenz von (19) die von (13) folgt. Entsprechendes gilt für die Integrale (15) und (16) Also gilt

Satz 7: *Ist für* $x \geqq a$

$$|f(x)| \leqq \varphi(x),$$

so folgt aus der Konvergenz von $\int\limits_a^\infty \varphi(x)\,dx$ *die absolute Konvergenz von* (13).

Für $\varphi(x) = M\,x^{-\mu}$, $M > 0$, $\mu > 1$ folgt daraus

Satz 8: *Ist* $f(x)$ *in jedem Intervall* $[a, b]$ *mit festem* a *und* b, $b > a > 0$, *integrierbar und gibt es zwei Zahlen* $\mu > 1$ *und* $M > 0$, *so daß für* $x \geqq a$

$$|f(x)| \leqq M\,x^{-\mu} \tag{20}$$

gilt, so ist das uneigentliche Integral (13) *absolut konvergent.*

An Stelle der Ungleichung (20) kann man wieder die Bedingung setzen, daß die Funktion

$$x^{\mu} f(x) \tag{21}$$

mit $\mu > 1$ für $x \geqq a > 0$ beschränkt ist.

Wie in Ziffer 2 zeigt man

Satz 9: *Ist* $f(x)$ *in jedem Intervall* $[a, b]$ *mit festem* a *und* $b > a > 0$ *integrierbar und hat die Funktion* (21) *mit* $\mu \leqq 1$ *für* $x \geqq a$ *entweder eine positive untere oder eine negative obere Grenze, so ist das uneigentliche Integral* (13) *divergent.*

Ist $f(x)$ stetig für $x \geqq a$, so gilt

Satz 10: *Das uneigentliche Integral* (13) *konvergiert (divergiert), wenn* $f(x)$ *im Unendlichen von höherer (niedrigerer) als erster Ordnung verschwindet.*

Die Sätze 8 bis 10 geben wieder nur hinreichende, aber keine notwendigen Bedingungen; sie werden daher in manchen Fällen versagen, z. B. bei dem konvergenten Integral $\int\limits_0^\infty f(x)\,dx$ mit $f(x) = \frac{\sin x}{x}$ für $x > 0$, $f(0) = 1$. In der Tat ist hier die Funktion (21), d. h. $x^{\mu-1} \sin x$ weder für $\mu > 1$ beschränkt, noch hat sie für $\mu \leqq 1$ eine positive untere oder eine negative obere Grenze. In diesem und manchen anderen Fällen hilft der folgende

Satz 11: *Es sei* $g(x)$ *in jedem Intervall* $[a, b]$ *mit festem* a *und beliebigem* $b > a$ *integrierbar,* $f(x)$ *monoton für* $x \geqq a$, *ferner die Funktion*

$$G(x) = \int\limits_a^x g(x)\,dx$$

für $x \geqq a$ *beschränkt und schließlich*

$$\lim_{x \to +\infty} f(x) = 0. \tag{22}$$

Dann ist das uneigentliche Integral

$$\int\limits_a^\infty f(x)\,g(x)\,dx \tag{23}$$

konvergent.

Zum Beweis sei $\{a_\nu\}$ eine beliebige steigende und bestimmt divergente Folge mit $a_0 = a$ und

$$\left| \int_a^x g(x)\, dx \right| < M. \tag{24}$$

Ich zeige, daß die Folge mit dem allgemeinen Glied

$$U_\nu = \int_a^{a_\nu} f(x)\, g(x)\, dx$$

konvergiert. Wegen (22) ist bei beliebigem $\varepsilon > 0$ für alle hinreichend großen ν

$$|f(a_\nu)| < \frac{\varepsilon}{4M}.$$

Es sei $\mu > \nu$. Auf

$$U_\mu - U_\nu = \int_{a_\nu}^{a_\mu} f(x)\, g(x)\, dx$$

wende ich den zweiten Mittelwertsatz (§ 14, 8) an. Es folgt mit $a_\nu < b_n < a^\mu$

$$U_\mu - U_\nu = f(a_\nu) \int_{a_\nu}^{b_n} g(x)\, dx + f(a_\mu) \int_{b_n}^{a_\mu} g(x)\, dx.$$

Wegen (24) ist ($\alpha \geqq a$, $\beta \geqq a$)

$$\left| \int_\alpha^\beta g(x)\, dx \right| = \left| \int_a^\beta g(x)\, dx - \int_a^\alpha g(x)\, dx \right| < 2M$$

und daher

$$|U_\mu - U_\nu| < \frac{\varepsilon}{4M}\, 2M + \frac{\varepsilon}{4M}\, 2M = \varepsilon,$$

d. h. die Folge $\{U_\nu\}$ und damit auch das Integral (23) konvergiert.

Die Gültigkeit der verschiedenen Rechenregeln für bestimmte Integrale von § 14, insbesondere der Regeln für die Transformation und für die partielle Integration läßt sich ohne weiteres auf konvergente uneigentliche Integrale ausdehnen.

4. Beispiele.

1. $\displaystyle\int_0^\infty \frac{dx}{1 + x^2} = \lim_{b \to +\infty} \arctan b = \frac{\pi}{2}.$

2. $\displaystyle\int_0^\infty e^{-x^2}\, dx$ ist konvergent, denn $x^\mu e^{-x^2}$ ist sogar für beliebig großes $\mu > 1$ beschränkt (§ 20,7). Über die Berechnung dieses Integrals vgl. § 23,4.

Häufig gelingt es, konvergente uneigentliche Integrale durch geeignete Substitutionen in gewöhnliche Riemannsche Integrale zu verwandeln:

3. Setzt man $x = \sin u$, so wird

$$\int_0^1 \frac{dx}{\sqrt{1 - x^2}} = \int_0^{\frac{\pi}{2}} du = \frac{\pi}{2}.$$

4. Setzt man $\frac{1}{x} = u$, so wird $(a > 0)$

$$\int_a^\infty \frac{dx}{x^2} = -\int_{\frac{1}{a}}^0 du = \frac{1}{a}.$$

5. Setzt man $x = \tan u$, so wird

$$\int_0^\infty \frac{dx}{1 + x^2} = \int_0^{\frac{\pi}{2}} du = \frac{\pi}{2}.$$

6. Das für $z > 0$ konvergente uneigentliche Integral

$$\Gamma(z) = \int_0^\infty x^{z-1}\, e^{-x}\, dx$$

ist eine stetige Funktion der Variablen z, die als *Gammafunktion* oder *Eulersches Integral zweiter Art* bezeichnet wird. Sie spielt in der höheren Analysis eine große Rolle. Partielle Integration mit $u = x^{z-1}$, $dv = e^{-x}\, dx$ gibt

$$\Gamma(z) = -\left[x^{z-1}\, e^{-x}\right]_0^\infty + (z-1)\int_0^\infty x^{z-2}\, e^{-x}\, dx.$$

Der Ausdruck in der Klammer verschwindet für $x = 0$, nach § 20, 7 aber auch für $x \to +\infty$. Damit haben wir die Rekursionsformel

$$\boxed{\Gamma(z) = (z-1)\,\Gamma(z-1).}$$

Ist $z = n$ positiv ganz, so folgt durch wiederholte Anwendung

$$\Gamma(n) = (n-1)(n-2)\ldots 1 = (n-1)!$$

man schreibt daher neuerdings statt $\Gamma(z)$ einfach $(z-1)!$ auch wenn z eine beliebige reelle oder komplexe Veränderliche ist und sagt statt Gammafunktion einfach *Fakultät*. Das Integral $\Gamma(z)$ gibt also eine Verallgemeinerung der zunächst nur für positive ganze Werte von z definierten Fakultät $(z-1)!$ für beliebige reelle $z > 0$.

7. Bei dem Integral

$$J = \int_0^\infty \frac{1}{x} \sin\frac{1}{x}\, dx,$$

das in doppelter Hinsicht ein uneigentliches ist (in der Umgebung von $x = 0$ ist der Integrand nicht beschränkt), versagen alle Konvergenzkriterien von Ziffer 2. Die Substitution $x = \frac{1}{u}$ gibt

$$J = -\int_\infty^0 u \sin u\, \frac{1}{u^2}\, du = \int_0^\infty \frac{\sin u}{u}\, du;$$

erklärt man $\left(\frac{\sin u}{u}\right)_{u=0} = 1$, so daß $\frac{\sin u}{u}$ auch für $u = 0$ stetig ist, so gibt die untere Grenze keine Schwierigkeit mehr. Dagegen versagen die Kriterien von Satz 8 und 9, während aus Satz 11 die Konvergenz folgt, wenn man $f(u) = \frac{1}{u}$, $g(u) = \sin u$ nimmt. Eine Berechnung folgt in Band II.

Aufgaben.

1. Man berechne $\int_0^\infty \frac{x^m}{(1+x)^n}\, dx$ für $m < n - 1$.

2. $\int\limits_0^\infty x e^{-x^2} dx$, $\int\limits_0^\infty x^{2n+1} e^{-x^2} dx$, $n \geqq 0$, ganz.

3. $\int\limits_0^1 x^n \ln x\, dx$, $n > 0$; 4. $\int\limits_0^a \frac{dx}{\sqrt{a^2 - x^2}}$, $(a > 0,\ a < 0)$; 5. $\int\limits_0^\infty \frac{dx}{a^2 + b^2 x^2}$;

6. $\int\limits_0^\infty e^{-ax} \cos bx\, dx$ und $\int\limits_0^\infty e^{-ax} \sin bx\, dx$, $a > 0$. 7. $\int\limits_1^2 \frac{dx}{\sqrt{(2-x)(x-1)}}$

§ 22. Die Taylorsche Formel.

1. Die Taylorsche Formel für ein Polynom. Diese Formel ist eine sehr weitgehende Verallgemeinerung des Mittelwertsatzes der Differentialrechnung und stellt einen der wichtigsten Sätze der ganzen Analysis dar. Ich leite sie zunächst für ein Polynom

$$f(x) = a_0 + a_1 x + a_2 x^2 + \dots + a_n x^n \tag{1}$$

vom Grad n ($a_n \neq 0$) her. Durch wiederholte, im ganzen n-malige Differentiation ergibt sich

$$\begin{aligned} f'(x) &= a_1 + 2a_2 x + 3a_3 x^2 + \dots + n a_n x^{n-1}, \\ f''(x) &= 2a_2 + 3 \cdot 2 a_3 x + \dots + n(n-1) a_n x^{n-2}, \\ f'''(x) &= 3 \cdot 2 a_3 + \dots + n(n-1)(n-2) a_n x^{n-3}, \\ &\dots\dots\dots\dots \\ f^{(n)}(x) &= n(n-1) \dots 3 \cdot 2 \cdot a_n. \end{aligned}$$

Setzt man hier überall $x = 0$, so ergeben sich Beziehungen zwischen den Koeffizienten a_k und den Ableitungen von $f(x)$ an der Stelle $x = 0$:

$$f(0) = a_0,\ f'(0) = a_1,\ f''(0) = 2 \cdot a_2,\ f'''(0) = 3 \cdot 2 \cdot a_3,\ \dots$$
$$\dots,\ f^{(n)}(0) = n(n-1) \dots 3 \cdot 2 \cdot a_n$$

oder allgemein

$$f^{(k)}(0) = k!\, a_k,$$

woraus

$$a_k = \frac{1}{k!} f^{(k)}(0), \quad k = 0, 1, 2, \dots, n$$

und durch Einsetzen in (1)

$$\boxed{f(x) = f(0) + \frac{x}{1!} f'(0) + \frac{x^2}{2!} f''(0) + \dots + \frac{x^n}{n!} f^{(n)}(0)} \tag{2}$$

folgt. Mit Hilfe des Summenzeichens kann man (2) kurz

$$f(x) = \sum_{k=0}^{n} \frac{x^k}{k!} f^{(k)}(0) \tag{3}$$

schreiben, womit die *Taylorsche Formel für Polynome*[1] bereits gewonnen ist. Setzt man $x = x_0 + h$ mit festem x_0 und variablem h, so ist $f(x) = f(x_0 + h) =$

[1] Brook Taylor, englischer Mathematiker, geb. 1685 in Edmonton, gest. 1731 in London.

$= g(h)$ ein Polynom in h und durch Anwendung der Taylorschen Formel (3) auf $g(h)$ folgt

$$g(h) = \sum_{k=0}^{n} \frac{h^k}{k!} g^{(k)}(0).$$

Nun ist aber $g(0) = f(x_0)$, $g'(0) = f'(x_0)$, ..., $g^{(n)}(x_0) = f^{(n)}(x_0)$, also, wenn wir $g(h)$ überall durch $f(x_0 + h)$ ersetzen,

$$f(x_0 + h) = \sum_{k=0}^{n} \frac{h^k}{k!} f^{(k)}(x_0)$$

oder ausführlicher

$$\boxed{f(x_0 + h) = f(x_0) + \frac{h}{1!} f'(x_0) + \frac{h^2}{2!} f''(x_0) + \dots + \frac{h^n}{n!} f^{(n)}(x_0).} \tag{4}$$

Damit sind wir zu einer allgemeineren Gestalt der Taylorschen Formel gelangt, welche sich auf den beliebigen Ausgangspunkt x_0 und nicht auf den speziellen Wert 0 bezieht. Wir können sie in eine dritte Gestalt bringen, wenn wir wieder $h = x - x_0$ einsetzen:

$$\boxed{f(x) = f(x_0) + \frac{x - x_0}{1!} f'(x_0) + \frac{(x - x_0)^2}{2!} f''(x_0) + \dots + \frac{(x - x_0)^n}{n!} f^{(n)}(x_0).} \tag{5}$$

2. Die Taylorsche Formel für eine beliebige Funktion. Es sei nun $f(x)$ eine beliebige, in der Umgebung $\mathfrak{U}(x_0)$ einer Stelle x_0 mindestens $(n + 1)$-mal ($n \geqq 1$) differenzierbare Funktion.

Der Mittelwertsatz der Differentialrechnung (§ 12, 10 und 11) in der Gestalt

$$f(x_0 + h) = f(x_0) + h\, f'(x_0 + \vartheta h), \quad 0 < \vartheta < 1$$

läßt sich auch folgendermaßen formulieren: Wenn man die Funktion $f(x) = f(x_0 + h)$ durch die Konstante $f(x_0)$ ersetzt (was man natürlich nur für kleine h machen wird), so begeht man — abgesehen vom Vorzeichen — den Fehler

$$R_0 = h\, f'(x_0 + \vartheta h), \quad 0 < \vartheta < 1.$$

Unsere Untersuchungen über die Beziehung zwischen Differenzenquotient und Ableitung haben uns zu der Formel (8) von § 11, d. h.

$$f(x_0 + h) = f(x_0) + h\, f'(x_0) + \varepsilon\, h$$

geführt, wobei das Zusatzglied

$$R_1 = \varepsilon\, h$$

den (negativ genommenen) Fehler darstellt, den man begeht, wenn man

$$f(x_0 + h) \approx f(x_0) + h\, f'(x_0)$$

setzt. Über das Zusatzglied oder, wie wir hier lieber sagen wollen, das *Restglied* $R_1 = \varepsilon\, h$ wissen wir dabei nur, daß $\lim\limits_{h \to 0} \varepsilon = 0$ ist.

In beiden Fällen wird die Funktion $f(x)$ in der Nähe von x_0 durch ein Polynom ersetzt, das im ersten Fall konstant, d. h. vom Grad 0, und im zweiten Fall linear, d. h. vom Grad 1 ist. Der dabei begangene Fehler ist durch das Restglied R_0 bzw. R_1 gegeben und läßt sich mittels dieses Restgliedes abschätzen. Es liegt nun nahe, zu versuchen, diesen Gedanken zu verallgemeinern und die Funktion $f(x)$ in der Umgebung einer Stelle x_0 durch ein Polynom von beliebigem Grad n zu ersetzen und den dabei entstehenden Fehler durch einen geeigneten Ausdruck, das Restglied, abzuschätzen. Eine derartige Darstellung der Funktion verspricht jedenfalls große Vorteile für das numerische Rechnen, denn es ist zu erwarten, daß man, wenn man den Grad des Ersatzpolynoms hinreichend groß wählt, eine beliebige Genauigkeit der Approximation erreichen kann, und außerdem rechnet man mit Polynomen als den einfachsten Funktionen, die uns überhaupt zur Verfügung stehen, besonders bequem. Über eine weitere Anwendung der Taylorschen Formel, die von weittragender prinzipieller Bedeutung für die ganze Analysis ist, werde ich in § 37, 4 sprechen.

Die beiden oben erwähnten Darstellungen von $f(x)$ durch eine Konstante und durch ein lineares Polynom einerseits und die Darstellung eines Polynoms durch die in Ziffer 1 hergeleitete Taylorsche Formel für Polynome anderseits geben uns einen wertvollen Anhaltspunkt dafür, wie wir unsere Aufgabe anzupacken haben. Wenn wir nämlich in der für ein Polynom $\varphi(x)$ angeschriebenen Formel (4), d. h. in

$$\varphi(x) = \varphi(x_0 + h) = \sum_{k=0}^{n} \frac{h^k}{k!} \varphi^{(k)}(x_0),$$

auf der rechten Seite $\varphi^{(k)}(x_0)$ durch die Ableitungen der beliebigen, nur den am Beginn dieser Ziffer angegebenen Voraussetzungen genügenden Funktion $f(x)$ ersetzen, so können wir vermuten, dadurch ein brauchbares Ersatzpolynom

$$\boxed{\varphi(x) = \sum_{k=0}^{n} \frac{h^k}{k!} f^{(k)}(x_0)} \tag{6}$$

für die Funktion $f(x)$ gefunden zu haben. Man nennt $\varphi(x)$ das *Taylorpolynom* n-ten Grades der Funktion $f(x)$ im Punkt x_0. Jedenfalls ist

$$f^{(k)}(x_0) = \varphi^{(k)}(x_0), \qquad k = 0, 1, \ldots, n, \tag{7}$$

wie aus Ziffer 1 unmittelbar folgt. Bezeichnen wir den (negativ genommenen) Fehler, den wir begehen, wenn wir $f(x)$ durch $\varphi(x)$ ersetzen, mit R_n, so ist also

$$\boxed{f(x) = f(x_0 + h) = f(x_0) + h\, f'(x_0) + \frac{h^2}{2!} f''(x_0) + \ldots + \frac{h^n}{n!} f^{(n)}(x_0) + R_n.} \tag{8}$$

Diese Formel stimmt einerseits für $n = 0$ und $n = 1$ mit den beiden oben gegebenen Ausdrücken überein, anderseits aber auch mit der Taylorschen Formel für Polynome von Ziffer 1, wo dann $R_n = 0$ ist.

Formal ist (8) bereits die allgemeine Taylorsche Formel für eine beliebige Funktion $f(x)$; es ist jedoch noch das *Restglied* R_n in eine für die Fehlerabschätzung brauchbare Gestalt zu bringen.

3. **Darstellung des Restgliedes durch ein Integral.** Ich schreibe zu diesem Zweck (8) in etwas veränderter Gestalt nochmals an, indem ich x_0 durch t und h durch $x - t$ ersetze. Das Restglied R_n wird dabei jedenfalls eine Funktion

$$R_n = R_n(x, t)$$

von x und t sein. Aus (8) folgt dann

$$f(x) = f(t) + \frac{x-t}{1!} f'(t) + \frac{(x-t)^2}{2!} f''(t) + \ldots + \frac{(x-t)^n}{n!} f^{(n)}(t) + R_n(x, t). \tag{9}$$

Halten wir hier zunächst x fest und sehen wir dafür t als Variable an — was jedenfalls zulässig ist, wenn t auf das (festgehaltene) offene Intervall $\mathfrak{U}$ (Ziff. 2) beschränkt wird — und bilden wir beiderseits die Ableitung nach der Variablen t, so erhalten wir (man beachte, daß auf der rechten Seite vom zweiten Glied an überall Produkte stehen)

$$0 = f'(t) - f'(t) + \frac{x-t}{1!} f''(t) - \frac{x-t}{1!} f''(t) + \frac{(x-t)^2}{2!} f'''(t) - + \cdots$$

$$\cdots + \frac{(x-t)^n}{n!} f^{(n+1)}(t) + R_n'(x, t)$$

(wobei die Striche Ableitungen nach t bedeuten) oder, da sich rechts je zwei aufeinanderfolgende Glieder bis auf die beiden letzten gegenseitig aufheben

$$R_n'(x, t) = -\frac{(x-t)^n}{n!} f^{(n+1)}(t); \tag{10}$$

da aber für $t = x$

$$R_n(x, x) = 0$$

ist, wie man aus der Darstellung (9) von $f(x)$ unmittelbar entnehmen kann, folgt durch Integration von (10)

$$R_n = R_n(x, t) = -\frac{1}{n!} \int_x^t (x-t)^n f^{(n+1)}(t)\, dt.$$

Wenn wir hier wieder $x = x_0 + h$, die obere Grenze $t = x_0$ setzen und dann die Substitution $t = x_0 + u$ durchführen, so folgt

$$\boxed{R_n = \frac{1}{n!} \int_0^h (h-u)^n f^{(n+1)}(x_0 + u)\, du,} \tag{11}$$

eine Integraldarstellung des Restgliedes R_n.

4. **Abschätzung des Restgliedes.** Man kann nun mit Hilfe des verallgemeinerten ersten Mittelwertsatzes der Integralrechnung (§ 10, 4) aus der Integraldarstellung (11) andere Darstellungen des Restgliedes gewinnen, die in vielen Fällen unmittelbar zur Fehlerabschätzung geeignet sind. Allerdings setzt die Anwendung des Mittelwertsatzes der Integralrechnung voraus, daß $f^{(n+1)}(x)$ in der Umgebung von x_0 stetig ist. Ohne diese Voraussetzung kommt man aus, wenn man auf die Funktion

$$\varphi(t) = f(t) + \frac{x-t}{1!} f'(t) + \cdots + \frac{(x-t)^n}{n!} f^{(n)}(t)$$

oder nach (9)

$$\varphi(t) = f(x) - R_n(x, t)$$

und eine beliebige, in $x_0 \leqq t \leqq x$ (oder $x \leqq t \leqq x_0$) differenzierbare Funktion $\psi(t)$ mit $\psi'(t) \neq 0$ in (x_0, x) oder (x, x_0) den verallgemeinerten Mittelwertsatz der Differentialrechnung (§ 12, 12 mit $a = x_0$, $b = x$, $h = x - x_0$)

$$\frac{\varphi(x) - \varphi(x_0)}{\psi(x) - \psi(x_0)} = \frac{\varphi'(x_0 + \vartheta h)}{\psi'(x_0 + \vartheta h)}, \quad 0 < \vartheta < 1$$

anwendet. Wegen

$$\varphi'(t) = \frac{(x-t)^n}{n!} f^{(n+1)}(t)$$

und

$$\varphi(x) = f(x)$$

gibt das

$$R_n(x, x_0) = \frac{\psi(x) - \psi(x_0)}{\psi'(x_0 + \vartheta h)} \frac{h^n}{n!} (1 - \vartheta)^n f^{(n+1)}(x_0 + \vartheta h), \quad 0 < \vartheta < 1, \tag{12}$$

eine von SCHLÖMILCH angegebene Gestalt des Restgliedes.

Setzt man hier

$$\psi(t) = (x - t)^{n+1}, \qquad \psi'(t) = -(n+1)(x-t)^n,$$

so wird

$$\psi(x) = 0, \quad \psi(x_0) = h^{n+1}, \quad \psi'(x_0 + \vartheta h) = -(n+1) h^n (1 - \vartheta)^n$$

und aus (12) folgt

$$\boxed{R_n = \frac{h^{n+1}}{(n+1)!} f^{(n+1)}(x_0 + \vartheta h), \quad 0 < \vartheta < 1,} \tag{13}$$

eine von LAGRANGE herrührende, für die Fehlerabschätzung besonders gut geeignete Gestalt des Restgliedes, die für $n = 0$ in das Restglied

$$R_0 = h f'(x_0 + \vartheta h), \quad 0 < \vartheta < 1$$

des Mittelwertsatzes übergeht und für $n = 1$ einen neuen Ausdruck für das Zusatzglied

$$R_1 = \varepsilon h = \frac{h^2}{2} f''(x_0 + \vartheta h), \quad 0 < \vartheta < 1$$

ergibt.

Setzen wir in (12) jedoch

$$\psi(t) = t,$$

so folgt

$$\boxed{R_n = \frac{h^{n+1}}{n!} (1 - \vartheta)^n f^{(n+1)}(x_0 + \vartheta h), \quad 0 < \vartheta < 1,} \tag{14}$$

eine Gestalt des Restgliedes, die von CAUCHY stammt, aber weniger handlich ist und daher auch seltener verwendet wird als die Lagrangesche Formel.

Ersetzen wir in (8) wieder h durch $x - x_0$ und führen wir in (11) die Veränderliche $t = x_0 + u$ ein, so folgt

$$f(x) = f(x_0) + \frac{x - x_0}{1!} f'(x_0) + \frac{(x - x_0)^2}{2!} f''(x_0) + \dots + \frac{(x - x_0)^n}{n!} f^{(n)}(x_0) + R_n \tag{15}$$

mit

$$R_n = \frac{1}{n!} \int_{x_0}^{x} (x - t)^n f^{(n+1)}(t)\, dt, \tag{16}$$

bzw. in der Lagrangeschen Gestalt

$$R_n = \frac{(x - x_0)^{n+1}}{(n+1)!} f^{(n+1)}(x_0 + \vartheta(x - x_0)), \quad 0 < \vartheta < 1. \tag{17}$$

Für $x_0 = 0$ ergibt sich daraus die speziellere Gestalt

$$f(x) = f(0) + \frac{x}{1!} f'(0) + \frac{x^2}{2!} f''(0) + \dots + \frac{x^n}{n!} f^{(n)}(0) + R_n \tag{18}$$

mit

$$R_n = \frac{1}{n!} \int_0^x (x - t)^n f^{(n+1)}(t)\, dt, \tag{19}$$

bzw.

$$R_n = \frac{x^{n+1}}{(n+1)!} f^{(n+1)}(\vartheta x), \quad 0 < \vartheta < 1. \tag{20}$$

Diese beiden Ausdrücke für R_n dienen zur Abschätzung des Fehlers, den man begeht, wenn man näherungsweise

$$f(x) \approx f(0) + \frac{x}{1!} f'(0) + \frac{x^2}{2!} f''(0) + \ldots + \frac{x^n}{n!} f^{(n)}(0)$$

setzt. (18) wird vielfach als Formel von MACLAURIN bezeichnet, doch scheint es kaum gerechtfertigt, eine derart simple Spezialisierung durch einen eigenen Namen auszuzeichnen.

5. **Die Gestalt einer Kurve in der Umgebung eines Punktes.** Es sei $\mathfrak{C}$ die Bildkurve einer mindestens m-mal *stetig* differenzierbaren Funktion $y = f(x)$

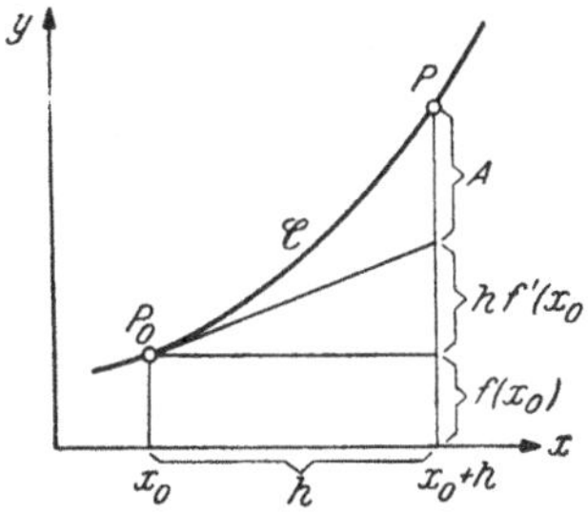

Abb. 102.

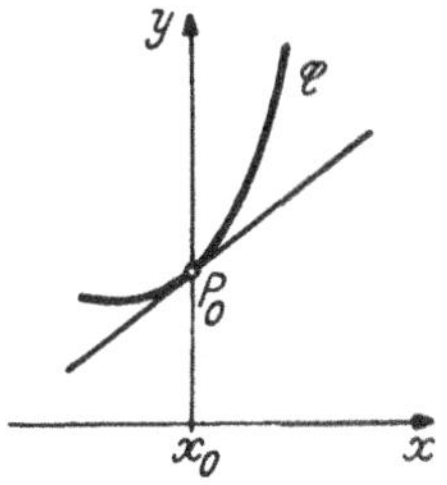

Abb. 103.

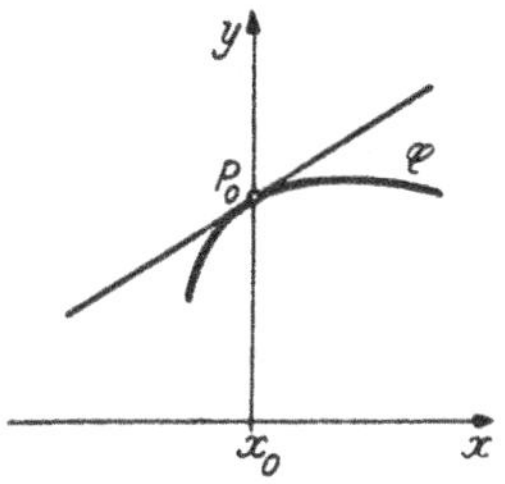

Abb. 104.

und P_0 ein beliebiger Punkt mit den Koordinaten x_0 und $y_0 = f(x_0)$. Außerdem sei an der Stelle x_0

$$f^{(m)}(x_0) \neq 0,$$

aber, falls $m > 2$ ist,

$$f''(x_0) = f'''(x_0) = \ldots = f^{(m-1)}(x_0) = 0.$$

Über die Werte von $f(x_0)$ und $f'(x_0)$ ist nichts vorausgesetzt, sie können ganz beliebig sein.

Nach (8) und (13) ist dann

$$A = f(x_0 + h) - f(x_0) - h\, f'(x_0) = R_{m-1} = \frac{h^m}{m!} f^{(m)}(x_0 + \vartheta h), \quad 0 < \vartheta < 1.$$

Da $f^{(m)}(x_0) \neq 0$ und $f^{(m)}(x)$ stetig in einer Umgebung $|h| = |x - x_0| < \delta$ ist, können wir δ so klein wählen, daß für $|h| < \delta$

$$\operatorname{sign} f^{(m)}(x_0 + \vartheta h) = \operatorname{sign} f^{(m)}(x_0)$$

ist. Dann ist aber

$$\operatorname{sign} A = \operatorname{sign} h^m \operatorname{sign} f^{(m)}(x_0). \tag{21}$$

Wir wollen uns die Verhältnisse an Hand der Abb. 102 geometrisch veranschaulichen. A ist der Abstand des Kurvenpunktes P von dem Punkt der Tangente in P_0, der dieselbe Abszisse $x_0 + h$ hat wie P; dabei ist A positiv oder negativ, je nachdem P oberhalb der Tangente in P_0 oder unterhalb liegt. Die Gestalt der Kurve $\mathfrak{C}$ in der Umgebung des Punktes P_0 ist offenbar vom Vorzeichen von A abhängig: Ist A links und rechts von P_0 positiv, d. h. für negative und positive h, so liegt die Kurve $\mathfrak{C}$ *oberhalb der Tangente* in P_0; ist A links und rechts von P_0 negativ, so liegt $\mathfrak{C}$ *unterhalb der Tangente* in P_0. Wechselt aber A mit h sein Vorzeichen, so *durchsetzt* $\mathfrak{C}$ *die Tangente in* P_0, $\mathfrak{C}$ hat in P_0 einen *Wendepunkt*. Welcher dieser Fälle eintritt, hängt vom Vorzeichen von $f^{(m)}(x_0)$ ab, der Ableitung niedrigster, aber höherer als erster Ordnung, die in P_0 nicht verschwindet, und davon, ob m gerade oder ungerade ist.

Ist m gerade, so ist stets $h^m \geqq 0$ ($= 0$ nur in P_0), das Vorzeichen von A ist also von h unabhängig, d. h. die Kurve $\mathfrak{C}$ liegt ganz auf einer Seite der Tangente in P_0 und zwar oberhalb oder unterhalb, je nachdem $f^{(m)}(x_0) > 0$ oder $f^{(m)}(x_0) < 0$ ist (Abb. 103 und 104).

Ist m ungerade, so ist $h^m > 0$ für $h > 0$ und $h^m < 0$ für $h < 0$. A wechselt zugleich mit h sein Zeichen und die Kurve $\mathfrak{C}$ durchsetzt die Tangente in P_0, $\mathfrak{C}$ hat in P_0 einen Wendepunkt; je nach dem Vorzeichen von $f^{(m)}(x_0)$ ergeben sich die beiden in Abb. 105 und 106 dargestellten Fälle.

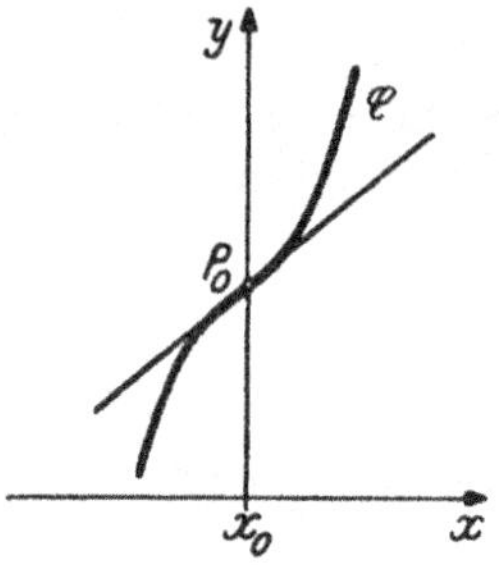

Abb. 105.

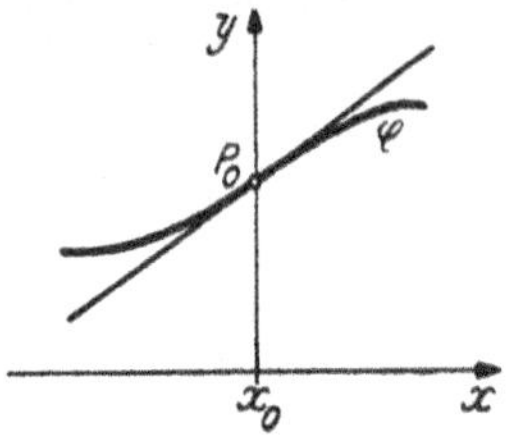

Abb. 106.

Wenn ein Punkt P eine Kurve $\mathfrak{C}$ etwa im Sinn wachsender x durchläuft, so dreht sich die Tangente an $\mathfrak{C}$ in P dabei in positivem oder negativem Sinn, je nachdem $\mathfrak{C}$ oberhalb oder unterhalb ihrer Tangente in P liegt. Beim Passieren eines Wendepunktes wechselt die Tangente ihren Drehungssinn.

Man kann sich noch, was für das folgende nicht unwichtig ist, von der Voraussetzung befreien, daß $f^{(m)}(x)$ in einer Umgebung von x_0 *stetig* ist; *es genügt, daß $f^{(m)}(x_0)$ existiert und $\neq 0$ ist.* Um das zu zeigen, schreibe ich den Ausdruck A in etwas anderer Form an (man beachte $f^{(m-1)}(x_0) = 0$):

$$A = R_{m-2} = \frac{h^{m-1}}{(m-1)!} f^{(m-1)}(x_0 + \vartheta h).$$

Daraus folgt

$$\operatorname{sign} A = \operatorname{sign} h^{m-1} \operatorname{sign} f^{(m-1)}(x_0 + \vartheta h). \tag{22}$$

Nun ist definitionsgemäß

$$f^{(m)}(x_0) = \lim_{\xi \to x_0} \frac{f^{(m-1)}(\xi) - f^{(m-1)}(x_0)}{\xi - x_0} \neq 0$$

oder wegen $f^{(m-1)}(x_0) = 0$

$$f^{(m)}(x_0) = \lim_{\xi \to x_0} \frac{f^{(m-1)}(\xi)}{\xi - x_0} \neq 0;$$

also ist wegen $f^{(m)}(x_0) \neq 0$ für genügend kleine $|\xi - x_0|$

$$\operatorname{sign} f^{(m-1)}(\xi) = \operatorname{sign}(\xi - x_0) \operatorname{sign} f^{(m)}(x_0).$$

Setze ich $\xi = x_0 + \vartheta h$, so ist wegen $\vartheta > 0$

$$\operatorname{sign}(\xi - x_0) = \operatorname{sign} \vartheta h = \operatorname{sign} h$$

und aus (22) folgt wegen $\operatorname{sign} h^{m-1} \operatorname{sign} h = \operatorname{sign} h^m$ sofort wieder (21).

6. Notwendige und hinreichende Bedingungen für ein relatives Extremum einer Funktion von einer Veränderlichen. Die letzten Ergebnisse geben uns die Möglichkeit, die Diskussion der Extrema einer in einem Intervall $\mathfrak{J}$ hinreichend oft differenzierbaren Funktion erschöpfend durchzuführen. Ich habe in § 12, 7 gezeigt, daß das Verschwinden der ersten Ableitung

$$f'(x_0) = 0$$

eine notwendige Bedingung dafür ist, daß die Funktion $f(x)$ an einer Stelle x_0 im Inneren von $\mathfrak{J}$ ein relatives Extremum hat. Diese Bedingung besagt, daß die Tangente an die Kurve $y = f(x)$ im Punkt $(x_0, y_0 = f(x_0))$ parallel zur x-Achse ist. Damit nun an der Stelle x_0 auch wirklich ein Extremum vorliegt, muß die Kurve offenbar in einer Umgebung von x_0 ganz auf einer Seite der Tangente in x_0 verlaufen, also entweder oberhalb (Minimum) oder unterhalb (Maximum). Das gibt nach Ziffer 5 sofort die weitere Bedingung, daß die *Ableitung niedrigster Ordnung, die an der Stelle x_0 nicht verschwindet, von gerader Ordnung ist*. Gibt es also eine positive ganze Zahl k, so daß $f(x)$ an der Stelle x_0 mindestens $2k$-mal differenzierbar ist und

$$f^{(\nu)}(x_0) = 0 \qquad (\nu = 1, 2, \ldots, 2k-1), \tag{23}$$

aber

$$f^{(2k)}(x_0) \neq 0$$

ist, so hat $f(x)$ an der Stelle x_0 sicher ein Extremum. Diese Bedingung ist also nicht nur *notwendig*, sondern auch *hinreichend*. Ob ein Minimum oder Maximum vorliegt, entscheidet das Vorzeichen von $f^{(2k)}(x_0)$. *Ist*

$$f^{(2k)}(x_0) > 0, \tag{24}$$

so hat $f(x)$ an der Stelle x_0 ein Minimum, da dann in einer Umgebung von x_0 die Kurve $y = f(x)$ ganz oberhalb der Tangente verläuft, also

$$f(x_0 + h) > f(x_0)$$

ist für genügend kleine $|h| \neq 0$. *Ist*

$$f^{(2k)}(x_0) < 0, \tag{25}$$

so hat $f(x)$ an der Stelle x_0 ein Maximum, die Kurve $y = f(x)$ verläuft in einer Umgebung von x_0 ganz unterhalb der Tangente, es ist also

$$f(x_0 + h) < f(x_0)$$

für genügend kleine $|h| \neq 0$.

Ist die an der Stelle x_0 nicht verschwindende Ableitung niedrigster Ordnung ungerade, also mindestens dritter Ordnung, da ja voraussetzungsgemäß $f'(x_0) = 0$ ist, so hat $f(x)$ an der Stelle x_0 kein Extremum, sondern einen *Wendepunkt mit horizontaler Tangente (Terassenpunkt)*.

Beispiel: $f(x) = a(x - x_0)^n$, $a \neq 0$. An der Stelle x_0 verschwinden alle Ableitungen mit Ausnahme der n-ten:

$$f^{(n)}(x_0) = n!\, a.$$

Die Funktion hat an der Stelle x_0 ein Extremum, wenn $n = 2m$ gerade ist, und zwar ein Minimum, wenn $a > 0$ und ein Maximum, wenn $a < 0$ ist.

7. **Bemerkungen über die Taylorschen Polynome und die Berührung von Kurven.** Das Taylorsche Polynom n-ten Grades der Funktion $f(x)$ an der Stelle x_0 ist

$$\varphi_n(x, x_0) = f(x_0) + \frac{x - x_0}{1!} f'(x_0) + \frac{(x - x_0)^2}{2!} f''(x_0) + \cdots + \frac{(x - x_0)^n}{n!} f^{(n)}(x_0);$$

es ist durch die Werte der Funktion $f(x)$ und ihrer ersten n Ableitungen an der Stelle x_0 eindeutig bestimmt. Das besondere Verhalten seiner Bildkurve $\mathfrak{C}_n$ mit der Gleichung $y = \varphi_n(x, x_0)$ zur Bildkurve $\mathfrak{C}$ von $f(x)$, das analytisch durch die besondere Form der Koeffizienten des Polynoms gegeben ist, zeigt sich geometrisch vor allem darin, daß sich die Kurve $\mathfrak{C}_n$ im Punkt x_0, $y_0 = f(x_0)$ besonders eng an $\mathfrak{C}$ anschmiegt, aber gerade darüber sind noch einige allgemeine Bemerkungen zu machen.

Ich definiere zunächst: Zwei Kurven $y = f(x)$ und $y = g(x)$ *berühren einander an einer Stelle x_0 von n-ter Ordnung*, wenn die beiden Taylorschen Polynome $\varphi_n(x, x_0)$ von $f(x)$ und $\psi_n(x, x_0)$ von $g(x)$ an der Stelle x_0 miteinander identisch sind. Das ist offenbar dann und nur dann der Fall, wenn die Funktionswerte und alle Ableitungen der beiden Funktionen bis einschließlich n-ter Ordnung im Punkt x_0 übereinstimmen, d. h. wenn

$$\boxed{f^{(\nu)}(x_0) = g^{(\nu)}(x_0), \quad \nu = 0, 1, \ldots, n.} \tag{26}$$

Die Berührung ist *genau* von n-ter Ordnung, wenn außerdem

$$f^{(n+1)}(x_0) \neq g^{(n+1)}(x_0)$$

ist, die Taylorschen Polynome $(n + 1)$-ter Ordnung also nicht mehr übereinstimmen. Demnach berühren die beiden Kurven einander in x_0 von erster Ordnung, wenn sie in P_0 dieselbe Tangente haben; in diesem Fall spricht man von einer *Berührung schlechthin*. Eine Berührung nullter Ordnung ist keine Berührung im eigentlichen Sinn mehr, sondern bedeutet nur, daß sich die beiden Kurven im Punkt x_0, $y_0 = f(x_0) = g(x_0)$ schneiden.

Wegen

$$\varphi_n^{(\nu)}(x_0, x_0) = f^{(\nu)}(x_0), \qquad \nu = 0, 1, 2, \ldots, n \tag{27}$$

berühren einander die Kurven $\mathfrak{C}$ und $\mathfrak{C}_n$ in x_0 von n-ter Ordnung. Im allgemeinen wird diese Berührung genau von n-ter Ordnung sein, denn es ist

$$\varphi_n^{(n+1)}(x_0, x_0) = 0$$

und es könnte also nur dann eine Berührung von höherer als n-ter Ordnung eintreten, wenn auch $f^{(n+1)}(x_0) = 0$ ist. Dann stimmt aber das Taylorsche Polynom $(n + 1)$-ter Ordnung in x_0 mit dem Taylorschen Polynom n-ter Ordnung überein.

Da ein beliebiges Polynom (höchstens) n-ter Ordnung

$$p(x) = a_0 + a_1 x + a_2 x^2 + \ldots + a_n x^n \tag{28}$$

durch seine $n + 1$ Koeffizienten eindeutig bestimmt ist, wird man im allgemeinen aus $n + 1$ Bedingungen die Koeffizienten und damit das Polynom bestimmen können. Solche Bedingungen sind z. B.

$$p^{(\nu)}(x_0) = f^{(\nu)}(x_0), \qquad \nu = 0, 1, \ldots, n \tag{29}$$

oder

$$p(x_\nu) = y_\nu, \qquad \nu = 0, 1, \ldots, n. \tag{30}$$

Die Bedingungen (29) ergeben sofort

$$p(x) = \varphi_n(x, x_0)$$

und bestimmen daher $p(x)$ eindeutig. Die Bedingungen (30) bedeuten, daß die Kurve $y = p(x)$ durch $n + 1$ gegebene Punkte (x_ν, y_ν) hindurchgehen soll. Es läßt sich zeigen (§ 30), daß auch dadurch $p(x)$ eindeutig bestimmt ist, wenn alle $n + 1$ Punkte verschieden sind. Für $n = 1$ bedeutet diese Bedingung die einfache Tatsache, daß eine Gerade durch 2 Punkte bestimmt ist, für $n = 2$ besagt sie, daß durch 3 Punkte eine Parabel

$$y = a_0 + a_1 x + a_2 x^2 \tag{31}$$

eindeutig bestimmt ist usw. Es wird aber natürlich im allgemeinen nicht möglich sein, eine solche Parabel zweiter Ordnung so zu bestimmen, daß sie durch vier gegebene Punkte geht oder mit der Kurve $\mathfrak{C}$ in x_0 eine Berührung dritter Ordnung hat. Die Parabel $y = \varphi_2(x, x_0)$ ist also jene Parabel zweiter Ordnung, die $\mathfrak{C}$ in x_0 von möglichst hoher Ordnung berührt und dasselbe gilt ganz allgemein auch von der Parabel n-ter Ordnung $y = \varphi_n(x, x_0)$. Man nennt diese Parabeln daher die *Schmiegparabeln* oder *oskulierenden*[1] *Parabeln* von $\mathfrak{C}$ in x_0.

Die Tatsache, daß sowohl (29) als auch (30) eine Parabel n-ter Ordnung eindeutig bestimmen, ist der Grund, weshalb man an der Redeweise festhält, daß zwei Kurven, die einander in einem Punkt x_0 von n-ter Ordnung berühren, $n + 1$ in x_0 zusammenfallende Punkte gemeinsam haben. Aber diese Redeweise hat noch eine tiefere als diese rein formale Bedeutung. Ich erinnere zunächst an die Erklärung der Tangente $\mathfrak{C}_1$ als Grenzlage einer Geraden durch zwei Punkte x_0 und $x_0 + h$ von $\mathfrak{C}$ für $h \to 0$. Ganz ähnlich können wir aber $\mathfrak{C}_2$ als Grenzlage der Parabel durch drei Punkte x_0, $x_0 + h$ und $x_0 + k$ von $\mathfrak{C}$ erklären, wenn diese für $h \to 0$ und $k \to 0$ in einen Punkt x_0 zusammenrücken. Allgemein ist φ_n die Grenzlage einer Parabel n-ter Ordnung durch $n + 1$ gegen x_0 konvergierende Punkte. Wenn aber zwei Kurven in x_0 einander von n-ter Ordnung berühren, so haben sie in x_0 dieselbe oskulierende Parabel $\mathfrak{C}_n$ und da jede Kurve $n + 1$ in x_0 zusammenfallende Punkte mit $\mathfrak{C}_n$ gemeinsam hat, so sind diese Punkte auch gemeinsame Punkte der beiden Kurven selbst.

Wir wollen uns den Grenzübergang im Fall $n = 2$ genauer ansehen. Soll (31) durch die Punkte $(x_0, f(x_0))$, $(x_0 + h, f(x_0 + h))$ und $(x_0 + k, f(x_0 + k))$ gehen, so muß

$$f(x_0) = a_0 + a_1 x_0 + a_2 x_0^2, \tag{32}$$

$$f(x_0 + h) = f(x_0) + h f'(x_0 + \vartheta_1 h) = a_0 + a_1(x_0 + h) + a_2(x_0 + h)^2,$$

$$f(x_0 + k) = f(x_0) + k f'(x_0) + \frac{k^2}{2} f''(x_0 + \vartheta_2 k) = a_0 + a_1(x_0 + k) + a_2(x_0 + k)^2$$

sein. Die zweite Gleichung gibt zusammen mit (32)

$$f'(x_0 + \vartheta_1 h) = a_1 + 2\, a_2\, x_0 + a_2\, h$$

und daraus wird für $h \to 0$

$$f'(x_0) = a_1 + 2\, a_2\, x_0.$$

Die dritte Gleichung wird dann

$$f''(x_0 + \vartheta_2 k) = 2\, a_2$$

oder für $k \to 0$

$$f''(x_0) = 2\, a_2.$$

Also ist

$$a_2 = \frac{1}{2} f''(x_0), \quad a_1 = f'(x_0) - f''(x_0)\, x_0, \quad a_0 = f(x_0) - f'(x_0)\, x_0 + \frac{1}{2} f''(x_0)\, x_0^2,$$

und daher

$$y = f(x_0) - f'(x_0)\, x_0 + \frac{1}{2} f''(x_0)\, x_0^2 + [f'(x_0) - f''(x_0)\, x_0]\, x + \frac{1}{2} f''(x_0)\, x^2 =$$

$$= f(x_0) + (x - x_0)\, f'(x_0) + \frac{1}{2}(x - x_0)^2 f''(x_0) = \varphi_2(x, x_0).$$

Sehr häufig begegnet man der Redeweise, daß die Tangente $\mathfrak{C}_1$ mit $\mathfrak{C}$ in x_0 zwei und allgemein $\mathfrak{C}_n$ mit $\mathfrak{C}$ in x_0 im ganzen $n + 1$ „benachbarte" Punkte gemeinsam hat und daß $\mathfrak{C}_n$ durch diese $n + 1$ benachbarten Punkte bestimmt sei. Das ist natürlich an und für sich völlig sinnlos, denn zwei Punkte sind entweder verschieden oder sie fallen zusammen und ein Mittelding gibt es einfach nicht. Man kann dieser Redeweise nur durch den Grenzübergang einen gewissen Sinn geben, indem man unter benachbarten Punkten solche versteht, die gegeneinander konvergieren. n benachbarte Punkte einer Kurve $\mathfrak{C}$ sind also n verschiedene

[1] Das ist eine ungemein anschauliche Bezeichnung, denn das lateinische osculare heißt auf deutsch küssen.

Punkte von $\mathfrak{C}$, die aber nicht als fest, sondern als veränderlich angenommen werden und eben im Begriffe sind, in einen einzigen Punkt zusammenzurücken.

Aufgaben.

1. Es ist das Polynom $f(x) = x^5 - 2x^3 + x^2 - 2x + 3$ mit Hilfe der Taylorschen Formel in der Gestalt $f(1 + z)$ darzustellen.

2. Man bestimme die Extrema und den Wendepunkt der Kurve $y = x(x-1)(x-2)$ und gebe die Intervalle an, in welchen die Kurve oberhalb oder unterhalb ihrer Tangenten liegt.

3. Man bestimme die Extrema folgender Funktionen:

a) $y = \dfrac{1 - x + x^2}{1 + x - x^2}$; b) $y = \dfrac{x^3 - x}{x^2 + 1}$;

c) $y = \sqrt[3]{x} - \ln x$; d) $y = \sin x + \sin 2x$;

e) $y = \sin x - 2\sin^3 x$; f) $y = a \sin x + \dfrac{b}{\sin x}$, $a > 0$, $b > 0$,

g) $y = \sin x \operatorname{sh} x$.

4. Man treffe die Entscheidung über die Realität der Wurzeln von $a x^2 + b x + c = 0$ durch Untersuchung der Extrema der linken Seite.

§ 23. Die Formeln von Wallis und Stirling.

1. Die Formeln von Wallis[1]. Ich knüpfe an die Integralformeln (8) und (9) von § 14, 4 an. Dividieren wir die erste durch die zweite, so folgt

$$\frac{\pi}{2} = \frac{2 \cdot 2 \cdot 4 \cdot 4 \ldots 2n \cdot 2n}{1 \cdot 3 \cdot 3 \cdot 5 \ldots (2n-1)(2n+1)} \cdot \frac{J_{2n}}{J_{2n+1}}.$$

Für $0 \leqq x \leqq \frac{\pi}{2}$ ist

$$0 \leqq \sin^{2n+1} x \leqq \sin^{2n} x \leqq \sin^{2n-1} x \leqq 1$$

und daher

$$0 \leqq J_{2n+1} \leqq J_{2n} \leqq J_{2n-1}$$

oder unter Verwendung von § 14, (9)

$$1 \leqq \frac{J_{2n}}{J_{2n+1}} \leqq \frac{J_{2n-1}}{J_{2n+1}} = \frac{2n+1}{2n} = 1 + \frac{1}{2n}.$$

Es ist also

$$\lim_{n\to\infty} \frac{J_{2n}}{J_{2n+1}} = 1$$

und daher

$$\boxed{\frac{\pi}{2} = \lim_{n\to\infty} \frac{2 \cdot 2 \cdot 4 \cdot 4 \ldots 2n \cdot 2n}{1 \cdot 3 \cdot 3 \cdot 5 \ldots (2n-1)(2n+1)},} \tag{1}$$

eine von Wallis herrührende Darstellung von $\frac{\pi}{2}$ durch ein sogenanntes *unendliches Produkt*. Wir können diesen Ausdruck noch ein wenig umformen. Wegen $\lim\limits_{n\to\infty} \frac{2n}{2n+1} = 1$ ist

$$\sqrt{\frac{\pi}{2}} = \lim_{n\to\infty} \frac{2 \cdot 4 \cdot 6 \ldots (2n-2)}{3 \cdot 5 \cdot 7 \ldots (2n-1)} \sqrt{2n}$$

---

[1] John Wallis, geb. 1616 in Ashford (Kent), gest. 1703 in Oxford. Theolog und Mathematiker, wirkte in Oxford.

oder, wenn wir mit dem Zähler erweitern,

$$\sqrt{\frac{\pi}{2}} = \lim_{n\to\infty} \frac{2^2 \cdot 4^2 \cdot 6^2 \ldots (2n-2)^2}{(2n-1)!}\sqrt{2n} = \lim_{n\to\infty} \frac{2^2 \cdot 4^2 \cdot 6^2 \ldots (2n)^2}{(2n)!}\,\frac{1}{\sqrt{2n}},$$

also

$$\boxed{\sqrt{\pi} = \lim_{n\to\infty} \frac{2^{2n}(n!)^2}{(2n)!\sqrt{n}}} \tag{2}$$

die zweite Wallissche Formel.

2. Die Formel von STIRLING[1]. Es handelt sich hier um einen Näherungsausdruck für $n!$ bei großen Werten von n. Die Fakultäten mit großen Werten von n kommen in wahrscheinlichkeitstheoretischen und statistischen Anwendungen häufig vor und sind nur sehr umständlich zu berechnen — man bedenke nur, daß man bei logarithmischer Berechnung von $n!$ genau $n-1$ Logarithmen zu addieren hätte —, so daß eine rechnerisch einfach zu handhabende Formel von großer praktischer Bedeutung ist. Ich gehe von dem Integral

$$\int_1^n \ln x\,dx = n\ln n - n + 1$$

aus, das man durch partielle Integration mit $u = \ln x$, $dv = dx$ berechnet. Wenn wir das Intervall $[1, n]$ durch die Punkte $2, 3, \ldots, n-1$ in $n-1$ gleiche Teile teilen und Ober- und Untersumme berechnen, so ergibt sich für die Untersumme

$$\ln 1 + \ln 2 + \ln 3 + \ldots + \ln(n-1) = \ln(n-1)!$$

und für die Obersumme

$$\ln 2 + \ln 3 + \ln 4 + \ldots + \ln n = \ln n!,$$

so daß

$$\ln(n-1)! < \int_1^n \ln x\,dx = n\ln n - n + 1 < \ln n!.$$

Addiert man zur linken Ungleichung $\ln n$, so folgt

$$\ln n! < (n+1)\ln n - n + 1,$$

so daß

$$n\ln n - n + 1 < \ln n! < (n+1)\ln n - n + 1$$

oder

$$n^n e^{-n} e < n! < n^{n+1} e^{-n} e$$

gilt; die obere Schranke ist also genau das n-fache der unteren.

Ich setze nun versuchsweise

$$n! = a_n n^n e^{-n}\sqrt{n}; \tag{3}$$

ist die Zahlenfolge mit dem allgemeinen Glied

$$a_n = \frac{n!}{n^n e^{-n}\sqrt{n}} \tag{4}$$

konvergent mit dem Grenzwert $\lim\limits_{n\to\infty} a_n = A$, so ergibt sich aus (3) die gesuchte Näherungsformel für $n!$ bei großem n, wenn man a_n durch A ersetzt.

---

[1] JAMES STIRLING, geb. 1692 in Garden (Schottland), gest. 1770 in Leadhills, war zuletzt Direktor einer Bergwerksgesellschaft. Von Bedeutung sind vor allem seine Untersuchungen über unendliche Reihen.

Derartige Näherungsformeln, die — im Gegensatz etwa zu denjenigen, die sich aus dem Taylorschen Satz ergeben — für *große* Werte des Argumentes gelten, nennt man *asymptotische Formeln.*

Sind $\varphi(x)$ und $\psi(x)$ zwei für $x > x_0$ definierte Funktionen und ist

$$\lim_{x \to +\infty} \frac{\varphi(x)}{\psi(x)} = 1, \tag{5}$$

so heißt jede der beiden Funktionen eine *asymptotische Darstellung* der anderen und man schreibt

$$\varphi(x) \sim \psi(x). \tag{6}$$

(5) und (6) sind also lediglich verschiedene Ausdrucksformen für denselben Tatbestand. Entsprechendes gilt, wenn $\varphi(x)$ und $\psi(x)$ nur für ganzzahlige x definiert sind, wenn es sich also um Zahlenfolgen handelt. Existiert im obigen Fall also der Grenzwert $\lim\limits_{n \to \infty} a_n = A$, so kann man an Stelle von (3)

$$n! \sim A\, n^n e^{-n} \sqrt{n} \tag{7}$$

schreiben. Ich werde in der nächsten Ziffer zeigen, daß $A = \sqrt{2\pi}$ ist, und damit wird aus (7) die *Stirlingsche Formel*

$$\boxed{n! \sim n^n e^{-n} \sqrt{2\pi n}.} \tag{8}$$

3. **Beweis der Stirlingschen Formel.** Ich habe noch zu zeigen, daß die Folge (4) den Grenzwert

$$\lim_{n \to \infty} a_n = \sqrt{2\pi}$$

hat. Für den Quotienten a_n/a_{n+1} folgt durch eine einfache Umformung

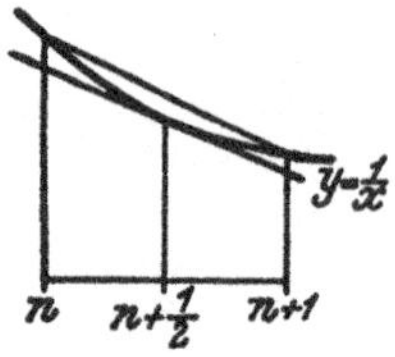

Abb. 107.

$$\frac{a_n}{a_{n+1}} = \frac{n!}{n^n e^{-n} \sqrt{n}} \cdot \frac{(n+1)^{n+1} e^{-n-1} \sqrt{n+1}}{(n+1)!} = \frac{1}{e}\left(1 + \frac{1}{n}\right)^{n+\frac{1}{2}}$$

und daher

$$\ln \frac{a_n}{a_{n+1}} = \left(n + \frac{1}{2}\right) \ln\left(1 + \frac{1}{n}\right) - 1.$$

Wir betrachten nun den durch die Funktion $f(x) = \frac{1}{x}$ über $[n, n+1]$ bestimmten Normalbereich (Abb. 107). Seine Fläche ist

$$\ln(n+1) - \ln n = \ln\left(1 + \frac{1}{n}\right);$$

diese Fläche ist aber sicher kleiner als die Fläche des Trapezes, das nach oben durch die Sehne in den Endpunkten $\left(n, \frac{1}{n}\right)$ und $\left(n+1, \frac{1}{n+1}\right)$ begrenzt ist und größer als die Fläche des Trapezes, das nach oben durch die Tangente an die Kurve $y = \frac{1}{x}$ im Punkt $x = n + \frac{1}{2}$ begrenzt ist; es ist also

$$\frac{1}{n + \frac{1}{2}} < \ln\left(1 + \frac{1}{n}\right) < \frac{1}{2}\left(\frac{1}{n} + \frac{1}{n+1}\right)$$

oder, wenn wir überall $\dfrac{1}{n + \frac{1}{2}}$ subtrahieren,

$$0 < \ln\left(1 + \frac{1}{n}\right) - \frac{1}{n + \frac{1}{2}} < \frac{1}{2}\left(\frac{1}{n} + \frac{1}{n+1}\right) - \frac{1}{n + \frac{1}{2}}.$$

Durch die Multiplikation mit $n + \frac{1}{2}$ folgt

$$0 < \left(n + \frac{1}{2}\right)\ln\left(1 + \frac{1}{n}\right) - 1 < \frac{1}{4}\left(\frac{1}{n} - \frac{1}{n+1}\right)$$

oder, da der Ausdruck in der Mitte gleich $\ln \frac{a_n}{a_{n+1}}$ ist,

$$0 < \ln \frac{a_n}{a_{n+1}} < \frac{1}{4}\left(\frac{1}{n} - \frac{1}{n+1}\right)$$

und daher

$$1 < \frac{a_n}{a_{n+1}} < e^{\frac{1}{4}\left(\frac{1}{n} - \frac{1}{n+1}\right)}.$$

Diese Doppelungleichung schreiben wir nun noch $k - 1$ mal an, indem wir n stets um 1 erhöhen:

$$1 < \frac{a_{n+1}}{a_{n+2}} < e^{\frac{1}{4}\left(\frac{1}{n+1} - \frac{1}{n+2}\right)},$$

$$1 < \frac{a_{n+2}}{a_{n+3}} < e^{\frac{1}{4}\left(\frac{1}{n+2} - \frac{1}{n+3}\right)},$$

....

$$1 < \frac{a_{n+k-1}}{a_{n+k}} < e^{\frac{1}{4}\left(\frac{1}{n+k-1} - \frac{1}{n+k}\right)}.$$

Multiplizieren wir die linken Seiten, die Mitten und die rechten Seiten aller k Ungleichungen miteinander, so folgt

$$1 < \frac{a_n}{a_{n+k}} < e^{\frac{1}{4}\left(\frac{1}{n} - \frac{1}{n+k}\right)}. \tag{9}$$

Aus $\frac{a_n}{a_{n+1}} > 1$ folgt $a_n > a_{n+1}$, d. h. die Folge a_n ist fallend; da außerdem $a_n > 0$ ist, ist sie auch beschränkt und daher existiert der Grenzwert

$$\lim_{n\to\infty} a_n = A > 0;$$

$A > 0$ folgt aus (9) für $k \to \infty$ bei festem n. Setzt man in der zweiten Wallisschen Formel (2)

$$n! = a_n\, n^n\, e^{-n} \sqrt{n},$$

so folgt

$$\sqrt{\pi} = \lim_{n\to\infty} \frac{a_n^2\, n^{2n}\, e^{-2n}\, n\, 2^{2n}}{a_{2n}\, 2^{2n}\, n^{2n}\, e^{-2n} \sqrt{2n}\, \sqrt{n}} = \frac{A^2}{A\sqrt{2}} = \frac{A}{\sqrt{2}},$$

also

$$A = \sqrt{2\pi},$$

womit die Stirlingsche Formel (8) bewiesen ist. Eine Abschätzung für den Fehler, den man begeht, wenn man $n!$ durch $n^n e^{-n} \sqrt{2\pi n}$ ersetzt, erhält man aus (9) für $k \to \infty$; wegen $\frac{1}{n+k} \to 0$ wird dann

$$1 < \frac{a_n}{A} < e^{\frac{1}{4n}}$$

oder

$$A < a_n < A\,e^{\frac{1}{4n}},$$

daher

$$n^n e^{-n}\sqrt{2\pi n} < n! < n^n e^{-n}\sqrt{2\pi n}\,e^{\frac{1}{4n}}.$$

Die Stirlingsche Formel liefert also einen zu kleinen Wert für $n!$, Multiplikation mit $e^{\frac{1}{4n}}$ gibt einen zu großen Wert; wegen $\lim\limits_{n\to\infty} e^{\frac{1}{4n}} = 1$ geht der Quotient aus oberer und unterer Schranke gegen 1, wie es ja sein muß.

Es ist z. B. genau

$$10! = 3628800,$$

während die Stirlingsche Formel für dieses doch keineswegs sehr große n

$$10! \approx 3598700$$

liefert, mit einer Abweichung von nur 0·83%.

4. **Das Integral** $\int\limits_0^\infty e^{-x^2}\,dx$. Daß dieses Integral konvergiert, folgt sofort daraus, daß e^{-x^2} im Unendlichen von höherer Ordnung verschwindet als jede Potenz von x (§ 20, 7). Zu seiner Berechnung gehe ich von dem Integral

$$J_n = \sqrt{n}\int\limits_0^{\frac{\pi}{2}} \cos^{2n+1} x\,dx$$

aus. Der Vergleich von § 14, (9) mit der Wallisschen Formel (2) zeigt, daß

$$\lim_{n\to\infty} J_n = \lim_{n\to\infty}\left(\frac{2^{2n}(n!)^2}{(2n)!\sqrt{n}}\cdot\frac{n}{2n+1}\right) = \sqrt{\pi}\cdot\frac{1}{2}$$

ist. Anderseits gibt die Substitution

$$\sin x = \frac{u}{\sqrt{n}}$$

den Ausdruck

$$J_n = \int\limits_0^{\sqrt{n}}\left(1-\frac{u^2}{n}\right)^n du.$$

Es sei nun $\sqrt{n} > a > 1$. Ich setze

$$J_n = J_n' + J_n'' = \int\limits_0^a\left(1-\frac{u^2}{n}\right)^n du + \int\limits_a^{\sqrt{n}}\left(1-\frac{u^2}{n}\right)^n du.$$

Wenden wir den Mittelwertsatz der Differentialrechnung auf die Funktion $f(x) = e^{-x}$ im Intervall $[0, x]$ mit $x > 0$ an, so folgt

$$e^{-x} - 1 = -x\,e^{-\vartheta x}, \quad 0 < \vartheta < 1.$$

Nun ist aber für $x > 0$ sicher

$$e^{-\vartheta x} < 1, \quad -x\,e^{-\vartheta x} > -x$$

und daher

$$e^{-x} > 1 - x,$$

was im übrigen auch aus dem Verlauf der Kurve $y = e^{-x}$, deren Tangente in $x = 0$

eben die Gerade $y = 1 - x$ ist, unmittelbar entnommen werden kann. Für $x = \frac{u^2}{n}$ folgt daraus

$$1 - \frac{u^2}{n} < e^{-\frac{u^2}{n}}$$

und

$$\left(1 - \frac{u^2}{n}\right)^n < e^{-u^2}.$$

Nun ist für $u > 1$ und daher sicher auch für $u > a > 1$

$$e^{-u^2} < e^{-u}$$

und daher folgt für J''_n

$$0 < J''_n < \int_a^{\sqrt{n}} e^{-u}\, du = e^{-a} - e^{-\sqrt{n}} < e^{-a} \tag{10}$$

und daher

$$J'' = \lim_{n \to \infty} J''_n \leqq e^{-a}.$$

Nach § 16, 7 ist gleichmäßig für alle $x \in [0, a]$, $a > 0$ beliebig

$$\lim_{n \to \infty} \left(1 - \frac{x}{n}\right)^n = e^{-x},$$

so daß nach § 14, (12)

$$J' = \lim_{n \to \infty} J'_n = \int_0^a e^{-u^2}\, du$$

wird. Lassen wir noch $a \to +\infty$ gehen, so folgt aus (10)

$$0 \leqq \lim_{a \to +\infty} J'' \leqq \lim_{a \to +\infty} e^{-a} = 0,$$

also

$$\lim_{a \to +\infty} J'' = 0$$

und

$$\lim_{a \to +\infty} J' = \int_0^\infty e^{-u^2} du = \frac{1}{2}\sqrt{\pi}. \tag{11}$$

Eine andere, wesentlich einfachere Berechnung dieses wichtigen Integrals folgt im zweiten Band.

Aufgabe.

Man berechne $\int_0^\infty x^2 e^{-x^2} dx.$

§ 24. Der Flächeninhalt ebener Bereiche.

1. **Zurückführung auf Normalbereiche.** Ich bin bei der Einführung des bestimmten Integrals in § 9 von der Aufgabe ausgegangen, den Inhalt eines ebenen Bereiches von ganz spezieller Gestalt, nämlich eines sogenannten Normalbereiches, zu bestimmen. Diese besondere Gestalt des Bereiches hat sich dort aus der geometrischen Deutung des bestimmten Integrals ergeben, aber die Aufgabe der Berechnung des Flächeninhaltes tritt uns natürlich auch bei viel allgemeineren ebenen Bereichen entgegen. Ich beginne also mit einigen Bemerkungen über ebene Bereiche, die aber durchaus vorläufigen Charakter haben; Näheres folgt im Band II.

Es sei $\mathfrak{C}$ eine stückweise glatte, geschlossene und einfache ebene Kurve. Dann bilden die Punkte im Inneren von $\mathfrak{C}$ und eventuell die Punkte von $\mathfrak{C}$ selbst einen *einfach zusammenhängenden Bereich* $\mathfrak{B}$. $\mathfrak{C}$ heißt die *Randkurve* oder kurz der *Rand* von $\mathfrak{B}$. Gehören alle Punkte von $\mathfrak{C}$ zu $\mathfrak{B}$, so heißt $\mathfrak{B}$ *abgeschlossen*; gehört der Rand nicht zu $\mathfrak{B}$, so heißt $\mathfrak{B}$ ein *offener Bereich* oder ein *Gebiet*. Für die Berechnung des Flächeninhaltes spielt es offenbar keine Rolle, ob Punkte des Randes zum Bereich gezählt werden oder nicht.

Es kann aber auch vorkommen, daß ein ebener Bereich nicht von einer, sondern von zwei oder mehr Randkurven begrenzt ist, ohne aus mehreren völlig getrennten Teilen zu bestehen; Beispiele sind der Kreisring der Abb. 108 und der in Abb. 109 gezeigte Bereich. Man nennt solche Bereiche *mehrfach zu-*

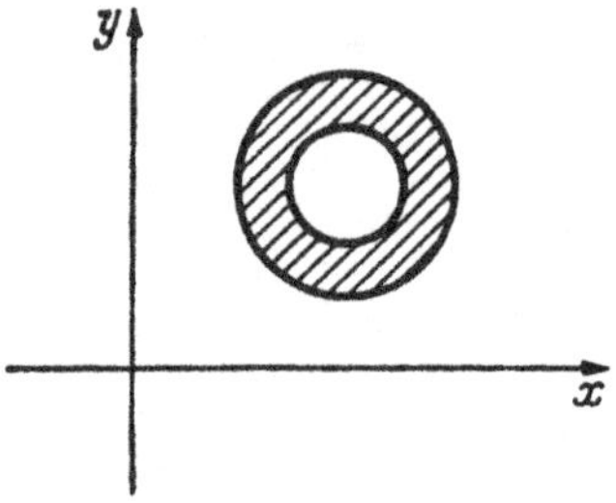

Abb. 108.

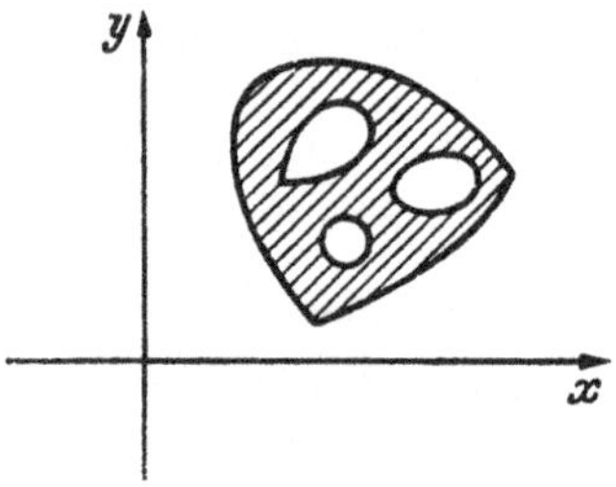

Abb. 109.

sammenhängend, und zwar insbesondere n-fach zusammenhängend, wenn der Bereich von n Randkurven begrenzt ist, die aber keine gemeinsamen Punkte haben dürfen. Der Kreisring der Abb. 108 ist also zweifach, der Bereich der Abb. 109 vierfach zusammenhängend.

Das Wesentliche für uns ist nun, daß sich *jeder solche ebene Bereich* unter gewissen Voraussetzungen auf Normalbereiche zurückführen läßt oder, genauer gesagt, *als Summe und Differenz von endlich vielen Normalbereichen darstellen läßt*. Ich verzichte darauf, einen Beweis dieses Satzes zu geben, der erhebliche Hilfsmittel aus der Lehre von den ebenen Punktmengen erfordern würde, und will mich mit einigen Andeutungen begnügen, zunächst für einen sogenannten *konvexen Bereich*. Darunter versteht man einen einfach zusammenhängenden Bereich, der mit einer beliebigen Geraden der Ebene entweder gar keinen oder einen oder aber alle Punkte einer und nur einer Strecke gemeinsam hat. Es kommt offenbar auf dasselbe hinaus, zu sagen, daß die Randkurve $\mathfrak{C}$ eines konvexen Bereiches, die dann selbst auch konvex heißt, von einer beliebigen Geraden der Ebene in höchstens zwei verschiedenen Punkten oder in allen Punkten einer und nur einer Strecke (die dann ein Teil von $\mathfrak{C}$ ist) getroffen wird. Man versteht weiter unter einer *Stützgeraden* eines konvexen ebenen Bereiches eine Gerade, die mit dem Bereich nur Punkte der Randkurve $\mathfrak{C}$, aber sicher mindestens einen Punkt gemeinsam hat[1]. Man kann offenbar auch sagen, daß eine Stützgerade g von $\mathfrak{B}$ eine Gerade ist, die mit der Randkurve $\mathfrak{C}$ mindestens einen Punkt gemeinsam hat, während alle Punkte von $\mathfrak{B}$, die nicht zugleich Punkte von g sind, ganz auf einer Seite von g liegen. Jeder konvexe Bereich besitzt dann zwei und nur zwei

[1] Ist $\mathfrak{C}$ in einem Punkt P differenzierbar, so ist die Tangente von $\mathfrak{C}$ in P eine Stützgerade; ist P eine Ecke von $\mathfrak{C}$, so ist jede Gerade durch P, die $\mathfrak{C}$ nicht durchsetzt (und daher nicht ins Innere des Bereiches eintritt) eine Stützgerade; ist eine Strecke Teil von $\mathfrak{C}$, so ist die Gerade, deren Teil diese Strecke ist, ebenfalls eine Stützgerade des durch $\mathfrak{C}$ begrenzten Bereiches. Der Begriff der Stützgeraden ist also eine recht weitgehende Verallgemeinerung des Tangentenbegriffes.

zur y-Achse parallele Stützgerade (Abb. 110). Die Randkurve $\mathfrak{C}$ wird durch diese beiden Stützgeraden in zwei Teile $\mathfrak{C}_1$ und $\mathfrak{C}_2$ zerlegt, wobei wir von Strecken (wie $\overline{QR}$ in Abb. 110), die $\mathfrak{C}$ mit der einen oder anderen Stützgeraden gemeinsam hat, absehen können. Sind $x = a$ und $x = b$ die Gleichungen der beiden Stützgeraden, so sieht man sofort, daß die beiden Teile $\mathfrak{C}_1$ und $\mathfrak{C}_2$ der Randkurve über $[a, b]$ zwei Normalbereiche bestimmen, nämlich $AP\mathfrak{C}_1RB$ und $AP\mathfrak{C}_2QB$, deren Differenz gerade der Bereich $\mathfrak{B}$ ist. Hat also $\mathfrak{C}_1$ die Gleichung $y = f_1(x)$, $\mathfrak{C}_2$ die Gleichung $y = f_2(x)$, so ist der Flächeninhalt des konvexen Bereiches $\mathfrak{B}$ durch

$$\int_a^b f_1(x)\,dx - \int_a^b f_2(x)\,dx = \int_a^b [f_1(x) - f_2(x)]\,dx$$

gegeben.

Es ist nun aber ohneweiters klar, daß man sich von der Forderung der Konvexität von $\mathfrak{B}$ leicht befreien kann. *Es genügt ja offenbar, daß $\mathfrak{B}$ sich bezüglich*

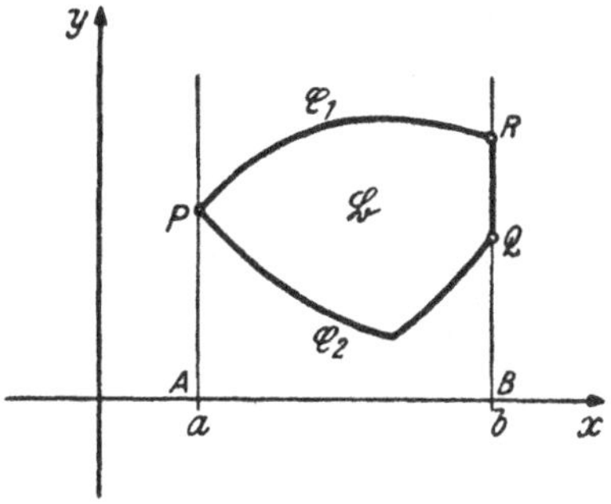

Abb. 110.

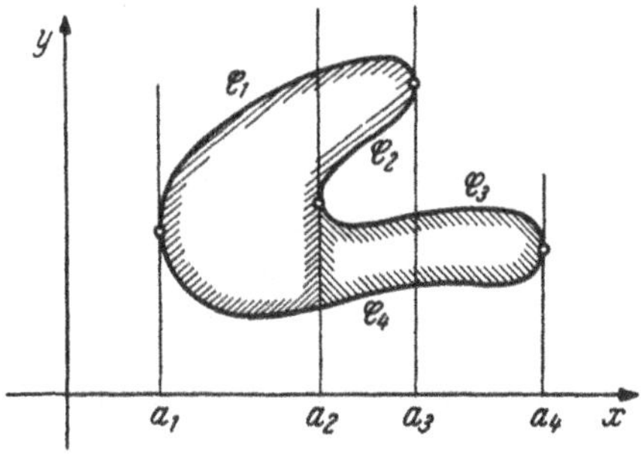

Abb. 111.

der zur y-Achse parallelen Geraden so verhält wie ein konvexer Bereich, d. h. daß jede zur y-Achse parallele Gerade mit $\mathfrak{B}$ entweder keinen oder einen einzigen oder aber alle Punkte einer und nur einer Strecke gemeinsam hat; alles weitere, was wir uns oben bei konvexen Bereichen überlegt haben, läßt sich unverändert auf solche allgemeinere einfach zusammenhängende Bereiche übertragen.

Wir haben nun nur noch zu überlegen, unter welchen Voraussetzungen sich ein beliebiger, einfach zusammenhängender ebener Bereich $\mathfrak{B}$ als Summe und Differenz von endlich vielen Normalbereichen darstellen läßt. Wir betrachten einen Punkt P der Randkurve $\mathfrak{C}$ von $\mathfrak{B}$ und seinen Abstand x von der y-Achse. Durchläuft P die ganze Kurve $\mathfrak{C}$, so darf jedenfalls x nur eine endliche Anzahl Extremwerte (Minima oder Maxima) a_ν ($\nu = 1, 2, \ldots, n$) annehmen. Gewisse Teile der Geraden $x = a_\nu$ zerlegen dann den Bereich $\mathfrak{B}$ in eine endliche Anzahl von Teilbereichen, deren jeder der Forderung genügt, daß er von einer beliebigen, zur y-Achse parallelen Geraden entweder gar nicht oder in einem Punkt oder in allen Punkten einer und nur einer Strecke getroffen wird; die Stützgeraden dieser Teilbereiche sind eben die Geraden $x = a_\nu$. Jeder dieser Teilbereiche ist aber dann Differenz zweier Normalbereiche, also durch die Differenz zweier bestimmter Integrale darstellbar.

Man vergleiche Abb. 111, wo $n = 4$ angenommen ist: $\mathfrak{B}$ wird durch einen Teil (Strecke) der Geraden $x = a_2$ in zwei Teilbereiche zerlegt, die in der Abbildung durch die Schraffierung hervorgehoben sind, was also vier Normalbereiche ergibt. Die Geraden $x = a_1$ und $x = a_3$, bzw. $x = a_2$ und $x = a_4$ sind Stützgerade je eines Teilbereiches, und die Randkurve $\mathfrak{C}$ von $\mathfrak{B}$ wird durch die vier Punkte, in welchen x ein Extremum ist, in vier Teile $\mathfrak{C}_1$, $\mathfrak{C}_2$, $\mathfrak{C}_3$ und $\mathfrak{C}_4$ zerlegt; wir nehmen an, es sei $\mathfrak{C}_i$ durch eine Gleichung $y = f_i(x)$ gegeben. Der erste Teilbereich ist nach oben durch $\mathfrak{C}_1$, nach unten durch den zwischen $x = a_1$ und $x = a_2$ gelegenen Teil von $\mathfrak{C}_4$, durch ein Stück der Geraden $x = a_2$ und durch $\mathfrak{C}_2$ begrenzt; sein Flächeninhalt ist also

$$J_1 = \int_{a_1}^{a_3} f_1(x)\,dx - \int_{a_1}^{a_2} f_4(x)\,dx - \int_{a_2}^{a_3} f_2(x)\,dx.$$

Der zweite Teilbereich ist nach oben durch $\mathfrak{C}_3$, nach unten durch den zwischen $x = a_2$ und $x = a_4$ gelegenen Teil von $\mathfrak{C}_4$ begrenzt und sein Flächeninhalt ist daher

$$J_2 = \int_{a_2}^{a_4} f_3(x)\,dx - \int_{a_2}^{a_4} f_4(x)\,dx.$$

Bildet man die Summe $J = J_1 + J_2$, also den Flächeninhalt des ganzen Bereiches $\mathfrak{B}$, so kann man die beiden Integrale von $f_4(x)$ zusammenziehen und erhält endgültig

$$J = \int_{a_1}^{a_3} f_1(x)\,dx + \int_{a_2}^{a_4} f_3(x)\,dx - \int_{a_2}^{a_3} f_2(x)\,dx - \int_{a_1}^{a_4} f_4(x)\,dx.$$

Somit ist $\mathfrak{B}$ als Summe und Differenz von vier Normalbereichen dargestellt, die den vier Teilkurven $\mathfrak{C}_i$ des Randes $\mathfrak{C}$ von $\mathfrak{B}$ entsprechen.

Man kann also offenbar allgemein sagen, daß durch die n Kurvenpunkte mit den extremen Abszissen a_ν die Kurve $\mathfrak{C}$ in n Teile zerlegt wird, die n Normalbereichen entsprechen. Der Flächeninhalt J von $\mathfrak{B}$ ist dann Summe oder Differenz der Flächeninhalte dieser n Normalbereiche, also durch Summe oder Differenz von n bestimmten Integralen darstellbar. Mehrfach zusammenhängende Bereiche sind stets als Differenz einfach zusammenhängender Bereiche darstellbar, so daß sich unsere Überlegungen unmittelbar übertragen lassen.

Als ungemein lästig empfinden wir bei dieser Überlegung aber die Voraussetzung, daß nur endlich viele solche extreme Abszissen existieren. Sie folgt nicht aus der Voraussetzung, daß $\mathfrak{C}$ stückweise glatt ist, wie das Beispiel der Kurve $x = y^2 \sin \frac{1}{y}$ für $y \neq 0$, $x = 0$ für $y = 0$ zeigt. Diese Kurve ist stückweise glatt; sie besitzt für alle $y \neq 0$ eine stetige Ableitung, wie man leicht überlegt (vgl. § 11, 3), hat aber unendlich viele Punkte mit extremen Abszissen, die einen Häufungspunkt in $y = 0$ haben. Wäre diese Kurve Teil des Randes des Bereiches $\mathfrak{B}$, so ließe sich $\mathfrak{B}$ nicht als Summe und Differenz von endlich vielen Normalbereichen darstellen, aber das wäre sofort möglich, wenn wir x und y vertauschten. Die Tatsache, daß also in dieser Voraussetzung eine Koordinate bevorzugt ist, erscheint auch nicht recht vereinbar mit der Tatsache, daß der Flächeninhalt ein geometrischer Begriff und daher unabhängig vom Koordinatensystem ist (§ 17, 11 und die folgende Ziffer 5). Wir können uns aber von dieser Voraussetzung mit Hilfe der Darstellung des Flächeninhaltes durch ein sogenanntes *Kurvenintegral* befreien.

2. Der Flächeninhalt als Kurvenintegral. Ich nehme zunächst wieder an, es sei ein einfach zusammenhängender Bereich $\mathfrak{B}$ gegeben, der mit jeder Parallelen zur y-Achse höchstens ein Intervall gemeinsam hat, und es seien $x = a$ und $x = b$ die beiden Stützgeraden, durch die die Randkurve $\mathfrak{C}$ in die zwei Teile $\mathfrak{C}_1$ und $\mathfrak{C}_2$ mit den Gleichungen $y = f_1(x)$ und $y = f_2(x)$ zerlegt wird (Abb. 112). Der Flächeninhalt von $\mathfrak{B}$ ist dann

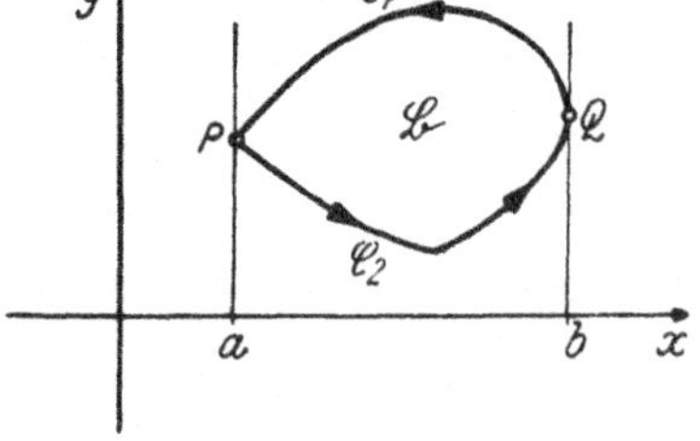

Abb. 112.

$$F = \int_a^b f_1(x)\,dx - \int_a^b f_2(x)\,dx.$$

Es sei nun

$$x = x(t), \qquad y = y(t)$$

eine Parameterdarstellung von $\mathfrak{C}$; die Funktionen $x(t)$ und $y(t)$ seien stetig und bis auf endlich viele Punkte auch stetig differenzierbar. Ferner sei der Parameter so gewählt, daß $\mathfrak{C}$ im positiven Sinn, etwa vom Punkt P aus über $\mathfrak{C}_2$, Q und $\mathfrak{C}_1$ wieder nach P einmal durchlaufen wird, wenn t von einem Wert t_0 an über den dem Punkt Q entsprechenden Wert τ bis zu einem Wert t_1 wächst, so daß

$$x(t_1) = x(t_0), \qquad y(t_1) = y(t_0)$$

wieder die Koordinaten von P sind. Den *positiven Durchlaufungssinn* von $\mathfrak{C}$ erklären wir jetzt so, daß der Bereich $\mathfrak{B}$ selbst *stets zur Linken bleibt*, wenn die Randkurve im positiven Sinn durchlaufen wird. Wir wollen dabei zunächst auch noch annehmen, daß sich die ganze Randkurve $\mathfrak{C}$ durch ein einziges Paar glatter Funktionen $x(t)$, $y(t)$ darstellen läßt, wie z. B. die Ellipse $x = a\cos t$, $y = b\sin t$ mit $t_0 = -\pi$, $\tau = 0$ und $t_1 = \pi$.

Wir führen nun in den beiden obigen Integralen, deren Differenz der Flächeninhalt von $\mathfrak{B}$ ist, die Substitution $x = x(t)$ aus. Dann ist aber offenbar für $t_0 \leqq t \leqq \tau$, d. h. längs der Kurve $\mathfrak{C}_2$

$$f_2(x(t)) = y(t)$$

und ebenso für $\tau \leqq t \leqq t_1$, d. h. längs der Kurve $\mathfrak{C}_1$

$$f_1(x(t)) = y(t).$$

Wir erhalten also

$$F = \int_{t_1}^{\tau} y(t)\,\dot{x}(t)\,dt - \int_{t_0}^{\tau} y(t)\,\dot{x}(t)\,dt$$

$$= -\int_{t_0}^{\tau} y(t)\,\dot{x}(t)\,dt - \int_{\tau}^{t_1} y(t)\,\dot{x}(t)\,dt = -\int_{t_0}^{t_1} y(t)\,\dot{x}(t)\,dt,$$

wofür wir kurz

$$\boxed{F = -\oint y\,dx} \qquad (1)$$

schreiben, wobei durch den Kreis auf dem Integralzeichen angedeutet werden soll, daß das Integral über eine *geschlossene* Kurve $\mathfrak{C}$, und zwar im positiven Sinn, zu erstrecken ist. Es handelt sich hier um ein *Kurvenintegral*, das ich allgemein allerdings erst im zweiten Band behandeln werde. Mit Hilfe einer Parameterdarstellung von $\mathfrak{C}$ verwandelt sich das Kurvenintegral, wie aus obigem hervorgeht, in ein gewöhnliches Riemannsches Integral. Ich erkläre etwas allgemeiner das über eine beliebige, stückweise glatte Kurve $\mathfrak{C}$, die nicht notwendig geschlossen sein muß, erstreckte Kurvenintegral

$$J = \int_{\mathfrak{C}} y\,dx \qquad (2)$$

durch folgende Festsetzung: Ist $x(t)$, $y(t)$ für $t_0 \leqq t \leqq t_1$ eine Parameterdarstellung von $\mathfrak{C}$, so ist

$$J = \int_{t_0}^{t_1} y(t)\,\dot{x}(t)\,dt,$$

also ein gewöhnliches Riemannsches Integral. $\mathfrak{C}$ heißt der *Integrationsweg*, er ist bei einem gewöhnlichen Riemannschen Integral $\int_a^b f(x)\,dx$ das Intervall $[a, b]$ der x-Achse.

Zerlegt man die Kurve $\mathfrak{C}$ durch eine endliche Zahl von Punkten in mehrere Teile $\mathfrak{C}_1, \mathfrak{C}_2, \mathfrak{C}_3, \ldots$, so gilt

$$\int_{\mathfrak{C}} y\,dx = \int_{\mathfrak{C}_1} y\,dx + \int_{\mathfrak{C}_2} y\,dx + \ldots. \tag{3}$$

Man wird von einer solchen Zerlegung insbesondere dann Gebrauch machen, wenn es nicht möglich ist, die ganze Kurve $\mathfrak{C}$ durch eine einzige Parameterdarstellung zu beschreiben, vgl. das folgende Beispiel 3.

3. Beispiele:

1. Der Flächeninhalt einer Ellipse

$$\frac{x^2}{a^2} + \frac{y^2}{b^2} = 1$$

kann als vierfacher Inhalt des im ersten Quadranten gelegenen Normalbereiches dargestellt werden:

$$F = 4\,\frac{b}{a}\int_0^a \sqrt{a^2 - x^2}\,dx.$$

Die Berechnung dieses Integrals, etwa mittels der Substitution $x = a \sin t$, bietet keinerlei Schwierigkeiten. Einfacher wird aber die Berechnung durch ein Kurvenintegral, wobei wir die schon oben erwähnte Parameterdarstellung

$$x = a \cos t, \qquad y = b \sin t$$

benützen. t ist dabei auf ein beliebiges Intervall von der Länge 2π zu beschränken, z. B. auf das Intervall $-\pi \leqq t \leqq \pi$, ebensogut aber auch — es ist ja gleichgültig, in welchem Punkt der Randkurve $\mathfrak{C}$ wir beginnen, wir müssen nur $\mathfrak{C}$ ganz und im positiven Sinn durchlaufen — auf das Intervall $0 \leqq t \leqq 2\pi$. Wir erhalten

$$F = -\int_0^{2\pi} b \sin t\,.\,(-a \sin t)\,dt = a\,b\int_0^{2\pi} \sin^2 t\,dt = \frac{a\,b}{2}\int_0^{2\pi}(1 - \cos 2\,t)\,dt = a\,b\,\pi.$$

2. Wir haben in § 19, 6 die Parameterdarstellung

$$x = \frac{3\,a\,t}{1 + t^3}, \qquad y = \frac{3\,a\,t^2}{1 + t^3}$$

des Cartesischen Blattes ermittelt und auch einigen Aufschluß über die Gestalt dieser Kurve gewonnen. Wir wollen nun den Inhalt der Schleife berechnen. Hier sind wir auf die Darstellung des Flächeninhaltes durch ein Kurvenintegral geradezu angewiesen, da die Berechnung aus Normalbereichen, die eine explizite Darstellung $y = f(x)$ erfordert, sehr kompliziert würde. Die Schleife ergibt sich, wenn t von 0 an über positive Werte bis $+\infty$ wächst, wobei sie im positiven Sinn durchlaufen wird. Es wird also wegen $dx = 3\,a\,\frac{1 - 2\,t^3}{(1 + t^3)^2}\,dt$

$$F = -\int_0^{\infty} \frac{3\,a\,t^2}{1 + t^3} \cdot 3\,a\,\frac{1 - 2\,t^3}{(1 + t^3)^2}\,dt = -9\,a^2\int_0^{\infty} \frac{t^2\,(1 - 2\,t^3)}{(1 + t^3)^3}\,dt.$$

Die Substitution $1 + t^3 = u$, $t^3 = u - 1$, $3\,t^2\,dt = du$ ergibt:

$$F = -3\,a^2\int_1^{\infty} \frac{3 - 2\,u}{u^3}\,du = 3\,a^2\int_1^{\infty}\left(\frac{2}{u^2} - \frac{3}{u^3}\right)du =$$

$$= 3\,a^2\left[-\frac{2}{u} + \frac{3}{2\,u^2}\right]_1^{\infty} = 3\,a^2\left(2 - \frac{3}{2}\right) = \frac{3\,a^2}{2}.$$

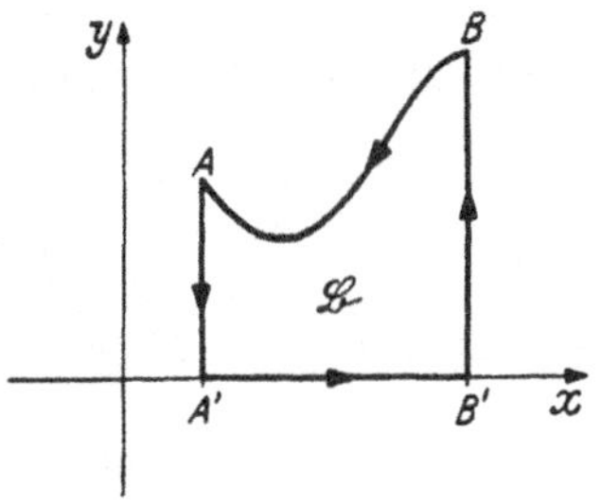

Abb. 113.

3. Als letztes Beispiel wollen wir noch den Inhalt eines Normalbereiches durch ein Kurvenintegral berechnen. Die Randkurve besteht hier aus den vier in Abb. 113 mit $A'B'$, $B'B$, BA und AA' bezeichneten Teilen, die durch

die Gleichungen $y = 0$, $x = b$, $y = f(x)$ und $x = a$ gegeben sind. Da auf den zur y-Achse parallelen Geraden (den Stützgeraden des Normalbereiches) $B'B$ und AA' jedenfalls $dx = 0$ ist, so daß diese Teile der Randkurve keinen Beitrag liefern, wird der Inhalt

$$F = -\oint y\,dx = -\int_{A'}^{B'} 0 \cdot dx - \int_{B'}^{B} y \cdot 0 - \int_{B}^{A} y\,dx - \int_{A}^{A'} y \cdot 0 = -\int_{b}^{a} y\,dx = \int_{a}^{b} y\,dx.$$

4. Weitere Formeln für den Flächeninhalt. Wir formen das Integral

$$F = -\oint y\,dx = -\int_{t_0}^{t_1} y\,dx$$

durch partielle Integration so um, daß

$$F = -\int_{t_0}^{t_1} y\,dx = -[x\,y]_{t_0}^{t_1} + \int_{t_0}^{t_1} x\,dy$$

wird. Hier ist aber wegen $x(t_1) = x(t_0)$, $y(t_1) = y(t_0)$

$$[x\,y]_{t_0}^{t_1} = 0,$$

also ist

$$\boxed{F = \oint x\,dy;} \tag{4}$$

diese Formel steht völlig gleichberechtigt neben der ersten. Zu achten ist auf das Vorzeichen; das Integral selbst ist auch hier wieder im positiven Sinn über die Randkurve des Bereiches zu erstrecken. Aus den beiden Formeln folgt durch Mittelbildung eine dritte, nämlich

$$\boxed{F = \frac{1}{2}\oint (x\,dy - y\,dx),} \tag{5}$$

die wegen der Symmetrie in den Koordinaten mitunter eine einfachere Rechnung ergibt als die beiden ersten.

So wird z. B. für die Ellipse $x = a\cos t$, $y = b\sin t$

$$F = \frac{1}{2}\int_0^{2\pi} [a\cos t\; b\cos t\,dt - b\sin t\,(-a\sin t)\,dt] = \frac{a\,b}{2}\int_0^{2\pi} (\cos^2 t + \sin^2 t)\,dt =$$

$$= \frac{a\,b}{2}\int_0^{2\pi} dt = a\,b\,\pi.$$

Mit Hilfe der Darstellung des Flächeninhaltes durch ein Kurvenintegral läßt sich jedem beliebigen, von einer geschlossenen, einfachen und stückweise glatten Kurve begrenzten Bereich $\mathfrak{B}$ ein Flächeninhalt zuordnen, ohne daß wir über $\mathfrak{C}$ noch eine zusätzliche Voraussetzung wie in Ziffer 1 zu machen haben. Für Bereiche, die der Voraussetzung genügen, daß der Rand $\mathfrak{C}$ nur endlich viele Punkte mit extremen Abszissen aufweist, stimmen beide Erklärungen von F, nämlich die von Ziffer 1 als Summe und Differenz von endlich vielen Integralen und die durch das Kurvenintegral überein; wir werden also mit vollem Recht in allen anderen Fällen, wo $\mathfrak{C}$ diese Voraussetzung nicht erfüllt, den Flächeninhalt von $\mathfrak{B}$ durch das Kurvenintegral definieren. Diese Definition des Flächeninhalts gilt unverändert auch für mehrfach zusammenhängende Bereiche; wir haben uns dabei nur vor Augen zu halten, daß die jetzt aus mehreren getrennten Stücken bestehende Randkurve so zu durchlaufen ist, daß das Innere des Bereiches stets zur

Linken bleibt. So ist z. B. beim Kreisring Abb. 108 der äußere Kreis entgegen, der innere im Uhrzeigersinn zu durchlaufen, wodurch der Inhalt des inneren Kreises von dem des äußeren abgezogen wird, so daß sich die Fläche des Kreisrings ergibt.

Die Frage liegt nahe, was das Kurvenintegral

$$J = \frac{1}{2} \int\limits_{\mathfrak{C}} (x\,dy - y\,dx)$$

bedeutet, wenn $\mathfrak{C}$ keine geschlossene Kurve, sondern ein von zwei Punkten A und B begrenzter Kurvenbogen ist. Wir können wegen $d\frac{y}{x} = \frac{x\,dy - y\,dx}{x^2}$ das Integral

$$J = \frac{1}{2} \int\limits_A^B (x\,dy - y\,dx) = \frac{1}{2} \int\limits_A^B x^2\, d\frac{y}{x}$$

schreiben und erhalten durch partielle Integration

$$J = \frac{1}{2} \left[x^2 \frac{y}{x}\right]_A^B - \int\limits_A^B y\,dx = \frac{1}{2} [x\,y]_A^B - \int\limits_A^B y\,dx =$$

$$= \frac{1}{2}\, x(B)\, y(B) - \frac{1}{2}\, x(A)\, y(A) - \int\limits_A^B y\,dx.$$

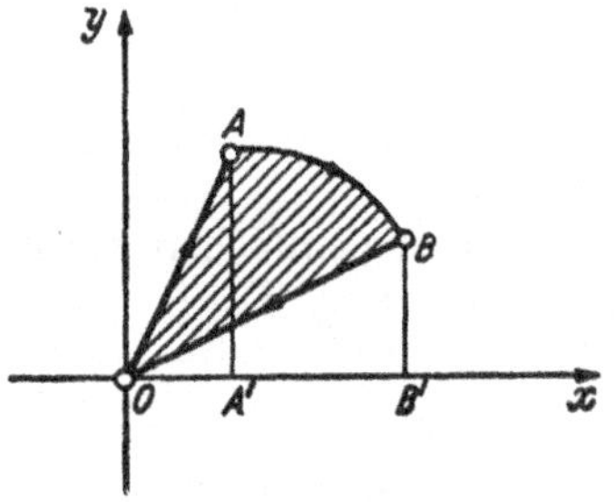

Abb. 114.

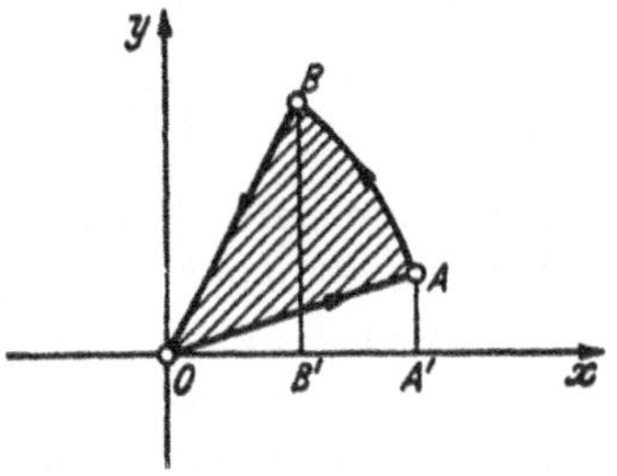

Abb. 115.

Hier ist $\frac{1}{2}\, x(B)\, y(B)$ die Fläche des Dreiecks mit den Ecken O, B und B' (der Projektion von B auf die x-Achse), $\frac{1}{2}\, x(A)\, y(A)$ hat eine ganz entsprechende Bedeutung, während $\int\limits_A^B y\,dx$ der Inhalt des Normalbereiches ist, der durch den Kurvenbogen $\mathfrak{C}$ bestimmt ist, noch versehen mit dem Vorzeichen $+1$ oder -1, je nachdem $x(A) < x(B)$ oder $x(A) > x(B)$ ist. J ist also auf jeden Fall (vgl. die Abb. 114 und 115) *der Flächeninhalt des von der Kurve $\mathfrak{C}$ und den beiden Strecken $\overline{OA}$ und $\overline{OB}$ begrenzten Kurvensektors*, wobei die Orientierung der aus diesen drei Teilen bestehenden Randkurve und damit das Vorzeichen von J durch die Orientierung des Kurvenbogens $\mathfrak{C}$ von A nach B bestimmt ist. In der Abb. 114 ist $\int\limits_A^B y\,dx > 0$, $J < 0$, in Abb. 115 umgekehrt $\int\limits_A^B y\,dx < 0$, $J > 0$. Vgl. hierzu auch Ziffer 6, letzter Absatz.

5. Die Invarianz des Flächeninhalts. Ich habe in § 17, 11 die geometrischen Größen als Invarianten definiert; sie haben in allen Koordinatensystemen denselben Wert. In allen rechtwinkeligen Koordinatensystemen sind Invarianten durch gleichartige analytische Ausdrücke gegeben. Wir wollen uns durch eine einfache Rechnung davon überzeugen, daß sich die Formel für den Flächeninhalt

$$F = \oint x\,dy$$

bei einer Koordinatentransformation (§ 17, 11) nicht ändert, also in den neuen Koordinaten $\bar{x}$, $\bar{y}$ dieselbe Form

$$F = \oint \bar{x}\,d\bar{y}$$

hat. Sind die Koordinaten Funktionen eines Parameters t, so werden auf Grund der Transformationsgleichungen § 17, (36) auch $\bar{x}$ und $\bar{y}$ Funktionen von t sein; beides sind Parameterdarstellungen ein und derselben Kurve $\mathfrak{C}$, aber in zwei verschiedenen Koordinatensystemen. Es ist dann

$$d\bar{y} = -dx \sin\alpha + dy \cos\alpha$$

und somit wird

$$\oint \bar{x}\,d\bar{y} = \oint (x\cos\alpha + y\sin\alpha + \bar{a})\,(-dx\sin\alpha + dy\cos\alpha) =$$

$$= -\sin\alpha\cos\alpha \oint x\,dx + \cos^2\alpha \oint x\,dy - \sin^2\alpha \oint y\,dx + \sin\alpha\cos\alpha \oint y\,dy -$$

$$- \bar{a}\sin\alpha \oint dx + \bar{a}\cos\alpha \oint dy.$$

Nun ist aber

$$\oint dx = \oint_{t_0}^{t_1} \dot{x}(t)\,dt = x(t_1) - x(t_0) = 0,$$

$$\oint dy = \oint_{t_0}^{t_1} \dot{y}(t)\,dt = y(t_1) - y(t_0) = 0,$$

da sich ja voraussetzungsgemäß für $t = t_0$ und $t = t_1$ derselbe Punkt der Kurve $\mathfrak{C}$ ergibt. Ebenso ist

$$\oint x\,dx = \frac{1}{2}\oint d(x^2) = [x(t_1)]^2 - [x(t_0)]^2 = 0$$

und

$$\oint y\,dy = \frac{1}{2}\oint d(y^2) = [y(t_1)]^2 - [y(t_0)]^2 = 0.$$

Ferner ist $\oint y\,dx = -\oint x\,dy$ (Ziffer 4), so daß

$$\oint \bar{x}\,d\bar{y} = (\cos^2\alpha + \sin^2\alpha) \oint x\,dy = \oint x\,dy$$

wird. Genau so ist natürlich auch $\oint y\,dx$ oder die symmetrische Form $\oint (x\,dy - y\,dx)$ invariant gegenüber Koordinatentransformationen[1].

Unser Ausdruck für den Flächeninhalt F eines ebenen Bereiches muß aber noch in einem anderen Sinn invariant sein. Der Parameter t ist ja so wie die Koordinaten nur eine Hilfsgröße, die wir zur analytischen Darstellung der

[1] Selbstverständlich ist der Inhalt eines Bereiches $\mathfrak{B}$ nur dann invariant, wenn $\mathfrak{B}$ unabhängig vom Koordinatensystem ist, was weder bei einem Normalbereich noch bei den am Schluß von Ziffer 4 oder in der folgenden Ziffer 6 betrachteten Sektoren zutrifft.

Kurve $\mathfrak{C}$ verwenden und die im allgemeinen keine geometrische Bedeutung hat. Wenn wir durch $t = t(u)$ einen anderen Parameter u zur Darstellung von $\mathfrak{C}$ benützen, so kann sich $\mathfrak{C}$ nicht ändern und ebensowenig der von ihr eingeschlossene Flächeninhalt F. Ich zeige, daß die Formel für F auch invariant ist gegenüber allen stetig differenzierbaren umkehrbar eindeutigen Transformationen des Parameters t. Machen wir also in

$$\oint x\,dy = \oint_{t_0}^{t_1} x(t)\,\dot{y}(t)\,dt$$

die Substitution $t = t(u)$, so wird nach der Kettenregel

$$\dot{y}(t) = \frac{dy(t)}{dt} = \frac{dy(t(u))}{du}\,\frac{du}{dt},$$

während für das Differential $dt = \frac{dt}{du}\,du$ zu setzen ist. Es folgt also, wenn wir noch u_0 und u_1 aus

$$t_0 = t(u_0), \quad t_1 = t(u_1)$$

bestimmen,

$$\oint x\,dy = \int_{u_0}^{u_1} x(t(u))\,\frac{dy(t(u))}{du}\,\frac{du}{dt}\,\frac{dt}{du}\,du = \int_{u_0}^{u_1} x(t(u))\,\frac{dy(t(u))}{du}\,du = \oint x\,dy,$$

da $\frac{dy(t(u))}{du}\,du$ das Differential dy der Funktion $y(t(u))$ ist. Natürlich läßt sich in genau derselben Weise zeigen, daß $\oint y\,dx$ gegenüber der Substitution $t = t(u)$ unverändert bleibt.

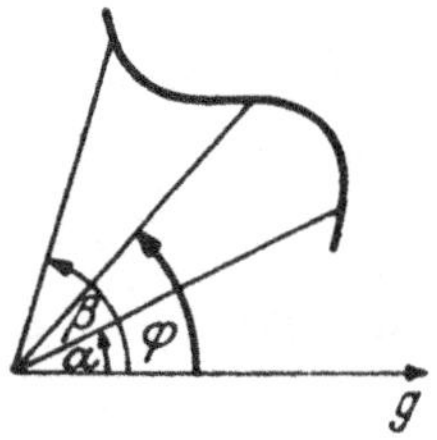

Abb. 116.

6. Flächeninhalt in Polarkoordinaten. Es sei eine Kurve in Polarkoordinaten durch eine Gleichung $r = f(\varphi)$ gegeben, wobei $f(\varphi)$ eine stetige Funktion ist. Wir wollen die Fläche des Sektors zwischen $\varphi = \alpha$ und $\varphi = \beta$ bestimmen (Abb. 116) und lassen uns dabei von denselben Überlegungen leiten, die uns zum Flächeninhalt eines Normalbereiches in rechtwinkeligen Cartesischen Koordinaten geführt haben. Wir zerlegen also das Intervall $[\alpha, \beta]$ durch die Teilungspunkte $\varphi_0 = \alpha,\ \varphi_1,\ \varphi_2,\ \ldots,\ \varphi_{n-1},\ \varphi_n = \beta$ in n Teilintervalle $\Delta\varphi_i = \varphi_i - \varphi_{i-1},\ i = 1,\ 2,\ \ldots, n,$ und ersetzen die zu einem Teilintervall gehörige Fläche durch die eines Kreissektors vom Winkel $\Delta\varphi_i$ mit dem Inhalt $\frac{r_i^2}{2}\Delta\varphi_i$, wobei $r_i = f(\vartheta_i)$ und $\varphi_{i-1} \leqq \vartheta_i \leqq \varphi_i$ ist. Lassen wir nun die Anzahl n der Teilintervalle gegen unendlich gehen, wobei der größte Teilwinkel $\delta = \max \Delta\varphi_i$ gegen Null geht, so wird

$$F = \lim_{\delta \to 0} \sum_{i=1}^{n} \frac{r_i^2}{2}\,\Delta\varphi_i = \frac{1}{2}\int_{\alpha}^{\beta} r^2\,d\varphi = \frac{1}{2}\int_{\alpha}^{\beta} [f(\varphi)]^2\,d\varphi,$$

also

$$\boxed{F = \frac{1}{2}\int_{\alpha}^{\beta} r^2\,d\varphi.} \tag{6}$$

Wir können diese Formel auch in anderer Weise, nämlich mit Hilfe des unbestimmten Integrals gewinnen. Der Flächeninhalt eines Sektors, der durch die Geraden $\varphi = \alpha$ und $\varphi = \vartheta$, wobei $\alpha \leqq \vartheta \leqq \beta$ ist, begrenzt wird, ist bei festgehaltenem α jedenfalls eine Funktion $F(\vartheta)$, für die $F(\alpha) = 0$ gilt; der Flächeninhalt des Sektors zwischen den Geraden $\varphi = \vartheta$ und $\varphi = \vartheta + \Delta\vartheta$ ist dann

$$\Delta F = F(\vartheta + \Delta\vartheta) - F(\vartheta)$$

und liegt sicher zwischen den Flächeninhalten der beiden Kreissektoren mit dem Winkel $\Delta\vartheta$ und den Radien g und G (Abb. 117), wobei g und G Minimum und Maximum der stetigen Funktion $r = f(\varphi)$ in $[\vartheta, \vartheta + \Delta\vartheta]$ sind. Es ist also

$$\frac{1}{2} g^2 \Delta\vartheta \leqq \Delta F \leqq \frac{1}{2} G^2 \Delta\vartheta$$

oder

$$\frac{1}{2} g^2 \leqq \frac{\Delta F}{\Delta\vartheta} \leqq \frac{1}{2} G^2.$$

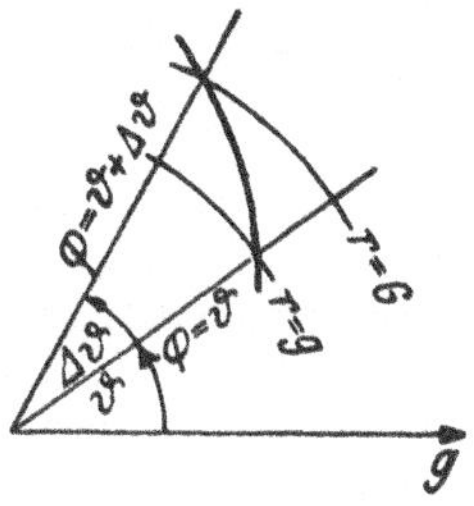

Abb. 117.

Nun ist aber wegen der Stetigkeit von $f(\varphi)$ sicher $\lim\limits_{\Delta\vartheta \to 0} g = \lim\limits_{\Delta\vartheta \to 0} G = f(\vartheta)$ und daher

$$\lim_{\Delta\vartheta \to 0} \frac{\Delta F}{\Delta\vartheta} = \frac{dF}{d\vartheta} = \frac{1}{2} [f(\vartheta)]^2$$

und somit

$$F(\vartheta) = \frac{1}{2} \int_{\alpha}^{\vartheta} [f(\varphi)]^2 \, d\varphi,$$

woraus für $\vartheta = \beta$ wieder die Formel (6) für den Flächeninhalt in Polarkoordinaten folgt.

Es gibt noch einen dritten Weg zum Nachweis von (6), und zwar mit Hilfe des Kurvenintegrals. Wenn wir nämlich in die Gleichungen

$$x = r \cos\varphi, \quad y = r \sin\varphi, \tag{7}$$

die den Zusammenhang zwischen rechtwinkeligen und Polarkoordinaten darstellen, $r = f(\varphi)$ einsetzen, so werden x und y Funktionen von φ und die Gleichungen (7) eine Parameterdarstellung der Kurve $r = f(\varphi)$. Wir erhalten nach Ziffer 4 unseren Ausdruck für den Flächeninhalt des von den Radien $\varphi = \alpha$ und $\varphi = \beta$ und von der Kurve $r = f(\varphi)$ begrenzten Bereiches, wenn wir das Kurvenintegral $\frac{1}{2} \oint (x\,dy - y\,dx)$ über den letztgenannten Teil der Randkurve berechnen. Es wird

$$dx = (r' \cos\varphi - r \sin\varphi)\, d\varphi, \quad dy = (r' \sin\varphi + r \cos\varphi)\, d\varphi$$

und daher

$$F = \frac{1}{2} \int_{\alpha}^{\beta} [r \cos\varphi\, (r' \sin\varphi + r\cos\varphi) - r \sin\varphi\, (r' \cos\varphi - r \sin\varphi)]\, d\varphi$$

$$= \frac{1}{2} \int_{\alpha}^{\beta} (r\, r' \cos\varphi \sin\varphi + r^2 \cos^2\varphi - r\, r' \sin\varphi \cos\varphi + r^2 \sin^2\varphi)\, d\varphi$$

$$= \frac{1}{2} \int_{\alpha}^{\beta} r^2\, d\varphi,$$

was zu beweisen war.

Aufgaben.

1. Der Inhalt des von einem Bogen der gemeinen Zykloide und der Achse bestimmten Bereiches ist zu ermitteln.
2. Der Inhalt des Dreiecks (1, 2), (5, 7), (3, 10) ist durch ein Kurvenintegral zu bestimmen.
3. Der Inhalt einer Schleife der Lemniskate (§ 17, Aufgabe 6) ist zu bestimmen.

§ 25. Die Bogenlänge einer Kurve.

1. Begriff der Bogenlänge. Es sei $f(x)$ in $[a, b]$ eindeutig und stetig. Wir stellen uns die Frage, ob sich dem zwischen den Punkten A und B mit den Abszissen a und b und den Ordinaten $f(a)$ und $f(b)$ gelegenen Kurvenbogen $\mathfrak{C}$ mit der Gleichung $y = f(x)$ eine Zahl s zuordnen läßt, die man vernünftigerweise als „Länge" von $\mathfrak{C}$ bezeichnen kann. Ist das der Fall, so nennt man $s = s(a, b)$ die Länge *(Bogenlänge)* von $\mathfrak{C}$ zwischen A und B.

Wir stehen hier vor einem ähnlichen Problem wie seinerzeit beim Flächeninhalt. Wir wissen, daß jede Strecke, also jedes Stück einer Geraden, eine ganz bestimmte Länge hat, wir wissen, daß jeder Kreisbogen eine bestimmte Länge besitzt und wir sind eigentlich überzeugt, daß — wenigstens unter gewissen Voraussetzungen — auch jedem Kurvenbogen eine bestimmte endliche Länge zugeschrieben werden kann. Es erscheint recht naheliegend, von einem der Kurve eingeschriebenen Polygon auszugehen, dessen Ecken Punkte der Kurve sind und das man als Sehnenpolygon bezeichnet, die Länge dieses Polygons als Approximation für die gesuchte Bogenlänge zu verwenden und diese schließlich durch einen Grenzübergang zu ermitteln, bei dem alle Polygonseiten gegen Null gehen. Wir sehen aber schon daraus, daß wir hier mit der bloßen Voraussetzung der Stetigkeit von $f(x)$ nicht auskommen, denn wir müssen doch annehmen, daß sich eine genügend kleine Polygonseite von dem zugehörigen Kurvenbogen nur um Größen unterscheidet, die von höherer Ordnung klein sind. Eine hinreichende Bedingung dafür ist jedenfalls die Existenz und Stetigkeit der Ableitung $f'(x)$ in $[a, b]$.

2. Darstellung der Bogenlänge durch ein bestimmtes Integral. Wir teilen das Intervall $[a, b]$ durch die Teilungspunkte x_i $(i = 1, 2, \ldots, n-1)$ in n Teile von der Länge

$$\Delta x_i = x_i - x_{i-1},$$

wobei wir noch $x_0 = a$, $x_n = b$ setzen, und berechnen die Länge des der Kurve $y = f(x)$ eingeschriebenen Polygons mit den Ecken $P_i = (x_i, y_i)$, wo $y_i = f(x_i)$ ist. Die Länge der Polygonseite über dem Teilintervall Δx_i ist

$$\Delta s_i = \sqrt{\Delta x_i^2 + \Delta y_i^2} = \sqrt{1 + \left(\frac{\Delta y_i}{\Delta x_i}\right)^2}\,\Delta x_i,$$

wo

$$\Delta y_i = y_i - y_{i-1}$$

gesetzt ist, und somit die Länge des ganzen Polygons

$$\sum_{i=1}^{n} \Delta s_i = \sum_{i=1}^{n} \sqrt{1 + \left(\frac{\Delta y_i}{\Delta x_i}\right)^2}\,\Delta x_i.$$

Ist also $f(x)$ *stetig differenzierbar* in $[a, b]$, so gibt es nach dem Mittelwertsatz der Differentialrechnung (§ 12, 10) in jedem Teilintervall Δx_i eine Stelle ξ_i (mit $x_{i-1} < \xi_i < x_i$), so daß die Tangente an $y = f(x)$ an der Stelle ξ_i parallel ist zur Sehne, d. h. daß

$$\frac{\Delta y_i}{\Delta x_i} = f'(\xi_i) \quad (i = 1, 2, \ldots, n)$$

ist. Wir können also

$$\sum_{i=1}^{n} \Delta s_i = \sum_{i=1}^{n} \sqrt{1 + [f'(\xi_i)]^2}\,\Delta x_i$$

schreiben. Lassen wir nun die Zahl der Teilungspunkte unbegrenzt wachsen, wobei aber die Länge l_n des längsten Teilintervalls gegen Null geht (ausgezeichnete Zerlegungsfolge), so wird diese Summe wegen der Stetigkeit von $f'(x)$ gegen das Integral

$$\int_a^b \sqrt{1 + [f'(x)]^2}\, dx$$

konvergieren, das wir als *Definition der Bogenlänge* nehmen. Wir schreiben also

$$\boxed{s = s(a, b) = \int_a^b \sqrt{1 + y'^2}\, dx.} \tag{1}$$

Die Definition (1) gilt natürlich auch, wenn $y' = f'(x)$ nur *beschränkt und stückweise stetig* ist, sowie, wenn $y' \to \pm\infty$ in höchstens endlich vielen Punkten von $[a, b]$ gilt, sofern das uneigentliche Integral auf der rechten Seite von (1) konvergiert. Ist die Kurve $\mathfrak{C}$ in Parameterdarstellung

$$x = x(t), \qquad y = y(t)$$

gegeben, wo $x(t)$ und $y(t)$ stückweise glatte Funktionen sind, so folgt aus (1) durch die Substitution $x = x(t)$, wenn $a = x(t_0)$, $b = x(t_1)$ und $\dot{x}(t) \neq 0$ ist in $[a, b]$

$$s = \int_{t_0}^{t_1} \sqrt{1 + \left(\frac{\dot{y}(t)}{\dot{x}(t)}\right)^2}\, \dot{x}(t)\, dt = \int_{t_0}^{t_1} \sqrt{(\dot{x}(t))^2 + (\dot{y}(t))^2}\, dt.$$

Der letzte Ausdruck für s läßt uns vermuten, daß man sich von der Voraussetzung $\dot{x}(t) \neq 0$ befreien kann. Das ist tatsächlich der Fall, doch will ich hier auf den Nachweis verzichten und

$$\boxed{s = s(a, b) = \int_{t_0}^{t_1} \sqrt{\dot{x}^2 + \dot{y}^2}\, dt} \tag{2}$$

als eine *allgemeinere Definition der Bogenlänge* nehmen, die im Fall $\dot{x} \neq 0$ mit (1) übereinstimmt, aber auch für alle Stellen mit $\dot{x} = 0$ gültig bleibt. Vgl. hiezu die Ausführungen in § 19, 2.

3. Das Bogenelement. Ist x ein beliebiger Punkt des Intervalls $[a, b]$, also $a \leq x \leq b$, so ist

$$s = s(a, x) = \int_a^x \sqrt{1 + y'^2}\, dx$$

bei festem a eine Funktion von x, deren Differential

$$ds = \sqrt{1 + y'^2}\, dx$$

als das *Bogenelement* oder *Bogendifferential* der Kurve $y = f(x)$ bezeichnet wird. Für die Parameterdarstellung ergibt sich

$$ds = \sqrt{\dot{x}^2 + \dot{y}^2}\, dt.$$

Unabhängig von der Art der Darstellung der Kurve $\mathfrak{C}$ ist die Schreibweise

$$\boxed{ds = \sqrt{dx^2 + dy^2}.} \tag{3}$$

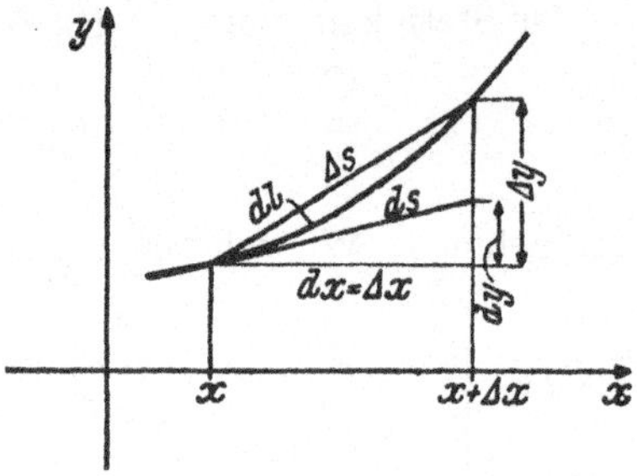

Abb. 118.

Die geometrische Bedeutung von ds ist aus der Abb. 118 zu entnehmen; ds ist die Länge des durch die Abszissen x und $x + dx$ auf der Tangente von $\mathfrak{C}$ in (x, y) bestimmten Abschnitts und unterscheidet sich sowohl von der Länge Δs der zugehörigen Sehne als auch von der Länge dl des Kurvenbogens zwischen x und $x + dx$ um Größen, die von höherer Ordnung klein sind als dx, so daß in erster Annäherung

$$ds \approx dl$$

gesetzt werden kann.

4. Die Bogenlänge in Polarkoordinaten. Es sei durch $r = f(\varphi)$, wobei $f(\varphi)$ stetig differenzierbar in einem Intervall $[\alpha, \beta]$ ist, eine Kurve $\mathfrak{C}$ in Polarkoordinaten gegeben. Denken wir uns diese Funktion für r in die Formeln

$$x = r\cos\varphi, \qquad y = r\sin\varphi$$

eingesetzt, so ergibt sich (vgl. den Schluß von § 24, 6) die Parameterdarstellung von $\mathfrak{C}$ mit dem Parameter φ. Wegen

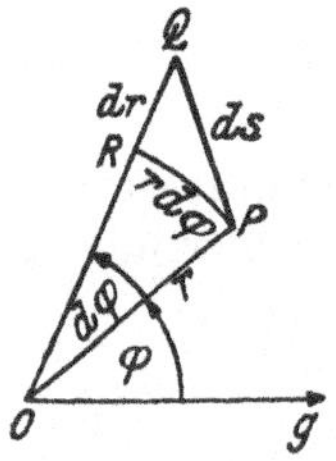

Abb. 119.

$$dx = dr\cos\varphi - r\sin\varphi\, d\varphi, \qquad dy = dr\sin\varphi + r\cos\varphi\, d\varphi$$

folgt

$$ds = \sqrt{dx^2 + dy^2} = \sqrt{dr^2 + r^2\, d\varphi^2} = \sqrt{r'^2 + r^2}\, d\varphi$$

und somit

$$\boxed{s = s(\alpha, \beta) = \int_\alpha^\beta \sqrt{r'^2 + r^2}\, d\varphi.} \qquad (4)$$

Man kann den Ausdruck für ds auch direkt berechnen. Bei kleinem $d\varphi$ ist dr in erster Annäherung die Änderung von r beim Übergang von φ zu $\varphi + d\varphi$ und ds die Hypotenuse im Dreieck PQR (Abb. 119), das — wieder in erster Annäherung — als rechtwinkelig angesehen werden kann. Es folgt sofort

$$ds^2 = dr^2 + r^2\, d\varphi^2,$$

da $r\, d\varphi$ die Länge der zweiten Kathete ist.

5. Beispiele.

1. Die Kurve $y = \operatorname{ch} x = \frac{1}{2}\left(e^x + e^{-x}\right)$ wird wegen ihrer Bedeutung in der Mechanik auch als *Kettenlinie* bezeichnet; eine an zwei Punkten aufgehängte Kette nimmt unter dem Einfluß der Schwerkraft die Gestalt dieser Kurve an (Band II). Ihre Bogenlänge, vom Scheitel $x = 0$ aus gezählt, wird

$$s(x) = \int_0^x \sqrt{1 + y'^2}\, dx = \int_0^x \sqrt{1 + \operatorname{sh}^2 x}\, dx = \int_0^x \operatorname{ch} x\, dx = \operatorname{sh} x.$$

2. Für die Parabel $y^2 = 2\,p\,x$ ergibt sich, wenn die Bogenlänge vom Scheitel aus gemessen und $y = \sqrt{2\,p\,x} \geqq 0$ genommen wird,

$$s(x) = \int_0^x \sqrt{1 + \frac{p}{2\,x}}\, dx$$

oder, $x = \frac{y^2}{2p}$ substituiert,

$$s(y) = \int_0^y \sqrt{1 + \frac{p^2}{y^2}\frac{y}{p}}\, dy = \int_0^y \sqrt{1 + \frac{y^2}{p^2}}\, dy.$$

Setzt man hier $y = p \operatorname{sh} t$, $dy = p \operatorname{ch} t\, dt$, so folgt

$$s(y) = p \int_0^t \operatorname{ch}^2 t\, dt = \frac{p}{2} \int_0^t (1 + \operatorname{ch} 2t)\, dt = \frac{p}{2}(t + \operatorname{sh} t \operatorname{ch} t) =$$

$$= \frac{p}{2} \ln\left(\frac{y}{p} + \sqrt{1 + \frac{y^2}{p^2}}\right) + \frac{y}{2}\sqrt{1 + \frac{y^2}{p^2}}.$$

3. Bei der Ellipse

$$\frac{x^2}{a^2} + \frac{y^2}{b^2} = 1$$

wird die vom oberen Scheitel $(0, b)$ aus gezählte Bogenlänge wegen $y' = -\frac{b x}{a\sqrt{a^2 - x^2}}$

$$s(x) = \int_0^x \sqrt{\frac{a^4 - (a^2 - b^2)\, x^2}{a^2\,(a^2 - x^2)}}\, dx$$

oder nach Einführung der *numerischen Exzentrizität* $\varepsilon = \frac{\sqrt{a^2 - b^2}}{a}$

$$s(x) = \int_0 \sqrt{\frac{a^2 - \varepsilon^2 x^2}{a^2 - x^2}}\, dx.$$

Die Substitution $x = a \sin t$ ergibt

$$s(t) = a \int_0^t \sqrt{1 - \varepsilon^2 \sin^2 t}\; dt.$$

Es handelt sich hier um ein sogenanntes *elliptisches Integral*, das nicht auf elementare Funktionen zurückführbar ist. Nur im Falle $a = b$, also $\varepsilon = 0$, läßt sich das Integral elementar berechnen; es wird

$$s(t) = a \int_0^t dt = at,$$

die zum Zentriwinkel t gehörige Bogenlänge des Kreises vom Radius a.

Aufgaben.

1. Die Länge eines Bogens der gemeinen Zykloide zu bestimmen.
2. Die Bogenlänge der logarithmischen Linie $y = a \ln x$ zwischen $x = a$ und x zu bestimmen.
3. Die Länge der logarithmischen Spirale $r = a^\varphi$, $a > 0$, von $\varphi = 0$ bzw. $\varphi = -\infty$ bis zum Punkt φ zu bestimmen.
4. Der Umfang der Kardioide $r = a(1 + \cos\varphi)$ (vgl. § 19, Aufgabe 2) zu bestimmen.

§ 26. Weitere Anwendungen des Integralbegriffes in Geometrie und Mechanik.

1. Das Volumen eines Drehkörpers und der Inhalt einer Drehfläche. Es sei $y = f(x) > 0$ in $[a, b]$ stetig. Der Normalbereich über $[a, b]$ rotiere um die x-Achse; zu berechnen sei das Volumen des so entstehenden Dreh- oder Rotationskörpers. Das Intervall $[a, b]$ werde durch die Punkte $x_0 = a, x_1, x_2, \ldots, x_n = b$ in n Teilintervalle von den Längen $\Delta x_i = x_i - x_{i-1}$ zerlegt und in jedem Teilintervall der Drehkörper durch eine zylindrische Scheibe vom Radius $f(\xi_i)$ und der Höhe

Δx_i approximiert, wobei $x_{i-1} \leqq \xi_i \leqq x_i$ ist (Abb. 120). Durchlaufen die Teilungspunkte eine ausgezeichnete Zerlegungsfolge von $[a, b]$, so wird das gesuchte Volumen gleich dem Grenzwert der Summe der Zylindervolumina[1]

$$V = V(a, b) = \lim_{l \to 0} \sum_{i=1}^{n} [f(\xi_i)]^2 \pi \Delta x_i = \pi \int_a^b [f(x)]^2 dx$$

oder kurz

$$V = \pi \int_a^b y^2 dx. \qquad (1)$$

Diese Formel gibt uns eine neuerliche Bestätigung dessen, was ich am

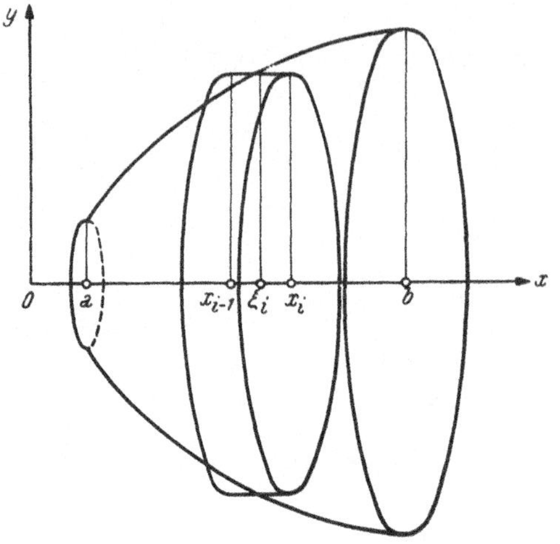

Abb. 120.

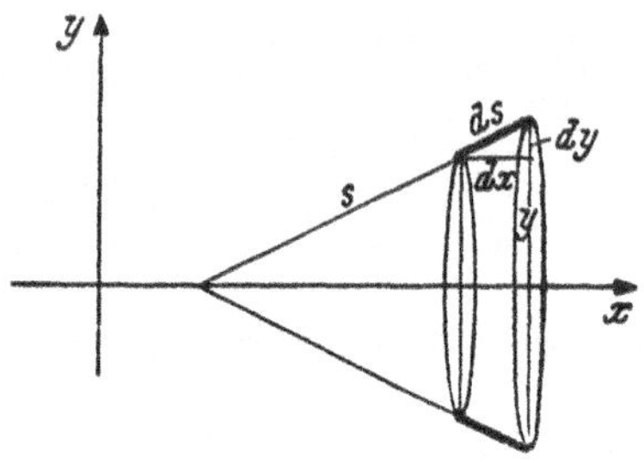

Abb. 121.

Schluß der Ziffer 9 von § 13 gesagt habe: $y^2 \pi dx$ ist in erster Annäherung (d. h. bis auf Größen, die von höherer Ordnung klein sind als dx) das Volumen einer zylindrischen Scheibe mit dem Radius y und der Dicke dx. Bei den folgenden Formeln werde ich auf die ausführliche Begründung durch eine Zurückführung auf ausgezeichnete Zerlegungsfolgen verzichten.

Man kann zu der Formel (1) auch analog wie zum Flächeninhalt in Polarkoordinaten in § 24, 6 mit Hilfe eines unbestimmten Integrals gelangen. Das Volumen des durch Rotation des Normalbereiches über $[a, x]$, wobei $a \leqq x \leqq b$ ist, entstehenden Drehkörpers ist bei festem a eine Funktion $V(x)$ von x, deren Ableitung, wie sich leicht zeigen läßt,

$$V'(x) = y^2 \pi$$

ist; somit wird wegen $V(a) = 0$

$$V(x) = \pi \int_a^x y^2 dx$$

und daraus für $x = b$ unser obiger Ausdruck für V.

Das Volumen eines Drehkörpers, der durch Rotation eines beliebigen ebenen Bereiches, der ganz auf einer Seite der Drehachse liegt, um die x-Achse entsteht, läßt sich durch Integrale der obigen Form ausdrücken, wenn man den Bereich wie in § 24, 1 auf Normalbereiche zurückführt.

Ich komme nun zur Oberfläche eines Drehkörpers; ich nehme dabei den Begriff der Oberfläche vorweg, den ich allgemein erst bei den Doppelintegralen behandeln werde, der aber im Falle einer Drehfläche auf die Bogenlänge der Kurve $\mathfrak{C}$ zurückgeführt werden kann, durch deren Rotation die Fläche entsteht. So wie

[1] Diese Summe ist eine Riemannsche Summe, die in einer x, Y-Ebene zur Funktion $Y = F(x) = \pi [f(x)]^2$ und zur obigen Zerlegung des Intervalls $[a, b]$ gehört.

wir in § 25, 1 die Kurve $\mathfrak{C}$ zunächst durch ein Sehnenpolygon approximiert haben, können wir die Drehfläche durch die durch Rotation eines Sehnenpolygons von $\mathfrak{C}$ entstehende Fläche approximieren, die aus den Mantelflächen von Kegelstümpfen zusammengesetzt ist. Ist ds das Bogenelement der Kurve $\mathfrak{C}$, die durch eine Gleichung $y = f(x)$ mit einer in $[a, b]$ stetig differenzierbaren Funktion $f(x)$ gegeben sei, so ist ds zugleich die Seite der Mantelfläche des Kegelstumpfes mit der Höhe dx. Ist dO der Inhalt dieser Mantelfläche, so folgt, da $\pi\, y\, s$ der Inhalt einer Kegelfläche vom Radius y und der Seitenlänge s ist (Abb. 121),

$$dO = \pi[(y + dy)\,(s + ds) - ys]$$

oder wegen $\frac{y}{s} = \frac{dy}{ds}$, also $s\,dy = y\,ds$, und unter Vernachlässigung des Produktes $dy\,ds$, das von höherer Ordnung klein ist als dx,

$$dO = 2\,\pi\, y\, ds$$

und somit

$$\boxed{O = 2\,\pi \int_a^b y\, ds} \tag{2}$$

oder ausführlicher

$$O = 2\,\pi \int_a^b y \sqrt{1 + y'^2}\, dx. \tag{3}$$

2. Statisches Moment und Schwerpunkt eines ebenen Bereiches. Unter dem statischen Moment eines Massenpunktes m, d. i. ein Punkt, in welchem sich die Masse m befindet, in bezug auf eine Gerade g versteht man das Produkt $m\,l$ aus der Masse und ihrem Abstand l von g. Handelt es sich um ein System von n Massenpunkten, so wird das *statische Moment* oder *Moment erster Ordnung* dieses Systems in bezug auf g gleich der Summe

$$M_g = \sum_{i=1}^{n} m_i\, l_i$$

und in bezug auf die Koordinatenachsen

$$M_y = \sum_{i=1}^{n} m_i\, x_i \quad \text{und} \quad M_x = \sum_{i=1}^{n} m_i\, y_i.$$

Es sei nun das statische Moment eines ebenen Bereiches in bezug auf die Koordinatenachsen zu ermitteln. Ich beschränke mich dabei auf Normalbereiche, da sich nach § 24, 1 unter gewissen Voraussetzungen jeder ebene Bereich durch Normalbereiche darstellen läßt. Die Massenverteilung sei konstant, und zwar habe die Dichte, d. i. die Masse pro Flächeneinheit, der Betrag 1; $y = f(x)$ sei eine in $[a, b]$ stetige Funktion, und zu berechnen sei das statische Moment M_y des Normalbereiches über $[a, b]$. Ich zerlege den Normalbereich in schmale, zur y-Achse parallele Streifen und approximiere jeden Streifen durch ein Rechteck mit dem Inhalt $y\,dx$. Das statische Moment eines solchen Rechtecks ist in erster Annäherung durch $x\,y\,dx$ gegeben, denn x ist (in erster Annäherung) der Abstand der Masse des Rechtecks, die in unserem Fall gleich seinem Inhalt ist, von der y-Achse. Das gesuchte statische Moment des Normalbereiches ist der Grenzwert der Summe der statischen Momente der Rechtecke, also

$$\boxed{M_y = \int_a^b x\, y\, dx.} \tag{4}$$

Analog ergibt sich das statische Moment M_x in bezug auf die x-Achse durch Zerlegung des Bereiches in Streifen, die zur x-Achse parallel sind. Man kann aber auch die obige Zerlegung in Streifen, die zur y-Achse parallel sind, benützen und das statische Moment jedes Streifens dx in bezug auf die x-Achse bestimmen, indem man ihn in Teilrechtecke vom Inhalt $dx\,d\eta$ zerlegt (Abb. 122) und deren statische Momente $\eta\,dx\,d\eta$ summiert:

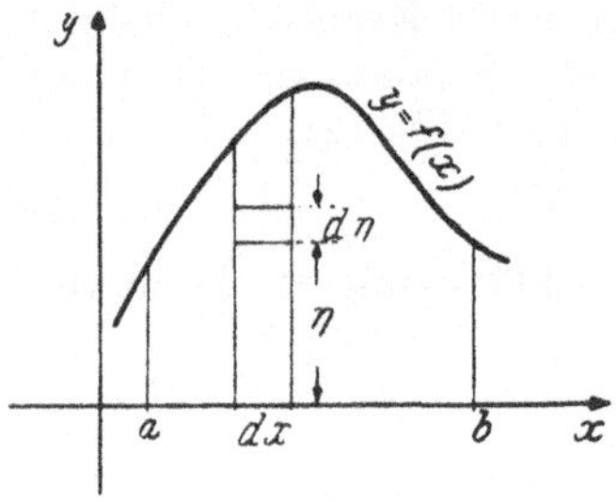

Abb. 122.

$$\int_0^y \eta\,dx\,d\eta = dx\int_0^y \eta\,d\eta = dx\,\frac{y^2}{2}.$$

Damit wird das statische Moment des Normalbereiches

$$\boxed{M_x = \frac{1}{2}\int_a^b y^2\,dx.} \qquad (5)$$

Der *Schwerpunkt* eines Bereiches $\mathfrak{B}$ ist definiert als jener Punkt, der dasselbe statische Moment wie $\mathfrak{B}$ besitzt, wenn in ihm die Gesamtmasse der Fläche vereinigt gedacht wird. Da bei der konstanten Dichte 1 die Masse mit dem Flächeninhalt $F = \int_a^b y\,dx$ übereinstimmt, ergeben sich für die Koordinaten ξ und η des Schwerpunktes die Gleichungen

$$M_y = \xi F \quad \text{und} \quad M_x = \eta F$$

und daraus

$$\boxed{\xi = \frac{\int_a^b x\,y\,dx}{\int_a^b y\,dx}, \qquad \eta = \frac{\frac{1}{2}\int_a^b y^2\,dx}{\int_a^b y\,dx}} \qquad (6)$$

Der Vergleich der Ausdrücke für das Volumen des bei der Rotation der Fläche um die x-Achse entstehenden Drehkörpers einerseits und für ihr statisches Moment M_x anderseits gibt die als *erste Guldinsche Regel*[1] bekannte Beziehung

$$V = \pi\int_a^b y^2\,dx = 2\pi M_x,$$

also

$$\boxed{V = 2\pi\eta F;} \qquad (7)$$

sie besagt: *Das Volumen eines Drehkörpers ist gleich dem Produkt aus dem Inhalt des rotierenden Bereiches und dem Weg $2\pi\eta$ seines Schwerpunktes bei einer Umdrehung.*

3. Statisches Moment und Schwerpunkt eines Kurvenbogens. Es sei auf einer Kurve $\mathfrak{C}$ mit der Gleichung $y = f(x)$, wo $f(x)$ in einem Intervall $[a, b]$ stetig differenzierbar ist, eine Massenverteilung mit der Dichte 1 gegeben, so daß

[1] Paul Guldin, geb. 1577 in St. Gallen, gest. 1643 in Graz, war zuerst Goldschmied und wurde später Professor der Mathematik an den Universitäten in Wien und Graz. Die beiden Regeln finden sich in der 1635 erschienenen Schrift „Centrobaryca“.

die Masse eines beliebigen Bogens von $\mathfrak{C}$ gleich der Länge dieses Bogens wird. Statisches Moment und Schwerpunkt von $\mathfrak{C}$ sind ganz analog definiert wie beim Normalbereich; die Masse des Bogenelements ds von $\mathfrak{C}$ ist also ds selbst, seine Abstände von y- und x-Achse sind beziehungsweise x und y, so daß wir für die statischen Momente von $\mathfrak{C}$ in bezug auf die x- und y-Achse

$$M_y = \int_a^b x\,ds, \qquad M_x = \int_a^b y\,ds \tag{8}$$

erhalten. Der Schwerpunkt von $\mathfrak{C}$ ist definiert als jener Punkt, der dieselben statischen Momente besitzt wie $\mathfrak{C}$, wenn in ihm die gesamte Masse von $\mathfrak{C}$ vereinigt wird. Sind also ξ und η die Koordinaten des Schwerpunktes, so ist

$$M_y = \xi\, s, \qquad M_x = \eta\, s,$$

wenn

$$s = \int_a^b ds$$

die Bogenlänge, also die gesamte Masse von $\mathfrak{C}$ ist; es folgt

$$\boxed{\xi = \frac{\int_a^b x\,ds}{\int_a^b ds}, \qquad \eta = \frac{\int_a^b y\,ds}{\int_a^b ds}} \tag{9}$$

Der Vergleich der Ausdrücke für die Oberfläche der durch Rotation von $\mathfrak{C}$ um die x-Achse entstehenden Drehfläche einerseits und für das statische Moment M_x von $\mathfrak{C}$ anderseits gibt die als *zweite Guldinsche Regel* bekannte Beziehung

$$O = 2\pi \int_a^b y\,ds = 2\pi M_x,$$

also

$$\boxed{O = 2\pi\eta\, s;} \tag{10}$$

in Worten: *Der Inhalt einer Drehfläche ist gleich dem Produkt aus der Bogenlänge s der rotierenden Kurve $\mathfrak{C}$ und dem Weg $2\pi\eta$ des Schwerpunktes von $\mathfrak{C}$ bei einer Umdrehung.*

Man kann natürlich beide Guldinschen Regeln ganz allgemein zur Berechnung von einer der drei Größen V, η_F und F bzw. O, η_s und s verwenden, wenn die beiden anderen bekannt sind.

So können wir z. B., da uns Inhalt $\frac{1}{2} r^2 \pi$ einer Halbkreisfläche und Länge $r\pi$ des Halbkreisbogens, aber auch Volumen und Oberfläche der durch Rotation des Halbkreises entstehenden Kugel bekannt sind, die Abstände η_F und η_s der Schwerpunkte der Halbkreisfläche und des Halbkreisbogens vom begrenzenden Durchmesser sofort angeben; es ist ja nach den Guldinschen Regeln

$$\frac{4 r^3 \pi}{3} = 2\pi \eta_F \frac{r^2 \pi}{2} \quad \text{und} \quad 4 r^2 \pi = 2\pi \eta_s r \pi,$$

also

$$\eta_F = \frac{4r}{3\pi} \quad \text{und} \quad \eta_s = \frac{2r}{\pi}.$$

Durch Rotation eines Kreises vom Radius a um eine Gerade, die vom Kreismittelpunkt den Abstand b hat ($b \geqq a$), entsteht eine *Wulstfläche* oder *Torus*; da der Weg des Schwerpunktes (sowohl der Schwerpunkt der Fläche wie der des Bogens fällt mit dem Mittelpunkt zusammen) $2b\pi$ ist, erhalten wir für den Inhalt des Drehkörpers $V = 2b\pi \cdot a^2\pi = 2a^2b\pi^2$ und für den Inhalt der Drehfläche $O = 2b\pi \cdot 2a\pi = 4ab\pi^2$.

4. **Das statische Moment eines Drehkörpers.** Die statischen Momente eines durch Rotation eines Normalbereiches um die x-Achse entstandenen Drehkörpers der Massendichte 1 in bezug auf die xy- und xz-Ebene sind $M_{xy} = M_{xz} = 0$, da diese Ebenen Symmetrieebenen für den Körper sind und sich daher die statischen Momente der einzelnen Massenpunkte gegenseitig aufheben. Zur Ermittlung des statischen Momentes in bezug auf die yz-Ebene approximieren wir den Drehkörper durch zylindrische Scheiben, die parallel zur yz-Ebene sind, und summieren über ihre statischen Momente. Es wird also

$$M_{yz} = \lim_{n \to \infty} \sum_{i=1}^{n} [f(\xi_i)]^2 \pi \xi_i \Delta x_i = \pi \int_a^b x\,[f(x)]^2\,dx$$

oder kurz

$$\boxed{M_{yz} = \pi \int_a^b x\,y^2\,dx.} \qquad (11)$$

Der *Schwerpunkt eines Körpers* ist analog wie der eines ebenen Bereiches definiert. Demnach folgt für die Koordinaten des Schwerpunktes eines durch Rotation um die x-Achse entstandenen Drehkörpers $\eta = \zeta = 0$, was auch unmittelbar aus der Überlegung folgt, daß sich der Schwerpunkt aus Symmetriegründen auf der Drehachse befinden muß. Die Abszisse wird

$$\boxed{\xi = \frac{M_{yz}}{V} = \frac{\int_a^b x\,y^2\,dx}{\int_a^b y^2\,dx}.} \qquad (12)$$

5. **Trägheitsmoment ebener Bereiche und Kurvenbogen.** Unter dem *Trägheitsmoment* oder *Moment zweiter Ordnung* von n Massenpunkten m_i, die beliebig im Raum verteilt sein können, in bezug auf eine Gerade g versteht man die Summe

$$T_g = \sum_{i=1}^{n} m_i r_i^2,$$

wobei die r_i die Abstände der Massenpunkte von g bedeuten. Die Trägheitsmomente eines ebenen Punktsystems in bezug auf die Achsen eines in derselben Ebene angenommenen Koordinatensystems sind dann

$$T_y = \sum_{i=1}^{n} m_i x_i^2 \quad \text{und} \quad T_x = \sum_{i=1}^{n} m_i y_i^2.$$

Es sei $y = f(x)$ eine in $[a, b]$ stetige Funktion. Das Trägheitsmoment des Normalbereiches über $[a, b]$ in bezug auf die y-Achse wird, wenn wir den Bereich durch die Summe der zur y-Achse parallelen Teilrechtecke $y\,dx$ approximieren, gleich dem Grenzwert der Summe der Trägheitsmomente dieser Teilrechtecke

$$\boxed{T_y = \int_a^b x^2\,y\,dx,} \qquad (13)$$

wobei die Dichte wieder mit 1 angenommen wurde. Analog läßt sich das Trägheitsmoment in bezug auf die x-Achse ermitteln, indem man den Bereich in Streifen zerlegt, die zur x-Achse parallel sind. Benützen wir aber die obige Zerlegung in zur y-Achse parallele Rechtecke, so läßt sich das Trägheitsmoment eines solchen Rechtecks in bezug auf die x-Achse ermitteln, indem man es wie bei der Herleitung von (5) in Ziffer 2 in Rechtecke $dx\,d\eta$ teilt und über deren Trägheitsmomente summiert:

$$\int_0^y \eta^2\,dx\,d\eta = dx\int_0^y \eta^2\,d\eta = dx\,\frac{y^3}{3}.$$

Das Trägheitsmoment des Normalbereiches in bezug auf die x-Achse wird damit

$$\boxed{T_x = \frac{1}{3}\int_a^b y^3\,dx.} \tag{14}$$

Ähnlich erhalten wir, wenn $f(x)$ in $[a, b]$ stetig differenzierbar ist, die Trägheitsmomente T_x und T_y des durch $x = a$ und $x = b$ begrenzten Kurvenbogens $\mathfrak{C}$ mit der Gleichung $y = f(x)$ in bezug auf die x- und y-Achse

$$T_y = \int_a^b x^2\,ds \quad \text{und} \quad T_x = \int_a^b y^2\,ds. \tag{15}$$

6. Beispiele.

Wir wollen einige der bisher abgeleiteten Formeln auf den im ersten Quadranten gelegenen und nach rechts durch den Punkt $x = a$, $y = \sqrt{2pa} = b > 0$ begrenzten Teil der Parabel $y^2 = 2px$ anwenden. Der Flächeninhalt F des zugehörigen Normalbereiches $\mathfrak{B}$ ist

$$F = \int_0^a y\,dx = \sqrt{2p}\int_0^a \sqrt{x}\,dx = \frac{2}{3}\sqrt{2a^3p} = \frac{2ab}{3}.$$

Die Länge des von den Punkten (0, 0) und (a, b) begrenzten Parabelbogens ist nach § 25, 5, Beispiel 2,

$$s = \int_0^b \sqrt{1 + \left(\frac{dx}{dy}\right)^2}\,dy = \int_0^b \sqrt{1 + \frac{y^2}{p^2}}\,dy = \frac{p}{2}\ln\left(\frac{b}{p} + \sqrt{1 + \frac{b^2}{p^2}}\right) + \frac{b}{2}\sqrt{1 + \frac{b^2}{p^2}}.$$

Das Volumen V des durch Rotation von $\mathfrak{B}$ um die x-Achse entstehenden Drehparaboloides ist

$$V = \pi\int_0^a y^2\,dx = 2p\pi\int_0^a x\,dx = a^2p\pi = \frac{1}{2}ab^2\pi$$

und seine Oberfläche

$$O = 2\pi\int_0^a y\,ds = 2\pi\int_0^b y\sqrt{1 + \frac{y^2}{p^2}}\,dy =$$

$$= \frac{\pi}{p}\int_0^b \sqrt{p^2 + y^2}\,d\,(p^2 + y^2) = \frac{2\pi}{3p}\left[\sqrt{(p^2 + b^2)^3} - p^3\right].$$

Wir berechnen weiter die statischen Momente von $\mathfrak{B}$ in bezug auf die x-Achse

$$M_x = \frac{1}{2}\int_0^a y^2\,dx = p\int_0^a x\,dx = \frac{a^2p}{2} = \frac{ab^2}{4}$$

und auf die y-Achse

$$M_y = \int_0^a x\,y\,dx = \sqrt{2p}\int_0^a \sqrt{x^3}\,dx = \frac{2}{5}\sqrt{2p\,a^5} = \frac{2\,a^2\,b}{5}.$$

Für die Koordinaten des Schwerpunktes von $\mathfrak{B}$ folgt daraus

$$\xi = \frac{M_y}{F} = \frac{3\,a}{5}, \qquad \eta = \frac{M_x}{F} = \frac{3\,b}{8}.$$

Wir bestätigen die erste Guldinsche Regel:

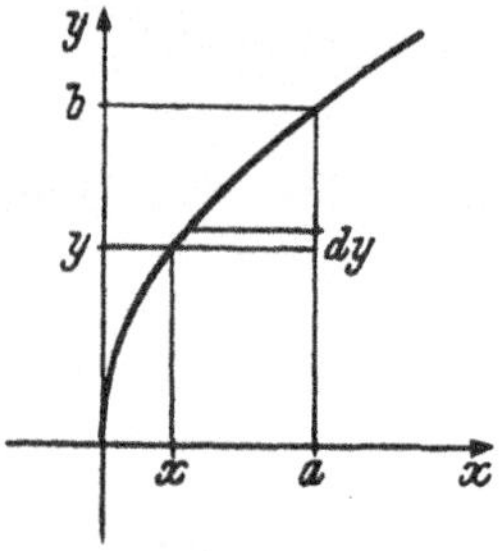

Abb. 123.

$$V = 2\,\pi\,\eta\,F, \quad \text{also} \quad \frac{a\,b^2\,\pi}{2} = 2\,\pi\,.\,\frac{3\,b}{8}\,.\,\frac{2\,a\,b}{3}.$$

Für die Trägheitsmomente von $\mathfrak{B}$ in bezug auf die Achsen finden wir:

$$T_x = \frac{1}{3}\int_0^a y^3\,dx = \frac{1}{3}\sqrt{8p^3}\int_0^a \sqrt{x^3}\,dx = \frac{2}{15}\sqrt{8\,p^3\,a^5} = \frac{2}{15}\,a\,b^3$$

und

$$T_y = \int_0^a x^2\,y\,dx = \sqrt{2p}\int_0^a \sqrt{x^5}\,dx = \frac{2}{7}\sqrt{2\,p\,a^7} = \frac{2}{7}\,a^3\,b.$$

Schließlich berechnen wir F, M_x und T_x noch durch Zerlegung von $\mathfrak{B}$ in Streifen parallel zur x-Achse (Abb. 123)

$$F = \int_0^b (a - x)\,dy = \int_0^b \left(a - \frac{y^2}{2\,p}\right)dy = a\,b - \frac{b^3}{6\,p} = a\,b - \frac{a\,b}{3} = \frac{2\,a\,b}{3};$$

wählt man hier x als Integrationsveränderliche, so wird

$$F = \int_0^a (a - x)\,d\sqrt{2\,p\,x} = \sqrt{\frac{p}{2}}\int_0^a (a - x)\,\frac{dx}{\sqrt{x}} = \sqrt{\frac{p}{2}}\left(2\,a\,\sqrt{a} - \frac{2}{3}\sqrt{a^3}\right) = \frac{2\,a\,b}{3}.$$

Weiters erhalten wir

$$M_x = \int_0^b y\,(a - x)\,dy = \int_0^b y\left(a - \frac{y^2}{2\,p}\right)dy = \frac{a\,b^2}{2} - \frac{b^4}{8\,p} = \frac{a\,b^2}{4}$$

und

$$T_x = \int_0^b y^2\,(a - x)\,dy = \int_0^b y^2\left(a - \frac{y^2}{2\,p}\right)dy = \frac{a\,b^3}{3} - \frac{1}{2\,p}\,\frac{b^5}{5} = \frac{a\,b^3}{3} - \frac{a\,b^3}{5} = \frac{2\,a\,b^3}{15}.$$

7. **Das Stieltjes-Integral**[1]. Es handelt sich hier um eine im Grunde recht einfache, aber für viele Anwendungen bedeutungsvolle Verallgemeinerung des Riemannschen Integralbegriffs. So lassen sich beispielsweise die Ausdrücke für die statischen Momente diskreter (d. h. in einzelnen Punkten konzentrierter) und kontinuierlicher Massenverteilungen in einem einzigen, mit Hilfe eines Stieltjes-Integrals geschriebenen Ausdruck zusammenfassen. Dasselbe gilt für die Trägheitsmomente und für die Gesamtmasse

$$m = \sum m_i\,x_i$$

bzw.

$$m = \int_a^b \mu(x)\,dx,$$

wo $\mu(x)$ die Dichte einer im Intervall $[a, b]$ gegebenen Massenverteilung ist.

[1] Thomas Johannes Stieltjes, geb. 1856 in Zwolle (Holland), gest. 1894 in Toulouse, wirkte an der Sternwarte in Leiden und an der Universität Toulouse. Wichtige Beiträge zur Analysis.

Wie in § 9 betrachten wir eine Zerlegung $\mathfrak{z}$

$$x_0 = a,\ x_1,\ x_2,\ \ldots,\ x_{n-1},\ x_n = b$$

des Intervalls $[a, b]$, setzen $\Delta x_i = x_i - x_{i-1}$ und $l = \operatorname{Max}\{\Delta x_i\}$, $(i = 1, 2, \ldots, n)$. Sind $f(x)$ und $g(x)$ zwei in $[a, b]$ beschränkte Funktionen, so heißt

$$S = \sum_{i=1}^{n} f(\xi_i)\,[g(x_i) - g(x_{i-1})], \quad x_{i-1} \leqq \xi_i \leqq x_i, \tag{16}$$

die zur Zerlegung $\mathfrak{z}$ gehörige *Stieltjessche Summe.* Existiert dann für jede ausgezeichnete $(l_\nu \to 0)$ Zerlegungsfolge $\{\mathfrak{z}_\nu\}$ der Grenzwert

$$\lim_{\nu\to\infty} S_\nu = J, \tag{17}$$

so heißt J das über das Intervall $[a, b]$ erstreckte *Stieltjes-Integral der Funktion $f(x)$ in bezug auf* $g(x)$ und man schreibt

$$J = \int_a^b f(x)\, dg(x). \tag{18}$$

Ist $g(x)$ differenzierbar in $[a, b]$, so ist nach dem Mittelwertsatz der Differentialrechnung

$$g(x_i) - g(x_{i-1}) = \frac{g(x_i) - g(x_{i-1})}{\Delta x_i}\,\Delta x_i = g'(\bar{\xi}_i)\,\Delta x_i, \quad x_{i-1} < \bar{\xi}_i < x_i.$$

Wählt man also $\xi_i = \bar{\xi}_i$, so geht (16) über in die für die Funktion $f(x)\ g'(x)$ gebildete Riemannsche Summe und (18) in das Riemannsche Integral

$$J = \int_a^b f(x)\, g'(x)\, dx.$$

Eine nähere Diskussion des Stieltjes-Integrals werde ich im vierten Band geben; ich erwähne hier nur, daß das Integral (18) existiert, wenn $f(x)$ *stetig und* $g(x)$ *monoton ist in* $[a, b]$ (hinreichende, aber nicht notwendige Bedingung). Ich gebe zwei Beispiele:

1. $f(x)$ stetig, $g(x) = \alpha$ in $[a, c)$, $g(x) = \beta$ in $[c, b]$, $a < c < b$. Nehme ich der Einfachheit wegen an, daß c kein Teilungspunkt von $\mathfrak{z}$ ist, so liegt c im Innern eines bestimmten Teilintervalls $[x_{k-1}, x_k]$ und in (16) ist nur der zu diesem Teilintervall gehörende Summand von Null verschieden, weil für alle anderen Teilintervalle $g(x_i) = g(x_{i-1})$ ist. Somit geht (16) über in

$$S = f(\xi_k)\,(\beta - \alpha)$$

und (18) wird

$$\int_a^b f(x)\, dg(x) = f(c)\,(\beta - \alpha), \tag{19}$$

weil wegen der Stetigkeit von $f(x)$ jedenfalls $\lim\limits_{l\to 0} f(\xi_k) = f(c)$ ist.

2. Ist $g(x)$ dieselbe Funktion wie im obigen Beispiel, macht aber $f(x)$ an der Stelle c ebenfalls einen Sprung, so existiert der Grenzwert $\lim\limits_{l\to 0} f(\xi_k)$ und damit auch das Integral (18) nicht. Man sieht also, daß das Stieltjes-Integral für eine bloß stückweise stetige Funktion $f(x)$ nicht existieren muß.

Das Beispiel 1 läßt sich auf den für uns hier wichtigen Fall einer beliebigen *Treppenfunktion* $g(x)$ verallgemeinern, die durch

$$g(x) = \begin{cases} \alpha_0 & \text{in } [a, c_1) \\ \alpha_1 & \text{in } [c_1, c_2) \\ \dots\dots\dots\dots\dots\dots \\ \alpha_{p-1} & \text{in } [c_{p-1}, c_p) \\ \alpha_p & \text{in } [c_p, b] \end{cases} \tag{20}$$

gegeben ist und somit in den Punkten c_i die Sprünge $\alpha_i - \alpha_{i-1}$ macht. Man erhält

$$\int_a^b f(x)\, dg(x) = \sum_{i=1}^{p} f(c_i)\, (\alpha_i - \alpha_{i-1})$$

Es sei in einem Intervall $[a, b]$ eine beliebige Massenverteilung gegeben. Ich bezeichne mit $m(x)$ die Masse im Intervall $[a, x]$, $a \leqq x \leqq b$. Handelt es sich um eine diskrete Massenverteilung, also um Massenpunkte m_i, x_i, so ist $m(x)$ eine (monotone) Treppenfunktion, die in den Punkten x_i die Sprünge m_i macht[1], im Falle einer kontinuierlichen Massenverteilung mit der Dichte $\mu(x)$ ist

$$m(x) = \int_a^x \mu(x)\, dx,$$

also

$$m'(x) = \mu(x). \tag{21}$$

Die Gesamtmasse ist

$$m = m(b) = \int_a^b dm(x), \tag{22}$$

das statische Moment in bezug auf den Ursprung

$$M_0 = \int_a^b x\, dm(x) \tag{23}$$

und das Trägheitsmoment in bezug auf den Ursprung

$$T_0 = \int_a^b x^2\, dm(x). \tag{24}$$

Die drei Integrale in (22) bis (24) sind Stieltjes-Integrale, die im Falle kontinuierlicher Massenverteilungen in Riemann-Integrale übergehen.

Die Physiker haben gelegentlich das Bedürfnis, die Dichte $\mu(x)$ auch für den Fall diskreter Verteilungen zu definieren. Geht man von (21) aus, so ist $\mu(x)$ offenbar in allen Punkten x_i unendlich und dazwischen überall Null. Damit ist natürlich wenig gesagt. Zu einer etwas bedeutungsvolleren Aussage kommt man durch einen Grenzübergang, wenn man von einer stückweise stetigen Verteilung

---

[1] Es ist

$$c_i = x_i, \quad \alpha_0 = 0, \quad \alpha_i = m_1 + \dots + m_i, \quad i = 1, 2, \dots, p.$$

mit einer Dichte $\mu_\varepsilon(x)$ ausgeht, die folgendermaßen definiert ist: Bei genügend kleinem $\varepsilon > 0$ sei

$$\mu_\varepsilon(x) = \frac{1}{2\varepsilon} m_i \text{ in } (x_i - \varepsilon,\ x_i + \varepsilon), \quad i = 1, 2, \ldots, p$$

und

$$\mu_\varepsilon(x) = 0 \text{ in } [x_i + \varepsilon,\ x_{i+1} - \varepsilon],$$

dann ist

$$\lim_{\varepsilon \to 0} m_\varepsilon(x) = \lim_{\varepsilon \to 0} \int_a^x \mu_\varepsilon(x)\, dx = m(x).$$

Aufgaben.

1. Schwerpunkt eines Ellipsenquadranten.
2. Schwerpunkt des von der Kettenlinie $y = c \operatorname{ch} \frac{x}{c}$ begrenzten Normalbereiches über dem Intervall $[0, a]$.
3. Schwerpunkt des Bogens von $y = c \operatorname{ch} \frac{x}{c}$ zwischen $x = 0$ und $x = a$.
4. Schwerpunkt eines geraden Kegelstumpfes mit den Radien a und b und der Höhe h.
5. Trägheitsmomente einer Ellipse in bezug auf ihre Achsen.
6. Trägheitsmoment eines Rechtecks in bezug auf eine Diagonale.
7. Trägheitsmoment eines Dreiecks in bezug auf eine Seite.
8. Trägheitsmoment einer Strecke in bezug auf eine beliebige Gerade.

§ 27. Numerische Integration.

1. Die Rechtecksformeln. In § 13, 10 habe ich ein Verfahren angegeben, um das unbestimmte Integral einer Funktion näherungsweise auf graphischem Weg zu ermitteln. Im folgenden handelt es sich um numerische Methoden, die zur näherungsweisen Berechnung von bestimmten Integralen dienen. Man ist auf derartige Näherungsverfahren angewiesen, wenn entweder die Integration wegen der Kompliziertheit der Funktion nicht ausführbar ist oder wenn diese nur in einzelnen Punkten, etwa in Form einer Tabelle und nicht durch eine Formel gegeben ist. Die Definition des bestimmten Integrals

$$J = \int_a^b f(x)\, dx = \lim_{l \to 0} \sum_{i=1}^n f(\xi_i)\, \Delta x_i$$

($l = \operatorname{Max} \{\Delta x_i\}$) liefert sofort einen Anhaltspunkt für eine näherungsweise Berechnung, denn für genügend große Werte n stellt die Riemannsche Summe

$$\sum_{i=1}^n f(\xi_i)\, \Delta x_i \approx J \tag{1}$$

selbst schon einen mitunter durchaus brauchbaren Näherungsausdruck dar. Besonders mit Rücksicht auf tabellarische Darstellungen, denen ja in der Regel äquidistante Werte des Arguments zugrunde liegen, nehme ich an, daß das Intervall $[a, b]$ in n gleiche Teilintervalle von der Länge $\Delta x_i = h = \frac{b-a}{n}$, $i = 1, 2, \ldots, n$, geteilt sei. Läßt man nun ξ_i entweder mit der linken Grenze x_{i-1} oder mit der rechten Grenze x_i des Teilintervalls $[x_{i-1}, x_i]$ zusammenfallen, so erhält man die als *Rechtecksformeln* bekannten Näherungsausdrücke:

$$J \approx R_1 = \sum_{i=1}^{n} f(x_{i-1})\, h = \sum_{i=1}^{n} y_{i-1} h = h\,(y_0 + y_1 + \dots + y_{n-1}) \tag{2}$$

bzw.

$$J \approx R_2 = \sum_{i=1}^{n} f(x_i)\, h = \sum_{i=1}^{n} y_i h = h\,(y_1 + y_2 + \dots + y_n), \tag{3}$$

wobei $f(x_i) = y_i$ gesetzt ist. Geometrisch stellt R_1 den Inhalt des in Abb. 124, wo $n = 7$ angenommen wurde, strichliert angedeuteten Bereiches dar, während die Fläche R_2 von der ausgezogenen Treppenkurve begrenzt ist.

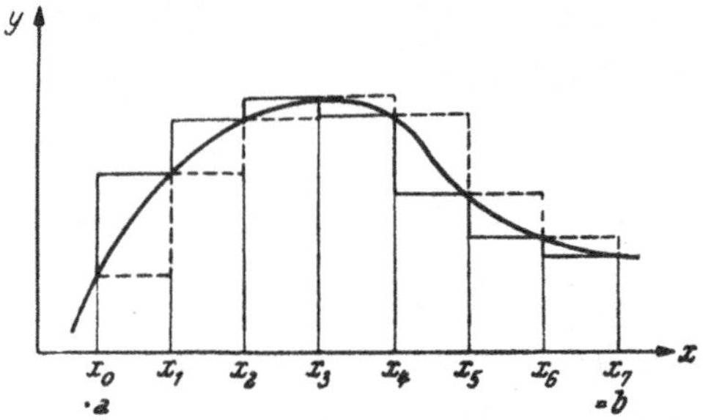

Abb. 124.

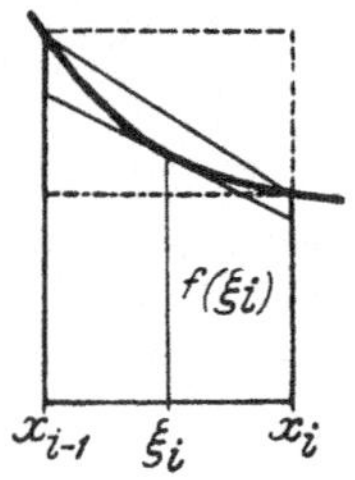

Abb. 125.

2. Die Trapezformeln. Eine Verbesserung der Rechtecksformeln ergibt sich, wenn man das arithmetische Mittel aus R_1 und R_2 nimmt; es wird dann

$$J \approx T_1 = \frac{1}{2}(R_1 + R_2) = \frac{h}{2}(y_0 + 2\,y_1 + 2\,y_2 + \dots + 2y_{n-1} + y_n)$$

oder

$$J \approx T_1 = h\left(\frac{y_0 + y_n}{2} + y_1 + y_2 + \dots + y_{n-1}\right). \tag{4}$$

Diese Formel wird als erste Trapezformel oder *Sehnentrapezformel* bezeichnet. Der Beitrag des i-ten Teilintervalls ist hier durch die Fläche des Trapezes $\frac{y_{i-1} + y_i}{2} h$ gegeben, denn es ist $\sum_{i=1}^{n} \frac{y_{i-1} + y_i}{2} h = T_1$. Es besteht aber noch eine andere Möglichkeit der Verbesserung der Rechtecksformel. Nimmt man nämlich in (1) ξ_i nicht an einer der Intervallgrenzen, sondern in der Intervallmitte an, setzt also $\xi_i = \frac{x_{i-1} + x_i}{2}$, so ist der Beitrag des i-ten Teilintervalls zur Riemannschen Summe gleich $f\left(\frac{x_{i-1} + x_i}{2}\right) h$ und stimmt mit der Fläche des Trapezes mit der Mittellinie $\bar{y}_i = f\left(\frac{x_{i-1} + x_i}{2}\right)$ und der Höhe h überein. Denselben Flächeninhalt besitzt das Trapez über der Grundlinie $\Delta x_i = h$, das nach oben durch die im Punkt $\left(\frac{x_{i-1} + x_i}{2}, \bar{y}_i\right)$ an die Kurve $y = f(x)$ gelegte Tangente begrenzt ist. Wir erhalten

$$J \approx T_2 = \sum_{i=1}^{n} f\left(\frac{x_{i-1} + x_i}{2}\right) h = h \sum_{i=1}^{n} \bar{y}_i = h(\bar{y}_1 + \bar{y}_2 + \dots + \bar{y}_n). \tag{5}$$

Diese Näherungsformel wird als zweite Trapezformel oder *Tangententrapezformel* bezeichnet. Es wird ja hier die Kurve in jedem Teilintervall durch die Tangente im Mittelpunkt des Intervalls ersetzt, während bei der Sehnentrapezformel in jedem Teilintervall statt der Kurve die Sehne genommen ist. In Abb. 125 ist der Beitrag des i-ten Teilintervalls zu den verschiedenen Näherungswerten R_1 (strichliert), R_2 (strichpunktiert), T_1 und T_2 dargestellt.

3. Keplers Faßregel und die Simpsonsche Formel. Eine recht weitgehende Verbesserung der genannten Näherungsformeln wird erzielt, wenn man die Kurve in jedem Teilintervall nicht durch Gerade, sondern durch Kurven höherer Ordnung approximiert. Als einfachste Kurven höherer Ordnung verwendet man Parabeln zweiter Ordnung mit (zur x-Achse) senkrechter Achse. Eine solche Parabel ist stets durch ein quadratisches Polynom

$$y = a\,x^2 + b\,x + c$$

dargestellt (vgl. § 6, 12) und durch drei Punkte (x_i, y_i), $i = 1, 2, 3$, bestimmt, da dann für die Konstanten a, b, c die drei linearen Gleichungen

$$y_i = a\,x_i^2 + b\,x_i + c,\quad i = 1, 2, 3$$

bestehen. Wir werden also das Intervall $[a, b]$ in $2\,n$ (gerade Anzahl) gleiche Teilintervalle zerlegen, je zwei benachbarte zusammenfassen und in jedem solchen Doppelstreifen die zu approximierende Kurve $y = f(x)$ durch eine Parabel $y = a\,x^2 + b\,x + c$ ersetzen, die durch jene drei Punkte von $y = f(x)$ bestimmt ist, deren Abszissen die Enden α und β und die Mitte $\gamma = \frac{\alpha + \beta}{2}$ des Doppelstreifens sind. Der Beitrag jedes Doppelstreifens zum gesamten Näherungswert ist durch das Integral

$$\int_\alpha^\beta (a\,x^2 + b\,x + c)\,dx$$

gegeben. Dieses Integral läßt sich nun ohne weiteres durch die bekannten Koordinaten der drei Kurvenpunkte (α, y_α), (β, y_β) und (γ, y_γ) ausdrücken:

$$\int_\alpha^\beta (a\,x^2 + b\,x + c)\,dx = \left[a\frac{x^3}{3} + b\frac{x^2}{2} + c\,x\right]_\alpha^\beta =$$

$$= \frac{a}{3}(\beta^3 - \alpha^3) + \frac{b}{2}(\beta^2 - \alpha^2) + c\,(\beta - \alpha) =$$

$$= \frac{\beta - \alpha}{6}\,[2\,a(\alpha^2 + \alpha\,\beta + \beta^2) + 3\,b\,(\alpha + \beta) + 6\,c] =$$

$$= \frac{\beta - \alpha}{6}\,[a\,(\alpha^2 + 4\,\gamma^2 + \beta^2) + b\,\alpha + b\,\beta + 4\,b\,\gamma + 6\,c] =$$

$$= \frac{\beta - \alpha}{6}\,[(a\,\alpha^2 + b\,\alpha + c) + 4\,(a\,\gamma^2 + b\,\gamma + c) + (a\,\beta^2 + b\,\beta + c)] =$$

$$= \frac{\beta - \alpha}{6}\,[y_\alpha + 4\,y_\gamma + y_\beta].$$

Sind also die äquidistanten Teilungspunkte $x_0 = a, x_1, x_2, \ldots, x_{2n} = b$ mit den zugehörigen Ordinaten $f(x_i) = y_i$, $i = 0, 1, 2, \ldots, 2\,n$ gegeben, so daß die Intervallänge $\Delta x_i = x_i - x_{i-1} = h = \frac{b - a}{2\,n}$ ist, so ergibt sich der gesuchte Näherungswert als Summe der Beiträge der einzelnen Doppelstreifen:

$$J \approx \frac{2\,h}{6}\,[(y_0 + 4\,y_1 + y_2) + (y_2 + 4\,y_3 + y_4) + \ldots + (y_{2n-2} + 4\,y_{2n-1} + y_{2n})]$$

oder

$$\boxed{\begin{aligned}\int_a^b y\,dx \approx S = \frac{h}{3}\,[y_0 + y_{2n} + 2\,(y_2 + y_4 + \ldots + y_{2n-2}) +\\ + 4\,(y_1 + y_3 + \ldots + y_{2n-1})].\end{aligned}} \qquad (6)$$

Damit haben wir die *Simpsonsche Formel*[1] für die näherungsweise Berechnung eines Integrals gefunden. Die Formel gilt natürlich exakt, wenn $f(x)$ ein quadratisches Polynom ist, da dann die Näherungsparabel in jedem Doppelintervall mit der Kurve selbst zusammenfällt. Überraschend ist aber, daß die Simpsonsche Formel auch bei einem kubischen Polynom exakt ist. Wir brauchen dies nur für die Funktion $y = x^3$ zu zeigen, da sich dann jedes andere Polynom dritten Grades in Summanden zerlegen läßt, für deren Integrale die Formel exakt gilt. Es genügt, das Intervall $[a, b]$ in zwei Teile zu zerlegen und in diesem Doppelstreifen die Parabel also durch die Punkte (a, a^3), $\left[\frac{a+b}{2}, \left(\frac{a+b}{2}\right)^3\right]$ und (b, b^3) zu legen. Dann ist

$$S = \frac{b-a}{6}\left[a^3 + 4\left(\frac{a+b}{2}\right)^3 + b^3\right] = \frac{b-a}{12}\left[3\,a^3 + 3\,a^2 b + 3\,a\,b^2 + 3\,b^3\right] =$$
$$= \frac{b^4 - a^4}{4} = \int_a^b x^3\,dx$$

in Übereinstimmung mit dem geauen Wert des Integrals.

Es ist von historischem Interesse, daß die Simpsonsche Formel für den Fall $n = 1$ schon mehr als hundert Jahre früher von KEPLER[2] gefunden wurde. Als er nämlich einmal von Küfern gefragt wurde, ob man den Inhalt eines Fasses nicht auf eine einfachere Art ermitteln könne, als daß man das Faß mit Wasser fülle und dann den Inhalt mühsam Maß für Maß ausmesse, gab ihnen KEPLER eine einfache Formel an, die in der heutigen Schreibweise folgendermaßen lautet:

$$V = \frac{H}{6}(F_1 + 4\,F_2 + F_3), \tag{7}$$

wobei H die Höhe des Fasses und die $F_i = r_i^2\pi$, $i = 1, 2, 3$, die Querschnittsflächen am Boden, in der Faßmitte und am Deckel sind. Es handelt sich also bei der Keplerschen *Faßregel* (7) um nichts anderes als eine Anwendung der Simpsonschen Formel mit einem Doppelstreifen auf das Volumen eines Drehkörpers.

Ich erwähne schließlich noch, daß sich die Simpsonsche Formel auf die beiden Trapezformeln zurückführen läßt. Schreibt man nämlich in (4) y_{2i} statt y_i und in (5) y_{2i-1} statt $\bar{y}_i$, so wird

$$S = \frac{1}{3}(2\,T_2 + T_1),$$

was damit übereinstimmt, daß jeder Parabelbogen die Fläche zwischen Sehne und Mitteltangente im Verhältnis 2 : 1 teilt. Den einfachen Nachweis überlasse ich Ihnen.

4. Fehlerabschätzung. Zu jeder Näherungsformel gehört eine Möglichkeit, den bei der Anwendung der Formel begangenen Fehler abzuschätzen, d. h. eine obere Schranke für die Abweichung anzugeben.

Bei den eben hergeleiteten Näherungsformeln für ein bestimmtes Integral

$$J = \int_a^b f(x)\,dx$$

wird der Integrand $f(x)$ in jedem Teilintervall (Doppelintervall bei der Simpsonschen Formel) durch eine Konstante c_i ersetzt, die sich in bestimmter Weise aus

[1] Nach dem englischen Mathematiker THOMAS SIMPSON (1710—1761).

[2] JOHANNES KEPLER, geb. 1571 in Weil (Württemberg), gest. 1630 in Regensburg, der Entdecker der nach ihm benannten Gesetze der Planetenbewegung.

den Funktionswerten von $f(x)$ an den Enden und eventuell auch in der Mitte des Teilintervalls zusammensetzt. Ist dann für alle Teilintervalle $[x_i, x_{i+1}] = [x_i, x_i + h]$

$$\left| \int_{x_i}^{x_i+h} [f(x) - c_i]\, dx \right| \leqq A,$$

so ist

$$\left| \int_a^b f(x)\, dx - F \right| \leqq n\, A,$$

wenn n die Zahl der Teilintervalle und F der Näherungswert für das Integral ist.

Wir entwickeln nun $f(x)$ und die Konstante c_i nach der Taylorschen Formel für den Punkt x_i; bei welchem n wir dabei abbrechen und den Rest der Reihe durch ein Restglied ersetzen, hängt vom einzelnen Fall ab. Es sei $f(x)$ so oft stetig differenzierbar, als es jeweils erforderlich ist, und A_ν eine obere Schranke für $|f^{(\nu)}(x)|$ in $[a, b]$, so daß

$$|f^{(\nu)}(x)| < A_\nu, \quad (\nu = 0, 1, 2, \ldots)$$

ist für $a \leqq x \leqq b$. Nach der Integration zwischen den Grenzen x_i und $x_i + h$ ($x_i + 2\,h$ bei der Simpsonschen Formel) ergibt sich eine nach Potenzen von h fortschreitende Entwicklung, die wir aber mit dem ersten nicht verschwindenden Glied, das wir dann als Restglied schreiben, abbrechen[1] und mit Hilfe der betreffenden Schranke A_ν abschätzen.

Bei der Rechtecksformel R_1 ist $c_i = f(x_i)$; dann ist

$$f(x) - c_i = f(x_i) + (x - x_i)\, f'(\xi_i) - f(x_i) = (x - x_i)\, f'(\xi_i),$$

wo $x_i < \xi_i < x \leqq x_i + h$ ist. Die Integration gibt nach dem verallgemeinerten Mittelwertsatz der Integralrechnung, da $x - x_i > 0$ ist,

$$\int_{x_i}^{x_i+h} [f(x) - c_i]\, dx = f'(\bar{\xi}_i) \int_{x_i}^{x_i+h} (x - x_i)\, dx = \frac{h^2}{2}\, f'(\bar{\xi}_i),$$

wo $\bar{\xi}_i$ ein anderer Mittelwert zwischen x_i und $x_i + h$ ist. Also ist

$$\left| \int_{x_i}^{x_i+h} [f(x) - c_i]\, dx \right| = \frac{h^2}{2}\, |f'(\bar{\xi}_i)| < \frac{h^2}{2}\, A_1$$

und daher

$$\boxed{\left| \int_a^b f(x)\, dx - R_1 \right| < \frac{n\, h^2}{2}\, A_1 = \frac{(b-a)^2}{2\,n}\, A_1.} \tag{8}$$

Die *Genauigkeit*[2] der Rechtecksformel ist der Zahl n der Teilintervalle proportional. Dieselbe Abschätzung gilt auch für R_2.

---

[1] Daß man das wirklich darf, müßte, streng genommen, erst gezeigt werden. Ich will mich aber mit einem völlig exakten Nachweis der Abschätzungen, der einen ziemlichen Rechenaufwand erfordert, nicht aufhalten. Für die Rechtecksformeln ist der oben gegebene Nachweis übrigens völlig streng.

[2] Die Genauigkeit einer Näherungsformel ist stets der reziproke Wert der oberen Grenze der Abweichungen.

Für die Sehnentrapezformel ist $c_i = \frac{1}{2}[f(x_i) + f(x_i + h)] = f(x_i) + \frac{h}{2} f'(x_i) + \frac{h^2}{4} f''(x_i) + \frac{h^3}{12} f'''(x_i) + \ldots$; die Integration gibt

$$\int_{x_i}^{x_i+h} [f(x) - c_i]\, dx = \int_{x_i}^{x_i+h} \Big[(x - x_i) f'(x_i) + \frac{(x - x_i)^2}{2} f''(x_i) + \ldots - \frac{h}{2} f'(x_i) - \frac{h^2}{4} f''(x_i) - \ldots\Big] dx =$$

$$= \frac{h^2}{2} f'(x_i) + \frac{h^3}{6} f''(x_i) + \ldots - \frac{h^2}{2} f'(x_i) - \frac{h^3}{4} f''(x_i) - \ldots =$$

$$= -\frac{h^3}{12} f''(x_i) + \ldots = -\frac{h^3}{12} f''(\xi_i),$$

also

$$\left|\int_{x_i}^{x_i+h} [f(x) - c_i]\, dx\right| < \frac{h^3}{12} A_2$$

und

$$\boxed{\left|\int_a^b f(x)\, dx - T_1\right| < \frac{n\, h^3}{12} A_2 = \frac{(b-a)^3}{12\, n^2} A_2;} \tag{9}$$

die Genauigkeit der Sehnentrapezformel ist proportional zu n^2.

Bei der Tangententrapezformel ist

$$c_i = f\left(x_i + \frac{h}{2}\right) = f(x_i) + \frac{h}{2} f'(x_i) + \frac{h^2}{8} f''(x_i) + \ldots,$$

also

$$\left|\int_{x_i}^{x_i+h} [(f(x) - c_i)]\, dx\right| = \left|\int_{x_i}^{x_i+h} \Big[(x - x_i) f'(x_i) + \frac{(x - x_i)^2}{2} f''(x_i) + \ldots - \frac{h}{2} f'(x_i) - \frac{h^2}{8} f''(x_i) - \ldots\Big] dx\right| =$$

$$= \left|\frac{h^2}{2} f'(x_i) + \frac{h^3}{6} f''(x_i) + \ldots - \frac{h^2}{2} f'(x_i) - \frac{h^3}{8} f''(x_i) - \ldots\right| =$$

$$= \frac{h^3}{24} \left|f''(\xi_i)\right| < \frac{h^3}{24} A_2,$$

also

$$\boxed{\left|\int_a^b f(x)\, dx - T_2\right| < \frac{n\, h^3}{24} A_2 = \frac{(b-a)^3}{24\, n^2} A_2.} \tag{10}$$

Bei der Simpsonschen Formel schließlich ist, wenn wir einen Doppelstreifen von der Länge $2h$ und den Teilungspunkten x_i, $x_i + h$, $x_i + 2h$ betrachten,

$$c_i = \frac{1}{6}[f(x_i) + 4 f(x_i + h) + f(x_i + 2h)] =$$

$$= \frac{1}{6} f(x_i) + \frac{4}{6}\Big[f(x_i) + h f'(x_i) + \frac{h^2}{2} f''(x_i) + \ldots\Big] +$$

$$+ \frac{1}{6}\Big[f(x_i) + 2h f'(x_i) + \frac{4h^2}{2} f''(x_i) + \ldots\Big] =$$

$$= f(x_i) + h f'(x_i) + \frac{2h^2}{3} f''(x_i) + \frac{h^3}{3} f'''(x_i) + \frac{5h^4}{36} f^{\mathrm{IV}}(x_i) + \ldots$$

und

$$\left|\int\limits_{x_i}^{x_i+2h} [f(x) - c_i]\, dx\right| = \left|\int\limits_{x_i}^{x_i+2h} \left[(x - x_i)\, f'(x_i) + \frac{(x - x_i)^2}{2} f''(x_i) + \ldots - h\, f'(x_i) - \right.\right.$$

$$\left.\left. - \frac{2\,h^2}{3} f''(x_i) - \ldots\right] dx\right| =$$

$$= \left| 2\,h^2 f'(x_i) + \frac{4\,h^3}{3} f''(x_i) + \frac{2\,h^4}{3} f'''(x_i) + \frac{4\,h^5}{15} f^{\mathrm{IV}}(x_i) + \ldots \right.$$

$$\left. - 2\,h^2 f'(x_i) - \frac{4\,h^3}{3} f''(x_i) - \frac{2\,h^4}{3} f'''(x_i) - \frac{5\,h^5}{18} f^{\mathrm{IV}}(x_i) - \ldots \right| =$$

$$= \left| - \frac{h^5}{90} f^{\mathrm{IV}}(x_i) + \ldots \right| = \frac{h^5}{90} \left| f^{\mathrm{IV}}(\xi_i) \right| < \frac{h^5}{90} A_4$$

oder

$$\boxed{\left|\int\limits_a^b f(x)\, dx - S\right| < \frac{n\,h^5}{90} A_4 = \frac{(b-a)^5}{2880\, n^4} A_4,} \qquad (11)$$

da hier $h = \frac{b-a}{2n}$ ist. Die Genauigkeit der Simpsonschen Formel ist also proportional zu n^4, wächst somit sehr rasch mit der Zahl der Teilintervalle.

Selbstverständlich ist jede derartige Fehlerabschätzung illusorisch, wenn $f(x)$ überhaupt nur in den Punkten x_i bekannt ist. Das ist vor allem dann der Fall, wenn der Verlauf von $f(x)$ durch Messungen ermittelt wurde, also eine sogenannte *empirische Funktion* ist.

Aufgaben.

1. Es ist ln 2 mit Hilfe der Simpsonschen Formel unter Verwendung von drei Doppelstreifen zu berechnen und der Fehler abzuschätzen.

2. Es ist $\frac{\pi}{4} = \int\limits_0^1 \frac{dx}{1 + x^2}$ nach der Simpsonschen Formel mit 2 und 5 Doppelstreifen zu berechnen. Auf wieviele Dezimalen ist das Resultat genau?

3. Das Kugelvolumen mit Hilfe der Simpsonschen Formel zu berechnen.

§ 28. Die komplexen Zahlen.

1. Die Gaußsche Zahlenebene[1]. Während Addition, Subtraktion, Division und das Potenzieren mit ganzzahligem Exponenten im Bereich der reellen Zahlen mit Ausnahme der Division durch Null unbeschränkt ausführbar sind, d. h. nicht aus dem Bereich herausführen, gilt dies für das Potenzieren mit gebrochenem Exponenten (Radizieren) bereits nicht mehr. Wenn man fordert, daß auch das Radizieren unbeschränkt ausführbar sein soll, wird eine neuerliche Erweiterung des Zahlbegriffs durch die Einführung der komplexen Zahlen nötig, die man in der Form $a + b\,j$ schreibt, wo a und b reell und $j^2 = -1$ ist. Ich habe bereits in § 1, 4 die komplexen Zahlen erwähnt und auch schon darauf verwiesen, daß man mit dieser Erweiterung des Zahlbegriffs zu einem Abschluß kommt, da im Bereich der komplexen Zahlen alle direkten und inversen Rechenoperationen unbeschränkt ausführbar sind, mit alleiniger Ausnahme der Division durch Null. Ich komme darauf in Ziffer 4 zurück.

[1] KARL FRIEDRICH GAUSS, geb. Braunschweig 1777, gest. Göttingen 1855, wohl der bedeutendste Mathematiker aller Zeiten, wirkte in Göttingen. Besonders hervorzuheben sind seine grundlegenden Untersuchungen zur Zahlentheorie, Algebra, Differentialgeometrie, nichteuklidischen Geometrie und seine Theorie der Beobachtungsfehler.

So wie man reelle Zahlen auf die Punkte einer Geraden umkehrbar eindeutig abbildet, werden die komplexen Zahlen $z = x + yj$ durch die Punkte einer Ebene dargestellt, wenn man x und y als rechtwinkelige Koordinaten des der Zahl z entsprechenden Punktes deutet. Es entsprechen dann die reellen Zahlen den Punkten der x-Achse, die rein imaginären den Punkten der y-Achse mit Ausnahme des Nullpunktes, der der reellen Zahl $z = 0$ zugeordnet ist. Diese geometrische Deutung der komplexen Zahlen rührt von GAUSS her; die dabei benützte Ebene wird als *Gaußsche Zahlenebene* bezeichnet.

Ich wiederhole, daß $x + yj = a + bj$ ist, wenn $x = a$ und $y = b$ gilt, woraus folgt, daß $x + yj = 0$ ist, wenn $x = y = 0$ gilt. Darauf beruht ja die Möglichkeit der geometrischen Deutung in der Gaußschen Zahlenebene; denn dann und nur dann stimmen die Bildpunkte gleicher Zahlen überein. Man nennt x den *Realteil* und y den *Imaginärteil* von $z = x + yj$ und schreibt

$$\boxed{x = \Re(x + yj), \qquad y = \Im(x + yj).} \tag{1}$$

Unter der *Norm* einer komplexen Zahl $x + yj$ versteht man den Ausdruck

$$N(x + yj) = x^2 + y^2 \geqq 0;$$

es ist nur dann $N = 0$, wenn $x = y = 0$ ist. Geometrisch ist die Norm das Quadrat des Abstandes des Punktes $x + yj$ vom Ursprung. Der Abstand selbst, also die positiv genommene Quadratwurzel aus der Norm

$$\boxed{r = |z| = \sqrt{x^2 + y^2} \geqq 0} \tag{2}$$

heißt *absoluter Betrag* der komplexen Zahl $z = x + yj$.

Führt man in der Gaußschen Zahlenebene Polarkoordinaten r, φ ein, so wird

$$r = \sqrt{x^2 + y^2}, \qquad \varphi = \operatorname{arc} z = \arctan\frac{y}{x} + \left[\frac{n}{2}\right]\pi$$

und umgekehrt

$$x = r\cos\varphi, \qquad y = r\sin\varphi$$

(§ 17, 8). Es ist dann

$$\boxed{x + yj = r(\cos\varphi + j\sin\varphi).} \tag{3}$$

Die Zahl

$$\boxed{Kz = \bar{z} = x - yj} \tag{4}$$

heißt *konjugiert komplex* zu $z = x + yj$; der Punkt $\bar{z}$ ist das Spiegelbild von z bezüglich der reellen Achse (Abb. 126).

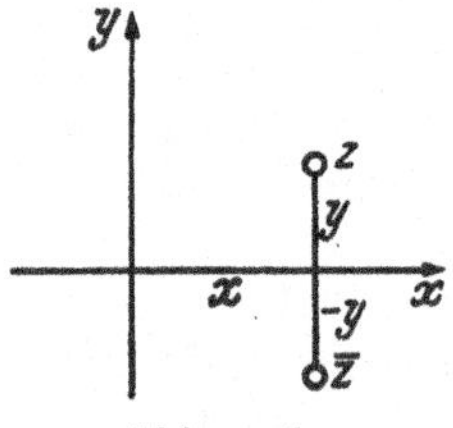

Abb. 126.

Man überlegt leicht die Gültigkeit der folgenden Regeln:

$$K(z_1 + z_2) = Kz_1 + Kz_2 \tag{5}$$

$$K(z_1 \,.\, z_2) = Kz_1 \,.\, Kz_2 \tag{6}$$

und $\left(z_1 = z,\ z_2 = \frac{1}{z}\right)$

$$K\frac{1}{z} = \frac{1}{Kz}, \qquad z \neq 0.$$

Ist z reell, so ist $Kz = z$ und umgekehrt.

Sehr häufig ordnet man, besonders in manchen Anwendungsgebieten, den komplexen Zahlen nicht die Punkte der Gaußschen Ebene zu, sondern die vom Ursprung $z = 0$ zum Bildpunkt z weisende orientierte Strecke $\overrightarrow{0z}$. Orientierte Strecken nennt man auch Vektoren (§ 19, 3). Es ist also jeder komplexen Zahl z ein Vektor mit dem Anfangspunkt 0 und dem Endpunkt z zugeordnet und umgekehrt. Diese Zuordnung findet ihre Rechtfertigung vor allem darin, daß die Addition der komplexen Zahlen, wie Sie gleich sehen werden, mit der Vektoraddition übereinstimmt; doch ist diese Zuordnung nur mit Vorsicht zu benützen — sie hat auch schon zu vielen Mißverständnissen Anlaß gegeben —, weil das Rechnen mit komplexen Zahlen ansonsten doch ganz anderen Gesetzen gehorcht als das Rechnen mit Vektoren. So ist z. B. das Produkt zweier komplexer Zahlen stets wieder eine komplexe Zahl, während das Produkt von zwei Vektoren der Ebene entweder eine (reelle) Zahl oder aber eine Größe höherer Art (Tensor) ist. Ich ziehe es unter allen Umständen vor, komplexe Zahlen nicht Vektoren zu nennen und empfehle Ihnen, dasselbe zu tun.

2. Das Rechnen mit komplexen Zahlen. Summe und Differenz zweier komplexer Zahlen $u = a + b\,j$ und $v = c + dj$ sind erklärt durch

$$\boxed{u \pm v = (a + b\,j) \pm (c + dj) = (a \pm c) + (b \pm d)\,j.}$$

Aus der geometrischen Deutung (Abb. 127 und 128) entnimmt man sofort, daß tatsächlich dieselben Gesetze gelten wie bei der Addition und Subtraktion von Vektoren (§ 19, 3). Führt man die Zahl $-v = -(c + dj) = (-c) + (-d)\,j = -c - dj$ ein, so kann man die Subtraktion $u - v$ auf die Addition von u und $-v$ zurückführen (Abb. 128)

$$u - v = u + (-v).$$

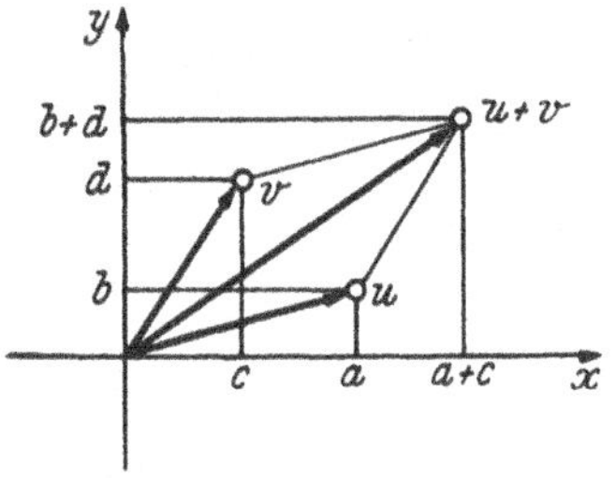

Abb. 127

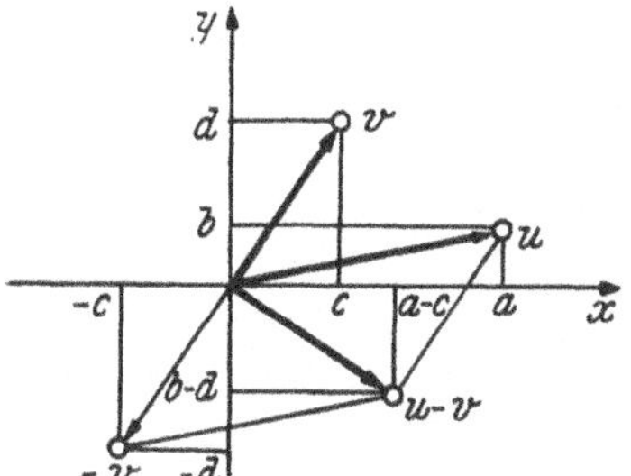

Abb. 128.

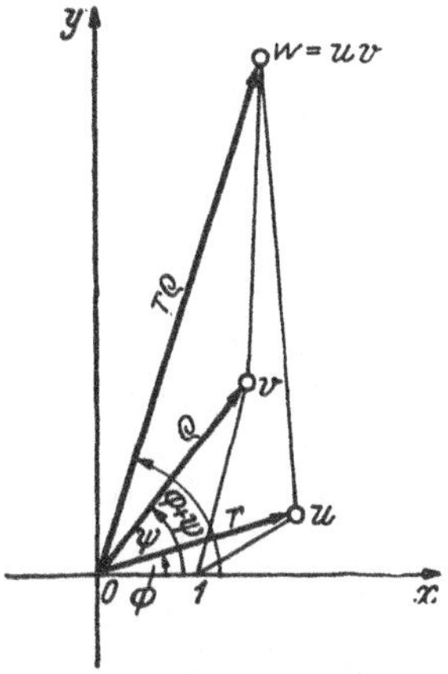

Abb. 129.

Das Produkt $u\,v$ ist erklärt durch

$$\boxed{u\,v = (a + b\,j)\,(c + dj) = (a\,c - b\,d) + (a\,d + b\,c)\,j;}$$

der Ausdruck rechts ergibt sich durch formale Multiplikation der beiden Faktoren $a + b\,j$ und $c + dj$ unter Berücksichtigung von $j^2 = -1$. Die geometrische Deutung der Multiplikation ergibt sich am einfachsten bei Verwendung von Polarkoordinaten; wir setzen also

$$u = r\,(\cos\varphi + j\sin\varphi), \qquad v = \varrho\,(\cos\psi + j\sin\psi);$$

dann wird mit Rücksicht auf die Additionstheoreme

$$w = u\,v = r\,\varrho\,[\cos(\varphi + \psi) + j\sin(\varphi + \psi)].$$

Der Winkel des Produktes ist die Summe der Winkel der Faktoren, während der Betrag des Produktes das Produkt der Beträge der Faktoren ist (Abb. 129). Aus $1 : r = \varrho : \varrho\, r$ folgt, daß die Dreiecke mit den Ecken $0, 1, u$ und $0, v, w$ und ebenso die Dreiecke $0, 1, v$ und $0, u, w$ ähnlich sind. Die Strecke $\overrightarrow{0\,w}$ entsteht also aus der Strecke $\overrightarrow{0\,u}$ durch eine Drehung um 0 durch den Winkel ψ, verbunden mit einer Streckung auf das ϱ-fache, oder aus der Strecke $\overrightarrow{0\,v}$ durch eine Drehung um 0 durch den Winkel φ, verbunden mit einer Streckung auf das r-fache. Derartige mit einer Streckung verbundene Drehungen nennt man *Drehstreckungen*. Ist $\varrho = 1$, so entsteht w aus u durch eine reine *Drehung* um 0 durch den Winkel ψ. Ist $v = \bar{u}$, so wird wegen $\varrho = r$, $\psi = -\varphi$

$$\boxed{u\,\bar{u} = r^2 = a^2 + b^2.}$$

Aus $u\,v = 0$ folgt $u\,v\,\bar{u}\,\bar{v} = (a^2 + b^2)\,(c^2 + d^2) = 0$, also entweder $a = b = 0$, d. h. $u = 0$ oder $c = d = 0$, d. h. $v = 0$. Ein Produkt verschwindet also nur, wenn mindestens ein Faktor verschwindet.

Die Gültigkeit der formalen Gesetze (§ 1, 1) für komplexe Zahlen

$$u + v = v + u, \qquad u\,v = v\,u$$

(kommutative Gesetze)

$$u + (v + w) = (u + v) + w, \qquad u\,(v\,w) = (u\,v)\,w$$

(assoziative Gesetze)

$$u\,(v + w) = u\,v + u\,w$$

(distributives Gesetz)

ist leicht nachzuweisen.

Die Division wird wie im Reellen als Umkehrung der Multiplikation erklärt. Es sei $v \neq 0$. Um den Quotienten

$$\frac{u}{v} = \frac{a + b\,j}{c + d\,j}$$

in die Gestalt $\alpha + \beta\,j$ zu bringen, erweitern wir den Bruch mit $\bar{v}$:

$$\frac{u}{v} = \frac{u\,\bar{v}}{v\,\bar{v}} = \frac{(a + b\,j)\,(c - d\,j)}{c^2 + d^2} = \frac{a\,c + b\,d}{c^2 + d^2} + \frac{b\,c - a\,d}{c^2 + d^2}\,j.$$

3. Die Formeln von Moivre und Euler[1]. Für $v = u$ folgt aus der Darstellung des Produktes in Polarkoordinaten

$$u^2 = r^2\,(\cos\varphi + j\sin\varphi)^2 = r^2\,(\cos 2\,\varphi + j\sin 2\,\varphi)$$

und allgemein für natürliche Zahlen n

$$u^n = r^n\,(\cos\varphi + j\sin\varphi)^n = r^n\,(\cos n\,\varphi + j\sin n\,\varphi),$$

woraus sich die Beziehung

$$\boxed{(\cos\varphi + j\sin\varphi)^n = \cos n\,\varphi + j\sin n\,\varphi} \tag{7}$$

ergibt, die als *Moivresche Formel* bezeichnet wird und der Formel

$$(\mathrm{ch}\,x + \mathrm{sh}\,x)^n = \mathrm{ch}\,n\,x + \mathrm{sh}\,n\,x$$

[1] ABRAHAM DE MOIVRE, geb. 1667 in Vitry-le-François, gest. 1754 in London. Er lebte in London, war mit NEWTON befreundet und hat Wesentliches zur Entwicklung der Wahrscheinlichkeitsrechnung beigetragen.

LEONHARD EULER, geb. 1707 in Basel, gest. 1783 in Petersburg, war einer der bedeutendsten Mathematiker aller Zeiten. Er wirkte seit 1727 in Petersburg, seine Arbeiten betreffen alle Zweige der reinen und angewandten Mathematik.

für die Hyperbelfunktionen (§ 18, 3) entspricht. Man überzeugt sich leicht, daß die Moivresche Formel auch für $n = 0$ und für negative n gilt. Zunächst ist

$$(\cos\varphi + j\sin\varphi)^{-1} = \frac{1}{\cos\varphi + j\sin\varphi} = \cos\varphi - j\sin\varphi,$$

also

$$(\cos\varphi + j\sin\varphi)^{-1} = \cos(-\varphi) + j\sin(-\varphi)$$

und daher ($n > 0$, ganz)

$$(\cos\varphi + j\sin\varphi)^{-n} = \cos(-n\varphi) + j\sin(-n\varphi).$$

Wir werden gleich sehen, daß die Formel auch für beliebige reelle n richtig bleibt.

Die Analogie mit der entsprechenden Formel für die Hyperbelfunktionen läßt uns vermuten, daß auch hier ein Zusammenhang mit der Exponentialfunktion besteht. Das ist auch wirklich der Fall, und zwar beruht dieser Zusammenhang auf einer der wichtigsten klassischen Formeln der Analysis, nämlich auf der *Eulerschen Formel*

$$\boxed{e^{jx} = \cos x + j\sin x,} \tag{8}$$

die wir hier als *Definition der Exponentialfunktion mit rein imaginärem Argument* ansehen wollen; der an sich zunächst sinnlose Ausdruck e^{jx} ist durch (8) für alle reellen Zahlen x als gewöhnliche komplexe Zahl der Form $a + jb$ erklärt und damit der Rechnung zugänglich.

Einen anderen Zugang zur Eulerschen Formel werde ich erst im dritten Band dieser Vorlesungen bringen. Nur um Sie mit der Eulerschen Formel besser vertraut zu machen, gebe ich Ihnen im folgenden einen „Beweis", in dem Sie aber wirklich nicht mehr sehen dürfen als einen netten mathematischen Scherz. Ich nehme an, daß man mit der imaginären Einheit wie mit einer reellen Konstanten rechnen darf und betrachte die Funktion

$$f(x) = \cos x + j\sin x.$$

Differentiation gibt

$$f'(x) = -\sin x + j\cos x = j^2\sin x + j\cos x = j(\cos x + j\sin x).$$

Die Funktion $f(x)$ genügt also der Differentialgleichung

$$y' = jy,$$

die nach § 16, 9 die „Lösung"

$$y = f(x) = C\,e^{jx}$$

hat. Wegen $f(0) = 1$ ist $C = 1$ und damit folgt (8). Vgl. hiezu auch § 38, 5.

Mit Hilfe der Eulerschen Formel und mit Benützung des (für komplexe Argumente erweiterten) Multiplikationstheorems (§ 16, 3) können wir weiter die Exponentialfunktion für ein beliebiges komplexes Argument $z = x + jy$ erklären:

$$e^z = e^{x+jy} = e^x e^{jy} = e^x(\cos y + j\sin y).$$

Ferner gilt die Moivresche Formel für beliebige reelle Exponenten α; es ist ja[1]

$$(\cos x + j\sin x)^\alpha = (e^{jx})^\alpha = e^{j\alpha x} = \cos\alpha x + j\sin\alpha x.$$

Gemäß (8) läßt sich schließlich jede komplexe Zahl $a + jb$ durch Betrag r und Winkel φ in der Gestalt

$$a + bj = r\,e^{j\varphi}$$

darstellen; z. B. ist $1 = e^0$, $j = e^{j\frac{\pi}{2}}$, $-1 = e^{j\pi}$, $1 + j = \sqrt{2}\,e^{j\frac{\pi}{4}}$, usw.

[1] Dabei müßte allerdings die Gültigkeit der Beziehung $(e^{jx})^\alpha = e^{j\alpha x}$ erst begründet werden, worauf ich aber hier verzichte.

4. Folgerungen aus der Eulerschen Formel. Ersetzen wir in der Eulerschen Formel x durch $-x$, so folgt

$$\cos x - j \sin x = e^{-jx}$$

und somit

$$\boxed{\begin{aligned} \cos x &= \frac{1}{2}(e^{jx} + e^{-jx}), \\ \sin x &= \frac{1}{2j}(e^{jx} - e^{-jx}), \end{aligned}} \tag{9}$$

analog zu den (auch für komplexe Argumente als gültig angenommenen) Definitionsgleichungen für die Hyperbelfunktionen ch x und sh x (§ 18, 1), aus denen wir jetzt die bemerkenswerten Zusammenhänge

$$\left.\begin{aligned} \cos x &= \operatorname{ch} j\, x, \\ \sin x &= \frac{1}{j} \operatorname{sh} j\, x = -j \operatorname{sh} j\, x \end{aligned}\right\} \tag{10}$$

gewinnen.

Aus der Periodizität der Kreisfunktionen folgt nun die wichtige Tatsache, daß *die Exponentialfunktion periodisch ist mit der rein imaginären Periode* $2\pi j$, d. h. es ist

$$\boxed{e^z = e^{z + 2k\pi j},} \tag{11}$$

wo z eine beliebige komplexe und k eine beliebige ganze Zahl ist.

Die Beziehung ($r > 0$ reell)

$$z = r\, e^{j\varphi} = e^{\ln r}\, e^{j(\varphi + 2k\pi)}$$

legt es nahe,

$$\boxed{\ln z = \ln r + j(\varphi + 2\,k\,\pi),} \tag{12}$$

zu definieren. Damit ist *der Logarithmus einer komplexen Zahl z wieder als komplexe Zahl der Gestalt $\alpha + \beta j$ dargestellt.* Der Logarithmus ist im Komplexen wegen der Periodizität von $e^{j\varphi}$ eine *unendlich vieldeutige Funktion.* Man kann ähnlich wie bei den ebenfalls unendlich vieldeutigen zyklometrischen Funktionen (§ 17, 6) einen eindeutigen *Hauptwert* des Logarithmus erklären, indem man in (12) den Winkel φ auf das Intervall $[0, 2\pi)$ oder $(-\pi, \pi]$ beschränkt und $k = 0$ nimmt.

Ich zeige noch — immer unter der Voraussetzung der Gültigkeit von (8) — daß *das System der komplexen Zahlen gegenüber den elementaren Rechenoperationen einschließlich ihrer Umkehrungen abgeschlossen ist,* d. h. daß diese Rechenoperationen nicht aus dem Bereich der komplexen Zahlen hinausführen. Für das Logarithmieren als Umkehrung des Potenzierens ist dieser Nachweis bereits durch die obige Formel für $\ln z$ erbracht. Es bleibt also nur noch zu zeigen, daß die Potenz v^u, wo $u = a + bj$, $v = c + dj \neq 0$ beliebige komplexe Zahlen sind, stets wieder als komplexe Zahl der Gestalt $\alpha + \beta j$ oder $R\, e^{j\Phi}$ darstellbar ist. Wir stellen v durch Betrag und Winkel dar, setzen also $v = r\, e^{j\varphi} = e^{\ln r + j\varphi}$; dann wird

$$v^u = (e^{\ln r + j\varphi})^{(a + bj)} = e^{(a \ln r - b\varphi) + j(a\varphi + b \ln r)};$$

setzen wir

$$R = e^{a \ln r - b\varphi}, \qquad \Phi = a\varphi + b \ln r, \tag{13}$$

so wird $v^u = R\, e^{j\Phi}$ mit reellem R und Φ. Dazu ist noch zu bemerken, daß der Winkel φ wegen (11) nur bis auf ganzzahlige Vielfache von 2π bestimmt ist. Es gibt also im allgemeinen zu gegebenen u, v nicht ein, sondern *unendlich viele*

Zahlenpaare Φ, R, für die $v^u = R\,e^{j\Phi}$ wird. Eindeutig wird v^u nur, wenn $a = n$ ganz und $b = 0$ ist.

Beispielsweise folgt aus

$$j = e^{j\left(\frac{\pi}{2} + 2k\pi\right)}$$

sofort

$$j^j = e^{-\frac{\pi}{2} - 2k\pi} = \frac{1}{\sqrt{e^{(4k+1)\pi}}},$$

es ergeben sich also unendlich viele reelle Werte für j^j.

5. **Darstellung der zyklometrischen Funktionen durch Logarithmen.** Aus (10) und den in § 18, 5 aufgestellten Formeln (10) für die Umkehrfunktion der Hyperbelfunktionen folgt (x ist immer reell)

$$y = \operatorname{Arccos} x = \frac{1}{j} \operatorname{arch} x = \frac{1}{j} \ln\left(x \pm \sqrt{x^2 - 1}\right) = \pm \frac{1}{j} \ln\left(x + \sqrt{x^2 - 1}\right),$$

wo die Logarithmen die Gesamtfunktionen bedeuten. Da hier $|x| \leqq 1$ ist, schreiben wir besser

$$y = \pm \frac{1}{j} \ln\left(x + j\sqrt{1 - x^2}\right);$$

dann ist aber nach der Darstellung (12) des Logarithmus einer komplexen Zahl für $0 \leqq x \leqq 1$ und für die Hauptwerte[1]

$$\ln\left(x + j\sqrt{1 - x^2}\right) = \ln\sqrt{x^2 + 1 - x^2} + j \arctan\frac{\sqrt{1 - x^2}}{x} = j \arccos x.$$

Der Hauptwert ist also

$$\arccos x = \frac{1}{j} \ln\left(x + j\sqrt{1 - x^2}\right), \tag{14}$$

während für die Gesamtfunktion

$$\operatorname{Arccos} x = \pm \frac{1}{j} \ln\left(x + j\sqrt{1 - x^2}\right) + 2k\pi = \pm \arccos x + 2k\pi$$

gilt, in Übereinstimmung mit § 17, 6.

Ganz ähnlich folgt aus der zweiten Formel § 18, (10) für die Gesamtfunktionen

$$y = \operatorname{Arcsin} x = \frac{1}{j} \operatorname{arsh} j\,x = \frac{1}{j} \ln\left(j\,x \pm \sqrt{-x^2 + 1}\right) = \frac{1}{j} \ln\left(j\,x \pm \sqrt{1 - x^2}\right);$$

hier müssen wir natürlich im Gegensatz zur Darstellung von arsh x in § 18, 5 beide Vorzeichen der (reellen) Wurzel zulassen. Für den Hauptwert gilt

$$\arcsin x = \frac{1}{j} \ln\left(\sqrt{1 - x^2} + j\,x\right), \tag{15}$$

weil ja

$$\ln\left(\sqrt{1 - x^2} + j\,x\right) = \ln\sqrt{1 - x^2 + x^2} + j \arctan\frac{x}{\sqrt{1 - x^2}} = j \arcsin x$$

ist. Um die Gesamtfunktion zu bilden, beachten wir, daß

$$\ln\left(-\sqrt{1 - x^2} + j\,x\right) = \ln\frac{-1}{\sqrt{1 - x^2} + j\,x} = j\pi - \ln\left(\sqrt{1 - x^2} + j\,x\right)$$

ist; berücksichtigen wir die Vieldeutigkeit des Logarithmus, so folgt

[1] Für $x < 0$ ist $\arccos x = \arctan\dfrac{\sqrt{1 - x^2}}{x} + \pi$.

$$\operatorname{Arcsin} x \left\{ \begin{aligned} &= \frac{1}{j} \ln\left(\sqrt{1-x^2} + j\,x\right) + 2\,k\,\pi &&= \arcsin x + 2\,k\,\pi \\ &= -\frac{1}{j} \ln\left(\sqrt{1-x^2} + j\,x\right) + (2\,k+1)\,\pi &&= -\arcsin x + (2\,k+1)\,\pi \end{aligned} \right.$$

wieder in Übereinstimmung mit der entsprechenden Formel von § 17, 6.

Schließlich folgt aus

$$\tan x = \frac{1}{j} \operatorname{th} j\,x$$

für die Hauptwerte

$$y = \arctan x = \frac{1}{j} \operatorname{arth} j\,x = \frac{1}{2\,j} \ln \frac{1+j\,x}{1-j\,x} = \frac{1}{2\,j} \ln \frac{j-x}{j+x}. \qquad (16)$$

Die Gesamtfunktion ergibt sich durch Hinzufügen des Gliedes $\frac{1}{2\,j}\,2\,k\,\pi\,j = k\,\pi$ als

$$\operatorname{Arctan} x = \frac{1}{2\,j} \ln \frac{1+j\,x}{1-j\,x} + k\,\pi = \arctan x + k\,\pi.$$

Sehr oft führt man auch durchaus reelle Rechnungen einfacher und bequemer mit komplexen Zahlen und Veränderlichen durch. Ein wichtiges Beispiel dafür ist die komplexe Rechnung in der Wechselstromtechnik, über die ich noch ausführlicher sprechen werde (Band III).

Aufgaben.

1. Man zeige, daß die in Ziffer 2 erläuterte Drehung (Multiplikation der Zahl $x + j\,y$ mit $e^{j\,\alpha}$) auf die Drehungsformeln von § 17, 11 führt.

2. Die Summen $u = 1 + \cos\varphi + \cos 2\,\varphi + \ldots + \cos n\,\varphi$ und $v = \sin\varphi + \sin 2\,\varphi + \ldots + \sin n\,\varphi$ zu berechnen, indem man $u + j\,v$ bildet, umformt, summiert und dann wieder in Real- und Imaginärteil zerlegt.

3. Dasselbe für $u = \cos\varphi + \cos 3\,\varphi + \ldots + \cos(2\,n-1)\,\varphi$ und $v = \sin\varphi + \sin 3\,\varphi + \ldots + \sin(2\,n-1)\,\varphi$.

4. Man stelle $\sin(x + j\,y)$, $\cos(x + j\,y)$, $\tan(x + j\,y)$ in der Form $u + j\,v$ dar.

5. Welche Kurve beschreibt der Punkt $x + j\,y = \varphi(t)$, wenn

$$\text{a) } \varphi = \frac{1}{1+t\,j}, \qquad \text{b) } \varphi = \frac{t}{1-t\,j}, \qquad \text{c) } \varphi = \frac{1}{t+j}.$$

6. Welche Kurve beschreibt der Punkt $x + j\,y = a\,t + j\left(b + \frac{c}{t}\right)$.

VI. Polynome, algebraische Gleichungen und rationale Funktionen.

§ 29. Polynome oder ganze rationale Funktionen.

1. Grundbegriffe. Wir haben uns mit dieser einfachsten Klasse von Funktionen schon des öfteren beschäftigt; sie spielen in der Analysis und besonders in den Anwendungen gerade wegen ihrer Einfachheit und wegen ihrer leicht zu übersehenden Eigenschaften eine große, fast überragende Rolle. Eine eigene, weit ausgebaute Disziplin der Mathematik, nämlich die Algebra, ist nichts anderes als eine Theorie der Polynome und der algebraischen Gleichungen, die durch Nullsetzen von Polynomen entstehen. Wir wollen uns im folgenden mit den wichtigsten Eigenschaften der Polynome in einer Veränderlichen befassen, die allgemein in der Gestalt

$$f(x) = a_0 x^n + a_1 x^{n-1} + a_2 x^{n-2} + \dots + a_{n-1} x + a_n \tag{1}$$

oder abgekürzt

$$f(x) = \sum_{i=0}^{n} a_i x^{n-i}$$

geschrieben werden können. Dabei ist $a_0 \neq 0$ angenommen; die nicht negative ganze Zahl n heißt der *Grad* des Polynoms. Über die Koeffizienten a_i machen wir mit Ausnahme von $a_0 \neq 0$ keine weiteren Voraussetzungen, sie können beliebige komplexe Zahlen sein. $f(x)$ heißt *reell*, wenn alle a_i reell sind. Die Bildkurve $y = f(x)$ eines Polynoms mit reellen Koeffizienten heißt *Parabel n-ter Ordnung*. Unter einer *algebraischen Gleichung* versteht man stets eine Gleichung der Gestalt $f(x) = 0$, wo $f(x)$ ein Polynom in x ist. Die Gleichung $f(x) = 0$ heißt reell, wenn alle $\frac{a_i}{a_0}$ reell sind.

Wenn wir auch bisher nur ganz flüchtig von Funktionen von mehreren Veränderlichen gesprochen haben, so möchte ich doch erwähnen, daß der Begriff des Polynoms und der algebraischen Gleichung nicht auf eine unabhängige Veränderliche bzw. Unbekannte beschränkt ist. Ein Polynom in zwei Veränderlichen hat die Gestalt

$$f(x, y) = \sum_{i=0}^{m} \sum_{k=0}^{n} a_{ik} x^{m-i} y^{n-k};$$

ist $a_{00} \neq 0$, so ist es vom Grad $m + n$. Man kann $f(x, y)$ aber auch als Polynom in x oder y ansehen, dessen Koeffizienten Polynome in der anderen Veränderlichen sind; es hat dann in x den Grad m, in y den Grad n. Ist in allen Gliedern $i + k$ konstant, so heißt $f(x, y)$ *homogen* oder eine *Form* in x und y.

2. Nullstellen eines Polynoms und Wurzeln einer Gleichung. Es sei a eine beliebige komplexe Zahl. Dann ist

$$f(x) - f(a) = a_0(x^n - a^n) + a_1(x^{n-1} - a^{n-1}) + \dots + a_{n-1}(x - a) = (x - a)\, q(x),$$

wo $q(x)$ ein Polynom vom Grad $n - 1$ ist. Ist $f(a) = 0$, so heißt a eine *Nullstelle* von $f(x)$ oder eine *Wurzel* der algebraischen Gleichung $f(x) = 0$. Dann ist

$$f(x) = (x - a)\, q(x),$$

d. h. $f(x)$ ist durch den Faktor $x - a$ teilbar und $x - a$ heißt ein *Wurzelfaktor* von $f(x)$. Der Satz, daß jedes Polynom mindestens eine (reelle oder imaginäre) Nullstelle, jede algebraische Gleichung also mindestens eine Wurzel hat, wird wegen seiner grundlegenden Bedeutung für die Algebra als *Fundamentalsatz der Algebra* bezeichnet. Er wurde zuerst von GAUSS 1799, 1815, 1816 und 1849 auf vier verschiedene Arten bewiesen. Auf den Beweis, der mit den uns zur Verfügung stehenden Hilfsmitteln durchaus nicht einfach wäre, wollen wir uns hier nicht einlassen. Wir können daraus aber sofort schließen, daß *ein Polynom vom Grad n stets genau n Nullstellen* hat. Ist nämlich x_1 eine Nullstelle, so gilt nach obigem

$$f(x) = (x - x_1)\, q_1(x),$$

wo $q_1(x)$ ein Polynom vom Grad $n - 1$ ist, das, wenn $n > 1$ ist, wieder eine Nullstelle x_2 hat, so daß $q_1(x) = (x - x_2)\, q_2(x)$ und

$$f(x) = (x - x_1)\,(x - x_2)\, q_2(x)$$

ist. Wir können dieses Verfahren so lange fortsetzen, bis wir zu einem Polynom $q_n(x)$ kommen, das vom Grad $n - n = 0$, d. h. konstant ist, und zwar muß diese Konstante, wie wir durch Ausmultiplizieren leicht feststellen, den Wert a_0 haben, so daß

$$f(x) = a_0(x - x_1)\,(x - x_2) \ldots (x - x_n) \tag{2}$$

ist. Die Nullstellen $x_1, x_2, \ldots, x_n$ werden im allgemeinen nicht alle verschieden sein; sind — bei geeigneter Numerierung — $x_1, x_2, \ldots, x_p$ die *verschiedenen* Nullstellen von $f(x)$, $p \leqq n$, und kommt x_i im ganzen n_i-mal vor — die Nullstelle x_i ist dann eine n_i-fache — so ist

$$n_1 + n_2 + \ldots + n_p = n$$

und

$$f(x) = a_0(x - x_1)^{n_1}\,(x - x_2)^{n_2} \ldots (x - x_p)^{n_p}, \tag{3}$$

was natürlich mit (2) völlig übereinstimmt und nur die Vielfachheit der einzelnen Wurzeln in Evidenz setzt.

Zwischen den Nullstellen und Koeffizienten eines Polynoms besteht ein einfacher und wichtiger Zusammenhang, der als *Wurzelsatz von Vieta* bezeichnet wird. Multiplizieren wir die Faktoren auf der rechten Seite von (2) aus, so folgt durch Vergleich der Koeffizienten in (1) und (2)

$$\left.\begin{aligned}
s_1 &= x_1 + x_2 + \ldots + x_n = -\frac{a_1}{a_0},\\
s_2 &= x_1 x_2 + x_1 x_3 + \ldots + x_{n-1} x_n = \frac{a_2}{a_0},\\
s_3 &= x_1 x_2 x_3 + x_1 x_2 x_4 + \ldots + x_{n-2} x_{n-1} x_n = -\frac{a_3}{a_0},\\
&\cdots\cdots\cdots\cdots\cdots\cdots\cdots\cdots\cdots\cdots\\
s_{n-1} &= x_1 x_2 \ldots x_{n-1} + x_1 x_2 \ldots x_{n-2} x_n + \ldots + x_2 x_3 \ldots x_n =\\
&= (-1)^{n-1} \frac{a_{n-1}}{a_0},\\
s_n &= x_1 x_2 x_3 \ldots x_n = (-1)^n \frac{a_n}{a_0}.
\end{aligned}\right\} \tag{4}$$

Die Ausdrücke $s_1, s_2, \ldots, s_n$ sind Funktionen der n Veränderlichen $x_1, x_2, \ldots, x_n$ und heißen *symmetrische Grundfunktionen*. Symmetrisch, weil sie bei irgendeiner Permutation der x_i ungeändert bleiben. s_p ist die Summe von $\binom{n}{p}$ Gliedern und homogen vom Grad p.

3. Nullstellen reeller Polynome. Für reelle Polynome gilt:

Hat das reelle Polynom $f(x)$ die imaginäre Nullstelle $\alpha + \beta j$ $(\beta \neq 0)$, so ist auch die konjugiert imaginäre Zahl $\alpha - \beta j$ eine Nullstelle von $f(x)$, d. h. aus $f(\alpha + \beta j) = 0$ folgt $f(\alpha - \beta j) = 0$.

Setzen wir zum Beweis

$$u = a + b j, \qquad v = c + dj,$$

so folgt aus der Regel (6) von § 28, 1

$$K(u^n) = (K u)^n = \bar{u}^n.$$

Es sei nun $x_0 = \alpha + \beta j$ eine Nullstelle von $f(x)$, also $f(x_0) = f(\alpha + \beta j) = 0$. Wir bilden

$$\begin{aligned} K f(x_0) &= K(a_0 x_0^n) + K(a_1 x_0^{n-1}) + \ldots + K(a_{n-1} x_0) + K a_n = \\ &= a_0 K(x_0^n) + a_1 K(x_0^{n-1}) + \ldots + a_{n-1} K(x_0) + a_n = \\ &= a_0 \bar{x}_0^n + a_1 \bar{x}_0^{n-1} + \ldots + a_{n-1} \bar{x}_0 + a_n = \\ &= f(\bar{x}_0) = f(\alpha - \beta j). \end{aligned}$$

Aus $f(x_0) = 0$ folgt daher $f(\bar{x}_0) = 0$, was zu beweisen war.

Ein reelles Polynom hat also stets eine gerade Anzahl imaginärer Nullstellen, wobei diese Nullstellen in konjugierten Paaren auftreten.

Daraus folgt unmittelbar:

Ein Polynom von ungeradem Grad hat stets eine ungerade Anzahl von reellen Nullstellen, also mindestens eine.

Sind $x_1, x_2, \ldots, x_{2h}$ die imaginären Nullstellen und ist $\bar{x}_{2i} = x_{2i-1} = \alpha_i + \beta_i j$ $(i = 1, 2, \ldots, h)$, so geht wegen

$$(x - \alpha_i - \beta_i j)(x - \alpha_i + \beta_i j) = x^2 - 2\alpha_i x + \alpha_i^2 + \beta_i^2$$

die Zerlegung (3) über in

$$\begin{aligned} f(x) &= a_0 (x^2 - 2\alpha_1 x + \alpha_1^2 + \beta_1^2)^{n_1} (x^2 - 2\alpha_2 x + \alpha_2^2 + \beta_2^2)^{n_2} \ldots \\ &\ldots (x^2 - 2\alpha_h x + \alpha_h^2 + \beta_h^2)^{n_h} (x - x_{2h+1})^{n_{2h+1}} \ldots (x - x_p)^{n_p} \end{aligned} \tag{5}$$

mit lauter reellen linearen und quadratischen Faktoren.

4. Größter gemeinsamer Teiler zweier Polynome. Mehrfache Nullstellen. Haben zwei Polynome $f(x)$ und $g(x)$ eine oder mehrere Nullstellen gemeinsam, so kommen die entsprechenden Wurzelfaktoren sowohl in der Produktdarstellung von $f(x)$ wie in der von $g(x)$ vor und sind daher gemeinsame Teiler von $f(x)$ und $g(x)$. Unter dem *größten gemeinsamen Teiler* der beiden Polynome versteht man das Polynom $q(x)$ höchsten Grades, das sowohl in $f(x)$ wie auch in $g(x)$ enthalten ist. Ist $q(x)$ vom Grad Null, also konstant, so sind $f(x)$ und $g(x)$ *teilerfremd*. Zur Bestimmung des größten gemeinsamen Teilers dient das Verfahren der *Kettendivision*. Es sei n der Grad von $f(x)$, m der von $g(x)$ und $n \geqq m$. Wir rechnen

$$f(x):g(x) = q_1(x) + \frac{r_1(x)}{g(x)}, \text{ also } f = g\,q_1 + r_1,$$

$$g(x):r_1(x) = q_2(x) + \frac{r_2(x)}{r_1(x)}, \text{ also } g = r_1\,q_2 + r_2,$$

$$r_1(x):r_2(x) = q_3(x) + \frac{r_3(x)}{r_2(x)}, \text{ also } r_1 = r_2\,q_3 + r_3,$$

....

....

$$r_{k-2}(x):r_{k-1}(x) = q_k(x) + \frac{r_k(x)}{r_{k-1}(x)}, \text{ also } r_{k-2} = r_{k-1}\,q_k + r_k;$$

die nächste Division gehe auf:

$$r_{k-1}(x):r_k(x) = q_{k+1}(x), \text{ also } r_{k-1} = r_k\,q_{k+1}.$$

Ich behaupte, daß dann der letzte Rest r_k der größte gemeinsame Teiler ist. Denn r_k ist nach der letzten Gleichung rechts ein Teiler von r_{k-1}, nach der vorletzten Gleichung rechts also auch ein Teiler von r_{k-2} usw., nach der dritten Gleichung rechts ein Teiler von r_1, nach der zweiten Gleichung rechts ein Teiler von g und nach der ersten Gleichung rechts ein Teiler von f. Wäre nun r_k nicht der *größte* gemeinsame Teiler von f und g, also $q(x) = r_k(x)\,\varphi(x)$, so müßte q Teiler von r_1, also auch Teiler von r_2, also auch von r_3 usw. und schließlich auch Teiler von r_k sein. Es wäre also $r_k(x) = q(x)\,\psi(x)$, was aber nur möglich ist, wenn $\psi(x) = \frac{1}{\varphi(x)} =$ konst. ist[1]. Zur praktischen Rechnung sei bemerkt, daß es auf konstante Faktoren nicht ankommt, so daß man, um die Rechnung einfacher zu gestalten, solche konstante Faktoren bei jeder Teildivision willkürlich hinzufügen oder weglassen kann.

Beispiel: $f(x) = x^3 + 2x^2 - x - 2, \quad g(x) = x^3 - 1.$

$$(x^3 + 2x^2 - x - 2):(x^3 - 1) = 1 + \frac{2x^2 - x - 1}{x^3 - 1},$$

also $q_1(x) = 1$, $r_1(x) = 2x^2 - x - 1$.

$$(2x^3 - 2):(2x^2 - x - 1) = x + \frac{1}{2} + \frac{\frac{3}{2}x - \frac{3}{2}}{2x^2 - x - 1};$$

also $q_2(x) = x + \frac{1}{2}$, $r_2(x) = \frac{3}{2}(x - 1)$.

$$(2x^2 - x - 1):(x - 1) = 2x + 1;$$

diese Division geht auf, also ist der letzte Rest $x - 1$ der größte gemeinsame Teiler. In der Tat ist

$$f(x) = x^3 + 2x^2 - x - 2 = (x - 1)(x + 1)(x + 2),$$

$$g(x) = x^3 - 1 = (x - 1)\left(x + \frac{1}{2} - \frac{1}{2}\sqrt{3}\,i\right)\left(x + \frac{1}{2} + \frac{1}{2}\sqrt{3}\,i\right).$$

Mit Hilfe der Kettendivision sind wir auch in der Lage festzustellen, ob ein gegebenes Polynom $f(x)$ *mehrfache Nullstellen* besitzt. Ist nämlich *a eine k-fache Nullstelle von $f(x)$*, so ist $f(x) \equiv (x - a)^k\,q(x)$, wo $q(x)$ ein Polynom vom Grad $n - k \geqq 0$ und $q(a) \neq 0$ ist. Für die Ableitung $f'(x)$ erhalten wir dann

$$\begin{aligned} f'(x) &= k(x - a)^{k-1}\,q(x) + (x - a)^k\,q'(x) \\ &= (x - a)^{k-1}\,[k\,q(x) + (x - a)\,q'(x)], \end{aligned}$$

[1] Ist $\varphi(x)$ ein Polynom, so ist $\frac{1}{\varphi(x)}$ dann und nur dann ein Polynom, wenn $\varphi(x)$ konstant ist.

d. h. *a ist eine k — 1-fache Nullstelle von $f'(x)$. Der größte gemeinsame Teiler von $f(x)$ und $f'(x)$ enthält also alle zu mehrfachen Nullstellen von $f(x)$ gehörigen Wurzelfaktoren von $f(x)$*, und zwar in einer um 1 verminderten Potenz. Sind $f(x)$ und $f'(x)$ teilerfremd, so besitzt $f(x)$ keine mehrfachen Nullstellen.

Beispiel: $f(x) = x^3 - 3x + 2, \quad f'(x) = 3x^2 - 3 = 3(x^2 - 1)$;

$$(x^3 - 3x + 2) : (x^2 - 1) = x - \frac{2(x-1)}{x^2 - 1};$$

$$(x^2 - 1) : (x - 1) = x + 1,$$

also ist $x - 1$ der größte gemeinsame Teiler, 1 eine doppelte Nullstelle von $f(x)$. Es ist $f(x) = x^3 - 3x + 2 = (x-1)^2 (x+2)$.

5. **Das Hornersche Divisionsverfahren.** Für die sehr häufig vorkommende Division eines Polynoms $f(x)$ durch einen linearen Faktor der Gestalt $x - a$ gibt es ein sehr einfaches und elegantes Verfahren, das 1819 von dem englischen Mathematiker Horner angegeben wurde und das ich Ihnen jetzt erklären will. Aus

$$f(x) - f(a) = (x - a)\, q(x)$$

folgt

$$f(x) = (x - a)\, q(x) + f(a),$$

d. h. es ist $f(a)$ der Rest, der sich bei der Division $f(x) : (x - a)$ ergibt. Zwischen den Koeffizienten des Quotienten

$$q(x) = b_0 x^{n-1} + b_1 x^{n-2} + b_2 x^{n-3} + \dots + b_{n-1}$$

und den Koeffizienten von

$$f(x) = a_0 x^n + a_1 x^{n-1} + a_2 x^{n-2} + \dots + a_n$$

besteht ein einfacher Zusammenhang; bilden wir nämlich

$$(x - a)\, q(x) + f(a) = b_0 x^n + b_1 x^{n-1} + b_2 x^{n-2} + \dots + b_{n-1} x -$$
$$- a b_0 x^{n-1} - a b_1 x^{n-2} - \dots - a b_{n-2} x - a b_{n-1} + f(a),$$

so folgt, da dies mit $f(x)$ übereinstimmt, sofort

$$a_0 = b_0, \quad a_1 = b_1 - a b_0, \quad a_2 = b_2 - a b_1, \; \dots, \quad a_{n-1} = b_{n-1} - a b_{n-2},$$
$$a_n = -a b_{n-1} + f(a)$$

oder umgekehrt

$$b_0 = a_0, \quad b_1 = a b_0 + a_1, \quad b_2 = a b_1 + a_2, \; \dots, \quad b_{n-1} = a b_{n-2} + a_{n-1},$$
$$f(a) = a b_{n-1} + a_n.$$

Mit dieser Bestimmung der b_i ist die Division durchgeführt. Wir bringen das Ganze nur noch in eine übersichtliche Form: Wir schreiben die a_i nebeneinander auf, ziehen darunter einen horizontalen und links von a_0 einen vertikalen Strich; links von dem letzteren schreiben wir in die zweite Zeile die Zahl a und rechnen jetzt die b_i der Reihe nach aus:

	a_0	a_1	a_2	...	a_{n-1}	a_n
a	a_0 $= b_0$	$a b_0 + a_1$ $= b_1$	$a b_1 + a_2$ $= b_2$	...	$a b_{n-2} + a_{n-1}$ $= b_{n-1}$	$a b_{n-1} + a_n$ $= f(a)$

Jedes b_i ergibt sich als Produkt aus dem links davon stehenden b_{i-1} mit der ganz links stehenden Zahl a, vermehrt um das unmittelbar darüberstehende a_i.

Beispiel: $(x^4 - 2x^3 - 6x^2 + 19x - 14) : (x - 2)$

	1	−2	−6	19	−14
2	1	0	−6	7	0

Die Division geht auf, d. h. 2 ist eine Nullstelle von $f(x)$, der Quotient ist $q(x) = x^3 - 6x + 7$.

Man achte auf verschwindende Koeffizienten in $f(x)$, die natürlich als Nullen anzuschreiben sind.

Beispiel: $(x^3 - 1) : (x - 1)$

	1	0	0	−1
1	1	1	1	0

$q(x) = x^2 + x + 1$; $f(1) = 0$ (die Division geht auf).

Eine wichtige Anwendung ergibt sich bei der Transformation eines Polynoms

$$f(x) = a_0 x^n + a_1 x^{n-1} + \dots + a_{n-1} x + a_n$$

durch eine lineare Substitution $x = a + z$; das Resultat ist ein Polynom

$$F(z) = A_0 z^n + A_1 z^{n-1} + \dots + A_{n-1} z + A_n,$$

das entweder recht umständlich durch Einsetzen und Ordnen der Glieder zu berechnen ist oder aber wesentlich bequemer mittels des Hornerschen Verfahrens. Wegen $z = x - a$ ist ja

$$f(x) = F(x-a) = A_0(x-a)^n + A_1(x-a)^{n-1} + \dots + A_{n-1}(x-a) + A_n.$$

Division durch $x - a$ gibt den Rest A_n und den Quotienten

$$A_0(x-a)^{n-1} + A_1(x-a)^{n-2} + \dots + A_{n-1};$$

nochmalige Division durch $x - a$ gibt den Rest A_{n-1} und den Quotienten

$$A_0(x-a)^{n-2} + A_1(x-a)^{n-3} + \dots + A_{n-2}$$

usw.

Beispiel: $f(x) = x^3 - 6x^2 + 11x - 6$, $x = z + 4$.

	1	−6	11	−6
4	1	−2	3	<u>6</u>
4	1	2	<u>11</u>	
4	<u>1</u>	<u>6</u>		

also $f(z) = z^3 + 6z^2 + 11z + 6$. Man beachte, daß stets am Quotienten weitergerechnet wird.

Man kann dieses Verfahren insbesondere dazu benützen, um Polynome auf die sogenannte *reduzierte Form* zu bringen, in der der Koeffizient der zweithöchsten Potenz verschwindet. Nach dem Wurzelsatz von VIETA ist ja

$$a_1 = -a_0(x_1 + x_2 + \dots + x_n);$$

setzen wir $x = z - \frac{a_1}{n\,a_0}$, so wird

$$-\frac{a_1}{a_0} = x_1 + x_2 + \dots + x_n = z_1 + z_2 + \dots z_n - \frac{a_1}{a_0},$$

also

$$z_1 + z_2 + \dots + z_n = 0,$$

d. h. im transformierten Polynom $F(z)$ ist $A_1 = 0$.

Beispiel: $f(x) = 2x^3 + 6x^2 + 7x + 5$; $-\frac{a_1}{n\,a_0} = -\frac{6}{6} = -1$, also $x = z - 1$.

	2	6	7	5
—1	2	4	3	2
—1	2	2	1	
—1	2	0		

$F(z) = 2z^3 + z + 2$.

6. Das graphische Verfahren von Lill. Es handelt sich hier um ein der Hornerschen Division entsprechendes graphisches Verfahren zur Division eines Polynoms durch einen linearen Faktor. Wir wollen es uns an dem Fall eines kubischen Polynoms

$$f(x) = a_0 x^3 + a_1 x^2 + a_2 x + a_3$$

klarmachen. Wir wählen in der Ebene einen festen Punkt O, durch O eine feste orientierte Gerade g_0 und einen positiven Drehsinn (Abb. 130). Wir tragen auf g_0 von O aus den ersten Koeffizienten a_0 auf, wobei das Vorzeichen entsprechend der auf g_0 gewählten Orientierung zu berücksichtigen ist. Im Endpunkt A_0 errichten wir die zu g_0 senkrechte Gerade g_1, deren positive Orientierung durch den gegebenen Drehsinn bestimmt ist. Auf g_1 tragen wir, wieder dem Vorzeichen entsprechend, den Koeffizienten a_1 auf, im Endpunkt A_1 errichten wir eine zu g_1 senkrechte Gerade g_2, die also zu g_0 parallel ist und wieder dem Drehsinn entsprechend zu orientieren ist (also entgegengesetzt wie g_0). Auf g_2 tragen wir den Koeffizienten a_2 ab, im Endpunkt A_2 errichten wir eine zu g_2 senkrechte Gerade g_3 (parallel zu g_1), versehen sie wieder mit der richtigen Orientierung (entgegengesetzt zu der von g_1), tragen a_3 ab und gelangen so zu dem Punkt A_3. Der Streckenzug $O\,A_0\,A_1\,A_2\,A_3$ heißt der das Polynom $f(x)$ *darstellende Linienzug*. Um nun den Wert $f(x)$ für ein bestimmtes a zu ermitteln, legen wir durch O eine Gerade γ_0, so daß der Winkel zwischen γ_0 und g_0 (in dieser Reihenfolge) gleich $\vartheta = \arctan a$ ist. Ist B_0 der Schnitt von γ_0 mit g_1, so legen wir durch B_0 eine zu γ_0 senkrechte Gerade γ_1, durch den Schnittpunkt B_1 von γ_1 und g_2 legen wir die zu γ_1 senkrechte Gerade γ_2, deren Schnittpunkt mit g_3 der Punkt B_2 sei. Die Orientierung von γ_0 entsteht aus der von g_0 durch Drehung durch den Winkel $-\vartheta$, die Orientierung von γ_1 und γ_2 entsteht aus der Orientierung von γ_0 durch Drehung durch $\frac{\pi}{2}$ und π usw. Es ist dann

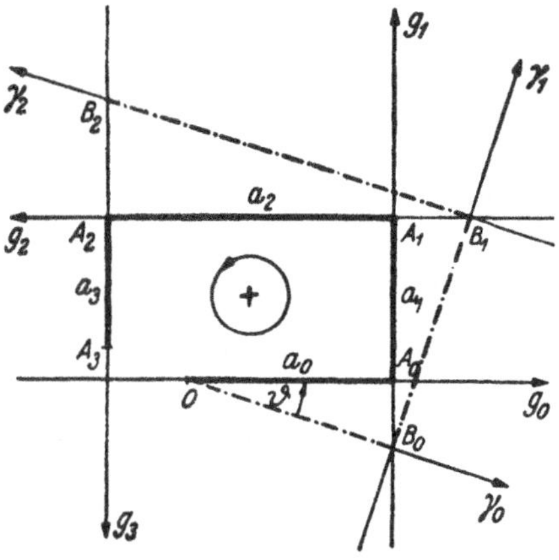

Abb. 130.

$$\overline{B_0 A_0} = a_0 \tan\vartheta = a_0 a,$$
$$\overline{B_0 A_1} = a_0 a + a_1 = b_1,$$
$$\overline{B_1 A_1} = \overline{B_0 A_1} \tan\vartheta = (a_0 a + a_1)\,a = a_0 a^2 + a_1 a,$$
$$\overline{B_1 A_2} = a_0 a^2 + a_1 a + a_2 = a\,b_1 + a_2 = b_2,$$
$$\overline{B_2 A_2} = \overline{B_1 A_2} \tan\vartheta = (a_0 a^2 + a_1 a + a_2)\,a = a_0 a^3 + a_1 a^2 + a_2 a,$$
$$\overline{B_2 A_3} = a_0 a^3 + a_1 a^2 + a_2 a + a_3 = a\,b_2 + a_3,$$

d. h. die Strecke $\overline{B_2 A_3}$ stellt den Wert des Polynoms an der Stelle a dar; das Vorzeichen von $f(a)$ ergibt sich dabei aus der durch die Konstruktion festgelegten Orientierung von g_3. b_0, b_1 und b_2 sind die Koeffizienten des Quotienten $\frac{f(x)}{x-a}$. Die Strecken $\overline{O B_0}$, $\overline{B_0 B_1}$, $\overline{B_1 B_2}$ sind diesen Koeffizienten proportional mit dem Proportionalitätsfaktor $\sqrt{1 + a^2}$.

Fällt B_2 mit A_3 zusammen, so ist $f(a) = 0$ und a eine Wurzel der Gleichung $f(x) = 0$. Das Lillsche Verfahren kann also auch zur Auflösung von Gleichungen verwendet werden. Der dem Linienzug $O A_0 A_1 A_2 A_3$ eingeschriebene Linienzug $O B_0 B_1 B_2$ (weil die Ecken O, B_0, B_1, B_2 auf den Seiten des ersten Linienzuges liegen) heißt *auflösender Linienzug*, wenn B_2 mit A_3 zusammenfällt. Die Wurzeln quadratischer Gleichungen kann man, soweit sie reell sind, konstruktiv exakt ermitteln, bei Gleichungen höheren Grades ist man auf Probieren angewiesen, was allerdings nur bei kubischen Gleichungen einige Aussicht auf Erfolg hat.

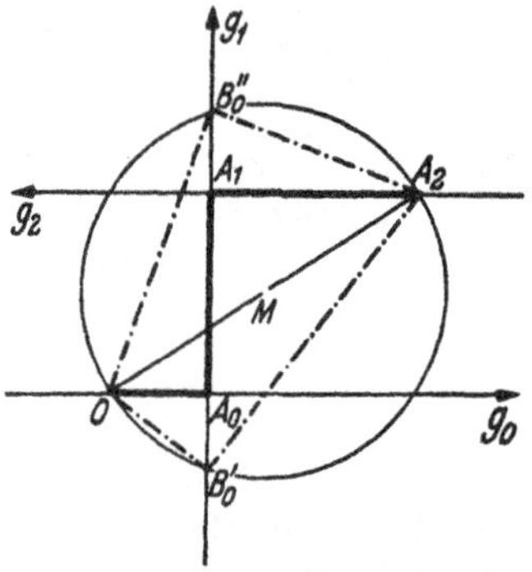

Abb. 131.

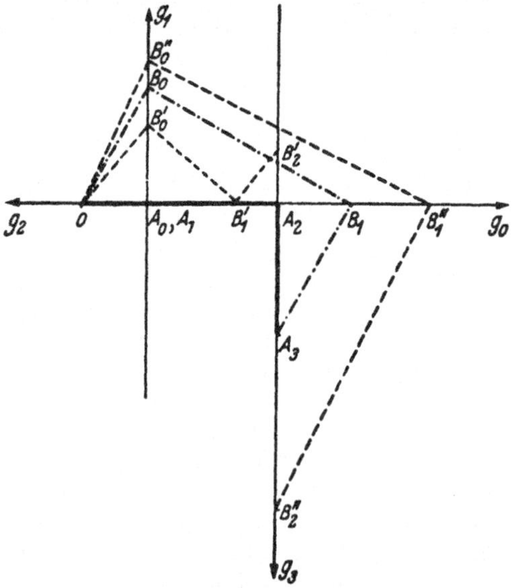

Abb. 132.

Ich gebe zwei Beispiele:

1. Die Gleichung $x^2 + 2x - 2 = 0$. Der darstellende Linienzug ist (Abb. 131) $O A_0 A_1 A_2$. Der Kreis mit dem Mittelpunkt M von $\overline{O A_2}$ schneidet g_1 in den zwei Punkten B_0' und B_0'', die die Ecken der auflösenden Linienzüge $O B_0' A_2$ und $O B_0'' A_2$ sind. Es ist $\overline{B_0' A_0} = x_1 = 0{,}732$, $\overline{B_0'' A_0} = x_2 = -2{\cdot}732$.

2. Die Gleichung $x^3 - 2x + 2 = 0$. Der darstellende Linienzug ist $O A_0 A_2 A_3$ (Abb. 132); die beiden Punkte A_0 und A_1 fallen hier zusammen, da $a_1 = 0$ ist! Der auflösende Linienzug ist $O B_0 B_1 A_3$; er gibt die Wurzel $\overline{B_0 A_0} = -1{\cdot}77$ (die beiden anderen Wurzeln sind imaginär). Zwei andere Linienzüge $O B_0' B_1' B_2'$ und $O B_0'' B_1'' B_2''$ geben einen zu großen, bzw. einen zu kleinen Wert für die Wurzel.

Aufgaben.

1. Eine Gleichung habe die vier Wurzeln $\pm \sqrt{a} \pm \sqrt{b}$. Wie lautet sie?
2. Die Wurzeln von $x^3 - 3x^2 + 2x = 0$ sind um 1 zu verkleinern.
3. Die Wurzeln von $x^3 + 6x^2 + 12x + 7 = 0$ um 2 zu vergrößern.
4. Die Wurzeln von $x^3 - 6x^2 + 11x - 6 = 0$ um 4 zu verkleinern.
5. Man bestimme den größten gemeinsamen Teiler von $x^8 + x^4 + 1$ und $x^4 + x^2 + 1$.
6. Man bestimme den größten gemeinsamen Teiler von $x^6 - 1$ und $x^4 - 2x^3 + 3x^2 - 2x + 1$.

7. Die Gleichung $x^4 - 2x^3 + 2x - 1 = 0$ hat eine mehrfache Wurzel; die Gleichung ist aufzulösen.

8. Die Gleichung $x^5 - 3x^4 - x^3 + 11x^2 - 12x + 4 = 0$ hat eine mehrfache Wurzel; die Gleichung ist aufzulösen.

§ 30. Interpolation. Steigungen und Differenzen.

1. Begriff der Interpolation. Die lineare Interpolation. Bei der Taylorschen Formel (§ 22) hatten wir uns die Aufgabe gestellt, ein Polynom zu finden, das eine gegebene Funktion in der unmittelbaren Umgebung eines Punktes approximiert. Wir stellen uns nun eine ähnliche Aufgabe. Wir suchen wieder ein eine gegebene Funktion approximierendes (reelles) Polynom $\varphi(x)$ vom Grad $n-1$, verlangen aber jetzt, daß $\varphi(x)$ an n verschiedenen Stellen x_i dieselben Funktionswerte y_i annimmt wie $f(x)$. Geometrisch bedeutet das, daß wir durch die n Punkte mit den Koordinaten x_i, y_i $(i = 1, 2, \ldots, n)$ eine Parabel $n - 1$-ter Ordnung hindurchzulegen haben. Diese Aufgabe heißt *Interpolation*[1]; für $n = 2, 3, 4$ spricht man insbesondere von einer linearen, quadratischen und kubischen Interpolation. Zur Lösung der Aufgabe genügt es offenbar, wenn von der gegebenen Funktion $f(x)$ überhaupt nur die Funktionswerte $y_i = f(x_i)$ an den Stellen x_i bekannt sind. Dieser Umstand ist für die Anwendungen besonders wichtig, weil ja empirisch, also durch irgendwelche Beobachtungen ermittelte funktionale Zusammenhänge stets nur in der Form derartiger Tabellen der Werte der unabhängigen und der abhängigen Veränderlichen bekannt sind. Aber auch eine Funktion, deren Verlauf sehr wohl bekannt ist und deren Funktionswerte für jede beliebige Stelle des Definitionsbereichs durch einfaches Ausrechnen oder durch eine Reihenentwicklung mit beliebiger Genauigkeit bestimmt werden können, wird für das praktische Rechnen sehr häufig in Tabellenform dargestellt, man denke nur an die Logarithmentafeln oder an die verschiedenen Tafeln für die Quadrate, Kuben, Quadratwurzeln usw. Die Aufgabe der Interpolation tritt auch bei solchen Tabellen stets auf, und es sind z. B. die Logarithmentafeln so ausgeführt, daß man für die Berechnung der Zwischenwerte mit einer linearen Interpolation auskommt.

Die Interpolationsaufgabe ist immer eindeutig lösbar; gibt es nämlich außer $\varphi(x)$ ein zweites Polynom $\psi(x)$ vom Grad $n-1$ mit $\varphi(x_i) = y_i$, so hat das Polynom $\varphi(x) - \psi(x) = \chi(x)$, das ebenfalls (höchstens) von $n-1$-tem Grad ist, wegen $\chi(x_i) = \varphi(x_i) - \psi(x_i) = y_i - y_i = 0$ die n Nullstellen x_i und verschwindet daher identisch.

In einer fünfstelligen Logarithmentafel finden wir z. B. für 2·313 und 2·314 die Logarithmen 0·36418 und 0·36436. Die Differenz beträgt 18 Einheiten der letzten Stelle; der Logarithmus von 2·3134 wird also bei linearer Interpolation: $0{\cdot}36418 + \frac{4}{10} \cdot 0{\cdot}00018 = 0{\cdot}36425$. (Die Vielfachen der Tafeldifferenzen findet man in den meist mit P. P. [partes proportionales, proportionale Teile] bezeichneten kleinen Nebentafeln.). Geometrisch heißt das, daß durch die beiden Punkte (2·313, 0·36418) und (2·314, 0·36436) eine Gerade gelegt wird, die in dem Intervall (2·313, 2·314) die Funktion $\log x$ mit genügender Genauigkeit approximiert, um den Zwischenwert log 2·3134 aus ihrer Gleichung $y = 0{\cdot}36418 + 0{\cdot}18\,(x - 2{\cdot}313)$ und nicht aus $y = \log x$ ermitteln zu können.

Läßt man die zur Bestimmung des approximierenden Polynoms $\varphi(x)$ verwendeten Punkte (x_i, y_i) der gegebenen Kurve $\mathfrak{C}$ alle gegen einen Punkt (x_0, y_0) von $\mathfrak{C}$ rücken, so wird sich die Parabel $y = \varphi(x)$ einer bestimmten Grenzlage nähern, in der sie mit der gegebenen Kurve n in x_0 zusammenfallende Punkte

[1] Genauer: *Interpolation durch ein Polynom*, weil man oft auch andere Funktionen zur Interpolation verwendet, vgl. z. B. § 39, 10.

gemeinsam hat. Das Polynom $\varphi(x)$ geht dann über in das Taylorsche Polynom $n-1$-ten Grades der Funktion $f(x)$. Die Taylorsche Formel wird sich also als Grenzfall der Interpolationsformel ergeben müssen.

2. Die Lagrangesche Interpolationsformel. Aus der Darstellung

$$\varphi(x) = a_0(x - x_1)(x - x_2) \ldots (x - x_n)$$

folgt, daß ein Polynom n-ten Grades durch seine *Nullstellen* $x_1, x_2, \ldots, x_n$ bis auf einen konstanten Faktor a_0 eindeutig bestimmt ist. Diesen Faktor können wir z. B. durch die Forderung bestimmen, daß $\varphi(x)$ an einer Stelle $x_0 \neq x_i$, $i = 1, 2, \ldots, n$, einen bestimmten Wert $y_0 = \varphi(x_0)$ annimmt. Wegen

$$y_0 = a_0(x_0 - x_1)(x_0 - x_2) \ldots (x_0 - x_n)$$

wird dann

$$\varphi(x) = y_0 \frac{(x - x_1)(x - x_2) \ldots (x - x_n)}{(x_0 - x_1)(x_0 - x_2) \ldots (x_0 - x_n)}. \tag{1}$$

$\varphi(x)$ nimmt also an der Stelle x_0 den Wert y_0 an und verschwindet für $x_1, x_2, \ldots, x_n$. Wenn nun ein Polynom $n-1$-ten Grades[1] zu ermitteln ist, das für $x_1, x_2, \ldots, x_n$ bzw. die Werte $y_1, y_2, \ldots, y_n$ annimmt, so können wir dieses Ergebnis benützen und n Polynome $\varphi_1(x), \varphi_2(x), \ldots, \varphi_n(x)$ bilden, so daß $\varphi_i(x)$ für $x = x_i$ den Wert $y = y_i$ annimmt, aber an allen anderen Stellen $x_1, x_2, \ldots, x_{i-1}, x_{i+1}, \ldots, x_n$ verschwindet. Die Summe dieser n Polynome stimmt dann mit dem gesuchten Polynom überein. Nach (1) nimmt

$$\varphi_1(x) = y_1 \frac{(x - x_2)(x - x_3) \ldots (x - x_n)}{(x_1 - x_2)(x_1 - x_3) \ldots (x_1 - x_n)}$$

für $x = x_1$ den Wert y_1 an und verschwindet für $x_2, x_3, \ldots, x_n$; ebenso nimmt

$$\varphi_2(x) = y_2 \frac{(x - x_1)(x - x_3) \ldots (x - x_n)}{(x_2 - x_1)(x_2 - x_3) \ldots (x_2 - x_n)}$$

für $x = x_2$ den Wert y_2 an und verschwindet für $x_1, x_3, \ldots, x_n$. Wir fahren so fort bis zu

$$\varphi_n(x) = y_n \frac{(x - x_1)(x - x_2) \ldots (x - x_{n-1})}{(x_n - x_1)(x_n - x_2) \ldots (x_n - x_{n-1})},$$

das für $x = x_n$ den Wert $y = y_n$ annimmt und für $x_1, x_2, \ldots, x_{n-1}$ verschwindet. Das gesuchte Polynom ist also

$$\left.\begin{aligned}
\varphi(x) &= \varphi_1(x) + \varphi_2(x) + \ldots + \varphi_n(x) = \\
&= y_1 \frac{(x - x_2)(x - x_3) \ldots (x - x_n)}{(x_1 - x_2)(x_1 - x_3) \ldots (x_1 - x_n)} + \\
&+ y_2 \frac{(x - x_1)(x - x_3) \ldots (x - x_n)}{(x_2 - x_1)(x_2 - x_3) \ldots (x_2 - x_n)} + \\
&+ \ldots\ldots\ldots\ldots\ldots\ldots\ldots\ldots + \\
&+ y_n \frac{(x - x_1)(x - x_2) \ldots (x - x_{n-1})}{(x_n - x_1)(x_n - x_2) \ldots (x_n - x_{n-1})}
\end{aligned}\right\} \tag{2}$$

Der Ausdruck wird etwas übersichtlicher, wenn wir die Polynome

$$\Phi(x) = (x - x_1)(x - x_2) \ldots (x - x_n)$$

und

$$\Phi_i(x) = \frac{\Phi(x)}{x - x_i} \quad (i = 1, 2, \ldots, n)$$

[1] Genauer: *höchstens* $n-1$-ten Grades, auch im folgenden. Durch vier Punkte *kann* auch schon eine Parabel zweiter Ordnung gehen!

einführen; dann ist

$$\boxed{\varphi(x) = \sum_{i=1}^{n} y_i \frac{\Phi_i(x)}{\Phi_i(x_i)}} \tag{3}$$

oder wegen $\Phi'(x) = \sum_{i=1}^{n} \Phi_i(x)$, $\Phi'(x_i) = \Phi_i(x_i)$ (es bleibt nur der i-te Summand stehen)

$$\boxed{\varphi(x) = \sum_{i=1}^{n} y_i \frac{\Phi(x)}{(x - x_i)\,\Phi'(x_i)}.} \tag{4}$$

(2) bis (4) sind verschiedene Schreibweisen der *Lagrangeschen Interpolationsformel*. Sie hat den Vorteil, daß sie sich leicht und übersichtlich allgemein anschreiben läßt, aber für das praktische Rechnen ist sie kaum brauchbar, da sie bei gegebenen x_i, y_i recht erhebliche Rechenarbeit erfordert.

Beispiel: Gesucht ist die Parabel durch die Punkte (0, 1), (1, 0), (3, 10). Es ist also $x_1 = 0$, $x_2 = 1$, $x_3 = 3$; $y_1 = 1$, $y_2 = 0$, $y_3 = 10$ und es wird

$$\varphi(x) = 1\,\frac{(x-1)(x-3)}{(0-1)(0-3)} + 0 + 10\,\frac{(x-0)(x-1)}{(3-0)(3-1)} = \frac{x^2 - 4x + 3}{3} + 10\,\frac{x^2 - x}{6} =$$
$$= 2x^2 - 3x + 1.$$

3. **Steigungen und Steigungsschema.** Es sei $f(x)$ eine beliebige Funktion, die an den Stellen $x_1, x_2, \ldots, x_n$ die Werte $y_1, y_2, \ldots, y_n$ annimmt, d. h. es ist $y_i = f(x_i)$. Dann versteht man unter den *ersten Steigungen* oder *dividierten Differenzen* die Zahlen

$$f(x_1\,x_2) = \frac{f(x_1) - f(x_2)}{x_1 - x_2} = \frac{f(x)_1}{x_1 - x_2} + \frac{f(x_2)}{x_2 - x_1} = \frac{y_1}{x_1 - x_2} + \frac{y_2}{x_2 - x_1},$$

$$f(x_2\,x_3) = \frac{f(x_2) - f(x_3)}{x_2 - x_3} = \frac{f(x_2)}{x_2 - x_3} + \frac{f(x_3)}{x_3 - x_2} = \frac{y_2}{x_2 - x_3} + \frac{y_3}{x_3 - x_2},$$

. . . .

$$f(x_{n-1}\,x_n) = \frac{f(x_{n-1}) - f(x_n)}{x_{n-1} - x_n} = \frac{f(x_{n-1})}{x_{n-1} - x_n} + \frac{f(x_n)}{x_n - x_{n-1}} = \frac{y_{n-1}}{x_{n-1} - x_n} + \frac{y_n}{x_n - x_{n-1}};$$

sie sind nichts anderes als die $n-1$ Differenzenquotienten an den aufeinanderfolgenden Stellen x_1 und x_2, x_2 und x_3, ..., x_{n-1} und x_n. Wir wiederholen das Verfahren, indem wir die ersten Steigungen an Stelle der Funktionswerte und jeweils die beiden äußeren Argumentwerte nehmen; es ergeben sich die *zweiten Steigungen*

$$f(x_1\,x_2\,x_3) = \frac{f(x_1\,x_2) - f(x_2\,x_3)}{x_1 - x_3} = \frac{f(x_1\,x_2)}{x_1 - x_3} + \frac{f(x_2\,x_3)}{x_3 - x_1} =$$
$$= \frac{y_1}{(x_1 - x_2)(x_1 - x_3)} + \frac{y_2}{(x_2 - x_1)(x_2 - x_3)} + \frac{y_3}{(x_3 - x_1)(x_3 - x_2)},$$

$$f(x_2\,x_3\,x_1) = \frac{f(x_2\,x_3) - f(x_3\,x_4)}{x_2 - x_4} = \frac{f(x_2\,x_3)}{x_2 - x_4} + \frac{f(x_3\,x_4)}{x_4 - x_2} =$$
$$= \frac{y_2}{(x_2 - x_3)(x_2 - x_4)} + \frac{y_3}{(x_3 - x_2)(x_3 - x_4)} + \frac{y_4}{(x_4 - x_2)(x_4 - x_3)}$$

usw. Mit Hilfe der zweiten bilden wir die *dritten Steigungen*

$$f(x_1\,x_2\,x_3\,x_4) = \frac{f(x_1\,x_2\,x_3) - f(x_2\,x_3\,x_4)}{x_1 - x_4} = \frac{y_1}{(x_1 - x_2)\,(x_1 - x_3)\,(x_1 - x_4)} +$$
$$+ \frac{y_2}{(x_2 - x_1)\,(x_2 - x_3)\,(x_2 - x_4)} + \frac{y_3}{(x_3 - x_1)\,(x_3 - x_2)\,(x_3 - x_4)} +$$
$$+ \frac{y_4}{(x_4 - x_1)\,(x_4 - x_2)\,(x_4 - x_3)}$$

usw. Schließlich wird die $n - 1$-te Steigung (bei n gegebenen Argumenten gibt es nur mehr eine einzige $n - 1$-te Steigung)

$$f(x_1\,x_2 \ldots x_n) = \frac{f(x_1\,x_2 \ldots x_{n-1}) - f(x_2\,x_3 \ldots x_n)}{x_1 - x_n} =$$
$$= \frac{y_1}{(x_1 - x_2)\,(x_1 - x_3) \ldots (x_1 - x_n)} + \frac{y_2}{(x_2 - x_1)\,(x_2 - x_3) \ldots (x_2 - x_n)} +$$
$$+ \ldots + \frac{y_n}{(x_n - x_1)\,(x_n - x_2) \ldots (x_n - x_{n-1})}.$$

Beachten Sie, daß alle Steigungen $f(x_1\,x_2 \ldots x_k)$ in sämtlichen Argumenten $x_1, x_2, \ldots, x_k$ symmetrisch sind, d. h. die Steigung ändert sich nicht, wenn man zwei beliebige von den Argumenten miteinander vertauscht. Wenn wir z. B. in dem obigen Ausdruck für die $n - 1$-te Steigung x_1 mit x_2 vertauschen (und dann natürlich auch $y_1 = f(x_1)$ mit $y_2 = f(x_2)$), so vertauschen sich die beiden ersten Summanden, während sich in allen folgenden nur die beiden ersten Faktoren im Nenner miteinander vertauschen, die ganze Summe ändert sich also nicht.

Zur numerischen Berechnung der Steigungen verwendet man zweckmäßigerweise das *Steigungsschema*:

$$\begin{array}{c|ccccc}
x_1 & f(x_1) & & & & \\
 & & f(x_1\,x_2) & & & \\
x_2 & f(x_2) & & f(x_1\,x_2\,x_3) & & \\
 & & f(x_2\,x_3) & & f(x_1\,x_2\,x_3\,x_4) & \\
x_3 & f(x_3) & & f(x_2\,x_3\,x_4) & & f(x_1\,x_2\,x_3\,x_4\,x_5) \\
 & & f(x_3\,x_4) & & f(x_2\,x_3\,x_4\,x_5) & \\
x_4 & f(x_4) & & f(x_3\,x_4\,x_5) & & \\
 & & f(x_4\,x_5) & & & \\
x_5 & f(x_5) & & & &
\end{array}$$

Man schreibt zuerst die beiden ersten Spalten der x_i und $f(x_i)$ an und rechnet dann die folgenden Spalten immer von oben nach unten durch. Jede Steigung, z. B. $f(x_2\,x_3\,x_4)$ ergibt sich als Differenz der beiden links davon stehenden Steigungen $f(x_2\,x_3)$ und $f(x_3\,x_4)$ der nächst kleineren Ordnung (die Funktionswerte selbst bezeichnet man auch als nullte Steigungen), dividiert durch die Differenz der zugehörigen äußeren Argumente x_2 und x_4, die an den Enden der von $f(x_2\,x_3\,x_4)$ ausgehenden, schräg nach links oben und links unten verlaufenden Geraden stehen.

Beispiel: Gegeben sei

$$\begin{array}{r|r}
-1 & 6 \\
0 & 1 \\
1 & 0 \\
3 & 10 \\
10 & 171
\end{array}$$

Wir rechnen die ersten Steigungen: $(6 - 1) : (-1 - 0) = -5$, $(1 - 0) : (0 - 1) = -1$, $(0 - 10) : (1 - 3) = 5$, $(10 - 171) : (3 - 10) = 23$, so daß unsere Tabelle jetzt

$$\begin{array}{r|rr}
-1 & 6 & \\
 & & -5 \\
0 & 1 & \\
 & & -1 \\
1 & 0 & \\
 & & 5 \\
3 & 10 & \\
 & & 23 \\
10 & 171 &
\end{array}$$

lautet. Wir fahren fort: $(-5-(-1)):(-1-1)=2$, $(-1-5):(0-3)=2$, $(5-23):(1-10)=2$, also

$$\begin{array}{r|rrrl} -1 & 6 & & & \\ & & -5 & & \\ 0 & 1 & & 2 & \\ & & -1 & & \\ 1 & 0 & & 2 & \\ & & 5 & & \\ 3 & 10 & & 2 & \\ & & 23 & & \\ 10 & 171 & & & \end{array}$$

Alle folgenden Steigungen werden Null:

$$\begin{array}{r|rrrrr} -1 & 6 & & & & \\ & & -5 & & & \\ 0 & 1 & & 2 & & \\ & & -1 & & 0 & \\ 1 & 0 & & 2 & & 0 \\ & & 5 & & 0 & \\ 3 & 10 & & 2 & & \\ & & 23 & & & \\ 10 & 171 & & & & \end{array}$$

4. Die Newtonsche Interpolationsformel. Wir nehmen zu den n Argumentwerten $x_1, x_2, \ldots, x_n$ noch einen weiteren, aber allgemein gelassenen Wert x hinzu und rechnen wie früher

$$f(x\,x_1) = \frac{f(x) - f(x_1)}{x - x_1} \qquad \text{oder} \qquad f(x) = f(x_1) + (x - x_1)\, f(x\,x_1)$$

$$f(x\,x_1\,x_2) = \frac{f(x\,x_1) - f(x_1\,x_2)}{x - x_2} \qquad \text{oder} \qquad f(x\,x_1) = f(x_1\,x_2) + (x - x_2)\, f(x\,x_1\,x_2)$$

. . . .

$$f(x\,x_1\,x_2 \ldots x_n) = \frac{f(x\,x_1 \ldots x_{n-1}) - f(x_1\,x_2 \ldots x_n)}{x - x_n}$$

oder

$$f(x\,x_1 \ldots x_{n-1}) = f(x_1\,x_2 \ldots x_n) + (x - x_n)\, f(x\,x_1\,x_2 \ldots x_n).$$

Setzen wir hier, von der ersten Gleichung ausgehend, der Reihe nach die Steigungen ein, so wird

$$\begin{aligned} f(x) = f(x_1) &+ (x - x_1)\, f(x_1\,x_2) + (x - x_1)(x - x_2)\, f(x_1\,x_2\,x_3) + \ldots \\ &\ldots + (x - x_1)(x - x_2) \ldots (x - x_{n-1})\, f(x_1\,x_2 \ldots x_n) + \\ &+ (x - x_1)(x - x_2) \ldots (x - x_n)\, f(x\,x_1\,x_2 \ldots x_n). \end{aligned} \tag{5}$$

Daraus folgt unmittelbar: Ist $f(x)$ ein Polynom vom Grad $n - 1$, so muß $f(x\,x_1 \ldots x_n) \equiv 0$ sein für alle x, d. h. *für ein Polynom vom Grad $n - 1$ sind alle n-ten Steigungen gleich Null und umgekehrt.* Man erkennt sofort, daß dann die $n - 1$-ten Steigungen konstant sein müssen, und zwar sind sie gleich dem Koeffizienten a_0 der höchsten Potenz x^{n-1}, also

$$f(x_1\,x_2 \ldots x_n) = a_0. \tag{6}$$

In dem Beispiel am Schluß von Ziffer 3 waren alle dritten Steigungen Null (die zweiten daher konstant), d. h. daß durch die fünf Punkte nicht eine Parabel vierter Ordnung, sondern eine Parabel zweiter Ordnung bestimmt ist.

Für ein Polynom vom Grad $n - 1$ gilt also

$$\boxed{\begin{aligned} f(x) = f(x_1) &+ (x - x_1)\, f(x_1\,x_2) + (x - x_1)(x - x_2)\, f(x_1\,x_2\,x_3) + \ldots \\ &\ldots + (x - x_1)(x - x_2) \ldots (x - x_{n-1})\, f(x_1\,x_2 \ldots x_n). \end{aligned}} \tag{7}$$

Aus

$$0 = f(x\,x_1 \ldots x_n) = \frac{f(x)}{(x - x_1)(x - x_2) \ldots (x - x_n)} +$$

$$+ \frac{f(x_1)}{(x_1 - x)(x_1 - x_2) \ldots (x_1 - x_n)} + \ldots + \frac{f(x_n)}{(x_n - x)(x_n - x_1) \ldots (x_n - x_{n-1})}$$

folgt dann

$$f(x) = f(x_1)\frac{(x-x_2)(x-x_3)\ldots(x-x_n)}{(x_1-x_2)(x_1-x_3)\ldots(x_1-x_n)} + f(x_2)\frac{(x-x_1)(x-x_3)\ldots(x-x_n)}{(x_2-x_1)(x_2-x_3)\ldots(x_2-x_n)} +$$
$$+ \ldots + f(x_n)\frac{(x-x_1)(x-x_2)\ldots(x-x_{n-1})}{(x_n-x_1)(x_n-x_2)\ldots(x_n-x_{n-1})},$$

also wieder die Lagrangesche Interpolationsformel.

Ist $f(x)$ aber kein Polynom vom Grad $n-1$, so kann man (7) als Näherungsformel für $f(x)$ verwenden, wobei eben $f(x)$ durch das auf der rechten Seite stehende Polynom vom Grad $n-1$ approximiert wird, das in den Punkten $x_1, x_2, \ldots, x_n$ dieselben Funktionswerte annimmt wie $f(x)$. Der dabei begangene Fehler ist durch den letzten Summanden von (5) gegeben, der auch hier als *Restglied* bezeichnet wird. (7) heißt die *Newtonsche Interpolationsformel.* Sie steht der Lagrangeschen Formel an Übersichtlichkeit kaum nach, ist aber rechnerisch sehr bequem zu handhaben. Es ist unnütz, sich die Formel (7) vielleicht auswendig zu merken, ich empfehle Ihnen, sich mit dem einfachen Gedankengang des Steigungsschemas vertraut zu machen, alles übrige ergibt sich dann von selbst. Will man nämlich das Polynom $f(x)$ berechnen, so wird man nur das Steigungsschema in der ersten Spalte durch den Wert x oben oder unten ergänzen, die letzte Steigung nochmals oben oder unten anschreiben und dann zurückrechnen. Sie sehen das am besten an einem Beispiel:

Wir nehmen dieselben Werte wie in Ziffer 2 und rechnen vor allem das Steigungsschema

$$\begin{array}{c|ccc} 0 & 1 & & \\ & & -1 & \\ 1 & 0 & & 2; \\ & & 5 & \\ 3 & 10 & & \end{array}$$

durch Einsetzen in die Formel (7) erhält man

$$f(x) = 1 + (x-0)(-1) + (x-0)(x-1)\,2 = 2x^2 - 3x + 1.$$

Wir verzichten aber lieber auf die Formel, ergänzen die Tabelle durch ein oben angefügtes x und schreiben die letzte Steigung 2 nochmals an:

$$\begin{array}{c|ccc} x & y & & \\ & & u & \\ 0 & 1 & & 2 \\ & & -1 & ; \\ 1 & 0 & & 2 \\ & & 5 & \\ 3 & 10 & & \end{array}$$

dabei sind die freien Plätze der nullten und ersten Steigung mit y und u ausgefüllt; y ist natürlich dann nichts anderes als das gesuchte approximierende Polynom. Wir rechnen also von 2 ausgehend zurück, zunächst einmal ganz ausführlich und primitiv

$$\frac{u-(-1)}{x-1} = 2$$

oder

$$u = 2(x-1) - 1 = 2x - 3,$$

und weiter

$$\frac{y-1}{x-0} = u = 2x - 3$$

oder

$$y = (2x-3)\,x + 1 = 2x^2 - 3x + 1.$$

Bei einiger Übung wird man natürlich sofort folgendermaßen rechnen:

$$u = -1 + 2(x-1) = 2x - 3,$$
$$y = 1 + u(x-0) = 2x^2 - 3x + 1.$$

Man kann ebensogut x an die letzte Stelle der ersten Spalte schreiben:

$$\begin{array}{c|ccc} 0 & 1 & & \\ & & -1 & \\ 1 & 0 & & 2 \\ & & 5 & \\ 3 & 10 & & 2 \\ & & u & \\ x & y & & \end{array}$$

$$u = 5 + 2(x-1) = 2x + 3,$$
$$y = 10 + u(x-3) = 2x^2 - 3x + 1.$$

Die Einführung der Buchstaben u und y kann man sich selbstverständlich auch sparen und die Ergebnisse direkt in die freien Plätze eintragen; auf jeden Fall wird man das bei der Berechnung von konstanten Zwischenwerten machen, z. B.

$$\begin{array}{r|llll}
0 & 1 & & \\
 & & -1 & \\
1 & 0 & & 2 \\
 & & 5 & \\
3 & 10 & & 2 \\
 & & 7 & \\
2 & 3 & &
\end{array};$$

es ist $7 = 5 + 2\,(2-1)$, $3 = 10 + 7\,(2-3)$.

Als letztes Beispiel sei der Wert von $x^3 - x$ für $x = 1{\cdot}2$ aus den Werten für $x = -1, 0, 1, 2$ zu berechnen. Ich gebe nur das Schema an

$$\begin{array}{r|lllll}
-1 & 0 & & & \\
 & & 0 & & \\
0 & 0 & & 0 & \\
 & & 0 & & 1 \\
1 & 0 & & 3 & \\
 & & 6 & & 1 \\
2 & 6 & & 4{\cdot}2 & \\
 & & 6{\cdot}84 & & \\
1{\cdot}2 & 0{\cdot}528 & & &
\end{array}.$$

Liegt der Wert x_0, dessen Funktionswert zu interpolieren ist, außerhalb des kleinsten Intervalls $\mathfrak{J}$, das die gegebenen Werte $x_1, x_2, \ldots, x_n$ enthält, so spricht man in der Regel von einer *Extrapolation*. Die Rechnung ist natürlich genau so wie im letzten Beispiel durchzuführen, doch ist zu bemerken, daß die Genauigkeit solcher Extrapolationen, wenn man von der Funktion $f(x)$ nicht mehr kennt als eben die n gegebenen Werte, recht fragwürdig wird, wenn x_0 weit außerhalb von $\mathfrak{J}$ liegt, also z. B. um eine ganze Intervallänge oder mehr oberhalb des größten oder unterhalb des kleinsten Wertes x_i. Weiß man aber, daß $f(x)$ bei n gegebenen Punkten ein Polynom $n-1$-ten Grades ist, so ist natürlich jede noch so weite Extrapolation zulässig und liefert den exakten Wert.

Aber auch bei Interpolationen sind die aus der Newtonschen Formel berechneten Näherungswerte unter Umständen mit Vorsicht zu verwerten. Man bedenke nur, daß die rechte Seite von (5), wenn man das letzte Glied wegläßt, für *alle* Funktionen $\bar{f}(x)$, die nur in den n Punkten x_i mit $f(x)$ übereinstimmen, dieselbe ist und daher auch *dieselben* Näherungswerte für $\bar{f}(x)$ liefert, also etwa an der Stelle x_0 den Näherungswert $f(x_0)$ für $\bar{f}(x_0)$, obwohl $\bar{f}(x_0)$, wenn $x_0 \neq x_i$ ist, völlig beliebig ist.

5. Fehlerabschätzung. Die Taylorsche Formel als Sonderfall der Newtonschen Interpolationsformel. Ich beweise zunächst einen Hilfssatz, der eine einfache Verallgemeinerung des Satzes von ROLLE (§ 12, 11) ist und folgendermaßen lautet: *Ist $f(x)$ n-mal differenzierbar in einem abgeschlossenen Intervall $[a, b]$ und hat $f(x)$ in $[a, b]$ die $n+1$ Nullstellen $x_0, x_1, \ldots, x_n$, so gibt es mindestens eine Stelle ξ im offenen Intervall (a, b), so daß $f^{(n)}(\xi) = 0$ ist.* Ich kann dabei annehmen, daß die Nullstellen $x_0, x_1, \ldots, x_n$ der Größe nach geordnet sind. Nach dem Satz von ROLLE verschwindet $f'(x)$ in jedem Intervall (x_i, x_{i+1}) $(i = 0, 1, \ldots, n-1)$ mindestens einmal, d. h. es gibt mindestens n Stellen ξ_i, $x_i < \xi_i < x_{i+1}$, so daß

$$f'(\xi_i) = 0 \qquad (i = 0, 1, \ldots, n-1)$$

ist. $f''(x)$ verschwindet dann, wieder nach dem Satz von ROLLE, an mindestens $n-1$ Stellen η_i, $\xi_i < \eta_i < \xi_{i+1}$ $(i = 0, 1, \ldots, n-2)$. Dann verschwindet $f'''(x)$ an mindestens $n-2$ Stellen usf. und schließlich $f^{(n)}(x)$ an mindestens einer Stelle ξ, die sicher in (a, b) liegt.

Schreiben wir jetzt die Newtonsche Formel (5) nochmals an, indem wir noch ein weiteres Argument x_0 hinzunehmen:

$$f(x) = \psi(x) + R_n(x),$$

wo

$$\psi(x) = f(x_0) + (x - x_0)\, f(x_0\, x_1) + (x - x_0)\,(x - x_1)\, f(x_0\, x_1\, x_2) + \dots$$
$$\dots + (x - x_0)\,(x - x_1) \dots (x - x_{n-1})\, f(x_0\, x_1 \dots x_n) \tag{8}$$

das Newtonsche Polynom n-ten Grades und

$$R_n(x) = (x - x_0)\,(x - x_1) \dots (x - x_n)\, f(x\, x_0\, x_1 \dots x_n) \tag{9}$$

das Restglied ist; es gibt die Differenz zwischen der Funktion $f(x)$ und dem Newtonschen Polynom $\psi(x)$ an und verschwindet für $x = x_0, x_1, \dots, x_n$. Die Parabel n-ter Ordnung $y = \psi(x)$ geht also durch die $n + 1$ Punkte mit den Koordinaten x_i, $y_i = f(x_i)$, $(i = 0, 1, \dots, n)$, der Kurve $y = f(x)$ hindurch. Das Restglied $R_n(x)$ genügt den Voraussetzungen unseres Hilfssatzes, falls $f(x)$ n-mal differenzierbar ist; es gibt also eine Stelle ξ im Innern des alle Punkte $x_0, x_1, \dots, x_n$ enthaltenden kleinsten Intervalls, so daß

$$R_n^{(n)}(\xi) = f^{(n)}(\xi) - \psi^{(n)}(\xi) = 0$$

ist. Nun ist aber[1]

$$\psi^{(n)}(x) = n!\, f(x_0\, x_1 \dots x_n) = \psi^{(n)}(\xi)$$

von x unabhängig und daher

$$f(x_0\, x_1 \dots x_n) = \frac{1}{n!}\, f^{(n)}(\xi). \tag{10}$$

Wir sind jetzt auch in der Lage, das Restglied (9) abzuschätzen. $f(x\, x_0\, x_1 \dots x_n)$ ist die $n + 1$-te Steigung aus den $n + 2$ Argumenten $x, x_0, x_1, \dots, x_n$; wenn $f(x)$ $n + 1$ mal differenzierbar ist, gilt

$$f(x\, x_0\, x_1 \dots x_n) = \frac{1}{(n+1)!}\, f^{(n+1)}(\eta),$$

wo η jetzt ein Wert im Intervall der $x, x_0, x_1, \dots, x_n$ ist; daher wird

$$\boxed{R_n(x) = (x - x_0)\,(x - x_1) \dots (x - x_n)\, \frac{f^{(n+1)}(\eta)}{(n+1)!}.} \tag{11}$$

Nach der Definition der Steigungen von Ziffer 3 ist

$$\lim_{x_1 \to x_0} f(x_0\, x_1) = f(x_0\, x_0) = f'(x_0),$$

$$\lim_{x_1 \to x_0} f(x_0\, x_1\, x_2) = f(x_0\, x_0\, x_2) = \frac{f'(x_0) - f(x_0\, x_2)}{x_0 - x_2} = \frac{f'(x_0) - \dfrac{f(x_0) - f(x_2)}{x_0 - x_2}}{x_0 - x_2} =$$
$$= \frac{(x_0 - x_2)\, f'(x_0) - f(x_0) + f(x_2)}{(x_0 - x_2)^2}.$$

Für $x_2 \to x_0$ verschwinden hier Zähler und Nenner; nach der Regel von BERNOULLI (§ 20, 1) folgt durch Differentiation von Zähler und Nenner nach x_2

$$\lim_{x_2 \to x_0} \lim_{x_1 \to x_0} f(x_0\, x_1\, x_2) = \lim_{x_2 \to x_0} f(x_0\, x_0\, x_2) = f(x_0\, x_0\, x_0) = \lim_{x_2 \to x_0} \frac{-f'(x_0) + f'(x_2)}{-2\,(x_0 - x_2)} =$$
$$= \frac{1}{2}\, f''(x_0)$$

---

[1] Die n-te Ableitung eines Polynoms n-ten Grades ist eine Konstante, die $n + 1$-te Ableitung also Null. Bei der Berechnung von $\psi^{(n)}$ kommt also nur der letzte Summand von (8) zum Zuge, und von diesem wieder nur der Ausdruck $x^n\, f(x_0\, x_1 \dots x_n)$. Es ist $(x^n)^{(n)} = n!$, $f(x_0\, x_1 \dots x_n)$ ist konstant.

usw. Man nennt die Ausdrücke $f(x_0\,x_0)$, $f(x_0\,x_0\,x_0)$ usw. die *wiederholten Steigungen*. Der Nachweis für den Zusammenhang mit den Ableitungen läßt sich leicht ganz allgemein geben.

Lassen wir nun in (10) alle $x_1, x_2, \ldots, x_n$ gegen x_0 rücken, was wir kurz durch $x_i \to x_0$ andeuten wollen, so muß auch $\xi \to x_0$ gehen und es folgt

$$\lim_{x_i \to x_0} f(x_0\,x_1 \ldots x_n) = f(\underbrace{x_0\,x_0 \ldots x_0}_{n+1}) = \frac{1}{n!} f^{(n)}(x_0)$$

für beliebiges $n = 0, 1, 2, \ldots$. Das Newtonsche Polynom geht also direkt in das Taylorsche Polynom

$$\varphi(x) = f(x_0) + \frac{(x - x_0)}{1!} f'(x_0) + \frac{(x - x_0)^2}{2!} f''(x_0) + \ldots + \frac{(x - x_0)^n}{n!} f^{(n)}(x_0)$$

über. Aus (11) folgt ferner

$$\lim_{x_i \to x_0} R_n(x) = (x - x_0)^{n+1} \frac{f^{(n+1)}(\eta)}{(n+1)!},$$

also die Lagrangesche Form des Restglieds der Taylorschen Reihe. η ist dabei ein Mittelwert $\eta = x_0 + \vartheta(x - x_0)$, $0 < \vartheta < 1$ zwischen x_0 und x. Während aber die Newtonsche Interpolationsformel in der Regel, wie schon ihr Name sagt, zur Interpolation und nur selten zur Extrapolation verwendet wird, ist die Taylorsche Formel ihrem Wesen nach ausschließlich eine Extrapolationsformel. Die Formel (11) dient zur Fehlerabschätzung, wenn man eine willkürliche Funktion $f(x)$ durch ein Newtonsches Polynom vom Grad n ersetzt.

6. **Die verallgemeinerte Interpolationsaufgabe.** Die wiederholten Steigungen haben eine gewisse Bedeutung für das praktische Rechnen. Zunächst läßt sich mit ihrer Hilfe das ganze Interpolationsproblem etwas allgemeiner formulieren, und zwar läuft diese allgemeinere Formulierung auf eine Kombination mit dem Grundproblem der Taylorschen Formel hinaus: Es ist ein Polynom $\psi(x)$ gesucht, das mit einer Funktion $f(x)$ in gewissen Punkten in den Funktionswerten oder den Werten der ersten, zweiten, dritten, ... Ableitung übereinstimmt.

Beispiel: Von einem Polynom $\psi(x)$ ist vorgeschrieben: $\psi(0) = 5$, $\psi(1) = -1$, $\psi(2) = 15$, $\psi'(0) = -7$ und $\psi'(2) = 45$. $\psi(x)$ wird jedenfalls vom vierten Grad sein. Wir bilden das Steigungsschema:

0	**5**				
		—7			
0	**5**		1		
		—6		5	
1	**—1**		11		2
		16		9	
2	**15**		29		
		45			
2	**15**				

Die fett gedruckten Zahlen entsprechen den Angaben, die übrigen sind berechnet. Die vierten Steigungen sind konstant 2. Um $\psi(x)$ zu finden, können wir nach dem Verfahren von Ziffer 4 rechnen, also das Argument x unter die letzte 2 setzen und die vierte Steigung 2 wiederholen; wir erhalten dann der Reihe nach $2x + 9$, $2x^2 + 7x + 20$, $2x^3 + 3x^2 + 6x + 5$ für die dritte, zweite und erste Steigung und schließlich $\psi(x) = 2x^4 - x^3 - 7x + 5$. Wir können aber jetzt auch anders verfahren. Wir ergänzen unser Schema nach oben durch zwei Nullen in der Argumentspalte und komplettieren (die zweite 2 ist dann überflüssig).

0	5				
		—7			
0	5		0		
		—7		—1	
0	5		0		2
		—7		1	
0	5		1		2 .
		—6		5	
1	—1		11		
		16			
2	15				

Die unterstrichenen Zahlen sind der Reihe nach $\psi(0)$, $\psi\,(0)$, $\frac{1}{2}\psi''(0)$, $\frac{1}{6}\psi'''(0)$, $\frac{1}{24}\varphi^{IV}(0)$, also gerade die Koeffizienten des Taylorschen Polynoms an der Stelle 0 und damit die Koeffizienten von $\psi(x)$ selbst, nur in umgekehrter Reihenfolge, d. h. es ist $\psi(x) = 5 - 7x - x^3 + 2x^4$.

Aus den Angaben $\psi(-1) = 15$, $\psi(0) = 5$, $\psi(1) = -1$, $\psi'(0) = -7$, $\psi'(2) = 45$ ist $\psi(x)$ selbstverständlich auch bestimmbar, doch kommt man (da $\psi(2)$ nicht gegeben ist) auf eine Folge linearer Gleichungen mit einer Unbekannten, für die man etwa die letzte konstante Steigung a nehmen kann. Wir bilden so weit als möglich das Steigungsschema und schreiben an die Stellen, die zunächst frei bleiben müssen, irgendwelche Buchstaben:

-1	**15**				
		-10			
0	**5**		3		
		-7		-1	
0	**5**		1		a
		-6		u	
1	**-1**		v		a
		w		p	
2	y		q		
		45			
2	y				

Die fett gedruckten Zahlen sind wieder die Angaben. Wir rechnen $u = -1 + 3a$, $v = 1 + 2u = -1 + 6a$, $w = -6 + 2v = -8 + 12a$, $p = u + 2a = -1 + 5a$, $q = v + 2p = -3 + 16a$ und schließlich $45 = w + q = -11 + 28a$, also $a = 2$, $u = 5$, $v = 11$, $w = 16$ und $y = -1 + w = 15$ wie oben.

7. Die Newtonsche Formel für äquidistante Argumente. Das Differenzenschema. Die Tabellen irgendwelcher Funktionen sind fast immer für äquidistante Werte des Arguments, die also eine arithmetische Folge bilden, angelegt. Aber auch bei der empirischen Ermittlung funktionaler Zusammenhänge wird man womöglich die Argumentwerte stets äquidistant wählen; so wird man, wenn es sich etwa um den zeitlichen Ablauf eines bestimmten Versuches handelt, die Beobachtungen in gleichen Zeitintervallen vornehmen usw. Die Steigungen einer Funktion lassen sich für solche äquidistante Argumente auf die *Differenzen* der Funktion zurückführen. Dabei sind die Differenzen folgendermaßen erklärt: Wir setzen

$$x_i = x_0 + i\,h, \qquad i = 0, \pm 1, \pm 2, \ldots;$$

dann sind die *ersten Differenzen* einer Funktion $y = f(x)$

$$\Delta y_i = y_{i+1} - y_i,$$

wo $y_i = f(x_i)$ gesetzt ist,

die *zweiten Differenzen*

$$\Delta^2 y_i = \Delta y_{i+1} - \Delta y_i = y_{i+2} - 2\,y_{i+1} + y_i$$

und allgemein die *k-ten Differenzen*

$$\Delta^k y_i = \Delta^{k-1} y_{i+1} - \Delta^{k-1} y_i = y_{i+k} - \binom{k}{1} y_{i+k-1} + \binom{k}{2} y_{i+k-2} - + \cdots + (-1)^k y_i.$$

Man berechnet sie ähnlich wie die Steigungen durch das *Differenzenschema*

$$\begin{array}{c|ccccccccc}
x_0 & y_0 & & & & & & & & \\
 & & \Delta y_0 & & & & & & & \\
x_1 & y_1 & & \Delta^2 y_0 & & & & & & \\
 & & \Delta y_1 & & \Delta^3 y_0 & & & & & \\
x_2 & y_2 & & \Delta^2 y_1 & & \Delta^4 y_0; & & & & \\
 & & \Delta y_2 & & \Delta^3 y_1 & & & & & \\
x_3 & y_3 & & \Delta^2 y_2 & & & & & & \\
 & & \Delta y_3 & & & & & & & \\
x_4 & y_4 & & & & & & & &
\end{array} \qquad (12)$$

z. B. ist $\Delta^3 y_1$ die Differenz von $\Delta^2 y_2$ und $\Delta^2 y_1$. Die Aufstellung des Differenzenschemas ist demnach einfacher als die des Steigungsschemas, da die Divisionen entfallen.

Für die Steigungen ergibt sich

$$f(x_0\, x_1) = \frac{y_1 - y_0}{x_1 - x_0} = \frac{1}{h}\,\Delta y_0,$$

$$f(x_0\, x_1\, x_2) = \frac{\frac{\Delta y_1}{h} - \frac{\Delta y_0}{h}}{x_2 - x_0} = \frac{1}{2\,h^2}\,\Delta^2 y_0,$$

$$f(x_0\, x_1\, x_2\, x_3) = \frac{\frac{\Delta^2 y_1}{2\,h^2} - \frac{\Delta^2 y_0}{2\,h^2}}{x_3 - x_0} = \frac{1}{3!\,h^3}\,\Delta^3 y_0$$

usw. Aus (8) und (9) wird also

$$\boxed{\begin{aligned} y = f(x) &= y_0 + (x - x_0)\,\frac{\Delta y_0}{h} + (x - x_0)(x - x_1)\,\frac{\Delta^2 y_0}{2\,h^2} + \\ &+ (x - x_0)(x - x_1)(x - x_2)\,\frac{\Delta^3 y_0}{3!\,h^3} + \ldots \\ &\ldots + (x - x_0)(x - x_1)\ldots(x - x_{n-1})\,\frac{\Delta^n y_0}{n!\,h^n} + R_n. \end{aligned}} \qquad (13)$$

Aus (13) und (9) folgt für ein Polynom $f(x)$ vom Grad n

$$\Delta^n y_0 = n!\,h^n\,a_0, \qquad \Delta^{n+1} y_0 = 0. \qquad (14)$$

Setzt man

$$x = x_0 + z\,h, \qquad h = \frac{x - x_0}{z},$$

so folgt

$$y = y_0 + z\,\Delta y_0 + \frac{z\,(z-1)}{2!}\,\Delta^2 y_0 + \frac{z\,(z-1)\,(z-2)}{3!}\,\Delta^3 y_0 + \ldots \qquad (15)$$

oder

$$y = y_0 + \binom{z}{1}\Delta y_0 + \binom{z}{2}\Delta^2 y_0 + \binom{z}{3}\Delta^3 y_0 + \ldots + \binom{z}{n}\Delta^n y_0 + R_n \qquad (16)$$

oder schließlich in leichtverständlicher Symbolik

$$\boxed{y = (1 + \Delta)^z\, y_0.} \qquad (17)$$

Dabei ist nach (11)

$$R_n = \binom{z}{n+1} f^{(n+1)}(\eta). \qquad (18)$$

Die Formel (15) läßt sich in eine andere, für die Rechnung mitunter recht bequeme Gestalt bringen:

$$y = y_0 + z\left\{\Delta y_0 + \frac{z-1}{2}\left[\Delta^2 y_0 + \frac{z-2}{3}\,(\Delta^3 y_0 + \ldots)\right]\right\}.$$

Das durch diese Schreibweise angedeutete Verfahren wird auch als Verfahren der „*korrigierten Differenzen*" bezeichnet, indem jede Klammer zusammen mit dem davor stehenden Faktor als Korrektur der vorausgehenden Differenz angesehen wird.

Beispiel: Es sei der Wert von $x^3 - x$ für $x = 1{\cdot}2$ aus den Werten für $x = -1, 0, 1, 2$ zu berechnen (vgl. Ziffer 4, letztes Beispiel). Wir bilden das Differenzenschema

$$\begin{array}{r|llll} -1 & 0 & & & \\ & & 0 & & \\ 0 & 0 & & 0 & \\ & & 0 & & 6, \\ 1 & 0 & & 6 & \\ & & 6 & & \\ 2 & 6 & & & \end{array}$$

finden wegen $h = 1$, $x_0 = -1$, $z = 2{\cdot}2$

$$f(1{\cdot}2) = 0 + 2{\cdot}2\left\{0 + \frac{1{\cdot}2}{2}\left[0 + \frac{0{\cdot}2}{3}\,6\right]\right\}$$

und rechnen die Klammern von innen nach außen: $0{\cdot}4$, $0{\cdot}24$, $\underline{0{\cdot}528}$.

Aufgaben.

1. Ein Polynom 4. Grades zu bestimmen, das für $x = 0, 1, 3, 5, 8$ die Werte 6, 5, 141, 1181, 8006 annimmt.
2. Aus den untenstehend angegebenen Werten von sh x ist sh 3·013 zu berechnen.

x	sh x
3·00	10·0179
3·01	1191
3·02	2212
3·03	3245
3·04	4287
3·05	5340

3. Den Wert von $\frac{1}{11377}$ aus $\frac{1}{112} = 0{\cdot}00892857$, $\frac{1}{113} = 0{\cdot}00884956$ und $\frac{1}{114} = 0{\cdot}00877193$ zu berechnen. Fehler?
4. Aus den untenstehend angegebenen Werten von sin x ist sin 53° 7′ 48·4″ zu berechnen. Fehler?

x	sin x
52°	0·7880108
53°	0·7986355
54°	0·8090170
55°	0·8191520

5. Die beiden zwischen 1 und 2 gelegenen Wurzeln von $x^3 - 7x + 7 = 0$ durch quadratische Interpolation zu approximieren.

§ 31. Algebraische Gleichungen.

1. Allgemeines. Ich werde mich in diesem Abschnitt vor allem auf die praktisch brauchbaren Methoden zur Auflösung algebraischer Gleichungen

$$a_0 x^n + a_1 x^{n-1} + a_2 x^{n-2} + \ldots + a_n = 0$$

beschränken, obwohl die Untersuchung dieser Gleichungen seit jeher das Interesse der Mathematiker auf sich gezogen hat und der Ausgangspunkt einer weit entwickelten Theorie geworden ist. In den physikalischen Anwendungen hat aber diese Theorie bis heute keine Rolle gespielt. Es ist für unsere Zwecke daher vor allem wichtig, numerisch brauchbare Methoden zur Berechnung der Wurzeln einer algebraischen Gleichung kennenzulernen.

Zunächst einige Bemerkungen über die allgemeine, oben angeschriebene Gleichung! Ich nehme selbstverständlich an, daß $a_0 \neq 0$ ist, dann ist die Gleichung vom n-ten Grad; wir können durch a_0 dividieren und erhalten

$$x^n + b_1 x^{n-1} + b_2 x^{n-2} + \ldots + b_n = 0,$$

wo $b_i = \frac{a_i}{a_0}$ $(i = 1, 2, \ldots, n)$ gesetzt ist. Die Substitution

$$x = y - \frac{b_1}{n},$$

die sehr bequem mittels des Hornerschen Verfahrens durchgeführt wird, bringt die Gleichung auf die *reduzierte Form*

$$y^n + c_2 y^{n-2} + c_3 y^{n-3} + \ldots + c_n = 0$$

(§ 29, 5). Ich erwähne, daß diese Transformation ein Sonderfall einer allgemeineren ist, die als *Tschirnhaus-Transformation*[1] bezeichnet wird und die es gestattet, noch ein weiteres Glied der Gleichung wegzuschaffen. Auf nähere Angaben über diese Transformation, deren rechnerische Durchführung im allgemeinen

---

[1] Ehrenfried Walter Graf von Tschirnhaus, Mathematiker, Physiker und Philosoph, geb. 1651 in der Nähe von Görlitz, gest. 1708 in Dresden.

recht verwickelt ist, muß ich hier verzichten, aber auf eine wichtige Folgerung möchte ich doch hinweisen. Es ist nämlich sowohl die kubische Gleichung als auch die Gleichung vierten Grades (biquadratische Gleichung) auf einfache, vollständig lösbare Gleichungen zurückführbar. Die Tschirnhaus-Transformation ermöglicht es, eine kubische Gleichung

$$x^3 + b_1 x^2 + b_2 x + b_3 = 0$$

in die Gestalt

$$z^3 + A = 0 \tag{1}$$

und die Gleichung vierten Grades

$$x^4 + b_1 x^3 + b_2 x^2 + b_3 x + b_4 = 0$$

in die Gestalt

$$z^4 + A z^2 + B = 0 \tag{2}$$

zu bringen. Beide Gleichungen (1) und (2) sind algebraisch auflösbar, d. h. ihre Wurzeln sind durch die Koeffizienten der Gleichung mit Hilfe von endlich vielen Wurzelzeichen darstellbar. Die Bemühungen um entsprechende Lösungen der Gleichungen höheren Grades scheiterten, bis ABEL[1] 1826 zeigte, daß die *allgemeine* Gleichung von höherem als viertem Grad überhaupt nicht algebraisch auflösbar ist. Damit ist natürlich nicht gesagt, daß eine Gleichung etwa vom 5. Grad keine Wurzeln hat, aber sie sind im allgemeinen nicht durch Wurzelzeichen darstellbar.

2. Die reine Gleichung und die Kreisteilung. Unmittelbar algebraisch auflösbar ist jede Gleichung der Form

$$x^n = a, \tag{3}$$

die als *reine Gleichung* n-ten Grades bezeichnet wird, nämlich

$$x = \sqrt[n]{a}.$$

Die nach dem Fundamentalsatz der Algebra (§ 29, 2) vorhandenen n Wurzeln ergeben sich leicht mit Hilfe der Moivreschen Formel (§ 28, 3). Setzen wir

$$x = r(\cos\varphi + j\sin\varphi)$$

und

$$a = |a|(\cos\alpha + j\sin\alpha) = |a|[\cos(\alpha + 2k\pi) + j\sin(\alpha + 2k\pi)],$$

so wird

$$r = |x| = \sqrt[n]{|a|}$$

und

$$\varphi_k = \frac{\alpha + 2k\pi}{n}, \qquad k = 0, 1, 2, \ldots.$$

Wir bekommen sämtliche n-Wurzeln

$$x_k = r(\cos\varphi_k + j\sin\varphi_k),$$

wenn wir k der Reihe nach die Werte $0, 1, \ldots, n-1$ erteilen, da z. B. $\varphi_n = \frac{\alpha}{n} + 2\pi$ und daher

$$x_n = r(\cos\varphi_0 + j\sin\varphi_0) = x_0,$$

[1] NILS HENRIK ABEL, geb. 1802 in Findö (Norwegen), gest. 1829 in Oslo als Dozent der Universität. Bedeutende Arbeiten zur Gleichungstheorie, über elliptische und algebraische Funktionen.

allgemein also $x_{n+k} = x_k$ wird. In der Gaußschen Zahlenebene liegen die Wurzeln x_k auf einem Kreis vom Radius $r = \sqrt[n]{|a|}$ und bilden die Ecken eines regelmäßigen n-Ecks. Ist a reell, so hat die Gleichung sicher eine reelle Wurzel, wenn n ungerade ist (§ 29, 3); ist n gerade, so hat die Gleichung zwei oder keine reellen Wurzeln, je nachdem $a > 0$ oder $a < 0$ ist.

Als *Kreisteilungsgleichung* bezeichnet man den Fall $a = 1$, also eine Gleichung:

$$\xi^n = 1, \tag{4}$$

deren Wurzeln

$$\xi_k = \cos\frac{2k\pi}{n} + j\sin\frac{2k\pi}{n} \tag{5}$$

in der Gaußschen Zahlenebene auf dem Einheitskreis liegen und die Ecken eines regelmäßigen n-Ecks bilden. Eine Ecke ist der Punkt $\xi_0 = 1$. Der Name Kreisteilungsgleichung (der eigentlich zu Unrecht dem Sonderfall $a = 1$ vorbehalten ist), kommt eben aus dieser Lage der Wurzeln in der Zahlenebene, sie teilen den Umfang des Kreises in n gleiche Teile.

Die Wurzeln ξ_k der Gleichung (4) heißen *n-te Einheitswurzeln*, und zwar insbesondere *primitive* n-te Einheitswurzeln, wenn sie nicht schon Wurzeln einer Gleichung niedrigeren Grades sind.

So sind z. B. für $n = 12$, ξ_1, ξ_5, ξ_7 und ξ_{11} primitive Einheitswurzeln, während ξ_2 und ξ_{10} primitive sechste, ξ_3 und ξ_9 primitive vierte, ξ_4 und ξ_8 primitive dritte Einheitswurzeln sind. $\xi_6 = -1$ ist primitive zweite Einheitswurzel.

Ist ξ eine beliebige primitive n-te Einheitswurzel, so sind alle n-ten Einheitswurzeln durch die Potenzen

$$\xi^0, \xi^1, \xi^2, \ldots, \xi^{n-1} \tag{6}$$

dargestellt. Das folgt sofort aus dem Satz von Moivre und aus der Relation $\xi_{n+k} = \xi_k$. Aus einer nichtprimitiven n-ten Einheitswurzel kann man aber durch Potenzieren nie alle n-ten Einheitswurzeln erhalten. Ist n Primzahl, so sind alle n-ten Einheitswurzeln (mit Ausnahme von $\xi_0 = 1$) zugleich primitive n-te Einheitswurzeln.

So bekommen wir für $n = 12$ durch Potenzieren von $\xi = \xi_2 = \cos\frac{\pi}{3} + j\sin\frac{\pi}{3} = \frac{1}{2} + j\frac{1}{2}\sqrt{3}$ der Reihe nach $\xi^2 = \xi_4 = -\frac{1}{2} + j\frac{1}{2}\sqrt{3}$, $\xi^3 = \xi_6 = -1$, $\xi^4 = \xi_8 = -\frac{1}{2} - j\frac{1}{2}\sqrt{3}$, $\xi^5 = \xi_{10} = \frac{1}{2} - j\frac{1}{2}\sqrt{3}$ und $\xi^6 = \xi_0 = 1$, während $\xi^7 = \xi$ wird, wir also auf dem Sechseck bleiben und nie eine der anderen Ecken des Zwölfecks erreichen.

Ist also ξ_1 die erste primitive n-te Einheitswurzel, so sind die Wurzeln der Gleichung (3)

$$x_k = x_0\,\xi_1^{\,k}, \quad k = 0, 1, \ldots, n-1. \tag{7}$$

Die Reihenfolge in (6) ist im allgemeinen nicht dieselbe wie in (5), sondern eine Permutation davon. Dagegen ist sicher für $\xi = \xi_1$

$$\xi_k = \xi_1^{\,k}$$

(ξ_1 ist immer primitive Einheitswurzel!).

3. **Die kubische Gleichung.** Ich gehe gleich von der reduzierten Form

$$y^3 + p\,y + q = 0$$

aus, zerlege y in eine Summe

$$y = u + v \tag{8}$$

und erhalte

$$u^3 + 3u^2 v + 3uv^2 + v^3 + p(u+v) + q = 0$$

oder

$$u^3 + v^3 + q + (3uv + p)(u+v) = 0.$$

Ich verfüge nun über u und v so, daß neben (8) auch noch

$$3uv + p = 0 \tag{9}$$

wird. Dann bleibt

$$u^3 + v^3 = -q. \tag{10}$$

Die Gleichung

$$t^2 + qt - \frac{p^3}{27} = 0, \tag{11}$$

die als quadratische *Resolvente* der gegebenen kubischen Gleichung bezeichnet wird, hat dann die Wurzeln

$$t_1 = u^3, \quad t_2 = v^3, \tag{12}$$

denn es ist ja nach (10)

$$t_1 + t_2 = -q = u^3 + v^3$$

und nach (9)

$$t_1 t_2 = -\frac{p^3}{27} = u^3 v^3.$$

Aus (11) folgt

$$t_1 = -\frac{q}{2} + \sqrt{\frac{q^2}{4} + \frac{p^3}{27}}, \quad t_2 = -\frac{q}{2} - \sqrt{\frac{q^2}{4} + \frac{p^3}{27}}$$

und daher ist wegen (12) und (8)

$$y = u + v = \sqrt[3]{-\frac{q}{2} + \sqrt{\frac{q^2}{4} + \frac{p^3}{27}}} + \sqrt[3]{-\frac{q}{2} - \sqrt{\frac{q^2}{4} + \frac{p^3}{27}}}. \tag{13}$$

(13) heißt *Cardanische Formel*[1]. Dabei ist u irgendeine der drei Wurzeln der reinen Gleichung $u^3 = t_1$, während v nicht mehr willkürlich ist, sondern gemäß (9), d. h.

$$v = -\frac{p}{3u},$$

bestimmt ist. Sind also u und v zwei zusammengehörige Wurzeln der Gleichungen (9) und (10), so sind die Wurzeln der gegebenen Gleichung

$$y_1 = u + v, \quad y_2 = u\xi + v\xi^2, \quad y_3 = u\xi^2 + v\xi,$$

wo ξ eine dritte Einheitswurzel ist. Nach (7) sind ja $u_1 = u$, $u_2 = u\xi$, $u_3 = u\xi^2$ die Wurzeln der ersten Gleichung (12) und gemäß (9) $v_1 = v = -\frac{p}{3u}$, $v_2 = -\frac{p}{3u_2} = -\frac{p}{3u\xi} = \frac{v}{\xi} = v\xi^2$, $v_3 = -\frac{p}{3u_3} = -\frac{p}{3u\xi^2} = \frac{v}{\xi^2} = v\xi$ die zugehörigen Wurzeln der zweiten Gleichung (12).

Sind p und q reell, so hängt die Realität der Wurzeln y_i wesentlich von dem Ausdruck

$$D = \frac{q^2}{4} + \frac{p^3}{27}$$

ab; D ist die Diskriminante der quadratischen Resolvente und wird auch als *Diskriminante* der kubischen Gleichung $y^3 + py + q = 0$ bezeichnet. Ist $D > 0$,

[1] Nach Geronimo Cardano (Hieronymus Cardanus), italienischer Philosoph, Mathematiker und Arzt, geb. Pavia 1501, gest. Rom 1576.

so sind t_1 und t_2 reell und (12) gibt zwei reelle Lösungen u, v. Es wird also y_1 reell, y_2 und y_3 konjugiert imaginär. Ist $D < 0$, so werden t_1 und t_2 imaginär, aber alle drei Wurzeln y_k sind reell, wenn sie auch in (13) zunächst in imaginärer Form erscheinen. Man bezeichnet diesen recht merkwürdigen Fall nach einer alten und heute nicht mehr ganz berechtigten Gewohnheit als „casus irreducibilis", was mit der modernen Bedeutung des Wortes irreduzibel nichts zu tun hat[1]. Ist schließlich $D = 0$, so hat die gegebene Gleichung eine Doppelwurzel.

Die Verwendung der Cardanischen Formel ist also nur im Fall $D \geqq 0$ zweckmäßig, während im Fall $D < 0$ ein anderes Verfahren vorzuziehen ist, das Winkelfunktionen benützt und mit einem erträglichen Rechenaufwand die Lösung liefert. Ich setze $\left(\sqrt{-D} > 0\right)$

$$u^3 = -\frac{q}{2} + \sqrt{D} = -\frac{q}{2} + j\sqrt{-D} = r(\cos\varphi + j\sin\varphi);$$

es ist also

$$r^2 = \frac{q^2}{4} - D = -\frac{p^3}{27}, \qquad r\cos\varphi = -\frac{q}{2}$$

und daher

$$r = \sqrt{-\frac{p^3}{27}} \qquad \text{und} \qquad \cos\varphi = -\frac{\frac{q}{2}}{\sqrt{-\frac{p^3}{27}}}. \tag{14}$$

Daraus ergeben sich zunächst zwei Werte für φ, aber wegen $\sqrt{-D} > 0$ muß $r\sin\varphi = \sqrt{-D} > 0$, also $0 < \varphi < \pi$ sein. Es folgt für $k = 0, 1, 2$

$$u_{k+1} = \sqrt[3]{r}\left(\cos\frac{\varphi + 2k\pi}{3} + j\sin\frac{\varphi + 2k\pi}{3}\right)$$

und wegen $u_{k+1}v_{k+1} = -\frac{p}{3}$

$$v_{k+1} = \sqrt[3]{r}\left(\cos\frac{\varphi + 2k\pi}{3} - j\sin\frac{\varphi + 2k\pi}{3}\right),$$

also

$$y_{k+1} = u_{k+1} + v_{k+1} = 2\sqrt[3]{r}\cos\frac{\varphi + 2k\pi}{3},$$

oder ausführlicher

$$\left.\begin{aligned} y_1 &= 2\sqrt{-\frac{p}{3}}\cos\frac{\varphi}{3}, \\ y_2 &= 2\sqrt{-\frac{p}{3}}\cos\frac{\varphi + 2\pi}{3}, \\ y_3 &= 2\sqrt{-\frac{p}{3}}\cos\frac{\varphi + 4\pi}{3}. \end{aligned}\right\} \tag{15}$$

Diese Formeln sind für die logarithmische Berechnung der Wurzeln besonders geeignet.

---

[1] Eine Gleichung $f(x) = 0$ mit rationalen Koeffizienten heißt irreduzibel (im Bereich der rationalen Zahlen), wenn sich $f(x)$ nicht in ein Produkt von zwei nicht konstanten Faktoren mit ebenfalls rationalen Koeffizienten zerlegen läßt. So ist z. B.

$$x^4 - 1 = (x^2 - 1)(x^2 + 1) \text{ reduzibel},$$

$$x^4 + 1 = (x^2 - \sqrt{2}\,x + 1)(x^2 + \sqrt{2}\,x + 1) \text{ irreduzibel}.$$

Beispiele:

1. $x^3 - 2x + 4 = 0; \quad D = 4 - \frac{8}{27} > 0.$

$x = u + v, \; u^3 + v^3 = -4, \; u^3 v^3 = \frac{8}{27}$. Die quadratische Resolvente ist

$$t^2 + 4t + \frac{8}{27} = 0$$

und hat die Wurzeln

$$t = -2 \pm \sqrt{4 - \frac{8}{27}} = -2 \pm \frac{10}{3\sqrt{3}},$$

also

$$u^3 = -2 + \frac{10}{3\sqrt{3}}, \qquad v^3 = -2 - \frac{10}{3\sqrt{3}},$$

und

$$u = -1 + \frac{1}{\sqrt{3}}, \qquad v = -1 - \frac{1}{\sqrt{3}},$$

$x_1 = -2$, die beiden imaginären Wurzeln sind $x_2 = 1 + j$, $x_3 = 1 - j$.

2. $x^3 - 7x + 6 = 0, \quad D = 9 - \left(\frac{7}{3}\right)^3 < 0.$

Es wird $\cos\varphi = -\sqrt{\frac{3^5}{7^3}}$, $\log\cos(\pi - \varphi) = \frac{5}{2}\log 3 - \frac{3}{2}\log 7 = 0{\cdot}92515 - 1,$

$$\pi - \varphi = 32^\circ\, 40'\, 52'', \quad \varphi = 147^\circ\, 19'\, 8'', \quad \frac{\varphi}{3} = 49^\circ\, 6'\, 23''.$$

$$\log 2\sqrt{-\frac{p}{3}} = 0{\cdot}48502,$$

$\log\cos 49^\circ\, 6'\, 23'' = 0{\cdot}81601 - 1,$	$\log x_1 = 0{\cdot}30103,$	$x_1 = 2,$
$\log(-\cos 169^\circ\, 6'\, 23'') = 0{\cdot}99210 - 1,$	$\log(-x_2) = 0{\cdot}47712,$	$x_2 = -3,$
$\log\cos 289^\circ\, 6'\, 23'' = 0{\cdot}51498 - 1,$	$\log x_3 = 0{\cdot}00000$	$x_3 = 1.$

4. **Die biquadratische Gleichung.** Die Gleichung sei auf die reduzierte Form (Ziffer 1) gebracht:

$$y^4 + a y^2 + b y + c = 0. \tag{16}$$

Ich setze $y = \frac{1}{2}(u + v + w)$ und bestimme u, v, w so, daß

$$u^2 + v^2 + w^2 = -2a, \quad u v w = -b$$

wird. Dann folgt aus (16) noch

$$v^2 w^2 + w^2 u^2 + u^2 v^2 = a^2 - 4c$$

und u^2, v^2, w^2 sind Wurzeln der *kubischen Resolvente*

$$t^3 + 2a t^2 + (a^2 - 4c)t - b^2 = 0. \tag{17}$$

Löst man diese nach der in Ziffer 3 beschriebenen Methode auf und sind t_1, t_2 und t_3 ihre Wurzeln, so wird $u = \sqrt{t_1}$, $v = \sqrt{t_2}$, $w = \sqrt{t_3}$. Dabei sind aber die Vorzeichen nicht willkürlich wählbar, sondern an die Bedingung $u v w = -b$ geknüpft, so daß durch die Wahl der Vorzeichen von zwei Werten das des dritten bestimmt ist. Sind u, v, w drei dieser Bedingung genügende Werte, so sind

$$y_1 = \frac{1}{2}(u + v + w), \quad y_2 = \frac{1}{2}(u - v - w), \quad y_3 = \frac{1}{2}(-u + v - w),$$

$$y_4 = \frac{1}{2}(-u - v + w)$$

die Wurzeln von (16). Auf eine Diskussion der verschiedenen möglichen Fälle, die im wesentlichen wieder durch die Diskriminante (abgesehen von einem Zahlenfaktor)

$$D = 16\, a^4 c - 4\, a^3 b^2 - 128\, a^2 c^2 + 144\, a\, b^2 c + 256\, c^3 - 27\, b^4$$

von (16), die zugleich die Diskriminante der kubischen Resolvente (17) ist, bestimmt sind, will ich mich hier nicht einlassen. Das angedeutete Verfahren zur Auflösung der biquadratischen Gleichung ist rechnerisch recht kompliziert, so daß es, von Sonderfällen abgesehen, zweckmäßiger ist, sich eines der in § 32 beschriebenen numerischen Verfahren zu bedienen, die es gestatten, die Wurzeln einer vorgelegten Gleichung mit beliebiger Genauigkeit zu bestimmen.

5. **Reziproke Gleichungen.** Man versteht darunter Gleichungen

$$f(x) = a_0 x^n + a_1 x^{n-1} + \dots + a_{n-1} x + a_n = \sum_{i=0}^{n} a_i x^{n-i} = 0 \qquad (18)$$

mit der Eigenschaft, daß zugleich mit $x \neq 0$ stets auch $\frac{1}{x}$ eine Wurzel ist. Es muß also

$$x^n f\left(\frac{1}{x}\right) = a_n x^n + a_{n-1} x^{n-1} + \dots + a_1 x + a_0 = \sum_{i=0}^{n} a_i x^i = \sum_{i=0}^{n} a_{n-i} x^{n-i} = 0$$

mit (18) übereinstimmen, d. h. es muß

$$a_i = \lambda\, a_{n-i}$$

sein; ersetzt man i durch $n - i$, so folgt

$$a_{n-i} = \lambda\, a_i$$

und daher durch Elimination von a_{n-i}

$$a_i = \lambda^2 a_i,$$

also $\lambda = \pm 1$. Im ersten Fall ist

$$a_i = a_{n-i}$$

(*reziproke Gleichung erster Art*), im zweiten

$$a_i = -a_{n-i}$$

(*reziproke Gleichung zweiter Art*). Bei allen reziproken Gleichungen spielen die zu sich selbst reziproken Wurzeln ± 1 eine besondere Rolle. Bei ungeradem n haben die Gleichungen erster Art stets mindestens eine Wurzel -1, die Gleichungen zweiter Art stets mindestens eine Wurzel $+1$. Ist $n = 2p$ gerade, so gilt bei den Gleichungen zweiter Art für den mittleren Koeffizienten

$$a_p = -a_p = 0$$

und die Gleichung ist durch $x^2 - 1$ teilbar.

Nach Division durch sämtliche vorhandene Faktoren $x \pm 1$ hat die Gleichung stets die Gestalt

$$b_0 x^{2k} + b_1 x^{2k-1} + \dots + b_{k-1} x^{k+1} + b_k x^k + b_{k-1} x^{k-1} + \dots + b_1 x + b_0 = 0$$

und ist also von erster Art. Dividiert man durch x^k und setzt man

$$x + \frac{1}{x} = z, \quad x^2 + \frac{1}{x^2} = z^2 - 2 \;\text{ usw.},$$

so erhält man eine Gleichung $g(z) = 0$ vom Grad $k \leqq \frac{n}{2}$ und aus jeder Wurzel z von $g(z) = 0$ zwei Wurzeln von (18) aus der Gleichung $x^2 - z_i\, x + 1 = 0$.

Beispiel: $6x^7 + 11x^6 - 39x^5 - 44x^4 + 44x^3 + 39x^2 - 11x - 6 = 0.$
Division durch $(x-1)(x+1)^2$ (am besten nach HORNER, § 29, 5) gibt die Wurzeln $x_1 = 1$, $x_2 = x_3 = -1$ und

$$6x^4 + 5x^3 - 38x^2 + 5x + 6 = 0,$$

oder nach Division durch x^2

$$6\left(x^2 + \frac{1}{x^2}\right) + 5\left(x + \frac{1}{x}\right) - 38 = 0.$$

Setzen wir $x + \frac{1}{x} = z$, so wird $x^2 + \frac{1}{x^2} = z^2 - 2$ und

$$6z^2 + 5z - 50 = 0.$$

Diese Gleichung hat die Wurzeln $z = -\frac{10}{3}$ und $\frac{5}{2}$, also gilt für die restlichen 4 Wurzeln der gegebenen Gleichung

$$x^2 + \frac{10}{3}x + 1 = 0, \quad x^2 - \frac{5}{2}x + 1 = 0$$

und

$$x_4 = -3, \quad x_5 = -\frac{1}{3}, \quad x_6 = 2, \quad x_7 = \frac{1}{2}.$$

Ein ähnliches Verhalten zeigen Gleichungen, die mit x stets auch die Wurzel $-\frac{1}{x}$ haben. Für sie gilt neben (18) auch

$$x^n f\left(-\frac{1}{x}\right) = \sum_{i=0}^{n} (-1)^{n-i} a_i x^i = \sum_{i=0}^{n} (-1)^i a_{n-i} x^{n-i} = 0$$

und daher

$$a_i = \lambda (-1)^i a_{n-i};$$

ersetzt man i durch $n-i$, so folgt

$$a_{n-i} = \lambda (-1)^{n-i} a_i$$

und weiter durch Elimination von a_{n-i}

$$a_i = \lambda^2 (-1)^n a_i.$$

Es muß also $n = 2p$ *gerade* und $\lambda = \pm 1$, daher entweder

$$a_i = (-1)^i a_{n-i}$$

oder

$$a_i = (-1)^{i+1} a_{n-i}$$

sein. Für den mittleren Koeffizienten ist im ersten Fall

$$a_p = (-1)^p a_p,$$

d. h. es ist $a_p = 0$, wenn p ungerade ist, und im zweiten Fall

$$a_p = (-1)^{p+1} a_p,$$

d. h. es ist $a_p = 0$, wenn p gerade ist. Auf jeden Fall ist die Gleichung, wenn der mittlere Koeffizient verschwindet, durch $x^2 + 1$ teilbar. Ist der mittlere Koeffizient nicht Null, so setzt man

$$x - \frac{1}{x} = z, \quad x^2 + \frac{1}{x^2} = z^2 + 2 \text{ usw.}$$

und erhält für z eine Gleichung, deren Grad sicher nicht größer als $\frac{n}{2}$ ist und aus jeder Wurzel z_i dieser Gleichung zwei Wurzeln der ursprünglichen Gleichung aus

$$x^2 - z_i x - 1 = 0.$$

Aufgaben.

Die folgenden Gleichungen sind aufzulösen:

1. $x^3 - 21x + 20 = 0$;
2. $x^3 - 18x - 35 = 0$;
3. $x^3 - 26x + 60 = 0$;
4. $x^3 - 21x - 24 = 0$;
5. $6(x^5 + x^3 - x^2 - 1) = 13x(x^3 - 1)$;
6. $6x^5 - 13x^4 + 6x^3 - 6x^2 + 13x - 6 = 0$;
7. $63x^4 - 48x^3 - 446x^2 + 48x + 63 = 0$;
8. $6x^6 - 25x^5 + 18x^4 + 18x^2 + 25x + 6 = 0$.

§ 32. Numerische Auflösung algebraischer Gleichungen.

1. Vorbemerkungen. Unter numerischer Auflösung versteht man die Verwendung von Näherungsmethoden, die die Berechnung irgendwelcher Unbekannten aus numerisch gegebenen Gleichungen mit beliebiger Genauigkeit gestatten. Im folgenden will ich Ihnen einige spezielle Methoden zur Auflösung algebraischer Gleichungen angeben, die, von Sonderfällen — z. B. den linearen und quadratischen — abgesehen, einfacher zum Ziele führen als irgendwelche algebraische Methoden, aber naturgemäß auf solche Gleichungen beschränkt sind, deren Koeffizienten numerisch, d. h. zahlenmäßig, gegeben sind. Ich werde mich dabei auf die allerwichtigsten und einfachsten Regeln beschränken.

Wir haben in § 8, 11, § 11, 6 und § 12, 13 Verfahren kennengelernt, nämlich die Regula falsi, das Verfahren von Newton und das Iterationsverfahren, die es gestatten, eine Wurzel einer beliebigen, nicht notwendig algebraischen Gleichung zu berechnen, wenn ein Näherungswert für diese Wurzel bereits irgendwoher bekannt ist. Es wird sich also hier besonders darum handeln, Näherungswerte für die Wurzeln einer algebraischen Gleichung zu ermitteln. Dabei ist noch hervorzuheben, daß diese Verfahren nur auf die reellen Wurzeln einer Gleichung anwendbar sind. Ein seiner Natur nach gänzlich anderes Verfahren, das auch die imaginären Wurzeln liefert, werden Sie in Ziffer 5 kennenlernen. Über die Zahl der reellen Wurzeln gibt die Cartesische Zeichenregel (Ziffer 2) einen gewissen Aufschluß. Eine exakte Bestimmung der Zahl der reellen Wurzeln ist auf Grund eines von Sturm entwickelten Verfahrens möglich, doch ist dieses Verfahren rechnerisch ziemlich kompliziert, so daß der Arbeitsaufwand kaum in einer vernünftigen Relation zu der gewonnenen Erkenntnis steht. Wichtiger ist die Ermittlung eines Intervalls, in dem alle Wurzeln der gegebenen Gleichung liegen (Ziffer 3). Hat man dieses Intervall bestimmt, so gelingt es in der Regel auf höchst einfache Art, eine vollständige Trennung der Wurzeln herbeizuführen (Ziffer 4). Damit ist die Angabe von Intervallen gemeint, die jedes nur eine einzige reelle Wurzel enthalten. Die Grenzen dieser Intervalle sind aber dann schon brauchbare Näherungswerte für die Wurzeln selbst, so daß man durch Anwendung der schon erwähnten Näherungsverfahren die Wurzeln mit beliebiger Genauigkeit berechnen kann (Approximation der Wurzeln). Sind die Koeffizienten selbst schon mit gewissen Fehlern behaftet, so hat es natürlich keinen Sinn, die Wurzeln mit größerer als der durch die Koeffizienten gegebenen Genauigkeit zu approximieren.

Ich erwähne gleich einige Regeln, die sich aus den allgemeinen Sätzen über stetige und stetig differenzierbare Funktionen ergeben. Die vorgelegte Gleichung sei

$$f(x) = a_0 x^n + a_1 x^{n-1} + \dots + a_{n-1} x + a_n = 0.$$

Satz 1: *Die Gleichung $f(x) = 0$ hat im Intervall (a, b) eine gerade (einschließlich Null) oder ungerade Anzahl von (mit ihrer Vielfachheit zu zählenden) reellen Wurzeln, je nachdem $f(a)$ und $f(b)$ gleiches oder verschiedenes Vorzeichen haben, also je nachdem $f(a)\,f(b) > 0$ oder $f(a)\,f(b) < 0$ ist.*

Satz 2: *Ist der Grad n von $f(x)$ ungerade, so hat $f(x)$ stets eine ungerade Anzahl von reellen Wurzeln, also sicher mindestens eine* (§ 29, 3).

Satz 3: *Haben a_0 und a_n verschiedenes Vorzeichen, ist also $a_0 a_n < 0$, so hat $f(x)$ mindestens eine positive Wurzel und, wenn n gerade ist, außerdem noch mindestens eine negative Wurzel.*

Es ist $f(0) = a_n$ und sign $f(x) =$ sign a_0 für genügend große x. Also gibt es nach Satz 1 eine ungerade Anzahl positiver Wurzeln — sie liegen im Intervall $(0, +\infty)$ —, also mindestens eine. Ist außerdem n gerade, so hat $f(x) = 0$ eine gerade Anzahl reeller Wurzeln, da die imaginären Wurzeln nach § 29, 3 stets in konjugierten Paaren auftreten, und es muß also mindestens eine weitere Wurzel existieren, die dann wegen der letzten Gleichung (4) von § 29 negativ ist (das Produkt zweier konjugiert imaginärer Zahlen ist immer positiv).

Satz 4: *Zwischen zwei Wurzeln von $f(x) = 0$ liegt mindestens eine Wurzel von $f'(x) = 0$* (Satz von ROLLE, § 12, 11).

Wichtiger ist die Folgerung:

Satz 5: *Zwischen zwei aufeinanderfolgenden Wurzeln von $f'(x) = 0$ liegt höchstens eine Wurzel von $f(x) = 0$.* Würde es nämlich zwei Wurzeln von $f(x) = 0$ geben, so müßte nach dem Satz von ROLLE dazwischen eine weitere Wurzel von $f'(x) = 0$ liegen in Widerspruch zu der Annahme, daß es sich um zwei aufeinanderfolgende Wurzeln von $f'(x) = 0$ handelt.

2. Die Cartesische Zeichenregel. Wir betrachten die (endliche) Folge

$$a_0, a_1, a_2, \ldots, a_n$$

der Koeffizienten der gegebenen Gleichung $f(x) = 0$. Man spricht von einem *Zeichenwechsel* in dieser Folge, wenn unter Weglassung der verschwindenden Koeffizienten zwei aufeinanderfolgende Koeffizienten verschiedene Vorzeichen haben. Es sei nun p die Anzahl der positiven Wurzeln der Gleichung $f(x) = 0$ und w die Anzahl der Zeichenwechsel in der Folge ihrer Koeffizienten. Die Cartesische Zeichenregel behauptet dann, daß *$w - p$ stets eine nicht negative gerade Zahl ist*, daß also die Zahl der positiven Wurzeln entweder gleich oder um eine gerade Zahl kleiner ist als die Zahl der Zeichenwechsel. Man sieht nun leicht ein, daß $w - p$ stets gerade ist, denn wenn w gerade ist, so haben der erste und der letzte Koeffizient gleiche Vorzeichen und nach Ziffer 1, Satz 1 ist dann auch p gerade; ist aber w ungerade, so haben der erste und der letzte Koeffizient verschiedene Vorzeichen und p ist ebenfalls ungerade. Ich habe also nur noch zu zeigen, daß stets $w - p \geqq 0$ ist. Das ist sicher richtig für $n = 1$, also für die lineare Gleichung $a_0 x + a_1 = 0$, da hier entweder $w = 1$ oder $w = 0$ und damit auch $p = 1$ bzw. $p = 0$, also $w - p = 0$ ist. Ich nehme nun an, die Behauptung wäre richtig für jede Gleichung vom Grad $n - 1$ und zeige, daß sie dann auch für die Gleichung $f(x) = 0$ vom Grad n richtig ist. Wir betrachten dazu die Gleichung

$$f'(x) = n a_0 x^{n-1} + (n - 1) a_1 x^{n-2} + \ldots + a_{n-1} = 0.$$

Ist w' die Anzahl der Zeichenwechsel und p' die Anzahl der positiven Wurzeln dieser Gleichung, so ist $w' = w$ oder $w' = w - 1$, also

$$w \geqq w'.$$

Da ferner nach dem Satz von ROLLE zwischen zwei Wurzeln von $f(x) = 0$ mindestens eine Wurzel von $f'(x) = 0$ liegt (vgl. Ziffer 1), so ist

$$p' \geqq p - 1, \quad \text{also} \quad p \leqq p' + 1.$$

Daran ändern auch mehrfache Wurzeln nichts, da eine r-fache Wurzel von $f(x) = 0$ eine $r-1$-fache Wurzel von $f'(x) = 0$ ist. Die Gleichung $f'(x)$ ist vom Grad $n-1$, für sie ist voraussetzungsgemäß unsere Behauptung richtig, also $w' - p' \geqq 0$. Dann ist aber

$$w - p \geqq w' - (p' + 1) = w' - p' - 1 \geqq -1$$

und da $w - p$ gerade ist, muß $w - p \geqq 0$ sein, was zu beweisen war.

Wenden wir die Zeichenregel auf die Gleichung

$$(-1)^n f(-x) = a_0 x^n - a_1 x^{n-1} + a_2 x^{n-2} - + \ldots + (-1)^n a_n = 0$$

an, deren Wurzeln mit den Wurzeln von $f(x) = 0$ dem Betrag nach übereinstimmen, aber entgegengesetztes Vorzeichen haben, so folgt, daß die Anzahl $\overline{p}$ der negativen Wurzeln von $f(x) = 0$ gleich der Anzahl $\overline{w}$ der Zeichenwechsel in der Folge $a_0, -a_1, a_2 \ldots, (-1)^n a_n$ oder um eine gerade Zahl kleiner ist, d. h. daß $\overline{w} - \overline{p}$ ebenfalls eine nicht negative gerade Zahl ist.

So finden wir z. B. in

$$f(x) = x^6 - 3x^5 + 2x^3 + 4x^2 - x - 1 = 0$$
$$f(-x) = x^6 + 3x^5 - 2x^3 + 4x^2 + x - 1$$

$w = 3$, $\overline{w} = 3$, also ist $p = 3$ oder $p = 1$ und $\overline{p} = 3$ oder $\overline{p} = 1$.

Die Cartesische Zeichenregel gibt also außer im Fall $w = 1$ oder $\overline{w} = 1$ nur eine unbestimmte Aussage über die Zahl der positiven oder negativen Wurzeln einer vorgelegten Gleichung, aber auch diese Aussage ist mitunter sehr wertvoll und hat vor allem den Vorteil, daß sie ohne nennenswerten Rechenaufwand gemacht werden kann.

3. Schranken für die Wurzeln. Für unsere rein auf das praktische Rechnen gerichteten Zwecke ist es wichtig, ein Intervall angeben zu können, in dem alle reellen Wurzeln einer Gleichung liegen. Die meisten praktisch brauchbaren Verfahren zur numerischen Auflösung von Gleichungen laufen ja mehr oder weniger auf ein Probieren hinaus, in das man allerdings, um sich überflüssige Arbeit zu ersparen, einige Systematik bringen kann. Es sei also wieder die Gleichung

$$f(x) = a_0 x^n + a_1 x^{n-1} + \ldots + a_n = 0$$

gegeben. Es sei dabei $a_0 > 0$, der erste negative Koeffizient sei a_k und A sei der größte unter den absoluten Beträgen der *negativen* Koeffizienten. Können wir eine Zahl a so ermitteln, daß $f(x) > 0$ ist für $x > a$, so ist a jedenfalls eine obere Schranke für die Wurzeln der Gleichung $f(x) = 0$. Es sei nun $x > 0$, dann wird $f(x)$ sicher nicht vergrößert, wenn wir die Glieder

$$a_1 x^{n-1} + a_2 x^{n-2} + \ldots + a_{k-1} x^{n-k+1},$$

die alle positiv sind, weglassen und alle folgenden Koeffizienten durch $-A$ ersetzen. Es ist also

$$\begin{aligned} f(x) &\geqq a_0 x^n - A x^{n-k} - A x^{n-k-1} - \ldots - A x - A \\ &= a_0 x^n - A \frac{x^{n-k+1} - 1}{x - 1}, \\ &= \frac{a_0 x^{n+1} - a_0 x^n - A x^{n-k+1} + A}{x - 1}, \\ &= \frac{x^{n-k+1}(a_0 x^k - a_0 x^{k-1} - A) + A}{x - 1}. \end{aligned}$$

Ich nehme nun an, es sei $x > 1$, dann ist $f(x) > 0$, wenn der Zähler positiv ist. Das ist sicher der Fall, wenn

$$a_0\, x^{k-1}\,(x-1) > A$$

und erst recht, wenn

$$a_0\,(x-1)^k > A,$$

also

$$x > 1 + \sqrt[k]{\frac{A}{a_0}} = a$$

ist. Da oberhalb von a sicher keine Wurzel von $f(x) = 0$ liegt, ist a eine obere Schranke für diese Wurzeln. Wenden wir dasselbe Verfahren auf die Gleichung

$$g(y) = (-1)^n\, f(-y) = a_0\, y^n - a_1\, y^{n-1} + a_2\, y^{n-2} - + \ldots + (-1)^n\, a_n = 0$$

an, so finden wir

$$y > 1 + \sqrt[h]{\frac{B}{a_0}} = b,$$

wo $(-1)^h\, a_h$ der erste negative Koeffizient und B der größte der absoluten Beträge der negativen Koeffizienten von $g(y)$ ist, als obere Schranke für die Wurzeln von $g(y) = 0$. Wegen $y = -x$ ist also $-b$ eine untere Schranke für die Wurzeln x_i von $f(x) = 0$. Es gilt also

$$\boxed{-1 - \sqrt[h]{\frac{B}{a_0}} < x_i < +1 + \sqrt[k]{\frac{A}{a_0}}.} \qquad (1)$$

4. **Trennung der Wurzeln und numerische Auflösung.** Der nächste Schritt ist nach Ziffer 1 die Aufstellung von Intervallen, die jeweils nur eine Wurzel der Gleichung enthalten. Allerdings wird man sich hier mit Rücksicht auf die praktische Durchführbarkeit des Rechenverfahrens damit begnügen, die Funktionswerte zunächst nur für gewisse Stellen des nach Ziffer 3 ermittelten Intervalls für die Wurzeln zu berechnen, und zwar wird man diese Stellen äquidistant nehmen, weil man sich dann bei der Berechnung der Funktionswerte des Differenzenschemas (§ 30, 7) bedienen und von der Tatsache Gebrauch machen kann, daß die n-ten Differenzen eines Polynoms n-ten Grades den konstanten Wert $n!\, a_0\, h^n$ haben (§ 30, 7), wo h die Argumentdifferenz ist. Besonders einfach wird die Rechnung natürlich für $h = 1$. Ergibt sich dann an zwei aufeinanderfolgenden Stellen ein Vorzeichenwechsel, so liegt in diesem Intervall sicher eine Wurzel. Selbstverständlich erhält man auf diese Art nicht unter allen Umständen eine vollständige Trennung der Wurzeln, weil es ja ohne weiteres möglich ist, daß in einem Teilintervall $(k, k+1)$ mit $f(k)\, f(k+1) > 0$ zwei Wurzeln (oder eine beliebige gerade Anzahl) liegen und ebenso kann es sein, daß in diesem Intervall, wenn $f(k)\, f(k+1) < 0$ ist, drei Wurzeln (oder eine beliebige ungerade Anzahl) liegen. Aus dem Verlauf von $f(x)$, wie er durch die ganzzahligen Werte des Arguments gegeben ist, wird man aber in der Regel derartige verdächtige Teilintervalle erkennen können und man wird dann in diesen Intervallen durch eine feinere Unterteilung ebenfalls zu einer vollständigen Trennung der Wurzeln kommen. Ist diese vollzogen, so kann man durch eines der in § 8, 11, § 11, 6 und § 12, 13 erläuterten Näherungsverfahren die Wurzeln mit beliebiger Genauigkeit berechnen. Eine obere Schranke für die erreichbare Genauigkeit der Wurzeln ist durch die Genauigkeit der Koeffizienten gegeben.

Beispiel: Es sind die Wurzeln der Gleichung

$$f(x) = 2\,x^4 + x^3 - 15\,x^2 + 8\,x - 1 = 0$$

zu suchen. Die Cartesische Zeichenregel gibt (drei Zeichenwechsel, also) drei oder eine positive Wurzel, die transformierte Gleichung

$$f(-x) = 2\,x^4 - x^3 - 15\,x^2 - 8\,x - 1 = 0$$

hat einen Zeichenwechsel, also hat $f(x)$ eine negative Wurzel. Die Schranken für die Wurzeln sind wegen $k = 2$, $A = 15$, $a_0 = 2$

$$1 + \sqrt{\frac{15}{2}} < 4$$

und wegen $h = 1$, $B = 15$, $a_0 = 2$

$$1 + \frac{15}{2} < 9,$$

also liegen die Wurzeln sicher im Intervall $-9 < x < 4$. Wir berechnen zunächst die Funktionswerte für $x = -1, 1, 2$ nach HORNER

	2	1	−15	8	−1
−1	2	−1	−14	22	−23
1	2	3	−12	−4	−5
2	2	5	−5	−2	−5

Das genügt, denn die vierte Differenz ist $2 \cdot 4! = 48$, so daß wir die übrigen Funktionswerte nach dem Differenzenschema rechnen können

−4	+175				
		−200			
−3	−25		+172		
		−28		−114	
−2	−53		+58		+48
		+30		−66	
−1	−23		−8		+48
		+22		−18	
0	−1		−26		+48
		−4		+30	
1	−5		+4		+48
		0		+78	
2	−5		+82		
		+82			
3	+77				

Es liegt also jedenfalls eine Wurzel zwischen −4 und −3 und eine zwischen 2 und 3, aber es ist möglich, daß zwischen 0 und 1 zwei weitere reelle Wurzeln liegen. Wir erhalten, wieder nach HORNER,

	2	1	−15	8	−1
0·1	2	1·2	−14·88	+6·512	−0·3488
0·2	2	1·4	−14·72	+5·056	+0·0112
0·3	2	1·6	−14·52	+3·644	+0·0932
0·4	2	1·8	−14·28	+2·288	−0·0848

Es liegt also wirklich eine Wurzel zwischen 0·1 und 0·2 und eine zwischen 0·3 und 0·4. Damit ist die Trennung der Wurzeln vollständig durchgeführt. Die Approximation der Wurzeln wird man in den ersten Schritten zweckmäßig mittels der Regula falsi und dann nach dem Newtonschen Verfahren vornehmen. Ich gebe die Rechnung für die zwischen 0·1 und 0·2 gelegene Wurzel x_2, die wegen $f(0{\cdot}2) = 0{\cdot}0112$ jedenfalls recht nahe bei 0·2 liegen wird. Es ist

$$x_2 = 0{\cdot}2 - \frac{112}{3600}\,0{\cdot}1 \approx 0{\cdot}197.$$

Eine flüchtige Rechnung — am besten mit dem Rechenschieber — zeigt, daß 0·197 schon eine recht gute Näherung für x_2 ist. Wir rechnen nach NEWTON weiter. Es ist

$$f'(x) = 8\,x^3 + 3\,x^2 - 30\,x + 8$$

und $f'(0{\cdot}197)$ nach HORNER

	8	3	−30	8
0·197	8	4·576	−29·10	2·268

Ebenso erhalten wir für $f(0{\cdot}197)$

	2	1	−15	8	−1
0·197	2	1·394	−14·7254	5·0991	0·00452

Also ist

$$x_2 = 0{\cdot}197 - \frac{0{\cdot}00452}{2{\cdot}268} \approx 0{\cdot}19500.$$

Wir rechnen weiter

	8	3	−30	8
0·195	8	4·56	−29·11	2·33

und

	2	1	−15	8	−1
0·195	2	1·39	−14·72895	5·127855	−0·000068

Also ist auf sechs Stellen genau

$$x_2 = 0{\cdot}195 + \frac{0{\cdot}000068}{2{\cdot}33} = 0{\cdot}195629.$$

Die anderen Wurzeln sind

$$x_1 = -3{\cdot}22504, \qquad x_3 = 0{\cdot}367625, \qquad x_4 = 2{\cdot}16239.$$

5. **Das Graeffesche Verfahren.** Ich will Ihnen noch kurz ein Verfahren erläutern, das in seiner ganzen Art von den bisher behandelten völlig verschieden ist. Es ist in der Rechnung nicht ganz einfach, liefert aber ohne jede Vorbereitung sämtliche Wurzeln einer vorgelegten algebraischen Gleichung und beruht auf der Tatsache, daß die reellen Wurzeln einer Gleichung, wenn *ihre absoluten Beträge weit auseinander liegen*, durch die negativen Verhältnisse der aufeinanderfolgenden Koeffizienten gegeben sind. Mit den Worten „weit auseinander liegen" ist dabei gemeint, daß der Quotient einer Wurzel durch die nächst größere unter der geforderten Genauigkeitsgrenze liegt[1]. Wir denken uns die Wurzeln $x_1, x_2, \ldots, x_n$, die wir zunächst als reell und verschieden voraussetzen, nach ihren Beträgen geordnet, also

$$|x_1| > |x_2| > \ldots > |x_n|$$

und nehmen an, daß

$$\frac{x_i}{x_{i-1}} \approx 0 \; (i = 2, 3, \ldots, n)$$

ist. Nach dem Wurzelsatz von Vieta (§ 29, 2) ist

$$s_1 = x_1 + x_2 + \ldots + x_n = -\frac{a_1}{a_0}$$

und da $x_2, \ldots, x_n$ gegen x_1 zu vernachlässigen sind, ist mit der geforderten Genauigkeit

$$x_1 = -\frac{a_1}{a_0}.$$

In s_2 sind wieder alle Glieder gegenüber $x_1 x_2$ zu vernachlässigen, also ist $x_1 x_2 = \frac{a_2}{a_0}$ oder

$$x_2 = \frac{a_2}{a_0 x_1} = -\frac{a_2}{a_1}.$$

In s_3 sind alle Glieder neben $x_1 x_2 x_3$ zu vernachlässigen, also ist

$$x_3 = -\frac{a_3}{a_0 x_1 x_2} = -\frac{a_3}{a_2}$$

usw., d. h. die gegebene Gleichung zerfällt in lauter lineare Gleichungen

$$a_0 x + a_1 = 0, \quad a_1 x + a_2 = 0, \quad a_2 x + a_3 = 0, \quad \ldots, \quad a_{n-1} x + a_n = 0.$$

Das Verfahren von Graeffe besteht nun darin, aus einer gegebenen Gleichung

$$f(x) = a_0 x^n + a_1 x^{n-1} + \ldots + a_n = 0$$

[1] Das kann für Wurzeln mit einem absoluten Betrag < 1 auch dann zutreffen, wenn ihre Differenzen klein sind.

mit den Wurzeln $x_1, x_2, \ldots, x_n$ eine andere Gleichung $g(z) = 0$ herzuleiten, deren Wurzeln $z_1, z_2, \ldots, z_n$ mit den x_i in einfacher Weise zusammenhängen und genügend weit auseinanderliegen, so daß $g(z) = 0$ in lauter lineare Gleichungen zerfällt. Man geht von $f(x) = 0$ zunächst zu einer Gleichung $f_1(y) = 0$ über, deren Wurzeln die Quadrate der Wurzeln von $f(x) = 0$ sind und daher sicher weiter auseinanderliegen. Zur Herleitung von $f_1(y)$ setzt man

$$f(x) = a_0(x - x_1)(x - x_2) \ldots (x - x_n),$$

dann wird

$$f(-x) = a_0(-x - x_1)(-x - x_2) \ldots (-x - x_n)$$

$$= (-1)^n a_0(x + x_1)(x + x_2) \ldots (x + x_n)$$

und

$$(-1)^n f(x) f(-x) = a_0^2(x^2 - x_1^2)(x^2 - x_2^2) \ldots (x^2 - x_n^2).$$

Setzen wir jetzt $x^2 = y$, so erhalten wir in

$$f_1(y) = (-1)^n f(x) f(-x) = a_0^2(y - x_1^2)(y - x_2^2) \ldots (y - x_n^2) = 0$$

die gesuchte Gleichung. Die Berechnung der Koeffizienten b_i von $f_1(y)$ geschieht am besten nach dem Schema

a_0	a_1	a_2	a_3 .....
a_0	$-a_1$	a_2	$-a_3$ .....
$+a_0^2$	$-a_1^2$	$+a_2^2$	$-a_3^2$ .....
	$+2\,a_0\,a_2$	$-2\,a_1\,a_3$	$+2\,a_2\,a_4$ .....
		$+2\,a_0\,a_4$	$-2\,a_1\,a_5$ .....
			$+2\,a_0\,a_6$ .....
b_0	b_1	b_2	b_3 .....

Wiederholt man das Verfahren an $f_1(y)$, so gelangt man zu einer Gleichung, deren Wurzeln die vierten Potenzen der Wurzeln von $f(x) = 0$ sind usw. Die Vorzeichen der Wurzeln von $f(x) = 0$ gehen bei dem Verfahren verloren und sind nachträglich durch Probieren (Cartesische Zeichenregel) zu bestimmen. Die Koeffizienten der Gleichungen werden bald sehr groß, man wird daher stets nur die ersten Stellen berechnen, und zwar, da man dann die Wurzeln selbst logarithmisch berechnen wird, nicht mehr als die benützte Tafel enthält. Man bricht das Verfahren jedenfalls ab, sobald die gemischten Produkte der Koeffizienten ohne Einfluß auf die Quadrate sind. Denn die Quotienten aufeinanderfolgender Koeffizienten werden dann ebenso wie die Wurzeln bloß quadriert, so daß keine weitere Verbesserung der Näherungswerte mehr eintritt. Die Gleichung ist die gesuchte $g(z) = 0$ und zerfällt in lauter lineare Gleichungen, die, wenn das Verfahren etwa r-mal wiederholt wurde, die 2^r-ten Potenzen der Wurzeln von $f(x) = 0$ liefern.

Hat die vorgelegte Gleichung mehrfache und komplexe Wurzeln (die dann, da wir die Koeffizienten stets reell voraussetzen, als konjugiert komplexe Wurzelpaare auftreten), so wird es nicht mehr möglich sein, alle Wurzeln auseinanderzuziehen. Das Verfahren führt aber bei genügend oftmaliger Wiederholung stets auf eine Gleichung, die sich ähnlich wie oben in so viele Gleichungen zerspalten läßt, als die vorgelegte Gleichung Wurzeln mit verschiedenen absoluten Beträgen hat. Man wird also das geschilderte Verfahren der Wurzelquadrierung zunächst nur *so oft wiederholen, bis sich beim Weiterrechnen zeigt, daß die gemischten Produkte auf einen oder mehrere Koeffizienten ohne Einfluß sind*; ist etwa b_k ein solcher, so läßt sich die Gleichung

$$b_0 z^n + b_1 z^{n-1} + \dots + b_n = 0$$

zerspalten in

$$b_0 z^k + b_1 z^{k-1} + \dots + b_k = 0 \quad \text{und} \quad b_k z^{n-k} + b_{k+1} z^{n-k-1} + \dots + b_n = 0,$$

mit denen dann getrennt weitergerechnet wird. Am besten läßt sich die Behandlung des Falles komplexer Wurzeln an einem Beispiel[1] erläutern.

Sei $f(x) = x^4 - 3x^3 + 8x^2 - 5 = 0$ vorgelegt. Die Koeffizienten der Gleichungen für die Wurzelpotenzen sind dann entsprechend dem obigen Schema:

1. Potenz	+1	− 3	+8	0	−5
	+1	+ 3	+8	0	−5
	+1	− 9	$+6{\cdot}4 \cdot 10$	0	$+2{\cdot}5 \cdot 10$
		+16	0	$-8{\cdot}0 \cdot 10$	
			$-1{\cdot}0 \cdot 10$		
2. Potenz	+1	+7	$+5{\cdot}4 \cdot 10$	$-8{\cdot}0 \cdot 10$	$+2{\cdot}5 \cdot 10$
	+1	−7	$+5{\cdot}4 \cdot 10$	$+8{\cdot}0 \cdot 10$	$+2{\cdot}5 \cdot 10$
	+1	$-4{\cdot}9 \cdot 10$	$+2{\cdot}916 \cdot 10^3$	$-6{\cdot}4 \cdot 10^3$	$+6{\cdot}25 \cdot 10^2$
		$+10{\cdot}8 \cdot 10$	$+1{\cdot}120 \cdot 10^3$	$+2{\cdot}7 \cdot 10^3$	
			$+0{\cdot}050 \cdot 10^3$		
4. Potenz	+1	$+5{\cdot}9 \cdot 10$	$+4{\cdot}086 \cdot 10^3$	$-3{\cdot}7 \cdot 10^3$	$+6{\cdot}25 \cdot 10^2$
	+1	$-5{\cdot}9 \cdot 10$	$+4{\cdot}086 \cdot 10^3$	$+3{\cdot}7 \cdot 10^3$	$+6{\cdot}25 \cdot 10^2$
	+1	$-3{\cdot}481 \cdot 10^3$	$+1{\cdot}66954 \cdot 10^7$	$-1{\cdot}36900 \cdot 10^7$	$+3{\cdot}90625 \cdot 10^5$
		$+8{\cdot}172 \cdot 10^3$	$+0{\cdot}04366 \cdot 10^7$	$+0{\cdot}51075 \cdot 10^7$	
			$+0{\cdot}00012 \cdot 10^7$		
8. Potenz	+1	$+4{\cdot}691 \cdot 10^3$	$+1{\cdot}71332 \cdot 10^7$	$-0{\cdot}85825 \cdot 10^7$	$+3{\cdot}90625 \cdot 10^5$
	+1	$-4{\cdot}691 \cdot 10^3$	$+1{\cdot}71332 \cdot 10^7$	$+0{\cdot}85825 \cdot 10^7$	$+3{\cdot}90625 \cdot 10^5$
	+1	$-2{\cdot}20055 \cdot 10^7$	$+2{\cdot}93547 \cdot 10^{14}$	$-7{\cdot}36593 \cdot 10^{13}$	$+1{\cdot}52588 \cdot 10^{11}$
		$+3{\cdot}42664 \cdot 10^7$	$+0{\cdot}00081 \cdot 10^{14}$	$+1{\cdot}33853 \cdot 10^{13}$	
			$+0{\cdot}00000 \cdot 10^{14}$		
16. Potenz	+1	$+1{\cdot}22609 \cdot 10^7$	$+2{\cdot}93628 \cdot 10^{14}$	$-6{\cdot}02740 \cdot 10^{13}$	$+1{\cdot}52588 \cdot 10^{11}$

Hier spaltet sich die ursprüngliche Gleichung in zwei Gleichungen zweiten Grades, denn das Quadrat von $2{\cdot}93628 \cdot 10^{14}$ wird durch die doppelten Produkte nicht mehr beeinflußt. Die Wurzeln der ersten quadratischen Gleichung

$$x^2 + 1{\cdot}22609 \cdot 10^7\, x + 2{\cdot}93628 \cdot 10^{14} = 0$$

sind, wie eine überschlagsweise Berechnung der Diskriminante zeigt, komplex, während sich die Wurzeln der zweiten quadratischen Gleichung

$$2{\cdot}93628 \cdot 10^{14}\, x^2 - 6{\cdot}02740 \cdot 10^{13}\, x + 1{\cdot}52588 \cdot 10^{11} = 0$$

trennen lassen, wenn man noch zwei Schritte weitergeht:

16. Potenz	$+2{\cdot}93628 \cdot 10^{14}$	$-6{\cdot}02740 \cdot 10^{13}$	$+1{\cdot}52588 \cdot 10^{11}$
	$+2{\cdot}93628 \cdot 10^{14}$	$+6{\cdot}02740 \cdot 10^{13}$	$+1{\cdot}52588 \cdot 10^{11}$
	$+8{\cdot}62174 \cdot 10^{28}$	$-3{\cdot}63296 \cdot 10^{27}$	$+2{\cdot}32831 \cdot 10^{22}$
		$+0{\cdot}08961 \cdot 10^{27}$	

[1] Entnommen aus Runge-König, Vorlesungen über numerisches Rechnen, S. 170. Berlin: Springer-Verlag. 1924.

32. Potenz	$+8{,}62174 \cdot 10^{28}$	$-3{,}54335 \cdot 10^{27}$	$+2{,}32831 \cdot 10^{22}$
	$+8{,}62174 \cdot 10^{28}$	$+3{,}54335 \cdot 10^{27}$	$+2{,}32831 \cdot 10^{22}$
	$+7{,}43344 \cdot 10^{57}$	$-1{,}25553 \cdot 10^{55}$	$+5{,}42103 \cdot 10^{44}$
		$+0{,}00040 \cdot 10^{55}$	
64. Potenz	$+7{,}43344 \cdot 10^{57}$	$-1{,}25513 \cdot 10^{55}$	$+5{,}42103 \cdot 10^{44}$

Die beiden reellen Wurzeln ergeben sich ihrem absoluten Betrag nach als 64. Wurzel aus den Quotienten der Koeffizienten:

Log. d. Koeff.	Differenz	log | x |	| x |
57·871190			
55·098689	61·227499—64	0·9566797—1	0·905065
44·734082	53·635393—64	0·8380530—1	0·688736

Durch Probieren findet man, daß die erste Wurzel positiv ist; da die Gleichung anderseits nach der Cartesischen Zeichenregel eine negative Wurzel haben muß, so sind die beiden reellen Wurzeln

$$x_1 = +0{\cdot}905065, \qquad x_2 = -0{\cdot}688736.$$

Bei der ersten quadratischen Gleichung hat es keinen Sinn, weiterzurechnen. Da ihre Wurzeln komplex sind, kann man niemals zu einer Zerlegung in reelle lineare Gleichungen gelangen. Das Produkt der beiden Wurzeln $u \pm v j$ ist gleich dem Quadrat ihres absoluten Betrages, das man somit als 16. Wurzel aus dem Quotienten des dritten und ersten Gliedes erhält:

$$u^2 + v^2 = \sqrt[16]{2{\cdot}93628 \cdot 10^{14}} = 8{\cdot}021163.$$

Den reellen und imaginären Teil kann man mittels der Relation $\sum_{i=1}^{4} x_i = -\frac{a_1}{a_0} = 3$ bestimmen; man erhält zunächst $u = 1{\cdot}391836$ und dann aus $u^2 + v^2$ schließlich $v = 2{\cdot}466568$, so daß

$$x_3 = 1{\cdot}391836 + 2{\cdot}466568\, j, \qquad x_4 = 1{\cdot}391836 - 2{\cdot}466568\, j$$

ist. Zur Kontrolle kann man das Wurzelprodukt bilden (man erhält $x_1 x_2 (u^2 + v^2) = -4{\cdot}999999$ statt -5), sowie die Summe der reziproken Werte der Wurzeln, die gleich $-a_{n-1}/a_n$ sein muß (in unserem Fall erhält man $-0{\cdot}000001$ statt 0).

Besitzt eine Gleichung zwei Paare komplexer Wurzeln, so kann man neben der Wurzelsumme noch die oben als Kontrolle verwendete Summe der reziproken Wurzeln zur Berechnung heranziehen. Das Graeffesche Verfahren selbst liefert immer nur die absoluten Beträge. Sind mehr als zwei Paare komplexer Wurzeln vorhanden, so bestimmt man zunächst ihre absoluten Beträge, setzt dann in die gegebene Gleichung $x = y + p$ ein, wo p eine beliebige reelle Zahl ist, ordnet nach Potenzen von y und bestimmt durch nochmalige Durchführung des Verfahrens die absoluten Beträge von $y = x - p$. Das läuft geometrisch darauf hinaus, die komplexen Wurzeln in der Zahlenebene als Schnittpunkte von Kreisen um den Ursprung und um den Punkt p zu bestimmen. Das Verfahren ist nicht eindeutig, doch kann man, da die Summe der Wurzeln bekannt ist, sowie aus geometrischen Überlegungen leicht die richtige Auswahl treffen.

Aufgaben.

Numerische Auflösung von

1. $x^3 - 9x + 6 = 0$.
2. $x^3 - 8x - 5 = 0$.
3. In § 19, Aufgabe 1, hat sich für die Maximalgeschwindigkeit beim Schubkurbelgetriebe die Gleichung

$$k u^3 - u^2 - \frac{1}{k} u + 1 = 0$$

ergeben. Dabei ist $k = \frac{a}{b}$ das Verhältnis der Längen der Kurbel und der Pleuelstange,

$u = k \sin^2 \alpha$ und α der Winkel der Kurbel mit der Ruhelage $\alpha = 0$. Für $k = 0{,}2$, ein bei Dampfmaschinen vorkommendes Verhältnis, ergibt sich die Gleichung

$$u^3 - 5u^2 - 25u + 5 = 0;$$

die Gleichung ist aufzulösen.

§ 33. Die rationalen Funktionen und ihre Integration.

1. Rationale Funktionen. Diese sind nach § 6, 12 definiert als Quotient zweier Polynome. Sie haben die bemerkenswerte Eigenschaft, daß sich ihre Integrale stets durch die elementaren Funktionen ausdrücken lassen, und sind die allgemeinste Klasse von Funktionen mit dieser Eigenschaft. Die Integrale der algebraischen Funktionen — der nächst allgemeineren Klasse von Funktionen — führen im allgemeinen auf höhere transzendente Funktionen und lassen sich nur in Ausnahmefällen, über die ich in Ziffer 4 bis 8 sprechen werde, durch elementare Funktionen darstellen.

Die rationale Funktion

$$R(x) = \frac{f(x)}{g(x)};$$

wo $f(x)$ und $g(x)$ Polynome vom Grad m und n sind, heißt *echt gebrochen*, wenn $m < n$ ist, und *unecht gebrochen*, wenn $m \geqq n$ ist. In letzterem Fall kann man

$$R(x) = q(x) + \frac{f_1(x)}{g(x)}$$

schreiben, wo der Quotient $q(x)$ ein Polynom vom Grad $m - n$ (also eine Konstante für $m = n$) und der Rest $f_1(x)$ ein Polynom vom Grad $m_1 < n$ ist, so daß

$$R_1(x) = \frac{f_1(x)}{g(x)}$$

echt gebrochen ist. Die Polynome $f(x)$ und $g(x)$ setze ich im folgenden als *reell* (§ 29, 1) und *teilerfremd* voraus.

Von besonderer Bedeutung für die rationalen Funktionen $R(x)$ sind neben den Nullstellen, die mit den Nullstellen des Zählers $f(x)$ übereinstimmen, die ∞-Stellen, die man bei den rationalen Funktionen auch *Pole* nennt, mit den Nullstellen des Nenners $g(x)$ übereinstimmen und dieselbe Vielfachheit haben; d. h. ist x_1 eine Nullstelle von $g(x)$ der Ordnung k_1, so hat $R(x)$ an der Stelle x_1 einen Pol derselben Ordnung k_1. Den Koeffizienten der höchsten Potenz in $g(x)$ können wir gleich 1 annehmen, dann ist

$$g(x) = (x - x_1)^{k_1} (x - x_2)^{k_2} \ldots (x - x_p)^{k_p} \tag{1}$$

mit

$$k_1 + k_2 + \ldots + k_p = n.$$

Die Nullstellen x_i können dabei reell oder imaginär sein; ist $x_i = \alpha + j\beta$ eine imaginäre Nullstelle von $g(x)$, so hat $g(x)$ nach § 29, 3 stets auch die konjugiert imaginäre Nullstelle $\bar{x}_i = \alpha - j\beta$ in der gleichen Vielfachheit. Faßt man je zwei konjugiert imaginäre Wurzeln zusammen, so kommt man zu einer Darstellung § 29, (5) von $g(x)$ durch reelle lineare und quadratische Faktoren.

2. Die Teilbruchzerlegung einer rationalen Funktion. Ich behaupte:

Die echt gebrochene rationale Funktion

$$R(x) = \frac{f(x)}{g(x)},$$

wo $f(x)$ und $g(x)$ teilerfremd sind und $g(x)$ durch (1) gegeben ist, läßt sich auf eine und nur eine Art in der Gestalt

$$\begin{aligned}\frac{f(x)}{g(x)} = {} & \frac{A_{11}}{(x-x_1)^{k_1}} + \frac{A_{12}}{(x-x_1)^{k_1-1}} + \dots + \frac{A_{1k_1}}{x-x_1} + \\ & + \frac{A_{21}}{(x-x_2)^{k_2}} + \frac{A_{22}}{(x-x_2)^{k_2-1}} + \dots + \frac{A_{2k_2}}{x-x_2} + \\ & + \dots\dots\dots\dots\dots\dots \\ & + \frac{A_{p1}}{(x-x_p)^{k_p}} + \frac{A_{p2}}{(x-x_p)^{k_p-1}} + \dots + \frac{A_{pk_p}}{x-x_p}\end{aligned} \qquad (2)$$

mit konstanten Zählern A_{ij} darstellen.

Jeder einzelne Summand in (2) heißt *Teil-* oder *Partialbruch* von $R(x)$; die Anzahl aller Teilbrüche in der Zerlegung (2) ist

$$k_1 + k_2 + \dots + k_p = n.$$

Bringt man die rechte Seite von (2) auf gemeinsamen Nenner, der offenbar gerade $g(x)$ ist, so ergibt sich im Zähler ein Polynom vom Grad $n - 1$, dessen Koeffizienten lineare Ausdrücke in den A_{ij} sind. Dieser Zähler muß mit $f(x)$ identisch sein. Daraus ergibt sich ein praktisches Verfahren zur Herleitung der Zerlegung (2): Man schreibt (2) mit unbestimmten Koeffizienten A_{ij} an, multipliziert beide Seiten mit $g(x)$ und bestimmt die A_{ij} durch Vergleich der Koeffizienten auf beiden Seiten. Man erhält dann, da rechts, wie erwähnt, ein Polynom $n - 1$-ten Grades steht, genau n lineare Gleichungen für die n unbekannten A_{ij}.

Beispiel:

$$R(x) = \frac{x^5 - x^4 + x - 1}{x^6 + 2x^4 + x^2} = \frac{x^5 - x^4 + x - 1}{x^2(x^2+1)^2} = \frac{x^5 - x^4 + x - 1}{x^2(x-j)^2(x+j)^2}$$
$$= \frac{A}{x^2} + \frac{B}{x} + \frac{C}{(x-j)^2} + \frac{D}{x-j} + \frac{E}{(x+j)^2} + \frac{F}{x+j}.$$

Multiplikation mit $g(x) = x^2(x^2+1)^2$ gibt

$$x^5 - x^4 + x - 1 = A(x^4 + 2x^2 + 1) + B(x^5 + 2x^3 + x) + C(x^4 + 2jx^3 - x^2) +$$
$$+ D(x^5 + jx^4 + x^3 + jx^2) + E(x^4 - 2jx^3 - x^2) + F(x^5 - jx^4 + x^3 - jx^2)$$

und damit die Gleichungen

$$\begin{aligned} B + D + F &= 1 \\ A + C + jD + E - jF &= -1 \\ 2B + 2jC + D - 2jE + F &= 0 \\ 2A - C + jD - E - jF &= 0 \\ B &= 1 \\ A &= -1 \end{aligned}$$

mit den Lösungen $A = -1$, $B = 1$, $C = \frac{-1+j}{2}$, $D = -\frac{j}{2}$, $E = \frac{-1-j}{2}$, $F = \frac{j}{2}$.

Ich komme nun zum Nachweis der Existenz und Eindeutigkeit der Teilbruchzerlegung (2). Ich setze zunächst

$$\frac{f(x)}{g(x)} = \frac{A_{11}}{(x-x_1)^{k_1}} + \frac{f(x)}{g(x)} - \frac{A_{11}}{(x-x_1)^{k_1}} = \frac{A_{11}}{(x-x_1)^{k_1}} + \frac{f(x) - A_{11}\varphi_1(x)}{g(x)}$$

wo

$$\varphi_1(x) = \frac{g(x)}{(x-x_1)^{k_1}} = (x-x_2)^{k_2}(x-x_3)^{k_3}\dots(x-x_p)^{k_p}$$

ist, und wähle nun A_{11} so, daß $f(x) - A_{11}\,\varphi_1(x)$ die Nullstelle x_1 erhält, so daß

$$f(x_1) - A_{11}\,\varphi_1(x_1) = 0$$

oder

$$A_{11} = \frac{f(x_1)}{\varphi_1(x_1)} \tag{3}$$

ist. Wegen $f(x_1) \neq 0$, $\varphi_1(x_1) \neq 0$ ist A_{11} dadurch eindeutig bestimmt und $\neq 0$;

$$\frac{f(x) - A_{11}\,\varphi_1(x)}{g(x)}$$

kann durch $x - x_1$ gekürzt werden; es bleibt also eine rationale Funktion

$$R_1(x) = \frac{f_1(x)}{g_1(x)},$$

wo

$$g_1(x) = (x - x_1)^{k_1 - 1}\,(x - x_2)^{k_2} \ldots (x - x_p)^{k_p}$$

vom Grad $n - 1$ ist und x_1 nur mehr zur $k_1 - 1$-fachen Nullstelle hat. Ich kann also von $R_1(x)$ ganz analog einen Summanden

$$\frac{A_{12}}{(x - x_1)^{k_1 - 1}}$$

abspalten usw., bis der Nenner zu $\varphi_1(x)$ geworden ist. Dabei können einzelne A_{1r} mit $r > 1$ auch verschwinden. Dann verfährt man mit dem zweiten Pol x_2 ebenso usw. Durch diese Überlegung ist die Existenz und Eindeutigkeit der Teilbruchzerlegung nachgewiesen. Zur praktischen Berechnung eignet sich diese Methode aber weniger gut als der unbestimmte Ansatz und Koeffizientenvergleich (vgl. auch Ziffer 3).

Wenn der Nenner

$$g(x) = (x - x_1)\,(x - x_2) \ldots (x - x_n)$$

lauter einfache Wurzeln x_i hat, lassen sich die Koeffizienten A_i der Teilbruchzerlegung unmittelbar bestimmen. Ich setze

$$g_i(x) = \frac{g(x)}{x - x_i} = (x - x_1) \ldots (x - x_{i-1})\,(x - x_{i+1}) \ldots (x - x_n).$$

Es ist $g_i(x_k) = 0$, wenn $k \neq i$ ist. Aus

$$g'(x) = \sum_{i=1}^{n} g_i(x)$$

folgt somit

$$g'(x_i) = g_i(x_i) \neq 0.$$

Aus der Teilbruchzerlegung

$$R(x) = \frac{f(x)}{g(x)} = \sum_{i=1}^{n} \frac{A_i}{x - x_i}$$

folgt

$$f(x) = \sum_{i=1}^{n} A_i\,g_i(x)$$

und daher

$$f(x_i) = A_i\,g_i(x_i) = A_i\,g'(x_i).$$

Es ist also

$$\boxed{A_i = \frac{f(x_i)}{g'(x_i)},} \tag{4}$$

was für $i = 1$ wegen $k_1 = 1$ und $\varphi_1 = g_1$ mit (3) übereinstimmt.

Beispiel:

$$\frac{x^2-3x+3}{x^3-4x^2-7x+10}=\frac{A}{x-1}+\frac{B}{x+2}+\frac{C}{x-5},$$

A, B, C bestimmt man entweder durch Multiplikation mit dem Nenner und Koeffizientenvergleich links und rechts oder nach (4); wegen

$$g'(x)=3x^2-8x-7, \quad f(x)=x^2-3x+3$$

wird

$$A=\frac{f(1)}{g'(1)}=-\frac{1}{12}, \quad B=\frac{f(-2)}{g'(-2)}=\frac{13}{21}, \quad C=\frac{f(5)}{g'(5)}=\frac{13}{28}.$$

Wie man an diesem Beispiel sieht, geht alles recht einfach, wenn alle Pole reell sind. Ist das nicht der Fall, so bieten sich zwei Wege: Entweder man nimmt die imaginären Größen in Kauf, wobei nun allerdings Schwierigkeiten bei der Integration der imaginären Teilbrüche entstehen. Das Ergebnis muß sich natürlich wieder in eine reelle Gestalt bringen lassen. Der zweite Weg besteht darin, die Teilbruchzerlegung (2) auch im Fall imaginärer Pole in eine reelle Gestalt zu bringen, und diesen Weg wollen wir auch einschlagen.

Ich nehme also an, daß $g(x)$ die reellen Nullstellen $x_1, \ldots, x_r$ und die konjugiert imaginären Nullstellen $\alpha_1 \pm j\beta_1, \ldots, \alpha_s \pm j\beta_s$ habe, die alle verschieden sind. Ist dann k_i die Vielfachheit von x_i und h_i die Vielfachheit von $\alpha_i \pm j\beta_i$, so gilt für $g(x)$ die Darstellung

$$g(x)=(x-x_1)^{k_1}\ldots(x-x_r)^{k_r}(x^2+p_1x+q_1)^{h_1}\ldots(x^2+p_sx+q_s)^{h_s},$$

wo

$$p_i=-2\alpha_i, \qquad q_i=\alpha_i^2+\beta_i^2$$

ist, vgl. § 29, (5).

Die Partialbruchzerlegung (2) läßt sich in eine reelle Gestalt bringen, wenn man die zu je zwei konjugiert imaginären Polen gehörigen Partialbrüche zusammenfaßt, z. B.

$$\Phi=\frac{A+jB}{(x-\alpha-j\beta)^h}+\frac{A-jB}{(x-\alpha+j\beta)^h} \tag{5}$$

(ich übergehe den Beweis, daß die Zähler konjugiert imaginär sein müssen; die Indizes sind der Einfachheit halber weggelassen). Die beiden Ausdrücke sind offenbar konjugiert imaginär und daher ist ihre Summe *reell*. Bringt man also (5) auf gemeinsamen Nenner, so folgt

$$\Phi=\frac{\varphi(x)}{(x^2+px+q)^h},$$

wo $\varphi(x)$ ein *reelles* Polynom vom Grad $\leqq h$ ist, und man sieht sofort — durch fortgesetzte Division durch x^2+px+q —, daß man Φ in die Gestalt

$$\Phi=\frac{A_0x+B_0}{(x^2+px+q)^h}+\frac{A_1x+B_1}{(x^2+px+q)^{h-1}}+\cdots+\frac{A_\varrho x+B_\varrho}{(x^2+px+q)^{h-\varrho}}$$

bringen kann, wo $\varrho \leqq \left[\frac{h}{2}\right]$ ist[1].

Faßt man nun je zwei Zeilen von (2) zusammen, die zu konjugiert imaginären Polen gehören, und zwar zunächst die jeweils untereinander stehenden Teilbrüche, so sieht man, daß aus je zwei Zeilen von (2) eine Zeile der Gestalt

$$\frac{P_1x+Q_1}{(x^2+px+q)^h}+\frac{P_2x+Q_2}{(x^2+px+q)^{h-1}}+\cdots+\frac{P_hx+Q_h}{x^2+px+q} \tag{6}$$

[1] Über die Bedeutung von $\left[\frac{h}{2}\right]$ vgl. § 6, 4, Beispiel 15.

entsteht. Die zu den reellen Polen gehörigen Zeilen von (2) bleiben unverändert. Die einzelnen Summanden in (6) nennt man *Teilbrüche zweiter Art*, und es folgt also, daß *sich jede reelle rationale Funktion als Summe von Teilbrüchen erster und zweiter Art darstellen läßt*, wobei eben zu jedem Paar konjugiert imaginärer Pole eine Summe der Gestalt (6) gehört.

3. **Die Integration der rationalen Funktionen.** Mit der letzten Feststellung von Ziffer 2 ist die Integration der rationalen Funktionen, die wir weiterhin als reell, echt gebrochen und teilerfremd annehmen, auf die Integration der einzelnen Teilbrüche zurückgeführt. Die Integrationskonstante ist im folgenden meist weggelassen. Für die Teilbrüche erster Art ist die Integration höchst einfach: Es ist mit $x \neq a$

$$\int \frac{A}{(x-a)^k}\,dx = -\frac{A}{(k-1)\,(x-a)^{k-1}} \tag{7}$$

für $k > 1$ und

$$\int \frac{A}{x-a}\,dx = A \ln|x-a|. \tag{8}$$

Etwas umständlicher ist die Rechnung bei den Teilbrüchen zweiter Art:

$$J = \int \frac{P\,x + Q}{(x^2 + p\,x + q)^h}\,dx = \int \frac{P\,x + Q}{[(x-\alpha)^2 + \beta^2]^h}\,dx,$$

$$\alpha = -\frac{p}{2}, \quad \beta = \sqrt{q - \frac{p^2}{4}} > 0.$$

Die Substitution

$$x - \alpha = \beta\,t \tag{9}$$

gibt

$$J = \frac{P}{\beta^{2h-2}} \int \frac{t\,dt}{(t^2+1)^h} + \frac{P\,\alpha + Q}{\beta^{2h-1}} \int \frac{dt}{(t^2+1)^h}. \tag{10}$$

Nun ist für $h > 1$

$$\int \frac{t\,dt}{(t^2+1)^h} = \frac{1}{2} \int \frac{d(t^2+1)}{(t^2+1)^h} = -\frac{1}{2\,(h-1)\,(t^2+1)^{h-1}} \tag{11}$$

bzw. für $h = 1$

$$\int \frac{t\,dt}{t^2+1} = \frac{1}{2} \ln(t^2+1). \tag{12}$$

Das zweite Integral auf der rechten Seite von (10) formen wir um:

$$J_h = \int \frac{dt}{(t^2+1)^h} = \int \frac{t^2+1-t^2}{(t^2+1)^h}\,dt = J_{h-1} - \int t\,\frac{t\,dt}{(t^2+1)^h}.$$

Partielle Integration mit $u = t$, $dv = \frac{t\,dt}{(t^2+1)^h}$ gibt für $h > 1$ wegen (11) weiter

$$J_h = J_{h-1} + \frac{t}{2\,(h-1)\,(t^2+1)^{h-1}} - \frac{1}{2\,(h-1)}\,J_{h-1},$$

also die Rekursionsformel

$$J_h = \frac{t}{2\,(h-1)\,(t^2+1)^{h-1}} + \frac{2\,h-3}{2\,h-2}\,J_{h-1}. \tag{13}$$

Für $h = 1$ ergibt sich das Schlußintegral

$$J_1 = \int \frac{dt}{t^2+1} = \arctan t. \tag{14}$$

Aus (7), (11) und (13) folgt, daß das Integral einer rationalen Funktion, wenn mehrfache Pole vorhanden sind, einen *rationalen Bestandteil enthält*, der sich zunächst als Summe von Ausdrücken ergibt, die genau dieselbe Gestalt haben wie die Teilbrüche in (2) und (6), wobei aber die höchste im Nenner *auftretende Potenz jeweils um 1 kleiner ist* als in der ursprünglichen Teilbruchzerlegung des Integranden. Aus (8), (12) und (14) erkennt man, daß das Integral im allgemeinen auch einen transzendenten Bestandteil enthält, der sich aus Logarithmen und Arcustangens-Funktionen zusammensetzt. Es ist also[1] mit der Integrationskonstanten C

$$\boxed{\begin{aligned}\int \frac{f(x)}{g(x)}\,dx = \frac{f_1(x)}{g_1(x)} + \sum_{i=1}^{r} B_i \ln|x - x_i| + \sum_{i=1}^{s} C_i \ln(x^2 + p_i\,x + q_i) + \\ + \sum_{i=1}^{s} D_i \arctan\frac{2\,x + p_i}{\sqrt{4\,q_i - p_i^2}} + C.\end{aligned}} \qquad (15)$$

Dabei ist

$$g_1(x) = (x - x_1)^{k_1 - 1} \ldots (x - x_r)^{k_r - 1}\,(x^2 + p_1\,x + q_1)^{h_1 - 1} \ldots (x^2 + p_s\,x + q_s)^{h_s - 1}$$

ein Polynom vom Grad

$$k_1 + \ldots + k_r - r + 2\,(h_1 + \ldots + h_s - s) = n - r - 2\,s,$$

das aus $g(x)$ entsteht, indem man jeden Wurzelfaktor genau einmal wegläßt, und $f_1(x)$ ein Polynom, dessen Grad kleiner als der von $g_1(x)$, also höchstens gleich

$$n - r - 2\,s - 1$$

ist. Da uns nun mit (15) die Gestalt des Integrals einer rationalen Funktion bekannt ist, muß es möglich sein, jedes solche Integral ohneweiters direkt durch einen Ansatz mit unbestimmten Koeffizienten zu ermitteln. Kennt man die Zerlegung § 29, (5) von $g(x)$, so kennt man auch das Polynom $g_1(x)$ und ebenso den ganzen transzendenten Teil in (15) bis auf die Koeffizienten B_i, C_i und D_i. Unbekannt ist ferner noch das Polynom $f_1(x)$, das man aber auch sofort in der Gestalt

$$f_1(x) = A_1\,x^{m-1} + A_2\,x^{m-2} + \ldots + A_m$$

mit

$$m = n - r - 2\,s$$

und unbestimmten Koeffizienten A_i ansetzen kann. Wir haben also im ganzen

$$m + r + 2\,s = n$$

unbekannte Koeffizienten in unserem Ansatz (15). Differentiation von (15) und darauffolgende Multiplikation mit $g(x)$ gibt daher links das Polynom $f(x)$, das höchstens den Grad $n - 1$ hat, und rechts ein Polynom vom Grad $n - 1$ mit Koeffizienten, die lineare Ausdrücke in den Unbekannten A_i, B_i, C_i und D_i sind. Durch Gleichsetzen der Koeffizienten entsprechender Potenzen rechts und links

[1] In (11) bis (14) haben wir wieder x statt t einzuführen; es ist

$$t = \frac{x - \alpha}{\beta} = \frac{2\,x + p}{\sqrt{4\,q - p^2}}$$

und daher z. B.

$$\ln(t^2 + 1) = \ln\left(\frac{(x - \alpha)^2}{\beta^2} + 1\right) = \ln(x^2 + p\,x + q) - 2\ln\beta.$$

Die Konstante $-2\ln\beta$ ist unwesentlich, da sie zur Integrationskonstanten C geschlagen werden kann. Ich bemerke, daß hier kein Absolutzeichen geschrieben werden muß, da der Logarithmand stets positiv ist.

bekommen wir also n lineare Gleichungen für die n Unbekannten. Diese Gleichungen müssen aber eindeutig lösbar sein, weil die Gleichungen für die Koeffizienten der Teilbruchzerlegung (2) eindeutig lösbar sind, wie ich in Ziffer 2 gezeigt habe. Damit ist die Integration einer rationalen Funktion auf die Auflösung eines Systems linearer Gleichungen zurückgeführt[1], sobald die Nullstellen des Nenners bekannt sind.

Im Beispiel von Seite 326 ergibt sich wegen

$$g(x) = x^2 (x^2 + 1)^2, \quad g_1(x) = x\,(x^2 + 1)$$

folgender Ansatz

$$\int \frac{x^5 - x^4 + x - 1}{x^2 (x^2 + 1)^2}\, dx = \frac{A x^2 + B x + C}{x\,(x^2 + 1)} + D \ln |x| + E \ln (x^2 + 1) + F \arctan x .$$

Differentiation gibt

$$\frac{x^5 - x^4 + x - 1}{x^2 (x^2 + 1)^2} = \frac{(x^3 + x)\,(2 A x + B) - (A x^2 + B x + C)\,(3 x^2 + 1)}{x^2 (x^2 + 1)^2} + \\ + \frac{D}{x} + \frac{2 E x}{x^2 + 1} + \frac{F}{x^2 + 1}$$

und Multiplikation mit $g(x)$

$$x^5 - x^4 + x - 1 = 2 A x^4 + 2 A x^2 + B x^3 + B x - 3 A x^4 - 3 B x^3 - 3 C x^2 - A x^2 - \\ - B x - C + D\,(x^5 + 2 x^3 + x) + 2 E x^3 (x^2 + 1) + F x^2 (x^2 + 1).$$

Wir erhalten die Gleichungen

$$\begin{array}{rrrrrrcr} & & & D & + 2E & & = & 1 \\ -A & & & & & + F & = & -1 \\ & -2B & & + 2D & + 2E & & = & 0 \\ A & & -3C & & & + F & = & 0 \\ & & & D & & & = & 1 \\ & & -C & & & & = & -1 \end{array}$$

mit den Lösungen $A = 2$, $B = 1$, $C = 1$, $D = 1$, $E = 0$, $F = 1$ und somit ist

$$\int \frac{x^5 - x^4 + x - 1}{x^2 (x^2 + 1)^2}\, dx = \frac{2 x^2 + x + 1}{x^3 + x} + \ln |x| + \arctan x .$$

Dieses Verfahren des direkten Ansatzes für das Integral empfiehlt sich besonders dann, wenn mehrfache Pole vorhanden sind. Gibt es nur einfache Pole, so führt die Teilbruchzerlegung des Integranden ebenso bequem zum Ziel, einerlei ob man den Ansatz mit unbestimmten Koeffizienten macht (wobei man im Fall imaginärer Wurzeln gleich zu Teilbrüchen zweiter Art übergehen wird) oder ob man die Formel (4) zur Berechnung der Koeffizienten verwendet (vgl. das Beispiel Seite 328).

Zum Schluß noch eine Bemerkung über den in Ziffer 2 erwähnten Weg, auch bei imaginären Polen bei der Zerlegung (2) zu bleiben. Die unangenehme Integration der Teilbrüche zweiter Art mit $h > 1$ wird dabei jedenfalls vermieden. Bei der Integration der imaginären Teilbrüche gilt (7) unverändert und (8) in der Gestalt

$$\int \frac{dx}{x - a}\, dx = \ln (x - a) \tag{16}$$

[1] *Grundsätzlich* ist das eine bedeutende Vereinfachung der Aufgabe. Man soll sich aber keinen Illusionen über die Rechenarbeit hingeben, die unter Umständen bei der Auflösung eines Systems linearer Gleichungen mit mehreren Unbekannten zu leisten ist, wenn die Koeffizienten durch mehrstellige Dezimalzahlen gegeben sind. Zehn solche Gleichungen mit zehn Unbekannten und achtstelligen Koeffizienten geben zwei guten Rechnern für ungefähr zwei Tage Arbeit und fünfzig Gleichungen mit fünfzig Unbekannten lassen sich praktisch wohl überhaupt nur mit modernen elektronischen Rechenmaschinen auflösen. Näheres über Systeme linearer Gleichungen folgt in Band II.

auch für imaginäres a, wobei der — hier ohne Absolutzeichen zu schreibende! — Logarithmus rechts durch § 28, (12) mit $k = 0$ erklärt ist und x selbstverständlich stets eine reelle Veränderliche bedeutet, so daß $\varphi = \operatorname{arc} x = 0$ ist.

Damit ist die Integration der rationalen Funktionen erledigt. Im folgenden behandle ich die Integrale einiger irrationaler und transzendenter Funktionen, die sich durch geeignete Substitutionen in Integrale rationaler Funktionen transformieren lassen.

4. **Abelsche Integrale.** Es sind das Integrale der Gestalt

$$\int R(x, y)\, dx, \tag{17}$$

wo $R(x, y)$ eine rationale Funktion der beiden Veränderlichen x und y ist und y eine algebraische Funktion von x bedeutet, die also in impliziter Weise durch eine Gleichung

$$P(x, y) = 0 \tag{18}$$

gegeben ist, wo $P(x, y)$ ein irreduzibles[1] Polynom in x und y ist. Derartige Integrale führen, von Sonderfällen abgesehen, auf höhere transzendente Funktionen, die sogenannten Abelschen Funktionen. Ein Sonderfall davon sind die elliptischen Integrale, bei denen

$$y = \sqrt{a_0\, x^4 + a_1\, x^3 + a_2\, x^2 + a_3\, x + a_4}$$

ist. Das Integral (17) wird sich aber jedenfalls dann in ein Integral einer rationalen Funktion der Integrationsvariablen transformieren lassen, wenn die Kurve (18) eine rationale Kurve ist (§ 19, 6), also eine Parameterdarstellung $x = \varphi(t)$, $y = \psi(t)$ besitzt, wo $\varphi(t)$ und $\psi(t)$ rationale Funktionen von t sind. Da dann auch $\varphi'(t)$ rational ist, geht (17) durch die Substitution $x = \varphi(t)$ über in

$$\int R(\varphi(t), \psi(t))\, \varphi'(t)\, dt = \int R_1(t)\, dt$$

mit rationalem Integranden $R_1(t)$.

Ich beweise noch den Satz: *Eine eindeutige algebraische Funktion ist stets eine rationale Funktion.* Die algebraische Funktion $y = f(x)$ sei durch (18) definiert. (18) ist eine algebraische Gleichung mit der Unbekannten y, deren Koeffizienten Polynome in x sind. Wenn $f(x)$ für alle x des Definitionsbereiches eindeutig sein soll, heißt das, daß diese Gleichung eine und nur eine Wurzel y hat. Das kann aber nur dann der Fall sein, wenn $P(x, y)$ in y linear ist, also die Gestalt

$$P_1(x)\, y + P_2(x) = 0$$

hat, wo $P_1(x)$ und $P_2(x)$ Polynome in x sind. Daraus folgt

$$y = -\frac{P_2(x)}{P_1(x)},$$

d. h. y ist eine rationale Funktion von x, was zu beweisen war.

5. **Die quadratische Irrationalität.** Es sei $P(x, y)$ ein Polynom vom Grad 2, die Kurve (18) also ein Kegelschnitt

$$P(x, y) = A\, x^2 + 2\, B\, x\, y + C\, y^2 + 2\, D\, x + 2\, E\, y + F = 0$$

oder, nach Potenzen von y geordnet,

$$P(x, y) = C\, y^2 + 2(B\, x + E)\, y + (A\, x^2 + 2\, D\, x + F) = 0.$$

[1] Das heißt hier, daß $P(x, y)$ nicht als Produkt zweier (nicht konstanter) Polynome darstellbar ist.

Dabei sei $C \neq 0$, da sonst y eine rationale Funktion von x und damit (17) das Integral einer rationalen Funktion von x wäre. Wir können dann $C = 1$ nehmen, nach y auflösen

$$y = -(B x + E) \pm \sqrt{a x^2 + 2 b x + c}$$

und erhalten

$$R(x, y) = R\left(x, -(B x + E) \pm \sqrt{a x^2 + 2 b x + c}\right) = \overline{R}(x, z),$$

wo $\overline{R}(x, z)$ eine rationale Funktion von x und $z = \sqrt{a x^2 + 2 b x + c}$ ist. Wir beschränken uns daher im folgenden auf Integrale (17) mit

$$y = \pm \sqrt{a x^2 + 2 b x + c}. \tag{19}$$

Jeder Kegelschnitt ist eine rationale Kurve; um das zu zeigen, müssen wir nur eine rationale Parameterdarstellung für den Kegelschnitt (19) angeben und sind am Ziel.

Es sei $P_0 = (x_0, y_0)$ ein beliebiger Punkt des Kegelschnitts (19) (Abb. 133). Durch P_0 legen wir die Geraden

$$y - y_0 = t(x - x_0). \tag{20}$$

Jede dieser Geraden schneidet $\mathfrak{C}$ in einem weiteren Punkt P, dessen Koordinaten eindeutige algebraische und daher nach dem Satz von Ziffer 4 rationale Funktionen des Parameters t sind. Den Punkt P_0 wird man so wählen, daß diese Parameterdarstellung möglichst einfach wird, z. B. als Schnittpunkt von (19) mit einer Koordinatenachse.

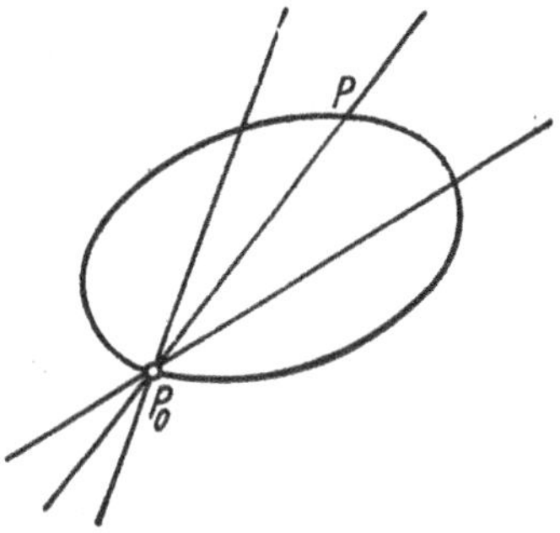

Abb. 133.

In (19) sei $a c - b^2 \neq 0$, da sonst $y = \pm \frac{1}{\sqrt{a}}(a x + b)$ und der Integrand eine rationale Funktion von x wäre. Ist dann $a = 0$, so ist (19) oder $y^2 = 2 b x + c$ eine Parabel und wir können y selbst als Parameter einführen.

Ist $a > 0$, so ist (19) eine Hyperbel, die die x-Achse reell schneidet, wenn $a c - b^2 < 0$ ist.

Ist $a < 0$, so ist (19) eine Ellipse oder ein nullteiliger Kegelschnitt (d. i. ein Kegelschnitt ohne reelle Punkte), je nachdem $a c - b^2 < 0$ oder > 0 ist. Den letzten Fall schließen wir aus, da wir nur Integrale reeller Funktionen behandeln. Im ersten Fall gibt es sicher reelle Schnittpunkte mit der x-Achse.

Mit den folgenden drei Substitutionen findet man in allen Fällen das Auslangen.

1. Im Falle $a c - b^2 < 0$ ist $y^2 = a(x - x_1)(x - x_2)$ mit reellen Nullstellen x_1 und x_2; man kann $x_0 = x_1$ oder $x_0 = x_2$ nehmen und erhält für $x_0 = x_1$, $y_0 = 0$ aus (20)

$$y = t(x - x_1)$$

und aus (19)

$$y^2 = t^2 (x - x_1)^2 = a(x - x_1)(x - x_2),$$

also nach Kürzen durch $(x - x_1)$

$$t^2 (x - x_1) = a(x - x_2),$$

$$x = \frac{t^2 x_1 - a x_2}{t^2 - a}, \quad y = \frac{a t (x_1 - x_2)}{t^2 - a}.$$

2. Ist $c \geqq 0$, so hat (19) reelle Schnittpunkte mit der y-Achse und man kann $x_0 = 0$, $y_0 = \pm\sqrt{c}$ nehmen. (20) gibt mit $y_0 = \sqrt{c}$

$$y = t\,x + \sqrt{c}$$

und es wird

$$y^2 = t^2 x^2 + 2\sqrt{c}\,t\,x + c = a\,x^2 + 2\,b\,x + c,$$

also

$$t^2 x + 2\sqrt{c}\,t = a\,x + 2\,b,$$

$$x = 2\,\frac{b - \sqrt{c}\,t}{t^2 - a}, \qquad y = -\,\frac{\sqrt{c}\,t^2 - 2\,b\,t + a\sqrt{c}}{t^2 - a}.$$

3. Im Falle $a > 0$ (Hyperbel) kann man P_0 mit einem unendlich fernen Punkt zusammenfallen lassen, die Geraden (20) also parallel zu einer Asymptote wählen. Die Asymptotenrichtungen von (19) sind $\pm\sqrt{a}$, daher ist

$$y = \sqrt{a}\,x + t$$

die Schar der zu einer Asymptote parallelen Geraden. Es folgt

$$y^2 = a\,x^2 + 2\sqrt{a}\,t\,x + t^2 = a\,x^2 + 2\,b\,x + c,$$

also

$$x = \frac{c - t^2}{2\sqrt{a}\,t - 2\,b}; \qquad y = \frac{\sqrt{a}\,t^2 - 2\,b\,t + c\sqrt{a}}{2\sqrt{a}\,t - 2\,b}.$$

Ich erinnere, daß der Fall $R(x, y) \equiv \frac{1}{y}$, wo y durch (19) gegeben ist[1], bereits in § 18, 6 behandelt wurde und empfehle Ihnen, zur Übung unsere neue Methode auf diese Integrale anzuwenden.

Beispiel:

$$J = \int \frac{x + \sqrt{x^2 + 1}}{1 - \sqrt{x^2 + 1}}\,dx.$$

Hier ist $R(x, y) = \dfrac{x + y}{1 - y}$ und $y^2 = x^2 + 1$, also $a = c = 1$, $b = 0$, $a\,c - b^2 > 0$. Wir können nach 2 oder 3 vorgehen. Nach 2 ergibt sich entweder $y = t\,x + 1$ oder $y = t\,x - 1$, ersteres ist vorzuziehen, da der Nenner $1 - y$ dabei einfacher, nämlich $1 - y = -t\,x$ wird. Es folgt

$$y^2 = t^2 x^2 + 2\,t\,x + 1 = x^2 + 1,$$

$$x = \frac{2\,t}{1 - t^2}, \qquad y = \frac{1 + t^2}{1 - t^2}, \qquad dx = 2\,\frac{1 + t^2}{(1 - t^2)^2}\,dt,$$

$$J = \int \frac{\dfrac{2\,t}{1 - t^2} + \dfrac{1 + t^2}{1 - t^2}}{-\dfrac{2\,t^2}{1 - t^2}}\; 2\,\frac{1 + t^2}{(1 - t^2)^2}\,dt = -\int \frac{1 + t^2}{t^2\,(1 - t)^2}\,dt;$$

Teilbruchzerlegung gibt

$$\frac{1 + t^2}{t^2\,(1 - t)^2} = \frac{1}{t^2} + \frac{2}{t} + \frac{2}{(1 - t)^2} + \frac{2}{1 - t},$$

also

$$J = \frac{1}{t} - 2\ln|t| - \frac{2}{1 - t} + 2\ln|1 - t| =$$

$$= \frac{x}{\sqrt{1 + x^2} - 1} + \frac{2\,x}{\sqrt{1 + x^2} - 1 - x} + 2\ln\left|\frac{1 + x - \sqrt{1 + x^2}}{\sqrt{1 + x^2} - 1}\right|$$

[1] Man beachte, daß in § 18, 6 der Koeffizient von x mit b und nicht wie hier mit $2\,b$ bezeichnet wurde!

Nach 3 erhalten wir entweder $y = x + t$ oder $y = -x + t$; letzteres ist zweckmäßiger, da der Zähler einfacher wird.

$$y^2 = x^2 - 2xt + t^2 = x^2 + 1,$$

$$x = \frac{t^2 - 1}{2t}, \quad y = \frac{t^2 + 1}{2t}, \quad dx = \frac{t^2 + 1}{2t^2}\, dt,$$

$$J = \int \frac{t}{1 - \frac{t^2 + 1}{2t}} \frac{t^2 + 1}{2t^2}\, dt = -\int \frac{t^2 + 1}{(t-1)^2}\, dt.$$

Wegen

$$\frac{t^2 + 1}{(t-1)^2} = 1 + \frac{2}{t-1} + \frac{2}{(t-1)^2}$$

wird

$$J = -t - 2\ln|t-1| + \frac{2}{t-1} = -x - \sqrt{1 + x^2} + \frac{2}{x - 1 + \sqrt{1 + x^2}} -$$

$$- 2\ln\left|x - 1 + \sqrt{1 + x^2}\right|.$$

Man zeige, daß die beiden Resultate sich nur durch die Konstante $2\ln 2$ unterscheiden!

6. Zwei Sonderfälle. Neben den in § 18, 6 behandelten Sonderfällen sind noch zwei von einiger Bedeutung, weil sie sich ebenfalls in einfacherer Weise als durch die allgemeinen Methoden erledigen lassen. Es sind das erstens die Integrale von der Gestalt

$$J = \int \frac{P_n(x)}{\sqrt{a x^2 + 2 b x + c}}\, dx, \tag{21}$$

wo $P_n(x)$ ein Polynom in x vom Grad n ist. Diese Integrale lassen sich durch den Ansatz

$$J = (A_0 x^{n-1} + A_1 x^{n-2} + \ldots + A_{n-1}) \sqrt{a x^2 + 2 b x + c} +$$

$$+ B \int \frac{dx}{\sqrt{a x^2 + 2 b x + c}}$$

auf den in § 18, 6 behandelten Sonderfall zurückführen. Durch Differentiation folgt

$$\frac{P_n(x)}{\sqrt{a x^2 + 2 b x + c}} =$$

$$= [(n-1) A_0 x^{n-2} + (n-2) A_1 x^{n-3} + \ldots + A_{n-2}] \sqrt{a x^2 + 2 b x + c} +$$

$$+ (A_0 x^{n-1} + A_1 x^{n-2} + \ldots + A_{n-1}) \frac{a x + b}{\sqrt{a x^2 + 2 b x + c}} + \frac{B}{\sqrt{a x^2 + 2 b x + c}}.$$

Multipliziert man mit $\sqrt{a x^2 + 2 b x + c}$, so steht links und rechts je ein Polynom n-ten Grades in x, so daß man durch Vergleich der Koeffizienten die $n + 1$ Unbekannten $A_0, A_1, \ldots, A_{n-1}$ und B berechnen kann. Den Nachweis, daß dieses Gleichungssystem für die unbekannten Koeffizienten stets eindeutig lösbar ist, durch den die Berechtigung des Ansatzes erst voll erwiesen wäre, wollen wir uns hier ersparen. Die Integrale

$$\int \sqrt{a x^2 + 2 b x + c}\, dx = \int \frac{a x^2 + 2 b x + c}{\sqrt{a x^2 + 2 b x + c}}\, dx$$

lassen sich ebenfalls nach dieser Methode behandeln.

Beispiel:

$$\int \frac{x^4\,dx}{\sqrt{1-x^2}} = (A\,x^3 + B\,x^2 + C\,x + D)\sqrt{1-x^2} + E\int \frac{dx}{\sqrt{1-x^2}},$$

$$\frac{x^4}{\sqrt{1-x^2}} = (3\,A\,x^2 + 2\,B\,x + C)\sqrt{1-x^2} -$$

$$-(A\,x^3 + B\,x^2 + C\,x + D)\frac{x}{\sqrt{1-x^2}} + \frac{E}{\sqrt{1-x^2}}$$

$$x^4 = -4\,A\,x^4 - 3\,B\,x^3 + (3\,A - 2\,C)\,x^2 + (2\,B - D)\,x + C + E,$$

$$A = -\frac{1}{4},\quad B = 0,\quad C = -\frac{3}{8},\quad D = 0,\quad E = \frac{3}{8}.$$

$$\int \frac{x^4\,dx}{\sqrt{1-x^2}} = -\frac{x}{8}(2\,x^3 + 3)\sqrt{1-x^2} + \frac{3}{8}\arcsin x.$$

Bei allen Ansatzmethoden kann man mitunter Vereinfachungen erzielen, wenn der Integrand gerade oder ungerade ist. Denn jeweils die andere Eigenschaft muß sich im Ansatz wiederfinden (§ 12, Aufgabe 4), wodurch man oft einige Koeffizienten von vornherein angeben kann. In dem obigen Beispiel ist der Integrand gerade, das Integral also ungerade, so daß $B = D = 0$ sein muß, da auch rechts in der ersten Zeile eine ungerade (in der zweiten eine gerade) Funktion stehen muß.

Der zweite Sonderfall betrifft Integrale der Gestalt

$$J = \frac{dx}{(x+p)^n\sqrt{a\,x^2 + b\,x + c}}.$$

Die Substitution

$$x + p = \frac{1}{z},\quad x = \frac{1}{z} - p,\quad dx = -\frac{dz}{z^2}$$

gibt

$$J = -\int \frac{z^{n-1}\,dz}{\sqrt{(a\,p^2 - b\,p + c)\,z^2 + (-2\,a\,p + b)\,z + a}},$$

also ein Integral der Gestalt (21).

7. Die bilineare[1] Irrationalität. Es handelt sich um Integrale der Gestalt

$$J = \int R(x, y_1, y_2, \ldots, y_n)\,dx, \tag{22}$$

wo

$$y_i = \left(\frac{a\,x + b}{c\,x + d}\right)^{\alpha_i}$$

mit $a\,d - b\,c \neq 0$ (für $a\,d - b\,c = 0$ sind alle y_i Konstante). Die Exponenten α_i seien *rational*, also

$$\alpha_i = \frac{p_i}{q_i}$$

mit ganzen p_i und q_i. Es sei s das kleinste gemeinsame Vielfache der Nenner q_i Die Substitution

$$\frac{a\,x + b}{c\,x + d} = t^s,\quad x = \frac{d\,t^s - b}{a - c\,t^s}$$

transformiert J in das Integral einer rationalen Funktion von x.

[1] Man nennt

$$y = \frac{a\,x + b}{c\,x + d}$$

eine *bilineare* (oder auch *linear gebrochene*) *Funktion*, weil sie in impliziter Gestalt durch eine *bilineare Gleichung* $c\,x\,y - a\,x + d\,y - b = 0$ gegeben ist, also durch eine spezielle quadratische Gleichung, die sowohl in x wie in y linear ist.

Beispiel:

$$J = \int \sqrt[3]{\frac{x+1}{x-1}}\,dx,$$

$$\frac{x+1}{x-1} = t^3, \quad x = \frac{t^3+1}{t^3-1}, \quad dx = -\frac{6t^2}{(t^3-1)^2}\,dt,$$

$$J = -6\int \frac{t^3\,dt}{(t-1)^2\,(t^2+t+1)^2}.$$

Ist $c = 0$ (aber $d \neq 0$), so wird $\frac{a x + b}{d} = \alpha x + \beta$ und man spricht von einer *linearen* oder *binomischen Irrationalität*. Ist außerdem $b = \beta = 0$, so liegt eine sogenannte *monomische Irrationalität* vor.

Beispiel:

$$J = \int \frac{\sqrt[3]{x} + \sqrt{x}}{\sqrt[4]{x} + 1}\,dx, \quad x = t^{12}, \quad dx = 12\,t^{11}\,dt, \quad J = 12\int \frac{t^2+1}{t^3+1}\,t^{15}\,dt.$$

8. Binomische Integrale. Man versteht darunter Integrale der Gestalt

$$J = \int x^p\,(a\,x^q + b)^r\,dx \tag{23}$$

mit *rationalem* p, q, r.

Ist r ganz, so ist (23) das Integral einer monomischen Irrationalität (Ziffer 7).

Ist r nicht ganz, so versuchen wir (23) durch die Substitution $x^q = y$, $x = y^{\frac{1}{q}}$, $dx = \frac{1}{q}\,y^{\frac{1}{q}-1}\,dy$ in das Integral einer linearen Irrationalität zu transformieren. Es folgt

$$J = \frac{1}{q}\int y^{\frac{p+1}{q}-1}\,(a\,y + b)^r\,dy.$$

Ist $\frac{p+1}{q}$ ganz, so haben wir es wirklich mit dem Integral einer linearen Irrationalität zu tun, das nach Ziffer 7 durch die Substitution $a\,y + b = t^s$, wo s der Nenner von r ist, behandelt werden kann. Ist aber $\frac{p+1}{q}$ nicht ganz, so können wir noch versuchen, durch Umformung

$$J = \frac{1}{q}\int y^{\frac{p+1}{q}-1}\left(y\,\frac{a\,y+b}{y}\right)^r dy = \frac{1}{q}\int y^{\frac{p+1}{q}+r-1}\left(\frac{a\,y+b}{y}\right)^r dy$$

auf eine bilineare Irrationalität zu kommen; man sieht, daß dieser Versuch gelingt, wenn $\frac{p+1}{q} + r$ eine ganze Zahl ist. Man setzt

$$\frac{a\,y+b}{y} = a + b\,y^{-1} = t^s.$$

Ich stelle zusammen:

a) r ganz: Substitution $x = t^s$, wo s das kleinste gemeinsame Vielfache der Nenner von p und q ist.

b) $\frac{p+1}{q}$ ganz: Substitution $a\,x^q + b = t^s$, wo s der Nenner von r ist.

c) $\frac{p+1}{q} + r$ ganz: Substitution $a + b\,x^{-q} = t^s$, wo s der Nenner von r ist.

In allen anderen Fällen führt das binomische Integral auf höhere transzendente Funktionen.

Beispiel:

$$J=\int \frac{\sqrt{1-\sqrt[3]{x^2}}}{x\sqrt[3]{x}}\,dx=\int x^{-\frac{4}{3}}\left(-x^{\frac{2}{3}}+1\right)^{\frac{1}{2}}dx;$$

$$p=-\frac{4}{3},\quad q=\frac{2}{3},\quad r=\frac{1}{2}.$$

r ist nicht ganz, $\frac{p+1}{q}=-\frac{1}{2}$ ist nicht ganz, $\frac{p+1}{q}+r=-\frac{1}{2}+\frac{1}{2}=0$ ist ganz, also Fall c.

Substitution $-1+x^{-\frac{2}{3}}=t^2$ ($s=2$, Nenner von r), also

$$x=(t^2+1)^{-\frac{3}{2}},\quad dx=-3\,(t^2+1)^{-\frac{5}{2}}\,t\,dt.$$

$$J=\int x^{-\frac{4}{3}}\left[x^{\frac{2}{3}}\left(-1+x^{-\frac{2}{3}}\right)\right]^{\frac{1}{2}}dx=\int x^{-1}\left(-1+x^{-\frac{2}{3}}\right)^{\frac{1}{2}}dx=$$

$$=-3\int (t^2+1)^{\frac{3}{2}}\,t\,(t^2+1)^{-\frac{5}{2}}\,t\,dt=-3\int\frac{t^2}{t^2+1}\,dt=-3\int\left(1-\frac{1}{t^2+1}\right)dt=$$

$$=-3\,(t-\arctan t)=3\arctan\sqrt{\frac{1}{\sqrt[3]{x^2}}-1}-3\sqrt{\frac{1}{\sqrt[3]{x^2}}-1}.$$

9. **Integration gewisser transzendenter Funktionen.** Integrale

$$\int R(e^{a\,x})\,dx,$$

wo $R(y)$ eine rationale Funktion von $y=e^{a\,x}$ ist, gehen durch die Substitution $e^{a\,x}=t$, $x=\frac{1}{a}\ln t$, $dx=\frac{dt}{a\,t}$ in Integrale rationaler Funktionen von t über:

$$\int R(e^{a\,x})\,dx=\frac{1}{a}\int R(t)\,\frac{dt}{t}.$$

Ähnlich gehen Integrale der Gestalt

$$J=\int R(\sin x,\cos x)\,dx,$$

wo $R(u,v)$ eine rationale Funktion von $u=\sin x$ und $v=\cos x$ ist, durch die Substitution (§ 17, 3)

$$\tan\frac{x}{2}=t,\quad \sin x=\frac{2\,t}{1+t^2},\quad \cos x=\frac{1-t^2}{1+t^2},\quad dx=\frac{2\,dt}{1+t^2}$$

in

$$J=\int R\left(\frac{2\,t}{1+t^2},\frac{1-t^2}{1+t^2}\right)\frac{2\,dt}{1+t^2}=\int\overline{R}(t)\,dt$$

über, wo $\overline{R}(t)$ eine rationale Funktion ist. Enthält R nur gerade Potenzen von $\sin x$ und $\cos x$ und eventuell noch beliebige Potenzen von $\tan x$, so führt die Substitution

$$\tan x=t,\quad \sin^2 x=\frac{t^2}{1+t^2},\quad \cos^2 x=\frac{1}{1+t^2},\quad dx=\frac{dt}{1+t^2}$$

einfacher zur Rationalisierung. Mitunter führen auch andere Methoden zum Ziel. Setzt man z. B. in dem Integral

$$J=\int\frac{dx}{a\sin x+b\cos x}$$

die Konstanten

$$a = r\cos\varphi, \qquad b = r\sin\varphi,$$

dann wird

$$a\sin x + b\cos x = r\sin(x + \varphi)$$

und (vgl. § 17, 8)

$$J = \frac{1}{r}\int\frac{d(x+\varphi)}{\sin(x+\varphi)} = \frac{1}{r}\int\frac{\frac{2\,dt}{1+t^2}}{\frac{2t}{1+t^2}} = \frac{1}{r}\ln|t| = \frac{1}{r}\ln\left|\tan\frac{x+\varphi}{2}\right| =$$

$$= \frac{1}{\sqrt{a^2+b^2}}\ln\left|\tan\left(\frac{x}{2} + \frac{1}{2}\arctan\frac{b}{a} + \left[\frac{n}{2}\right]\frac{\pi}{2}\right)\right|.$$

(Man zeige, daß das auch gleich

$$J = (-1)^{\left[\frac{n}{2}\right]}\frac{1}{\sqrt{a^2+b^2}}\ln\left|\tan\left(\frac{x}{2} + \frac{1}{2}\arctan\frac{b}{a}\right)\right| =$$

$$= \frac{\operatorname{sign} a}{\sqrt{a^2+b^2}}\ln\left|\tan\left(\frac{x}{2} + \frac{1}{2}\arctan\frac{b}{a}\right)\right|, \qquad a \neq 0$$

ist.)

Aufgaben.

1. $\int\frac{6x^2+8x-23}{(2x-1)(3x+2)(x-3)}dx$;
2. $\int\frac{dx}{x^8-2x^4+1}$;
3. $\int\frac{dx}{a^2+b^2\tan^2 x}$;
4. $\int\frac{dx}{x^4+1}$;
5. Bogenlänge von $y = \ln(1-x^2)$
6. $\int_0^\infty\frac{dx}{1+x+x^2}$;
7. $\int\sqrt{\tan x}\,dx$;
8. $\int\frac{1-\sin x}{1+\sin x}dx$;
9. $\int\sqrt{\frac{1+x}{1-x}}dx$;
10. $\int\frac{\sqrt[3]{1+\sqrt[4]{x}}}{\sqrt{x}}dx$;
11. $\int\frac{dx}{x\sqrt[3]{1+x^3}}$;
12. $\int_a^b\frac{dx}{\sqrt{(x-a)(b-x)}}$;
13. $\int_a^b\sqrt{(x-a)(b-x)}\,dx$;
14. $\int\frac{x^4\,dx}{(1-x^2)\sqrt{1-x^2}}$;
15. $\int\frac{(x-\sqrt{1+x^2})^2}{1+x^2}dx$;
16. Oberfläche der beiden Drehellipsoide.

VII. Unendliche Reihen.

§ 34. Konvergenz und Divergenz der Reihen.

Mit unendlichen Reihen haben wir uns schon gelegentlich unserer Untersuchungen über Zahlenfolgen in § 3 und § 4 beschäftigt, wo wir im Zusammenhang mit der Behandlung der geometrischen Reihe (§ 4, 3) feststellen konnten, daß sich die Frage der Konvergenz einer unendlichen Reihe auf die Konvergenz von Zahlenfolgen in höchst einfacher Weise zurückführen läßt. Wir wollen uns im folgenden von einem allgemeineren Standpunkt aus mit den unendlichen Reihen befassen und ihre wichtigsten Eigenschaften kennenlernen. Ich möchte schon hier hervorheben, daß diese Untersuchungen nicht nur in theoretischer Hinsicht, sondern vor allem auch für das praktische Rechnen von der größten Bedeutung sind. Ich erinnere Sie daran, daß die Berechnung der transzendenten Zahlen π und e, die Berechnung der Logarithmentafeln und der Tabellen für die Winkelfunktionen im wesentlichen mit Hilfe von Reihenentwicklungen erfolgt; dasselbe gilt auch für die Tabellen anderer praktisch wichtiger Funktionen, die Sie später kennenlernen werden. Eine sehr große Rolle spielen Reihenentwicklungen ferner bei der numerischen Berechnung mancher Integrale sowie bei der Lösung von Differentialgleichungen.

1. **Grundbegriffe.** Ich gebe Ihnen zunächst eine kurze Zusammenstellung der wichtigsten Begriffe und Eigenschaften unendlicher Reihen, die Ihnen von unseren Untersuchungen über Zahlenfolgen her bereits bekannt sind. Gegeben sei also — zunächst rein formal — ein Ausdruck

$$u_1 + u_2 + \ldots + u_\nu + \ldots = \sum_{\nu=1}^{\infty} u_\nu, \tag{1}$$

der nicht abbricht, also unendlich viele *Glieder* u_ν enthält und als *unendliche Reihe* oder kurz *Reihe* bezeichnet wird. Die u_ν sind dabei reelle Zahlen oder Funktionen irgendwelcher unabhängiger Veränderlicher, doch richten wir unser Augenmerk zunächst nicht auf eine eventuelle funktionale Abhängigkeit, sondern betrachten die u_ν als Konstante.

Durch

$$s_1 = u_1,\ s_2 = u_1 + u_2,\ s_3 = u_1 + u_2 + u_3, \ldots, s_\nu = u_1 + u_2 + \ldots + u_\nu = \sum_{\alpha=1}^{\nu} u_\alpha \tag{2}$$

wird die Folge der *Teilsummen* oder *Partialsummen* der Reihe (1) definiert. Insbesondere heißt s_ν die ν-te Teilsumme. Ist die Folge $\{s_\nu\}$ konvergent und s ihr Grenzwert, also

$$\lim_{\nu \to \infty} s_\nu = s,$$

so heißt auch die Reihe $\sum\limits_{\nu=1}^{\infty} u_\nu$ *konvergent* und s ihr *Wert* oder ihre *Summe*. Man schreibt dann kurz

$$\boxed{s = \sum_{\nu=1}^{\infty} u_\nu.}$$

In allen anderen Fällen, wenn also die Folge der Teilsummen einen uneigentlichen oder überhaupt keinen Grenzwert hat, heißt die Reihe (1) ebenso wie die Folge $\{s_\nu\}$ *divergent*. Die Untersuchung der Reihen läßt sich also vollständig auf die Untersuchung von Folgen zurückführen, und es mag daher zunächst den Anschein haben, daß eine gesonderte Behandlung der Reihen überhaupt überflüssig ist; Sie werden auch gleich sehen, daß sich ganz fundamentale Erkenntnisse über die Konvergenz von Reihen unmittelbar aus den entsprechenden Sätzen über Folgen gewinnen lassen. Anderseits ergeben sich aber gerade durch die besondere Struktur der Glieder der Folge $\{s_\nu\}$ als Summen auch besondere Aussagen über die Glieder u_ν der Reihe, die jetzt im Vordergrund unseres Interesses stehen. Ich erwähne noch, daß man aus bestimmten Gründen (vgl. § 37) das erste Glied einer Reihe oft nicht mit u_1 sondern mit u_0 bezeichnet. Dann wird (1)

$$u_0 + u_1 + \ldots u_\nu + \ldots = \sum_{\nu=0}^{\infty} u_\nu .$$

2. Eine notwendige Bedingung für die Konvergenz einer Reihe. So wie man aus den Reihengliedern u_ν die Teilsummen in einfacher Weise berechnen kann, lassen sich auch umgekehrt die Glieder der Reihe durch die Teilsummen darstellen:

$$u_1 = s_1,\ u_2 = s_2 - s_1,\ u_3 = s_3 - s_2,\ \ldots,\ u_\nu = s_\nu - s_{\nu-1},\ \ldots \tag{3}$$

Daraus ergibt sich sofort eine sehr einfache notwendige Bedingung für die Konvergenz einer Reihe: *Die Glieder u_ν selbst müssen eine Nullfolge bilden*, d. h. es muß

$$\boxed{\lim_{\nu\to\infty} u_\nu = 0} \tag{4}$$

sein. Es ist ja, wenn die Reihe $\sum u_\nu$ konvergent ist[1],

$$\lim_{\nu\to\infty} u_\nu = \lim_{\nu\to\infty} (s_\nu - s_{\nu-1}) = \lim_{\nu\to\infty} s_\nu - \lim_{\nu\to\infty} s_{\nu-1} = s - s = 0.$$

Die Bedingung ist aber nicht hinreichend, wie ich sofort an einem Beispiel zeigen will.

Wir betrachten die sogenannte *harmonische Reihe*

$$\sum_{\nu=1}^{\infty} \frac{1}{\nu} = 1 + \frac{1}{2} + \frac{1}{3} + \frac{1}{4} + \frac{1}{5} + \ldots + \frac{1}{\nu} + \ldots,$$

deren Glieder die Zahlen $u_\nu = \frac{1}{\nu}$ sind. Für diese Reihe gilt sicher

$$\lim_{\nu\to\infty} u_\nu = \lim_{\nu\to\infty} \frac{1}{\nu} = 0.$$

Wir bilden aus der harmonischen Reihe eine neue Reihe $\sum_{\nu=1}^{\infty} v_\nu$, indem wir jedes Glied, dessen Nenner keine Potenz von 2 ist, durch den nächstkleineren Ausdruck der Gestalt $\frac{1}{2^\nu}$ ersetzen:

$$\sum_{\nu=1}^{\infty} v_\nu = 1 + \frac{1}{2} + \frac{1}{4} + \frac{1}{4} + \frac{1}{8} + \frac{1}{8} + \frac{1}{8} + \frac{1}{8} + \frac{1}{16} + \ldots + \frac{1}{16} + \\ + \frac{1}{32} + \ldots + \frac{1}{32} + \ldots;$$

[1] Ich schreibe im folgenden oft kurz $\sum u_\nu$ statt $\sum_{\nu=1}^{\infty} u_\nu$ oder $\sum_{\nu=0}^{\infty} u_\nu$.

es ist also

$$\sum_{\nu=1}^{\infty} v_\nu = 1 + \frac{1}{2} + 2 \cdot \frac{1}{4} + 4 \cdot \frac{1}{8} + 8 \cdot \frac{1}{16} + 16 \cdot \frac{1}{32} + \ldots$$

$$= 1 + \frac{1}{2} + \frac{1}{2} + \frac{1}{2} + \frac{1}{2} + \frac{1}{2} + \ldots = +\infty,$$

die Reihe $\sum_{\nu=1}^{\infty} v_\nu$ ist divergent[1]. Nun ist aber stets $u_\nu = \frac{1}{\nu} \geqq v_\nu$ (das Gleichheitszeichen gilt nur, wenn $\frac{1}{\nu}$ eine Potenz von 2 ist), also ist auch jede Teilsumme von $\sum u_\nu$ größer als die entsprechende, aus gleich vielen Gliedern bestehende Teilsumme von $\sum v_\nu$ und es muß daher auch $\sum u_\nu = \sum \frac{1}{\nu} = +\infty$ sein, also divergent sein.

3. **Das allgemeine Konvergenzprinzip von Cauchy.** Das allgemeine Konvergenzprinzip, das ich in § 3, 5 für Folgen aufgestellt und bewiesen habe, ergibt sofort eine *notwendige und hinreichende* Bedingung für die Konvergenz einer vorgelegten Reihe $\sum u_\nu$, wenn wir es auf die Folge der Teilsummen $\{s_\nu\}$ anwenden:

Die unendliche Reihe $\sum u_\nu$ ist dann und nur dann konvergent, wenn es zu jeder Zahl $\varepsilon > 0$ eine natürliche Zahl $N = N(\varepsilon)$ gibt, so daß

$$|s_m - s_n| < \varepsilon \tag{5}$$

ist, sobald nur

$$m > N \text{ und } n > N$$

ist.

Dabei sind m und n zwei natürliche Zahlen, die beide größer als N, aber sonst ganz beliebig sind. Das Konvergenzprinzip läßt sich auch formulieren, ohne daß man die Teilsummen heranzieht. Ich nehme an, es sei $m > n$ und setze $m = n + p$, so daß p eine beliebige natürliche Zahl ist; dann wird

$$s_m - s_n = (u_1 + u_2 + \ldots + u_n + u_{n+1} + u_{n+2} + \ldots + u_{n+p}) -$$
$$- (u_1 + u_2 + \ldots + u_n) =$$
$$= u_{n+1} + u_{n+2} + \ldots + u_{n+p},$$

und es gilt:

Die unendliche Reihe $\sum u_\nu$ ist dann und nur dann konvergent, wenn es zu jeder Zahl $\varepsilon > 0$ eine natürliche Zahl $N = N(\varepsilon)$ gibt, so daß für jedes beliebige $p = 1, 2, 3, \ldots$

$$|u_{n+1} + u_{n+2} + \ldots + u_{n+p}| < \varepsilon \tag{6}$$

ist, sobald nur

$$n > N \tag{7}$$

ist.

Aus diesem allgemeinen Konvergenzprinzip ergibt sich die notwendige Bedingung von Ziffer 2 als Sonderfall. Wir brauchen nur $p = 1$ zu setzen, dann folgt, daß $|u_{n+1}| < \varepsilon$ ist für $n > N$; d. h. aber nichts anderes als $\lim_{n \to \infty} u_{n+1} = \lim_{\nu \to \infty} u_\nu = 0$.

---

[1] Um die Konvergenz oder Divergenz einer Reihe $\sum u_\nu$ mit lauter positiven Gliedern auszudrücken, schreibt man kurz

$$\sum u_\nu < +\infty, \quad \text{bzw.} \quad \sum u_\nu = +\infty.$$

Als Beispiel für die Anwendung des Konvergenzprinzips betrachten wir die geometrische Reihe mit $q = \frac{1}{2}$

$$\sum_{\nu=0}^{\infty} \frac{1}{2^\nu} = 1 + \frac{1}{2} + \frac{1}{4} + \frac{1}{8} + \dots + \frac{1}{2^\nu} + \dots .$$

Hier wird

$$|u_{n+1} + u_{n+2} + \dots + u_{n+p}| = \frac{1}{2^{n+1}} + \frac{1}{2^{n+2}} + \dots + \frac{1}{2^{n+p}} =$$

$$= \frac{1}{2^{n+1}}\left(1 + \frac{1}{2} + \dots + \frac{1}{2^{p-1}}\right) < \frac{1}{2^n},$$

da der Klammerausdruck sicher < 2 ist. Ist also $\varepsilon > 0$ beliebig vorgegeben, so haben wir nur $n > N \geqq -\frac{\ln \varepsilon}{\ln 2}$ zu wählen, damit die Bedingung erfüllt ist.

In den meisten Fällen gestaltet sich aber die Untersuchung der Konvergenz einer gegebenen Reihe mit Hilfe des Cauchyschen Prinzips nicht so einfach wie bei dem obigen Beispiel, da die Abschätzung des Reihenabschnittes $u_{n+1} + + \dots + u_{n+p}$ unter Umständen auf unüberwindliche Schwierigkeiten stößt. Es wird daher notwendig sein, einfachere und handlichere Kriterien für die Konvergenz einer Reihe zu gewinnen. Doch muß man sich vor Augen halten, daß solche Kriterien nur hinreichende Bedingungen darstellen und in ihrem Geltungsbereich beschränkt sind.

4. Das Konvergenzkriterium von Leibniz für alternierende Reihen. Unter einer *alternierenden Reihe* versteht man eine Reihe, deren Glieder abwechselnd positiv und negativ sind, und die man daher allgemein in der Gestalt

$$\sum_{\nu=0}^{\infty} (-1)^\nu u_\nu \tag{8}$$

mit $u_\nu > 0$ anschreiben kann. Nach LEIBNIZ ist die Bedingung (4), d. h. $u_\nu \to 0$, wenn *die Folge* $\{u_\nu\}$ *monoton gegen Null geht,* also $u_{\nu+1} \leqq u_\nu$ ist, bei einer alternierenden Reihe nicht nur notwendig, sondern auch hinreichend für die Konvergenz. Zum Beweis fasse ich die Glieder der Reihe auf zwei verschiedene Arten zusammen:

$$\sum (-1)^\nu u_\nu = (u_0 - u_1) + (u_2 - u_3) + (u_4 - u_5) + \dots$$

und

$$\sum (-1)^\nu u_\nu = u_0 - (u_1 - u_2) - (u_3 - u_4) - (u_5 - u_6) - \dots .$$

Wegen der vorausgesetzten Monotonie der Folge $\{u_\nu\}$ ist kein Klammerausdruck negativ und daher ist die Folge der Teilsummen mit ungeradem Index nicht fallend

$$s_1 \leqq s_3 \leqq s_5 \leqq \dots \leqq s_{2\nu-1} \leqq \dots,$$

die der Teilsummen mit geradem Index nicht steigend

$$s_0 \geqq s_2 \geqq s_4 \geqq \dots \geqq s_{2\nu} \geqq \dots .$$

Ich zeige nun zuerst, daß diese beiden Folgen $\{s_{2\nu-1}\}$ und $\{s_{2\nu}\}$ beschränkt und daher nach § 3, 3 konvergent sind, und dann, daß sie denselben Grenzwert haben. Aus $s_{2\nu-1} + u_{2\nu} = s_{2\nu}$ folgt wegen $u_{2\nu} > 0$ zunächst $s_{2\nu-1} < s_{2\nu}$, anderseits ist $s_1 \leqq s_{2\nu-1}$, $s_{2\nu} \leqq s_0$, so daß im ganzen $s_1 \leqq s_{2\nu-1} < s_{2\nu} \leqq s_0$ gilt. Es ist also s_0 eine obere Schranke für die nicht fallenden ungeraden Teilsummen und s_1 eine untere Schranke für die nicht steigenden geraden Teilsummen; beide Folgen sind also konvergent. Daß diese beiden Folgen auch denselben Grenzwert haben, folgt aus

$$\lim_{\nu\to\infty}(s_{2\nu} - s_{2\nu-1}) = \lim_{\nu\to\infty} u_{2\nu} = 0;$$

es ist somit

$$\lim_{\nu\to\infty} s_{2\nu} = \lim_{\nu\to\infty} s_{2\nu-1} = s$$

die Summe der alternierenden Reihe (8).

Die Reihe

$$\sum_{\nu=1}^{\infty} (-1)^{\nu+1}\frac{1}{\nu} = 1 - \frac{1}{2} + \frac{1}{3} - \frac{1}{4} + - \ldots = \ln 2$$

ist daher konvergent; daß ihre Summe ln 2 ist, werde ich in § 38, 2 zeigen. Der Vergleich mit der divergenten harmonischen Reihe führt auf den wichtigen Begriff der absoluten Konvergenz, vgl. die folgende Ziffer.

5. **Absolut konvergente Reihen.** Sind alle Glieder einer Reihe $\sum u_\nu$ positiv oder Null, so ist die Folge $\{s_\nu\}$ der Teilsummen nicht fallend, da ja jede Teilsumme s_ν aus der vorhergehenden $s_{\nu-1}$ durch Addition einer sicher nicht negativen Zahl $u_\nu \geqq 0$ entsteht. Nach § 3, 3 ist eine monotone Folge konvergent, wenn sie beschränkt ist. Wenn es also gelingt, eine obere Schranke für die Teilsummen einer Reihe mit lauter positiven Gliedern zu finden, so ist damit auch die Konvergenz nachgewiesen.

Es sei nun $\sum u_\nu$ eine konvergente Reihe mit beliebigen, positiven oder negativen Gliedern. Wir bilden die Reihe

$$\sum |u_\nu| = |u_1| + |u_2| + \ldots + |u_\nu| + \ldots$$

der absoluten Beträge der Glieder der ursprünglichen Reihe. Die Reihe $\sum u_\nu$ heißt *absolut konvergent*, wenn $\sum |u_\nu|$ konvergent ist. Eine absolut konvergente Reihe ist stets auch konvergent schlechthin (d. h. im Sinn von Ziffer 1), denn wenn

$$\big||u_{n+1}| + |u_{n+2}| + \ldots + |u_{n+p}|\big| = |u_{n+1}| + |u_{n+2}| + \ldots + |u_{n+p}| < \varepsilon$$

ist, so ist auch

$$|u_{n+1} + u_{n+2} + \ldots + u_{n+p}| \leqq |u_{n+1}| + |u_{n+2}| + \ldots + |u_{n+p}| < \varepsilon.$$

Die Umkehrung gilt natürlich nicht, d. h. eine konvergente Reihe muß nicht absolut konvergent sein.

Die geometrische Reihe

$$\sum_{\nu=0}^{\infty} q^\nu = 1 + q + q^2 + \ldots = \frac{1}{1-q}$$

ist für jedes q mit $|q| < 1$ absolut konvergent, auch wenn sie (im Fall $-1 < q < 0$) eine alternierende Reihe ist. Dagegen ist die am Schluß von Ziffer 4 betrachtete alternierende Reihe nicht absolut konvergent.

6. **Das Rechnen mit Reihen.** Ich beginne mit einer fast selbstverständlichen Feststellung:

Satz 1: *Wenn man in einer unendlichen Reihe endlich viele Glieder irgendwie abändert, also insbesondere wegläßt oder hinzufügt, so bleiben die Konvergenzeigenschaften der Reihe ungeändert.*

Denn unter den veränderten Gliedern gibt es sicher eines mit einem maximalen Index, etwa u_k. Dann hat man im allgemeinen Konvergenzprinzip (Ziffer 3) nur die Zahl N entsprechend zu vergrößern, um zu erreichen, daß (6) sowohl für die ursprüngliche wie auch für die veränderte Reihe gilt.

Es sei nun eine Reihe $\sum u_\nu$ vorgelegt. Wir fassen ihre Glieder in Gruppen zusammen, etwa so:

$$(u_1 + \ldots + u_{\nu_1}) + (u_{\nu_1+1} + \ldots + u_{\nu_2}) + (u_{\nu_2+1} + \ldots + u_{\nu_3}) + \ldots .$$

Wenn wir die Additionen in den Klammern ausführen, so ergibt sich eine neue Reihe $\sum U_\alpha$ mit den Gliedern

$$U_1 = u_1 + \ldots + u_{\nu_1}, \quad U_2 = u_{\nu_1+1} + \ldots + u_{\nu_2}, \quad U_3 = u_{\nu_2+1} + \ldots + u_{\nu_3}, \quad \ldots .$$

Dann gilt:

Satz 2: *Ist $\sum u_\nu$ konvergent, so konvergiert auch $\sum U_\nu$ und es ist*

$$\boxed{\sum u_\nu = \sum U_\nu.} \tag{9}$$

Der Beweis ergibt sich unmittelbar aus der Definition der Konvergenz von Ziffer 1 und § 3, 3 Satz 2. Die Umkehrung des Satzes *gilt nicht*: Wenn die Glieder U_ν einer konvergenten Reihe $\sum U_\nu$ selbst endliche, durch Klammern zusammengefaßte Summen sind, so darf man die Klammern nur auflösen, wenn die so entstehende Reihe konvergiert.

Sei z. B. $U_\nu = (1 - 1)$, also

$$\sum U_\nu = (1 - 1) + (1 - 1) + \ldots = 0 + 0 + \ldots .$$

Diese Reihe konvergiert mit der Summe 0. Aber die Auflösung der Klammern führt auf die Reihe

$$\sum u_\nu = 1 - 1 + 1 - 1 + - \ldots,$$

die divergiert, weil ihre Teilsummen abwechselnd gleich 1 oder 0 sind, die Folge der Teilsummen also divergiert (es ist auch die notwendige Konvergenzbedingung $u_\nu \to 0$ nicht erfüllt).

Satz 3: *Ist $\sum u_\nu$ konvergent und c eine beliebige Zahl, so ist auch die Reihe $\sum (c\, u_\nu)$ konvergent und es gilt*

$$\boxed{\sum (c\, u_\nu) = c \sum u_\nu.} \tag{10}$$

Denn sind s_n die Teilsummen von $\sum u_\nu$, so sind $c\, s_n$ die Teilsummen von $\sum (c\, u_\nu)$ und aus

$$\lim_{n\to\infty} (c\, s_n) = c \lim_{n\to\infty} s_n$$

folgt die Behauptung.

Satz 4: Sind $\sum u_\nu$ *und* $\sum v_\nu$ *zwei konvergente Reihen, so konvergiert auch die durch gliedweise Addition entstehende Reihe* $\sum (u_\nu + v_\nu)$ *und es gilt*

$$\boxed{\sum (u_\nu + v_\nu) = \sum u_\nu + \sum v_\nu.} \tag{11}$$

Sind nämlich s_n und t_n die n-ten Teilsummen der beiden Reihen, so ist die n-te Teilsumme der durch gliedweise Addition entstehenden Reihe gleich $s_n + t_n$ und aus

$$\lim_{n\to\infty} (s_n + t_n) = \lim_{n\to\infty} s_n + \lim_{n\to\infty} t_n$$

folgt die Behauptung. Gleichbedeutend mit Satz 3 und 4 ist

Satz 5: *Sind $\sum u_\nu$ und $\sum v_\nu$ zwei konvergente Reihen, α und β zwei beliebige Zahlen, so konvergiert auch die Reihe $\sum (\alpha u_\nu + \beta v_\nu)$ und es gilt*

$$\boxed{\sum (\alpha u_\nu + \beta v_\nu) = \alpha \sum u_\nu + \beta \sum v_\nu.} \tag{12}$$

Für $\alpha = 1$ und $\beta = -1$ folgt daraus insbesondere ein Satz über die *Differenz zweier konvergenter Reihen* (d. h. genauer die durch gliedweise Subtraktion entstehende Reihe):

$$\sum (u_\nu - v_\nu) = \sum u_\nu - \sum v_\nu. \tag{13}$$

7. **Unbedingt und bedingt konvergente Reihen.** Nach dem kommutativen Gesetz ändert sich die Summe endlich vieler Zahlen nicht, wenn man die Reihenfolge der Summanden beliebig ändert oder, wie man auch sagt, die Summe *umordnet*. Nun haben konvergente Reihen manche Eigenschaften mit endlichen Summen gemeinsam, aber es zeigen sich auch tiefgehende Unterschiede und einer der wichtigsten hängt gerade mit der Frage der Umordnung zusammen. Ich definiere zunächst:

Eine konvergente Reihe heißt ***unbedingt konvergent****, wenn durch eine beliebige Umordnung sowohl ihre Konvergenz wie auch ihre Summe erhalten bleibt: andernfalls heißt die Reihe* ***bedingt konvergent****.*

Bei bedingt konvergenten Reihen hängt also die Summe von der Reihenfolge der Glieder ab, wie das folgende Beispiel zeigt:

Wenn man die konvergente Reihe

$$\ln 2 = 1 - \frac{1}{2} + \frac{1}{3} - \frac{1}{4} + \frac{1}{5} - \frac{1}{6} + \frac{1}{7} - \frac{1}{8} + \frac{1}{9} - \frac{1}{10} + \frac{1}{11} - \frac{1}{12} + - \cdots$$

mit $\frac{1}{2}$ multipliziert (Ziffer 6, Satz 3)

$$\frac{1}{2} \ln 2 = \quad \frac{1}{2} \quad - \quad \frac{1}{4} \quad + \quad \frac{1}{6} \quad - \quad \frac{1}{8} \quad + \quad \frac{1}{10} \quad - \quad \frac{1}{12} + - \cdots$$

und zur ursprünglichen Reihe (unter Einschiebung von Nullen) addiert, so folgt

$$\frac{3}{2} \ln 2 = 1 + \frac{1}{3} - \frac{1}{2} + \frac{1}{5} + \frac{1}{7} - \frac{1}{4} + \frac{1}{9} + \frac{1}{11} - \frac{1}{6} + + - \cdots;$$

diese Reihe ist nur eine Umordnung der ursprünglichen Reihe für ln 2 — es folgt immer auf je zwei positive Glieder ein negatives —. hat aber eine andere Summe, nämlich $\frac{3}{2}$ ln 2 statt ln 2. Die Reihe ist also nur bedingt konvergent.

Ich beginne mit dem Nachweis, daß sich *jede absolut konvergente Reihe als Differenz zweier konvergenter Reihen mit lauter positiven Gliedern darstellen läßt*[1]. Die Reihe $\sum_{\nu=1}^{\infty} u_\nu$ bestehe aus den positiven Gliedern $p_1, p_2, \ldots, p_\nu, \ldots$ und

[1] Diese Eigenschaft ist natürlich nur dann wesentlich, wenn die Reihe sowohl unendlich viele positive als auch unendlich viele negative Glieder enthält (Ziffer 6, Satz 1).

aus den negativen Gliedern $-q_1, -q_2, \ldots, -q_\nu, \ldots$, wobei $p_\nu > 0$ und $q_\nu > 0$ ist. In der ν-ten Teilsumme s_ν von $\sum u_\nu$ mögen dabei ϱ positive und σ negative Summanden auftreten, so daß

$$s_\nu = \sum_{\alpha=1}^{\nu} u_\alpha = \sum_{\alpha=1}^{\varrho} p_\alpha - \sum_{\alpha=1}^{\sigma} q_\alpha$$

mit $\varrho + \sigma = \nu$ ist. Wenn die Reihe unendlich viele positive und unendlich viele negative Glieder enthält, so wird zugleich mit ν auch ϱ und σ gegen unendlich gehen. Ist $\sum u_\nu$ absolut konvergent, so sind auch die beiden Reihen $\sum p_\nu$ und $\sum q_\nu$ konvergent, denn ihre Teilsummen sind dann monoton wachsende Folgen mit der oberen Schranke $\sum |u_\nu|$. Da ferner alle Teilsummen als Differenzen erscheinen, läßt sich die Reihe $\sum u_\nu$ als Differenz

$$\sum_{\nu=1}^{\infty} u_\nu = \sum_{\nu=1}^{\infty} p_\nu - \sum_{\nu=1}^{\infty} q_\nu \tag{14}$$

zweier konvergenter Reihen mit positiven Gliedern darstellen. Ist aber $\sum u_\nu$ nur schlechthin (nicht absolut) konvergent, so müssen beide Reihen $\sum p_\nu$ und $\sum q_\nu$ divergent sein. Denn wären beide konvergent, so wäre $\sum u_\nu$ absolut konvergent, wäre nur eine konvergent und die andere divergent, so könnte $\sum u_\nu$ überhaupt nicht konvergent sein. Eine nicht absolut konvergente Reihe läßt sich also nicht als Differenz zweier konvergenter Reihen mit positiven Gliedern darstellen.

Ich zeige nun weiter, daß *die Summe einer absolut konvergenten Reihe durch eine Umordnung nicht geändert wird.* Es sei zunächst $\sum u_\nu$ eine konvergente Reihe ohne negative Glieder, also $u_\nu \geqq 0$, und $\sum v_\nu$ eine Umordnung von $\sum u_\nu$, d. h. jedes Glied von $\sum u_\nu$ kommt auch in $\sum v_\nu$ vor und umgekehrt, aber in anderer Reihenfolge. Es müssen dann alle Glieder der n-ten Teilsumme

$$s_n = \sum_{\nu=1}^{n} u_\nu$$

von $\sum u_\nu$ in einer genügend groß gewählten Teilsumme von $\sum v_\nu$ vorkommen, etwa in

$$t_m = \sum_{\nu=1}^{m} v_\nu;$$

anderseits müssen alle Summanden von t_m in einer genügend groß gewählten Teilsumme von $\sum u_\nu$ vorkommen, etwa in

$$s_p = \sum_{\nu=1}^{p} u_\nu$$

$(n \leqq m \leqq p)$. Da $\sum u_\nu$ keine negativen Glieder enthält, ist sicher

$$s_n \leqq t_m \leqq s_p$$

und da mit n auch m und p gegen unendlich gehen, ist

$$\lim_{n\to\infty} s_n \leqq \lim_{m\to\infty} t_m \leqq \lim_{p\to\infty} s_p$$

oder, wenn s die Summe der gegebenen Reihe ist,

$$s \leqq \lim_{m\to\infty} t_m \leqq s;$$

hier müssen also die Gleichheitszeichen gelten; die Folge $\{t_m\}$ ist daher konvergent, d. h. aber, die umgeordnete Reihe $\sum v_\nu$ ist konvergent und hat dieselbe Summe s wie die ursprüngliche Reihe. Bei einer Reihe ohne negative Glieder ist also eine beliebige Umordnung zulässig, d. h. der Wert der Reihe ändert sich dadurch nicht. Da sich aber eine absolut konvergente Reihe $\sum u_\nu$ mit beliebigen Gliedern stets als Differenz zweier konvergenter Reihen mit lauter positiven Gliedern darstellen läßt, so bleibt auch die Summe einer beliebigen absolut konvergenten Reihe bei einer Umordnung ungeändert.

Es gilt also:

Jede absolut konvergente Reihe ist auch unbedingt konvergent.

Es gilt auch die Umkehrung, d. h.:

Jede nicht absolut konvergente Reihe ist höchstens bedingt konvergent.

Die Begriffe „absolut konvergent" und „unbedingt konvergent" sind also völlig äquivalent. Daher kommt es auch, daß man in der Regel die konvergenten, aber nicht absolut konvergenten Reihen als bedingt konvergente Reihen bezeichnet, also die Alternative „eine Reihe konvergiert entweder absolut oder bedingt" verwendet.

Der Beweis des letzten Satzes ergibt sich aus der Tatsache, daß man durch geeignete Umordnung einer nur schlechthin (d. h. nicht absolut) konvergenten Reihe $\sum u_\nu$ jeden beliebigen Wert A ihrer Summe, und auch Divergenz, herstellen kann. Es bestehe $\sum u_\nu$ aus den positiven Gliedern p_ν und den negativen Gliedern $-q_\nu$. Ich addiere nun so viele Glieder p_ν, daß ihre Summe gerade $> A$ wird; das ist wegen $\sum p_\nu = +\infty$ sicher möglich[1]. Dazu addiere ich so viele negative Glieder $-q_\nu$, daß die Gesamtsumme gerade $< A$ wird, was wegen $\sum q_\nu = +\infty$ sicher möglich ist. Dazu addiere ich wieder so viele positive Glieder, daß die Gesamtsumme wieder gerade $> A$ wird, dann so viele negative Glieder, daß ich eine Gesamtsumme gerade $< A$ erhalte und denke mir diesen Prozeß ins Unendliche fortgesetzt. Da die Reihe $\sum u_\nu$ konvergiert, muß sowohl $p_\nu \to 0$ wie auch $q_\nu \to 0$ sein, so daß diese Oszillationen um den Wert A, die sich durch das Verfahren ergeben, immer kleiner werden und ebenfalls gegen Null gehen. Damit ist die Behauptung bewiesen.

8. Multiplikation von Reihen. Es seien die beiden Reihen $\sum u_\nu = s$ und $\sum v_\nu = t$ *absolut* konvergent, so daß auch die Summen $S = \sum |u_\nu|$ und $T = \sum |v_\nu|$ existieren. Die n-ten Teilsummen dieser vier Reihen bezeichnen wir entsprechend mit s_n, t_n, S_n und T_n. Wir bilden eine Reihe mit dem allgemeinen Glied

$$w_\nu = u_0 v_\nu + u_1 v_{\nu-1} + u_2 v_{\nu-2} + \dots + u_{\nu-1} v_1 + u_\nu v_0.$$

Diese Reihe $\sum w_\nu$ entsteht formal dadurch, daß man die gegebenen Reihen gliedweise miteinander multipliziert, wie man es bei endlichen Summen macht:

$$\begin{array}{ccccccccccccc}
 & \swarrow & & \swarrow & & \swarrow & & & & \swarrow & & \swarrow & \\
 & u_0 v_0 & + & u_0 v_1 & + & u_0 v_2 & + & \dots & + & u_0 v_{\nu-1} & + & u_0 v_\nu & + \dots \\
+ & u_1 v_0 & + & u_1 v_1 & + & u_1 v_2 & + & \dots & + & u_1 v_{\nu-1} & + & u_1 v_\nu & + \dots \\
+ & u_2 v_0 & + & u_2 v_1 & + & u_2 v_2 & + & \dots & + & u_2 v_{\nu-1} & + & u_2 v_\nu & + \dots \\
 & \cdot & & \cdot & & \cdot & & \dots & & \cdot & & \cdot & \dots \\
+ & u_\nu v_0 & + & u_\nu v_1 & + & u_\nu v_2 & + & \dots & + & u_\nu v_{\nu-1} & + & u_\nu v_\nu & + \dots \\
 & \cdot & & \cdot & & \cdot & & \dots & & \cdot & & \cdot & \dots
\end{array}$$

[1] Vgl. die Fußnote S. 342.

und nun die Glieder zusammenfaßt, die in den durch die Pfeile angedeuteten, von rechts oben nach links unten laufenden Diagonalen stehen. Das allgemeine Glied w_ν der neuen Reihe ist also die Summe aller Produkte $u_\alpha v_\beta$, bei denen die Summe $\alpha + \beta = \nu$ ist[1]. Bildet man anderseits die Reihe $\sum w_\nu'$ mit den Gliedern

$$w_0' = u_0 v_0, \quad w_1' = u_1 (v_0 + v_1) + u_0 v_1, \ldots,$$
$$w_\nu' = u_\nu (v_0 + v_1 + \ldots + v_\nu) + (u_0 + u_1 + \ldots + u_{\nu-1}) v_\nu$$

deren n-te Teilsumme also $p_n' = s_n t_n$ ist, so wird

$$\lim_{n \to \infty} (s_n t_n) = \lim_{n \to \infty} s_n \lim_{n \to \infty} t_n = s t,$$

d. h. die Reihe $\sum w_\nu'$ ist absolut konvergent mit der Summe $s t$. Die Reihe $\sum w_\nu$ ist aber nur eine Umordnung der Reihe $\sum w_\nu'$ und ist daher ebenfalls konvergent mit derselben Summe. Es ist also

$$\boxed{\sum_{\nu=0}^{\infty} (u_0 v_\nu + u_1 v_{\nu-1} + \ldots + u_\nu v_0) = \sum_{\nu=0}^{\infty} u_\nu \sum_{\nu=0}^{\infty} v_\nu = s t.} \qquad (15)$$

Beispiel: Die beiden geometrischen Reihen

$$\sum_{\nu=0}^{\infty} x^\nu = 1 + x + x^2 + \ldots + x^\nu + \ldots = \frac{1}{1 - x}$$

und

$$\sum_{\nu=0}^{\infty} (-1)^\nu x^\nu = 1 - x + x^2 - + \ldots + (-1)^\nu x^\nu + \ldots = \frac{1}{1 + x}$$

sind für $|x| < 1$ absolut konvergent. Ihr Produkt wird

$$\begin{aligned}
&1 + x + x^2 + x^3 + \ldots + x^\nu + \ldots\\
&- x - x^2 - x^3 - \ldots - x^\nu - \ldots\\
&+ x^2 + x^3 + \ldots + x^\nu + \ldots\\
&- x^3 - \ldots - x^\nu - \ldots\\
&\ldots \quad \ldots \quad . \quad \ldots\\
&= 1 + x^2 + x^4 + x^6 + \ldots + x^{2\nu} + \ldots = \frac{1}{1 - x} \, \frac{1}{1 + x} = \frac{1}{1 - x^2}.
\end{aligned}$$

Das Beispiel dient zur Verifikation der Regel (15), denn das Resultat folgt unmittelbar daraus, daß die Produktreihe $\sum_{\nu=0}^{\infty} x^{2\nu}$ wieder eine geometrische Reihe mit dem Quotienten x^2 ist und daher die Summe $\frac{1}{1 - x^2}$ hat.

Dieses Beispiel zeigt auch, warum man die Zusammenfassung der Glieder für die Produktreihe gerade in der obigen Gestalt w_ν und nicht etwa in der Gestalt w_ν' vornimmt. Es geschieht dies vor allem mit Rücksicht auf die Potenzreihen (§ 37), die wohl die wichtigsten Reihen überhaupt sind; denn in w_ν sind ja gerade die Glieder mit gleichen Potenzen x^ν zusammengefaßt.

9. **Unendliche Reihen und uneigentliche Integrale.** Es sei $f(x)$ in jedem Intervall $[a, b]$ mit festem a und $b > a$ integrierbar und das uneigentliche Integral

$$J = \int_a^{\infty} f(x) \, dx$$

[1] Vgl. die völlig gleichartige Festsetzung in § 2, 4, Satz 3.

vorgelegt. Wir wählen eine beliebige monoton steigende und bestimmt divergente Zahlenfolge $\{a_\nu\}$ mit $a_0 = a$ und bilden die Integrale

$$J_\nu = \int_{a_\nu}^{a_{\nu+1}} f(x)\, dx. \tag{16}$$

Dann wird

$$J = \sum_{\nu=0}^{\infty} J_\nu, \tag{17}$$

also das uneigentliche Integral durch eine unendliche Reihe dargestellt. Aus der Definition ergibt sich unmittelbar, daß aus der Konvergenz des Integrals die der Reihe folgt. Die Umkehrung gilt aber nur, wenn die Reihe in (17) für *alle* Folgen $\{a_\nu\}$ mit $a_0 = a$, $a_\nu \to +\infty$ konvergiert. Divergiert aber die Reihe $\sum J_\nu$ für eine bestimmte Folge a_ν, so ist auch das Integral J divergent.

Das Integral

$$\int_0^\infty \sin x\, dx$$

ist divergent. Wählt man $a_\nu = 2\nu\pi$, so wird $J_\nu = 0$ und die Reihe $\sum J_\nu$ konvergiert; für $a_\nu = \nu\pi$ wird jedoch $J_\nu = (-1)^\nu \cdot 2$ und $\sum J_\nu$ divergiert.

Dieser einfache Zusammenhang von Reihen und uneigentlichen Integralen wird insbesondere dann von Bedeutung, wenn $f(x)$ unendlich oft sein Vorzeichen wechselt, so daß man durch geeignete Wahl der a_ν in (16) eine alternierende Reihe erhält. Ich will mich hier auf den besonderen Fall beschränken, wo $f(x)$ die Gestalt

$$f(x) = g(x) \sin x$$

hat. Es gilt:

Ist $g(x)$ für $x \geqq a$ nicht steigend und

$$\lim_{x\to+\infty} g(x) = 0, \tag{18}$$

so ist

$$J = \int_a^\infty g(x) \sin x\, dx \tag{19}$$

konvergent.

Aus (18) und der Monotonie von $g(x)$ folgt

$$g(x) \geqq 0 \quad \text{für} \quad x \geqq a.$$

Ich wähle eine beliebige Zahl $A > 0$ und die ganzen Zahlen m und n so, daß

$$a \leqq m\pi < n\pi < A \leqq (n+1)\pi$$

ist. Dann gilt

$$\int_a^A g(x) \sin x\, dx = \int_a^{m\pi} g(x) \sin x\, dx + \sum_{\nu=m}^{n-1} J_\nu + \int_{n\pi}^A g(x) \sin x\, dx, \tag{20}$$

wo

$$J_\nu = \int_{\nu\pi}^{(\nu+1)\pi} g(x) \sin x\, dx$$

gesetzt ist. Ich lasse nun A und damit auch $n \to \infty$ gehen; m sei dabei fest. Wegen

$$\left| \int_{n\pi}^A g(x) \sin x\, dx \right| \leqq g(n\pi) \int_{n\pi}^{(n+1)\pi} |\sin x|\, dx = 2\, g(n\pi)$$

geht das letzte Integral in (20) gegen Null und J ist konvergent, wenn die alternierende Reihe

$$\sum_{\nu=m}^{\infty} J_\nu$$

konvergiert. Nun sieht man aber sofort, daß diese Reihe den Leibnizschen Bedingungen von Ziffer 4 genügt. Denn aus

$$|J_\nu| = \int_{\nu\pi}^{(\nu+1)\pi} g(x)\,|\sin x|\,dx$$

— man beachte, daß $g(x) \geqq 0$ ist und daß $\sin x$ in $[\nu\pi, (\nu+1)\pi]$ das Vorzeichen nicht wechselt — folgt wegen der Monotonie von $g(x)$

$$g((\nu+1)\pi)\int_{\nu\pi}^{(\nu+1)\pi} |\sin x|\,dx \leqq |J_\nu| \leqq g(\nu\pi)\int_{\nu\pi}^{(\nu+1)\pi} |\sin x|\,dx$$

oder

$$2\,g((\nu+1)\pi) \leqq |J_\nu| \leqq 2\,g(\nu\pi)$$

und daher

$$|J_\nu| \leqq |J_{\nu-1}|,$$

sowie

$$J_\nu \to 0,$$

was zu beweisen war.

Genügt $g(x)$ den Bedingungen des Satzes, so heißt das Integral J *absolut*, bzw. *bedingt konvergent*, je nachdem die Reihe $\sum_{\nu=m}^{\infty} |J_\nu|$ konvergiert oder divergiert.

Beispiel: *Das Integral*

$$J = \int_0^{\infty} \frac{\sin x}{x}\,dx$$

ist nur bedingt konvergent. Wegen $g(x) = \frac{1}{x}$ ist

$$|J_\nu| \geqq \frac{2}{(\nu+1)\pi}$$

und daher ist die harmonische Reihe $\frac{2}{\pi}\sum_{\nu=0}^{\infty}\frac{1}{\nu+1}$ eine — divergente — Minorante (vgl. § 35, 1) von $\sum |J_\nu|$.

Aufgaben.

1. Es ist die Konvergenz der Reihe $\frac{1}{1\cdot 2} + \frac{1}{2\cdot 3} + \frac{1}{3\cdot 4} + \cdots + \frac{1}{\nu(\nu+1)} + \cdots$ mit Hilfe des allgemeinen Konvergenzprinzips nachzuweisen. Man beachte dabei $\frac{1}{\nu(\nu+1)} = \frac{1}{\nu} - \frac{1}{\nu+1}$.

2. Ebenso für die Reihe $1 + \frac{1}{4} + \frac{1}{9} + \frac{1}{16} + \cdots + \frac{1}{\nu^2} + \cdots$. Man beachte $\frac{1}{\nu^2} < \frac{1}{(\nu-1)\nu}$ und verwende das Resultat der Aufgabe 1.

3. Sind die Reihen

a) $1 - \frac{1}{\sqrt{2}} + \frac{1}{\sqrt{3}} - \frac{1}{\sqrt{4}} + \cdots + \frac{(-1)^{\nu+1}}{\sqrt{\nu}} + \cdots$

b) $1 - \frac{8}{9} + \frac{3}{4} - \frac{16}{25} + \frac{5}{9} - \frac{24}{49} + \cdots + \frac{(-1)^{\nu+1}\,4\nu}{(\nu+1)^2} + \cdots$

c) $2 - \frac{1}{2} + \frac{2}{3} - \frac{1}{4} + \frac{2}{5} - \frac{1}{6} + \dots + \frac{2}{2\nu - 1} - \frac{1}{2\nu} + \dots$

d) $1 - \frac{3}{4} + \frac{4}{6} - \frac{5}{8} + \frac{6}{10} - \frac{7}{12} + \dots + (-1)^{\nu+1} \frac{\nu + 1}{2\nu} + \dots$

konvergent?

4. Man berechne $\frac{1}{1013}$ und $\frac{1003}{997}$ auf 9 bzw. 6 Dezimalen.

5. Die Reihen

a) $\frac{1}{2!} + \frac{2}{3!} + \frac{3}{4!} + \dots + \frac{\nu - 1}{\nu!} + \dots,$

b) $\frac{1}{2!} - \frac{2}{3!} + \frac{3}{4!} - \dots + (-1)^{\nu} \frac{\nu - 1}{\nu!} + \dots,$

c) $\frac{1}{3!} + \frac{2}{4!} + \frac{3}{5!} + \dots + \frac{\nu - 1}{(\nu + 1)!} + \dots,$

d) $\frac{1}{3!} - \frac{2}{4!} + \frac{3}{5!} - \dots + (-1)^{\nu} \frac{\nu - 1}{(\nu + 1)!} + \dots$

sind zu summieren. Bei b) und d) beachte man $\frac{1}{e} = \sum_{\nu=0}^{\infty} (-1)^{\nu} \frac{1}{\nu!}$, vgl. § 38, 4.

§ 35. Konvergenzkriterien.

1. **Reihenvergleichung.** Eine der gebräuchlichsten Methoden zur Feststellung der Konvergenz einer gegebenen Reihe beruht auf dem Vergleich mit einer anderen Reihe, deren Konvergenzverhalten bekannt ist. Ich gebe zunächst zwei einfache Begriffe: Es seien $\sum u_{\nu}$ die zu untersuchende Reihe und $\sum a_{\nu}$ bzw. $\sum b_{\nu}$ zwei andere Reihen mit positiven Gliedern ($a_{\nu} > 0$, $b_{\nu} > 0$); gilt nun von einem bestimmten Wert N_1 an, also für $\nu \geqq N_1$

$$|u_{\nu}| \leqq a_{\nu},$$

so heißt $\sum a_{\nu}$ eine *Oberreihe* oder *Majorante* von $\sum u_{\nu}$; gilt dagegen von einem bestimmten Wert N_2 an, also für $\nu \geqq N_2$

$$|u_{\nu}| \geqq b_{\nu},$$

so heißt $\sum b_{\nu}$ eine *Unterreihe* oder *Minorante* von $\sum u_{\nu}$. Die Methode der Reihenvergleichung gründet sich nun auf den folgenden Satz:

Die Reihe $\sum u_{\nu}$ ist absolut konvergent, wenn eine konvergente Majorante existiert, sie konvergiert jedoch sicher nicht absolut, wenn eine divergente Minorante existiert.

Es sei also $\sum a_{\nu}$ eine konvergente Majorante von $\sum u_{\nu}$, d. h. es gilt $|u_{\nu}| \leqq a_{\nu}$ für $\nu > N_1$. Da $\sum a_{\nu}$ konvergiert, gibt es nach dem allgemeinen Konvergenzprinzip zu jedem $\varepsilon > 0$ eine Zahl N_3, so daß für $\mu > \nu > N_3$

$$a_{\nu+1} + a_{\nu+2} + \dots + a_{\mu} < \varepsilon$$

ist. Ist $N = \operatorname{Max}\{N_1, N_3\}$, so ist für $\mu > \nu > N$

$$|u_{\nu+1}| + |u_{\nu+2}| + \dots + |u_{\mu}| \leqq a_{\nu+1} + a_{\nu+2} + \dots + a_{\mu} < \varepsilon$$

und daher $\sum u_{\nu}$ absolut konvergent. Ist aber $\sum b_{\nu}$ eine divergente Minorante von $\sum u_{\nu}$, so kann $\sum u_{\nu}$ sicher nicht absolut konvergieren.

Daß aber $\sum u_{\nu}$ im Falle einer divergenten Minorante $\sum b_{\nu}$ bedingt konvergieren kann, zeigt das Beispiel der Reihe

$$\sum u_{\nu} = 1 - \frac{1}{2} + \frac{1}{3} - \frac{1}{4} + \frac{1}{5} - \frac{1}{6} + - \dots.$$

Als Vergleichsreihe nehme ich die Reihe

$$\sum b_\nu = \frac{1}{2} + \frac{1}{4} + \frac{1}{6} + \dots + \frac{1}{2\nu} + \dots,$$

deren Glieder jeweils die Hälfte der Glieder der harmonischen Reihe sind und die daher wie diese divergiert. Hier ist für alle ν

$$|u_\nu| > b_\nu;$$

$\sum b_\nu$ ist also eine divergente Minorante, aber trotzdem ist $\sum u_\nu$ bedingt konvergent.

Existiert aber eine divergente Minorante $\sum b_\nu$, *für die* $\lim\limits_{\nu\to\infty} b_\nu$ *entweder überhaupt nicht existiert oder von Null verschieden ist, so ist* $\sum u_\nu$ *sicher ebenfalls divergent,* da dann die Bedingung $\lim\limits_{\nu\to\infty} u_\nu = 0$ nicht erfüllt sein kann.

Eine der einfachsten Reihen ist die geometrische Reihe, und es ist daher recht naheliegend, daß sie in erster Linie als Vergleichsreihe verwendet wird. Nach § 4, 3 ist die geometrische Reihe $\sum\limits_{\nu=0}^{\infty} a\,q^\nu$, $a > 0$, $q > 0$ für $q < 1$ konvergent, für $q \geqq 1$ divergent. Gilt also für die vorgelegte Reihe $\sum u_\nu$ von einem gewissen $\nu = N$ angefangen $|u_\nu| \leqq a\,q^\nu$ mit $q < 1$, so ist $\sum u_\nu$ absolut konvergent; ist hingegen von einem gewissen ν an $|u_\nu| \geqq a\,q^\nu$ mit $q \geqq 1$, so ist $\sum u_\nu$ sicher divergent.

Aus dem Vergleich mit der geometrischen Reihe lassen sich zwei wegen ihrer Einfachheit wichtige Konvergenzkriterien für Reihen ableiten. Sie stellen, wie es in der Natur der Sache liegt, nur hinreichende Bedingungen für die Konvergenz oder Divergenz dar und werden daher in manchen Fällen versagen.

2. Das Quotientenkriterium. *Gilt für die Reihe* $\sum u_\nu$ *von einem gewissen Index* n *an, also für* $\nu \geqq n$ *etwa,* $u_\nu \neq 0$ *und*

$$\boxed{\left|\frac{u_{\nu+1}}{u_\nu}\right| \leqq q < 1,} \tag{1}$$

so ist $\sum u_\nu$ *absolut konvergent; ist aber, wieder von einem gewissen Index an,*

$$\left|\frac{u_{\nu+1}}{u_\nu}\right| \geqq 1, \tag{2}$$

so ist $\sum u_\nu$ *divergent. Im Falle* $q = 1$ *d. h.*

$$\left|\frac{u_{\nu+1}}{u_\nu}\right| \leqq 1,$$

kann über die Konvergenz oder Divergenz der Reihe nichts ausgesagt werden. Ich nehme zunächst an, es sei die Ungleichung (1) erfüllt; es gibt also eine positive Zahl $q < 1$, so daß für $\nu \geqq n$

$$\left|\frac{u_{\nu+1}}{u_\nu}\right| \leqq q$$

ist. Dann ist

$$|u_{n+1}| \leqq q\,|u_n|,$$
$$|u_{n+2}| \leqq q\,|u_{n+1}| \leqq q^2\,|u_n|,$$
$$\dots\dots\dots\dots$$
$$|u_{n+\nu}| \leqq q^\nu\,|u_n|.$$

Setzen wir $u_{n+\nu} = v_\nu$, so gilt für alle $\nu \geqq 1$

$$|v_\nu| \leqq q^\nu\,|v_0|,$$

mit $q < 1$. Die Reihe $\sum_{\nu=0}^{\infty}{}' v_\nu$ ist daher nach Ziffer 1 absolut konvergent und dasselbe gilt auch für die Reihe $\sum u_\nu$, die sich von ihr nur durch die endlich vielen Glieder $u_0, u_1, \ldots, u_{n-1}$ unterscheidet.

Ist jedoch für $\nu \geqq n$

$$\left|\frac{u_{\nu+1}}{u_\nu}\right| \geqq 1,$$

so gilt

$$|u_{\nu+1}| \geqq |u_\nu|,$$

d. h. die Folge $\{|u_\nu|\}$ ist nicht fallend, die Folge $\{u_\nu\}$ daher sicher keine Nullfolge und $\sum u_\nu$ somit divergent.

Kann man aber nur feststellen, daß von einem gewissen ν an $\left|\frac{u_{\nu+1}}{u_\nu}\right| \leqq 1$ ist, so heißt dies, daß die Folge $\{|u_\nu|\}$ nicht steigt, womit aber nichts über die Konvergenz der Reihe $\sum u_\nu$ gesagt ist.

Existiert insbesondere der Grenzwert

$$\boxed{\lim_{\nu\to\infty}\left|\frac{u_{\nu+1}}{u_\nu}\right| = k,} \tag{3}$$

so ist $\sum u_\nu$ absolut konvergent, wenn $k < 1$ ist, divergent, wenn $k > 1$ ist, während im Falle $k = 1$ über die Konvergenz nichts ausgesagt werden kann. Wenn der Grenzwert existiert, läßt sich ja zu jedem $\varepsilon > 0$ eine Zahl N so angeben, daß für $\nu > N$ alle $\left|\frac{u_{\nu+1}}{u_\nu}\right|$ in der Umgebung $(k - \varepsilon, k + \varepsilon)$ des Grenzwerts k enthalten sind. Ist $k < 1$, so können wir ε so klein wählen, daß auch $k + \varepsilon < 1$ ist; dann ist aber für alle $\nu > N$

$$\left|\frac{u_{\nu+1}}{u_\nu}\right| < k + \varepsilon < 1,$$

also die obige Konvergenzbedingung erfüllt. Ist aber $k > 1$, so wählen wir ε so, daß auch $k - \varepsilon > 1$ und somit für alle $\nu > N$

$$\left|\frac{u_{\nu+1}}{u_\nu}\right| > k - \varepsilon > 1$$

ist, d. h. $\sum u_\nu$ ist divergent.

Beispiele:

1. $\sum_{\nu=1}^{\infty} u_\nu = 1 + 2x + 3x^2 + 4x^3 + \ldots = \sum_{\nu=1}^{\infty} \nu x^{\nu-1}$.

Hier ist

$$\lim_{\nu\to\infty}\left|\frac{u_{\nu+1}}{u_\nu}\right| = \lim_{\nu\to\infty}\left|\frac{(\nu+1)\,x^\nu}{\nu\,x^{\nu-1}}\right| = \lim_{\nu\to\infty}\frac{\nu+1}{\nu}|x| = |x|.$$

Die Reihe konvergiert also absolut für $|x| < 1$, divergiert für $|x| > 1$, während für $x = \pm 1$ das Kriterium versagt. Man sieht aber unmittelbar, daß die Reihe für $x = 1$ nach $+\infty$ divergiert, während für $x = -1$ die Folge der Teilsummen die beiden uneigentlichen Häufungswerte $\pm\infty$ hat, die Reihe also ebenfalls divergiert.

2. $\sum_{\nu=0}^{\infty} u_\nu = 1 + 2x + x^2 + 2x^3 + x^4 + 2x^5 + \ldots = \sum_{\nu=0}^{\infty} \frac{1}{2}\left[3 + (-1)^{\nu+1}\right] x^\nu$.

Der Quotient zweier aufeinanderfolgender Glieder ist entweder $\frac{1}{2}x$ oder $2x$, je nachdem, ob im Zähler ein Glied mit geradem oder ungeradem Index steht; wegen $\frac{1}{2}|x| \leqq 2|x|$ ist

$$\left|\frac{u_{\nu+1}}{u_\nu}\right| \leqq 2|x|$$

für alle ν, so daß die Reihe für $2|x| < 1$, d. h. für $|x| < \frac{1}{2}$ absolut konvergiert. Man überzeugt sich aber leicht, daß die Reihe für alle $|x| < 1$ konvergiert. Das Kriterium liefert also hier ein recht unbefriedigendes Ergebnis. Ich komme darauf in der nächsten Ziffer zurück.

3. $$\sum_{\nu=1}^{\infty} u_\nu = \frac{1}{1\cdot 3} + \frac{1}{3\cdot 5} + \frac{1}{5\cdot 7} + \ldots = \sum_{\nu=1}^{\infty} \frac{1}{(2\nu-1)(2\nu+1)}.$$

Hier wird

$$\left|\frac{u_{\nu+1}}{u_\nu}\right| = \frac{(2\nu-1)(2\nu+1)}{(2\nu+1)(2\nu+3)} = \frac{2\nu-1}{2\nu+3} \to 1,$$

d. h. das Kriterium gibt überhaupt keine Aussage über die Konvergenz der Reihe. Da aber

$$\frac{1}{(2\nu-1)(2\nu+1)} = \frac{1}{2}\left(\frac{1}{2\nu-1} - \frac{1}{2\nu+1}\right)$$

ist, die Reihe also in der Gestalt

$$\sum_{\nu=1}^{\infty} u_\nu = \frac{1}{2}\left(\frac{1}{1}-\frac{1}{3}\right) + \frac{1}{2}\left(\frac{1}{3}-\frac{1}{5}\right) + \frac{1}{2}\left(\frac{1}{5}-\frac{1}{7}\right) + \ldots =$$
$$= \frac{1}{2}\left(1 - \frac{1}{3} + \frac{1}{3} - \frac{1}{5} + \frac{1}{5} - + \ldots\right) = \frac{1}{2}$$

geschrieben werden kann, sieht man unmittelbar, daß sie konvergent ist und die Summe $\frac{1}{2}$ hat. Das Quotientenkriterium versagt also hier vollständig.

3. Die binomische Reihe. Nach dem binomischen Lehrsatz (§ 1, 7) ist, wenn x eine beliebige reelle und n eine natürliche Zahl ist,

$$(1+x)^n = \sum_{\nu=0}^{n} \binom{n}{\nu} x^\nu = 1 + \binom{n}{1} x + \binom{n}{2} x^2 + \ldots + \binom{n}{n} x^n. \tag{4}$$

Nun habe ich in § 1, 8 gezeigt, daß man die Binomialkoeffizienten $\binom{\alpha}{\nu}$ auch für beliebige reelle Zahlen α definieren kann; wir können also rein formal den binomischen Satz auch auf den Ausdruck $(1+x)^\alpha$ anwenden, erhalten aber dann, wenn α keine natürliche Zahl ist, eine unendliche Reihe, die man als *binomische Reihe* bezeichnet:

$$(1+x)^\alpha = \sum_{\nu=0}^{\infty} \binom{\alpha}{\nu} x^\nu = 1 + \binom{\alpha}{1} x + \binom{\alpha}{2} x^2 + \ldots + \binom{\alpha}{\nu} x^\nu + \ldots; \tag{5}$$

daß hier das erste Gleichheitszeichen wirklich gilt, werde ich in § 37, 6 zeigen. Wegen

$$\binom{\alpha}{\nu} = \frac{\alpha(\alpha-1)\ldots(\alpha-\nu+1)}{\nu!}$$

verschwinden in der Reihe auf der rechten Seite von (5) alle Glieder mit $\nu > n$, wenn $\alpha = n$ eine natürliche Zahl ist, so daß (4) ein Sonderfall von (5) ist.

Über die Konvergenz der Reihe (5) gibt das Quotientenkriterium Aufschluß; es ist

$$\left|\frac{u_{\nu+1}}{u_\nu}\right| = \left|\frac{\alpha(\alpha-1)\ldots(\alpha-\nu+1)(\alpha-\nu)}{1\cdot 2\ldots(\nu+1)} \cdot \frac{1\cdot 2\ldots\nu}{\alpha(\alpha-1)\ldots(\alpha-\nu+1)}\,x\right| =$$
$$= \frac{|\alpha-\nu|}{\nu+1}\,|x|$$

und daher

$$\lim_{\nu \to \infty} \left| \frac{u_{\nu+1}}{u_\nu} \right| = |x| \lim_{\nu \to \infty} \left| \frac{\alpha + 1}{\nu + 1} - 1 \right| = |x|.$$

Die Reihe $\sum \binom{\alpha}{\nu} x^\nu$ konvergiert absolut für alle x, für die $|x| < 1$ ist, und divergiert für alle x mit $|x| > 1$.

Als Anwendungsbeispiel sei die Aufgabe gestellt, $\sqrt{10}$ näherungsweise zu berechnen. Wir suchen das nächst 10 gelegene Quadrat einer ganzen Zahl, also 9, und schreiben

$$\sqrt{10} = \sqrt{9+1} = 3\sqrt{1 + \frac{1}{9}} = 3\left(1 + \frac{1}{9}\right)^{\frac{1}{2}} =$$

$$= 3\left[1 + \binom{\frac{1}{2}}{1}\frac{1}{9} + \binom{\frac{1}{2}}{2}\frac{1}{9^2} + \ldots\right];$$

brechen wir nach dem zweiten Glied ab, so erhalten wir den Näherungswert

$$\sqrt{10} \approx 3\left(1 + \frac{1}{18}\right) = \frac{19}{6}.$$

Einen genaueren Wert bekommen wir, wenn wir auch das dritte Glied berücksichtigen:

$$\sqrt{10} \approx 3\left(1 + \frac{1}{18} - \frac{1}{648}\right);$$

Es ist aber zweckmäßiger, mit dem Näherungswert $\frac{19}{6}$ so zu rechnen wie vorher mit der Zahl 3, die ja auch als erster Näherungswert für $\sqrt{10}$ aufzufassen ist, also mit diesem Wert die Rechnung nochmals von vorne zu beginnen; wegen $\left(\frac{19}{6}\right)^2 = \frac{361}{36}$ wird

$$\sqrt{10} = \sqrt{\frac{361}{36} - \frac{1}{36}} = \frac{19}{6}\sqrt{1 - \frac{1}{361}} \approx \frac{19}{6}\left(1 - \binom{\frac{1}{2}}{1}\frac{1}{361}\right) =$$

$$= \frac{19}{6}\left(1 - \frac{1}{722}\right) = \frac{721}{228} = 3{\cdot}16228\ldots,$$

wobei erst an der letzten Stelle eine kleine Abweichung auftritt.

In dieser Form ist das Verfahren allerdings mit dem Newtonschen Verfahren (§ 11, 6), angewendet auf die Gleichung $x^2 - 10 = 0$, identisch. Man erhält, vom Näherungswert $x_0 = 3$ ausgehend, sofort

$$x_1 = 3 + \frac{1}{6} = \frac{19}{6}, \qquad x_2 = \frac{19}{6} - \frac{1}{228} = \frac{721}{228}.$$

4. Das Wurzelkriterium. Dieses von CAUCHY angegebene Kriterium lautet:

Die Reihe $\sum u_\nu$ ist absolut konvergent, wenn von einem gewissen Index n angefangen, d. h. für $\nu \geqq n$

$$\boxed{\sqrt[\nu]{|u_\nu|} \leqq q < 1} \tag{6}$$

ist; ist aber für unendlich viele ν

$$\sqrt[\nu]{|u_\nu|} \geqq 1, \tag{7}$$

so ist $\sum u_\nu$ divergent. Im Falle $q = 1$, d. h.

$$\sqrt[\nu]{|u_\nu|} \leqq 1,$$

ist eine Entscheidung über die Konvergenz oder Divergenz der Reihe nicht möglich.
Der Beweis ergibt sich unmittelbar, wenn man die obigen Ungleichungen zur

ν-ten Potenz erhebt; im ersten Fall erhält man eine konvergente geometrische Reihe als Majorante, im zweiten Fall ist sicher nicht $\lim\limits_{\nu\to\infty} u_\nu = 0$.

Existiert insbesondere der Grenzwert

$$\boxed{\lim_{\nu\to\infty} \sqrt[\nu]{|u_\nu|} = k,}$$

so ist $\sum u_\nu$ absolut konvergent, wenn $k < 1$, und divergent, wenn $k > 1$ ist, während im Falle $k = 1$ keine Entscheidung getroffen werden kann.

Die Anwendung des Wurzelkriteriums auf das Beispiel 2 in Ziffer 2 gibt

$$\sqrt[\nu]{2\,|x|^\nu} = \sqrt[\nu]{2}\,|x| \to |x|$$

und natürlich auch

$$\sqrt[\nu]{|x|^\nu} = |x| \to |x|,$$

die Reihe ist also absolut konvergent für $|x| < 1$.

Beim dritten Beispiel versagt auch das Wurzelkriterium.

5. Die Reihe $\sum\limits_{\nu=1}^{\infty} \frac{1}{\nu^\alpha}$ mit $\alpha > 0$. Diese mitunter auch als *allgemeine harmonische Reihe* bezeichnete Reihe ist wichtig, weil sie neben der geometrischen Reihe oft als Vergleichsreihe verwendet wird; wir müssen aber erst ihr Konvergenzverhalten untersuchen. Wegen

$$\lim_{\nu\to\infty} \frac{\nu^\alpha}{(\nu+1)^\alpha} = \lim_{\nu\to\infty} \left(\frac{\nu}{\nu+1}\right)^\alpha = \left(\lim_{\nu\to\infty} \frac{\nu}{\nu+1}\right)^\alpha = 1,$$

$$\lim_{\nu\to\infty} \sqrt[\nu]{\frac{1}{\nu^\alpha}} = \frac{1}{\left(\lim\limits_{\nu\to\infty} \sqrt[\nu]{\nu}\right)^\alpha} = 1$$

(vgl. § 4, 5) versagt sowohl das Quotienten- als auch das Wurzelkriterium. Für $\alpha = 1$ geht die Reihe in die (spezielle) harmonische Reihe (§ 34, 2) über, ist also divergent. Für $\alpha < 1$ ist $\frac{1}{\nu^\alpha} > \frac{1}{\nu}$, die harmonische Reihe also eine divergente Minorante, die Reihe divergiert demnach für $\alpha \leqq 1$. Es sei nun $\alpha > 1$. Da alle Glieder positiv sind, ist die Folge $\{s_\nu\}$ der Teilsummen steigend. Es läßt sich nun für die Teilfolge $\{s_{2^\nu - 1}\} = \{s_1, s_3, s_7, s_{15}, \ldots\}$ zeigen, daß sie beschränkt und daher konvergent ist. Wegen $s_\nu \leqq s_{2^\nu - 1}$ ist dann sicher auch die Folge $\{s_\nu\}$ und somit auch die Reihe selbst konvergent. Es ist

$$s_3 = 1 + \frac{1}{2^\alpha} + \frac{1}{3^\alpha} < 1 + \frac{1}{2^\alpha} + \frac{1}{2^\alpha} = 1 + \frac{1}{2^{\alpha-1}},$$

$$s_7 = s_3 + \frac{1}{4^\alpha} + \frac{1}{5^\alpha} + \frac{1}{6^\alpha} + \frac{1}{7^\alpha} < s_3 + 4\frac{1}{4^\alpha} < 1 + \frac{1}{2^{\alpha-1}} + \left(\frac{1}{2^{\alpha-1}}\right)^2,$$

$$s_{15} = s_7 + \frac{1}{8^\alpha} + \ldots + \frac{1}{15^\alpha} < s_7 + 8\frac{1}{8^\alpha} < 1 + \frac{1}{2^{\alpha-1}} + \left(\frac{1}{2^{\alpha-1}}\right)^2 + \left(\frac{1}{2^{\alpha-1}}\right)^3,$$

allgemein

$$s_{2^\nu - 1} < 1 + \frac{1}{2^{\alpha-1}} + \left(\frac{1}{2^{\alpha-1}}\right)^2 + \ldots + \left(\frac{1}{2^{\alpha-1}}\right)^{\nu-1}$$

und somit

$$\lim_{\nu\to\infty} s_{2^\nu - 1} < \frac{1}{1 - \frac{1}{2^{\alpha-1}}} = \frac{2^{\alpha-1}}{2^{\alpha-1} - 1} = A.$$

Es ist also A eine obere Schranke für die Teilsummen s_ν und somit $\sum \frac{1}{\nu^\alpha}$ konvergent für $\alpha > 1$.

So sind z. B. die Reihen

$$1 + \frac{1}{2^2} + \frac{1}{3^2} + \frac{1}{4^2} + \ldots = \sum \frac{1}{\nu^2},$$

$$1 + \frac{1}{2^3} + \frac{1}{3^3} + \frac{1}{4^3} + \ldots = \sum \frac{1}{\nu^3}$$

usw. konvergent.

Wegen $\frac{1}{(2\nu - 1)(2\nu + 1)} < \frac{1}{\nu^2}$ ist $\sum \frac{1}{\nu^2}$ eine konvergente Majorante der Reihe von Ziffer 2, Beispiel 3, deren Konvergenz damit auch auf diesem Weg nachgewiesen ist.

Aufgaben.

1. Man untersuche die Konvergenz der Reihen mit dem allgemeinen Glied

$$\text{a)}\ \frac{x^\nu}{\nu!},\quad \text{b)}\ \frac{1}{\nu^\nu},\quad \text{c)}\ \frac{1}{(\ln \nu)^\nu},\quad \text{d)}\ \frac{1}{1+\nu^2},\quad \text{e)}\ \frac{\nu!}{\nu^\nu},\quad \text{f)}\ \frac{1}{\sqrt{\nu(\nu+1)}},$$

$$\text{g)}\ \frac{1}{2^\nu}\sin 2^\nu,\quad \text{h)}\ \frac{x^\nu}{(x+1)(x+2)\ldots(x+\nu)};$$

wo das allgemeine Glied von x abhängt, ist anzugeben, für welche Werte von x Konvergenz bzw. Divergenz eintritt.

2. Man berechne mit Hilfe der binomischen Reihe $\sqrt[3]{9}$ auf acht Dezimalen.

§ 36. Reihen von Funktionen.

1. **Gleichmäßige Konvergenz.** Wir betrachten eine unendliche Reihe $\sum u_\nu(x)$, deren Glieder Funktionen einer Veränderlichen x sind, die alle in einem gemeinsamen Intervall $[a, b]$ definiert und beschränkt sind. Wir bezeichnen die n-te Teilsumme der Reihe mit

$$f_n(x) = \sum_{\nu=0}^{n} u_\nu(x)$$

und haben damit den Anschluß an die Entwicklungen von § 8, 9—10 gefunden. Im Vordergrund steht auch hier wieder der Begriff der gleichmäßigen Konvergenz, der bei den Reihen deshalb eine besondere Rolle spielt, weil einige Sätze über endliche Summen (das sind Summen von endlich vielen Summanden) sich nur dann auf unendliche Summen, also auf Reihen übertragen lassen, wenn diese gleichmäßig konvergieren.

Ich gebe zunächst die Definition der gleichmäßigen Konvergenz unendlicher Reihen: *Eine Reihe $\sum u_\nu(x)$ heißt gleichmäßig konvergent in $[a, b]$, wenn die Folge der Teilsummen $\{f_n(x)\}$ in $[a, b]$ gleichmäßig konvergiert*, d. h. also, wenn es eine Zahl $N(\varepsilon)$ gibt, die nur von ε, aber nicht von x abhängt, so daß bei vorgegebenem $\varepsilon > 0$ für alle x des Intervalls $[a, b]$

$$|f(x) - f_n(x)| = |R_n(x)| < \varepsilon$$

wird, sobald nur $n > N(\varepsilon)$ ist; dabei ist $f(x) = \lim\limits_{n\to\infty} f_n(x)$ die Summenfunktion der Reihe $\sum u_\nu(x)$ und

$$R_n(x) = \sum_{\nu=n+1}^{\infty} u_\nu(x)$$

das n-te Restglied der Reihe.

Um den Unterschied zwischen gleichmäßiger und nicht gleichmäßiger Konvergenz deutlich zu machen, sei als Beispiel die Reihe

$$f(x) = x^2 + \frac{x^2}{1+x^2} + \frac{x^2}{(1+x^2)^2} + \dots + \frac{x^2}{(1+x^2)^\nu} + \dots$$

vorgelegt. Die Funktionen $u_\nu(x) = \dfrac{x^2}{(1+x^2)^\nu}$ sind für alle x definiert und stetig. Ist $x \neq 0$, so ist $f(x)$ eine geometrische Reihe mit dem Quotienten $\dfrac{1}{1+x^2} < 1$, die also für alle x konvergiert, und es wird

$$f(x) = \frac{x^2}{1 - \dfrac{1}{1+x^2}} = 1 + x^2.$$

Für $x = 0$ wird aber $f(0) = 0$; die Summenfunktion $f(x)$ ist also für alle x definiert, aber an der Stelle $x = 0$ unstetig (hebbare Unstetigkeit nach § 8, 2), denn es ist $\lim\limits_{x\to 0} f(x) = 1 \neq f(0) = 0$. Die Abb. 134 zeigt die Kurven $y = f_n(x)$, die gegen eine Grenzkurve konvergieren, die aus der Parabel $y = 1 + x^2$ und der Strecke $x = 0$, $0 \leq y \leq 1$ besteht. Die Reihe konvergiert gleichmäßig in jedem Intervall $[a, b]$, das den Punkt $x = 0$ nicht enthält. Es ist

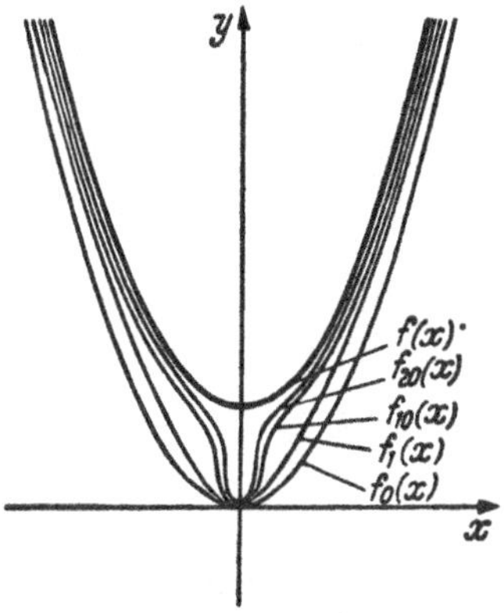

Abb. 134.

$$R_n(x) = \frac{x^2}{(1+x^2)^{n+1}} + \frac{x^2}{(1+x^2)^{n+2}} + \dots = \frac{1}{(1+x^2)^n},$$

soll also $|R_n(x)| = R_n(x) < \varepsilon$ sein, so muß

$$\frac{1}{(1+x^2)^n} < \varepsilon$$

oder

$$(1+x^2)^n > \frac{1}{\varepsilon}$$

sein; durch Logarithmieren folgt

$$n > \frac{\ln \frac{1}{\varepsilon}}{\ln(1+x^2)};$$

ist etwa $0 < a < b$, so ist $x \geqq a$ und daher genügt es, $N(\varepsilon) \geqq -\dfrac{\ln \varepsilon}{\ln(1+a^2)}$ zu nehmen. Da dieses N nur von ε und nicht von x abhängt, ist die Reihe in $[a, b]$ tatsächlich gleichmäßig konvergent. Sie konvergiert aber *nicht* gleichmäßig für $a < 0 < b$; es ist ja $\lim\limits_{x\to 0} \dfrac{1}{\ln(1+x^2)} = +\infty$ und daher gibt es jetzt keine von x unabhängige, für alle $x \in [a, b]$ gleichmäßig geltende Schranke $N(\varepsilon)$.

Unabhängig von der Reihensumme $f(x)$ läßt sich die gleichmäßige Konvergenz einer Reihe mit Hilfe des allgemeinen Konvergenzprinzips erklären:

Die Reihe $\sum u_\nu(x)$ ist gleichmäßig konvergent in $[a, b]$, wenn es zu jeder Zahl $\varepsilon > 0$ eine nur von ε, aber nicht von x abhängige Zahl $N(\varepsilon)$ gibt, so daß

$$|u_{n+1}(x) + u_{n+2}(x) + \dots + u_{n+p}(x)| < \varepsilon$$

ist für alle positiven ganzen p und für alle $x \in [a, b]$, wenn nur $n > N(\varepsilon)$ ist.

Unsere erste Definition ergibt sich daraus als Sonderfall $p \to \infty$, da dann

$$u_{n+1}(x) + u_{n+2}(x) + \dots = \sum_{\nu=n+1}^{\infty} u_\nu(x) = R_n(x)$$

ist.

Für die Anwendungen wichtig ist das folgende, von Weierstrass herrührende einfache Kriterium für die gleichmäßige Konvergenz einer Reihe:

Die Reihe $\sum u_\nu(x)$ *konvergiert gleichmäßig und absolut in einem Intervall* $[a, b]$, *wenn für alle* x *dieses Intervalls*

$$|u_\nu(x)| \leqq c_\nu$$

ist und die Reihe $\sum\limits_{\nu=0}^{\infty} c_\nu$ *konvergiert.*

Es ist ja dann für alle $x \in [a, b]$

$$|u_{n+1}(x) + \ldots + u_{n+p}(x)| \leqq c_{n+1} + c_{n+2} + \ldots + c_{n+p};$$

da $\sum c_\nu$ voraussetzungsgemäß konvergent ist, gibt es zu jedem $\varepsilon > 0$ eine Zahl $N(\varepsilon)$, so daß für $n > N(\varepsilon)$ und beliebige p

$$c_{n+1} + c_{n+2} + \ldots + c_{n+p} < \varepsilon$$

ist. $\sum c_\nu$ ist aber für alle $x \in [a, b]$ eine Majorante von $\sum u_\nu(x)$.

2. Stetigkeit der Summenfunktion. Das Beispiel von Ziffer 1 zeigt, daß eine konvergente Reihe stetiger Funktionen keine stetige Summenfunktion darstellen muß. Der Satz: „Die Summe stetiger Funktionen ist selbst eine stetige Funktion" läßt sich also nicht auf konvergente unendliche Reihen übertragen. Diese Übertragung ist jedoch zulässig, wenn es sich um eine gleichmäßig konvergente Reihe stetiger Funktionen handelt. Es gilt also der Satz:

„*Sind die Funktionen* $u_\nu(x)$ *stetig in* $[a, b]$ *und ist die Reihe* $\sum u_\nu(x)$ *gleichmäßig konvergent in* $[a, b]$, *so ist auch die Summenfunktion* $f(x) = \sum u_\nu(x)$ *stetig in* $[a, b]$.

Zum Beweis gehe ich von der Tatsache aus, daß

$$f_n(x) = \sum_{\nu=0}^{n} u_\nu(x)$$

als Summe von endlich vielen in $[a, b]$ stetigen Funktionen eine in $[a, b]$ stetige und daher nach § 8, 8 auch gleichmäßig stetige Funktion ist, d. h. es gibt zu einer vorgegebenen Zahl $\varepsilon > 0$ eine Zahl $\delta = \delta(\varepsilon, n)$, so daß für $|h| < \delta$

$$|f_n(x+h) - f_n(x)| < \frac{\varepsilon}{2}$$

ist. Aus der gleichmäßigen Konvergenz von $\sum\limits_{\nu=0}^{\infty} u_\nu(x)$ folgt, daß mit einem *fest* gewählten, genügend großen n für *alle* $x \in [a, b]$

$$|f(x) - f_n(x)| = |R_n(x)| < \frac{\varepsilon}{4}$$

ist. Mit $f(x) = f_n(x) + R_n(x)$, $f(x+h) = f_n(x+h) + R_n(x+h)$ wird

$$\begin{aligned} |f(x+h) - f(x)| &= |f_n(x+h) + R_n(x+h) - f_n(x) - R_n(x)| \\ &\leqq |f_n(x+h) - f_n(x)| + |R_n(x+h)| + |R_n(x)| \\ &< \frac{\varepsilon}{2} + \frac{\varepsilon}{4} + \frac{\varepsilon}{4} = \varepsilon; \end{aligned}$$

diese Ungleichung gilt also für alle $|h| < \delta(\varepsilon, n)$ mit dem oben fixierten Wert von n, womit die Stetigkeit von $f(x)$ nachgewiesen ist.

Bemerkt sei, daß die Bedingung der gleichmäßigen Konvergenz zwar hinreichend, aber nicht notwendig für die Stetigkeit der Summenfunktion ist. Man kann also, wenn die Summenfunktion stetig ist, nicht schließen, daß die Reihe gleichmäßig konvergiert. Ist aber die Summenfunktion unstetig und sind die einzelnen Glieder $u_\nu(x)$ der Reihe stetig, so ist die Reihe sicher nicht gleichmäßig konvergent.

3. Integration unendlicher Reihen. Auch der Satz, daß das Integral einer Summe gleich der Summe der Integrale der einzelnen Summanden ist, läßt sich auf eine unendliche Reihe übertragen, wenn diese gleichmäßig konvergiert. Es seien also wieder die $u_\nu(x)$ stetig in $[a, b]$ und $\sum u_\nu(x)$ gleichmäßig konvergent in $[a, b]$; dann ist für jedes $x \in [a, b]$

$$\boxed{\int_a^x \sum u_\nu(x)\,dx = \sum \int_a^x u_\nu(x)\,dx,}$$

d. h. man „darf" eine gleichmäßig konvergente unendliche Reihe gliedweise integrieren und erhält dadurch eine Reihe, die gleichmäßig gegen das Integral der Summenfunktion konvergiert[1]. Da die Reihe voraussetzungsgemäß gleichmäßig konvergiert, gibt es zu jedem $\varepsilon > 0$ eine nur von ε abhängige Zahl N, so daß für $n > N$ und alle $x \in [a, b]$

$$|R_n(x)| < \varepsilon$$

ist; daraus folgt (es ist $x \geqq a$)

$$\left|\int_a^x [f(x) - f_n(x)]\,dx\right| = \left|\int_a^x R_n(x)\,dx\right| \leqq \int_a^x |R_n(x)|\,dx < \varepsilon\,(x - a).$$

Anderseits ist

$$\int_a^x [f(x) - f_n(x)]\,dx = \int_a^x f(x)\,dx - \int_a^x f_n(x)\,dx = \int_a^x f(x)\,dx - \int_a^x \sum_{\nu=0}^n u_\nu(x)\,dx =$$

$$= \int_a^x f(x)\,dx - \sum_{\nu=0}^n \int_a^x u_\nu(x)\,dx,$$

da man ja bei der endlichen Summe $f_n(x) = \sum_{\nu=0}^{n}{}' u_\nu(x)$ Integralzeichen und Summenzeichen vertauschen darf. Zusammen mit der obigen Ungleichung erhalten wir also

$$\left|\int_a^x f(x)\,dx - \sum_{\nu=0}^n \int_a^x u_\nu(x)\,dx\right| < \varepsilon\,(x - a).$$

Daraus folgt, daß die Reihe

$$\sum_{\nu=0}^\infty \int_a^x u_\nu(x)\,dx$$

konvergiert und das Integral von $f(x)$ zur Summe hat, also

$$\int_a^x f(x)\,dx = \sum_{\nu=0}^\infty \int_a^x u_\nu(x)\,dx,$$

was zu beweisen war. Der Satz gilt unverändert, wenn die $u_\nu(x)$ in $[a, b]$ nicht stetig, sondern bloß *integrierbar* sind; man zeigt leicht, daß dann auch $f(x)$ in $[a, b]$ integrierbar ist.

Der Satz von der Vertauschbarkeit von Summen- und Integralzeichen bei gleichmäßig konvergenten Reihen stetiger Funktionen geht, wenn wir nicht

[1] Man „darf" natürlich auch eine nicht gleichmäßig konvergente Reihe gliedweise integrieren, aber man darf dann nicht schließen, daß man durch diese gliedweise Integration wieder eine konvergente Reihe erhält, die gegen das Integral der Summenfunktion konvergiert.

die Reihen selbst, sondern die Teilsummen $f_n(x)$ betrachten, in den Satz von der *Vertauschbarkeit von Limes- und Integralzeichen* bei einer gleichmäßig konvergenten Folge stetiger Funktionen über. Setzen wir $f(x) = \lim_{n\to\infty} f_n(x)$ und $f_n(x) = \sum_{\nu=0}^{n} u_\nu(x)$, so folgt ja aus der letzten Formel unmittelbar

$$\boxed{\int_a^x \lim_{n\to\infty} f_n(x)\,dx = \lim_{n\to\infty} \int_a^x f_n(x)\,dx.}$$

4. **Differentiation unendlicher Reihen.** Der Satz, daß die Ableitung einer Summe gleich der Summe der Ableitungen der einzelnen Summanden ist, läßt sich aber nicht einmal auf gleichmäßig konvergente Reihen übertragen.

Die Reihe

$$\sin x + \frac{\sin 2^2 x}{2^2} + \frac{\sin 3^2 x}{3^2} + \cdots$$

ist sicher für alle x gleichmäßig (und absolut) konvergent, weil die Glieder dem Betrag nach sicher nicht größer sind als die Glieder der konvergenten Reihe

$$1 + \frac{1}{2^2} + \frac{1}{3^2} + \cdots$$

(§ 35, 5). Differenzieren wir die Reihe gliedweise, so entsteht die Reihe

$$\cos x + \cos 2^2 x + \cos 3^2 x + \cdots,$$

von der sich zeigen läßt, daß sie für alle x divergiert. Für $x = 0$ erhalten wir $1 + 1 + 1 + \cdots = +\infty$. Ist $x \neq 0$ und deuten wir x als Bogen am Einheitskreis, so ist durch $\{\nu^2 x\}$ eine Folge von Punkten am Einheitskreis definiert, die sich periodisch wiederholen oder alle verschieden sind, ohne sich einer bestimmten Grenzlage zu nähern, je nachdem x zu π in einem rationalen Verhältnis steht oder nicht. Die Folge $\{\cos \nu^2 x\}$ kann daher in keinem Fall eine Nullfolge sein, so daß schon die einfachste notwendige Bedingung für die Konvergenz einer Reihe nicht erfüllt ist. Es bleibt also nur der Schluß, daß die durch gliedweise Differentiation entstandene Reihe entweder nicht mit der Ableitung der Summenfunktion der gegebenen Reihe übereinstimmt, oder daß diese Summenfunktion zwar stetig, aber nicht differenzierbar ist.

Dagegen ist es nach den Ergebnissen von Ziffer 3 sicher, daß eine konvergente Reihe dann *gliedweise differenziert werden darf, wenn die durch die Differentiation entstehende Reihe gleichmäßig konvergiert.* Es sei also $\sum_{\nu=0}^{\infty} U_\nu(x) = F(x)$ die gegebene Reihe. Wir setzen $U_\nu'(x) = u_\nu(x)$ und $\sum u_\nu(x) = f(x)$; diese Reihe sei gleichmäßig konvergent. Es ist dann

$$\int_a^x f(t)\,dt = \int_a^x \sum u_\nu(t)\,dt = \sum \int_a^x u_\nu(t)\,dt = \sum [U_\nu(x) - U_\nu(a)] = F(x) - F(a)$$

und daher

$$F'(x) = f(x),$$

d. h. die durch gliedweise Differentiation entstandene Reihe stellt die Ableitung der Summenfunktion der ursprünglichen Reihe dar. Mit anderen Worten, man darf Summen- und Differentiationszeichen vertauschen:

$$\boxed{\frac{d}{dx} \sum u_\nu(x) = \sum \frac{d}{dx} u_\nu(x),}$$

wenn $\sum \frac{d}{dx} u_\nu(x)$ gleichmäßig konvergiert.

Für Funktionenfolgen ergibt sich analog wie am Schluß von Ziffer 3 die Beziehung

$$\boxed{\frac{d}{dx}\lim_{n\to\infty} f_n(x) = \lim_{n\to\infty}\frac{d}{dx} f_n(x),}$$

wenn die Folge $\left\{\frac{d}{dx} f_n(x)\right\}$ gleichmäßig konvergiert.

Aufgaben.

Man untersuche die Reihen

$$1.\ \sum_{\nu=1}^{\infty}\frac{1}{\nu^x},\qquad 2.\ \sum_{\nu=0}^{\infty} a_\nu \cos\nu x,\qquad 3.\ \sum_{\nu=1}^{\infty} b_\nu \sin\nu x$$

auf ihre gleichmäßige Konvergenz; die Reihen $\sum a_\nu$ und $\sum b_\nu$ seien dabei als absolut konvergent vorausgesetzt.

§ 37. Potenzreihen.

Unter einer Potenzreihe (in einer Veränderlichen) versteht man ganz allgemein eine unendliche Reihe

$$\sum_{\nu=0}^{\infty} a_\nu (x - x_0)^\nu;$$

setzt man $x - x_0 = h$, so ergibt sich

$$\sum_{\nu=0}^{\infty} a_\nu h^\nu;$$

man kommt also zu dieser einfachen Gestalt durch eine Verschiebung des Anfangspunktes auf der Zahlenlinie in den Punkt x_0, so daß wir der Allgemeinheit unserer Untersuchungen keinen Abbruch tun, wenn wir die Potenzreihe von vornherein

$$\sum_{\nu=0}^{\infty} a_\nu x^\nu \tag{1}$$

schreiben, wobei wir statt h wieder x setzen. Die Potenzreihen sind also ein spezieller und besonders einfacher Fall der in § 36 diskutierten Funktionenreihen; in gewisser Hinsicht können sie auch als Verallgemeinerungen der Polynome angesehen werden; ihre Teilsummen sind Polynome. Beispiele sind uns schon untergekommen: sowohl die geometrische Reihe (§ 4, 3) wie auch die binomische Reihe (§ 35, 3) ist eine Potenzreihe; bei der ersteren ist $a_\nu = 1$, bei der letzteren $a_\nu = \binom{\alpha}{\nu}$.

1. Der Fundamentalsatz über Potenzreihen. Jede Potenzreihe $\sum a_\nu x^\nu$ konvergiert in trivialer Weise für $x = 0$ und gibt dort die Summe a_0; es verschwinden ja dann alle Glieder bis auf das erste. Es sei nun $x_1 \neq 0$ ein Wert, für den die Reihe konvergiert. Dann gilt der *Fundamentalsatz*, daß *die Potenzreihe für alle x absolut konvergiert, für die*

$$|x| < |x_1|,$$

d. h.

$$-|x_1| < x < |x_1|$$

ist. Ist $0 < \xi < |x_1|$, so *konvergiert* $\sum a_\nu x^\nu$ *auch gleichmäßig für alle x, für die*

$$|x| \leqq \xi$$

ist. Wenn also eine Potenzreihe überhaupt für einen von Null verschiedenen Wert $x = x_1$ konvergiert, so gibt es stets ein Intervall $\mathfrak{J}$, so daß die Reihe für alle Punkte von $\mathfrak{J}$ absolut konvergiert und insbesondere für alle Punkte eines beliebigen, in $\mathfrak{J}$ enthaltenen abgeschlossenen Intervalls gleichmäßig konvergiert.

Ich gehe nun an den Beweis dieses Satzes. Wenn $\sum a_\nu x_1^\nu$ konvergiert, so gilt sicher $\lim\limits_{\nu\to\infty} a_\nu x_1^\nu = 0$. Die Folge $\{|a_\nu x_1^\nu|\}$ ist dann beschränkt, d. h. es gibt eine Zahl M, so daß $|a_\nu x_1^\nu| < M$ ist für alle ν. Ich wähle nun x im Intervall $(-|x_1|, +|x_1|)$, also $|x| < |x_1|$ und setze $|x| = q|x_1|$; es ist dann $0 < q < 1$ und

$$|a_\nu x^\nu| = |a_\nu|\,|x|^\nu = |a_\nu|\,|x_1|^\nu q^\nu = |a_\nu x_1^\nu|\, q^\nu < M\, q^\nu;$$

es ist also die wegen $q < 1$ konvergente geometrische Reihe $\sum M q^\nu = \frac{M}{1-q}$ eine Majorante von $\sum |a_\nu x^\nu|$, d. h. *$\sum a_\nu x^\nu$ konvergiert absolut für alle $|x| < |x_1|$.* Ist $0 < \xi < |x_1|$, so ist somit $\sum a_\nu \xi^\nu$ absolut konvergent, d. h. es gibt zu einem beliebig gewählten $\varepsilon > 0$ eine Zahl N, die im allgemeinen von ε und ξ abhängen wird, so daß für $n > N$ und beliebiges $p > 0$

$$|a_n|\,\xi^n + |a_{n+1}|\,\xi^{n+1} + \dots + |a_{n+p}|\,\xi^{n+p} < \varepsilon$$

ist. Nach dem Kriterium von WEIERSTRASS (§ 36, 1) konvergiert die Reihe $\sum a_\nu x^\nu$ auch *gleichmäßig* für alle $|x| \leqq \xi$.

Ist hingegen x_2 eine Zahl, für die $\sum a_\nu x^\nu$ divergiert, so divergiert die Reihe auch für alle x, für die $|x| > |x_2|$ ist. Wäre die Reihe nämlich für einem Wert x_1 mit $|x_1| > |x_2|$ konvergent, so müßte sie nach dem eben bewiesenen Fundamentalsatz auch für x_2 konvergent sein, was aber der Voraussetzung widerspricht.

Existieren derartige Zahlen x_1 und x_2, so folgt, daß es eine Zahl $r > 0$ gibt, so daß die Potenzreihe $\sum a_\nu x^\nu$ für $|x| < r$ (absolut) konvergiert und für $|x| > r$ divergiert. Ist r_1 die obere Grenze aller $|x_1|$ und r_2 die untere Grenze aller Zahlen $|x_2|$, so muß $r_1 = r_2 = r$ sein, denn wäre $r_1 < r_2$, so wäre die Reihe für alle x des Intervalls (r_1, r_2) weder konvergent noch divergent, was natürlich nicht möglich ist. Das Intervall $(-r, +r)$ heißt das *Konvergenzintervall* und r der *Konvergenzradius.* Warum man r als Radius bezeichnet, wird sich allerdings erst bei der Behandlung der Potenzreihen im komplexen Gebiet zeigen. Gibt es — mit Ausnahme von $x_1 = 0$ — keine Zahlen x_1, so setzt man $r = 0$ und die Potenzreihe heißt schlechthin *divergent*; gibt es keine Zahlen x_2, so setzt man $r = +\infty$ und nennt die Reihe *beständig konvergent.* Aus dem Fundamentalsatz folgt unmittelbar, daß *eine Potenzreihe in jedem, im Konvergenzintervall enthaltenen abgeschlossenen Intervall gleichmäßig konvergiert.*

2. Bestimmung des Konvergenzradius nach Cauchy. Wir betrachten die Zahlenfolge $\left\{\sqrt[\nu]{|a_\nu|}\right\}$ und ihren größten Häufungswert

$$\boxed{H = \limsup \sqrt[\nu]{|a_\nu|}.} \tag{2}$$

Für einen beliebigen festen Wert von x ist dann

$$\limsup \sqrt[\nu]{|a_\nu x^\nu|} = H\,|x|.$$

Ist nun

$$H\,|x| > 1,$$

so ist für unendlich viele ν

$$\sqrt[\nu]{|a_\nu x^\nu|} > 1$$

und daher auch

$$|a_\nu x^\nu| > 1.$$

Die Reihe ist sicher divergent, weil nicht einmal die notwendige Konvergenzbedingung $\lim_{\nu\to\infty} a_\nu x^\nu = 0$ erfüllt ist. Ist aber

$$H\,|x| = 1 - \varepsilon < 1,$$

so ist höchstens für endlich viele ν

$$\sqrt[\nu]{|a_\nu x^\nu|} > 1 - \frac{\varepsilon}{2} = k,$$

d. h. es ist von einem gewissen ν an, z. B. für $\nu > N$

$$\sqrt[\nu]{|a_\nu x^\nu|} \leqq k < 1,$$

d. h. die Reihe $\sum a_\nu x^\nu$ ist nach § 35, 4 absolut konvergent. Es ist also

$$\boxed{r = \frac{1}{H}} \qquad (3)$$

der Konvergenzradius der Reihe; sie ist insbesondere beständig konvergent, wenn $H = 0$ ist, und divergent (d. h. nur für $x = 0$ konvergent), wenn $H = +\infty$ ist. Im ersten Fall ist H der einzige Häufungswert, also ist die Folge $\sqrt[\nu]{|a_\nu|}$ eine Nullfolge.

Ist die Folge $\sqrt[\nu]{|a_\nu|}$ konvergent mit dem Grenzwert A, so ist $H = A$ und der Konvergenzradius

$$\boxed{r = \frac{1}{A} = \frac{1}{\lim\limits_{\nu\to\infty} \sqrt[\nu]{|a_\nu|}}.} \qquad (4)$$

Bemerkt sei, daß man aus dem Verhalten des Quotienten zweier aufeinanderfolgender Glieder der vorgelegten Reihe $\sum a_\nu x^\nu$ einen ähnlichen Schluß *nicht* ziehen kann. Setzen wir nämlich

$$\limsup \left|\frac{a_{\nu+1}}{a_\nu}\right| = \overline{H},$$

so folgt aus

$$\overline{H}\,|x| > 1$$

nur, daß für unendlich viele Werte ν

$$\left|\frac{a_{\nu+1}\, x^{\nu+1}}{a_\nu\, x^\nu}\right| > 1$$

oder

$$|a_{\nu+1}\, x^{\nu+1}| > |a_\nu\, x^\nu|$$

ist, aber daraus läßt sich kein Schluß auf die Divergenz der Reihe ziehen.

Das zeigt schon das Beispiel 2 von § 35, 2, nämlich $\sum a_\nu x^\nu = 1 + 2x + x^2 + 2x^3 + x^4 + + \ldots$ mit $a_{2\nu} = 1$, $a_{2\nu+1} = 2$. Hier ist $\frac{a_{\nu+1}}{a_\nu}$ entweder 2 oder $\frac{1}{2}$, also $\limsup \left|\frac{a_{\nu+1}}{a_\nu}\right| = 2$; es wäre also $r = \frac{1}{2}$, was aber falsch ist (§ 35, 4).

Sind aber beide Folgen $\left\{\left|\frac{a_{\nu+1}}{a_\nu}\right|\right\}$ und $\left\{\sqrt[\nu]{|a_\nu|}\right\}$ konvergent oder bestimmt divergent, so haben sie stets denselben Grenzwert und es ist auch

$$\boxed{r = \frac{1}{\lim\limits_{\nu\to\infty}\left|\frac{a_{\nu+1}}{a_\nu}\right|};} \tag{5}$$

der einfache Beweis sei Ihnen überlassen.

Über das Verhalten der Reihen an den Grenzen des Konvergenzintervalls, also für $x = r$ oder $x = -r$, sagen die Sätze von Ziffer 1 und 2 nichts aus und das hat seinen guten Grund. Denn die Reihen $\sum x^\nu$, $\sum \frac{x^\nu}{\nu}$ und $\sum \frac{x^\nu}{\nu^2}$ haben z. B. alle den Konvergenzradius 1, aber die erste konvergiert für keinen der beiden Punkte -1 und 1, die zweite nur für $x = -1$ (§ 34, 2 und 4), die dritte für beide (§ 35, 5).

3. **Eigenschaften der durch Potenzreihen dargestellten Funktionen.** Zunächst folgt aus § 36, 2 wegen der gleichmäßigen Konvergenz der Potenzreihen in jedem Intervall $|x| \leqq \xi$ mit $0 < \xi < r$, *daß die Summenfunktion*

$$s(x) = \sum a_\nu x^\nu \tag{6}$$

für $|x| \leqq \xi$ *stetig ist*[1]. Ferner ist wegen der gleichmäßigen Konvergenz nach § 36, 3

$$\int_{x_1}^{x_2} s(x)\,dx = \int_{x_1}^{x_2} \sum a_\nu x^\nu\,dx = \sum a_\nu \int_{x_1}^{x_2} x^\nu\,dx = \sum \frac{a_\nu}{\nu+1}\left(x_2^{\nu+1} - x_1^{\nu+1}\right),$$

wenn x_1 und x_2 zwei Werte aus dem Konvergenzintervall sind. Die Reihenentwicklung des Integranden und die darauffolgende gliedweise Integration ist eine wichtige Methode zur Berechnung von bestimmten und unbestimmten Integralen, bei denen andere Methoden versagen.

Durch gliedweise Differentiation der Potenzreihe $\sum a_\nu x^\nu$ entsteht die Reihe $\sum\limits_{\nu=1}^{\infty} \nu a_\nu x^{\nu-1} = \sum\limits_{\nu=0}^{\infty} a_\nu' x^\nu$, wobei $a_\nu' = (\nu+1)\,a_{\nu+1}$ ist. Es ist

$$\limsup \sqrt[\nu]{|a_\nu'|} = \limsup \sqrt[\nu]{\nu|a_\nu|} = \limsup \sqrt[\nu]{\nu}\,\sqrt[\nu]{|a_\nu|};$$

wegen $\lim\limits_{\nu\to\infty} \sqrt[\nu]{\nu} = 1$ (§ 4, 5) liegen fast alle Zahlen $\sqrt[\nu]{\nu}$ in einer beliebig kleinen Umgebung von 1, während rechts von $H + \delta = \limsup \sqrt[\nu]{|a_\nu|} + \delta$ höchstens endlich viele Zahlen $\sqrt[\nu]{|a_\nu|}$ liegen; es können also auch nur höchstens endlich viele Zahlen $\sqrt[\nu]{|a_\nu'|}$ rechts von $H + \delta$ liegen, d. h. es ist auch

$$\limsup \sqrt[\nu]{|a_\nu'|} \doteq H,$$

die durch Differentiation entstandene Reihe hat denselben Konvergenzradius $\frac{1}{H}$ wie die ursprüngliche, konvergiert daher gleichmäßig in jedem Intervall $|x| \leqq \xi$

[1] Daraus folgt natürlich die Stetigkeit von $s(x)$ für alle x mit $|x| < r$.

mit $\xi < \frac{1}{H}$ und stellt somit die Ableitung $s'(x)$ der Summenfunktion $s(x)$ der ursprünglichen Reihe dar. Es ist also

$$s'(x) = \sum_{\nu=1}^{\infty} \nu\, a_\nu\, x^{\nu-1}.$$

Wenden wir dieses Ergebnis auf die Reihe für $s'(x)$ nochmals an, so folgt, daß

$$s''(x) = \sum_{\nu=2}^{\infty} \nu\,(\nu - 1)\, a_\nu\, x^{\nu-2}$$

und allgemein

$$s^{(\varrho)}(x) = \sum_{\nu=\varrho}^{\infty} \nu\,(\nu - 1) \ldots (\nu - \varrho + 1)\, a_\nu\, x^{\nu-\varrho}$$

ist. *Eine Potenzreihe stellt also eine im Konvergenzintervall beliebig oft differenzierbare Funktion dar.*

Es gilt ferner der wichtige *Eindeutigkeitssatz*:

Wenn zwei Potenzreihen $\sum a_\nu x^\nu$ und $\sum b_\nu x^\nu$ *in einem gemeinsamen Intervall* $|x| < \varrho$, $\varrho > 0$, *konvergieren und dort dieselbe Summe* $s(x)$ *haben, so sind sie überhaupt identisch, d. h. es gilt*

$$a_\nu = b_\nu, \qquad \nu = 0, 1, 2, \ldots.$$

Mit anderen Worten:

Eine Funktion kann nur auf eine Weise durch eine Potenzreihe dargestellt werden.

Zum Beweis bilde ich die Differenz der beiden Reihen:

$$\varphi(x) = \sum a_\nu x^\nu - \sum b_\nu x^\nu = \sum (a_\nu - b_\nu)\, x^\nu = s(x) - s(x) \equiv 0; \tag{7}$$

für $x = 0$ folgt daraus $a_0 = b_0$; μ-malige Differentiation von (7) gibt

$$\varphi^{(\mu)}(x) = \sum_{\nu=\mu}^{\infty} (a_\nu - b_\nu)\, \nu\,(\nu - 1) \ldots (\nu - \mu + 1)\, x^{\nu-\mu} \equiv 0$$

und für $x = 0$

$$a_\mu = b_\mu, \qquad \mu = 1, 2, \ldots,$$

was zu beweisen war.

Bemerkt sei, daß bereits die schwächere Voraussetzung genügt, daß die beiden Reihen in allen Punkten einer Nullfolge $\{x_\nu\}$ übereinstimmen.

Aus (6) folgt

$$s^{(\mu)}(0) = \mu!\, a_\mu$$

oder

$$\boxed{a_\mu = \frac{1}{\mu!}\, s^{(\mu)}(0).} \tag{8}$$

Setzt man $s^{(\mu)}(0)$ aus (8) in die Taylorsche Formel § 22, (8) mit $x_0 = 0$ und $h = x$ ein, so folgt

$$s(x) = s_n(x) + R_n;$$

Das Taylorpolynom $s_n(x)$ ist also gerade die n-te *Teilsumme der Reihe* (6). Für das — natürlich mit der Funktion $s(x)$ gemäß einer der Formeln § 22, (11), (13) oder (14) zu bildende — Restglied R_n muß im Konvergenzintervall der Reihe

$$\lim_{n \to \infty} R_n = 0$$

gelten, was auch unmittelbar aus dem allgemeinen Konvergenzprinzip § 34, (6) folgt, wenn man dort $p \to \infty$ bei zunächst festgehaltenem n gehen läßt.

Man nennt die mit einer gegebenen, beliebig oft differenzierbaren Funktion $s(x)$ gebildete Reihe

$$s(x) = \sum_{\nu=0}^{\infty} \frac{1}{\nu!} s^{(\nu)}(0)\, x^{\nu}$$

die *Taylorsche Reihe* (Ziffer 4) *der Funktion* $s(x)$. Unser Ergebnis läßt sich dann so zusammenfassen:

Jede konvergente Potenzreihe ist die Taylorsche Reihe ihrer Summenfunktion. Denn aus dem Eindeutigkeitssatz folgen sofort wieder die Formeln (8).

4. **Die Taylorsche Reihe.** Es sei die Funktion $f(x)$ in einer Umgebung der Stelle $x = 0$ beliebig oft differenzierbar. Mit den analog zu (8) gebildeten Zahlen

$$a_{\nu} = \frac{1}{\nu!} f^{(\nu)}(0), \qquad \nu = 0, 1, \ldots \tag{9}$$

schreiben wir die Reihe

$$s(x) = \sum_{\nu=0}^{\infty} a_{\nu} x^{\nu} = \sum_{\nu=0}^{\infty} \frac{1}{\nu!} f^{(\nu)}(0)\, x^{\nu} \tag{10}$$

zunächst einmal rein formal an, ohne uns um die Konvergenz, d. h. um die Existenz der Summenfunktion $s(x)$, zu kümmern. Anderseits gilt für $f(x)$ die Taylorsche Formel

$$f(x) = \sum_{\nu=0}^{n} a_{\nu} x^{\nu} + R_n,$$

wo R_n jetzt natürlich mit der Funktion $f(x)$ zu bilden ist. Der Vergleich mit (10) gibt:

Ist für $|x| < \varrho$, $\varrho > 0$

$$\boxed{\lim_{n\to\infty} R_n = 0,} \tag{11}$$

so ist

$$s(x) \equiv f(x),$$

d. h. die mit den Koeffizienten (9) gebildete unendliche Reihe stellt innerhalb ihres Konvergenzintervalls die Funktion $f(x)$ dar.

Daß (11) nicht nur notwendig, sondern auch hinreichend für die Konvergenz der Reihe (10) ist, läßt sich sofort einsehen: (11) heißt ja, daß es zu jedem $\varepsilon > 0$ ein $N > 0$ gibt, so daß $|R_n| < \varepsilon$ ist für $n > N$. Dann ist aber

$$|a_{n+1} x^{n+1} + \ldots + a_{n+p} x^{n+p}| = |R_n - R_{n+p}| \leqq |R_n| + |R_{n+p}| < 2\varepsilon$$

für alle $n > N$ und für beliebige $p > 0$.

Die Reihe (10), d. h. jetzt genauer

$$\boxed{f(x) = \sum_{\nu=0}^{\infty} \frac{1}{\nu!} f^{(\nu)}(0)\, x^{\nu}} \tag{12}$$

heißt die *Taylorsche* oder spezieller die *Maclaurinsche Reihe* der Funktion $f(x)$. Die allgemeine Taylorsche Reihe, die eine nach Potenzen von $h = x - x_0$ fortschreitende Reihe ist, bekommt man, wenn man (12) auf die Funktion

$$g(h) = f(x_0 + h)$$

anwendet; ist $f(x)$ in einer Umgebung der Stelle x_0 beliebig oft differenzierbar, so ist $g(h)$ in einer Umgebung von $h = 0$ beliebig oft differenzierbar. Es folgt, immer unter Gültigkeit von (11)

$$\boxed{f(x_0 + h) = \sum_{\nu=0}^{\infty} \frac{1}{\nu!} f^{(\nu)}(x_0)\, h^\nu} \tag{13}$$

oder

$$\boxed{f(x) = \sum_{\nu=0}^{\infty} \frac{1}{\nu!} f^{(\nu)}(x_0)\, (x - x_0)^\nu.} \tag{14}$$

An Stelle von (9) treten jetzt die Formeln

$$\boxed{a_\nu = \frac{1}{\nu!} f^{(\nu)}(x_0).} \tag{15}$$

Man beachte, daß (11) nicht nur für die Konvergenz der Reihen (12) bis (14) notwendig und hinreichend ist, sondern auch dafür, daß *durch die Reihe die gegebene Funktion $f(x)$ dargestellt ist.* Das ist keineswegs von vornherein selbst-

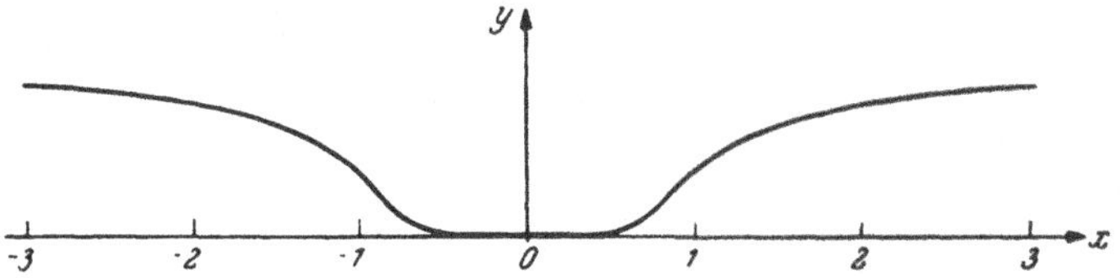

Abb. 135.

verständlich; das doppelte Problem der Konvergenz einer Reihe und der Darstellung einer gegebenen Funktion durch diese Reihe ist im Fall der Potenzreihe durch die Bedingung (11) lediglich in besonders einfacher Weise gelöst. Es wird uns bei den Fourierreihen (§ 39) schon wesentlich mehr Schwierigkeiten bereiten.

Beispiele für Reihenentwicklungen folgen in Ziffer 5 und in § 38; hier gebe ich nur ein Beispiel einer Funktion, die an einer bestimmten Stelle nicht in eine Taylorreihe entwickelbar ist.

Es sei $f(x) = \exp(-x^{-2})$ für $x \neq 0$, $f(0) = 0$. Ich zeige, daß alle Ableitungen an der Stelle $x = 0$ verschwinden. Da Potenzen mit negativen Exponenten beim Differenzieren stets wieder Potenzen mit negativen Exponenten geben, sieht man leicht ein, daß die n-te Ableitung die Gestalt

$$f^{(n)}(x) = P_n(x^{-1}) \exp(-x^{-2})$$

hat, wo $P_n(x^{-1})$ ein Polynom in $x^{-1} = \frac{1}{x}$ ist. Nun habe ich schon in § 20, 7 gezeigt, daß e^{-x} für $x \to +\infty$ stärker verschwindet als jede Potenz von x^{-1} und dasselbe gilt natürlich auch für die Funktion $\exp(-x^{-2})$ für $x \to 0$. Also ist wirklich

$$f^{(n)}(0) = 0, \quad n = 0, 1, 2, \ldots$$

und somit gilt für alle mit $x_0 = 0$ gebildeten Taylorpolynome

$$s_n(x) \equiv 0$$

und daher ist auch die Summenfunktion $s(x) \equiv 0$. Die Funktion $f(x)$ ist an der Stelle $x = 0$ nicht in eine Taylorreihe entwickelbar. Die Abb. 135 zeigt die Bildkurve $y = \exp(-x^{-2})$, die in der Umgebung von $x = 0$ besonders flach verläuft.

5. **Die Methode des unbestimmten Ansatzes.** Zur Lösung der Aufgabe, eine gegebene Funktion $f(x)$ in eine Potenzreihe zu entwickeln, kann man im Prinzip natürlich stets die Taylorsche Reihe, d. h. insbesondere die Formeln (9), (12) oder

(15), (14) benützen; aber die praktische Durchführung wird meist recht umständlich. Oft kommt man einfacher zum Ziel, wenn man die Reihe zunächst mit unbestimmten Koeffizienten c_ν ansetzt,

$$f(x) = \sum c_\nu x^\nu,$$

und dann die c_ν aus bekannten Eigenschaften von $f(x)$ ermittelt. Nach dem Eindeutigkeitssatz von Ziffer 3 muß dieses Verfahren — die Konvergenz der Reihe vorausgesetzt — zum Ziel führen.

Es sei z. B. $f(x) = \sum a_\nu x^\nu$ mit $a_0 \neq 0$ gegeben und eine Entwicklung für $\varphi(x) = \frac{1}{f(x)}$ gesucht. Man setzt

$$\varphi(x) = \sum c_\nu x^\nu$$

und bestimmt die c_ν so, daß $f(x)\,\varphi(x) = 1$ ist; die Multiplikation der beiden Reihen nach § 34, 8 gibt

$$(a_0 + a_1 x + a_2 x^2 + \ldots + a_\nu x^\nu + \ldots)(c_0 + c_1 x + c_2 x^2 + \ldots + c_\nu x^\nu + \ldots) = 1$$

und die Gleichungen

$$\begin{aligned} a_0 c_0 &= 1 \\ a_1 c_0 + a_0 c_1 &= 0 \\ a_2 c_0 + a_1 c_1 + a_0 c_2 &= 0 \\ &\ldots\ldots\ldots\ldots \\ a_\nu c_0 + a_{\nu-1} c_1 + \ldots + a_0 c_\nu &= 0 \\ &\ldots\ldots\ldots\ldots, \end{aligned}$$

aus denen der Reihe nach

$$c_0 = \frac{1}{a_0}, \quad c_1 = -\frac{a_1}{a_0^2}, \quad c_2 = -\frac{a_2}{a_0^2} + \frac{a_1^2}{a_0^3} \quad \text{usw.}$$

folgt. Man kann die Aufgabe aber auch noch anders lösen: Es ist

$$\varphi(x) = \frac{1}{a_0 + a_1 x + a_2 x^2 + \ldots} = \frac{1}{a_0} \, \frac{1}{1 + \frac{x}{a_0}(a_1 + a_2 x + a_3 x^2 + \ldots)} =$$

$$= \frac{1}{a_0} \, \frac{1}{1 - q} = \frac{1}{a_0}(1 + q + q^2 + \ldots),$$

wo $q = -\frac{x}{a_0}(a_1 + a_2 x + a_3 x^2 + \ldots)$ gesetzt ist. Da eine Potenzreihe im Innern des Konvergenzintervalls stets absolut konvergiert, kann man das Ergebnis beliebig umordnen und erhält

$$\varphi(x) = \frac{1}{a_0}\left[1 - \frac{x}{a_0}(a_1 + a_2 x + a_3 x^2 + \ldots) + \frac{x^2}{a_0^2}(a_1 + a_2 x + a_3 x^2 + \ldots)^2 + \ldots\right]$$

$$= \frac{1}{a_0} - \frac{a_1}{a_0^2} x + \left(-\frac{a_2}{a_0^2} + \frac{a_1^2}{a_0^3}\right) x^2 + \ldots,$$

also dieselben Koeffizienten wie oben. x muß dabei aber so eingeschränkt sein, daß

$$|q| \leq \left|\frac{x}{a_0}\right| (|a_1| + |a_2 x| + \ldots) < 1$$

ist.

Das letztere Verfahren ist ein Sonderfall einer allgemeineren Aufgabe: Gegeben sind zwei Funktionen $f(x) = \sum a_\nu x^\nu$ und $x = \varphi(u) = \sum b_\nu u^\nu$, gesucht ist eine Reihe für die zusammengesetzte Funktion $F(u) = f(\varphi(u))$. Wir erhalten

$$\begin{aligned} F(u) &= a_0 + a_1 \sum b_\nu u^\nu + a_2 \left(\sum b_\nu u^\nu\right)^2 + \ldots \\ &= (a_0 + a_1 b_0 + a_2 b_0^2 + a_3 b_0^3 + \ldots) + \\ &\quad + (a_1 b_1 + 2 a_2 b_0 b_1 + 3 a_3 b_0^2 b_1 + 4 a_4 b_0^3 b_1 + \ldots) u + \\ &\quad + (a_1 b_2 + a_2 b_1^2 + 2 a_2 b_0 b_2 + \ldots) u^2 + \ldots. \end{aligned}$$

Voraussetzung für die Konvergenz dieser Entwicklung ist, daß u so eingeschränkt ist, daß $\sum |b_\nu x^\nu|$ dem Konvergenzbereich der Reihe $\sum a_\nu x^\nu$ angehört.

Wir wollen noch eine besondere Divisionsaufgabe behandeln, die für spätere Untersuchungen wichtig ist. Es handelt sich um die Funktion

$$f(x) = \frac{x}{e^x - 1} = \frac{1}{1 + \frac{x}{2!} + \frac{x^2}{3!} + \cdots},$$

die nach Potenzen von x entwickelt werden soll. Wir setzen $f(x) = \sum \frac{B_\nu}{\nu!} x^\nu$, d. h. wir schreiben die unbestimmten Koeffizienten c_ν in der Gestalt $\frac{B_\nu}{\nu!}$ und erhalten

$$\left(\frac{B_0}{0!} + \frac{B_1}{1!} x + \frac{B_2}{2!} x^2 + \cdots + \frac{B_\nu}{\nu!} x^\nu + \cdots\right)\left(\frac{1}{1!} + \frac{x}{2!} + \frac{x^2}{3!} + \cdots + \frac{x^{\nu-1}}{\nu!} + \cdots\right) = 1,$$

also der Reihe nach

$$B_0 = 1,$$

$$\frac{1}{2!}\frac{B_0}{0!} + \frac{1}{1!}\frac{B_1}{1!} = 0$$

usw. Allgemein gilt für den Koeffizienten von $x^{\nu-1}$ $(\nu = 2, 3, \ldots)$

$$\frac{1}{\nu!}\frac{B_0}{0!} + \frac{1}{(\nu-1)!}\frac{B_1}{1!} + \frac{1}{(\nu-2)!}\frac{B_2}{2!} + \cdots + \frac{1}{1!}\frac{B_{\nu-1}}{(\nu-1)!} = 0,$$

oder nach Multiplikation mit $\nu!$

$$\binom{\nu}{0} B_0 + \binom{\nu}{1} B_1 + \binom{\nu}{2} B_2 + \cdots + \binom{\nu}{\nu-1} B_{\nu-1} = 0.$$

Diese Gleichung hat eine große Ähnlichkeit mit dem binomischen Satz. Setzt man überall B^ν statt B_ν, so folgt, wenn man noch beiderseits B^ν addiert,

$$(B + 1)^\nu = B^\nu$$

und diese Gleichung kann man symbolisch und als Gedächtnisregel so auffassen: Man entwickelt die linke Seite nach dem binomischen Satz, ersetzt aber dann überall B^ν durch B_ν. Für $\nu = 2, 3, \ldots$ erhalten wir so der Reihe nach die Gleichungen

$$\begin{aligned} 2 B_1 + 1 &= 0 \\ 3 B_2 + 3 B_1 + 1 &= 0 \\ 4 B_3 + 6 B_2 + 4 B_1 + 1 &= 0 \\ 5 B_4 + 10 B_3 + 10 B_2 + 5 B_1 + 1 &= 0 \\ \cdots\cdots\cdots\cdots\cdots\cdots&, \end{aligned}$$

aus denen sich

$$B_1 = -\frac{1}{2}, \quad B_2 = \frac{1}{6}, \quad B_4 = -\frac{1}{30}, \quad B_6 = \frac{1}{42}, \quad B_8 = -\frac{1}{30}, \quad B_{10} = \frac{5}{66},$$

$$B_{12} = -\frac{691}{2730}, \quad B_{14} = \frac{7}{6}, \ldots$$

$$B_3 = B_5 = B_7 = B_9 = \ldots = 0$$

(alle ungeraden B_ν mit Ausnahme von B_1 verschwinden) ergibt. Die B heißen *Bernoullische Zahlen*.

6. Noch einmal die binomische Reihe. Ich habe in § 35, 3 gezeigt, daß die binomische Reihe

$$f(x) = \sum_{\nu=0}^{\infty} \binom{\alpha}{\nu} x^\nu \tag{16}$$

mit beliebigem reellem α für $|x| < 1$ konvergiert. Es ist noch die Frage offen, ob sie in diesem Intervall mit der für alle $x \neq -1$ (wenn $\alpha \geqq 0$ ist, sogar für alle x) erklärten Funktion

$$g(x) = (1 + x)^\alpha \tag{17}$$

übereinstimmt. Man bestätigt sofort, daß (16) die Taylorreihe der Funktion (1; ist. Der Nachweis, daß $f(x) = g(x)$ ist in $(-1, 1)$, ist erbracht, wenn man zeig daß die Bedingung (11) für die Reihe (16) gilt, aber die dazu erforderliche Ab schätzung des Restgliedes ist etwas umständlich. Einfacher ist der folgend Weg. Für die Funktion $f(x)$ gilt

$$f'(x) = \sum_{\nu=1}^{\infty} \nu \binom{\alpha}{\nu} x^{\nu-1} = \alpha \sum_{\nu=1}^{\infty} \binom{\alpha-1}{\nu-1} x^{\nu-1} = \alpha \sum_{\nu=0}^{\infty} \binom{\alpha-1}{\nu} x^{\nu};$$

daher ist

$$(1+x) f'(x) = \alpha \left\{ \sum_{\nu=0}^{\infty} \binom{\alpha-1}{\nu} x^{\nu} + \sum_{\nu=1}^{\infty} \binom{\alpha-1}{\nu-1} x^{\nu} \right\} =$$

$$= \alpha \left\{ 1 + \sum_{\nu=1}^{\infty} \left[\binom{\alpha-1}{\nu} + \binom{\alpha-1}{\nu-1} \right] x^{\nu} \right\}$$

und wegen § 1, (31) weiter

$$(1+x) f'(x) = \alpha \sum_{\nu=0}^{\infty} \binom{\alpha}{\nu} x^{\nu} = \alpha f(x);$$

ferner ist $f(0) = 1$. Für die Funktion

$$\varphi(x) = \frac{f(x)}{g(x)} = \frac{f(x)}{(1+x)^{\alpha}}$$

ist also

$$\varphi'(x) = \frac{(1+x) f'(x) - \alpha f(x)}{(1+x)^{\alpha+1}} = 0,$$

also ist $\varphi(x)$ eine Konstante; wegen $\varphi(0) = 1$ ist $\varphi(x) = 1$ und daher $f(x) = (1+x)^{\alpha}$ in $(-1, 1)$.

Über das Verhalten der Reihe an den Enden des Konvergenzintervalls gilt wie ich ohne Beweis anführe

a) $x = 1$: Für $\alpha > 0$ absolut konvergent, für $-1 < \alpha < 0$ bedingt konvergent, für $\alpha \leqq -1$ divergent.

b) $x = -1$: Für $\alpha > 0$ absolut konvergent, für $\alpha < 0$ divergent.

Ist $\alpha > 0$, so konvergiert die Reihe gleichmäßig in $-1 \leqq x \leqq 1$.

Aufgaben.

1. Man bestimme den Konvergenzradius und die Summe der Reihe $f(x) = \sum_{\nu=1}^{\infty} \frac{x^{\nu}}{\nu(\nu+1)}$

Zur Ermittlung der Summe bestimme man zunächst $x^2 f'(x)$ und daraus $f(x)$.

2. Dasselbe für die Reihe $f(x) = \sum_{\nu=1}^{\infty} \frac{x^{\nu}}{\nu(\nu+1)(\nu+2)}$.

3. Ist für genügend kleine x

$$\frac{1 + a_1 x^2 + a_2 x^4 + a_3 x^6 + \cdots}{1 + b_1 x^2 + b_2 x^4 + b_3 x^6 + \cdots} = 1 + c_1 x^2 + c_2 x^4 + c_3 x^6 + \cdots,$$

so gilt auch

$$\frac{1 - a_1 x^2 + a_2 x^4 - a_3 x^6 + \cdots}{1 - b_1 x^2 + b_2 x^4 - b_3 x^6 + \cdots} = 1 - c_1 x^2 + c_2 x^4 - c_3 x^6 + \cdots.$$

Formal ergibt sich das sofort, wenn man x durch jx ersetzt; man beweise den Satz aber durch Multiplikation mit dem Nenner und Reihenvergleichung.

4. Aus der letzten Reihenentwicklung von Ziffer 5 folgt

$$f(x) = \frac{x}{e^x - 1} + \frac{x}{2} = \sum_{\nu=0}^{\infty} \frac{B_{2\nu}}{(2\nu)!} x^{2\nu}.$$

Die Funktion links ist also eine gerade Funktion. Sie läßt sich in die Gestalt bringen ($x = 2z$)

$$f(2z) = z\frac{e^z + e^{-z}}{e^z - e^{-z}} = z \operatorname{cth} z = z \frac{1 + \frac{z^2}{2!} + \frac{z^4}{4!} + \cdots}{z + \frac{z^3}{3!} + \frac{z^5}{5!} + \cdots}.$$

Man leite daraus unter Benützung des in Aufgabe 3 bewiesenen Satzes Entwicklungen für die Funktionen $x \cot x$ und $\tan x$ her.

§ 38. Reihenentwicklung der elementaren Funktionen.

1. **Die geometrische Reihe.** Es ist

$$\frac{1}{1-x} = 1 + x + x^2 + \cdots + x^{n-1} + \frac{x^n}{1-x}, \tag{1}$$

dabei ist

$$r_{n-1} = \frac{x^n}{1-x} \tag{2}$$

das Restglied. Da für $|x| < 1$

$$\lim_{n\to\infty} r_{n-1} = 0$$

ist, gilt die Reihenentwicklung

$$\boxed{\frac{1}{1-x} = \sum_{\nu=0}^{\infty} x^\nu = 1 + x + x^2 + \cdots + x^\nu + \cdots.} \tag{3}$$

Wir wollen diese wohlbekannte Formel noch mit Hilfe der Taylorschen Entwicklung bestätigen und setzen zu diesem Zweck

$$\varphi(x) = \frac{1}{1-x} = (1-x)^{-1};$$

dann ist $\varphi(0) = 1$,

$$\begin{aligned} \varphi'(x) &= (1-x)^{-2}, & \varphi'(0) &= 1, \\ \varphi''(x) &= 2(1-x)^{-3}, & \varphi''(0) &= 2, \\ &\cdots\cdots\cdots & & \\ \varphi^{(k)}(x) &= k!\,(1-x)^{-k-1}, & \varphi^{(k)}(0) &= k!, \end{aligned}$$

so daß

$$\varphi(x) = \sum_{\nu=0}^{n-1} \frac{x^\nu}{\nu!}\varphi^{(\nu)}(0) + r_{n-1} = \sum_{\nu=0}^{n-1} x^\nu + r_{n-1}$$

wird. Für r_{n-1} gilt die Integraldarstellung (11) von § 22, 3, die hier ($h = x$, $x_0 = 0$, $u = t$)

$$r_{n-1} = \frac{1}{(n-1)!}\int_0^x (x-t)^{n-1}\, n!\, \frac{dt}{(1-t)^{n+1}} = n\int_0^x \frac{(x-t)^{n-1}}{(1-t)^{n+1}}\, dt$$

lautet. Die Substitution

$$\frac{x-t}{1-t} = u, \quad du = -\frac{1-x}{(1-t)^2}\, dt$$

liefert

$$r_{n-1} = \frac{n}{1-x}\int_0^x u^{n-1}\,du = \frac{x^n}{1-x},$$

also gerade (2).

2. Die logarithmische Reihe. Da $\ln x$ nur für $x > 0$ definiert ist, müssen wir entweder die allgemeine Taylorsche Formel, § 22 (15) mit $x_0 > 0$ verwenden, etwa mit $x_0 = 1$ oder, was auf dasselbe herauskommt, von der Funktion

$$f(x) = \ln(1 + x)$$

ausgehen. Da

$$f'(x) = \frac{1}{1+x}$$

ist, folgt aus (1) sofort, wenn wir dort x durch $-x$ ersetzen,

$$\frac{1}{1+x} = 1 - x + x^2 - x^3 + - \ldots + (-1)^{n-1} x^{n-1} + r_{n-1}.$$

Integrieren wir beide Seiten zwischen den Grenzen 0 und x, so folgt

$$\ln(1 + x) = \int_0^x \frac{dx}{1+x} = x - \frac{x^2}{2} + \frac{x^3}{3} - + \ldots + (-1)^{n-1}\frac{x^n}{n} + R_n,$$

wo

$$R_n = \int_0^x r_{n-1}\,dx = (-1)^n \int_0^x \frac{u^n}{1+u}\,du \tag{4}$$

ist. Wir wollen nun eine Abschätzung des Restgliedes vornehmen, aus der wir zugleich einen Aufschluß über das Konvergenzintervall bekommen. Zunächst ist für $x > 0$, da dann $\frac{1}{1+u} < 1$ ist,

$$|R_n| < \int_0^x u^n\,du = \frac{x^{n+1}}{n+1}.$$

Wir sehen daraus, daß $\lim\limits_{n\to\infty} R_n = 0$ ist nicht nur für $x < 1$, wie zu erwarten war, sondern auch für $x = 1$. Ist aber $x < 0$, so wird, wenn wir $-u = t > 0$ substituieren,

$$R_n = -\int_0^{-x} \frac{t^n\,dt}{1-t}$$

und daraus wegen $\frac{1}{1-t} \leqq \frac{1}{1+x}$

$$|R_n| \leqq \frac{1}{1+x}\int_0^{-x} t^n\,dt = \frac{(-x)^{n+1}}{(n+1)(1+x)};$$

im Falle $x < 0$ ist also $\lim\limits_{n\to\infty} R_n = 0$ nur für $x > -1$. Das Konvergenzintervall ist somit $(-1, +1]$, d. h. für $-1 < x \leqq +1$ konvergiert die unendliche Reihe

$$\boxed{\ln(1 + x) = \sum_{\nu=1}^{\infty} (-1)^{\nu-1}\frac{x^\nu}{\nu} = x - \frac{x^2}{2} + \frac{x^3}{3} - \frac{x^4}{4} + \frac{x^5}{5} - + \ldots} \tag{5}$$

Für die numerische Berechnung der Logarithmen ist die Reihe (5) wenig geeignet. Sie konvergiert so langsam, daß man sehr viele Glieder und daher eine ganz erhebliche Rechenarbeit braucht, um die Logarithmen mit genügender Genauigkeit zu gewinnen. Wesentlich besser für die numerische Berechnung eignet sich die folgende Reihe, die wir aus der Reihe für $\ln(1 + x)$ bekommen, wenn wir x durch $-x$ ersetzen und dann die beiden Reihen subtrahieren. Es folgt

$$\ln(1 - x) = -x - \frac{x^2}{2} - \frac{x^3}{3} - \dots - \frac{x^\nu}{\nu} - \dots$$

und

$$\ln \frac{1+x}{1-x} = \ln(1+x) - \ln(1-x) = 2\left(x + \frac{x^3}{3} + \frac{x^5}{5} + \dots + \frac{x^{2\nu+1}}{2\nu+1} + \dots\right).$$

Sie hat, wie man leicht überlegt, noch den großen Vorteil, daß $\frac{1+x}{1-x}$ alle Werte zwischen 0 und $+\infty$ annimmt, wenn x das Konvergenzintervall $-1 < x < +1$ durchläuft.

3. **Die Reihe für arctan x.** Ich erwähne hier noch die Entwicklung der Funktion $\arctan x$ in eine unendliche Reihe, weil sie sich in ganz ähnlicher Weise wie die logarithmische Reihe gewinnen läßt. Aus der für alle x richtigen Identität

$$\frac{1}{1+x^2} = 1 - x^2 + x^4 - + \dots + (-1)^{n-1} x^{2n-2} + (-1)^n \frac{x^{2n}}{1+x^2}$$

folgt durch Integration

$$\arctan x = \int_0^x \frac{dx}{1+x^2} = x - \frac{x^3}{3} + \frac{x^5}{5} - + \dots + (-1)^{n-1} \frac{x^{2n-1}}{2n-1} + \\ + (-1)^n \int_0^x \frac{x^{2n}}{1+x^2}\, dx,$$

wobei der letzte Summand das Restglied darstellt. Wegen

$$\frac{1}{1+x^2} \leqq 1$$

gilt die Abschätzung

$$|R_n| \leqq \int_0^{|x|} x^{2n}\, dx = \frac{|x|^{2n+1}}{2n+1},$$

woraus

$$\lim_{n\to\infty} R_n = 0 \text{ für } |x| \leqq 1$$

folgt. Die unendliche Reihe

$$\boxed{\arctan x = \sum_{\nu=1}^{\infty} (-1)^{\nu-1} \frac{x^{2\nu-1}}{2\nu-1} = x - \frac{x^3}{3} + \frac{x^5}{5} - \frac{x^7}{7} + \dots} \tag{6}$$

konvergiert also für

$$-1 \leqq x \leqq +1.$$

Für $x = 1$ ergibt sich insbesondere die *Leibnizsche Reihe*

$$\frac{\pi}{4} = 1 - \frac{1}{3} + \frac{1}{5} - \frac{1}{7} + \frac{1}{9} - + \dots = \sum_{\nu=1}^{\infty} \frac{(-1)^{\nu-1}}{2\nu-1}. \tag{7}$$

4. Die Exponentialreihe. Für

$$f(x) = e^x$$

wird

$$f^{(\nu)}(x) = e^x, \quad f^{(\nu)}(0) = 1,$$

also

$$e^x = \sum_{\nu=0}^{n} \frac{x^\nu}{\nu!} + R_n = 1 + \frac{x}{1!} + \frac{x^2}{2!} + \frac{x^3}{3!} + \dots + \frac{x^n}{n!} + R_n.$$

Nehmen wir für R_n die Lagrangesche Form, so wird

$$R_n = \frac{x^{n+1}}{(n+1)!} e^{\vartheta x}, \quad 0 < \vartheta < 1$$

und

$$|R_n| = \frac{|x|^{n+1}}{(n+1)!} e^{\vartheta x} < \frac{|x|^{n+1}}{(n+1)!} e^{|x|}.$$

Ist m eine feste natürliche Zahl $> 2|x|$, dann ist für alle $n \geqq m > 2|x|$

$$\frac{|x|}{n} < \frac{1}{2},$$

$$\frac{|x|^{n+1}}{(n+1)!} = \frac{|x|^m}{m!} \cdot \frac{|x|}{m+1} \cdot \frac{|x|}{m+2} \cdots \frac{|x|}{n+1} < \frac{|x|^m}{m!} \frac{1}{2^{n-m+1}} < \frac{|2x|^m}{m!} \cdot \frac{1}{2^n}$$

und

$$|R_n| < \frac{|2x|^m}{m!} \frac{e^{|x|}}{2^n},$$

so daß

$$\lim_{n \to \infty} R_n = 0$$

ist für alle x, da

$$\frac{|2x|^m}{m!} e^{|x|}$$

fest (von n unabhängig) und

$$\lim_{n \to \infty} \frac{1}{2^n} = 0$$

ist. Die unendliche Reihe

$$\boxed{e^x = \sum_{\nu=0}^{\infty} \frac{x^\nu}{\nu!} = 1 + \frac{x}{1!} + \frac{x^2}{2!} + \frac{x^3}{3!} + \dots} \tag{8}$$

ist also für alle x oder *beständig* konvergent.

Wie man sieht, ist hier die Abschätzung des Restgliedes nicht ganz einfach. Wesentlich leichter gestaltet sich der Konvergenznachweis mit Hilfe des Quotientenkriteriums (§ 35, 2): Es ist

$$\lim_{\nu \to \infty} \left| \frac{x^{\nu+1}}{(\nu+1)!} : \frac{x^\nu}{\nu!} \right| = \lim_{\nu \to \infty} \frac{|x|}{\nu+1} = 0$$

für jedes x. Will man die Entwicklung (8) zur Berechnung der Zahl e verwenden, so wird man $x = 1$ setzen und die Zahl n der Glieder so wählen, daß die gewünschte Genauigkeit erreicht ist. Es ist ja für $x = 1$

$$e = 1 + 1 + \frac{1}{2!} + \frac{1}{3!} + \dots + \frac{1}{n!} + \frac{e^\vartheta}{(n+1)!}.$$

Soll der Fehler höchstens 10^{-4} betragen, so wird man also n so groß wählen, daß

$$R_n = \frac{e^{\vartheta}}{(n+1)!} < 10^{-4}$$

wird; da $e^{\vartheta} < 3$ ist, wird für

$$\frac{3}{(n+1)!} < 10^{-4}$$

oder

$$(n+1)! > 3 \cdot 10^4$$

die gewünschte Genauigkeit sicher erreicht. Das ist aber mit $n = 7$ bereits der Fall, da $8! = 40\,320 > 30\,000$ ist. Man findet so

$$e \approx 2 + \frac{1}{2} + \frac{1}{6} + \frac{1}{24} + \frac{1}{120} + \frac{1}{720} + \frac{1}{5040} = 2{\cdot}71825\ldots.$$

5. **Die Reihen für $\sin x$, $\cos x$, $\operatorname{sh} x$ und $\operatorname{ch} x$** haben eine große Ähnlichkeit sowohl untereinander als auch mit der Exponentialreihe; ich behandle sie gleichzeitig und ermittle zunächst wieder die Ableitungen

$f(x)$	$\sin x$	$\cos x$	$\operatorname{sh} x$	$\operatorname{ch} x$
$f'(x)$	$\cos x$	$-\sin x$	$\operatorname{ch} x$	$\operatorname{sh} x$
$f''(x)$	$-\sin x$	$-\cos x$	$\operatorname{sh} x$	$\operatorname{ch} x$
$f'''(x)$	$-\cos x$	$\sin x$	$\operatorname{ch} x$	$\operatorname{sh} x$
.....	.....	.....	.....	.....
$f^{(2\nu)}(x)$	$(-1)^{\nu} \sin x$	$(-1)^{\nu} \cos x$	$\operatorname{sh} x$	$\operatorname{ch} x$
$f^{(2\nu+1)}(x)$	$(-1)^{\nu} \cos x$	$(-1)^{\nu+1} \sin x$	$\operatorname{ch} x$	$\operatorname{sh} x$
$f^{(2\nu)}(0)$	0	$(-1)^{\nu}$	0	1
$f^{(2\nu+1)}(0)$	$(-1)^{\nu}$	0	1	0

Somit wird

$$\left.\begin{aligned} \sin x &= \sum_{\nu=0}^{\infty} (-1)^{\nu} \frac{x^{2\nu+1}}{(2\nu+1)!} = x - \frac{x^3}{3!} + \frac{x^5}{5!} - \frac{x^7}{7!} + - \ldots, \\ R_{2n} &= (-1)^n \frac{x^{2n+1}}{(2n+1)!} \cos(\vartheta x), \end{aligned}\right\} \tag{9}$$

$$\left.\begin{aligned} \cos x &= \sum_{\nu=0}^{\infty} (-1)^{\nu} \frac{x^{2\nu}}{(2\nu)!} = 1 - \frac{x^2}{2!} + \frac{x^4}{4!} - \frac{x^6}{6!} + - \ldots, \\ R_{2n+1} &= (-1)^{n+1} \frac{x^{2n+2}}{(2n+2)!} \cos(\vartheta x), \end{aligned}\right\} \tag{10}$$

$$\left.\begin{aligned} \operatorname{sh} x &= \sum_{\nu=0}^{\infty} \frac{x^{2\nu+1}}{(2\nu+1)!} = x + \frac{x^3}{3!} + \frac{x^5}{5!} + \frac{x^7}{7!} + \ldots, \\ R_{2n} &= \frac{x^{2n+1}}{(2n+1)!} \operatorname{ch}(\vartheta x), \end{aligned}\right\} \tag{11}$$

$$\left.\begin{aligned} \operatorname{ch} x &= \sum_{\nu=0}^{\infty} \frac{x^{2\nu}}{(2\nu)!} = 1 + \frac{x^2}{2!} + \frac{x^4}{4!} + \frac{x^6}{6!} + \ldots, \\ R_{2n+1} &= \frac{x^{2n+2}}{(2n+2)!} \operatorname{ch}(\vartheta x). \end{aligned}\right\} \tag{12}$$

Alle diese Reihen sind beständig konvergent und bei kleinem $|x|$ zur numerischen Berechnung der Funktionswerte sehr gut geeignet, da die Glieder rasch abnehmen.

Ersetzt man in (8) x durch $j\,x$, so folgt wegen

$$j^{4\nu}=1,\quad j^{4\nu+1}=j,\quad j^{4\nu+2}=-1,\quad j^{4\nu+3}=-j,\qquad \nu=0,1,2,\ldots$$

zunächst nur formal

$$e^{jx}=\sum_{\nu=0}^{\infty}\frac{j^\nu x^\nu}{\nu!}=\left(1-\frac{x^2}{2!}+\frac{x^4}{4!}-+\ldots\right)+j\left(x-\frac{x^3}{3!}+\frac{x^5}{5!}-+\ldots\right),$$

also wegen (10) und (9) wieder die *Eulersche Formel*

$$e^{jx}=\cos x+j\sin x.$$

Auch das ist noch kein schlüssiger Beweis, weil uns noch jede Theorie von Reihen mit imaginären Gliedern fehlt.

Aufgaben.

1. In der Reihe für $\ln\frac{1+x}{1-x}$ setze man $x=\frac{z}{2n+z}$ und leite daraus eine Reihe für $\ln(n+z)$ ab, wenn $\ln n$ bekannt ist. Welche Gestalt hat die Reihe für $\log(n+z)$?

2. Es ist der Fehler abzuschätzen, den man macht, wenn man die Reihe für $\log(n+z)$ (Aufgabe 1) nach dem Glied mit dem Exponenten $2\nu-1$ abbricht, indem man die Koeffizienten aller folgenden Glieder gleich $\frac{1}{2\nu+1}$ setzt. Anwendung auf $n=10$, $z=3$, $\nu=2$.

3. Man entwickle $\ln\sin x$ in eine Reihe, indem man von $\frac{\sin x}{x}$ ausgeht.

4. Man zeige mittels der Taylorschen Entwicklung und durch Addition bzw. Multiplikation der Reihen das Bestehen der Identitäten

a) $\sin x+\cos x=\sqrt{2}\sin\left(\frac{\pi}{4}+x\right)$,

b) $2\sin x\cos x=\sin 2x$,

c) $1+\cos 2x=2\cos^2 x$.

5. Man bestimme einige Glieder der Reihenentwicklungen der folgenden Funktionen

a) $(1-x)\,e^{x+\frac{x^2}{2}+\ldots+\frac{x^m}{m}}$, b) $\tan(\sin x)-\sin(\tan x)$, c) $\frac{1}{e}(1+x)^{\frac{1}{x}}$

§ 39. Fouriersche Reihen.

1. Periodische Funktionen und harmonische Analyse. Eine Funktion $f(x)$ heißt nach § 17, 2 *periodisch* mit der Periode $2p>0$ oder kurz *mit* $2p$ *periodisch*, wenn

$$f(x+2p)=f(x)$$

ist. Es gilt dann auch

$$f(x+2kp)=f(x)$$

für alle ganzen k. Mit Rücksicht auf die Kreisfunktionen werde ich im folgenden annehmen, daß die Periode 2π ist. Man kann den allgemeinen Fall auf diesen zurückführen durch die Substitution

$$x=\frac{p}{\pi}\,y;$$

denn ist $f(x)$ mit $2p$ periodisch, so ist $\varphi(y)=f\left(\frac{p}{\pi}\,y\right)$ mit 2π periodisch. Die einfachsten periodischen Funktionen sind die Kreisfunktionen $\sin x$ und $\cos x$. Deuten wir x als Zeit, so stellen sie einen periodischen Vorgang, und zwar eine *reine Sinusschwingung* oder *harmonische Schwingung* dar. Die durch die beiden

Funktionen dargestellten Schwingungen unterscheiden sich wegen $\cos x = \sin\left(x + \frac{\pi}{2}\right)$ nur durch die Phase. Wir können eine reine Sinusschwingung mit beliebiger Amplitude und Phase auch in der Gestalt

$$y = A \cos x + B \sin x$$

darstellen; setzen wir

$$A = r \sin \varphi, \qquad B = r \cos \varphi,$$

so wird

$$y = r \sin(x + \varphi),$$

also eine reine Sinusschwingung mit der Amplitude r, der Phasenkonstanten φ und der Kreisfrequenz 1.

Periodische Vorgänge sind in Physik und Technik von allergrößter Bedeutung. Ich verweise vor allem auf die bekannten Erscheinungen der elektrischen und mechanischen, insbesondere akustischen Schwingungen und auf die Tatsache, daß alle Drehbewegungen, ebenso wie z. B. die Bewegungen der Kolben in Dampfmaschinen und Explosionsmotoren, periodische Vorgänge sind. Aber auch im Bauwesen spielen die Untersuchungen von Schwingungsvorgängen eine immer größere Rolle, besonders in den Festigkeitsberechnungen, weil jedes Bauwerk ein elastisches und daher schwingungsfähiges System ist, eine Tatsache, die für die Festigkeit des Systems oft von ausschlaggebender Bedeutung ist.

Es ist aber klar, daß im allgemeinen ein periodischer Vorgang nicht gerade eine reine Sinusschwingung sein wird. Man kann nun sicher durch *Überlagerung* oder *Superposition* mehrerer reiner Sinusschwingungen der obigen Gestalt, aber mit verschiedenen Frequenzen, recht komplizierte Schwingungsvorgänge darstellen. Aus bestimmten Gründen wählt man dabei die Kreisfrequenzen ganzzahlig und bezeichnet die Sinusschwingung mit der Kreisfrequenz ν mit einem der Akustik entnommenen Ausdruck als *ν-te Harmonische* oder *$\nu - 1$-te Oberschwingung* der Grundschwingung mit der Kreisfrequenz 1. Die Frage ist aber, ob man auf diese Art jeden periodischen Vorgang darstellen kann. Einen solchen allgemeinen periodischen Vorgang können wir uns dadurch gegeben denken, daß wir im Intervall $(-\pi, \pi]$ eine willkürliche Funktion $f(x)$ vorgeben und diese durch *periodische Fortsetzung*, d. h. durch die Festsetzung

$$f(x + 2k\pi) = f(x), \qquad k = 0, \pm 1, \pm 2, \ldots$$

für alle reellen x erklären. Die folgenden Untersuchungen werden zeigen, daß diese Aufgabe unter gewissen einschränkenden Annahmen über die Funktion $f(x)$ durch die *Fourierschen Reihen* gelöst wird. Es handelt sich dabei im allgemeinen um eine Superposition unendlich vieler reiner Sinusschwingungen. Die Ermittlung dieser einzelnen Schwingungen wird als *harmonische Analyse* der gegebenen periodischen Funktion $f(x)$ bezeichnet. Da wir es hier mit einer Aufgabe von eminenter Wichtigkeit zu tun haben, werde ich mit einiger Ausführlichkeit vorgehen; einige etwas schwierigere Gedankengänge lassen sich dabei allerdings nicht vermeiden. Bemerkt sei, daß die gegebene Funktion $f(x)$ nicht nur stetig sein muß, sondern auch der Bedingung $f(\pi) = f(-\pi)$ genügen muß, wenn ihre periodische Fortsetzung für *alle x stetig* sein soll.

Eine wichtige Beziehung, von der wir im folgenden noch Gebrauch machen werden, will ich gleich hier vermerken. Es ist

$$\int_{-\pi+a}^{\pi+a} f(x)\, dx = \int_{-\pi}^{\pi} f(x)\, dx$$

für jede mit 2π periodische Funktion, d. h. die Integration einer solchen Funktion über ein Intervall von der Länge 2π gibt denselben Wert, wo immer wir den Anfangspunkt des Intervalls wählen. Die Beziehung ist anschaulich unmittelbar klar (Abb. 136) und dementsprechend einfach ist auch der Beweis. Wir setzen

$$\int_{-\pi+a}^{\pi+a} f(x)\,dx = \int_{-\pi+a}^{-\pi} f(x)\,dx + \int_{-\pi}^{\pi} f(x)\,dx + \int_{\pi}^{\pi+a} f(x)\,dx$$

und führen in dem ersten Integral rechts die Substitution $x + 2\pi = t$ durch; es folgt

$$\int_{-\pi+a}^{-\pi} f(x)\,dx = -\int_{-\pi}^{-\pi+a} f(x)\,dx = -\int_{\pi}^{\pi+a} f(t - 2\pi)\,dt;$$

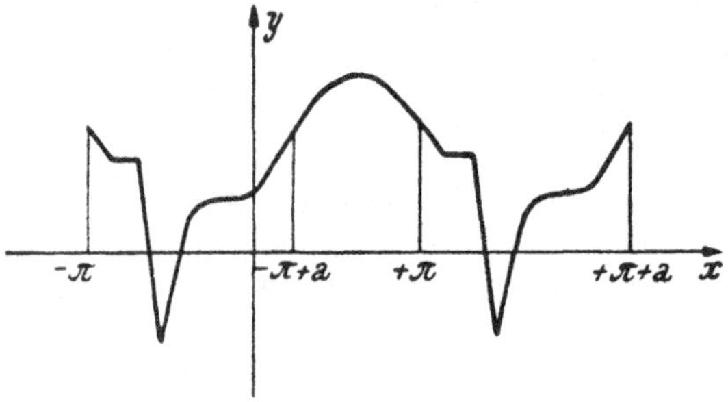

Abb. 136.

dieses Integral stimmt aber wegen der Periodizität von $f(x)$ mit

$$-\int_{\pi}^{\pi+a} f(t)\,dt$$

überein und ist daher gleich dem mit entgegengesetztem Vorzeichen genommenen dritten Integral.

2. Trigonometrische Reihen. Unter einer *trigonometrischen Reihe* versteht man eine Reihe $\sum_{\nu=0}^{\infty} u_\nu(x)$ mit veränderlichen Gliedern der Gestalt

$$u_\nu = a_\nu \cos \nu x + b_\nu \sin \nu x, \quad \nu = 1, 2, \ldots;$$

das konstante Glied bezeichne ich aus Gründen, die Ihnen gleich klar sein werden, mit

$$u_0 = \frac{a_0}{2}.$$

Die n-te Teilsumme

$$s_n(x) = \frac{a_0}{2} + \sum_{\nu=1}^{n} (a_\nu \cos \nu x + b_\nu \sin \nu x)$$

ist eine spezielle periodische Funktion, die als *trigonometrisches Polynom* n-ter Ordnung bezeichnet wird. Da alle $s_n(x)$ mit 2π periodisch sind[1], ist auch die Summenfunktion

$$s(x) = \lim_{n\to\infty} s_n(x) = \frac{a_0}{2} + \sum_{\nu=1}^{\infty} (a_\nu \cos \nu x + b_\nu \sin \nu x)$$

mit 2π periodisch. Dabei ist natürlich vorausgesetzt, daß die Reihe rechts konvergiert.

---

[1] u_ν hat die primitive Periode $\frac{2\pi}{\nu}$, also auch die Periode 2π. Der Grund, weshalb man gerade die Harmonischen superponiert, ist also wohl klar: es geschieht einfach deshalb, weil die Superposition sonst überhaupt keine periodische Funktion geben müßte.

Als Beispiel sei die trigonometrische Reihe

$$2\sum_{\nu=1}^{\infty}(-1)^{\nu+1}\frac{\sin\nu x}{\nu} = 2\sin x - \sin 2x + \frac{2}{3}\sin 3x - \frac{1}{2}\sin 4x + \dots$$

gegeben. Wie später gezeigt wird (Beispiel 1 von Ziffer 7) ist $s(x) = x$ für $-\pi < x < \pi$, $s(\pi) = s(-\pi) = 0$. In Abb. 137 sind $s(x)$ und die trigonometrischen Polynome s_1, s_2, s_3 und s_4 gezeichnet. Die Grenzkurve (§ 8, 9) besteht aus der Geraden $y = x$ in $(-\pi, \pi)$ und aus zwei senkrechten Strecken mit $x = \pm\pi$, die aber noch etwas über die Punkte $(\pm\pi, \pm\pi)$ hinausragen. Auf diese sonderbare Erscheinung, das sogenannte Gibbssche Phänomen, komme ich in Ziffer 9 noch zu sprechen.

Für viele Rechnungen ist die komplexe Darstellung mittels der Exponentialfunktion (§ 28, 4) sehr zweckmäßig. Es ist

$$u_\nu = a_\nu \cos\nu x + b_\nu \sin\nu x = \frac{a_\nu}{2}(e^{j\nu x} + e^{-j\nu x}) + \frac{b_\nu}{2j}(e^{j\nu x} - e^{-j\nu x});$$

setzen wir

$$\frac{a_\nu - j b_\nu}{2} = c_\nu,$$

$$\frac{a_\nu + j b_\nu}{2} = c_{-\nu}$$

oder

$$a_\nu = c_\nu + c_{-\nu},$$

$$b_\nu = j(c_\nu - c_{-\nu}),$$

so wird die n-te Teilsumme

$$s_n(x) = \sum_{\nu=-n}^{+n} c_\nu e^{j\nu x}.$$

Das konstante Glied ist

$$c_0 = \frac{a_0}{2}$$

in Übereinstimmung mit der obigen Feststellung. Für $n \to \infty$ erhalten wir für die trigonometrische Reihe die Darstellung

$$s(x) = \sum_{\nu=-\infty}^{+\infty} c_\nu e^{j\nu x}.$$

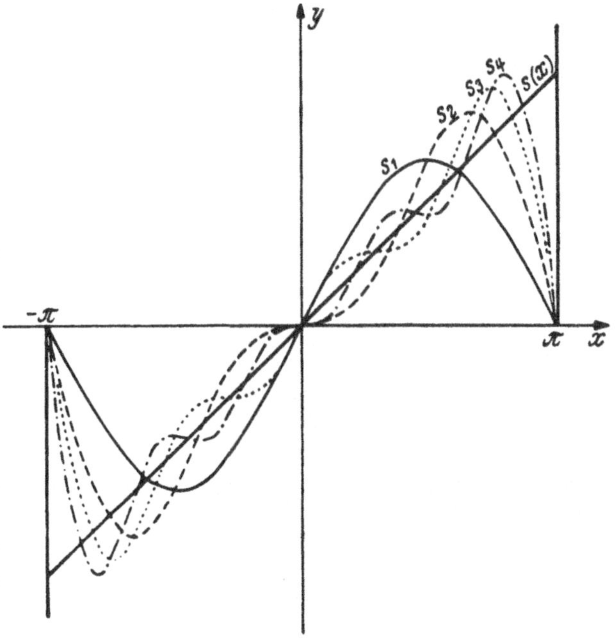

Abb. 137.

3. **Fouriersche Reihen**[1]. Ich nehme nun an, daß die trigonometrische Reihe

$$s(x) = \frac{a_0}{2} + \sum_{\nu=1}^{\infty}(a_\nu \cos\nu x + b_\nu \sin\nu x) \tag{1}$$

in $[-\pi, \pi]$ *gleichmäßig* konvergiert. Ob diese Annahme überhaupt zulässig ist, lasse ich vorläufig dahingestellt. Jedenfalls ist $s(x)$ dann eine stetige Funktion.

[1] Jean Baptiste Fourier, geb. 1768 in Auxerres, gest. 1830 in Paris, Mathematiker, Physiker und Politiker, wirkte vor allem in Paris. Sein Hauptwerk ist „Théorie analytique de la chaleur" (1827), worin er zur Darstellung der Wärmeströmung die nach ihm benannten trigonometrischen Reihen benützte.

Aus den Formeln (19) und (20) von § 17, 5 folgt

$$\left.\begin{aligned}&\int_{-\pi}^{\pi}\cos\mu\,x\cos\nu\,x\,dx=\begin{cases}0 \text{ für } \mu \neq \nu\\ \pi \text{ für } \mu=\nu\end{cases}\\ &\int_{-\pi}^{\pi}\cos\mu\,x\sin\nu\,x\,dx=0\\ &\int_{-\pi}^{\pi}\sin\mu\,x\sin\nu\,x\,dx=\begin{cases}0 \text{ für } \mu \neq \nu\\ \pi \text{ für } \mu=\nu\end{cases}\end{aligned}\right\};\tag{2}$$

μ und ν sind dabei beliebige natürliche Zahlen, doch gelten die Formeln, wie man sich leicht überzeugt, auch für $\mu = 0$ oder $\nu = 0$. Die Integralformeln (2) werden auch als *Orthogonalitätsrelationen* der Kreisfunktionen bezeichnet. Was diese Bezeichnung bedeutet, kann ich Ihnen allerdings erst später erklären. Ich multipliziere nun die Reihe (1) einmal mit $\cos\mu\,x$, einmal mit $\sin\mu\,x$ und integriere jedesmal zwischen den Grenzen $-\pi$ und π. Auf der rechten Seite kann die Integration gliedweise durchgeführt werden, da die Reihe voraussetzungsgemäß gleichmäßig konvergiert, woran die Multiplikation mit einem gemeinsamen Faktor nichts ändert. Es folgt

$$\int_{-\pi}^{\pi} s(x)\cos\mu\,x\,dx =$$

$$= \frac{a_0}{2}\int_{-\pi}^{\pi}\cos\mu\,x\,dx + \sum_{\nu=1}^{\infty}\left(a_\nu\int_{-\pi}^{\pi}\cos\mu\,x\cos\nu\,x\,dx + b_\nu\int_{-\pi}^{\pi}\cos\mu\,x\sin\nu\,x\,dx\right)$$

und

$$\int_{-\pi}^{\pi} s(x)\sin\mu\,x\,dx =$$

$$= \frac{a_0}{2}\int_{-\pi}^{\pi}\sin\mu\,x\,dx + \sum_{\nu=1}^{\infty}\left(a_\nu\int_{-\pi}^{\pi}\sin\mu\,x\cos\nu\,x\,dx + b\int_{-\pi}^{\pi}\sin\mu\,x\sin\nu\,x\,dx\right);$$

dabei ist μ eine nichtnegative ganze Zahl. Der Vergleich mit den Integralformeln (2) zeigt, daß in den Summen rechts jeweils nur das μ-te Glied einen Beitrag gibt, während alle anderen Glieder verschwinden. Es folgt also für $\mu = 0$

$$\int_{-\pi}^{\pi} s(x)\,dx = \frac{a_0}{2}\cdot 2\pi = a_0\pi$$

und für $\mu > 0$

$$\int_{-\pi}^{\pi} s(x)\cos\mu\,x\,dx = a_\mu\pi$$

und

$$\int_{-\pi}^{\pi} s(x)\sin\mu\,x\,dx = b_\mu\pi$$

oder

$$a_\nu = \frac{1}{\pi}\int_{-\pi}^{\pi} s(x)\cos\nu\,x\,dx,\quad b_\nu = \frac{1}{\pi}\int_{-\pi}^{\pi} s(x)\sin\nu\,x\,dx,\quad \nu = 0, 1, 2, \ldots \tag{3}$$

Diese Formeln stellen einen sehr bemerkenswerten Zusammenhang zwischen den Koeffizienten einer gleichmäßig konvergenten trigonometrischen Reihe und der Summe $s(x)$ dieser Reihe dar. Sie sind wesentlich bedingt durch die Orthogonalitätsrelationen (2) der Kreisfunktionen.

Es sei $f(x)$ eine *beliebige*, in $[-\pi, \pi]$ beschränkte und stückweise stetige Funktion. Dann existieren die Integrale

$$\boxed{\begin{aligned} a_\nu &= \frac{1}{\pi}\int_{-\pi}^{\pi} f(x)\cos\nu x\,dx \\ b_\nu &= \frac{1}{\pi}\int_{-\pi}^{\pi} f(x)\sin\nu x\,dx \end{aligned}} \tag{4}$$

und wir können mit den so gewonnenen Zahlen a_ν und b_ν eine trigonometrische Reihe

$$s(x) = \frac{a_0}{2} + \sum_{\nu=1}^{\infty}(a_\nu \cos\nu x + b_\nu \sin\nu x) \tag{5}$$

zunächst einmal rein formal anschreiben. Man nennt die so gebildeten Zahlen a_ν und b_ν die *Fourierschen Koeffizienten der Funktion* $f(x)$ und die mit ihnen gebildete Reihe (5) die *Fouriersche Reihe der Funktion* $f(x)$. Es entstehen jetzt sofort zwei ganz fundamentale Fragen:

Erstens: Unter welchen Voraussetzungen über die Funktion $f(x)$ ist ihre Fourierreihe konvergent bzw. gleichmäßig konvergent?

Zweitens: Unter welchen Voraussetzungen stellt eine konvergente Fourierreihe die zugehörige Funktion $f(x)$ dar, d. h. wann ist $f(x) = s(x)$?

Beide Fragen sind durch unsere bisherigen Überlegungen in keiner Weise beantwortet. Wir haben ja nur gesehen, daß die Koeffizienten einer gleichmäßig konvergenten trigonometrischen Reihe die Fourierkoeffizienten ihrer Summe sind, wir können also nur den Satz aussprechen: Eine überall gleichmäßig konvergente trigonometrische Reihe ist die Fourierreihe ihrer Summe $s(x)$ und stellt $s(x)$ dar. Aber selbst wenn die Fourierreihe von $f(x)$ gleichmäßig konvergiert, muß $f(x)$ nicht mit $s(x)$ identisch sein, sondern kann sich von $s(x)$ an endlich vielen Stellen, die dann hebbare Unstetigkeiten von $f(x)$ sind, unterscheiden. Es scheint naheliegend, zu vermuten, daß alle stetigen Funktionen durch ihre Fourierreihen darstellbar sind, doch läßt sich an Beispielen zeigen, daß das nicht der Fall ist. Wird aber die stetige Funktion $f(x)$ an einer Stelle x_0 nicht durch ihre Fourierreihe dargestellt, so kann diese Reihe an der Stelle x_0 nicht konvergent sein (auf einen Beweis dieses Satzes kann ich mich hier nicht einlassen). Es sind Beispiele stetiger Funktionen bekannt, deren Fourierreihen nirgends konvergieren. Wir sehen also, daß die beiden obigen Fragen nicht in einfacher Weise zu beantworten sind, und tatsächlich konnte diese Antwort in voller Allgemeinheit bis heute nicht gegeben werden. Man ist also genötigt, die Darstellbarkeit durch Fourierreihen als eine wesentlich neue Eigenschaft der Funktion anzusehen, die sich nicht auf die übrigen Grundeigenschaften der Stetigkeit, Differenzierbarkeit oder Integrierbarkeit zurückführen läßt.

Ich werde mich also im folgenden darauf beschränken, hinreichende Bedingungen für die Darstellbarkeit einer gegebenen periodischen Funktion $f(x)$ durch ihre Fourierreihe anzugeben, und zwar beweise ich in den Ziffern 4 bis 6 die beiden folgenden Sätze:

Satz 1: *Es sei $f(x)$ eine in $[-\pi, \pi]$ stetige Funktion mit $f(-\pi) = f(\pi)$, deren Ableitung $f'(x)$ in $[-\pi, \pi]$ beschränkt und stückweise stetig ist*[1]. *Dann ist die Fourierreihe von $f(x)$ gleichmäßig konvergent und stellt $f(x)$ dar.*

Satz 2: *Ist $f(x)$ ebenso wie $f'(x)$ in $[-\pi, \pi]$ nur beschränkt und stückweise stetig, so konvergiert die Fourierreihe gleichmäßig in jedem abgeschlossenen Intervall, das keine Sprungstelle von $f(x)$ enthält. An jeder Sprungstelle x_0 von $f(x)$ konvergiert die Fourierreihe gegen das arithmetische Mittel $\frac{1}{2}[f(x_0+) + f(x_0-)]$ aus rechts- und linksseitigem Grenzwert.*

*** 4. Gleichmäßige Konvergenz der Fourierreihe einer stetigen Funktion mit beschränkter und stückweise stetiger Ableitung.** Es sei zunächst $f(x)$ in $[-\pi, \pi]$ beschränkt und stückweise stetig. Ich zeige, daß die Reihe

$$\sum_{\nu=1}^{\infty} (a_\nu^2 + b_\nu^2)$$

der Quadratsummen der Fourierkoeffizienten von $f(x)$ konvergiert. Ich gehe dabei vom Integral

$$J = \int_{-\pi}^{\pi} \left[f(x) - \frac{1}{2} a_0 - \sum_{\nu=1}^{n} (a_\nu \cos \nu x + b_\nu \sin \nu x)\right]^2 dx$$

aus, dessen Integrand das Quadrat der Differenz von $f(x)$ und der n-ten Teilsumme $s_n(x)$ der Fourierreihe von $f(x)$ ist. Es wird

$$J = \int_{-\pi}^{\pi} [f(x)]^2 \, dx + \frac{\pi}{2} a_0^2 + \int_{-\pi}^{\pi} \left[\sum_{\nu=1}^{n} (a_\nu \cos \nu x + b_\nu \sin \nu x)\right]^2 dx - a_0 \int_{-\pi}^{\pi} f(x) \, dx -$$

$$- 2 \sum_{\nu=1}^{n} \int_{-\pi}^{\pi} f(x) \, (a_\nu \cos \nu x + b_\nu \sin \nu x) \, dx + a_0 \sum_{\nu=1}^{n} \int_{-\pi}^{\pi} (a_\nu \cos \nu x + b_\nu \sin \nu x) \, dx.$$

Denkt man sich im dritten Summanden das Quadrat ausgeführt, so sieht man leicht, daß wegen (2) nur die rein quadratischen Glieder einen von Null verschiedenen Beitrag liefern, nämlich $\pi \sum_{\nu=1}^{n} (a_\nu^2 + b_\nu^2)$. Der vierte und fünfte Summand gibt wegen (4)

$$-\pi a_0^2 - 2\pi \sum_{\nu=1}^{n} (a_\nu^2 + b_\nu^2),$$

während der letzte Summand verschwindet; im ganzen ergibt sich also

$$J = \int_{-\pi}^{\pi} [f(x)]^2 \, dx + \frac{\pi}{2} a_0^2 + \pi \sum_{\nu=1}^{n} (a_\nu^2 + b_\nu^2) - \pi a_0^2 - 2\pi \sum_{\nu=1}^{n} (a_\nu^2 + b_\nu^2) =$$

$$= \int_{-\pi}^{\pi} [f(x)]^2 \, dx - \frac{\pi}{2} a_0^2 - \pi \sum_{\nu=1}^{n} (a_\nu^2 + b_\nu^2).$$

[1] Diese Funktionen sind wohl *stückweise glatt*, aber eine stückweise glatte Funktion muß keine beschränkte Ableitung haben. Man kann zeigen, daß beide Sätze auch gelten, wenn $f'(x)$ nicht beschränkt, aber absolut integrierbar ist.

Nun ist $J \geqq 0$, da der Integrand als Quadrat nicht negativ ist. Also ist

$$\frac{1}{2} a_0^2 + \sum_{\nu=1}^{n} (a_\nu^2 + b_\nu^2) \leqq \frac{1}{\pi} \int_{-\pi}^{\pi} [f(x)]^2 \, dx,$$

es sind somit die Teilsummen der Reihe $\sum_{\nu=1}^{\infty} (a_\nu^2 + b_\nu^2)$ beschränkt und diese daher konvergent. Dasselbe gilt von den beiden Reihen $\sum_{\nu=1}^{\infty} a_\nu^2$ und $\sum_{\nu=1}^{\infty} b_\nu^2$. Wenn aber $\sum_{\nu=1}^{\infty} a_\nu^2$ konvergiert, so konvergiert auch die Reihe

$$\sum_{\nu=1}^{\infty} \frac{|a_\nu|}{\nu},$$

denn es ist

$$\left(|a_\nu| - \frac{1}{\nu}\right)^2 \geqq 0$$

und daher

$$a_\nu^2 + \frac{1}{\nu^2} \geqq 2 \frac{|a_\nu|}{\nu};$$

es ist also die konvergente Reihe $\sum_{\nu=1}^{\infty} \left(a_\nu^2 + \frac{1}{\nu^2}\right)$ eine Majorante der Reihe $\sum_{\nu=1}^{\infty} \frac{|a_\nu|}{\nu}$ und diese daher konvergent. Ebenso zeigt man, daß auch $\sum_{\nu=1}^{\infty} \frac{|b_\nu|}{\nu}$ konvergiert.

Es sei nun weiter $f(x)$ stetig, $f'(x)$ beschränkt und stückweise stetig in $[-\pi, \pi]$ und außerdem $f(-\pi) = f(\pi)$, so daß die durch periodische Fortsetzung aus $f(x)$ entstehende Funktion überall stetig ist. Dann folgt aus (4) durch partielle Integration

$$a_\nu = \frac{1}{\pi} \int_{-\pi}^{\pi} f(x) \cos \nu x \, dx = \frac{1}{\nu \pi} \Big[f(x) \sin \nu x \Big]_{-\pi}^{\pi} - \frac{1}{\nu \pi} \int_{-\pi}^{\pi} f'(x) \sin \nu x \, dx =$$

$$= -\frac{1}{\nu \pi} \int_{-\pi}^{\pi} f'(x) \sin \nu x \, dx,$$

da der erste Summand wegen $\sin \nu \pi = \sin(-\nu \pi) = 0$ verschwindet. Ähnlich wird

$$b_\nu = \frac{1}{\pi} \int_{-\pi}^{\pi} f(x) \sin \nu x \, dx = -\frac{1}{\nu \pi} \Big[f(x) \cos \nu x \Big]_{-\pi}^{\pi} + \frac{1}{\nu \pi} \int_{-\pi}^{\pi} f'(x) \cos \nu x \, dx =$$

$$= \frac{1}{\nu \pi} \int_{-\pi}^{\pi} f'(x) \cos \nu x \, dx,$$

da

$$f(\pi) \cos \nu \pi = f(-\pi) \cos(-\nu \pi)$$

ist. Nun ist die Ableitung $f'(x)$ laut Voraussetzung beschränkt und stückweise stetig in $[-\pi, \pi]$. Bezeichnen wir ihre Fourierkoeffizienten mit a_ν' und b_ν', so folgt aus den obigen Formeln

$$a_\nu = -\frac{b_\nu'}{\nu}, \qquad b_\nu = \frac{a_\nu'}{\nu},$$

und da nach dem zuerst bewiesenen Satz $\sum_{\nu=1}^{\infty}\frac{|a_\nu'|}{\nu}$ und $\sum_{\nu=1}^{\infty}\frac{|b_\nu'|}{\nu}$ konvergent sind, gilt dasselbe auch für $\sum_{\nu=1}^{\infty}|a_\nu|$ und $\sum_{\nu=1}^{\infty}|b_\nu|$. Daraus folgt unmittelbar, daß die Fourierreihe (5) von $f(x)$ gleichmäßig und absolut konvergiert, denn der absolute Betrag ihres ν-ten Gliedes ist

$$|a_\nu \cos \nu x + b_\nu \sin \nu x| \leqq |a_\nu| + |b_\nu|.$$

Die Fourierreihe jeder in $[-\pi, \pi]$ stetigen Funktion mit beschränkter und stückweise stetiger Ableitung ist gleichmäßig konvergent.

* 5. **Darstellbarkeit einer solchen Funktion durch ihre Fourierreihe.** Ich zeige also jetzt, daß unter den angegebenen Voraussetzungen über $f(x)$ die Beziehung

$$f(x) \equiv s(x)$$

besteht, d. h. daß $f(x)$ durch ihre Fourierreihe dargestellt wird. Dabei sind die Koeffizienten a_ν und b_ν in dieser Reihe durch (4) und $s(x)$ durch (5) definiert. Multipliziert man (5) mit $\cos \mu x$ und $\sin \mu x$, so ergeben sich durch Integration von $-\pi$ bis π die Formeln (3), in denen aber, wie gesagt, die a_ν und b_ν durch (4) gegeben sind. Für die Differenz

$$D(x) = s(x) - f(x)$$

gilt also

$$\int_{-\pi}^{\pi} D(x)\, dx = 0, \quad \int_{-\pi}^{\pi} D(x) \cos \nu x\, dx = 0, \quad \int_{-\pi}^{\pi} D(x) \sin \nu x\, dx = 0. \tag{6}$$

Zu zeigen ist, daß aus diesen Gleichungen $D(x) \equiv 0$, also $f(x) \equiv s(x)$ folgt.

Ich führe den Beweis indirekt und nehme an, $D(x)$ sei nicht identisch Null. Wegen der ersten Gleichung (6) muß dann $D(x)$ in $[-\pi, \pi]$ sowohl positive als auch negative Werte annehmen; ist etwa $D(x_0) > 0$, so gibt es, da $D(x)$ stetig ist, eine Umgebung von x_0, in der überall $D(x) > 0$ ist. Der Grundgedanke des folgenden Beweises besteht nun darin, ein nirgends negatives trigonometrisches Polynom

$$p(x) = \frac{1}{2}\alpha_0 + \sum_{\nu=1}^{m} (\alpha_\nu \cos \nu x + \beta_\nu \sin \nu x) \tag{7}$$

anzugeben, das in einer gewissen Umgebung von x_0 positiv ist und dabei verhältnismäßig große Werte annimmt, für alle anderen x des Intervalls aber sehr klein ist. Bilden wir dann das Integral

$$J = \int_{-\pi}^{\pi} D(x)\, p(x)\, dx, \tag{8}$$

so wird J einerseits auf Grund der angegebenen Eigenschaften von $D(x)$ und $p(x)$ positiv ausfallen, da der große Beitrag der Umgebung von x_0 nicht durch die kleinen Beiträge aus dem Rest des Integrationsintervalls kompensiert werden kann, anderseits folgt wegen (6) $J = 0$, womit der erwähnte Widerspruch gegeben ist.

Für $p(x)$ wähle ich

$$p(x) = \left(\frac{1 + \cos(x - x_0)}{2}\right)^m$$

Diese Funktion hat ein Maximum vom Betrag 1 an der Stelle x_0, verschwindet für $x_0 \pm \pi$ und kann dazwischen durch geeignete Wahl von m beliebig klein gemacht werden. Entwickelt man $p(x)$ nach dem binomischen Satz und beachtet, daß sich die Potenzen von $\cos x$ und $\sin x$ durch lineare Ausdrücke der $\cos \nu x$ und $\sin \nu x$ darstellen lassen, so erkennt man, daß $p(x)$ in der Tat von der Gestalt (7) ist, wo die α_ν und β_ν Konstante sind, die uns nicht weiter interessieren. Für das Integral (8) ergibt sich

$$J = \int_{-\pi}^{\pi} D(x) \left(\frac{1 + \cos(x - x_0)}{2}\right)^m dx$$

und daraus durch die Substitution

$$x - x_0 = t$$

$$J = \int_{-\pi - x_0}^{\pi - x_0} D(x_0 + t) \left(\frac{1 + \cos t}{2}\right)^m dt$$

oder wegen der Bemerkung am Schluß von Ziffer 1, da $D(x_0 + t)$ bezüglich t mit 2π periodisch ist,

$$J = \int_{-\pi}^{\pi} D(x_0 + t) \left(\frac{1 + \cos t}{2}\right)^m dt.$$

Es sei nun, wie schon oben angenommen, $D(x_0) > 0$. Ich zerlege das Integral in zwei Teile

$$J_1 = \int_{-\varepsilon}^{\varepsilon} D(x_0 + t) \left(\frac{1 + \cos t}{2}\right)^m dt$$

und

$$J_2 = \int_{-\pi}^{-\varepsilon} D(x_0 + t) \left(\frac{1 + \cos t}{2}\right)^m dt + \int_{\varepsilon}^{\pi} D(x_0 + t) \left(\frac{1 + \cos t}{2}\right)^m dt.$$

Dabei ist das Intervall $[-\varepsilon, \varepsilon]$ so gewählt, daß in ihm $D(x_0 + t) > \lambda > 0$ ist, wo λ eine fest gewählte Zahl ist. Dann wird

$$J_1 = \int_{-\varepsilon}^{\varepsilon} D(x_0 + t) \cos^{2m}\frac{t}{2}\, dt > \lambda \int_{-\varepsilon}^{\varepsilon} \cos^{2m}\frac{t}{2}\, dt = 2\lambda \int_0^{\varepsilon} \cos^{2m}\frac{t}{2}\, dt;$$

nun ist

$$\cos^{2m}\frac{t}{2} = \left(1 - \sin^2\frac{t}{2}\right)^m = \left(1 - \sin\frac{t}{2}\right)^m \left(1 + \sin\frac{t}{2}\right)^m \geqq \left(1 - \sin\frac{t}{2}\right)^m,$$

da in $[0, \varepsilon]$

$$1 + \sin\frac{t}{2} \geqq 1$$

ist. Also folgt wegen $\cos\frac{t}{2} \leqq 1$ weiter

$$J_1 > 2\lambda \int_0^{\varepsilon} \left(1 - \sin\frac{t}{2}\right)^m dt \geqq 2\lambda \int_0^{\varepsilon} \left(1 - \sin\frac{t}{2}\right)^m \cos\frac{t}{2}\, dt;$$

die Substitution $\sin\frac{t}{2} = u$ gibt

$$J_1 > 4\lambda \int_0^{\mu} (1 - u)^m du = \frac{4\lambda}{m + 1}\left[1 - (1 - \mu)^{m+1}\right],$$

dabei ist

$$0 < \mu = \sin\frac{\varepsilon}{2} < 1$$

und daher

$$(1-\mu)^{m+1} < 1-\mu,$$

also schließlich

$$J_1 > \frac{4\lambda\mu}{m+1}.$$

Ist M eine obere Schranke für $|D(x)|$, also

$$|D(x)| < M$$

im ganzen Intervall, so erhalten wir für J_2 sofort die Abschätzung

$$|J_2| < 2\pi M \cos^{2m}\frac{\varepsilon}{2},$$

da in beiden Summanden der Integrand absolut genommen kleiner als $M\cos^{2m}\frac{\varepsilon}{2}$ und die Länge des Integrationsintervalls ebenfalls bei beiden Summanden kleiner als π ist. Setzen wir noch $\cos^2\frac{\varepsilon}{2} = \varrho$, so ist

$$|J_2| < 2\pi M \varrho^m.$$

Nun folgt aus der Darstellung (7) von $p(x)$ und aus den Gleichungen (6)

$$J_1 + J_2 = 0,$$

also

$$|J_1| = |J_2|$$

und daher

$$2\pi M \varrho^m > \frac{4\lambda\mu}{m+1}$$

oder

$$\varrho^m > \frac{A}{m+1},$$

wo A eine von m unabhängige positive Zahl ist. Diese Gleichung enthält aber den behaupteten Widerspruch. Denn wegen $\varrho < 1$ ist $a = \frac{1}{\varrho} > 1$ und

$$\lim_{m\to\infty}(m+1)\varrho^m = \lim_{m\to\infty}\frac{m+1}{a^m} = 0,$$

d. h. bei genügend großem m ist $(m+1)\varrho^m < A$ und damit

$$\varrho^m < \frac{A}{m+1}.$$

Die Annahme, daß es in $[-\pi, \pi]$ eine Stelle x_0 gibt, für die $D(x_0) > 0$ ist, führt also auf einen Widerspruch; dasselbe wäre der Fall bei der Annahme $D(x_0) < 0$. Es muß also für alle $x_0 \in [-\pi, \pi]$ sicher $D(x_0) = 0$, d. h.

$$D(x) = 0$$

in $[-\pi, \pi]$ sein. *Jede in $[-\pi, \pi]$ stetige Funktion $f(x)$ mit $f(-\pi) = f(\pi)$, deren Ableitung beschränkt und stückweise stetig ist, wird also durch ihre Fourierreihe dargestellt.*

*** 6. Fouriersche Reihen unstetiger Funktionen.** Das Problem der Fourierentwicklung einer den Voraussetzungen des Satzes 2 (Ziffer 3) genügenden Funktion läßt sich mit Hilfe einer speziellen unstetigen Funktion $\varphi(x)$ auf unser bisheriges Ergebnis zurückführen. $f(x)$ habe an der Stelle x_1 einen Sprung vom Betrag $2\,\delta_1$, und es sei

$$\lim_{x\to x_1-} f(x) = f(x_1) - \delta_1, \quad \lim_{x\to x_1+} f(x) = f(x_1) + \delta_1.$$

Dabei ist $\delta_1 > 0$, wenn der Sprung nach oben erfolgt. Hat ferner $\varphi(x)$ an der Stelle x_0 einen Sprung vom Betrag $2\,\delta$, ist also

$$\lim_{x\to x_0-} \varphi(x) = \varphi(x_0) - \delta, \quad \lim_{x\to x_0+} \varphi(x) = \varphi(x_0) + \delta,$$

so ist die Funktion

$$f(x) - \frac{\delta_1}{\delta}\,(\varphi(x + x_0 - x_1) - \varphi(x_0))$$

an der Stelle x_1 stetig. Es wird ja

$$\lim_{x\to x_1-} \left[f(x) - \frac{\delta_1}{\delta}\,(\varphi(x + x_0 - x_1) - \varphi(x_0))\right] = f(x_1)$$

und

$$\lim_{x\to x_1+} \left[f(x) - \frac{\delta_1}{\delta}\,(\varphi(x + x_0 - x_1) - \varphi(x_0))\right] = f(x_1),$$

links- und rechtseitiger Grenzwert stimmen mit dem Funktionswert überein[1].

Für die Funktion $\varphi(x)$, die dabei bis auf die Existenz einer Sprungstelle ganz willkürlich ist, können wir die im Beispiel von Ziffer 2 behandelte Funktion $\varphi(x) = x$ nehmen, die an den Intervallgrenzen um -2π springt. Die Reihe

$$\varphi(x) = 2\sum_{\nu=1}^{\infty} (-1)^{\nu+1}\frac{\sin \nu x}{\nu} = 2\left(\frac{\sin x}{1} - \frac{\sin 2x}{2} + \frac{\sin 3x}{3} - + \cdots\right)$$

kann jedenfalls nicht überall gleichmäßig konvergieren, da sie sonst als gleichmäßig konvergente Reihe stetiger Funktionen selbst eine stetige Funktion darstellen würde. Es läßt sich aber zeigen, daß die Reihe in jedem Intervall $[-a, a]$ gleichmäßig konvergiert, für das $0 < a < \pi$ ist.

Zum Nachweis verwenden wir das allgemeine Konvergenzprinzip, bilden also zunächst die Differenz zweier Teilsummen $(m < n)$

$$s_n(x) - s_m(x) = \pm 2\left[\frac{\sin(m+1)x}{m+1} - \frac{\sin(m+2)x}{m+2} + \cdots \pm \frac{\sin n x}{n}\right].$$

Multiplikation mit $\cos\frac{x}{2}$ gibt wegen $2\sin\alpha\cos\beta = \sin(\alpha+\beta) + \sin(\alpha-\beta)$ für den Ausdruck rechts

$$\pm 2\cos\frac{x}{2}\left[\frac{\sin(m+1)x}{m+1} - \frac{\sin(m+2)x}{m+2} + \cdots \pm \frac{\sin n x}{n}\right] =$$

$$= \pm\left[\frac{\sin\left(m+\frac{3}{2}\right)x}{m+1} + \frac{\sin\left(m+\frac{1}{2}\right)x}{m+1} - \frac{\sin\left(m+\frac{5}{2}\right)x}{m+2} - \right.$$

$$\left. - \frac{\sin\left(m+\frac{3}{2}\right)x}{m+2} + \cdots \pm \frac{\sin\left(n+\frac{1}{2}\right)x}{n} \pm \frac{\sin\left(n-\frac{1}{2}\right)x}{n}\right] =$$

[1] Dasselbe Ergebnis bekommt man, wenn man die Funktionswerte $f(x_1)$ und $\varphi(x_0)$ mit den linksseitigen oder rechtsseitigen Grenzwerten zusammenfallen läßt. Verzichtet man auf die Festsetzungen über die Funktionswerte, so kann eine hebbare Unstetigkeit resultieren, die aber ohne weitere Bedeutung ist.

$$= \pm \left[\frac{\sin\left(m + \frac{1}{2}\right)x}{m+1} + \left(\frac{1}{m+1} - \frac{1}{m+2}\right)\sin\left(m + \frac{3}{2}\right)x - \right.$$

$$- \left(\frac{1}{m+2} - \frac{1}{m+3}\right)\sin\left(m + \frac{5}{2}\right)x + - \ldots$$

$$\left. \ldots \mp \left(\frac{1}{n-1} - \frac{1}{n}\right)\sin\left(n - \frac{1}{2}\right)x \pm \frac{1}{n}\sin\left(n + \frac{1}{2}\right)x \right] =$$

$$= \pm \left[\frac{1}{m+1}\sin\left(m + \frac{1}{2}\right)x \pm \frac{1}{n}\sin\left(n + \frac{1}{2}\right)x + \right.$$

$$+ \frac{1}{(m+1)(m+2)}\sin\left(m + \frac{3}{2}\right)x - \frac{1}{(m+2)(m+3)}\sin\left(m + \frac{5}{2}\right)x + \ldots$$

$$\left. \ldots \mp \frac{1}{(n-1)\,n}\sin\left(n - \frac{1}{2}\right)x \right].$$

Nun ist $\cos\frac{x}{2} \geqq \cos\frac{a}{2} = b > 0$ in $[-a, a]$, $|\sin x| \leqq 1$ und daher

$$|s_n(x) - s_m(x)| \leqq \frac{1}{b}\left[\frac{1}{m+1} + \frac{1}{n} + \frac{1}{(m+1)(m+2)} + \right.$$

$$\left. + \frac{1}{(m+2)(m+3)} + \ldots + \frac{1}{(n-1)\,n}\right].$$

Der Ausdruck rechts hängt von x nicht ab und kann wegen der Konvergenz der Reihe $\sum_{\nu=1}^{\infty} \frac{1}{\nu(\nu+1)}$ (§ 34, Aufgabe 1) kleiner gemacht werden als eine beliebige vorgegebene Zahl, wenn nur m und n hinreichend groß sind. Damit ist aber die gleichmäßige Konvergenz der obigen Fourierreihe in $[-a, a]$ nachgewiesen[1]. Wir können aber noch nicht sagen, daß die Reihe wirklich die Funktion $\varphi(x) = x$ darstellt, denn dazu wäre nach den Ergebnissen der vorhergehenden Ziffern die gleichmäßige Konvergenz im ganzen Intervall $[-\pi, \pi]$ erforderlich. Es ist aber mit gutem Grund zu vermuten, daß die Reihe in jedem Intervall $[-a, a]$ mit $0 < a < \pi$ die Funktion $\varphi(x)$ darstellt und diese Vermutung können wir verhältnismäßig leicht bestätigen.

Die in $[-a, a]$ gestattete gliedweise Integration der Reihe zwischen den Grenzen 0 und x gibt

$$-2\left(\frac{\cos x - 1}{1^2} - \frac{\cos 2x - 1}{2^2} + \frac{\cos 3x - 1}{3^2} - + \ldots\right) =$$

$$= 2\left(1 - \frac{1}{2^2} + \frac{1}{3^2} - + \ldots\right) - 2\left(\frac{\cos x}{1^2} - \frac{\cos 2x}{2^2} + \frac{\cos 3x}{3^2} - + \ldots\right),$$

denn diese Reihe ist überall absolut und gleichmäßig konvergent; sie stellt, wie man sich leicht überzeugt, die Funktion $\frac{x^2}{2}$ dar, die sich über das Intervall $[-\pi, \pi]$ hinaus stetig periodisch fortsetzt[2]. Nach dem in § 36, 4 bewiesenen Satz, daß man jede gleichmäßig konvergente Reihe gliedweise differenzieren darf,

[1] Der hier durch die Multiplikation mit $\cos\frac{x}{2}$ verwendete Kunstgriff wird klar, wenn man bedenkt, daß die Funktion $\psi(x) = x\cos\frac{x}{2}$, wenn man sie über das Intervall $[-\pi, \pi]$ periodisch fortsetzt, wegen $\psi(\pi) = \psi(-\pi) = 0$ überall stetig ist. Sie wird also durch eine gleichmäßig konvergente Fourierreihe dargestellt, die sich aus der Reihe für $\varphi(x) = x$ durch Multiplikation mit $\cos\frac{x}{2}$ ergeben muß.

[2] Vgl. das Beispiel 2 in Ziffer 7.

solange die durch Differentiation entstandene Reihe gleichmäßig konvergiert, folgt sofort, daß die Reihe

$$\varphi(x) = 2\left(\frac{\sin x}{1} - \frac{\sin 2x}{2} + \frac{\sin 3x}{3} - + \ldots\right)$$

überall, jedoch mit Ausnahme der Punkte $\pm\pi$ die Funktion $\varphi(x) = x$ darstellt. An diesen Stellen selbst hat $\varphi(x)$, da alle Glieder der Reihe verschwinden, den Wert Null, liefert also an der Sprungstelle das Mittel von links- und rechtsseitigem Grenzwert.

Nach dieser Vorbereitung können wir unsere Aufgabe ohne weiteres erledigen. Hat die vorgelegte Funktion $f(x)$ die Unstetigkeitsstellen $x_1, x_2, \ldots, x_k$ mit den Sprüngen $2\delta_1, 2\delta_2, \ldots, 2\delta_k$, so genügt nach der Bemerkung zu Beginn dieser Ziffer die Funktion (man beachte dabei, daß $\varphi(\pi) = 0$ definiert ist).

$$g(x) = f(x) + \frac{\delta_1}{\pi}\varphi(x+\pi-x_1) + \frac{\delta_2}{\pi}\varphi(x+\pi-x_2) + \ldots$$
$$\ldots + \frac{\delta_k}{\pi}\varphi(x+\pi-x_k)$$

den Voraussetzungen des Satzes 1 und ist daher durch eine gleichmäßig konvergente Reihe darstellbar. Wir erhalten also sofort die Fourierreihe von $f(x)$, indem wir von der Reihe für $g(x)$ die Reihen für $\frac{\delta_i}{\pi}\varphi(x+\pi-x_i)$, $i = 1, 2, \ldots, k$, gliedweise subtrahieren. Damit ist Satz 2 von Ziffer 3 bewiesen.

7. **Ergänzende Bemerkungen. Beispiele.** Über die Fourierkoeffizienten einer Funktion $f(x)$ lassen sich einige einfache Feststellungen machen, wenn $f(x)$ entweder gerade oder ungerade ist. Im Fall einer geraden Funktion, für die also

$$f(-x) = f(x)$$

gilt, ist $f(x)\cos\nu x$ gerade und $f(x)\sin\nu x$ ungerade und daher

$$b_\nu = \frac{1}{\pi}\int_{-\pi}^{\pi} f(x)\sin\nu x\,dx = 0,$$

während man a_ν durch Integration über das halbe Intervall berechnen kann:

$$a_\nu = \frac{2}{\pi}\int_0^{\pi} f(x)\cos\nu x\,dx.$$

Die Fourierreihe von $f(x)$ enthält nur die Cosinusglieder.

Ist aber $f(x)$ ungerade, also

$$f(-x) = -f(x),$$

so ist $f(x)\cos\nu x$ ungerade und $f(x)\sin\nu x$ gerade und daher

$$a_\nu = \frac{1}{\pi}\int_{-\pi}^{\pi} f(x)\cos\nu x\,dx = 0$$

und

$$b_\nu = \frac{2}{\pi}\int_0^{\pi} f(x)\sin\nu x\,dx.$$

Die Reihe enthält nur die Sinusglieder.

Bei den folgenden Beispielen bezieht sich die angegebene Definition der Funktion $f(x)$ stets auf das Intervall $(-\pi, \pi]$, darüber hinaus ist $f(x)$ durch periodische Fortsetzung erklärt.

Beispiele:

1. $f(x) = x$ (Abb. 138); die Funktion ist ungerade, also $a_\nu = 0$,

$$b_\nu = \frac{2}{\pi}\int\limits_0^\pi x \sin \nu x \, dx = \frac{2}{\nu}(-1)^{\nu+1}$$

und man erhält die Reihe (vgl. das Beispiel von Ziffer 2)

$$f(x) = 2\left(\frac{\sin x}{1} - \frac{\sin 2x}{2} + \frac{\sin 3x}{3} - + \cdots\right).$$

Setzt man $x = \frac{\pi}{2}$, so ergibt sich die uns schon bekannte Leibnizsche Reihe § 38, (7)

$$\frac{\pi}{4} = 1 - \frac{1}{3} + \frac{1}{5} - + \cdots.$$

2. $f(x) = \frac{x^2}{2}$ (Abb. 139); die Funktion ist gerade, also $b_\nu = 0$. Es wird

$$a_0 = \frac{\pi^2}{3},$$

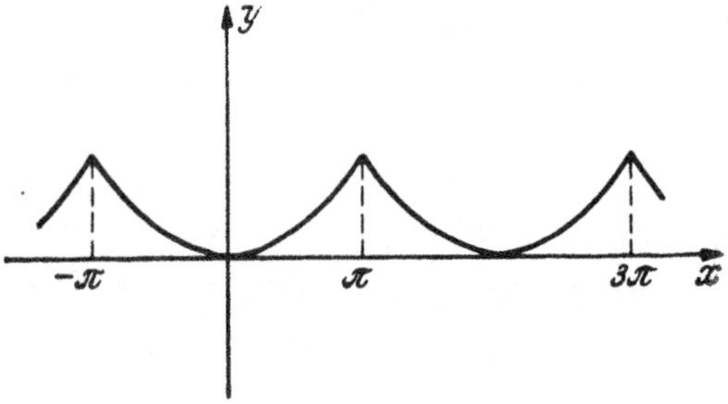

Abb. 139.

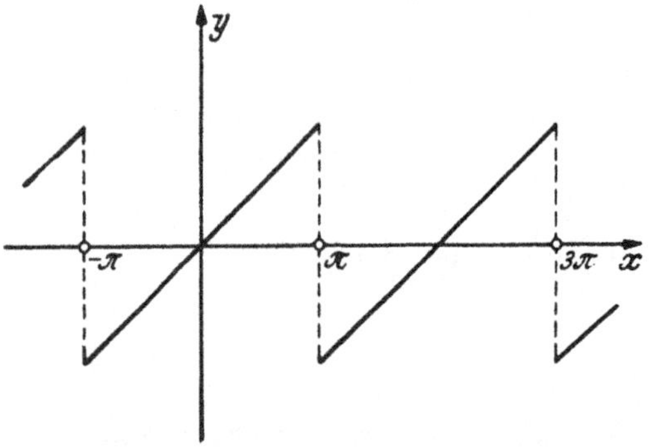

Abb. 138.

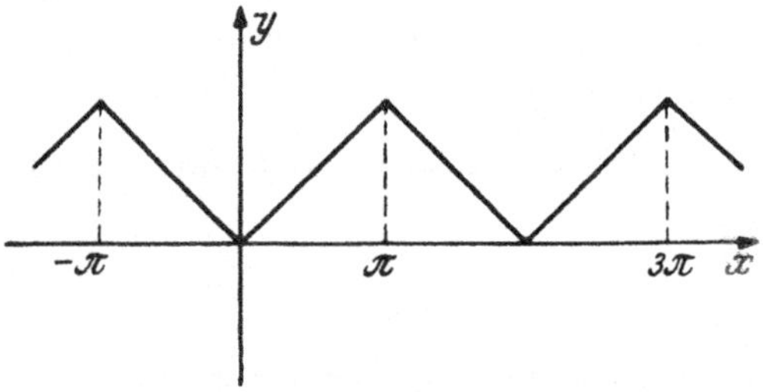

Abb. 140.

$$a_\nu = \frac{2}{\pi}\int\limits_0^\pi \frac{x^2}{2}\cos \nu x \, dx = (-1)^\nu \frac{2}{\nu^2}, \quad \nu > 0,$$

wie man durch zweimalige partielle Integration leicht findet. Es ist also

$$f(x) = \frac{\pi^2}{6} - 2\left(\frac{\cos x}{1^2} - \frac{\cos 2x}{2^2} + \frac{\cos 3x}{3^2} - + \cdots\right);$$

für $x = 0$ folgt daraus

$$\frac{\pi^2}{12} = \frac{1}{1^2} - \frac{1}{2^2} + \frac{1}{3^2} - + \cdots$$

und für $x = \pi$

$$\frac{\pi^2}{6} = \frac{1}{1^2} + \frac{1}{2^2} + \frac{1}{3^2} + \cdots.$$

3. $f(x) = |x|$ (Abb. 140); auch diese Funktion ist gerade und gibt daher eine reine Cosinusreihe. Man findet

$$a_0 = \pi$$

und für $\nu > 0$

$$a_\nu = \frac{2}{\pi}\int_0^\pi x\cos\nu x\,dx = \frac{2}{\nu\pi}[x\sin\nu x]_0^\pi - \frac{2}{\nu\pi}\int_0^\pi \sin\nu x\,dx = \begin{cases} 0, & \nu \text{ gerade}, \\ -\dfrac{4}{\nu^2\pi}, & \nu \text{ ungerade}; \end{cases}$$

die Reihe lautet

$$f(x) = \frac{\pi}{2} - \frac{4}{\pi}\left(\frac{\cos x}{1^2} + \frac{\cos 3x}{3^2} + \frac{\cos 5x}{5^2} + \cdots\right).$$

Für $x = 0$ folgt

$$\frac{\pi^2}{8} = \frac{1}{1^2} + \frac{1}{3^2} + \frac{1}{5^2} + \cdots.$$

4. $f(x) = \operatorname{sign} x$ (Abb. 141) ist ungerade, also $a_\nu = 0$ und

$$b_\nu = \frac{2}{\pi}\int_0^\pi \sin\nu x\,dx = \begin{cases} 0, & \text{wenn } \nu \text{ gerade}, \\ \dfrac{4}{\nu\pi}, & \text{wenn } \nu \text{ ungerade}. \end{cases}$$

Es ist somit

$$f(x) = \frac{4}{\pi}\left(\frac{\sin x}{1} + \frac{\sin 3x}{3} + \frac{\sin 5x}{5} + \cdots\right).$$

Für $x = \frac{\pi}{2}$ folgt wieder die Leibnizsche Reihe (Beispiel 1).

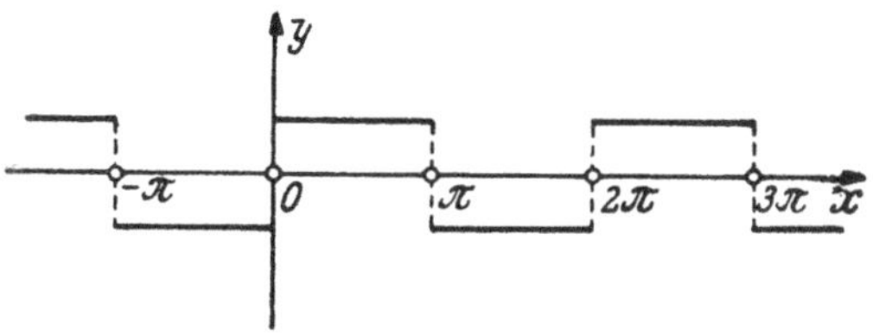

Abb. 141.

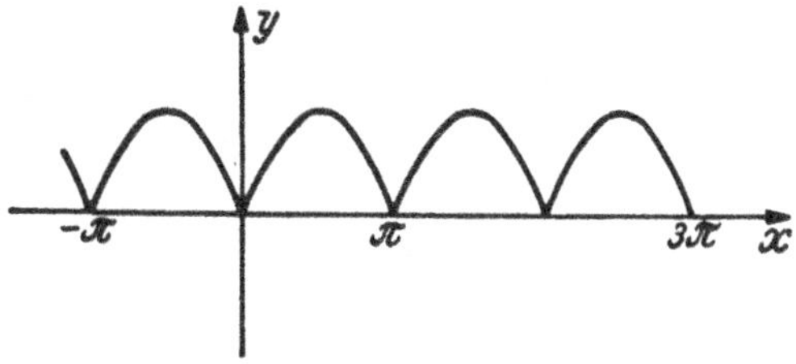

Abb. 142.

5. $f(x) = |\sin x|$ (Abb. 142) ist gerade, die Reihe enthält also nur Cosinusglieder. Wir erhalten

$$a_\nu = \frac{2}{\pi}\int_0^\pi \sin x\cos\nu x\,dx = \frac{1}{\pi}\int_0^\pi [\sin(\nu+1)x - \sin(\nu-1)x]\,dx =$$

$$= \begin{cases} 0, & \text{wenn } \nu \text{ ungerade}, \\ -\dfrac{4}{(\nu^2-1)\pi}, & \text{wenn } \nu \text{ gerade}, \end{cases}$$

also

$$f(x) = \frac{2}{\pi} - \frac{4}{\pi}\sum_{\nu=1}^{\infty}\frac{\cos 2\nu x}{4\nu^2-1} = \frac{2}{\pi} - \frac{4}{\pi}\left(\frac{\cos 2x}{3} + \frac{\cos 4x}{15} + \frac{\cos 6x}{35} + \cdots\right).$$

Für $x = 0$ wird (vgl. § 35, 2, Beispiel 3)

$$\sum_{\nu=1}^{\infty}\frac{1}{4\nu^2-1} = \frac{1}{3} + \frac{1}{15} + \frac{1}{35} + \cdots = \frac{1}{2}.$$

8. Die Partialbruchzerlegung des Cotangens und die Produktentwicklung des Sinus. Es sei $f(x) = \cos\lambda x$ in $[-\pi, \pi]$, wobei λ nicht ganz ist. Für die Fourierreihe erhalten wir $b_\nu = 0$ und

$$a_\nu = \frac{2}{\pi}\int_0^\pi \cos\lambda x\cos\nu x\,dx = \frac{1}{\pi}\int_0^\pi [\cos(\lambda+\nu)x + \cos(\lambda-\nu)x]\,dx =$$

$$= \frac{1}{\pi}\left[\frac{\sin(\lambda+\nu)\pi}{\lambda+\nu} + \frac{\sin(\lambda-\nu)\pi}{\lambda-\nu}\right] = \frac{2(-1)^\nu\lambda}{(\lambda^2-\nu^2)\pi}\sin\lambda\pi$$

und es ist daher

$$f(x) = \frac{2\lambda \sin \lambda\pi}{\pi}\left(\frac{1}{2\lambda^2} - \frac{\cos x}{\lambda^2 - 1^2} + \frac{\cos 2x}{\lambda^2 - 2^2} - \frac{\cos 3x}{\lambda^2 - 3^2} + - \ldots\right).$$

Setzt man hier $x = \pi$ und schreibt dann x statt λ, so folgt nach Division durch $\sin \pi x$ die *Partialbruchzerlegung des Cotangens*[1]

$$\boxed{\cot \pi x = \frac{2x}{\pi}\left(\frac{1}{2x^2} + \frac{1}{x^2 - 1^2} + \frac{1}{x^2 - 2^2} + \ldots\right).} \tag{9}$$

Bringen wir das erste Glied nach links, so folgt

$$\cot \pi x - \frac{1}{\pi x} = -\frac{2x}{\pi}\left(\frac{1}{1^2 - x^2} + \frac{1}{2^2 - x^2} + \ldots\right).$$

Die Reihe rechts ist gleichmäßig konvergent für alle x, für die $0 \leqq x \leqq a < 1$ ist, da das ν-te Glied absolut genommen kleiner ist als

$$\frac{2}{\pi}\,\frac{1}{\nu^2 - a^2}$$

und die konvergente Reihe

$$\frac{2}{\pi}\sum_{\nu=1}^{\infty}\frac{1}{\nu^2 - a^2}$$

somit eine Majorante unserer Reihe ist. Gliedweise Integration gibt

$$\pi\int_0^x\left(\cot \pi x - \frac{1}{\pi x}\right)dx = \ln\frac{\sin \pi x}{\pi x} - \lim_{\varepsilon \to 0}\ln\frac{\sin \pi\varepsilon}{\pi\varepsilon} = \ln\frac{\sin \pi x}{\pi x} =$$

$$= \ln\left(1 - \frac{x^2}{1^2}\right) + \ln\left(1 - \frac{x^2}{2^2}\right) + \ln\left(1 - \frac{x^2}{3^2}\right) + \ldots$$

und somit

$$\boxed{\sin \pi x = \pi x\left(1 - \frac{x^2}{1^2}\right)\left(1 - \frac{x^2}{2^2}\right)\left(1 - \frac{x^2}{3^2}\right)\ldots} \tag{10}$$

die Darstellung von $\sin \pi x$ durch ein *unendliches Produkt*, das man symbolisch in der Gestalt

$$\sin \pi x = \pi x \prod_{\nu=1}^{\infty}\left(1 - \frac{x^2}{\nu^2}\right)$$

schreibt. Die Theorie dieser unendlichen Produkte weist weitgehende Analogien mit der der unendlichen Reihen auf, insbesondere ist die Konvergenz eines unendlichen Produktes in ganz ähnlicher Weise durch die Konvergenz der Teilprodukte, z. B.

$$P_n = \prod_{\nu=1}^{n}\left(1 - \frac{x^2}{\nu^2}\right)$$

zu erklären. Ich kann darauf hier nicht näher eingehen und bemerke nur, daß das Produkt (10) *für alle x konvergiert und die Funktion $\sin \pi x$ darstellt.* Besonders bemerkenswert an dieser Formel ist, daß sie das Verschwinden von $\sin \pi x$ an den Stellen $x = 0, \pm 1, \pm 2, \ldots$ in unmittelbare Evidenz setzt. In dieser Hinsicht entspricht sie der Darstellung eines Polynoms durch seine Wurzelfaktoren (§ 29, 2).

[1] In Analogie zur Partialbruchzerlegung der rationalen Funktionen (§ 33); $\cot \pi x$ hat die unendlich vielen einfachen ∞-Stellen (Pole) $x = 0, \pm 1, \pm 2, \ldots$

Für $x = \frac{1}{2}$ folgt

$$1 = \frac{\pi}{2} \prod_{\nu=1}^{\infty} \left(1 - \frac{1}{(2\nu)^2}\right) = \frac{\pi}{2} \prod_{\nu=1}^{\infty} \frac{(2\nu)^2 - 1}{(2\nu)^2}$$

oder

$$\frac{\pi}{2} = \prod_{\nu=1}^{\infty} \frac{2\nu}{2\nu - 1} \frac{2\nu}{2\nu + 1} = \frac{2}{1} \cdot \frac{2}{3} \cdot \frac{4}{3} \cdot \frac{4}{5} \cdots,$$

also die erste Formel von WALLIS (§ 23, 1).

9. **Das Gibbssche Phänomen.** Ich habe bereits gelegentlich des in Ziffer 2 behandelten Beispiels der Fourierentwicklung der Funktion $f(x) = x$ auf das merkwürdige, als Gibbssches Phänomen bezeichnete Verhalten der Grenzkurve dieser Reihe hingewiesen. Um diese Erscheinung näher zu untersuchen, betrachten

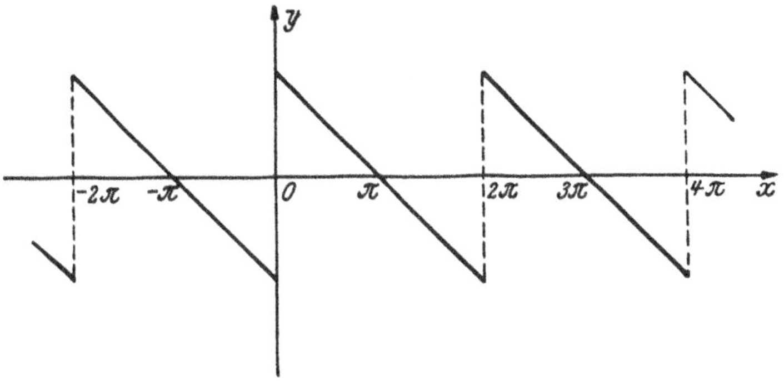

Abb. 143.

wir ein ganz ähnliches Beispiel, bei dem nur die Sprungstelle in den Ursprung verlegt ist, also die Entwicklung der Funktion $f(x)$, die in $[-\pi, \pi]$ durch

$$f(x) = -\pi - x, \qquad -\pi \leqq x < 0,$$
$$f(x) = \pi - x, \qquad 0 < x \leqq \pi,$$
$$f(0) = 0$$

und für alle anderen x durch periodische Fortsetzung definiert ist (Abb. 143). Die Funktion ist ungerade, also $a_\nu = 0$ und

$$b_\nu = \frac{2}{\pi} \int_0^\pi (\pi - x) \sin \nu x \, dx = (-1)^{\nu+1} \frac{2}{\pi} \int_0^\pi u \sin \nu u \, du = \frac{2}{\nu},$$

somit

$$f(x) = 2\left(\frac{\sin x}{1} + \frac{\sin 2x}{2} + \frac{\sin 3x}{3} + \cdots\right).$$

Wir betrachten die Bildkurve der n-ten Teilsumme

$$s_n(x) = 2\left(\sin x + \frac{1}{2} \sin 2x + \cdots + \frac{1}{n} \sin n x\right).$$

Ihr Verlauf entspricht für die verschiedenen Werte von n durchaus dem der Kurven von Abb. 137, wenn wir diese an der Geraden $x = \frac{\pi}{2}$ spiegeln. Es interessiert uns vor allem das erste Maximum rechts vom Ursprung. Differentiation gibt

$$s_n'(x) = 2(\cos x + \cos 2x + \cdots + \cos n x)$$

oder nach Aufgabe 2 zu § 28

$$s_n'(x) = 2\cos\frac{nx}{2}\,\frac{\sin\frac{n+1}{2}x}{\sin\frac{x}{2}} - 2.$$

Durch eine einfache Umformung (§ 17, (6)) findet man, daß die Nullstellen der Ableitung durch die Gleichung

$$\cos\frac{n+1}{2}x\,\sin\frac{n}{2}x = 0$$

bestimmt sind, die die Lösungen

$$x = \frac{2k+1}{n+1}\pi \quad \text{bzw.} \quad x = \frac{2k}{n}\pi$$

hat. Die ersten geben Maxima, die zweiten Minima, wie man durch Untersuchung der zweiten Ableitung leicht feststellt. Das größte Maximum liegt bei

$$x_0 = \frac{\pi}{n+1}$$

und hat den Betrag

$$s_n\left(\frac{\pi}{n+1}\right) = 2\left(\sin\frac{\pi}{n+1} + \frac{1}{2}\sin\frac{2\pi}{n+1} + \dots + \frac{1}{n}\sin\frac{n\pi}{n+1}\right) =$$

$$= 2\sum_{\nu=1}^{n}\frac{1}{\nu}\sin\frac{\nu\pi}{n+1}.$$

Uns interessiert aber nicht dieser Wert selbst, sondern sein Grenzwert für $n \to \infty$ und dieser läßt sich durch das Integral

$$2\int_0^\pi \frac{\sin x}{x}\,dx = \lim_{n\to\infty} s_n\left(\frac{\pi}{n+1}\right)$$

darstellen. Teilt man nämlich das Intervall $[0, \pi]$ in $n+1$ gleiche Teile und wendet man die Rechtecksformel an, so folgt aus $x_\nu = \frac{\nu\pi}{n+1}$, $h = \frac{\pi}{n+1}$

$$2\int_0^\pi \frac{\sin x}{x}\,dx = 2\lim_{n\to\infty}\sum_{\nu=1}^{n+1}\frac{\sin\frac{\nu\pi}{n+1}}{\frac{\nu\pi}{n+1}}\,\frac{\pi}{n+1}$$

oder, da das letzte Glied der Summe verschwindet,

$$2\int_0^\pi \frac{\sin x}{x}\,dx = 2\lim_{n\to\infty}\sum_{\nu=1}^{n}\frac{1}{\nu}\sin\frac{\nu\pi}{n+1} = \lim_{n\to\infty} s_n\left(\frac{\pi}{n+1}\right).$$

Die Funktion

$$\operatorname{Si} x = \int_0^x \frac{\sin x}{x}\,dx$$

ist eine höhere transzendente Funktion, die in den Anwendungen eine gewisse Rolle spielt und als *Integralsinus* bezeichnet wird.[1] Den Wert von $\operatorname{Si}\pi$ können wir

[1] Tabellen von Si x z. B. bei JAHNKE-EMDE, Funktionentafeln (3. Aufl., Leipzig 1938).

näherungsweise durch Reihenentwicklung oder mittels der Simpsonschen Formel berechnen und finden

$$\operatorname{Si}\pi = \int_0^\pi \frac{\sin x}{x}\,dx \approx 1{\cdot}8519.$$

Das Maximum konvergiert also für $n \to \infty$ gegen den Wert

$$2\operatorname{Si}\pi \approx 3{\cdot}7038,$$

der um 0·5622 größer ist als π. Die Überhöhung beträgt somit rund 9% der gesamten Sprunghöhe 2π.

10. Trigonometrische Interpolation. Wir stellen uns die Aufgabe, das trigonometrische Polynom n-ten Grades zu bestimmen, das in gegebenen Punkten mit einer in $(-\pi, \pi]$ gegebenen Funktion $f(x)$ übereinstimmt. Es handelt sich also um eine durchaus analoge Aufgabe wie die, die ich in § 30 für die gewöhnlichen Polynome behandelt habe. Da ein trigonometrisches Polynom vom Grad n von $2n+1$ Konstanten $a_0, a_1, \ldots, a_n, b_1, \ldots, b_n$ abhängt, brauchen wir zur Lösung $2n+1$ Punkte, die wir äquidistant auf das Intervall $(-\pi, \pi]$ verteilen, und zwar so, daß die Punkte $-\pi$ und π in die Mitte je eines Teilintervalles fallen. Die Länge eines Teilintervalles ist dann

$$h = \frac{2\pi}{2n+1}$$

und die Teilungspunkte sind

$$x_\nu = \frac{2\nu\pi}{2n+1} = h\nu, \quad \nu = -n,\ -n+1,\ \ldots,\ 0,\ 1,\ \ldots,\ n.$$

Die Rechnung wird einfacher, wenn wir uns der komplexen Schreibweise (Ziffer 2) bedienen und das trigonometrische Polynom in der Gestalt

$$s_n(x) = \sum_{\nu=-n}^{n} \alpha_\nu e^{j\nu x}$$

schreiben. Die Koeffizienten α_ν sind dann so zu bestimmen, daß

$$s_n(x_\lambda) = f_\lambda, \quad \lambda = -n, \ldots, n,$$

wo f_λ eine Abkürzung für $f(x_\lambda)$ ist, oder ausführlicher

$$\sum_{\nu=-n}^{n} \alpha_\nu e^{j\nu\lambda h} = f_\lambda, \quad \lambda = -n, \ldots, n,$$

ist. Das ist ein System von $2n+1$ linearen Gleichungen für die $2n+1$ Unbekannten α_ν, dessen Auflösung sich in einfacher Weise durchführen läßt. Wir bezeichnen mit μ eine beliebige der Zahlen $-n, \ldots, 0, \ldots, n$, multiplizieren die Gleichungen mit $e^{-j\mu\lambda h}$ und summieren über alle λ von $-n$ bis n. Das gibt

$$\sum_{\nu=-n}^{n} \alpha_\nu \sum_{\lambda=-n}^{n} e^{j\lambda h(\nu-\mu)} = \sum_{\lambda=-n}^{n} f_\lambda e^{-j\lambda\mu h}. \tag{11}$$

Der Koeffizient von α_ν ist die Summe

$$\sum_{\lambda=-n}^{n} e^{j\lambda h(\nu-\mu)};$$

ist hier $\nu = \mu$, so werden alle Summanden 1, die Summe also gleich $2n+1$. Ist aber $\nu \neq \mu$, so setzen wir

$$e^{j(\nu-\mu)h} = \xi.$$

Wegen $(2n+1)h = 2\pi$ ist

$$\xi^{2n+1} = e^{2j(\nu-\mu)\pi} = 1,$$

d. h. ξ ist eine $2n+1$-te Einheitswurzel. Der Koeffizient von α_ν wird

$$\sum_{\lambda=-n}^{n} \xi^\lambda = \xi^{-n} + \xi^{-n+1} + \ldots + \xi^n = \xi^{-n}(1 + \xi + \xi^2 + \ldots + \xi^{2n}) =$$
$$= \xi^{-n} \frac{\xi^{2n+1} - 1}{\xi - 1} = 0,$$

da ja $\xi^{2n+1} = 1$ ist. Auf der linken Seite von (11) bleibt also nur α_μ stehen und erhält den Koeffizienten $2n+1$, d. h. es ist

$$(2n+1)\,\alpha_\mu = \sum_{\lambda=-n}^{n} f_\lambda\, e^{-j\lambda\mu h}$$

oder

$$\alpha_\mu = \frac{1}{2n+1} \sum_{\lambda=-n}^{n} f_\lambda\, e^{-j\lambda\mu h}$$

und daher

$$s_n(x) = \frac{1}{2n+1} \sum_{\lambda=-n}^{n} \sum_{\nu=-n}^{n} f_\lambda\, e^{j\nu(x-\lambda h)},$$

womit die Interpolationsaufgabe gelöst ist. Die reelle Gestalt der Lösung erhalten wir unmittelbar aus den Formeln am Schluß von Ziffer 2; es wird

$$s_n(x) = \frac{a_0}{2} + \sum_{\nu=1}^{n} (a_\nu \cos \nu x + b_\nu \sin \nu x),$$

wo

$$a_\nu = \frac{2}{2n+1} \sum_{\lambda=-n}^{n} f_\lambda \cos \nu \lambda h, \quad b_\nu = \frac{2}{2n+1} \sum_{\lambda=-n}^{n} f_\lambda \sin \nu \lambda h$$

ist. Lassen wir hier die Zahl der Teilungspunkte, also n über alle Grenzen gehen, so müssen diese Formeln offenbar in (4) übergehen. Ich zeige das für die a_ν und schreibe zunächst

$$a_\nu = 2 \sum_{\lambda=-n}^{n} f(\lambda h) \cos(\nu \lambda h) \frac{h}{2\pi} = \frac{1}{\pi} \sum_{\lambda=-n}^{n} f(\lambda h) \cos(\nu \lambda h)\, h.$$

Die rechte Seite ist nichts anderes als die Rechtecksformel, angewendet auf das Integral

$$a_\nu = \frac{1}{\pi} \int_{-\pi}^{\pi} f(x) \cos \nu x \, dx$$

bei Teilung in $2n+1$ gleiche Teile; dabei ist $f(x)$ jetzt als integrierbar angenommen. Für $n \to \infty$ geht sie in dieses Integral über, wodurch wir zur ersten Formel (4) gelangen. $s_n(x)$ wird die n-te Teilsumme der Fourierreihe von $f(x)$ und wird auch als *Fouriersches Polynom* bezeichnet.

Aufgaben.

1. Es sind die folgenden, in $(-\pi, \pi]$ definierten Funktionen in Fourierreihen zu entwickeln:

a) $f(x) = x \cos x$;

b) $f(x) = \sin \lambda x$, λ nicht ganz;

c) $f(x) = \operatorname{ch} \lambda x$;

d) $f(x) = \operatorname{sh} \lambda x$;

e) $f(x) \begin{cases} = 0 \text{ in } [-\alpha, \alpha], \; 0 < \alpha < \pi, \\ = a \text{ in } (-\pi, -\alpha) \text{ und } (\alpha, \pi]; \end{cases}$

f) $f(x) \begin{cases} = 0 \text{ in } (-\pi, -\pi + \alpha], \; [-\alpha, \alpha], \; [\pi - \alpha, \pi], \; 0 < \alpha < \dfrac{\pi}{2}, \\ = -a \text{ in } (-\pi + \alpha, -\alpha), \\ = a \text{ in } (\alpha, \pi - \alpha); \end{cases}$

g) $f(x) \begin{cases} = 0 \text{ in } (-\pi, 0] \text{ und } [2\alpha, \pi], \; 0 < \alpha < \dfrac{\pi}{2}, \\ = \dfrac{a}{\alpha} x \text{ in } [0, \alpha], \\ = a\left(2 - \dfrac{x}{\alpha}\right) \text{ in } [\alpha, 2\alpha]; \end{cases}$

h) $f(x) \begin{cases} = -\dfrac{a}{\alpha}(\pi + x) \text{ in } (-\pi, -\pi + \alpha], \; 0 < \alpha < \dfrac{\pi}{2}, \\ = -a \text{ in } [-\pi + \alpha, -\alpha], \\ = \dfrac{a}{\alpha} x \text{ in } [-\alpha, \alpha], \\ = a \text{ in } [\alpha, \pi - \alpha], \\ = \dfrac{a}{\alpha}(\pi - x) \text{ in } [\pi - \alpha, \pi]; \end{cases}$

i) $f(x) \begin{cases} = \dfrac{1}{\pi^2}(x + \pi)^2 \text{ in } (-\pi, 0], \\ = \dfrac{1}{\pi^2}(x - \pi)^2 \text{ in } [0, \pi]; \end{cases}$

j) $f(x) \begin{cases} = -\cos \alpha x \text{ in } (-\pi, 0), \; \alpha \text{ beliebig, (Sonderfall } \alpha = 1), \\ = \cos \alpha x \text{ in } (0, \pi], \; f(0) = 0; \end{cases}$

k) $f(x) \begin{cases} = 0 \text{ in } (-\pi, -\alpha] \text{ und } [\alpha, \pi], \; 0 < \alpha < \pi, \\ = \sin \dfrac{\pi}{\alpha} x \text{ in } [-\alpha, \alpha]. \end{cases}$

2. Aus der geometrischen Reihe $\sum z^\nu = \dfrac{1}{1 - z}$ leite man trigonometrische Reihen für

$$\frac{r \sin x}{1 - 2r \cos x + r^2} \quad \text{und} \quad \frac{1 - r \cos x}{1 - 2r \cos x + r^2}$$

her, indem man $z = r(\cos x + j \sin x)$ mit $|z| = r < 1$ setzt.

3. Man leite aus der Reihe für $\sin \lambda x$ (Aufgabe 1 *b*) eine Partialbruchzerlegung des Sekans ähnlich der Partialbruchzerlegung des Cotangens in Ziffer 8 ab.

4. Man führe die trigonometrische Interpolation ohne Zuhilfenahme komplexer Funktionen durch.

Anhang

Lösungen der Aufgaben

§ 1.

1. Man bestätigt sofort, daß die angeschriebenen Formeln für $n = 1$ richtig sind. Aus der Annahme, daß sie für n richtig sind, folgt im Fall

$$\text{a)}\ \sum_{\nu=1}^{n+1}(a + (\nu - 1)\,d) = n\,a + \frac{n\,(n-1)}{2}\,d + a + n\,d = (n+1)\,a + \frac{n}{2}\,(n - 1 + 2)\,d =$$
$$= (n+1)\,a + \frac{(n+1)\,n}{2}\,d,$$

$$\text{c)}\ \sum_{\nu=1}^{n+1}\nu^2 = \frac{n\,(n+1)\,(2\,n+1)}{6} + (n+1)^2 = \frac{n+1}{6}\,(2\,n^2 + n + 6\,n + 6) =$$
$$= \frac{(n+1)\,(n+2)\,(2\,n+3)}{6},$$

$$\text{d)}\ \sum_{\nu=0}^{n+1} q^\nu = \frac{1 - q^{n+1}}{1-q} + q^{n+1} = \frac{1 - q^{n+1} + q^{n+1} - q^{n+2}}{1-q} = \frac{1 - q^{n+2}}{1-q},$$

das sind aber jeweils wieder die Formeln der Angaben, wenn man in ihnen n durch $n + 1$ ersetzt.

2. Wegen (6) folgt $a + c < b + c$ aus $a < b$ und $b + c < b + d$ aus $c < d$. Somit ist $a + c < b + c < b + d$ oder $a + c < b + d$, was zu beweisen war.

Aus $a < b$, $c \leqq d$ folgt $a + c < b + d$,

aus $a \leqq b$, $c < d$ folgt $a + c < b + d$ und

aus $a \leqq b$, $c \leqq d$ folgt $a + c \leqq b + d$.

3. Sind $a_1, a_2, \ldots, a_n, b_1, b_2, \ldots, b_m$ Ziffern, so ist

$$x = 0{\cdot}a_1 a_2 \ldots a_n \dot{b}_1 b_2 \ldots \dot{b}_m$$

der allgemeine Ausdruck für einen periodischen Dezimalbruch. Dann ist (Achtung auf die Dezimalpunkte!)

$$10^n\,x = a_1 a_2 \ldots a_n{\cdot}\dot{b}_1 b_2 \ldots \dot{b}_m$$

und

$$10^{n+m}\,x = a_1 a_2 \ldots a_n b_1 b_2 \ldots b_m{\cdot}\dot{b}_1 b_2 \ldots \dot{b}_m,$$

also

$$(10^{n+m} - 10^n)\,x = a_1 a_2 \ldots a_n b_1 b_2 \ldots b_m - a_1 a_2 \ldots a_n;$$

z. B.

$$x = 0{\cdot}34\dot{5}701\dot{2},$$
$$10^7\,x = 3457012{\cdot}\dot{5}701\dot{2},$$
$$10^2\,x = 34{\cdot}\dot{5}701\dot{2},$$
$$(10^7 - 10^2)\,x = 3456978,$$
$$x = \frac{3456978}{9999900} = \frac{576163}{1666650}.$$

4. a) $x < 1$ oder $x > 2$; b) $x \leqq 1$ oder $2 \leqq x \leqq 3$; c) $x < 0$; d) $0 \leqq x \leqq 2$; e) $x < 0$ oder $x > 3$.

5. Es ist

$$2^n - 2 = \binom{n}{1} + \binom{n}{2} + \binom{n}{3} + \ldots + \binom{n}{n-1};$$

da n als Primzahl sicher ungerade ist, steht rechts eine gerade Anzahl von Gliedern, und da je zwei gleich weit von den Enden entfernte Glieder einander gleich sind, wird

$$2^n - 2 = 2n \left[1 + \frac{(n-1)}{1 \cdot 2} + \frac{(n-1)(n-2)}{1 \cdot 2 \cdot 3} + \ldots + \frac{(n-1)(n-2)\ldots\frac{n+3}{2}}{1 \cdot 2 \ldots \frac{n-1}{2}} \right]$$

Alle Binomialkoeffizienten sind ganze Zahlen, n ist aber als Primzahl durch keine der Zahlen $2, 3, \ldots, \frac{n-1}{2}$, teilbar, daher müssen die Zähler aller Brüche durch die Nenner teilbar, der Klammerausdruck also eine ganze Zahl sein.

§ 2.

1. Damit $3n - 7 = 2m + 5$ oder $m = 3\left(\frac{n}{2} - 2\right)$ ist, muß n gerade und größer als 4 sein, so daß $n = 2(k + 2)$ gesetzt werden kann. Dann wird $m = 3k$ und $3n - 7 = 6(k + 2) - 7 = 6k + 5 = 2m + 5$, also ist $\mathfrak{D}(\mathfrak{M}_1, \mathfrak{M}_2) = 6k + 5$.

2. Für $n = 2k$ (gerade) ergeben sich die Zahlen

$$1 + \frac{1}{2}, \; 1 + \frac{1}{8}, \; 1 + \frac{1}{32}, \; \ldots, \; 1 + \frac{1}{2^{2k-1}}$$

und für $n = 2k - 1$ (ungerade) die Zahlen

$$-1 + 1, \quad -1 + \frac{1}{4}, \quad -1 + \frac{1}{16}, \; \ldots, \; -1 + \frac{1}{2^{2k-2}};$$

die untere Grenze ist — , die obere $\frac{3}{2}$, Häufungspunkte sind -1 und $+1$. Die Menge ist nicht abgeschlossen, da keiner der beiden Häufungspunkte zu $\mathfrak{M}$ gehört.

3. Aus Abb. 144 dürfte alles mit genügender Deutlichkeit zu entnehmen sein. Entsprechende Punkte $x \in [0, 1]$ und $y \in [a, b]$ liegen auf einer Geraden durch das Projektionszentrum P. Selbstverständlich müssen die beiden Zahlenlinien g_1 und g_2 nicht parallel sein; wählt man dafür schneidende Gerade, so kann man z. B. die Punkte 0 von g_1 und a von g_2 in den Schnittpunkt verlegen.

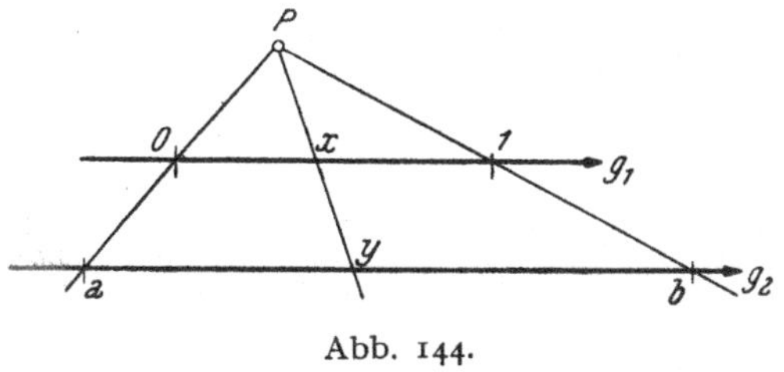

Abb. 144.

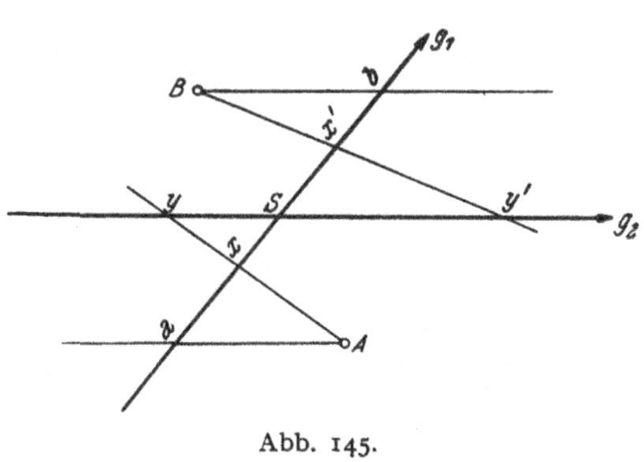

Abb. 145.

4. Hier muß man die Projektionen teilen, Abb. 145: Aus A projiziert man die Punkte $x \in (a, s]$ von g_1 auf die Punkte $y \in (-\infty, s]$ von g_2 und aus B die Punkte $x' \in [s, b)$ von g_1 auf die Punkte $y' \in [s, +\infty)$ von g_2.

§ 3.

1. Wegen $x_\nu < y_\nu$ und $y_\nu - x_\nu = \frac{1}{2^\nu} \to 0$ liegt eine Intervallschachtelung vor. Es ist

$$x_0 = x_1 = 0, \quad x_{2\nu} = x_{2\nu+1} = \frac{1}{4} + \frac{1}{16} + \cdots + \frac{1}{4^\nu} = \frac{1}{3}\left(1 - \frac{1}{4^\nu}\right), \ \nu = 1, 2, 3, \ldots,$$

und

$$y_0 = 1, \quad y_{2\nu-1} = y_{2\nu} = 1 - \frac{1}{2} - \frac{1}{8} - \cdots - \frac{1}{2 \cdot 4^{\nu-1}} = \frac{1}{3}\left(1 + \frac{2}{4^\nu}\right), \ \nu = 1, 2, 3, \ldots,$$

wegen $x_\nu \to \frac{1}{3}$, $y_\nu \to \frac{1}{3}$ ist $a = \frac{1}{3}$ der durch die Schachtelung definierte Punkt.

2. Zu zeigen ist, daß zu jedem beliebigen $\varepsilon > 0$ eine natürliche Zahl N gehört, so daß

$$\left|\frac{1}{a_\nu} - 0\right| = \frac{1}{|a_\nu|} < \varepsilon$$

ist für alle $\nu > N$. Aus $|a_\nu| \to +\infty$ folgt aber $|a_\nu| > A$ für alle $\nu > N_1$ mit beliebigem $A > 0$. Man hat also nur $A \geqq \frac{1}{\varepsilon}$ und $N \geqq N_1$ zu nehmen; dann ist

$$\frac{1}{|a_\nu|} < \frac{1}{A} \leqq \varepsilon$$

für alle $\nu > N \geqq N_1$.

3. a) $$\frac{\nu - 1}{\nu + 1} = \frac{1 - \frac{1}{\nu}}{1 + \frac{1}{\nu}} \to \frac{1 - 0}{1 + 0} = 1$$

(Grenzwert eines Quotienten) oder

$$\frac{\nu - 1}{\nu + 1} = \frac{\nu + 1 - 2}{\nu + 1} = 1 - \frac{2}{\nu + 1} \to 1 - 0 = 1,$$

b) $$\frac{\nu^2 - \nu}{\nu^2 + 1} = \frac{1 - \frac{1}{\nu}}{1 + \frac{1}{\nu^2}} \to \frac{1 - 0}{1 + 0} = 1,$$

c) $$\frac{2\nu^3 - \nu^2 + 5}{5\nu^3 + 2\nu - 1} = \frac{2 - \frac{1}{\nu} + \frac{5}{\nu^3}}{5 + \frac{2}{\nu^2} - \frac{1}{\nu^3}} \to \frac{2 - 0 + 0}{5 + 0 - 0} = \frac{2}{5},$$

d) $$(a\nu^3 + b\nu^2 + c\nu + d)\,\nu^{-3} = a + \frac{b}{\nu} + \frac{c}{\nu^2} + \frac{d}{\nu^3} \to a.$$

4. Nach Voraussetzung gibt es zu jedem $\varepsilon > 0$ eine Zahl N, so daß für $\nu > N$

$$|u_\nu - u| < \frac{\varepsilon}{2}$$

ist. Dann wird

$$|v_\nu - u| = \left|\frac{u_1 + u_2 + \cdots + u_\nu}{\nu} - u\right| = \left|\frac{u_1 + u_2 + \cdots + u_\nu - \nu u}{\nu}\right| =$$

$$= \left|\frac{u_1 + u_2 + \cdots + u_N - N u}{\nu} + \frac{(u_{N+1} - u) + (u_{N+2} - u) + \cdots + (u_\nu - u)}{\nu}\right| <$$

$$< \frac{|u_1 + u_2 + \cdots + u_N - N u|}{\nu} + \frac{\nu - N}{\nu} \cdot \frac{\varepsilon}{2} < \frac{|u_1 + u_2 + \cdots + u_n - N u|}{\nu} + \frac{\varepsilon}{2}.$$

Da

$$|u_1 + u_2 + \cdots + u_N - N u| = A > 0$$

einen festen, von ν unabhängigen Wert hat, können wir ν so groß, etwa $\nu > N' \geqq N$ nehmen, daß $\frac{A}{\nu} < \frac{\varepsilon}{2}$ ist. Es ist also

$$|v_\nu - u| < \varepsilon$$

für $\nu > N'$, womit die Behauptung bewiesen ist.

§ 4.

1. Für $n = 2$ wird

$$(1 + x)^2 = 1 + 2x + x^2 > 1 + 2x, \tag{A}$$

weil $x^2 > 0$ ist. Ferner ist wegen (1)

$$(1 + x)^{n+1} = (1 + x)^n (1 + x) > (1 + nx)(1 + x) = 1 + nx + x + nx^2 >$$

$$> 1 + (n + 1)x, \tag{B}$$

d. h. wenn (1) für n richtig ist, so auch für $n + 1$.

2. Für $n = 1$ folgt $1 + x \geqq 1 + x$, für $x = -1$ ergibt sich $0 \geqq 1 - n$; ersteres ist für alle x, letzteres für $n \geqq 1$ sicher richtig. Es ist also nur noch zu zeigen, daß $(1 + x)^n \geqq 1 + nx$ für $n > 1$ und $-1 < x < 0$ gilt; in diesem Intervall ist aber $x^2 > 0$ und $1 + x > 0$ und daher bleiben auch (A) und (B) richtig, womit alles bewiesen ist.

3. a) Es ist für $n \geqq k$

$$\lim_{n\to\infty} \frac{n^k}{n!} = \lim_{n\to\infty}\left(\frac{n}{n}\cdot\frac{n}{n-1}\cdots\frac{n}{n-k+1}\cdot\frac{1}{n-k}\cdot\frac{1}{n-k-1}\cdots\frac{1}{2}\cdot\frac{1}{1}\right) =$$

$$= \lim_{n\to\infty}\frac{1}{1-\frac{1}{n}}\cdots\lim_{n\to\infty}\frac{1}{1-\frac{k-1}{n}}\cdot\lim_{n\to\infty}\frac{1}{(n-k)!} = 1\ldots 1.0 = 0.$$

b) $$\frac{1 + 2 + 3 + \ldots + n}{n^2} = \frac{1}{n^2}\,\frac{n(n+1)}{2} = \frac{1}{2}\left(1 + \frac{1}{n}\right) \to \frac{1}{2}.$$

c) $$\left(1 - \frac{1}{2^2}\right)\left(1 - \frac{1}{3^2}\right)\cdots\left(1 - \frac{1}{n^2}\right) =$$

$$= \left(1 - \frac{1}{2}\right)\left(1 + \frac{1}{2}\right)\left(1 - \frac{1}{3}\right)\left(1 + \frac{1}{3}\right)\cdots\left(1 - \frac{1}{n}\right)\left(1 + \frac{1}{n}\right) =$$

$$= \frac{1}{2}\cdot\frac{3}{2}\cdot\frac{2}{3}\cdot\frac{4}{3}\cdot\frac{3}{4}\cdots\frac{n-1}{n}\cdot\frac{n+1}{n} = \frac{1}{2}\,\frac{n+1}{n} \to \frac{1}{2}.$$

d) $$\sqrt{n+1} - \sqrt{n} = \frac{(\sqrt{n+1} - \sqrt{n})(\sqrt{n+1} + \sqrt{n})}{\sqrt{n+1} + \sqrt{n}} = \frac{n + 1 - n}{\sqrt{n+1} + \sqrt{n}} =$$

$$= \frac{1}{\sqrt{n+1} + \sqrt{n}} \to 0.$$

e) $$\sqrt{n + \sqrt{n}} - \sqrt{n - \sqrt{n}} = \frac{\left(\sqrt{n+\sqrt{n}} - \sqrt{n-\sqrt{n}}\right)\left(\sqrt{n+\sqrt{n}} + \sqrt{n-\sqrt{n}}\right)}{\sqrt{n+\sqrt{n}} + \sqrt{n-\sqrt{n}}} =$$

$$= \frac{2\sqrt{n}}{\sqrt{n+\sqrt{n}} + \sqrt{n-\sqrt{n}}} = \frac{2}{\sqrt{1 + \frac{1}{\sqrt{n}}} + \sqrt{1 - \frac{1}{\sqrt{n}}}} \to \frac{2}{1 + 1} = 1.$$

4. Es ist (Abb. 146) $s_1 = a \sin\alpha$, $s_2 = a\cos\alpha\sin\alpha$, $s_3 = a\cos^2\alpha\sin\alpha, \ldots$, $s_\nu = a\cos^{\nu-1}\alpha\,\sin\alpha$; daher $s = \lim_{\nu\to\infty}(s_1 + s_2 + \ldots + s_\nu) = \lim_{\nu\to\infty} a\sin\alpha\,(1 + \cos\alpha + \cos^2\alpha + \ldots + \cos^{\nu-1}\alpha) = a\sin\alpha.\ \lim_{\nu\to\infty}\frac{1-\cos^\nu\alpha}{1-\cos\alpha} = a\sin\alpha\,\frac{1}{1-\cos\alpha} = a\cot\frac{\alpha}{2}$.

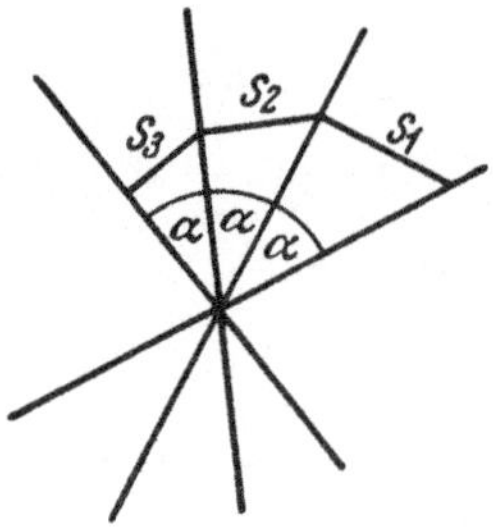

Abb. 146.

5. Es sei $\overline{P_1P_2} = a$, dann ist $\overline{P_1P_3} = a - \frac{a}{2}$, $\overline{P_1P_4} = a - \frac{a}{2} + \frac{a}{4}$, $\overline{P_1P_5} = a - \frac{a}{2} + \frac{a}{4} - \frac{a}{8}, \ldots, \overline{P_1P_{\nu+1}} = a\left(1 - \frac{1}{2} + \frac{1}{4} - \ldots + (-1)^{\nu-1}\frac{1}{2^{\nu-1}}\right) = a\,\frac{1 - \frac{(-1)^\nu}{2}}{1+\frac{1}{2}} \to \frac{2}{3}a$.

§ 5.

1. $\frac{(a+b+2)!}{(a+1)!\,(b+1)!}$; denn der Weg besteht aus $a+1$ waagrechten und $b+1$ senkrechten Strecken, die beliebig aufeinander folgen können. Die Zahl der Wege ist also durch die Zahl der Permutationen von $a+1+b+1$ Strecken gegeben, von denen aber die $a+1$ waagrechten und die $b+1$ senkrechten untereinander gleichwertig sind.

2. Es sei a die Zahl aller geraden Permutationen von n Elementen. Durch Vertauschung der beiden ersten Elemente geht jede dieser Permutationen in eine ungerade über. Es muß also die Zahl der ungeraden Permutation $b \geqq a$ sein. Wäre nun $b > a$, so würden sich durch Vertauschung der ersten beiden Elemente in den b ungeraden Permutationen b gerade Permutationen ergeben in Widerspruch zu der Voraussetzung, daß a die Anzahl aller geraden Permutationen ist.

3. $\binom{a}{2} - \binom{b}{2} + 1$.

4. Die von A nach B führenden Wege können $0, 1, 2, \ldots, n-2$ Zwischenpunkte enthalten, die noch auf alle möglichen Arten permutiert werden können (Variationen ohne Wiederholung). Die gesuchte Anzahl wird also

$$1 + \binom{n-2}{1}1! + \binom{n-2}{2}2! + \ldots + \binom{n-2}{n-3}(n-3)! + \binom{n-2}{n-2}(n-2)! =$$
$$= (n-2)!\left[1 + \frac{1}{1!} + \frac{1}{2!} + \frac{1}{3!} + \ldots + \frac{1}{(n-2)!}\right].$$

Bei größeren Werten von n stimmt dieser Wert näherungsweise mit $(n-2)!\,e$ überein (§ 4, 6).

5. Kombinationen von 6 Elementen zur n-ten Klasse mit Wiederholung:

$$w = \binom{n+6-1}{n} = \binom{n+5}{n} = \binom{n+5}{5}.$$

6. Variationen von m Elementen zur n-ten Klasse mit Wiederholung, also m^n

§ 6.

1. Man unterscheide die Fälle $n = 2\nu$ (gerade) und $n = 2\nu + 1$ (ungerade), bzw. $n = 3\nu$, $n = 3\nu + 1$ und $n = 3\nu + 2$. Zum Beispiel ist ($n = 3\nu + 1$) $\left[\frac{3\nu+1}{3}\right] + \left[\frac{3\nu+2}{3}\right] + \left[\frac{3\nu+3}{3}\right] = \nu + \nu + \nu + 1 = 3\nu + 1 = n.$

2. Vgl. Abb. 35 (S. 89); es ist $f(x) = 0$ für ganzzahlige x.

3. $x = -\frac{y}{(1+y)^2}.$

4. $x = \frac{y^2+1}{y} = y + \frac{1}{y}.$

5. $y = -\frac{1}{2c}\left[b x + e \pm \sqrt{(b^2 - 4ac)x^2 + 2(be - 2cd)x + e^2 - 4cf}\right].$

6. $y = 3x^2 - 20x + 83.$

7. $y = x + 2 + \frac{3x}{x^2 - 5x + 6}.$

8. Zum Beispiel löst

$$y = (b-a)x + a$$

die erste und

$$y = \frac{x-c}{(x-a)(b-x)} \qquad \text{(A)}$$

die zweite Aufgabe, wenn c ein beliebiger Punkt zwischen a und b ist. Teilt man die Abbildung wie in der Lösung zu § 2, Aufgabe 4, so, daß $a < x \leqq c$ auf $-\infty < y \leqq 0$ und $c \leqq x < b$ auf $0 \leqq y < +\infty$ abgebildet wird, so kann man

$$y = \frac{x-c}{x-a}, \quad a < x \leqq c$$

und

$$y = \frac{x-c}{b-x}, \quad c \leqq x < b$$

setzen. Wie sehen die Bildkurven dieser Funktionen aus? Wie steht es mit der Eindeutigkeit der Umkehrfunktion, insbesondere im Fall (A)?

§ 7.

1. $\frac{x^n - 1}{x - 1} = x^{n-1} + x^{n-2} + \ldots + x + 1 \to n.$

2. n oder $\pm\infty$, je nachdem n ungerade oder gerade ist.

3. $\sqrt{x+a} - \sqrt{x} = \frac{a}{\sqrt{x+a} + \sqrt{x}} \to 0.$

4. $$\sqrt{(x+a)(x+b)} - x = \frac{(a+b)x + ab}{\sqrt{(x+a)(x+b)} + x} = \frac{a + b + \frac{ab}{x}}{\sqrt{\left(1+\frac{a}{x}\right)\left(1+\frac{b}{x}\right)} + 1} \to \frac{a+b}{2}.$$

5. $$\frac{\cos x}{\sqrt{1 - \sin x}} = \frac{\cos x \sqrt{1 + \sin x}}{|\cos x|} \to \begin{cases} \sqrt{2} & \text{für } x \to \frac{\pi}{2}-, \\ -\sqrt{2} & \text{für } x \to \frac{\pi}{2}+. \end{cases}$$

6. $$\frac{\sin 2x}{\sqrt{1 - \cos x}} = \frac{2 \sin x \cos x}{|\sin x|} \sqrt{1 + \cos x} \to \begin{cases} -2\sqrt{2} & \text{für } x \to 0-, \\ 2\sqrt{2} & \text{für } x \to 0+. \end{cases}$$

7. $\lim\limits_{x \to n+} (x - [x]) = 0, \quad \lim\limits_{x \to n-} (x - [x]) = 1.$

8. $|f(x) - f(0)| = |f(x)| = |x|^2 \left|\sin\frac{1}{x}\right| \leqq |x|^2 \cdot 1 < \varepsilon$, sobald $|x| < \delta = \sqrt{\varepsilon}$, also ist $f(x)$ stetig an der Stelle $x = 0$. Die Bildkurve verläuft zwischen den Parabeln $y = x^2$ und $y = -x^2$ ähnlich wie $x \sin\frac{1}{x}$ zwischen den Geraden $y = x$ und $y = -x$, ist aber als Bildkurve einer ungeraden Funktion symmetrisch zum Ursprung (Abb. 147).

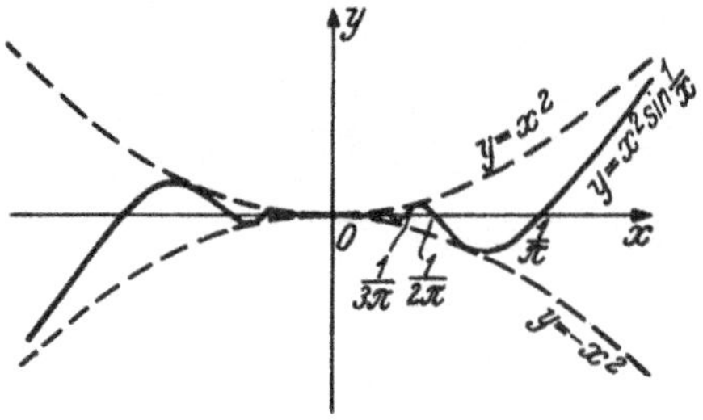

Abb. 147.

9. Aus

$$\left|\frac{1}{x} - \frac{1}{x_0}\right| < 0{\cdot}01$$

folgt

$$\frac{1}{x_0} - 0{\cdot}01 < \frac{1}{x} < \frac{1}{x_0} + 0{\cdot}01$$

oder

$$-\frac{0{\cdot}01\, x_0^2}{1 + 0{\cdot}01\, x_0} < x - x_0 < \frac{0{\cdot}01\, x_0^2}{1 - 0{\cdot}01\, x_0}.$$

Für $x_0 = 1$ muß also

$$|x - 1| < \frac{1}{101} = \delta_1$$

sein, analog für $x_0 = 0{\cdot}5$

$$|x - 0{\cdot}5| < \frac{1}{402} = \delta_2$$

und für $x_0 = 0{\cdot}1$

$$|x - 0{\cdot}1| < \frac{1}{10010} = \delta_3.$$

10. Es ist

$$\lim_{x \to +\infty} \frac{x+1}{x-1} = 1,$$

also

$$\left|\lim_{x \to +\infty} \frac{x+1}{x-1} - \frac{x+1}{x-1}\right| = \left|1 - \frac{x+1}{x-1}\right| = \frac{2}{|x-1|} < 0{\cdot}001,$$

wenn

$$|x - 1| > 2000$$

oder wegen

$$|x - 1| \geqq |x| - 1,$$

wenn

$$|x| > 2001$$

(genauer: wenn x entweder > 2001 oder < -1999 ist).

§ 8.

1. Der Wertevorrat besteht aus den beiden Intervallen $\left[\frac{2}{3}, 1\right)$ und $\left[0, \frac{1}{3}\right]$. Die Funktion läßt also alle Werte zwischen $\frac{1}{3}$ und $\frac{2}{3}$ aus.

2. Die Umkehrfunktion ist eindeutig in jedem Intervall, in dem $\sin x$ streng monoton ist, also in jedem Intervall $\left[(2k-1)\frac{\pi}{2}, (2k+1)\frac{\pi}{2}\right]$ mit beliebigem ganzem k.

3. Es handelt sich um die Lösung der Gleichung $f(x) = x^3 - 7 = 0$. Es ist $f(1) = -6$, $f(2) = 1$, also ein erster Näherungswert

$$x_1 = 2 - \frac{1}{7} \approx 1{\cdot}9$$

(genauer zu rechnen hätte hier wenig Sinn). Wegen

$$f(1{\cdot}9) = 1{\cdot}9^3 - 7 = -0{\cdot}141$$

ergibt sich ein weiterer Näherungswert durch Anwendung der Regel auf die Werte 1·9 und 2

$$x_2 = 1{\cdot}9 + \frac{141}{1141}\, 0{\cdot}1 \approx 1{\cdot}91.$$

Es ist

$$f(1{\cdot}91) \approx -0{\cdot}0321;$$

wir rechnen noch

$$f(1{\cdot}92) \approx 0{\cdot}0779$$

und damit den Näherungswert

$$x_3 = 1{\cdot}91 + \frac{321}{1100}\,0{\cdot}01 \approx 1{\cdot}9129.$$

Zur Probe rechnen wir

$$f(1{\cdot}9129) = 1{\cdot}9129^3 - 7 \approx 6{\cdot}999658 - 7 = -0{\cdot}000342.$$

4. Zur bequemeren Rechnung, vor allem um die gebräuchlichen Logarithmentafeln benützen zu können, wird man der Rechnung das Gradmaß $(x)^\circ$ zugrunde legen und die Relation $\tan x = \tan(x - \pi)$ benützen. Man findet dann leicht für $(x)^\circ = 257^\circ$

$$\tan x = 4{\cdot}33148, \qquad x = 4{\cdot}48550, \qquad \tan x - x = -0{\cdot}15402$$

und für $(x)^\circ = 258^\circ$

$$\tan x = 4{\cdot}70463, \qquad x = 4{\cdot}50295, \qquad \tan x - x = 0{\cdot}20168$$

und daraus den verbesserten Näherungswert

$$(x_1)^\circ = 257^\circ + \frac{15402}{35570}\,1^\circ \approx 257{\cdot}43^\circ = 257^\circ\, 26'.$$

Es ist

$$\tan x_1 = 4{\cdot}48600, \qquad x_1 = 4{\cdot}49305, \qquad \tan x_1 - x_1 = -0{\cdot}00705;$$

für $(x_2)^\circ = 257^\circ\, 28'$ ist

$$\tan x_2 = 4{\cdot}49832, \qquad x_2 = 4{\cdot}49364, \qquad \tan x_2 - x_2 = 0{\cdot}00468$$

und daher ein weiterer Näherungswert

$$(x_3)^\circ = 257^\circ\, 28' - \frac{468}{1173}\,2' = 257^\circ\, 27{\cdot}2' = 257^\circ\, 27'\, 12'';$$

es ist

$$\tan x_3 = 4{\cdot}49339, \qquad x_3 = 4{\cdot}49341, \qquad \tan x_3 - x_3 = -0{\cdot}00002.$$

Mit x_3 ist also die gewünschte Genauigkeit erreicht.

5. x^n ist als Produkt der n stetigen Funktionen $f(x) = x$ (Ziffer 2, Schluß; n, p, q sind natürliche Zahlen) stetig; $x^{-n} = \frac{1}{x^n}$ ist als Quotient der stetigen Funktionen 1 und x^n überall stetig, wo der Nenner nicht verschwindet, also für alle $x \neq 0$. $x^{\frac{1}{q}}$ ist die Umkehrfunktion von y^q und für $y \geqq 0$ streng monoton und stetig; also ist (Ziffer 7) auch $x^{\frac{1}{q}}$ für $x \geqq 0$ stetig; dasselbe gilt für $x < 0$, sofern $x^{\frac{1}{q}}$ für $x < 0$ überhaupt definiert ist. $x^{\frac{p}{q}} = (x^p)^{\frac{1}{q}}$ ist als zusammengesetzte Funktion stetiger Funktionen ebenfalls stetig (Ziffer 3). Sofern schließlich $x^{-\frac{p}{q}}$ auch für $x < 0$ definiert ist, ist diese Funktion für alle $x \neq 0$, sonst nur für $x > 0$ stetig.

§ 9.

1. $U_2 = 0{\cdot}58333$, $O_2 = 0{\cdot}83333$,
   $U_5 = 0{\cdot}64563$, $O_5 = 0{\cdot}74563$,
   $U_{10} = 0{\cdot}66877$, $O_{10} = 0{\cdot}71877$.
2. $R_5 = 0{\cdot}69191$.

§ 10.

1. $2{\cdot}715$; 2. $\frac{3}{10} - \frac{5}{16} = -0{\cdot}0125$.

4. Die den beiden Kurven gemeinsamen Punkte sind $P_1(-1, y_1)$, $P_2(2, y_2)$ und die gesuchte Fläche wird

$$F = \int_{-1}^{2} (x + 2 - x^2)\, dx = \frac{9}{2}.$$

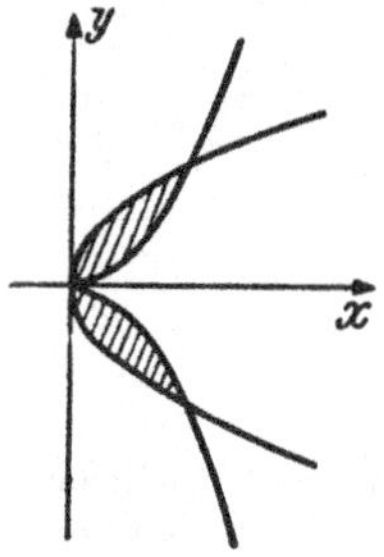

Abb. 148.

5. $F = 2\int\limits_0^1 (\sqrt{x} - \sqrt{x^3})\, dx = \frac{8}{15}$ (Abb. 148).

6. $F = \int\limits_0^1 (\sqrt{x^3} - x^2)\, dx = \frac{1}{15}$ (Abb. 149).

7. a) $\frac{1}{n+1}$; b) $\frac{2}{\pi}$; c) $\frac{2}{\pi}$.

8. $v_m = \frac{1}{s}\int\limits_0^s \sqrt{2\,g\,s}\, ds = \frac{2}{3}\sqrt{2\,g\,s} = \frac{2}{3}\,v$, wenn v die Endgeschwindigkeit ist.

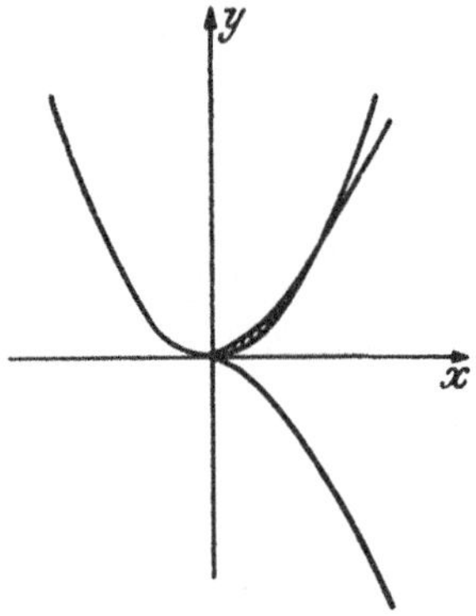

Abb. 149.

9. Mit den Bezeichnungen der Abb. 150 ist der Abstand eines Kreispunktes von einem festgehaltenen Punkt O des Kreises $x = 2\,a\cos\varphi$, wobei φ alle Werte von $-\frac{\pi}{2}$ bis $\frac{\pi}{2}$ annehmen kann. Der mittlere Abstand wird

$$M = \frac{2\,a}{\pi}\int\limits_{-\frac{\pi}{2}}^{\frac{\pi}{2}} \cos\varphi\, d\varphi = \frac{4\,a}{\pi} = 1{\cdot}2732\,a.$$

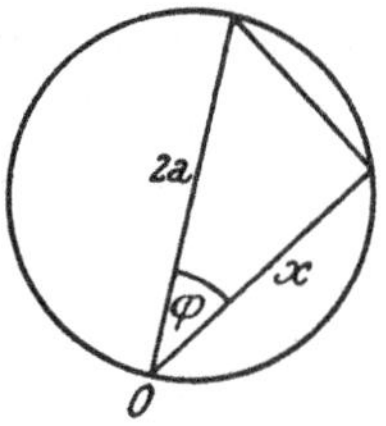

Abb. 150.

§ 11.

1. Es ist für ganzzahlige $x = n$ mit $0 < h < 1$

$$\frac{f(n) - f(n-h)}{h} = \frac{0 - (n - h - (n-1))}{h} = \frac{h-1}{h} = 1 - \frac{1}{h},$$

also

$$f'_-(n) = \lim_{h \to 0+}\left(1 - \frac{1}{h}\right) = -\infty$$

und es ist

$$\frac{f(n+h) - f(n)}{h} = \frac{n + h - n - 0}{h} = 1,$$

daher

$$f'_+(n) = 1.$$

Dagegen ist $f(x)$ in $(n-1, n)$ differenzierbar und es ist $f'(x) = 1$, also auch $\lim\limits_{x \to n-} f'(x) = \lim\limits_{x \to n+} f'(x) = 1$. Es braucht also durchaus nicht die rechts- oder linksseitige Ableitung einer Funktion mit dem rechts- oder linksseitigen Grenzwert der Ableitung an der betreffenden Stelle übereinzustimmen.

2. $y = -48\,(x+3)$, $y = 16\,(x+1)$, $y = -16\,(x-1)$, $y = 48\,(x-3)$.

3. Für die zu erwartende Abweichung bei der Oberfläche O gilt

$$|\Delta O| \approx |dO| < |8\,r\,\pi| \,.\, 0{\cdot}005 \approx 94 \,.\, 0{\cdot}005 \approx 0{\cdot}5$$

(eine genauere Angabe ist unnötig). Da $4\,r^2 \approx 56$ ist, genügt es, π mit drei Dezimalen zu nehmen, also $\pi = 3{\cdot}142$. Man findet $O = 175{\cdot}8\ (\pm\, 0{\cdot}5)$.

4. Wir bezeichnen das Gewicht mit G, die Dichte mit δ; dann ist $V = \frac{G}{\delta}$, $r = \sqrt[3]{\frac{3\,G}{4\,\pi\,\delta}}$ und $dr = \frac{1}{3}\sqrt[3]{\frac{3}{4\,\pi\,\delta\,G^2}}\, dG$. Es ist bequemer, zunächst die relative Abweichung zu berechnen:

$$\frac{|dr|}{r} = \frac{1}{3} \frac{|dG|}{G} = \frac{1}{3} \frac{0{\cdot}001}{1{\cdot}278} = \frac{1}{3834},$$

also

$$|dr| = \frac{0{\cdot}339}{3834} \approx 0{\cdot}0001, \quad r = 0{\cdot}3392 \text{ cm}.$$

5. Es ist $f(x) = x^3 - 7$, $f'(x) = 3x^2$. Wir erhalten

$$x_2 = 2 - \frac{1}{12} \approx 1{\cdot}9,$$

$$x_3 = 1{\cdot}9 - \frac{-0{\cdot}141}{10{\cdot}83} \approx 1{\cdot}913,$$

$$x_4 = 1{\cdot}913 - \frac{0{\cdot}0007555}{10{\cdot}98} \approx 1{\cdot}913 - 0{\cdot}0000688 = 1{\cdot}9129312.$$

Der Fehler ist kleiner als eine Einheit der letzten Stelle.

§ 12.

1. a) $\frac{13}{9}\sqrt[9]{x^4}$; b) $\frac{ax+b}{\sqrt{ax^2+2bx+c}}$; c) $\frac{ad-bc}{(cx+d)^2}$;

d) $\frac{acx+2ad-bc}{2\sqrt{(cx+d)^3}}$.

2. $1 + 2x + 3x^2 + \ldots + nx^{n-1} = \frac{nx^{n+1} - (n+1)x^n + 1}{(x-1)^2}$

3. $1 + 2^2 x + 3^2 x^2 + \ldots + n^2 x^{n-1} =$

$$\frac{x^n [n^2 x^2 - (2n^2 + 2n - 1)x + (n+1)^2] - x - 1}{(x-1)^3}.$$

4. $f(x)$ ist gerade, wenn $f(-x) \equiv f(x)$. Differentiation gibt $f'(-x)(-1) \equiv f'(x)$ oder $f'(-x) \equiv -f'(x)$, d. h. $f'(x)$ ist ungerade. Ebenso folgt aus $f(-x) \equiv -f(x)$ durch Differentiation $-f'(-x) \equiv -f'(x)$ oder $f'(-x) \equiv f'(x)$, d. h. $f'(x)$ ist gerade.

5. Sind x und y die Seiten, so ist $2x + 2y = 2a$ oder $y = a - x$. Der Flächeninhalt ist

$$f = xy = x(a-x) = ax - x^2;$$

es folgt

$$f' = a - 2x = 0,$$

also $x = \frac{a}{2}$, $y = \frac{a}{2}$. Das Rechteck größten Flächeninhalts vom Umfang $2a$ ist ein Quadrat mit der Seitenlänge $\frac{a}{2}$. Daß es sich wirklich um ein Maximum handelt, entnimmt man der Umformung

$$f = \frac{a^2}{4} - \left(x - \frac{a}{2}\right)^2.$$

f hat seinen größten Wert, wenn der Subtrahend am kleinsten ist; da aber das Quadrat $\left(x - \frac{a}{2}\right)^2$ nicht negativ sein kann, ist der kleinste Wert des Subtrahenden Null, daher $x = \frac{a}{2}$. Das Maximum von f ist $\frac{a^2}{4}$.

6. Ist a der Radius der Kugel, x die Seite und y der Radius des Zylinders, so wird

$$x = \frac{2a}{\sqrt{3}}, \quad y = \sqrt{\frac{2}{3}}\, a, \quad V = \frac{4a^3\pi}{3\sqrt{3}}$$

(der Zylinder entsteht also nicht durch Rotation des dem Kreis eingeschriebenen Rechtecks größten Inhaltes, das ein Quadrat ist!).

7. Es ist
$$U = b\,h^2 = b\,(d^2 - b^2)$$
und es wird
$$\frac{dU}{db} = d^2 - 3\,b^2 = 0$$
oder
$$b = \frac{d}{\sqrt{3}}, \qquad h = \sqrt{\frac{2}{3}}\,d.$$

8. Ist a der Radius des Kreises, x die Höhe und y die halbe Grundlinie des gleichschenkeligen Dreiecks, so ergibt sich
$$x = \frac{3}{2}\,a, \qquad y = \frac{\sqrt{3}}{2}\,a, \qquad f = \frac{3\sqrt{3}\,a^2}{4}.$$
Bezeichnet a den Radius einer Kugel, x die Höhe und y den Radius des eingeschriebenen Kegels, so ist
$$x = \frac{4\,a}{3}, \qquad y = \frac{2\sqrt{2}}{3}\,a, \qquad V = \frac{32\,a^3\pi}{81}.$$
(Der Kegel entsteht also nicht durch Rotation des dem Kreis eingeschriebenen gleichschenkeligen Dreiecks größten Inhaltes!)

9. Mit den Bezeichnungen der Abb. 151 wird
$$x = a\sqrt{\frac{\sqrt{5}+1}{2\sqrt{5}}} \approx 0{\cdot}8506\,a, \qquad y = a\sqrt{\frac{\sqrt{5}-1}{2\sqrt{5}}} \approx 0{\cdot}5257\,a$$
und $f \approx 2{\cdot}472\,a^2$, d. s. 78·7% der Kreisfläche.

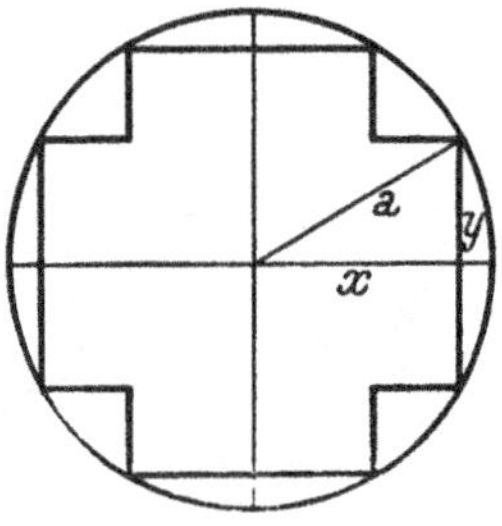

Abb. 151.

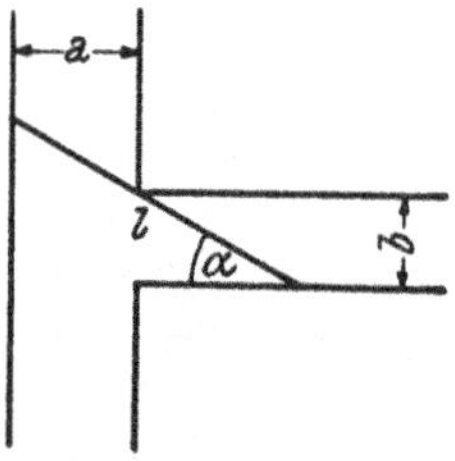

Abb. 152.

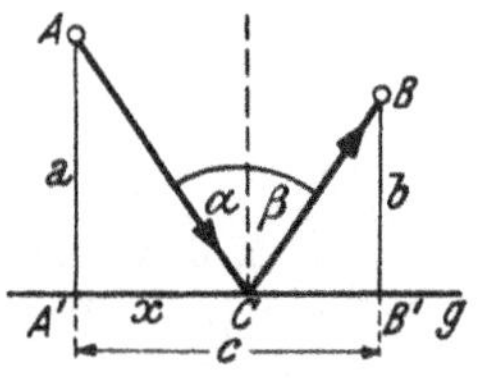

Abb. 153.

10. Entsprechend Abb. 152 ist die Länge des Balkens
$$l = \frac{a}{\cos\alpha} + \frac{b}{\sin\alpha}.$$
Es ergibt sich
$$\tan\alpha = \sqrt[3]{\frac{b}{a}}$$
und damit wird die maximale Balkenlänge
$$l = \sqrt{\left(\sqrt[3]{a^2} + \sqrt[3]{b^2}\right)^3} = \left(a^{\frac{2}{3}} + b^{\frac{2}{3}}\right)^{\frac{3}{2}}.$$

11. Haben A und B die Entfernungen a und b von g (Abb. 153) und ist c der Abstand ihrer Projektionen A' und B' auf g, so ist der Weg $A\,C\,B$
$$s = \sqrt{a^2 + x^2} + \sqrt{b^2 + (c - x)^2};$$
dieser Ausdruck wird ein Minimum, da bei konstanter Geschwindigkeit die Zeit dem Weg proportional ist. Also ist
$$\frac{ds}{dx} = \frac{x}{\sqrt{a^2 + x^2}} - \frac{c - x}{\sqrt{b^2 + (c - x)^2}} = 0$$
oder
$$\sin\alpha = \sin\beta,$$
das ist aber das Reflexionsgesetz.

Für die Herleitung des Brechungsgesetzes nehmen wir die beiden Punkte A und B (Abb. 154) auf verschiedenen Seiten der Trennungslinie g zweier Medien verschiedener optischer Dichte an, in denen sich das Licht bzw. mit den Geschwindigkeiten v_1 und v_2 fortpflanze. Die erforderliche Zeit ist

$$T = \frac{1}{v_1}\sqrt{a^2 + x^2} + \frac{1}{v_2}\sqrt{b^2 + (c - x)^2}$$

und daher wird

$$\frac{dT}{dx} = \frac{1}{v_1}\frac{x}{\sqrt{a^2 + x^2}} - \frac{1}{v_2}\frac{c - x}{\sqrt{b^2 + (c - x)^2}} = 0$$

oder

$$\frac{\sin\alpha}{v_1} = \frac{\sin\beta}{v_2},$$

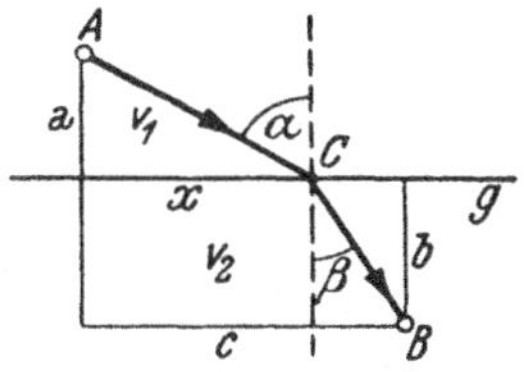

Abb. 154.

d. i. das Brechungsgesetz. Es ist physikalisch unmittelbar klar, daß in beiden Fällen die Lichtzeit ein Minimum ist.

§ 13.

1. $x = \psi(y)$ sei die inverse Funktion von $y = \varphi(x)$ und $G(y) = F(\psi(y)) = \int\limits_a^y f(u)\,du$. Dann ist

$$\frac{d}{dy}G(y) = \frac{d}{dy}\int\limits_a^y f(u)\,du = f(y),$$

$$F(x) = G(\varphi(x))$$

und nach der Kettenregel

$$F'(x) = \frac{d}{dx}F(x) = \frac{dG(y)}{dy}\cdot\frac{dy}{dx} = f(\varphi(x))\cdot\varphi'(x).$$

2. Es ist

$$y' = x^{-2},$$

$$y - 2 = \int\limits_1^x x^{-2}\,dx = -\left[\frac{1}{x}\right]_1^x = -\frac{1}{x} + 1,$$

also

$$y = 3 - \frac{1}{x}.$$

3. Es ist ($x \geqq 0$)

$$y' = \pm\sqrt{x},$$

$$y - \frac{2}{3} = \pm\int\limits_0^x \sqrt{x}\,dx = \pm\left[\frac{2}{3}\sqrt{x^3}\right]_0^x = \pm\frac{2}{3}\sqrt{x^3},$$

also

$$y = \frac{2}{3}(\pm\sqrt{x^3} + 1).$$

4. Die Gleichung der Kurve ist durch das unbestimmte Integral

$$y = \int 2\left(\frac{x}{3} - 1\right)dx = 2\left(\frac{x^2}{6} - x\right) + C$$

gegeben; die Konstante C bestimmt sich aus dem gegebenen Flächeninhalt

$$36 = \int\limits_0^9\left(\frac{x^2}{3} - 2x + C\right)dx = \left[\frac{x^3}{9} - x^2 + Cx\right]_0^9 = 9C,$$

also ist $C = 4$ und

$$y = \frac{x^2}{3} - 2x + 4$$

oder

$$(x - 3)^2 = 3(y - 1),$$

d. h. die Kurve ist eine Parabel mit senkrechter Achse, dem Parameter $p = \frac{3}{2}$ und dem Scheitel $S = (3, 1)$.

5. $\int \frac{1 + \sin x - \sin^3 x}{\cos^2 x} dx = \int \frac{1 + \sin x \cos^2 x}{\cos^2 x} dx = \tan x - \cos x + C.$

6. $\int \frac{dx}{\sin^2 x \cos^2 x} = \int \frac{\sin^2 x + \cos^2 x}{\sin^2 x \cos^2 x} dx = \tan x - \cot x + C.$

7. $F = \int\limits_{\frac{\pi}{4}}^{\frac{5\pi}{4}} (\sin x - \cos x)\, dx = 2\sqrt{2}.$

§ 14.

1. Die Substitution $f(x) = t$ gibt

$$\int [f(x)]^\alpha f'(x)\, dx = \int t^\alpha dt = \frac{t^{\alpha+1}}{\alpha + 1} = \frac{[f(x)]^{\alpha+1}}{\alpha + 1} + C.$$

2. a) $\sin x = t$ gibt $\int t^n dt = \frac{t^{n+1}}{n+1} = \frac{1}{n+1} \sin^{n+1} x + C.$

b) $\int \sin^5 x\, dx = \int (1 - \cos^2 x)^2 \sin x\, dx = -\int (1 - 2t^2 + t^4)\, dt =$

$$= -\cos x \left(1 - \frac{2}{3}\cos^2 x + \frac{1}{5}\cos^4 x\right) + C.$$

3. a) $\int\limits_a^b f(x)\, dx = (b - a) \int\limits_0^1 f((b-a) z + a)\, dz.$

b) $\int\limits_a^b f(x)\, dx = \frac{b-a}{2} \int\limits_{-1}^1 f\left(\frac{b-a}{2} z + \frac{b+a}{2}\right) dz.$

c) $\int\limits_a^b f(x)\, dx = \frac{b-a}{\beta-\alpha} \int\limits_\alpha^\beta f\left(\frac{b-a}{\beta-\alpha} z + \frac{a\beta - b\alpha}{\beta-\alpha}\right) dz.$

4. a) Man setze $x = a + b - z$, dann wird

$$\int\limits_a^b f(x)\, dx = -\int\limits_b^a f(a + b - z)\, dz = \int\limits_a^b f(a + b - x)\, dx.$$

b) folgt aus a) für $a = 0$, $b = \frac{\pi}{2}$, da $\sin\left(\frac{\pi}{2} - x\right) = \cos x$.

c) folgt aus a) für $a = 0$, $b = \frac{\pi}{2}$, da $\tan\left(\frac{\pi}{2} - x\right) = \cot x$.

d) folgt aus a) für $a = 0$, $b = 1$.

e) Es ist

$$\int\limits_0^\pi f(\sin x)\, dx = \int\limits_0^{\frac{\pi}{2}} f(\sin x)\, dx + \int\limits_{\frac{\pi}{2}}^\pi f(\sin x)\, dx;$$

führt man im letzten Integral die Substitution $x = \pi - z$ aus, so erhält man wegen $\sin(\pi - z) = \sin z$

$$\int\limits_{\frac{\pi}{2}}^\pi f(\sin x)\, dx = -\int\limits_{\frac{\pi}{2}}^0 f(\sin(\pi - z))\, dz = \int\limits_0^{\frac{\pi}{2}} f(\sin z)\, dz = \int\limits_0^{\frac{\pi}{2}} f(\sin x)\, dx.$$

f) Es ist

$$\int\limits_{-a}^a f(x)\, dx = \int\limits_{-a}^0 f(x)\, dx + \int\limits_0^a f(x)\, dx;$$

im ersten Integral führt man die Substitution $x = -z$ aus und erhält

$$\int_{-a}^{0} f(x)\,dx = -\int_{a}^{0} f(-z)\,dz = \int_{0}^{a} f(-z)\,dz = \int_{0}^{a} f(-x)\,dx.$$

5. Partielle Integration mit $u = x^m$, $dv = (1 - x)^n\,dx$, gibt

$$\int_0^1 x^m (1 - x)^n\,dx = -\frac{1}{n+1}\left[x^m(1-x)^{n+1}\right]_0^1 + \frac{m}{n+1}\int_0^1 x^{m-1}(1-x)^{n+1}\,dx.$$

Der Ausdruck in der eckigen Klammer verschwindet sowohl für $x = 0$ $(m > 0)$ wie auch für $x = 1$; es bleibt also nur

$$\int_0^1 x^m (1 - x)^n\,dx = \frac{m}{n+1}\int_0^1 x^{m-1}(1-x)^{n+1}\,dx.$$

Wendet man diese Formel m-mal an, so folgt

$$\int_0^1 x^m (1 - x)^n\,dx = \frac{m!}{(n+1)(n+2)\ldots(n+m)}\int_0^1 x^0 (1-x)^{n+m}\,dx =$$

$$= \frac{m!\,n!}{(m+n)!}\int_0^1 (1-x)^{n+m}\,dx = \frac{m!\,n!}{(m+n)!}\,\frac{1}{m+n+1} = \frac{m!\,n!}{(m+n+1)!},$$

was auch für $m = 0$ richtig ist. Das Integral ist eine Funktion von m und n, die für alle nicht negativen Werte von m und n erklärt ist (für irrationale Werte von m und n folgt die Integration der Potenz allerdings erst in § 16, 5), aber zunächst nur für ganze m und n durch die Faktoriellen ausdrückbar ist. Man bezeichnet diese Funktion auch als *Betafunktion* oder *Eulersches Integral erster Art* und schreibt

$$B(p, q) = \int_0^1 x^{p-1}(1-x)^{q-1}\,dx$$

(vgl. hierzu § 21, Aufgabe 1).

§ 15.

1. Es ist

$$y' = -\frac{2}{(1-x)^2},\quad y'' = -\frac{4}{(1-x)^3},\quad y''' = -\frac{12}{(1-x)^4},$$

wir nehmen also an, es sei

$$y^{(n)} = -\frac{2\,n!}{(1-x)^{n+1}}.$$

Nochmalige Differentiation gibt

$$y^{(n+1)} = -\frac{2\,(n+1)!}{(1-x)^{n+2}},$$

womit der Beweis durch vollständige Induktion (da die letzte Formel aus der vorletzten durch Ersetzen von n durch $n + 1$ hervorgeht) erst endgültig erbracht ist.

2. Wenn y eine Funktion von x ist, so ist auch u eine Funktion von x und es wird $(D = a\,d - b\,c)$

$$y' = \frac{(c\,u + d)\,a\,u' - (a\,u + b)\,c\,u'}{(c\,u + d)^2} = \frac{a\,d - b\,c}{(c\,u + d)^2}\,u' = D\,(c\,u + d)^{-2}\,u',$$

$$y'' = -2\,c\,D\,(c\,u + d)^{-3}\,u'^2 + D\,(c\,u + d)^{-2}\,u'',$$

$$y''' = 6\,c^2\,D\,(c\,u + d)^{-4}\,u'^3 - 6\,c\,D\,(c\,u + d)^{-3}\,u'\,u'' + D\,(c\,u + d)^{-2}\,u'''$$

und daher

$$\frac{y'''}{y'} - \frac{3}{2}\left(\frac{y''}{y'}\right)^2 = \frac{6\,c^2\,u'^2}{(c\,u + d)^2} - \frac{6\,c\,u''}{c\,u + d} + \frac{u'''}{u'} - \frac{3}{2}\left(-\frac{2\,c\,u'}{c\,u + d} + \frac{u''}{u'}\right)^2 =$$

$$= \frac{u'''}{u'} - \frac{3}{2}\left(\frac{u''}{u'}\right)^2$$

3. Es ist

$$\frac{x^n}{1-x} = -\frac{1-x^n}{1-x} + \frac{1}{1-x} = -(1+x+x^2+\ldots+x^{n-1}) + \frac{1}{1-x},$$

also, da die n-te Ableitung eines Polynoms vom Grad $n-1$ verschwindet,

$$\left(\frac{x^n}{1-x}\right)^{(n)} = \left(\frac{1}{1-x}\right)^{(n)} = \frac{n!}{(1-x)^{n+1}}.$$

5. Es ist

$$\int u\,v^{(n+1)}\,dx = u\,v^{(n)} - \int u'\,v^{(n)}\,dx,$$

$$-\int u'\,v^{(n)}\,dx = -u'\,v^{(n-1)} + \int u''\,v^{(n-1)}\,dx,$$

$$\int u''\,v^{(n-1)}\,dx = u''\,v^{(n-2)} - \int u'''\,v^{(n-2)}\,dx,$$

. . . .

$$(-1)^n \int u^{(n)}\,v'\,dx = (-1)^n\,u^{(n)}\,v + (-1)^{n+1}\int u^{(n+1)}\,v\,dx;$$

Addition gibt die zu beweisende Formel.

§ 16.

1. a) $-\dfrac{1}{x\sqrt{1-x^2}}$; b) $x^{\frac{1}{x}-2}(1-\ln x)$; c) $x^{\sin x}\left(\dfrac{\sin x}{x} + \ln x\,.\,\cos x\right)$;

d) $\dfrac{1}{\sin x}$; e) $\dfrac{1}{\sin\left(x+\frac{\pi}{2}\right)} = \dfrac{1}{\cos x}$;

f) Wegen $(e^x u)' = e^x(u+u')$ und da der letzte Summand eine Konstante, nämlich $(-1)^n n!$ ist, folgt

$$e^x\left[\sum_{\nu=0}^{n}(-1)^\nu \frac{n!}{(n-\nu)!}x^{n-\nu} + \sum_{\nu=0}^{n-1}(-1)^\nu\frac{n!}{(n-\nu-1)!}x^{n-\nu-1}\right].$$

Spaltet man in der ersten Summe den ersten Summanden ($\nu = 0$) ab und ersetzt man in der zweiten Summe $\nu+1$ durch μ, so ergibt sich weiter

$$e^x\left[x^n + \sum_{\nu=1}^{n}(-1)^\nu\frac{n!}{(n-\nu)!}x^{n-\nu} - \sum_{\mu=1}^{n}(-1)^\mu\frac{n!}{(n-\mu)!}x^{n-\mu}\right];$$

die beiden Summen stimmen überein, also ist das Ergebnis $x^n e^x$.

g) Ganz analog wie in der vorhergehenden Aufgabe folgt aus $(e^{-x}u)' = e^{-x}(-u+u')$

$$e^{-x}\left[-x^n - \sum_{\nu=1}^{n}\frac{n!}{(n-\nu)!}x^{n-\nu} + \sum_{\mu=1}^{n}\frac{n!}{(n-\mu)!}x^{n-\mu}\right] = -x^n e^{-x}.$$

2. a) $\displaystyle\int\frac{1-\tan x}{1+\tan x}\,dx = \int\frac{\cos x-\sin x}{\cos x+\sin x}\,dx = \ln(\cos x+\sin x) + C.$

b) $\displaystyle\int x\,e^{-a^2x^2}\,dx = -\frac{1}{2a^2}\int e^{-a^2x^2}\,d(-a^2x^2) = -\frac{1}{2a^2}e^{-a^2x^2} + C.$

c) $\displaystyle\int(a x^2+2bx+c)^\alpha(ax+b)\,dx = \frac{1}{2}\int(ax^2+2bx+c)^\alpha\,d(ax^2+2bx+c) =$

$$= \begin{cases} \dfrac{(ax^2+2bx+c)^{\alpha+1}}{2(\alpha+1)} + C, & \alpha \neq -1,\\[2ex] \ln\sqrt{ax^2+2bx+c} + C, & \alpha = -1.\end{cases}$$

d) $\int x^\alpha \ln x\, dx = \frac{x^{\alpha+1}}{\alpha+1} \ln x - \frac{1}{\alpha+1} \int x^{\alpha+1} \frac{1}{x}\, dx =$

$$= \frac{x^{\alpha+1}}{(\alpha+1)^2} [(\alpha+1) \ln x - 1] + C.$$

e) $\int \frac{\ln x}{x}\, dx = \int \ln x\, d(\ln x) = \frac{1}{2} (\ln x)^2 + C.$

f) $\int \frac{\ln(\ln x)}{x}\, dx = \int \ln(\ln x)\, d \ln x = \int \ln u\, du = u(\ln u - 1) + C =$

$$= \ln x\, [\ln(\ln x) - 1] + C.$$

g) Partielle Integration gibt

$$\int e^{\alpha x} f(x)\, dx = \frac{1}{\alpha} e^{\alpha x} f(x) - \frac{1}{\alpha} \int e^{\alpha x} f'(x)\, dx,$$

$$\int e^{\alpha x} f'(x)\, dx = \frac{1}{\alpha} e^{\alpha x} f'(x) - \frac{1}{\alpha} \int e^{\alpha x} f''(x)\, dx,$$

. . . .

$$\int e^{\alpha x} f^{(n-1)}(x)\, dx = \frac{1}{\alpha} e^{\alpha x} f^{(n-1)}(x) - \frac{1}{\alpha} \int e^{\alpha x} f^{(n)}(x)\, dx =$$

$$= \frac{1}{\alpha} e^{\alpha x} f^{(n-1)}(x) - \frac{f^{(n)}(x)}{\alpha} \frac{1}{\alpha} e^{\alpha x} + C$$

($f^{(n)}(x)$ ist eine Konstante, da $f(x)$ ein Polynom n-ten Grades ist!). Also folgt

$$\int e^{\alpha x} f(x)\, dx = \frac{e^{\alpha x}}{\alpha} \sum_{\nu=0}^{n} \frac{(-1)^\nu}{\alpha^\nu} f^{(\nu)}(x) + C.$$

Für $\alpha = 1$, $f(x) = x^n$ wird

$$\int e^x x^n\, dx = e^x \sum_{\nu=0}^{n} (-1)^\nu n(n-1) \dots (n-\nu+1)\, x^{n-\nu} + C =$$

$$= e^x \sum_{\nu=0}^{n} (-1)^\nu \frac{n!}{(n-\nu)!} x^{n-\nu} + C$$

(Umkehrung von Aufgabe 1 f) und für $\alpha = -1$, $f(x) = x^n$

$$\int e^{-x} x^n\, dx = -e^{-x} \sum_{\nu=0}^{n} \frac{n!}{(n-\nu)!} x^{n-\nu} + C$$

(Umkehrung von Aufgabe 1 g).

3. Es ist

$$D = \log\sin(x+h) - \log\sin x \approx \frac{d \log \sin x}{dx} h = \cot x \frac{\pi}{\ln 10 \,.\, 180 \,.\, 60},$$

da

$$\frac{d \log \sin x}{dx} = \frac{1}{\ln 10} \frac{d \ln \sin x}{dx} = \frac{1}{\ln 10} \frac{\cos x}{\sin x} = \frac{1}{\ln 10} \cot x$$

und

$$h = 1' = \left(\frac{\pi}{180 \,.\, 60}\right)^\circ$$

ist. Man erhält z. B.

für $x = 1^\circ$ $D \approx 0{\cdot}00724$ (in der Tafel 0·00717);

für $x = 10^\circ$ $D \approx 0{\cdot}00071_8$ (in der Tafel zwischen 9° 55′ und 10° 5′ findet man viermal 71, fünfmal 72 und einmal 73, im Mittel also 71·7 Einheiten der letzten Stelle);

für $x = 45^\circ$ $D \approx 0{\cdot}00012_6$ (in der Tafel zwischen 44° 50′ und 45° 10′ zwölfmal 13, achtmal 12, im Mittel 12·6 Einheiten der letzten Stelle).

4. Es ist $\lim\limits_{x\to 0-} e^{\frac{1}{x}} = 0$, $\lim\limits_{x\to 0+} e^{\frac{1}{x}} = +\infty$, $\lim\limits_{x\to \pm\infty} e^{\frac{1}{x}} = 1$ (Abb. 155).

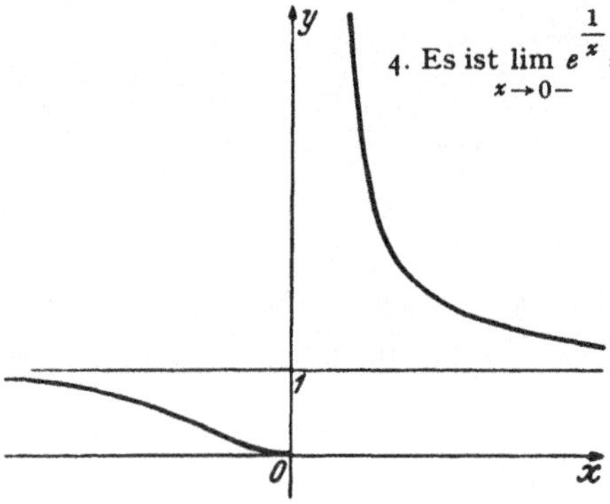

Abb. 155.

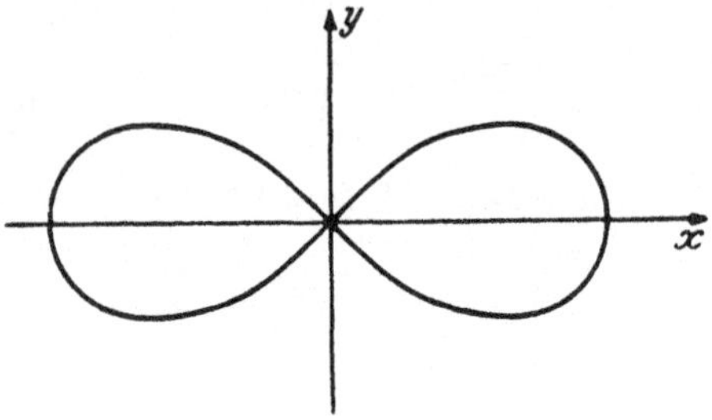

Abb. 156.

§ 17.

1\. a) $\dfrac{1}{1 - \sin x}$;

b) $e^{\alpha x}\,[(\alpha\, a + \beta\, b) \cos \beta\, x + (\alpha\, b - \beta\, a) \sin \beta\, x]$; $(a^2 + b^2)\, e^{a x} \cos b\, x$;

$$-(a^2 + b^2)\, e^{b x} \sin a\, x;$$

c) $\dfrac{2 \operatorname{sign} x}{1 + x^2}$ (es ist $\arccos \dfrac{1 - x^2}{1 + x^2} = 2 \operatorname{sign} x \,.\, \arctan x$);

d) $\dfrac{2}{1 + x^2}$ (es ist $\arctan \dfrac{2\, x}{1 - x^2} = 2 \arctan x$ für $|x| \leqq 1$ und $= -\pi \operatorname{sign} x +$

$$+\, 2 \arctan x \text{ für } |x| > 1);$$

e) $\arcsin x$; f) $\arctan x$; g) $\dfrac{\sqrt{a^2 - b^2}}{2\,(a + b \cos x)}$;

h) $\dfrac{3}{x\sqrt{x^2 - 1}}$ für $x < -2$ oder $1 \leqq x < 2$ und $\dfrac{-3}{x\sqrt{x^2 - 1}}$ für $-2 < x \leqq -1$

oder $x > 2$.

Bei c), d), h) ist ganz besonders auf die Vorzeichen zu achten!

2\. a) $2\sqrt{2} \sin \dfrac{x}{2} \,.\, \operatorname{sign} \cos \dfrac{x}{2} + C$, $x \neq (2\, k + 1)\, \pi$;

b) $2\sqrt{2} \sin \left(\dfrac{x}{2} - \dfrac{\pi}{4}\right) . \operatorname{sign} \cos \left(\dfrac{x}{2} - \dfrac{\pi}{4}\right) + C =$

$$= 2\left(\sin \frac{x}{2} - \cos \frac{x}{2}\right) . \operatorname{sign}\left(\sin \frac{x}{2} + \cos \frac{x}{2}\right) + C,\; x \neq \left(2\, k + \frac{3}{2}\right) \pi;$$

c) $-2\sqrt{2} \cos \dfrac{x}{2} \,.\, \operatorname{sign} \sin \dfrac{x}{2} + C$, $x \neq 2\, k\, \pi$;

d) $\dfrac{1}{\sqrt{1 + x^2}}\,(x \arctan x + 1) + C$ (Substitution $u = \arctan x$);

e) $(x^4 - 12\, x^2 + 24) \sin x + (4\, x^3 - 24\, x) \cos x + C$;

f) $(-x^4 + 12\, x^2 - 24) \cos x + (4\, x^3 - 24\, x) \sin x + C$;

g) $\dfrac{e^{a x}}{a^2 + b^2}\,(a \cos b\, x + b \sin b\, x)$; h) $\dfrac{e^{a x}}{a^2 + b^2}\,(-b \cos b\, x + a \sin b\, x)$;

i) 1; j) $-\dfrac{1}{3}$; k) $\dfrac{\pi}{2} - 1$.

3\. $r = \dfrac{p}{\sin (\alpha - \varphi)}$

4\. $r = a \cos (\varphi - \alpha) \pm \sqrt{\varrho^2 - a^2 \sin^2 (\varphi - \alpha)}$;
für $\varrho = a$ folgt $r = 2\, a \cos (\varphi - \alpha)$, für $a = 0$ (Mittelpunkt im Ursprung) $r = \varrho$.

5\. $y^2\,(x^2 + y^2) - a^2\, x^2 = 0$, $(x^2 + y^2)\,(y - 1)^2 - x^2 = 0$.

6\. $(x^2 + y^2)^2 - a^2\,(x^2 - y^2) = 0$; Abb. 156. 7. $r^2 + z^2 = a^2$. 8. $r \sin \vartheta = a$.

9. Setzt man (35) mit $a = 0$, $b = 0$ in die Gleichung ein, so folgt sofort $\bar{x}^2 + \bar{y}^2 = r^2$; r ist daher eine Invariante.

10. Die Drehungsformeln für $\alpha = \frac{\pi}{4}$ sind nach (37)

$$x = \frac{1}{\sqrt{2}}(\bar{x} + \bar{y}), \quad y = \frac{1}{\sqrt{2}}(-\bar{x} + \bar{y}),$$

so daß

$$\bar{x}^2 - 2\bar{x}\bar{y} + \bar{y}^2 - 2\sqrt{2}\,p\,(\bar{x} + \bar{y}) = 0$$

die Gleichung der durch $\frac{\pi}{4}$ gedrehten Parabel ist. Bei der Drehung durch $-\frac{\pi}{4}$ erhält man

$$x = \frac{1}{\sqrt{2}}(\bar{x} - \bar{y}), \quad y = \frac{1}{\sqrt{2}}(\bar{x} + \bar{y})$$

und

$$\bar{x}^2 + 2\bar{x}\bar{y} + \bar{y}^2 - 2\sqrt{2}\,p\,(\bar{x} - \bar{y}) = 0.$$

§ 18.

1. Durch zweimalige partielle Integration findet man

a) $\frac{1}{2}(\cos x \operatorname{sh} x + \sin x \operatorname{ch} x)$; b) $\frac{1}{2}(\cos x \operatorname{ch} x + \sin x \operatorname{sh} x)$;

c) $\frac{1}{2}(\sin x \operatorname{sh} x - \cos x \operatorname{ch} x)$; d) $\frac{1}{2}(\sin x \operatorname{ch} x - \cos x \operatorname{sh} x)$;

2. a) $$\int_1^2 \frac{dx}{\sqrt{(x-1)(2-x)}} = \int_1^2 \frac{dx}{\sqrt{-\left(x-\frac{3}{2}\right)^2 + \frac{1}{4}}} = \int_{-1}^1 \frac{du}{\sqrt{1-u^2}} = \pi;$$

b) $$\int_1^2 \frac{2x+1}{x^2-2x+2}\,dx = \int_1^2 \frac{(2x-2)+3}{(x-1)^2+1}\,dx =$$

$$= \Big[\ln(x^2 - 2x + 2)\Big]_1^2 + \Big[3\arctan(x-1)\Big]_1^2 = \ln 2 + \frac{3}{4}\pi \approx 3{\cdot}04934.$$

c) $$\int_{-1}^1 \frac{dx}{\sqrt{x^2 - 2x\cos\alpha + 1}} = \ln\left(\tan\frac{\alpha}{2}\,\frac{1+\sin\frac{\alpha}{2}}{1-\cos\frac{\alpha}{2}}\right)$$

d) Die Substitution $\ln x = u$ und $u - \frac{1}{2} = \frac{1}{2}\sin t$ gibt

$$\int_{\sqrt{e}}^{e} \frac{dx}{x\sqrt{\ln x\,(1-\ln x)}} = \int_{\frac{1}{2}}^{1} \frac{du}{\sqrt{u-u^2}} = \int_{\frac{1}{2}}^{1} \frac{du}{\sqrt{\frac{1}{4} - \left(u - \frac{1}{2}\right)^2}} = \int_0^{\frac{\pi}{2}} dt = \frac{\pi}{2}.$$

§ 19.

1. x sei der Abstand von B vom Kreismittelpunkt O, $\alpha = \omega t$ der Winkel AOB und β der Winkel ABO (Abb. 157). Dann ist

$$a\sin\alpha = b\sin\beta$$

und

$$x = a\cos\alpha + b\cos\beta.$$

Setzt man $b = \frac{1}{k}a$, so gibt die erste Gleichung $\sin\beta = k\sin\alpha$, $\cos\beta = \sqrt{1 - k^2\sin^2\alpha}$ und die zweite

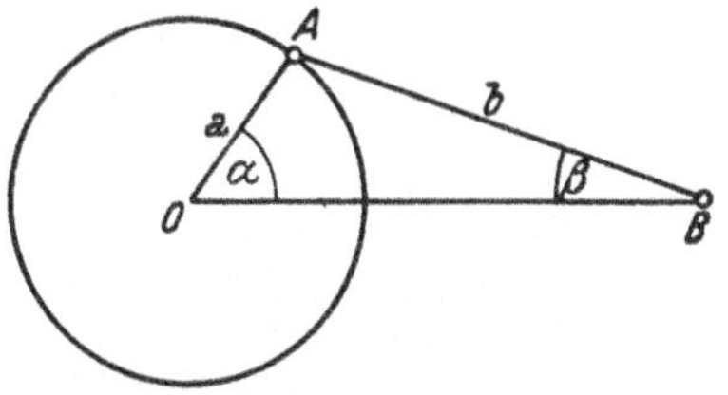

Abb. 157.

$$x = a\left(\cos\alpha + \frac{1}{k}\sqrt{1 - k^2\sin^2\alpha}\right), \quad (0 < k < 1);$$

Differentiation gibt wegen $\alpha = \omega t$ die Geschwindigkeit

$$\dot{x} = -a\omega\left(\sin\alpha + \frac{k\sin 2\alpha}{2\sqrt{1 - k^2\sin^2\alpha}}\right)$$

und die Beschleunigung

$$\ddot{x} = -a\omega^2\left(\cos\alpha + k\frac{\cos 2\alpha + k^2\sin^4\alpha}{\sqrt{(1 - k^2\sin^2\alpha)^3}}\right).$$

$\ddot{x} = 0$ gibt die Extremstellen für die Geschwindigkeit; setzt man $k\sin^2\alpha = u$, so erhält man dafür die kubische Gleichung

$$k u^3 - u^2 - \frac{1}{k}u + 1 = 0;$$

über ihre Lösung vgl. § 32, Aufgabe 3.

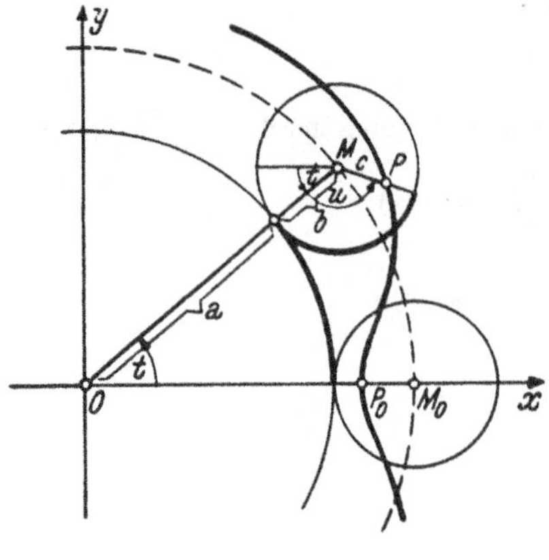

Abb. 158.

2. Mit den Bezeichnungen der Abb. 158 *(Epizykloide)* und Abb. 159 *(Hypozykloide)* folgt aus der Gleichheit der Bogen $a t$ des festen Kreises und $b u$ des rollenden Kreises

$$u = \frac{a}{b}t.$$

Bei der Epizykloide schließen die Strecken $\overline{OM} = a + b$ und $\overline{MP} = c$ mit der x-Achse die Winkel t und $\pi + t + u = \pi + \frac{a+b}{b}t$ ein. Bei der Hypozykloide haben die Strecken $\overline{OM}$ und $\overline{MP}$ im Falle $\begin{Bmatrix} a > b \\ a < b \end{Bmatrix}$ die Längen $\begin{Bmatrix} a - b \\ b - a \end{Bmatrix}$ und c und schließen mit der x-Achse die Winkel $\begin{Bmatrix} t \\ \pi + t \end{Bmatrix}$ und $t - u = t - \frac{a}{b}t = -\frac{a-b}{b}t$ ein. Man erhält

$$x = (a \pm b)\cos t \mp c\cos\left(\frac{a \pm b}{b}t\right), \qquad y = (a \pm b)\sin t - c\sin\left(\frac{a \pm b}{b}t\right),$$

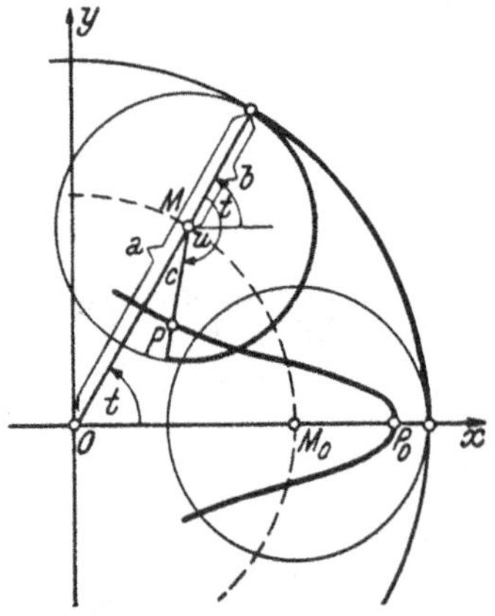

Abb. 159.

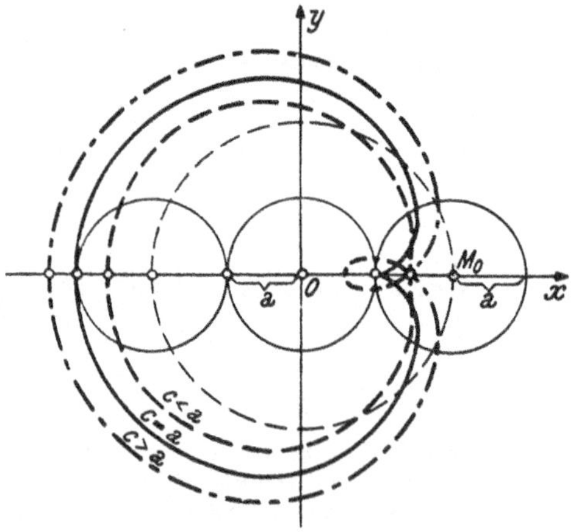

Abb. 160.

wobei die oberen Zeichen für die Epizykloiden und die unteren für die Hypozykloiden gelten. Die Hypozykloiden mit $b > a$ werden auch als *Perizykloiden* bezeichnet. Für $a = b$ ergeben sich aus den Epizykloiden die *Pascalschen Schnecken* (Abb. 160).

$$x = 2a\cos t - c\cos 2t, \qquad y = 2a\sin t - c\sin 2t;$$

aus diesen Gleichungen läßt sich ohne Schwierigkeit t eliminieren und man erhält

$$(x^2 + y^2 - c^2)^2 - 4\,a^2\,[(x - c)^2 + y^2] = 0.$$

Die Pascalschen Schnecken sind also algebraische Kurven vierter Ordnung. Für $c = a$ ergibt sich daraus die *Kardioide* oder *Herzkurve*. Mittels der Gleichungen (7) von § 17, 3 erkennt man, daß alle Pascalschen Schnecken rationale Kurven sind.

Die Hypozykloiden werden für $b = \frac{a}{2}$ zu den Ellipsen (Abb. 161)

$$x = (b + c)\cos t, \qquad y = (b - c)\sin t$$

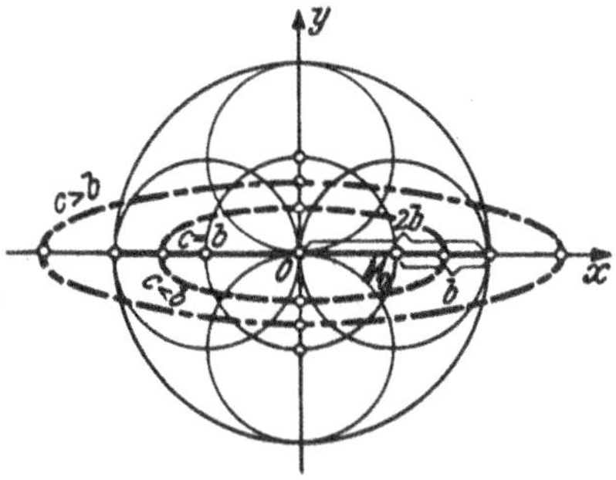

Abb. 161.

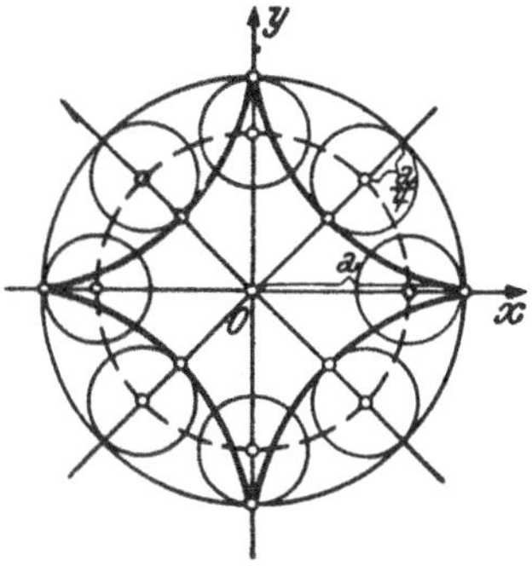

Abb. 162.

mit den Halbachsen $b + c$ und $b - c$. Für $b = c = \frac{a}{4}$ ergibt sich die *Astroide* oder *Sternkurve* (Abb. 162)

$$x = \frac{a}{4}(3\cos t + \cos 3\,t), \qquad y = \frac{a}{4}(3\sin t - \sin 3\,t)$$

oder

$$x = a\cos^3 t, \quad y = a\sin^3 t.$$

Elimination von t gibt

$$\left(\frac{x}{a}\right)^{\frac{2}{3}} + \left(\frac{y}{a}\right)^{\frac{2}{3}} = 1,$$

woraus man durch zweimaliges Kubieren

$$(x^2 + y^2 - a^2)^3 + 27\,a^2\,x^2\,y^2 = 0$$

erhält. Die Astroide ist eine algebraische Kurve sechster Ordnung und ebenfalls rational, wie wieder wegen der Formeln (7) von § 17, 3 aus der Parameterdarstellung folgt. Ähnliche rationale Kurven ergeben sich stets im Fall $b = c = \frac{a}{n}$ mit ganzem n, z. B. für $n = 3$ die sogenannte *Steinersche Hypozykloide* (Abbildung 163)

$$x = \frac{a}{3}(2\cos t + \cos 2\,t),$$

$$y = \frac{a}{3}(2\sin t - \sin 2\,t);$$

Elimination von t gibt ein Kurve vierter Ordnung.

3. In beiden Fällen ist

$$y' = -\frac{x - a\cos t}{y - a\sin t}.$$

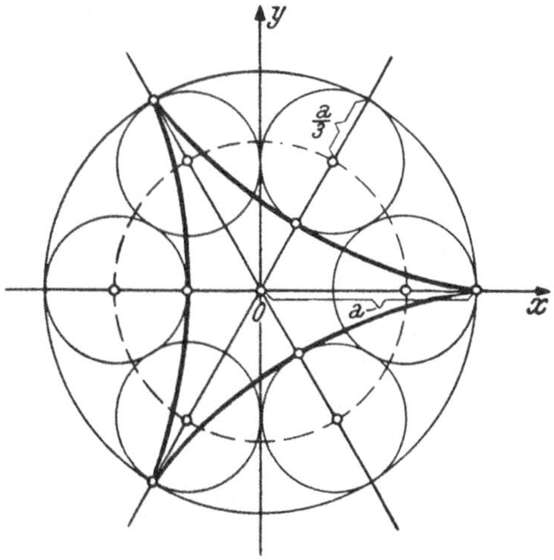

Abb. 163.

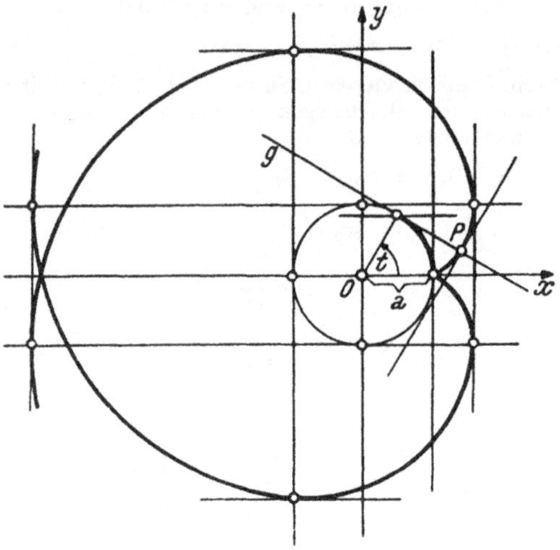

Abb. 164.

Die Gleichung der Normalen wird daher

$$\eta - y = \frac{y - a \sin t}{x - a \cos t} (\xi - x);$$

man sieht sofort, daß diese Gerade durch das Momentanzentrum $\xi = a \cos t$, $\eta = a \sin t$ hindurchgeht.

4. Man erhält (vgl. Abb. 164)

$$x = a (\cos t + t \sin t),$$

$$y = a (\sin t - t \cos t),$$

die sogenannte *Kreisevolvente*. Der Richtungskoeffizient der Tangente ist

$$y' = \tan t,$$

d. h. die Tangente ist parallel zur Verbindungsgeraden von Kreismittelpunkt und Berührungspunkt der Geraden g mit dem Kreis und steht also auf g senkrecht.

§ 20.

1. $\lim\limits_{x \to \frac{\pi}{2}} \frac{\tan x}{\tan 3x} = \lim\limits_{x \to \frac{\pi}{2}} \frac{\cos^2 3x}{3 \cos^2 x} = \frac{1}{3} \left(\lim\limits_{x \to \frac{\pi}{2}} \frac{\cos 3x}{\cos x} \right)^2 = \frac{1}{3} \left(\lim\limits_{x \to \frac{\pi}{2}} \frac{3 \sin 3x}{\sin x} \right)^2 = 3.$

Die Umformung nach der ersten Differentiation bringt eine sehr wesentliche Vereinfachung!

2. $\lim\limits_{x \to 0} \left(\frac{2 + \cos x}{x^3 \sin x} - \frac{3}{x^4} \right) = \lim\limits_{x \to 0} \frac{2x + x \cos x - 3 \sin x}{x^4 \sin x} = \frac{1}{60}.$

3. Siebenmalige Differentiation von Zähler und Nenner gibt $\frac{4}{7!} = \frac{1}{1260}$.

4. $n\, a^{n-1} \sin^2 u$.

5. $\frac{n(n+1)}{2}$.

6. Es ist $\lim\limits_{x \to +\infty} \sqrt[x]{a_i} = 1$, also liegt die unbestimmte Form 1^∞ vor. Logarithmieren gibt

$$n\, x \ln \frac{\sum \sqrt[x]{a_i}}{n} = n \frac{\ln \sum \sqrt[x]{a_i} - \ln n}{\frac{1}{x}}.$$

Setzt man $\frac{1}{x} = y$, so folgt für den Grenzwert

$$n \lim_{y \to 0+} \frac{\ln \sum a_i^y - \ln n}{y} = n \lim_{y \to 0+} \frac{\frac{\sum a_i^y \ln a_i}{\sum a_i^y}}{1} = \ln (a_1 a_2 \ldots a_n),$$

also ist der gesuchte Grenzwert $a_1 a_2 \ldots a_n$.

7. $\int\limits_a^b \frac{dx}{x} = \lim\limits_{m \to 1} \int\limits_a^b \frac{dx}{x^m} = \lim\limits_{m \to 1} \frac{b^{1-m} - a^{1-m}}{1 - m} = \lim\limits_{m \to 1} (b^{1-m} \ln b - a^{1-m} \ln a) = \ln b - \ln a.$

(Achtung! Hier ist nach m zu differenzieren!)

8. $\int \frac{dx}{(x-a)^2} = \lim_{b\to a} \int \frac{dx}{(x-a)(x-b)} = \lim_{b\to a} \left(\frac{1}{b-a} \ln \frac{x-b}{x-a}\right) =$

$$= \lim_{b\to a} \frac{\frac{x-a}{x-b}\left(-\frac{1}{x-a}\right)}{1} = -\frac{1}{x-a}.$$

(Achtung! Hier ist nach b zu differenzieren!)

9. $\int\limits_a^b \frac{dx}{x^2} = \lim_{r\to 0} \int\limits_a^b \frac{dx}{x^2+r^2} = \lim_{r\to 0} \frac{1}{r}\left(\arctan\frac{b}{r} - \arctan\frac{a}{r}\right) = \frac{1}{a} - \frac{1}{b}.$

10. Es ist $y = 0$ für $x = 1$, $\lim\limits_{x\to 0+} y = 0$ (Endpunkt), $y' = 1 + \ln x$; bei $\ln x = -1$ oder $x = \frac{1}{e} = 0{\cdot}36788$ liegt das Minimum $y = -0{\cdot}36788$; $\lim\limits_{x\to 0+} y' = -\infty$, daher ist die y-Achse Tangente im Endpunkt; $y'(1) = 1$ (Abb. 165).

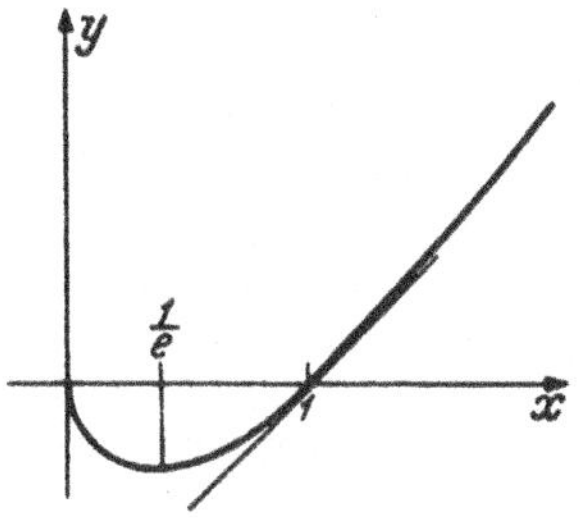

Abb. 165.

§ 21.

1. Es ist (m, n natürliche Zahlen)

$$J(m, n) = \int\limits_0^\infty \frac{x^m}{(1+x)^n}\,dx = -\frac{1}{n-1}\left[\frac{x^m}{(1+x)^{n-1}}\right]_0^\infty + \frac{m}{n-1}\int\limits_0^\infty \frac{x^{m-1}}{(1+x)^{n-1}}\,dx$$

und wegen

$$\lim_{x\to+\infty} \frac{x^m}{(1+x)^{n-1}} = 0 \text{ (es ist } m < n-1 \text{ vorausgesetzt!)}$$

$$J(m, n) = \frac{m}{n-1} J(m-1, n-1) = \frac{m!}{(n-1)(n-2)\ldots(n-m)} J(0, n-m).$$

Nun ist

$$J(0, n-m) = \int\limits_0^\infty \frac{dx}{(1+x)^{n-m}} = \frac{1}{n-m-1},$$

also

$$J(m, n) = \frac{m!}{(n-1)(n-2)\ldots(n-m-1)} = \frac{m!\,(n-m-2)!}{(n-1)!}.$$

Setzt man $m = p - 1$ und $n = p + q$, so folgt

$$J(p-1, p+q) = \int\limits_0^\infty \frac{x^{p-1}}{(1+x)^{p+q}}\,dx = \frac{(p-1)!\,(q-1)!}{(p+q-1)!} = B(p, q),$$

das Eulersche Integral erster Art (vgl. § 14, Aufgabe 5). Die Substitution $x = \frac{z}{1-z}$ führt auf die dort gegebene Darstellung. Für beliebige reelle positive Werte von p, q ist $B(p, q)$ eine eindeutige und stetige Funktion dieser beiden Veränderlichen, die mit dem Eulerschen Integral zweiter Art durch

$$B(p, q) = \frac{\Gamma(p)\,\Gamma(q)}{\Gamma(p+q)}$$

zusammenhängt. Diese Beziehung ist vorläufig allerdings nur für positive ganze p und q bewiesen (vgl. Ziffer 4, Beispiel 6).

2. Die Substitution $x^2 = t$ gibt

$$\int_0^\infty x e^{-x^2} dx = \frac{1}{2}\int_0^\infty e^{-t} dt = \frac{1}{2}, \qquad \int_0^\infty x^{2n+1} e^{-x^2} dx = \frac{1}{2}\int_0^\infty t^n e^{-t} dt = \frac{1}{2} n!.$$

3. $$\int_0^1 x^n \ln x \, dx = \lim_{\varepsilon\to 0}\int_\varepsilon^1 x^n \ln x \, dx = -\frac{1}{(n+1)^2} - \lim_{\varepsilon\to 0}\left[\frac{\varepsilon^{n+1}\ln\varepsilon}{n+1} - \frac{\varepsilon^{n+1}}{(n+1)^2}\right] =$$

$$= -\frac{1}{(n+1)^2}.$$

4. $x = a \sin t$ gibt für $a > 0$

$$\int_0^a \frac{dx}{\sqrt{a^2 - x^2}} = \int_0^{\frac{\pi}{2}} dt = \frac{\pi}{2}; \quad \text{für } a < 0 \text{ wird} \quad \int_0^a \frac{dx}{\sqrt{a^2 - x^2}} = -\int_0^{\frac{\pi}{2}} dt = -\frac{\pi}{2}.$$

5. $$\int_0^\infty \frac{dx}{a^2 + b^2 x^2} = \frac{1}{ab}\lim_{x\to+\infty} \arctan\frac{bx}{a} = \frac{\pi}{2|ab|}.$$

6. Zweimalige partielle Integration gibt

$$\int_0^\infty e^{-ax}\cos bx\, dx = \frac{a}{a^2+b^2} - \lim_{x\to+\infty}\frac{e^{-ax}(a\cos bx - b\sin bx)}{a^2+b^2} = \frac{a}{a^2+b^2};$$

analog ist

$$\int_0^\infty e^{-ax}\sin bx\, dx = \frac{b}{a^2+b^2}.$$

7. Siehe § 18, Aufgabe 2 a.

§ 22.

1. $f(1+z) = 1 - z + 5z^2 + 8z^3 + 5z^4 + z^5$.

2. Für $x_1 = 1 - \frac{1}{\sqrt{3}}$ Maximum $y_1 = \frac{2}{3\sqrt{3}}$; für $x_2 = 1 + \frac{1}{\sqrt{3}}$ Minimum $y_2 = -\frac{2}{3\sqrt{3}}$; Wendepunkt $x_3 = 1$, $y_3 = 0$; die Kurve liegt für $x > 1$ oberhalb und für $x < 1$ unterhalb der Tangente.

3. a) Für $x = \frac{1}{2}$ Minimum $y = \frac{3}{5}$.

b) Für $x_1 = \sqrt{\sqrt{5}-2}$ Minimum $y_1 = -\sqrt{\sqrt{5}-2}\,\frac{\sqrt{5}-1}{2}$,

für $x_2 = -\sqrt{\sqrt{5}-2}$ Maximum $y_2 = \sqrt{\sqrt{5}-2}\,\frac{\sqrt{5}-1}{2}$.

c) Für $x = 27$ Minimum $y = 3 - \ln 27 = -0{\cdot}29584$.

d) Im Intervall $(-\pi, \pi)$ liegen die folgenden Extrema (die Funktion ist mit 2π periodisch):

$x_1 = -147°28'$,	Max.	$0{\cdot}36901$	$x_3 = 53°27'28''$,	Max.	$1{\cdot}76017$
$x_2 = -53°37'28''$,	Min.	$-1{\cdot}76017$	$x_4 = 147°28'$,	Min.	$-0{\cdot}36901$

e) (Vgl. die Bemerkung bei d).

$x_1 = -\pi + \arcsin\frac{1}{\sqrt{6}}$,	Min. $-\frac{1}{3}\sqrt{\frac{2}{3}}$	$x_4 = \arcsin\frac{1}{\sqrt{6}}$,	Max. $\frac{1}{3}\sqrt{\frac{2}{3}}$
$x_2 = -\frac{\pi}{2}$,	Max. 1	$x_5 = \frac{\pi}{2}$,	Min. -1
$x_3 = -\arcsin\frac{1}{\sqrt{6}}$,	Min. $-\frac{1}{3}\sqrt{\frac{2}{3}}$	$x_6 = \pi - \arcsin\frac{1}{\sqrt{6}}$,	Max. $\frac{1}{3}\sqrt{\frac{2}{3}}$

f) (Vgl. die Bemerkung bei d).

x	$a < b$	$a > b$
$x_1 = -\pi + \arcsin\sqrt{\frac{b}{a}}$	—	Max. $-2\sqrt{ab}$
$x_2 = -\frac{\pi}{2}$	Max. $-a-b$	Min. $-a-b$
$x_3 = -\arcsin\sqrt{\frac{b}{a}}$	—	Max. $-2\sqrt{ab}$
$x_4 = \arcsin\sqrt{\frac{b}{a}}$	—	Min. $2\sqrt{ab}$
$x_5 = \frac{\pi}{2}$	Min. $a+b$	Max. $a+b$
$x_6 = \pi - \arcsin\sqrt{\frac{b}{a}}$	—	Min. $2\sqrt{ab}$

g) Für $x_1 = 0$ Minimum $y_1 = 0$; weitere Extrema in der Nähe von $\pm\frac{3\pi}{4}$ (Maxima), $\pm\frac{7\pi}{4}$ (Minima), usw.

4. $y = ax^2 + bx + c$ ist eine Parabel, deren Achse parallel zur y-Achse ist und die nach $\left\{\begin{matrix}\text{oben}\\ \text{unten}\end{matrix}\right\}$ offen verläuft, wenn $\left\{\begin{matrix}a > 0\\ a < 0\end{matrix}\right\}$ ist. Aus $y' = 2ax + b = 0$ erhält man den Scheitel $x_0 = -\frac{b}{2a}$, $y_0 = \frac{4ac - b^2}{4a}$; man bekommt

reelle Wurzeln, wenn $a > 0$ und $y_0 < 0$, d. h. $4ac - b^2 < 0$,
oder $a < 0$ und $y_0 > 0$, d. h. $4ac - b^2 < 0$ ist;
eine Doppelwurzel, wenn $y_0 = 0$, d. h. $4ac - b^2 = 0$ ist;
imaginäre Wurzeln, wenn $a > 0$ und $y_0 > 0$, d. h. $4ac - b^2 > 0$,
oder wenn $a < 0$ und $y_0 < 0$, d. h. $4ac - b^2 > 0$ ist,

also: $\left.\begin{matrix}\text{reelle Wurzeln,}\\ \text{Doppelwurzel,}\\ \text{imaginäre Wurzeln}\end{matrix}\right\}$ wenn $\left\{\begin{matrix}b^2 - 4ac > 0,\\ b^2 - 4ac = 0,\\ b^2 - 4ac < 0.\end{matrix}\right.$

§ 23.

$$\int_0^\infty x^2 e^{-x^2}\,dx = \frac{1}{2}\int_0^\infty x e^{-x^2}\,d(x^2) = \frac{1}{2}\left[-x e^{-x^2}\right]_0^\infty + \frac{1}{2}\int_0^\infty e^{-x^2}\,dx = \frac{1}{2}\,\frac{\sqrt{\pi}}{2} = \frac{\sqrt{\pi}}{4}.$$

§ 24.

1. Über die Parameterdarstellung der gemeinen Zykloide vgl. § 19, 4. Es wird

$$F = \int_0^{2\pi} a^2 (1 - \cos t)^2\,dt = 3a^2\pi.$$

2. $$F = \frac{1}{2}\oint (x\,dy - y\,dx) = \frac{1}{2}\int_1^5 \left(\frac{5}{4}x - \frac{5}{4}x - \frac{3}{4}\right)dx +$$
$$+ \frac{1}{2}\int_5^3 \left(-\frac{3}{2}x + \frac{3}{2}x - \frac{29}{2}\right)dx + \frac{1}{2}\int_3^1 (4x - 4x + 2)\,dx = 11.$$

3. $$F = \frac{1}{2}\int_{-\frac{\pi}{4}}^{\frac{\pi}{4}} r^2\,d\varphi = \frac{a^2}{2}\int_{-\frac{\pi}{4}}^{\frac{\pi}{4}} \cos 2\varphi\,d\varphi = \frac{a^2}{2}.$$

§ 25.

1. $$s = a\int_0^{2\pi} \sqrt{2(1 - \cos t)}\,dt = 8a.$$

2. $s = \int_a^x \sqrt{1 + \frac{a^2}{x^2}}\, dx$; die Substitution $\frac{a}{x} = \operatorname{sh} u$, $dx = -\frac{a \operatorname{ch} u}{\operatorname{sh}^2 u} du$ gibt

$$s = -a \int_{\ln(1+\sqrt{2})}^{u} \left(\frac{1}{\operatorname{sh}^2 u} + 1\right) du = a\,[\operatorname{cth} u - u - \sqrt{2} + \ln(1 + \sqrt{2})].$$

3. $s = \sqrt{1 + (\ln a)^2} \int_{-\infty}^{\varphi} a^\varphi\, d\varphi = \frac{a^\varphi}{\ln a} \sqrt{1 + (\ln a)^2}$; für $a = e$ wird $s = e^\varphi \sqrt{2}$.

4. $s = a \int_0^{2\pi} \sqrt{2(1 + \cos\varphi)}\, d\varphi = 2a \int_0^{2\pi} \left|\cos\frac{\varphi}{2}\right| d\varphi = 8a \int_0^{\pi} \cos\frac{\varphi}{2}\, d\frac{\varphi}{2} = 8a$;

vergleiche die Aufgabe 2a) von § 17. Vergißt man auf das Absolutzeichen, so erhält man den Umfang Null, weil die eine Hälfte positiv, die andere aber negativ genommen wird. Bemerkt sei noch, daß beim Übergang zu Polarkoordinaten der Pol in die Spitze der Kurve zu legen ist.

§ 26.

1. $\xi = \frac{4}{ab\pi} \int_0^a x \frac{b}{a} \sqrt{a^2 - x^2}\, dx = \frac{4a}{3\pi}$; $\quad \eta = \frac{4b}{3\pi}$.

2. $F = c^2 \int_0^a \operatorname{ch}\frac{x}{c}\, d\frac{x}{c} = c^2 \operatorname{sh}\frac{a}{c}$;

$$M_y = c^2 \int_0^a x \operatorname{ch}\frac{x}{c}\, d\frac{x}{c} = c^2\left(a \operatorname{sh}\frac{a}{c} - c\operatorname{ch}\frac{a}{c} + c\right)$$

$$\xi = a - c \operatorname{cth}\frac{a}{c} + c\,\frac{1}{\operatorname{sh}\frac{a}{c}} = a - c \operatorname{th}\frac{a}{2c}.$$

$$M_x = \frac{c^2}{2} \int_0^a \operatorname{ch}^2\frac{x}{c}\, dx = \frac{c^3}{8} \int_0^a \left(1 + \operatorname{ch}\frac{2x}{c}\right) d\frac{2x}{c} = \frac{ac^2}{4} + \frac{c^3}{4} \operatorname{sh}\frac{a}{c} \operatorname{ch}\frac{a}{c};$$

$$\eta = \frac{c}{4} \operatorname{ch}\frac{a}{c} + \frac{a}{4 \operatorname{sh}\frac{a}{c}}.$$

3. $s = \int_0^a \sqrt{1 + \operatorname{sh}^2\frac{x}{c}}\, dx = c \operatorname{sh}\frac{a}{c}$;

$$M_y = c \int_0^a x \operatorname{ch}\frac{x}{c}\, d\frac{x}{c} = c\left(a \operatorname{sh}\frac{a}{c} - c \operatorname{ch}\frac{a}{c} + c\right);$$

$$\xi = a - c \operatorname{th}\frac{a}{2c}, \quad \eta = \frac{a}{2 \operatorname{sh}\frac{a}{c}} + \frac{c}{2} \operatorname{ch}\frac{a}{c}.$$

(Vergleiche die Lösung von Aufgabe 2!)

4. Entsprechend Abb. 166 wird

$$M_{yz} = \int_0^h x\, y^2 \pi\, dx = \pi \int_0^h x \left(a^2 - 2a \frac{a-b}{h} x + \frac{(a-b)^2}{h^2} x^2\right) dx = \frac{h^2 \pi}{12} (a^2 + 2ab + 3b^2),$$

also

$$\xi = \frac{h}{4} \frac{a^2 + 2ab + 3b^2}{a^2 + ab + b^2}.$$

5. $$T_y = \frac{4b}{a} \int_0^a x^2 \sqrt{a^2 - x^2}\, dx = 4a^3 b \int_0^{\frac{\pi}{2}} \sin^2 t \cos^2 t\, dt = \frac{a^3 b \pi}{4}; \quad T_x = \frac{a b^3 \pi}{4}.$$

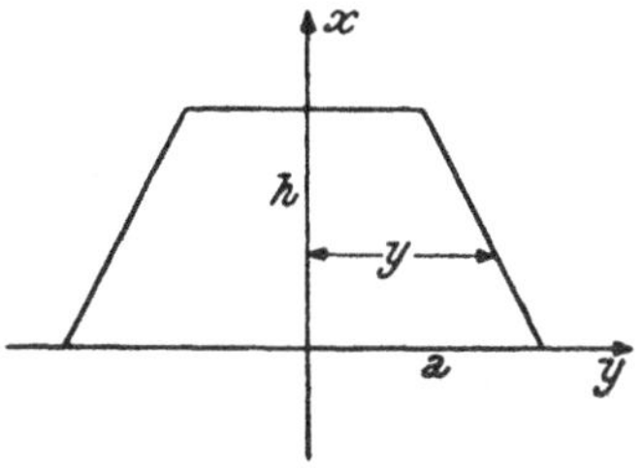

Abb. 166.

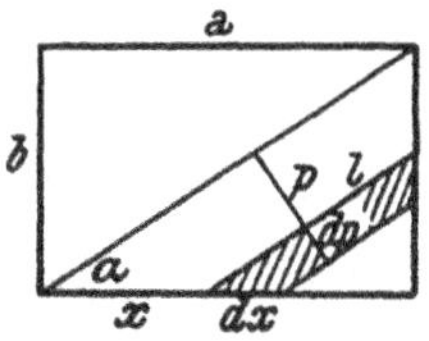

Abb. 167.

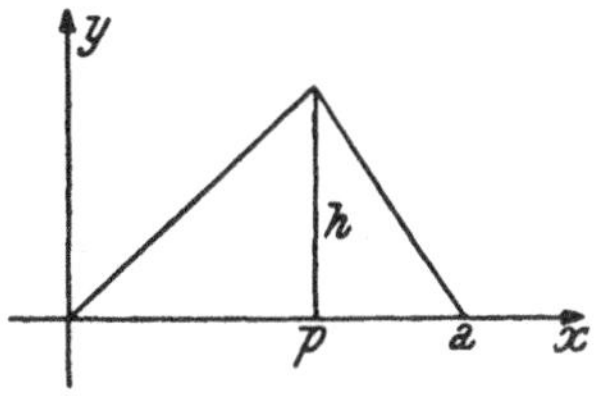

Abb. 168.

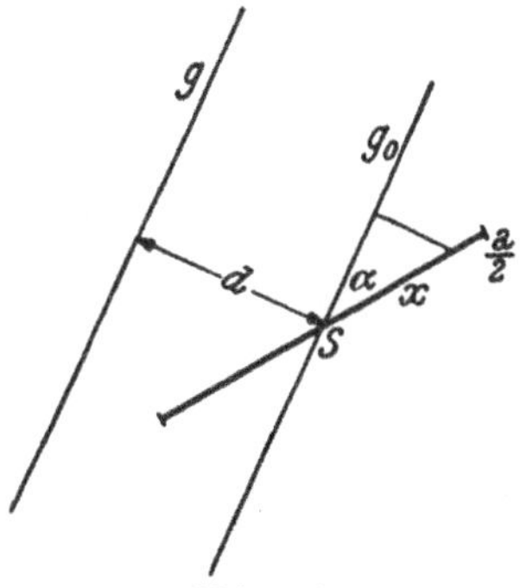

Abb. 169.

6. Mit den Bezeichnungen von Abb. 167 ist

$$T = \int p^2 l\, dp = 2 \int_0^a x^2 \sin^2\alpha \frac{a-x}{\cos\alpha} dx \sin\alpha = 2 \frac{b^2}{a^2+b^2} \frac{b}{a} \int_0^a (a x^2 - x^3)\, dx = \frac{a^3 b^3}{6(a^2+b^2)}.$$

7. Mit den Bezeichnungen von Abb. 168 wird

$$T = \frac{h^3}{3p^3} \int_0^p x^3\, dx + \frac{h^3}{3(a-p)^3} \int_p^a (a-x)^3\, dx = \frac{a h^3}{12}.$$

8. Entsprechend Abb. 169 ist

$$\int^{\frac{a}{2}} (d + x \sin\alpha)^2\, dx = a d^2 + 2 d \sin\alpha . 0 + 2 \sin^2\alpha \int_0^{\frac{a}{2}} x^2\, dx = a d^2 + \frac{a^3}{12} \sin^2\alpha.$$

$_0 = \frac{a^3}{12} \sin^2\alpha$ das Trägheitsmoment in bezug auf die zu g parallele Gerade g_0 ...punkt (Mittelpunkt) der Strecke. Die Beziehung $T_g = a d^2 + T_{g_0}$ wird in ...teinerscher *Satz* bezeichnet.

§ 27.

1. $\ln 2 \approx \frac{1}{18}\left[1 + \frac{1}{2} + 4\left(\frac{6}{7} + \frac{2}{3} + \frac{6}{11}\right) + 2\left(\frac{3}{4} + \frac{3}{5}\right)\right] \approx 0{\cdot}6931698.$

Fehlerabschätzung: $f^{IV}(x) = \frac{24}{x^5} \leqq 24 = A_4$ für $1 \leqq x \leqq 2$, also ist die Abweichung $< \frac{24}{2880 \cdot 3^4} \approx$ $\approx 0{\cdot}0001$. Der richtige Wert ist auf 7 Stellen 0·6931472, der Fehler beträgt also nur 2 Einheiten der fünften Stelle, die Abschätzung liefert eine rund fünfmal so große obere Schranke.

2. Mit 2 Doppelstreifen wird

$$\frac{\pi}{4} \approx \frac{1}{12}\left[1 + \frac{1}{2} + 4\left(\frac{16}{17} + \frac{16}{25}\right) + 2\,\frac{4}{5}\right] \approx 0{\cdot}78539216.$$

Mit 5 Doppelstreifen (hier legt man sich am besten eine Tabelle an):

x	y_0, y_{10}	y_1, y_3, y_5, y_7, y_9	y_2, y_4, y_6, y_8
0	1		
0·1		0·9900990	
0·2			0·9615385
0·3		0·9174312	
0·4			0·8620690
0·5		0·8000000	
0·6			0·7352941
0·7		0·6711409	
0·8			0·6097561
0·9		0·5524862	
1·0	0·5		
	1·5	3·9311573	3·1686577

$$\frac{\pi}{4} \approx \frac{1}{30}\,[1{\cdot}5 + 4 \cdot 3{\cdot}9311573 + 2 \cdot 3{\cdot}1686577] \approx 0{\cdot}785339815.$$

Fehlerabschätzung: $f^{IV}(x) = \frac{24\,(5\,x^4 - 10\,x^2 + 1)}{(1 + x^2)^5}$; für $0 \leqq x \leqq 1$ ist $|f^{IV}(x)| < 24$ (f^{IV} hat ein Maximum 24 an der Stelle 0, ein Minimum $-10{\cdot}125$ an der Stelle $\frac{1}{\sqrt{3}}$ und das Randmaximum -3 an der Stelle 1). Also ist für $n = 2$ die Abweichung $< \frac{24}{2880 \cdot 16} \approx 0{\cdot}0005$, während für $n = 5$ die Abweichung $< \frac{24}{2880 \cdot 5^4} \approx 0{\cdot}000013$ ist. Der genaue Wert von $\frac{\pi}{4}$ auf 8 Stellen ist $\frac{\pi}{4} = 0{\cdot}78539816$, die Abweichung der beiden Berechnungen ist also auch hier wesentlich kleiner, als sich auf Grund der Abschätzung ergibt.

3. $V = 2\pi \int\limits_0^r y^2\,dx = 2\pi \frac{r}{6}\left(r^2 + 4\,\frac{3\,r^2}{4} + 0\right) = \frac{4\,r^3\pi}{3}$. Die Simpsonsche Formel gibt hier das genaue Resultat, da der Integrand vom zweiten Grad ist.

§ 28.

1. Es ist

$$\bar{x} + j\,\bar{y} = (x + j\,y)\,e^{j\alpha} = (x\cos\alpha - y\sin\alpha) + j\,(x\sin\alpha + y\cos\alpha),$$

also nach Trennung von Real- und Imaginärteil

$$\bar{x} = x\cos\alpha - y\sin\alpha,$$

$$\bar{y} = x\sin\alpha + y\cos\alpha;$$

diese Formeln sind aber die Formeln (38) von § 17 mit $\bar{a} = \bar{b} = 0$.

2. $u + j\,v = 1 + e^{j\varphi} + e^{2j\varphi} + \ldots + e^{nj\varphi} = \frac{e^{(n+1)j\varphi} - 1}{e^{j\varphi} - 1} =$

$$= e^{\frac{n}{2}j\varphi}\,\frac{e^{\frac{n+1}{2}j\varphi} - e^{-\frac{n+1}{2}j\varphi}}{e^{\frac{1}{2}j\varphi} - e^{-\frac{1}{2}j\varphi}} = \left(\cos\frac{n\varphi}{2} + j\sin\frac{n\varphi}{2}\right)\frac{\sin\frac{n+1}{2}\varphi}{\sin\frac{\varphi}{2}}$$

also

$$u = \cos\frac{n\varphi}{2}\,\frac{\sin\frac{n+1}{2}\varphi}{\sin\frac{\varphi}{2}}, \quad v = \sin\frac{n\varphi}{2}\,\frac{\sin\frac{n+1}{2}\varphi}{\sin\frac{\varphi}{2}}.$$

3. $u = \frac{\sin 2n\varphi}{2\sin\varphi}, \quad v = \frac{\sin^2 n\varphi}{\sin\varphi}.$

4. $\sin(x + jy) = \sin x \operatorname{ch} y + j\cos x \operatorname{sh} y,$

$\cos(x + jy) = \cos x \operatorname{ch} y - j\sin x \operatorname{sh} y,$

$\tan(x + jy) = \frac{\sin x \cos x + j \operatorname{sh} y \operatorname{ch} y}{\cos^2 x \operatorname{ch}^2 y + \sin^2 x \operatorname{sh}^2 y}.$

5. a) $x + jy = \frac{1 - tj}{1 + t^2}; \quad x = \frac{1}{1+t^2}, \quad y = \frac{-t}{1+t^2}$, also $x^2 + y^2 = x$ oder $\left(x - \frac{1}{2}\right)^2 + y^2 = \frac{1}{4};$

b) $x^2 + \left(y - \frac{1}{2}\right)^2 = \frac{1}{4}, \quad$ c) $x^2 + \left(y + \frac{1}{2}\right)^2 = \frac{1}{4}.$

6. $y = b + \frac{ac}{x}$, gleichseitige Hyperbel mit den Asymptoten $x = 0$, $y = b$.

§ 29.

1. $x^4 - 2(a+b)x^2 + (a-b)^2 = 0.$

2.

	1	−3	2	0
1	1	−2	0	0
1	1	−1	−1	
1	1	0,		

also $y^3 - y = 0$.

3. $y^3 - 1 = 0,$

4. $y^3 + 6y^2 + 11y + 6 = 0.$

5. $x^4 + x^2 + 1.$

6. $x^2 - x + 1.$

7. $x_1 = x_2 = x_3 = 1, \quad x_4 = -1.$

8. $x_1 = x_2 = x_3 = 1, \quad x_4 = 2, \quad x_5 = -2.$

§ 30.

1. $2x^4 - 3x^2 + 6.$

2. $\operatorname{sh} 3{\cdot}013 \approx 10{\cdot}1191 + 0{\cdot}3\left[0{\cdot}1021 - \frac{0{\cdot}7}{2}\,0{\cdot}0012\right] \approx 10{\cdot}1496.$

3.

x	$f(x) = \frac{1}{x}$		
112	0·00892857		
		−7901	
113	0·00884956		+69
		−7763	
114	0·00877193		+69
		−7710	
113·77	0·00878966		

$\frac{1}{11377} = 0{\cdot}0000878966;$

$f'''(x) = -\frac{6}{x^4}$, daher die Abweichung von $\frac{1}{113{\cdot}77}$ kleiner als $1{\cdot}77 \cdot 0{\cdot}77 \cdot 0{\cdot}23 \cdot \frac{1}{6} \cdot \frac{6}{112^4} <$ $< 2 \cdot 10^{-9}$, also die Abweichung von $\frac{1}{11377}$ kleiner als $2 \cdot 10^{-11}$.

4. $\sin 53^\circ\, 7'\, 48{\cdot}4'' = 0{\cdot}8000000$ mit einer Abweichung $< 0{\cdot}24\,\frac{\pi^4}{24 \cdot 180^4} < 1 \cdot 10^{-9}$.

5. Man ermittelt das quadratische Polynom $4{\cdot}5\,x^2 - 13{\cdot}5\,x + 10$, das in den Punkten 1, 1·5 und 2 mit dem gegebenen kubischen Polynom übereinstimmt. Die Nullstellen $\frac{4}{3}$ und $\frac{5}{3}$ des quadratischen Polynoms sind Näherungswerte für die Wurzeln der kubischen Gleichung.

§ 31.

1. 4, —5, 1; 2. 5, $-\frac{1}{2}(5 \pm j\sqrt{3})$; 3. -6, $3 \pm j$;

4. 5·0726, —3·8407, —1·2319; 5. 1, $\frac{2}{3}$, $\frac{3}{2}$, $-\frac{1}{2}(1 \pm j\sqrt{3})$;

6. 1, $\frac{3}{2}$, $\frac{2}{3}$, $-\frac{1}{2}(1 \pm j\sqrt{3})$; 7. $-\frac{7}{3}$, $-\frac{1}{3}$, $\frac{3}{7}$, 3;

8. $-\frac{1}{2}$, $-\frac{1}{3}$, 2, 3, $\pm j$.

§ 32.

1. —3·290, 0·706, 2·584. 2. —2·4393, — 0·6611, 3·1004.

3. 0·19285, 8·0342, —3·2271; nur für 0·19285 wird $\sin\alpha$ reell und es folgt $\alpha = 79°\,6'$.

§ 33.

1. $\frac{6x^2+8x-23}{(2x-1)(3x+2)(x-3)} = \frac{A}{2x-1} + \frac{B}{3x+2} + \frac{C}{x-3}$, woraus $A = 2$, $B = -3$, $C = 1$ folgt. Es wird

$$\int \frac{6x^2+8x-23}{(2x-1)(3x+2)(x-3)}\,dx = \ln\left|\frac{(2x-1)(x-3)}{3x+2}\right| + C.$$

2. $$\int \frac{dx}{(x^4-1)^2} = \frac{Ax^3+Bx^2+Cx+D}{x^4-1} + \int\left(\frac{E}{x-1} + \frac{F}{x+1} + \frac{Gx+H}{x^2+1}\right)dx,$$

wobei aber, da der Integrand eine gerade Funktion ist, $B = D = G = 0$, $E = -F$ ist. Nach Differentiation findet man durch Koeffizientenvergleich $A = 0$, $C = -\frac{1}{4}$, $E = -F = -\frac{3}{16}$, $H = \frac{3}{8}$ und es wird

$$\int \frac{dx}{x^8-2x^4+1} = -\frac{x}{4(x^4-1)} + \frac{3}{16}\ln\left|\frac{x+1}{x-1}\right| + \frac{3}{8}\arctan x + C.$$

3. $\frac{1}{a^2-b^2}\left(x - \frac{b}{a}\arctan\frac{b}{a}\tan x\right) + C$ (Substitution: $\tan x = u$).

4. $\frac{1}{x^4+1} = \frac{Ax+B}{x^2+\sqrt{2}\,x+1} + \frac{Cx+D}{x^2-\sqrt{2}\,x+1}$; $A = -C = \frac{1}{2\sqrt{2}}$, $B = D = \frac{1}{2}$;

$$\int \frac{dx}{x^4+1} = \frac{1}{4\sqrt{2}}\ln\frac{x^2+\sqrt{2}\,x+1}{x^2-\sqrt{2}\,x+1} + \frac{1}{2\sqrt{2}}\arctan\frac{\sqrt{2}\,x}{1-x^2} + C.$$

5. $s = -x + \ln\left|\frac{1+x}{1-x}\right| + C$. 6. $\frac{2\pi}{3\sqrt{3}}$.

7. Mit der Substitution $\tan x = t^2$ wird $\left(0 \leqq x < \frac{\pi}{2}\right)$

$$\int\sqrt{\tan x}\,dx = 2\int\frac{t^2}{1+t^4}\,dt = \frac{1}{2\sqrt{2}}\ln\frac{t^2-\sqrt{2}\,t+1}{t^2+\sqrt{2}\,t+1} + \frac{1}{\sqrt{2}}\arctan\frac{\sqrt{2}\,t}{1-t^2} + C =$$

$$= \frac{1}{\sqrt{2}}\ln\left(\sin x + \cos x - \sqrt{\sin 2x}\right) + \frac{1}{\sqrt{2}}\arctan\frac{\sqrt{2\tan x}}{1-\tan x} + C.$$

8. $-\left(x + \frac{4}{1+\tan\frac{x}{2}}\right) + C$, Substitution: $\tan\frac{x}{2} = t$. Erweitert man den Integranden mit $1 - \sin x$, so ergibt sich leicht $2\,\frac{\sin x - 1}{\cos x} - x + \bar{C}$; die beiden Resultate unterscheiden sich nur um eine Konstante.

9. $-\sqrt{1-x^2}+2\arctan\sqrt{\frac{1+x}{1-x}}+C$, Substitution: $\frac{1+x}{1-x}=t^2$. Bequemer ist hier der Übergang zur quadratischen Irrationalität $\int\frac{1+x}{\sqrt{1-x^2}}\,dx=\arcsin x-\sqrt{1-x^2}+\overline{C}$. Die beiden Ergebnisse stimmen bis auf eine Konstante überein, es ist $2\arctan\sqrt{\frac{1+x}{1-x}}=$ $=\pi-2\arctan\sqrt{\frac{1-x}{1+x}}=\pi-\arccos x=\frac{\pi}{2}+\arcsin x$.

10. $\int x^{-\frac{1}{2}}\left(1+x^{\frac{1}{4}}\right)^{\frac{1}{3}}dx=\frac{3}{7}\sqrt[3]{1+\sqrt[4]{x}}\,(4\sqrt{x}+\sqrt[4]{x}-3)+C$.

11. $\ln\frac{\sqrt{\sqrt[3]{1+x^3}-1}}{\sqrt{x}}+\frac{1}{\sqrt{3}}\arctan\frac{2\sqrt[3]{1+x^3}+1}{\sqrt{3}}+C$.

12. π, Substitution $\sqrt{(x-a)(b-x)}=t\,(x-a)$. Oder auch

$$\int_a^b\frac{dx}{\sqrt{\left(\frac{b-a}{2}\right)^2-\left(x-\frac{a+b}{2}\right)^2}}=\left[\arcsin\frac{x-\frac{a+b}{2}}{\frac{b-a}{2}}\right]_a^b=\pi.$$

13. $\frac{(b-a)^2}{8}\pi$; der Normalbereich ist ein Halbkreis vom Radius $\frac{b-a}{2}$!

14. $\frac{3x-x^3}{2\sqrt{1-x^2}}+\frac{3}{2}\arccos x+C$, Substitution: $x^{-2}-1=t^2$.

15. $2x-2\sqrt{1+x^2}+2\arctan(\sqrt{1+x^2}-x)+C$, Substitution $\sqrt{1+x^2}=t+x$.

16. $O=4\pi\int_0^a y\sqrt{1+y'^2}\,dx=\frac{4b\pi}{a^2}\int_0^a\sqrt{a^4-(a^2-b^2)x^2}\,dx$;

a) $a>b$, $a^2-b^2=e^2$, Substitution: $x=\frac{a^2}{e}\sin\varphi$; damit wird

$$O_1=\frac{2a^2b\pi}{e}\int_0^{\arcsin\frac{e}{a}}(1+\cos 2\varphi)\,d\varphi=2b\pi\left(b+\frac{a^2}{e}\arcsin\frac{e}{a}\right).$$

b) $a<b$, $b^2-a^2=e^2$, Substitution $x=\frac{a^2}{e}\operatorname{sh}\varphi$; damit wird

$$O_2=\frac{2a^2b\pi}{e}\int_0^{\ln\frac{e+b}{a}}(1+\operatorname{ch}2\varphi)\,d\varphi=2b\pi\left(b+\frac{a^2}{e}\ln\frac{e+b}{a}\right).$$

§ 34.

1. Es ist

$$u_{\nu+1}+u_{\nu+2}+\dots+u_{\nu+p}=\frac{1}{\nu+1}-\frac{1}{\nu+2}+\frac{1}{\nu+2}-\frac{1}{\nu+3}+\dots+\frac{1}{\nu+p}-$$
$$-\frac{1}{\nu+p+1}=\frac{1}{\nu+1}-\frac{1}{\nu+p+1}<\frac{1}{\nu+1}<\varepsilon\text{ für }\nu\geq\frac{1}{\varepsilon};$$

die Reihe ist konvergent und hat die Summe 1.

2. Es ist

$$\frac{1}{(\nu+1)^2}+\cdots+\frac{1}{(\nu+p)^2}<\frac{1}{\nu(\nu+1)}+\cdots+\frac{1}{(\nu+p-1)(\nu+p)}=$$

$$=\frac{1}{\nu}-\frac{1}{\nu+p}<\varepsilon \text{ für } \nu>\frac{1}{\varepsilon}, \text{ die Reihe ist konvergent.}$$

3. a) $\lim\limits_{\nu\to\infty}\frac{1}{\sqrt{\nu}}=0$, $\frac{1}{\sqrt{\nu}}>\frac{1}{\sqrt{\nu+1}}$, also konvergent (Ziffer 4).

b) $\lim\limits_{\nu\to\infty}\frac{4\nu}{(\nu+1)^2}=\lim\limits_{\nu\to\infty}\frac{\frac{4}{\nu}}{\left(1+\frac{1}{\nu}\right)^2}=0$, $\frac{4\nu}{(\nu+1)^2}>\frac{4\nu+4}{(\nu+2)^2}$, also konvergent.

c) Hier ist zwar die Bedingung $\lim\limits_{\nu\to\infty}u_\nu=0$ erfüllt, aber die Beträge der einzelnen Glieder bilden keine monotone Folge. Faßt man je zwei aufeinanderfolgende Glieder zusammen, so erhält man

$$\frac{2}{2\nu-1}-\frac{1}{2\nu}=\frac{2\nu+1}{(2\nu-1)2\nu}>\frac{1}{2\nu}$$

und daher

$$s_{2\nu}>\frac{1}{2}\left(1+\frac{1}{2}+\cdots+\frac{1}{\nu}\right),$$

woraus wegen der Divergenz der harmonischen Reihe auch die Divergenz der vorgelegten Reihe folgt.

d) $\lim\limits_{\nu\to\infty}\frac{\nu+1}{2\nu}=\frac{1}{2}$, die Reihe ist divergent.

4. a) $\frac{1}{1013}=10^{-3}\frac{1}{1+13\cdot 10^{-3}}\approx$

$$\approx 10^{-3}(1-13\cdot 10^{-3}+13^2\cdot 10^{-6}-13^3\cdot 10^{-9})=0{\cdot}000987167.$$

Da der Rest sicher kleiner ist als der absolute Betrag des ersten vernachlässigten Gliedes $13^4\cdot 10^{-15}=28\,561\cdot 10^{-15}$ (dieses hat nach dem Dezimalpunkt 10 Nullen), ist das Resultat auf 9 Dezimalen genau.

b) Es ist allgemein $\frac{1+x}{1-x}=1+\frac{2x}{1-x}=1+2x+2x^2+2x^3+\ldots$, also

$$\frac{1003}{997}=\frac{1+0{\cdot}003}{1-0{\cdot}003}\approx 1+0{\cdot}006+0{\cdot}000018=1{\cdot}006018;$$

das Resultat ist auf 6 Dezimalen genau, da der Rest

$$2x^3+2x^4+\ldots=\frac{2x^3}{1-x}=\frac{2\cdot 3^3}{10^6\cdot 997}<\frac{6\cdot 9}{10^6\cdot 900}=6\cdot 10^{-8}$$

ist.

5. a) $\sum\limits_{\nu=2}^{\infty}\frac{\nu-1}{\nu!}=\sum\limits_{\nu=2}^{\infty}\frac{1}{(\nu-1)!}-\sum\limits_{\nu=2}^{\infty}\frac{1}{\nu!}=(e-1)-(e-2)=1.$

b) $$\sum_{\nu=2}^{\infty}(-1)^\nu\frac{\nu-1}{\nu!}=-\sum_{\nu=2}^{\infty}(-1)^{\nu-1}\frac{1}{(\nu-1)!}-\sum_{\nu=2}^{\infty}(-1)^\nu\frac{1}{\nu!}=$$

$$=-\left(\frac{1}{e}-1\right)-\frac{1}{e}=1-\frac{2}{e}.$$

c) $$\sum_{\nu=2}^{\infty}\frac{\nu-1}{(\nu+1)!}=\sum_{\nu=2}^{\infty}\frac{\nu+1-2}{(\nu+1)!}=\sum_{\nu=2}^{\infty}\frac{1}{\nu!}-2\sum_{\nu=2}^{\infty}\frac{1}{(\nu+1)!}=$$

$$=(e-2)-2\left(e-2-\frac{1}{2}\right)=3-e.$$

d) $\sum_{\nu=2}^{\infty} (-1)^\nu \frac{\nu-1}{(\nu+1)!} = \sum_{\nu=2}^{\infty} (-1)^\nu \frac{1}{\nu!} + 2\sum_{\nu=2}^{\infty} (-1)^{\nu+1} \frac{1}{(\nu+1)!} =$

$$= \frac{1}{e} + 2\left(\frac{1}{e} - \frac{1}{2}\right) = \frac{3}{e} - 1.$$

§ 35.

1. a) $\lim\limits_{\nu\to\infty} \left|\frac{u_{\nu+1}}{u_\nu}\right| = |x| \lim\limits_{\nu\to\infty} \frac{1}{\nu+1} = 0$, konvergiert für alle x. Es handelt sich um die Reihe für e^x, vgl. § 38, 4.

b) $\lim\limits_{\nu\to\infty} \sqrt[\nu]{u_\nu} = \lim\limits_{\nu\to\infty} \frac{1}{\nu} = 0$, konvergent.

c) $\lim\limits_{\nu\to\infty} \sqrt[\nu]{u_\nu} = \lim\limits_{\nu\to\infty} \frac{1}{\ln \nu} = 0$, konvergent.

d) $\frac{1}{1+\nu^2} < \frac{1}{\nu^2}$, konvergent.

e) $\frac{\nu!}{\nu^\nu} = \frac{1}{\nu}\cdot\frac{2}{\nu}\cdot\frac{3}{\nu}\cdots\frac{\nu-1}{\nu}\cdot 1 < \frac{2}{\nu^2}$ für $\nu > 3$, konvergent.

Oder: $\lim\limits_{\nu\to\infty} \frac{(\nu+1)!}{(\nu+1)^{\nu+1}} \cdot \frac{\nu^\nu}{\nu!} = \lim\limits_{\nu\to\infty} \frac{\nu^\nu}{(\nu+1)^\nu} = \lim\limits_{\nu\to\infty} \frac{1}{\left(1+\frac{1}{\nu}\right)^\nu} = \frac{1}{e} < 1.$

f) $\frac{1}{\sqrt{\nu(\nu+1)}} > \frac{1}{\nu+1}$, divergent.

g) $\frac{1}{2^\nu} \sin 2^\nu \leqq \frac{1}{2^\nu}$, konvergent.

h) $\lim\limits_{\nu\to\infty} \left|\frac{u_{\nu+1}}{u_\nu}\right| = \lim\limits_{\nu\to\infty} \frac{|x|}{|x+\nu+1|} = 0$, konvergent, wenn x keine negative ganze Zahl ist.

2. $\sqrt[3]{9} = \sqrt[3]{8+1} = 2\sqrt[3]{1+\frac{1}{8}} = 2\sum_{\nu=0}^{\infty} \binom{\frac{1}{3}}{\nu} \frac{1}{8^\nu} =$

$$= 2\left(1 + \frac{1}{3}\,\frac{1}{8} - \frac{1}{9}\,\frac{1}{8^2} + \frac{5}{81}\,\frac{1}{8^3} - + \ldots\right),$$

da die Reihe alternierend ist, ist der Rest jedenfalls kleiner als der absolute Betrag des ersten vernachlässigten Gliedes, so daß man, um die geforderte Genauigkeit zu erreichen, noch einige Glieder dazunehmen muß. Einfacher, weil rascher konvergent, ist es aber, nach dem zweiten Glied abzubrechen und $2\left(1+\frac{1}{24}\right) \approx 2{\cdot}08$ als neuen Näherungswert — so wie zuerst 2 — für $\sqrt[3]{9}$ zu nehmen und das Verfahren zu wiederholen. Es ist $2{\cdot}08^3 = 8{\cdot}998912$, also

$$\sqrt[3]{9} = 2{\cdot}08\sqrt[3]{1+\frac{0{\cdot}001088}{2{\cdot}08^3}} \approx 2{\cdot}08\sqrt[3]{1+1{\cdot}209\,.\,10^{-4}} \approx 2{\cdot}08\,(1+0{\cdot}403\,.\,10^{-4}) =$$
$$= 2{\cdot}08008382;$$

der Fehler ist kleiner als $\frac{1}{9}\,.\,1{\cdot}209^2\,.\,10^{-8} < 0{\cdot}2\,.\,10^{-8}$. Dieses Verfahren ist aber völlig identisch mit dem Newtonschen Verfahren, angewendet auf die Gleichung $x^3 - 9 = 0$ und beginnend mit dem Näherungswert $x = 2$.

§ 36.

1. Die allgemeine harmonische Reihe $\sum_{\nu=1}^{\infty} \frac{1}{\nu^x}$ konvergiert für alle $x > 1$. Ist δ eine beliebige positive Zahl und $x \geqq 1 + \delta$, so ist

$$\left|\frac{1}{\nu^x}\right| \leqq \frac{1}{\nu^{1+\delta}} = c_\nu$$

und $\sum c_\nu$ nach § 35, 5 konvergent, d. h. $\sum \frac{1}{\nu^x}$ konvergiert für alle $x \geqq 1 + \delta$ gleichmäßig. Die Funktion $\zeta(x) = \sum \frac{1}{\nu^x}$ ist für alle $x > 1$ stetig.

2. und 3. Es ist $|a_\nu \cos \nu x| \leqq |a_\nu|$ und $|b_\nu \sin \nu x| \leqq |b_\nu|$; da voraussetzungsgemäß $\sum a_\nu$ und $\sum b_\nu$ absolut konvergent sind, konvergieren die beiden Reihen $\sum a_\nu \cos \nu x$ und $\sum b_\nu \sin \nu x$ für alle x gleichmäßig und definieren überall stetige Funktionen.

§ 37.

1. Man findet mittels des Quotientenkriteriums sofort $r = 1$. Es ist (vgl. § 38, 5)

$$x^2 f'(x) = \sum_{\nu=1}^{\infty} \frac{x^{\nu+1}}{\nu + 1} = -\ln(1 - x) - x$$

und daher durch Integration

$$f(x) = \frac{1}{x} \ln(1 - x) - \ln(1 - x) + C;$$

für $x \to 0$ ergibt sich $f(0) = 0 = -1 + C$, also $C = 1$.

2. Der Konvergenzradius ist $r = 1$. Es ist

$$x^2 f'(x) = \sum_{\nu=1}^{\infty} \frac{x^{\nu+1}}{(\nu + 1)(\nu + 2)},$$

$$x^2 [x^2 f'(x)]' = \sum_{\nu=1}^{\infty} \frac{x^{\nu+2}}{\nu + 2} = -\ln(1 - x) - x - \frac{x^2}{2};$$

durch Integration erhält man

$$x^2 f'(x) = \frac{1 - x}{x} \ln(1 - x) + 1 - \frac{x}{2}$$

und durch nochmalige Integration

$$f(x) = -\frac{(1 - x)^2}{2 x^2} \ln(1 - x) - \frac{1}{2 x} + \frac{3}{4}.$$

4. Man erhält

$$x \cot x = \sum_{\nu=0}^{\infty} (-1)^\nu \frac{2^{2\nu} B_{2\nu}}{(2\nu)!} x^{2\nu} = 1 - \frac{x^2}{3} - \frac{x^4}{45} - \frac{2 x^6}{945} - \frac{x^8}{4725} - \frac{2 x^{10}}{93555} - \cdots$$

und

$$\tan x = \cot x - 2 \cot 2 x = \sum_{\nu=1}^{\infty} (-1)^{\nu-1} \frac{2^{2\nu}(2^{2\nu} - 1) B_{2\nu}}{(2\nu)!} x^{2\nu-1} =$$

$$= x + \frac{x^3}{3} + \frac{2 x^5}{15} + \frac{17 x^7}{315} + \frac{62 x^9}{2835} + \cdots.$$

§ 38.

1. Man erhält wegen $\ln \frac{1 + x}{1 - x} = \ln \frac{n + z}{n}$

$$\ln(n + z) = \ln n + 2\left[\frac{z}{2n + z} + \frac{1}{3}\left(\frac{z}{2n + z}\right)^3 + \cdots + \frac{1}{2\nu + 1}\left(\frac{z}{2n + z}\right)^{2\nu+1} + \cdots\right]$$

und

$$\log(n+z) = \log n + 2M\left[\frac{z}{2n+z} + \frac{1}{3}\left(\frac{z}{2n+z}\right)^3 + \ldots \right.$$
$$\left. \ldots + \frac{1}{2\nu+1}\left(\frac{z}{2n+z}\right)^{2\nu+1} + \ldots\right],$$

wo $M = \log e = 0{\cdot}43429448$ der Modul der dekadischen Logarithmen ist.

2. Die Abweichung wird

$$\Delta < \frac{2Mk^{2\nu+1}}{2\nu+1}(1 + k^2 + k^4 + \ldots) = \frac{2Mk^{2\nu+1}}{(2\nu+1)(1-k^2)},$$

wo $k = \dfrac{z}{2n+z}$ gesetzt ist. Für $n = 10$, $z = 3$ und $\nu = 2$ folgt $k = \dfrac{3}{23}$ und es wird

$$\Delta < \frac{1 \cdot \frac{3^5}{23^5}}{5\left(1 - \frac{3^2}{23^2}\right)} = \frac{243}{5 \cdot 12167 \cdot 520} < 10^{-5};$$

wir können also log 13 auf 5 Stellen rechnen und erhalten

$$\log 13 \approx 1 + 2M\left(\frac{3}{23} + \frac{3^3}{3 \cdot 23^3}\right) \approx 1{\cdot}11394.$$

Die Abweichung beträgt 0·34 Einheiten der letzten Stelle. Bei der Fehlerabschätzung wird man zur Vereinfachung der Rechnung kleinere Rundungen nach oben durchführen, z. B. $2\,M \approx 1$ setzen usw.

3. Die Taylorsche Formel läßt sich wegen $f(0) = \ln\sin 0 = -\infty$ nicht unmittelbar anwenden, wohl aber auf die Funktion $\ln\dfrac{\sin x}{x} = \ln\sin x - \ln x$. Einfacher ist es aber, mit $\dfrac{\sin x}{x} = 1 - \dfrac{x^2}{3!} + \dfrac{x^4}{5!} - \dfrac{x^6}{7!} + - \ldots$ und $\ln(1-z) = -\left(z + \dfrac{z^2}{2} + \dfrac{z^3}{3} + \ldots\right)$, $z = \dfrac{x^2}{3!} - \dfrac{x^4}{5!} + - \ldots$ zu rechnen. Es folgt

$$\ln\sin x = \ln x - \frac{x^2}{6} - \frac{x^4}{180} - \frac{x^6}{2835} - \frac{x^8}{37800} - \ldots.$$

Die Reihe konvergiert absolut für $|z| = \left|1 - \dfrac{\sin x}{x}\right| < 1$; nun ist für $x \neq 0$ stets $\left|\dfrac{\sin x}{x}\right| < 1$, also ist $|z| < 1$, solange $\dfrac{\sin x}{x}$ positiv, also $|x| < \pi$ ist.

4. a) Setzt man $f(x) = \sin\left(\dfrac{\pi}{4} + x\right)$, so wird wegen $f'(x) = \cos\left(\dfrac{\pi}{4} + x\right)$, $f''(x) = -\sin\left(\dfrac{\pi}{4} + x\right)$, $f'''(x) = -\cos\left(\dfrac{\pi}{4} + x\right)$ usw.

$$\sqrt{2}\sin\left(\frac{\pi}{4} + x\right) = 1 + x - \frac{x^2}{2!} - \frac{x^3}{3!} + \frac{x^4}{4!} + \frac{x^5}{5!} - - \ldots = \sin x + \cos x.$$

b) Aus $\sin x = \sum\limits_{\nu=0}^{\infty}(-1)^\nu \dfrac{x^{2\nu+1}}{(2\nu+1)!} = \sum u_\nu$, $\cos x = \sum\limits_{\nu=0}^{\infty}(-1)^\nu \dfrac{x^{2\nu}}{(2\nu)!} = \sum v_\nu$ folgt

für das allgemeine Glied des Produktes

$$u_0 v_\nu + u_1 v_{\nu-1} + \ldots + u_{\nu-1} v_1 + u_\nu v_0 = \sum_{\alpha=0}^{\nu} u_\alpha v_{\nu-\alpha} =$$
$$= \frac{(-1)^\nu x^{2\nu+1}}{(2\nu+1)!} \sum_{\alpha=0}^{\nu} \frac{(2\nu+1)!}{(2\alpha+1)!\,(2\nu-2\alpha)!};$$

Nun ist unter Berücksichtigung von § 1, (32) und (33)

$$\sum_{\alpha=0}^{\nu} \frac{(2\nu+1)!}{(2\alpha+1)!\,(2\nu-2\alpha)!} = \sum_{\alpha=0}^{\nu} \binom{2\nu+1}{2\alpha+1} = \frac{1}{2}\, 2^{2\nu+1},$$

also

$$\sum_{\nu=0}^{\infty} \sum_{\alpha=0}^{\nu} u_\alpha v_{\nu-\alpha} = \frac{1}{2} \sum_{\nu=0}^{\infty} (-1)^\nu \frac{(2x)^{2\nu+1}}{(2\nu+1)!} = \frac{1}{2} \sin 2x.$$

c) Ähnlich wie in b) erhält man für das allgemeine Glied der Reihe für $\cos^2 x$

$$u_0 v_\nu + u_1 v_{\nu-1} + \dots + u_\nu v_0 = \frac{1}{2} (-1)^\nu \frac{(2x)^{2\nu}}{(2\nu)!}$$

für $\nu > 0$, aber $u_0^2 = 1$ $\left(\text{und nicht } \frac{1}{2}\,!!\right)$, also

$$\frac{1}{2} \sum_{\nu=0}^{\infty} (-1)^\nu \frac{(2x)^{2\nu}}{(2\nu)!} = \frac{1}{2} \cos 2x = \cos^2 x - \frac{1}{2}.$$

5. a) Es ist

$$f'(x) = -x^m e^{x + \frac{x^2}{2} + \dots + \frac{x^m}{m}},$$

alle folgenden Ableitungen bis einschließlich der m-ten verschwinden ebenso wie $f'(x)$ an der Stelle $x = 0$, während bei $f^{(m+1)}(x)$ nur jener Summand von Null verschieden ist, der sich durch m-malige Differentiation von x^m ergibt; es ist also $f^{(m+1)}(0) = -m!$ und

$$f(x) = f(0) + f^{(m+1)}(0) \frac{x^{m+1}}{(m+1)!} + \dots = 1 - \frac{x^{m+1}}{m+1} + \dots$$

b) $\frac{1}{30} x^7 + \frac{29}{756} x^9 + \dots$

c) Man berechnet zuerst

$$\ln f(x) = \frac{1}{x} \ln(1+x) - 1 = -\frac{x}{2} + \frac{x^2}{3} - \frac{x^3}{4} + \frac{x^4}{5} - + \dots,$$

also

$$f(x) = e^{-\frac{x}{2} + \frac{x^2}{3} - \frac{x^3}{4} + \frac{x^4}{5} - \dots} = 1 - \frac{x}{2} + \frac{11}{24} x^2 - \frac{7}{16} x^3 + \frac{2447}{5760} x^4 - + \dots.$$

§ 39.

1. a) $-\frac{1}{2} \sin x + 2 \sum_{\nu=2}^{\infty} \frac{(-1)^\nu \nu}{\nu^2 - 1} \sin \nu x;$

b) $\frac{2 \sin \lambda\pi}{\pi} \sum_{\nu=1}^{\infty} \frac{(-1)^\nu \nu}{\lambda^2 - \nu^2} \sin \nu x;$

c) $\frac{\operatorname{sh} \lambda\pi}{\lambda\pi} + \frac{2\lambda \operatorname{sh} \lambda\pi}{\pi} \sum_{\nu=1}^{\infty} \frac{(-1)^\nu}{\lambda^2 + \nu^2} \cos \nu x;$

d) $\frac{2 \operatorname{sh} \lambda\pi}{\pi} \sum_{\nu=1}^{\infty} \frac{(-1)^{\nu+1} \nu}{\lambda^2 + \nu^2} \sin \nu x;$

e) $\frac{a}{\pi} (\pi - \alpha) - \frac{2a}{\pi} \sum_{\nu=1}^{\infty} \frac{1}{\nu} \sin \nu\alpha \cos \nu x;$

f) $\frac{4a}{\pi} \sum_{\nu=1}^{\infty} \frac{1}{2\nu - 1} \cos (2\nu - 1)\alpha \sin (2\nu - 1) x;$

g) $\frac{a\alpha}{2\pi} + \frac{4a}{\alpha\pi} \sum_{\nu=1}^{\infty} \frac{1}{\nu^2} \sin^2 \frac{\nu\alpha}{2} \cos \nu (x - \alpha)$;

h) $\frac{4a}{\alpha\pi} \sum_{\nu=1}^{\infty} \frac{1}{(2\nu - 1)^2} \sin (2\nu - 1) \alpha \sin (2\nu - 1) x$;

i) $\frac{1}{3} + \frac{4}{\pi^2} \sum_{\nu=1}^{\infty} \frac{1}{\nu^2} \cos \nu x$;

j) $$\frac{1 + \cos \alpha\pi}{\pi} \sum_{\nu=1}^{\infty} \frac{2(2\nu - 1)}{(2\nu - 1)^2 - \alpha^2} \sin (2\nu - 1) x + {}$$

$$+ \frac{1 - \cos \alpha\pi}{\pi} \sum_{\nu=1}^{\infty} \frac{4\nu}{4\nu^2 - \alpha^2} \sin 2\nu x;$$

für $\alpha = 1$ folgt $\frac{2}{\pi} \sum_{\nu=1}^{\infty} \frac{4\nu}{4\nu^2 - 1} \sin 2\nu x$.

k) $\sum_{\nu=1}^{\infty} \frac{2\alpha}{\pi^2 - \nu^2\alpha^2} \sin \nu\alpha \sin \nu x$.

2. $$\sum_{\nu=0}^{\infty} r^\nu \cos \nu x = \frac{1 - r\cos x}{1 - 2r\cos x + r^2}, \qquad \sum_{\nu=1}^{\infty} r^\nu \sin \nu x = \frac{r \sin x}{1 - 2r\cos x + r^2}.$$

3. Aus der Reihe für $\sin \lambda x$ von Aufgabe 1 b folgt für $x = \frac{\pi}{2}$, wenn man für $\frac{\lambda}{2}$ wieder x schreibt

$$\sec \pi x = \frac{4}{\pi} \sum_{\nu=1}^{\infty} (-1)^\nu \frac{2\nu - 1}{4x^2 - (2\nu - 1)^2}.$$

Namenverzeichnis.

(Biographische Notizen.)

Sachverzeichnis.

Manzsche Buchdruckerei, Wien IX.

Vorlesungen über höhere Mathematik

Von

Dr. phil. Adalbert Duschek

o. Professor der Mathematik an der Technischen Hochschule Wien

Band I

Integration und Differentiation der Funktionen einer Veränderlichen. Anwendungen. Numerische Methoden. Algebraische Gleichungen. Unendliche Reihen

Zweite, neubearbeitete Auflage

Mit 169 Textabbildungen. XII, 440 Seiten. Gr.-8⁰. 1956.

S 270.—, DM 45.—, sfr. 46.10, $ 10.70

Ganzleinen S 288.—, DM 48.—, sfr. 49.10, $ 11.45

In der Stoffänderung weist die zweite Auflage gegenüber der ersten insofern eine kleine Änderung auf, als der Abschnitt über die unendlichen Reihen vom zweiten in den ersten Band verlegt wurde, während die Wahrscheinlichkeitsrechnung und ihre Anwendungen eine zusammenhängende Darstellung in der nächsten Auflage des zweiten Bandes erfahren werden.

Band II

Unendliche Reihen. Integration und Differentiation der Funktionen von mehreren Veränderlichen. Abschluß der Wahrscheinlichkeitsrechnung. Fehlertheorie und Ausgleichsrechnung. Lineare Algebra. Tensorfelder

Mit 125 Textabbildungen. VI, 386 Seiten. Gr.-8⁰. 1950

S 156.—, DM 26.—, sfr. 27.—, $ 6.20

Ganzleinen S 174.—, DM 29.—, sfr. 30.—, $ 6.90

Band III

Gewöhnliche und partielle Differentialgleichungen. Variationsrechnung. Funktionen einer komplexen Veränderlichen

Mit 107 Textabbildungen. IX, 512 Seiten. Gr.-8⁰. 1953

S 220.—, DM 36.50, sfr. 37.40, $ 8.70

Ganzleinen S 235.—, DM 38.80, sfr. 39.80, $ 9.25

Im Herbst 1957 erscheint:

Band IV

Randwertprobleme. Reihenentwicklungen. Integralgleichungen. Laplace-Transformation

The manufacturer's authorised representative in the EU is Springer Nature Customer Service Centre GmbH, Europaplatz 3, 69115 Heidelberg, Germany. If you have any concerns regarding our products, please contact ProductSafety@springernature.com

Printed and bound by CPI Group (UK) Ltd, Croydon, CR0 4YY
28/04/2026
02098512-0005